本书附赠内容预览

随书附赠 6 小时本书基础知识 + 案例操作干货语音教学视频，额外附赠 600 个 CAD 图集与效果图、100 张行业真实案例建筑设计图纸、212 个施工工艺图集、684 个常用 CAD 设计模块、1265 个 CAD 填充图案、国家建筑标准施工设计图集、450 个各施工节点图纸案例示范等丰富素材，帮助读者将所学知识灵活运用在实际工作中，提高工作效率。

本书部分语音教学视频预览

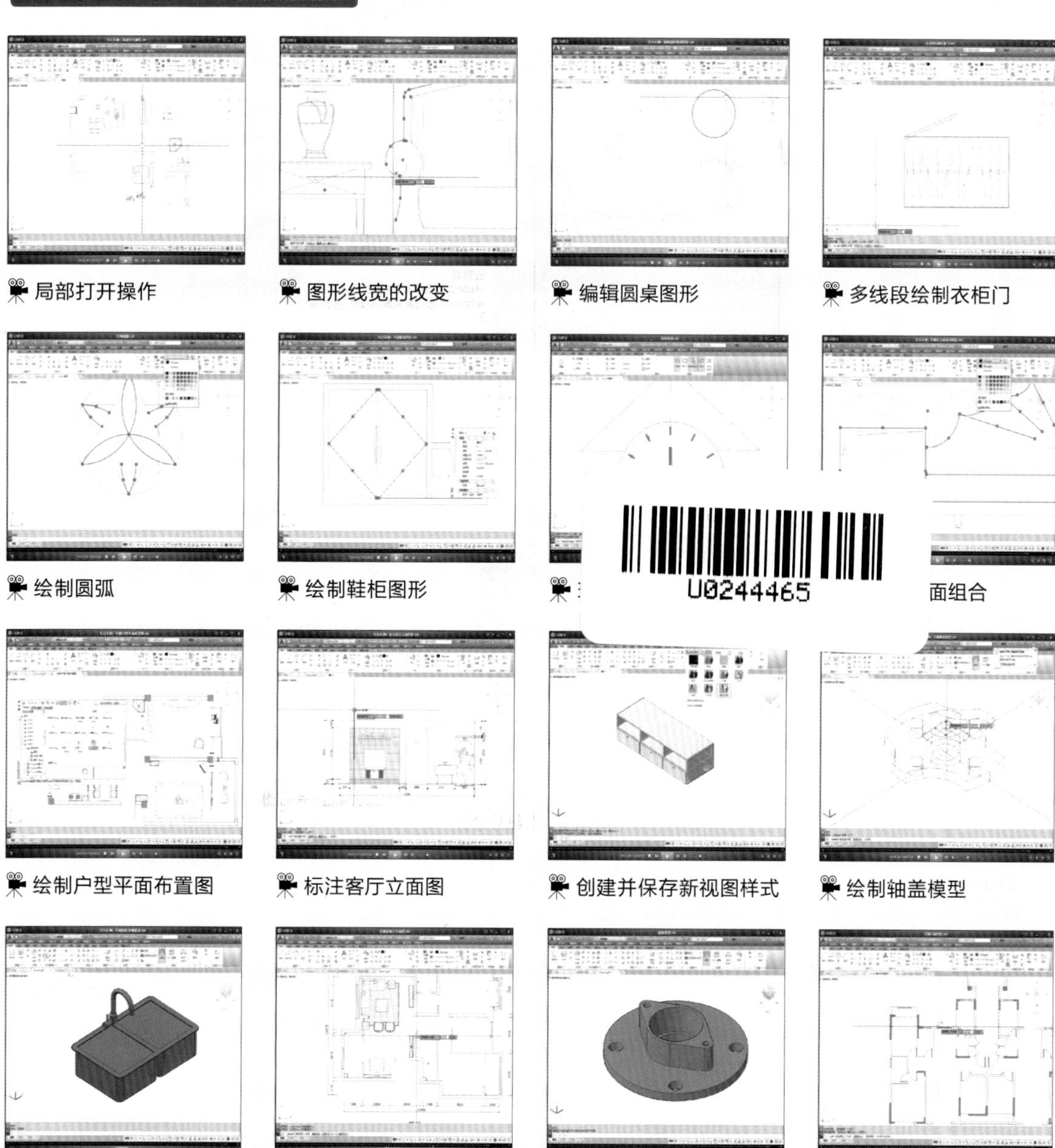

局部打开操作　图形线宽的改变　编辑圆桌图形　多线段绘制衣柜门

绘制圆弧　绘制鞋柜图形　……　……面组合

绘制户型平面布置图　标注客厅立面图　创建并保存新视图样式　绘制轴盖模型

绘制厨房水槽模型　绘制客厅与餐厅平面图　绘制通盖模型　绘制门窗图形

二维图形的绘制

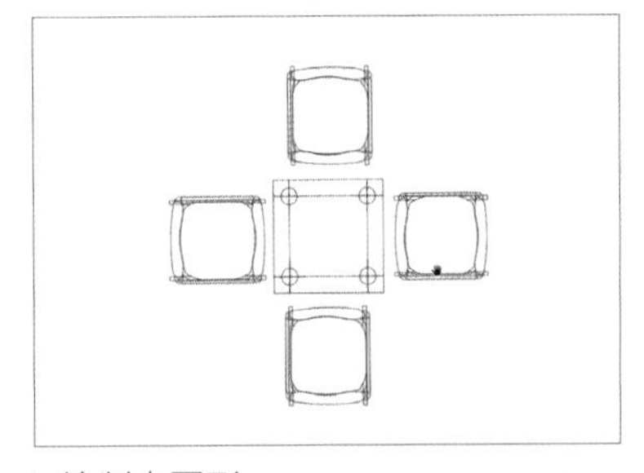

▶绘制点图形

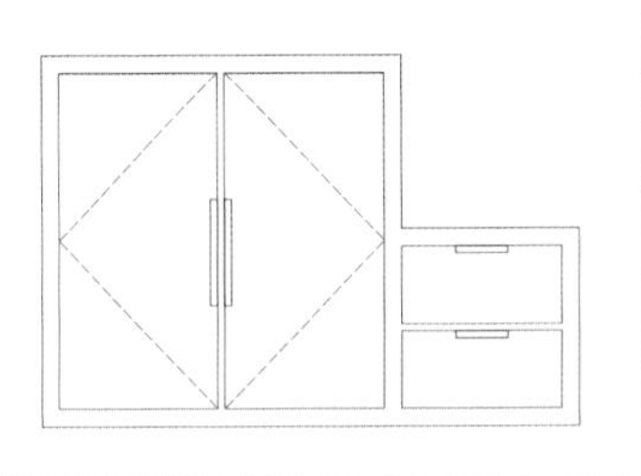

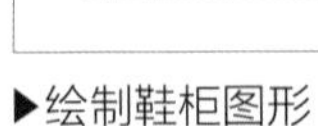

▶绘制鞋柜图形

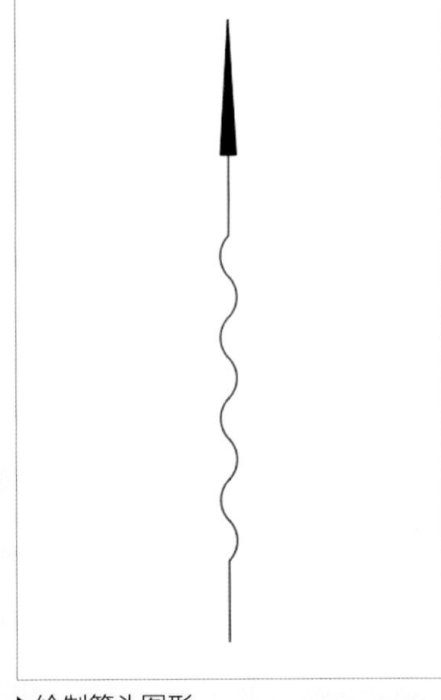

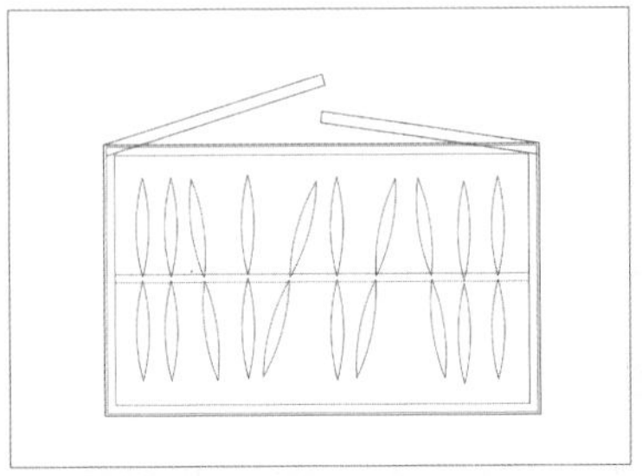

▶绘制衣柜门

▶圆弧的绘制

▶绘制箭头图形

绘图辅助功能的使用

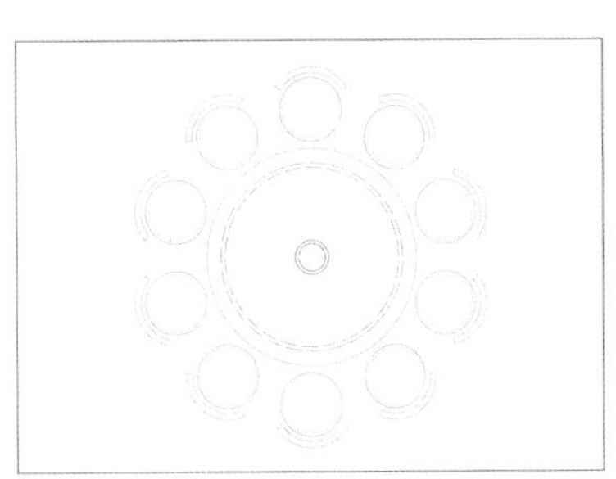

▶编辑圆形餐桌

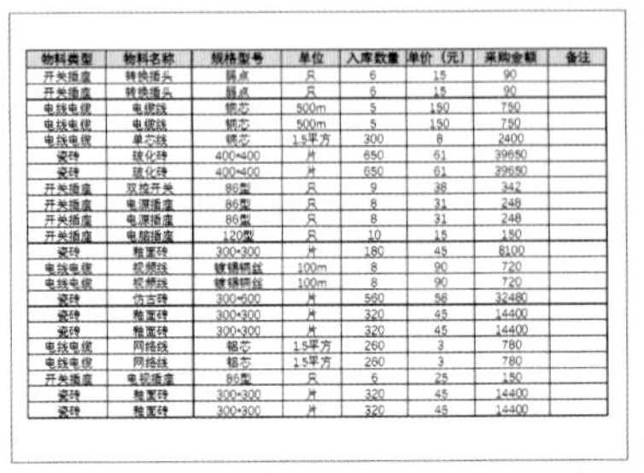

物料类型	物料名称	规格型号	单位	入库数量	单价（元）	采购金额	备注
开关插座	转换插头	膈点	只	6	15	90	
开关插座	转换插头	膈点	只	6	15	90	
电线电缆	电缆线	铜芯	500m	5	150	750	
电线电缆	电缆线	铜芯	500m	5	150	750	
电线电缆	单芯线	铜芯	1.5平方	300	8	2400	
瓷砖	玻化砖	400*400	片	650	61	39650	
瓷砖	玻化砖	400*400	片	650	61	39650	
开关插座	双控开关	86型	只	9	38	342	
开关插座	电源插座	86型	只	8	31	248	
开关插座	电源插座	86型	只	8	31	248	
开关插座	电脑插座	120型	只	10	15	150	
瓷砖	釉面砖	300*300	片	180	45	8100	
电线电缆	视频线	镀锡铜丝	100m	8	90	720	
电线电缆	视频线	镀锡铜丝	100m	8	90	720	
瓷砖	仿古砖	300*600	片	560	58	32480	
瓷砖	釉面砖	300*300	片	320	45	14400	
瓷砖	釉面砖	300*300	片	320	45	14400	
电线电缆	网络线	铝芯	1.5平方	260	3	780	
电线电缆	网络线	铝芯	1.5平方	260	3	780	
开关插座	电视插座	86型	只	6	25	150	
瓷砖	釉面砖	300*300	片	320	45	14400	
瓷砖	釉面砖	300*300	片	320	45	14400	

▶插入表格

▶设置图形线宽

图层的设置与管理

▶创建建筑常用图层

▶创建图层

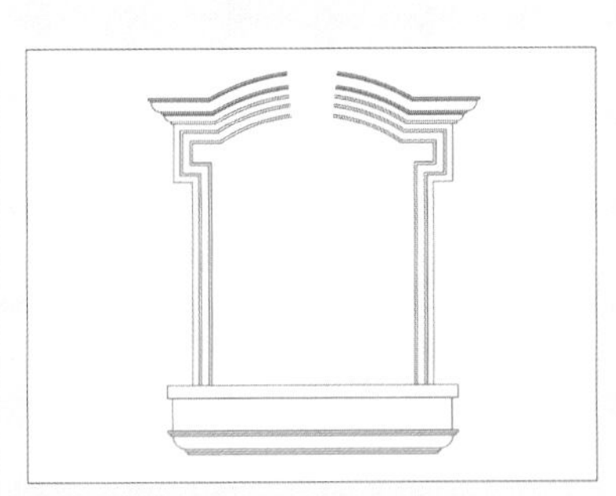

▶隔离图层

二维图形的编辑

▶编辑图形

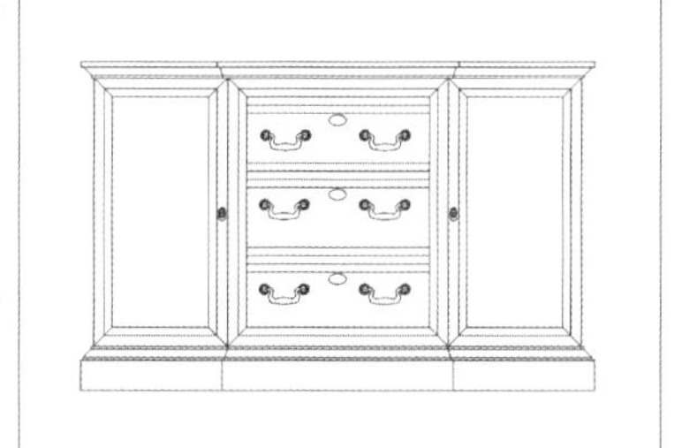

▶复制图形

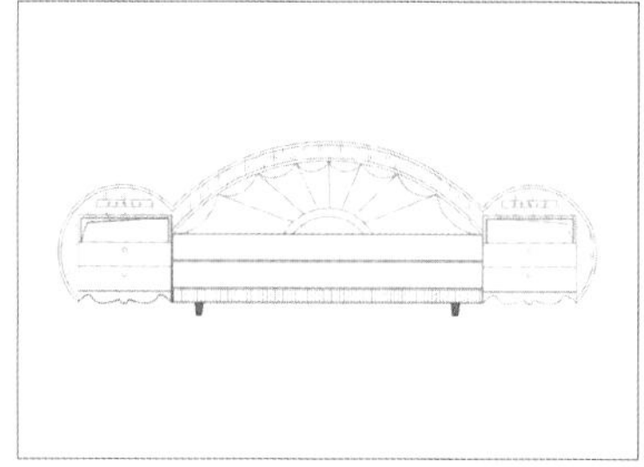

▶绘制床立面图形

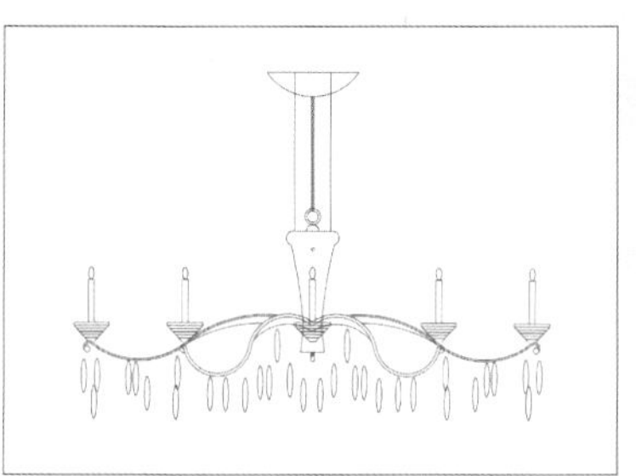

▶镜像图形

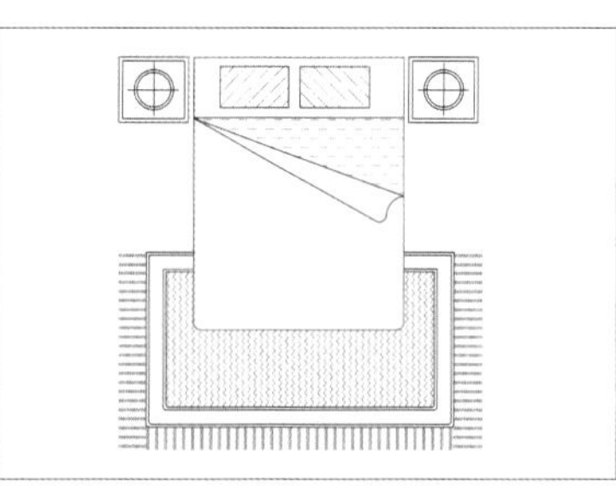

▶图案的填充

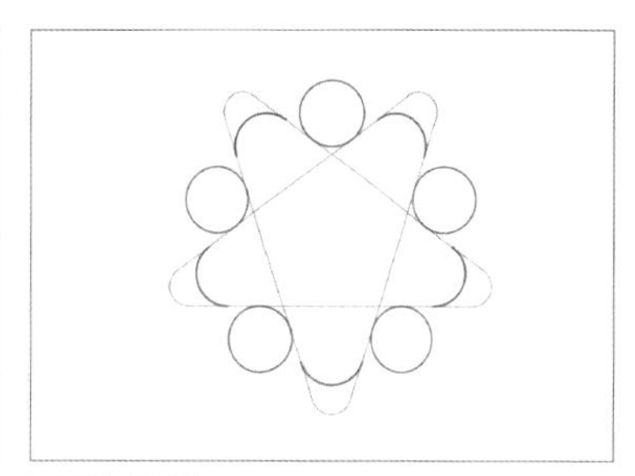

▶圆角图形

图块、外部参照及设计中心

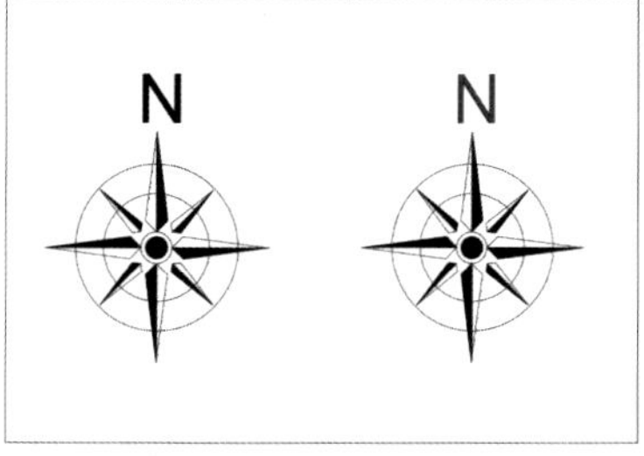

▶编辑块属性

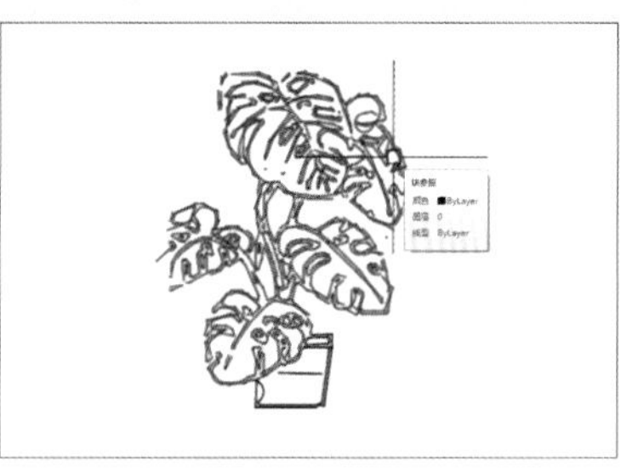

▶创建内部块

▶绘制室内平面图

文本与表格的应用

▶创建多行文本

停车设施
服务对象
服务车种
停车方式
停车设施及其布局
设施
布局
安全设施
管理设施
户外场地设施

▶单行文字转多行文字

*界面*在水平方向的穿插、延伸，可以为空间的划分带来更多的灵活性，使得被划分的各局部空间具有多种强弱程度不同的联系；增加空间的层次感和流动感。**空间穿插中的交接部分，可因处理手法的不同，产生不同的效果。**

▶设置多行文本格式

三维绘图环境的设置

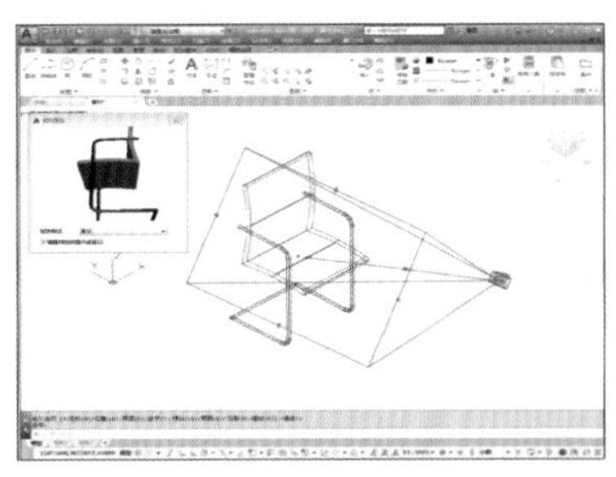

▶创建相机

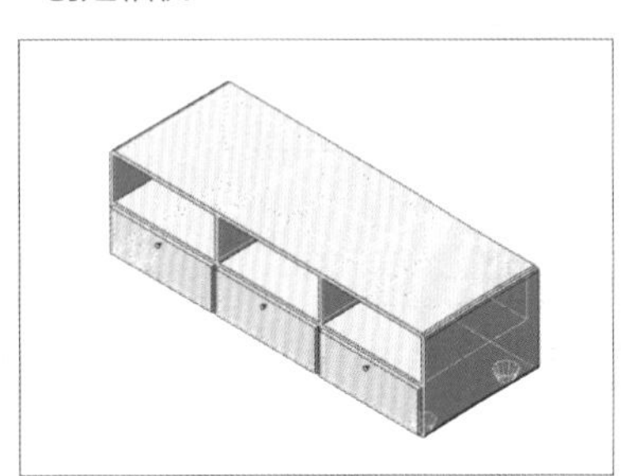

▶设置视图样式

三维模型的编辑

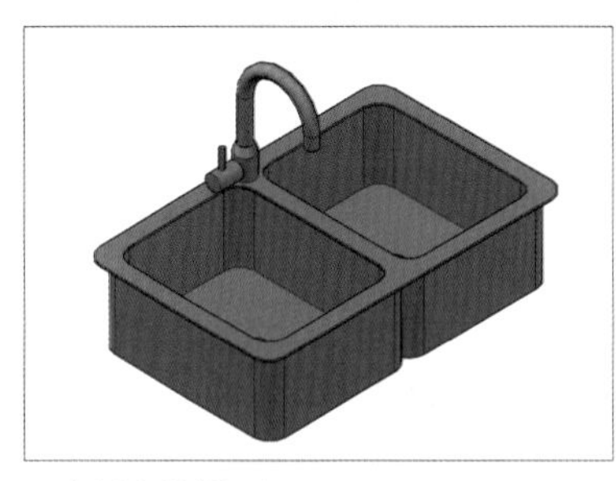

▶绘制水槽模型

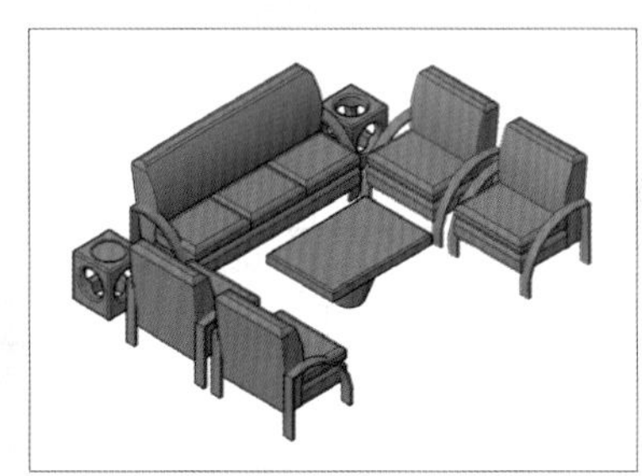

▶三维镜像图形

三维模型的绘制

▶绘制轴盖模型

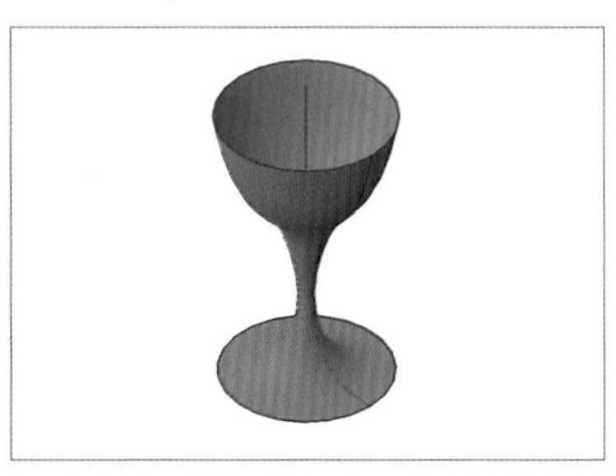

▶旋转实体

三维模型的渲染

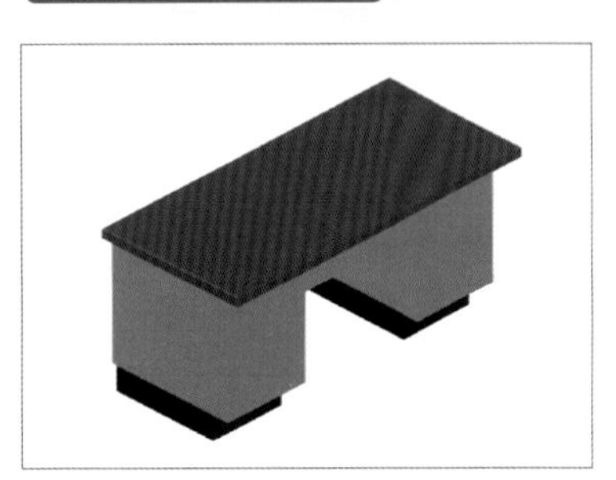

▶设置材质贴图

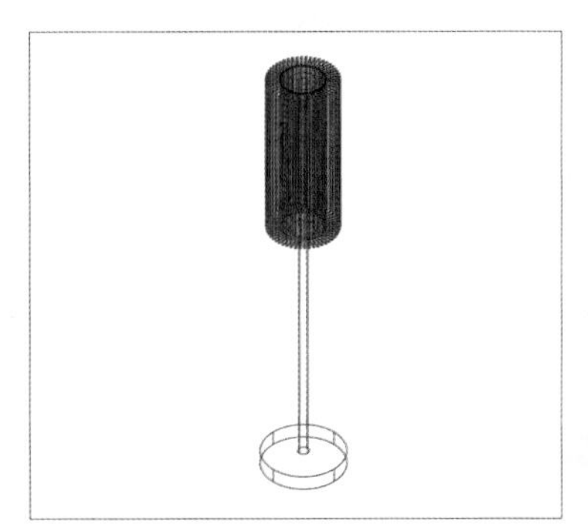

▶绘制简约落地灯模型

图形标注尺寸的应用

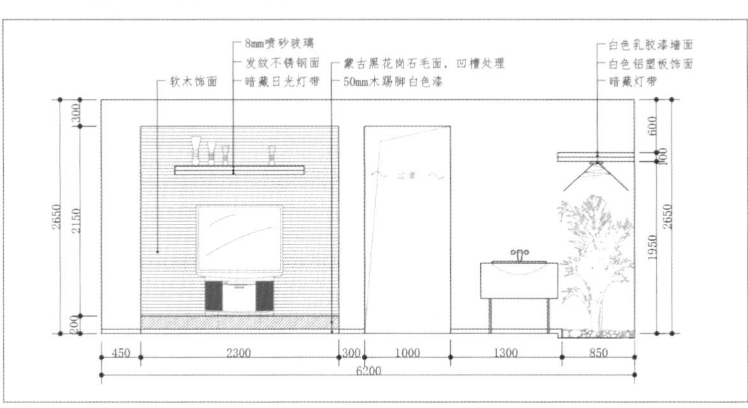

▶标注客厅立面图

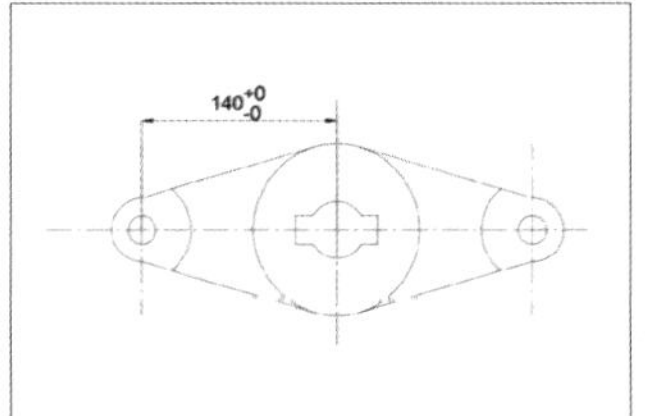

▶设置尺寸公差

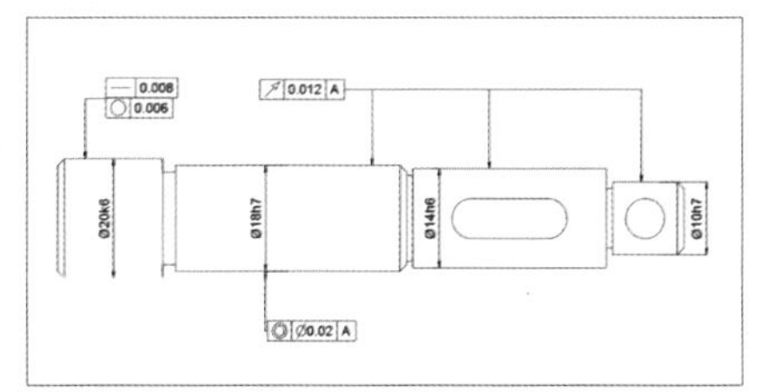

▶设置形位公差

室内施工图的绘制

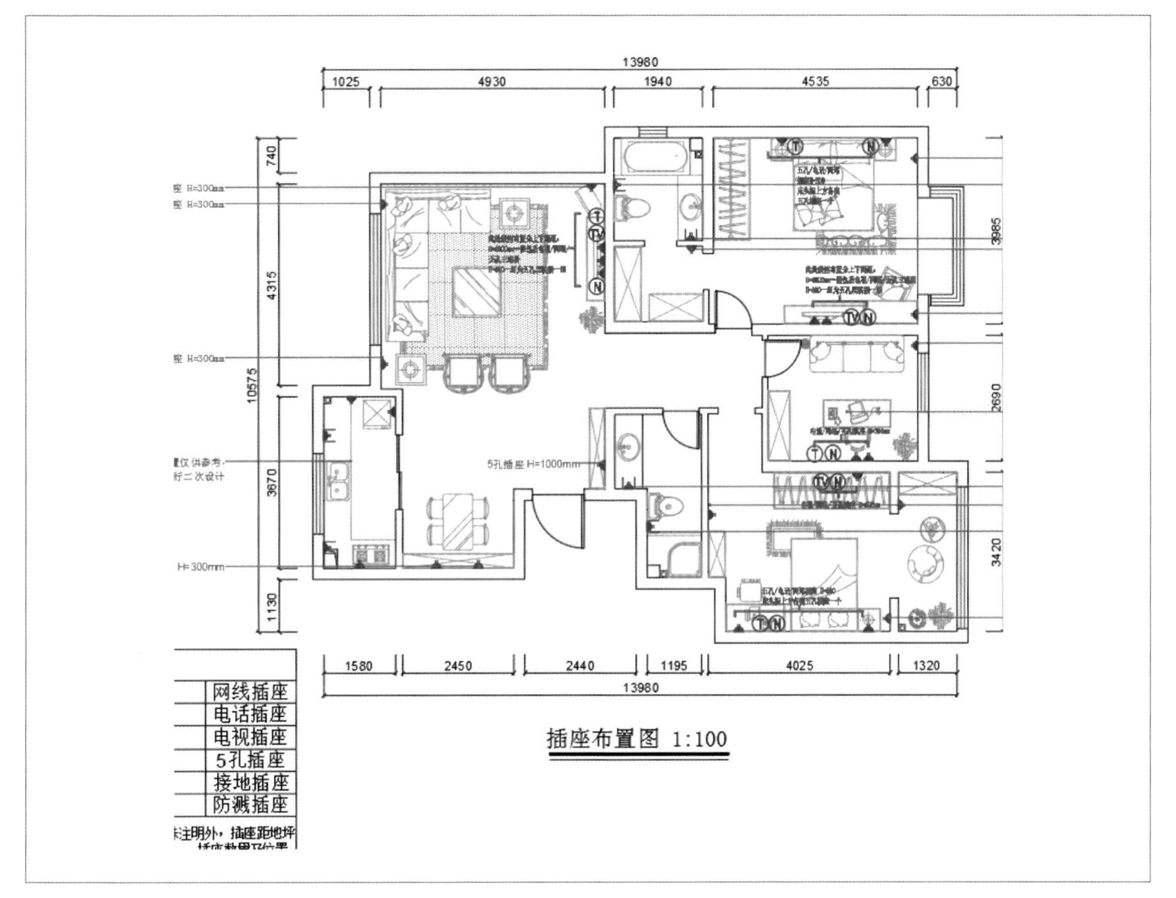

▶绘制插座布置图

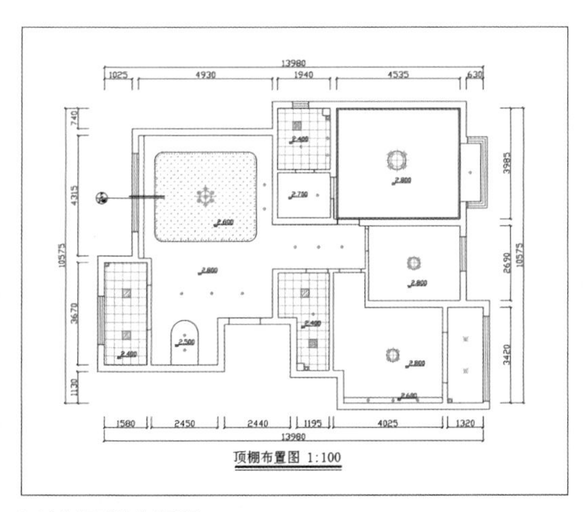

▶绘制顶棚布置图

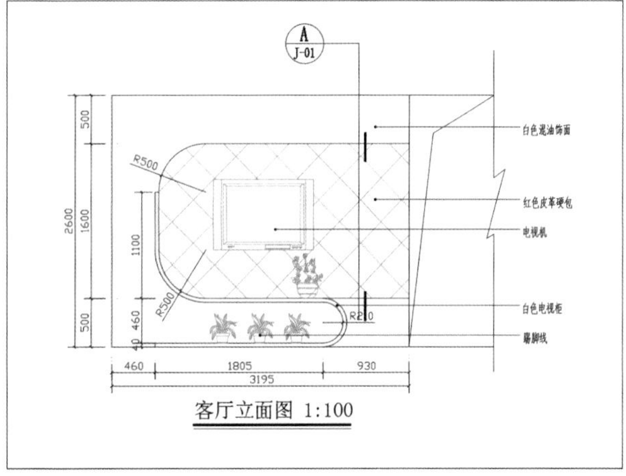

▶绘制客厅立面图

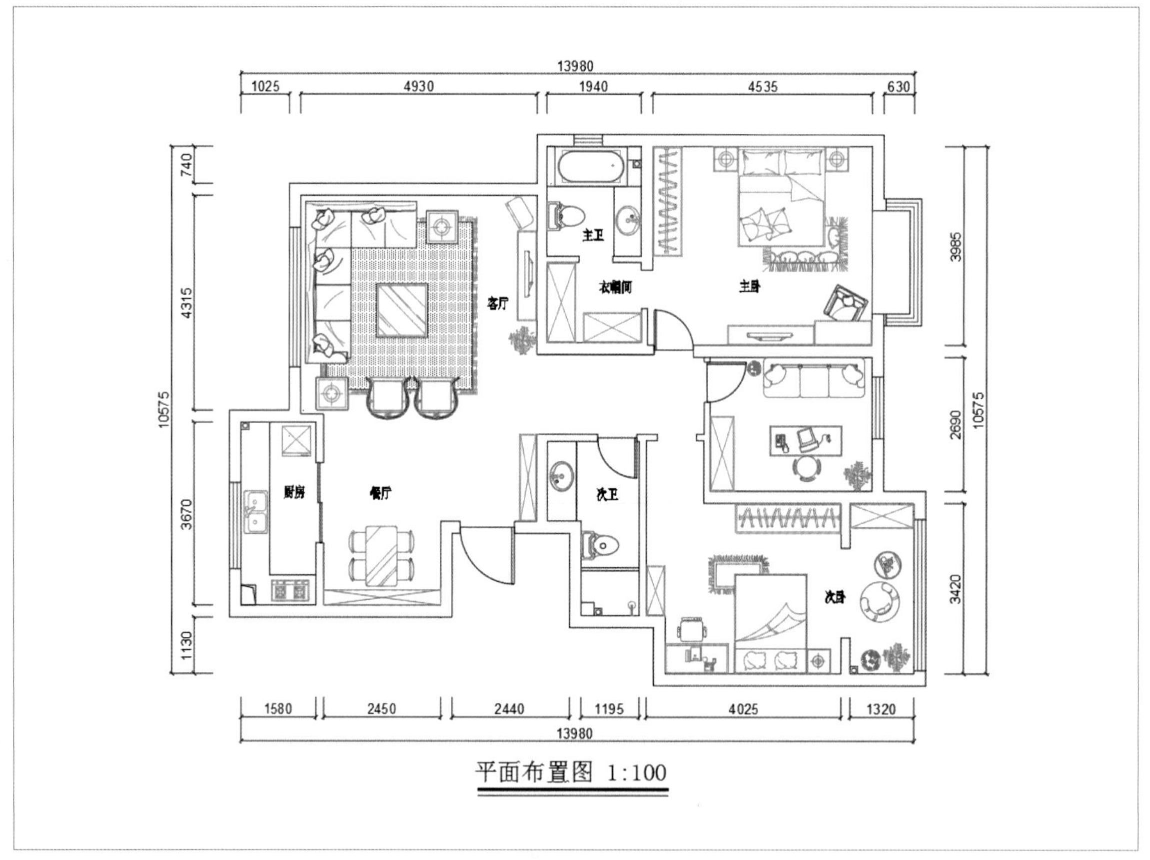

▶绘制室内平面图

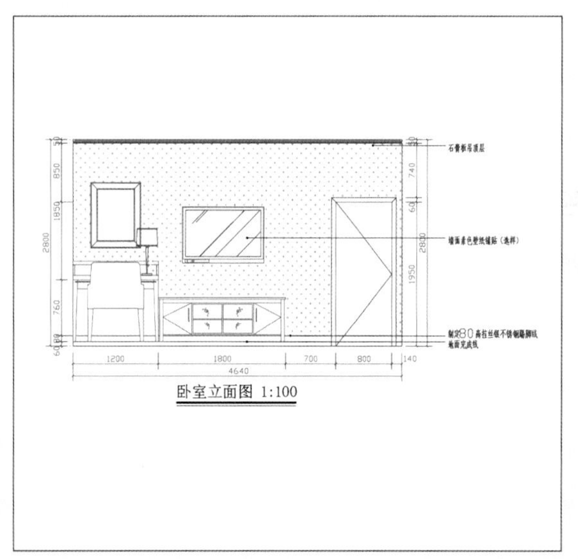

▶绘制卧室立面图

▶绘制原始结构图

图形的输出与发布

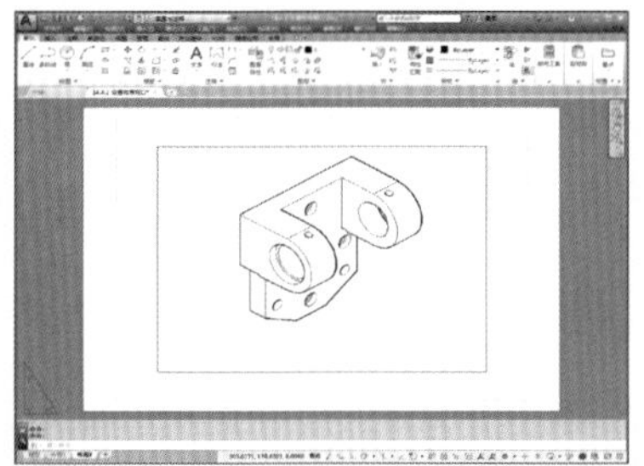
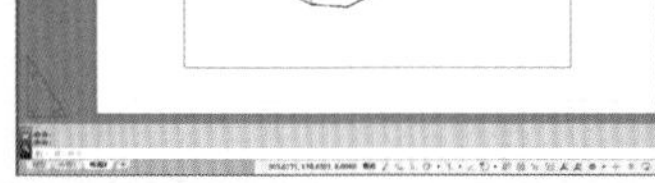

▶设置布局视口

机械零件图的绘制

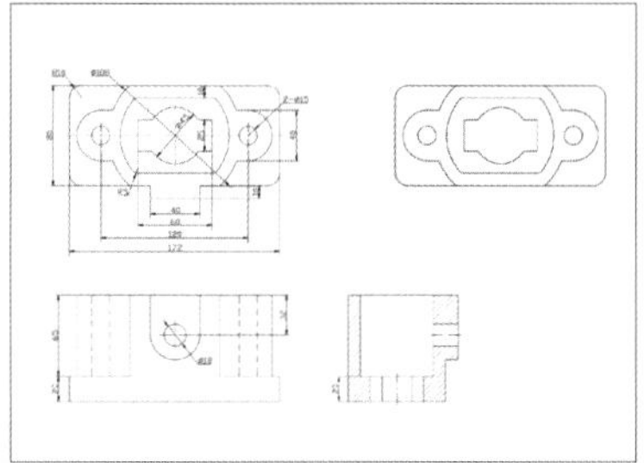

▶绘制连接块零件图

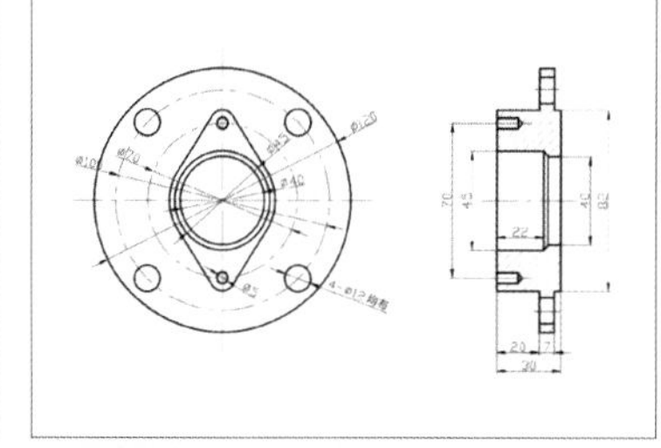

▶绘制通盖零件图

结合天正建筑软件绘制建筑立面图

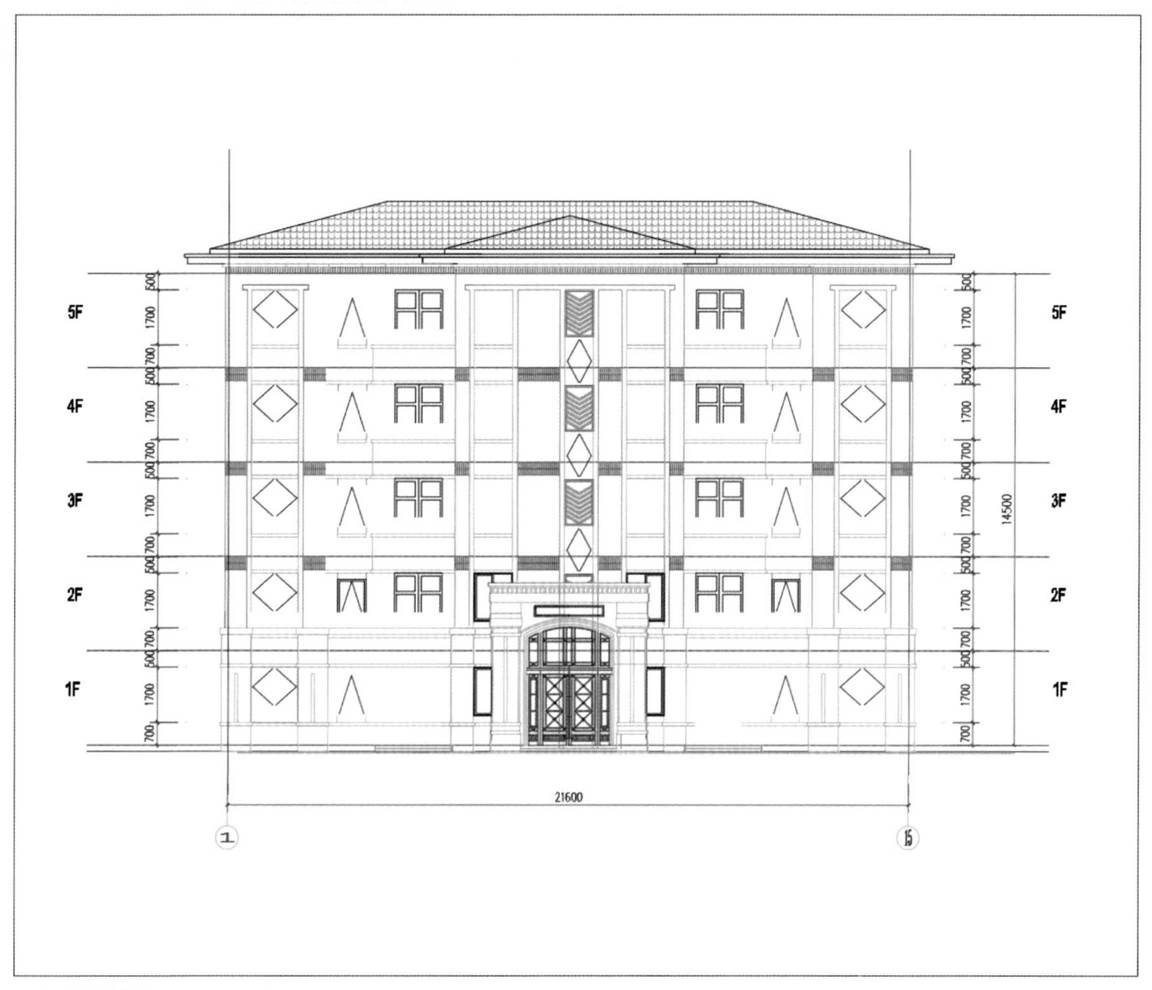

▶绘制建筑立面图

建筑施工图的绘制

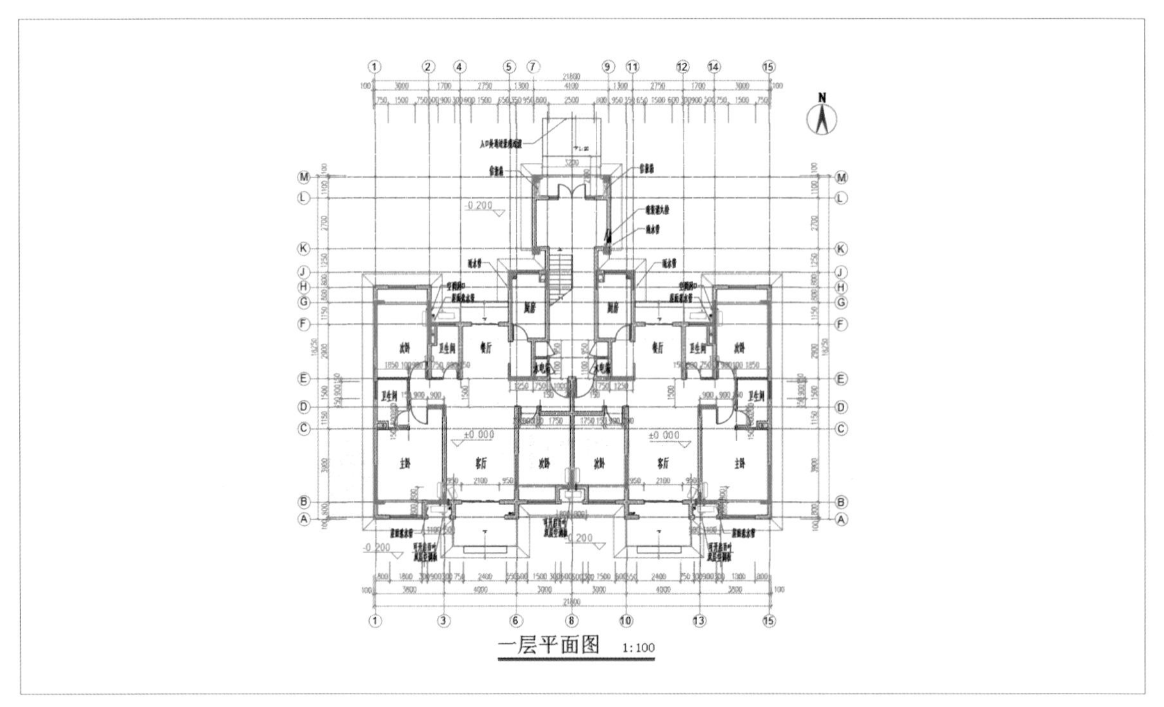

▶绘制建筑平面图

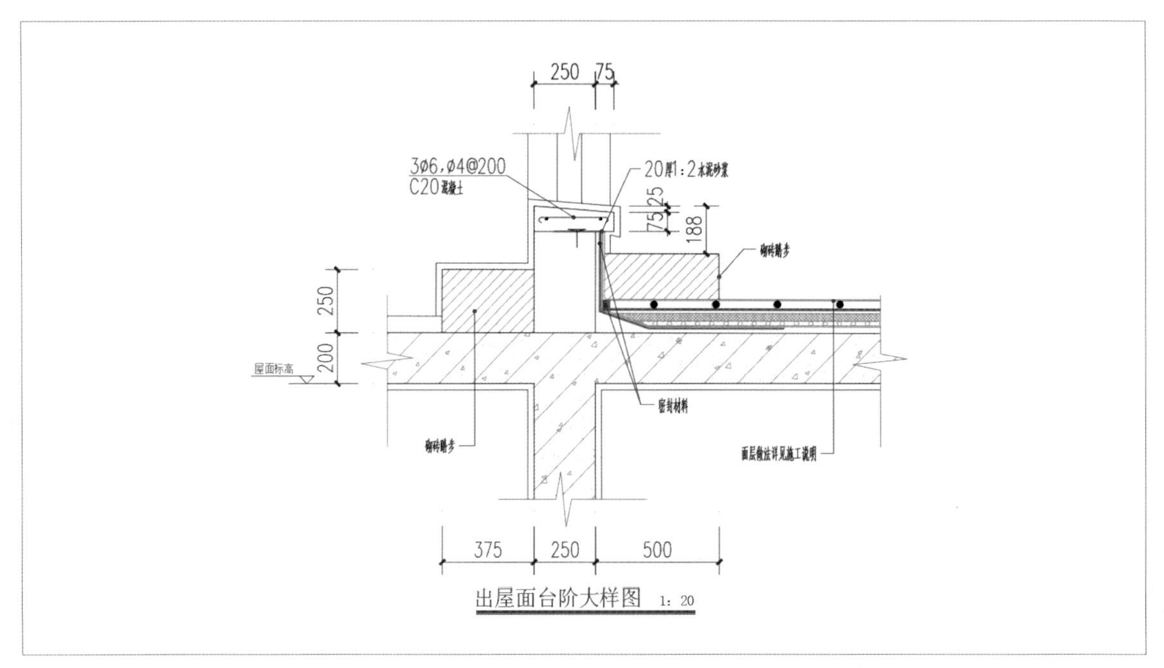

▶绘制台阶大样图

AutoCAD 中文版 2018 从入门到精通

王勇　王敬 / 著

中国青年出版社
CHINA YOUTH PRESS
中青雄狮

律师声明

侵权举报电话

图书在版编目（CIP）数据

AutoCAD 2018 中文版从入门到精通／王勇，王敬著.
一北京：中国青年出版社，2018.8
ISBN 978-7-5153-5076-9
I.①A… II.①王… ②王… III. ①AutoCAD软件 IV. ①TP391.72
中国版本图书馆CIP数据核字（2018）第066660号

策划编辑 张 鹏
责任编辑 张 军
封面设计 彭 涛

AutoCAD 2018 中文版从入门到精通

王勇 王敬 / 著

出版发行：中国青年出版社
地 址：北京市东四十二条21号
邮政编码：100708
电 话：（010）50856188／50856199
传 真：（010）50856111
企 划：北京中青雄狮数码传媒科技有限公司
印 刷：三河市文通印刷包装有限公司
开 本：787 x 1092 1/16
印 张：29
版 次：2018年8月北京第1版
印 次：2018年8月第1次印刷
书 号：ISBN 978-7-5153-5076-9
定 价：79.90元

随着计算机技术的飞速发展，计算机辅助设计软件的应用表现的是如火如荼，尤其是AutoCAD辅助制图软件。它以简洁的用户界面、丰富的绘图命令和强大的编辑功能，逐渐赢得了各行各业的青睐。现如今，在建筑、机械、电子、纺织、化工等应用领域均能看到它的身影。毫不夸张地说，AutoCAD已成为国内外最受欢迎的计算机辅助设计软件之一。

Autodesk 公司自1982年推出AutoCAD 软件以来，先后经历了十多次的版本升级，目前最新版本为AutoCAD 2018。新版本的界面根据用户需求做了更多的优化，旨在为用户提供更为便捷的服务，让用户更快的完成绘图任务。为了使广大读者能够在短时间内熟练掌握新版本的所有操作，我们专门组织富有经验的一线教师编写了本书，书中全面、详细地介绍了AutoCAD 2018使用方法及应用技巧。

本书内容概述

全书共4篇17章，分别为基础入门篇、技能提高篇、高手进阶篇、实战案例篇。

部 分	章 节	内容概述
基础入门篇	第1~4章	本篇主要介绍了AutoCAD 2018软件的新增功能、界面设置、基本操作、图层管理，以及辅助绘图功能的使用等知识
技能提高篇	第5~10章	本篇主要介绍了二维图形的绘制与编辑、图块的的应用、文本的编辑、表格的创建、尺寸标注的应用，以及图形的输出与打印等内容
高手进阶篇	第11~14章	本篇主要介绍了AutoCAD 2018中三维绘图的功能，如基本三维实体的绘制与编辑、材质贴图的设置、灯光的运用，以及三维渲染等
实战案例篇	第15~17章	本篇以综合案例的形式介绍了AutoCAD软件在常见领域中的应用，如机械零件图、室内施工图及建筑施工图的绘制方法与技巧

本书内容讲解循序渐进、知识结构安排合理，语言组织通俗易懂，在讲解每一个知识点时，尽可能附加以实际举例进行说明。正文中穿插介绍了很多细小的知识点，这些均以“工程师点拨”栏目体现。本书第1~15章由重庆电子工程职业学院王勇老师编写，约55万字；本书第16~17章由重庆广播电视大学王敬老师编写，约8万字。每章最后还安排有“综合实例”、“高手应用秘籍”和“秒杀工程疑惑”多个重要栏目，以对前面知识进行巩固性练习和拓展性讲解。此外，附赠的云盘中记录了典型案例的教学视频，以供读者模仿学习。

附赠超值资料

为了帮助读者更加直观地学习AutoCAD，本书赠送的资料包括：

（1）书中全部实例涉及的工程原始、最终图形文件，方便读者高效学习。

（2）案例语音教学视频，手把手教你学，如有任何疑问和操作困难，可随时查看，得到最及时的帮助。

（3）赠送海量常用CAD图块，即插即用，可极大提高工作效率。

（4）赠送了100个建筑设计图纸，以帮助读者施展拳脚。

适用读者群体

本书既可以作为了解AutoCAD各项功能和最新特性的应用指南，又可以作为提高用户设计和创新能力的指导。本书适用于以下读者：

- 大中专院校相关专业的师生
- 参加计算机辅助设计培训的学员
- 建筑、机械、园林设计行业的相关设计师
- 想快速掌握AutoCAD软件并应用于实际工作的初学者

本书在编写和案例制作过程中力求严谨细致，但由于水平和时间有限，疏漏之处在所难免，望广大读者批评指正。

编　者

Mind Map

知识思维导图

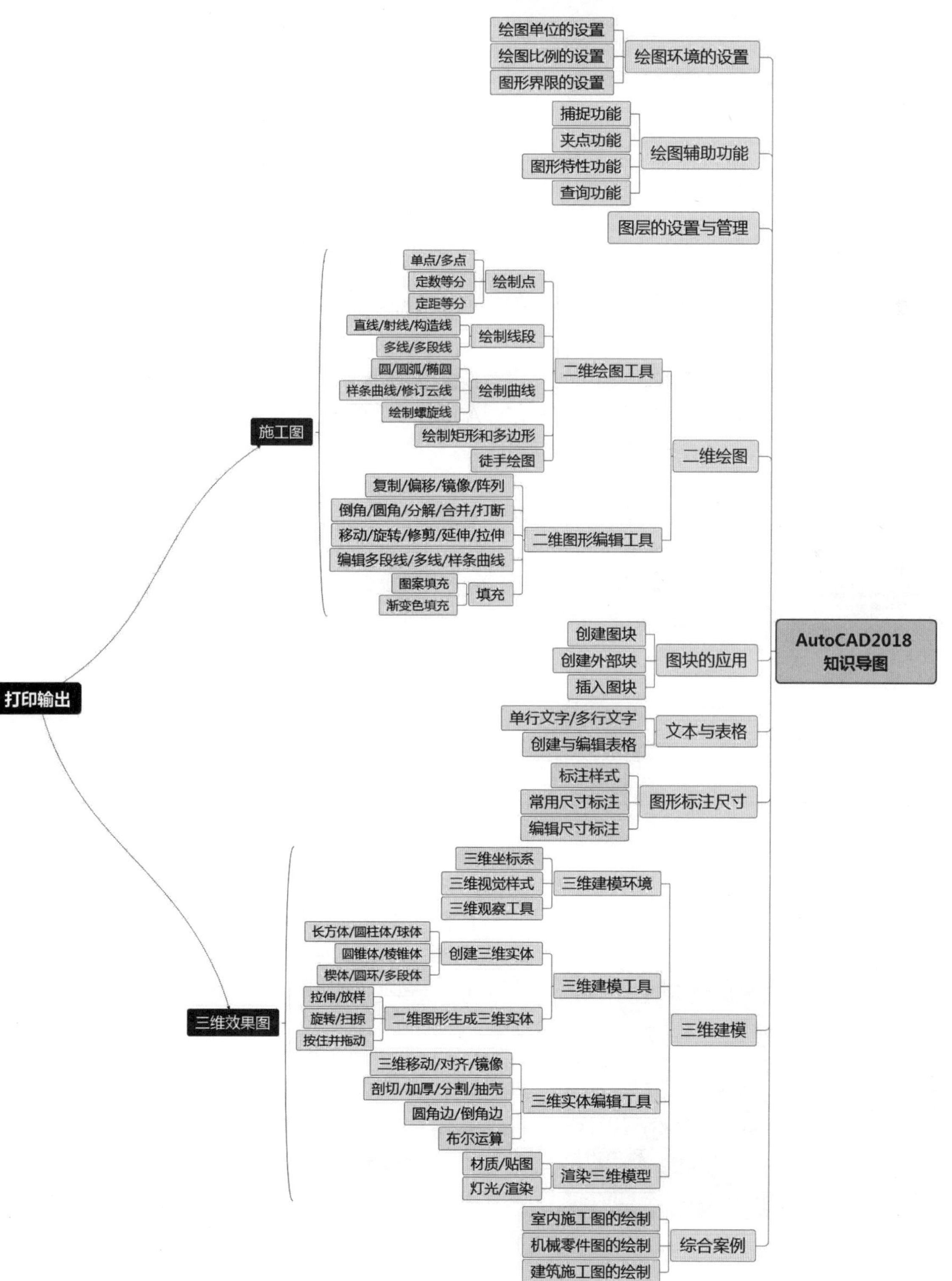

Contents 目录

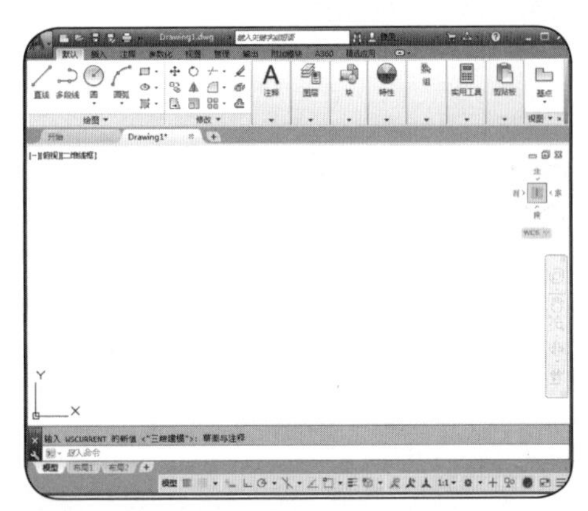

AutoCAD 2018工作界面

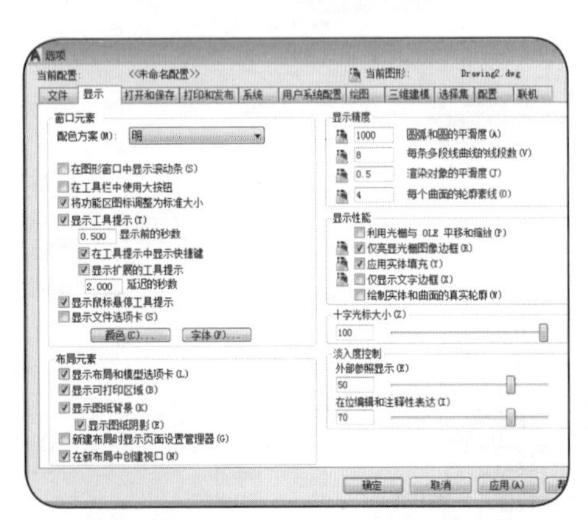

绘图环境设置面板

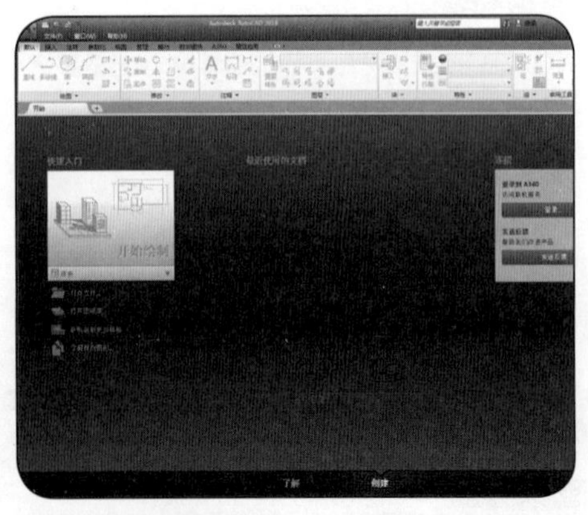

打开“开始绘制”界面

Chapter 01 AutoCAD 2018 轻松入门

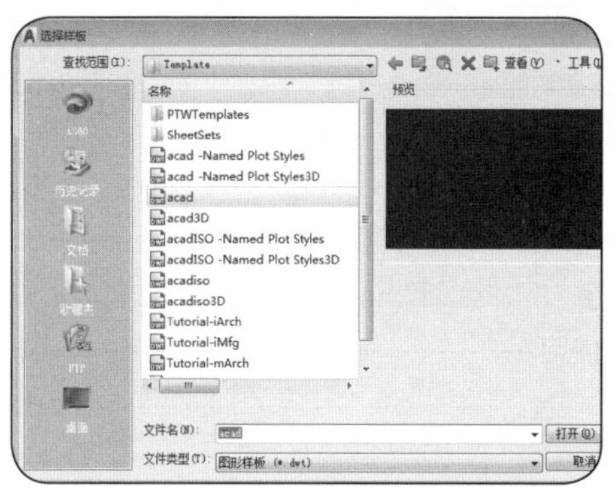

◎ 选择样板文件

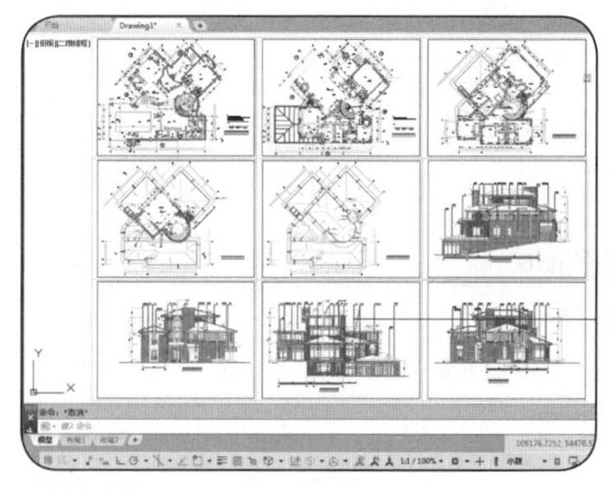
◎ 新建视口

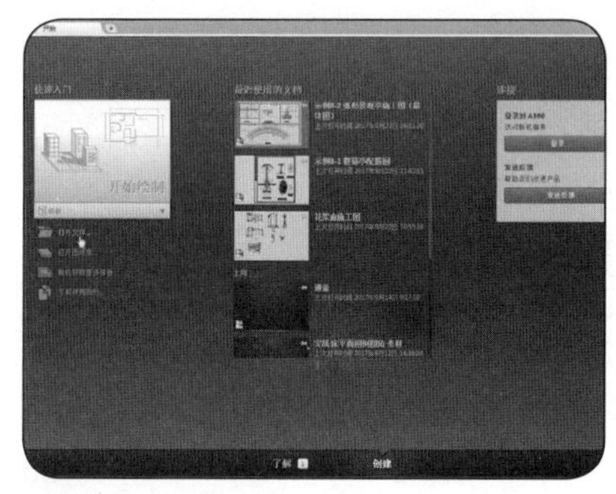
◎ 选择“打开文件”选项

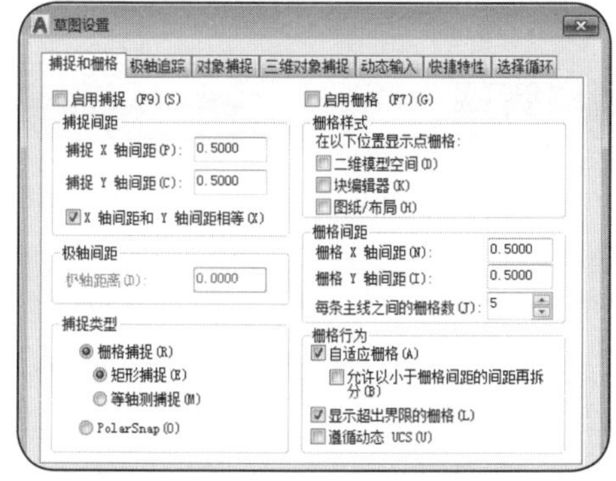

◎ “捕捉和栅格”选项卡

Chapter 02
AutoCAD 基本操作

Chapter 03
绘图辅助功能的使用

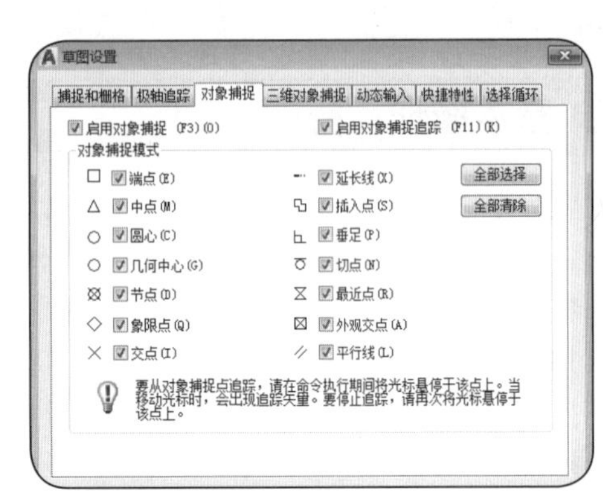

◎“对象捕捉”选项卡

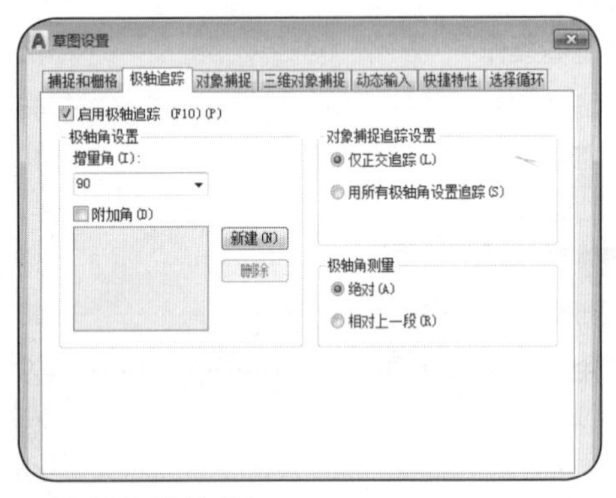

◎“极轴追踪”选项卡

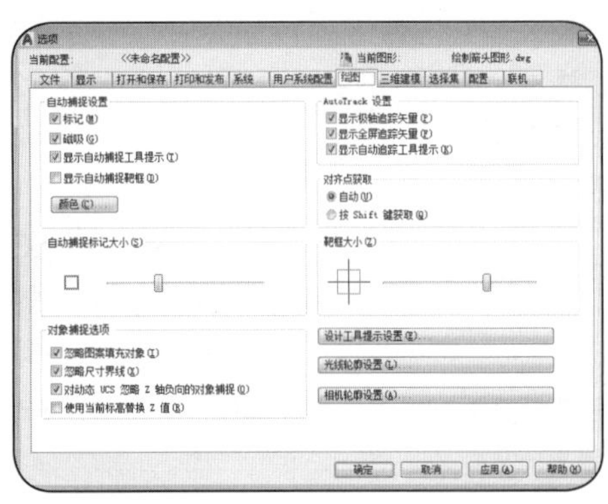

◎“绘图”选项卡

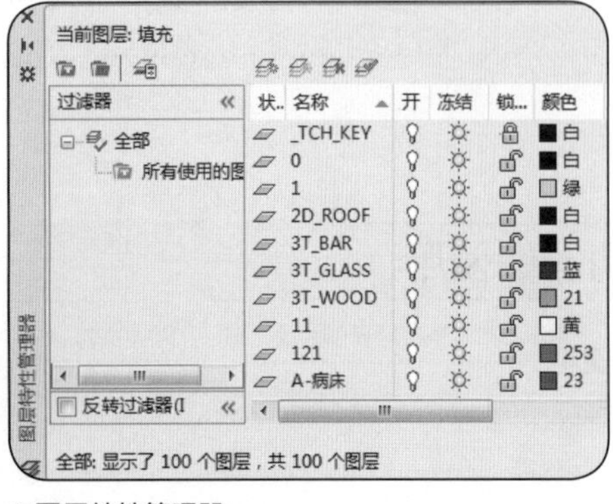

◎图层特性管理器

Chapter 04
图层的设置与管理

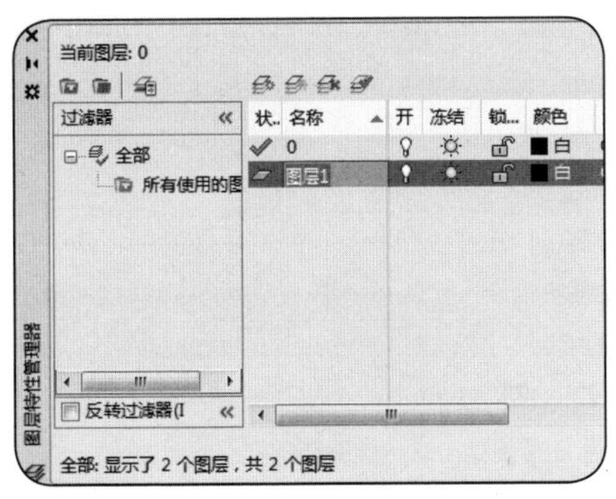

◎ 新建图层

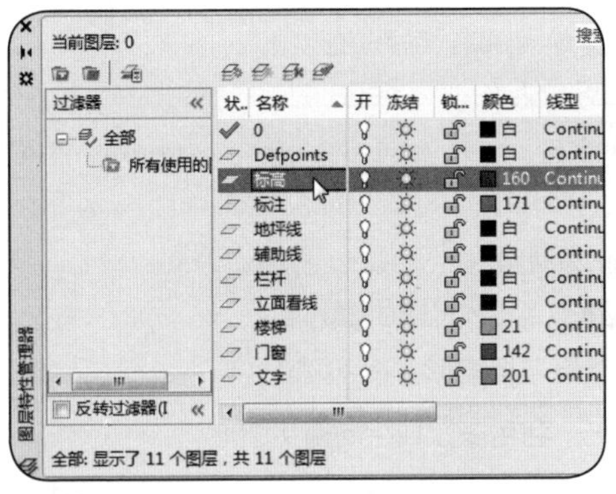

◎ 选择"标高"图层

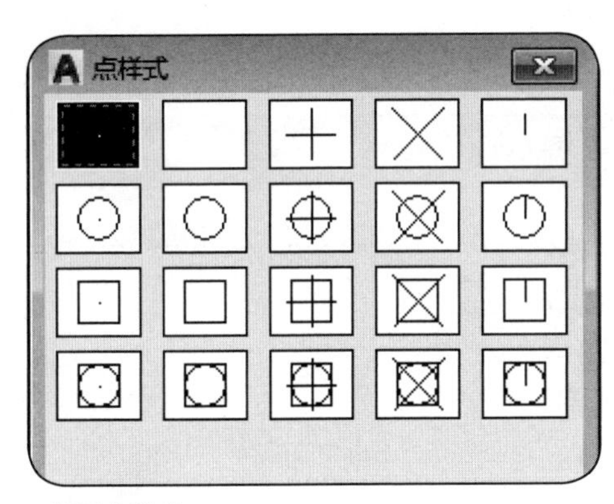

◎ 设置点样式

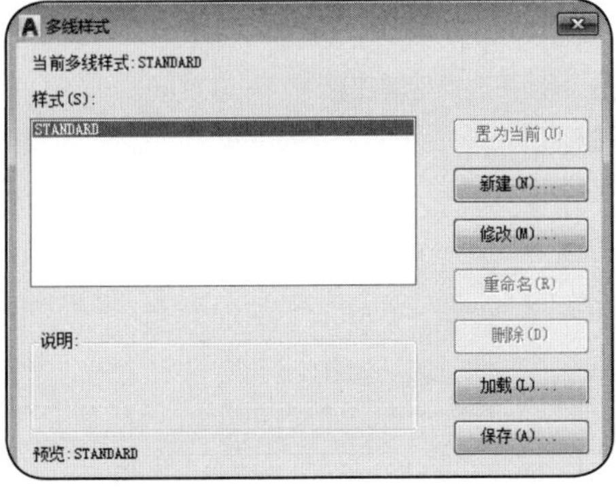

◎ "多线样式"对话框

Chapter 05

二维图形的绘制

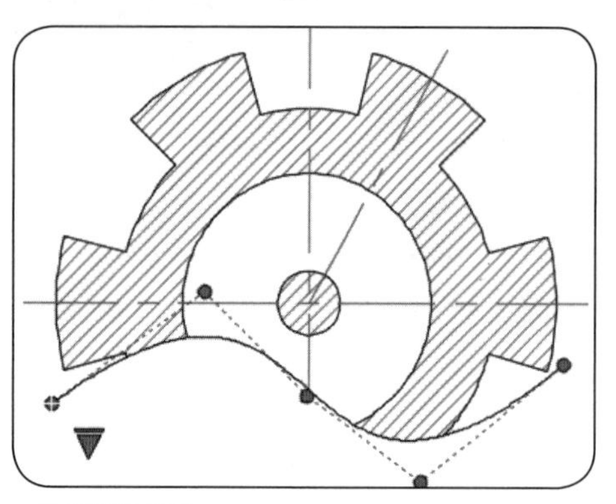

◎ 绘制样条曲线

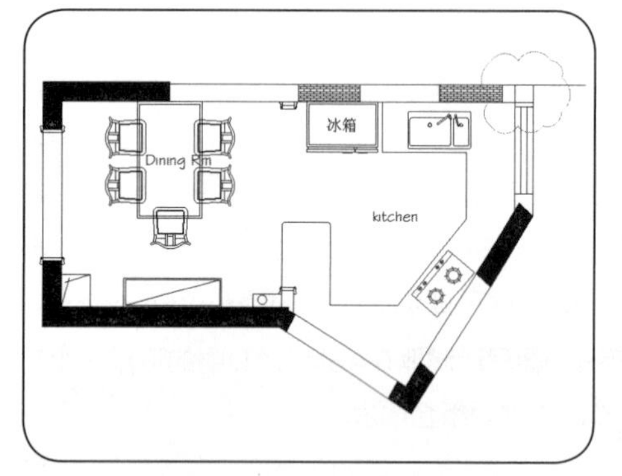

◎ 绘制修订云线

◎ 框选图形

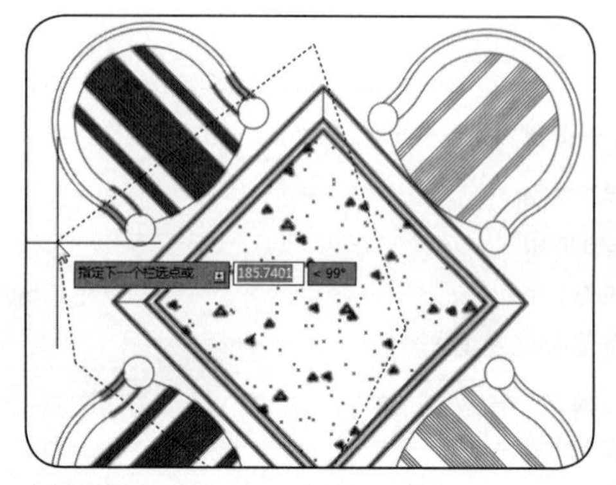

◎ 栏选图形

Chapter 06
二维图形的编辑

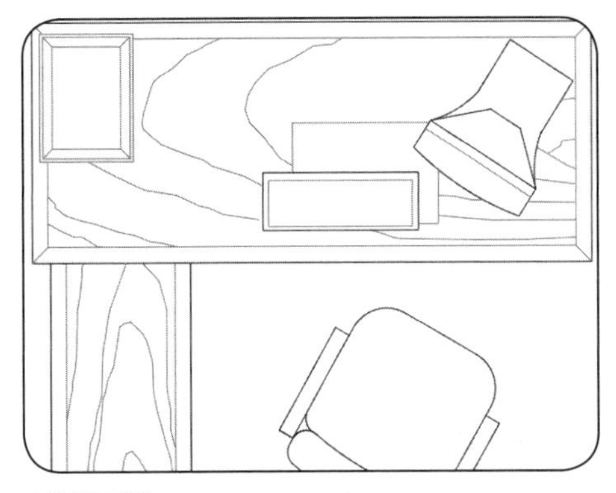

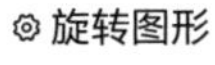

◎ 旋转图形

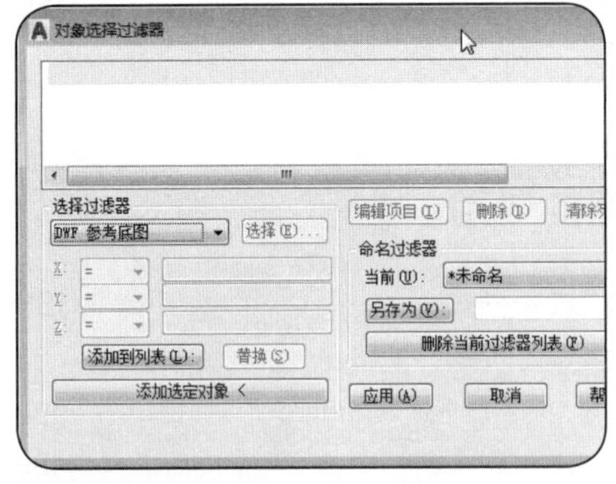

◎ "对象选择过滤器"对话框

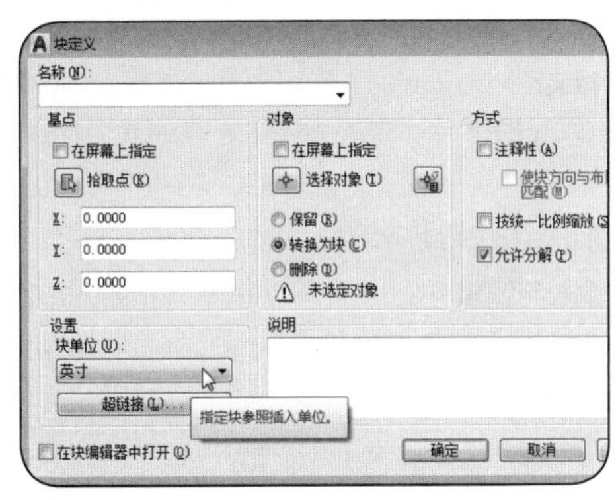

◎ 创建内部图块

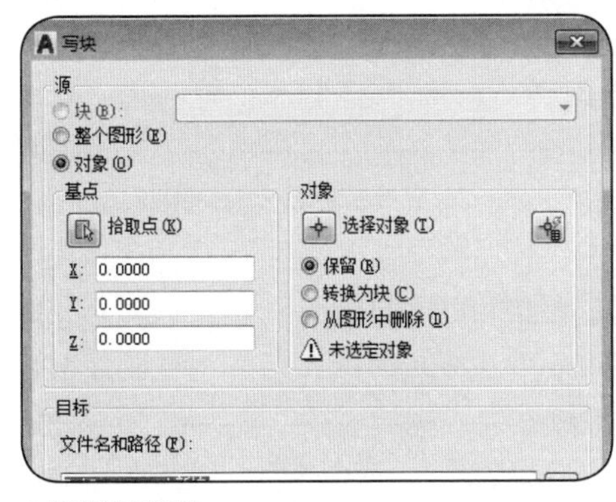

◎ 创建外部图块

Chapter 07

图块、外部参照及设计中心的应用

◎“设计中心”选项板

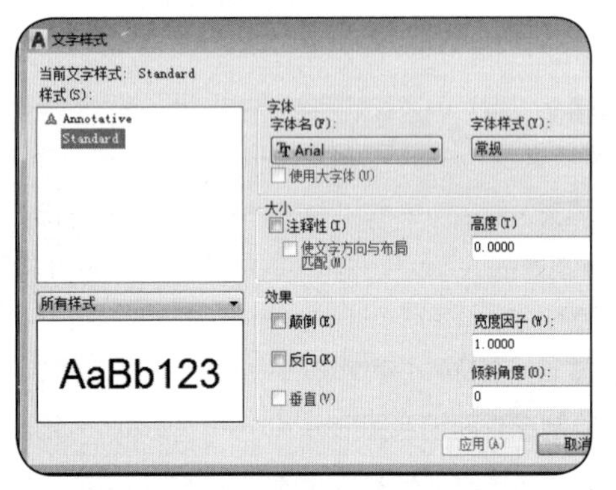

◎设置文字样式

◎“字符映射表”对话框

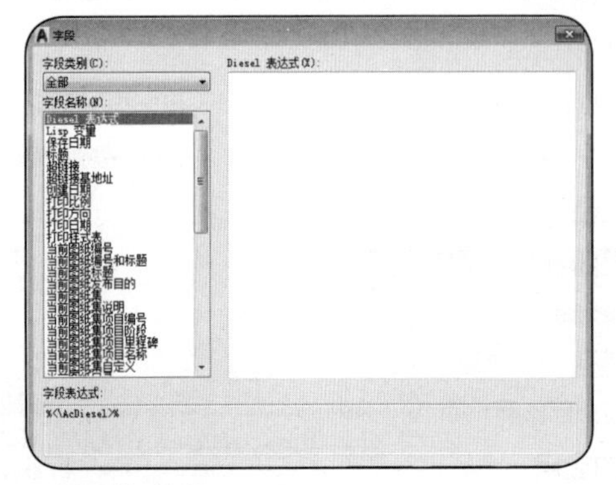

◎“字段”对话框

Chapter 08 文本与表格的应用

◎ 选择外部文本文件

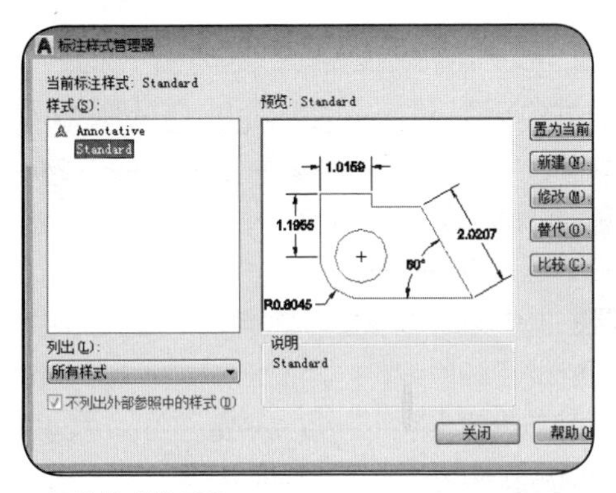

◎ 标注样式管理器

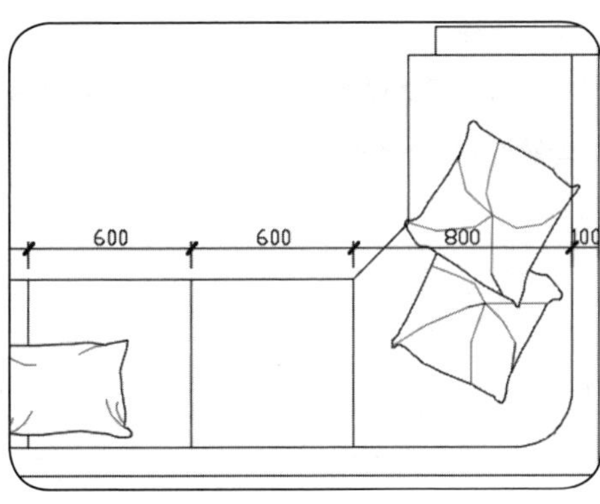

◎ 连续标注

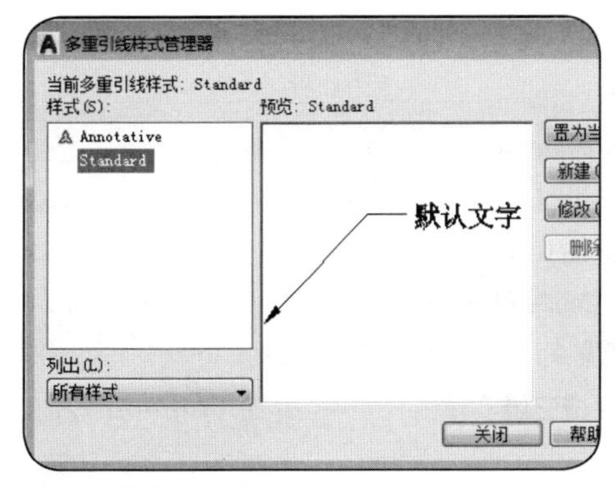

◎ 多重引线样式管理器

Chapter 09

图形标注尺寸的应用

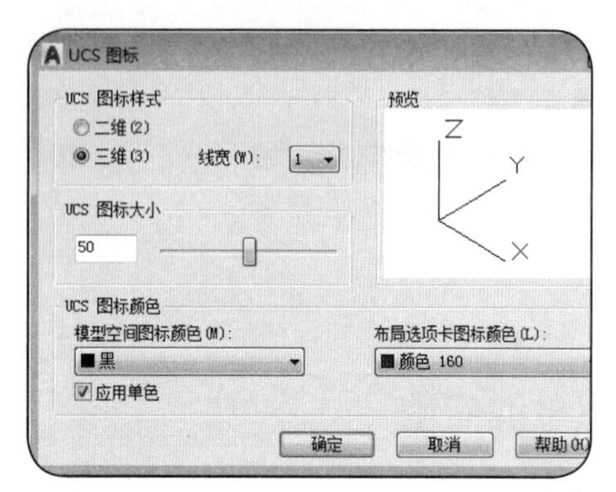

◎ UCS坐标设置

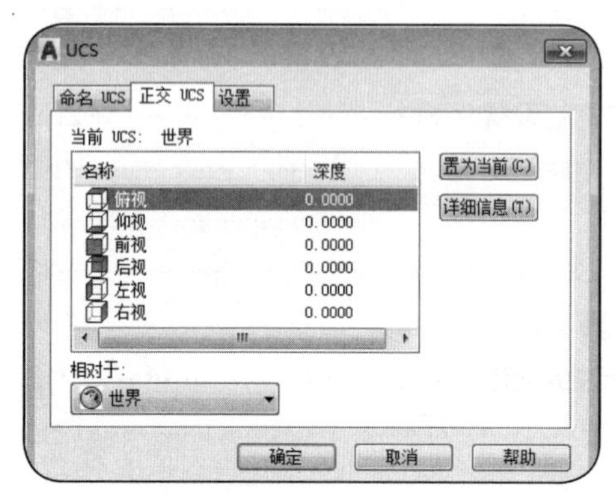

◎“正交UCS”选项卡

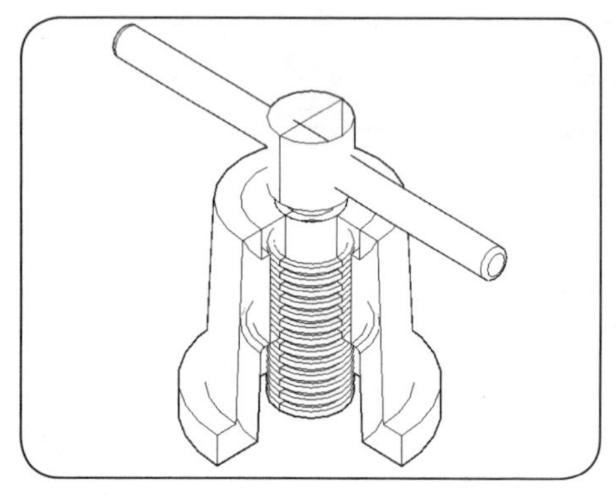
◎ 三维视点的切换

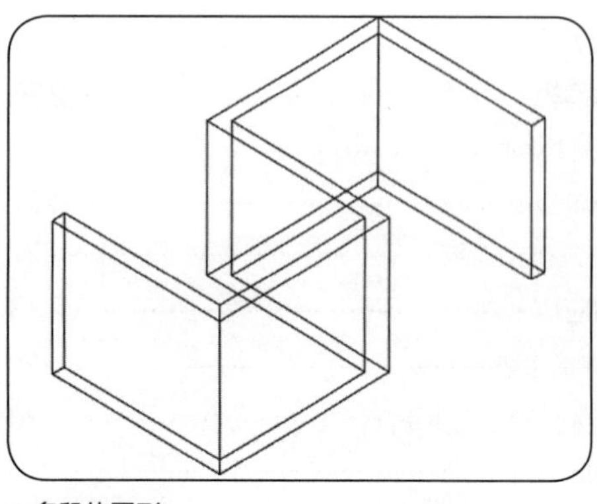
◎ 多段体图形

Chapter 10
三维绘图环境的设置

Chapter 11
三维模型的绘制

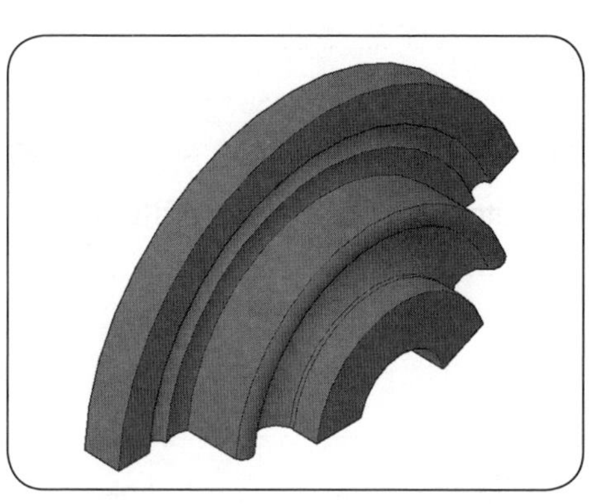

路径拉伸

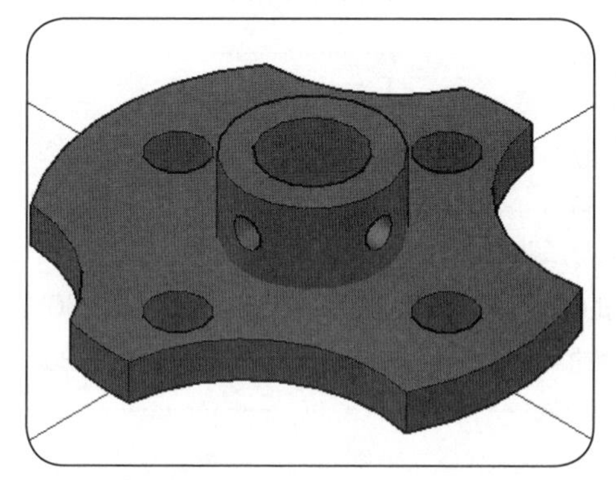

查看最终结果

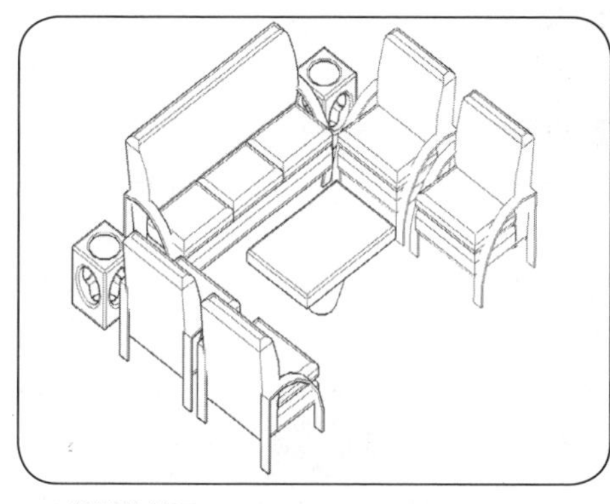

三维镜像效果

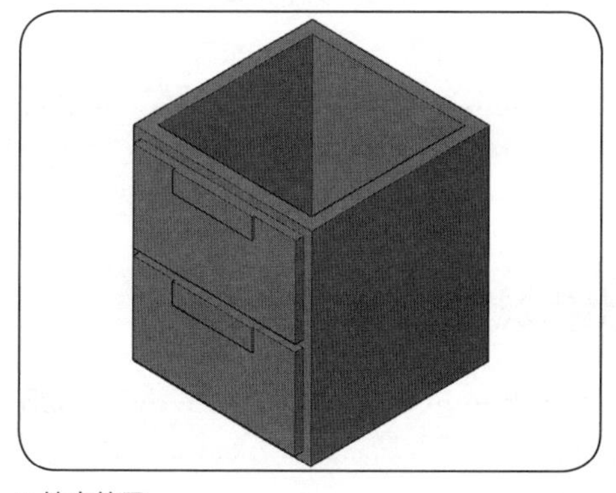

抽壳效果

Chapter 12 三维模型的编辑

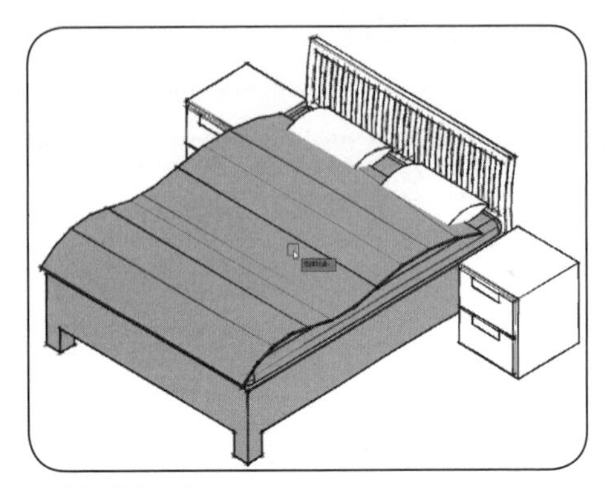

◎ 选择缩放对象

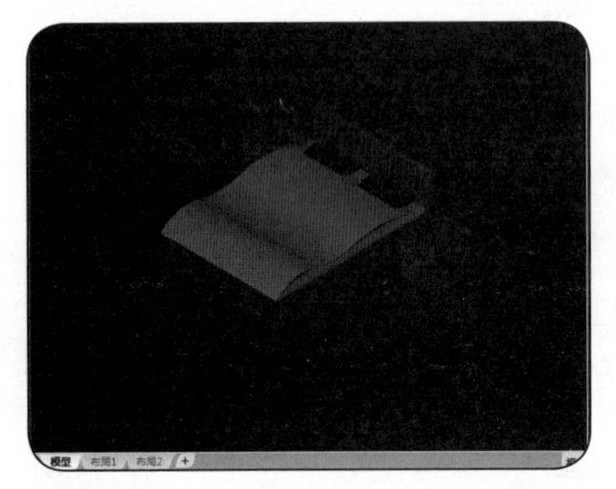

◎ 视口渲染

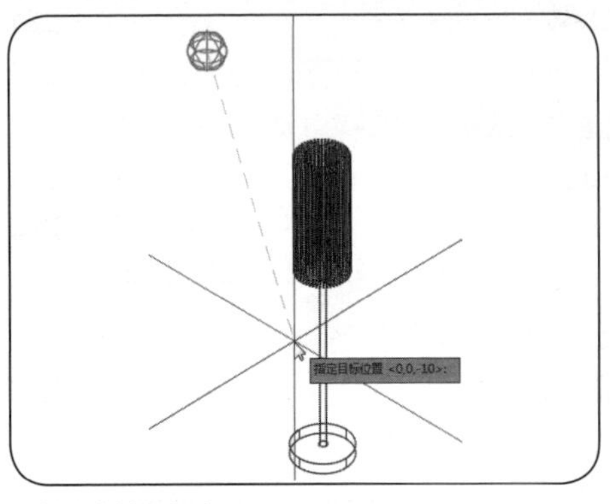

◎ 创建光域网灯光

◎ 指定搜索位置

Chapter 13 三维模型的渲染

Chapter 14 图形的输出与发布

◎ 图纸的输出操作

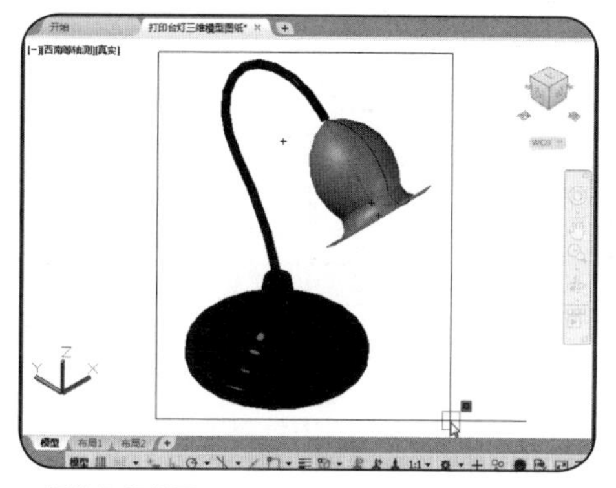

◎ 框选打印范围

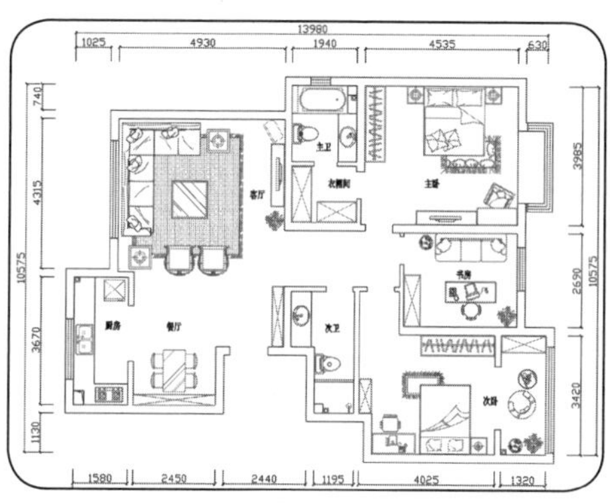

◎ 平面布置图

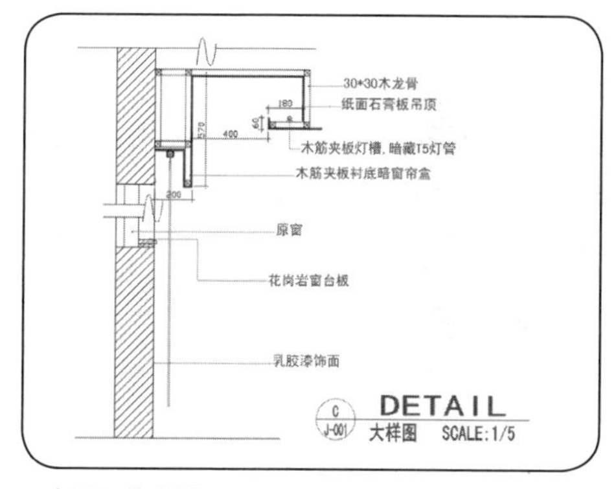

◎ 客厅天花大样图

Chapter 15

室内施工图的绘制

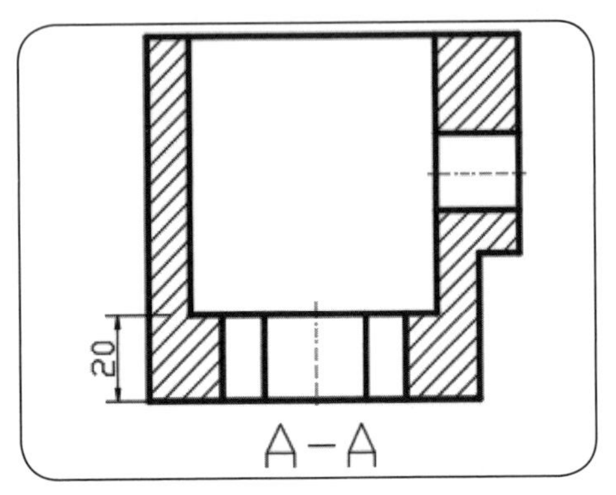

◎ 连接块剖视图

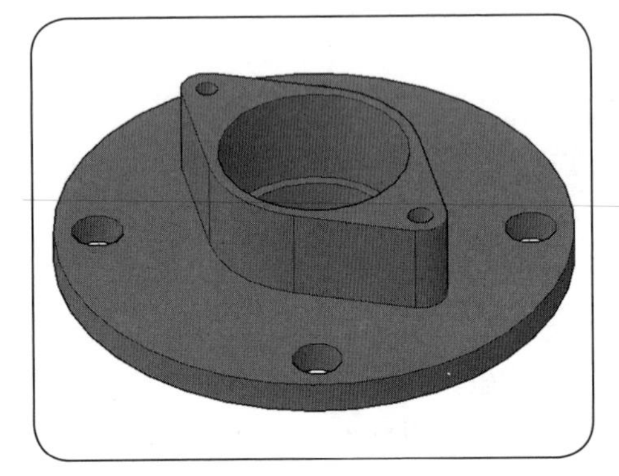

◎ 通盖模型

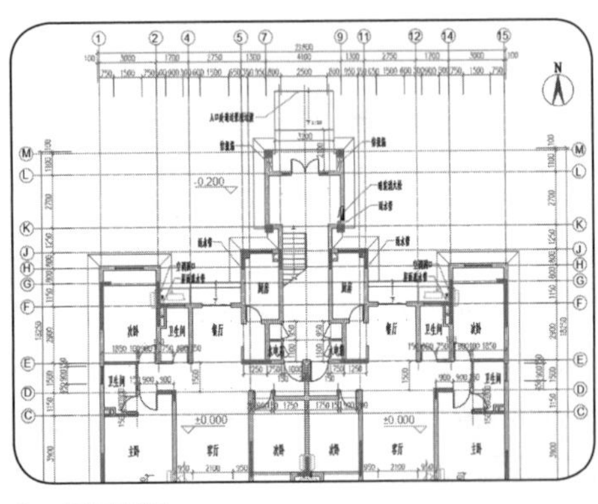

◎ 一层平面图

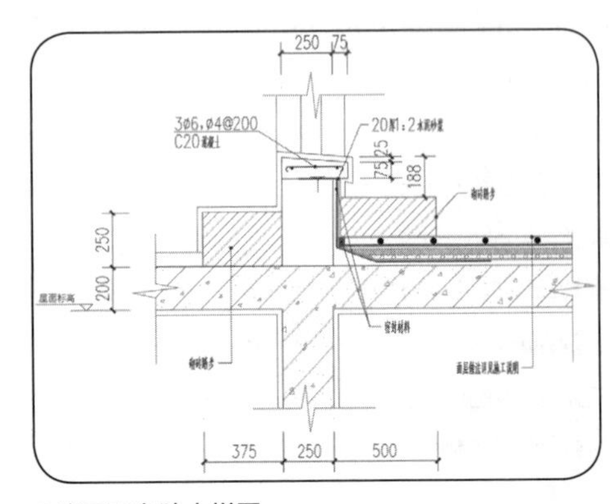

◎ 出屋面台阶大样图

Chapter 16

机械零件图的绘制

Chapter 17

建筑施工图的绘制

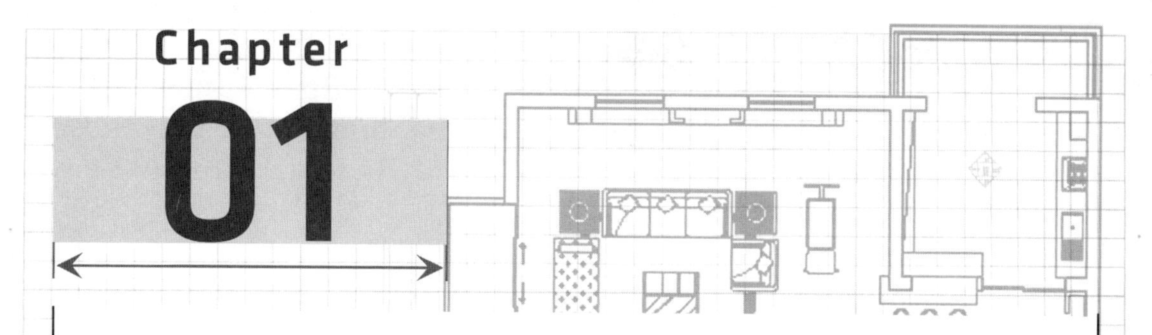

Chapter 01

AutoCAD 2018 轻松入门

随着科学技术的发展，AutoCAD软件已被广泛运用到了各行各业中，如建筑设计、工业设计、机械设计和室内设计等。通过对本章的学习，读者可以对AutoCAD 2018有一个初步的了解和认识，为今后学习和应用AutoCAD知识做铺垫。

01 学完本章您可以掌握如下知识点

1. AutoCAD 2018新功能 ★
2. AutoCAD 2018工作界面 ★★
3. AutoCAD 2018绘图环境的设置 ★★★

02 本章内容图解链接

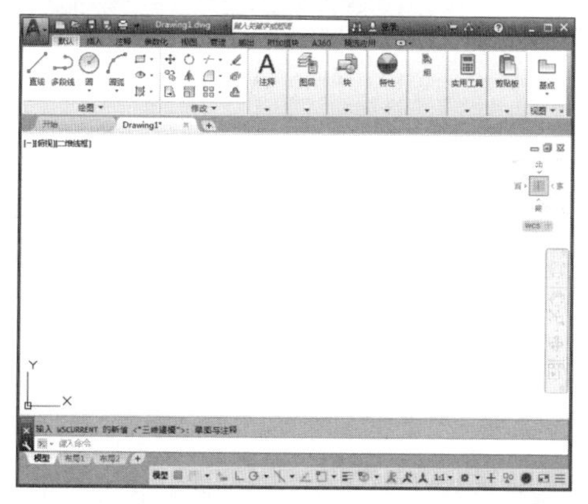

AutoCAD 2018工作界面

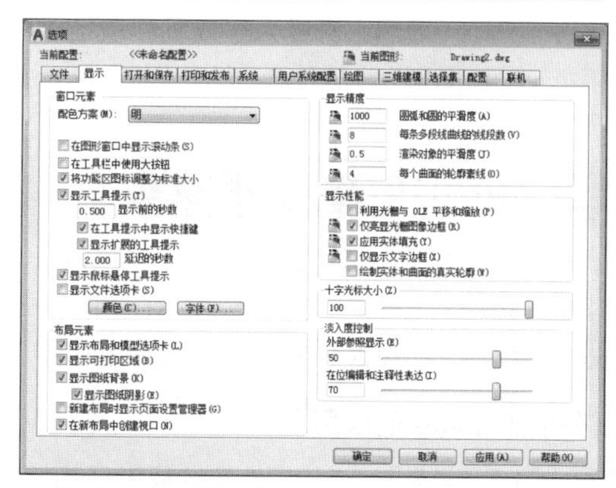

绘图环境设置面板

1.1 AutoCAD 2018概述

计算机辅助设计作为工程设计领域中的主要技术，在设计绘图和相互协作方面已经展示了强大的技术实力，利用AutoCAD可以迅速并准确地绘制出所需图形。由于其具有易学、使用方便、体系结构开发快等优点，深受广大技术人员的喜爱。

1.1.1 初识AutoCAD

计算机辅助设计应用始于20世纪80年代，制图在个人计算机上的运行成为现实。近30年来，随着CAD技术的不断发展，计算机辅助建筑设计（CAAD）软件的产生，建筑业内计算机所覆盖的工作领域不断扩大，几乎均能由计算机作为工具而加以辅助，其中的绘图包括二维绘图、三维绘图（三维模型制作）。

（1）二维绘图

主要功能为绘制二维图形的AutoCAD软件，由于可用来进行相应的配套工作，如标注尺寸、符号、文字、制作表格和进行图面布置等。在AutoCAD软件基础上经过对各工程设计专业的二次开发，使其发展成为可以广泛应用于微机和工作站、国际上广为流行的绘图工具。

（2）三维绘图

CAAD出现之前计算机辅助设计的媒介尚存在不足。其中，二维图形需用基本图素建模，效率偏低；空间造型能力显弱，所能表示的复杂程度、精确程度比较有限。而CAAD出现之后不仅克服了上述不足，还提供更多的便利：数字化二维图形，图形的数字化意味着能附带庞大的相关数据库，携带更多的信息；数字化三维图形，能生成透视、模型或统计数据等；多媒体，除了静态的文字、图形外，还能生成声音、动画和摄像等。

（3）后处理

后处理包括效果调整、拼装组合和打印输出等三个方面的工作，以便最终完成满意的作品。

CAD软件的每一次升级，在功能上都得到了逐步的增强，且日趋完善。也正因为AutoCAD具有强大的辅助绘图功能，彻底地改变了传统的手工绘图模式，把工程设计人员从繁重的手工绘图中解放了出来，从而极大地提高了设计效率和工作质量，如图1-1所示。因此它已成为工程设计领域中应用最为广泛的计算机辅助绘图与设计软件之一。

图1-1 AutoCAD绘制景观图

1.1.2 AutoCAD的应用领域

AutoCAD软件具有绘制二维图形、三维模型、标注图形、协同设计、图纸管理等功能，并被广泛应用于机械、建筑、电子、航天、石油、化工、地质等领域，是目前世界上使用最为广泛的计算机绘图软件之一。下面将介绍AutoCAD常用领域中的应用。

1. 在机械领域中的应用

CAD技术在机械设计中的应用主要集中在零件与装配图的实体生成等应用。它彻底更新了设计手段和设计方法，摆脱了传统设计模式的束缚，引进了现代设计观念，促进了机械制造业的高速发展，如图1-2所示。

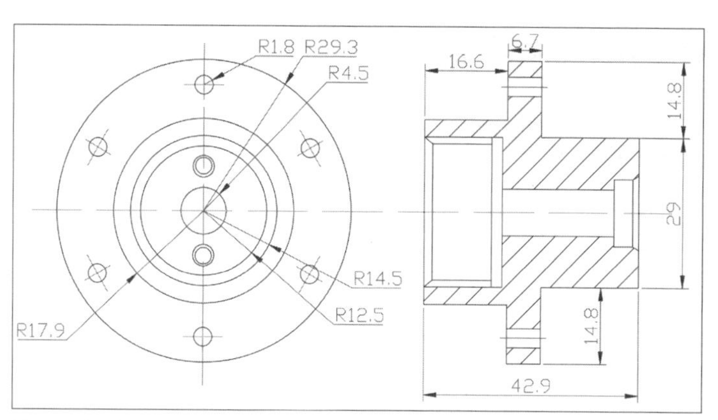

图1-2 机械图形

在绘制机械三维模型时，使用AutoCAD三维功能则更能够体现该软件的实用性和可用性，其具体表现为以下4点：

（1）零件的设计更快捷。

（2）装配零件更加直观可视。

（3）缩短了机械设计的周期。

（4）提高了机械产品的技术含量和质量。

2. 在建筑工程领域中的应用

在绘制建筑工程图纸时，一般要用到3种以上的制图软件，例如AutoCAD、3ds Max、Photoshop软件等。其中AutoCAD是建筑制图的核心制图软件，设计人员通过该软件，可以轻松的表现出他们所需要的设计效果，如图1-3、1-4所示。

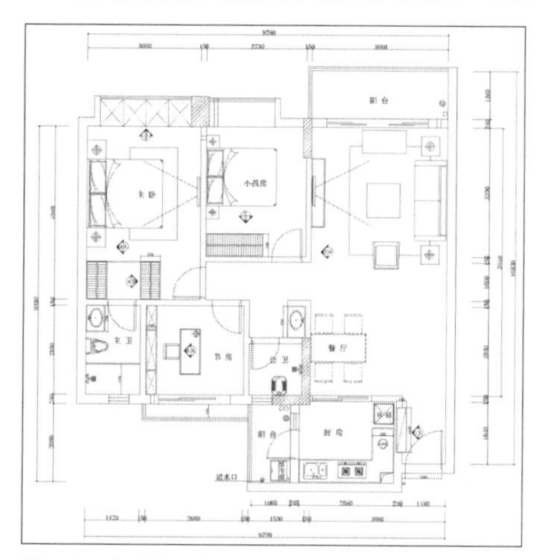

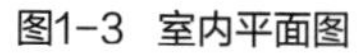

图1-3 室内平面图

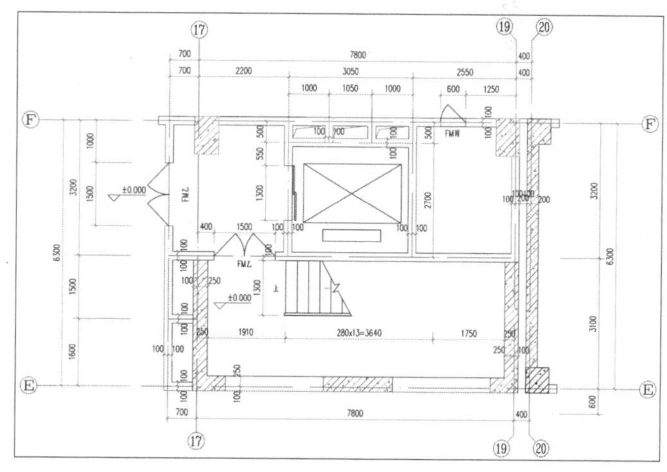

图1-4 楼梯详图

3. 在电气工程领域中的应用

在电气设计中，AutoCAD主要应用在制图和部分辅助计算方面。电气设计的最终产品是图纸，作为设计人员需要基于功能或美观方面的要求创作出新产品，并需要具备一定的设计概括能力，从而利用AutoCAD软件绘制出设计图纸。

随着科技时代的发展，服装行业也逐渐应用CAD技术。该技术融合了设计师的理想和技术经验，通过计算机强大的计算功能，使服装设计更加科学、高效，为服装设计师提供了一种现代化的工具。目前，服装CAD技术可用来进行服装款式图的绘制、对基础样板进行放码、对完成的衣片进行排料，以及对完成的排料方案直接通过服装裁剪系统进行裁剪等。

1.1.3 AutoCAD的基本功能

想要学好AutoCAD软件，其前提是要了解该软件的基本功能，例如图形的创建与编辑、图形的标注、图形的显示以及图形的打印等。

1. 图形的创建与编辑

在AutoCAD的“绘图”菜单或“默认”功能面板中包含各种二维和三维的绘图工具，使用这些工具可以绘制直线、多段线和圆等基本二维图形，也可以将绘制的图形转换为面域，如图1-5所示。

对于一些二维图形，通过拉伸设置标高和厚度等操作，可以轻松地转换为三维模型，或者使用基本实体或曲面功能，快速创建圆柱体、球体和长方体等基本实体，以及三维网格旋转网格等曲面模型，而使用编辑工具则可以快速创建出各种各样的复杂三维模型，如图1-6所示。

图1-5 沙发平面图

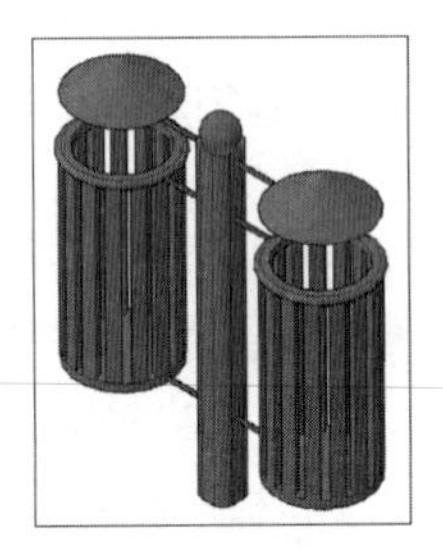

图1-6 三维模型

此外为了方便查看图形的特征，还可以以二维绘图技术来绘制轴测图模拟三维对象。轴测图实际上是二维图形，只需要将软件切换到轴测视图后，即可绘制出轴测图。此时，利用直线将绘制出30°、90°、150° 等角度的斜线，圆轮廓线将绘制为椭圆形。

2. 图形的标注

图形标注是制图过程中一个较为重要的环节。AutoCAD的“标注”菜单和“注释”功能面板中包含了一套完整的尺寸标注和尺寸编辑工具。使用它们可以在图形的各个方向上创建各种类型的标注，也可以以一定格式创建符合行业或项目标准的标注。

AutoCAD的标注功能不仅提供了线性、半径和角度3种基本标注类型外，还提供了引线标注、公差标注及粗糙度标注等。而标注的对象可以是二维图形，也可以是三维图形，如图1-7、1-8所示。

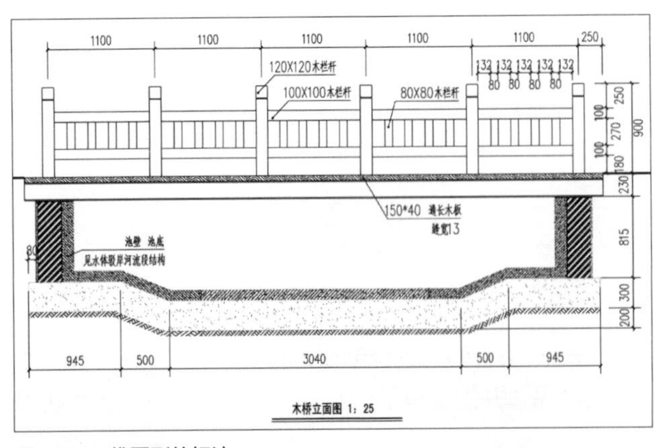

图1-7 二维图形的标注

图1-8 三维图形的标注

3. 渲染和观察三维视图

在AutoCAD中可以运用雾化、光源和材质，将模型渲染的具有真实感的图像。如果是为了演示，可以渲染全部对象；如果时间有限或者显示设备和图形设备不能提供足够的灰度等级和颜色，就不必精细渲染；如果只需快速查看设计的整体效果，可以简单消隐或者设置视觉样式。

此外，为了查看三维图形各方面的显示效果，可在三维操作环境中使用动态观察器观察模型，也可以设置漫游和飞行方式观察图形，甚至可以录制运动动画和设置观察相机，更方便地查看模型结构。

4. 图形的输出与打印

AutoCAD不仅可以将所绘制图形以不同样式通过绘图仪或打印机输出，还能够将不同格式的图形输入AutoCAD，或者将AutoCAD图形以其他格式输出。因此当图形绘制完成后，可以使用多种方法将其输出。例如可以将图形打印在图纸上，或者创建成文件以供其他应用程序使用。

5. 图形显示控制

AutoCAD提供了十种视觉样式，可供用户观察模型的着色及线框等效果，另外AutoCAD还可以任意调整图形的显示比例，以便于观察图形的全部或局部，并可以使图形上、下、左、右移动来进行观察。软件为用户提供了6个标准视图和4个轴测视图，可以利用视点工具设置任意的视角，还可以利用三维动态观察器设置任意视角效果。

6. Internet功能

利用AutoCAD强大的Internet工具，可以在网络上发布图形、访问和存取，让用户之间相互共享资源和信息，同步进行设计、讨论、演示，获得外界消息等提供了极大的帮助。

电子传递功能可以把AutoCAD图形及相关文件进行打包或制成可执行文件，然后以单个数据包的形式传递给客户和工作组成员。

AutoCAD的超级链接功能可以将图形对象与其他对象建立链接关系。此外，AutoCAD提供了一种既安全又适于在网上发布的DWF文件格式，用户可以使用Autodesk DWF Viewer来查看或打印DWF文件的图形集，也可以查看DWF文件中包含的图层信息、图纸和图纸集特性、块信息和属性，以及自定义特性等信息。

1.1.4 AutoCAD 2018新功能

AutoCAD 2018版本与旧版本相比，增添了不少新的功能，比如PDF导入、外部文件参考、对象选择等。下面将分别对其功能进行介绍。

1. PDF导入

在AutoCAD 2018中，用户可将PDF文件导入至CAD软件中。执行PDFIMPORT命令，将PDF格式文件输入AutoCAD中，包括二维几何图形、SHX字体、填充、光栅图像和TrueType文字。通过“插入”选项卡上的“识别SHX文字”工具可以将SHX文字的几何对象转换成文字对象，如图1-9、1-10所示。具体导入操作会在后面的章节详细介绍。

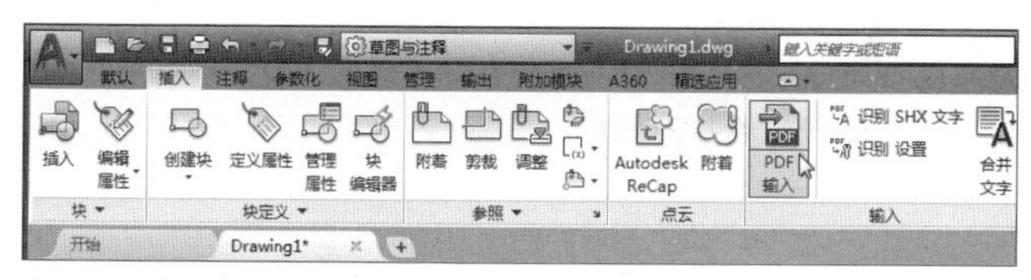

图1-9 选择“PDF输入”命令

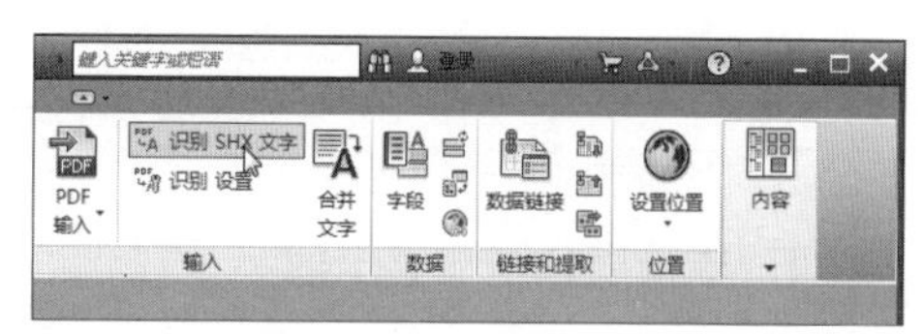

图1-10 识别SHX文字

2. 外部文件参考

在AutoCAD 2018中，新增加了修复外部参考文件中断开路径的功能。此时将外部文件附着到AutoCAD图形时，默认路径类型现已设置为“相对路径”。在旧版本的AutoCAD中，如果用户的图形未命名，则无法指定参照文件的相对路径，而在AutoCAD 2018 中，可指定文件的相对路径，即使图

形未命名也可以指定，如图1-11、1-12所示。

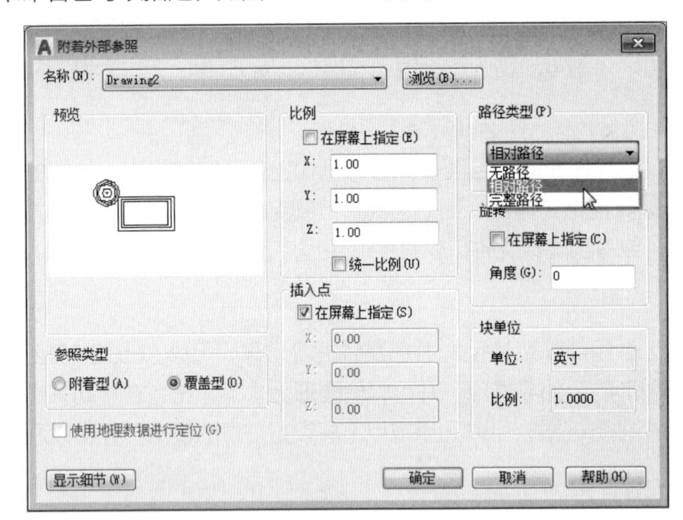

图1-11　附着外部参照

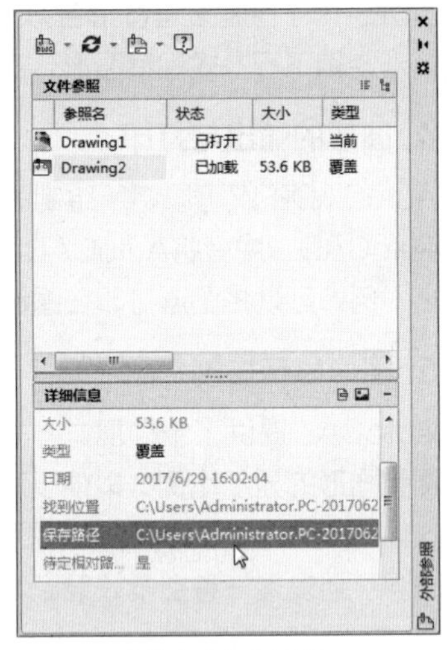

图1-12　文件参照保存路径

3. 对象选择

在AutoCAD 2018中，选定某些图形时，即使用户进行平移或缩放图形或关闭屏幕等操作，此时被选定的图形都保持在选择状态。

4. 文本转换为多行文本

在AutoCAD 2018中，新增添了一项“合并文字”功能，该功能可将多个单独的文字对象合并为一组多行文字对象。用户将输入的PDF文件转换成SHX文字后，使用该功能可快速的对多个单独的文字对象进行合并编辑操作，如图1-13、1-14所示，具体操作会在后面的章节详细介绍。

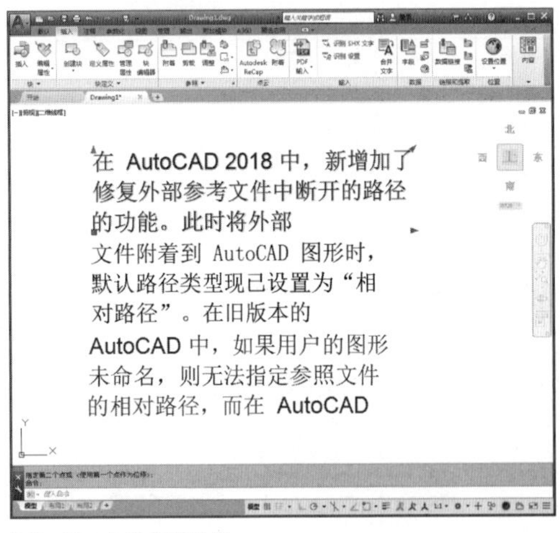

图1-13　合并之前效果

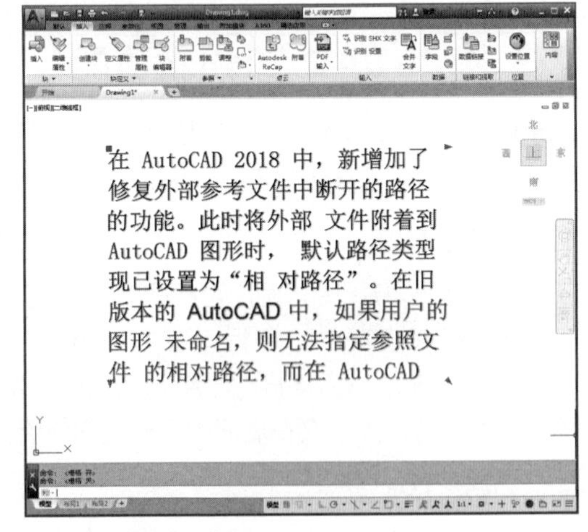

图1-14　合并之后效果

5. 支持高分辨率显示器

在AutoCAD 2018中，光标、导航栏和UCS图标等用户界面元素可在高分辨率（4K）显示器上充分显示出来，对大多数对话框、选项板和工具栏也进行了适当的调整，以适应Windows显示比例的设置。

6. Autodesk移动应用程序

用户可使用Autodesk移动应用程序在移动设备上查看、创建、编辑和共享CAD图形。

1.1.5 AutoCAD 2018启动与退出

AutoCAD 2018应用程序安装完成后，用户即可启动该程序，进行图形的相关操作，使用完毕后再将其退出。

1. AutoCAD 2018的启动

正确安装AutoCAD 2018后，首先需要了解如何启动该软件。启动AutoCAD 2018的方法很多，常用的有以下几种：

- 在电脑状态栏中执行“开始>所有程序>Autodesk>AutoCAD 2018-简体中文（Simplified Chinese）>AutoCAD 2018-简体中文（Simplified Chinese）”命令，即可启动AutoCAD 2018应用程序。
- AutoCAD2018应用程序安装完毕后，系统会自动在电脑桌面上生成快捷方式，用户只需双击该快捷方式即可启动AutoCAD 2018应用程序。
- 如果电脑中存在“.dwg”格式的文档，也可以双击该文档，即可启动AutoCAD 2018并打开该文件。

启动AutoCAD 2018后，即可打开“开始绘制”界面，如图1-15所示。

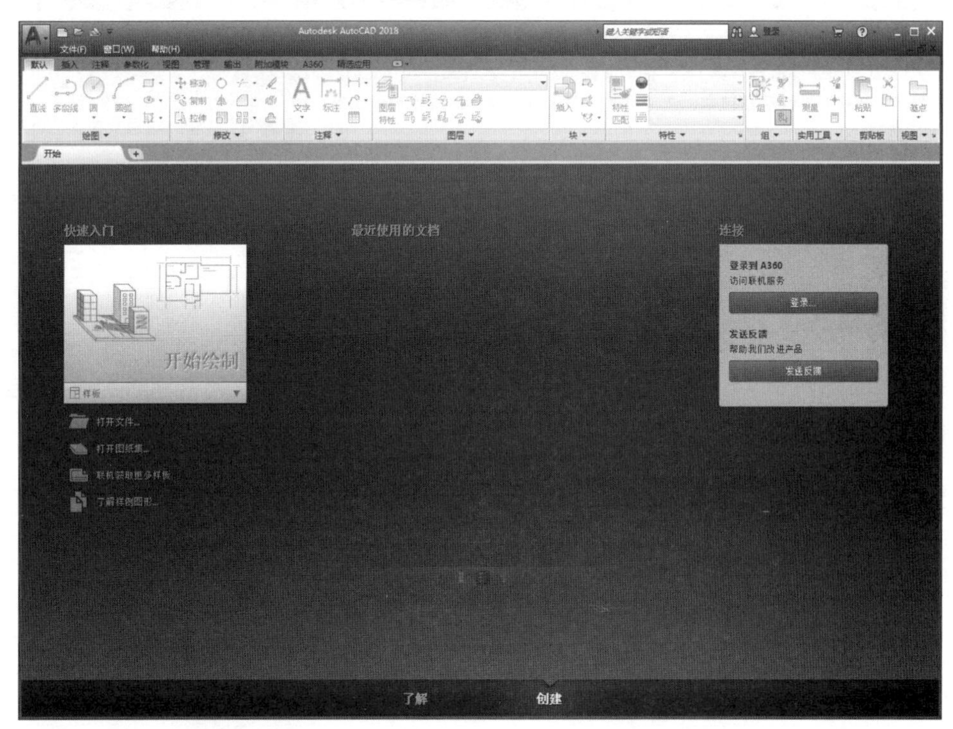

图1-15 打开“开始绘制”界面

2. AutoCAD 2018的退出

操作完成保存图形之后，可以通过下列方式退出AutoCAD 2018：

- 执行“文件>退出”命令，如图1-16所示。
- 单击标题栏中的“关闭”按钮。
- 单击“菜单浏览器”按钮，在弹出的列表中执行“退出Autodesk AutoCAD 2018”命令，如图1-17所示。
- 在命令行中输入QUIT后，按回车键确认即可关闭应用程序。
- 按Ctrl+Q组合键。

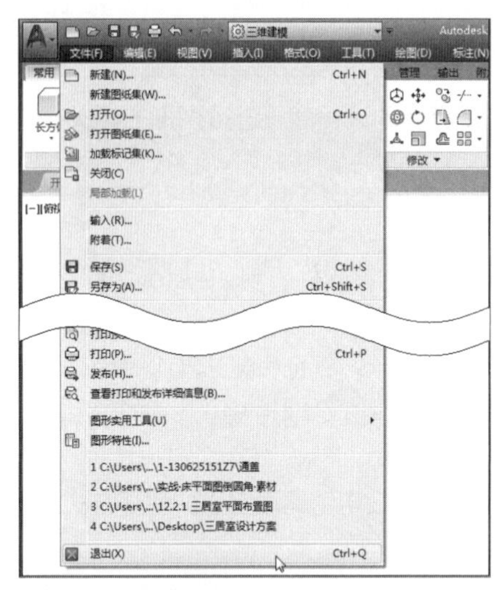

图1-16　使用文件菜单方法退出

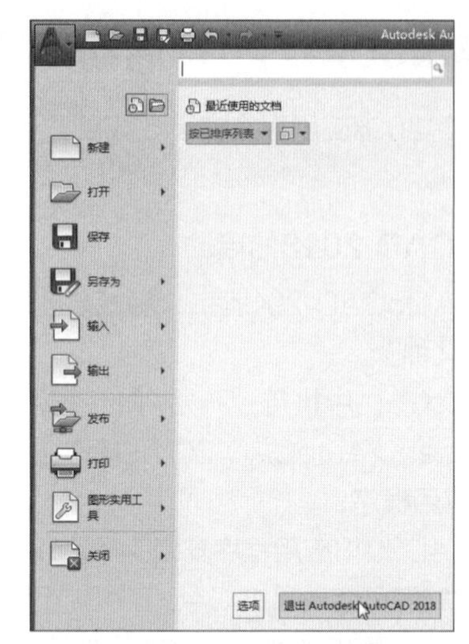

图1-17　使用“文件菜单”按钮退出

工程师点拨：其他退出软件的方法

除了以上介绍的几种操作外，还可以通过以下2种方法退出软件。第1种：使用“Alt+F4”组合键即可快速退出；第2种：在桌面任务栏中，右键单击AutoCAD 2018软件图标，在打开的快捷菜单中，选择“关闭窗口”选项，同样也可退出软件，如图1-18所示。

图1-18　退出CAD软件

1.2 AutoCAD 2018工作界面

双击要打开的AutoCAD 2018图形文件后，系统默认窗口颜色计绘图区背景颜色皆为暗色。对窗口以及背景颜色进行调整后，其效果如图1-19所示。

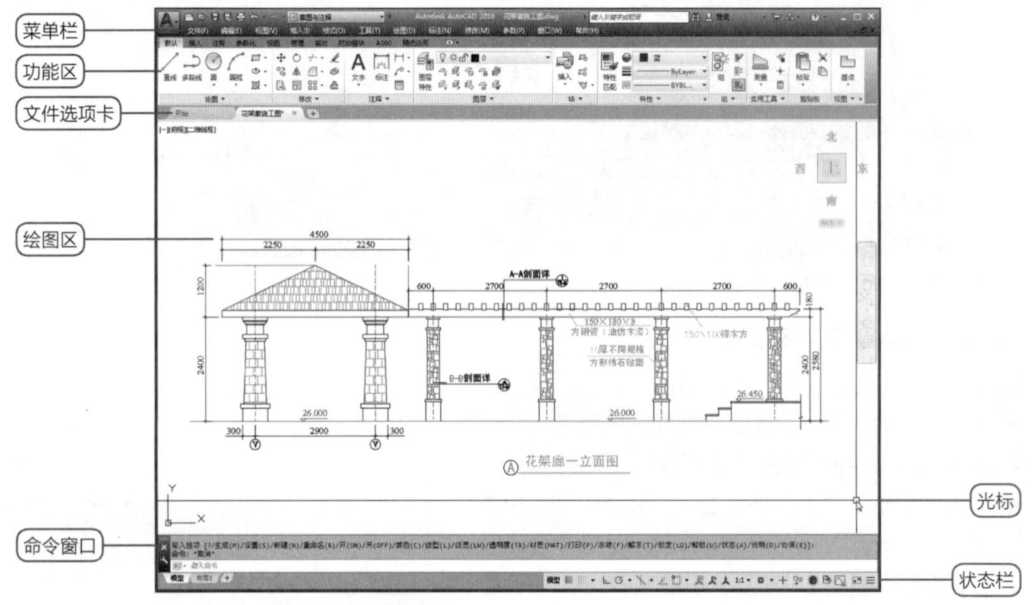

图1-19　AutoCAD 2018绘图界面

1.2.1 菜单浏览器

“菜单浏览器”按钮位于AutoCAD 2018界面的左上角，单击该按钮，可展开应用程序菜单列表，如图1-20所示。在该列表中，用户可对图形文件进行创建、打开、保存、打印和发布等操作。此外，用户可进行图形维护，例如查核和清理，并关闭图形。

单击应用程序菜单中的“搜索”按钮，可以快速搜索到所需命令工具。另外，在该菜单列表右侧，显示“最近使用的文档”列表，在此单击任意图形文件即可快速打开。用户也可在“按已排序列表”下拉列表中，对图形文件进行分类排序操作，如图1-21所示。

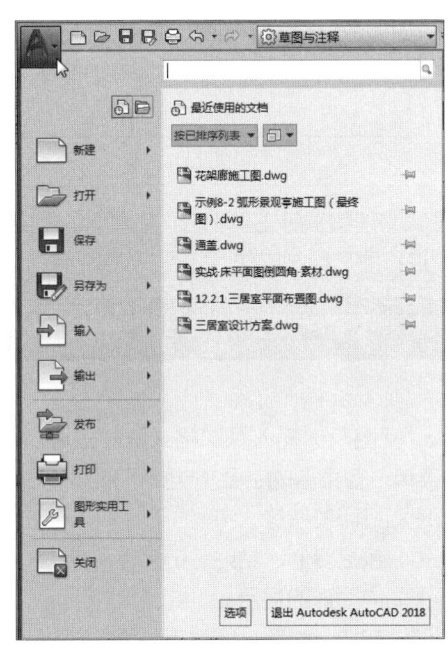

图1-20 菜单浏览器

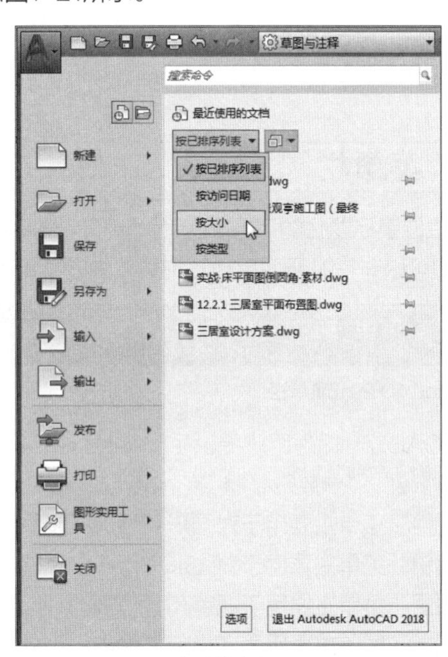

图1-21 设置图形文件排序类型

1.2.2 快速访问工具栏

AutoCAD 2018的快速访问工具栏带有更多的功能，并与其它的Windows应用程序保持一致。单击鼠标右键，在打开的右键菜单中，用户可从工具栏中移除工具按钮、添加分隔符以及调整快速访问工具栏显示的位置，如图1-22、1-23所示。

图1-22 AutoCAD 2018快速访问工具栏

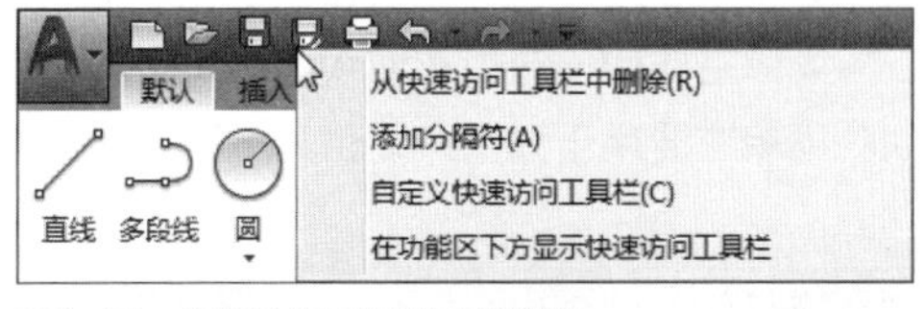

图1-23 快速访问工具栏右键菜单

工程师点拨：自定义快速访问工具栏

快速访问工具栏中的命令选项是可以根据用户需求进行设定的。单击“工作空间”右侧“自定义快速访问工具栏”下拉按钮，在打开的下拉列表中勾选所需命令选项，即可在该工具栏中显示。相反，若取消某命令的勾选，则在工具栏中不显示。在该列表中，选择“在功能区上方显示”选项，可自定义工具栏位置。

1.2.3 标题栏

标题栏位于工作界面的最顶端。标题栏左侧依次显示的是“菜单浏览器”按钮和“快速访问工具栏”，标题栏中间显示当前运行程序的名称和文件名等信息，右侧依次显示的是“搜索”、“Autodesk A360”、“Autodesk App Store”、“保持连接”、“帮助”以及窗口控制按钮，如图 1-24 所示。

图1-24 AutoCAD 2018标题栏

在标题栏上单击鼠标右键，打开右键菜单，从中可进行最小化窗口、最大化窗口、还原窗口、移动窗口和关闭软件操作。

1.2.4 菜单栏

菜单栏位于标题栏的下方，AutoCAD的常用制图和管理编辑等工具都分门别类地排列在这些主菜单中，用户可以非常方便地启动各主菜单中的菜单项，进行图形绘制工作，如图1-25所示。

图1-25 AutoCAD 2018菜单栏

AutoCAD 2018为用户提供了“文件”、“编辑”、“视图”、“插入”、“格式”、“工具”、“绘图”、“标注”、“修改”、“参数”、“窗口”、“帮助”十二个主菜单。各菜单的主要功能如下：

- “文件”菜单主要用于对图形文件进行设置、管理和打印发布等。
- “编辑”菜单主要用于对图形进行一些常规的编辑，包括复制、粘贴、链接等命令。
- “视图”菜单主要用于调整和管理视图，以方便视图内图形的显示。
- “插入”菜单主要用于向当前文件中引用外部资源，如块、参照、图像等。
- “格式”菜单主要用于设置与绘图环境有关的参数和样式等，如绘图单位、颜色、线型及文字、尺寸样式等。
- “工具”菜单为用户设置了一些辅助工具和常规的资源组织管理工具。
- “绘图”菜单是一个二维和三维模型的绘制工具菜单，几乎所有的绘图和建模工具都在此菜单内。
- “标注”菜单是一个专用于为图形标注尺寸的菜单，它包含了所有与尺寸标注相关的工具。
- “修改”菜单是一个很重要的菜单，用于对图形进行修整、编辑和完善。
- “参数”菜单主要用于管理和设置图形创建的各种参数。
- “窗口”菜单主要用于对AutoCAD文档窗口和工具栏状态进行控制。
- “帮助”菜单主要用于为用户提供一些帮助性的信息。

1.2.5 功能区

功能区代替了AutoCAD众多的工具栏，以面板的形式将工具按钮分门别类地集合在选项卡内。在调用工具时，只需在功能区中展开相应选项卡，然后在所需面板上单击工具按钮即可，如图1-26所示。由于在使用功能区时，无需再显示AutoCAD的工具栏，使得应用程序窗口变得简洁有序。通过简洁的界面，功能区可以将可用的工作区域最大化。

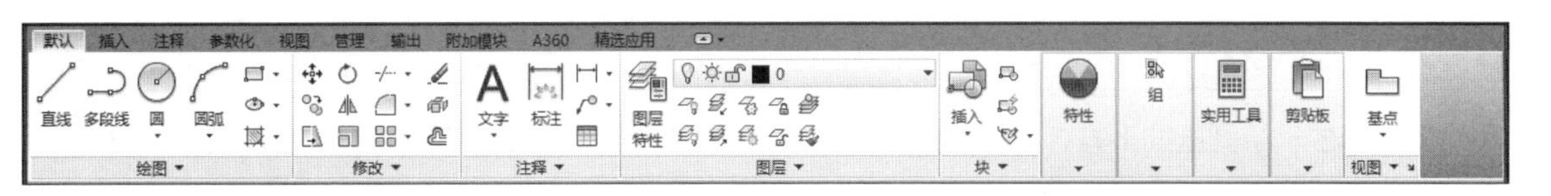

图1-26 AutoCAD 2018功能区

功能区位于菜单栏下方、绘图区上方，用于显示工作空间中基于任务的按钮和控件，包括“默认”、“插入”、“注释”、“参数化”、“视图”、“管理”、“输出”、“附加模块”、“A360”以及“精选应用”这几个功能选项卡。在功能区中包含了四十多个面板，每一个选项板中的每一个命令都有着形象化的按钮，单击该按钮即可执行相应的命令。

工程师点拨：关闭图形选项卡

在制图过程中，如果想扩大绘图区域，可关闭功能区和图形选项卡。单击三次功能区中“最小化”按钮，可关闭功能区。若想关闭图形选项卡，只需在功能区中单击“文件图标”按钮，在打开的文件列表中，单击“选项”按钮，打开“选项”对话框，在“显示”选项卡中，取消勾选“显示文件选项卡”复选框，单击“确定”按钮即可关闭图形选项卡。

1.2.6 文件选项卡

文件选项卡位于功能区下方、绘图区上方，如图1-27所示。在文件选项卡上单击鼠标右键，在打开的右键菜单中，可以对文件执行相关的操作。

图1-27 文件选项卡

1.2.7 绘图区

绘图区位于用户界面的正中央，是用户的工作区域，图形的设计与修改工作就是在此区域内进行的。

绘图区包含坐标系、十字光标和导航盘等，一个图形文件对应一个绘图区，所有的绘图结果（如绘制的图形、输入的文本及尺寸标注等）都将反映在这个区域中，如图1-28所示。用户可根据需要利用“缩放”命令来控制图形的显示大小，也可以关闭周围的各个工具栏，以增加绘图空间，或者是在全屏模式下显示绘图窗口。

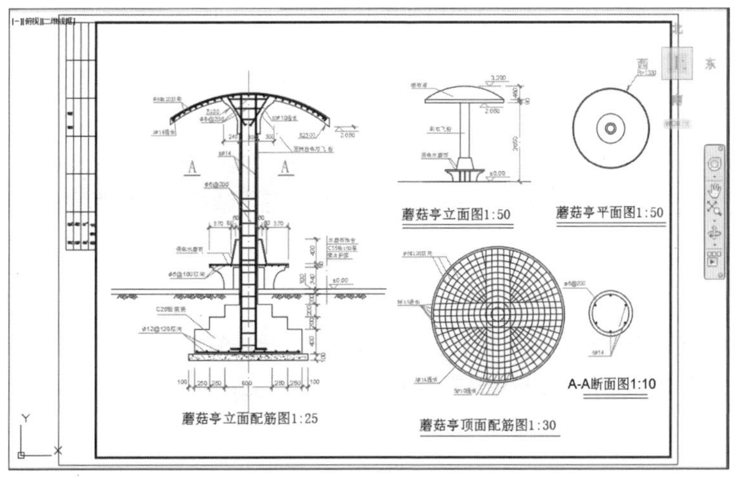

图1-28 AutoCAD 2018绘图区

1.2.8 命令行

命令行位于绘图区的下方，它是用户与AutoCAD软件进行数据交流的平台，主要用于提示和显示用户当前的操作步骤。

命令行可以分为命令输入窗口和命令历史窗口两部分，上面灰色底纹部分为命令历史窗口，用于记录执行过的操作信息；下面白色底纹部分是命令输入窗口，用于提示用户输入命令或命令选项，如图1-29所示。

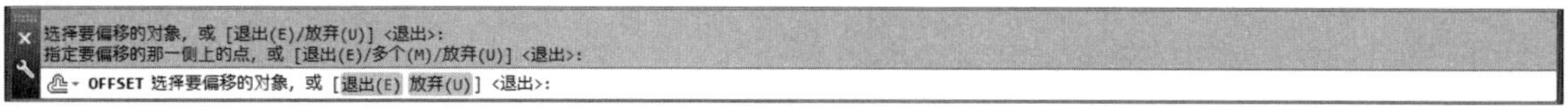

选择要偏移的对象，或 [退出(E)/放弃(U)] <退出>:
指定要偏移的那一侧上的点，或 [退出(E)/多个(M)/放弃(U)] <退出>:
OFFSET 选择要偏移的对象，或 [退出(E) 放弃(U)] <退出>:

图1-29 AutoCAD 2018命令行

1.2.9 状态栏

状态栏位于命令行下方，工作界面最底端，主要用于显示当前用户的工作状态，如图1-30所示。默认状态下，状态栏最左侧显示的是“模型”和“布局”选项卡，而右侧依次显示的是“模型或图纸空间”、“显示图形栅格”、“捕捉到图形栅格”、“正交限制光标”、“按指定角度限制光标”、“等轴测草图”、“显示捕捉参照线”、“将光标捕捉到二维参照点”、“显示注释对象”、“当前视图的注释比例”、“切换工作空间”、“注释监视器”、“隔离对象”、“硬件加速”、“全屏显示”和“自定义”图标按钮。

模型 布局1 布局2 + 模型 1:1

图1-30 AutoCAD 2018状态栏

工程师点拨：自定义状态栏

在制图过程中，用户可对状态栏中的命令进行隐藏或显示操作。在状态栏中，单击“自定义”按钮≡，打开相关列表。勾选其中任意一命令，可将其添加至状态栏中，反之则隐藏该命令。

1.3 绘图环境的设置

在默认情况下，绘图环境是无需进行设置的，用户可以直接进行绘图操作。由于个人绘图习惯不同，绘制图形时用户可以根据自己的喜好设置绘图环境，下面将介绍一些常用绘图环境的设置操作。

1.3.1 工作空间的切换

工作空间是用户在绘制图形时使用到的各种工具和功能面板的集合。AutoCAD 2018软件提供了三种工作空间，分别为“草图与注释”、“三维基础”和“三维建模”，下面将分别对其工作空间进行介绍。

1. 草图与注释

该工作空间为默认工作空间，主要用于绘制二维草图，是最常用的工作空间。在该工作空间中，系统提供了常用的绘图工具、图层、图形修改等各种功能面板，如图1-31所示。

图1-31 “草图与注释”空间功能面板

2. 三维基础

该工作空间只限于绘制三维模型。用户可运用系统所提供的建模、编辑、渲染等各种命令，创建出三维模型，如图1-32所示。

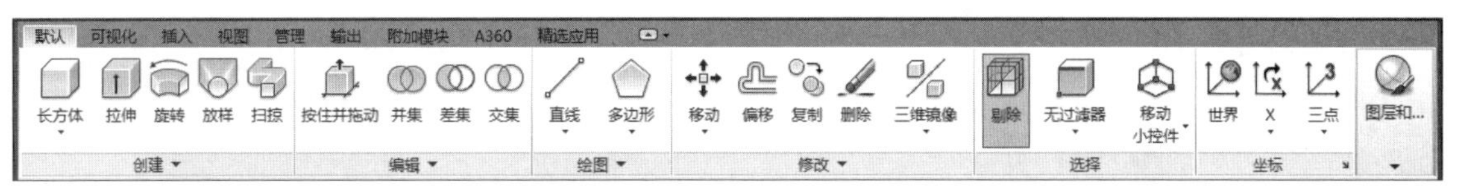

图1-32 “三维基础”空间功能面板

3. 三维建模

该工作空间与“三维基础”相似，但其功能中增添了“实体”、“曲面”、“网格”、“参数化”和“注释”建模。在该工作空间中，也可运用二维命令来创建三维模型，如图1-33所示。

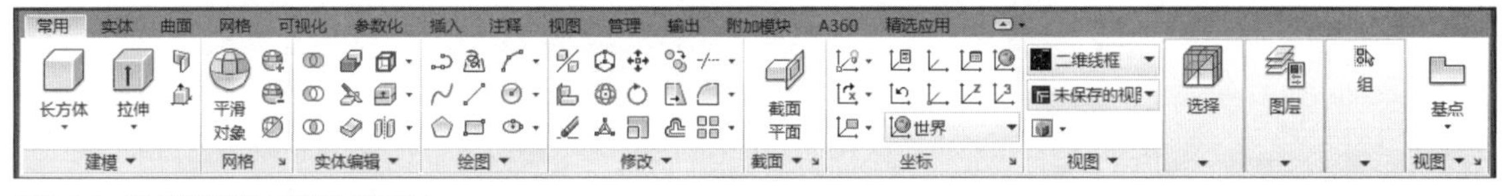

图1-33 “三维建模”空间功能面板

在实际绘图时，用户可根据绘图要求，将工作空间进行切换操作。当然也可创建自己的工作空间，其具体操作步骤如下：

Step 01 单击状态栏中的“切换工作空间”按钮⚙，在打开的列表中，选择所需空间选项，即可完成工作空间的切换，如图1-34所示。

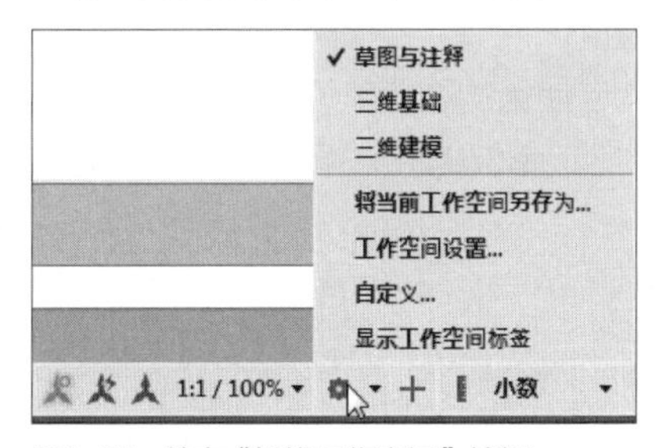

图1-34 单击“切换工作空间”按钮

Step 02 在该列表中选择“将当前工作空间另存为”选项，打开“保存工作空间”对话框，输入要保存的空间名称，如图1-35所示。

图1-35 设置工作空间名称

Step 03 输入完毕后，单击“保存”按钮即可，再次单击“切换工作空间”按钮，在打开的列表中，将显示刚创建的空间名称，如图1-36所示。

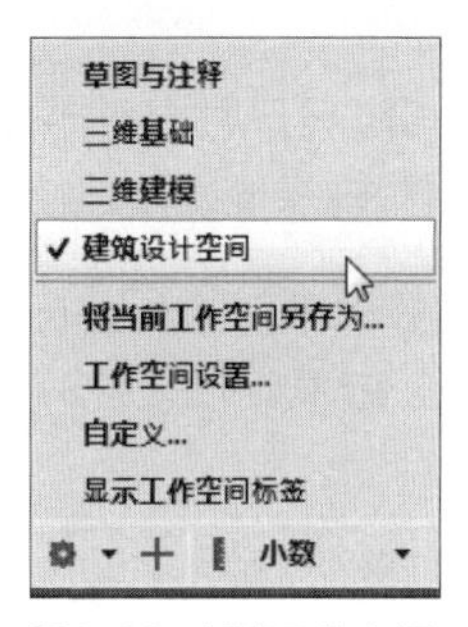

图1-36 新建工作空间

工程师点拨：工作空间无法删除

在操作过程中，有时会遇到工作空间无法删除的情况，这时很有可能是该空间是当前使用空间。用户只需将当前空间切换至其他空间，再进行删除操作即可。

1.3.2 绘图单位的设置

为了便于不同领域的设计人员设计创作，AutoCAD可以灵活更改绘图单位，以适应不同的工作需求。下面将介绍如何对绘图单位进行设置的操作步骤。

Step 01 执行“格式>单位”命令，在下拉列表中选择“单位”选项，如图1-37所示。

图1-37 选择“单位”选项

Step 02 在“图形单位”对话框中，根据需要设置“长度”、“角度”以及“插入时的缩放单位”等选项，如图1-38所示。

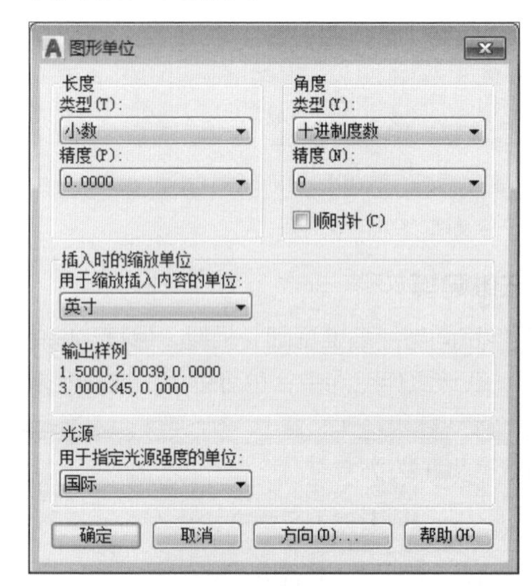

图1-38 “图形单位”对话框

用户也可在命令行中，输入UNITS按回车键，打开“图形单位”对话框。下面对“图形单位”对话框中的各选项进行说明。

- 长度：用于指定测量的当前单位及当前单位的精度。单击“类型”下三角按钮，设置测量单位的当前格式；单击“精度”下三角按钮，设置线性测量值显示的小数位数或分数大小。
- 角度：用于指定当前角度格式和当前角度显示的精度。单击“类型”下三角按钮，设置当前角度的格式；单击“精度”下三角按钮，设置当前角度所显示的精度。
- 插入时的缩放单位：用于控制插入当前图形的图块测量单位。若使用的图块单位与该选项的单位不同，则在插入时，将对其按比例缩放；若插入时，不按照指定单位缩放，可选择“无单位”选项。
- 输出样例：显示用当前单位和角度设置的例子。
- 光源：用于控制当前图形中的光源强度单位。

1.3.3 绘图比例的设置

绘图比例的设置与所绘制图形的精确度有很大关系，比例设置的越大，绘图的精度越精确。当然各行业领域的绘图比例不同，在制图前需要调整好绘图比例值。下面将介绍设置绘图比例的操作方法。

Step 01 执行“格式>比例缩放列表”命令，在下拉列表中选择“比例缩放列表”选项，如图1-39所示。

Step 02 在“编辑图形比例”对话框的“比例列表”中，选择所需比例值，单击“确定”按钮即可，如图1-40所示。

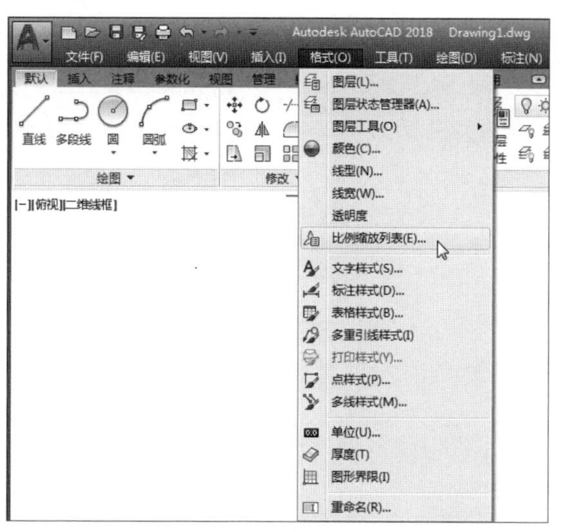

图1-39 选择“比例缩放列表”选项

图1-40 “编辑图形比例”对话框

Step 03 若在“比例列表”中没有合适的比例值，可单击“添加”按钮，在“添加比例”对话框的“显示在比例列表中的名称”文本框中，输入比例名称，并设置“图纸单位”与“图形单位”比例值，单击“确定”按钮，如图1-41所示。

Step 04 返回到上级对话框，在“比例列表”列表中，选中添加的比例值，单击“确定”即可，如图1-42所示。

图1-41 添加比例

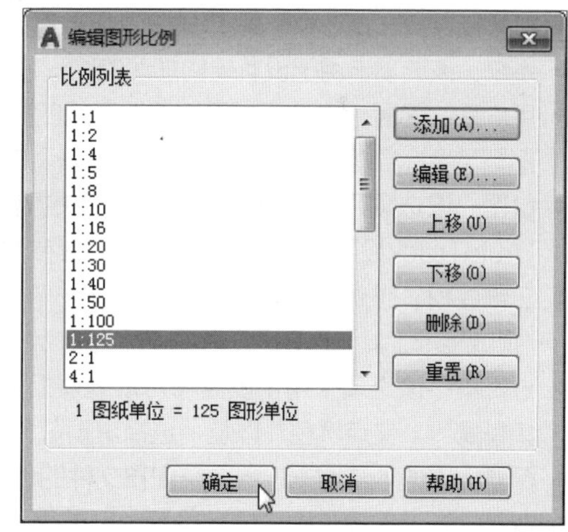

图1-42 完成添加

1.3.4 基本参数的设置

对于大部分绘图环境的设置，最直接的方法就是使用“选项”对话框，从中设置图形显示的基本参数。在绘图前，需要对一些基本参数进行正确的设置，才能够有效地提高制图效率。

执行“菜单浏览器>选项”命令，在“选项”对话框中，用户即可对所需参数进行设置，如图1-43、1-44所示。

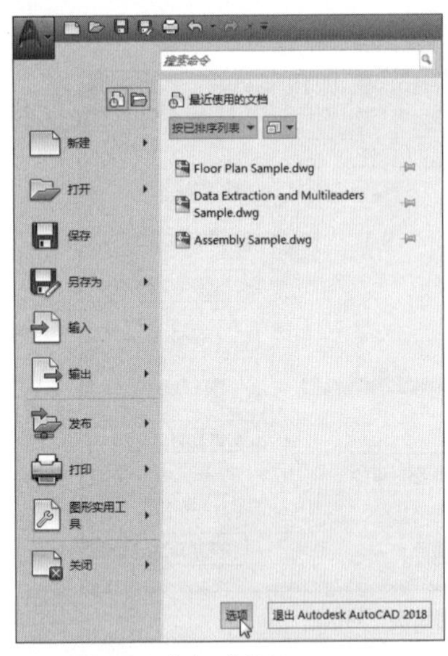

图1-43　单击“选项”按钮

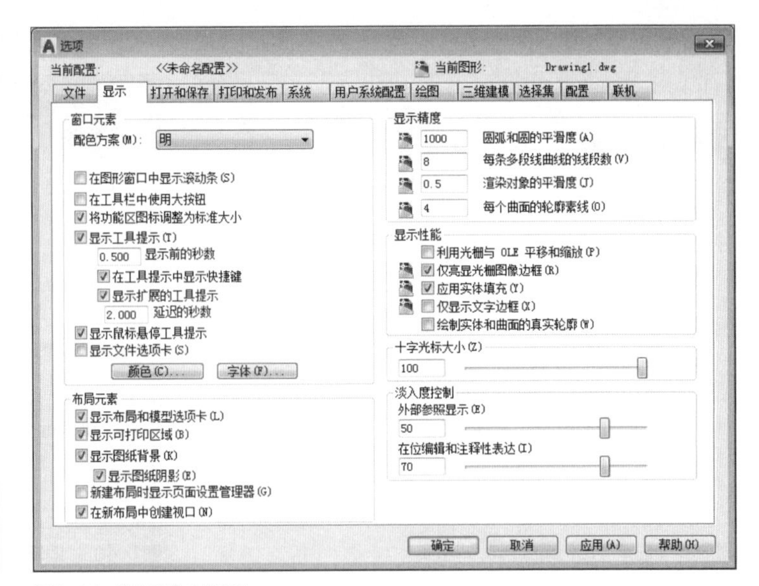

图1-44　“选项”对话框

下面将对“选项”对话框中的各选项卡进行说明：

- 文件：该选项卡用于确定系统搜索支持文件、驱动程序文件、菜单文件和其他文件；
- 显示：该选项卡用于设置窗口元素、布局元素、显示精度、显示性能及十字光标大小等参数；
- 打印和保存：该选项卡用于设置系统保存文件格式、文件安全措施及外部参照等参数；
- 打印和发布：该选项卡用于设置打印输出设备；
- 系统：该选项卡用于设置硬件加速的图形性能、定点设备、常规选项及安全性等参数；
- 用户系统配置：该选项卡用于设置系统的相关选项，其中包括“Windows标准操作”、“插入比例”、“坐标数据输入的优先级”、“关联标注”及“超链接”等参数；
- 绘图：该选项用于设置绘图对象的相关操作，例如“自动捕捉设置”、“自动捕捉标记大小”、“AutoTrack设置”以及“靶框大小”等参数；
- 三维建模：该选项卡用于创建三维图形时的参数设置，例如“三维十字光标”、“三维对象”、“视口显示工具”以及“三维导航”等参数；
- 选择集：该选项卡用于设置与对象选项相关的特性，例如“拾取框大小”、“夹点尺寸”、“选择集模式”、“夹点颜色”以及“选择集预览”、“功能区选项”等参数；
- 配置：该选项卡用于设置系统配置文件的创建、重命名、删除、输入、输出以及配置等参数；
- 联机：在该选项卡中选择登录后，可进行联机方面的设置，用户可将AutoCAD的有关设置保存到云上，这样无论在家庭或是办公室，则可保证AutoCAD设置总是相一致的，包括模板文件、界面、自定义选项等。

1.3.5　图形界限的设置

图形界限就是AutoCAD绘图区域，也称为图限。对于初学者而言，在绘制图形时“出界”的现象是时有发生的。为了避免绘制图形超出用户工作区域或图纸的边界，就需要使用绘图界限来标明边界。要设置图形界限，需执行“格式>图形界限”命令，在命令行提示下按回车键，则默认左下角位置的坐标为“0, 0”，再输入右上角的坐标为“420, 297”，按回车键即可确定图幅尺寸，获得所需的图形界限效果。

综合实例 —— 设置绘图环境与界面

任何一个图形文件都有一个特定的绘图环境，包括图形边界、绘图单位、角度等。下面将利用本实例为用户介绍设置绘图环境的操作方法。

Step 01 运行AutoCAD 2018软件，执行“菜单浏览器>新建>图形”命令，如图1-45所示。

图1-45 新建图形

Step 02 打开“选择样板”对话框，选择“文件名”和“文件类型”，单击“打开”按钮，即可进入绘图界面，如图1-46所示。

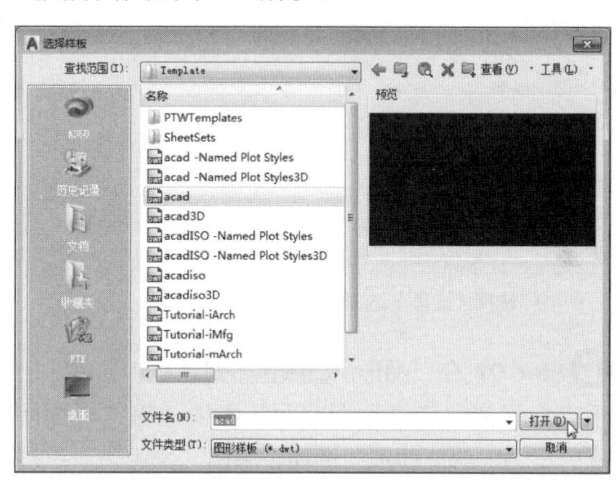

图1-46 单击“打开”按钮

Step 03 执行“格式>图形界限”命令，设置空间界限为“（0,0），（420,297）”，如图1-47所示。

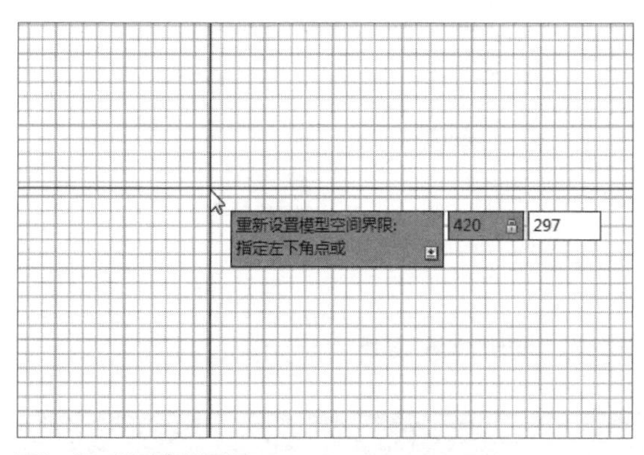

图1-47 设置空间界限

Step 04 按回车键完成空间界限的设置。执行“格式>单位”命令，打开“图形单位”对话框，设置长度类型为“小数”，精度为“0”；角度类型为“十进制度数”，精度为“0”；用于缩放插入内容的单位为“毫米”，勾选“顺时针”复选框，如图1-48所示。

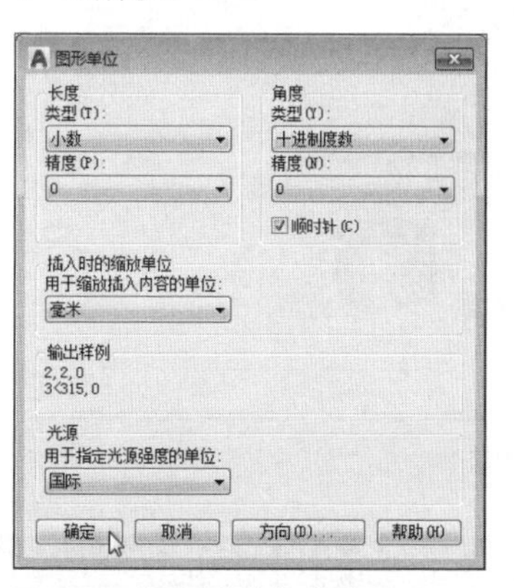

图1-48 “图形单位”对话框

工程师点拨：巧用“方向”功能捕捉图形

在实际操作过程中，如果使用极轴追踪命令无法进行捕捉操作时，使用“方向”功能即可解决。其方法为：执行“格式>单位”命令，打开“图形单位”对话框，单击“方向”按钮，打开“方向控制”对话框，在此，选择所需捕捉的“基准角度”，或单击“其他”单选按钮，在“角度”文本框中，输入角度值，单击“确定”按钮即可。

Step 05 单击确定按钮返回至绘图区，在绘图区中单击鼠标右键，在快捷菜单中选择“选项”选项，如图1-49所示。

图1-49 选择“选项”选项

Step 06 在“选项”对话框中，选择“显示”选项卡，将窗口元素的“配色方案”设置为“明”，勾选“显示文件选项卡”复选框，再单击“颜色”按钮，如图1-50所示。

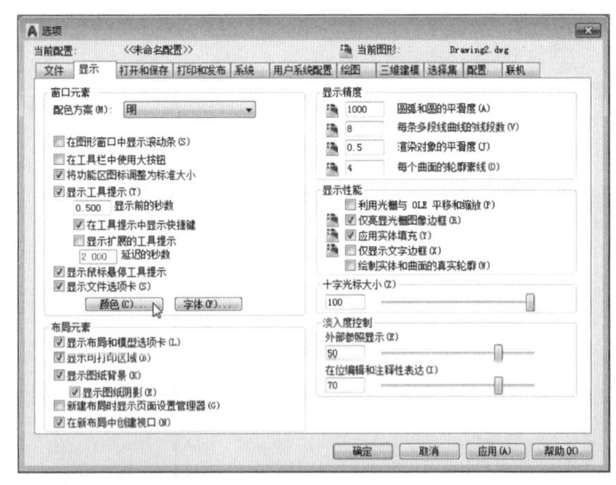

图1-50 单击“颜色”按钮

Step 07 在“图形窗口颜色”对话框中，将“上下文”设为“二维模型空间”选项，将“界面元素”设为“统一背景”选项，单击“颜色”下拉按钮，选择“绿”颜色，在“预览”区域可以看到显示效果，如图1-51所示。

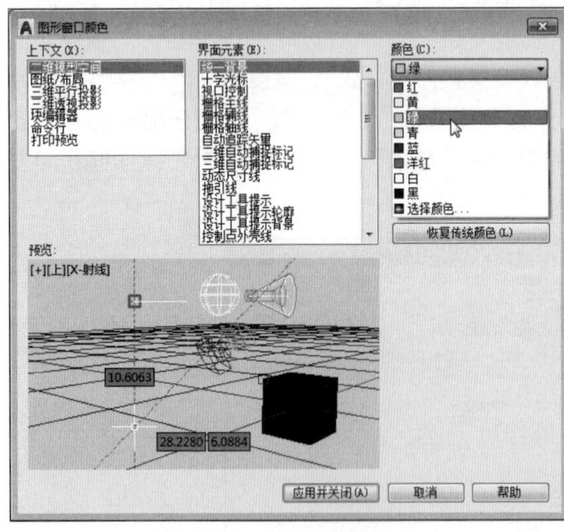

图1-51 选择“绿”颜色

Step 08 单击“应用并关闭”按钮，返回到上一级对话框，单击“字体”按钮，打开“命令行窗口字体”对话框，从中设置其字体、字形及字号单击“应用并关闭”按钮，完成字体的更改，如图1-52所示。

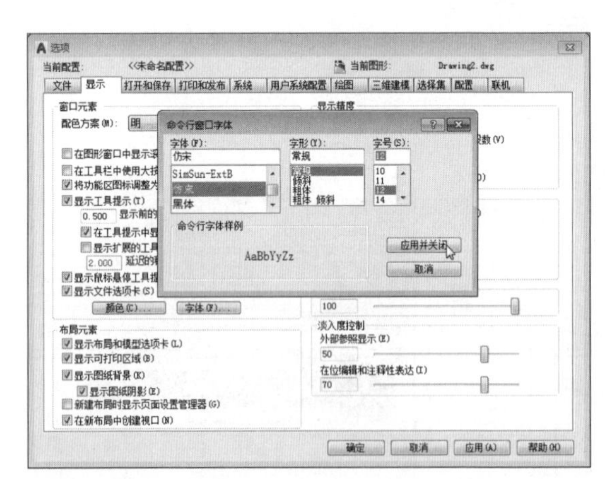

图1-52 单击“字体”按钮

工程师点拨：关闭命令提示的操作

默认情况下，将光标放置任意命令上，稍等片刻即会在光标右下方显示该命令的相关信息。如果想要关闭该提示，可在“选项”对话框的“显示”选项卡中，取消勾选“显示工具提示”复选框，单击“确定”按钮即可。

Step 09 设置“十字光标大小”为50。随后切换至“打开和保存”选项卡设置最近使用的文件数选项，如图1-53所示。

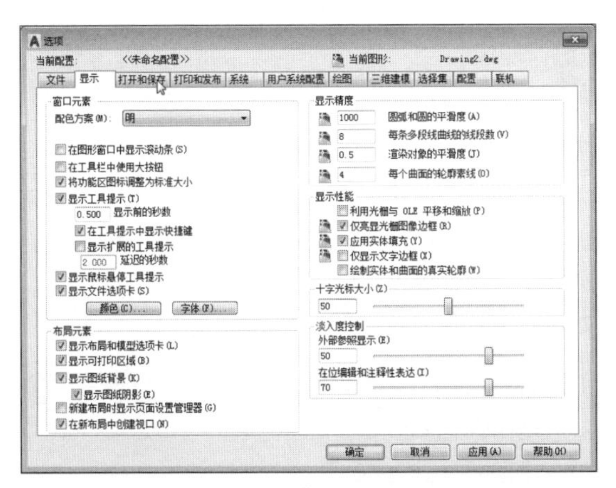

图1-53 设置“十字光标大小”

Step 10 在“文件保存”选项区域中，单击“另存为”下拉按钮，设置保存文件时使用的有效文件格式，在“文件打开”和“应用程序菜单”中设置文件数9，如图1-54所示。

图1-54 设置参数

Step 11 单击“确定”按钮完成设置，在工作界面中即可看到相应的变化，如图1-55所示。

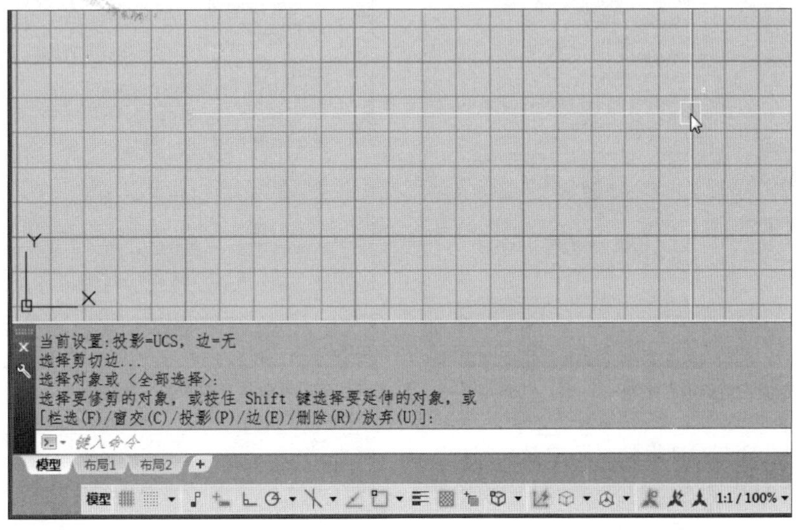

图1-55 完成绘图环境与界面的设置

高手应用秘籍 —— AutoCAD鼠标右键功能的设置

如果提高工作效率、减轻工作负担是很多设计者梦寐以求的。那么在绘图过程中，使用鼠标右键可以代替部分操作命令，如重复上一个绘图命令、重复上一个编辑命令以及确定完整操作等。在AutoCAD 2018软件中，用户可使用以下方法进行操作。

Step 01 打开“选项”对话框，在“用户系统配置”选项卡中，单击“windows标准操作”中的“自定义右键单击”按钮，如图1-56所示。

图1-56 单击“自定义右键单击”按钮

Step 02 在打开的“自定义右键单击”对话框中，用户可根据需要，选择“默认模式”、“编辑模式”及“命令模式”这三种模式来定义右键选项。选择完成后，单击“应用并关闭”按钮完成设置，如图1-57所示。

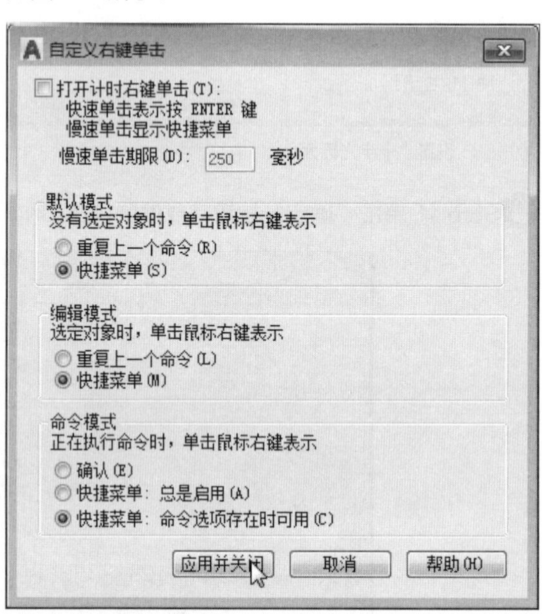

图1-57 “自定义右键单击”对话框

Step 03 在“选项”对话框的“用户系统配置”选项卡中，如果勾选了“绘图区域中使用快捷菜单”复选框，如图1-58所示。然后再设置“自定义右键单击”快捷菜单，便以相应快捷方式显示。

如果用户禁用该选项，或在“自定义右键单击”对话框中，将“默认模式”和“编辑模式”都设为“重复上一个命令”模式，则绘图区中不会显示快捷方式。

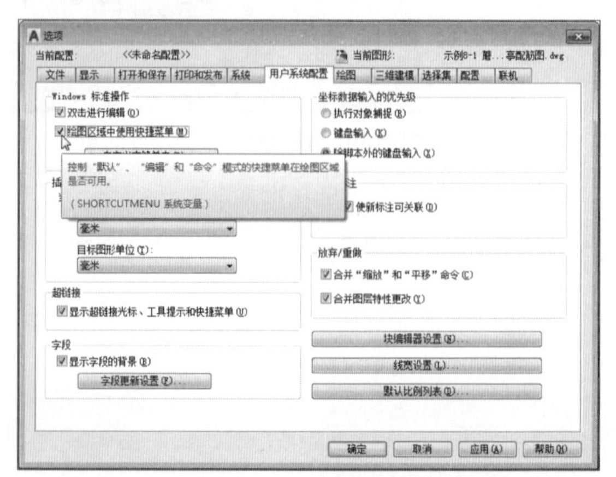

图1-58 勾选“绘图区域中使用快捷菜单”复选框

秒杀工程疑惑

在进行AutoCAD操作时，用户经常会遇见各种各样的问题，下面将总结一些常见问题进行解答，其中包括：为AutoCAD图形文件添加数字签名、图形界限的设置、是否可以卸载Autodesk 360软件以及更改CAD的默认保存格式。

问　题	解　答
如何为CAD图形文件添加数字签名？	经过签名的AutoCAD文件，在传输过程中，数据发出者可以验证此文件是否是其发出时候的原始文件，是否经过修改、编辑操作，其操作步骤如下： 首先执行“菜单浏览器>另存为”命令，打开“图形另存为”对话框；然后单击“工具”下拉按钮，选择“数字签名”，打开相应的对话框；再勾选“保存图形后附着数字签名”，在列表中选择合适的签名证书，单击“确定”按钮即可完成设置；最后返回到“图形另存为”对话框，设置图形保存路径及文件名，单击“保存”按钮即可
是否每次绘图前都需进行图形界限的设置？	在使用软件绘图前，用户可根据需要决定是否设置图形界限，以及是否设置图形界限的区域大小。系统默认未开启图形界限功能，可在绘图区域中的任意位置进行绘制操作
如何更改CAD 2018的默认保存格式？	一般情况下，AutoCAD 2018软件默认保存格式为：AutoCAD 2018图形（*.dwg）格式。若想设置其他格式，可在文件类型选项中进行选择。若要更改默认保存格式，可进行以下操作： 首先执行“菜单浏览器>选项”命令，打开“选项”对话框； 然后切换至“打开和保存”选项卡，在“文件保存”选区中的“另存为”下拉列表中，选择所需保存的格式； 选择完成后，单击“确定”按钮即可
如果将Autodesk 360软件进行卸载，是否对AutoCAD软件有影响？	卸载Autodesk 360软件对AutoCAD运行是没有任何影响的。Autodesk 360软件是AutoCAD软件中自带的一个安全插件，若用户想使用联网功能，则需保留该软件；若用户不需联网，完全可将其卸载。因为该软件会占有很大的空间，从而影响绘图的速度
命令对话框变为命令提示行，怎么办？	有时在绘制图形时，应该出现的对话框，却在命令行中显示相关操作，该现象同样和系统变量有关。此时用户在命令行中输入“CMDDIA”命令，并按空格键，当系统变量为1时，则以对话框显示；若当系统变量为0时，则在命令行中显示

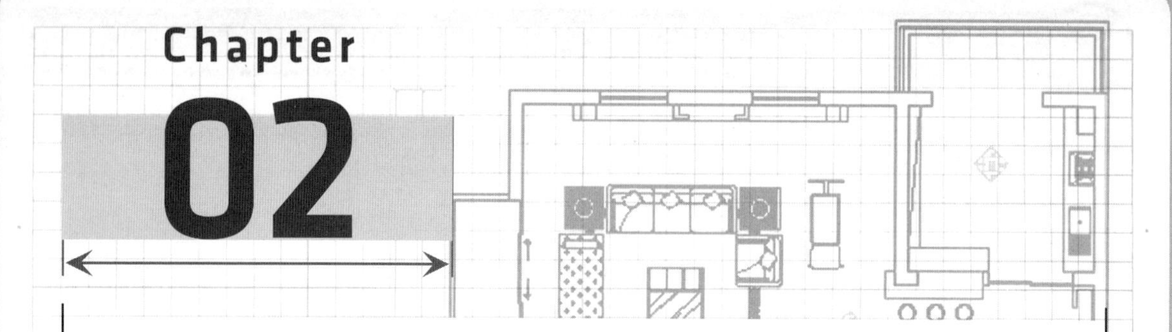

AutoCAD基本操作

对AutoCAD软件有所了解后，就可对该软件进行一些基本的操作了。例如命令的调用、文件的基本管理以及视图显示等，这些操作是学习AutoCAD软件最基本的操作，熟练掌握这些操作，可对以后绘图有很大的帮助。

01 学完本章您可以掌握如下知识点

1. 命令的调用方法 ★
2. 图形文件的操作与坐标的应用 ★
3. 控制视图的方法 ★★
4. 视口的操作 ★★

02 本章内容图解链接

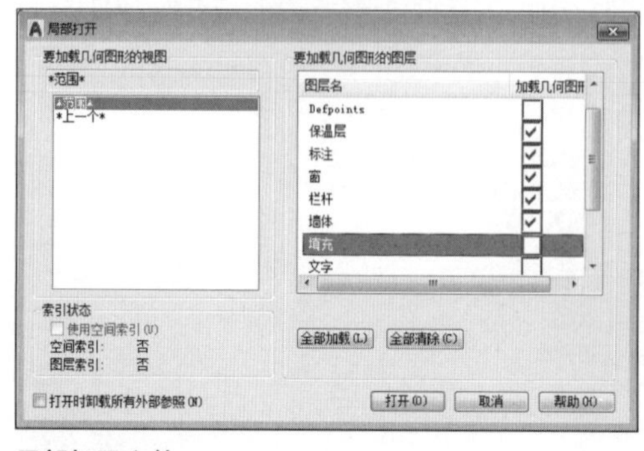

局部打开文件

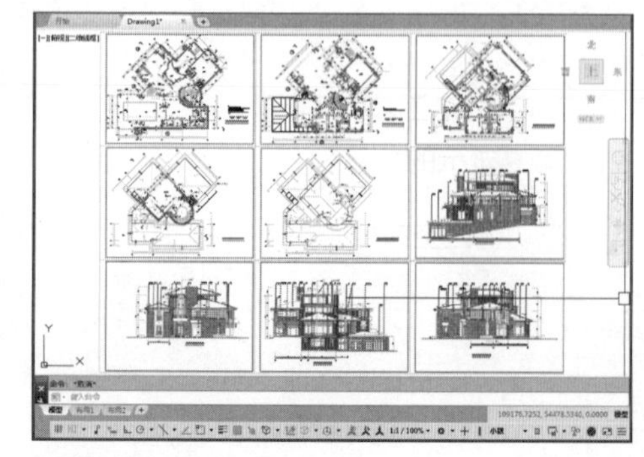

新建视口

2.1 AutoCAD调用命令的方法

在AutoCAD软件中，命令的调用方法大致分为三种：使用命令行调用、使用功能区命令调用以及使用菜单栏命令调用。下面将分别对其操作方法进行介绍。

2.1.1 从功能区调用

功能区是AutoCAD软件所有绘图命令集中所在的操作区域。在绘图时，用户直接单击功能面板中所需命令即可。例如，调用“直线”命令时，在“默认”选项卡的“绘图”面板中，单击“直线”按钮，如图2-1所示。其后在命令行中，会显示与直线命令的相关提示信息，用户根据该信息绘制直线，如图2-2所示。

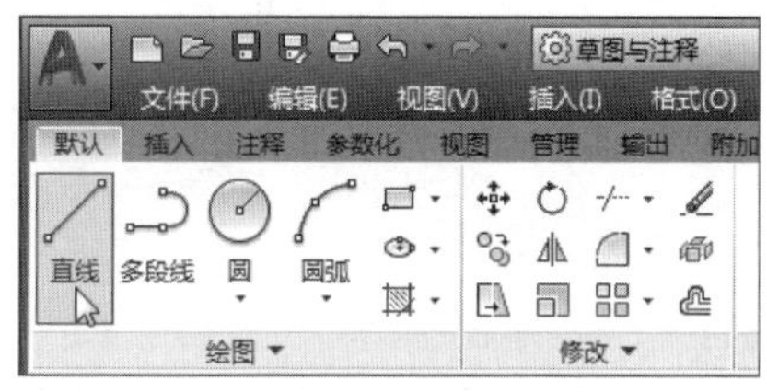

图2-1 单击“直线”按钮

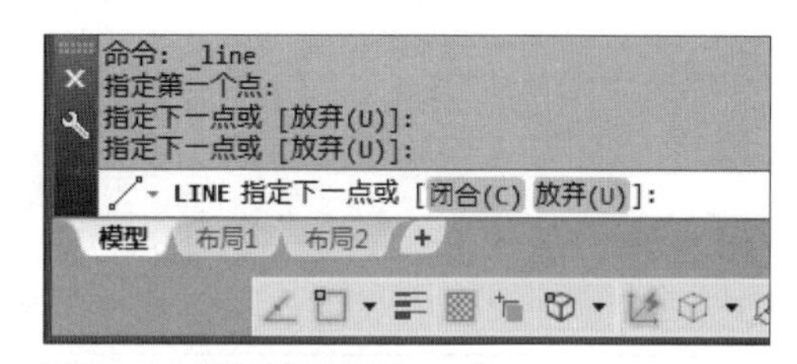

图2-2 直线命令信息提示

单击功能区右侧“最小化”按钮，可最小化或隐藏该功能区，从而扩大绘图空间。当功能区处于默认状态时，单击该按钮，则会将功能区最小化，如图2-3所示。

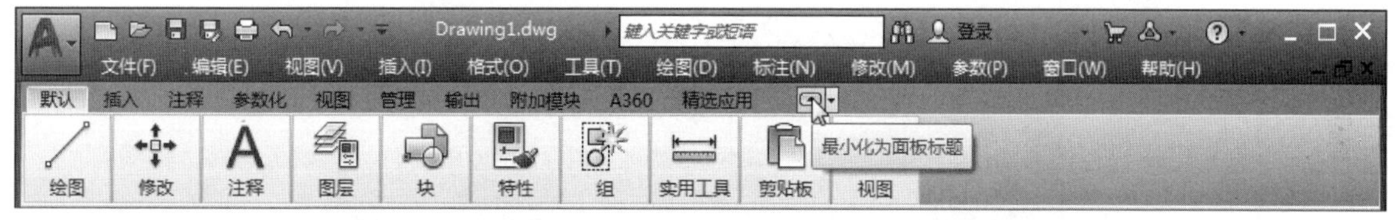

图2-3 最小化功能区

再次单击该按钮，可将功能区隐藏，如图2-4所示。四次单击该按钮，可恢复功能区显示。

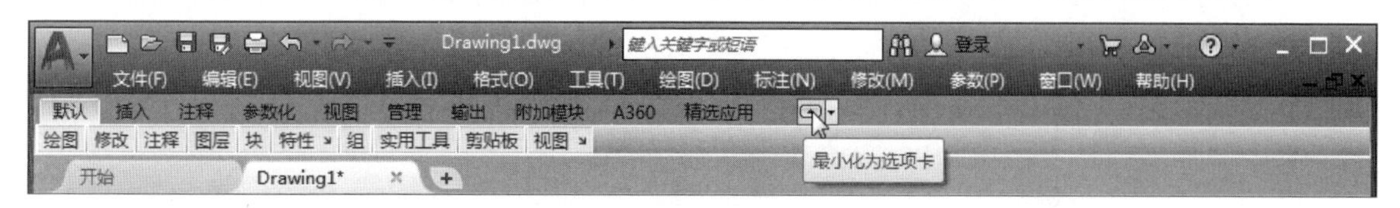

图2-4 隐藏功能区

在默认情况下，功能区则会显示一些常用命令。而在制图过程中，需要使用一些专业性较强的命令，例如建筑、土木工程、结构等相关专业。下面将以调用“建筑”工具选项板为例，来介绍如何调用不在功能区中显示的命令操作。

Step 01 在功能区空白处单击鼠标右键，选择“工具选项板组”选项，在级联菜单中，勾选所需调用的工具选项板，这里选择“建筑”选项，如图2-5所示。

Step 02 在功能区空白处单击鼠标右键，选择“显示相关工具选项板组”选项，如图2-6所示。

Step 03 此时，系统将自动调出“建筑”工具选项板，用户可根据需要在该面板中选择相关命令即可进行绘图操作，如图2-7所示。

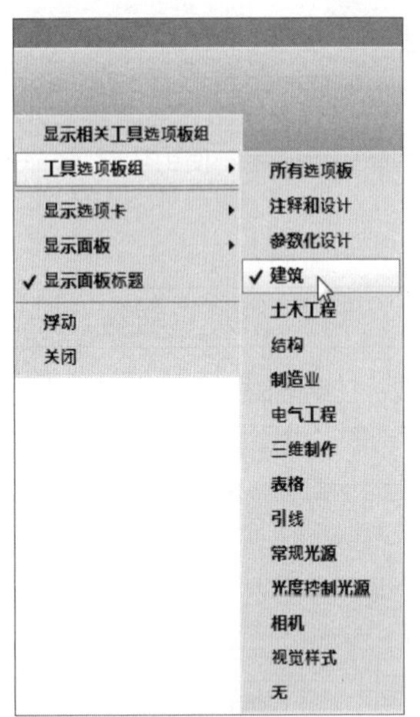

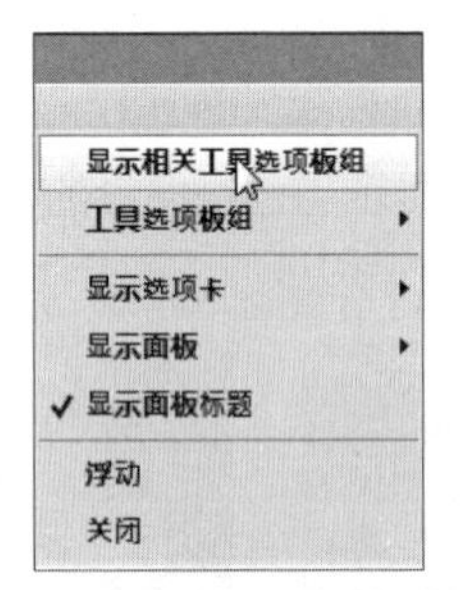

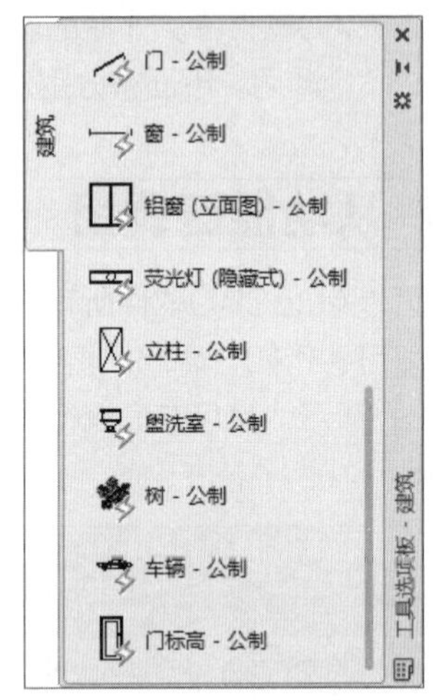

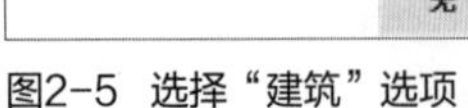

图2-5 选择“建筑”选项　图2-6 显示工具选项板组　图2-7 “建筑”工具选项板

2.1.2 从命令行调用

对于一些习惯用快捷键来绘图的用户来说，使用快捷键执行相关命令非常地方便。在命令行中，输入所需执行的命令快捷键，例如，输入PL按回车键，此时在命令行中，则会显示当前命令的操作信息，按照该提示信息即可执行操作，如图2-8所示。

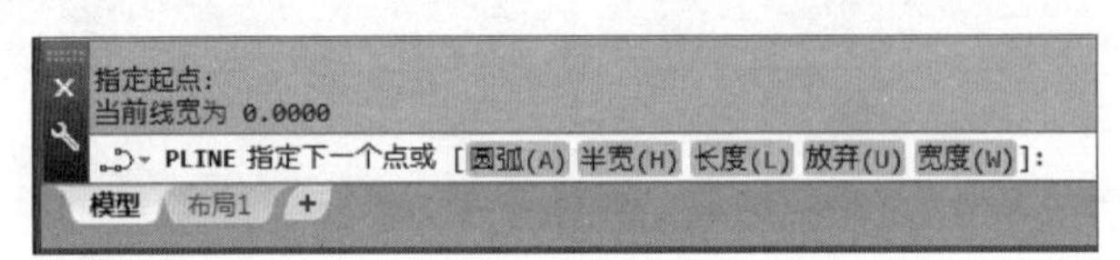

图2-8 命令行操作

在命令行中，单击“最近使用的命令”按钮，在打开的列表中，用户同样可以调用所需命令，如图2-9所示。

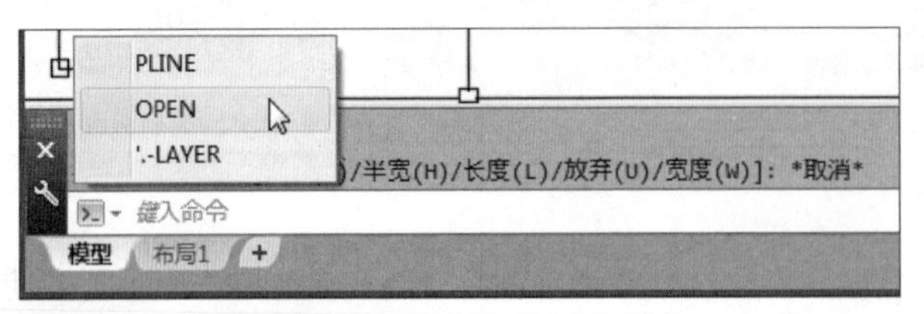

图2-9 最近使用的命令

2.1.3 从菜单栏调用

在菜单栏中，选择相关命令工具选项，系统会打开相应的命令列表，在此选择所需命令，即可调用该命令。例如在菜单栏中，执行“绘图>圆”命令，并在其级联菜单中，选择绘制的圆类型即可，如图2-10所示。

图2-10 调用“圆”命令

2.1.4 重复命令操作

在绘图时，经常会遇到要重复多次执行同一个命令的情况，如果每次都要输入命令，会很麻烦。此时用户可以使用以下两种快捷方法，进行命令重复操作。

1. 使用命令行重复

在执行某命令后，若需重复使用该命令时，用户只需按空格键或回车键，即可重复执行该命令的操作。同样在命令行中，单击“最近使用的命令”按钮，在菜单列表中，选择所需重复的命令，也可进行重复操作。

2. 使用右键菜单重复

在绘图区空白处单击鼠标右键，在打开的快捷菜单中，选择“重复***（*为命令名称）”选项，即可重复执行操作，如图2-11所示。需要注意的是，使用该方法重复操作时，只限于当前命令。

图2-11 右键菜单重复操作

工程师点拨：输入MULTIPLE命令重复操作

在命令行中输入MULTIPLE按回车键，其后根据命令行的提示信息，输入所要重复执行的命令即可。使用MULTIPLE命令可与任何绘图、修改和查询命令组合使用，但PLOT命令除外。注意：MULTIPLE命令只重复命令名，所以每次使用MULTIPLE命令时，都必须重新输入该命令的所有参数值。

2.1.5 透明命令操作

透明命令是指一个命令还没结束，中间插入另一个命令，其后继续完成前一个命令，此时插入的命令则为透明命令。插入透明命令是为了更方便地完成第一个命令。

常见的透明命令有“视图缩放”、“视图平移”、“系统变量设置”、“对象捕捉”、“正交”及“极轴”命令等。下面将以绘制矩形为例，介绍透明命令的使用。

Step 01 执行“直线”命令，根据命令行提示在绘图区中指定第一个点，然后向右引导光标，此时未开启正交模式，如图2-12所示。

Step 02 按键盘上的F8键，开启正交模式，系统会自动根据光标的位置捕捉水平和竖直方向的点，在命令行中输入50，如图2-13所示。

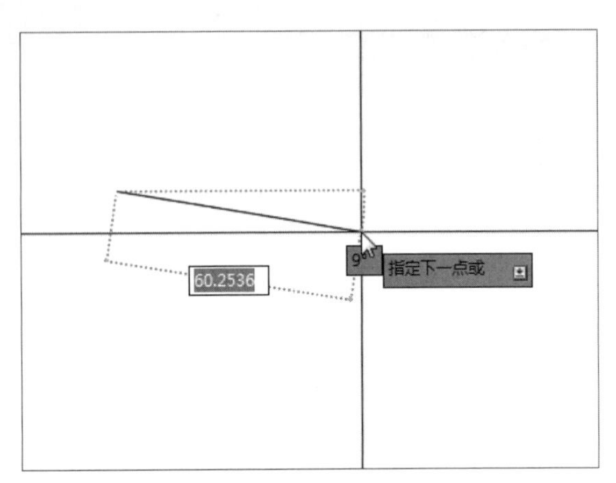

图2-12 绘制直线

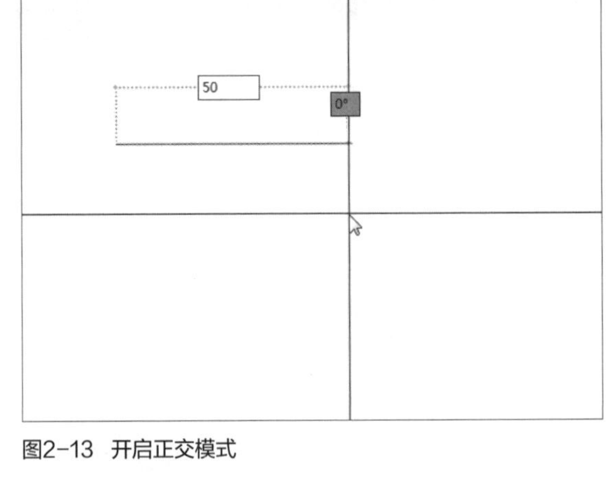

图2-13 开启正交模式

Step 03 按回车键后完成直线的绘制，继续执行“直线”命令，向上引导光标，绘制一条长为30的直线，如图2-14所示。

Step 04 按回车键后完成长为30的直线的绘制，继续执行“直线”命令，完成矩形图形的绘制，如图2-15所示。

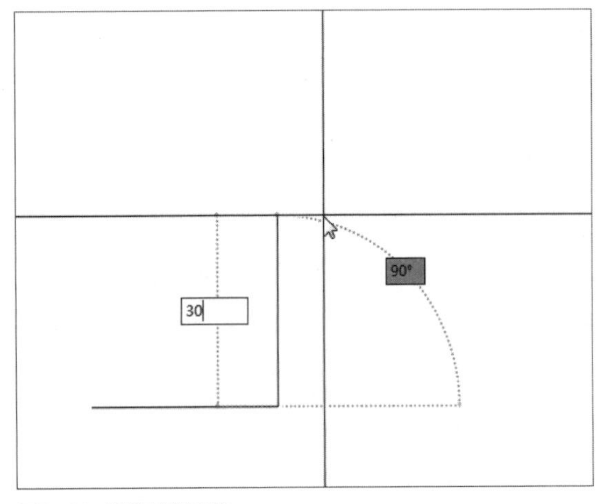

图2-14 继续绘制直线

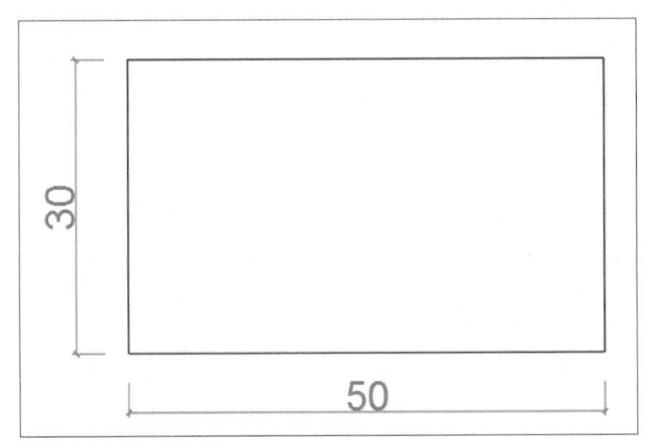

图2-15 矩形图形

工程师点拨：命令选项

很多绘图命令在命令行中不止有一种命令指向，在命令行中会显示全部选项，输入其相应代号或单击其选项，可以执行更多命令。例如使用直线命令绘制矩形时，命令行会出现“闭合(C)”选项，单击该选项，可直接完成矩形绘制。

2.2 图形文件的基本操作

在使用AutoCAD进行绘图之前，用户有必要先了解图形文件的基本操作，如新建图形文件、打开图形文件、保存图形文件以及关闭图形文件，这些操作基本与Windows应用程序相似，用户可以通过菜单栏进行操作，也可以单击快速访问工具栏上的相应按钮，还可以使用快捷键或者在命令行输入相应的命令来执行相应的操作。

2.2.1 新建图形文件

新建文件的方法有多种，下面将分别对其操作进行介绍。

1. 利用“开始”界面新建

启动AutoCAD 2018软件后，进入“开始”界面，单击“开始绘制”图标按钮即可新建空白文件，如图2-16所示。

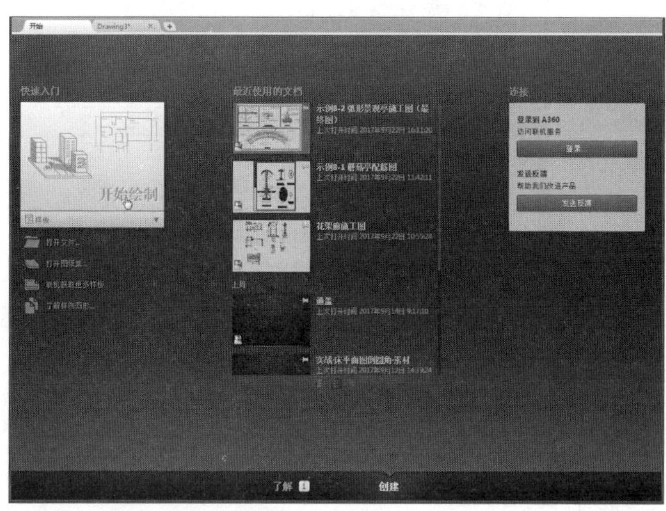

图2-16 单击“开始绘制”图标按钮

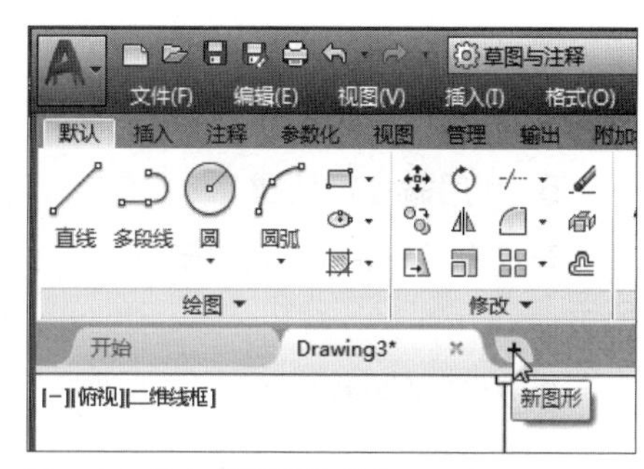

图2-17 单击“新图形”按钮

2. 利用“文件选项卡”新建

在绘制过程中，若要新建空白文件，可在“文件选项卡”中，单击“新图形”按钮即可新建空白文件，如图2-17所示。

3. 利用应用程序命令进行新建

单击“菜单浏览器”按钮，在打开的菜单列表中执行“新建>图形”命令，如图2-18所示，在打开的“选择样板”对话框中选择样板文件，单击“打开”按钮即可新建图形文件，如图2-19所示。

图2-18 选择“图形”选项

图2-19 “选择样板”对话框

4. 利用快速访问工具栏新建

在快速访问工具栏中单击“新建”按钮，打开“选择样板”对话框，然后完成新建操作，如图2-20所示。

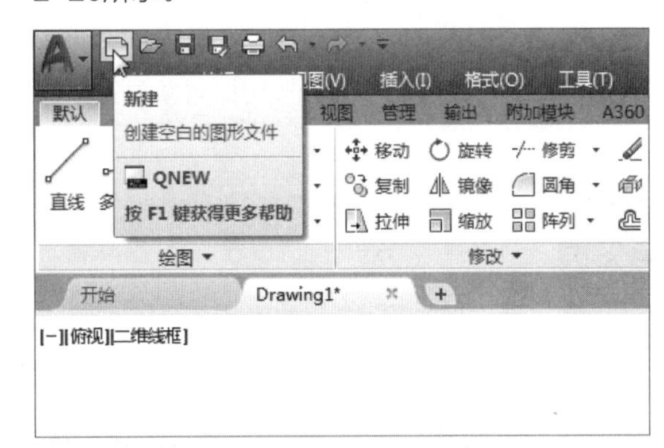

图2-20 单击“新建”按钮

图2-21 利用命令行新建图形文件

5. 利用命令行新建

在命令行中输入NEW按回车键后，在“选择样板”对话框中完成文件的新建操作，如图2-21所示。

6. 利用菜单栏新建

在菜单栏中执行“文件>新建”命令，新建空白文件。

7. 利用组合键新建

使用Ctrl+N组合键，同样可以打开“选择样板”对话框，完成新建文件的操作。

2.2.2 打开图形文件

在AutoCAD中打开文件的方法有以下几种，常用的有：利用开始界面打开文件、利用文件选项卡打开文件以及利用菜单浏览器按钮打开文件等，下面将对其操作方法进行介绍。

1. 利用开始界面打开

启动AutoCAD后，打开“开始”界面，选择“打开文件”选项，如图2-22所示。打开“选择文件”对话框，在此选择所需文件，单击“打开”按钮即可，如图2-23所示。

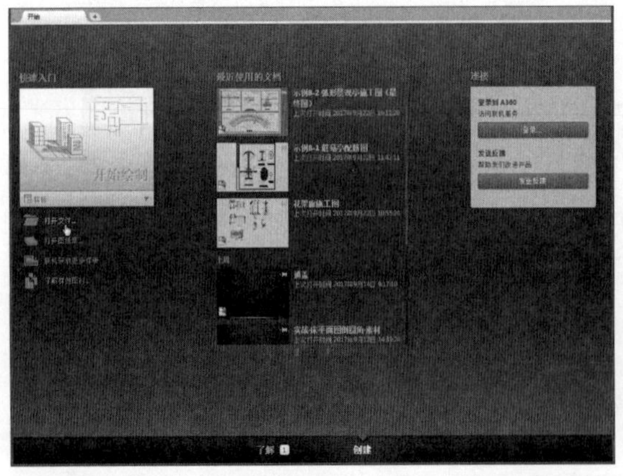

图2-22 选择“打开文件”选项

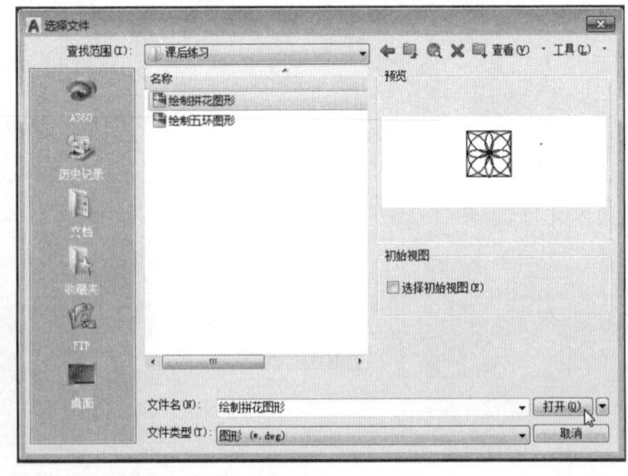

图2-23 单击“打开”按钮

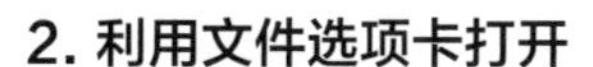

2. 利用文件选项卡打开

在“文件选项卡”中，右键单击任意文件名标签，在打开的右键菜单列表中，选择“打开”选项，如图2-24所示。在“选择文件”对话框中，选择文件即可打开。

3. 利用应用程序打开

执行“菜单浏览器>打开>图形”命令，在“选择文件”对话框中，选择所需文件，单击“打开”按钮即可，如图2-25所示。

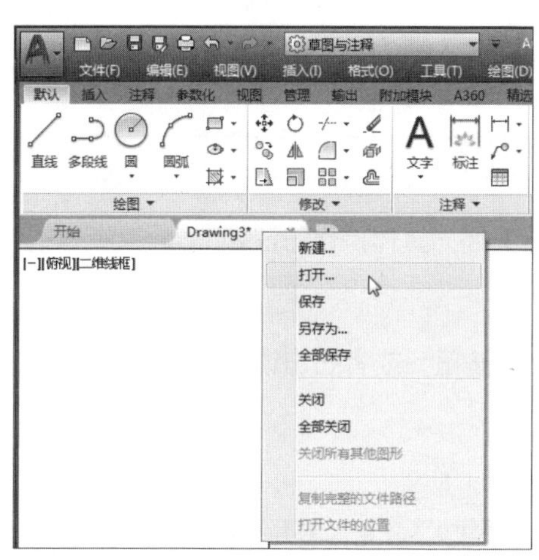

图2-24 选择“打开”选项

图2-25 选择“图形”选项

4. 利用命令行打开

用户也可在命令行中输入OPEN按回车键，在打开“选择文件”对话框中选择所需文件，然后单击“打开”即可。

5. 利用快速访问工具栏打开

在快速访问工具栏中单击“打开”按钮，打开“选择文件”对话框，然后完成打开操作。

2.2.3 保存图形文件

在AutoCAD中，保存图形文件的方法有两种，分别为保存文件和将文件另存为新文件。

对于新建的图形文件，在文件选项卡中，选择要保存的图形文件，单击鼠标右键，选择“保存”选项，在“图形另存为”对话框中，指定文件的名称和保存路径后单击“保存”按钮，即可将文件进行保存，如图2-26、2-27所示。

对于已经存在的图形文件在改动后的保存，只需执行“菜单浏览器>保存”命令，即可用当前的图形文件替换原图形文件。如果需要保留原图形文件，可以执行“菜单浏览器>另存为”命令进行保存，此时将生成一个副本文件，副本文件为当前改动后保存的图形文件，原图形文件将保留。

工程师点拨：“另存为”对话框

早期版本均能在AutoCAD 2018中打开，为了便于图形在低版本CAD中也能打开，可以在保存图形文件时将其保存为较低版本的文件格式，在“另存为”对话框中，单击“文件类型”下三角按钮，在列表中选择所需保存的文件类型。另外输入的文件名在保存路径的文件夹中已存在，系统会弹出提示框。

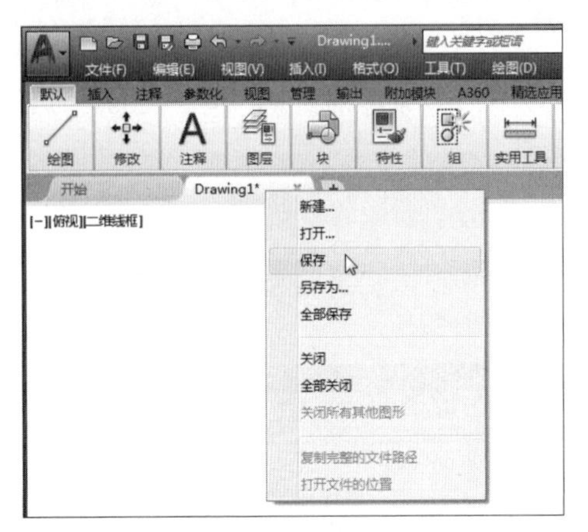

图2-26 选择“保存”选项

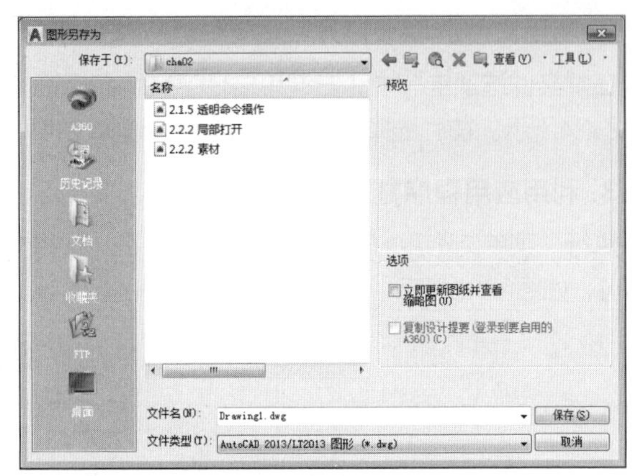

图2-27 “图形另存为”对话框

2.2.4 关闭图形文件

在AutoCAD中，用户可使用以下方法将文件进行关闭，具体操作方法如下：

1. 使用图形选项卡关闭

绘图完毕后，在文件选项卡中单击文件的“关闭”按钮；或者右击该选项卡，在打开的快捷列表中单击“关闭”按钮即可，如图2-28所示。

2. 使用菜单浏览器菜单命令关闭

执行“菜单浏览器>关闭>当前图形”命令，则可关闭当前图形文件，如图2-29所示。

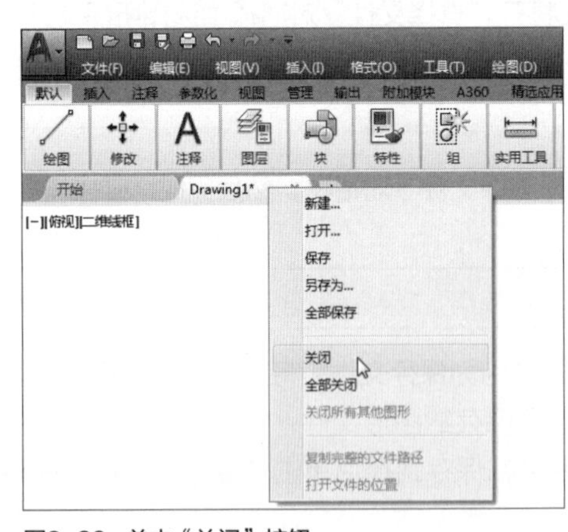

图2-28 单击“关闭”按钮

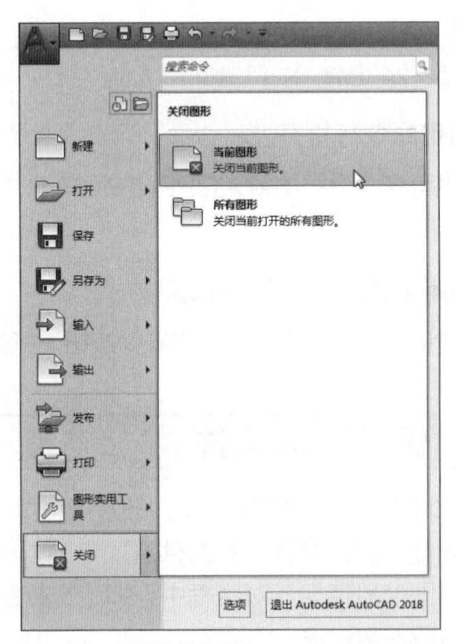

图2-29 关闭当前文件

3. 使用桌面任务栏关闭

在桌面的任务栏中，将光标引导至AutoCAD文件中，即可显示文件窗口，在所需关闭的文件右侧，单击“关闭”按钮☒，即可关闭图形文件，如图2-30所示。

关闭文件时，如果当前图形文件没有进行保存操作，系统将自动打开命令提示框，单击“是”按钮，即可保存当前文件；若单击“否”按钮，则可取消保存，关闭当前文件。

图2-30 从桌面任务栏中关闭文件

2.3 坐标系的应用

任意物体在空间中的位置都是通过坐标来定位的。在AutoCAD的图形绘制中，也是通过坐标系来确定相应图形对象的位置的，坐标系是确定对象位置的基本手段。理解各种坐标系的概念，掌握坐标系的创建以及正确的坐标数据输入方法，是学习AutoCAD制图的基础。

2.3.1 坐标系概述

AutoCAD坐标系分世界坐标系（WCS）和用户坐标系（UCS），用户可通过UCS命令进行坐标系的转换，两种坐标系下都可以通过坐标（x, y）来精确定位点。坐标（x, y）是表示点的最基本方法。

1. 世界坐标系

AutoCAD系统为用户提供了一个绝对的坐标系，即世界坐标系（WCS）。通常，AutoCAD构造新图形时将自动使用WCS，虽然WCS不可更改，但可以从任意角度、任意方向来观察或旋转。

世界坐标系（World Coordinate System，简称WCS）是由三个垂直并相交的坐标轴X轴、Y轴和Z轴构成，一般显示在绘图区域的左下角，如图2-31所示。在世界坐标系中，X轴和Y轴的交点就是坐标原点O（0, 0），X轴正方向为水平向右，Y轴正方向为垂直向上，Z轴正方向为垂直于XOY平面，指向操作者。在二维绘图状态下，Z轴是不可见的。世界坐标系是一个固定不变的坐标系，其坐标原点和坐标轴方向都不会改变，是系统默认的坐标系。

2. 用户坐标系

相对于世界坐标系WCS，用户可根据需要创建无限多的坐标系，这些坐标系称为用户坐标系（User Coordinate System，简称UCS）。在进行复杂绘图尤其是三维造型操作时，固定不变的世界坐标系已经无法满足用户的需要，故而需要定义一个可以移动的用户坐标系，用户可以在合适的位置上设置原点和坐标轴的方向，以便于绘图，提高工作效率。

在默认情况下，用户坐标系和世界坐标系完全重合，但是用户坐标系的图标少了原点处的小方格，如图2-32所示。

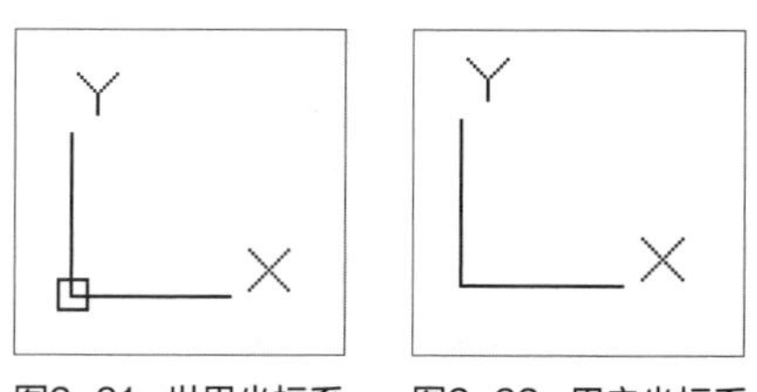

图2-31 世界坐标系　图2-32 用户坐标系

2.3.2 创建新坐标

在绘制图形时，用户可以根据制图要求创建所需的坐标系。在AutoCAD软件中，可使用以下几种方法创建新的坐标系，下面分别对其操作进行介绍。

1. 通过输入原点创建

执行“工具>新建UCS>原点”命令，根据命令行提示，在绘图区中指定新的坐标原点，并输入X、Y、Z坐标值，按回车键即可完成创建。

2. 通过指定z轴矢量创建

在命令行中，输入UCS按回车键后，在绘图区中指定新坐标的原点，其后根据需要指定好X、Y、Z三点坐标轴方向，即可完成新坐标的创建。

3. 通过“面”命令创建

执行“工具>新建UCS>面”命令，指定对象一个面为用户坐标平面，其后根据命令行中的提示信息，指定新坐标轴的方向即可。

2.4 控制视图的显示

在查看或设计图形的过程中，为了更灵活地观察图形的整体效果或者局部细节，经常需要对视图进行移动、放大或缩小等操作，便于观察、对比和校准。

2.4.1 缩放视图

执行“视图>缩放”命令，在下拉列表中，用户可根据需要选择相应的缩放选项，即可进行视图的缩放操作。

1. 范围缩放

当绘制或浏览较为复杂的图形时，通常都要使用缩放命令对图形某一区域进行放大或缩小操作，该操作不能改变图形中对象的绝对大小，只能改变视图的比例。执行“视图>缩放>范围”命令，则可进行该操作，如图2-33、2-34所示。

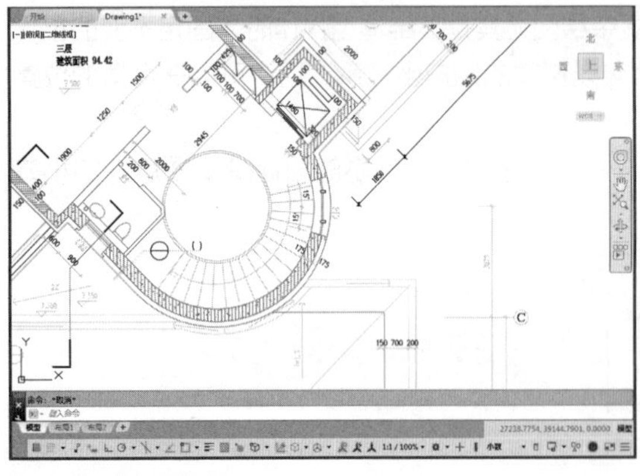

图2-33　范围缩放之前

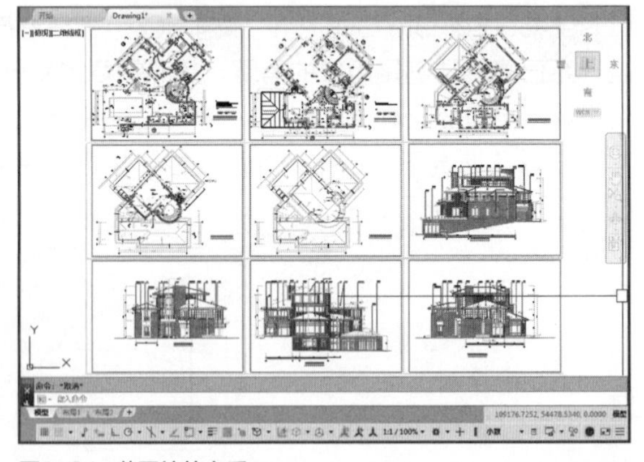

图2-34　范围缩放之后

2. 窗口缩放

窗口缩放功能可将矩形窗口内的图形对象最大化显示。执行“视图 > 缩放 > 窗口”命令，根据命令行提示，框选所需放大的图形，即可进行窗口缩放操作，如图2-35、2-36所示。

3. 实时缩放

实时缩放功能是根据绘图需要，将图纸随时进行放大或缩小操作。执行“视图>缩放>实时”命令，按住鼠标左键，向上移动鼠标，此时图形即为放大操作；而按住鼠标左键，向下移动，则为缩小操作。

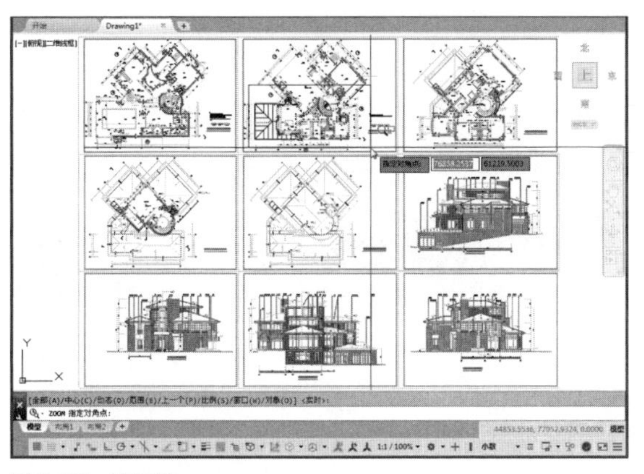

图2-35 缩放前

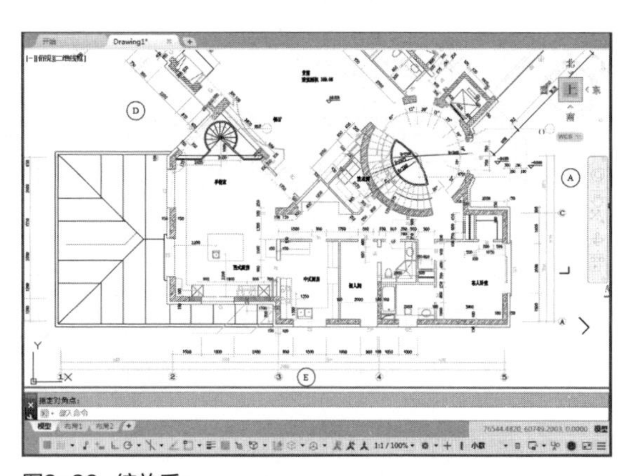

图2-36 缩放后

4. 全部缩放

全部缩放功能是按指定的比例对当前图形整体进行全部缩放。执行“视图>缩放>全部”命令，即可进行缩放操作。

5. 动态缩放

动态缩放功能是以动态方式缩放视图。执行“视图>缩放>动态”命令，即可进行缩放操作。

6. 比例缩放

比例缩放是按指定的比例对当前图形进行缩放操作。执行“视图>缩放>比例”命令，根据命令行提示，输入缩放倍数，即可进行缩放操作。

命令行提示如下：

```
命令： '_zoom
指定窗口的角点，输入比例因子 (nX 或 nXP)，或者
[全部(A)/中心(C)/动态(D)/范围(E)/上一个(P)/比例(S)/窗口(W)/对象(O)] <实时>：_s
输入比例因子 (nX 或 nXP)：2                                    (输入缩放值)
```

7. 对象缩放

对象缩放则是将所选的对象最大化显示在绘图区域中。执行“视图>缩放>对象”命令，根据命令行提示，框选所需放大的图形对象，按回车键即可，如图2-37、2-38所示。

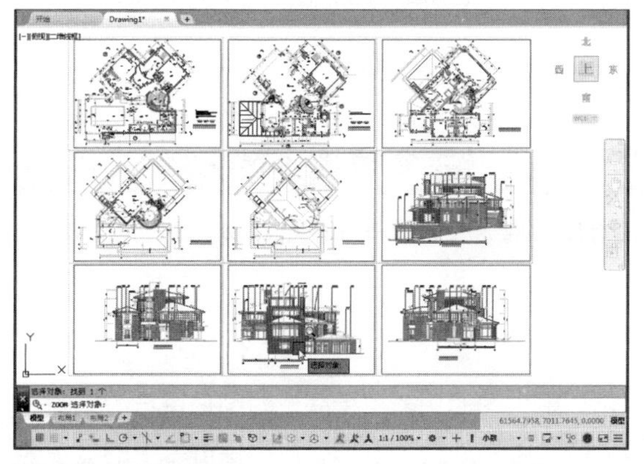

图2-37 框选缩放图形

图2-38 缩放后效果

2.4.2 平移视图

使用平移视图工具可以重新定位当前图形在窗口中的位置，以便于对图形的其他部分进行浏览或绘制。该命令不会改变视图中对象的实际位置，只改变当前视图在操作区域中的位置。

1. 利用功能区命令操作

执行“视图>平移”命令，如图2-39所示。当光标转换成手形图标时，按住鼠标左键，移动光标至合适位置，放开鼠标即可移动视图。

图2-39 缩放后效果

2. 使用鼠标中键操作

除了使用“平移”命令外，用户可直接按住鼠标中键不放，移动光标至合适位置，放开中键即可完成平移操作。

2.4.3 重画与重生视图

在绘制过程中，有时视图会出现一些残留的光标点，为了擦除这些多余的光标点，用户可使用重画与重生成功能进行操作。下面将对其重画与重生成功能进行介绍。

1. 重画

重画功能是用于从当前窗口中删除编辑命令留下的点标记，同时还可以编辑图形留下的点标记，是对当前视图中的图形进行刷新操作。

用户只需在命令行中输入REDRAW或REDRAWALL，按回车键即可进行重画操作。输入REDRAW命令，是将从当前视口中删除编辑命令留下来的点标记，而输入REDRAWALL命令，则是将从所有视口中删除编辑命令留下来的点标记。

2. 重生成

重生成功能是用于在视图中进行图形的重生成操作，其中包括生成图形、计算坐标、创建新索引等。在当前视口中重生成整幅图形并重新计算所有对象的坐标、重新穿件图形数据库索引，从而优化显示和对象选择的性能。

在命令行中输入REGEN或REGENALL后，按回车键即可进行操作。

工程师点拨：REGEN和REGENALL的区别

输入RENGEN命令，会在当前视口中重生成整个图形并重新计算所有对象的坐标，而输入REGENALL命令，则在所有视口中重生成整个图形并重新计算所有对象的屏幕坐标。

3. 自动重新生成图形

自动重新生成图形功能用于自动生成整个图形，它与重生图形功能不相同。对图形进行编辑时，在命令行中输入REGENAUTO命令后按回车键，即可自动再生成整个图形，以确保屏幕上的显示能反映图形的实际状态，保持视觉的真实度。

2.5 视口显示

视口是用于显示模型不同视图的区域，AutoCAD中包含12种类型的视口样式，用户可以选择不同的视口样式以便于从各个角度来观察模型。

2.5.1 新建视口

在默认情况下，系统是以单个视口模式显示图形的。用户可以根据图纸需要，对当前视口进行相应的设置操作。

在“视图”选项卡的“模型视口”面板中，单击“视口配置”下拉按钮，在打开的下拉列表中，选择所需视口模式即可，如图2-40所示。用户也可在菜单栏中，执行“视图>视口”命令，在打开的子命令菜单中，选择“新建视口”选项，如图2-41所示。打开“视口”对话框，在“新建视口”选项卡中，选择满意的视口模式，单击“确定”按钮同样也可创建视口。

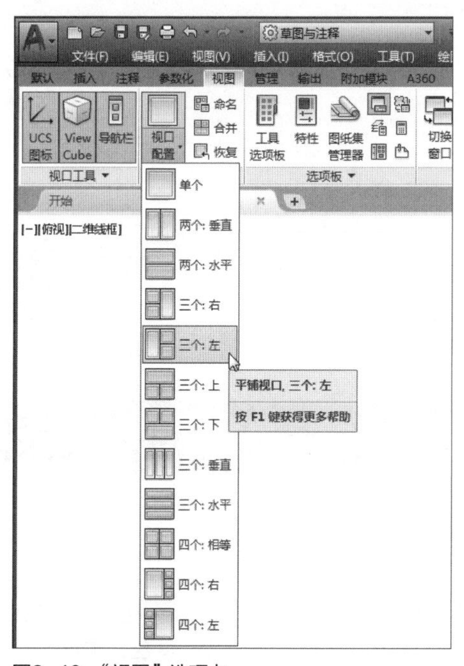

图2-40 “视图”选项卡

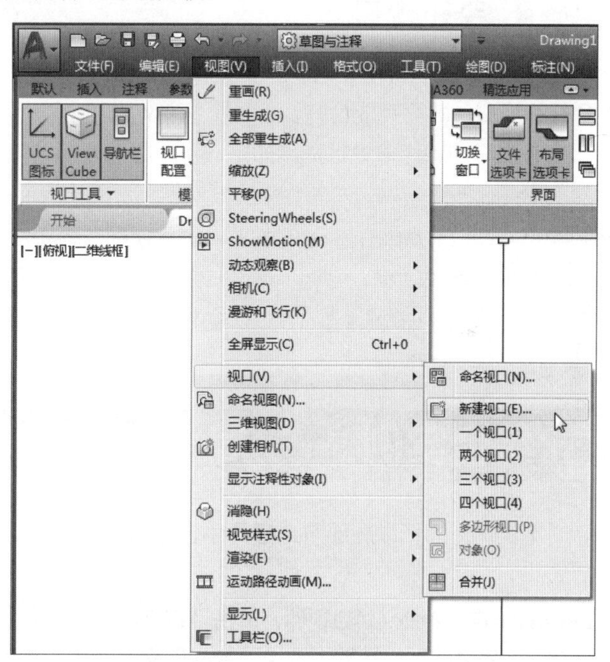

图2-41 “视图”菜单栏

在“视口”对话框的“新建视口”选项卡中，可对新建的视口进行命名。若没有命名，则新建的视口配置只能应用而无法保存。用户可根据需要创建视口，并将创建好的视口进行保存，以便下次使用，如图2-42所示。

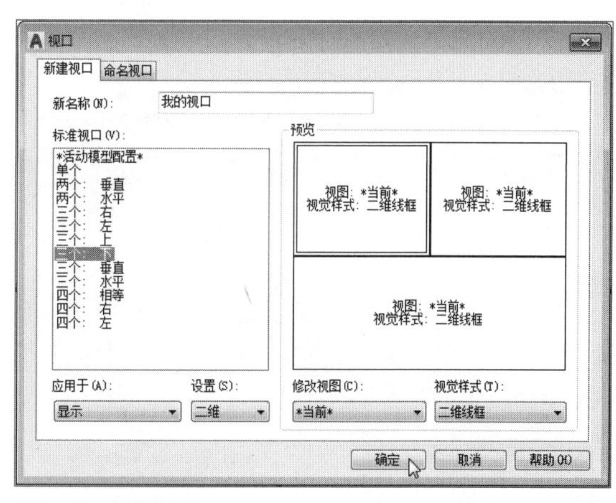

图2-42 新建视口

在“命名视口”选项卡中，显示图形中任意已保存的视口配置。在选择视口配置时，已保存配置的布局显示在“预览”列表框中。在已命名的视口名称上单击鼠标右键，选择“重命名”选项可对视口的名称进行修改，如图2-43所示。

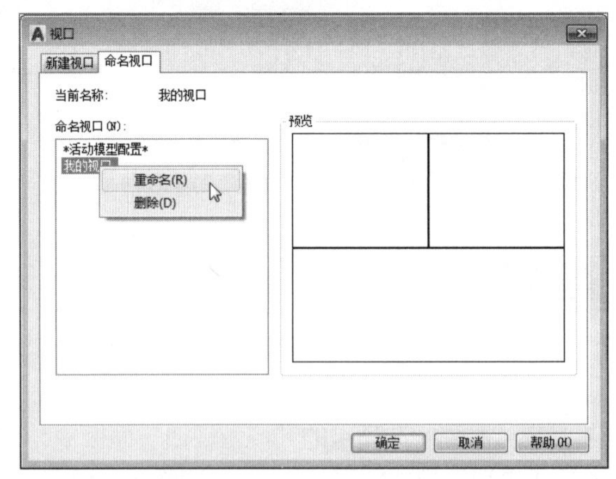

图2-43 视口重命名

2.5.2 合并视口

在AutoCAD软件中，可将多个视口进行合并。用户执行“视图>视口>合并”命令，选择两个所要合并的视口，即可完成合并。

合并视口的操作命令行提示如下：

```
命令: _-vports
输入选项 [保存(S)/恢复(R)/删除(D)/合并(J)/单一(SI)/?/2/3/4/切换(T)/模式(MO)] <3>: _j
选择主视口 <当前视口>:                                        按回车键
选择要合并的视口: 正在重生成模型。                              选择需合并的视口
```

综合实例 —— 局部打开图纸并进行保存操作

本实例将图形以局部方式打开后，再另存为新文件，具体操作方法如下。

Step 01 启动AutoCAD软件，单击“打开”按钮，在“选择文件”对话框中选择“素材”文件，单击“打开”的下拉按钮，在下拉列表中，选择“局部打开”选项，如图2-44所示。

图2-44 “局部打开”选项

Step 02 在“局部打开”对话框中的“要加载几何图形的图层”列表中，勾选“家具”图层并单击“打开”按钮，如图2-45所示。

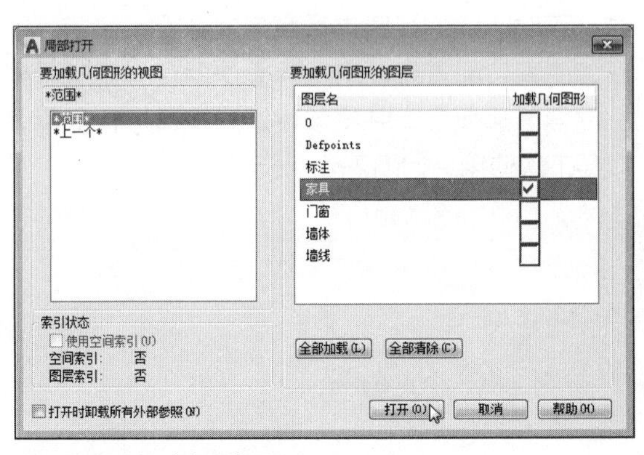

图2-45 选择“家具”图层

Step 03 此时被选中的要加载几何图形的图层已显示在绘图区中，而标题栏中也出现了提示字样“局部加载”，如图2-46所示。

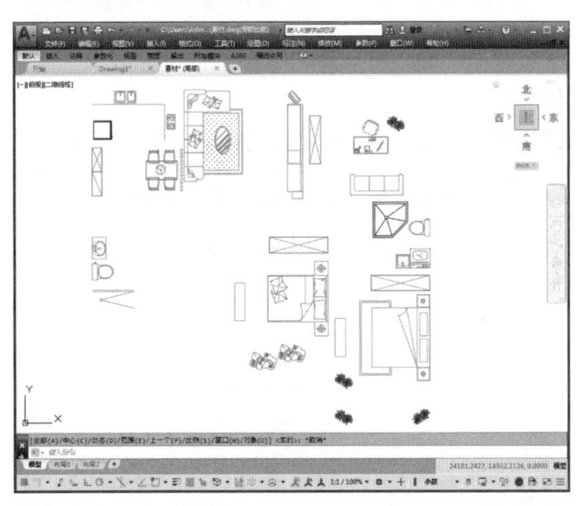

图2-46 局部打开效果

Step 04 删除“植物”图形，执行“文件>另存为”命令，打开“图形另存为”对话框，如图2-47所示。

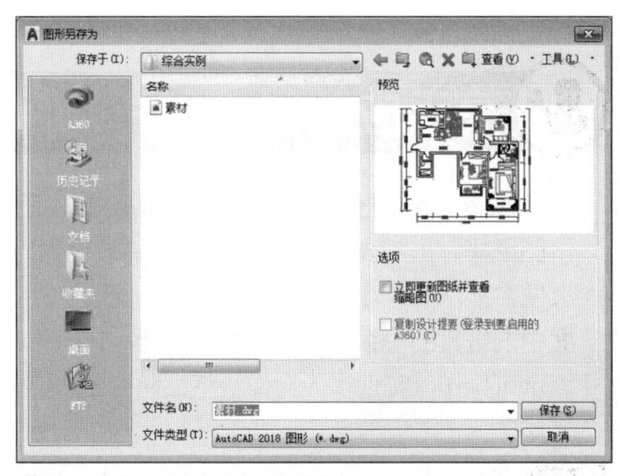

图2-47 “图形另存为”对话框

Step 05 在“图形另存为”对话框的“文件名”文本框中，输入文件名并选择“文件类型”，然后单击“保存”按钮，如图2-48所示。

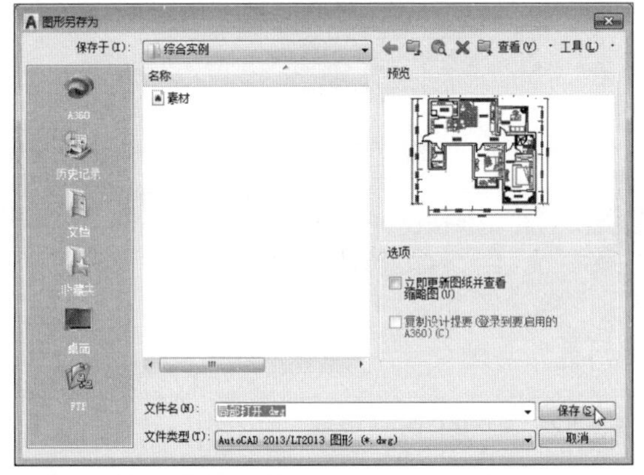

图2-48 单击“保存”按钮

Step 06 关闭之前打开的文件后，执行“文件>打开”命令，在保存的路径中可看到刚保存的图形文件，如图2-49所示。

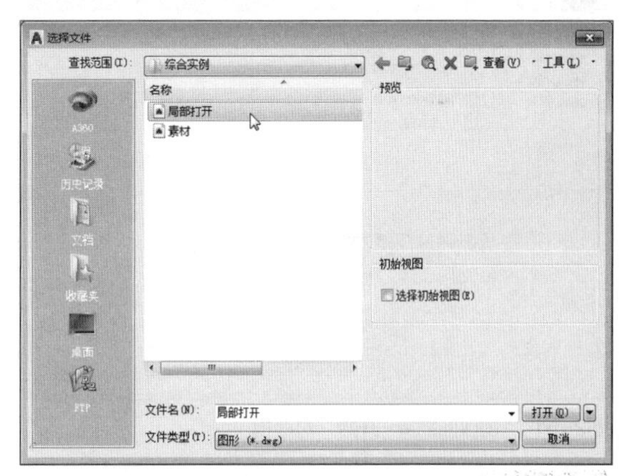

图2-49 “选择文件”对话框

Step 07 单击“打开”按钮，系统会提示如图2-50所示的对话框，选择“部分打开图形文件”即可打开之前另存为的局部图形。若选择“完全打开图形文件”选项，将打开所有图层图形，显示完整图形文件。

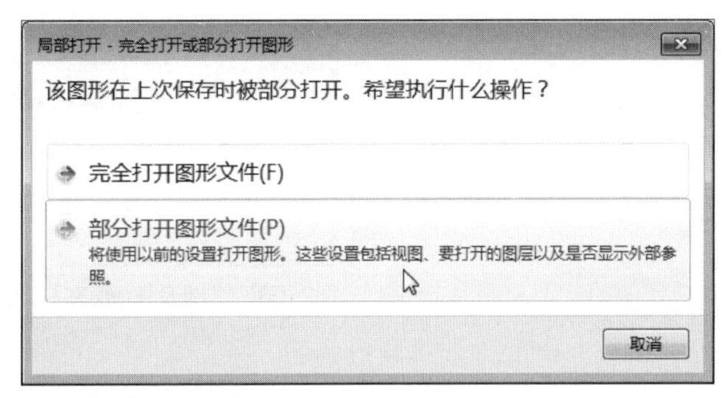

图2-50 “局部打开”对话框

工程师点拨：替换字体样式

在日常绘图中，经常会遇到打开某一图形文件后，出现缺字体库样式的情况，此时程序将自动打开“指定字体给样式”对话框。用户可在该对话框的“大字体”列表框中，选择chineset.shx选项，将其替换，或直接单击“取消”按钮，忽略字体样式。

高手应用秘籍 —— 巧用AutoCAD图纸集功能管理图纸

AutoCAD图纸集是可以多人共用的，通过图纸集发布后共享，其他人在局域网内可以打开该图纸集，形成资源共享。当图纸集被他人打开时，该AutoCAD软件界面中的图纸集工程名边上便会显示一个小锁图样，正常时显示为绿色，若图纸集他人被操作，如建立新图纸等，绘图界面中图纸集的小锁显示为红色，即当前不可操作。待他人操作结束后，小锁图样变回绿色，此时表示可操作，实现多人合作。下面将介绍创建图纸集的操作方法。

Step 01 启动AutoCAD软件，执行“文件>新建图纸集”命令，在打开的“创建图纸集-开始”对话框中单击“样例图纸集”单选按钮，再单击“下一步”按钮，如图2-51所示。

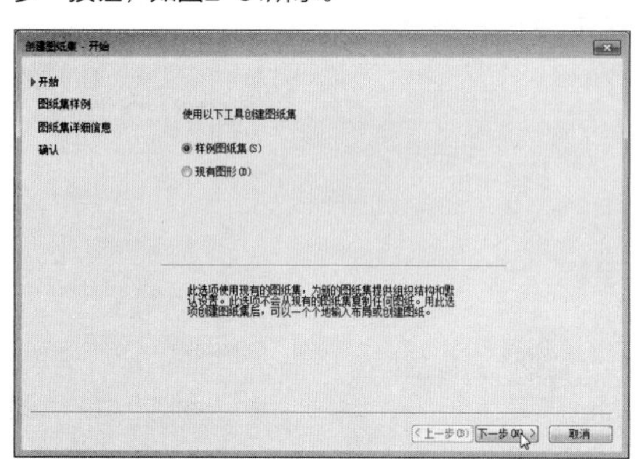

图2-51 “创建图纸集-开始”对话框

Step 02 在“创建图纸集-图纸集样例”对话框中选择一个图纸集作为样例，然后单击“下一步”按钮，如图2-52所示。

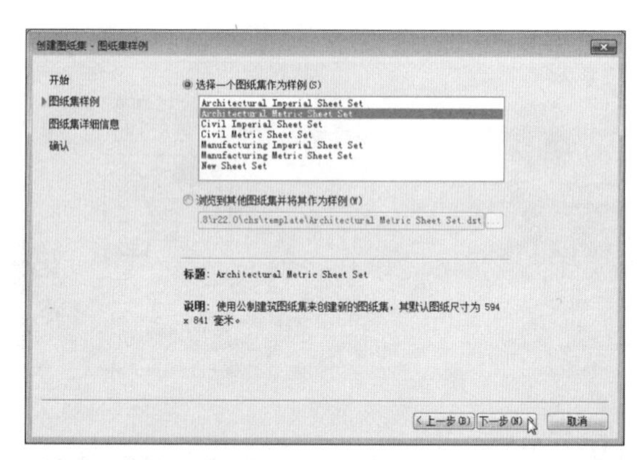

图2-52 “图纸集样例”对话框

Step 03 在“创建图纸集-图纸集详细信息”对话框的“新图纸集的名称”文本框中，设置名称，然后单击“下一步”按钮，如图2-53所示。

图2-53 “图纸及详细信息”对话框

Step 04 在“创建图纸集-确认”对话框中，单击“完成”按钮，结束创建，如图2-54所示。

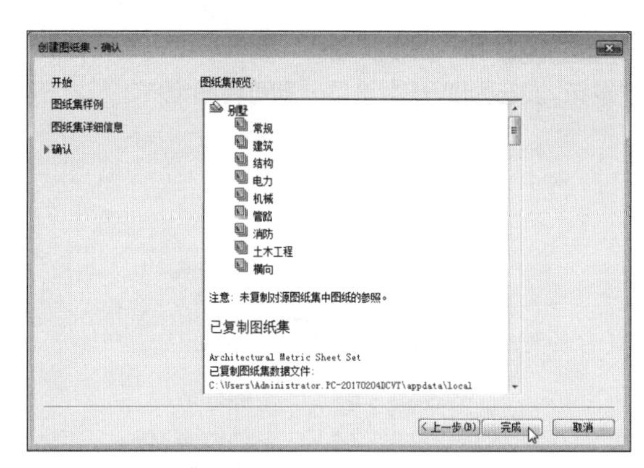

图2-54 “确认”对话框

Step 05 此时绘图区显示“图纸集管理器”选项板，从中可以看到新建的图纸集列表，如图2-55所示。

创建好图纸集后就可以进行图纸集的发布了。通过图纸集管理器可以轻松地发布整个图纸集、图纸集子集或单张图纸。在图纸集管理器中发布图纸集比使用“发布”命令更快捷。

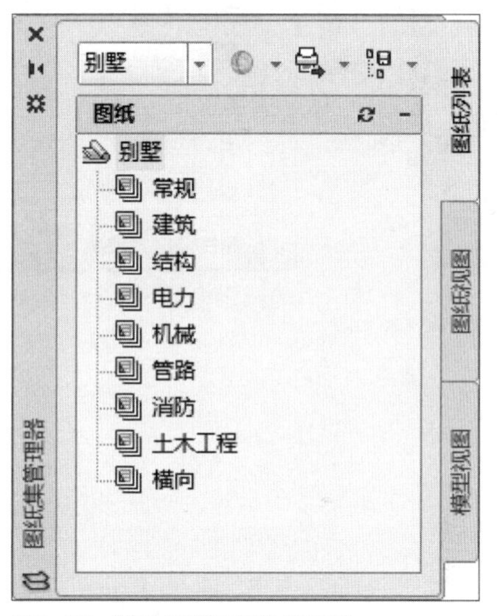

图2-55 “图纸集管理器”选项板

Step 06 在“图纸管理器”选项板中单击“打开”下拉按钮，在弹出的下拉列表中选择“打开”选项，如图2-56所示。

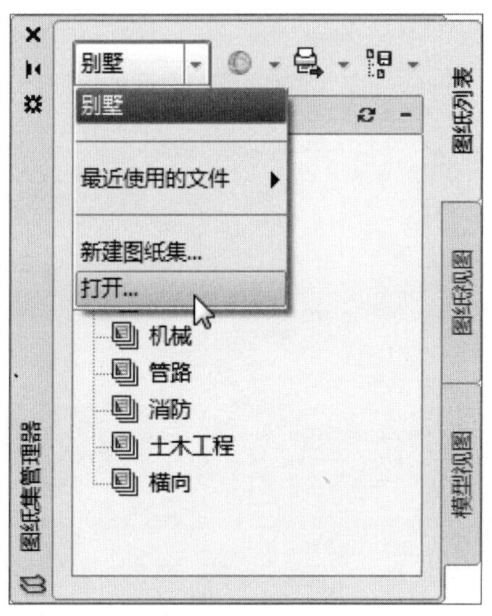

图2-56 选择“打开”选项

Step 07 在“打开图纸集”对话框中选择图纸集文件，单击“打开”按钮，如图2-57所示。

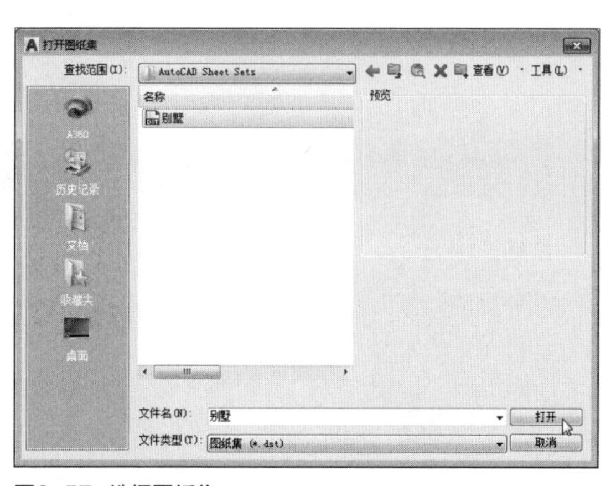

图2-57 选择图纸集

Step 08 在“图纸管理器”选项板中，选择需要发布的图纸集，单击鼠标右键，在弹出的快捷菜单中选择“发布>发布为DWF”选项，即可将图纸集进行发布，如图2-58所示。

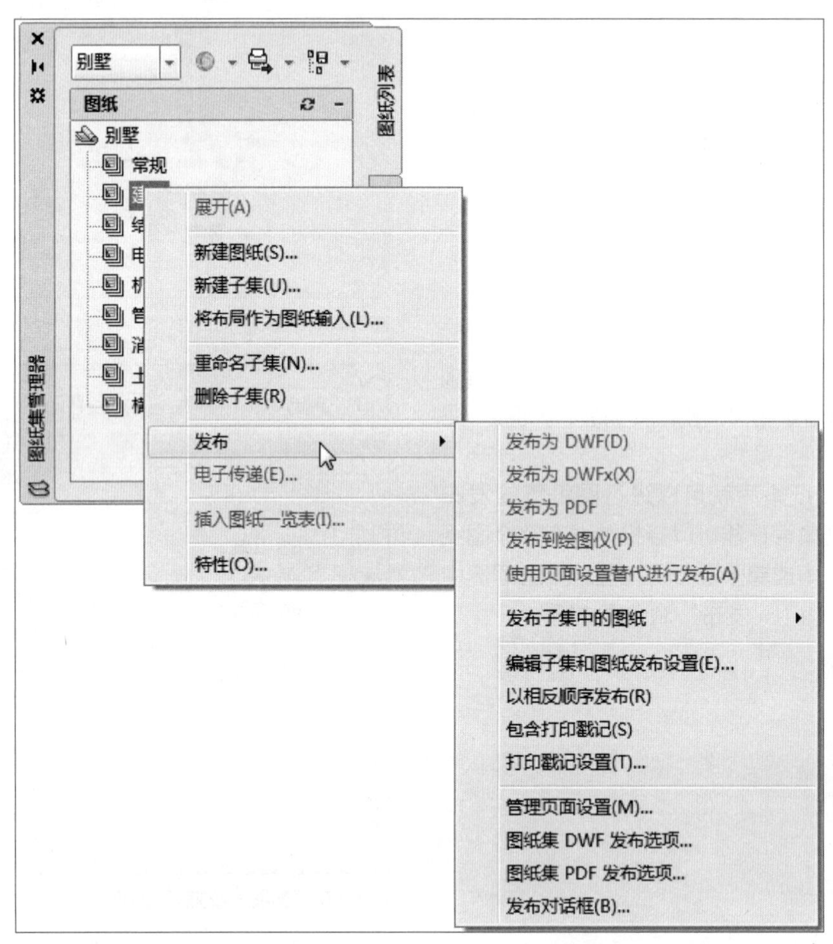

图2-58 发布图纸集

秒杀工程疑惑

在AutoCAD进行操作时，用户经常会遇见各种各样的问题，下面将总结一些常见问题进行解答，其中包括：修复损坏的文件、创建和恢复备份文件以及义件打开时失败的操作。

问　题	解　答
如何修复损坏的图形文件?	如果在绘图时，系统突然发生故障后要求保存图形，那么该图形文件将标记为损坏。如果只是轻微损坏，有时只需打开图形便可将其修复。具体操作方法如下： 首先执行“菜单浏览器>图形实用工具”命令，在打开的级联菜单中，选择“修复”选项； 然后在“选择文件”对话框中，选择所需修复的图形文件，单击“打开”按钮，可尝试打开图形文件，并显示核查结果
如何创建和恢复备份文件?	创建和恢复备份文件的操作如下： 首先执行“菜单浏览器>选项”命令，打开“选项”对话框，切换至“打开和保存”选项卡； 然后在“文件安全措施”选项区中，勾选“每次保存时均创建备份副本”复选框，就可指定在保存图形时创建备份文件。完成操作后，每次保存图形时，图形的早期版本将保存为具有相同名称并带有扩展名.bak的文件。而该备份文件与图形文件位于同一个文件夹中
在打开AutoCAD文件时，总是提示“图形文件无效”界面，怎么办?	该问题说明当前使用的AutoCAD版本过低，需要安装与文件同等版本的Auto-CAD软件才可打开。因为高版本可以打开低版本的，但是低版本不能打开高版本的图形文件。遇到该情况时，用户需在保存AutoCAD文件时，保存成相应的版本即可，其操作如下： 首先打开所要保存的AutoCAD文件，执行“菜单浏览器>另存为”命令；然后在打开的“图形另存为”对话框中，单击“文件类型”下拉按钮，并在打开的列表中，选择所需版本类型，单击“保存”按钮即可
为什么坐标系不是统一的状态，有时会发生变化?	坐标系会根据工作空间和工作状态的不同发生更改。一般默认情况下，坐标系是WCS，它包括X轴和Y轴，属于二维空间坐标系。但如果进入三维工作空间，则多了一个Z轴。世界坐标系的X轴为水平，Y轴为垂直，Z轴正方向垂直于屏幕指向外，属于三维空间坐标系

Chapter

03

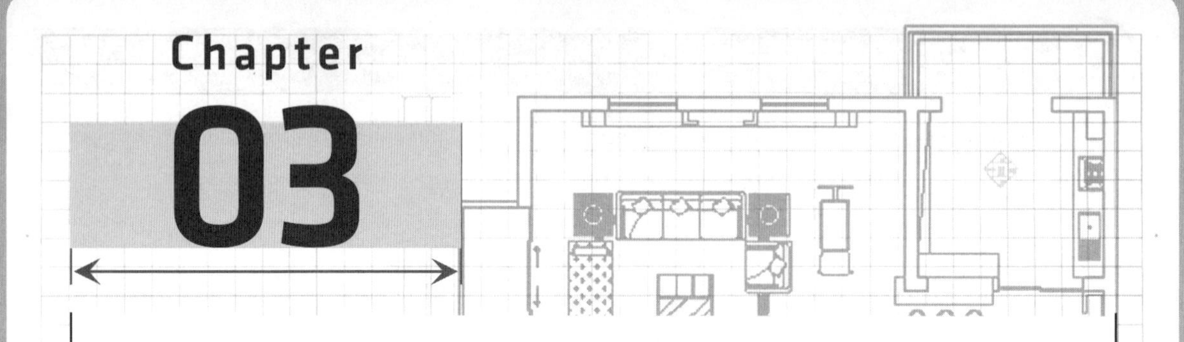

绘图辅助功能的使用

在绘制图形过程中，鼠标定位精度较低，这就需要利用状态栏中的显示图形栅格、捕捉模式、正交限制光标、极轴追踪、对象捕捉和对象捕捉追踪等绘图辅助工具来精确绘图。通过本章的学习，读者可以掌握图形辅助功能的使用，可以更加快捷地操作AutoCAD，大大地提高绘图效率。

01 学完本章您可以掌握如下知识点

1. 捕捉功能与夹点功能的使用	★
2. 图形特性功能的使用	★★
3. 参数化功能的使用	★★
4. 查询功能的使用	★★

02 本章内容图解链接

"捕捉和栅格"选项卡

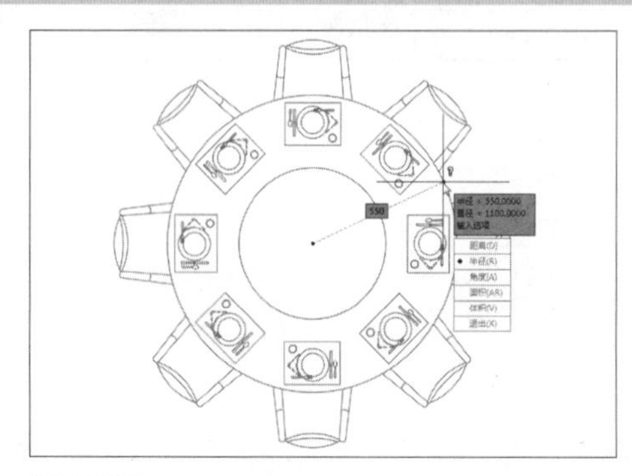
测量半径

3.1 捕捉功能的使用

在绘制图形时，尽管可以通过移动光标来指定点的位置，却很难精确指定对象的某些特殊位置。使用捕捉工具能够精确、快速的绘制图纸。AutoCAD软件提供了多种捕捉功能，其中包括对象捕捉、极轴捕捉、栅格、正交等功能。下面将分别对其功能进行操作。

3.1.1 栅格和捕捉功能

使用捕捉工具，用户可创建一个栅格，然后捕捉光标，并约束光标只能定位在某一栅格点上。当栅格点阵的间距与光标捕捉点阵的间距相同时，栅格点阵就形象反映出光标捕捉点阵的形状，同时反映出绘图界限。

在AutoCAD中，启动栅格或捕捉功能的方法有以下2种：

1. 使用菜单栏命令启动

执行“工具>绘图设置”命令，打开“草图设置”对话框，切换至“捕捉和栅格”选项卡，从中勾选“启用捕捉”和“启用栅格”复选框即可启动，如图3-1所示。

2. 使用状态栏按钮启动

在状态栏中，单击“捕捉模式”按钮和“栅格显示”按钮即可启动该功能，如图3-2所示。

图3-1 设置捕捉与栅格参数

图3-2 状态栏命令启动

“捕捉和栅格”选项卡中的各选项说明如下：

- 启用捕捉：勾选该复选框，可启用捕捉功能；取消勾选，则关闭该功能。
- 捕捉间距：在该选区中，用户可设置捕捉间距值，以限制光标仅在指定的X轴和Y轴之间内移动。其输入的数值应为正实数。勾选“X轴间距和Y轴间距相等”复选框，则表明使用同一个X轴和Y轴间距值，取消勾选则表明使用不同间距值。
- 极轴间距：用于控制极轴捕捉增量距离。该选项只能在捕捉类型为PolarSnap时，功能才可设置间距。
- 捕捉类型：用于确定捕捉类型。选择“栅格捕捉”选项时，光标将沿着垂直和水平栅格点进行捕捉；选择“矩形捕捉”选项时，光标将捕捉矩形栅格；选择“等轴测捕捉”选项时，光标则捕捉等轴测栅格。
- 启动栅格：勾选该复选框，可启动栅格功能。反之，则关闭该功能。
- 栅格间距：用于设置栅格在水平与垂直方向的间距，其方法与“捕捉间距”相似。

- 每条主线之间的栅格数：用于指定主栅格线与次栅格线的方格数。
- 栅格行为：用于控制当Vscurrent系统变量设置为除二维线框之外的任何视觉样式时，所显示栅格线的外观。

3.1.2 对象捕捉功能

使用对象捕捉功能可指定对象上的精确位置，用户可自定义对象捕捉的距离。例如，捕捉图形端点、中点、圆心、垂足以及两个对象的交点等。当光标移动到对象的对象捕捉位置时，将显示标记和工具提示。使用对象捕捉功能，可快速、准确地捕捉到这些点，从而达到准确绘图的效果。启动对象捕捉功能的方法有以下2种。

1. 使用菜单栏命令启动

在菜单栏中执行“工具>绘图设置”命令，打开“草图设置”对话框，切换至“对象捕捉”选项卡，勾选“启用对象捕捉”和“启用对象捕捉追踪”复选框，在“对象捕捉模式”中勾选所需捕捉功能，如图3-3所示。

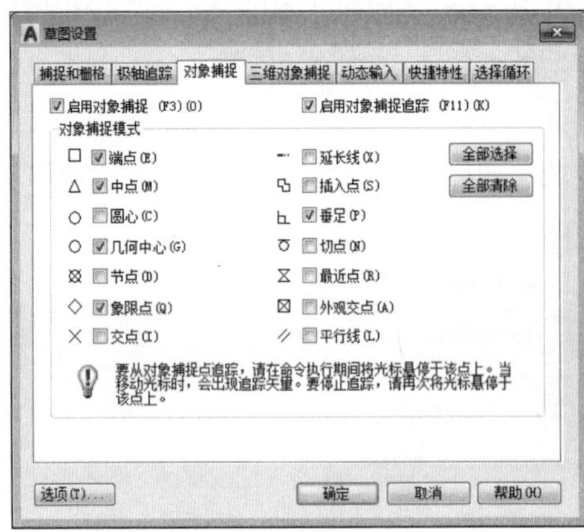

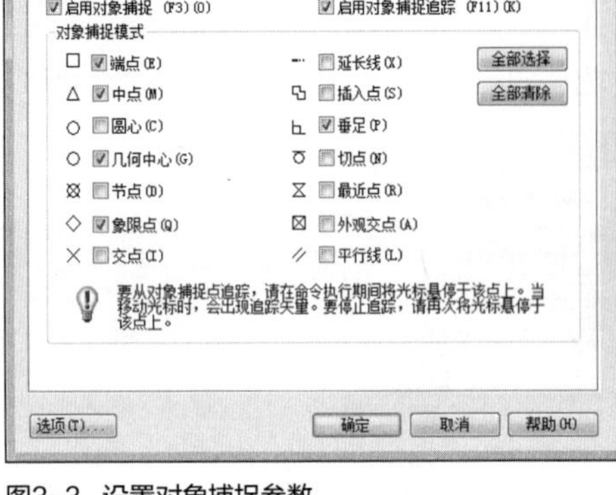

图3-3 设置对象捕捉参数

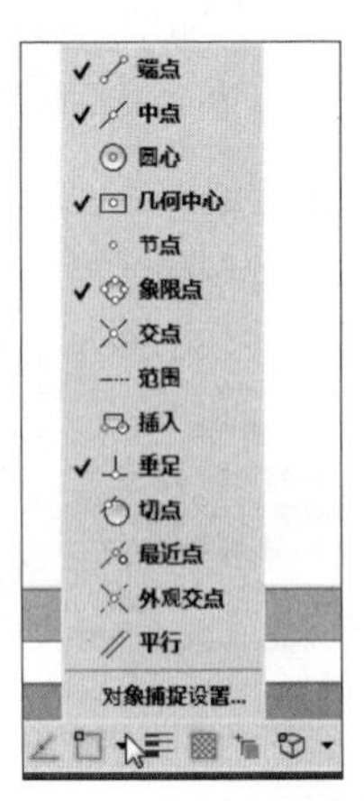

图3-4 “对象捕捉”菜单

2. 单击“对象捕捉”启动按钮

同样，在状态栏中，单击“对象捕捉”右侧的下拉按钮，在打开的快捷菜单中，用户即可勾选需启动的捕捉选项，如图3-4所示。对象捕捉各功能介绍如表3-1所示。

表3-1 对象捕捉功能列表

名　称	功　能
端点	捕捉到对象的最近端点或角
中点	捕捉到对象的中点
圆心	捕捉到圆弧、圆、椭圆或椭圆弧的中心点
几何中心	捕捉到多段线、二维多段线和二维样条曲线的几何中心点
节点	捕捉到点对象、标注定义点或标注文字原点
象限点	捕捉到圆弧、圆、椭圆或椭圆弧的象限点
交点	捕捉到对象的交点。“延伸交点”不能用作执行对象捕捉模式
延长线	当光标经过对象的端点时，显示临时延长线或圆弧，以便用户在延长线或圆弧上指定点
插入点	捕捉到对象，如属性、块或文字的插入点
垂足	捕捉到对象的垂足

（续表）

名　称	功　能
切点	捕捉到圆弧、圆、椭圆弧或样条曲线的切点。当正在绘制的对象需要捕捉多个垂足时，将自动打开"递延垂足"捕捉模式。可以使用"递延切点"来绘制与圆弧、多段线圆弧或圆相切的直线或构造线。当靶框经过"递延切点"捕捉点时，将显示标记和 AutoSnap 工具提示
最近点	捕捉到对象的最近点
外观交点	捕捉在三维空间中不相交但在当前视图中看起来可能相交的两个对象的视觉交点
平行线	将直线段、多段线线段、射线或构造线限制为与其他线性对象平行。指定线性对象后的第一点，请指定平行对象捕捉。与在其他对象捕捉模式中不同，用户可以将光标和悬停移至其他线性对象，直到获得角度。然后将光标移回正在创建的对象。如果对象的路径与上一个线性对象平行，则会显示对齐路径，用户可将其用于创建平行对象

工程师点拨：打开"草图设置"对话框

除了运用菜单栏打开"草图设置"对话框之外，更为便捷的方法是在状态栏中，右击"对象捕捉"按钮，在快捷菜单中选择"对象捕捉设置"选项，即可打开"草图设置"对话框。

3.1.3 运行和覆盖捕捉模式

对象捕捉模式可分为两种：运行捕捉模式和覆盖捕捉模式。下面将分别对其功能进行简单介绍。

（1）运行捕捉模式

在状态栏中，右击"对象捕捉"按钮，在快捷菜单中选择"对象捕捉设置"选项，在打开的对话框中，设置的对象捕捉模式始终处于运行状态中，直到关闭它为止。

（2）覆盖捕捉模式

若在"点"命令的命令行提示信息下，输入MID、CEN、QUA命令后，启用相关捕捉功能。这些捕捉模式属于临时捕捉，只对当前捕捉点有效，完成该操作后即失效。

3.1.4 对象追踪功能

在绘制具有多角度的图形时，为提高设计效率可使用追踪辅助功能。使用该功能可按照指定角度绘制对象，或绘制与其他对象有特定关系的对象。对象追踪功能是对象捕捉与追踪功能的结合。它是AutoCAD的一个非常便捷的绘图功能，是按指定角度或按与其他对象的指定关系绘制对象。

1. 极轴追踪功能

极轴追踪功能可在系统要求指定一点时，按事先设置的角度增量显示一条无限延伸的辅助线，用户就可沿着辅助线追踪到指定点。

若要启动该功能，则在状态栏中，单击"按指定角度限制光标"按钮。若需要进一步设置，单击其下三角按钮，选择"正在追踪设置"选项，如图3-5所示。随后打开"草图设置"对话框，切换至"极轴追踪"选项卡，从中设置相关选项即可，如图3-6所示。

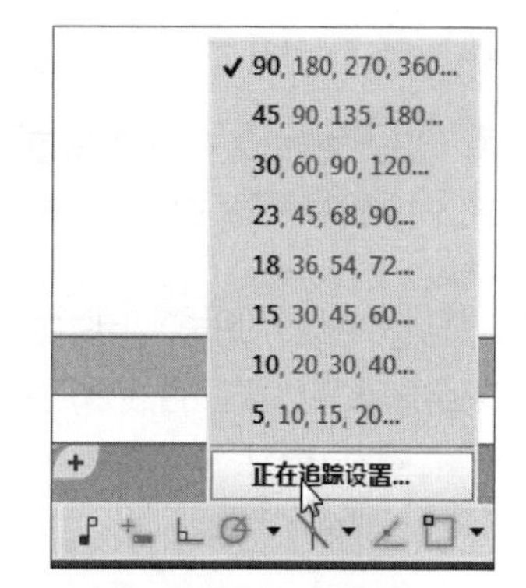

图3-5　启动极轴追踪功能

“极轴追踪”选项卡中各选项说明如下：

- 启用极轴追踪：用于打开或关闭极轴追踪，也可以通过按F10键来打开或关闭。
- 极轴角设置：该选项组用于设置极轴追踪的对齐角度；“增量角”用于设置显示极轴追踪对齐路径的极轴角增量，在此可输入任何角度，也可在其下拉列表中，选择所需角度；“附加角”是对极轴追踪使用列表中的任何一种附加角度。
- 对象捕捉追踪设置：该选项组用于设置对象捕捉追踪选项。选中“仅正交追踪”单选按钮，则启用对象捕捉追踪时，将显示获取对象捕捉点的正交对象捕捉追踪路径；若单击“用所有极轴角设置追踪”单选按钮，则在启用对象追踪时，将从对象捕捉点起沿着极轴对齐角度进行追踪。

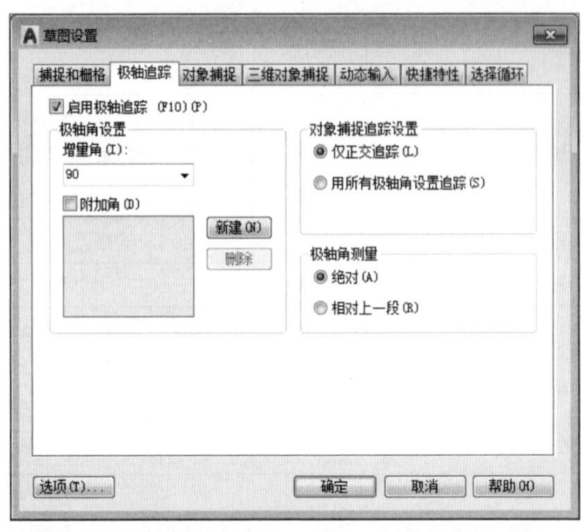

图3-6 “极轴追踪”选项卡

- 极轴角测量：该选项组用于设置极轴追踪对齐角度的测量基准。单击“绝对”单选按钮，可基于当前用户坐标系确定极轴追踪角度；单击“相对上一段”单选按钮，则可基于最后绘制的线段确定极轴追踪角度。

2. 自动追踪功能

自动追踪功能可帮助用户快速精确定位所需点。执行“菜单浏览器>选项”命令，打开“选项”对话框，切换至“绘图”选项卡，在“AutoTrack设置”选项组进行设置即可，如图3-7所示。该选项组中各选项说明如下：

- 显示极轴追踪矢量：该选项用于设置是否显示极轴追踪的矢量数据。
- 显示全屏追踪矢量：该选项用于设置是否显示全屏追踪的矢量数据。
- 显示自动追踪工具栏提示：该选项用于在追踪特征点时，是否显示工具栏上的相应按钮的提示文字。

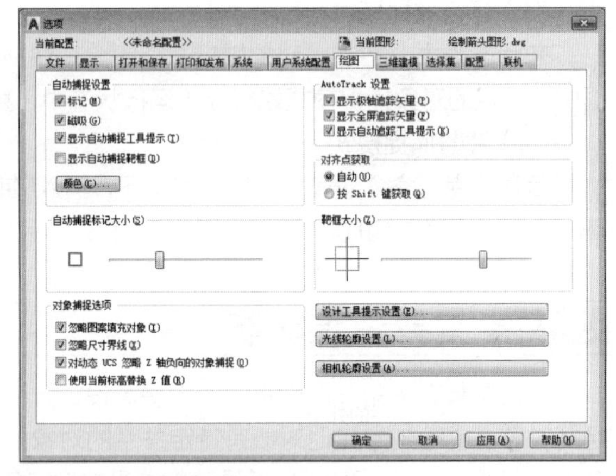

图3-7 “绘图”选项卡

3.1.5 使用正交模式

正交模式是在任意角度和直角之间进行切换，在约束线段为水平或垂直的时候可以使用正交模式。绘图时若同时打开该模式，则只需输入线段的长度值，AutoCAD就会自动绘制出水平或垂直的线段。

启动该功能后，光标只能限制在水平或垂直方向移动，通过在绘图区中单击鼠标或输入线条长度来绘制水平线或垂直线。用户可按照以下方法启动正交模式。

- 在状态栏中，单击“正交限制光标”按钮 。
- 按F8快捷键。

3.1.6 使用动态输入

启用“动态输入”模式后，当执行某项命令时，在光标右下角便会显示标注输入和命令提示等信息，以帮助用户专注于绘图区域，从而极大地提高设计效率，并且该信息会随着光标移动而更新动态。

在状态栏中，单击“动态输入”按钮即可启用或关闭动态输入功能。

1. 启用指针输入

在“草图设置”对话框中的“动态输入”选项卡中，通过勾选“启用指针输入”复选框启动指针输入功能。单击“指针输入”选项组的“设置”按钮，在打开的“指针输入设置”对话框设置指针的格式和可见性，如图3-8、3-9所示。

在执行某项命令时，启用指针输入功能，十字光标右侧工具栏中则会显示当前的坐标点。此时可在工具栏中输入新坐标点，而不用在命令行中进行输入。

图3-8 “动态输入”选项卡

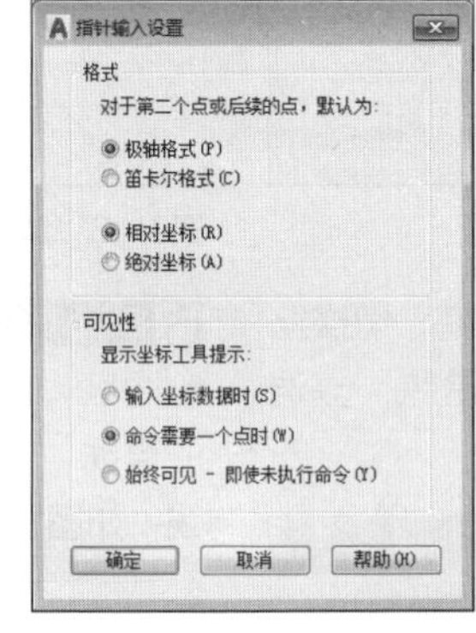

图3-9 “指针输入设置”对话框

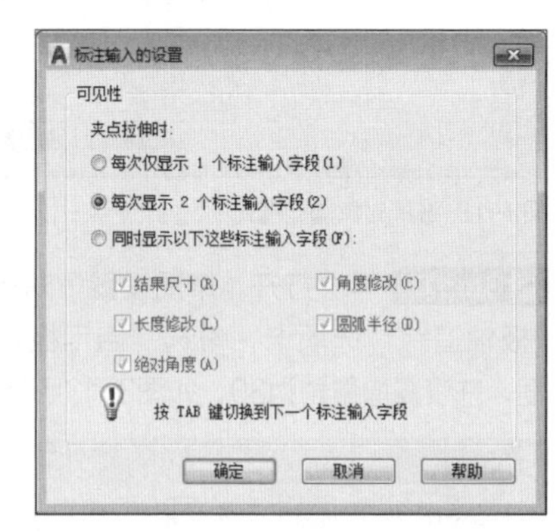

图3-10 “标注输入的设置”对话框

2. 启用标注输入

在“动态输入”选项卡中，勾选“可能时启用标注输入”复选框，即可启用该功能。单击“标注输入”选项组的“设置”按钮，在打开的“标注输入的设置”对话框中，可设置标注输入的可见性，如图3-10所示。

工程师点拨：设置动态输入工具栏界面

若想对动态输入工具栏的外观进行设置时，需要在“动态输入”选项卡中，单击“绘图工具提示外观”按钮，在打开的“工具提示外观”对话框中设置工具栏提示的颜色、大小、透明度及应用范围。

接下来利用捕捉功能绘制按钮开关图形，具体操作如下。

Step 01 启动AutoCAD软件，在“开始”界面中单击“开始绘制”按钮，打开新图形，执行“工具>绘图设置”命令，在打开的“草图设置”对话框中勾选所需启用的捕捉模式复选框，如图3-11所示。

Step 02 勾选完成后单击“确定”按钮，返回至绘图区，按F8快捷键开启正交模式，在“默认”选项卡的“绘图”面板中，单击“直线”按钮，根据命令行提示，完成直线绘制，如图3-12所示。

命令行提示如下。

命令： _line	执行“直线”命令
指定第一个点：	在绘图区中指定一点
指定下一点或 [放弃(U)]： <正交 开> 2.5	向左引导光标并输入长度值2.5
指定下一点或 [放弃(U)]： 5	向下引导光标并输入长度值5

指定下一点或 ［闭合(C)/放弃(U)]: 2.5	向右引导光标并输入长度值 2.5
指定下一点或 ［闭合(C)/放弃(U)]:	按回车键完成直线绘制

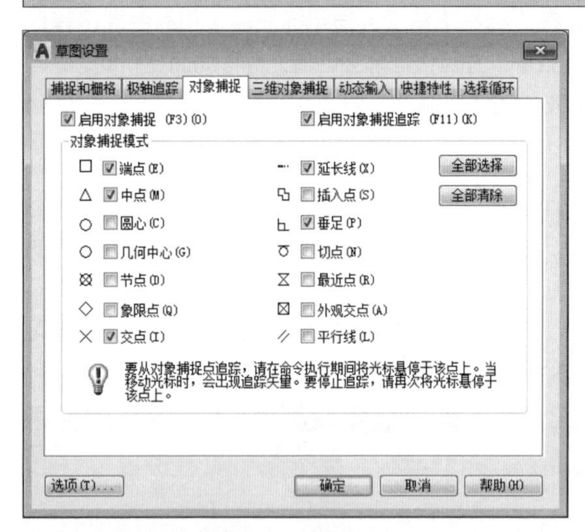

图3-11 选择对象捕捉模式

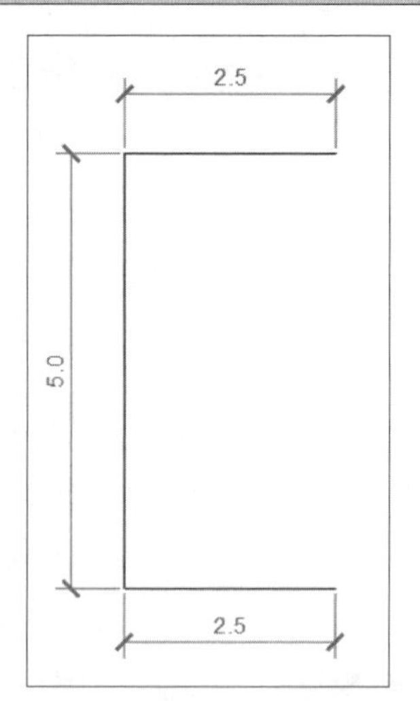

图3-12 绘制直线

Step 03 再次打开“草图设置”对话框，切换至“极轴追踪”选项卡，勾选“启用极轴追踪”复选框，并设置增量角为30，如图3-13所示。

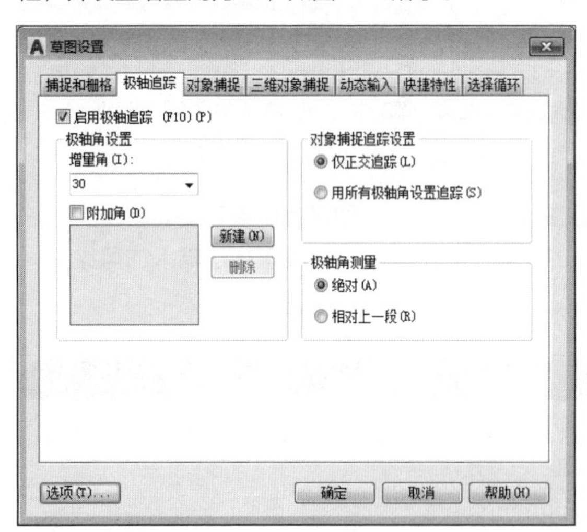

图3-13 设置增量角

Step 04 设置完成后单击“确定”按钮，返回至绘图区，继续执行“直线”命令，绘制一条长为5的直线，然后向左引导光标，捕捉30°角的捕捉虚线，如图3-14所示。

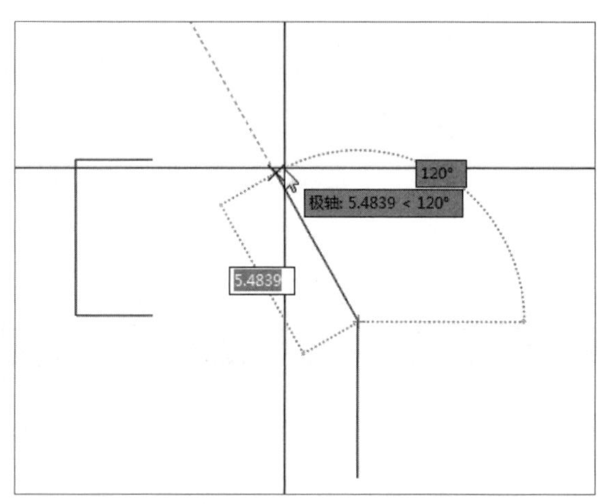

图3-14 捕捉增量角

Step 05 完成后根据命令行提示，输入7按回车键，完成开关头图形的绘制，如图3-15所示。

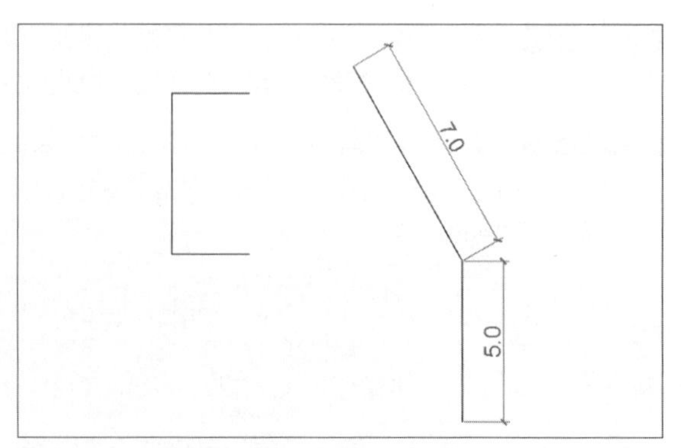

图3-15 绘制开关头图形

Step 06 继续执行“直线”命令，绘制一条长为5的垂直线，作为开关的另一接口。以垂直线端点为延长线捕捉点，向上引导光标，如图3-16所示。

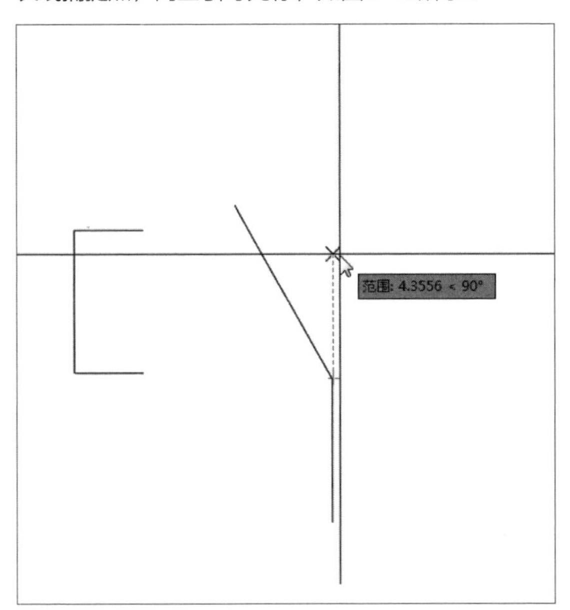

图3-16　向上引导光标

Step 07 在命令行中输入5并按回车键，确定直线起点，如图3-17所示。

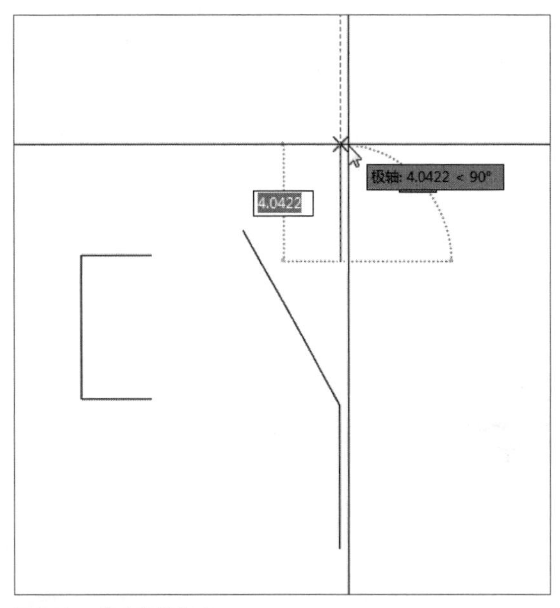

图3-17　确定直线起点

Step 08 再输入5按两次回车键，完成开关的另一接口的绘制，如图3-18所示。

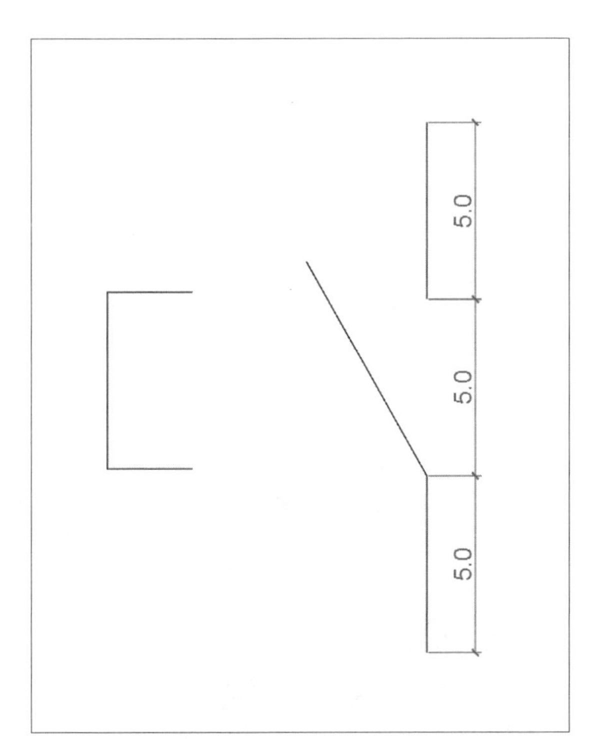

图3-18　完成另一接口的绘制

Step 09 继续执行“直线”命令，以左侧垂直线的中点为起点，向右引导光标，绘制一条水平线，捕捉到右侧斜线上的交点，如图3-19所示。

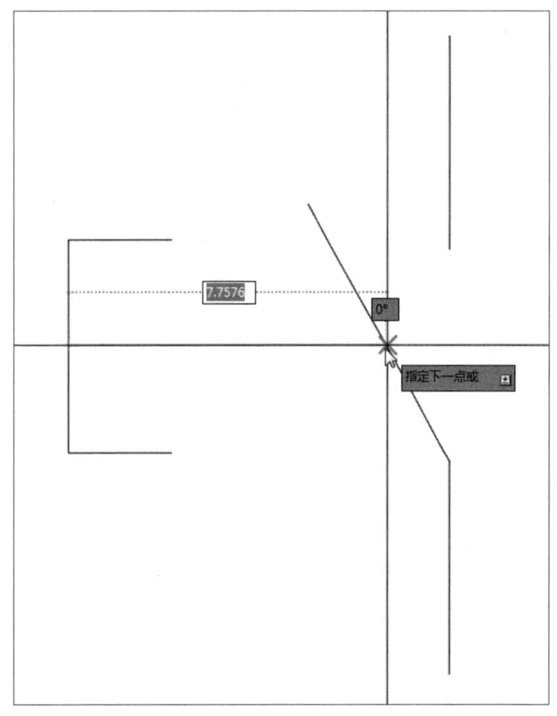

图3-19　捕捉交点

Step 10 绘制完成后单击“特性”面板中的“线型”下三角按钮，选择“其他”选项，在打开的“线型管理器”对话框中加载“虚线”线型，加载完成后，将上一步绘制的直线更改为虚线，如图3-20所示。

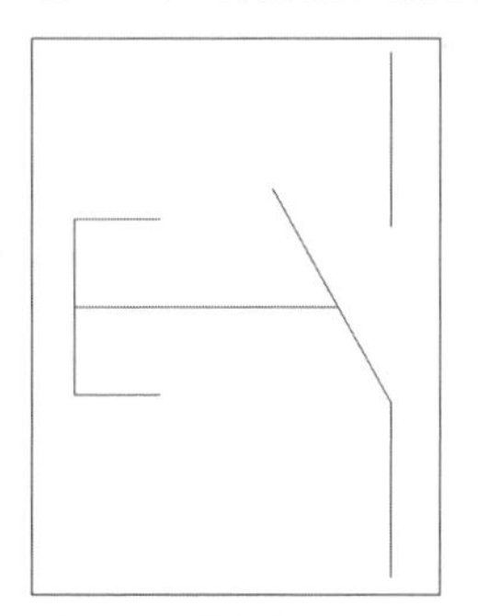

图3-20 更改线型

Step 11 此时线型显示效果不佳，双击该虚线，在打开的快捷特性面板中，将线型比例设置为0.1，如图3-21所示。

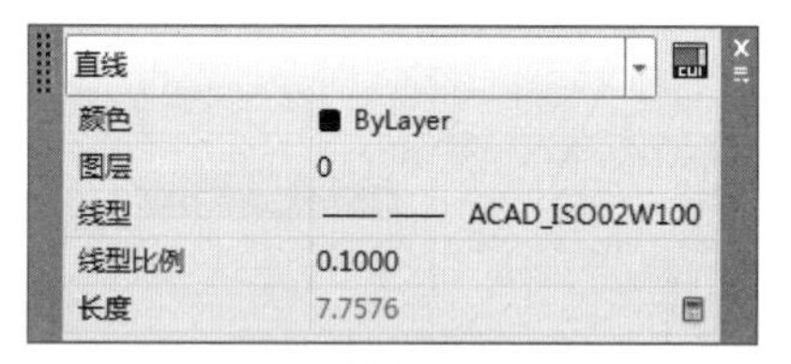

图3-21 更改线型比例

Step 12 按回车键完成线型比例的更改。将“颜色”设置为“洋红”，关闭该快捷菜单，此时在绘图区中可以看到更改后的显示效果，如图3-22所示。

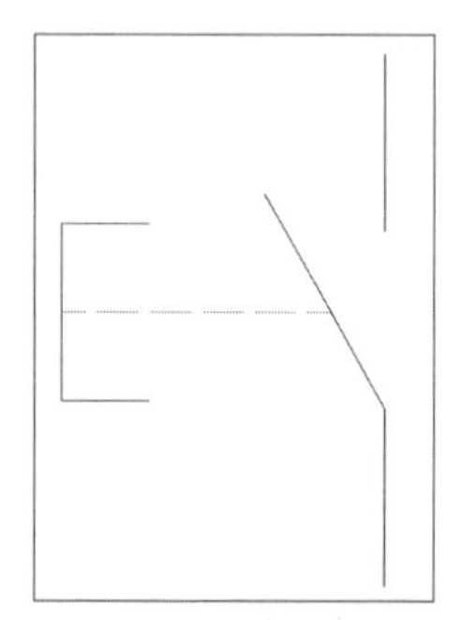

图3-22 完成按钮开关图形的绘制

工程师点拨：对象捕捉设置

在有命令操作且临时需要进行对象捕捉、极轴追踪等设置时，在状态栏中可直接单击相应按钮进行设置，并不会影响当下命令的操作。

3.2 夹点功能的使用

夹点是一种集成的编辑模式，在未进行任何操作时选取对象，对象的特征点上将会出现夹点，该夹点默认情况下是以蓝色小方块显示，如图3-23所示。个别也有圆形显示，如图3-24所示填充图案，用户可以根据个人的喜好和需要，在“选项”对话框中改变夹点的大小和颜色。

使用夹点功能，可以对图形对象进行拉伸、移动、旋转、缩放、镜像等操作。

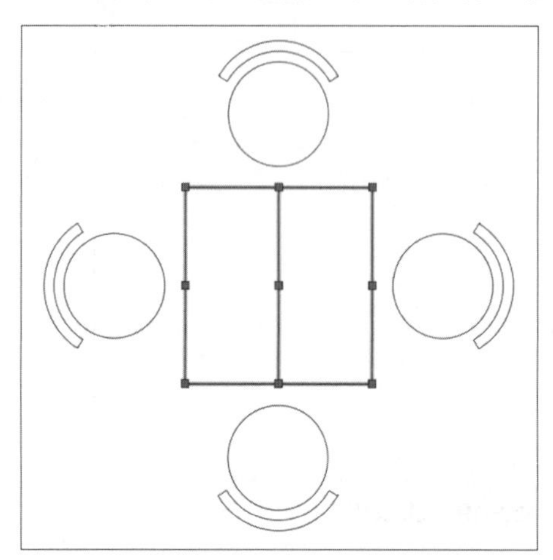

图3-23 选择线条图

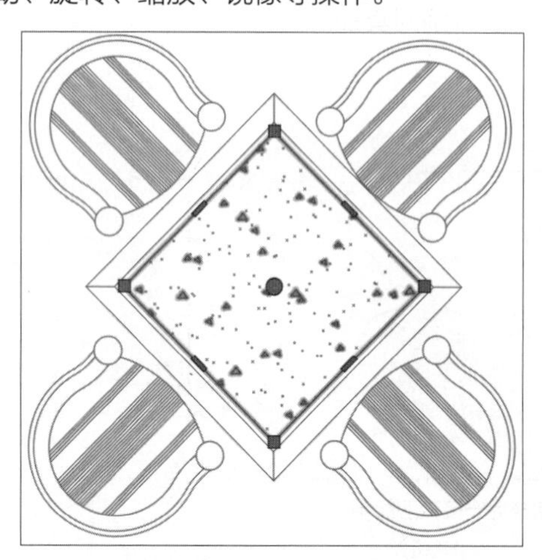

图3-24 选择填充图案

3.2.1 夹点的设置

在AutoCAD中，用户可根据需要对夹点的大小、颜色等参数进行设置。打开“选项”对话框，切换至“选择集”选项卡，在“夹点尺寸”选项组和“夹点”选项组中，根据需要进行相关设置，如图3-25、3-26所示。

图3-25 “选择集”选项卡

图3-26 设置夹点颜色

在“选择集”选项卡中，一些主要的夹点设置选项说明如下：

- 夹点尺寸：该选项用于控制显示夹点的大小。
- 夹点颜色：单击该按钮，打开“夹点颜色”对话框，根据需要选择相应的选项，在“选择颜色”对话框中选择所需颜色即可。
- 显示夹点：勾选该复选框，用户在选择对象时显示夹点。
- 在块中显示夹点：勾选该复选框时，系统将会显示块中每个对象的所有夹点；若取消该选项的勾选，则在被选择的块中显示一个夹点。
- 显示夹点提示：勾选该复选框，则光标悬停在自定义对象的夹点上时，显示夹点的特定提示。
- 选择对象时限制显示夹点数：设定夹点显示数，其默认为100。若被选的对象上，其夹点数大于设定的数值，此时该对象的夹点将不显示。夹点设置范围为1~32767。

3.2.2 交点的编辑

选择某图形对象后，用户可利用其夹点功能对该图形进行编辑操作，例如拉伸、旋转、缩放、移动等。下面将分别对其操作进行介绍。

1. 拉伸

当选择某图形对象后，单击其中任意夹点可将图形进行拉伸，如图3-27、3-28、3-29所示。

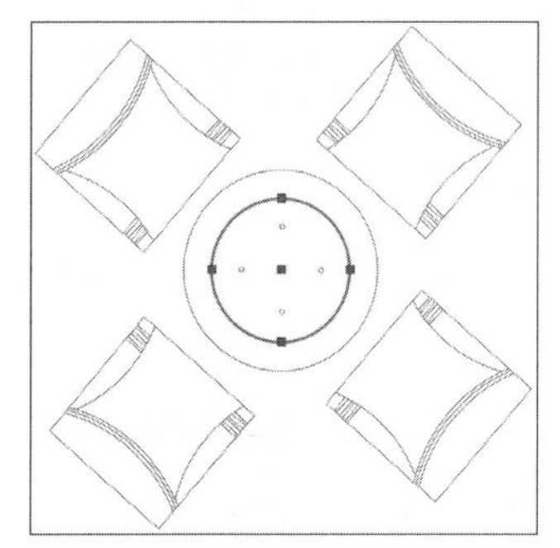

图3-27 选择图形

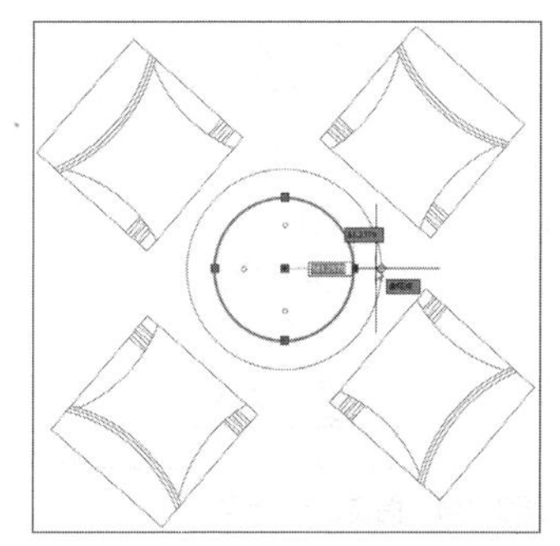

图3-28 拉伸图形

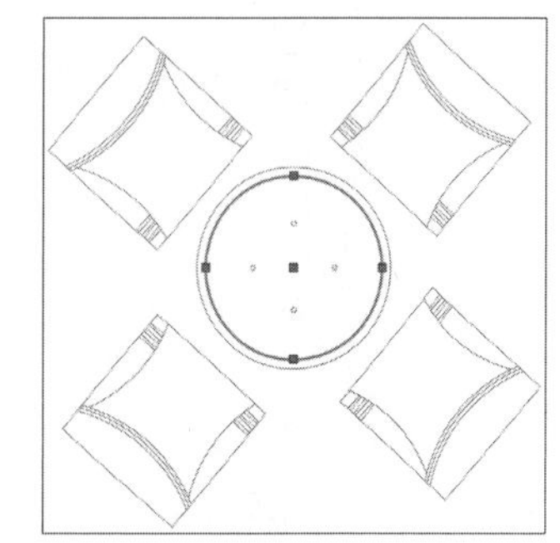

图3-29 完成拉伸

2. 旋转

旋转是将所选择的夹点作为旋转基准点，而进行旋转设置。将光标移动到所需夹点上，当该夹点为红色状态时，单击鼠标右键，选择“旋转”选项，输入旋转角度按回车键完成图形的旋转操作，如图3-30、3-31、3-32所示。

旋转操作的命令行提示如下。

```
命令：
** 拉伸 **                                                        选择旋转夹点
指定拉伸点：_rotate                                                右键选择“旋转”选项
** 旋转 **
指定旋转角度或 [基点(B)/复制(C)/放弃(U)/参照(R)/退出(X)]: 45      输入旋转角度 45 按回车键完成旋转
```

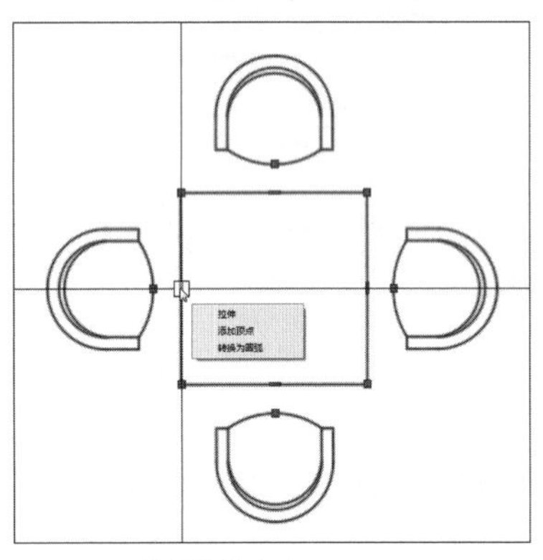

图3-30 选择旋转夹点

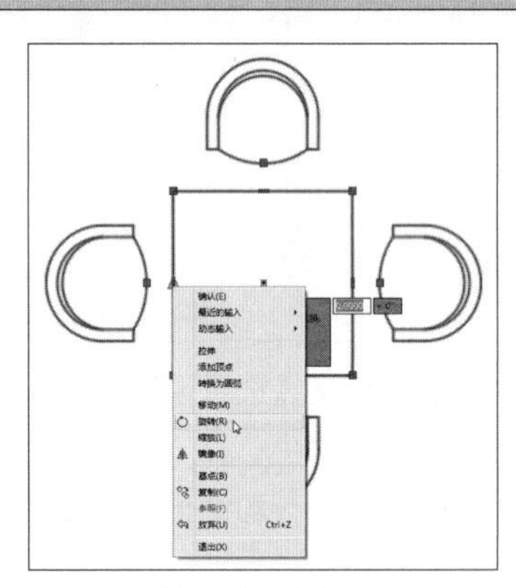

图3-31 选择“旋转”选项

图3-32 完成旋转

3. 缩放

选中缩放的图形，单击夹点作为缩放基点，当该夹点为红色状态时，单击鼠标右键，选择“缩放”选项，输入缩放值按回车键完成缩放操作，如图3-33、3-34、3-35所示。

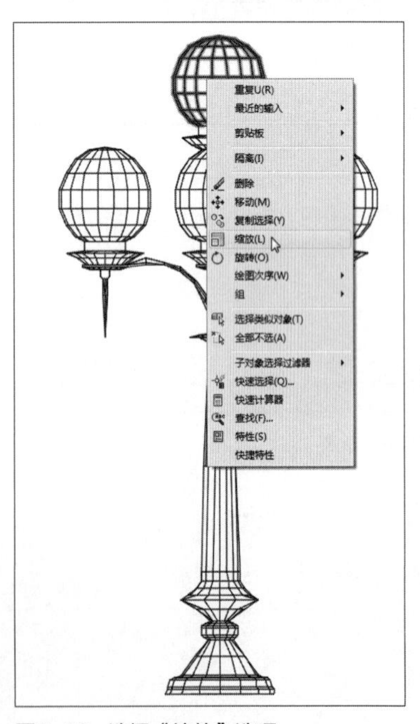

图3-33 选择“缩放”选项

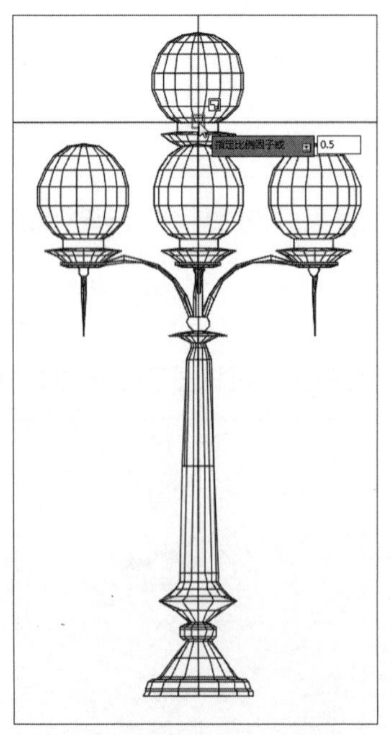

图3-34 指定比例因子

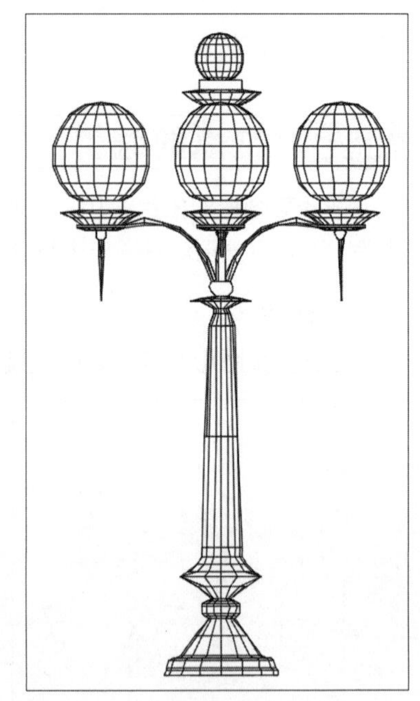

图3-35 完成缩放

4. 移动

选择图形，单击夹点作为移动基点，当其为红色状态时，单击鼠标右键，选择“移动”选项，输入移动距离或捕捉新位置即可完成移动操作，如图3-36、3-37、3-38所示。

移动操作的命令行提示如下：

命令：	
** 拉伸 **	选择图形指定一点
指定拉伸点或 [基点(B)/复制(C)/放弃(U)/退出(X)]：_move	右键选择“移动”选项
** MOVE **	
指定移动点 或 [基点(B)/复制(C)/放弃(U)/退出(X)]：100	输入移动距离 100 按回车键完成移动操作

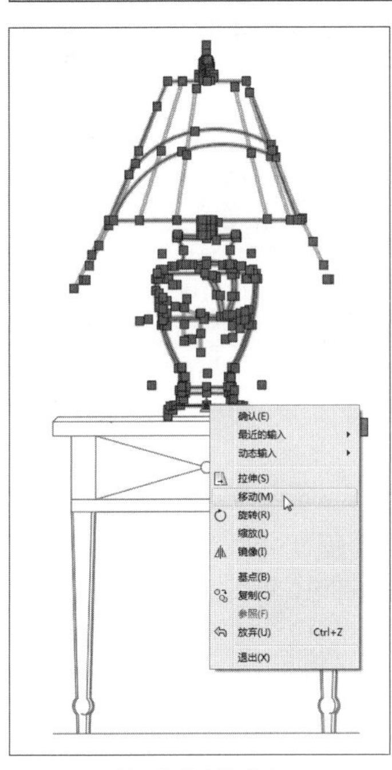

图3-36 选择“移动”命令

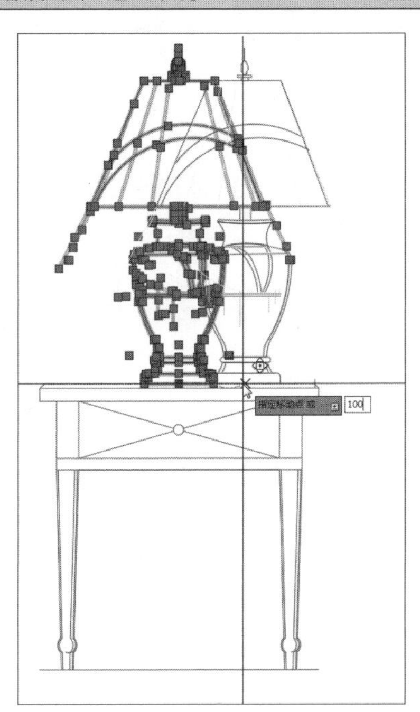

图3-37 输入移动距离

图3-38 完成移动

3.3 图形特性功能的使用

在AutoCAD软件中，图形特性主要是由图形的颜色、线型样式以及线宽三种特性组成。更改图形特性除了使用图层功能外，还可以使用“特性”功能进行更改。下面将分别对其操作进行介绍。

3.3.1 图形颜色的改变

系统默认当前颜色为Bylayer，即随图层颜色改变当前颜色。若用户需更改当前颜色，则选中要更改的图形对象，在“默认”选项卡的“特性”面板中，单击“对象颜色”下三角按钮，如图3-39所示，在展开的颜色列表中选择所需颜色，即可完成当前图形颜色的更改。

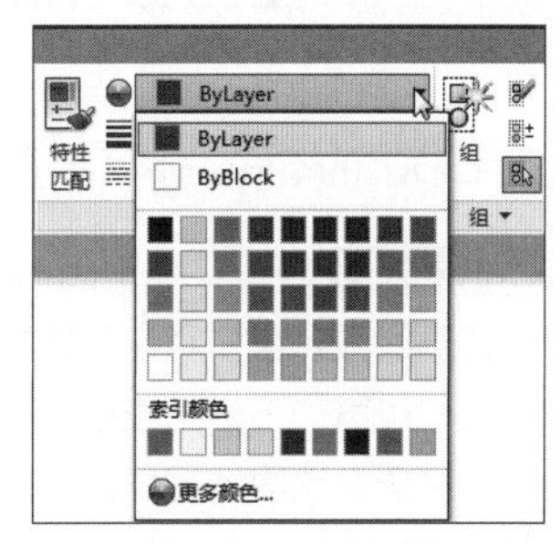

图3-39 选择“对象颜色”选项

3.3.2 图形线型的改变

系统默认线型为Continuous，由于绘图要求不同，其线型要求也会有所改变。除了使用“图层特性管理器”管理器更改线型外，还可以使用“特性”功能进行更改。具体操作步骤如下。

Step 01 在“默认”选项卡的“特性”面板中，单击“线型”下三角按钮，在线型列表中，选择所需线型，若没有满意线型，选择“其他”选项，打开“线型管理器”对话框，如图3-40所示。

图3-40 “线型管理器”对话框

Step 02 单击“加载”按钮，在“加载或重载线型”对话框中，根据需要，在“可用线型”选项列表中，选择所需的线型，这里选择单点长划线，如图3-41所示。

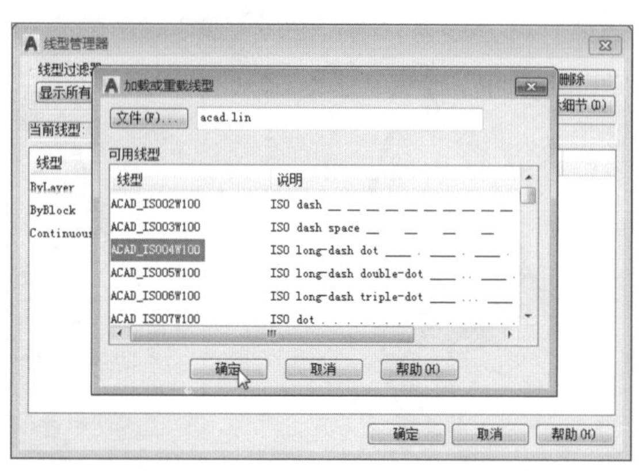

图3-41 加载线型

Step 03 单击“确定”按钮，返回至上一层对话框。选择上一步加载的线型，单击“确定”按钮，关闭对话框，如图3-42所示。

图3-42 完成线型的加载

Step 04 在绘图区中，选中所要更改线型的图形对象，然后在“特性”面板中的“线型”下拉列表中，选择新加载的线型即可，如图3-43所示。

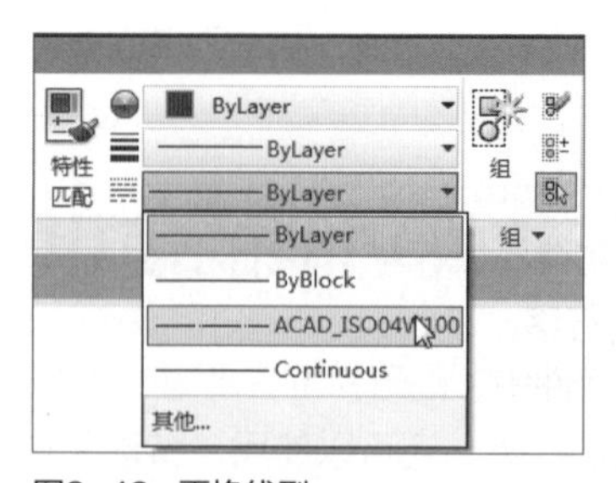

图3-43 更换线型

3.3.3 图形线宽的改变

在制图过程中，使用线宽可以清楚地表达出截面的剖切方式、标高的深度、尺寸线和小标记，以及细节上的不同。下面将介绍如何使用“特性”功能更改线宽。

Step 01 打开“线宽图形”素材文件，选择沙发外轮廓线段，在“默认”选项卡的“特性”面板中，单击“线宽”下三角按钮，在线宽列表中，选择合适的线宽值，这里选择0.30mm，完成线宽的更改，如图3-44所示。

Step 02 单击状态栏中的“显示/隐藏线宽”按钮 ，将其设为开启状态，在绘图区中即可显示线宽效果，如图3-45所示。

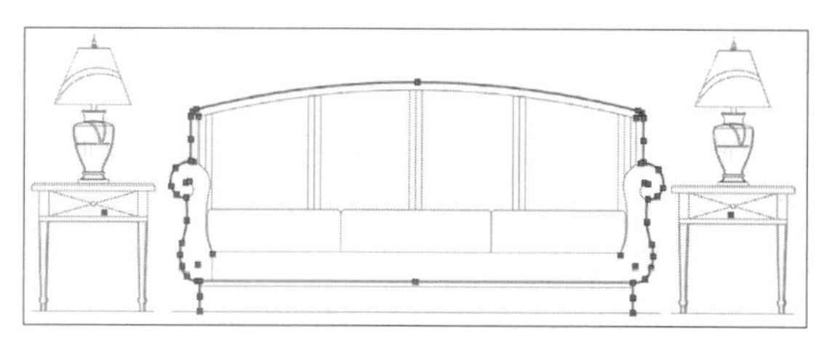
图3-44 更改线宽

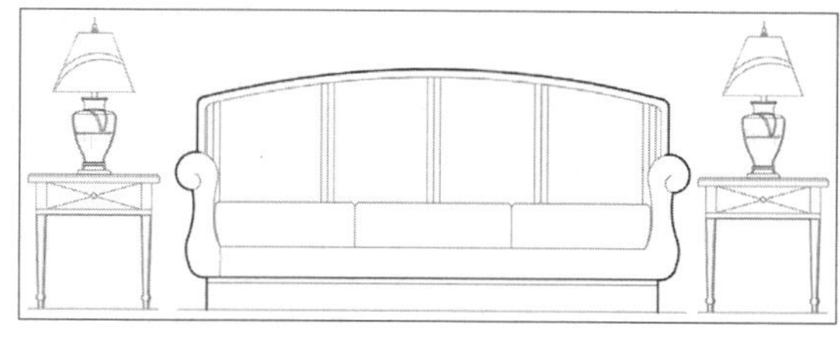
图3-45 显示线宽效果

工程师点拨：巧妙将“显示/隐藏线宽”按钮添加至状态栏

有时“显示/隐藏线宽”按钮是不在状态栏中显示，若需要将其显示在状态栏中，用户只需要单击状态栏中的“自定义”按钮，在打开的列表中勾选“线宽”选项即可。

3.4 参数化功能的使用

参数化功能即利用几何约束方式来绘制图形。约束是指将选择的对象进行尺寸和位置的限制。参数化功能包括几何约束和标注约束两种模式，下面将对其相关知识进行介绍。

3.4.1 几何约束

几何约束即为几何限制条件，主要用于限制二维图形或对象上点的位置。进行几何约束后的对象具有关联性，在没有约束前是不能进行位置的移动的。在“参数化”选项卡的“几何”面板中，根据需要选择相应的约束命令即可进行限制操作，如图3-46所示。

图3-46 “几何”面板

下面将对该面板中的相关命令进行说明。

- 自动约束：程序根据选择对象自动判断出约束的方式。
- 重合：该功能将对象的一个点与已经存在的点重合。
- 共线：该功能用于约束两条线段重合在一起。
- 同心：该功能用于将两个圆或圆弧对象的圆心点保持同一中心点。
- 固定：该功能将选择的对象固定在一个点或一条曲线固定到相对于世界坐标系指定位置和方向上，不能进行移动。
- 平行：该功能将选择的两条直线保持相互平行。
- 垂直：该功能将选择的两条线段或多段线线段的夹角约束为90°。
- 水平：该功能将选择的对象约束与水平方向平行。
- 竖直：该功能将选择的对象约束与水平方向垂直。
- 相切：该功能约束两条曲线使其彼此相切或延长线相切。
- 平滑：该功能约束一条样条曲线，使其与其他样条曲线、直线之间保持平滑度。
- 对称：该功能将对象上的两条曲线或两个点关于选定直线保持对称。
- 相等：该功能约束两条直线使其具有相同长度，或约束圆弧或圆使其具有相同的半径值。

3.4.2 标注约束

标注约束主要用于将所选对象进行约束，通过约束尺寸可以达到移动线段位置的目的。在“参数

化”选项卡的“标注”面板中，根据需要选择相应的约束命令即可。标注约束功能的操作与尺寸标注相似，主要分为以下8种模式，下面将对这8种模式进行介绍。

1. 线性约束

线性约束可将对象沿水平方向或竖直方向进行约束。在“参数化”选项卡的“标注”面板中，单击“线性”命令，根据命令行提示，指定图形对象上的两个约束点，如图3-47、3-48所示。

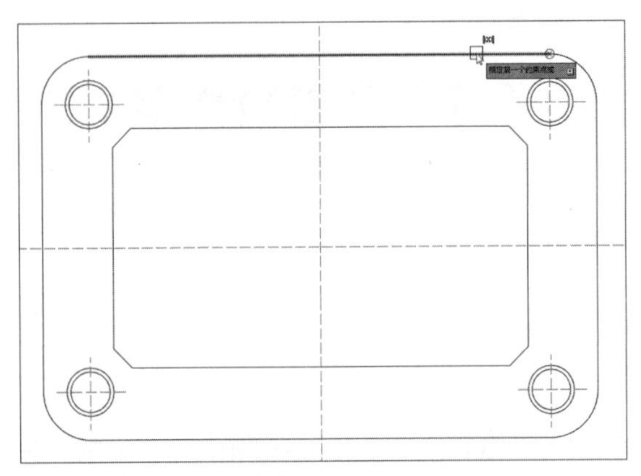

图3-47　指定第一个约束点

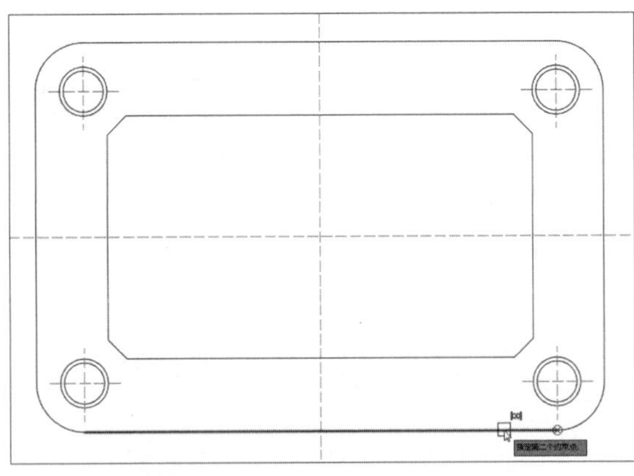

图3-48　指定第二个约束点

然后指定尺寸线位置，此时尺寸为可编辑状态，并测量出当前值，单击空白处，系统自动将选择的对象进行锁定，如图3-49、3-50所示。

线性约束操作的命令行提示如下：

命令：_DcLinear	执行线性约束命令
指定第一个约束点或 ［对象（O）］＜对象＞：	指定第一个约束点
指定第二个约束点：	指定第二个约束点
指定尺寸线位置：	指定尺寸线位置
标注文字 ＝ 400	输入尺寸值，按回车键

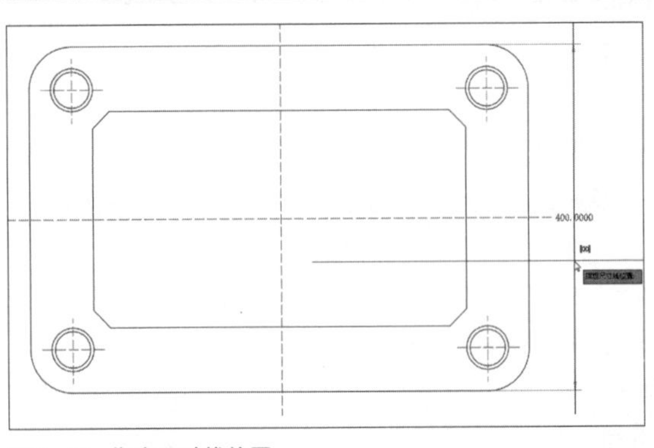

图3-49　指定尺寸线位置

图3-50　完成约束操作

2. 水平约束

水平约束可以将所选对象的尺寸线沿水平方向进行移动，不能沿竖直方向进行移动，其使用方法与线型约束相同，如图3-51、3-52、3-53所示。

水平约束操作的命令行提示如下：

命令：_DcHorizontal	执行水平约束命令
指定第一个约束点或 ［对象（O）］＜对象＞：	指定第一个约束点

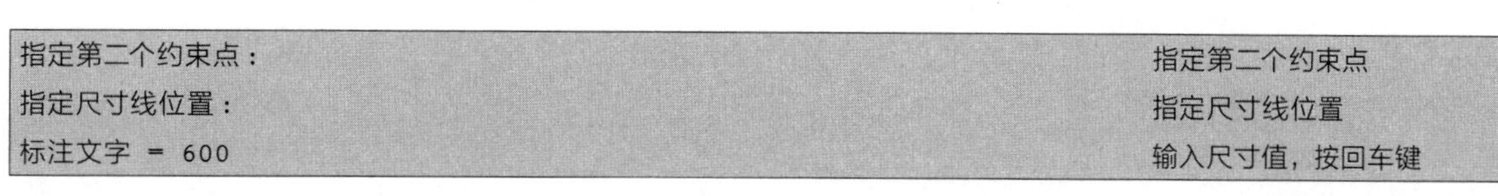

指定第二个约束点：	指定第二个约束点
指定尺寸线位置：	指定尺寸线位置
标注文字 = 600	输入尺寸值，按回车键

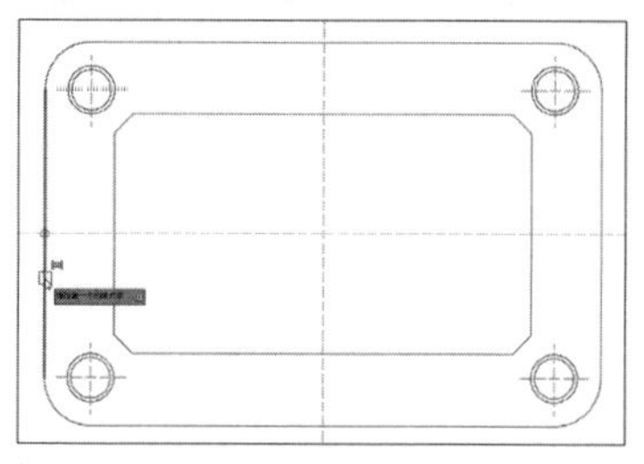

图3-51　指定第一个约束点

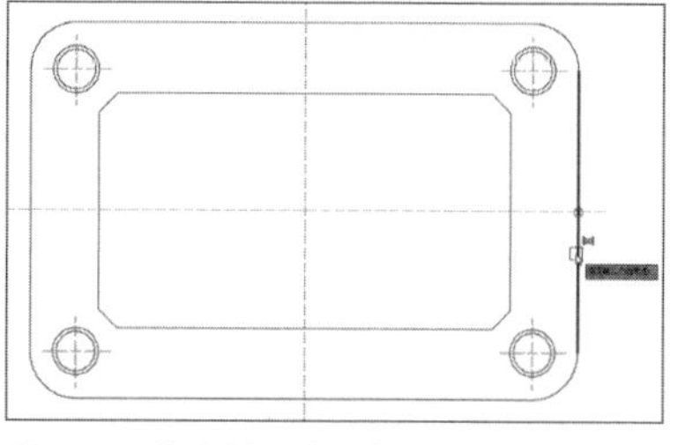

图3-52　指定第二个约束点

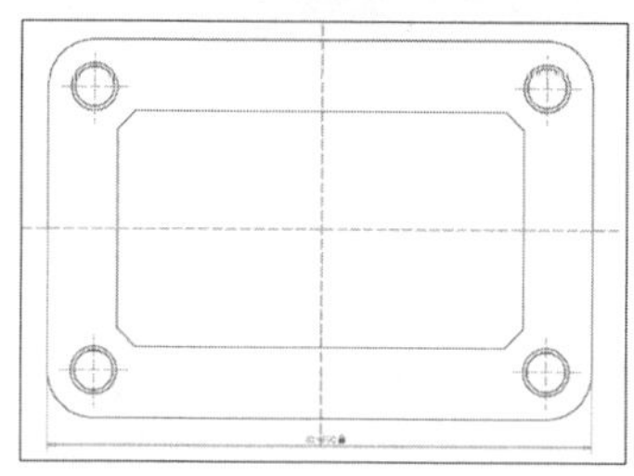

图3-53　完成约束操作

3. 竖直约束

竖直约束与水平约束正好相反，竖直约束将约束对象的尺寸线沿竖直方向进行移动，不能沿水平方向进行移动，操作步骤与水平约束相同。

4. 对齐约束

对齐约束主要是用于约束不同对象上两个点之间的距离。

5. 直径约束

直径约束用于将圆的直径进行约束，如图3-54所示。

6. 半径约束

半径约束则是将圆或圆弧的半径值进行约束，如图3-55所示。

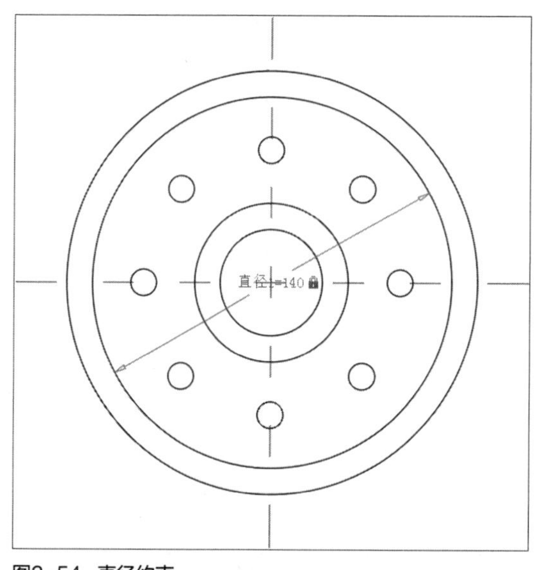

图3-54　直径约束

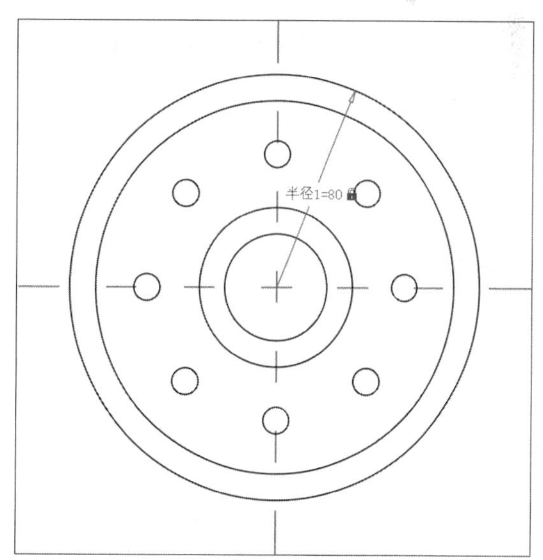

图3-55　半径约束

7. 角度约束

角度约束用于将两条直线之间的角度进行约束。

8. 转换

转换约束可将已经标注的尺寸转换为标注约束，如图3-56、3-57所示。

转换操作的命令行提示如下：

命令行	说明
命令：_DcConvert	执行转换命令
选择要转换的关联标注：找到 1 个	选择所需转换的标注尺寸
选择要转换的关联标注：	按回车键完成转换
转换了 1 个关联标注	
无法转换 0 个关联标注	

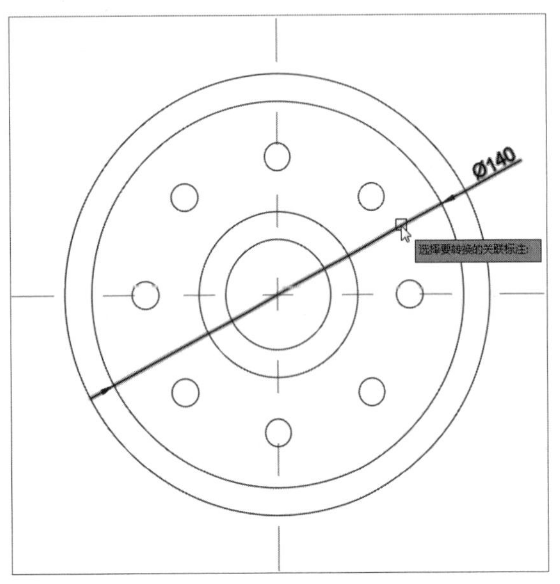

图3-56 选择所需转换标注

图3-57 完成转换

3.5 查询功能的使用

查询功能是利用查询工具，对图形的面积、周长、图形之间的距离以及图形面域质量信息进行查询。使用该功能可帮助用户了解当前图形的所有相关信息，以便对图形进行编辑操作。

3.5.1 距离查询

距离查询是测量两个点之间的长度值，距离查询是最常用的查询方式。在使用距离查询工具时，只需要指定要查询距离的两个端点即可显示出其距离值。

在“默认”选项卡的“实用工具”面板中，单击“测量”下三角按钮，在下拉列表中，选择“距离”选项，然后根据命令行提示，选择测量图形的两个测量点即可得出查询结果，如图3-58、3-59所示。

命令行提示如下：

命令行	说明
命令：_MEASUREGEOM	单击“距离”按钮
输入选项 [距离(D)/半径(R)/角度(A)/面积(AR)/体积(V)] <距离>: _distance	
指定第一点：	指定第一点
指定第二个点或 [多个点(M)]:	指定第二点
距离 = 1000，XY 平面中的倾角 = 0，与 XY 平面的夹角 = 0	
X 增量 = 1000，Y 增量 = 0，Z 增量 = 0	
输入选项 [距离(D)/半径(R)/角度(A)/面积(AR)/体积(V)/退出(X)] <距离>:	完成测量按 Esc 键退出

工程师点拨：距离测量快捷方法

除了使用功能区中的“测量”命令外，用户还可在命令行中，输入DI命令按回车键，同样可启动“距离”查询功能，其操作方法与以上所介绍的相同。

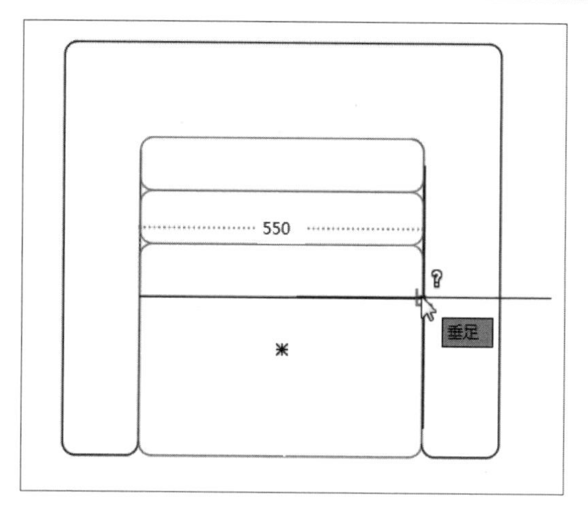

图3-58 指定2个测量点

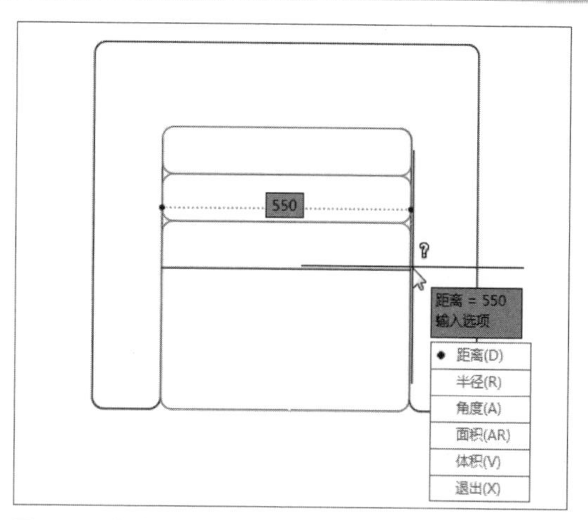

图3-59 完成距离测量

3.5.2 半径查询

半径查询主要用于查询圆或圆弧的半径或直径数值。在“实用工具”面板中，单击“测量”下三角按钮，选择“半径”选项，然后选择要查询的圆或圆弧曲线即可显示相应的查询结果，如图3-60、3-61所示。

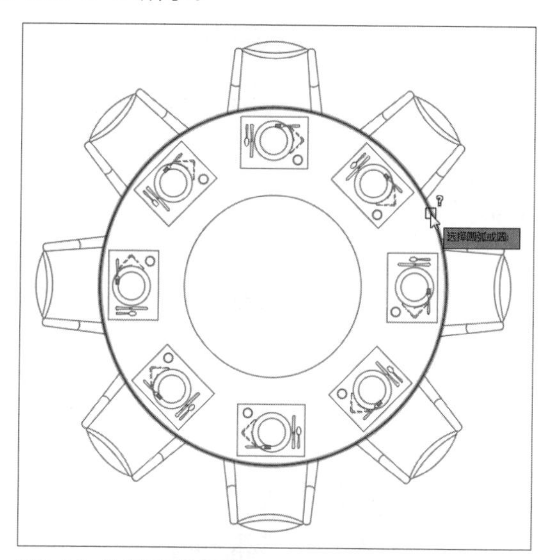

图3-60 选择测量的弧线

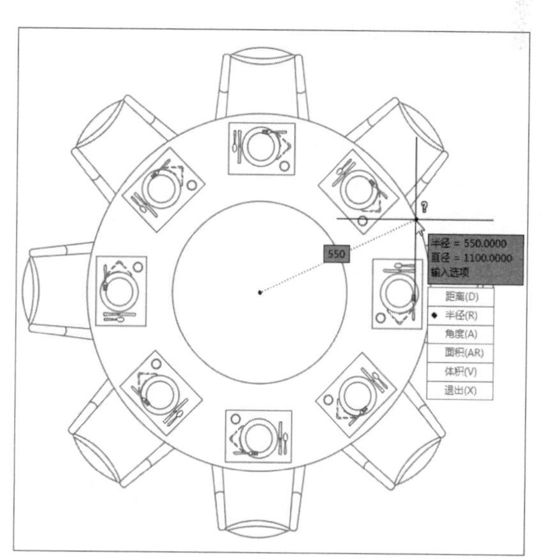

图3-61 完成半径测量

3.5.3 角度查询

角度查询用于测量两条线段之间的夹角度数，在“实用工具”面板中，单击“测量”下三角按钮，选择“角度”命令，在所需测量图形中，分别选中所要查询角度的两条线段，此时系统将自动测量出两条线段之间的夹角度数，如图3-62、3-63所示。

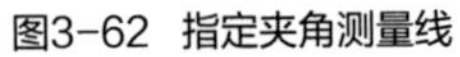

图3-62 指定夹角测量线

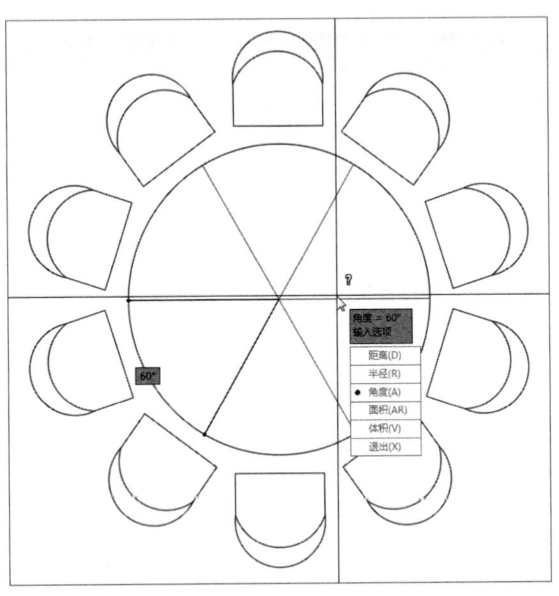

图3-63 完成角度测量

3.5.4 面积/周长查询

面积查询可以测量出对象的面积和周长，在查询图形面积的时候可以通过指定点来选择查询面积的区域。在“实用工具”面板中，单击“测量”下三角按钮，选择“面积”命令，然后根据命令行提示，框选出所需查询的图形范围，按回车键即可，如图3-64、3-65所示。

命令行提示如下：

```
命令：_MEASUREGEOM                                                    单击“面积”按钮
输入选项 [距离(D)/半径(R)/角度(A)/面积(AR)/体积(V)] <距离>: _area
指定第一个角点或 [对象(O)/增加面积(A)/减少面积(S)/退出(X)] <对象(O)>:    框选所需查询的图形范围
指定下一个点或 [圆弧(A)/长度(L)/放弃(U)/总计(T)] <总计>:                框选完成后按回车键
区域 = 2299555，周长 = 6600
输入选项 [距离(D)/半径(R)/角度(A)/面积(AR)/体积(V)/退出(X)] <面积>: *取消*
                                                                      完成测量按 Esc 键退出
```

图3-64 指定测量范围

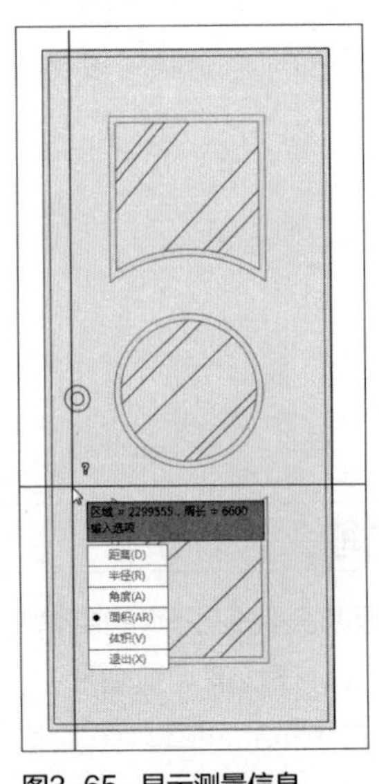

图3-65 显示测量信息

3.5.5 面域/质量查询

在AutoCAD中，用户可通过“面域/质量特性”命令来查看图形的具体信息，如图形的面积、周长、质心、惯性矩、惯性积、旋转半径等。

执行“工具>查询>面域/质量特性”命令，选中所需查询的图形对象并按回车键，在打开的文本窗口中，即可查看其具体信息，如图3-66、3-67所示。

图3-66 选择命令

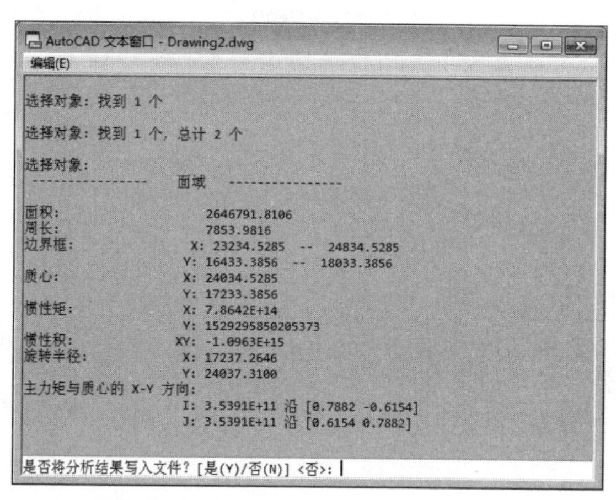

图3-67 查看相关信息

综合实例 —— 编辑圆形餐桌图形

通过这一章的介绍，利用本实例结合夹点功能和图形特性功能等知识点编辑餐桌图形，具体操作方法如下。

Step 01 打开“餐桌”素材文件，如图3-68所示。

图3-68 会议桌图形

Step 02 在“实用工具”面板中，执行“面积”命令，根据命令行提示，捕捉圆椅图形的象限点作为指定的第一个角点，如图3-69所示。

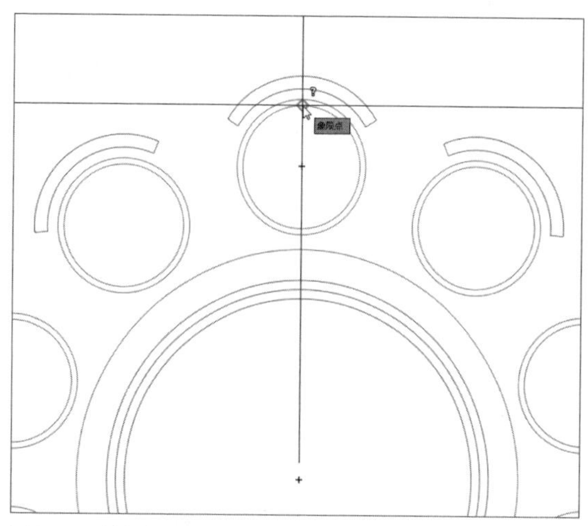

图3-69 选择象限点

Step 03 根据命令行提示，输入a，选择圆弧选项，如图3-70所示。

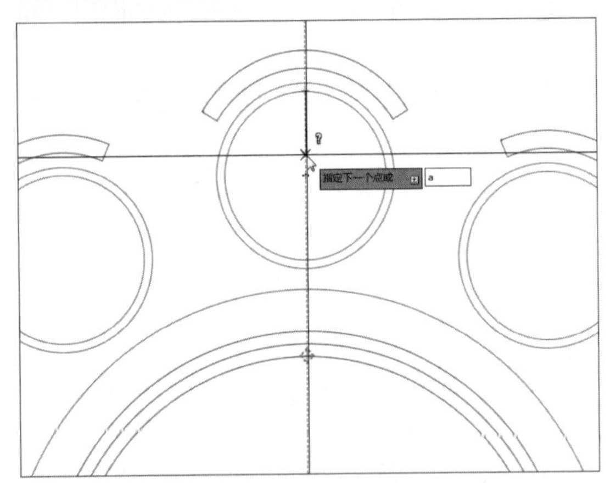

图3-70 输入“a”选项

Step 04 捕捉另一个象限点作为指定的圆弧的端点，如图3-71所示。

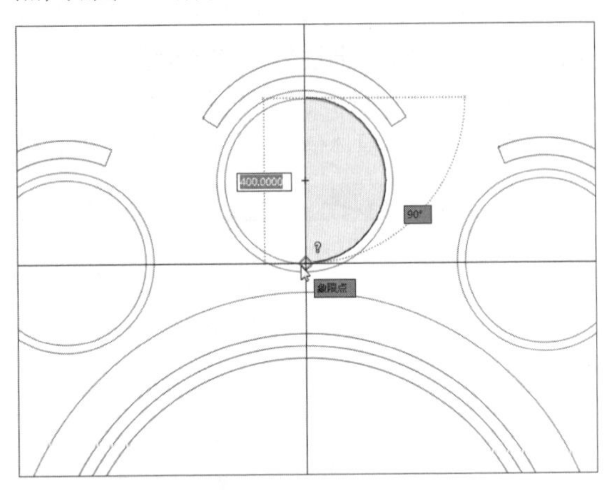

图3-71 指定圆弧的端点

Step 05 继续指定圆弧的端点，如图3-72所示。

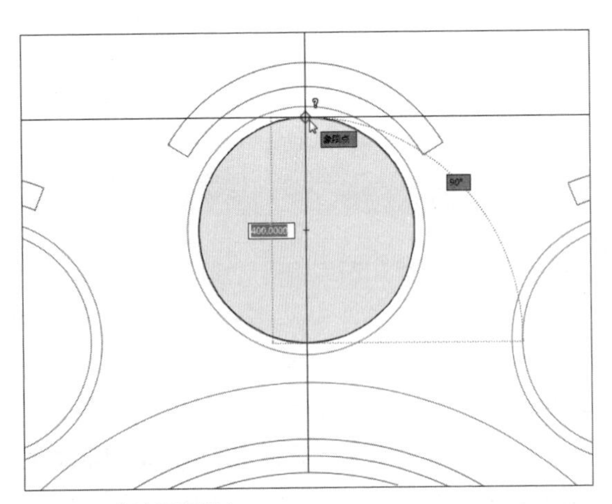

图3-72 指定圆弧端点

Step 06 完成圆形的选取后，按回车键即可显示测量的数值，如图3-73所示。

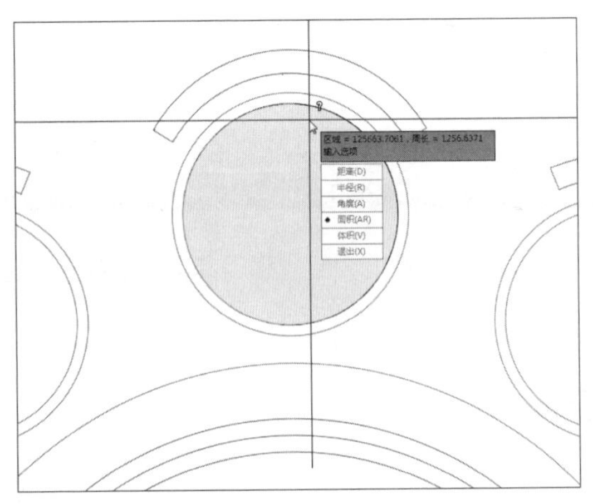

图3-73 完成面积测量

工程师点拨：查询功能

使用多段线绘制的闭合图形，在对其进行面积或周长等参数的查询时，可选中并单击鼠标右键，在弹出的快捷菜单中选择“特性”选项，在“特性”选项板中即可查看到相关信息，如图3-74所示。需要注意的是，由直线绘制的闭合图形，不能使用该方法进行测量查询。

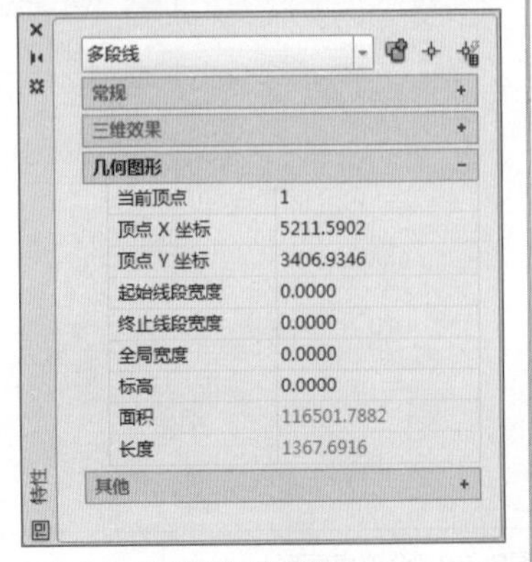

图3-74 “特性”选项板

Step 07 选择圆桌内部圆，单击圆心位置的夹点，如图3-75所示。

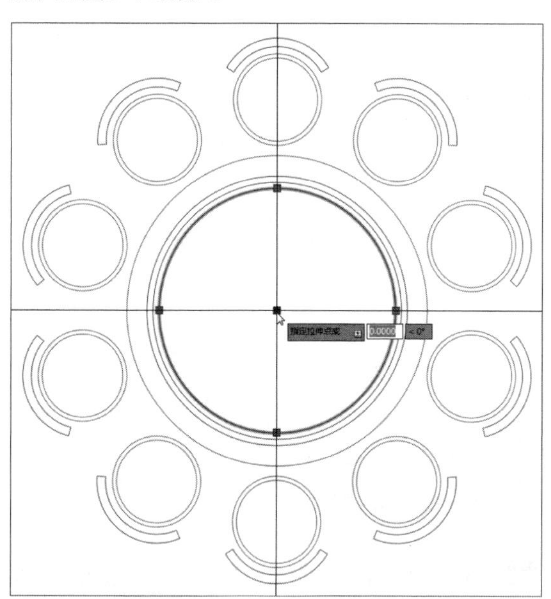

图3-75　选择圆

Step 08 单击鼠标右键，在弹出的快捷菜单中选择“缩放”选项，如图3-76所示。

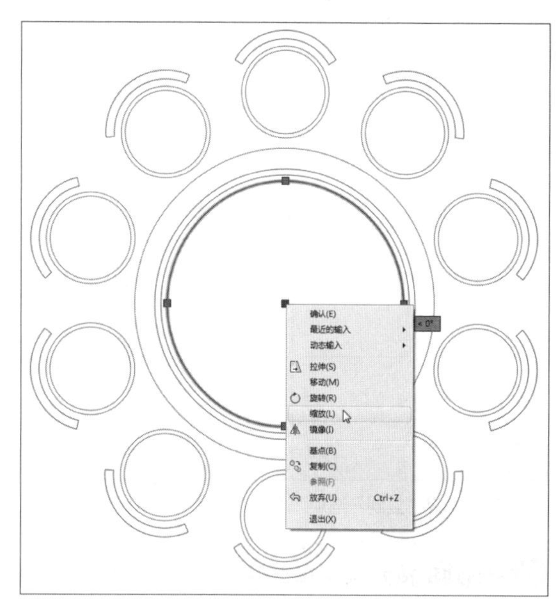

图3-76　选择“缩放”选项

Step 09 根据命令行提示，指定比例因子为0.2，如图3-77所示。

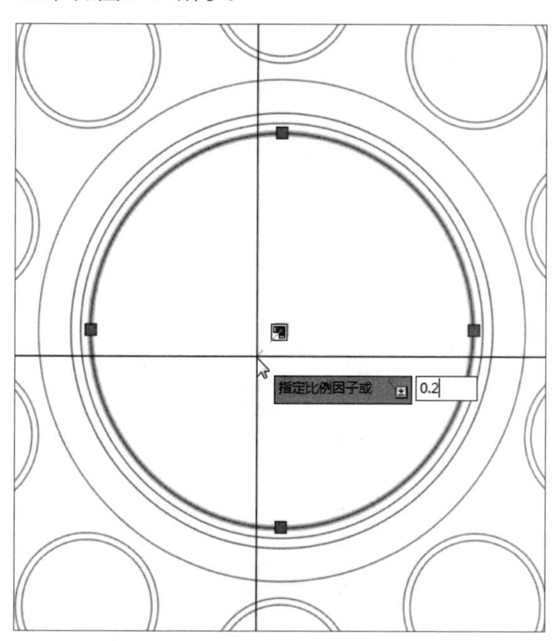

图3-77　指定比例因子

Step 10 按回车键后完成缩放操作，如图3-78所示。

图3-78　完成缩放操作

Step 11 选择缩放后的圆，继续执行夹点功能，选择“缩放”选项，根据命令行提示，输入C选择“复制”选项，如图3-79所示。

Step 12 按回车键后指定比例因子为0.8，如图3-80所示。

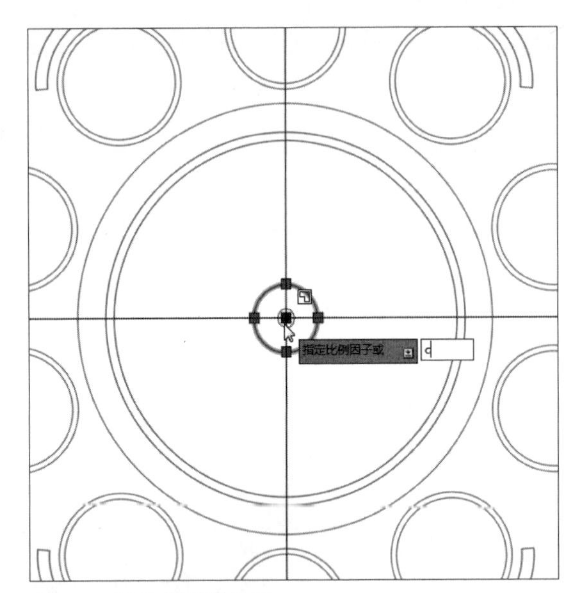

图3-79 选择“复制”选项

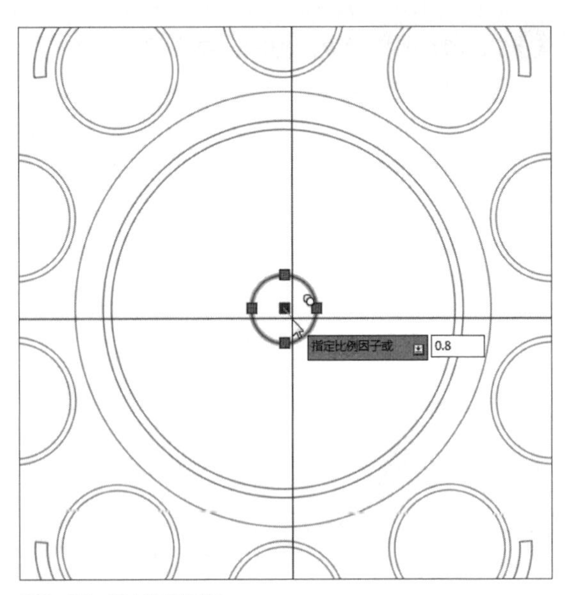

图3-80 指定比例因子

Step 13 按两次回车键后完成缩放操作，如图3-81所示。

图3-81 完成缩放操作

Step 14 选择缩放的两个圆形，在“默认”选项卡的“特性”面板中，单击“对象颜色”下三角按钮，选择合适的颜色，如图3-82所示。

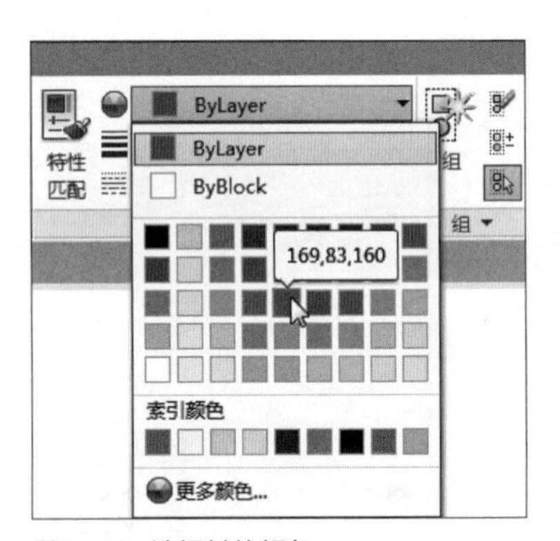

图3-82 选择其他颜色

Step 15 此时圆图形的颜色已发生变化，继续选择外部的两个大圆，如图3-83所示。

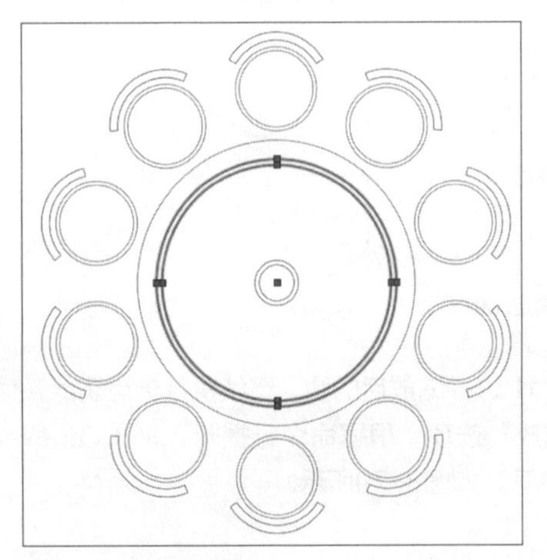

图3-83 选择圆图形

Step 16 在“特性”面板中，单击“线型”下三角按钮，选择“其他”选项，如图3-84所示。

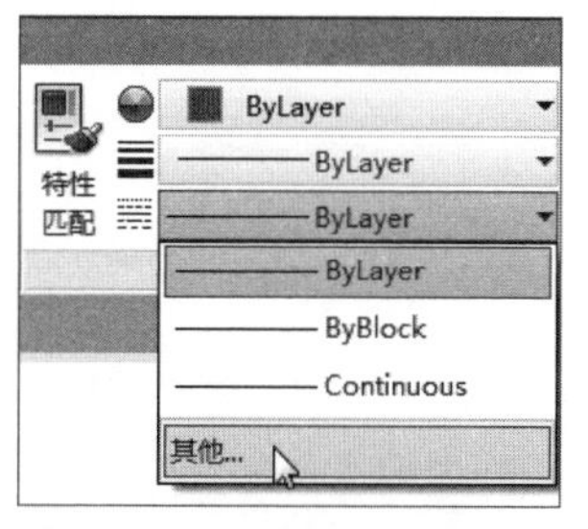

图3-84 选择“其他”选项

Step 17 在打开的“线型管理器”对话框中加载所需的其他线型，选择相应线型并单击“确定”按钮，如图3-85所示。

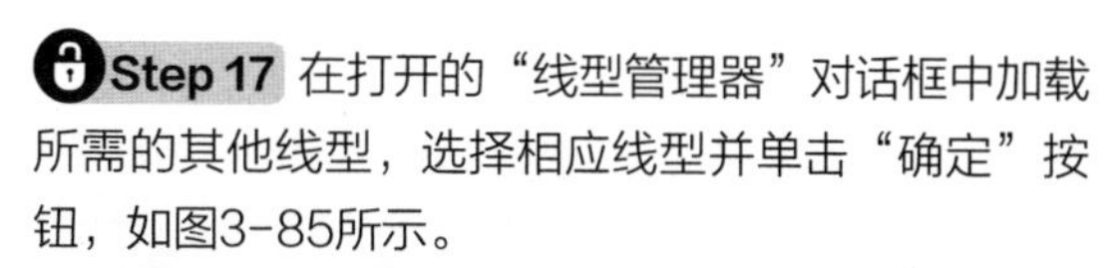

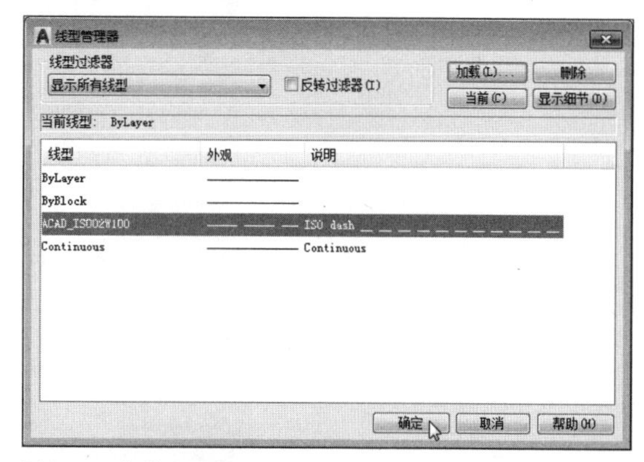

图3-85 加载所需线型

Step 18 返回到绘图区中，将所选圆的线型更改为加载的线型，如图3-86所示。

图3-86 完成线型更改

Step 19 若图形对象线型的显示效果差强人意，选择对象单击鼠标右键，选择“特性”选项，打开“特性”选项板，如图3-87所示。

图3-87 加载所需线型

工程师点拨：使用“特性”选项板更改线型及颜色

要更改图形的线型及颜色，除了使用正文中介绍的方法外，还可以打开“特性”选项板进行设置。其方法为：选中所需图形，单击鼠标右键，在打开的快捷菜单中，选择“特性”选项，在“特性”选项板中，单击“颜色”或“线型”下三角按钮，在其列表中选择相应的选项即可。

Step 20 更改“线型比例”数值为10，按回车键完成更改，在绘图区中，所选圆图形的线型比例发生了变化，效果如图3-88所示。

Step 21 重复上述操作，完成其他图形颜色和线型的更改，效果如图3-89所示。

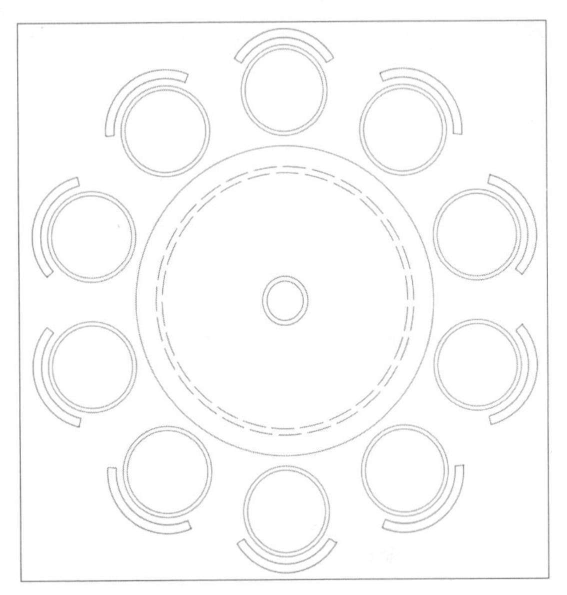

图3-88 完成线型比例更改

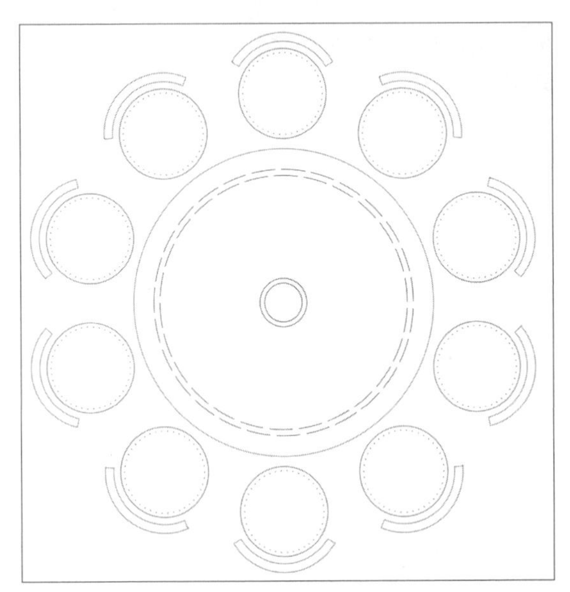

图3-89 完成线型比例更改

高手应用秘籍 —— AutoCAD与办公软件之间的转换

在日常工作中，经常会遇到软件之间的相互转换使用的情况。AutoCAD软件也不例外，例如将AutoCAD文件转换成Word、Excel等软件文件。下面将距离来介绍其操作方法。

1. 将AutoCAD文件转换为成Word、Excel文件

若要实现AutoCAD、Word、Excel文件间的转换，最简单的方法就是使用复制和粘贴功能，具体方法如下。

Step 01 打开“植物”素材图形，框选植物图形，按Ctrl+C组合键，进行复制操作，如图3-90所示。

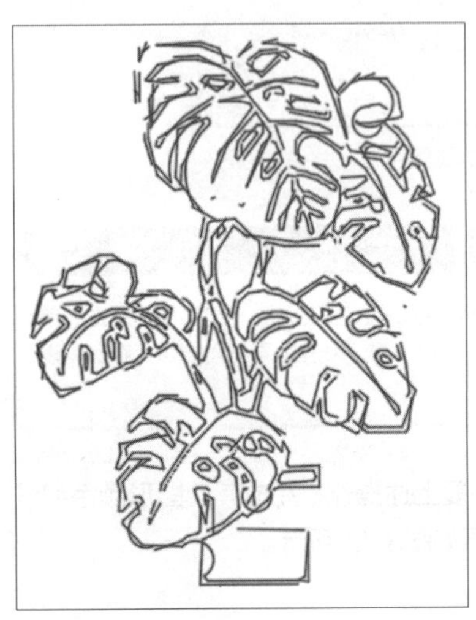

图3-90 复制素材图形

Step 02 启动Word软件，指定所需粘贴的位置，按Ctrl+V组合键，将复制的图形完成粘贴操作，如图3-91所示。

图3-91 粘贴到Word文档

除了以上方法，还可先将AutoCAD文件转换成JPG文件，然后再将JPG文件插入Word文档中。其好处是可将插入的AutoCAD文件以图片形式进行裁剪、排版操作。将AutoCAD文件转换成Excel文件的方法与Word相同。

2. 将Word、Excel文件转换成AutoCAD文件

在Word或Excel文件中，选中需要转换的文本或表格进行复制操作，如图3-92所示。在AutoCAD中，按Ctrl+V组合键进行粘贴操作，其后在打开的“OLE文字大小”对话框中，设置好表格字体大小和字体样式，单击“确定”按钮即可，如图3-93所示。

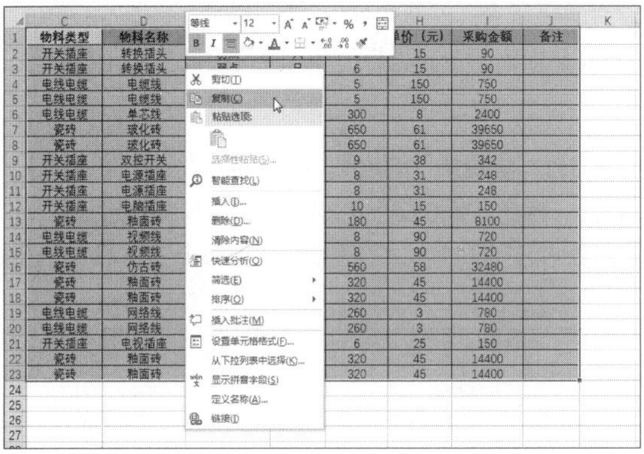

图3-92 复制表格

图3-93 粘贴表格

秒杀工程疑惑

在进行AutoCAD操作时，用户经常会遇见各种各样的问题，下面将总结一些常见问题进行解答，其中包括：快速改变线段的长短、快速修剪图形、调用“特性匹配”功能以及调整AutoCAD坐标等。

问　题	解　答
如何快速改变线段的长短?	制图时，常常遇到绘制的线段太长或太短，尤其是绘制中心线时，此时若使用“延伸”命令，则必须先绘制出一条边界线，其后在进行延伸操作，该方法较为麻烦。此时用户可使用拉伸命令，选择拉伸图形的端点，任意拉长或缩短至所需位置。当然还可使用夹点功能，单击线段两侧任意夹点，同样可将其进行快速延伸或缩短操作
如何快速修剪图形?	在进行修剪多条线段时，如果按照默认的修剪方式，则需选取多次才能完成，此时用户可使用“fence”选取方式进行操作。启动修剪命令，在命令行中输入F命令，其后在需修剪的图形中，绘制一条线段并按回车键，此时被该线段相交的图形或线段将被全部修剪
在AutoCAD软件中有“特性匹配”功能吗? 如何调用该功能?	在AutoCAD软件中有“特性匹配”功能的，用户只需执行“默认>特性>特性匹配”按钮即可。当然用户也可在命令行中输入MA快捷键后按回车键，同样可调用该功能

（续表）

问　题	解　答
绘图时没有虚线框显示怎么办?	修改系统变量DRAGMODE，推荐修改为AUTO。系统变量为ON时，再选定要拖动的对象后，仅当在命令行中输入DRAG后才在拖动时显示对象的轮廓；系统变量为OFF时，在拖动时不显示对象的轮廓；系统变量位AUTO时，在拖动时总是显示对象的轮廓
如何调整AutoCAD中的坐标?	按F6快键切换。也可以将COORDS的系统变量修改为1或者2。系统变量为0时，是指用定点设备指定点时更新坐标显示；系统变量为1时，是指不断更新坐标显示；系统变量为2时，是指不断更新坐标显示，当需要距离和角度时显示到上一点的距离和角度
可以更改窗交选择区域的颜色吗?	可以。在“选项”对话框总打开“选择集”选项卡，在“预览”选项组中单击“视觉效果设置”按钮，打开“视觉效果设置”对话框，单击“窗口选择区域颜色”选项框，在弹出的列表中选择颜色，设置完成后逐一单击“确定”按钮即可更改颜色

Chapter 04

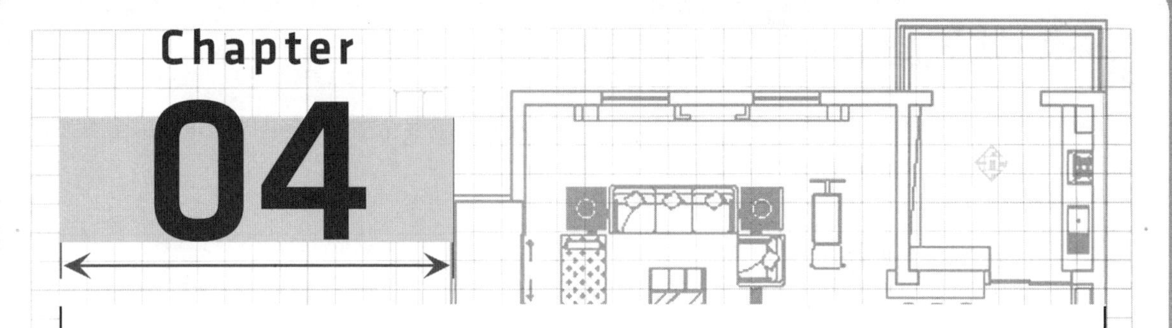

图层的设置与管理

在使用AutoCAD软件制图时，通常需要创建不同类型的图层。通过对图层的设置可以调节图形的颜色、线宽以及线型等特性，从而既能提高绘图效率，又能保证图形的质量。本章将详细介绍图层的设置与管理操作，其中包括创建图层、设置图层特性以及管理图层等内容。

01 学完本章您可以掌握如下知识点

1. 了解图层的功能特性 ★
2. 图层的设置 ★★
3. 图层的管理 ★★

02 本章内容图解链接

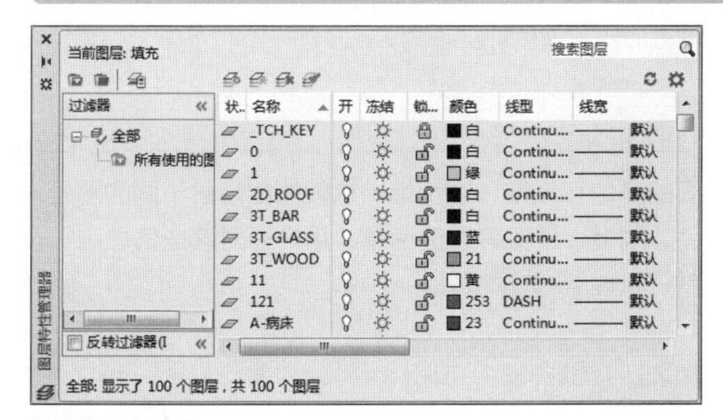

图层特性管理器

选择颜色

4.1 认识图层

图层可以比作绘图区域中的一层透明薄片，一张图纸中可包含多个图层。各图层之间是完全对齐，并相互叠加。下面将对图层的功能进行介绍。

4.1.1 图层的作用

用户在绘制复杂图形时，若都绘制在一个图层上的话，显然不合理，也容易出错。这时就需要使用图层功能。在每个图层上绘制图形的不同部分，然后再将各图层相互叠加，这样就会显示整体图形较果。

如果用户需要对图形的某一部分进行修改编辑，可选择相应的图层即可。当然在单独对某一图层中的图形进行修改时，是不会影响到其他图层中图形的效果。

4.1.2 图层的特性

每个图层都有各自的特性，在操作时，用户可对各图层的特性进行单独设置，其中包括“名称”、“打开/关闭”、“锁定/解锁”、“颜色”、“线型”、“线宽”等，如图4-1、4-2所示。

图4-1 “图层”面板

图4-2 “特性”面板

4.2 图层的设置

图层是AutoCAD中很重要的一个组成部分。很难想象如果没有图层，AutoCAD将会是怎样的。对于初学者来说，往往容易忽略图层的重要性。图层是用来控制对象线型、线宽、颜色等属性的工具。运用图层特性管理器，可以显示图形中图层的列表及特性。

4.2.1 新建图层

绘制图形时，经常会根据需要用到不同的颜色和线型、线宽等，这就需要创建不同的图层来对图形进行控制。每个图层都有其相关联的颜色、线型、线宽等属性信息，用户可对这些信息进行设定或修改。在此可以通过以下方式打开“图层特性管理器”选项板。

- 执行“格式>图层”命令。
- 在“默认”选项卡的“图层”面板中单击“图层特性”按钮。
- 在命令行中输入LAYER命令按回车键。

在“图层特性管理器”选项板中，单击“新建图层”按钮，系统将自动新建一个名为“图层1”的图层，如图4-3所示。在该面板中，单击鼠标右键，在弹出的快捷菜单中选择“新建图层”选项，也可新建图层。图层名称是可以更改的。

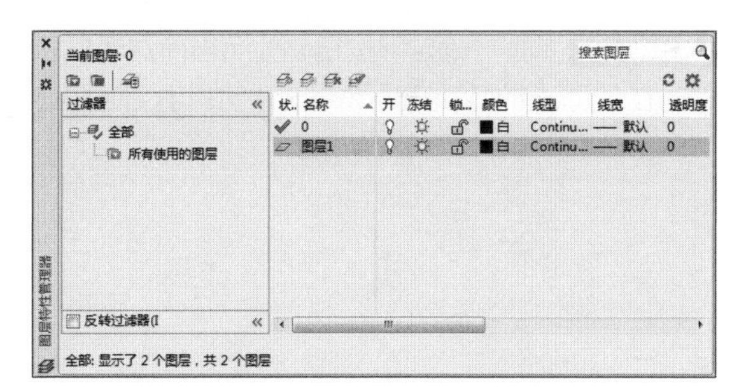

图4-3 图层特性管理器

工程师点拨：设置图层名

图层名最长可达255个字符，可以使用数字、字母，但不允许使用大于号、小于号、斜杠、反斜杠、引号、冒号、分号、问号、逗号、竖杠或等于号等符号；在当前图形文件中，图层名称必须是唯一的，不能与已有的图层重名；新建图层时，如果选中了图层名称列表中的某一图层（呈高亮显示），那么新建的图层将自动继承该图层的属性。

4.2.2 设置图层颜色

默认情况下，用户在某一图层上创建的图形对象都使用图层默认的颜色。为了区别与其他图层，通常需要对图层颜色进行更改。AutoCAD为用户提供了多种颜色，用户可根据绘图习惯进行选择设置。下面将举例介绍图层颜色的设置方法。

Step 01 打开素材文件，在“默认”选项卡的“图层”面板中，单击“图层特性”按钮，打开“图层特性管理器”选项板，在图层列表中选择所需设置图层，这里选择“标高”图层，如图4-4所示。

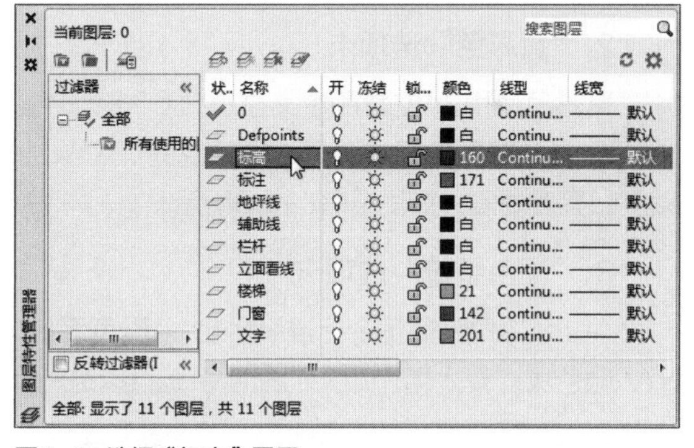

图4-4 选择“标高”图层

Step 02 单击该图层的“颜色”图标按钮，如图4-5所示。

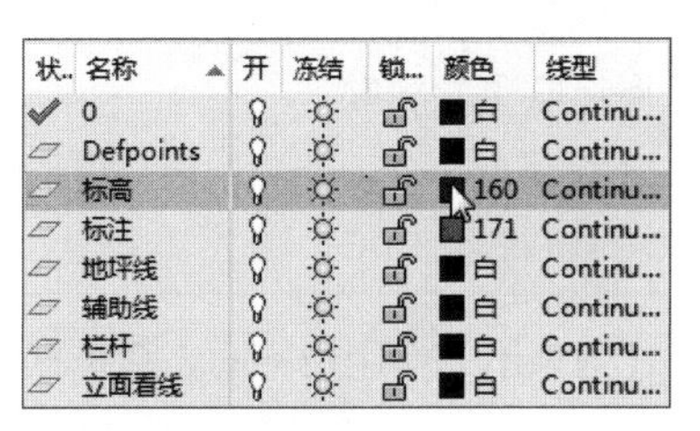

图4-5 单击“颜色”按钮

Step 03 在打开的“选择颜色”对话框中，选择所需颜色，这里选择“青色”，如图4-6所示。

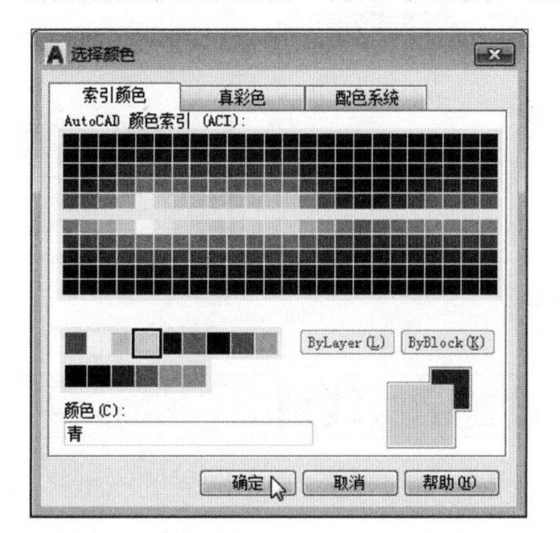

图4-6 选择颜色

Step 04 单击“确定”按钮，关闭当前对话框，此时在“图层特性管理器”选项板中可以看到该图层颜色已发生变化，如图4-7所示。

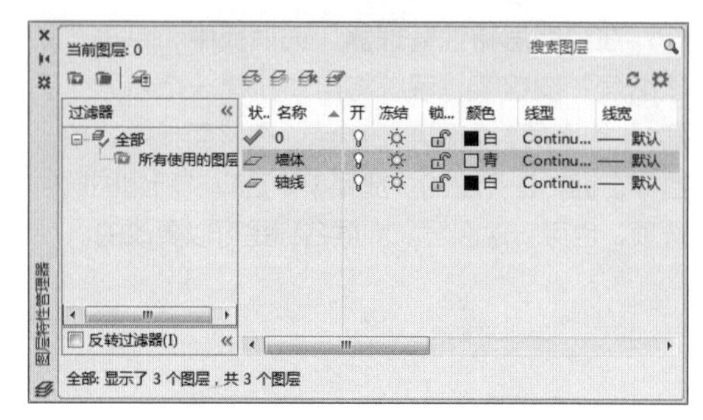

图4-7　完成图层颜色设置

下面将对“选择颜色”对话框中的各选项卡进行说明。

1. 索引颜色

在AutoCAD中使用的颜色都为ACI标准颜色。每种颜色用ACI编号（1～255之间）进行标识。而标准颜色名称仅适用于1～7号颜色，分别为：红、黄、绿、青、蓝、洋红、白/黑。在灰度选项组中，用户可在6种默认灰度颜色中进行选择。

单击“Bylayer”按钮，可指定颜色为随层方式，也就是说，所绘制图形的颜色与所在的图层颜色一致；单击“ByBlock”按钮，可指定颜色为随块方式。绘制图形的颜色为白色时，若将图形创建为图块，则图块中各对象的颜色也将保存在块中。

将颜色设置为随层方式状态时，若将图块插入当前图形的图层时，块的颜色也将使用当前层的颜色。

2. “真彩色”选项卡

真彩色使用24位颜色定义显示1600多万种颜色。在选择某色彩时，可以使用RGB或HSL颜色模式。通过RGB颜色模式，可选择颜色的红、绿、蓝组合；通过HSL颜色模式，可选择颜色的色调、饱和度和亮度要素，如图4-8、4-9所示。

3. “配色系统”选项卡

AutoCAD包括多个标准Pantone配色系统。用户可载入其他配色系统，例如，DIC颜色指南或RAL颜色集。载入用户定义的配色系统可以进一步扩充可供使用的颜色选择，如图4-10所示。

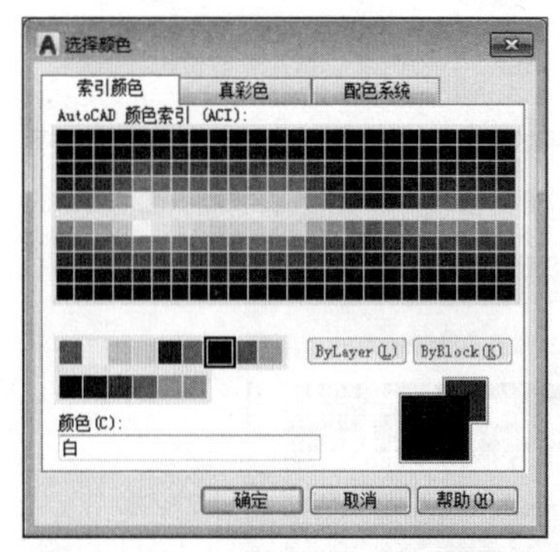

图4-8　索引颜色

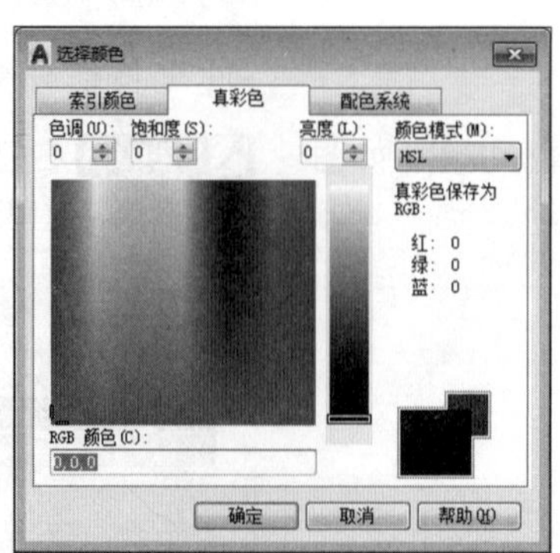

图4-9　真彩色

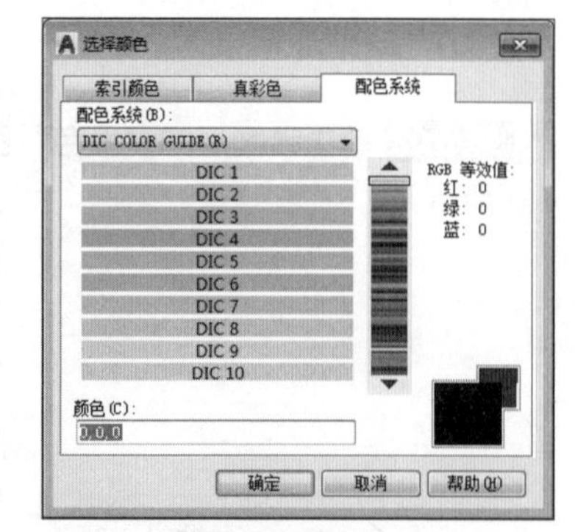

图4-10　配色系统

4.2.3 设置图层线型

在绘制过程中，用户可对每个图层的线型样式进行设置。不同的线型表示的作用也不同，系统默认线型为Continuous线型。下面将举例介绍更改图层线型的操作。

Step 01 打开素材文件，执行“图层特性”命令，在打开的“图层特性管理器”选项板中，选中所需图层，这里选择“轴线”图层，单击“线型”图标按钮，如图4-11所示。

Step 02 在打开的“选择线型”对话框中，单击“加载”按钮，如图4-12所示。

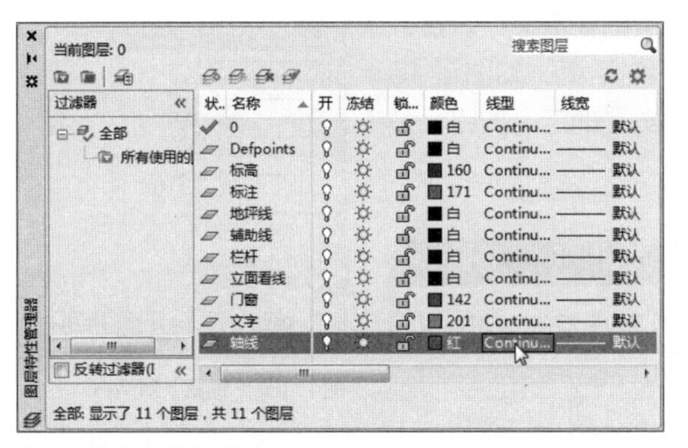

图4-11 单击“线型”按钮

图4-12 单击“加载”按钮

Step 03 在“加载或重载线型”对话框的“可用线型”列表中，选择所需线型样式，这里选择单点长划线，如图4-13所示。

Step 04 选择完成后单击“确定”按钮，返回至“选择线型”对话框，完成线型的加载。

Step 05 选中刚加载的线段，单击“确定”按钮，关闭该对话框，完成线型更改，如图 4-14 所示。

Step 06 返回到“图层特性管理器”选项板，即可看到“轴线”图层的线型已更改，如图 4-15 所示。

图4-13 选择加载线型

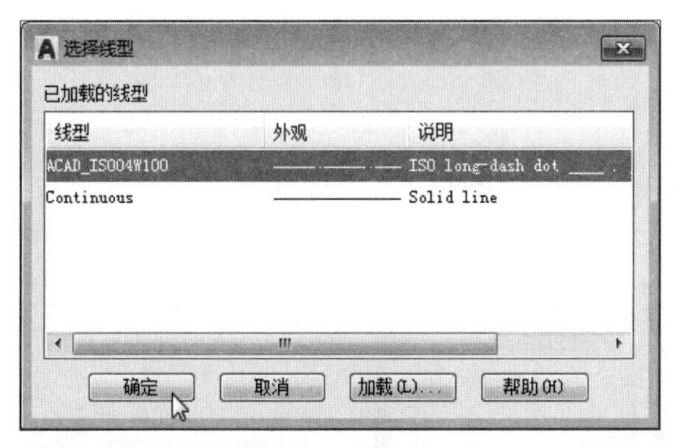

图4-14 选择加载的线型

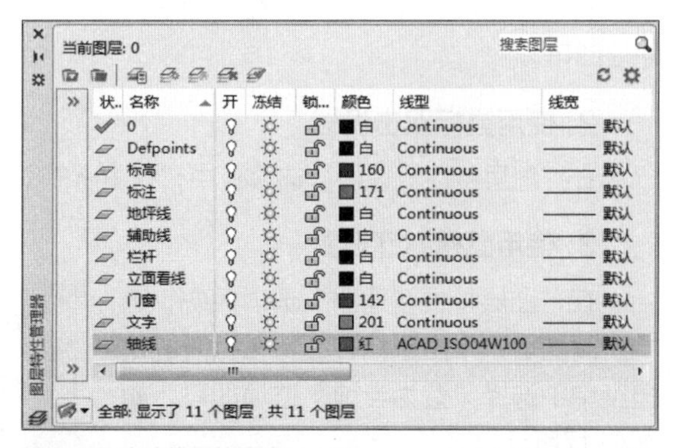

图4-15 完成线型的更改

工程师点拨：设置线型比例

若设置好线型后，其线型还是显示为默认线型，这是因为线型比例未进行调整所致。只需选中所需设置的线型，在命令行中输入CH命令按回车键，在打开的“特性”选项板中，选择“线型比例”选项，输入比例值即可。

4.2.4 设置图层线宽

在AutoCAD中，不同的线宽代表的含义也有所不同。所以在对图层特性进行设置时，图层的线宽设置也是必要的。

在“图层特性管理器”选项板中，若需对某一图层的线宽进行设置，即单击所需设置图层的“线宽”按钮，打开“线宽”对话框，如图4-16所示。在“线宽”列表中，选择所需的线宽样式，单击“确定”按钮，关闭该对话框，即可完成线宽的设置操作。

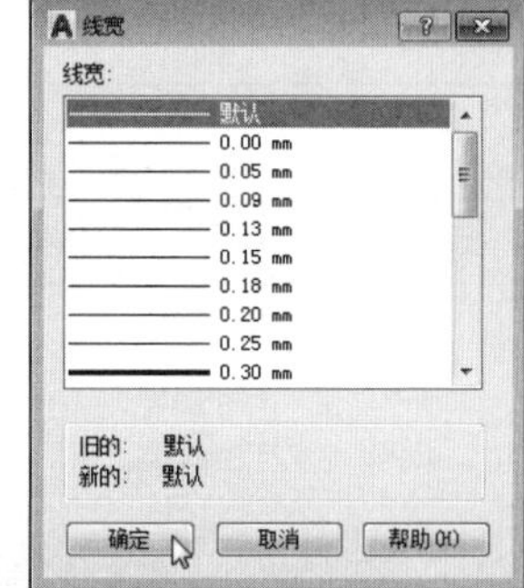

图4-16 “线宽”对话框

工程师点拨：显示/隐藏线宽

有时在设置图层线宽后，绘图区中显示的当前线宽没有变化。此时用户只需在状态栏中，单击“显示/隐藏线宽”按钮，即可显示线宽；反之，则隐藏线宽。

4.3 图层的管理

在“图层特性管理器”选项板中，用户不仅可创建图层、设置图层特性，还可以对当前图层进行管理，如置为当前层、打开/关闭图层、冻结/解冻图层、锁定/解锁图层、删除图层和隔离图层等。

4.3.1 置为当前层

置为当前图层是将选定的图层设置为当前使用的图层，并在当前图层上创建对象。在AutoCAD中当前层的设置方法有以下4种。

1. 使用“置为当前”按钮设置

执行“图层特性”命令，在“图层特性管理器”选项板中，选中所需图层，单击“置为当前”按钮即可。

2. 使用鼠标双击设置

在“图层特性管理器”选项板中，双击所需图层，即可将该图层设定为当前图层。

3. 使用鼠标右键设置

在“图层特性管理器”选项板中，选中所需图层，单击鼠标右键，在打开的快捷菜单中选择“置为当前”选项即可，如图4-17所示。

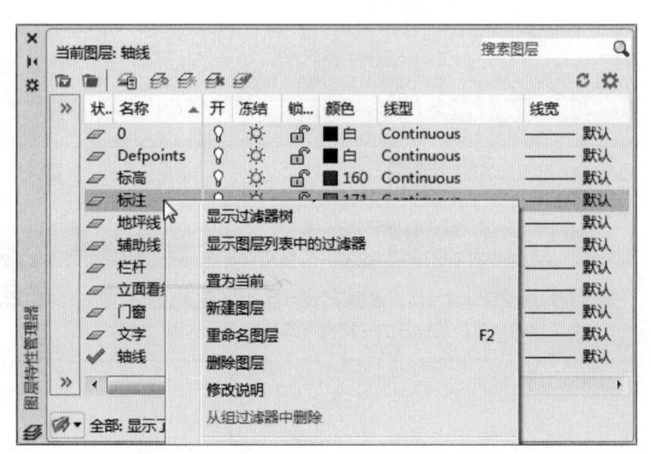

图4-17 在右键菜单中设置

4. 使用图层面板设置

在“默认”工具栏中的“图层”面板中单击“图层”下三角按钮，在下拉列表中，选择所需图层，即可将其设定为当前图层，如图4-18所示。

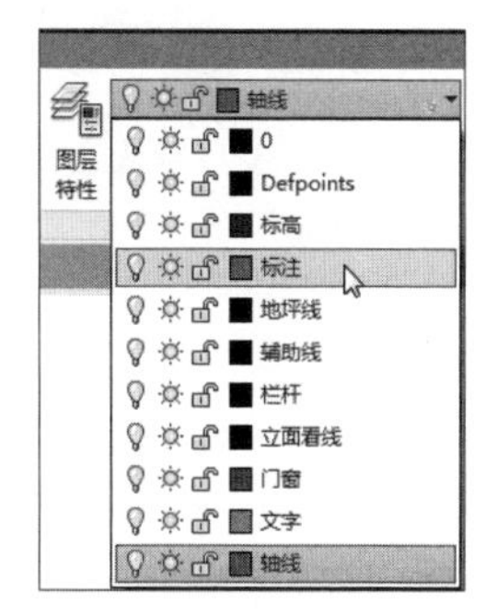

图4-18 “图层”面板设置

4.3.2 打开/关闭图层

系统默认的图层都是处于打开状态。若将某图层进行关闭，该图层中所有的图形则不可见，且不能被编辑和打印。图层的打开与关闭操作可使用以下两种方法。

1. 使用“图层特性管理器”选项板操作

在打开“图层特性管理器”选项板中，单击图层中的“开”按钮 ，将其变为灰色，如图4-19所示。此时该层已被关闭，而在该层中所有的图形对象不可见，如图4-20所示。反之，再次单击该按钮，将其呈高亮显示状态，则将图层打开，显示该图层对象，如图4-21所示。

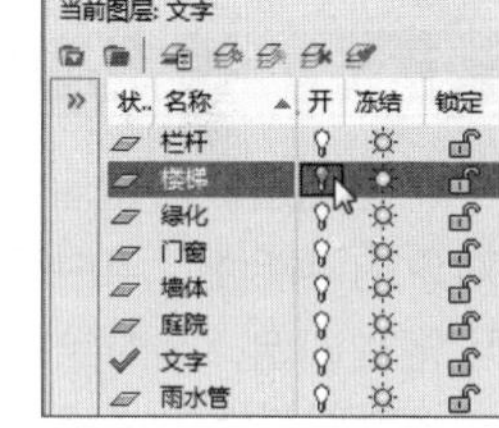

图4-19 关闭“楼梯”图层

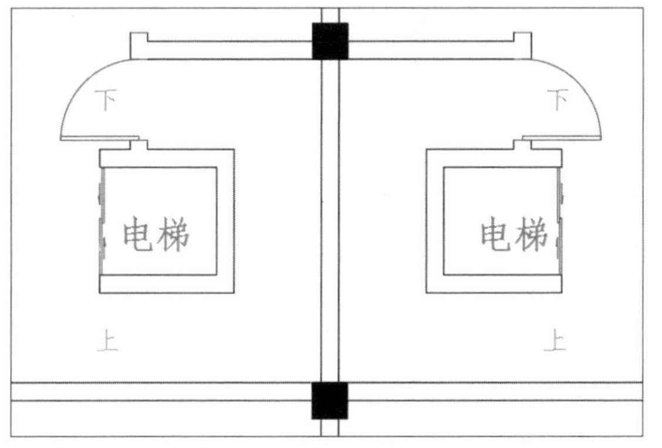

图4-20 楼梯图形关闭

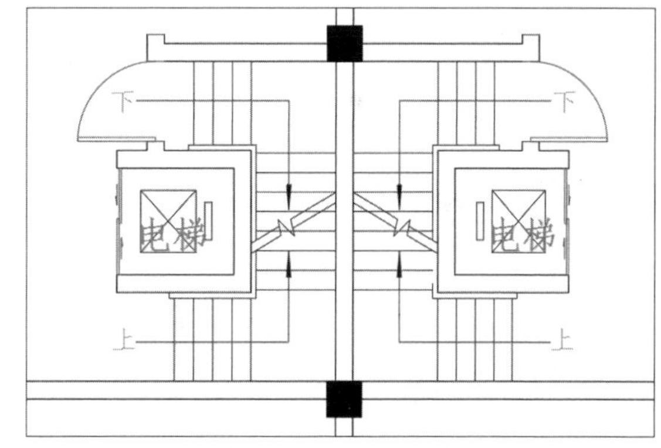

图4-21 楼梯图层打开

2. 使用图层面板操作

在“默认”选项卡的“图层”面板中，单击“图层”下三角按钮，在其下拉列表中，单击图层的“开/关图层”按钮，同样可以打开或关闭该图层。

工程师点拨：关闭图层

若关闭当前图层，系统会提示是否关闭当前层，只需选择“关闭当前图层”选项即可。但是当前层被关闭后，若要在该层中绘制图形，其结果将不显示。

4.3.3 冻结/解冻图层

冻结图层可以减少系统重生成图形的时间，在绘图区中不显示冻结图层中的图形对象。在“图层特性管理器”选项板中，单击图层中的“冻结”按钮☼，即可完成图层的冻结，如图4-22、4-23所

示。反之，则为解冻操作。当然，使用图层面板，同样也可进行相关操作。

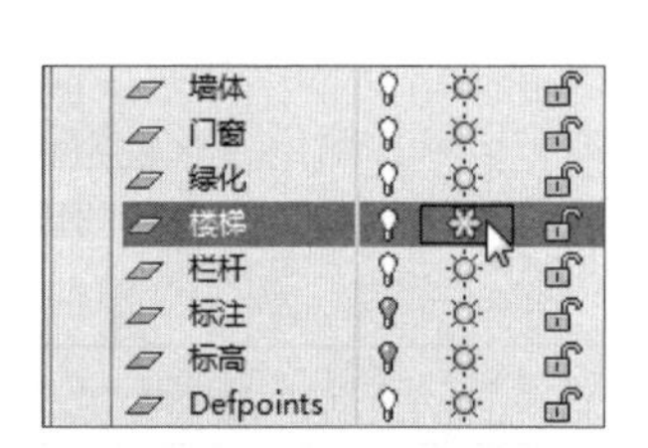

图4-22 冻结“楼梯”图层

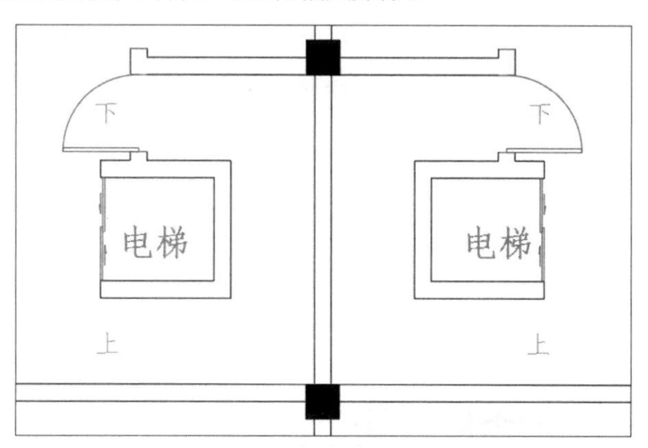

图4-23 楼梯图形不显示

4.3.4 锁定/解锁图层

当图层被锁定后，则该图层上所有的图形将无法进行修改或编辑，这样一来，可以降低意外修改对象的可能性。用户可在“图层特性管理器”选项板中，单击图层中的“锁定/解锁图层”按钮，即可将其锁定，此时绘图区中淡入显示锁定图层上的对象。当光标移至被锁定的图形对象上时，在光标右上角显示锁定符号，如图4-24、4-25所示。反之，则为解锁操作。

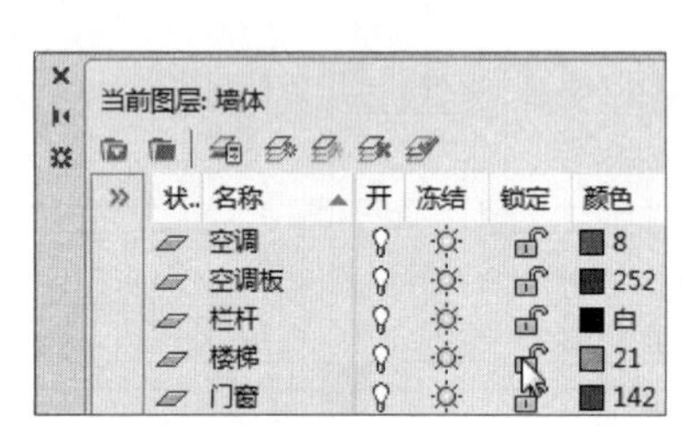

图4-24 锁定“楼梯”图层

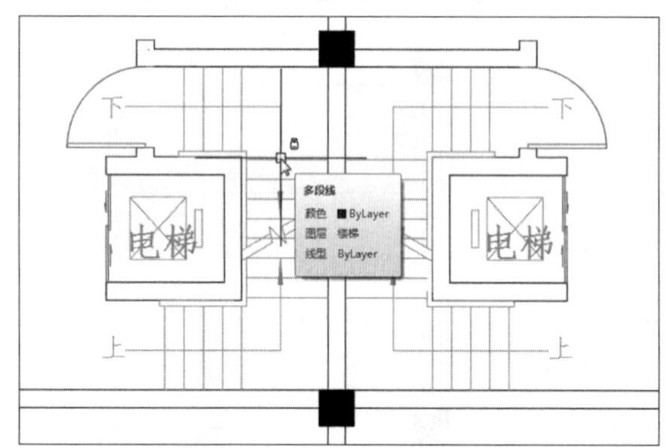

图4-25 楼梯图层被锁定

4.3.5 删除图层

若想删除多余的图层，可使用“图层特性管理器”选项板中的“删除图层”按钮，将其删除。其方法为：在“图层特性管理器”选项板中，选中所需删除的图层，除当前图层外，单击“删除图层”按钮即可。

用户还可使用右键命令进行删除操作。其方法为：在“图层特性管理器”选项板中，选中所需图层，单击鼠标右键，在右键菜单中选择“删除图层”选项即可，如图4-26所示。

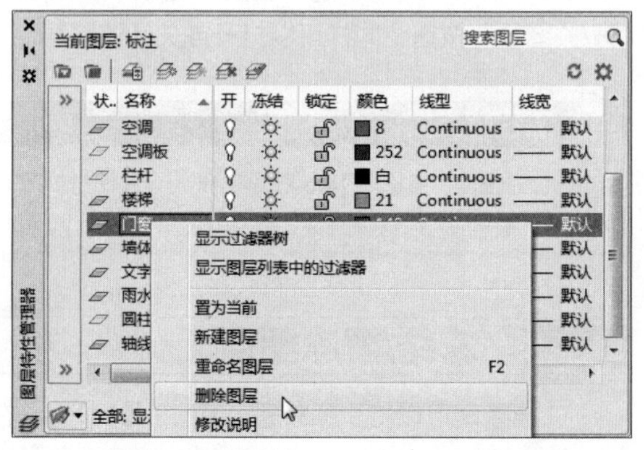

图4-26 使用右键菜单删除

工程师点拨：无法删除图层

删除图层只能删除未被参照的图层，被参照的图层不能被删除，其中包括0图层、包含对象的图层、当前图层以及依赖外部参照的图层，还有一些局部打开图形中的图层也被视为已参照图层。

4.3.6 隔离图层

对于一些比较复杂的AutoCAD图形，如果用户只想对某个图层上的图形进行查看或修改，就需让整个图形都显示在绘图区中，此时看起来就会比较杂乱，有可能影响对象选择或是进行对象捕捉等操作。使用图层隔离可以轻松的解决这个问题。下面介绍图层隔离的操作方法。

Step 01 打开素材文件，在菜单栏中执行“格式>图层工具>图层隔离”命令，根据命令行提示，选择要隔离的图层上的对象，这里选择“外框”图层上的图标，如图4-27所示。

图4-27 选择“外框”图层

Step 02 选取完毕后按回车键完成隔离操作，此时除“外框”图层之外，所有图层对象已被隐藏，效果如图4-28所示。

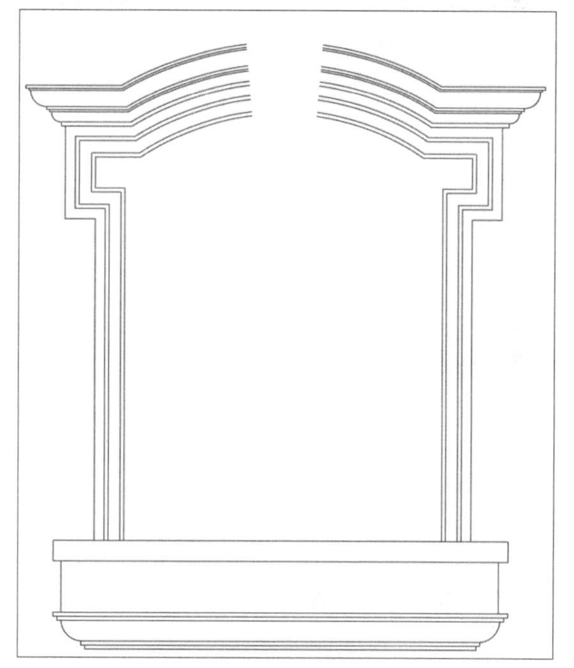

图4-28 隔离“外框”图层效果

4.3.7 匹配图层

匹配图层是指将选定对象的图层与目标图层相匹配，如果在错误的图层上创建了对象，可以通过选择目标图层上的对象来更改该对象的图层。匹配图层相当于格式刷，但是与格式刷的操作命令不同。下面介绍匹配图层的操作方法。

Step 01 打开素材文件，如图4-29所示。

Step 02 在“默认”选项卡的“图层”面板中，单击“匹配图层”按钮，根据命令行提示，选择要更改的图形对象，如图4-30所示。

图4-29　原图形

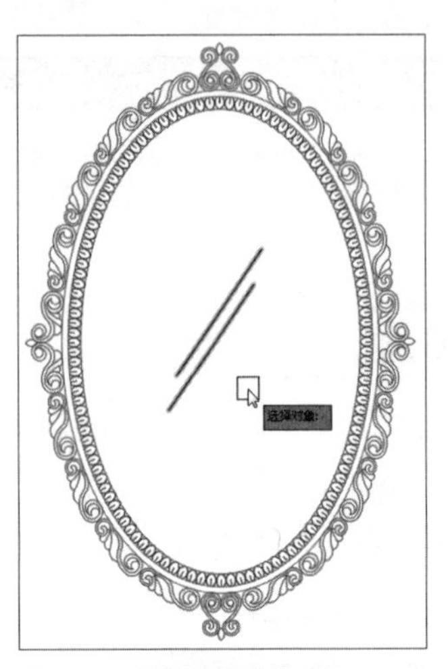

图4-30　选择要更改的对象

Step 03 按回车键完成对象选择，根据命令行提示，选择目标图层上的对象，这里选择外框造型对象，如图4-31所示。

Step 04 选择完成后该对象所在的图层已经与外框造型所在的图层属性相匹配，可以看到已更改的图形对象，随图层的改变发生了颜色的变化，如图4-32所示。

图4-31　选择目标图层的对象

图4-32　匹配效果

4.3.8 保存并输出图层

在绘制一些较为复杂的图纸时，需要创建多个图层并将其进行相关设置。如果下次重新绘制这些图纸时，又要重新创建图层并设置，这样一来其绘图效率则会大大降低。若使用图层保存和调用功能，则可使用户有效地避免一些不必要的重复操作，从而提高绘图效率。下面将举例介绍图层的保存及输出操作。

Step 01 打开素材文件，执行“图层特性”命令，打开“图层特性管理器”选项板，单击“图层状态管理器”按钮，如图4-33所示。

Step 02 在“图层状态管理器”对话框中，单击“新建”按钮，如图4-34所示。

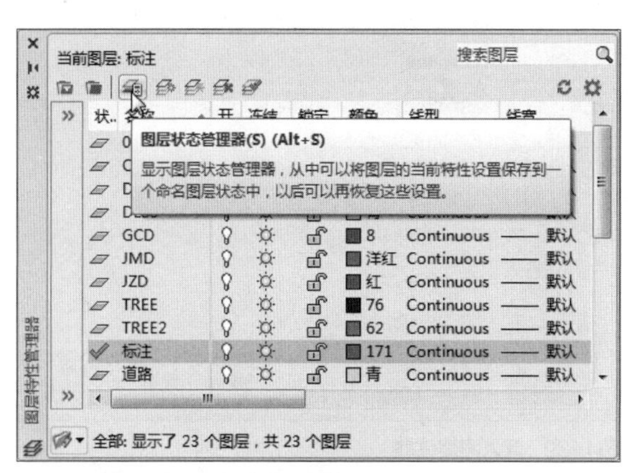

图4-33 单击“图层状态管理器”按钮

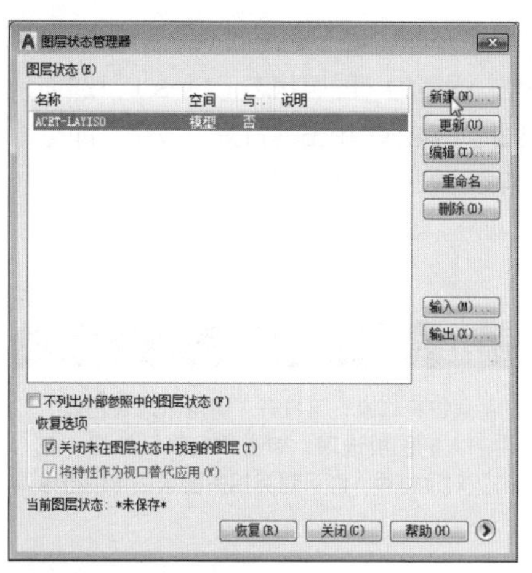

图4-34 单击“新建”按钮

Step 03 打开“要保存的新图层状态”对话框，在“新图层状态名”文本框中输入新图层名称，这里输入“总平图层”，然后单击“确定”按钮，如图4-35所示。

Step 04 返回上一层对话框，单击“输出”按钮，如图4-36所示。

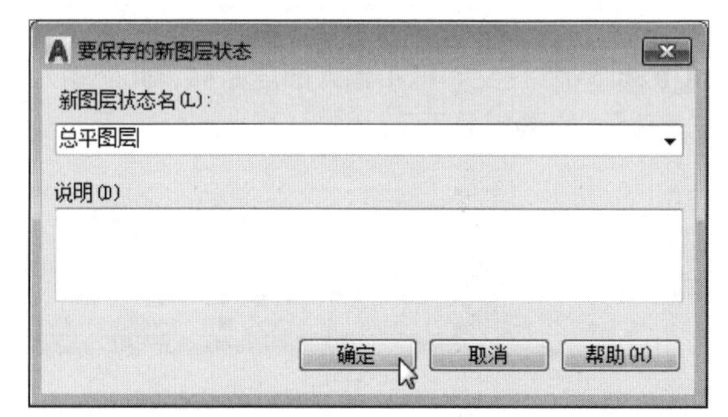

图4-35 输入新建图层名称

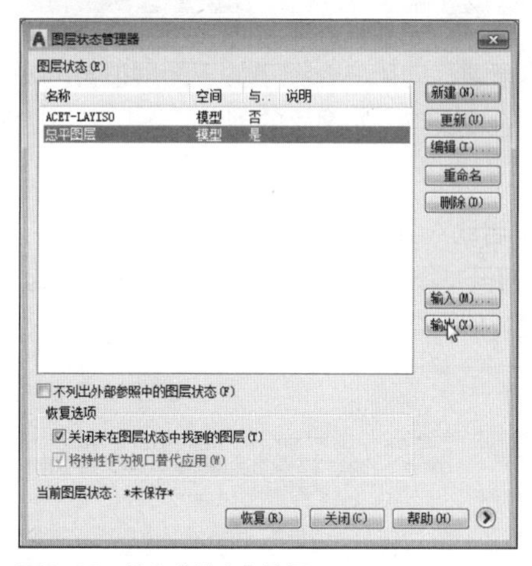

图4-36 单击“输出”按钮

Step 05 在“输出图层状态”对话框中，选择好输出路径，单击“保存”按钮，即可完成图层保存输出操作，如图4-37所示。

Step 06 当下次需调入该图层时，打开“图层状态管理器”对话框，单击“输入”按钮，如图4-38所示。

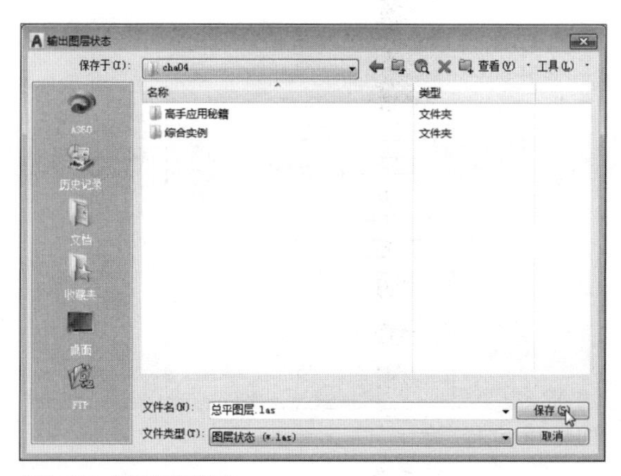

图4-37 输出图层状态

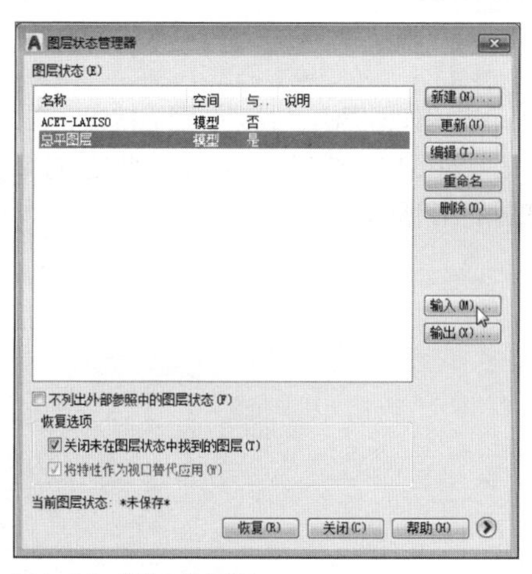

图4-38 “输入”图层

Step 07 在打开的“输入图层状态”对话框中，将“文件类型”设置为“图层状态（*.las）”选项，选择“总平图层”选项，单击“打开”按钮，即可输入相关图层信息，如图4-39所示。

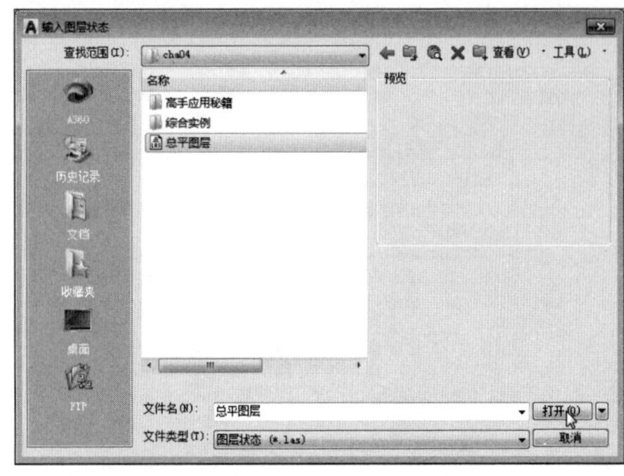

图4-39 调入图层信息

工程师点拨：修改图层信息

若想将调入的图层进行修改，可打开“图层状态管理器”对话框，选中调入的图层选项，单击“编辑”按钮，在“编辑图层状态”对话框中，即可对其相关图层信息进行修改操作。

综合实例 —— 创建并保存建筑图常用图层

在本章中，向用户介绍了关于图层设置的一些知识点。下面将以创建建筑图常用图层为例，来巩固所学的知识点，如图层的创建、图层特性的设置、图层的保存与调用等。

Step 01 启动AutoCAD软件，单击“图层特性”按钮，打开“图层特性管理器”选项板，单击“新建”按钮，如图4-40所示。

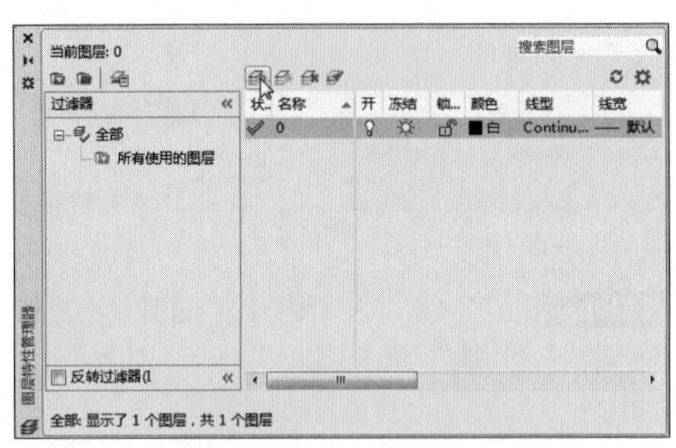

图4-40 单击“新建”按钮

Step 02 在文本框中输入图层名称，此处输入“墙体”，如图4-41所示。

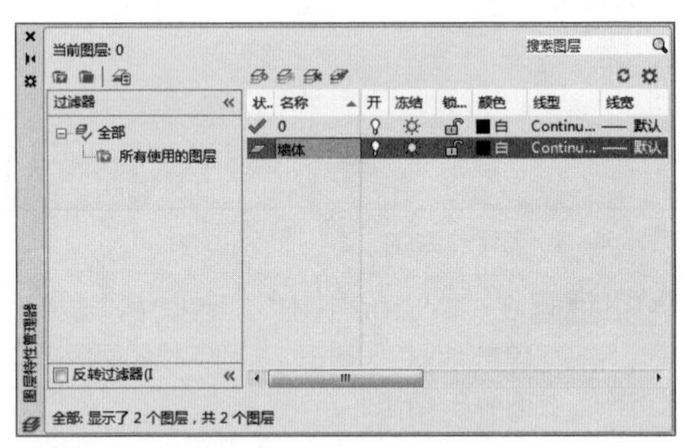

图4-41 设置图层名称

Step 03 单击墙体图层的“线宽”图标按钮，在打开的“线宽”对话框中选择所需线宽，此处选择0.3mm，如图4-42所示。

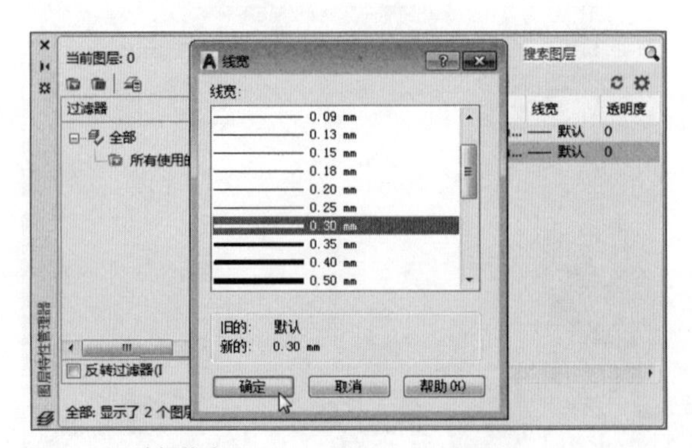

图4-42 选择线宽

Step 04 单击“确定”按钮，返回至“图层特性管理器”选项板，可以看到相关线宽值已更改，如图4-43所示。

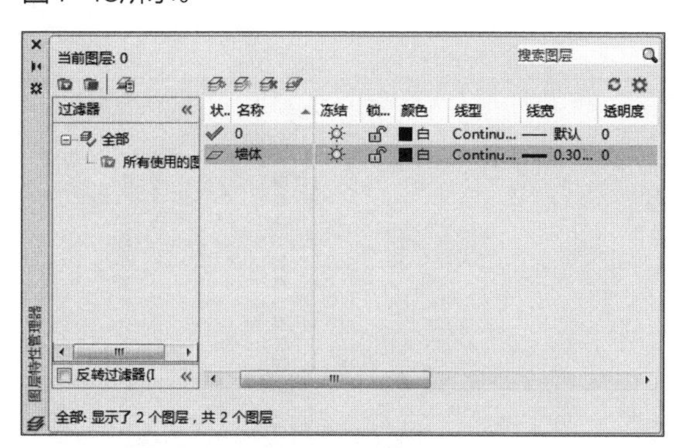

图4-43 完成线宽的更改

Step 05 新建“轴线”图层，单击“颜色”图标按钮，如图4-44所示。

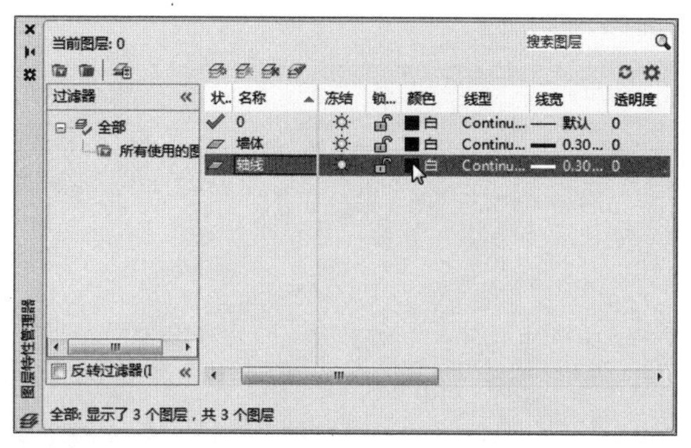

图4-44 单击“颜色”按钮

Step 06 在“选择颜色”对话框中，选择合适的颜色，此处选择“红”色，如图4-45所示。

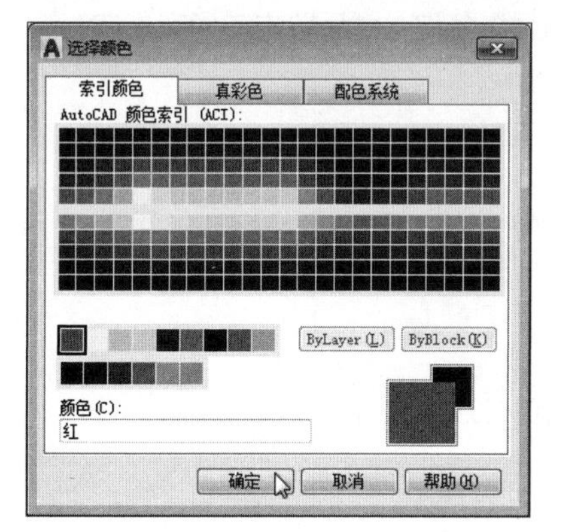

图4-45 选择“红”色

Step 07 单击“确定”按钮，返回至上一级选项板，可以看到轴线图层颜色的改变，继续单击轴线的“线型”按钮，如图4-46所示。

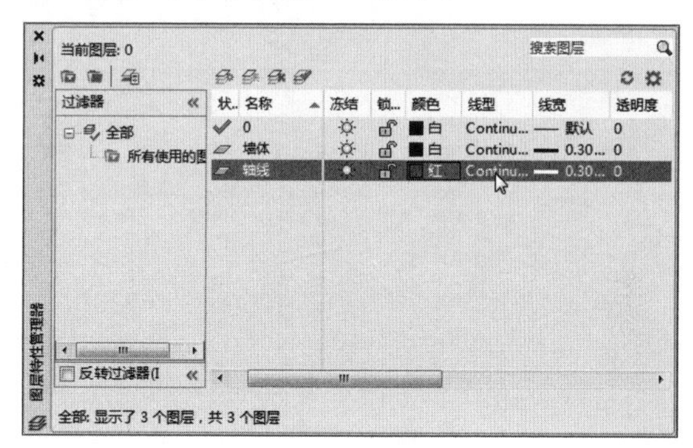

图4-46 单击“线型”按钮

Step 08 在打开的“选择线型”对话框中，单击“加载”按钮，打开“加载或重载线型”对话框，选择合适的线型，如图4-47所示。

图4-47 加载线型

Step 09 单击“确定”按钮，返回至上一级对话框，选择新加载的线型，如图4-48所示。

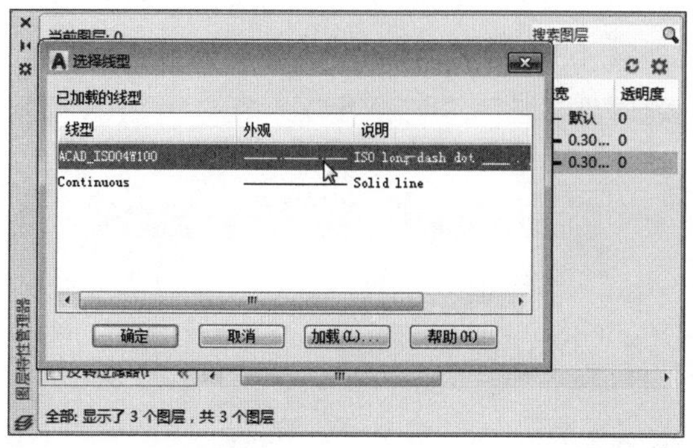

图4-48 选择加载的线型

Step 10 单击“确定”按钮，返回至选项板，可以看到“轴线”图层的线型已经发生改变，此时将轴线的线宽更改为“默认”，完成轴线图层的设置，如图4-49所示。

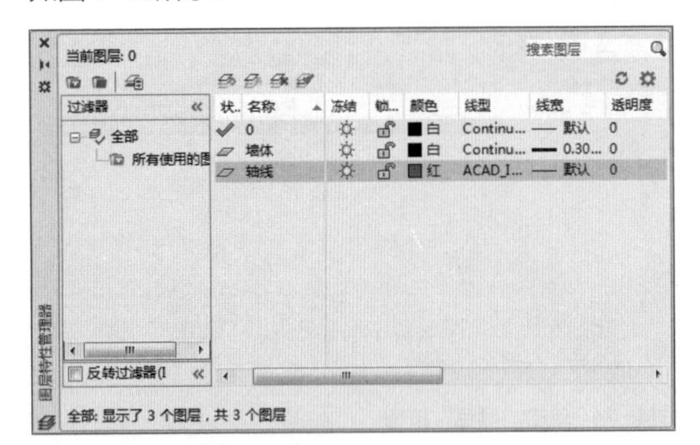

图4-49　轴线图层的设置

Step 11 继续单击“新建”按钮，新建其他常用图层并完成相关设置，如图4-50所示。

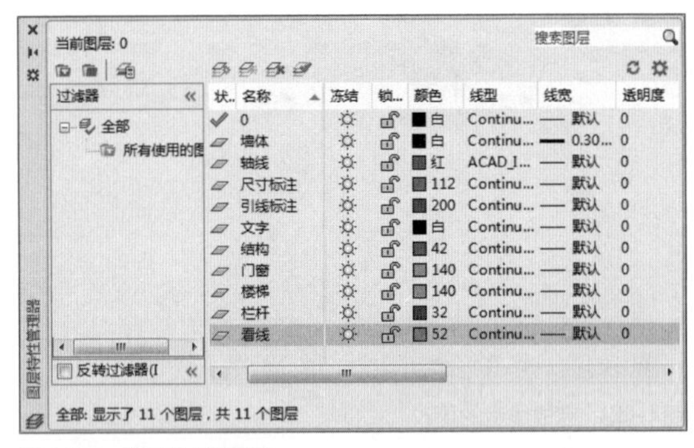

图4-50　新建其他图层

Step 12 单击“图层状态管理器”按钮，打开“图层状态管理器”对话框，如图4-51所示。

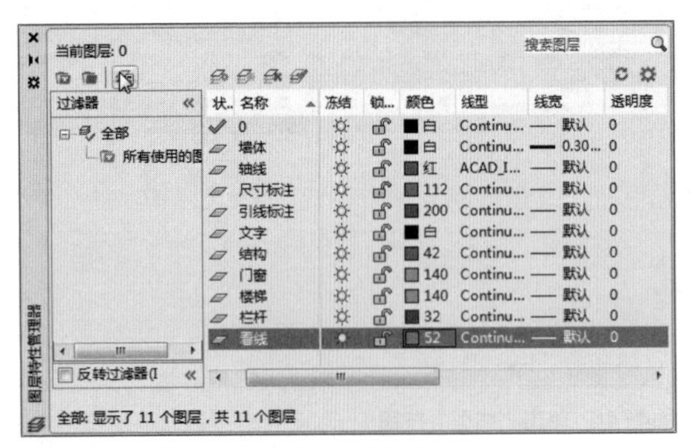

图4-51　单击“图层状态管理器”按钮

Step 13 单击“新建”按钮，在打开的对话框中输入“建筑图层”名称，然后单击“确定”按钮，如图4-52所示。

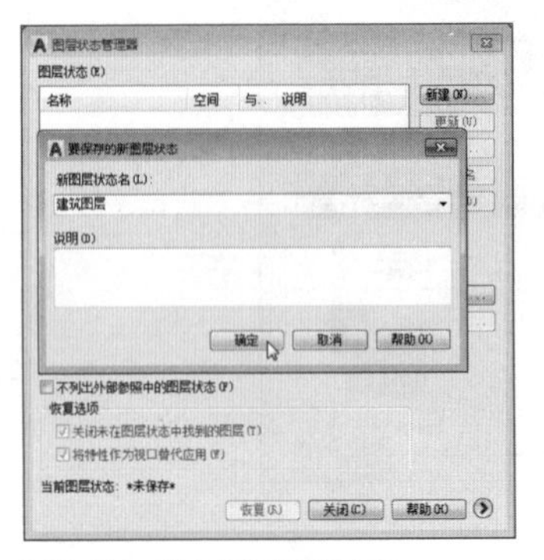

图4-52　输入新图层状态名

Step 14 返回至上一级对话框，单击“输出”按钮，在“输出图层状态”对话框中，选择输出路径并单击“保存”按钮，即可完成图层的保存输出，如图4-53所示。

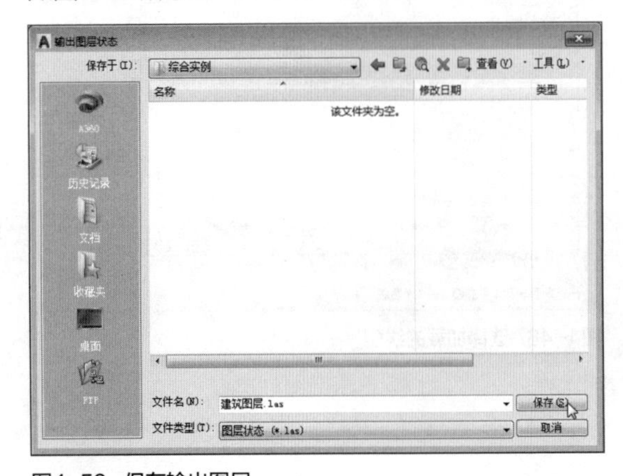

图4-53　保存输出图层

Step 15 再次使用时，打开“图层状态管理器”对话框，单击“输入”按钮，如图4-54所示。

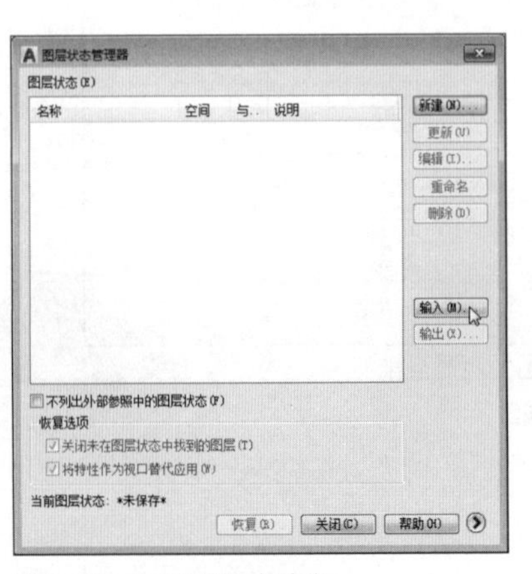

图4-54　输入新图层状态名

Step 16 在打开的“输入图层状态”对话框中，选择文件类型为“图层状态”，在上一步保存的路径中，选择“建筑图层”文件后单击“打开”按钮，如图4-55所示。

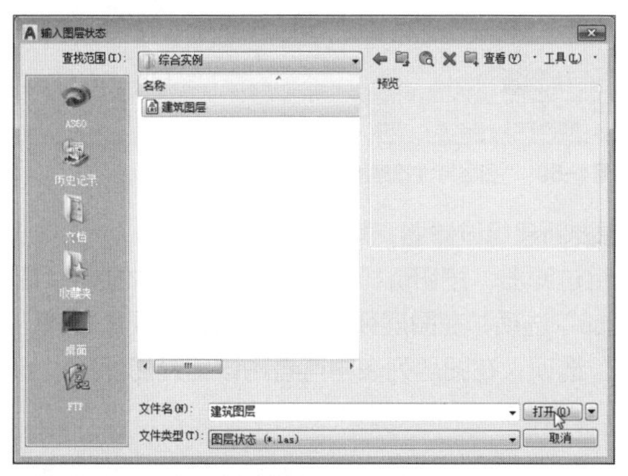

图4-55 打开“建筑图层”文件

Step 17 在“图层状态”对话框中单击“恢复状态”按钮，返回至“图层特性管理器”选项板即可完成图层的输入，在该面板中可以看到输入的所有图层，如图4-56所示。

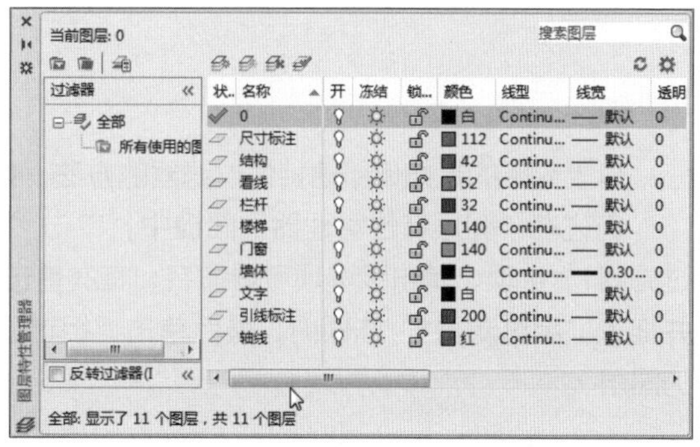

图4-56 完成图层的输入

高手应用秘籍 —— 图层过滤器在AutoCAD中的运用

当图层比较多时，利用图层过滤器可以在图层管理器中显示满足条件的图层，缩短查找和修改图层设置的时间。“图层过滤器”对话框允许设置条件过滤选项，在“图层特性管理器”选项板中选定图层过滤器后，系统将在列表视图中显示符合过滤条件的图层。下面将举例对图层过滤器的运用做简单介绍。

Step 01 打开素材文件，单击“图层特性”按钮，打开“图层特性管理器”选项板。单击左上角“新建特性过滤器”按钮，打开“图层过滤器特性”对话框，如图4-57所示。

图4-57 “图层过滤器”对话框

Step 02 在“过滤器名称”文本框中，命名新建过滤器名称，这里输入“颜色”，其后，在“过滤器定义”列表中，单击“颜色”下方矩形框，在打开的“选择颜色”面板中，选择所需过滤的颜色，这里选择“白”，此时，在“过滤器预览”列表框中只显示出颜色为“白”的图层，如图 4-58 所示。

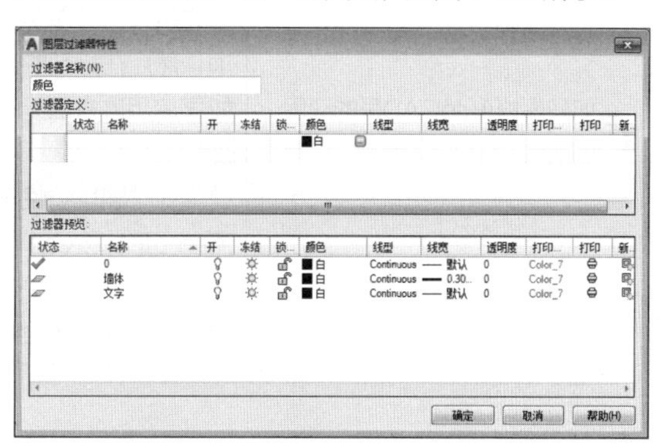

图4-58 新建“颜色”过滤器

Step 03 单击“确定”按钮，返回至上一级面板，在“图层特性管理器”面板中，用户可看到所新建的“颜色”图层特性过滤器，并且右侧的列表视图中，则显示出过滤出的图层，如图4-59所示。

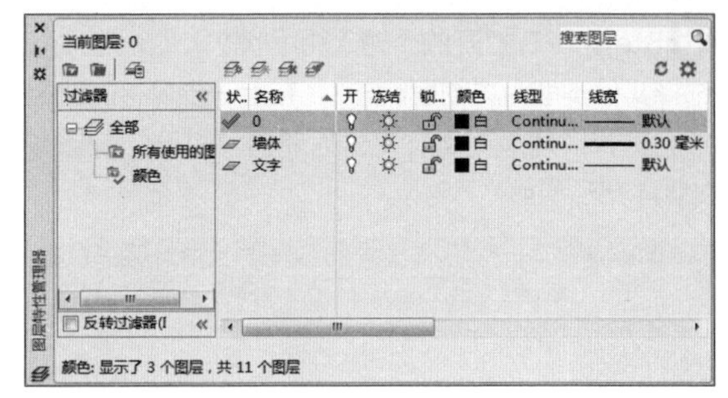

图4-59 “图层特性管理器”面板

以上介绍的是如何新建特性过滤器的方法，如果想要新建组过滤器，其方法也很简单。

首先在“图层特性管理器”面板中，单击“新建组过滤器”按钮，此时在左侧列表中显示“组过滤器1”选项，单击该选项可重命名；其次单击“全部”选项，在图层列表中选中所需的图层选项，并拖入“组过滤器1”选项内；最后单击“组过滤器1”选项，在图层列表中可看到该组过滤器所过滤的图层。

工程师点拨：“反转过滤器”功能

在“图层特性管理器”选项板中，设置了过滤器即可勾选“反转过滤器”复选框。单击该复选框，可显示除过滤层之外的所有图层。

秒杀工程疑惑

在进行AutoCAD操作时，用户经常会遇见各种各样的问题，下面将总结一些常见的问题进行解答，其中包括：删除顽固图层、设置图层合并、图层锁定/解锁区别、图层冻结/解冻等问题。

问　题	解　答
如何删掉AutoCAD里的顽固图层?	在对图层进行操作时，有时一些顽固图层总是无法删除。此时可使用以下操作方法进行删除： 首先执行“菜单浏览器>图形实用工具”命令，在级联菜单中选择“清理”选项；然后在打开的“清理”对话框中，单击“全部清理”按钮即可。 如果使用该方法无法删除的话，还可以使用复制图层的方法进行删除。其具体操作如下： 首先在“图层特性管理器”选项板中，关闭所需删除的图层，在绘图区中选中所有图形，按Ctrl+C组合键进行复制； 打开空白文件，按Ctrl+V组合键进行粘贴，将复制的图形粘贴至绘图区中，此时再次打开“图层特性管理器”选项板，则会发现之前被关闭的图层已被删除

（续表）

如何将所需图层进行合并操作?	若想将所需图层进行合并，其方法为： 首先在“图层特性管理器”选项板中，选择要合并的图层，单击鼠标右键，选择“将选定图层合并到”选项；然后在“合并到图层”对话框中，选择目标图层，单击“确定”按钮，即可完成合并操作
如何在AutoCAD中同时锁定/解锁所有图层?	锁定所有图层：打开“图层特性管理器”选项板，按Ctrl+A组合键全选图层，单击“锁定”按钮即可 解锁所有图层：同样在“图层特性管理器”选项组中，全选图层，单击“锁定”按钮即可
图层的冻结/锁定有什么异同?	图层的冻结：若冻结了某图层，则看不到该图层上的图形。一般情况是长时间不用该图层才会冻结的，如果是很多图层叠在一起，不好编辑则关闭图层即可，无需冻结 图层的锁定：可以看得到以方便参考，但不能编辑
在更改图层颜色时，需要注意什么?	不同的图层一般需要不同的颜色来区别。在选择图层颜色时，图层颜色应该根据打印时线宽的粗细来选择，打印时，线型越宽，其图层颜色越亮

Chapter

05

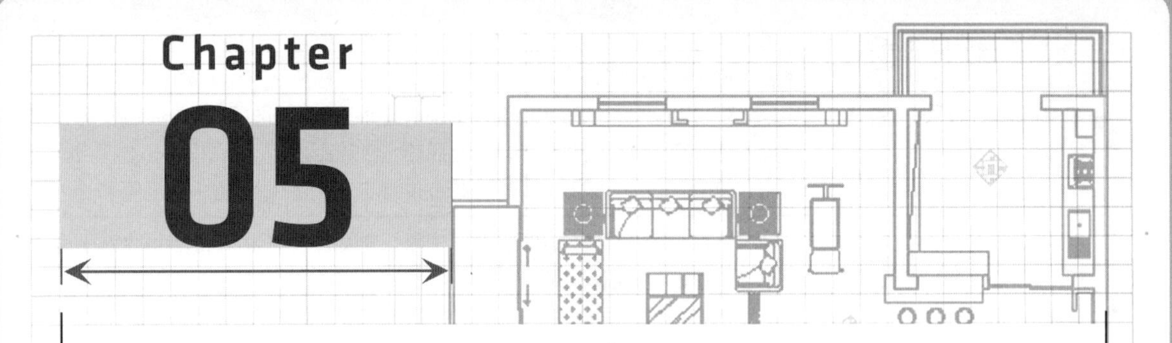

二维图形的绘制

本章将向读者介绍如何利用AutoCAD软件来创建一些简单的二维图形，其中包括点、线、曲线、矩形以及正多边形等操作命令。使用二维命令绘图是AutoCAD软件最基本的命令之一。通过对本章内容的学习，读者可以熟悉并掌握一些图形的绘制方法和技巧，以便能够更好地绘制出复杂的二维图形。

01 学完本章您可以掌握如下知识点

1. 点线的绘制方法 ★★
2. 曲线的绘制方法 ★★
3. 矩形的绘制方法 ★★
4. 修订云线的方法 ★★★

02 本章内容图解链接

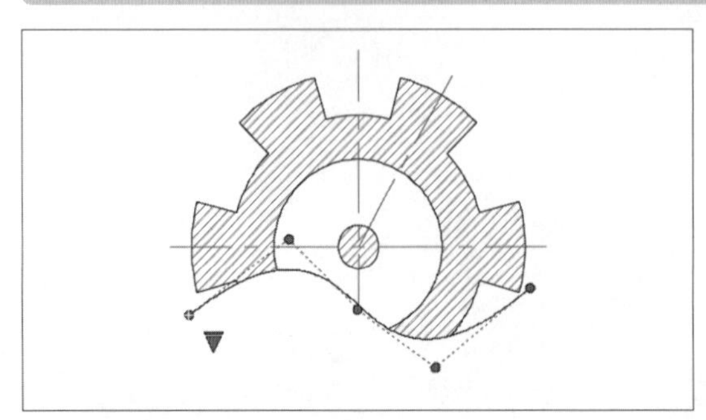

绘制样条曲线

草图绘制效果

5.1 点的绘制

无论是直线、曲线还是其他线段，都是由多个点连接而成的。所以点是组成图形最基本的元素。在AutoCAD软件中，点样式是可以根据需要进行设置的。

5.1.1 设置点样式

默认的情况下，AutoCAD绘制出的点非常小，用户不容易看到，因此需要在绘制点之前，对点的样式进行设置。点样式设置，可以调整点的外观形状，也可以调整点的尺寸大小，以便根据需要将点显示在图形中。在菜单栏中，执行“格式>点样式”命令，在打开的“点样式”对话框中，选中所需点的样式，并在“点大小”选项中，输入点的大小值即可，如图5-1、5-2所示。

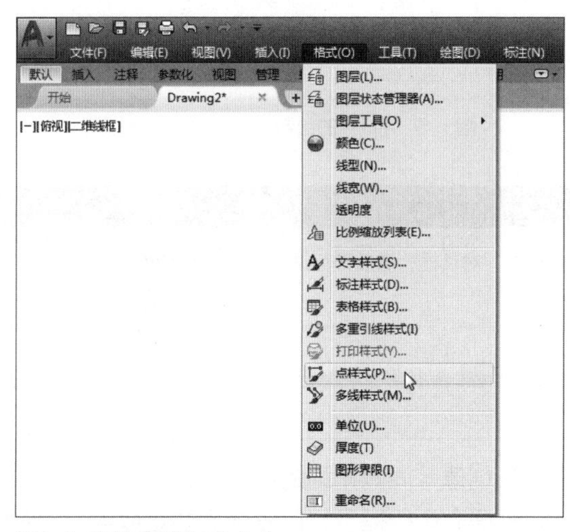

图5-1 选择“点样式”命令

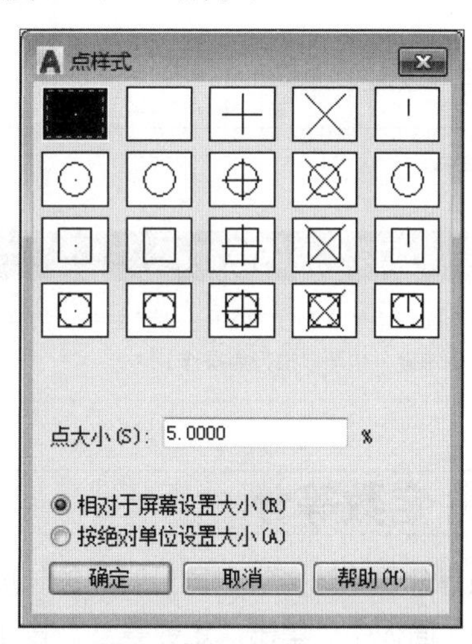

图5-2 “点样式”对话框

5.1.2 绘制点

完成点的设置后，在“默认”选项卡的“绘图”面板中，单击“多点”按钮，在绘图区中指定所需位置即可完成点的绘制。下面将举例进行介绍。

Step 01 打开素材文件，执行“格式>点样式”命令，打开“点样式”对话框，选中所需设置的点样式，并在“点大小”数值框中输入10，单击“确定”按钮，如图5-3所示。

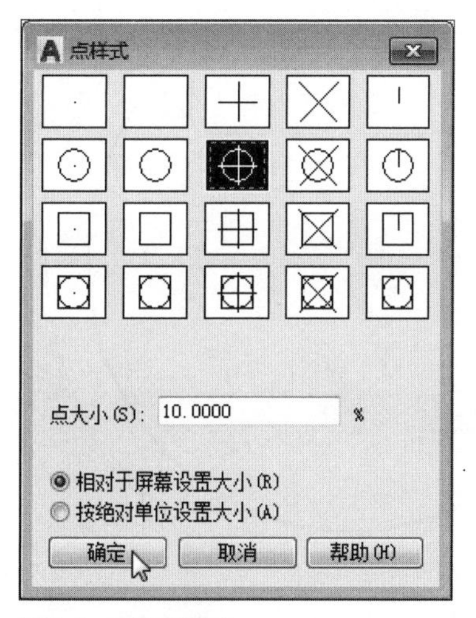

图5-3 设置点样式

Step 02 设置完成后，在绘图区中，执行“多点”命令，根据命令行提示，指定点的位置，如图5-4所示。

Step 03 指定点的位置后，绘图区中即可显示设置的点样式，效果如图5-5所示。

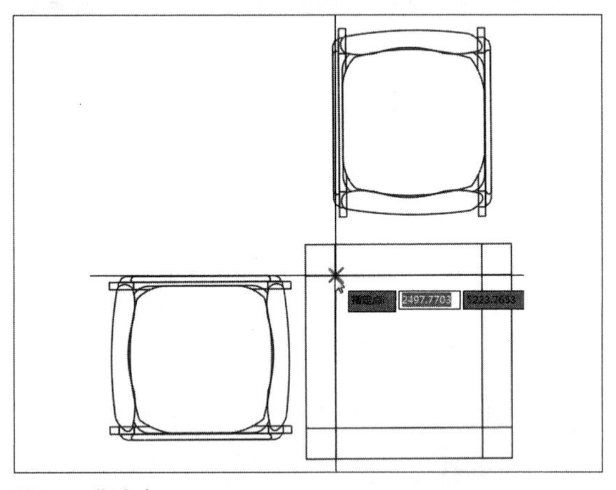

图5-4　指定点

图5-5　完成点的绘制

工程师点拨：点的绘制

用户可在命令行中输入DDPTYPE按回车键，打开“点样式”对话框，随后即可进行点样式的设置。而在命令行中，输入POINT按回车键，也可以执行点操作。

5.1.3 定数等分

定数等分是将选择的对象沿对象的长度或周长创建等间隔排列的点对象或块。在“默认”选项卡的“绘图”面板中，单击“定数等分”按钮，根据命令行提示，首先选择要定数等分的对象，然后输入等分线段数目，按回车键即可完成操作，如图5-6、5-7所示。

命令行提示如下：

命令：_divide	执行定数等分命令
选择要定数等分的对象：	选择需定数等分对象
输入线段数目或 [块(B)]: 10	输入线段数目按回车键

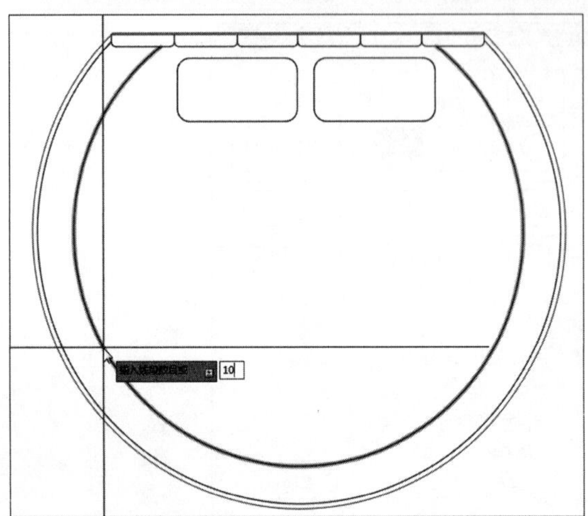

图5-6　输入线段数目

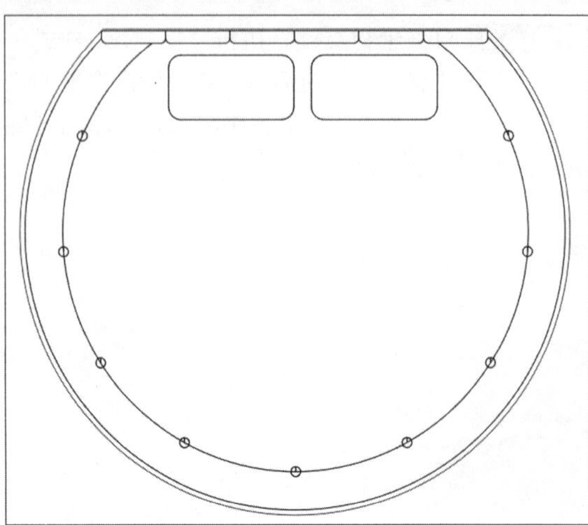

图5-7　完成定数等分操作

5.1.4 定距等分

定距等分是指在选定图形对象上，沿对象的长度或周长按指定间隔创建点对象或块。在“绘图”面板中，单击“定距等分”按钮，根据命令行提示，首先选择绘图区中的图形对象，然后输入等分线段长度值，按回车键即可，如图5-8、5-9所示。

命令行提示如下：

```
命令：_measure
选择要定距等分的对象：                                  选择所需图形对象
指定线段长度或 [块(B)]: 10                              输入线段长度值按回车键
```

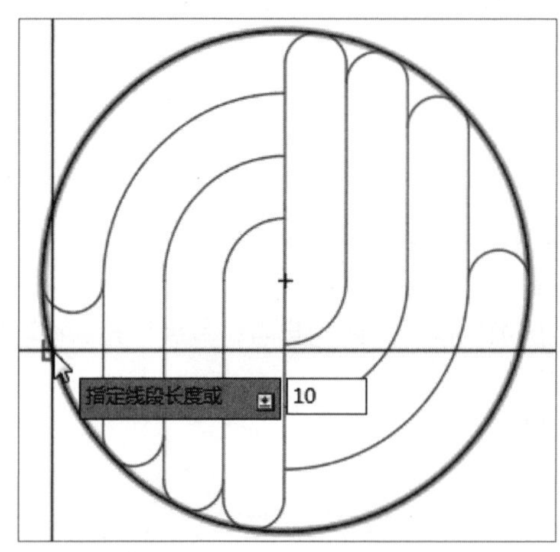
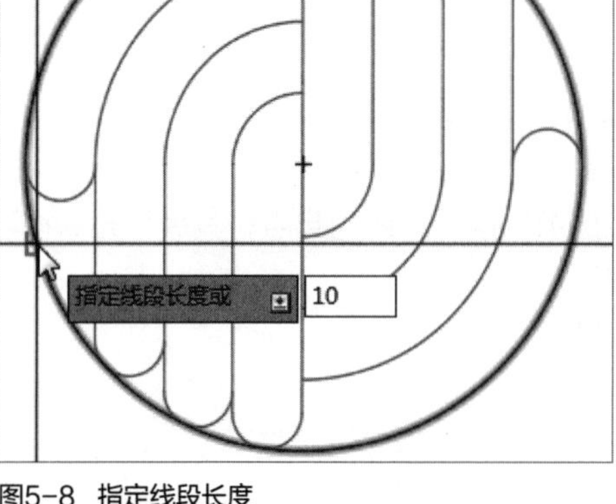

图5-8 指定线段长度

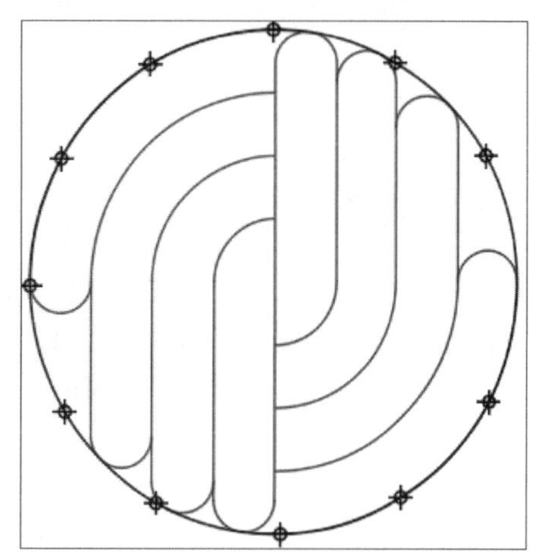

图5-9 完成定距等分操作

工程师点拨：使用“定数等分”或“定距等分”命令注意事项

使用定数等分对象时，由于输入的是等分段数，所以如果图形对象是封闭的，生成点的数量等于等分的段数值。

无论是使用“定数等分”或“定距等分”进行操作时，并非是将图形分成独立的几段，而是在相应的位置上显示等分点，以辅助其他图形的绘制。在使用“定距等分”功能时，如果当前线段长度是等分值的倍数，该线段可实现等分。反之，则无法实现真正等分。

5.2 线段的绘制

在AutoCAD中，线条的类型有多种，如直线、射线、构造线、多线、多线及多段线等。用户可根据需求选择相关的命令进行操作。

5.2.1 直线的绘制

直线是最基本的图形对象，它可以是一条线段或多条相连的线段。绘制直线可以闭合一系列直线段，将第一条线段和最后一条线段连接起来。

在AutoCAD中执行“直线”命令的方法有两种：其一，按钮“直线”按钮操作；其二，使用命令行操作。下面将分别对其进行介绍。

1. 使用“直线”命令操作

在“默认”选项卡的“绘图”面板中，单击“直线”按钮，根据命令行提示，在绘图区中指定第一个点，移动鼠标，并输入直线距离值，按回车键即可完成绘制。

2. 使用命令行操作

在命令行中输入L快捷键按回车键，并按照命令行的提示，同样可执行直线操作。

命令行提示如下：

命令：L	在命令行中输入 L
LINE	执行“直线”命令
指定第一个点：	指定直线的第一个点
指定下一点或 [放弃(U)]: <正交 开> 200	输入线段长度值
指定下一点或 [放弃(U)]:	按回车键完成操作

5.2.2 射线的绘制

射线是以一个起点为中心，向某方向无限延伸的直线。射线一般用来作为创建其他直线的参照。在“绘图”面板中单击“射线”按钮，根据命令行提示，指定射线的起点，其后将光标移至所需位置，并指定射线通过点，按回车键即可完成射线的绘制。

命令行提示如下：

命令：RAY	执行“射线”命令
指定起点：	指定射线起点
指定通过点：	指定通过点
指定通过点：	按回车键结束射线操作

5.2.3 构造线的绘制

构造线是无限长的线，也可以用来作为创建其他直线的参照，可创建出水平、垂直、具有一定角度的构造线。在“绘图”面板中单击“构造线”按钮，在绘图区中，分别指定构造线的点和其通过点，即可创建出构造线，这两个点就是构造线上的点。

命令行提示如下：

命令：_xline	执行“构造线”命令
指定点或 [水平(H)/垂直(V)/角度(A)/二等分(B)/偏移(O)]:	指定构造线的点
指定通过点：	指定其通过点
指定通过点：	按回车键结束构造线操作

5.2.4 多线的绘制

多线一般是由多条平行线组成的对象，平行线之间的间距和数目是可以设置的。多线主要用于绘制建筑平面图中的墙体图形。通常在绘制多线时，需要对多线样式进行设置。下面将对其相关知识进行介绍。

1. 设置多线样式

在AutoCAD中，设置多线样式的操作方法有两种，即使用“多线样式”命令操作和使用快捷命令操作。

- 使用“多线样式”命令操作：在菜单栏中，执行“格式>多线样式”命令，打开“多线样式”对话框，其后根据需要选择相关选项进行设置即可。
- 使用快捷命令操作：用户可在命令行中，输入MLSTYLE按回车键，同样可打开“多线样式”对话框进行设置。

下面将介绍多线样式的设置方法。

Step 01 通过上述方法打开“多线样式”对话框，单击“修改”按钮，如图5-10所示。

图5-10 单击“修改”按钮

Step 02 在“修改多线样式”对话框的“封口”选项组中，勾选“直线”的“起点”和“端点”复选框，在“图元”选项组中，更改多线偏移距离，如图5-11所示。

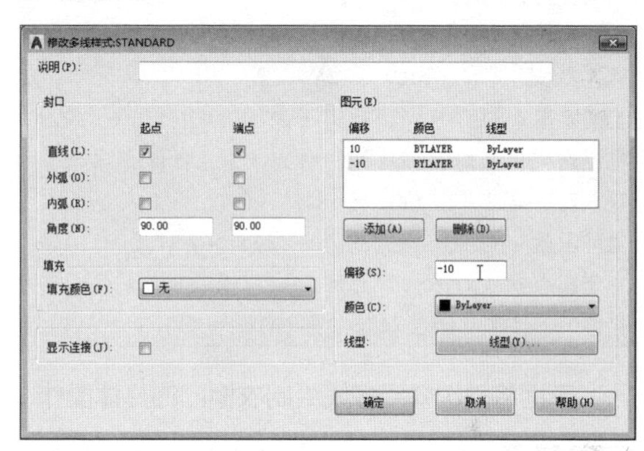

图5-11 设置相关参数

Step 03 设置完成后，单击“确定”按钮，返回上一层对话框，单击“确定”按钮即可。

工程师点拨：新建多线样式

在“多线样式”对话框中，默认样式为“STANDARD”样式。若要新建样式，可单击“新建”按钮，在“创建新的多线样式”对话框中，输入新样式的名称，单击“确定”按钮，其次在“修改多线样式”对话框中，根据需要进行设置，完成后返回上一层对话框，在“样式”列表中新建的样式，单击“置为当前”按钮即可。

“修改多线样式”对话框中的各选项说明如下：

- 封口：在该选项组中，用户可设置多线两端封口的样式。
- 直线：多线端点由垂直于多线的直线进行封口。
- 外弧：多线以端点向外凸出的弧形线封口。
- 内弧：多线以端点向内凹进的弧形封口。
- 角度：设置多线封口处的角度。
- 填充：用户可设置封闭多线内的填充颜色，选择“无”表示使用透明的颜色填充。
- 显示连接：显示或隐藏每条多线线段顶点处的连接。
- 图元：在该选项组中，用户可通过添加或删除来确定多线图元的个数，设置相应的偏移量、颜色及线型。
- 添加：可添加一个图元，其后对该图元的偏移量进行设置。
- 删除：选中图元，将其删除操作。

- 偏移：设置多线元素从中线偏移值，值为正，则表示向上偏移，值为负，则表示向下偏移。
- 颜色：设置组成多线元素的线条颜色。
- 线型：设置组成多线元素的线条线型。

2. 绘制多线

完成多线设置后，通过“多线”命令进行绘制。用户可通过以下两种方法进行操作。

- 使用“多线”命令操作：在菜单栏中，执行“绘图>多线”命令，根据命令行提示，设置多线比例和样式，然后指定多线起点，指定线段长度值即可。
- 使用快捷命令操作：设置完多线样式后，在命令行中输入ML按回车键。

命令行提示如下：

命令行	说明
命令：ml	输入“多线”快捷命令
MLINE	执行“多线”命令
当前设置：对正 = 上，比例 = 20.00，样式 = STANDARD	
指定起点或 [对正(J)/比例(S)/样式(ST)]：s	输入 s 选择“比例”选项
输入多线比例 <20.00>：240	输入 240 设置多线比例
当前设置：对正 = 上，比例 = 240.00，样式 = STANDARD	
指定起点或 [对正(J)/比例(S)/样式(ST)]：j	输入 j 选择“对正”选项
输入对正类型 [上(T)/无(Z)/下(B)] <上>：z	输入 z 选择对正类型
当前设置：对正 = 无，比例 = 240.00，样式 = STANDARD	
指定起点或 [对正(J)/比例(S)/样式(ST)]：	指定一点为多线起点
指定下一点或 [闭合(C)/放弃(U)]：	继续绘制多线

下面将举例介绍多线绘制衣柜门的具体操作。

Step 01 打开素材文件，执行“格式>多线样式”命令，打开“多线样式”对话框，单击“新建”按钮，打开“创建新的多线样式”对话框，在“新样式名”文本框中输入“门”，单击“继续”按钮，如图5-12所示。

图5-12 输入新样式名

Step 02 在打开的“新建多线样式”对话框中，勾选“直线”的“端点”复选框，单击“图元”选项组中的“添加”按钮，添加图元，设置其偏移量，如图5-13所示。

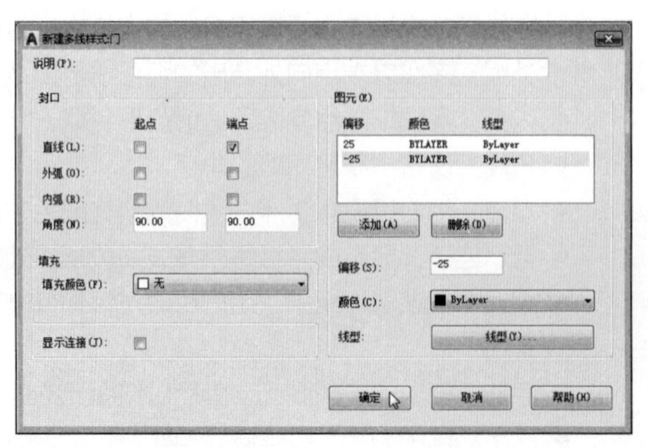

图5-13 添加图元

Step 03 设置完成后单击“确定”按钮，完成多线样式的创建，返回至上一级对话框，在“预览”处可以看到显示效果，依次单击“置为当前”和“确定”按钮，如图5-14所示。

Step 04 在命令行中，输入ML按回车键，根据命令行提示，将多线“比例”设为1，“对正类型”设为“无”。

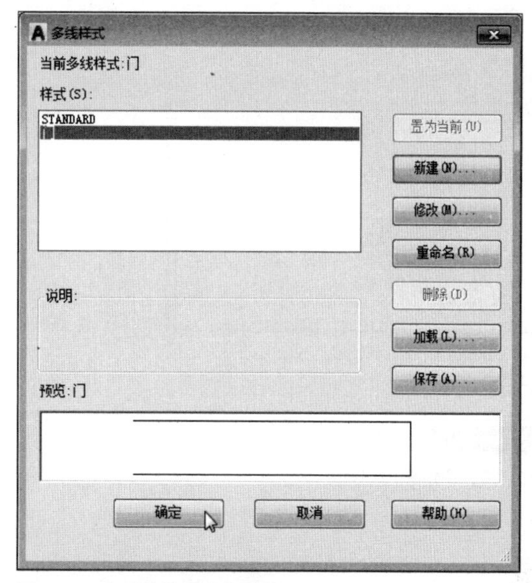

图5-14 完成多线样式的创建

命令行提示如下：

命令： ML	输入快捷命令
MLINE	执行“多线”命令
当前设置： 对正 = 上，比例 = 1.00，样式 = 门	
指定起点或 [对正 (J)/ 比例 (S)/ 样式 (ST)]: j	输入 j，设置对正类型
输入对正类型 [上 (T)/ 无 (Z)/ 下 (B)] <上>: z	输入 z，将对正类型设为无
当前设置： 对正 = 无，比例 = 1.00，样式 = 门	
指定起点或 [对正 (J)/ 比例 (S)/ 样式 (ST)]:	指定多线起点

Step 05 在绘图区中指定多线起点，捕捉衣柜图形左侧端点，关闭正交模式，向右上方引导光标，如图5-15所示。

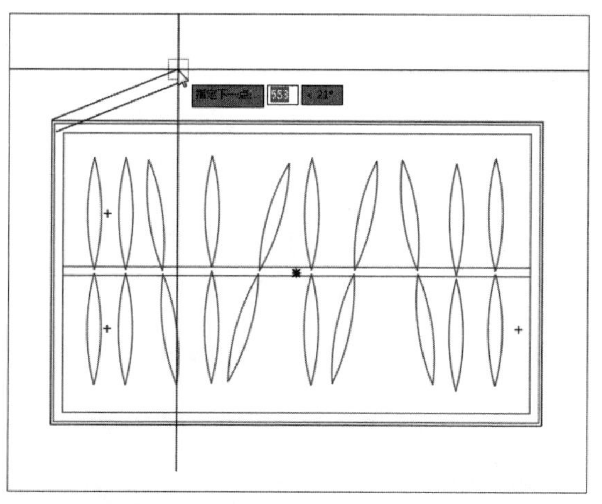
图5-15 绘制多线

Step 06 捕捉矩形中心点，然后向上引导光标，将多线对齐至中心点垂直方向位置，如图5-16所示。

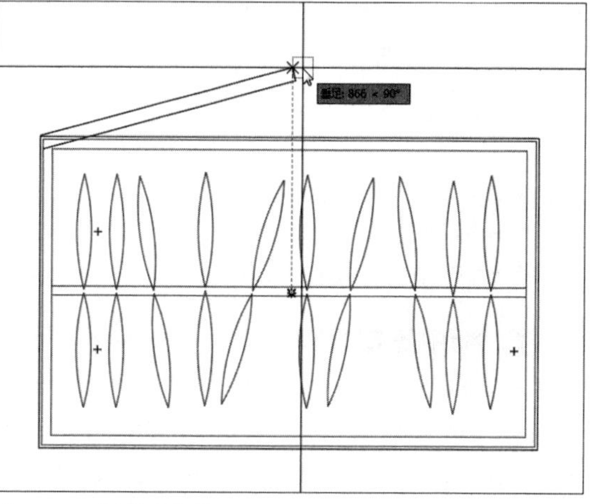
图5-16 对齐中心点位置

Step 07 对齐完成后，单击鼠标左键后按回车键完成多线的绘制，如图5-17所示。

Step 08 继续执行“多线”命令，将多线对正类型设置为“下”，绘制另一门图形，如图5-18所示。

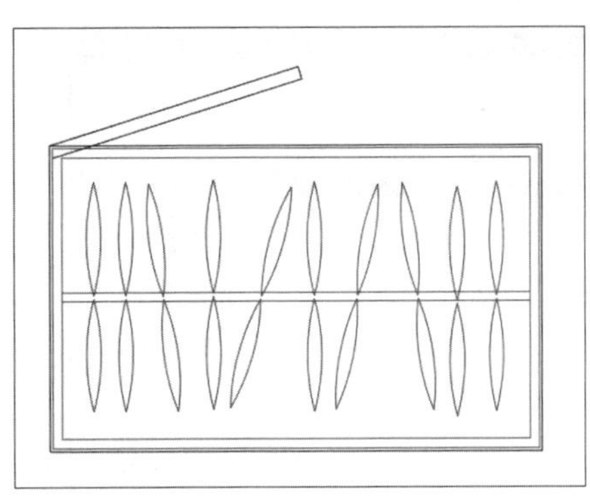

图5-17　多线效果

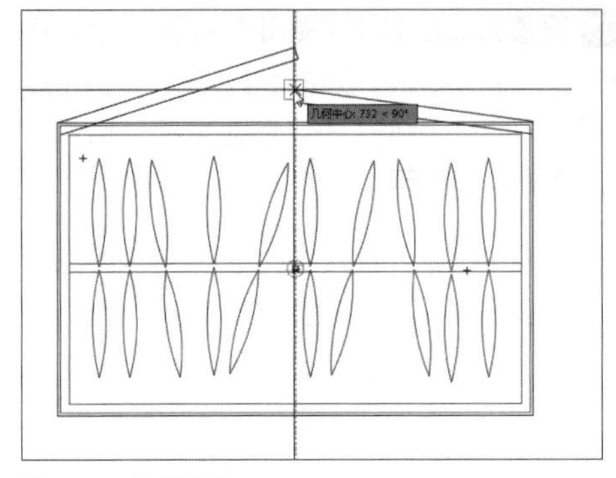

图5-18　绘制多线

 Step 09 指定下一点位置后按回车键，完成多线操作，效果如图5-19所示。

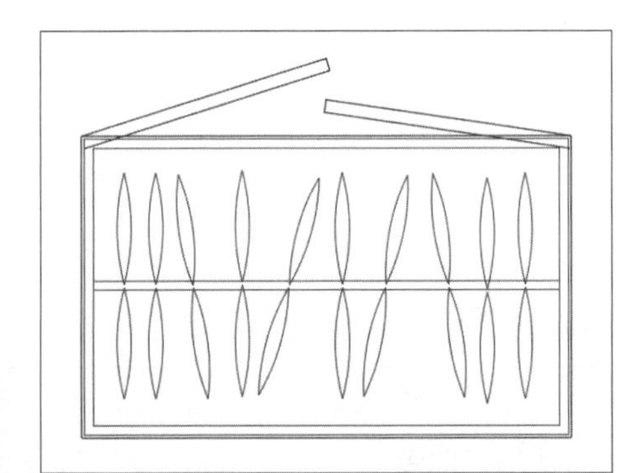

图5-19　多线效果

工程师点拨：多线样式

在一个图形文件中，若需要绘制不同样式的多线，在“多线样式”对话框中新建多线样式；若直接对其样式进行修改，那原本以此样式绘制的多线也会发生变化。

5.2.5 多段线的绘制

多段线是由相连的直线和圆弧曲线组成的，在直线和圆弧曲线之间可进行自由切换。用户可以设置多段线的宽度，也可以在不同的线段中设置不同的线宽。此外，还可以设置线段的始末端点具有不同的线宽。

在“绘图”面板中，单击“多段线”按钮，根据命令行提示，指定线段起点和下一点即可完成多段线的绘制。用户也可在命令行中，输入PL快捷键按回车键，同样可以绘制多段线。

命令行提示如下：

命令： _pline	执行“多段线”命令
指定起点：	指定一点为多段线起点
当前线宽为 0.0000	
指定下一个点或 [圆弧(A)/半宽(H)/长度(L)/放弃(U)/宽度(W)]:	输入线段长度，指定下一点
指定下一点或 [圆弧(A)/闭合(C)/半宽(H)/长度(L)/放弃(U)/宽度(W)]:	按回车键结束多段线操作

命令行中各选项说明如下：

- 圆弧：在命令行中，输入A，则可进行圆弧的绘制。
- 半宽：该选项用于设置多线的半宽度。用户可分别指定所绘制对象的起点半宽和端点半宽。
- 闭合：该选项用于自动封闭多段线，系统默认以多段线的起点作为闭合终点。
- 长度：该选项用于指定绘制的直线段的长度。在绘制时，系统将以沿着绘制上一段直线的方向接着绘制直线，如果上一段对象是圆弧，方向为圆弧端点的切线方向。
- 放弃：该选项用于撤销上一次操作。
- 宽度：该选项用于设置多段线的宽度。还可通过FILL命令来自由选择是否填充具有宽度的多段线。

工程师点拨：直线和多段线的区别

直线和多段线都可以绘制首尾相连的线段。而它们的区别在于，直线所绘制的是独立的线段；而多段线可在直线和圆弧曲线之间切换，并且绘制的段线是一条完整的线段。

5.3 曲线的绘制

使用曲线绘图是最常用的绘图方式之一。在AutoCAD软件中，曲线功能主要包括圆、圆弧、椭圆和椭圆弧等。下面就分别对其操作进行介绍。

5.3.1 圆的绘制

在制图过程中，“圆”命令是常用命令之一。用户可使用以下方法进行圆形的绘制。

1. 单击“圆”按钮绘制

在“默认”选项卡的“绘图”面板中，单击“圆”按钮，根据命令行提示，在绘图区中指定圆的中心点，输入圆半径值，即可创建圆。

2. 使用菜单栏命令绘制

执行“绘图>圆”命令，在联级菜单中选择所需圆命令，即可绘制圆。

3. 使用快捷命令绘制

用户可在命令行中直接输入C快捷键按回车键，即可根据命令提示进行绘制。

命令行提示如下：

命令：C	输入快捷命令c
CIRCLE	执行“圆”命令
指定圆的圆心或 [三点(3P)/两点(2P)/切点、切点、半径(T)]:	指定圆心点
指定圆的半径或 [直径(D)] <50.0000>: 200	输入半径值按回车键

在AutoCAD软件中，可通过6种模式绘制圆形，分别为“圆心、半径”、“圆心、直径”、“两点”、“三点”、“相切、相切、半径”以及“相切、相切、相切”，其各选项说明如下：

- 圆心、半径：该模式是通过指定圆心位置和半径值进行绘。该模式为默认模式，如图5-20、5-21所示。

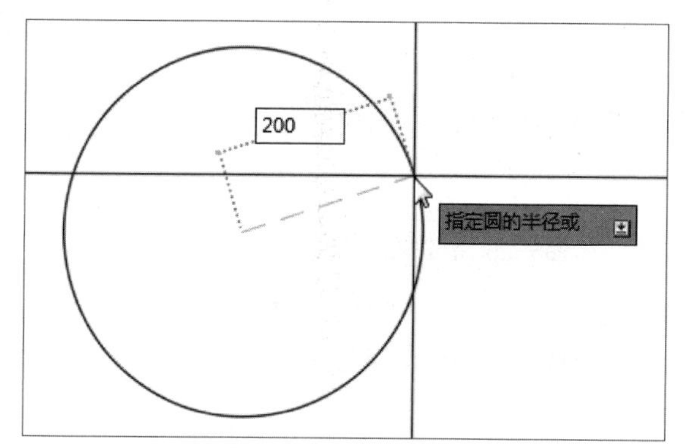

图5-20 指定圆的半径

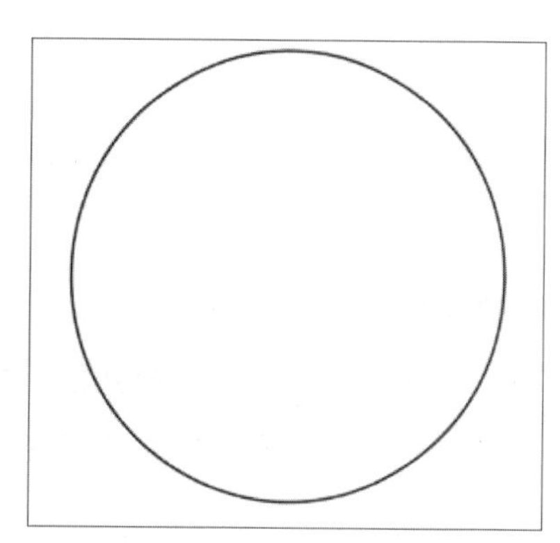

图5-21 圆图形

● 圆心、直径⊘：该模式是通过指定圆心位置和直径值进行绘制。

● 两点◯：该模式是通过指定圆周上两端点进行绘制，如图5-22、5-23所示。

命令行提示如下：

```
命令： _circle                                                         执行“圆”命令
指定圆的圆心或 [三点(3P)/两点(2P)/切点、切点、半径(T)]: _2p 指定圆直径的第一个端点：  指定第一个端点
指定圆直径的第二个端点： 200                                          指定第二个端点或输入距离值
```

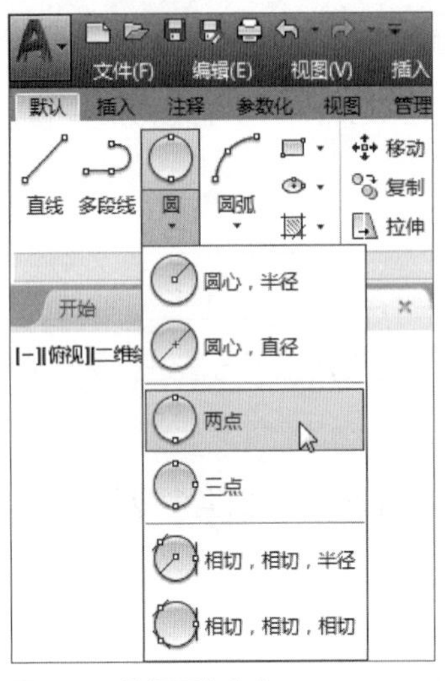

图5-22 选择两点命令

图5-23 指定直径

● 三点◯：该模式是通过指定圆周上三点进行绘制。第一个点为圆的起点，第二个点为圆的直径点，第三个点为圆上的点，如图5-24、5-25所示；

命令行提示如下：

```
命令： _circle
指定圆的圆心或 [三点(3P)/两点(2P)/切点、切点、半径(T)]: _3p 指定圆上的第一个点：  指定圆第 1 点
指定圆上的第二个点：                                                  指定圆第 2 点
指定圆上的第三个点：                                                  指定圆第 3 点
```

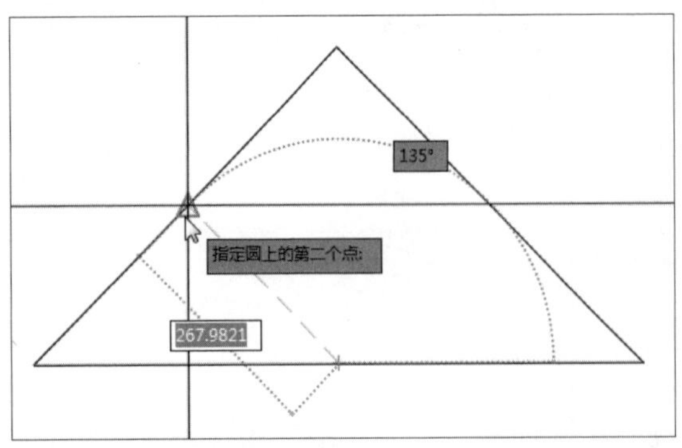

图5-24 指定圆上的第二个点

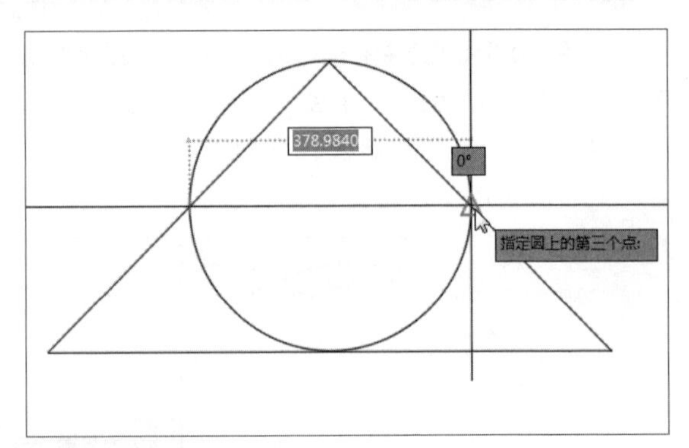

图5-25 指定圆上的第三个点

● 相切、相切、半径◯：该模式是通过先指定两个相切对象的切点，然后指定半径值进行绘制。在使用该命令时所选的对象必须是圆或圆弧曲线，第一个点为第一组曲线上的相切点；命令行提示如下：

命令：_circle	执行“圆”命令
指定圆的圆心或 [三点(3P)/两点(2P)/切点、切点、半径(T)]：_ttr	
指定对象与圆的第一个切点：	指定第一个切点
指定对象与圆的第二个切点：	指定第二个切点
指定圆的半径 <20.0000>：30	输入30，指定圆的半径

- 相切、相切、相切◎：该模式是指定与已经存在的圆弧或圆对象相切的三个切点来绘制圆。首先在第1个圆或圆弧上指定第1个切点，其后在第2个、第3个圆或圆弧上分别指定切点后，即可完成创建，如图5-26、5-27、5-28所示。

命令行提示如下：

命令：_circle	执行“圆”命令
指定圆的圆心或 [三点(3P)/两点(2P)/切点、切点、半径(T)]：_3p	
指定圆上的第一个点：_tan 到	指定圆上的第一个点
指定圆上的第二个点：_tan 到	指定圆上的第二个点
指定圆上的第三个点：_tan 到	指定圆上的第三个点

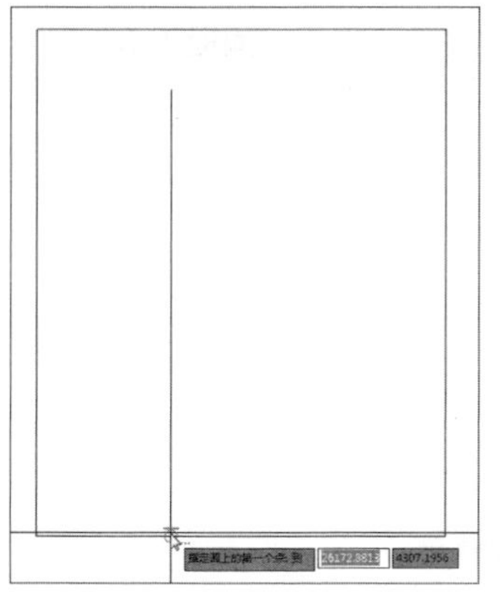

图5-26 指定圆上的第一个点

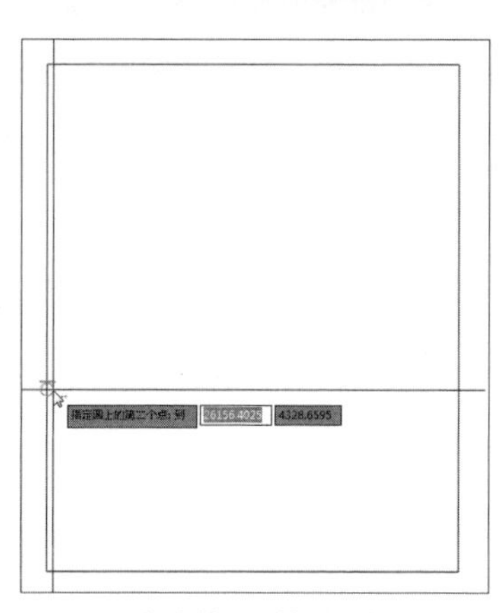

图5-27 指定第二、第三个点

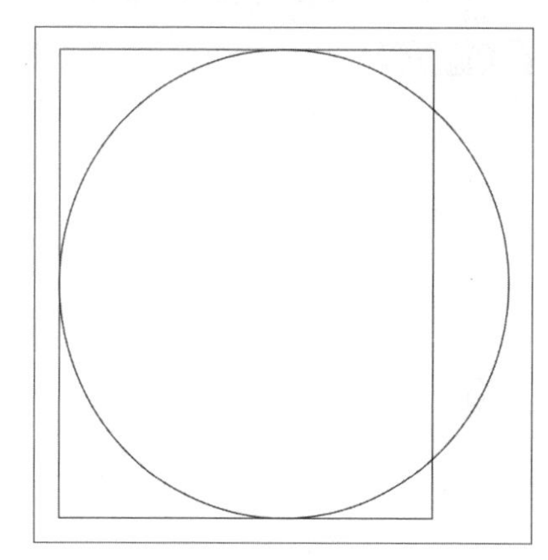

图5-28 圆图形

5.3.2 圆弧的绘制

圆弧是圆的一部分，绘制圆弧一般需要指定三个点，分别为圆弧的起点、圆弧上的点和圆弧的端点。用户可使用以下两种方法绘制圆弧。

1. 单击“圆弧”按钮绘制

在“默认”选项卡的“绘图”面板中，单击“圆弧”按钮⌒，根据命令行提示，在绘图区中，指定好圆弧三个点，即可创建圆弧。

2. 使用菜单栏命令绘制

执行“绘图>圆弧”命令，在联级菜单中选择所需圆弧命令，即可绘制圆。

3. 使用快捷命令绘制

用户在命令行中输入AR快捷键按回车键，即可执行圆弧操作。

命令行提示如下：

命令：_arc	执行“圆弧”命令
指定圆弧的起点或 [圆心(C)]：	指定圆弧的起点

指定圆弧的第二个点或 [圆心(C)/端点(E)]:	指定圆弧的第二个点
指定圆弧的端点:	指定圆弧的端点

在AutoCAD中，用户可通过多种模式绘制圆弧，其中包括“三点”、“起点、圆心、端点”、“起点、端点、角度”、“圆心、起点、端点”以及“连续”等，而“三点”模式为默认模式。

- 三点：该方式是通过指定三个点来创建一条圆弧曲线，第一个点为圆弧的起点，第二个点为圆弧上的点，第三个点为圆弧的端点。
- 起点、圆心：该方式指定圆弧的起点和圆心进行绘制。使用该方法绘制圆弧还需要指定它的端点、角度或长度。
- 起点、端点：该方式指定圆弧的起点和端点进行绘制。使用该方法绘制圆弧还需要指定圆弧的半径、角度或方向。
- 圆心、起点：该方式指定圆弧的圆心和起点进行绘制。使用该方法绘制圆弧还需要指定它的端点、角度或长度。
- 连续：使用该方法绘制的圆弧将与最后一个创建的对象相切。

下面将举例介绍圆弧的绘制方法。

Step 01 打开素材文件，在“绘图”面板中，单击“圆弧”下三角按钮，在下拉菜单中选择“三点”选项，根据命令行提示，捕捉三角形与大圆的交点为圆弧的起点，如图5-29所示。

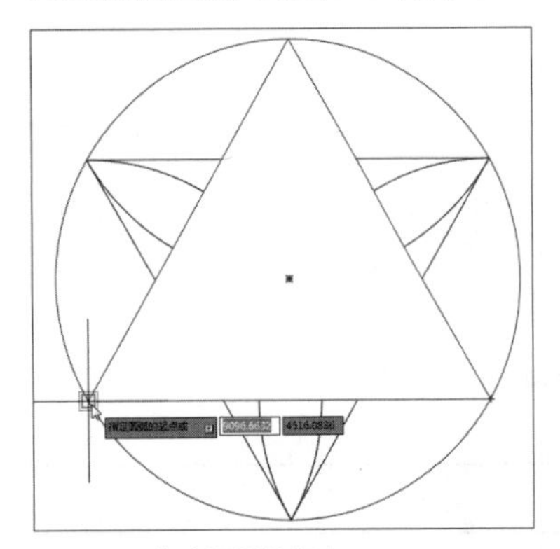

图5-29 指定圆弧的起点

Step 02 继续根据命令行提示，捕捉所示大圆的圆心为圆弧的第二个点，如图5-30所示。

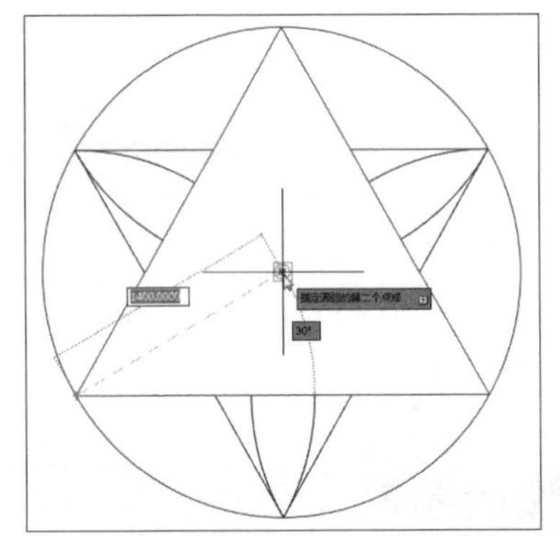

图5-30 指定圆弧的第二个点

Step 03 捕捉三角顶点与大圆的交点为圆弧的端点，如图5-31所示。

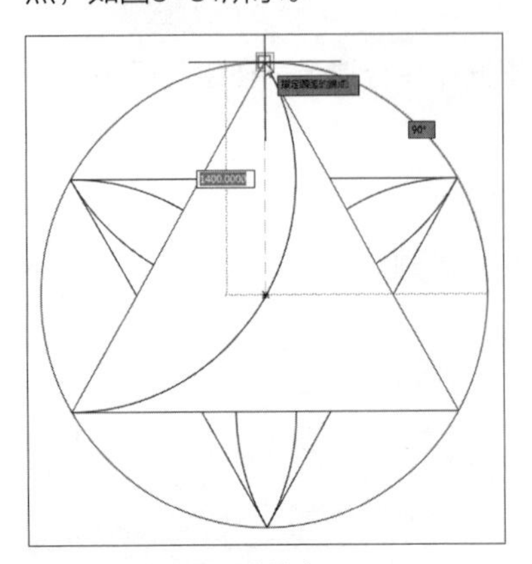

图5-31 指定圆弧的端点

Step 04 指定三个点后完成圆弧的绘制，效果如图5-32所示。

图5-32 绘制圆弧

Step 05 按照上述步骤，完成剩余两条圆弧的绘制，如图5-33所示。

图5-33 完成圆弧的绘制

Step 06 将圆弧图形的颜色更改红色，效果如图5-34所示。

图5-34 更改颜色

5.3.3 椭圆的绘制

椭圆有长半轴和短半轴之分，长半轴与短半轴的值决定了椭圆曲线的形状，用户通过设置椭圆的起始角度和终止角度可以绘制椭圆弧。

椭圆的绘制模式有3种，分别为“圆心”、“轴、端点”和“椭圆弧”。其中“圆心”方式为系统默认绘制椭圆的方式。

- 圆心：该模式是指定一个点作为椭圆曲线的圆心点，然后再分别指定椭圆曲线的长半轴长度和短半轴长度；
- 轴、端点：该模式是指定一个点作为椭圆曲线半轴的起点，指定第二个点为长半轴（或短半轴）的端点，指定第三个点为短半轴（或长半轴）的半径点；
- 椭圆弧：该模式的创建方法与轴、端点的创建方式相似。使用该方法创建的椭圆可以是完整的椭圆，也可以是其中的一段圆弧。

在“默认”选项卡的“绘图”面板中，单击“椭圆”按钮，根据命令行提示，指定圆心的中点，其后移动光标，指定椭圆短半轴和长半轴的数值，即可完成椭圆的绘制。

5.3.4 圆环的绘制

圆环是由两个圆心相同、半径不同的圆组成。圆环分为填充环和实体填充圆，即带有宽度的闭合多段线。绘制圆环时，首先指定圆环的内径、外径，然后再指定圆环的中心点即可完成圆环的绘制。

在“默认”选项卡的“绘图”面板中，单击“圆环”按钮，根据命令行提示，指定好圆环的内、外径大小，即可完成圆环的绘制。

命令行提示如下：

命令：_donut	执行“圆环”命令
指定圆环的内径 <0.5000>：20	输入内径值
指定圆环的外径 <1.0000>：50	输入外径值
指定圆环的中心点或 <退出>：	指定圆环的中心点
指定圆环的中心点或 <退出>：	按回车键结束操作

5.3.5 样条曲线的绘制

样条曲线是一种较为特别的线段。它是通过一系列指定点的光滑曲线，用来绘制不规则的曲线图形。适用于表达各种具有不规则变化曲率半径的曲线。

在AutoCAD中，样条曲线可分为2种绘制模式，分别为“样条曲线拟合”和“样条曲线控制点”。

- 样条曲线拟合：该模式是使用曲线拟合点来绘制样条曲线，如图5-35所示。
- 样条曲线控制点：该模式是使用曲线控制点来绘制样条曲线的。使用该模式绘制出的曲线较为平滑，如图5-36所示。

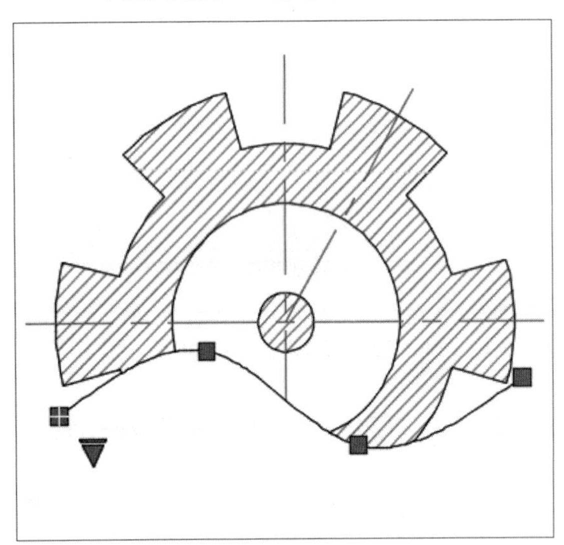

图5-35 使用拟合点绘制

图5-36 使用控制点绘制

5.3.6 面域的绘制

面域是使用形成闭合环的对象创建二维闭合区域。组成面域的对象必须闭合或通过与其他对象共享端点而形成闭合的区域。

执行“绘图>面域”命令，根据命令行提示，选择所要创建面域的线段，如图5-37所示，选择完成后按回车键，即可完成面域的创建，如图5-38所示。

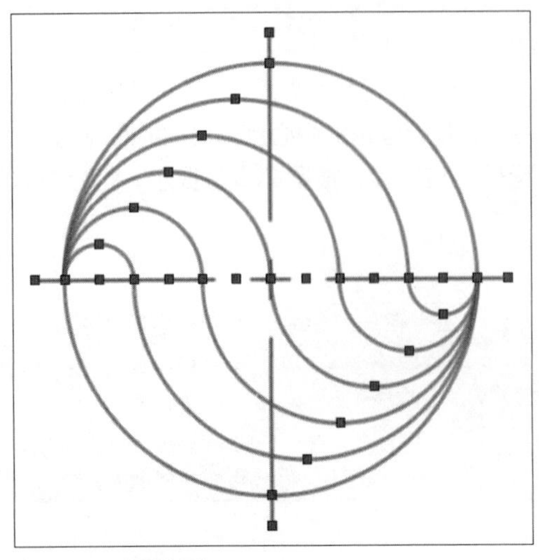

图5-37 面域创建前

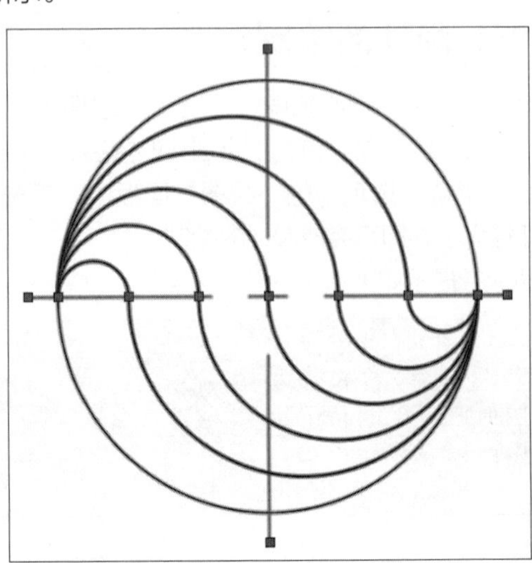

图5-38 面域创建后

5.3.7 螺旋线的绘制

螺旋线常被用来创建具有螺旋特征的曲线，螺旋线的底面半径和顶面半径决定了螺旋线的形状，用户还可以控制螺旋线的圈间距。

在“默认”选项卡的“绘图”面板中，单击“螺旋”按钮，根据命令行提示，指定螺旋底面中心点，输入底面半径值、螺旋顶面半径值以及螺旋高度值，即可完成绘制。

命令行提示如下：

命令：_Helix	执行“螺旋”命令
圈数 = 3.0000　　扭曲 =CCW	
指定底面的中心点：	指定底面的中心点
指定底面半径或 [直径(D)] <1.0000>: 20	输入 20，指定底面半径
指定顶面半径或 [直径(D)] <20.0000>: 5	输入 5，指定顶面半径
指定螺旋高度或 [轴端点(A)/圈数(T)/圈高(H)/扭曲(W)] <1.0000>: 20	输入 20，指定螺旋高度

工程师点拨：注意事项：更改螺旋线参数

执行“螺旋”命令时，只能输入其中心点及相关半径，而其圈数和扭曲等参数是默认的，若需要对其进行更改，在命令行中进行高度设置时，输入相关命令即可对其进行设置。

5.4 矩形和多边形的绘制

在绘制过程中，用户需要经常绘制方形、多边形对象。例如矩形、正方形及正多边形等。下面将分别对其绘制方法进行讲解。

5.4.1 矩形的绘制

“矩形”命令是常用的命令之一，它可通过两个角点来定义。

在“默认”选项卡的“绘图”面板中，单击“矩形”按钮，在绘图区中指定一个点作为矩形的第一个角点，再指定另一个角点，即可创建一个矩形。

命令行提示如下：

命令：_rectang	执行“矩形”命令
指定第一个角点或 [倒角(C)/标高(E)/圆角(F)/厚度(T)/宽度(W)]:	指定第一个角点
指定另一个角点或 [面积(A)/尺寸(D)/旋转(R)]:	指定另一个角点

命令行各选项说明如下：

- 倒角：使用该命令可绘制一个带有倒角的矩形，这时需要指定两个倒角的距离；
- 标高：使用该命令可指定矩形所在的平面高度；
- 圆角：使用该命令可绘制一个带有圆角的矩形，这时需要指定倒角半径；
- 厚度：使用该命令可设置具有一定厚度的矩形；
- 宽度：使用该命令可设置矩形的线宽。

工程师点拨：绘制圆角或倒角矩形需注意

绘制带圆角和倒角的矩形时，如果矩形的长度和宽度太小，而无法使用当前设置创建矩形时，那么绘制出来的矩形将不进行圆角或倒角操作。

5.4.2 正多边形的绘制

正多边形是由多条边长相等的闭合线段组合而成。各边相等，各角也相等的多边形称为正多边形，在默认情况下，正多边形的边数为4。

在“默认”选项卡的“绘图”面板中，单击“多边形”按钮，根据命令行提示，输入所需边数值，指定正多边形中心点，然后指定圆类型和圆半径值，即可完成绘制，如图5-39、5-40、5-41所示。

命令行提示如下：

命令：_polygon 输入侧面数 <5>:	执行“正多边形”命令
指定正多边形的中心点或 [边(E)]:	指定中心点
输入选项 [内接于圆(I)/外切于圆(C)] <I>: I	选择选项
指定圆的半径：15	指定圆的半径按回车键完成操作

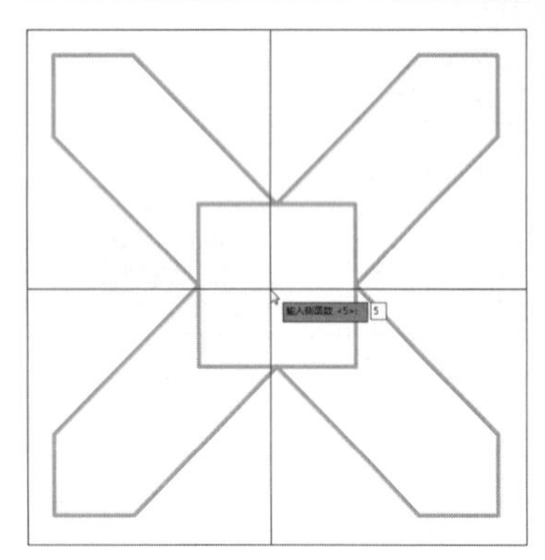

图5-39 输入侧面数

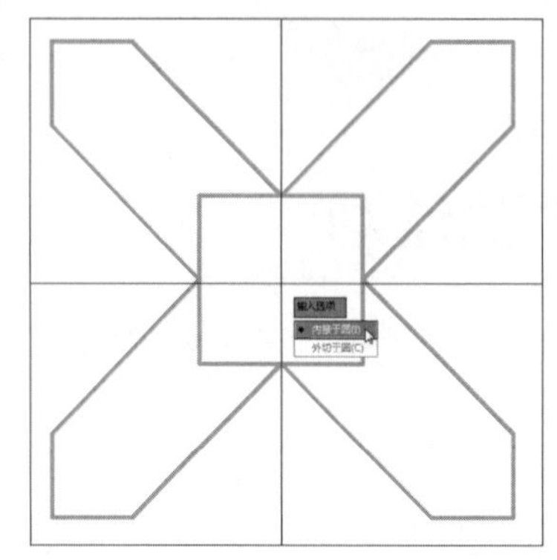

图5-40 选择“内接于圆”

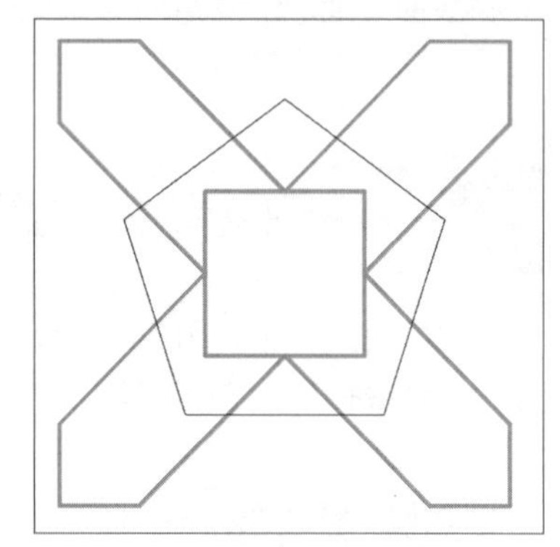

图5-41 正五边形

5.5 修订云线的绘制

徒手绘制出的图形较为随意，并带有一定的灵活性，有助于绘制一些较为个性的图形。在AutoCAD软件中，徒手绘图的工具分为修订云线和草图两种。

5.5.1 修订云线的绘制

修订云线是由连续圆弧组成的多段线。在检查或用红线圈阅图形时，可以使用修订云线功能亮显标记以提高工作效率。在绘制云线时，可通过拾取点选择较短的弧线段来修改圆弧的大小，也可通过调整拾取点来编辑修订云线的单个弧长和弦长。

在AutoCAD中，可通过以下两种方法进行绘制。

1. 使用“修订云线”命令绘制

执行“绘图>修订云线”命令，根据命令行提示，指定云线的第一个点即可进行绘制。

2. 使用快捷命令绘制

在命令行中直接输入REVC命令按回车键，根据命令行进行绘制，如图5-42所示。

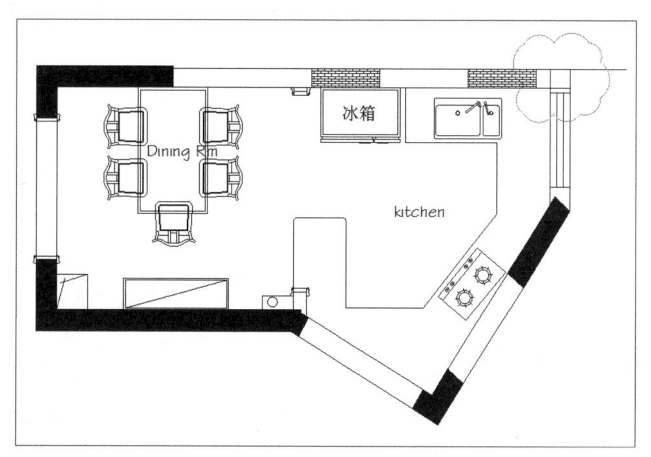

图5-42 绘制修订云线

命令行提示如下：

```
命令： _revcloud
最小弧长： 0.5000    最大弧长： 0.5000    样式： 手绘    类型： 矩形
指定第一个角点或 [ 弧长 (A)/ 对象 (O)/ 矩形 (R)/ 多边形 (P)/ 徒手画 (F)/ 样式 (S)/ 修改 (M)] < 对象 >: _F
                                                                选择徒手画
最小弧长： 0.5000    最大弧长： 0.5000    样式： 手绘    类型： 徒手画
指定第一个点或 [ 弧长 (A)/ 对象 (O)/ 矩形 (R)/ 多边形 (P)/ 徒手画 (F)/ 样式 (S)/ 修改 (M)] < 对象 >:
                                                                指定第一个点
沿云线路径引导十字光标 ...                                        自行绘制
反转方向 [ 是 (Y)/ 否 (N)] < 否 >:                               选择选项按回车键完成操作
修订云线完成。
```

命令行中主要说明如下：

- 指定起点：是指在绘图区中指定线段起点，拖动鼠标绘制云线；
- 弧长：该选项用于指定云线的弧长范围。用户可根据需要对云线的弧长进行设置；
- 对象：该选项用于选择某个封闭的图形对象，将其转换成云线。

5.5.2 草图的绘制

执行草图绘制操作，则在命令行中输入SKETCH命令按回车键。在绘图区中，指定一点为图形起点，其后移动光标即可绘制图形，在绘图过程中，图形都显示为绿色。绘制完成后，单击鼠标左键退出，图形颜色恢复为当前颜色。若再次绘制，则再次单击鼠标左键即可。图形绘制完成后按回车键结束该操作，如图5-43、5-44所示。

命令行提示如下：

```
命令： SKETCH                                            执行“草图”命令
类型 = 直线   增量 = 0.1000   公差 = 0.5000
指定草图或 [ 类型 (T)/ 增量 (I)/ 公差 (L)]:               指定草图的第一点
指定草图：                                                自行绘制按回车键完成操作
已记录 384 条直线。
```

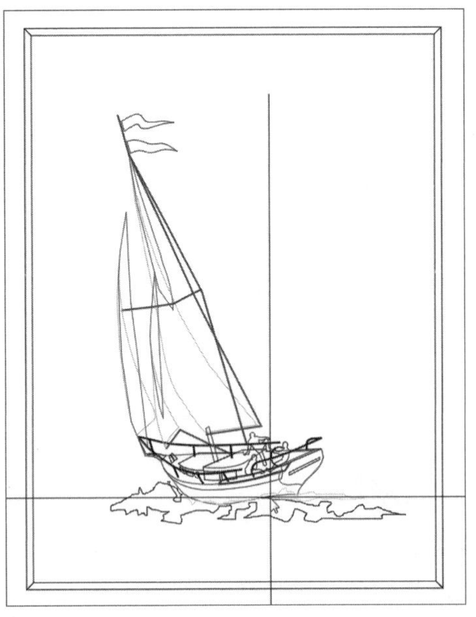

图5-43 草图绘制

图5-44 完成绘制

工程师点拨：徒手绘制增量值设置

徒手绘图的默认系统增量为0.1，通常在徒手绘图前，需对其增量进行设置。在启动该操作后，用户可在命令窗口中，输入I按回车键，其后输入新的增量值，即可完成设置。一般增量值越大，徒手绘制的图形则越不平滑；增量值越小，所绘制的图形则越平滑，但这样则会大大增加系统读取的工作量。

综合实例 —— 绘制鞋柜图形

本章主要向用户介绍了一些基本二维绘制操作命令的方法。利用这些命令，可轻松绘制出简单的二维图形。下面将结合以上所学知识绘制鞋柜图形，具体操作如下。

Step 01 执行“绘图>多线”命令，绘制鞋柜轮廓图形，设置比例为50，根据命令行提示，在绘图区中指定一点后向上移动光标，按F8键开启正交模式，指定下一点距离为1000，如图5-45所示。

Step 02 继续绘制多线，完成鞋柜轮廓图形的绘制，如图5-46所示。

命令行提示如下：

```
命令： _mline
当前设置： 对正 = 无，比例 = 50.00，样式 = STANDARD                设置相应参数
指定起点或 [对正(J)/比例(S)/样式(ST)]:                           在绘图区中指定一点
指定下一点： 1000                                                输入下一点距离
指定下一点或 [放弃(U)]： 1000                                    输入下一点距离
指定下一点或 [闭合(C)/放弃(U)]： 490                             输入下一点距离
指定下一点或 [闭合(C)/放弃(U)]： 510                             输入下一点距离
指定下一点或 [闭合(C)/放弃(U)]： 510                             输入下一点距离
指定下一点或 [闭合(C)/放弃(U)]： c                               选择“闭合“选项
```

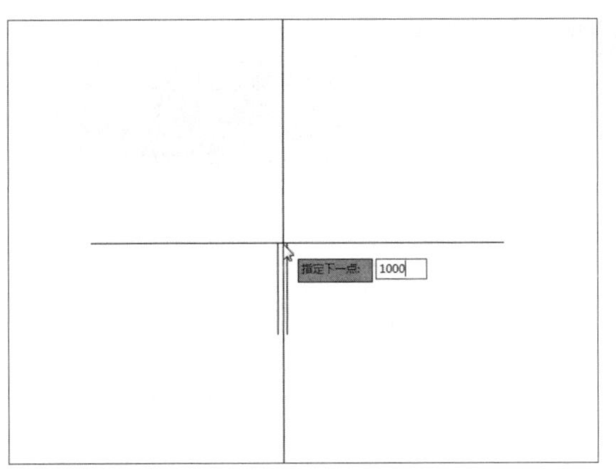

图5-45　指定下一点

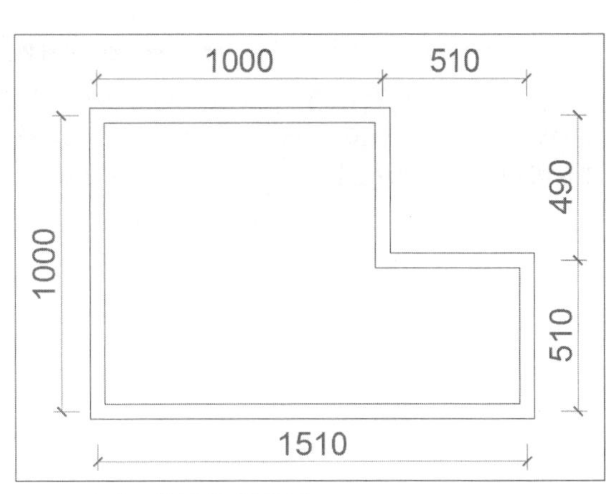

图5-46　完成鞋柜图形的绘制

Step 03 执行“分解”命令，将多线分解，单击“直线”按钮，捕捉鞋柜上部线条的中点，如图5-47所示。

Step 04 根据命令行提示完成直线的绘制，在“默认”选项卡的“修改”面板中，单击“偏移”按钮，根据命令行提示，输入偏移距离为10，如图5-48所示。

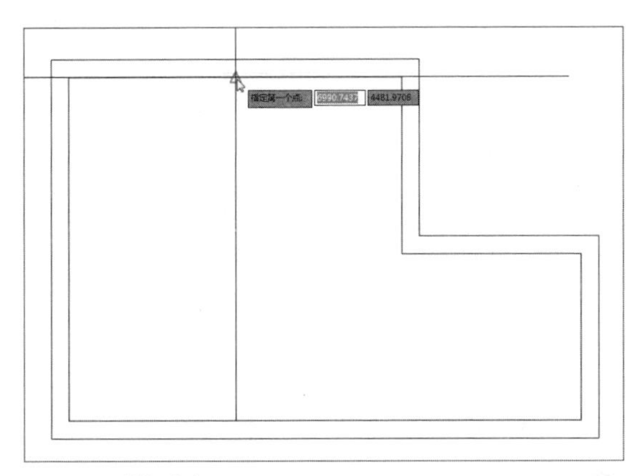
图5-47　捕捉中点

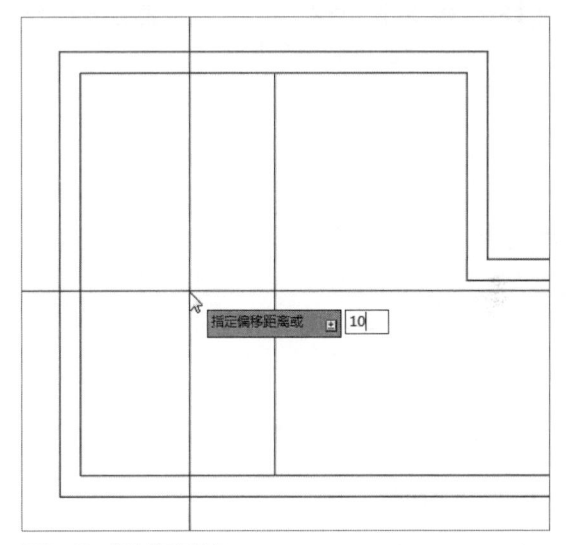

图5-48　指定偏移距离

Step 05 按回车键后根据提示，分别向左右两侧偏移10，按回车键完成偏移操作，如图5-49所示。

Step 06 删除上一步绘制的中线。在“修改”面板中单击“修剪”按钮，根据命令行提示选择偏移后的两条直线，进行修剪命令，效果如图5-50所示。

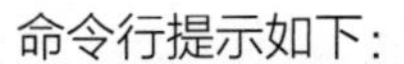
命令行提示如下：

命令：_trim	单击“修剪”按钮
当前设置：投影 =UCS，边 = 无	
选择剪切边 ...	
选择对象或 <全部选择>：　找到 1 个	
选择对象：找到 1 个，总计 2 个	选择偏移后的两条直线
选择对象：	
选择要修剪的对象，或按住 Shift 键选择要延伸的对象，或	
[栏选 (F)/ 窗交 (C)/ 投影 (P)/ 边 (E)/ 删除 (R)/ 放弃 (U)]:	选择与剪切边相切的上部线条

选择要修剪的对象，或按住 Shift 键选择要延伸的对象，或	
[栏选(F)/窗交(C)/投影(P)/边(E)/删除(R)/放弃(U)]:	选择与剪切边相切的下部线条
选择要修剪的对象，或按住 Shift 键选择要延伸的对象，或	
[栏选(F)/窗交(C)/投影(P)/边(E)/删除(R)/放弃(U)]:	按回车键完成修剪操作

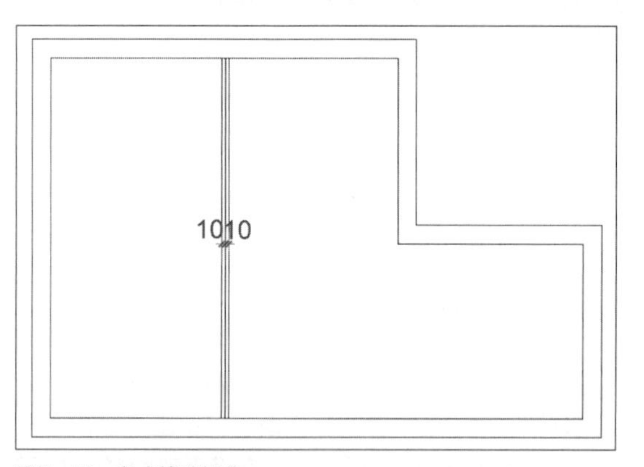

图5-49 完成偏移操作

图5-50 完成修剪操作

Step 07 单击“直线”按钮，捕捉线段中点，绘制高矮柜分割线，如图5-51所示。

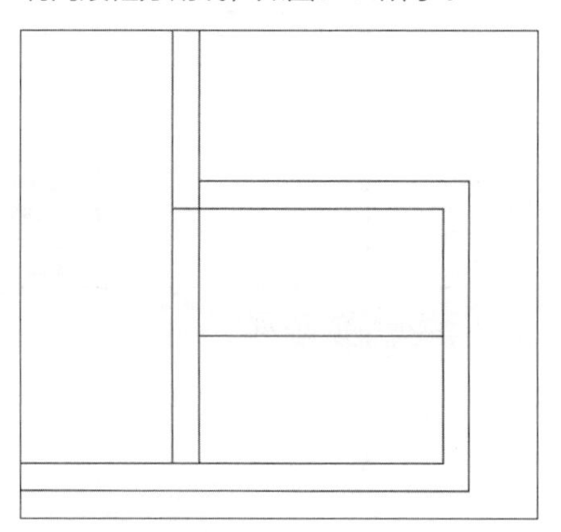

图5-51 绘制直线

Step 08 执行“偏移”命令，将矮柜的水平中线分别向上下两侧偏移10，效果如图5-52所示。

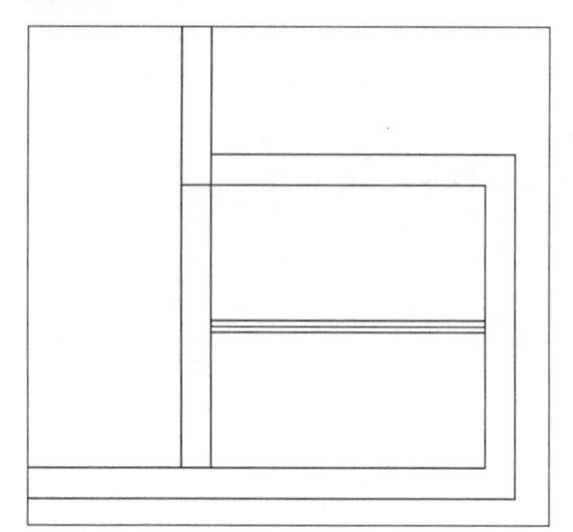

图5-52 偏移直线

Step 09 执行“删除”和“修剪”命令，修剪多余线段，效果如图5-53所示。

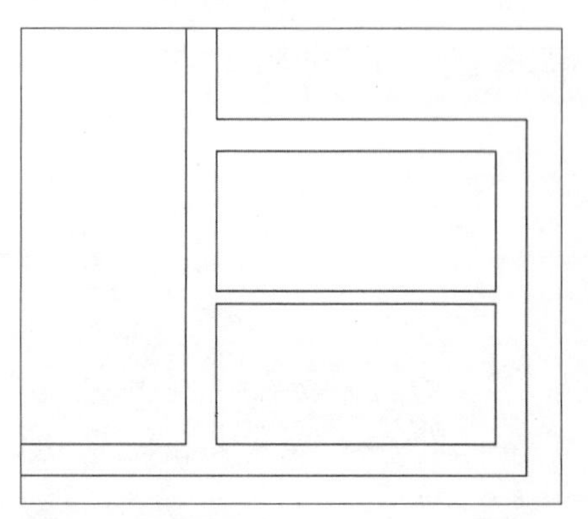

图5-53 修剪图形

Step 10 执行“矩形”命令，绘制长宽为20、300矩形，作为把手图形。根据命令行提示，在垂直线上捕捉一点作为矩形的第一个角点，如图 5-54 所示。

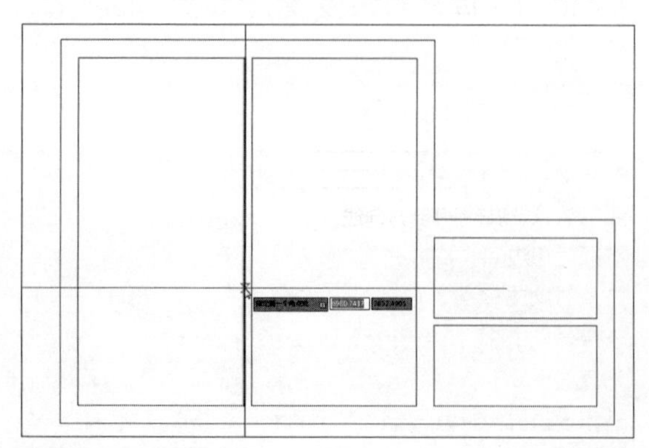

图5-54 绘制矩形

Step 11 根据命令行提示，完成把手图形的绘制，效果如图5-55所示。

命令行提示如下：

```
命令：_rectang                                                    单击“矩形”按钮
指定第一个角点或 [倒角(C)/标高(E)/圆角(F)/厚度(T)/宽度(W)]:          在中垂线上指定一点
指定另一个角点或 [面积(A)/尺寸(D)/旋转(R)]: d                        选择尺寸选项
指定矩形的长度 <20.0000>:                                           输入20
指定矩形的宽度 <300.0000>:                                          输入300
指定另一个角点或 [面积(A)/尺寸(D)/旋转(R)]:                           指定一点，完成矩形绘制
```

Step 12 继续执行“矩形”命令，绘制长宽为20、150的矩形作为矮柜把手图形。按照同样操作完成其余把手图形绘制，效果如图5-56所示。

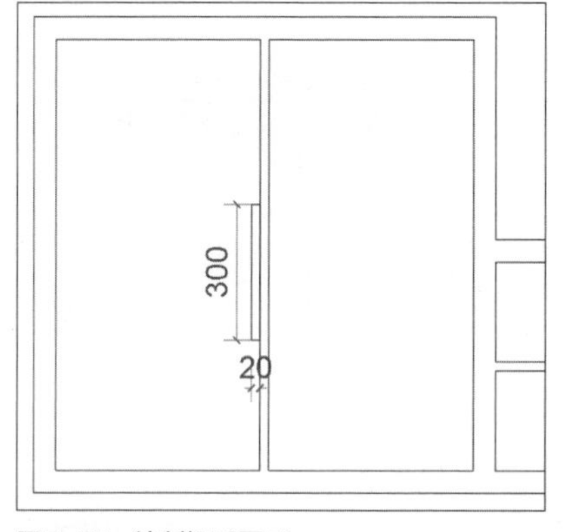

图5-55 绘制把手图形

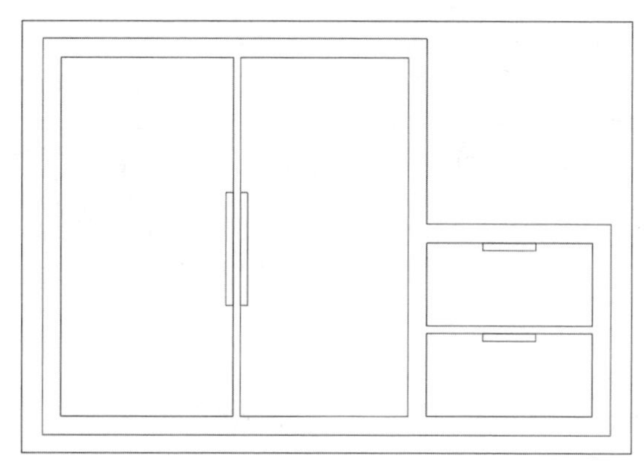

图5-56 完成把手图形的绘制

Step 13 执行“直线”命令，绘制鞋柜开启方向，如图5-57所示。

Step 14 选择开启方向的直线，在“特性”面板中，将其对象颜色和线型更改为红色、虚线，并将线型比例设置为3，效果如图5-58所示。至此，完成鞋柜图形的绘制。

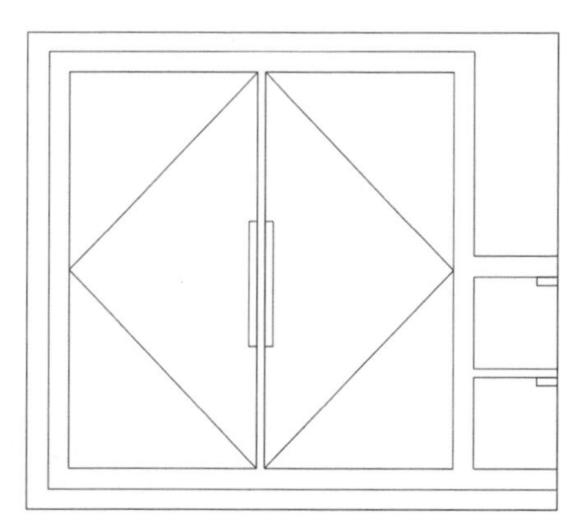

图5-57 绘制鞋柜开启方向线

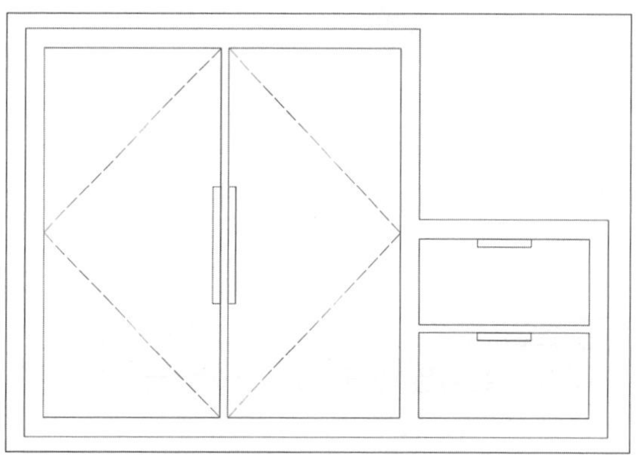

图5-58 完成鞋柜图形绘制

高手应用秘籍 —— 利用多段线绘制箭头图形

利用多段线可以绘制所需的箭头图形。下面将对其绘制方法进行介绍。

Step 01 单击“多段线”按钮，在绘图区中指定起点，按F8键开启正交模式，将光标向上移动并输入距离为10，如图5-59所示。

Step 02 按回车键完成距离为10的直线绘制，根据命令行提示，绘制箭头的尾部图形，效果如图5-60所示。

命令行提示如下：

命令： PLINE	单击“多段线”按钮
指定起点：	在绘图区中指定一点
当前线宽为 0.0000	
指定下一个点或 [圆弧 (A)/ 半宽 (H)/ 长度 (L)/ 放弃 (U)/ 宽度 (W)]： 10	输入距离为 10
指定下一点或 [圆弧 (A)/ 闭合 (C)/ 半宽 (H)/ 长度 (L)/ 放弃 (U)/ 宽度 (W)]： a	输入 a，选择圆弧选项
指定圆弧的端点 (按住 Ctrl 键以切换方向) 或	
[角度 (A)/ 圆心 (CE)/ 闭合 (CL)/ 方向 (D)/ 半宽 (H)/ 直线 (L)/ 半径 (R)/ 第二个点 (S)/ 放弃 (U)/ 宽度 (W)]： a	选择角度选项
指定夹角： 90	输入角度值
指定圆弧的端点 (按住 Ctrl 键以切换方向) 或 [圆心 (CE)/ 半径 (R)]： 5	设置圆弧轴距为 5
指定圆弧的端点 (按住 Ctrl 键以切换方向) 或	
[角度 (A)/ 圆心 (CE)/ 闭合 (CL)/ 方向 (D)/ 半宽 (H)/ 直线 (L)/ 半径 (R)/ 第二个点 (S)/ 放弃 (U)/ 宽度 (W)]： 5	同上

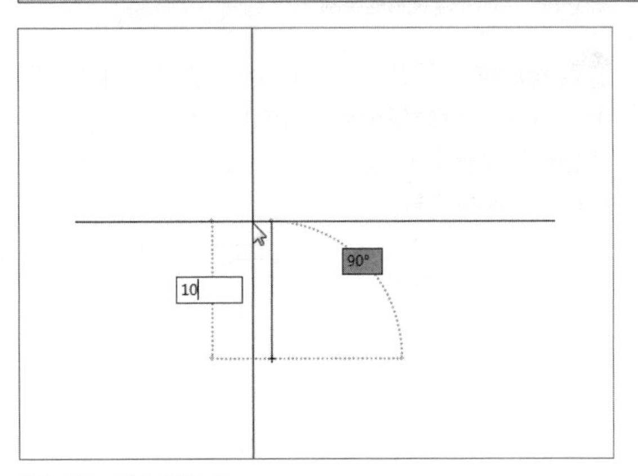

图5-59 输入距离10

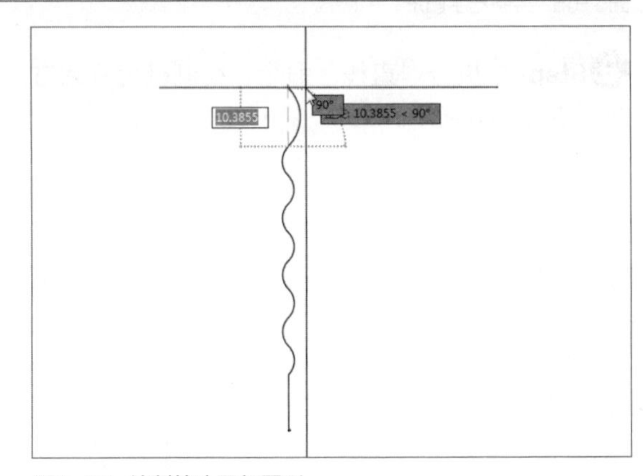

图5-60 绘制箭头尾部图形

Step 03 完成箭头尾部图形的绘制后，根据命令行的提示，绘制箭头图形，如图5-61所示。

命令行提示如下：

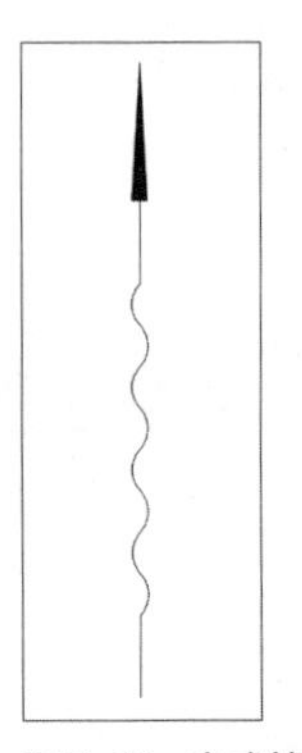

图5-61 完成箭头图形的绘制

[角度(A)/圆心(CE)/闭合(CL)/方向(D)/半宽(H)/直线(L)/半径(R)/第二个点(S)/放弃(U)/宽度(W)]: l	选择直线选项
指定下一点或 [圆弧(A)/闭合(C)/半宽(H)/长度(L)/放弃(U)/宽度(W)]: 10	输入距离为10
指定下一点或 [圆弧(A)/闭合(C)/半宽(H)/长度(L)/放弃(U)/宽度(W)]: w	选择宽度选项
指定起点宽度 <0.0000>: 2	设置箭头宽度为2
指定端点宽度 <2.0000>: 0	箭头宽度宽度为0
指定下一点或 [圆弧(A)/闭合(C)/半宽(H)/长度(L)/放弃(U)/宽度(W)]:	指定箭头长度
指定下一点或 [圆弧(A)/闭合(C)/半宽(H)/长度(L)/放弃(U)/宽度(W)]:	按回车键完成箭头图形的绘制

秒杀工程疑惑

在进行AutoCAD操作时，用户经常会遇见各种各样的问题，下面将总结一些常见问题进行解答，其中包括：直线和多段线的区别、面域和线框的区别、绘制圆环、修订云线的作用以及构造线的作用等问题。

问 题	解 答
直线和多段线的区别是什么?	直线画出来都是单一的个体，而多段线一次性画出来的是一个整体。用直线不能画出多段线，而用直线画出连续的线段后，是可将其线段合并成多段线的，当然也可将多段线分解成单一的线
面域和线框有什么区别?	面域是一个有面积而无厚度的实体截面，也可以称作为实体，而线框仅仅是线条的组合，所以面域和单纯的线框还是有区别的，在AutoCAD中线框和面域的运算方式也有所不同，它比线框更有效的配合实体修改的操作 另外面域可以直接拉伸旋转成有厚度有体积的实体、计算出面积周长等，给予一定的材质密度比，还可以计算单位面积的质量。面域与面域之间也可以直接进行布尔运算。方便复杂图形的统计与修改 面域的生成方式一般有两种，一种是封闭多段线用矩形命令生成，一种是对现有实体进行剖切截面而得
修订云线的作用是什么?	修订云线，顾名思义一般是修订用，即审图看图时候，可以将有问题的图形用线圈起来，便于识别。当然也可以用作它用，比如画云彩，可以将云线的粗细调得适当粗些或圆弧半径适当大些，画出来效果比较好看
如何利用“圆环”命令，绘制出实心填充圆和普通圆?	执行“圆环”命令，将圆环的内径设为0，圆环外径设置的数值大于0，此时绘制出的圆环则为实心填充圆 而如果将圆环的内径值与外径值设置为相同值，此时则绘制出的圆环则为普通圆
构造线除了定位用途外，还有其他什么用途吗?	构造线主要作用是辅助线，作为创建其他对象的参照。同时，构造线可以用作创建其他对象的参照 例如，用户可以利用构造线来定位一个打孔的中心点，为同一对象准备多重视图，或者创建可用于对象捕捉的临时截面等

Chapter

06

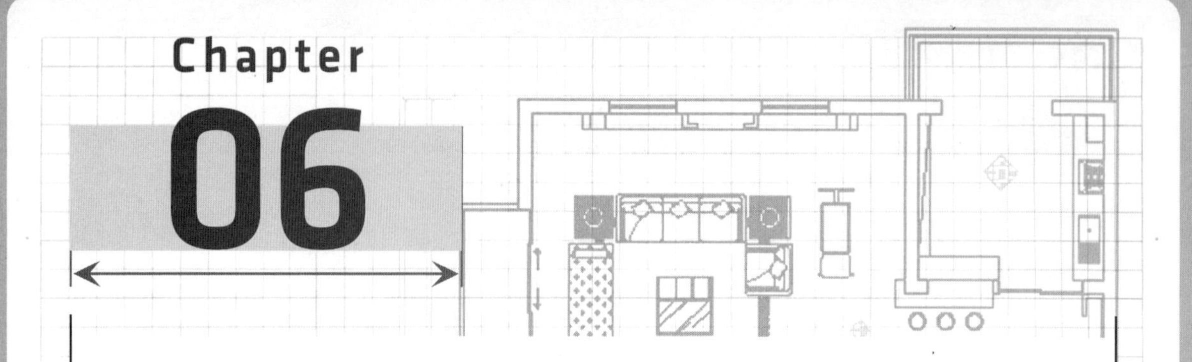

二维图形的编辑

在AutoCAD中，单纯地使用绘图工具只能创建出一些基本图形对象，要绘制较为复杂的图形，就必须借助于图形编辑命令。通过对本章内容的学习，读者可以熟悉并掌握绘图的编辑命令，包括镜像、旋转、阵列、偏移以及修剪等，用户可以利用AutoCAD提供的强大的图形编辑功能对图形进行合理地构造和组织，通过综合应用这些编辑命令便可以绘制出复杂的图形，保证绘图的准确性，从而极大地提高绘图效率。

01 学完本章您可以掌握如下知识点

1. 选取与复制图形的方法	★★
2. 修改图形的方法	★★
3. 多线、多段线和样条曲线的编辑方法	★★★
4. 图形图案填充的方法	★★★

02 本章内容图解链接

框选图形

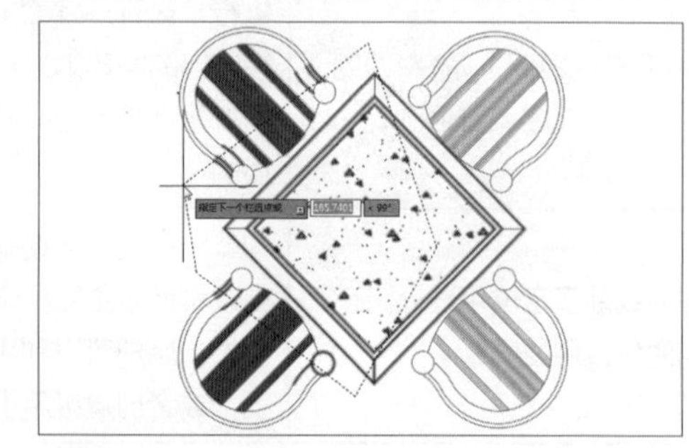

栏选图形

6.1 图形对象的选取

在编辑图形之前，首先要指定一个或多个编辑对象，这个指定编辑对象的过程就是选择图形。准确熟练地选择对象是编辑操作的基本前提。在AutoCAD中，图形的选取方式有多种，下面将分别对其进行介绍。

6.1.1 选取图形的方式

用户可通过点选图形的方式进行选择，也可通过框选、套索选取、栏选等方式来选择。

1. 点选图形方式

点选的方法较为简单，用户只需直接选取图形对象即可。当用户在选择某图形时，只需将光标放置该图形上，其后单击该图形即可选中。当图形被选中后，将会显示该图形的夹点。若要选择多个图形，继续单击其他图形即可，如图6-1、6-2所示。

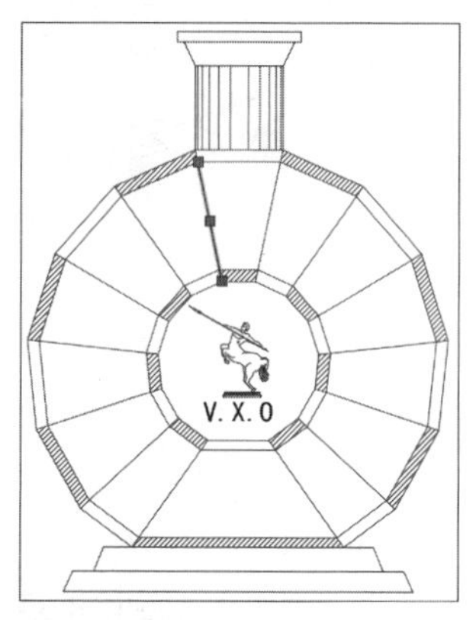

图6-1 点选一个图形

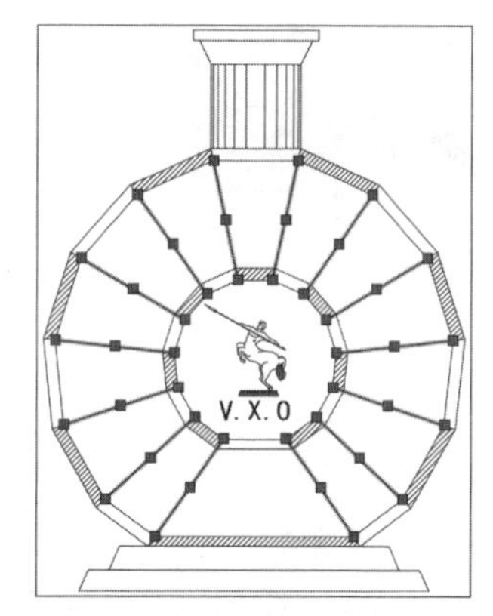

图6-2 点选多个图形

该方法选择图形虽然较为简单，直观，但其精确度不高。如果对较为复杂的图形进行选取操作，往往会出现误选或漏选现象。

2. 框选图形方式

在选择大量图形时，使用框选方式较为合适，用户只需在绘图区中指定框选起点，移动光标至合适位置，如图6-3所示。此时在绘图区中会显示矩形窗口，而在该窗口内的图形将被选中，选择完成后再次单击鼠标左键即可，如图6-4所示。

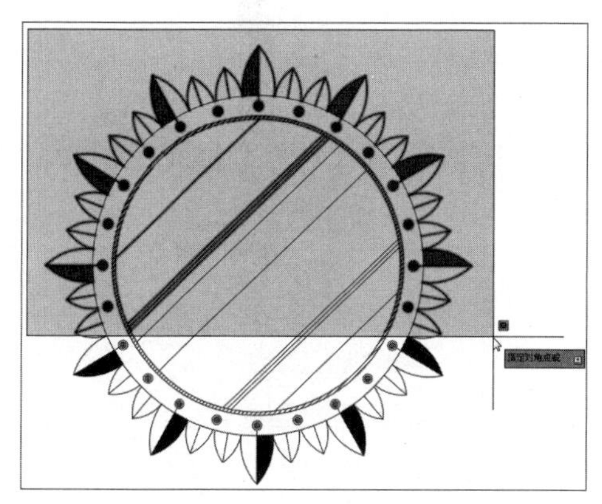

图6-3 框选图形

图6-4 完成选择

框选的方式分为两种，一种是从左至右框选，而另一种则是从右至左框选。使用这两种方式都可进行图形的选择。

- 从左至右框选，称为窗口选择，而其位于矩形窗口内的图形将被选中，窗口外图形将不能被选中。
- 从右至左框选，称为窗交选择，其操作方法与窗口选择相似，它同样也可创建矩形窗口，并选中窗口内所有图形，而与窗口方式不同的是，在进行窗交时，与矩形窗口相交的图形也可被选中，如图6-5、6-6所示。

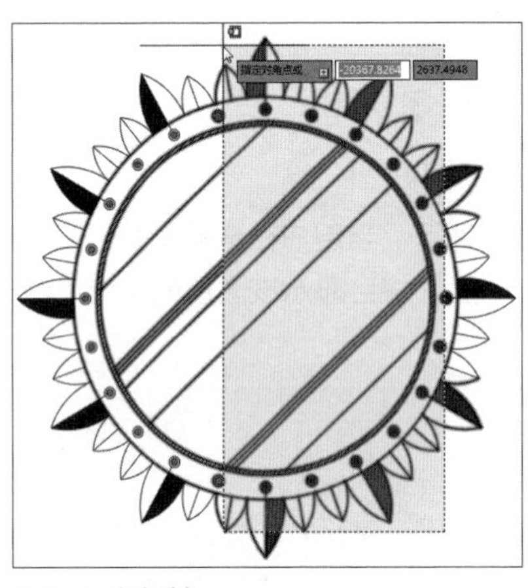

图6-5　窗交选择

图6-6　完成选择

3. 套索选取方式

使用套索选取方式来选择图形，其灵活性较大。它可通过不规则图形围选所需选择图形。套索选取的方式可分为圈选和圈交。

- 圈围：是一种多边形窗口选择方法，首先用户在要选择图形任意位置指定一点，并在命令行中输入WP按回车键，其次在绘图区中指定其他拾取点，通过不同的拾取点构成任意多边形，如图6-7所示。在多边形内的图形将被选中，最后按回车键完成选择，如图6-8所示。

命令行提示如下：

命令：	指定对角点
命令： 指定对角点或 ［栏选(F)/ 圈围(WP)/ 圈交(CP)]: wp	输入 WP 选择圈围选项
指定直线的端点或 ［放弃(U)]:	指定直线的端点按回车键完成选择

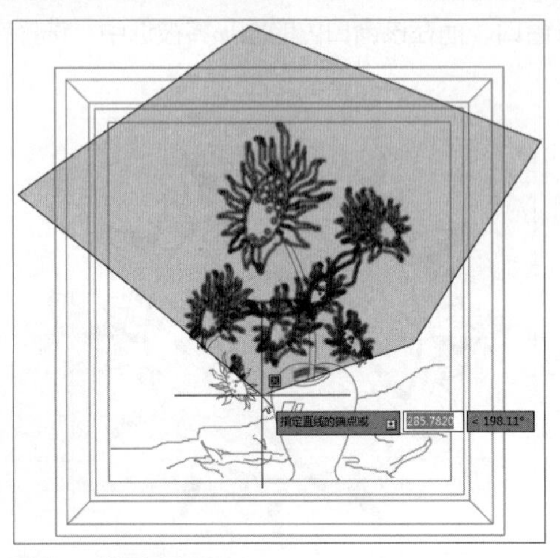

图6-7　选择圈选范围

图6-8　完成选择

- 圈交：圈交与窗交方式相似。它是绘制一个不规则的封闭多边形作为交叉窗口来选择图形对象。完全包围在多边形中的图形与多边形相交的图形将被选中。用户只需在命令行中，输入CP命令按回车键，即可进行选取操作，如图6-9、6-10所示。

命令行提示如下：

命令：	指定对角点
命令： 指定对角点或 ［栏选(F)/ 圈围(WP)/ 圈交(CP)]： cp	输入 CP 选择圈交选项
指定直线的端点或 ［放弃(U)]：	指定直线的端点按回车键完成选择

图6-9 圈交选择图形

图6-10 完成选择

- 栏选：栏选方式是利用一条开放的多段线进行图形的选择，所有与该线段相交的图形都会被选中。在对复杂图形进行编辑时，使用栏选方式，可方便地选择连续的图形。用户只需在命令行中输入F命令按回车键，即可选择图形，如图6-11、6-12所示。

命令行提示如下：

命令：	指定对角点
命令： 指定对角点或 ［栏选(F)/ 圈围(WP)/ 圈交(CP)]： f	输入 F 选择栏选选项
指定下一个栏选点或 ［放弃(U)]：	指定直线的端点按回车键完成选择

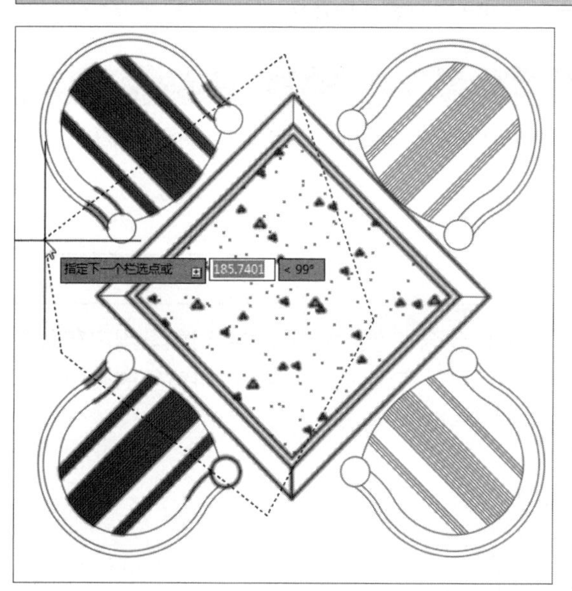

图6-11 栏选图形

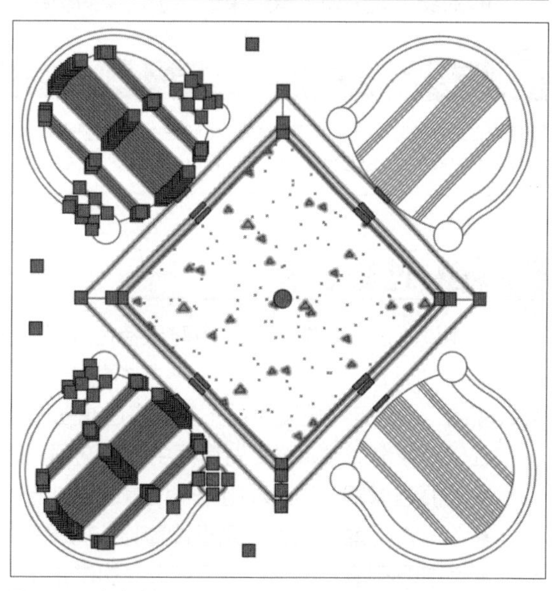

图6-12 完成选择

4. 控制创建选择集方式

除了以上常用选取图形的方式外，还可以使用其他一些方式进行选取。例如“上一个”、“全部”、“多个”、“自动”等。利用控制创建选择集的方式，在选择对象的提示下，在命令行中输入SELECT命令按回车键，其后输入？，则可显示多种选取方式，此时用户即可根据需要进行选取操作，选择这些子对象的其中之一，也可以创建多个子对象的选择集。

命令行提示如下：

```
命令： SELECT
选择对象： ?                                                          输入?
* 无效选择 *
需要点或窗口 (W)/ 上一个 (L)/ 窗交 (C)/ 框 (BOX)/ 全部 (ALL)/ 栏选 (F)/ 圈围 (WP)/ 圈交 (CP)/ 编组 (G)/ 添加 (A)/
删除 (R)/ 多个 (M)/ 前一个 (P)/ 放弃 (U)/ 自动 (AU)/ 单个 (SI)/ 子对象 (SU)/ 对象 (O)          选择子对象之一
选择对象：                                                            进行对象选择
```

命令行中主要选取方式说明如下：

- 上一个：选择最近一次创建的图形对象，该图形需在当前绘图区中；
- 全部：该方式用于选取图形中没有被锁定、关闭或冻结的图层上所有图形对象；
- 添加：该方式可使用任何对象选择方式将选定对象添加到选择集中；
- 删除：该选项可使用任何对象选择方式从当前选择集中删除图形；
- 多个：该选项可单击选中多个图形对象；
- 前一个：该选项表示选择最近创建的选择集；
- 放弃：该选项将放弃选择最近加到选择集中的图形对象。如果最近一次选择的图形对象多于一个，将从选择集中删除最后一次选择的图形；
- 自动：该选项切换到自动选择，单击一个对象即可选择。单击对象内部或外部的空白区，将形成框选方法定义的选择框的第一点；
- 单个：该选项表示切换到单选模式，选择指定的第一个或第一组对象而不继续提示进一步选择；
- 子对象：该选项使用户可逐个选择原始形状，这些形状是复合实体的一部分或三维实体上的顶点、边和面；
- 对象：该选项表示结束选择子对象的功能，使用户可使用对象选择方法。

工程师点拨：取消选取操作

用户在选择图形过程中，可随时按Esc键终止目标图形对象的选择操作，并放弃已选中的目标。在AutoCAD中，如果没有进行任何编辑操作时，按Ctrl+A组合键，可以选择绘图区中的全部图形。

6.1.2 过滤选取

使用过滤选取功能可以使用对象特性或对象类型将对象包含在选择集中或排除对象。用户在命令行中输入FILTER按回车键，打开“对象选择过滤器”对话框。在该对话框中可以将对象的类型、图层、颜色、线型等特性设为过滤条件来过滤图形对象，如图6-13所示。

在“对象选择过滤器”对话框中，各选项说明如下：

- 选择过滤器：该选项组用于设置选择过滤器的类型；
- X、Y、Z轴：该选项用于设置与选择调节对应的关系运算符；
- 添加到列表：该选项用于将选择的过滤器及附加条件添加到过滤器列表中；

- 替换：该选项可用当前“选择过滤器”选项组中的设置替代列表框中选定的过滤器；
- 添加选定对象：该按钮将切换到绘图区，选择一个图形对象，系统将会把选中的对象特性添加到过滤器列表框中；
- 编辑项目：该选项用于编辑过滤器列表框中选定的项目；
- 删除：该选项用于删除过滤器列表框中选定的项目；
- 清除列表：该按钮用于删除过滤器列表框中选中的所有项目；

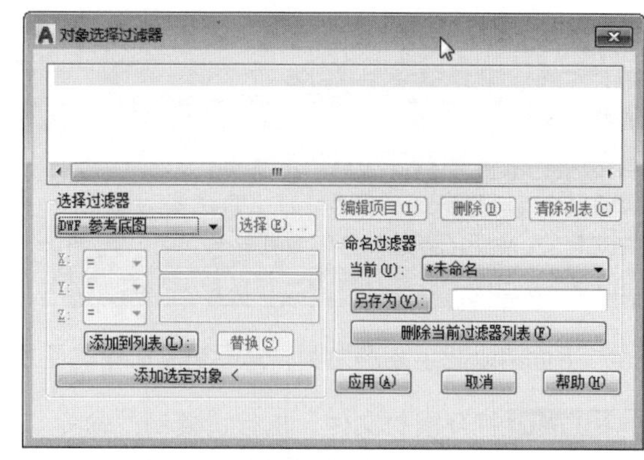

图6-13 “对象选择过滤器”对话框

- 当前：该选项用于显示出可用的已命名的过滤器；
- 另存为：该按钮可保存当前设置的过滤器；
- 删除当前过滤器列表：该按钮可从Filter.nfl文件中删除当前的过滤器集。

工程师点拨：Shift键在选取图形中的运用

用户在选择图形过程中，有时会多选某一个或两个图形，如线段等，若此时按Esc键退出重新选择会增加绘图工作的重复，因此用户可以利用Shift键来辅助操作。按住Shift键，选择多选的图形，即可将其“减去”，如图6-14所示。

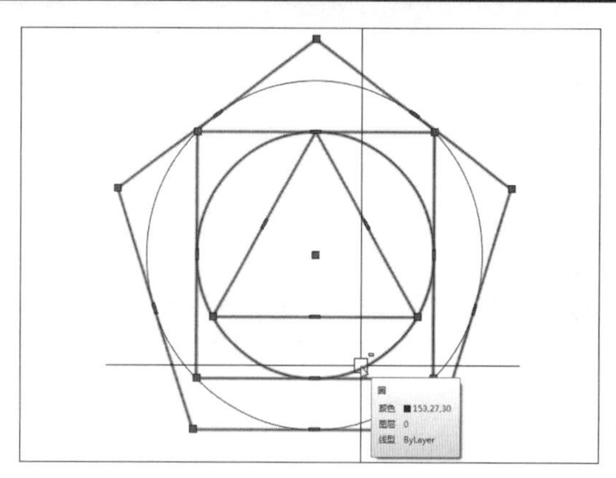

图6-14　减去图形对象的选择

6.2 图形对象的复制

在AutoCAD软件中，若想要快速绘制多个图形，可以使用复制、偏移、镜像、阵列命令进行绘制。灵活运用这些命令，可提高绘图效率。

6.2.1 复制图形

“复制”命令在制图中经常会用到。复制对象是将原对象保留，移动原对象的副本图形，复制后的对象将继承原对象的属性。在AutoCAD中可将选择的对象进行单次复制，也可根据需要进行连续复制。

在“默认”选项卡的“修改”面板中，单击“复制”按钮，根据命令行提示，选择所需复制的图形，指定复制基点，再将其移至新位置，即可完成复制操作。

命令行提示如下：

命令：_copy	执行“复制”命令
选择对象：指定对角点：找到 5 个	选择对象完成后按回车键
选择对象：	
当前设置：　复制模式 = 多个	
指定基点或 [位移(D)/模式(O)] <位移>:	指定一点为复制基点
指定第二个点或 [阵列(A)] <使用第一个点作为位移>: 20	输入位移距离或者指定第二点
指定第二个点或 [阵列(A)/退出(E)/放弃(U)] <退出>:	按回车键完成复制操作

下面将以把手图形为例，介绍复制命令的使用方法。

Step 01 打开素材文件，执行“复制”命令，根据命令行提示，选中所需复制的图形对象，如图6-15所示。

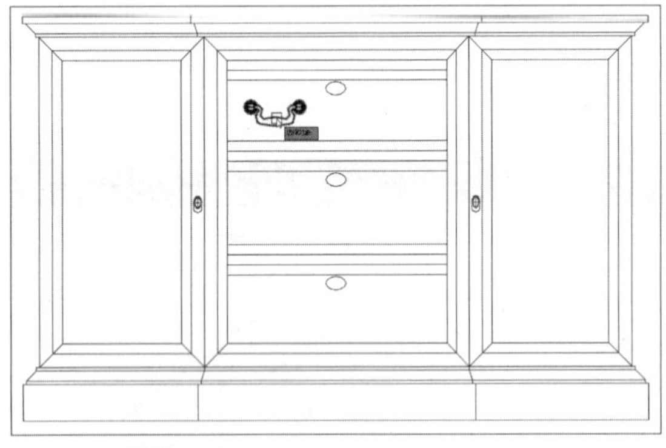

图6-15　选择复制对象

Step 02 按回车键完成选择，继续根据命令行提示，指定复制基点，如图6-16所示。

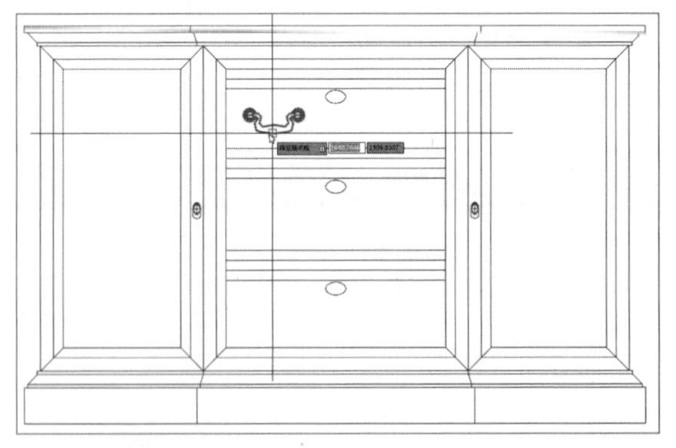

图6-16　指定复制基点

Step 03 指定完成后，根据命令行提示指定图形位移的第二个点，输入位移距离300，如图6-17所示。

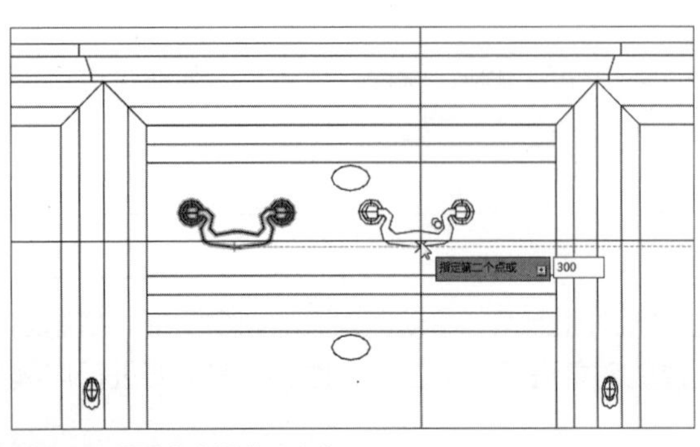

图6-17　指定复制的第二个点

Step 04 按回车键即可完成图形的复制，此时可执行继续复制命令，向下引导光标并输入位移距离200，如图6-18所示。

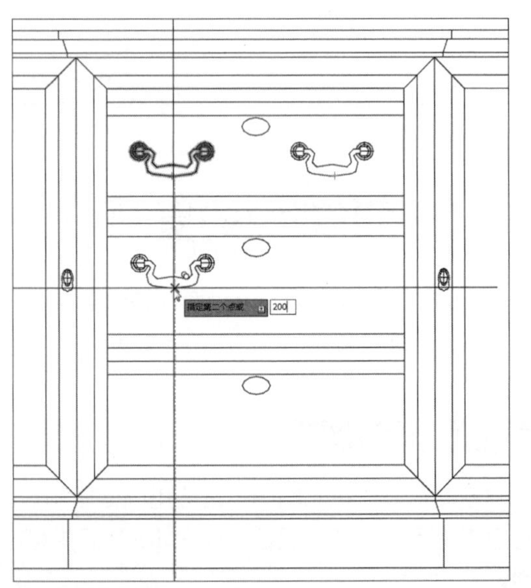

图6-18　继续复制

Step 05 输入完成后按两次回车键，结束复制操作，效果如图6-19所示。

Step 06 继续执行“复制”操作，复制把手图形，完成图形的复制，效果如图6-20所示。

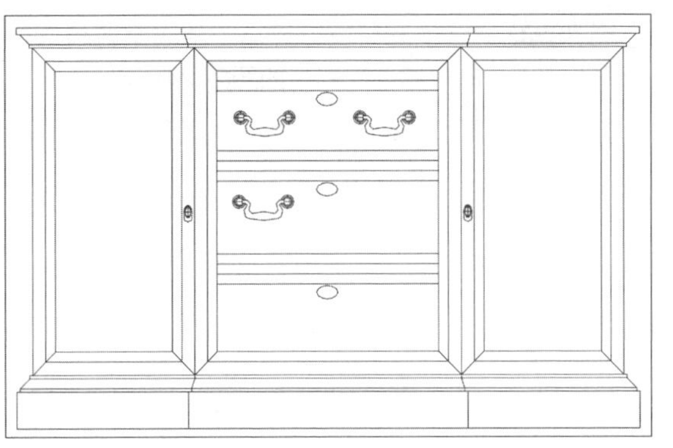
图6-19 复制图形

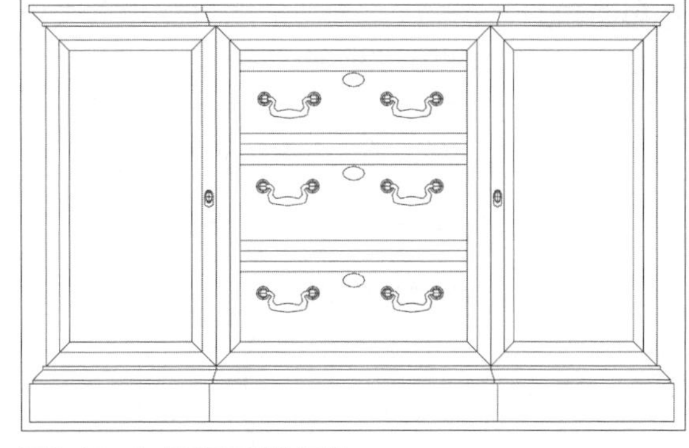
图6-20 完成把手图形的复制

用户在命令行中直接输入CO按回车键，也可执行复制命令。

6.2.2 偏移图形

“偏移”命令是根据指定的距离或指定的某个特殊点，创建一个与选定对象类似的新对象，并将偏移的对象放置在离原对象一定距离的位置上，同时保留原对象。偏移的对象可以为直线、圆弧、圆、椭圆、椭圆弧、二维多段线、构造线、射线和样条曲线组成的对象。

在“默认”选项卡的“修改”面板中，单击“偏移”按钮，根据命令行提示，指定偏移距离，选择所需偏移的图形，其后在所需偏移方向上单击任意一点，即可完成偏移操作。

命令行提示如下：

命令：_offset	执行“偏移”命令
当前设置：删除源=否 图层=源 OFFSETGAPTYPE=0	
指定偏移距离或 [通过(T)/删除(E)/图层(L)] <通过>: 200	输入偏移距离200按回车键
选择要偏移的对象，或 [退出(E)/放弃(U)] <退出>:	选择要偏移的对象
指定要偏移的那一侧上的点，或 [退出(E)/多个(M)/放弃(U)] <退出>:	指定偏移方向上的一点
选择要偏移的对象，或 [退出(E)/放弃(U)] <退出>:	按回车键完成偏移操作

下面将以绘制餐桌图形为例，介绍偏移命令的使用方法。

Step 01 打开素材文件，如图6-21所示。

图6-21 打开素材文件

Step 02 执行“偏移”命令，根据命令行提示，输入偏移距离为350，如图6-22所示。

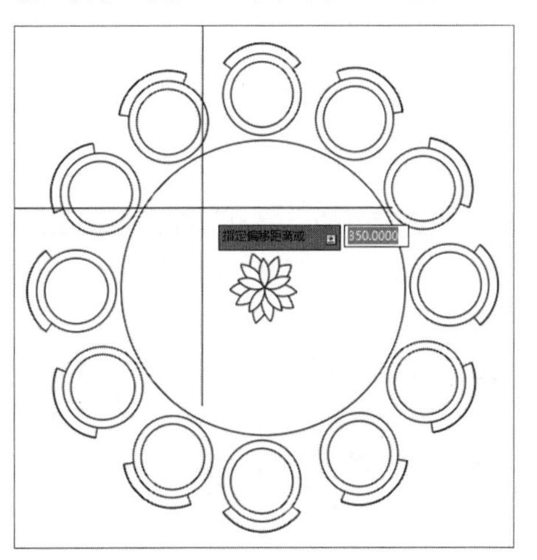

图6-22 输入偏移距离

Step 03 按回车键后，根据命令行提示选择要偏移的图形对象，如图6-23所示。

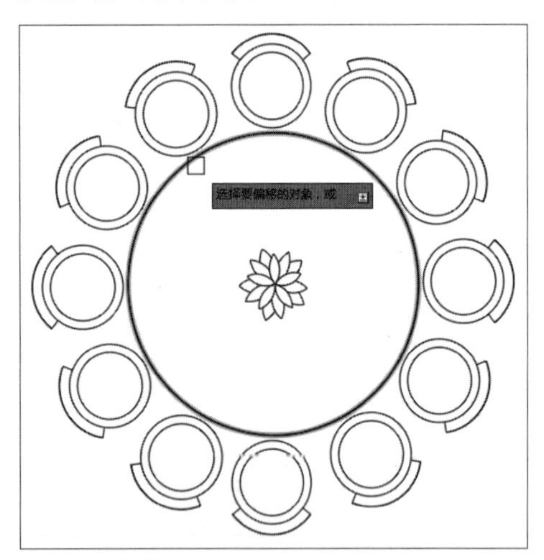

图6-23　选择偏移对象

Step 04 继续根据命令行提示，指定要偏移的那一侧上的点，向内移动光标，如图6-24所示。

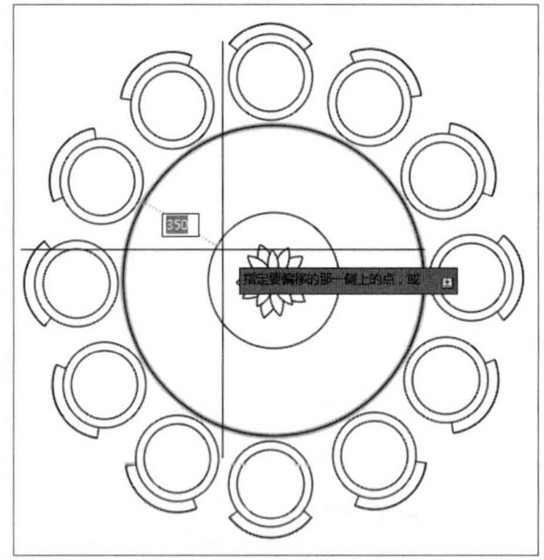

图6-24　指定偏移点

Step 05 单击鼠标后再按回车键，即可完成偏移操作，效果如图6-25所示。

当然用户也可在命令行中直接输入O按回车键，也可执行偏移命令。

图6-25　偏移效果

工程师点拨：偏移图形类型需注意

使用偏移命令时，如果偏移的对象是直线，则偏移后的直线大小不变；如果偏移的对象是圆、圆弧和矩形，其偏移后的对象将被缩小或放大。

6.2.3 镜像图形

“镜像”命令是将选择的图形以两个点为镜像线进行对称复制。在进行镜像操作时，用户需指定好镜像线，并根据需要选择是否删除源对象。灵活运用镜像命令，可在很大程度上避免重复操作的麻烦。

在“默认”选项卡的“修改”面板中，单击“镜像”按钮，根据命令行提示，选择所需镜像的图形对象，指定镜像线，并确定是否删除源图形对象，按回车键即可完成镜像操作。

命令行提示如下：

命令行	说明
命令：_mirror	执行“镜像”命令
选择对象：指定对角点：找到 30 个	选择需要镜像的图形对象
选择对象：　指定镜像线的第一点：	指定镜像线
指定镜像线的第二点：　<正交 开>	完成镜像线的指定
要删除源对象吗？[是(Y)/否(N)] <否>: N	选择是/否删除源对象

下面将以灯图形为例，介绍镜像命令的使用方法。

Step 01 打开素材文件，执行“镜像”命令，选中需镜像的图形对象，如图6-26所示。

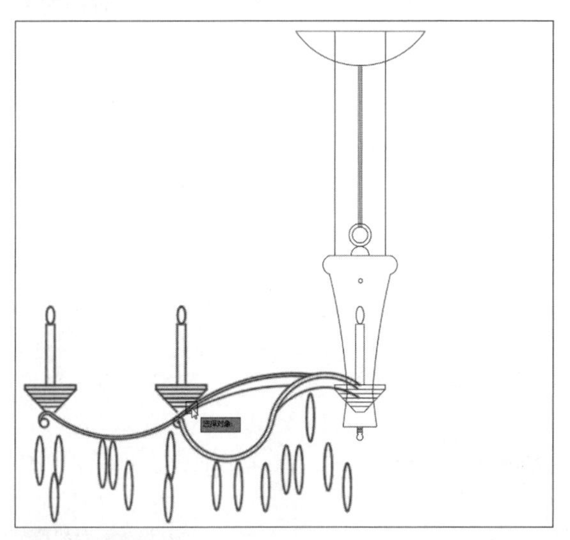

图6-26 选择对象

Step 02 按回车键完成对象选择，根据命令行提示，指定镜像线的第一点，此时选择圆弧与直线的交点，如图6-27所示。

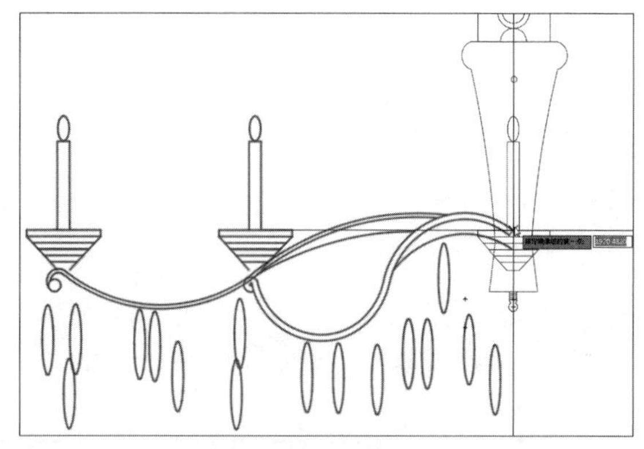

图6-27 指定镜像线的第一点

Step 03 继续选择镜像线的第二点，向上引导光标，指定竖直方向的一点为第二点，如图 6-28 所示。

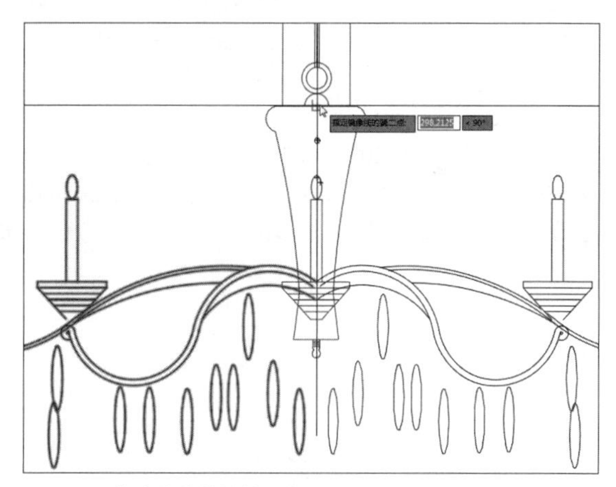

图6-28 指定镜像线的第二点

Step 04 指定镜像线后会出现如图6-29所示的提示，此时选择“否”选项，即可完成镜像操作，效果如图6-30所示。

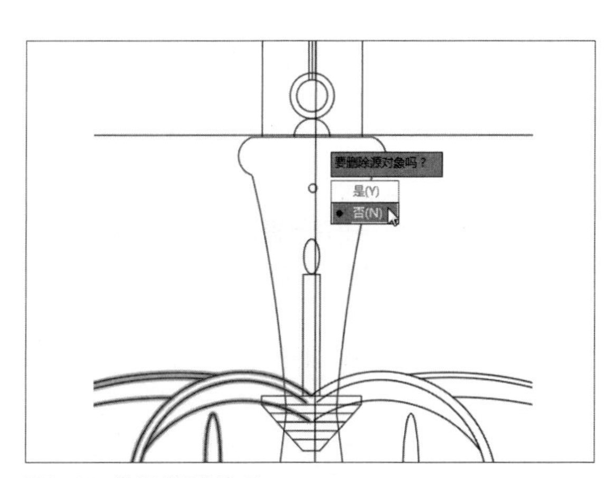

图6-29 选择“否”选项

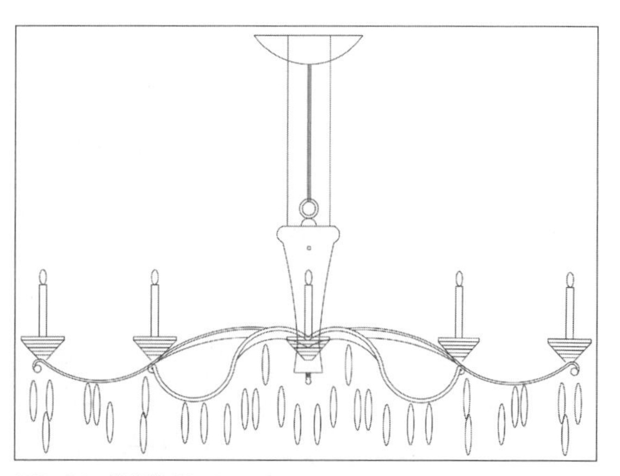

图6-30 镜像效果

6.2.4 阵列图形

“阵列”命令是一种有规则的复制命令，它可创建按指定方式排列的多个图形副本。如果用户遇到一些有规则分布的图形时，就可以使用该命令来解决。AutoCAD软件提供了三种阵列选项，分别为矩形阵列、环形阵列以及路径阵列。

1. 矩形阵列

矩形阵列是通过设置行数、列数、行偏移和列偏移来对选择的对象进行复制。在“默认”选项卡的“修改”面板中，单击“矩形阵列”按钮，根据命令行提示，选择需阵列的对象后按回车键，设置相关参数，即可完成矩形阵列操作，如图6-31、6-32所示。

命令行提示如下：

```
命令：_arrayrect                                          执行“矩形阵列”命令
选择对象：找到 1 个                                        选择阵列的对象
选择对象：
类型 = 矩形  关联 = 是
选择夹点以编辑阵列或 [关联(AS)/基点(B)/计数(COU)/间距(S)/列数(COL)/行数(R)/层数(L)/退出(X)] <退出>: COL
输入列数数或 [表达式(E)] <4>: 4                             选择“列数”选项并设置列数数量
指定 列数 之间的距离或 [总计(T)/表达式(E)] <238.7720>: 170    设置列数间距
选择夹点以编辑阵列或 [关联(AS)/基点(B)/计数(COU)/间距(S)/列数(COL)/行数(R)/层数(L)/退出(X)] <退出>: R
输入行数数或 [表达式(E)] <3>: 1                             选择“行数”选项并设置行数数量
指定 行数 之间的距离或 [总计(T)/表达式(E)] <2085.7205>:       设置行数间距
指定 行数 之间的标高增量或 [表达式(E)] <0.0000>:             设置标高增量
选择夹点以编辑阵列或 [关联(AS)/基点(B)/计数(COU)/间距(S)/列数(COL)/行数(R)/层数(L)/退出(X)] <退出>:
```

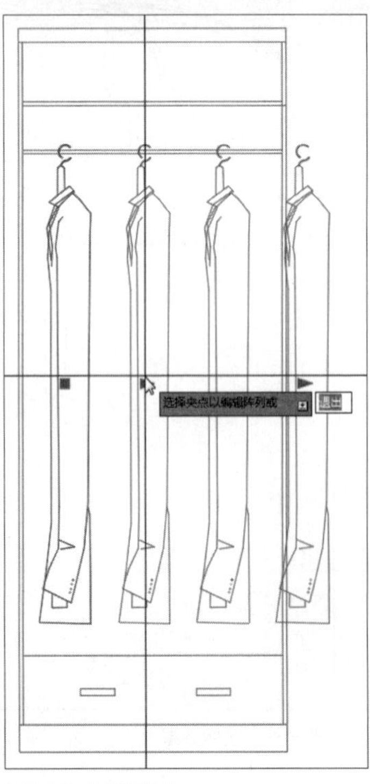

图6-31 矩形阵列

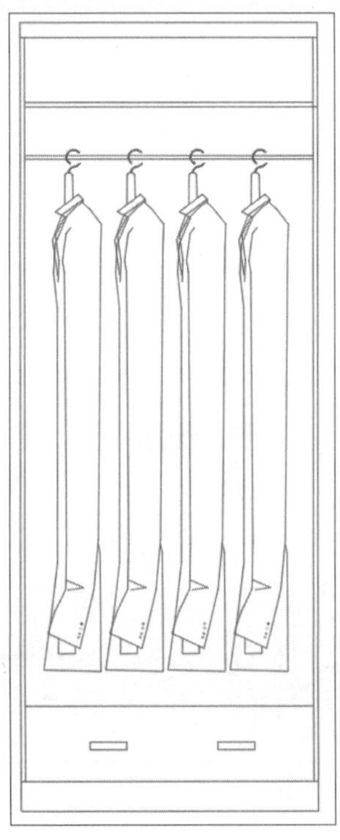

图6-32 设置参数后阵列效果

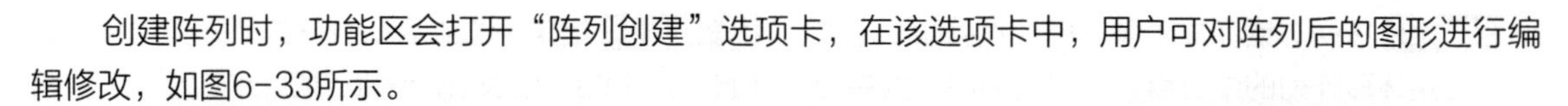

创建阵列时，功能区会打开“阵列创建”选项卡，在该选项卡中，用户可对阵列后的图形进行编辑修改，如图6-33所示。

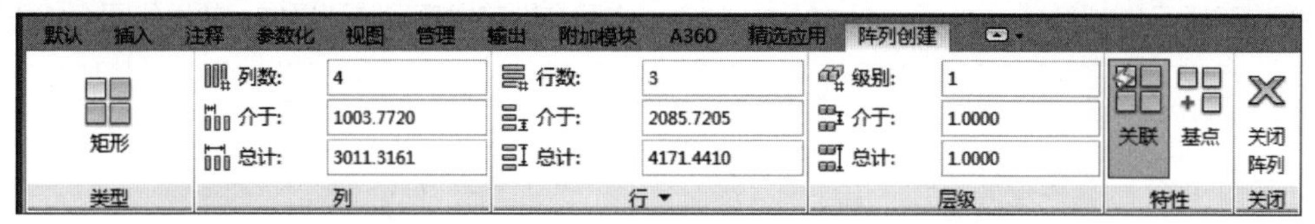

图6-33 “阵列创建”选项卡

上述命令面板中各主要选项说明如下：

- 列：在该命令组中，用户可设置列数、列间距以及列的总距离值；
- 行：在该命令组中，用户也可设置行数、行间距以及行的总距离值；
- 层级：在该命令组中，用户可设置层数、层间距以及级层的总距离；
- 基点：该选项则可重新定义阵列的基点。

2. 环形阵列

环形阵列是指阵列后的图形呈环形。使用环形阵列时也需要设定有关参数，其中包括中心点、方法、项目总数和填充角度。与矩形阵列相比，环形阵列创建出的阵列效果更灵活。在“修改”面板中，单击“矩形阵列”下三角按钮，在下拉列表中，选择“环形阵列”选项，根据命令行提示，指定阵列中心，并设置阵列参数值即可完成环形阵列。

执行“环形阵列”命令后，系统会打开“阵列”选项卡。在该选项卡中可对阵列后的图形进行编辑，如图6-34所示。

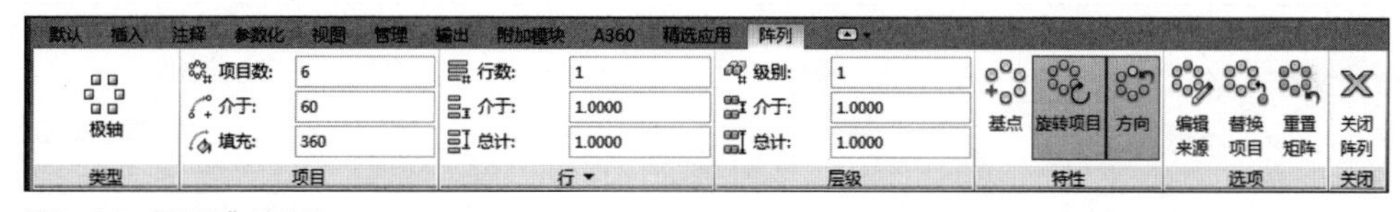

图6-34 “阵列”选项卡

上述命令面板中各主要选项说明如下：

- 项目：在该选项组中，可设置阵列项目数、阵列角度以及阵列中第一项到最后一项之间的角度；
- 行：该选项组可设置阵列行数、行间距以及行的总距离值；
- 层级：该命令组可设置层数、层间距以及级层的总距离。

下面将以摆钟图形为例，介绍环形阵列的使用方法。

Step 01 打开素材文件，如图6-35所示。

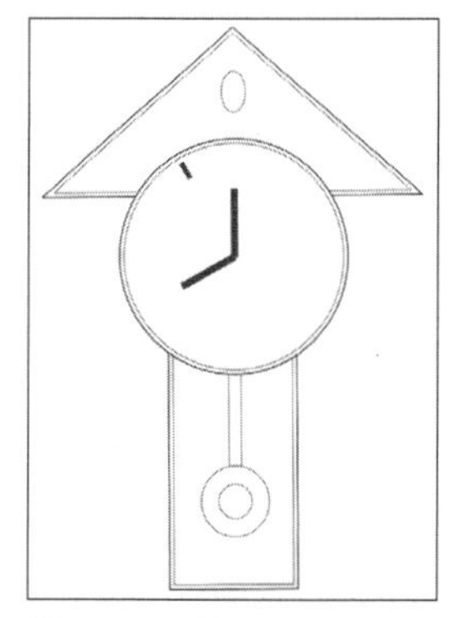

图6-35 原图形

Step 02 执行“环形阵列”命令，根据命令行提示，选择要环形阵列的对象，如图6-36所示。

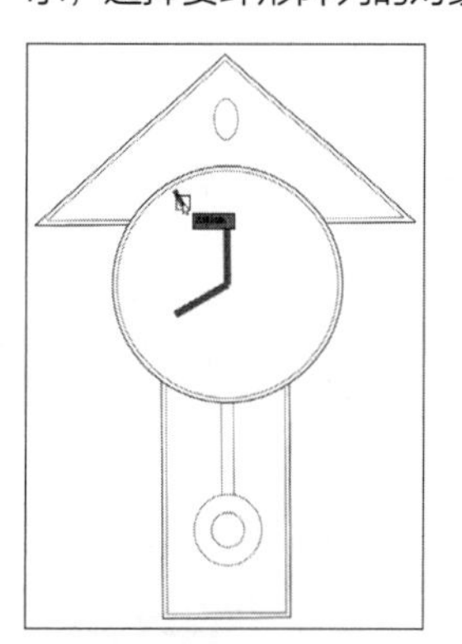

图6-36 选择对象

Step 03 按回车键完成对象选择，根据命令行提示，指定环形阵列的中心点，捕捉圆的圆心为中心点，如图6-37所示。

Step 04 指定中心点后在打开的“阵列创建”选项卡的“项目”面板中，设置“项目数”为12，按两次回车键完成环形阵列操作，效果如图 6-38 所示。

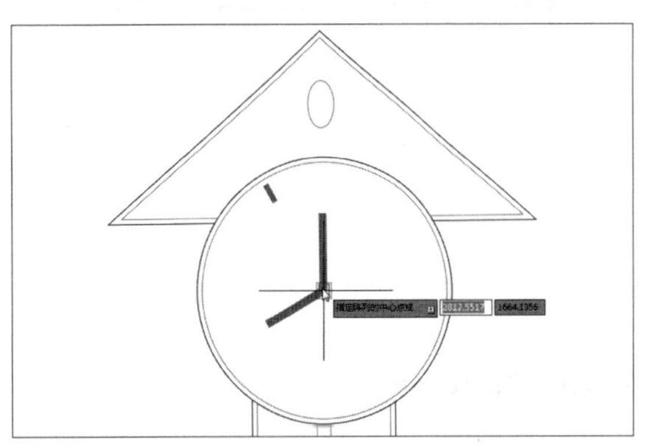

图6-37 指定阵列中心点

图6-38 环形阵列效果

3. 路径阵列

路径阵列是根据所指定的路径进行阵列，例如曲线、弧线、折线等所有开放型线段。单击“矩形阵列”下三角按钮，在下拉列表中，选择“路径阵列”命令，根据命令行提示，选择所要阵列图形对象，其后选择所需阵列的路径曲线，输入阵列数目即可完成路径阵列操作，如图6-39、6-40所示。

命令行提示如下：

命令行	说明
命令：_arraypath	执行“路径阵列”命令
选择对象：找到 1 个	
选择对象：	选择阵列对象
类型 = 路径　关联 = 是	
选择路径曲线：	选择阵列路径
选择夹点以编辑阵列或 [关联(AS)/方法(M)/基点(B)/切向(T)/项目(I)/行(R)/层(L)/对齐项目(A)/Z 方向(Z)/退出(X)] <退出>: I	选择“项目”选项
指定沿路径的项目之间的距离或 [表达式(E)] <310.4607>: 250	输入阵列间距值
最大项目数 = 6	
指定项目数或 [填写完整路径(F)/表达式(E)] <6>:	输入阵列数目
选择夹点以编辑阵列或 [关联(AS)/方法(M)/基点(B)/切向(T)/项目(I)/行(R)/层(L)/对齐项目(A)/Z 方向(Z)/退出(X)] <退出>:	按回车键完成操作

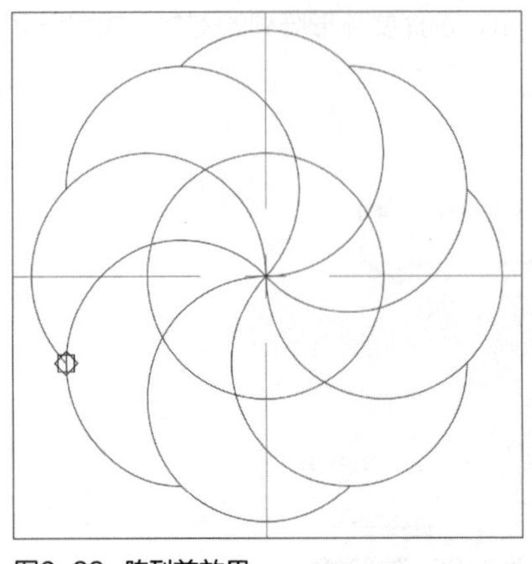

图6-39 阵列前效果

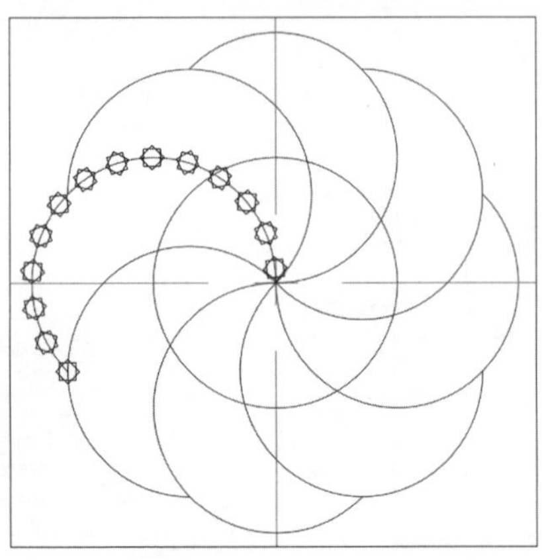

图6-40 阵列后效果

在执行“路径阵列”命令时，系统会打开“阵列”选项卡。该选项卡与其他阵列选项卡相似，都可对阵列后的图形进行编辑操作，如图6-41所示。

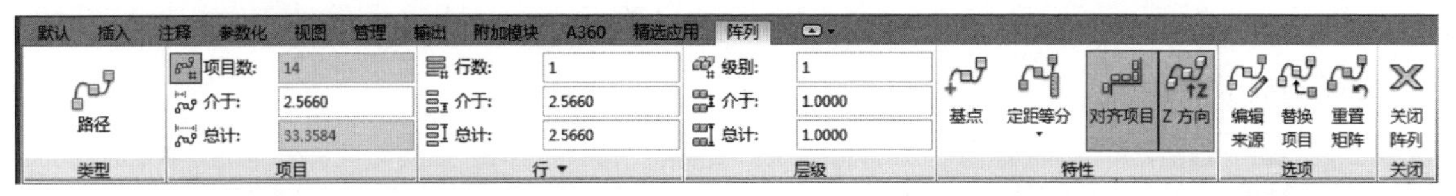

图6-41 “阵列”选项卡

上述命令面板中各主要选项说明如下：

- 项目：该选项可设置项目数、项目间距、项目总间距；
- 定距等分：该选项可重新布置项目，以沿路径长度平均定数等分；
- 对齐项目：该选项指定是否对其每个项目以与路径方向相切；
- Z方向：该选项控制是保持项的原始Z方向还是沿三维路径倾斜方向。

6.3 图形对象的修改

在图形绘制完毕后，有时会根据需要对图形进行修改。AutoCAD软件提供了多种图形修改命令，其中包括“倒角”、“圆角”、“分解”、“合并”以及“打断”等。下面将对这些修改命令的操作进行介绍。

6.3.1 倒角图形

“倒角”命令可将图形对象以平角或倒角的方式来连接。在实际的图形绘制中，通过倒角命令可将直角或锐角进行倒角处理。在“默认”选项卡的“修改”面板中，单击“圆角”下三角按钮，在下拉列表中，选择“倒角”选项，根据命令行提示，设置两条倒角边距离，其后选择所需的直线即可。

命令行提示如下：

```
命令：_chamfer                                                        执行“倒角”命令
（“修剪”模式）当前倒角距离 1 = 0.0000，距离 2 = 0.0000
选择第一条直线或 [放弃(U)/多段线(P)/距离(D)/角度(A)/修剪(T)/方式(E)/多个(M)]: d    选择距离选项
指定 第一个 倒角距离 <0.0000>: 20                                     输入第一个倒角距离值20
指定 第二个 倒角距离 <20.0000>: 20                                    输入第二个倒角距离值20
选择第一条直线或 [放弃(U)/多段线(P)/距离(D)/角度(A)/修剪(T)/方式(E)/多个(M)]:       选择第一条直线
选择第二条直线，或按住 Shift 键选择直线以应用角点或 [距离(D)/角度(A)/方法(M)]:       选择第二条直线
```

6.3.2 圆角图形

“圆角”命令可按指定半径的圆弧并与对象相切来连接两个对象。在“修改”面板中，单击“圆角”按钮，根据命令行提示，设置圆角半径，选择所需圆角操作的对象，按回车键即可完成圆角操作。

下面将举例介绍圆角的使用方法。

Step 01 打开素材文件，如图6-42所示。

Step 02 执行“圆角”命令，设置圆角参数，根据命令行提示选择圆角操作的第一个对象，如图6-43所示。

命令行提示如下：

命令行	说明
命令： _fillet	执行“圆角”命令
当前设置： 模式 = 修剪，半径 = 0.0000	
选择第一个对象或 [放弃(U)/多段线(P)/半径(R)/修剪(T)/多个(M)]: r	输入 r 选择半径选项
指定圆角半径 <0.0000>: 3	输入 3 设置圆角半径
选择第一个对象或 [放弃(U)/多段线(P)/半径(R)/修剪(T)/多个(M)]:	按回车键选择对象
选择第二个对象，或按住 Shift 键选择对象以应用角点或 [半径(R)]:	选择对象后完成圆角操作

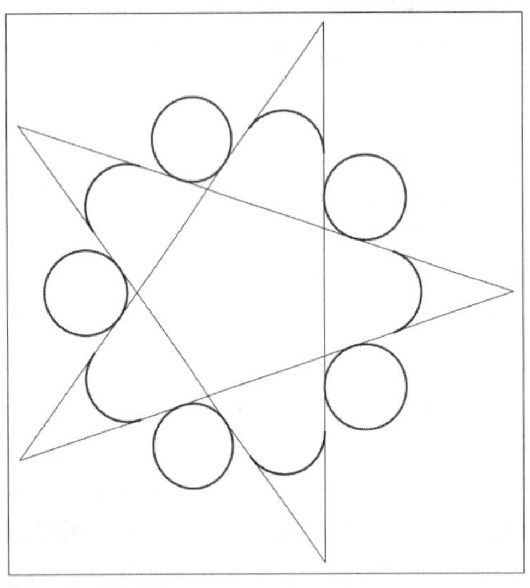

图6-42　原图形

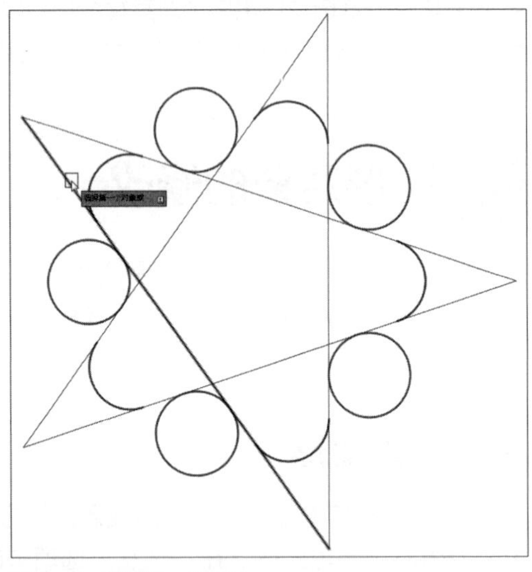

图6-43　选择第一个对象

Step 03 选择第二个对象，如图6-44所示。

Step 04 选择完成后即可看到圆角操作效果，按照同样的方法完成其余圆角操作，效果如图6-45所示。

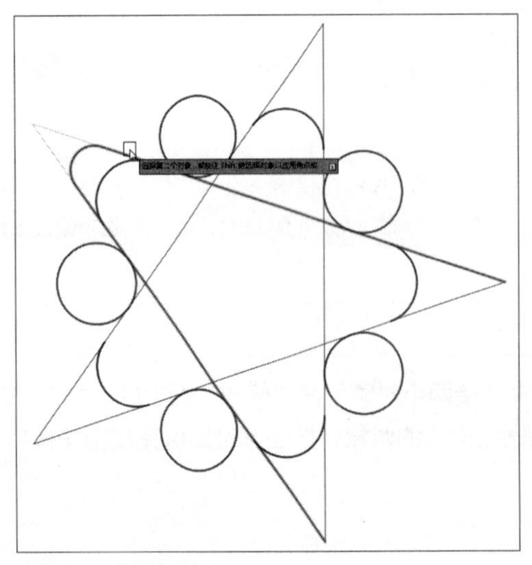

图6-44　选择第二个对象

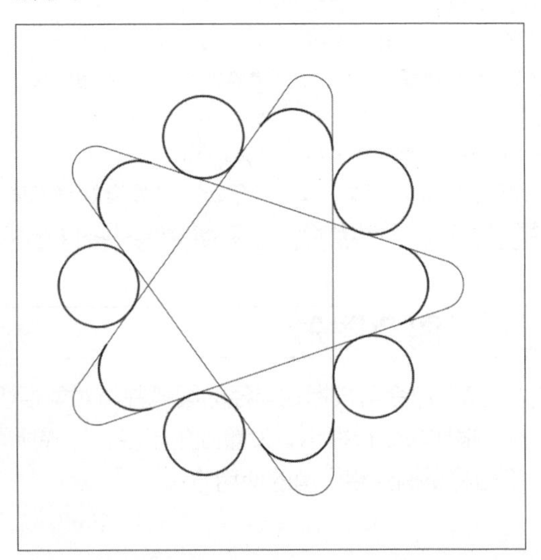

图6-45　圆角操作效果

6.3.3 分解图形

“分解”命令是将多段线、面域或块对象分解成独立的线段。在“默认”选项卡的“修改”面板中，单击“分解”按钮，根据命令行提示，选中所要分解的图形对象，按回车键即可完成分解操作，如图6-46、6-47所示。

图6-46 分解前效果

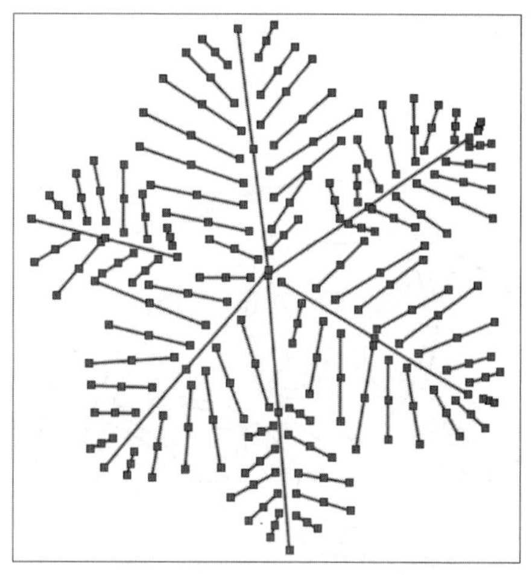
图6-47 分解后效果

6.3.4 合并图形

“合并”命令是将多个对象合并为一个对象，例如将两条断开的线段合并成一条线段，则可使用“合并”命令。但合并的对象必须位于相同的平面上。合并的对象可以为圆弧、椭圆弧、直线、多段线和样条曲线。在“默认”选项卡的“修改”面板中，单击“合并”按钮，根据命令行提示，选择源对象或选择要一次合并的多个对象，按回车键即可完成合并操作。

命令行提示如下：

命令：_join	执行“合并”命令
选择源对象或要一次合并的多个对象：找到 1 个	选择源对象
选择要合并的对象：找到 1 个，总计 2 个	选择要合并的对象
选择要合并的对象：	按回车键完成合并操作
2 条直线已合并为 1 条直线	

工程师点拨：合并操作需注意

合并两条或多条圆弧时，将从源对象开始沿逆时针方向合并圆弧。合并直线时，所要合并的所有直线必须共线，即位于同一无限长的直线上，合并多个线段时，其对象可以是直线、多段线或圆弧。但各对象之间不能有间隙，且必须位于同一平面上。

6.3.5 打断图形

“打断”命令可将直线、多段线、圆弧或样条曲线等图形分为两个图形对象，或将其中一部分删除。在“默认”选项卡中的“修改”面板中，单击“打断”按钮，根据命令行提示，选择一条要打断的对象，并选择两点作为打断点，即可完成打断操作。

命令行提示如下：

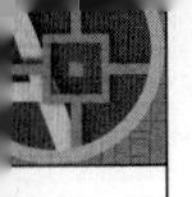

命令：_break	执行“打断”命令
选择对象：	选择对象并指定一点
指定第二个打断点 或 [第一点(F)]:	指定第二点后完成打断操作

下面利用拼花图形介绍打断操作方法。

Step 01 打开素材文件，如图6-48所示。

Step 02 执行“打断”命令，根据命令行提示，选择对象，此时单击的对象的位置作为打断的第一个点，如图6-49所示。

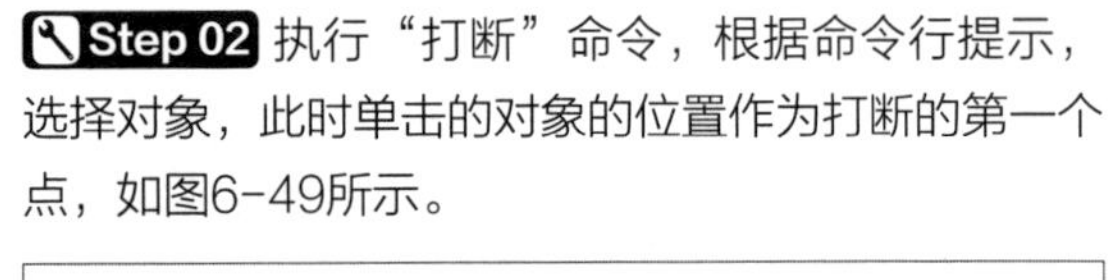

图6-48 原图形

图6-49 指定打断点

Step 03 引导光标至第二个打断点，如图6-50所示。

Step 04 指定完成后，打断效果如图6-51所示。

图6-50 指定第二个打断点

图6-51 完成打断操作

Step 05 继续执行“打断”命令，完成其余打断操作，效果如图6-52所示。

图6-52 打断效果

工程师点拨：自定义打断点位置

默认情况下选择线段后，系统以自动将其选择点设置为打断的第一个点，然后选择第二个打断点。用户若需要自定义指定第一、二个打断点位置，在执行“打断”命令时，选择要打断的对象后，在命令窗口中输入F按回车键，即可指定第一、二个打断点。

6.4 图形位置、大小的改变

在绘制二维图形时，有时会遇到图形方向、大小、尺寸等不合理的状况，这时就需要利用移动、旋转、缩放、拉伸等命令对图形对象进行调整和优化。

6.4.1 移动图形

移动图形是指在不改变对象的方向和大小的情况下，按照指定的角度和方向进行移动操作。在“默认”选项卡的“修改”面板中，单击“移动”按钮，根据命令行提示，选中所需移动的图形，指定移动基点和位移的第二点，即可完成图形的移动操作，如图6-53、6-54所示。

命令行提示如下：

命令：_move	执行“移动”命令
选择对象：指定对角点：找到 1 个	选择需要移动的对象
选择对象：	按回车键完成选择
指定基点或 [位移(D)] <位移>:	指定移动基点
指定第二个点或 <使用第一个点作为位移>:	输入位移距离或者指定第二个点

图6-53 选择移动图形

图6-54 完成移动

6.4.2 旋转图形

旋转图形是将图形对象按照指定的旋转基点进行旋转。在“默认”选项卡的“修改”面板中，单击“旋转”按钮，选择所需旋转对象，指定旋转基点，输入旋转角度即可完成，如图6-55、6-56所示。

命令行提示如下：

命令行	说明
命令：_rotate	执行“旋转”命令
UCS 当前的正角方向： ANGDIR=逆时针 ANGBASE=0	
选择对象：指定对角点：找到 1 个	选择需要旋转的对象
选择对象：	按回车键完成对象选择
指定基点：	指定一点为旋转基点
指定旋转角度，或 [复制(C)/参照(R)] <0>:	指定旋转角度

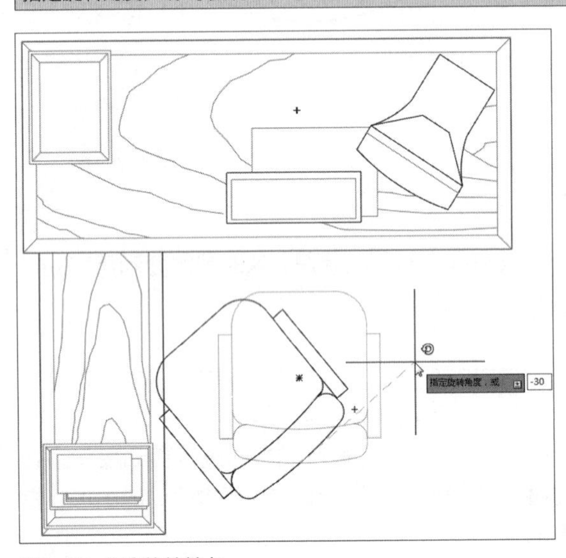

图6-55 指定旋转基点

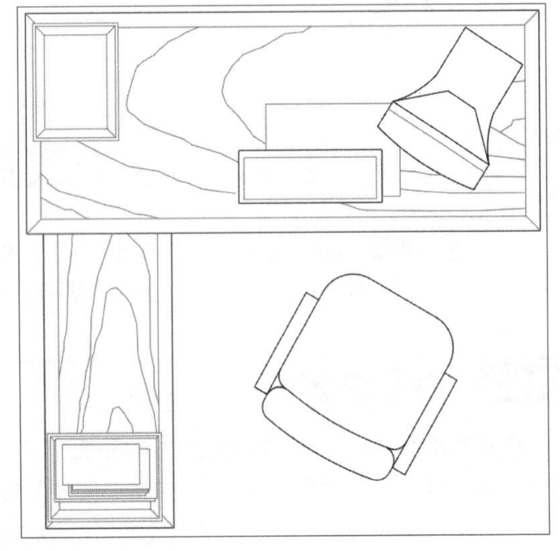

图6-56 完成旋转

6.4.3 修剪图形

修剪图形是将多余的线段修剪掉。在“默认”选项卡的“修改”面板中，单击“修剪”按钮，根据命令提示选择修剪边，按回车键后选择需修剪的线段即可，如图6-57、6-58所示。

命令行提示如下：

命令行	说明
命令：_trim	执行“修剪”命令
当前设置：投影=UCS，边=无	
选择剪切边...	
选择对象或 <全部选择>： 找到 1 个.	选择剪切边
选择对象：	按回车键完成选择
选择要修剪的对象，或按住 Shift 键选择要延伸的对象，或	选择需要修剪的对象
[栏选(F)/窗交(C)/投影(P)/边(E)/删除(R)/放弃(U)]:	按回车键完成修剪操作
选择要修剪的对象，或按住 Shift 键选择要延伸的对象，或	
[栏选(F)/窗交(C)/投影(P)/边(E)/删除(R)/放弃(U)]:	

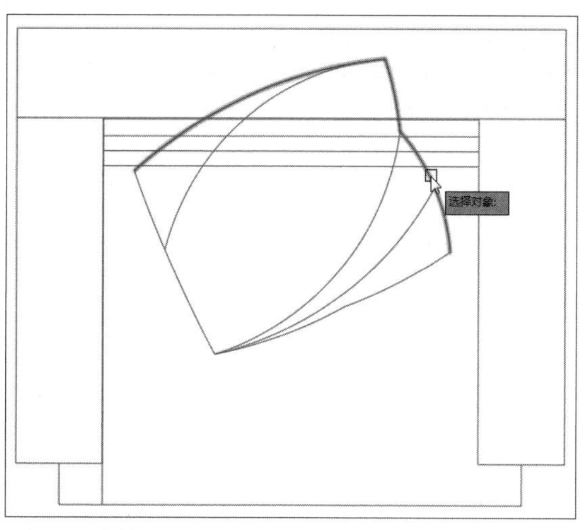

图6-57　选择修剪边

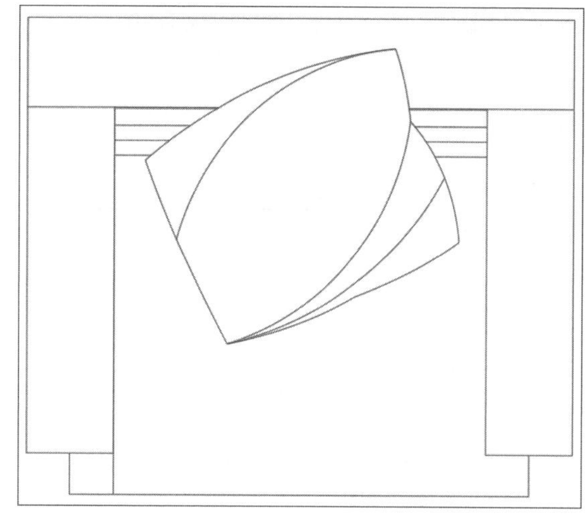

图6-58　修剪图形

6.4.4 延伸图形

延伸图形是将指定的图形对象延伸到指定的边界。在“修改”面板中，单击“修改”下三角按钮，在下拉列表中，选择“延伸”命令，根据命令行提示，选择所需延伸到的边界线并按回车键，其后选择要延伸的线段即可。

命令行提示如下：

命令行	说明
命令： EXTEND	执行“延伸”命令
当前设置：投影=UCS，边=无	
选择边界的边..	
选择对象或 <全部选择>： 找到 1 个 .	选择需延伸到的边界
选择对象：	按回车键完成选择
选择要延伸的对象，或按住 Shift 键选择要修剪的对象，或	选择要延伸的对象
[栏选(F)/窗交(C)/投影(P)/边(E)/放弃(U)]:	按回车键完成延伸操作
选择要延伸的对象，或按住 Shift 键选择要修剪的对象，或	
[栏选(F)/窗交(C)/投影(P)/边(E)/放弃(U)]:	

6.4.5 拉伸图形

拉伸图形是将对象沿指定的方向和距离进行延伸，拉伸后与原对象是一个整体，只是长度会发生改变。在“修改”面板中，单击“拉伸”按钮，根据命令行提示，选择要拉伸的图形对象，指定拉伸基点，输入拉伸距离或指定新基点即可完成。

命令行提示如下：

命令行	说明
命令： _stretch	执行拉伸命令
以交叉窗口或交叉多边形选择要拉伸的对象...	
选择对象： 指定对角点： 找到 32 个	选择需要拉伸的对象
选择对象：	按回车键完成对象的选择
指定基点或 [位移(D)] <位移>:	指定拉伸基点
指定第二个点或 <使用第一个点作为位移>： <正交 开> 500	指定第二个点或输入拉伸距离值按回车键

下面利用护栏图形介绍拉伸操作方法。

Step 01 打开素材文件，如图6-59所示。

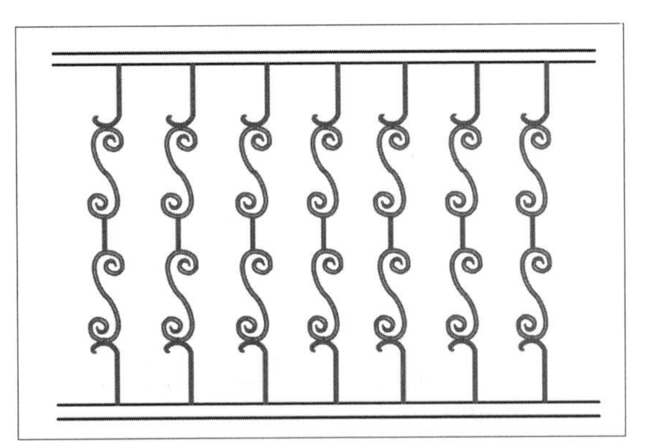

图6-59 原图形

Step 02 执行“打断”命令，根据命令行提示，选择对象，此时单击的对象的位置作为打断的第一个点，如图6-60所示。

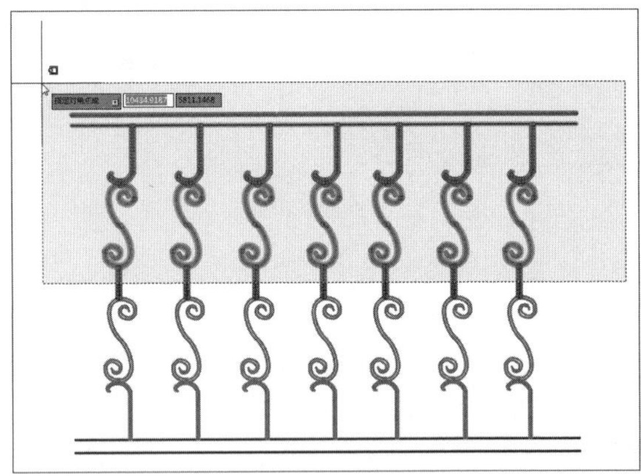

图6-60 窗交选择图形

Step 03 按回车键完成对象选择，根据命令行提示，指定拉伸的基点，如图6-61所示。

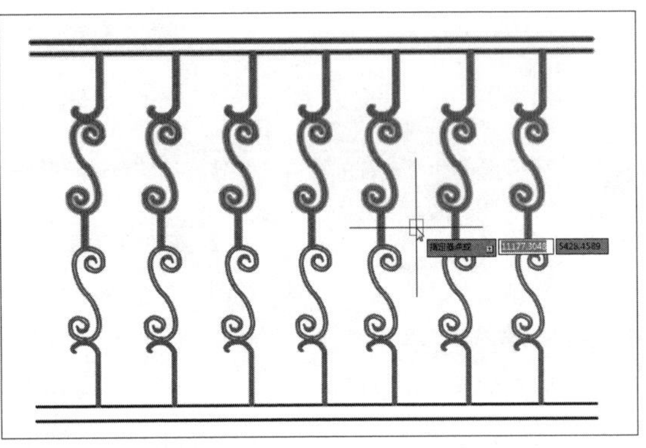

图6-61 指定基点

Step 04 向上引导光标指定拉伸第二个点，如图6-62所示。

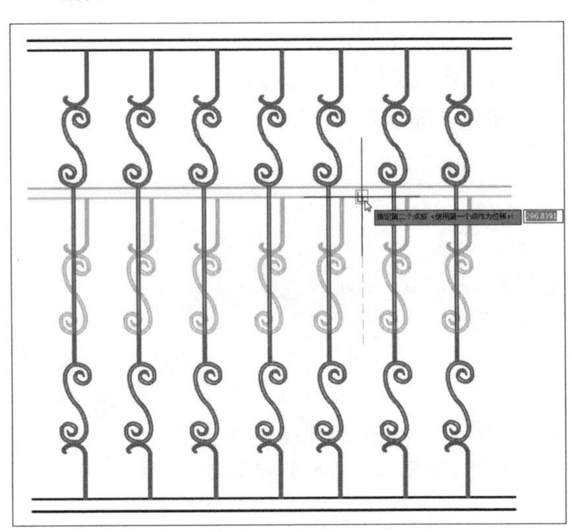

图6-62 指定拉伸的第二个点

Step 05 指定第二个点后，完成拉伸操作，效果如图6-63所示。

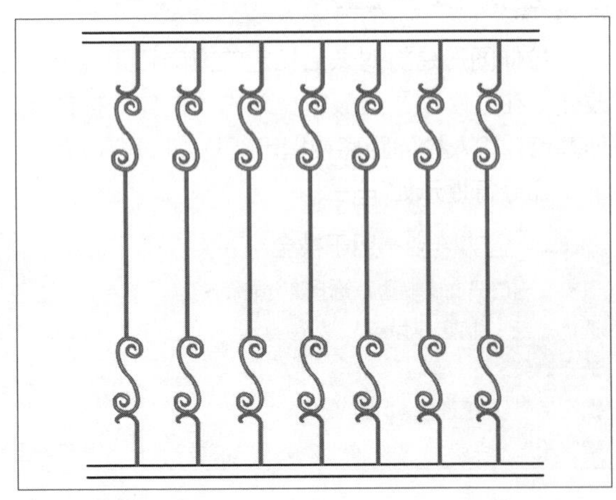

图6-63 拉伸效果

工程师点拨：拉伸操作需注意

在选择拉伸图形时，通常需要执行窗交方式来选取图形。

6.5 多线、多段线及样条曲线的编辑

在上一章向用户介绍了如何使用多线、多段线以及样条曲线来绘制图形。下面将介绍如何对这些特殊线段进行修改编辑操作。

6.5.1 编辑多线

通常在使用多线命令绘制墙体线后，需要对该线段进行编辑。用户可以利用“多线编辑工具”对话框对多线进行编辑，执行“修改>对象>多线”命令，在“多线编辑工具”对话框中，根据需要选择相关编辑工具，即可进行编辑，如图6-64、6-65所示。

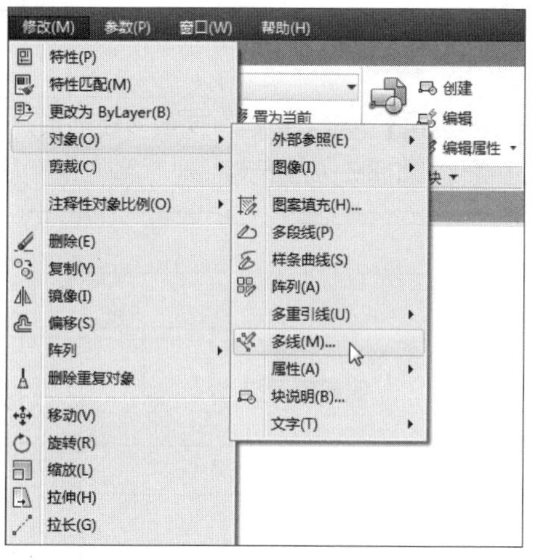

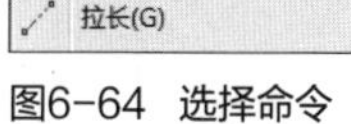
图6-64 选择命令

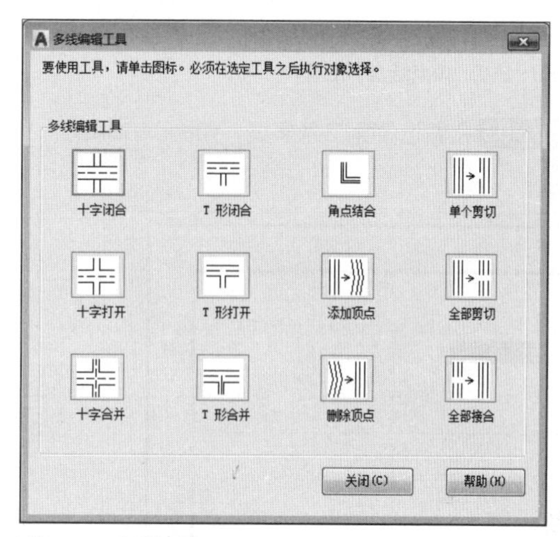

图6-65 多线编辑工具

用户也可双击所需要编辑的多线，同样能够打开“多线编辑工具”对话框，并进行设置操作。“多线编辑工具”对话框中的各工具说明如下：

- 十字闭合：用于两条多线相交为闭合的十字交点；
- 十字打开：用于两条多线相交为打开的十字交点；
- T形闭合：用于两条多线相交为闭合的T形交点；
- T形打开：用于两条多线相交为打开的T形交点；
- T形合并：用于两条多线相交为合并的T形交点；
- 角点结合：用于两条多线相交为角点结合；
- 添加顶点：用于在多线上添加一个顶点；
- 删除顶点：用于将多线上的一个顶点删除；
- 单个剪切：通过指定两个点，使多线的一条线打断；
- 全部剪切：用于通过指定两个点使多线的所有线打断；
- 全部接合：用于被全部剪切的多线全部连接。

下面将举例来介绍多线编辑的操作方法。

Step 01 打开素材文件，双击多线图形，打开“多线编辑工具”对话框，此时选择“角点结合”工具，如图6-66所示。

Step 02 返回到绘图区，根据命令行提示单击选择第一条多线，如图6-67所示。

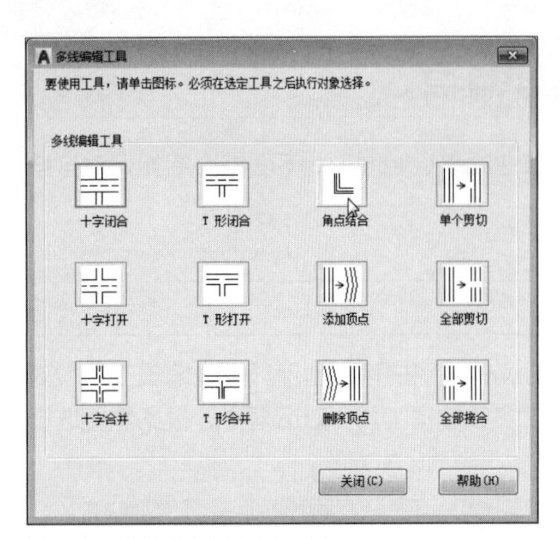

图6-66 选择“角点结合”工具

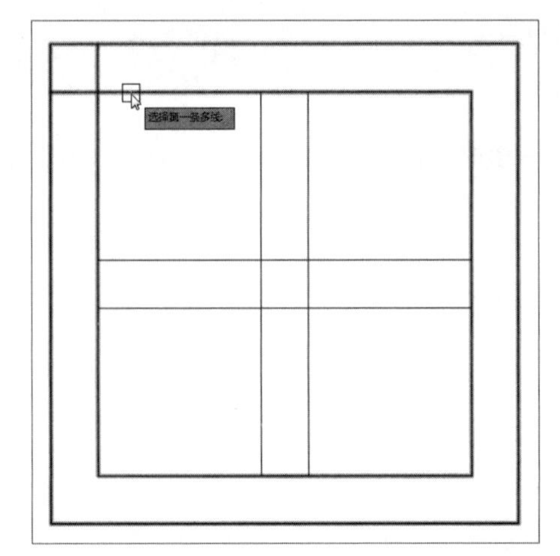

图6-67 选择第一条多线

Step 03 接着选择第二条多线，如图6-68所示。

Step 04 选择完成后，两条多线的角点位置已发生变化，如图6-69所示。

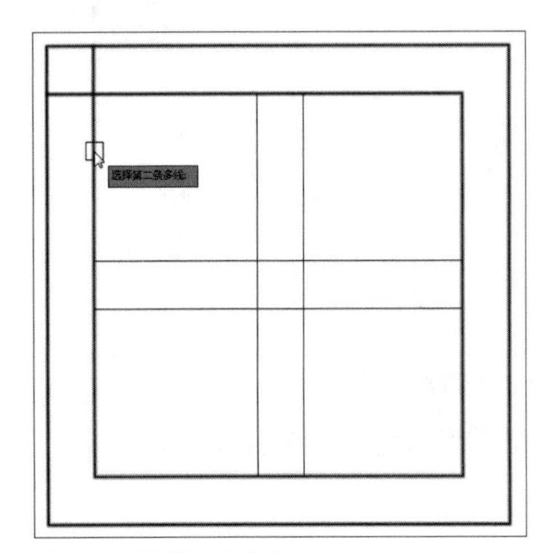

图6-68 选择第二条多线

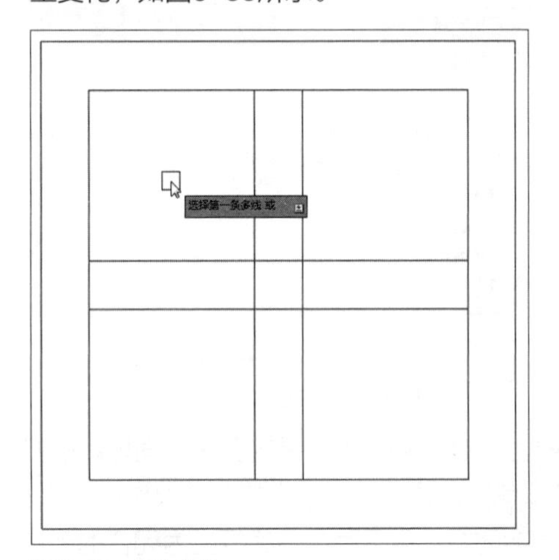

图6-69 多线变化

Step 05 此时可继续执行“角点结合”工具进行操作。若需要更改编辑工具，按两次回车键即可返回到“多线编辑工具”对话框，重新选择编辑工具，此时选择“十字打开”工具，如图6-70所示。

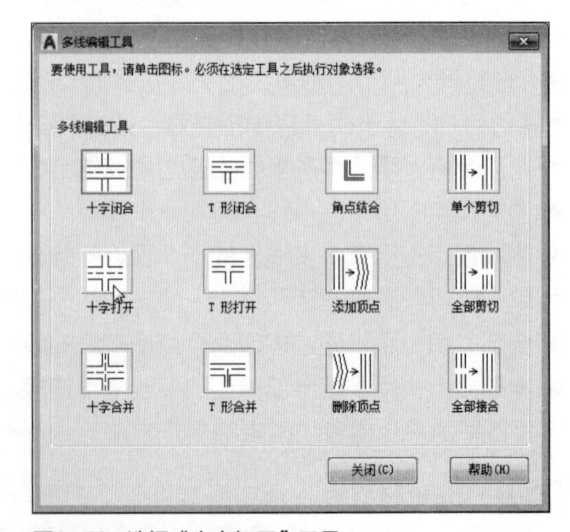

图6-70 选择“十字打开”工具

Step 06 根据命令行提示，选择第一条多线，如图6-71所示。

Step 07 选择中间两条垂直多线后，可以看到多线的十字相交线段已被打开，如图6-72所示。

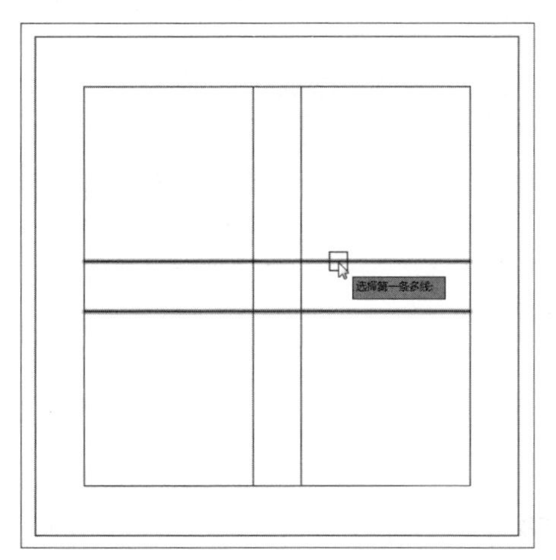

图6-71 选择第一条多线

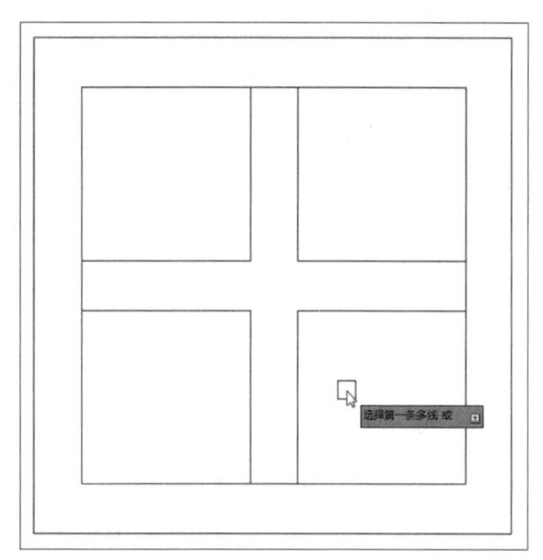

图6-72 多线变化

Step 08 按两次回车键返回到上一级对话框，选择“T形打开”工具，选择多线，6-73所示。

Step 09 重复上述步骤，完成多线的编辑，效果如图6-74所示。

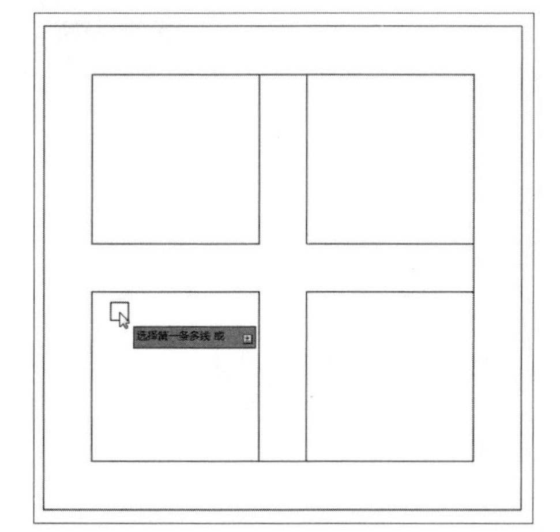

图6-73 多线变化

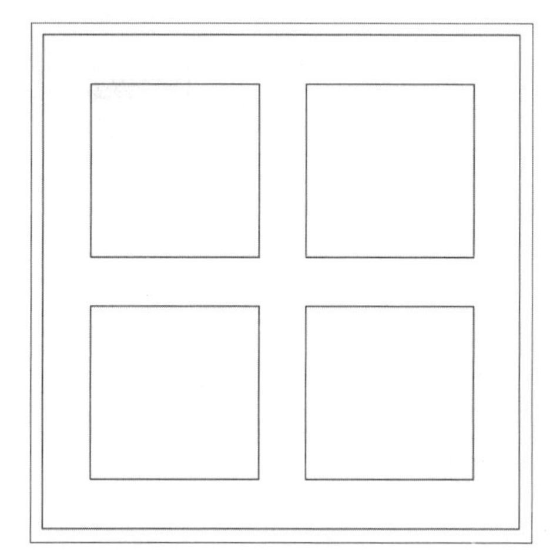

图6-74 多线编辑效果

6.5.2 编辑多段线

多段线绘制完成后，如需对多段线的特性进行编辑。可通过以下两种方法进行操作：

- 使用菜单栏命令，执行“修改>对象>多段线”命令。
- 在命令行中输入PEDIT按回车键。

执行“修改>对象>多段线”命令，选择图形，如果选择的对象是直线或弧线，命令行中则会出现提示信息，输入Y即可将直线或弧线转换为多段线；如果选择的对象是多段线，则会弹出一个菜单列表，列表中有10个选项，选择所需的选项即可进行操作。

下面将对这10种选项进行介绍：

- 打开：执行该选项可将多段线从封闭处打开，而提示中的“打开”会换成“闭合”，执行“闭合”命令，则会封闭多段线；
- 合并：将线段、圆弧或多段线连接到指定的非闭合多段线上。执行该命令后，选取各对象，会将他们连成一条多段线；
- 宽度：指定所编辑多段线的新宽度。执行该选项后，命令行会提示输入所有线段的新宽度，完成操作后，所编辑多段线上的各线段均会显示为该宽度；

- 编辑顶点：编辑多段线的顶点；
- 拟合：创建一条平滑曲线，它由连接各对顶点的弧线段组成，且曲线通过多段线的所有顶点并使用指定的切线方向；
- 样条曲线：用样条曲线拟合多段线。系统变量 splframe 控制是否显示所产生的样条曲线的边框，当该变量为 0 时（默认值），只显示拟合曲线；当值为 1 时，同时显示拟合曲线和曲线的线框；
- 非曲线化：反拟合，即对多段线恢复到上述执行“拟合”或“样条曲线”选项之前的状态；
- 线型生成：规定非连续性多段线在各顶点处的绘线方式；
- 反转：可反转多段线的方向；
- 放弃：取消“编辑”命令的上一次操作。用户可重复使用该选项。

下面将举例来介绍多段线的编辑操作。

Step 01 打开素材文件，执行“修改>对象>多段线”命令，根据命令行提示，这里选择圆弧图形，如图6-75所示。

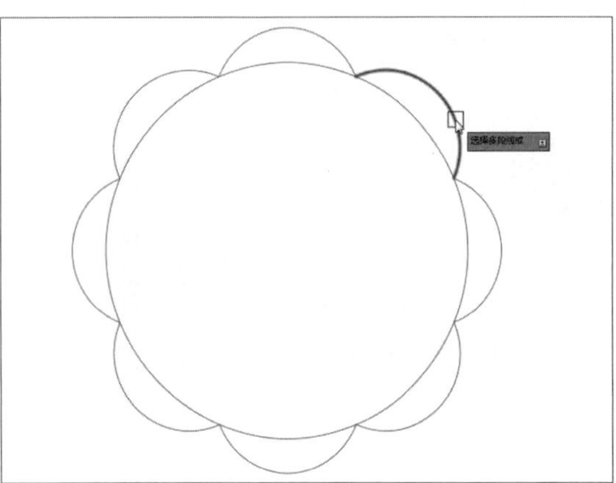
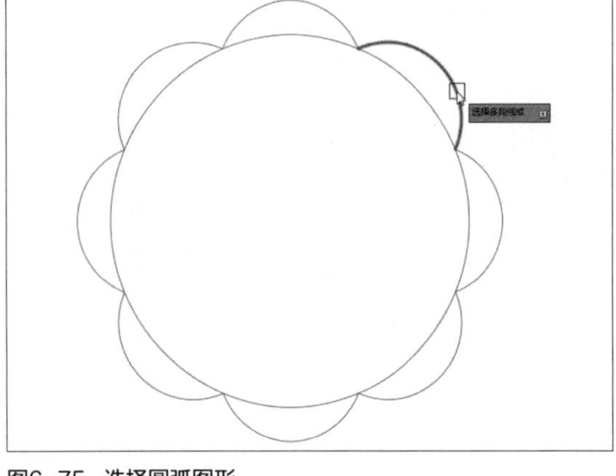

图6-75 选择圆弧图形

Step 02 选择完成后系统会出现提示信息，如图6-76所示。

图6-76 提示信息

Step 03 输入Y按回车键，即可将该圆弧转换为多段线，并出现多段线提示列表，在列表中选择“合并”选项，如图6-77所示。

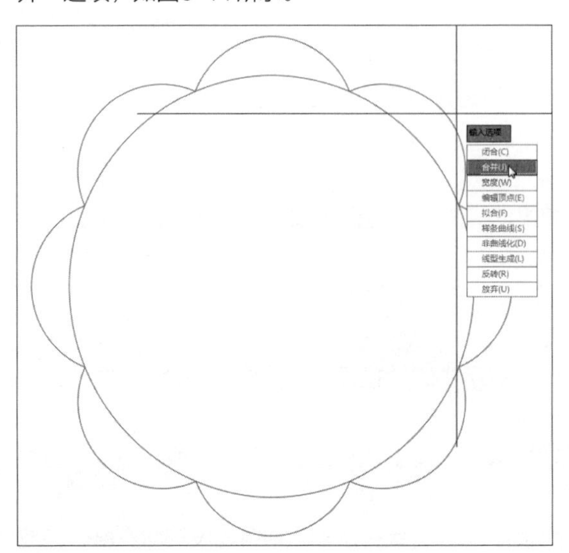

图6-77 提示菜单

Step 04 根据命令行提示，选择合并对象，如图6-78所示。

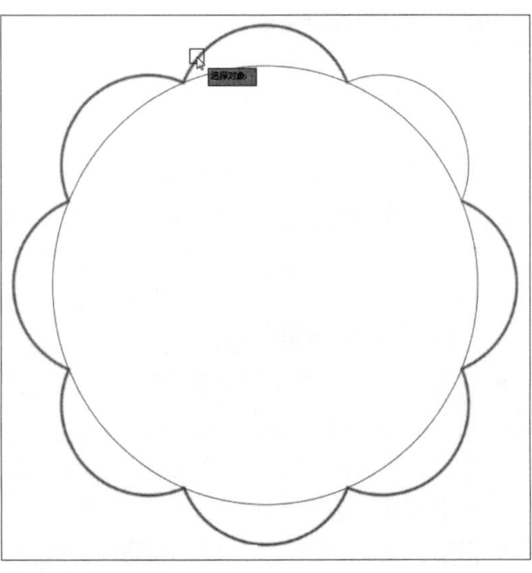

图6-78 选择对象

Step 05 选择完毕后按回车键，完成合并操作，继续在快捷菜单中选择“宽度”选项，更改多段线宽度，如图6-79所示。

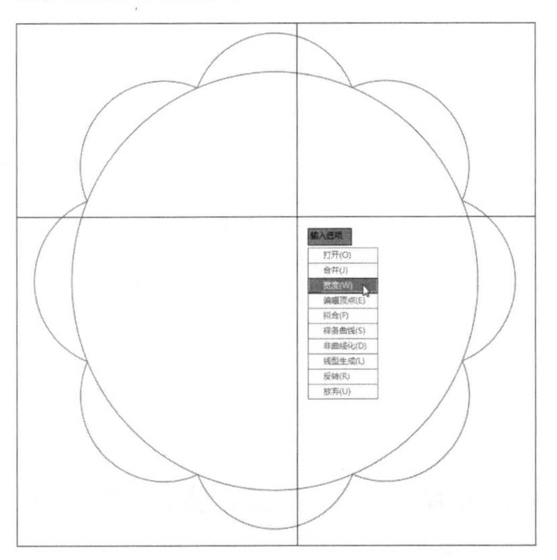

图6-79 选择“宽度”选项

Step 06 根据命令行提示，输入新宽度值为20，如图6-80所示。

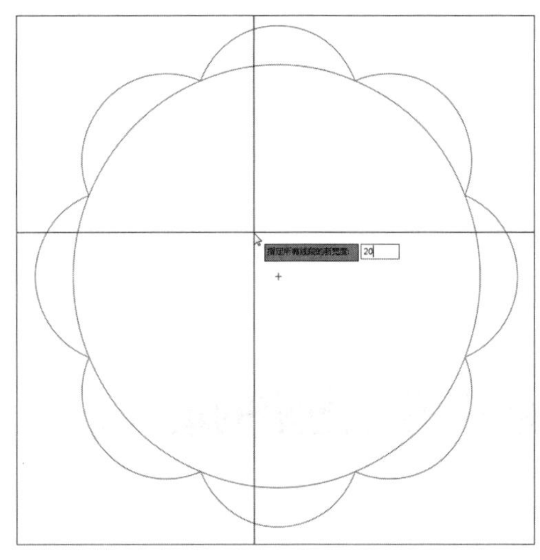

图6-80 输入新宽度值20

Step 07 连续按两次回车键结束多段线编辑操作，此时效果如图6-81所示。

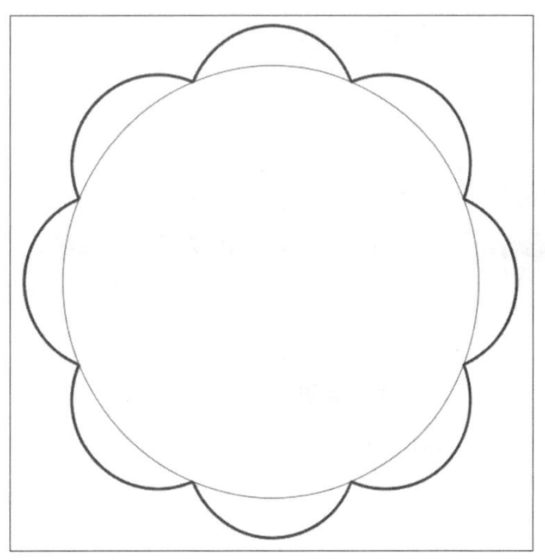

图6-81 完成多段线编辑

工程师点拨：被选取对象须首尾相连

执行该命令进行合并时，欲合并的各相邻对象必须在形式上首尾相连，否则，在选取各对象后AutoCAD会提示：多段线已增加0条线段。

6.5.3 编辑样条曲线

在AutoCAD软件中，不仅可对多段线进行编辑，也可对绘制完成的样条曲线进行编辑。编辑样条曲线的方法有两种，下面将对其操作进行介绍。

1. 使用“编辑样条曲线”命令操作

在“默认”选项卡的“修改”面板中，单击“编辑样条曲线”按钮，根据命令行提示，选中所需编辑的样条曲线，其后选择相关操作选项进行操作即可。

2. 双击样条曲线操作

双击所需编辑的样条曲线后，根据命令行提示，用户同样可选择相应选项进行编辑，如图6-82所示。

命令行中各选项说明如下：

- 闭合：将开放的样条曲线的开始点与结束点闭合；
- 合并：将两条或两条以上的开放曲线进行合并操作；
- 拟合数据：在该选项中，有多项操作子命令，例如添加、删除、提高阶数、移动、权值等。这些选项是针对于曲线上的拟合点进行操作；
- 编辑顶点：其用法与编辑多段线相似；
- 转换为多段线：将样条曲线转换为多段线；
- 反转：反转样条曲线的方向；
- 放弃：放弃当前的操作，不保存更改；
- 退出：结束当前操作，退出该命令。

图6-82 快捷菜单

6.6 图形图案的填充

图案填充是一种使用图形图案对指定的图形区域进行填充的操作。用户可使用图案进行填充，也可使用渐变色进行填充。填充完毕后，还可对填充的图形进行编辑操作。

6.6.1 图案的填充

在“默认”选项卡的“绘图”面板中，单击“图案填充”按钮，打开“图案填充创建”选项卡。在该选项卡中，有“图案”、“特性”、“选项”等面板，用户可根据需要选择填充的图案、设置颜色以及其他选项，如图6-83所示。

图6-83 “图案填充创建”选项卡

“图案填充创建”选项卡的面板说明如下：

- 边界：该选项组是用来选择填充的边界点或边界线段；
- 图案：在该选项组中，打开的下拉列表中，选中图案的类型；
- 特性：在该命令中，用户可根据需要，设置填充类型、填充颜色、填充透明度、填充角度以及填充图案比例值等功能；
- 原点：设置原点可使用户在移动填充图形时，方便与指定原点对齐；
- 选项：在该选项组中，可根据需要选择图案关联以及相关注释性、孤岛检测等；
- 关闭：退出该功能面板。

下面将举例介绍如何对图形进行图案填充。

Step 01 打开素材文件，执行“图案填充”命令，在“图案”面板中选择ZIGZAG图案，在“特性”面板中设置填充颜色为8，填充角度为45° 比例为10，如图6-84所示。

Step 02 根据命令行提示，拾取填充的内部点，按回车键结束填充操作，效果如图6-85所示。

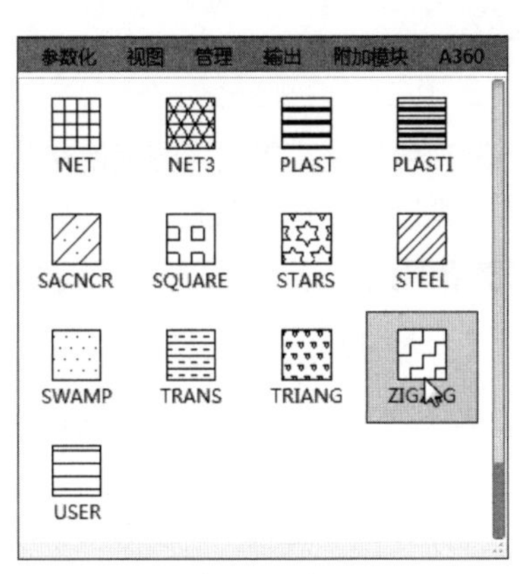

图6-84 选择填充的图案

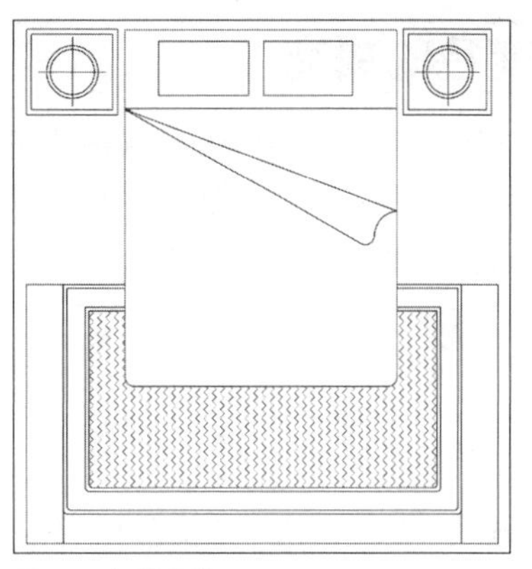

图6-85 填充效果

Step 03 继续执行“图案填充”命令，选择如图6-86所示的图案，设置填充颜色为8，填充图案比例为10，左右两侧的填充角度为0°，下侧的填充角度为90°。

Step 04 填充地毯外围区域，效果如图6-87所示。

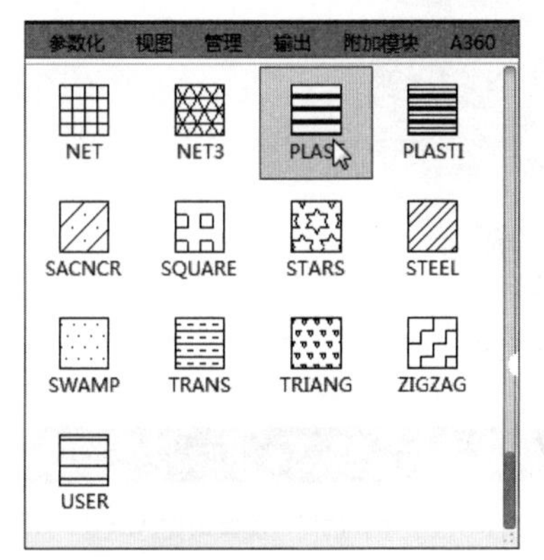

图6-86 选择填充图案

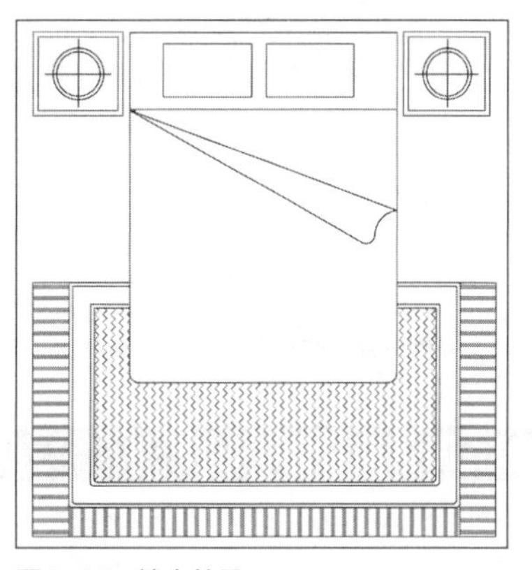

图6-87 填充效果

Step 05 按回车键再次进行“图案填充”操作，选择DASH图案，填充颜色为8，填充图案比例为20，拾取床上部分图形，效果如图6-88所示。

Step 06 按照同样的方法填充枕头图形，执行“删除”命令，删除毛毯的外围直线。至此完成床面图形的填充，效果如图6-89所示。

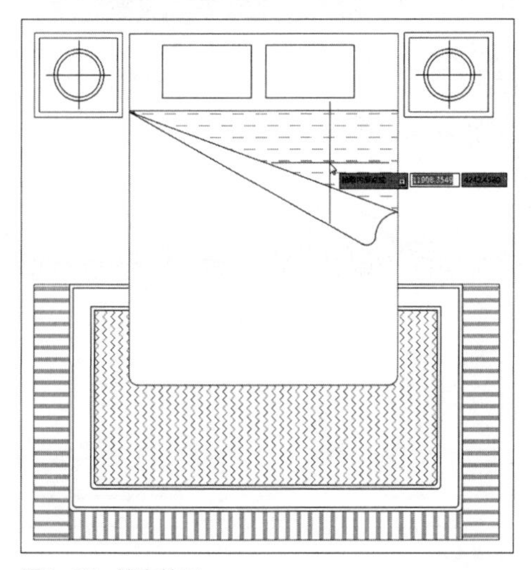

图6-88 填充效果

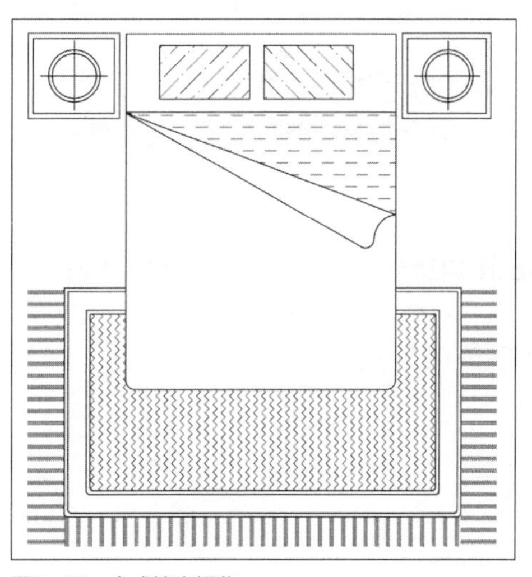

图6-89 完成填充操作

6.6.2 渐变色的填充

在AutoCAD中，除了可对图形进行图案填充外，也可对图形进行渐变色填充。单击“图案填充”下三角按钮，在下拉列表中，选择“渐变色”选项，打开“图案填充创建”选项卡，如图6-90所示。

图6-90 “图案填充创建”选项卡

在“特性”选项卡中，单击“渐变色1”下三角按钮，设置第一种渐变色，再单击“渐变色2”下三角按钮，设置第二种渐变色，选择完成后，可根据需要设置角度以及填充透明度，然后拾取需要填充的内部点，即可显示渐变效果，如图6-91、6-92所示。

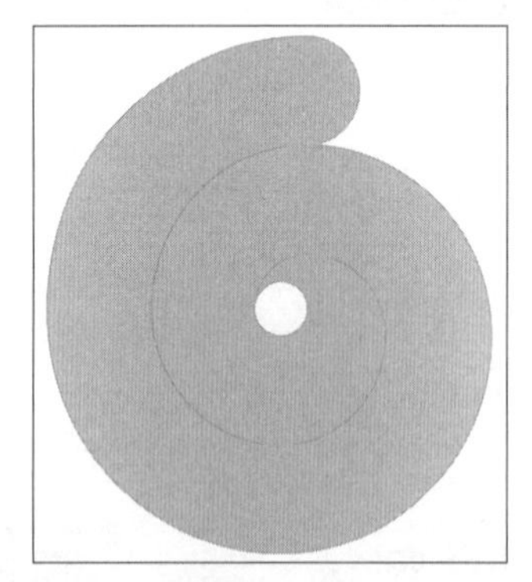

图6-91 未填充状态

图6-92 渐变色填充后状态

工程师点拨：设置渐变色透明度

在进行渐变色填充时，用户可对渐变色进行透明度的设置。选中所需设置渐变色，在“特性”面板中，选择“图案填充透明度”命令，拖动该滑块或在右侧数值框中输入数值即可，数值越大，颜色越透明。

综合实例 —— 绘制床立面组合图形

本章向用户介绍了二维编辑命令的使用方法。下面将结合以上所学的知识，来绘制一个床立面组合图形。其中涉及到的编辑命令有：偏移、复制、镜像、旋转以及修剪等，以及前一章中所介绍的二维图形的绘制命令。

Step 01 启动AutoCAD软件，新建空白文件，执行“直线”命令，绘制一个长宽为2000、420的矩形，如图6-93所示。

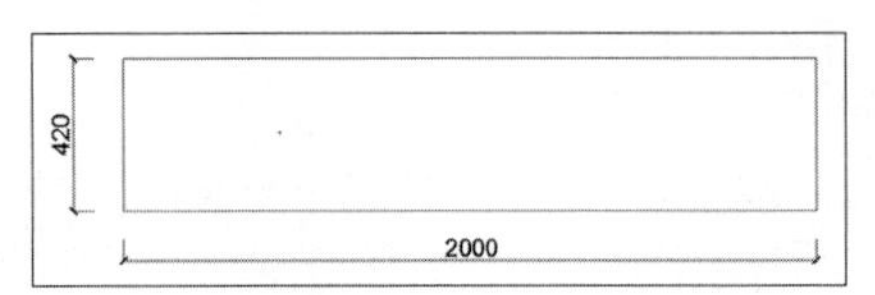

图6-93 绘制矩形

Step 02 执行“偏移”命令，将上侧的线条依次向下偏移160、10、160、10，如图6-94所示。

图6-94 偏移直线

Step 03 在“圆弧”下拉列表中，选择“起点，端点，半径”命令，以矩形上侧的左右两个点作为起点和端点，绘制半径为1330的圆弧，如图6-95所示。

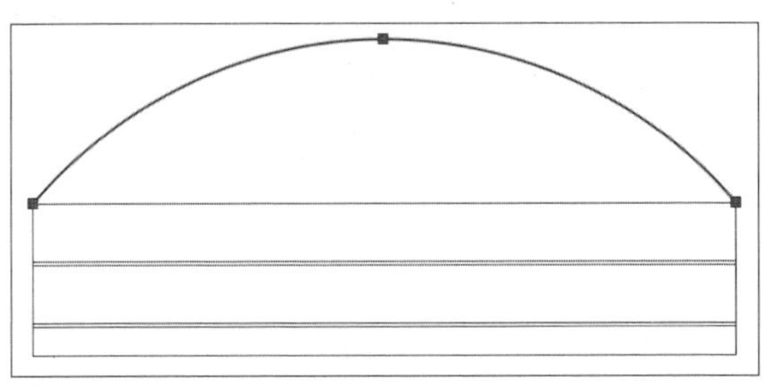

图6-95　绘制圆弧

Step 04 执行“偏移”命令，将上一步绘制的圆弧依次向上偏移20、80、20，效果如图6-96所示。

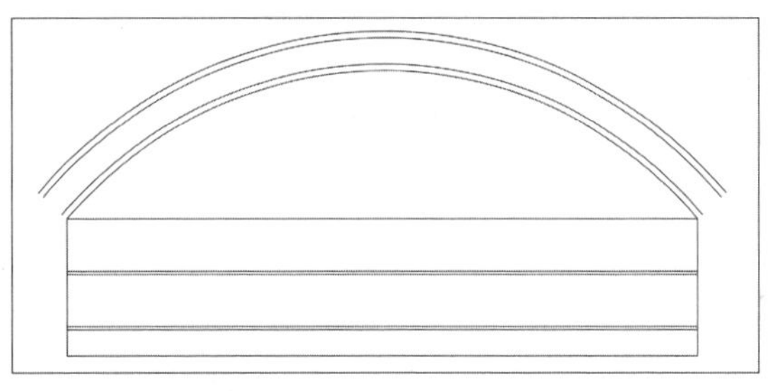

图6-96　偏移圆弧

Step 05 继续绘制圆弧图形，并将半径为280的圆弧向上偏移50，再绘制其他圆弧造型，效果如图6-97所示。

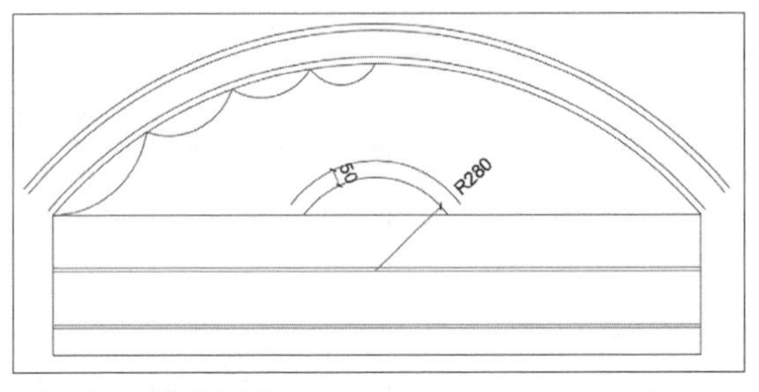

图6-97　继续绘制圆弧

Step 06 执行“直线”和“镜像”命令，继续绘制造型，如图6-98所示。

图6-98　绘制造型

Step 07 执行“直线”命令，绘制一个长为600mm，宽为540mm的矩形，并将其放置于合适位置，作为床头柜立面图形，如图6-99所示。

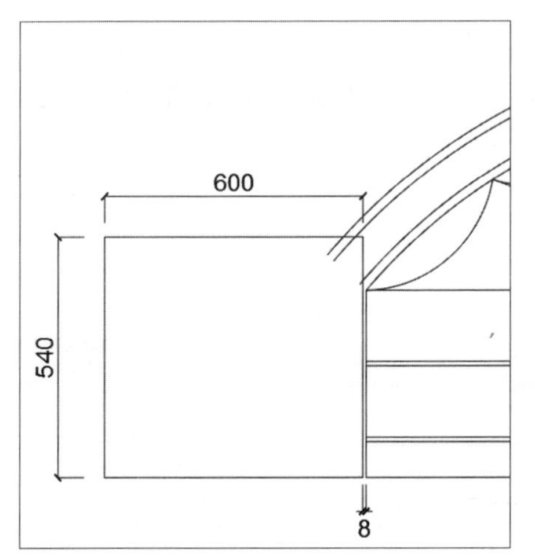

图6-99　绘制床头柜图形

Step 08 执行“偏移”命令，将刚绘制的矩形的上边线向下依次偏移20、150、150和150，然后将左右两侧边线向内偏移20，如图6-100所示。

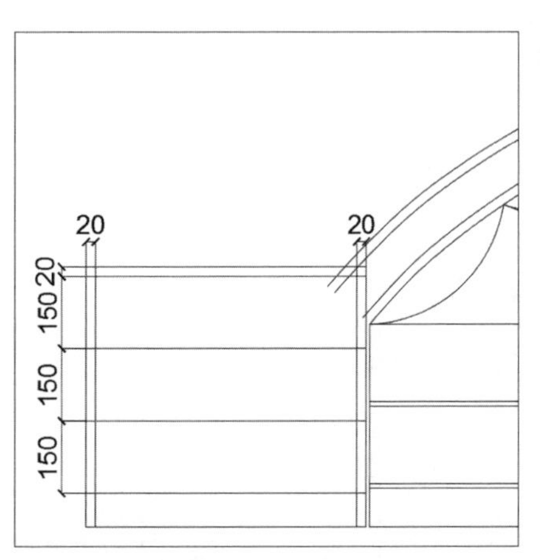

图6-100　偏移直线

Step 09 执行“修剪”命令，剪切多余线条，效果如图6-101所示。

Step 10 依次执行“圆弧”、“样条曲线”、“偏移”和“修剪”等命令，继续绘制床头造型图形，如图6-102所示。

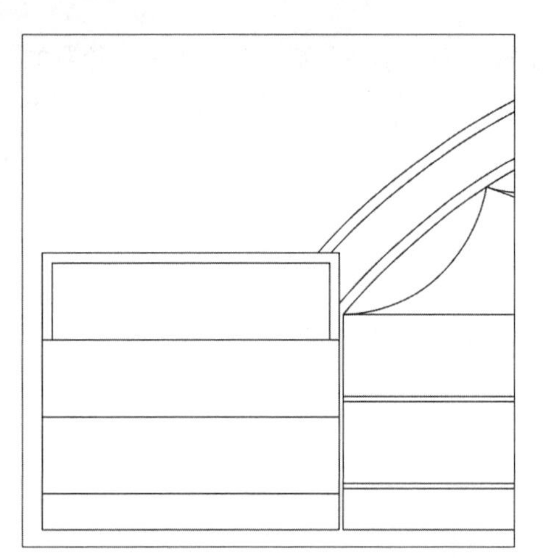

图6-101 修剪图形

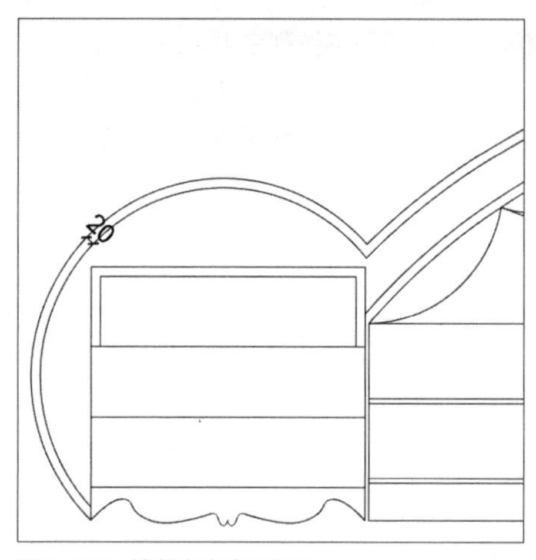

图6-102 绘制床头造型图形

Step 11 执行“直线”和“圆”等命令，绘制床头柜图形，如图6-103所示。

Step 12 执行“直线”命令，绘制床脚图形，如图6-104所示。

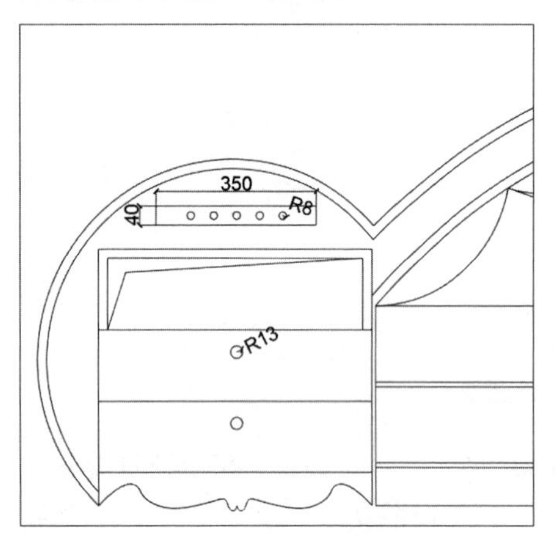

图6-103 绘制床头柜图形

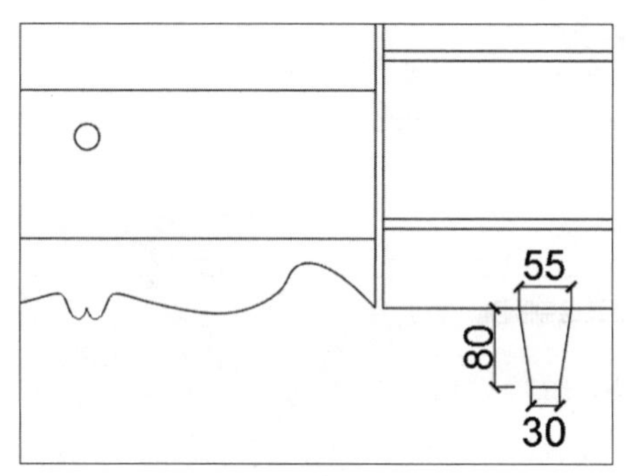

图6-104 绘制床脚图形

Step 13 执行“修剪”命令，修剪床图形，如图6-105所示。

Step 14 执行“镜像”命令，将左侧床头柜及床脚图形以床的中垂线为镜像线进行镜像操作，如图6-106所示。

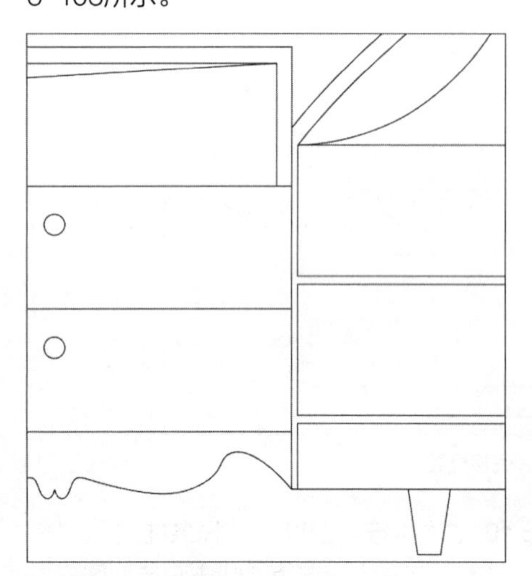

图6-105 修剪图形

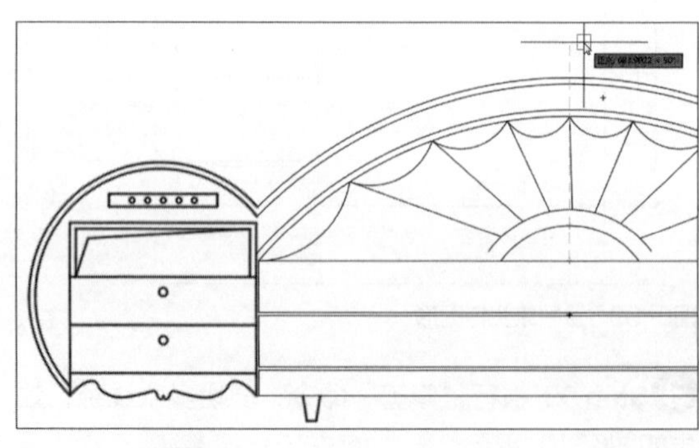

图6-106 镜像命令

Step 15 根据命令行提示保留源对象，完成镜像操作，效果如图6-107所示。

图6-107 镜像效果

Step 16 执行“修剪”、“延伸”等命令，完善图形细节部分，如图6-108所示。

图6-108 修剪图形

Step 17 执行“图案填充”命令，选择BRASS图案，填充颜色为8，填充角度为90°，填充图案比例为8，根据命令行提示拾取内部点，如图6-110所示。

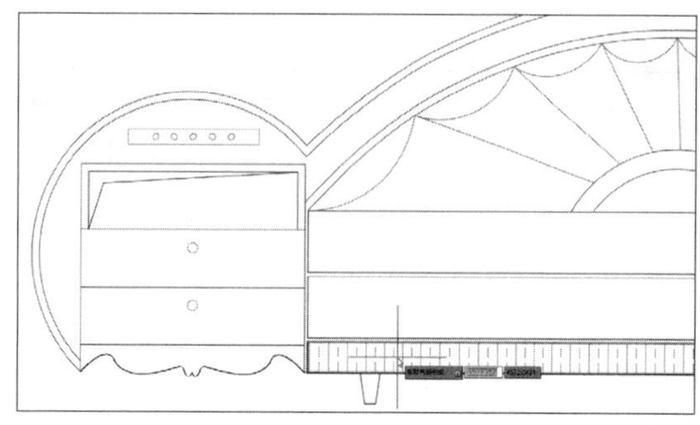

图6-109 图案填充

Step 18 继续执行“图案填充”命令，选择GOST-GLASS图案，填充颜色为8，填充角度为45°，填充图案比例为10，完成其他区域的填充操作，至此完成床立面组合图形的绘制，效果如图6-110所示。

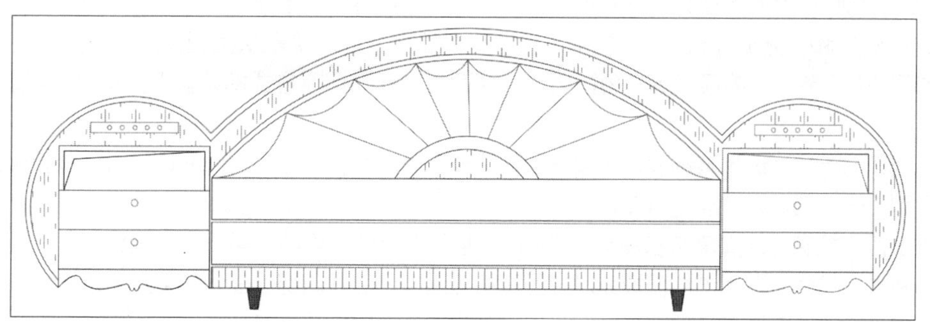

图6-110 完成床立面组合图形的绘制

高手应用秘籍 —— 运用其他填充方式填充图形

在AutoCAD中进行填充操作时，除了使用文章中介绍的两种填充方式外，还有运用其他方式来填充，其中包括边界填充和孤岛填充。下面将分别对其操作方法进行简单介绍。

1. 边界填充

在对图案进行填充时，用户可以通过为对象进行边界定义并指定内部点的操作方式来实现填充效果。在AutoCAD软件中，可通过以下两种方法来创建填充边界。

（1）使用“拾取点”按钮创建

在“图案填充创建”选项卡的“边界”面板中，单击“拾取点”按钮，在图形中指定填充点，按回车键即可完成创建，如图6-111所示。

（2）使用“选择”按钮创建

同样在“图案填充创建”选项卡的“边界”面板中，单击“选择”按钮，在绘图区中，选择所需填充的边界线段，按回车键即可完成创建，如图6-112所示。

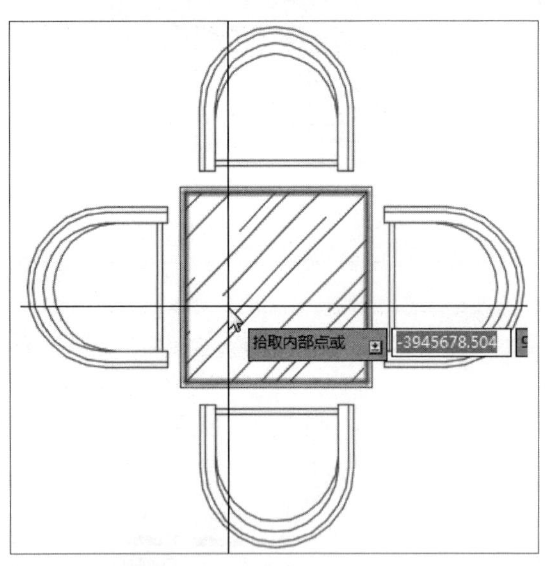

图6-111　取点创建

图6-112　选择边界线创建

2. 孤岛填充

在一个封闭的图形内，还有一个或是多个外封闭的图形，那么在这个封闭图形内的这一个或是多个外图形的填充则称为孤岛填充。该功能分为4种类型，分别为“普通孤岛检测”、“外部孤岛检测”、“忽略孤岛检测”和“无孤岛检测”，其中“普通孤岛检测”为系统默认类型。用户只需在“图案填充创建”选项卡中，单击“选项”下三角按钮，选择适合的孤岛填充方式即可。下面将对4种填充类型进行说明。

- 普通孤岛检测：选择该选项是将填充图案从外向里填充，在遇到封闭的边界时不显示填充图案，遇到下一个区域时才显示填充；
- 外部孤岛检测：选择填充图案向里填充时，遇到封闭的边界将不再填充图案；
- 忽略孤岛检测：选择该选项填充时，图案将铺满整个边界内部，任何内部封闭边界都不能阻止；
- 无孤岛检测：选择该选项则是关闭孤岛检测功能，使用传统填充功能。

秒杀工程疑惑

在进行AutoCAD操作时，用户经常会遇见各种各样的问题，下面将总结一些常见问题进行解答，其中包括：自定义填充操作、填充显示问题、无法偏移对象以及无法修剪对象等问题。

问　题	解　答
如何自定义图案填充？	如果在默认的填充图案无法满足用户需求，用户可自定义填充图案，其方法为：在相关网站中，下载所需填充的图案文件，并将其图案复制到AutoCAD 2018安装目录的“Support”文件夹下面。重新启动AutoCAD 2018软件，执行“图案填充”命令即可查看到加载的填充图案
填充完毕后，为什么无法看到填充图案？	填充好后，如果无法看到填充图案，则说明该图案比例太大，而填充区域又小，所以无法显示。遇到该问题时，用户进行以下2种方法即可解决 1. 选中填充图案，单击“特性>图案>比例”命令，设置合适的填充比例即可 2. 在命令行中输入“MEASUREMENT”并设置其新值为1，在将填充图案比例设置合适的比例值，其后选中填充区域即可
有时在进行填充操作时，为什么总是显示找不到填充边界呢？	这种情况则说明填充区域有缺口，它不是一个完整封闭的区域。此时用户就需要检查该区域的缺口，并将其封闭 如果该填充的区域大而繁琐，则用户可使用“直线”或“多段线”命令，将该区域划分成几小块进行填充即可
为什么使用偏移命令偏移不了对象？	1. 不显示偏移线段有两种原因： 偏移对象太大而偏移的量又太小从而无法显示偏移的线段；偏移对象太小，偏移量太大，使偏移后的对象超出绘图区域，导致无法显示 2. 使用缩放命令显示偏移对象。在命令行中，输入A+空格+Z+空格组合键，可将图形对象全屏显示
为什么使用修剪命令，无法修剪图形？	在操作中，如果出现无法修剪图形的情况，其主要是因为该图形是以图块的形式显示，用户只需将图块分解后，再对其进行修剪命令即可

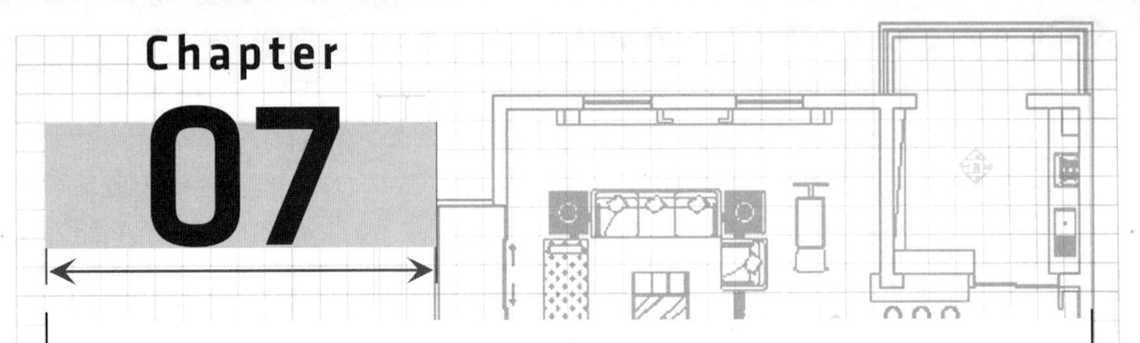

Chapter 07

图块、外部参照及设计中心的应用

在绘制图形时，可以将重复绘制的图形创建成块然后插入到图形中，还可以将已有的图形文件以参照的形式插入到当前图形中（即外部参照），利用设计中心也可插入所需内容。通过对本章内容的学习，使用户能够应用AutoCAD图块和外部参照功能来简化绘图时的操作步骤，从而有效地提高绘图的能力和效率。

01 学完本章您可以掌握如下知识点

1. 图块的创建	★★
2. 图块的插入与编辑	★★
3. 外部参照与设计中心的使用	★★★
4. 动态块的创建与设置	★★★

02 本章内容图解链接

创建内部图块

“设计中心”选项板

7.1 图块的应用

块是一个或多个对象形成的对象集合，经常用于绘制重复、复杂的图形。用户使用任一方法创建的块插入到任何其他图形文件中，使用时可将其作为单一的整体来处理，从而提高设计和绘图效率。

7.1.1 创建图块

创建块是指用户将已有的图形定义成块。用户可以创建新的块，也可以使用设计中心和工具选项板提供的块。如果要定义新的块，用户需要指定块的名称、块中的对象以及块的插入点。插入点是块的基点，在块插入图形时作为放置的参照基点，而定义块之前，首先要有组成块的实体。下面将分别对其创建方法进行介绍。

1. 创建内部图块

内部图块是储存在图形文件内部的，只能在打开该图形文件后使用。在“插入”选项卡的“块定义”面板中，单击“创建块”按钮，打开“块定义”对话框。在该对话框中设置图块名称、基点等内容，完成内部图块的创建。

在命令行中输入B按回车键，也可打开“块定义”对话框。

下面将以创建植物立面图块为例，来介绍具体创建步骤。

Step 01 打开素材文件，执行“创建块”命令，打开“块定义”对话框，在“名称”文本框中输入块名称，单击“基点”选择组中的“拾取点”按钮，如图7-1所示。

图7-1 “块定义”对话框

Step 02 根据命令行提示，在绘图区中指定插入基点，如图7-2所示。

图7-2 指定插入基点

Step 03 返回“块定义”对话框，单击“对象”选择组中的“选择对象”按钮，在绘图区中框选图形，如图7-3所示。

Step 04 选择完成后，按回车键即可返回原对话框，在“设置”选项组中，单击“块单位”下三角按钮，选择“毫米”选项，单击“确定”按钮完成块的创建，如图7-4所示。

图7-3 选择对象

图7-4 完成创建

在“块定义”对话框中，各选项说明如下：

- 名称：该选项用于输入所需创建图块的名称；
- 基点：该选项组用于确定块在插入时的基准点。基点可在屏幕中指定，也可通过拾取点方式指定，当指定完成后，在X、Y、Z的文本框中则可显示相应的坐标点；
- 对象：该选项组用于选择创建块的图形对象。选择对象同样可在屏幕上指定，也可通过拾取点方式指定。单击“选择对象”按钮，可在绘图区中选择对象，此时用户可以选择将图块进行保留、转换成块或删除；
- 方式：该选项组用于指定块的一些特定方式，如注释性、按统一比例缩放、允许分解等；
- 设置：该选项组用于指定图块的单位，其中“块单位”用来指定块参照插入单位，“超链接”可将某个超链接与块定义相关联；
- 说明：该选项可对所定义的块进行必要的说明；
- 在块编辑器中打开：勾选该选项后，则表示在块编辑器中打开当前的块定义。

2. 创建外部图块

写块也是创建块的一种，又叫块存盘，是将文件中的块作为单独的对象保存为一个新文件，被保存的新文件可以被其他对象使用。创建块定义的块只能在当前图纸中应用，以后在绘制图纸当中不能被引用，而写块定义的块可以被无限大量地引用。

外部图块不依赖于当前图形，它可以在任意图形中插入。在“插入”选项卡的“块定义”面板中，单击“写块”按钮，在打开的“写块”对话框中，用户可将对象保存到文件或将块转换为文件。用户也可在命令行中直接输入W按回车键，打开“写块”对话框。

下面将以创建沙发图块为例，介绍创建外部图块的方法。

Step 01 打开素材文件，执行“写块”命令，打开“写块”对话框，单击“基点”选项组中的“拾取点”按钮，如图7-5所示。

Step 02 在绘图区中指定沙发图形下端的中点为外部块的基点，如图7-6所示。

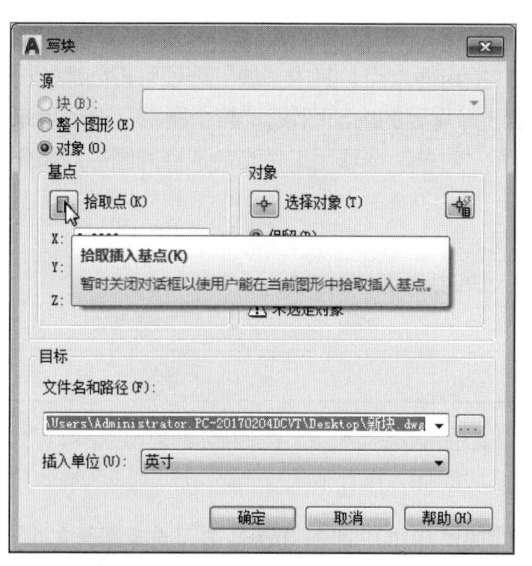

图7-5 “写块”对话框

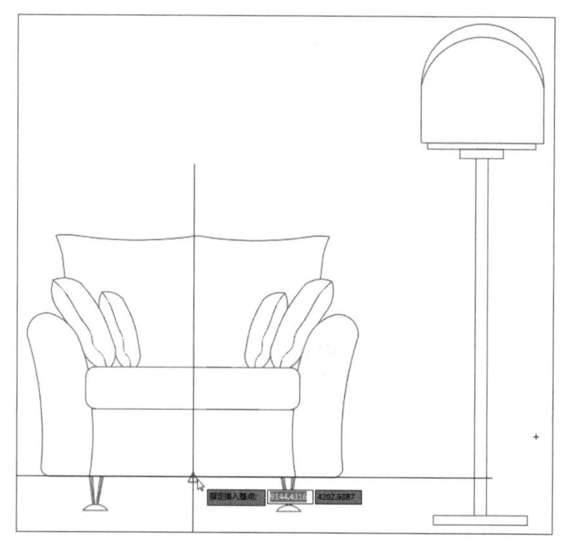

图7-6 指定基点

Step 03 指定完成后自动弹出原对话框，单击“对象”选项组中的“选择对象”按钮，在绘图区中框选沙发图形，如图7-7所示。

图7-7 选择对象

Step 04 按回车键再次打开“写块”对话框，单击“文件名和路径”右侧浏览按钮，打开“浏览图形文件”对话框，在该对话框中输入文件名“沙发”并指定保存路径，单击“确定”按钮，如图7-8所示。

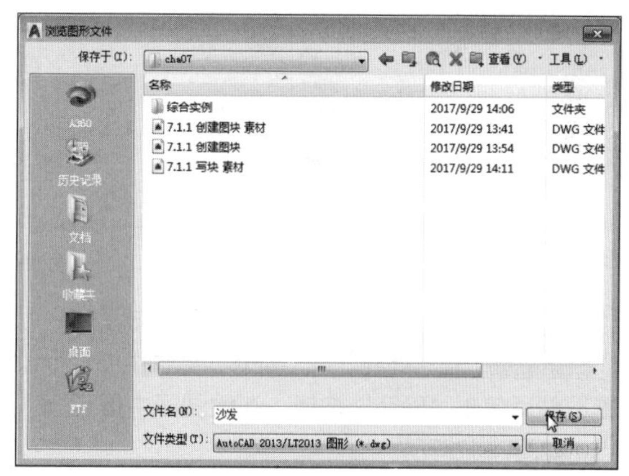

图7-8 “浏览图形文件”对话框

Step 05 再次返回至上一级对话框，将“插入单位”设置为“毫米”，单击“确定”按钮，即可完成外部图块的创建，在保存的路径文件夹中可以查看到该图块，如图7-9所示。

图7-9 完成外部块的创建

“写块”对话框中的各选项说明如下：

- 源：该选项组用来指定块和对象，将其保存为文件并指定插入点。其中“块”选项可将创建的内部图块作为外部图块来保存，用户可从下拉列表中选择需要的内部图块；“整个图形”选项用来将当前图形文件中的所有对象作为外部图块存盘；而“对象”选项用来将当前选择的图形对象作为外部图块存盘。
- 基点：该选项组的作用与“块定义”对话框中的相同。
- 目标：该选项组用来指定文件的名称和路径以及插入块时所用的单位值。

7.1.2 插入图块

插入块是指将图块插入到当前图形中。在插入图块时，必须指定插入点、比例与旋转角度。

下面将以上一个案例中创建的外部图块为例，来介绍图块的插入操作。

Step 01 新建图形文件，在“插入”选项卡的“块”面板中，单击“插入”命令，在列表中选择“更多选项”选项，打开“插入”对话框，如图7-10所示。

图7-10 “插入”对话框

Step 02 单击“浏览”按钮，在“选择图形文件”对话框中，选择之前创建的外部图块，然后单击“打开”按钮，如图7-11所示。

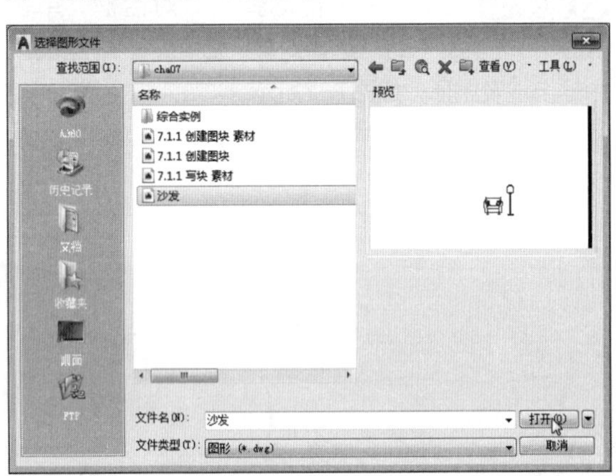

图7-11 选择沙发图块

Step 03 返回“插入”对话框，在该对话框中可以根据需要，在“比例”和“旋转”选项组中进行设置，然后单击“确定”按钮，在绘图区中指定插入点，如图7-12所示。

Step 04 单击即可完成图块的插入操作。

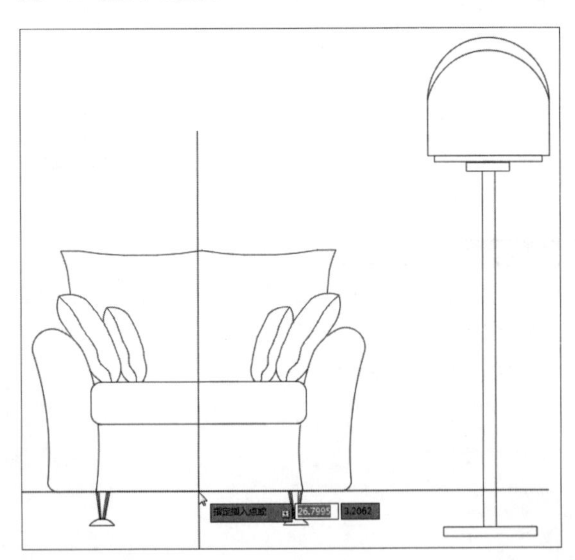

图7-12 指定插入点

"插入"对话框中各选项说明如下：

- 名称：在该选项的下拉列表中可选择或直接输入所插入图块的名称，单击"浏览"按钮，可在打开的对话框中选择所需图块。
- 插入点：该选项用于指定一个插入点以便插入块参照定义的一个副本。若取消"在屏幕上指定"选项，则在X、Y、Z文本框中输入图块插入点的坐标值。
- 比例：该选项组用于指定插入块的缩放比例。
- 旋转：该选项组用于块插入时的旋转角度。其角度无论是正值或负值，都是参照于块的原始位置。若勾选"在屏幕上指定"复选框，表示用户可在屏幕上指定旋转角度。
- 块单位：该选项组用于显示有关图块单位的信息。其中"单位"选项用于指定插入块的INSUNITS值；"比例"选项显示单位比例因子。
- 分解：该选项用于指定插入块时，是否将其进行分解操作。

7.2 图块属性的编辑

块的属性是块的组成部分，是包含在块定义中的文字对象，又不同于一般的文字实体，它用来描述块的某些特征，增强块的通用性，其属性有助于用户快速生成设计项目的信息报表，或者作为一些符号块的可编辑文字对象。

在块定义之前，先定义该块的属性。属性从属于块，它与块组成了一个整体。当删除该块时，包括在块中的属性也被删去，当用CHANGE命令改变块的位置与角度时，它的属性也随之移动和旋转。

7.2.1 创建与附着图块属性

图块的属性包括属性、模式、标记、提示、属性值、插入点和文字设置。在"插入"选项卡的"块定义"面板中单击"定义属性"命令，打开"属性定义"对话框，如图7-13所示。

"属性定义"对话框中各选项说明如下：

- 模式：该选项组主要用于控制块中属性的行为，如属性在图形中是否可见、固定等。其中"不可见"表示插入图块并输入图块的属性值后，该属性值不在图中显示出来；"固定"表示定义的属性值将是常量，在插入块时属性值保持不变；"验证"表示在插入块时系统将对用户输入的属性值等进行校验提示，以确认输入属性值是否正确；"预设"表示在插入块时，将直接默认属性值插入；"锁定位置"表示锁定属性在图块中的位置；"多行"表示将激活"边界宽度"文本框，可设置多行文字的边界宽度。
- 属性：该选项组用于设置图块的文字信息。其中，"标记"用于设置属性的显示标记；"提示"用于设置属性的提示信息；"默认"用于设置默认的属性值。
- 插入点：该选项组用于指定插入属性图块的位置，默认在绘图区中以拾取点的方式来指定。
- 文字设置：该选项组用于对属性值的文字大小、对齐方式、文字样式和旋转角度等参数进行设置。
- 在上一个属性定义下对齐：该选项将属性标记直接置于定义的属性下面。若之前没有创建属性定义，则该选项不可用。

图7-13 "属性定义"对话框

7.2.2 编辑块的属性

插入带属性的块后，可以对已经附着到块和插入图形的全部属性的值及其他特性进行编辑。在“插入”选项卡的“块”面板中单击“编辑属性”命令，选择含有定义属性的块，在打开的“增强属性编辑器”对话框中，选中列表中一个属性后，即可更改该属性值，如图7-14所示。

“增强属性编辑器”对话框中各选项卡说明如下：

- 属性：该选项卡用来显示指定给每个属性的标记、提示和值。其中，标记名和提示信息不能修改，只能更改属性值。
- 文字选项：该选项卡用来设置用于定义属性文字在图形中的显示方式的特性，如图7-15所示。
- 特性：该选项卡用来定义属性所在的图层以及属性文字的线宽、线型和颜色。如果图形使用打印样式，则可使用“特性”选项卡为属性指定打印样式，如图7-16所示。

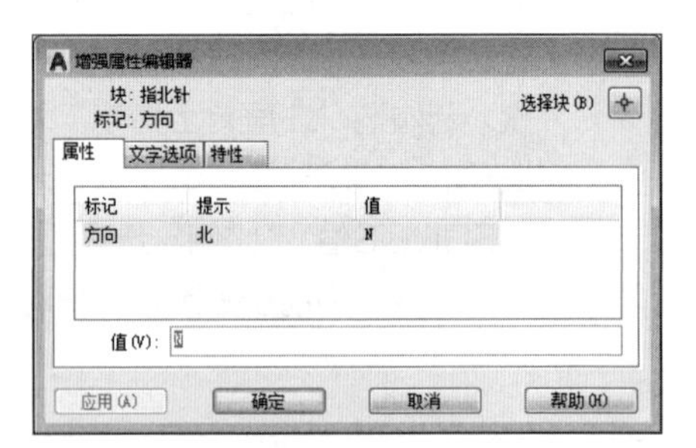

图7-14 “增强属性编辑器”对话框

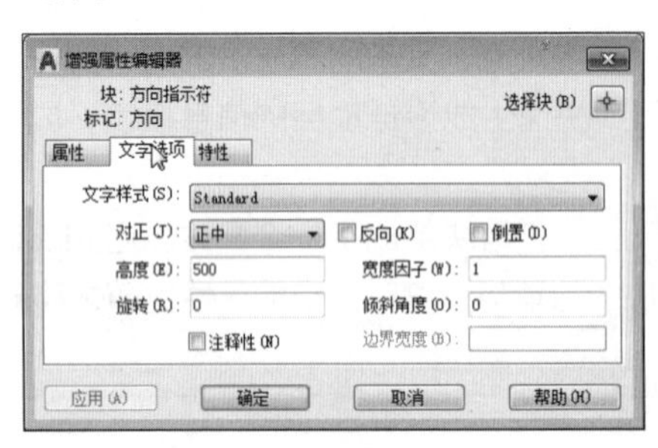

图7-15 “文字选项”选项卡

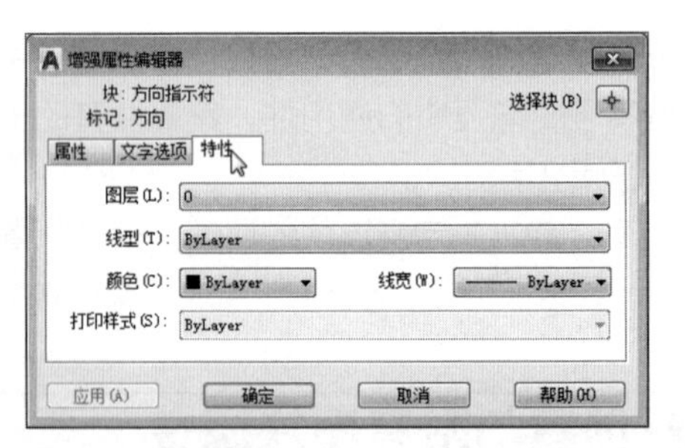

图7-16 “特性”选项卡

下面将以创建指北针图块为例，介绍其具体操作方法。

Step 01 打开素材文件，执行“定义属性”命令，打开“属性定义”对话框，如图7-17所示。

Step 02 在“属性”选项组中的“标记”文本框中输入“方向”，在“提示”文本框中输入“北”，在“默认”文本框中输入“N”，设置文字的对正方式为“正中”，设置“文字高度”为500，如图7-18所示。

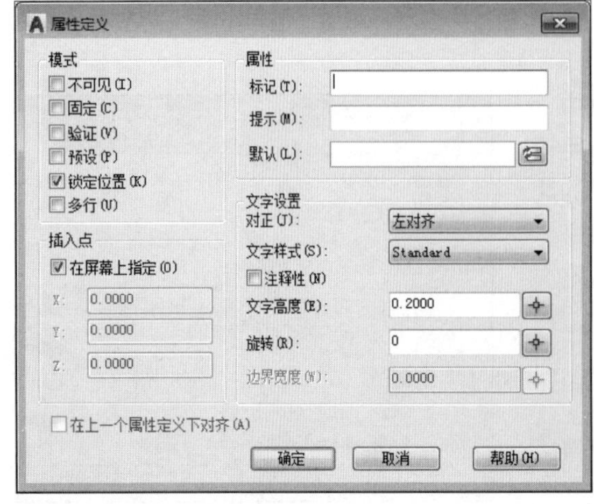

图7-17 “属性定义”对话框

图7-18 设置相关选项

Step 03 设置完成后单击“确定”按钮，其后在绘图区中指定插入点即可，选择合适的位置将其插入完成属性定义操作，如图7-19所示。

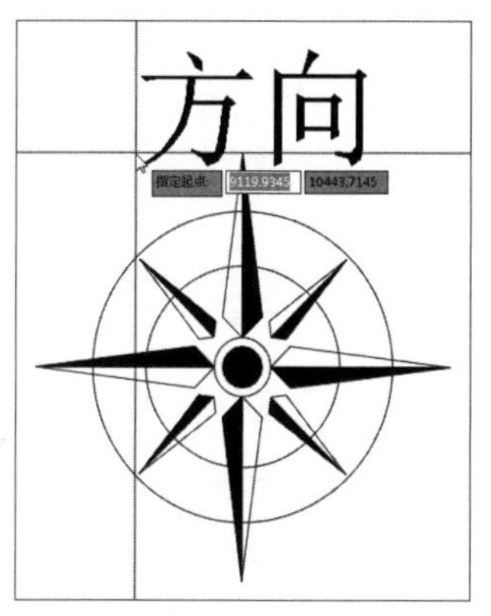

图7-19 指定插入点

Step 04 执行“创建块”命令，在打开的“块定义”对话框中，输入“名称”为指北针，并单击“拾取点”按钮，指定指北针图块的基点，如图7-20所示。

图7-20 指定插入基点

Step 05 指定完成后单击“选择对象”按钮，选择图形对象，7-21所示。

图7-21 选择对象

Step 06 按回车键完成对象选择，返回至上一级对话框，将“块单位”设置为毫米，单击“确定”按钮，如图7-22所示。

图7-22 单击“确定”按钮

Step 07 系统自动弹出“编辑属性”对话框，输入方向名称，单击“确定”按钮即可完成创建，如图7-23所示。

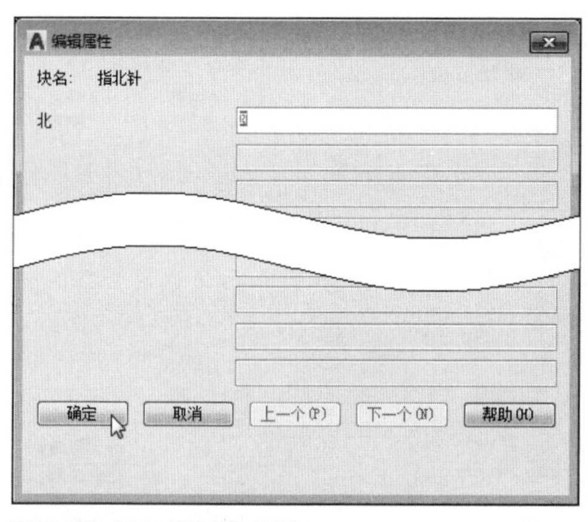

图7-23 单击“确定”按钮

Step 08 执行“插入”命令，选择创建的指北针图块，单击“确定”按钮，如图7-24所示。

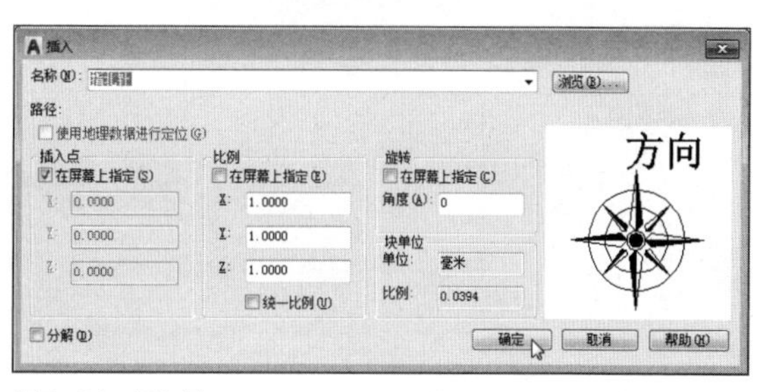

图7-24 插入块

Step 09 在绘图区中指定插入点，根据命令行提示，输入所需内容单击“确定”按钮，即可完成插入。双击图块，打开“增强属性编辑器”对话框，如图7-25所示。

图7-25 “增强属性编辑器”对话框

Step 10 在“属性”选项卡的“值”的文本框中输入属性值，“特性”选项卡的“颜色”设置为“红”，如图7-26所示。

图7-26 设置参数

Step 11 单击“确定”按钮，完成属性更改，效果如图7-27所示。

图7-27 更改属性效果

7.2.3 提取属性数据

在AutoCAD中用户可在一个或多个图形中查询属性图块的属性信息，并将其保存到当前文件或外部文件，下面介绍其具体操作步骤。

Step 01 打开所需图形文件，在“插入”选项卡的“链接和提取”面板中，单击“数据提取”按钮，打开“数据提取”对话框，如图7-28所示。

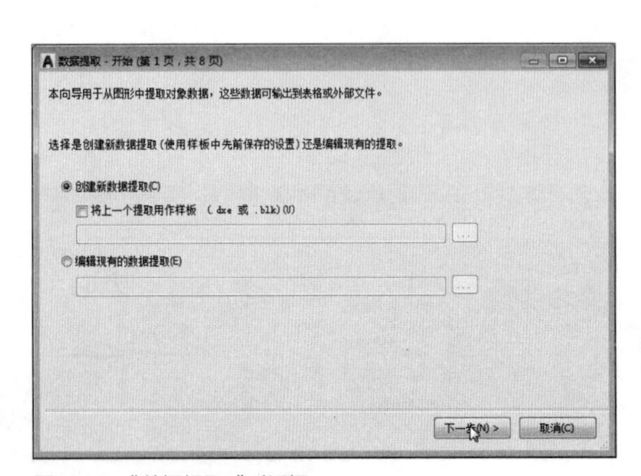

图7-28 “数据提取“对话框

Step 02 单击“创建新数据提取”单选按钮，单击“下一步”按钮，打开“将数据提取另存为”对话框，设置保存路径及保存名称，单击“保存”按钮，如图7-29所示。

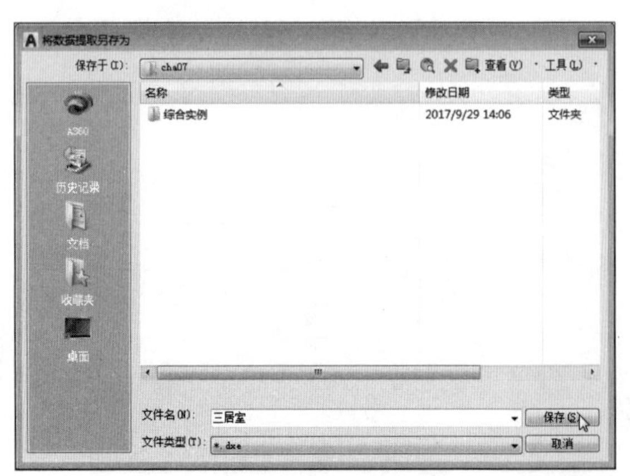

图7-29 “将数据提取另存为”对话框

Step 03 在“数据提取－定义数据源”对话框中，单击“图形／图纸集”单选按钮并勾选“包括当前图形”复选框，单击“下一步”按钮，如图7-30所示。

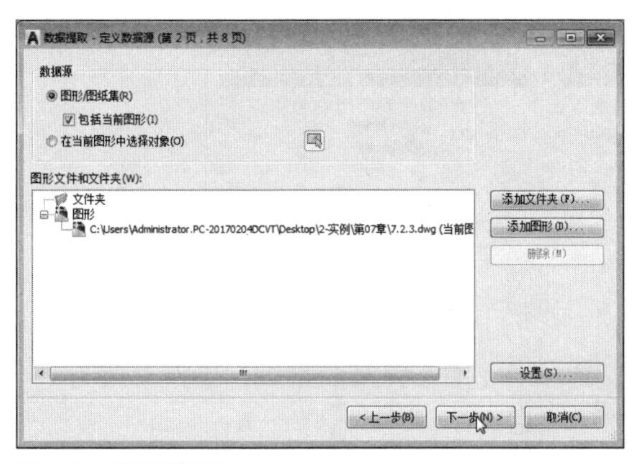

图7-30 设置数据源

Step 04 稍等片刻，加载完成后在“数据提取-选择对象”对话框中，勾选全部对象，单击“下一步”按钮，如图7-31所示。

图7-31 选择全部对象

Step 05 打开“数据提取-选择特性”对话框，从中根据需要勾选要显示的特性复选框，单击“下一步”按钮，如图7-32所示。

图7-32 选择显示的特性

Step 06 打开“数据提取-优化数据”对话框，从中单击“下一步”按钮，开始进行数据提取，如图7-33所示。

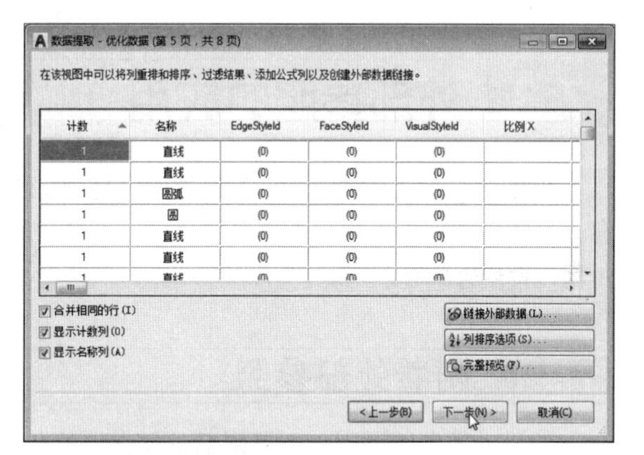

图7-33 进行数据提取

Step 07 更新完成后打开“数据提取-选择输出”对话框，勾选“将数据输出至外部文件”复选框，如图7-34所示。

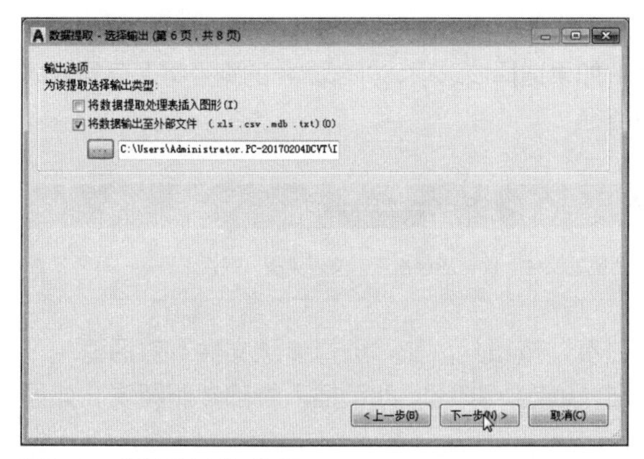

图7-34 “选择输出”对话框

Step 08 单击“浏览”按钮，在“另存为”对话框中，设置文件名及路径，如图7-35所示。

图7-35 “另存为”对话框

Step 09 设置完成后单击“保存”按钮返回上一对话框，从中单击“下一步”按钮，打开“完成”对话框，单击“完成”按钮，如图7-36所示。

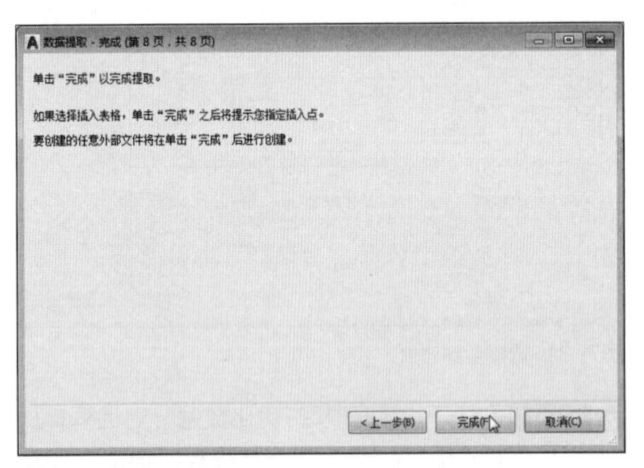

图7-36 完成数据提取

Step 10 启动Excel软件，在所保存路径中打开提取的块属性文件，从中即可看到所提取的数据信息，如图7-37所示。

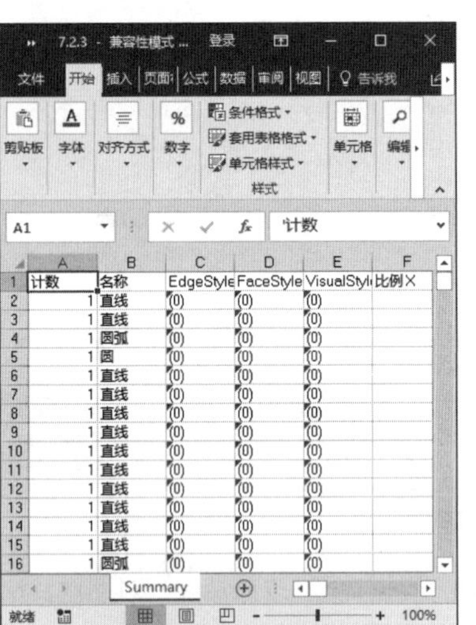

图7-37 查看数据信息

7.3 外部参照的应用

外部参照是指在绘制图形的过程中，将其他图形以块的形式插入，并且可以作为当前图形的一部分。在绘制图形时，如果需要参照其他图形或者图像进行绘图，又不希望占用太多的存储空间，这时就可以使用外部参照功能。

7.3.1 附着外部参照

使用外部参照图形，就要附着外部参照文件。外部参照的类型共分为3种，分别为“附着型”、“覆盖型”以及“路径类型”。

- 附着型：在图形中附着附加型的外部参照时，若其中嵌套有其他外部参照，则嵌套的外部参照包含在内；
- 覆盖型：在图形中附着覆盖型外部参照时，任何嵌套在其中的覆盖型外部参照都将被忽略，而且本身也不显示；
- 路径类型：设置是否保存外部参照的完整路径。如果选择该选项，外部参照的路径将保存到数据库中，否则只保存外部参照的名称而不保存其路径。

工程师点拨：选择外部参照文件

打开“选择参照文件”对话框选择文件时，发现指定的路径里没有所需的文件，此时应该检查“文件类型”是否正确。

在“插入”选项卡的“参照”面板中，单击“附着”按钮，在“选择参照文件”对话框中，选择参照文件，在“附着外部参照”对话框中，单击“确定”按钮，即可插入外部参照图块，如图7-38、7-39所示。

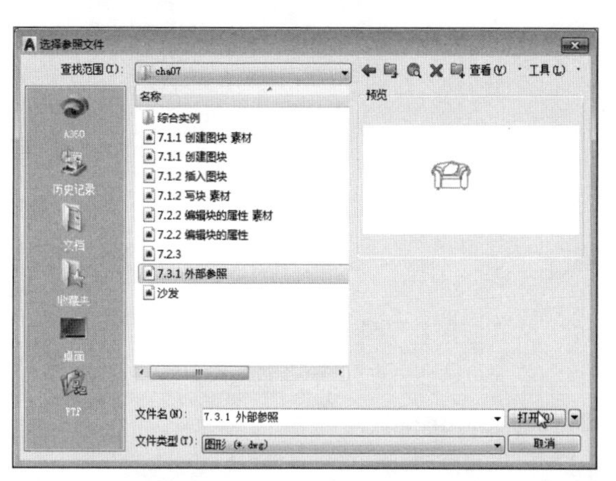
图7-38 选择参照文件

图7-39 插入外部参照图块

“附着外部参照”对话框中各选项说明如下：

- 预览：该显示区域用于显示当前图块；
- 参照类型：用于指定外部参照是“附着型”还是“覆盖型”，默认设置为“附着型”；
- 比例：用于指定所选外部参照的比例因子；
- 插入点：用于指定所选外部参照的插入点；
- 路径类型：用于指定外部参照的路径类型，包括完整路径、相对路径或无路径。若将外部参照指定为“相对路径”，需先保存当前文件；
- 旋转：用于指定外部参照的旋转角度；
- 块单位：用于显示图块的尺寸单位；
- 显示细节：单击该按钮，可显示“位置”和“保存路径”两选项，“位置”用于显示附着的外部参照的保存位置；“保存路径”用于显示定位外部参照的保存路径，该路径可以是绝对路径（完整路径）、相对路径或无路径。

下面将举例介绍如何插入附着外部参照图块的操作方法。

Step 01 打开素材文件，执行“附着”命令，在打开的“选择参照文件”对话框中，选择所需图块，这里选择“装饰画”图形，单击“打开”按钮，如图7-40所示。

Step 02 在“附着外部参照”对话框中，根据需要设置图块比例、插入点或路径类型等选项，在此设置为默认值，单击“确定”按钮，如图7-41所示。

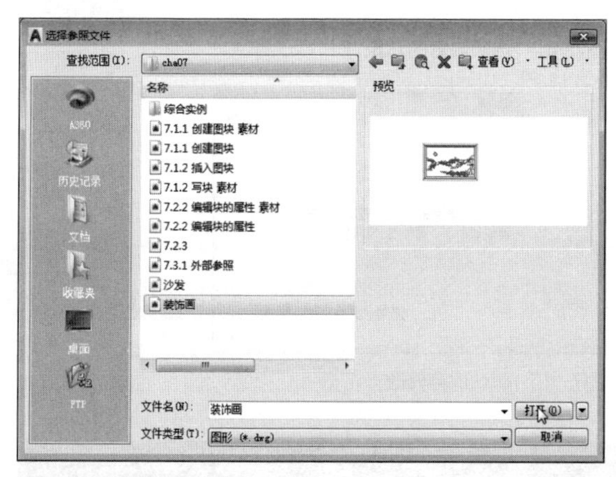
图7-40 选择图块文件

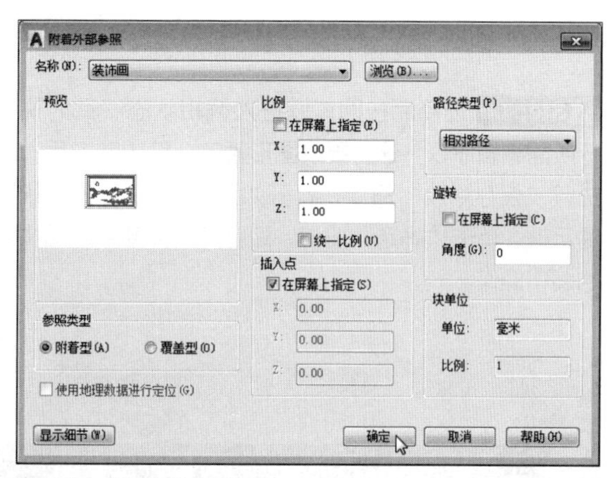
图7-41 设置图块相关选项

Step 03 在绘图区中，指定该图块的插入点，指定完成后，可以再将其进行移动至满意位置，效果如图7-42所示。从图中可以看出，插入的图块以灰色显示。

图7-42 完成附着操作

Step 04 插入完成后，用户也可对参照的图块进行编辑设置。选中外部参照图块，在功能区中会显示“外部参照”选项卡，在“编辑”面板中，单击“在位编辑参照”按钮，打开“参照编辑”对话框，在“参照名”列表框中，选择所需编辑图块的选项，选中“提示选择嵌套的对象”单选按钮，如图7-43所示。

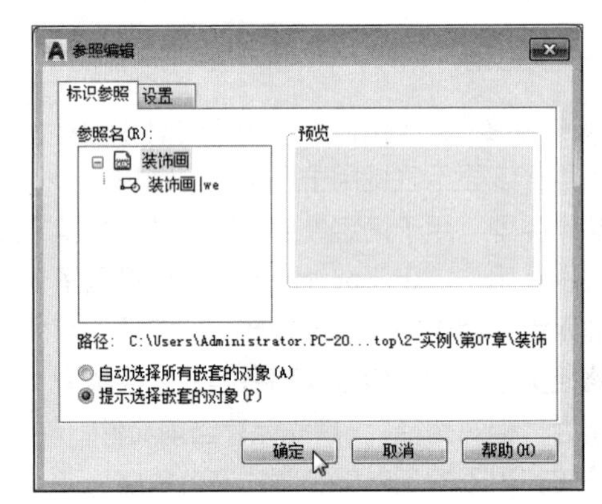

图7-43 “参照编辑”对话框

Step 05 单击“确定”按钮，在绘图区中选择嵌套的对象，如图7-44所示。

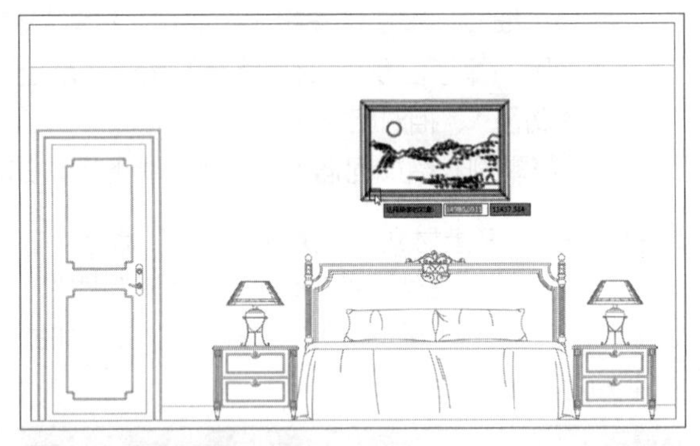

图7-44 选额嵌套的对象

Step 06 选择后按回车键进入编辑状态，此时执行所需编辑命令，这里更改图形颜色。编辑完成后，执行“保存修改”命令，打开如图7-45所示的系统提示框，单击“确定”按钮，即可完成外部参照图快的编辑操作。

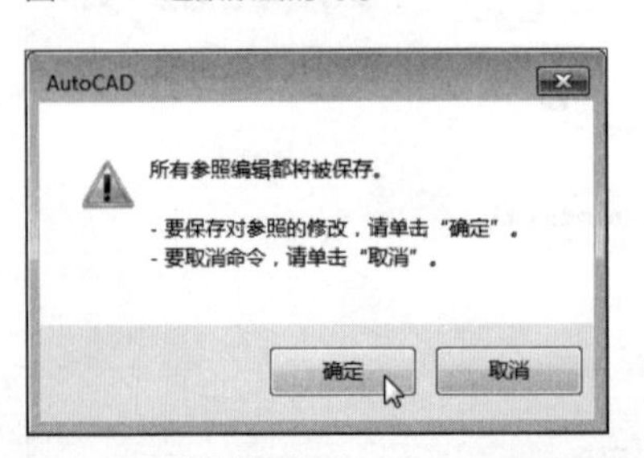

图7-45 确认保存修改

工程师点拨：不能编辑打开的外部参照

在编辑外部参照的时候，外部参照文件必须处于关闭状态，如果外部参照处于打开状态，程序会提示图形上已存在文件锁。保存编辑外部照后的文件，外部参照也会随着一起更新。

7.3.2 管理外部参照

用户可利用参照管理器对外部参照文件进行管理，如查看附着到DWG文件的文件参照，或者编辑附件的路径。参照管理器是一种外部应用程序，使用户可以检查图形文件可能附着的任何文件。

执行“开始>所有程序>Autodesk>AutoCAD 2018-简体中文（Simplified Chinese）>参照管理器”命令，打开“参照管理器”对话框，如图7-46所示。执行“文件>添加图形”命令，打开“添加图形”对话框，选择需要添加的图形文件，单击“打开”按钮即可，如图7-47所示。根据系统提示，选择自动添加所有外部参照选项后，系统将会在“参照管理器”中显示该图形所有的参照图快，如图7-48所示。

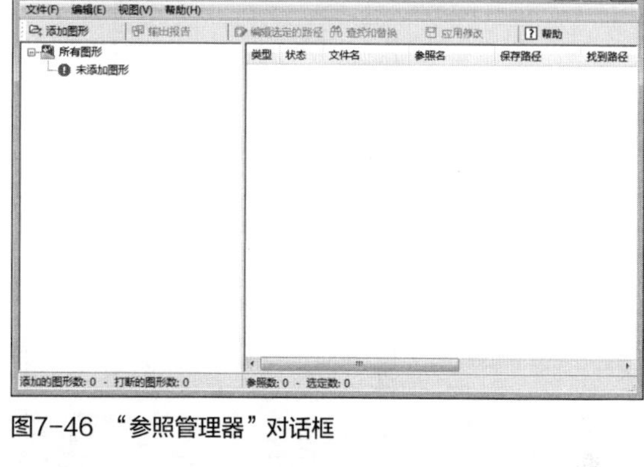

图7-46 “参照管理器”对话框

图7-47 选择相关选项

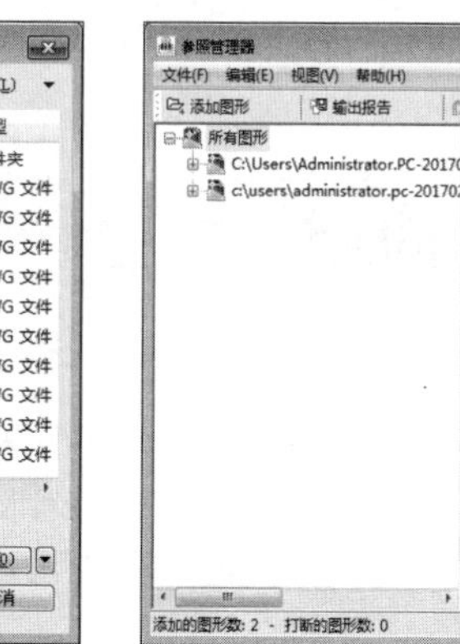

图7-48 显示所有参照图块

工程师点拨：外部参照与块的主要区别

插入块后，该图块将永久性的插入到当前图形中，成为图形的一部分；以外部参照方式插入的图块，被插入图形文件的信息不直接加入到当前图形中，当前图形只记录参照的关系。另外，对当前图形的操作不会改变外部参照文件的内容。

7.3.3 绑定外部参照

在对包含外部参照图块的图形进行保存时，有两种保存方式，一种是将外部参照图块与当前图形一起保存，另一种是将外部参照图块绑定至当前图形。如果选择第一种方式的话，其要求是参照图块与图形始终保持在一起，对参照图块的任何修改持续反映在当前图形中。为了防止修改参照图块时更新归档图形，通常将外部参照图块绑定到当前图形。

绑定外部参照图块到图形上后，外部参照将成为图形中固有的一部分，不再是外部参照文件了。

选择外部参照图形，在“外部参照”选项卡的“选项”面板中，单击“外部参照”按钮，在打开的“外部参照”选项板中，选中外部参照文件，单击鼠标右键，在快捷菜单中选择“绑定”选项，如图7-49所示。在打开的对话框中选择绑定类型，单击“确定”按钮即可，如图7-50所示。

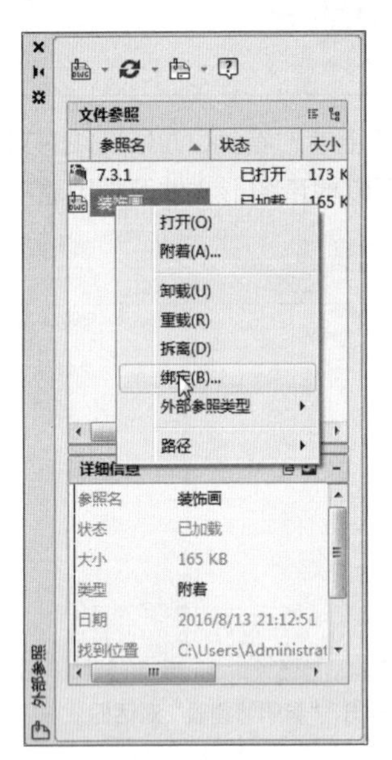

图7-49 选择“绑定”选项

图7-50 选择绑定类型

7.4 设计中心的应用

AutoCAD设计中心是重复利用和共享内容的一个直观高效的工具，它提供了浏览和更新设计内容的强大工具，图形中任何内容几乎都可通过设计中心实现共享。利用设计中心，不仅可以浏览、查找、预览和管理AutoCAD图形、图块、外部参照及光栅图形等不同的资源文件，还可以通过简单的拖放操作，将本计算机、局域网或Internet上的图块、图层、外部参照等内容插入到当前图形文件中。

7.4.1 启动设计中心功能

在AutoCAD中启动设计中心的方法有3种，下面将分别对其进行介绍。

1. 使用功能区命令启动

在“视图”选项卡的“选项板”面板中，单击“设计中心”按钮▦，打开“设计中心”选项板，用户可控制设计中心的大小、位置和外观，也可根据需要进行插入、搜索等操作。

2. 使用菜单栏命令启动

在菜单栏中，执行“工具>选项板>设计中心”命令，同样也可打开该选项板。

3. 使用命令行操作

在命令行中直接输入ADCENTER按回车键，即可打开该选项板。

“设计中心”选项板被分为两部分，左侧为树状图，在此可浏览内容的源。右侧为内容显示区，在此显示文件的所有内容，如图7-51所示。

图7-51 “设计中心”选项板

在“设计中心”选项板的工具栏中，控制了树状图和内容区中信息的浏览和显示。下面将分别进行简要说明。

- 加载：单击“加载”按钮将弹出“加载”对话框，通过对话框选择预加载的文件。
- 上一页：单击“上一页”按钮可以返回到前一步操作。如果没有上一步操作，则该按钮呈未激活的灰色状态，表示该按钮无效。
- 下一页：单击“下一页”按钮可以返回到设计中心中的下一步操作。如果没有下一步操作，则该按钮呈未激活的灰色状态，表示该按钮无效。
- 上一级：单击该按钮将会在内容窗口或树状视图中显示上一级内容、内容类型、内容源、文件夹、驱动器等内容。
- 搜索：单击该按钮提供类似于Windows的查找功能，使用该功能可以查找内容源、内容类型及内容等。
- 收藏夹：单击该按钮用户可以找到常用文件的快捷方式图标。
- 主页：单击“主页”按钮将使设计中心返回到默认文件夹。安装时设计中心的默认文件夹被设置为“…\Sample\DesignCenter”。用户可以在树状结构中选中一个对象，右击该对象后在弹出的快捷菜单中选择“设置为主页”命令，即可更改默认文件夹。
- 树状图切换：单击“树状图切换”按钮可以显示或者隐藏树状图。如果绘图区域需要更多的空间，用户可以隐藏树状图。树状图隐藏后可以使用内容区域浏览器加载图形文件。在树状图中使用“历史记录”选项卡时，“树状图切换”按钮不可用。
- 预览：用于实现预览窗格打开或关闭的切换。如果选定项目没有保存的预览图像，则预览区域为空。
- 视图：确定控制板所显示内容的不同格式，用户可以从视图列表中选择一种视图。

在“设计中心”选项板中，选项卡不同时其树状图略有不同，根据不同用途可分为文件夹、打开的图形和历史记录三个选项卡。下面将分别对其用途进行说明。

- 文件夹：该选项卡用于显示导航图标的层次结构。选择层次结构中的某一对象，在内容窗口、预览窗口和说明窗口中将会显示该对象的内容信息。利用该选项卡还可以向当前文档中插入各种内容，如图7-52所示。
- 打开的图形：该选项卡用于在设计中心显示在当前绘图区中打开的所有图形，其中包括最小化图形。选中某文件选项，可查看到该图形的有关设置，例如图层、线型、文字样式、块、标注样式等，如图7-53所示。
- 历史记录：该选项卡显示用户最近浏览的AutoCAD图形。显示历史记录后在文件上右击，在弹出的快捷菜单中选择“浏览”选项可以显示该文件的信息，如图7-54所示。

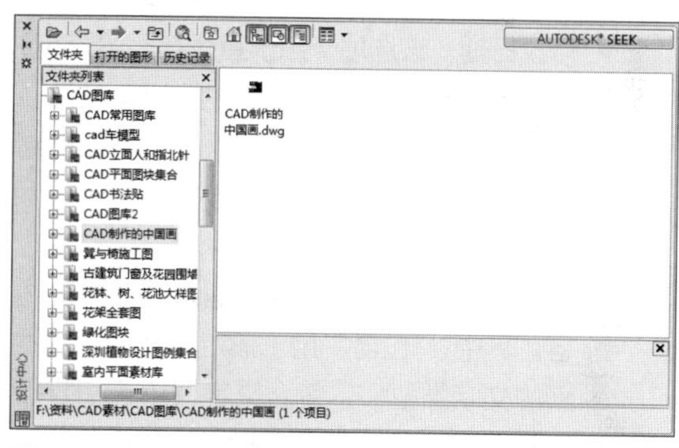

图7-52 “文件夹”选项卡

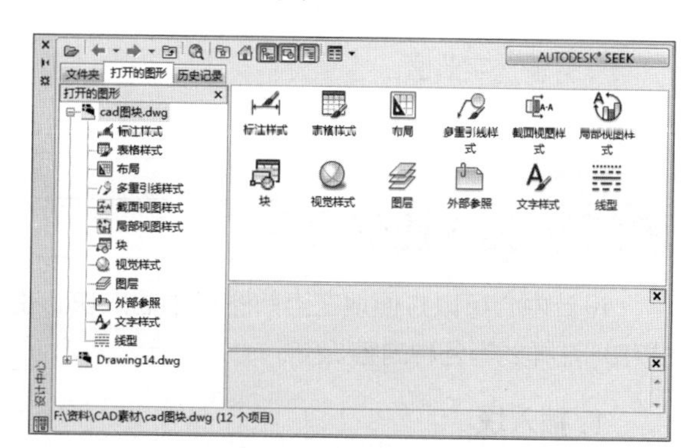

图7-53 “打开的图形”选项卡

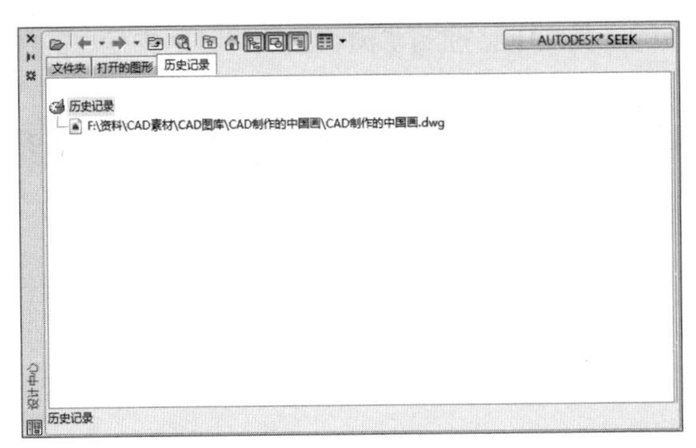

图7-54 “历史记录”选项卡

7.4.2 图形内容的搜索

“设计中心”的搜索功能与Windows的查找功能相似，它可在本地磁盘或局域网中的网络驱动器上按指定搜索条件在图形中插入图形、块和非图形对象。

执行“工具>选项板>设计中心”命令，打开“设计中心”选项板，单击“搜索”按钮，在“搜索”对话框中，单击“搜索”下拉按钮，选择搜索类型，其后指定搜索路径，根据需要设定搜索条件，单击“立即搜索”按钮即可，如图7-55所示。

下面将对“搜索”对话框中选项卡进行说明。

- 图形：该选项卡用于显示与“搜索”列表中指定的内容类型相对应的搜索字段。其中“搜索文字”用来指定要在字段中搜索的字符串。使用“*”或“？”通配符可扩大搜索范围；而“位于字段”用来指定要搜索的特性字段。
- 修改日期：该选项卡用于查找在一段特定时间内创建或修改的内容。其中“所有文件”用来查找满足其他选项卡上指定条件的所有文件，不考虑创建或修改日期；“找出所有已创建的或已修改的文件”用于查找在特定时间范围内创建或修改的文件。
- 高级：该选项卡用于搜索插入图形中的内容。其中，“包含”用于指定要在图形中搜索的文字类型；“包含文字”用于指定搜索的文字；“大小”用于指定文件大小的最小值或最大值，选择“至少”或“至多”并输入字节值。

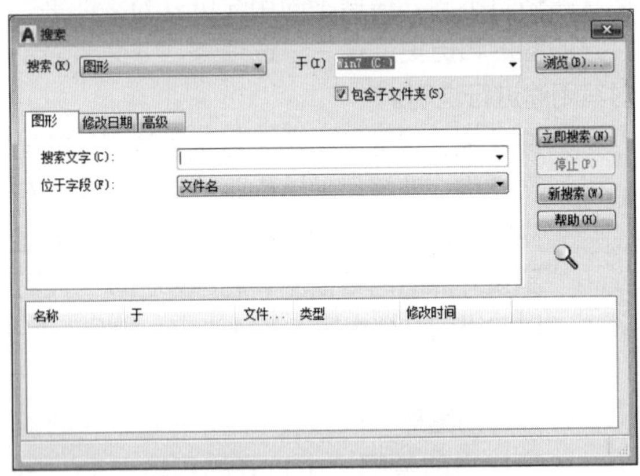

图7-55 “搜索”对话框

7.4.3 插入图形内容

设计中心可以方便地在当前图形中插入块，引用光栅图像或在图形之间复制图层、线型、文字样式和标注样式等各种内容。

1. 插入块

设计中心提供了两种插入块的方法，一种为按默认缩放比例和旋转角度的方式进行操作，而另一种是指定位置坐标、缩放比例和旋转角度的方式。

使用设计中心执行插入块时，首先选中要插入的图块，然后按住鼠标左键，将其拖至绘图区中释放鼠标即可，最后调整图形的缩放比例以及位置。

用户也可在“设计中心”选项板中，右击需插入的图块，在快捷列表中选择“插入为块”选项，在“插入”对话框中，根据需要指定插入点、插入比例等参数，最后单击“确定”按钮即可，如图7-56、7-57所示。

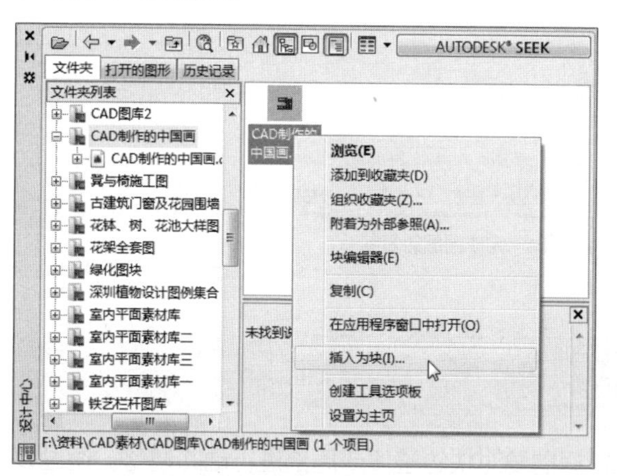

图7-56 选择“插入为块”选项

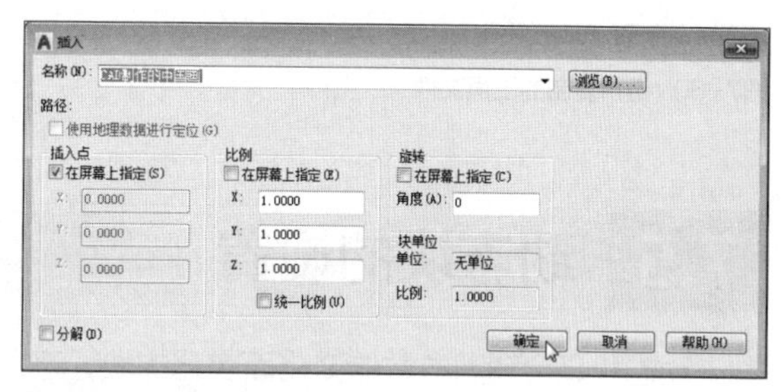

图7-57 设置插入参数

2. 引用光栅图像

在AutoCAD中除了可向当前图形插入块，还可以将数码照片或其它抓取的图像插入到绘图区中，光栅图像类似与外部参照，需按照指定的比例或旋转角度插入。

在“设计中心”选项板左侧树状图中指定图像的位置，其后在右侧内容区域中右击所需图像，在快捷列表中选择“附着图像”选项，在“附着图像”对话框中根据需要设置插入点、缩放比例等参数，最后单击“确定”按钮，在绘图区中指定插入点即可，如图7-58、7-59所示。

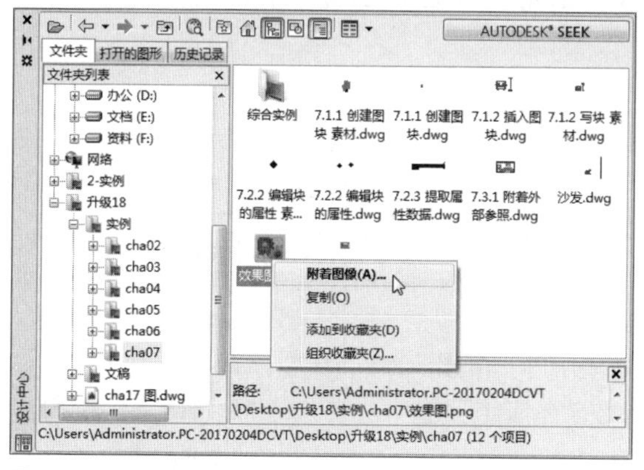

图7-58 选择图像

图7-59 设置插入参数

3. 复制图层

使用设计中心进行复制图层时，只需使用设计中心将预先定义好的图层拖放至新文件中即可。这样即节省了大量的作图时间，又能保证图形标准的要求，也保证了图形间的一致性。按照同样的操作还可将图形的线型、尺寸样式、布局等属性进行复制操作。

用户只需在“设计中心”面板左侧树状图中，选择所需图形文件，切换至“打开的图形”选项卡，选择“图层”选项，其后在右侧内容显示区中选中所有的图层文件，按住鼠标左键并将其拖至新的空白文件中，最后放开鼠标即可。此时在该文件中，执行“图层特性”命令，在打开的“图层特性管理器”选项板中，可显示所复制的图层，如图7-60、7-61所示。

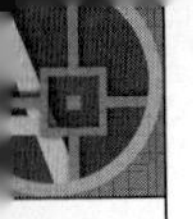

图7-60 选择复制的图层文件

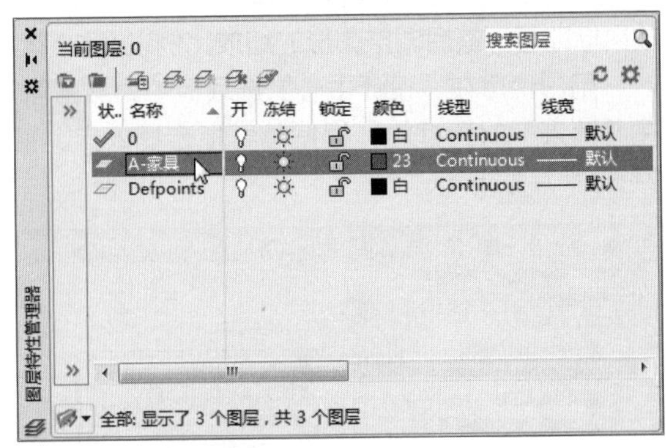

图7-61 完成图层的复制

7.5 动态块的设置

动态块是会随着参数的变化而变化的块，可以根据需要对块的整体或局部进行动态调整。通过参数和动作的配合，用户可以轻松地对块执行移动、缩放、拉伸、翻转、阵列和查询等各种各样的动态功能。

7.5.1 使用参数

向动态块添加参数，定义块的自定义特性，指定几何图形在块中的位置、距离和角度等。在“插入”选项卡的“块定义”面板中，单击“块编辑器”按钮，打开“编辑块定义”对话框，选择所需定义的块选项后单击“确定”按钮，打开“块编写选项板”选项板，如图7-62所示。

下面将对该选项卡中相关参数进行说明。

- 点：在图形中定义一个X和Y位置。在块编辑器中，外观类似于坐标标注。
- 线性：用于显示两个目标点之间的距离，约束夹点沿预置角度进行移动。
- 极轴：用于显示两个目标点之间的距离和角度，可以使用夹点和“特性”选项板来共同更改距离值和角度值。
- XY：用于显示距参数基准点的X距离和Y距离。
- 旋转：用于定义角度，在块编辑器中，旋转参数显示为一个圆。
- 对齐：用于定义X位置、Y位置和角度，对齐参数总是应用于整个块，无需与任何动作相关联。
- 翻转：用于翻转对象，在块编辑器中，翻转参数显示为投影线，可以围绕这条投影线翻转对象。
- 可见性：允许用户创建可见性状态并控制对象在块中的可见性，可见性参数总是应用于整个块，无需与任何动作相关联，在图形中单击夹点可以显示块参照中所有可见性状态的列表。
- 查寻：用于定义自定义特性，用户可以指定或设置特性，以便从定义的列表或表格中计算出某个值。
- 基点：在动态块参照中相对于该块中的几何图形定义一个基准点。

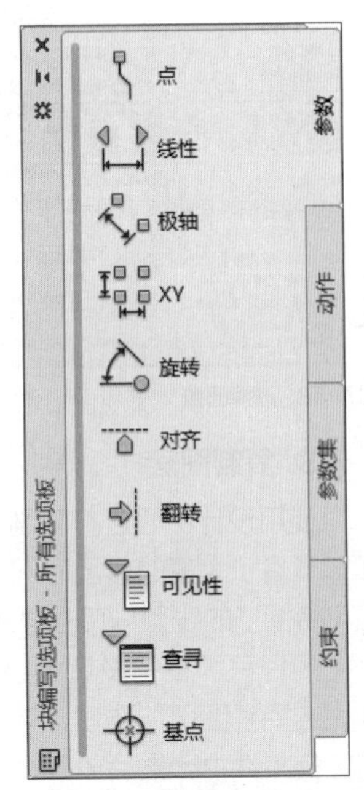

图7-62 “块编写选项板”选项板

7.5.2 使用动作

动作主要用于定义在图形中操作动态块参照的自定义特性时，该块参照的几何图形将如何移动或修改，动态块通常至少包含一个动作。在“块编写选项板”中的“动作”选项卡列举了可以向块中添加的动作类型，如图7-63所示。

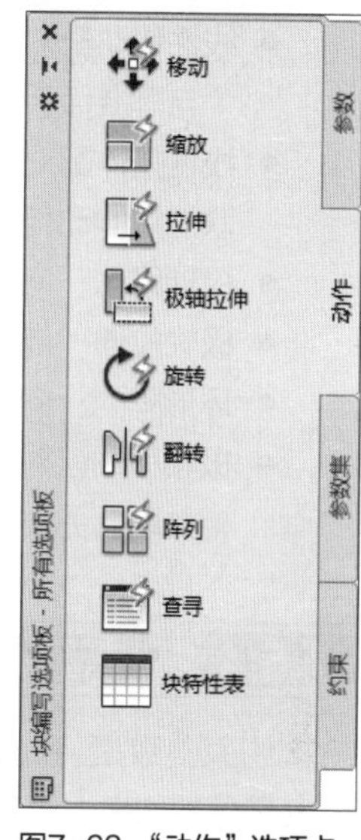

图7-63 “动作”选项卡

下面将对该选项卡中相关参数进行说明。

- 移动：移动动作与点参数、线性参数、极轴参数或XY参数关联时，将该动作添加到动态块定义中。
- 缩放：缩放动作与线性参数、极轴参数或XY参数关联时，将该动作添加到动态块定义中。
- 拉伸：可以在拉伸动作与点参数、线性参数、极轴参数或XY 参数关联时，将该动作添加到动态块定义中，拉伸动作将使对象在指定的位置移动和拉伸指定的距离。
- 极轴拉伸：极轴拉伸动作与极轴参数关联时将该动作添加到动态块定义中。当通过夹点或“特性”选项板更改关联的极轴参数上的关键点时，极轴拉伸动作将使对象旋转、移动和拉伸指定的角度和距离。
- 旋转：旋转动作与旋转参数关联时将该动作添加到动态块定义中。旋转动作类似于ROTATE命令。
- 翻转：翻转动作与翻转参数关联时将该动作添加到动态块定义中。使用翻转动作可以围绕指定的轴（也称为投影线）翻转动态块参照。
- 阵列：阵列动作与线性参数、极轴参数或XY参数关联时将该动作添加到动态块定义中。通过夹点或“特性”选项板编辑关联的参数时，阵列动作将复制关联的对象并按矩形的方式进行阵列。
- 查询：将查寻动作添加到动态块定义中并将其与查寻参数相关联，它将创建一个查寻表，可以使用查寻表指定动态块的自定义特性和值。
- 块特性表：使用块特性表可以在动态块定义中定义和控制参数版和特性的值。在“块特性表”对话框中，列标题由参数组成，行用于定义特性集值。

7.5.3 使用参数集

参数集是参数和动作的组合，在“块编写选项板”中的“参数集”选项卡中可以向动态块定义中添加成对的参数和动作，其操作方法与添加参数和动作的方法相同。参数集中包含的动作将自动添加到块定义中，并与添加的参数相关联，如图7-64所示。

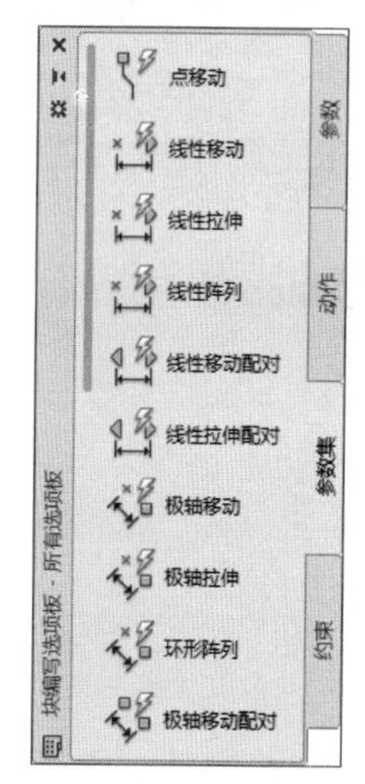

图7-64 “参数集”选项卡

首次添加参数集时，每个动作旁边都会显示一个黄色警告图标，这表示用户需要将选择集与各个动作相关联。双击该黄色警示图标，然后按命令行提示将动作与选择集相关联。

下面将对该选项卡中相关参数进行说明。

- 点移动：向动态块定义中添加一个带有与移动动作关联的一个的笛卡尔夹点的点参数。
- 线性移动：向动态块定义中添加一个带有与移动动作关联的一个线性夹点的线性参数。
- 线性拉伸：向动态块定义中添加一个带有与拉伸动作关联的线性夹点的

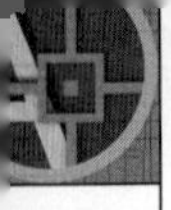

线性参数。

- 线性阵列：向动态块定义中添加一个带有与阵列动作关联的一个线性夹点的线性参数。
- 线性移动配对：向动态块定义中添加带有两个在两端与移动动作关联的线性夹点的线性参数，一个与基准点相关联，另一个与线性参数的端点相关联。
- 线性拉伸配对：向动态块定义中添加带有两个在两端与移动动作关联的线性参数，每个夹点相关联的拉伸动作。
- 极轴移动：向动态块定义中添加一个带有与移动动作关联的极轴夹点的极轴参数。
- 极轴拉伸：向动态块定义中添加一个带有与拉伸动作关联的极轴夹点的极轴参数。
- 环形阵列：向动态块定义中添加一个带有与阵列动作关联的极轴夹点的极轴参数。
- 极轴移动配对：向动态块定义中添加两个与移动动作关联的极轴夹点的极轴参数，一个与基准点相关联，另一个与极轴参数的端点相关联。

7.5.4 使用约束

约束参数是将动态块中的参数进行约束，用户可以在动态块中使用标注约束和参数约束，但是只有约束参数才可以编辑动态块的特性。约束后的参数包含参数信息，可以显示或编辑参数值，如图7-65所示。

下面将对该选项卡中相关参数进行说明。

- 同心：用于约束选定的圆、圆弧或椭圆，使其具有相同的圆心点。
- 平滑：约束一条样条曲线，使其与其他样条曲线、直线、圆弧或多段线彼此相连并保持连续性。
- 水平：用于约束一条直线或不同对象上两点之间在X轴方向上的距离。
- 竖直：用于约束一条直线或不同对象上两点之间在Y轴方向上的距离。
- 角度：用于约束两条直线或多段线之间的角度。

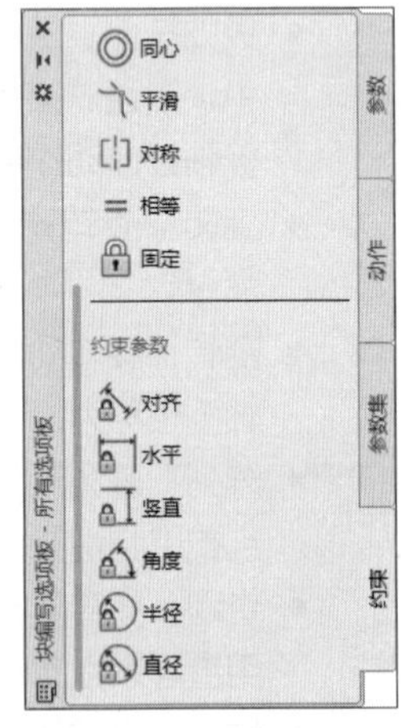

图7-65 “约束”选项卡

综合实例 —— 绘制户型平面布置图

本章向用户介绍了图块的创建、插入以及编辑等命令的使用方法。下面将结合以上所学知识，来完善户型平面图内容。其中涉及到的相关命令有：创建块、插入块等。

Step 01 打开素材文件，如图7-66所示。

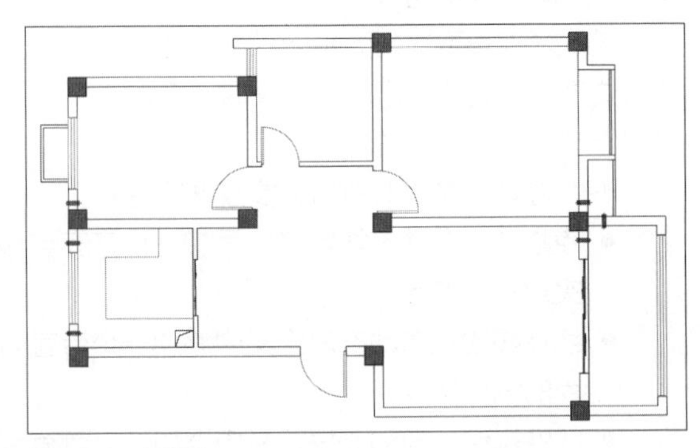

图7-66 户型图

Step 02 在命令行中输入I按回车键，在打开的“插入”对话框中，单击“浏览”按钮，如图7-67所示。

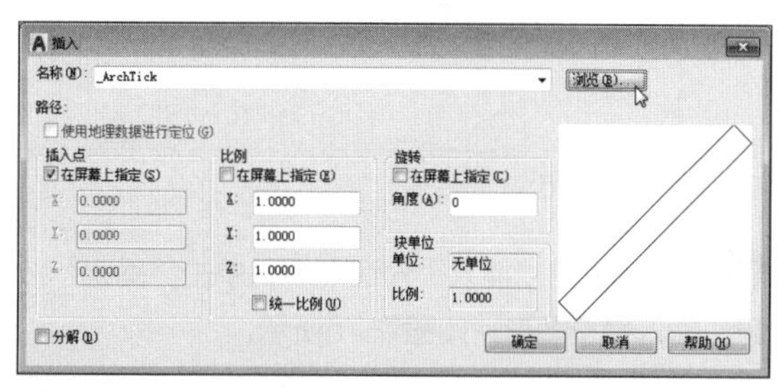

图7-67 “插入”对话框

Step 03 打开“选择图形文件”对话框，选择“大床”图形文件，然后单击“打开”按钮，如图7-68所示。

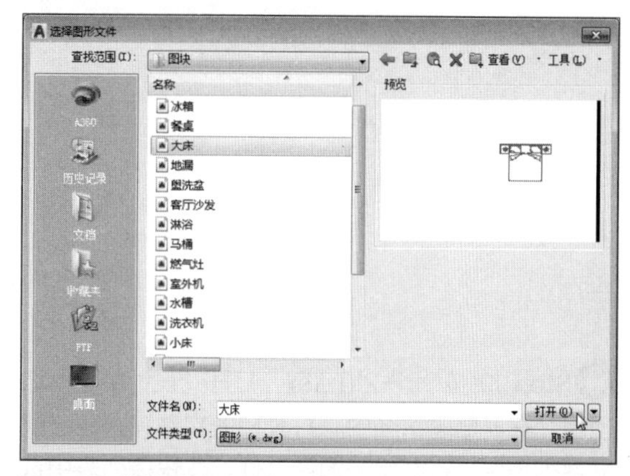

图7-68 “选择图形文件”对话框

Step 04 返回上一对话框，单击“确定”按钮，在绘图区中指定插入基点，将插入的图形对象放置于合适位置，如图7-69所示。

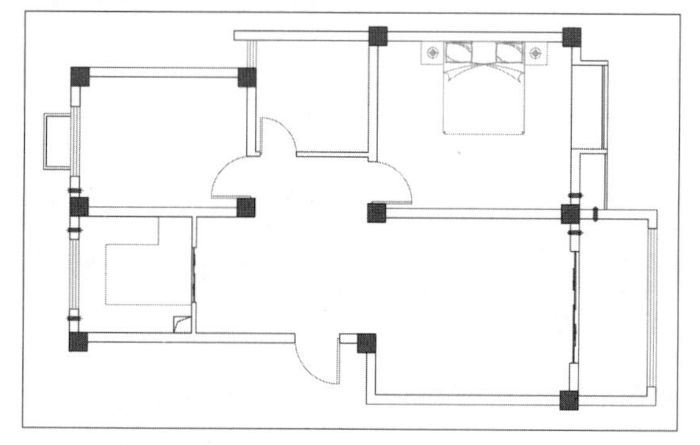

图7-69 插入大床

Step 05 继续执行“插入”命令，选择“小床”和“衣柜”图形文件，分别将其放置合适位置，如图7-70所示。

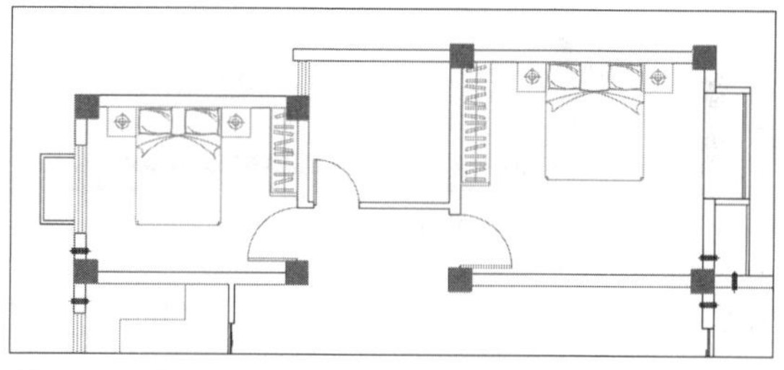

图7-70 插入图形

Step 06 依次执行“矩形”、“偏移”命令，绘制尺寸为600×300的矩形，将其向内偏移20，执行“直线”命令，绘制直线，完成柜子造型，并将其放置在客厅合适位置，如7-71所示。

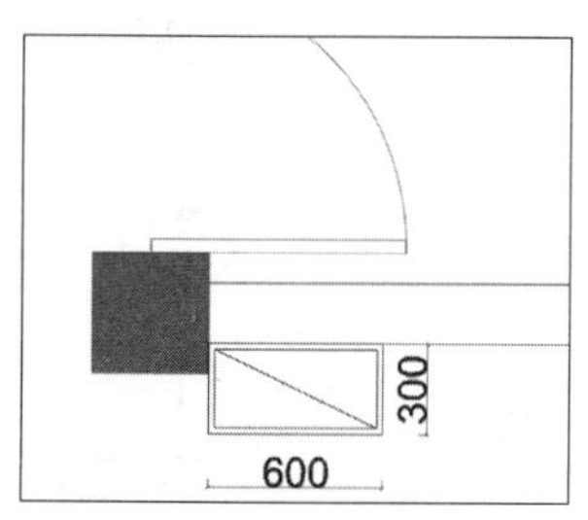

图7-71 绘制客厅柜子

Step 07 执行“插入”命令，选择“客厅沙发”、“柜式空调”和“电视机”图形文件，放置在相应位置，如图7-72所示。

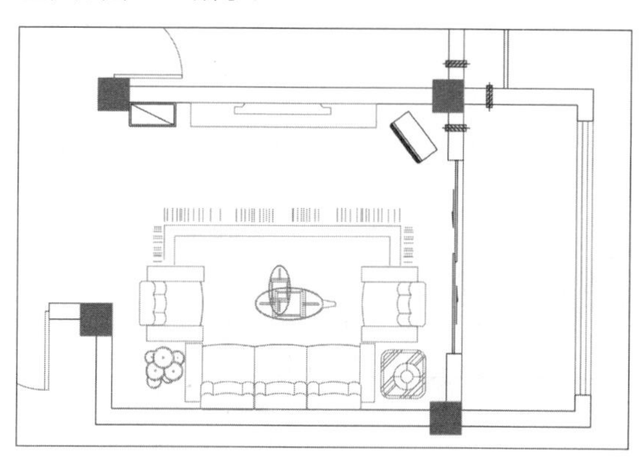

图7-72 插入图形

Step 08 执行“矩形”和“直线”命令，绘制尺寸为800×400的鞋柜，偏移距离为20，如图7-73所示。

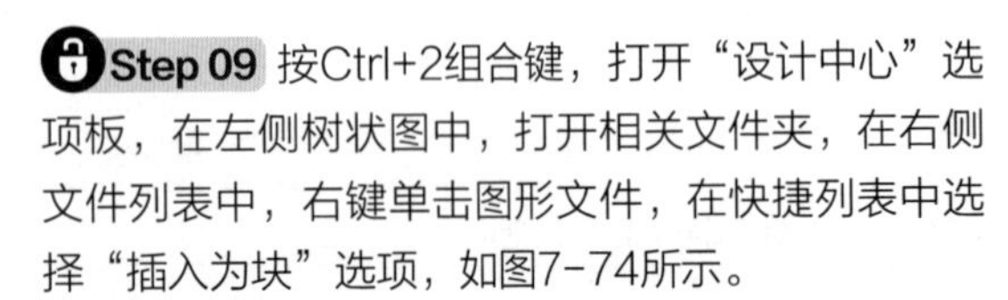

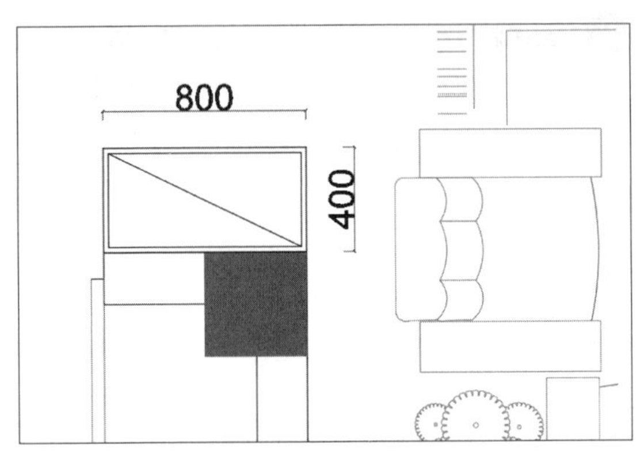

图7-73　绘制鞋柜

Step 09 按Ctrl+2组合键，打开“设计中心”选项板，在左侧树状图中，打开相关文件夹，在右侧文件列表中，右键单击图形文件，在快捷列表中选择“插入为块”选项，如图7-74所示。

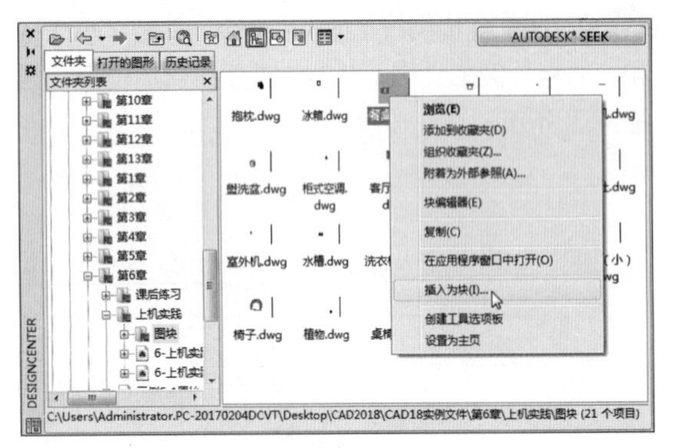

图7-74　选择“插入为块”选项

Step 10 在“插入”对话框中，单击“确定”按钮，插入餐桌图形，如图7-75所示。

图7-75　插入图形

Step 11 在绘图区中指定基点，将“餐桌”图形放置于合适位置，如图7-76所示。

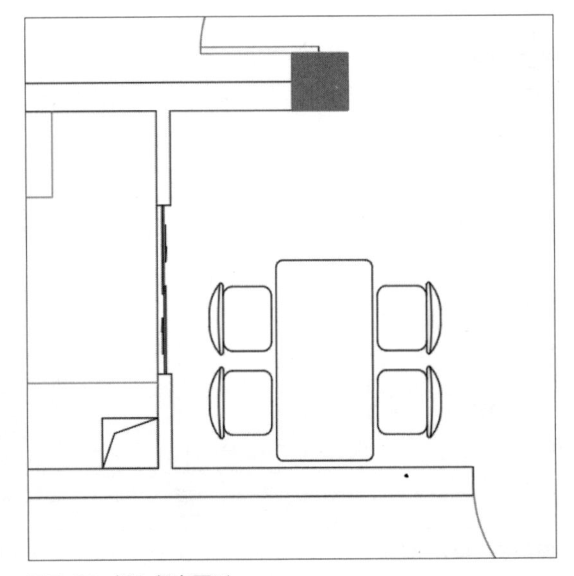

图7-76　插入餐桌图形

Step 12 继续执行“插入”命令，将其他图形对象插入到当前户型图合适位置，至此，完成该平面布置图的绘制，如图7-77所示。

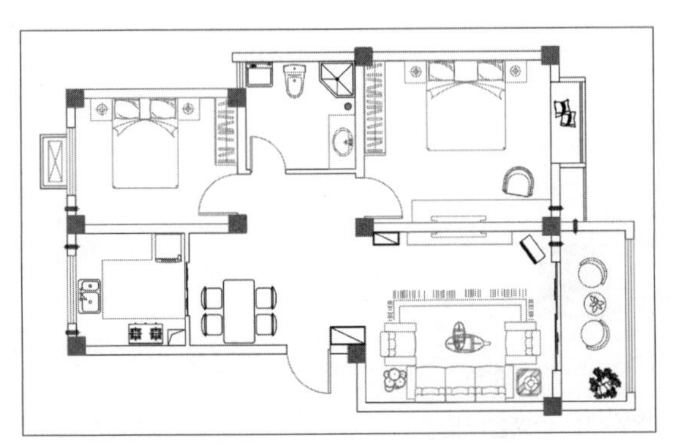

图7-77　最终效果

高手应用秘籍 —— 利用块编辑器编辑图块

在“编辑块定义”对话框中，包含当前文件中的所有块。在左侧列表中选中某一个块，右侧“预览”区域可以查看块的图形，如图7-78所示。单击“确定”按钮，系统会打开“块编辑器”选项卡，进入图块编辑状态，如图7-79所示。该选项卡中有“几何”、“标注”、“管理”等多个面板，在该选项卡中既可以编辑图块，还可以给图块添加参数、动作、标注等，将图块定义成动态块。

图7-78 “编辑块定义”对话框

当图形修改完毕，单击“关闭块编辑器”按钮，系统会弹出提示是否保存对图块所做的更改，选择将修改保存到图块，退出块编辑器，可以看到相关块已被更改。

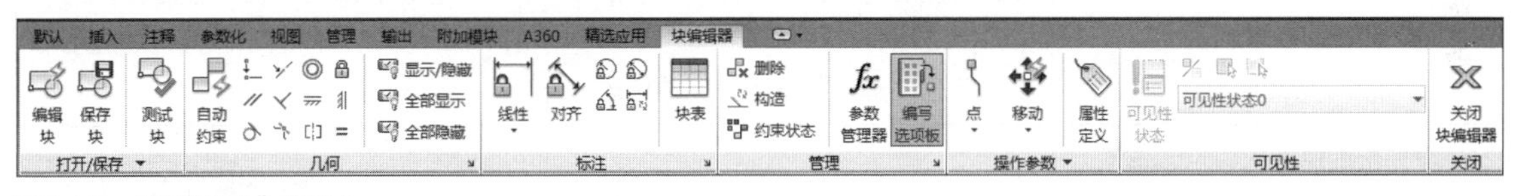

图7-79 “块编辑器”选项卡

参数管理器可显示块定义的所有参数以及用户定义特性的合并视图。默认情况下，“参数管理器”选项板包括一个三列（“名称”、“表达式”、“值”）栅格控件，也可以使用快捷菜单添加一个或多个其他列（“类型”、“顺序”、“显示”或“说明”）。“类型”列将影响“参数管理器和特性”选项板中参数的格式，还影响缩放块时参数值。用户参数的“类型”单元将显示值类型的下拉式列表，可以在“特性”选项板中对参数进行排序，并可以将其设定为“显示”或“隐藏”。将参数的类型从“字符串”更改为其他类型时，该参数的值将重置为1。

块编辑器包含一个特殊的编写区域，在该区域中，可以像在绘图区中一样绘制和编辑由几何图形组成的块。利用“块编写选项板”选项板，可以将约束或者动作等添加到块定义中，一旦将块插入到图形中，就可以添加控制其参数的可编辑特性，通过数学表达式控制标注约束的几何图形等。在块编辑器中插入用户变量和用户参数，但只有用户变量显示为块参照的可编辑自定义特性，此时如果该块不定义方程式，则可以对其特性进行编辑；若其是方程式，则该块特性为只读特性。

秒杀工程疑惑

在进行绘图操作时，用户经常会遇见各种各样的问题，下面将总结一些常见问题进行解答，其中包括：删除外部参照、创建内部图块、修改图块以及保存外部图块等问题。

问　题	解　答
如何删除外部参照?	想要完全删除外部参照，可选择“拆离”选项，然后再清理图层即可删除外部参照和所有关联信息，具体操作步骤如下： 首先执行“插入>外部参照”命令，打开“外部参照”选项板；然后右击所需删除的文件参照，在打开的快捷列表中，选择“拆离”选项；最后执行PU快捷命令，清理全部项目即可
为什么在创建内部图块命令后，创建好的图块不在了?	在AutoCAD软件中，使用创建内部图块的命令后，其创建好的图块不显示。此时，用户可进行以下操作： 首先执行“插入>块”命令，打开“插入”对话框；然后单击“名称”下拉按钮，选择刚创建的内部图块，单击“确定”按钮即可
插入的图块如何进行修改?	通常都是先分解图块，进行编辑，然后执行“创建块”命令，将修改好的图块创建成新块即可。但该方法较为麻烦，若利用“编辑外部参照图块”的方法，更为简便，其具体操作如下： 首先打开所需修改的图块，在命令行中，输入Refedit按回车键，在绘图区中，选择图块；然后在“参照编辑”对话框中，选中当前图块，单击“确定”按钮；接着选择图块中需要修改的图形，按回车键，即可对其进行更改。 修改完成后，在“编辑参照”面板中单击“保存修改”按钮，在打开的提示框中，单击“确定”按钮，完成修改操作
当外部图块插入以后，该图块是否与当前图形一同进行保存?	图块随图形文件保存与它是否是内部或外部图块无关，外部图块插入到图形中后，该图块是当前文件的一部分，所以它会与当前图形一起进行保存

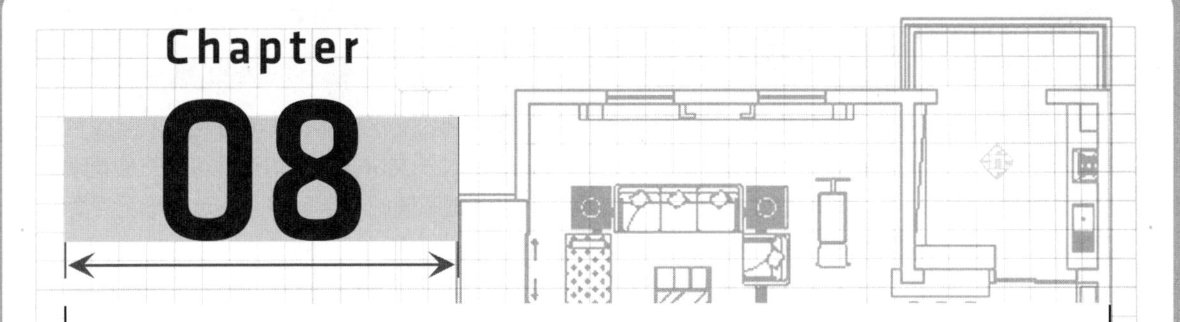

Chapter 08

文本与表格的应用

文字与表格是AutoCAD图形中很重要的图形元素，除了进行图形的绘制外，还需要加上必要的注释，最常见的比如技术要求、尺寸、材料等。利用注释可以将某些用几何图形难以表达的信息表示出来，这些注释是对图形的必要补充，在AutoCAD中，通过文字和表格可以对注释进行充分的表达。本章将详细介绍这些功能操作，以方便用户使用。

01 学完本章您可以掌握如下知识点

1. 文字样式的设置方法	★★
2. 单行、多行文字的创建与编辑	★★
3. 字段与表格的使用方法	★★★

02 本章内容图解链接

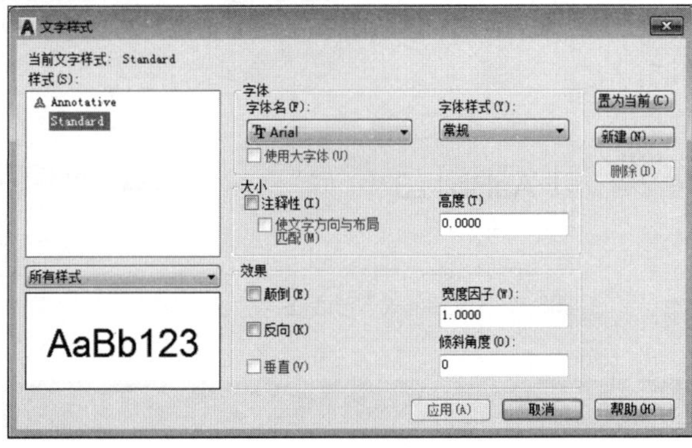

设置文字样式

“字符映射表”对话框

8.1 文字样式的设置

文字样式是文字设置的命名集合，用来控制文字的外观，例如文字字体、文字行距、文字颜色、文字倾斜角度及高度等，默认使用的是“Standard”样式，通过“文本样式”对话框可以方便直观地定制需要的文本样式，或是对已有样式进行修改。用户可以创建不同的文字风格，将该图形另存为样板文件，以便在启动新图形时使用该文件。

8.1.1 设置文字样式

在AutoCAD中，若要对当前文字样式进行设置，可通过以下3种方法进行操作。

1. 使用功能区命令操作

在“注释”选项卡中，单击“文字”面板右侧箭头按钮↘，在“文字样式”对话框中，根据需要设置文字的“字体、大小、效果”等参数选项，设置完成后，单击“确定”按钮即可。

2. 使用菜单栏命令操作

执行“格式>文字样式”命令，也可打开“文字样式”对话框。

3. 使用快捷命令操作

在命令行中，输入ST按回车键，也可打开“文字样式”对话框。

执行以上任一操作，均可打开“文字样式”对话框，如图8-1所示。其各选项说明如下：

- 样式：在该列表框中显示当前图形文件中的所有文字样式，并默认选择当前文字样式。
- 字体：在该选项组中，用户可设置字体名称和字体样式。其中单击“字体名”下拉按钮，可选择文本的字体，该列表罗列出了AutoCAD软件中所有字体；单击“字体样式”下拉按钮，可选择字体的样式，其默认为“常规”选项；当勾选“使用大字体”复选框时，“字体样式”选项将变为“大字体”选项，并在该选项中选择大字体样式。
- 大小：在该选项组中，用户可设置字体的高度。单击“高度”数值框，输入文字高度值即可。
- 效果：在该选项组中，用户可对字体的效果进行设置。其中勾选“颠倒”复选框，可将文字上下颠倒显示，该选项只影响单行文字；勾选“反向”复选框，可将文字反向显示；勾选“垂直”复选框，可将文字沿垂直方向显示；“宽度因子”选项可设置字符间距，输入小于1的值将缩小文字间距，输入大于1的值，将加宽文字间距；“倾斜角度”选项用于指定文字的倾斜角度，当角度为正值时，向右倾斜，角度为负值时，向左倾斜。
- 置为当前：该选项可将选择的文字样式设置为当前文字样式。
- 新建：该选项可新建文字样式。
- 删除：该选项可将选择的文字样式删除。

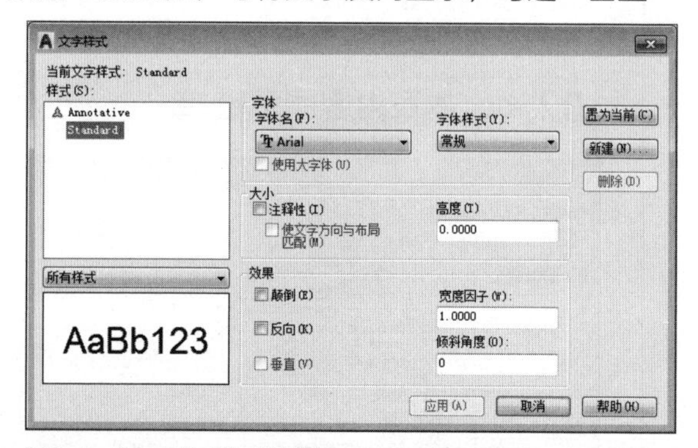

图8-1 “文字样式”对话框

工程师点拨：为何不能删除Standard文字样式

Standard是AutoCAD默认的文字样式，既不能删除，也不能重命名。另外，当前图形文件中正在使用的文字样式也不能删除。

8.1.2 修改样式

在使用文字命令时，如果用户对当前所设置的样式不满意，可对其进行编辑或修改操作。用户只需在“文字样式”对话框中，选中所要修改的文字样式，并按照需求修改其字体、大小值即可。

除了以上方法外，用户也可在绘图区中，双击输入的文本，此时在功能区中会打开“文字编辑器”选项卡，在此根据需要进行设置即可，如图8-2所示。

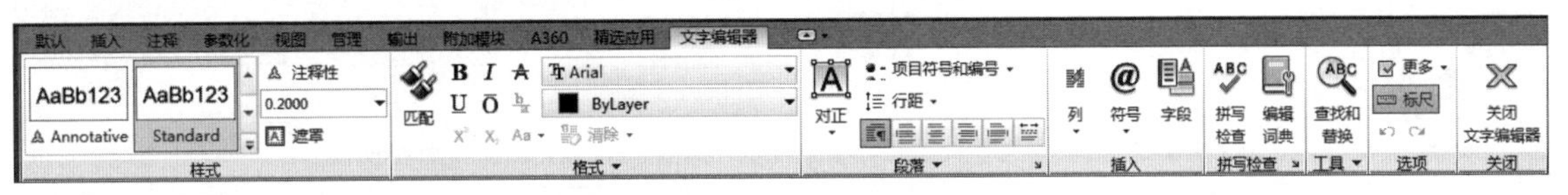

图8-2 “文字编辑器”选项卡

8.1.3 管理样式

当创建文字样式后，用户可以对创建好的文字样式进行管理，例如更换文字样式的名称，以及删除多余的文字样式等，结合前面所讲的知识，下面将举例介绍管理文字样式的操作方法。

Step 01 执行“格式>文字样式”命令，在打开的“文字样式”对话框中，单击“新建”按钮，如图8-3所示。

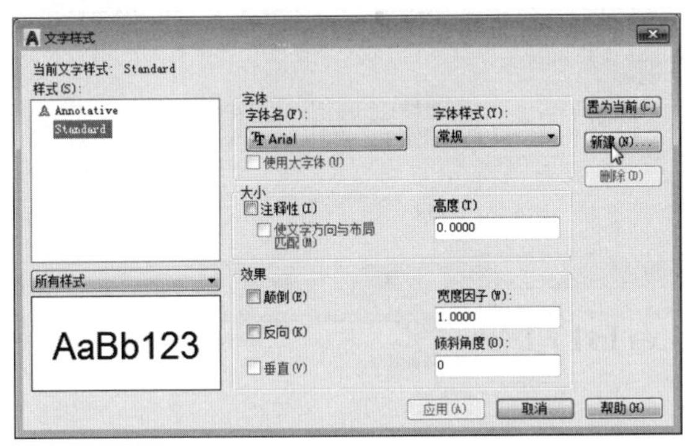

图8-3 单击“新建”按钮

Step 02 在“新建文字样式”对话框中，输入样式名称，这里输入“建筑”，然后单击“确定”按钮，如图8-4所示。

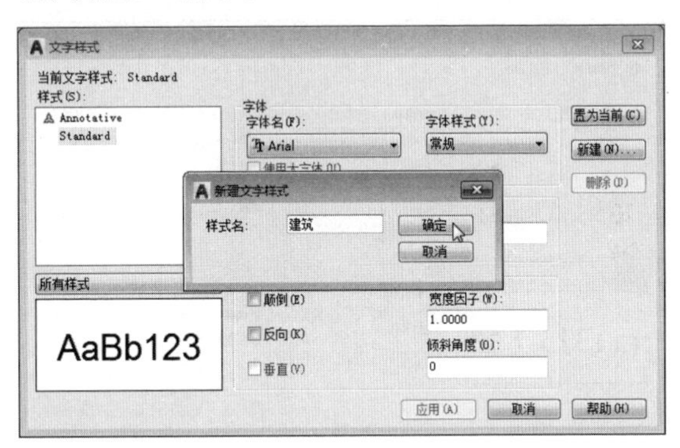

图8-4 输入样式名称

Step 03 在返回的对话框中，单击“字体名”下三角按钮，选择所需字体，这里选择“仿宋”，如图8-5所示。

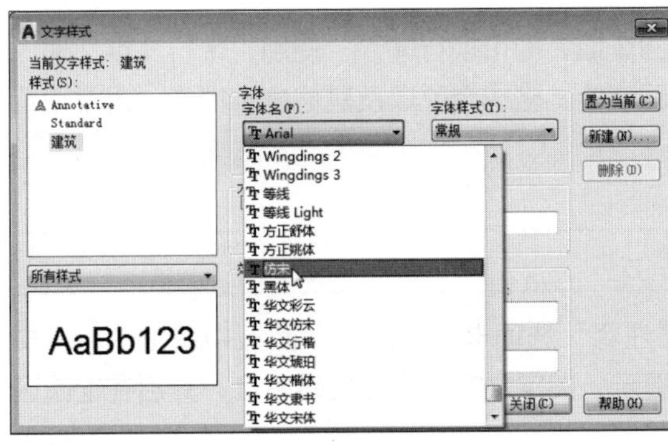

图8-5 设置文字字体

Step 04 在“高度”数值框中，输入文字高度值，这里输入100，设置“宽度因子”为2，一次单击“应用”按钮和“关闭”按钮，如图8-6所示。

图8-6 完成样式设置

Step 05 此时若需要管理当前文字样式名称，打开“文字样式”对话框，在“样式”列表框中，选择需设置的文字样式，单击鼠标右键，在快捷菜单中选择“重命名”选项，如图8-7所示。

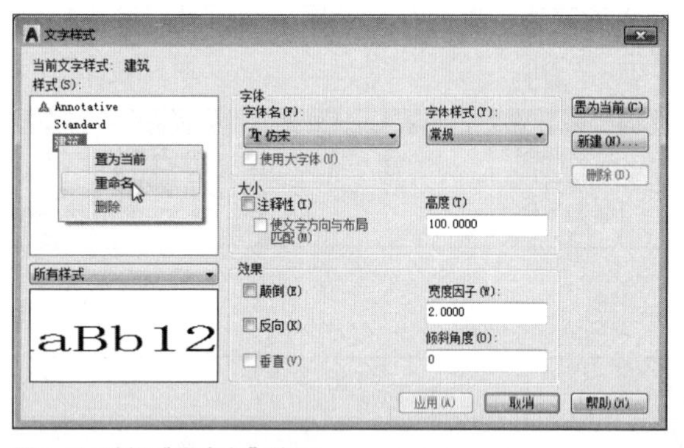

图8-7 选择“重命名”选项

Step 06 该名称为可编辑状态，然后输入新文字样式名称，这里输入“装饰材料”，按回车键即可完成重命名当前文字样式的操作，如图8-8所示。

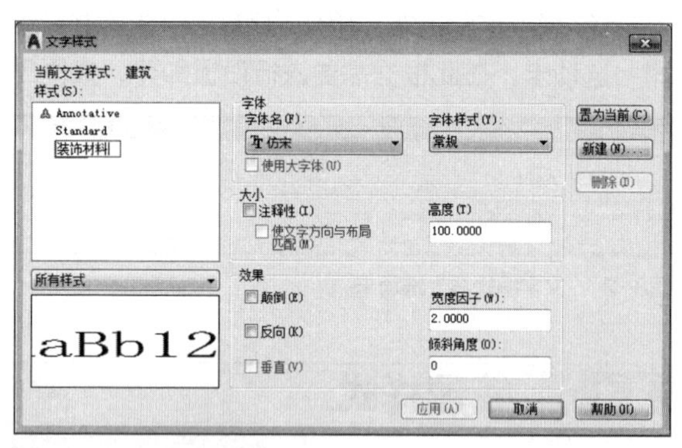

图8-8 输入新样式名称

Step 07 若想删除创建的文字样式，在“样式”列表框中，将其余文字样式置为当前，然后右击“装饰材料”文字样式名称，在快捷菜单中，选择“删除”选项，如图8-9所示。

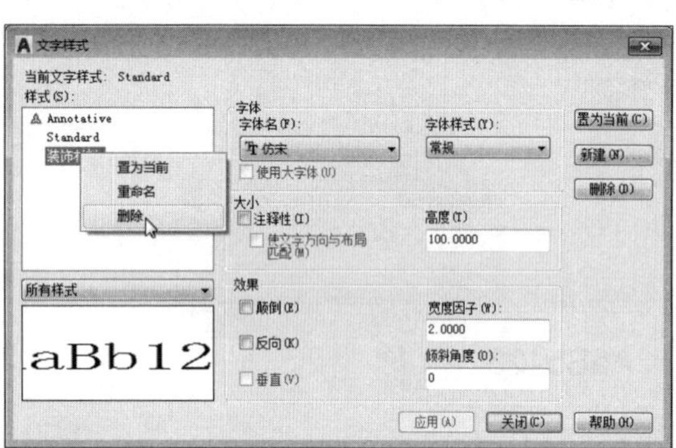

图8-9 选择“删除”选项

Step 08 在打开的系统提示框中，单击“确定”按钮即可。用户也可单击“文字样式”对话框右侧“删除”按钮，删除所选文字样式，如图8-10所示。

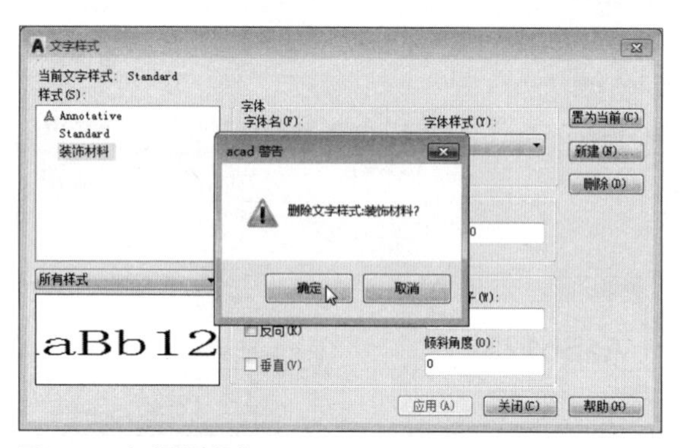

图8-10 完成删除操作

8.2 单行文本的输入与编辑

使用单行文字可创建一行或多行的文本内容，按回车键，即可换行输入。使用“单行文字”输入的文本都是一个独立完整的对象，用户可将其进行重新定位、格式修改以及其他编辑操作。通常设置好文字样式后，即可进行文本的输入。

8.2.1 创建单行文本

单行文字常用于创建文本内容较少的对象，在“注释”选项卡的“文字”面板中单击“单行文字”按钮A，在绘图区中指定文字起点，根据命令行提示，指定文字高度和旋转角度，其后在绘图区中输入文本内容，按回车键完成操作。

命令行提示如下：

命令：_text	执行"单行文字"命令
当前文字样式："Standard" 文字高度：0.2000 注释性：否 对正：	左
指定文字的起点 或 [对正(J)/样式(S)]:	指定文字起点
指定高度 <0.2000>: 100	输入100指定文字高度并按回车键
指定文字的旋转角度 <0>:	输入旋转角度值并按回车键

命令行中各选项说明如下：

- 指定文字的起点：在默认情况下，通过指定单行文字行基线的起点位置创建文字。
- 对正：在命令行中输入J后，可设置文字排列方式。AutoCAD为用户提供了多种对正方式，例如"左、居中、右、对齐、中间、布满、左上、中上、右上、左中、正中、右中、左下、中下和右下"这15种对齐方式。

输入文字时，可随时改变文字的位置。如果在输入文字过程中想改变后面输入的文字位置，可将光标移动至新位置，可继续输入文字。但在输入文字时，不论采用哪种文字方式，在屏幕上显示的文字都是左对齐的方式排列，在结束文字输入后，才可按照指定排列方式重新生成文字。

- 样式：在命令行中输入S后，可设置当前使用的文字样式。在此可直接输入新文字样式的名称，也可输入？，一旦输入？后并按两次回车键，则会在"AutoCAD文本窗口"中显示当前图形所有的文字样式。
- 指定高度：输入文字高度值。默认文字高度为0.2。
- 指定文字的旋转角度：输入文字所需旋转的角度值。默认旋转角度为0。

8.2.2 编辑修改单行文本

对于已创建的单行文本对象可以进行编辑修改，例如修改文字的内容、对正方式以及缩放比例等。对于修改单行文本的文字内容，用户只需双击该文本，当其进入可编辑状态后，即可更改当前内容，如图8-11、8-12所示。

图8-11 双击选中文本内容

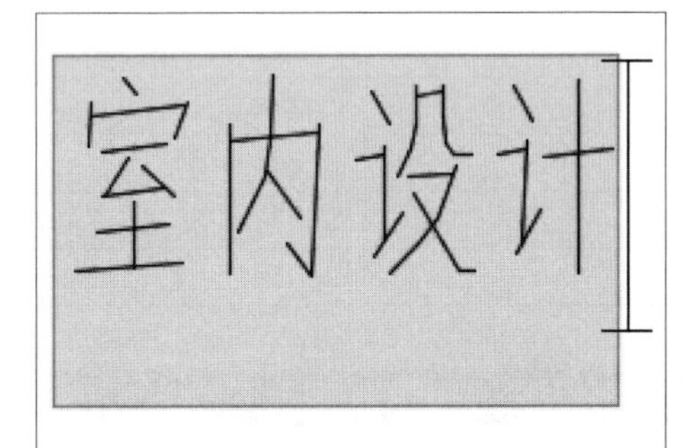

图8-12 更改文本内容

如果用户需对单行文本进行缩放或对正操作，方法是选中该文本对象，执行"修改>对象>文字"命令，在打开的级联菜单中，根据需要选择"比例"或"对正"选项，如图8-13所示，根据命令行提示进行设置即可。

如果用户需要对单行文本的文字高度、旋转角度等进行设置，其方法是选择该文本对象，单击鼠标右键，在右键菜单中选择"特性"选项，打开"特性"选项板，在"文字"展卷栏中设置相关参数，如图8-14所示。

图8-13 修改文字命令

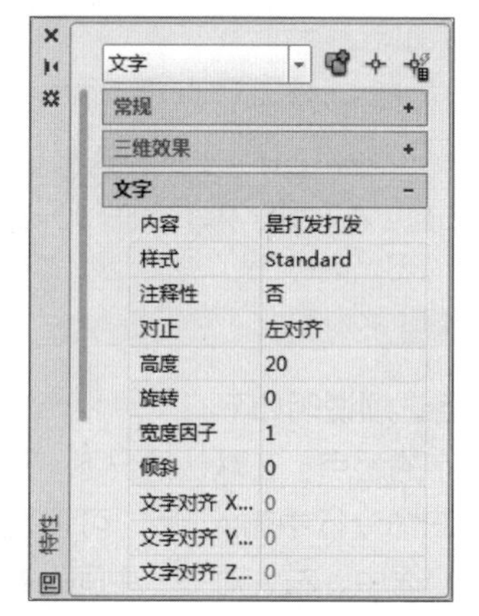

图8-14 “特性”选项板

8.2.3 输入特殊字符

在文字输入过程中，经常需要输入一些特殊字符，例如直径、正负公差符号、文字的上划线、下划线等，这些特殊符号一般不能由键盘直接输入，因此，AutoCAD提供了相应的控制符，以实现这些标注的输入要求。

用户只需执行“文字”命令，设置好文字的大小值，其后在命令行中输入特殊字符的代码，即可完成。

表8-1 常用特殊字符代码表

特殊字符图样	特殊字符代码	说明
字符	%%O	打开或关闭文字上划线
字符	%%U	打开或关闭文字下划线
30°	%%D	标注度符号
±3	%%P	标注正负公差符号
ø10	%%C	直径符号
∠	\U+2220	角度
≠	\U+2260	不相等
≈	\U+2248	约等于
Δ	\U+0394	差值

工程师点拨：开启和关闭上下划线

%%O和%%U是两个切换上下划线字符的代码，第一次输入时打开上划线后下划线功能，第二次输入则关闭上划线或下划线功能。

8.3 多行文本的输入与编辑

多行文字常用于创建文本内容较多的对象，若需要输入的文本内容比较多或格式不一，使用单行文本功能就使得文本冗杂且不便于统一，而多行文本功能就显得至关重要。多行文本包含一个或多个文字段落，可作为单一的对象处理。

8.3.1 创建多行文本

多行文本又称段落文本，它是由两行或两行以上的文本组成。在“注释”选项卡的“文字”面板中，单击“多行文字”按钮A，根据命令行提示，在绘图区中指定文本起点，框选出多行文字的区域范围，如图8-15所示。此时进入文字编辑文本框，在此输入相关文本内容，输入完成后，单击空白处任意一点，可完成多行文本创建操作，如图8-16所示。

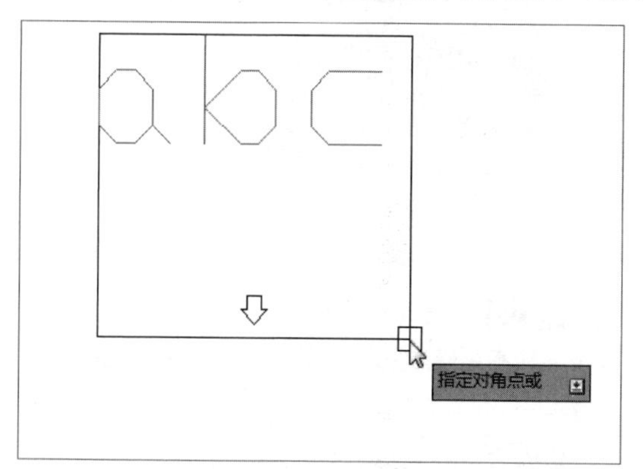

图8-15　框选文字范围

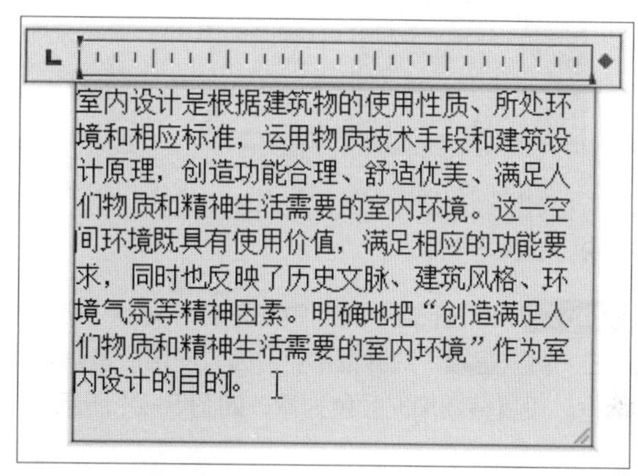

图8-16　输入多行文本

8.3.2 设置多行文本格式

双击选择所需设置的多行文本内容，打开“文字编辑器”选项卡，可对当前段落文本的字体、颜色、格式等进行设置，而执行“单行文字”命令时，并不会打开该选项卡。下面将举例来介绍设置多行文本格式的操作方法。

Step 01 打开素材文件，双击所需设置的段落文本，进入可编辑状态，选择部分文字，在“文字编辑器”选项卡的“格式”面板中，单击“粗体”按钮，将文本字体加粗操作，如图8-17所示。

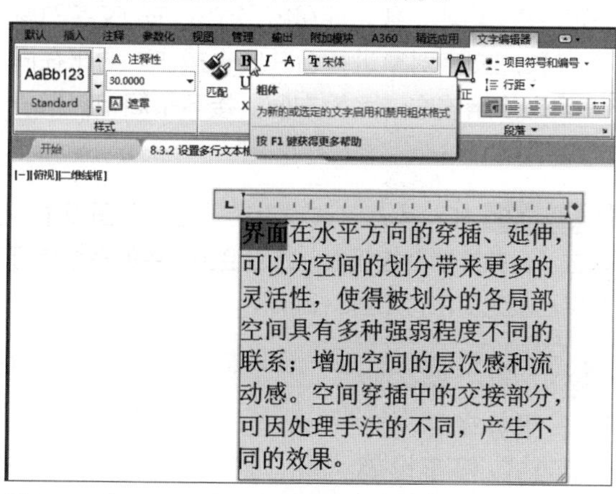

图8-17　设置文本加粗

Step 02 单击“斜体”按钮，将文本字体进行倾斜操作，如图8-18所示。

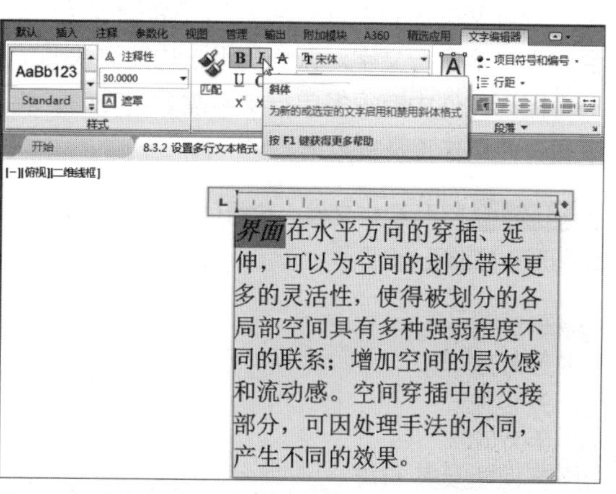

图8-18　设置文本倾斜

Step 03 在“格式”面板中，单击“字体”下三角按钮，在下拉列表中，选择新字体名称，更改当前文本字体样式，这里选择“楷体”，如图8-19所示。

Step 04 单击“颜色”按钮，在颜色下拉列表中，选择新颜色，更改当前文本颜色，这里选择“蓝”色，如图8-20所示。

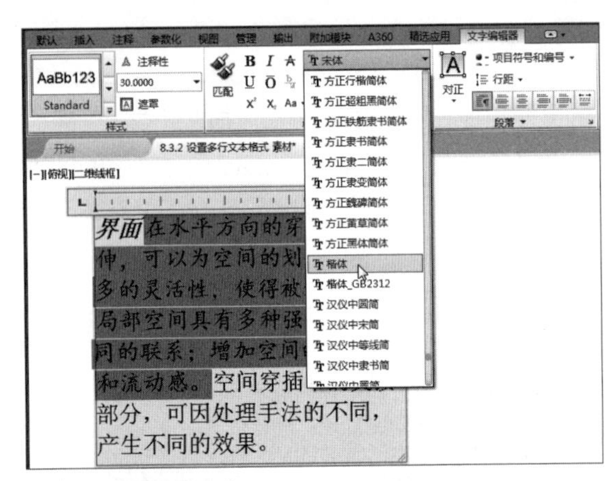

图8-19 设置文本字体

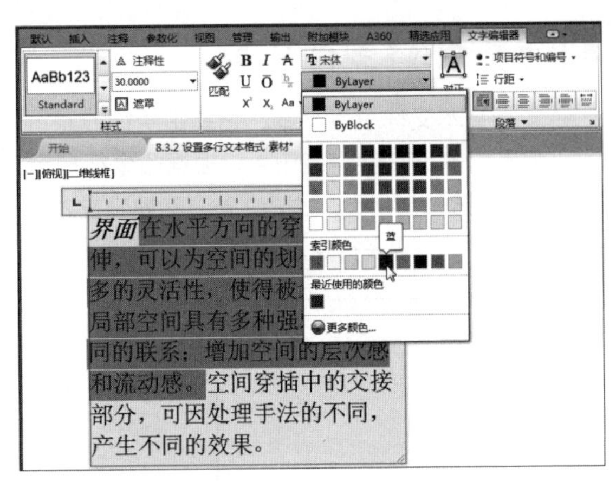

图8-20 设置文本颜色

Step 05 在“样式”面板中，单击“背景”按钮，在“背景遮罩”对话框中，勾选“使用背景遮罩”复选框，设置背景填充颜色为青，如图 8-21 所示。

图8-21 “背景遮罩”对话框

Step 06 设置完毕后单击“确定”按钮，则可完成段落文本背景颜色的设置，如图8-22所示。

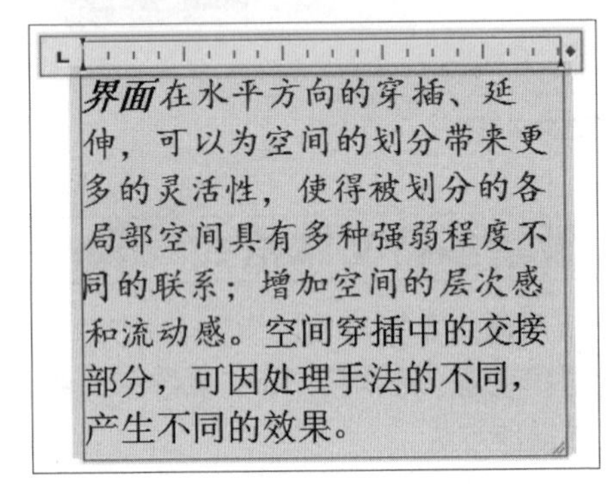

图8-22 完成文本设置

8.3.3 单行文字转多行文字

在前文中提到AutoCAD 2018新增添了一项“合并文字”功能，该功能可将多个单独的文字对象合并为一组多行文字对象。使用该功能可快速的对多个单独的文字对象进行合并编辑操作。对于在同一个图形文件中有很多单行文字需要编辑时，将其统一起来使用该方法尤为方便。接下来简单介绍一下具体使用步骤及其效果。

Step 01 打开素材文件，执行Ctrl+A组合键，全选图形，如图8-23所示。

停车设施
服务对象
服务车种
停车方式
停车设施及其布局
设施
布局
安全设施
管理设施
户外场地设施

图8-23 全选图形

Step 02 在“插入”选项卡的“输入”面板中，单击“合并文字”按钮，此时绘图区中的多个单行文字已发生变化，如图8-24所示。

停车设施 服务对
象 服务车种 停
车方式 停车设施
及其布局 设施
布局 安全设施 管
理设施 户外场地
设施

图8-24 合并文字

Step 03 双击合并后的文字对象，进入编辑状态，如图8-25所示。

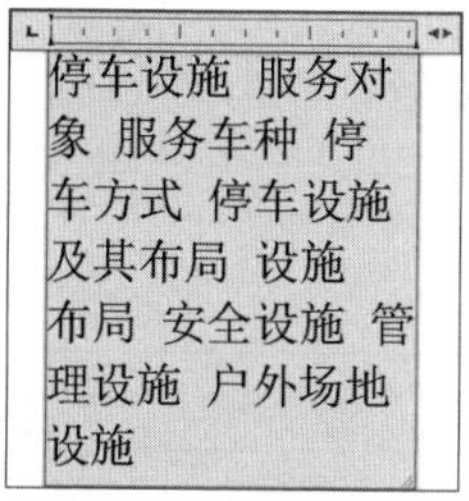

停车设施 服务对象 服务车种 停车方式 停车设施及其布局 设施布局 安全设施 管理设施 户外场地设施

图8-25 编辑文字

Step 04 此时与多行文字一样，在“文字编辑器”选项卡中可对其进行编辑，为了显示效果更佳，将文字根据其内容进行重新排列，并更改文字高度和颜色等，效果如图8-26所示。

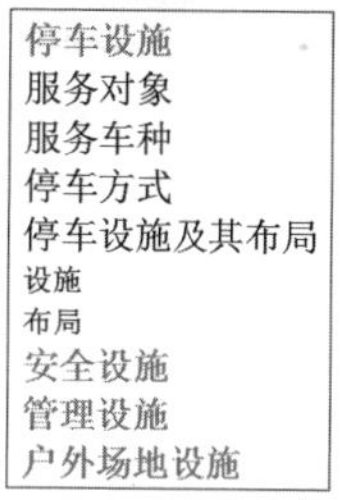

停车设施
服务对象
服务车种
停车方式
停车设施及其布局
设施
布局
安全设施
管理设施
户外场地设施

图8-26 多行文字效果

工程师点拨：“合并文字”命令

执行“合并文字”命令时，选择的对象不仅可以是单行文字，也可以是多行文字或者单行与多行文字，该命令均是把多个文字对象合并为一个多行文字对象。

8.3.4 调用外部文本

在AutoCAD中用户可使用文本命令，输入所需文本内容，也可以直接调用外部文本。下面将举例介绍其操作方法。

Step 01 执行“多行文字”命令，在绘图区中框选出文字范围，进入文本编辑状态，如图 8-27 所示。

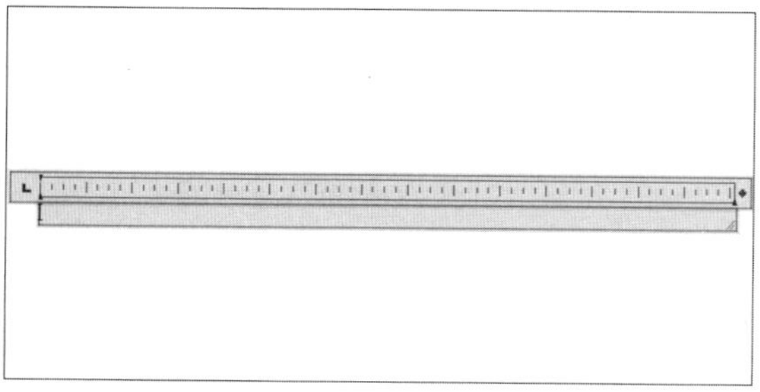

图8-27 文本编辑框

Step 02 在当前编辑框中，单击鼠标右键，在快捷菜单中选择“输入文字”选项，如图8-28所示。

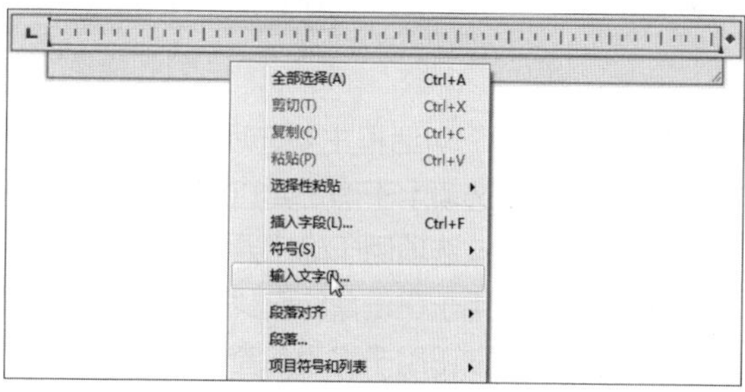

图8-28 选择“输入文字”选项

Step 03 在“选择文件”对话框，选择所需插入的文本文件，如图8-29所示。

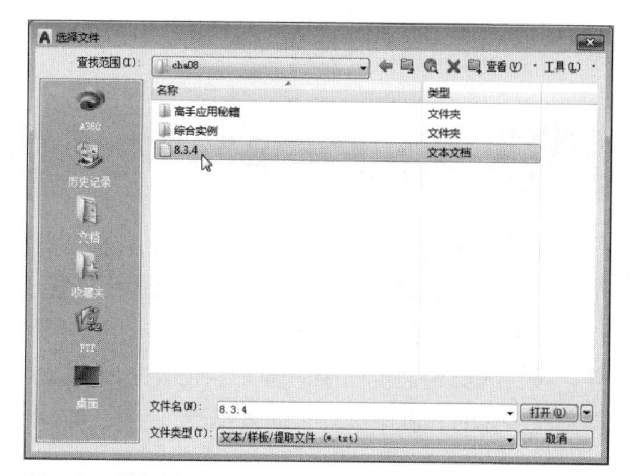

图8-29 选择外部文本文件

Step 04 选择完成后，单击“打开”按钮，完成外部文本的插入，调节宽度，效果如图8-30所示。

工程师点拨：调用文本格式

在调用外部文件时，其调用文本的格式是有限制的。只限于格式为“*.text”和“*.rtf”的文本文件。

格罗皮乌斯（Walter Gropius，1883~1969年，德国）
他是“新建筑运动”的奠基人和领导人之一。他曾任工艺美术学校“包豪斯”的校长，这所学校将教学与生产相联系，力图培养新型的人才。1937年后他便长期拘留美国，主要从事建筑教育工作。他与梅耶（Adolf Meyer，1881~1929年）共同设计的法古斯都工厂是第一次世界大战前最先进的近代建筑，而他最具代表性的作品包豪斯校舍以注重功能而著称，采用自由、灵活的布局，充分发挥现代材料、现代结构的特点而取得建筑的艺术效果，确为现代建筑史上的一个重要里程碑。

图8-30 完成文本调用

8.3.5 查找与替换文本

如果对文字较多、内容较为复杂的文本进行编辑操作时，可使用“查找与替换文本”功能，这样可有效提高工作效率。

双击选择文本内容，在“文字编辑器”选项卡的“工具”面板中，单击“查找和替换”按钮，在“查找和替换”对话框的“查找”文本框中，输入要查找的文字，然后在“替换”文本框中输入要替换的文字，单击“全部替换”按钮即可，如图8-31所示。

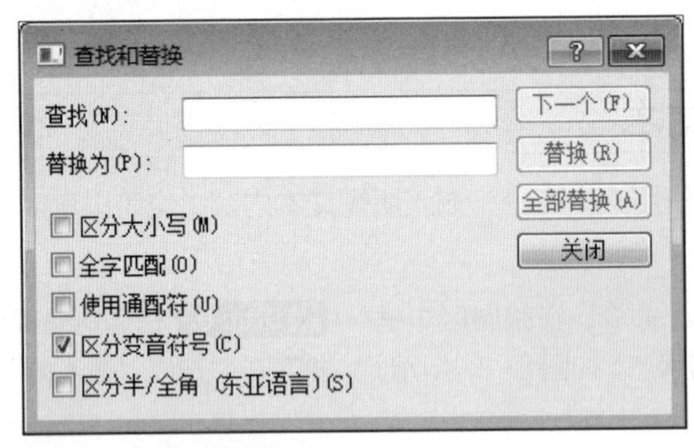

图8-31 “查找和替换”对话框

“查找和替换”对话框主要选项说明如下：

- 查找：该选项用于确定要查找的内容，可输入要查找的字符，也可以直接选择已存的字符。
- 替换为：该选项用于确定要替换的新字符。
- 下一个：用于在设置的查找范围内查找下一个匹配的字符。
- 替换：该按钮用于将当前查找的字符替换为指定的字符。
- 全部替换：该按钮用于对查找范围内所有匹配的字符进行替换。
- 搜索条件：勾选一系列查找条件，可以精确的定位所需查找文本。

8.4 字段的使用

制图中经常用到一些在设计过程中会发生变化情况，比如图中引用的视图方向、修改设计中的建筑面积、图纸的重新编号、更改后的出图尺寸和日期以及公式的计算结果等。

字段也是文字，相当于可以自动更新的“智能文字”，会在图形生命周期中修改和更新数据的文字，设计人员若需要引用这些文字或数据，可以采用字段的方式引用，这样，当字段所代表的文字或数据发生变化时，就不需要手动去修改，字段会自动更新。下面将简单介绍下字段的插入和更新操作。

8.4.1 插入字段

想要在文本中插入字段，可双击文本，进入多行文字编辑框，并将光标移至要显示字段的位置，其后单击鼠标右键，在快捷菜单中选择“插入字段”命令，在打开的“字段”对话框中选择合适的字段即可，如图8-32所示。

用户可单击“字段类别”下拉按钮，在打开的列表中选择字段的类别，其中包括“打印”、“对象”、“其他”、“全部”、“日期和时间”、“图纸集”、“文档”和“已链接”。选择其中任意选项，打开与之相应对话框，对其进行设置即可，如图8-33、8-34所示。

字段所使用的文字样式与其插入的文字对象所使用的样式相同，默认情况下，在AutoCAD中的字段将使用浅灰色底纹进行显示。

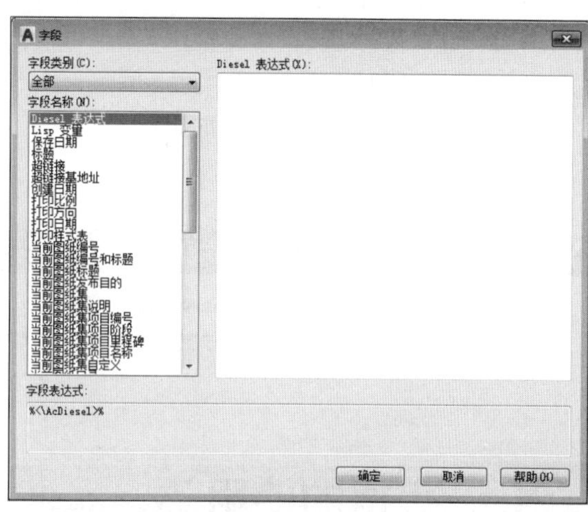

图8-32 “字段”对话框

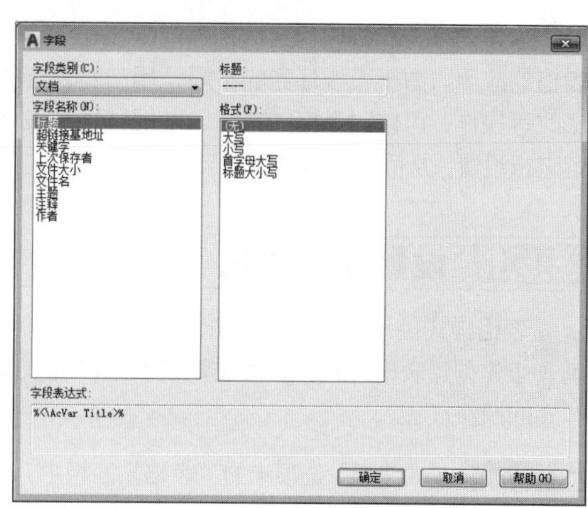

图8-33 选择“打印”类别选项

图8-34 “文档”类别

8.4.2 更新字段

字段更新时，将显示最新的值。在此可单独更新字段，也可在一个或多个选定文字对象中更新所有字段。在AutoCAD中，执行“更新字段”的方法可通过以下方法进行操作。

1. 使用面板按钮操作

在“插入”选项卡的“数据”面板中，单击“更新字段”按钮，根据提示信息，选择需更新的字段即可。

2. 使用快捷命令操作

在命令行中输入upd按回车键，根据提示信息，选择需更新的字段即可。

3. 使用位码操作

在命令行中输入FIELDEVAL按回车键，根据提示信息，输入合适的位码即可。该位码是常用标注控制符中任意值的和。如仅在打开、保存文件时更新字段，可输入3。

常用标注控制符值说明如下：

- 0值：不更新；
- 1值：打开时更新；
- 2值：保存时更新；
- 4值：打印时更新；
- 8值：使用ETRANSMIT时更新；
- 16值：重生成时更新。

工程师点拨：其他字段功能的设置

当字段插入完成后，想对其编辑，则选中该字段，单击鼠标右键，选择“编辑字段”选项，在“字段”对话框中进行设置。若想将字段转换成文字，则选中该字段，单击鼠标右键，在右键菜单中选择“将字段转换为文字”选项即可。

8.5 表格的使用

表格是在行和列中包含数据的对象，在工程图中会大量使用到表格，例如标题栏和明细表都属于表格的应用。由于工作任务的不同，用户对表格的具体要求也会不同。通过对表格样式进行新建或者修改等操作，可以对表格的方向、常规特性、表格内使用的文字样式以及表格的边框类型等一系列内容进行设置，从而建立符合用户自己需求的表格。

8.5.1 设置表格样式

表格样式控制一个表格的外观，用于保证标准的字体、颜色、文本、高度和行距。在创建表格前，应先创建表格样式，并通过管理表格样式，使表格样式更符合行业的需要。下面将介绍设置表格样式的操作方法。

Step 01 在“注释”选项卡的“表格”面板中，单击“表格”按钮▦，打开“插入表格”对话框，如图8-35所示。

Step 02 单击“表格样式”按钮，打开“表格样式”对话框，如图8-36所示。

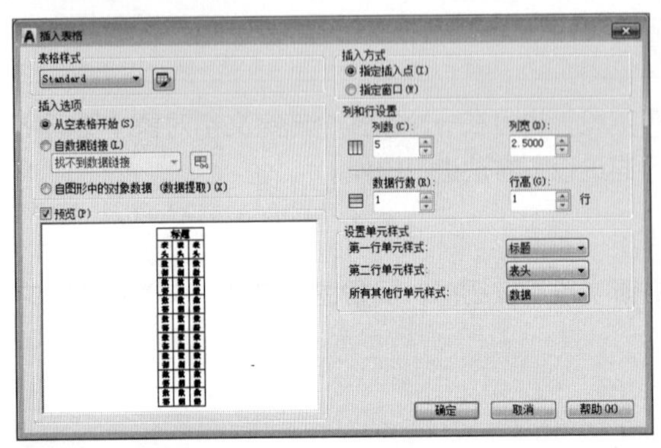

图8-35 “插入表格”对话框

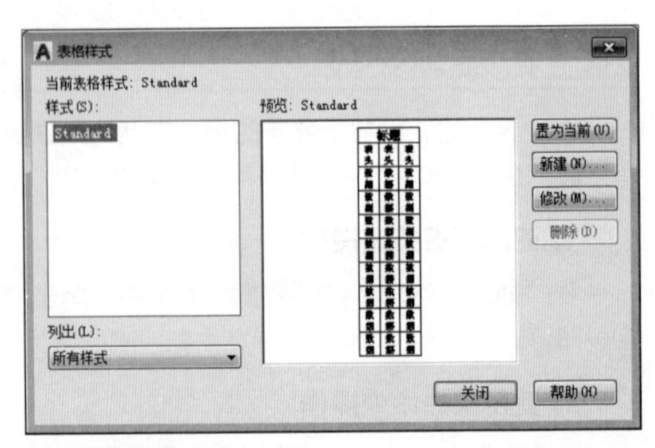

图8-36 “表格样式”对话框

Step 03 单击“新建”按钮，打开“创建新的表格样式”对话框，输入新样式名称，如图8-37所示。

Step 04 单击“继续”按钮，打开“新建表格样式”对话框，在“单元格式”下拉列表框中，可以设置标题、表头、数据所对应的文字、边框等特性，如图8-38所示。

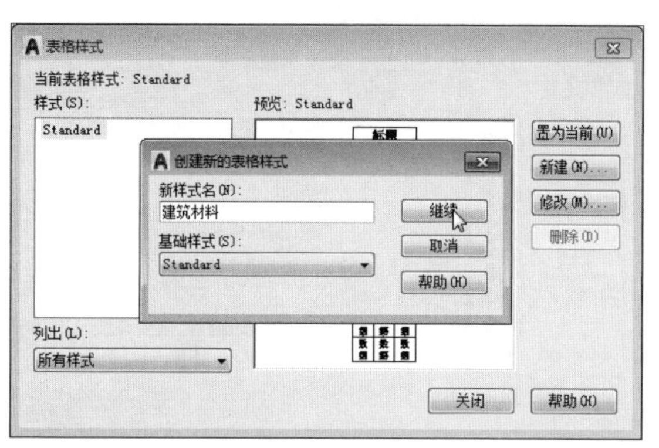

图8-37 “创建新的表格样式”对话框

图8-38 “新建表格样式”对话框

Step 05 设置完成后，单击“确定”按钮，返回“表格样式”对话框，此时在“样式”列表中会显示刚创建的表格样式。单击“关闭”按钮，完成操作。

在“新建表格样式”对话框中，用户可通过三个选项卡对表格的“标题、表头和数据”单元样式进行设置。下面将分别对其选项进行说明。

1. 常规

该选项卡可以对填充颜色、对齐方式、格式、类型和页边距进行设置。该选项卡中各选项说明如下：

- 填充颜色：用于设置表格单元的背景填充颜色，默认值为“无”。
- 对齐：用于设置表格单元中的文字对齐方式。
- 格式：单击右侧按钮[...]，打开“表格单元格式”对话框，用于设置表格单元格的数据类型和格式。
- 类型：用于将单元样式指定为标签或数据。
- 页边距：用于设置表格单元中的内容距边线的水平和垂直距离。

2. 文字

该选项卡可设置表格单元中的文字样式、高度、颜色和角度等特性，如图8-39所示。该选项卡各主要选项说明如下：

- 文字样式：选择可以使用的文字样式，单击右侧按钮[...]，可以打开“文字样式”对话框，用于设置或修改文字样式。
- 文字高度：用于设置表单元中的文字高度。
- 文字颜色：用于设置表单元中的文字颜色。
- 文字角度：用于设置表单元中的文字倾斜角度。

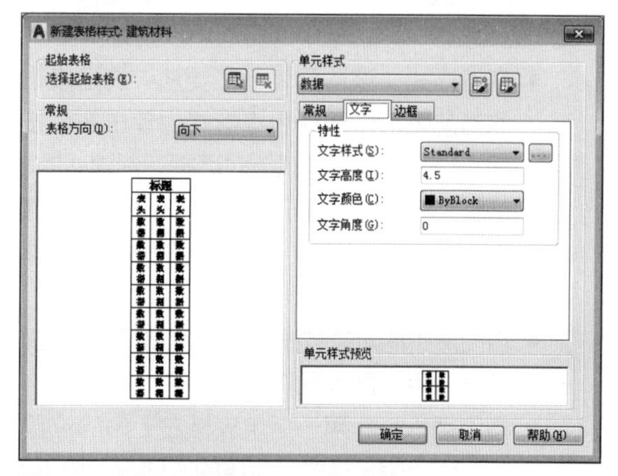

图8-39 “文字”选项卡

3. 边框

该选项卡可以对表格边框特性进行设置，如图8-40所示。在该选项中，有8个边框按钮，单击其中任意按钮，可将设置的特性应用到相应的表格边框上。

该选项卡各主要选项说明如下：

- 线宽：用于设置指定表格边框的线宽。
- 线型：用于设置指定表格边框的线型样式。
- 颜色：用于设置指定表格边框的颜色。
- 双线：勾选该复选框，可设置将表格边框线型设置双线，在“间距”选项的数值框中设置双线间距。

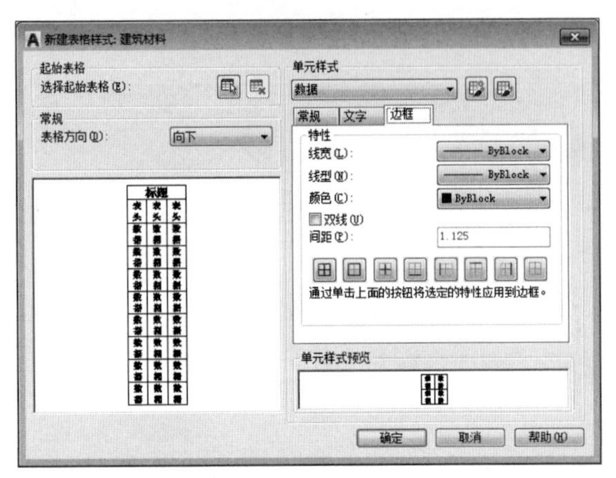

图8-40 “边框”选项卡

8.5.2 创建与编辑表格

表格样式创建完成后，可执行“绘图>表格”命令插入当前表格样式。用户若对当前表格样式不满意，可在“表格样式”对话框中单击“修改”按钮，在“修改表格样式”对话框中对表格进行编辑修改操作。

1. 创建表格

执行“绘图>表格”命令，打开“插入表格”对话框，如图8-41所示。在“列和行设置”选项组中，设置行数和列数值，在绘图区中指定插入点即可完成表格的创建。表格插入完成后，可进入文字编辑状态，在此可输入表格内容，按回车键，可进入下一行内容的输入；若需选择性输入，在表格中，双击所要输入内容的单元格，即可进行文字的输入。

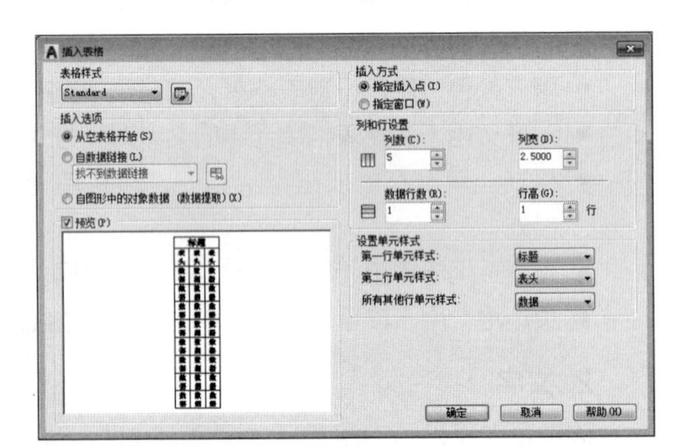

图8-41 “插入表格”对话框

“插入表格”对话框中的各选项说明如下：

- 表格样式：该选项表示在要从中创建表格的当前图形中选择表格样式。单击右侧按钮，打开“表格样式”对话框，创建新的表格样式。
- 从空表格开始：用于创建可以手动填充数据的空表格。
- 自数据链接：用于从外部电子表格中的数据创建表格。单击右侧按钮，可在“选择数据链接”对话框中进行数据链接设置。
- 自图形中的对象数据：用于启动“数据提取”向导。
- 预览：用于显示当前表格样式。
- 指定插入点：用于指定表格左上角的位置。可以使用定点设置，也可在命令行提示下输入坐标值。如果表格样式将表格的方向设为由下而上读取，插入点位于表格左下角。
- 指定窗口：用于指定表格的大小和位置。该选项同样可以使用定点设备，也可在命令行提示下中输入坐标值，选定此项时，行数、列数、列宽和行高取决于窗口的大小以及列和行设置。
- 列数：指定表格的列数。
- 列宽：用于指定表格列宽值。

- 数据行数：用于指定表格的行数。
- 行高：用于指定表格行高值。
- 第一行单元样式：用于指定表格中第一行的单元样式。系统默认为标题单元样式。
- 第二行单元样式：用于指定表格中第二行的单元样式。系统默认为表头单元样式。
- 所有其他行单元样式：用于指定表格中所有其他行的单元样式。系统默认为数据单元样式。

2. 编辑表格内容

创建表格后，用户可对表格进行复制、删除、缩放或旋转等操作，也可对表格内文字进行编辑，下面将对表格的编辑操作进行介绍。

（1）编辑表格

选中所需编辑的单元格，在“表格单元”选项卡中，用户可根据需要对表格的行、列、单元样式、单元格式等面板中的参数进行设置，如图8-42所示。

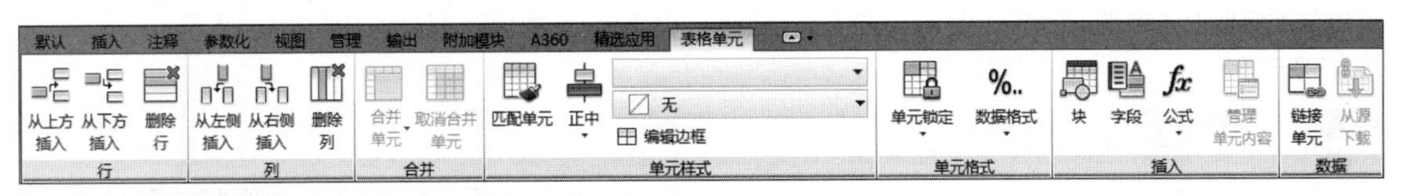

图8-42 “表格单元”选项卡

该选项卡中主要命令说明如下：

- 行：在该面板中，用户可对选定的单元行进行相应的操作，例如插入行、删除行。
- 列：在该面板中，用于可对选定的单元列进行相应的操作，例如插入列、删除列。
- 合并：在该面板中，用户可将多个单元格合并成一个单元格，也可将已合并的单元格进行取消合并操作。
- 单元样式：在该面板中，用户可设置表格文字的对齐方式、单元格的颜色以及表格的边框样式等。
- 单元格式：在该面板中，用户可确定是否将选择的单元格进行锁定操作以及单元格的数据格式类型。
- 插入：在该面板中，用户可插入图块、字段以及公式等。
- 数据：在该面板中，用户可设置表格数据，如将Excel电子表格中的数据与当前表格中的数据进行链接操作。

（2）编辑表格文字

表格中的文字可根据需要进行更改，例如更换文字内容，修改文字大小、颜色和字体等。双击表格中所需修改的单元格内容，进入编辑状态，输入新的表格内容后，单击绘图区空白处，完成表格内容的更改。

8.5.3 调用外部表格

利用“表格”命令创建表格或从Microsoft Excel中直接复制表格，将其作为AutoCAD表格对象粘贴到图形中，也可以从外部直接导入表格对象。下面将举例介绍调用外部表格的操作方法。

Step 01 执行“绘图>表格”命令，打开“插入表格”对话框，单击“自数据链接”右侧按钮，打开“选择数据链接”对话框，如图8-43所示。

Step 02 选择“创建新的Excel数据链接”选项，在“输入数据链接名称”对话框中，输入链接名称，如图8-44所示。

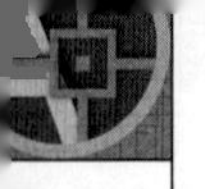

图8-43 “选择数据链接”对话框

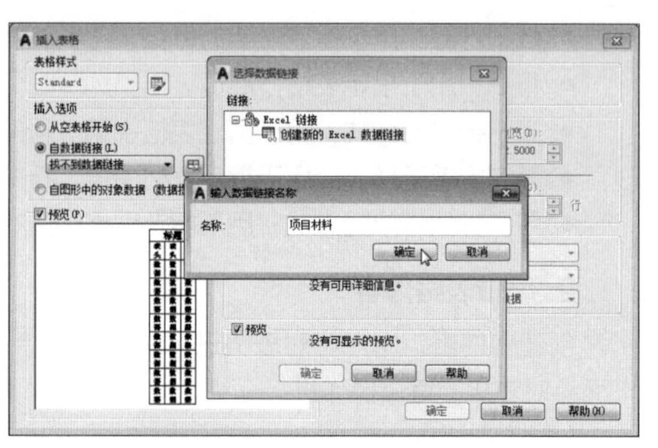

图8-44 输入表格名称

Step 03 单击“确定”按钮，在“新建Excel数据链接”对话框中，单击“浏览文件”右侧按钮，如图8-45所示。

Step 04 在“另存为”对话框中，选择调用的文件，单击“打开”按钮，如图8-46所示。

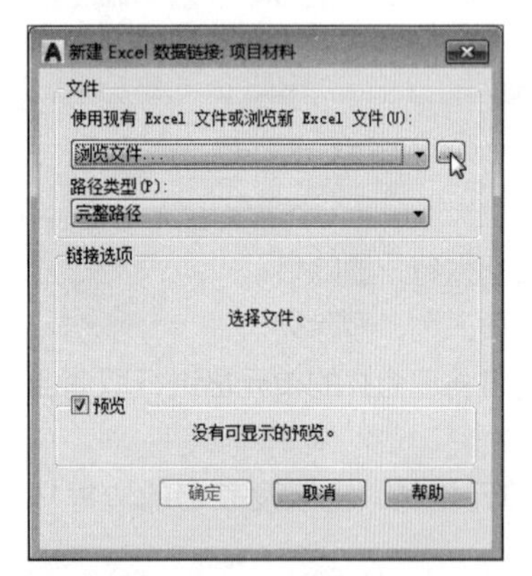

图8-45 “新建Excel数据链接”对话框

图8-46 “另存为”对话框

Step 05 返回到“新建Excel数据链接”对话框，设置链接范围，依次单击“确定”按钮，返回到“插入表格”对话框，单击“确定”按钮，如图8-47所示。

Step 06 根据命令行提示在绘图区指定表格的插入点，即可完成调用操作，如图8-48所示。

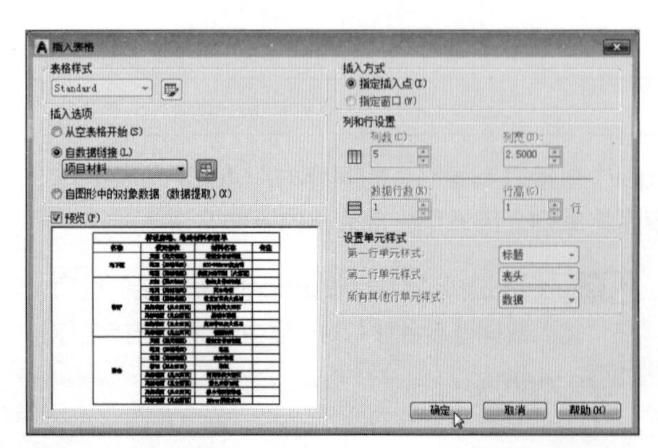

图8-47 “插入表格”对话框

样板房墙、地砖材料表清单			
名称	使用部位	材料名称	备注
地下室	天棚（见天棚图）	轻钢龙骨硅钙板	
	地面（见铺地图）	600*600mm复古砖	
	地面（见铺地图）	美国灰麻石材（火烧面）	
	地面（见铺地图）	户外防腐木地板	
	局部墙面（见立面图）	面饰西米石	
庭院、入户休息室	地面（见铺地图）	仿古砖	
	地面（见铺地图）	美国灰麻石材（火烧面）	
	地面（见铺地图）	户外防腐木地板	
	局部墙面（见立面图）	灰色层岩文化石	
客厅	天棚（见天棚图）	轻钢龙骨硅钙板	
	地面（见铺地图）	实木地板	
	地面（见铺地图）	哑光面米黄大理石	
	局部墙面（见立面图）	亮面米黄大理石	
	局部墙面（见立面图）	黑檀木面板	
	局部墙面（见立面图）	亮面中国黑大理石	
	局部墙面（见立面图）	镀膜玻璃	
卧房	天棚（见天棚图）	轻钢龙骨硅钙板	
	地面（见铺地图）	地毯	
	地面（见铺地图）	实木地板	
	墙面（见立面图）	墙纸	
	局部墙面（见立面图）	亮面米黄大理石	
	局部墙面（见立面图）	深色木饰面板	
	局部墙面（见立面图）	橡木饰面板染色	
	局部墙面（见立面图）	10mm钢化玻璃	

图8-48 调用外部表格效果

综合实例 —— 创建多行文本

运用本章所学的知识在图纸中创建多行文本内容，进行参数设置，通过练习本实例，以使读者更好的掌握多行文本的创建与编辑操作。

Step 01 执行“文字样式”命令，打开“文字样式”对话框，设置字体为宋体，字高为100，依次单击“应用”、“置为当前”和“关闭”按钮，如图8-49所示。

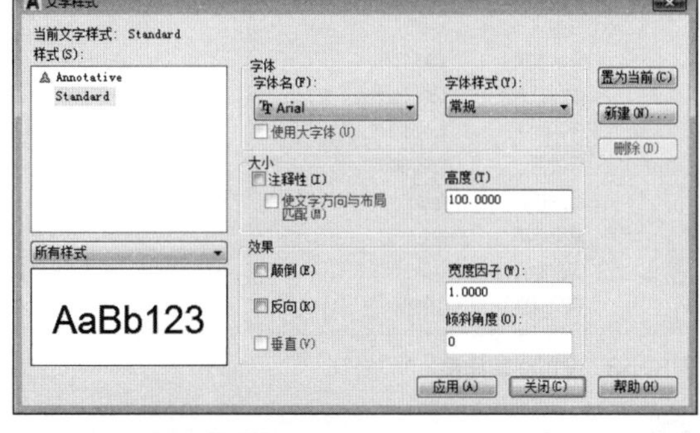

图8-49 设置文字样式

Step 02 执行“多行文字”命令，通过指定对角点框选出文字输入范围，在文本框中，输入文字，如图8-50所示。

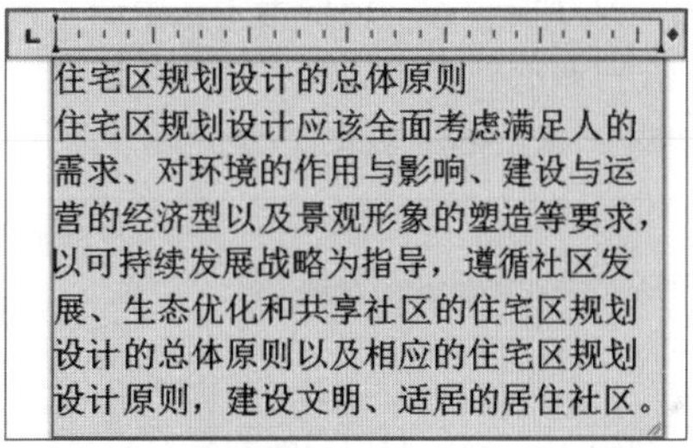

住宅区规划设计的总体原则
住宅区规划设计应该全面考虑满足人的需求、对环境的作用与影响、建设与运营的经济型以及景观形象的塑造等要求，以可持续发展战略为指导，遵循社区发展、生态优化和共享社区的住宅区规划设计的总体原则以及相应的住宅区规划设计原则，建设文明、适居的居住社区。

图8-50 多行文字

Step 03 选取部分文字，在“文字编辑器”选项卡的“格式”面板中，设置颜色为“蓝”色，如图8-51所示。

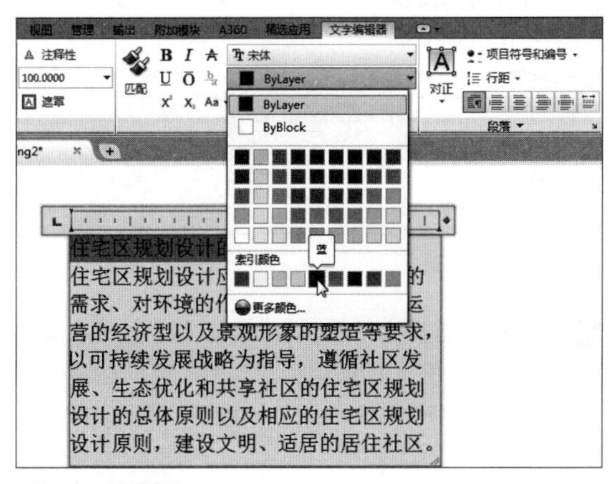

图8-51 设置颜色

Step 04 设置完成后，单击空白区域完成多行文字的创建，如图8-52所示。

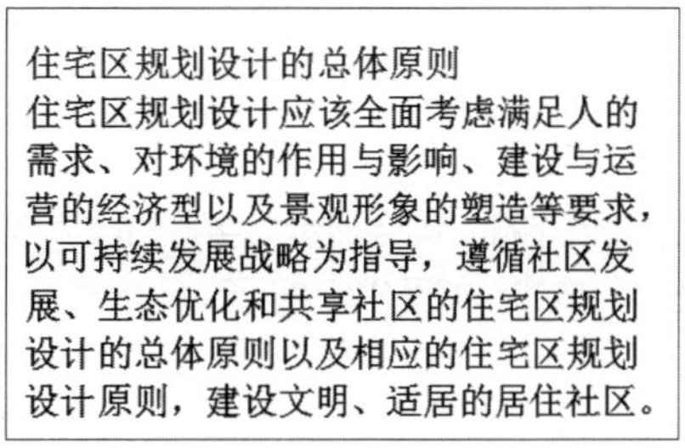

住宅区规划设计的总体原则
住宅区规划设计应该全面考虑满足人的需求、对环境的作用与影响、建设与运营的经济型以及景观形象的塑造等要求，以可持续发展战略为指导，遵循社区发展、生态优化和共享社区的住宅区规划设计的总体原则以及相应的住宅区规划设计原则，建设文明、适居的居住社区。

图8-52 创建效果

Step 05 选取多行文本后单击鼠标右键，在弹出的快捷菜单中选择“特性”选项，在“特性”选项板的“文字”展卷栏中，单击“旋转”数值框，输入数值15，如图8-53、8-54所示。

图8-53 设置旋转角度

住宅区规划设计的总体原则
住宅区规划设计应该全面考虑满足人的需求、对环境的作用与影响、建设与运营的经济型以及景观形象的塑造等要求，以可持续发展战略为指导，遵循社区发展、生态优化和共享社区的住宅区规划设计的总体原则以及相应的住宅区规划设计原则，建设文明、适居的居住社区。

图8-54 编辑效果

Step 06 关闭选项板，双击文本，进入编辑状态，在打开的“文字编辑器”选项卡中，单击“符号”按钮@，在打开的列表中选择“其他”选项，打开“字符映射表”对话框，如图8-55所示。

Step 07 单击“字符集”下三角按钮，在下拉菜单中选择“Windows：简体中文”选项，在字符表中选择需要的字符，这里选择正负号，如图8-56所示。

图8-55 “字符映射表”对话框

图8-56 选择字符

Step 08 单击该字符，即会显示该字符的放大效果，单击“选择”按钮，如图8-57所示。

Step 09 选择字符后，单击“复制”按钮，返回到文本框中，在光标编辑状态时单击鼠标右键，在右键菜单中选择“粘贴”选项，如图8-58所示。

图8-57 选择字符

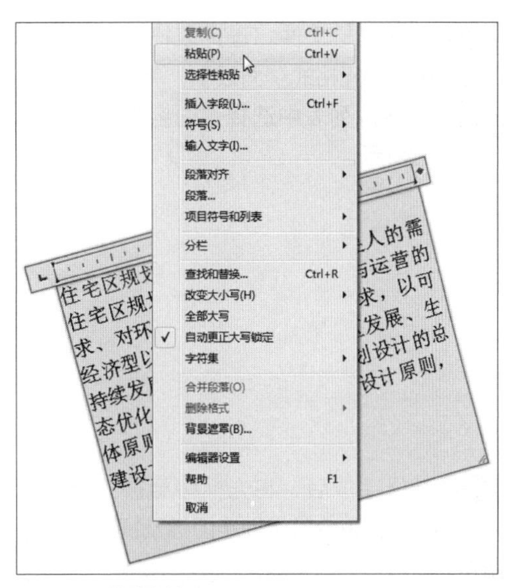

图8-58 粘贴字符

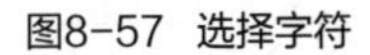

工程师点拨：选择字符

在文本编辑状态时，在打开“字符映射表”中除了选择字符再单击“复制”按钮，然后在文本框内进行“粘贴”这种方式外，还可以双击所需的字符，在文本中自动添加所选字符。

Step 10 粘贴完成后，继续输入数字，然后选择输入的数字，在“样式”面板中将文字高度设置为50，在“格式”面板中将颜色更改为“洋红”，再将第一行文字高度设置为120，单击绘图区空白处，完成多行文字的编辑，效果如图8-59所示。

图8-59 多行文字

高手应用秘籍 —— 表格其他操作功能介绍

AutoCAD表格除了以上介绍的功能之外，还可以使用其他功能进行操作。例如单元格锁定、表格数据格式的设置等，下面将介绍相关操作方法。

1. 单元格锁定

在AutoCAD表格中，若将表格数据进行锁定，在“表格单元”选项卡的“单元格式”面板中执行相关操作，具体方法如下。

Step 01 打开素材文件，选择表格中所需锁定的单元格，在“单元格式”面板中，单击“单元锁定”按钮，在下拉列表中选择“内容已锁定”选项，如图8-60所示。

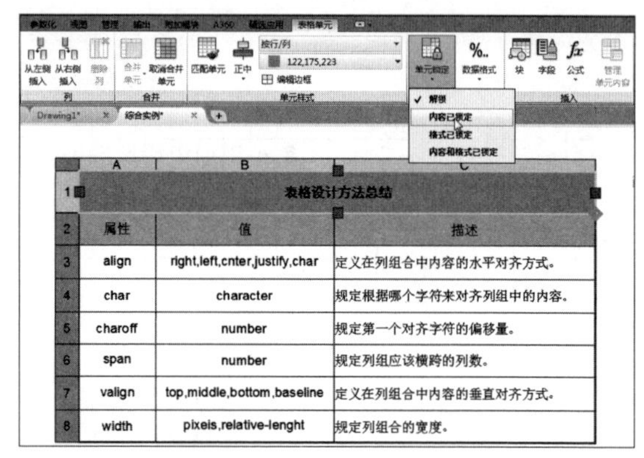

	A	B	C
1	表格设计方法总结		
2	属性	值	描述
3	align	right,left,cnter,justify,char	定义在列组合中内容的水平对齐方式。
4	char	character	规定根据哪个字符来对齐列组中的内容。
5	charoff	number	规定第一个对齐字符的偏移量。
6	span	number	规定列组应该横跨的列数。
7	valign	top,middle,bottom,baseline	定义在列组合中内容的垂直对齐方式。
8	width	pixeis,relative-lenght	规定列组合的宽度。

图8-60 选择“内容已锁定”选项

Step 02 选择完成后，将光标移至被锁定的单元格时，光标右上角会显示锁定图标及提示框如图8-61所示。

	A	B	C
1	表格设计方法总结		
2	属性	值	描述
3	align	right,left,cnter,justify,char	定义在列组合中内容的水平对齐方式。
4	char	character	规定根据哪个字符来对齐列组中的内容。
5	charoff	number	规定第一个对齐字符的偏移量。
6	span	number	规定列组应该横跨的列数。
7	valign	top,middle,bottom,baseline	定义在列组合中内容的垂直对齐方式。
8	width	pixeis,relative-lenght	规定列组合的宽度。

图8-61 锁定单元格

用户除了对表格内容进行锁定外，还可以对表格的格式进行锁定，方法与锁定内容相似，选中所需锁定的单元格，在“单元锁定”下拉列表中选择“格式已锁定”选项，即可完成锁定操作。在该下拉列表中，选择“解锁”选项即可解锁表格。

2. 设置表格数据格式

在AutoCAD表格中，若对表格中的数据格式进行设置，如日期格式、货币格式、数字格式等，在“表格单元”选项卡的“单元格式”面板中，单击“数据格式”按钮，具体方法如下。

Step 01 打开素材文件，选择表格中所需锁定的单元格，在“单元格式”面板中，单击“数据格式”按钮%..，在下拉列表中选择“自定义表格单元格式”选项，如图8-62所示。

单元锁定 数据格式 块 字段 公式 管理单元内容

角度 货币 日期 十进制数 常规 百分比 点 文字 整数 自定义表格单元格式...

图8-62 选择相关选项

Step 02 在“表格单元格式”对话框中，选择“数据类型”为“日期”，在“日期格式”的样例中选择所需样例，也可在该文本框中输入格式，如图8-63所示。

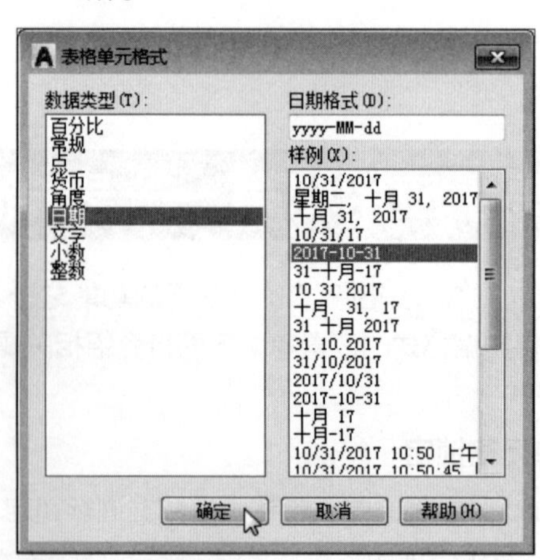

图8-63 设置数据格式

秒杀工程疑惑

进行插入表格时，经常会遇见各种各样的问题，下面将总结一些常见问题进行解答，其中包括：创建表格、插入特殊符号、在表格中插入图块、表格数据运算以及文本上标或下标的添加操作。

问　题	解　答
在创建表格时，为什么设置的行数为6后，在绘图区中插入的表格却有8行?	这是由于设置的行数是数据行的行数，而表格的标题栏和表头是排除在行数设置范围之外的，系统默认的表格都是会带有标题栏和表头的
如何在 AutoCAD 软件中输入特殊符号?	双击要插入的文本内容，在“文字编辑器”选项卡的“插入”选项组中，单击“符号”下拉按钮，选择“其他”选项，在打开的“字符映射表”对话框中，选择满意的特殊符号，单击“选择”和“复制”按钮，在文本编辑框中，单击鼠标右键，选择“粘贴”选项即可
如何在表格中，插入图块?	在表格中，选中要插入的单元格，在“表格单元”选项卡的“插入”面板中，单击“块”按钮，在“在表格单元中插入块”对话框中，单击“浏览”按钮，在打开的对话框中选择要插入的图块文件，单击“打开”按钮，返回至原对话框，单击“确定”按钮，即可插入图块
在AutoCAD的表格中，能否对表格数据进行计算操作?	在AutoCAD表格中，用户同样可对数据进行计算操作。在表格中，选中结果单元格，在“表格单元”选项卡的“插入”面板中，单击“公式”下三角按钮，在下拉列表中选择所需运算类型，根据命令行提示框选表格数据，此时在结果单元格中显示公式内容，按回车键完成计算操作，公式计算结果以浅色底纹显示
在AutoCAD中，如何添加上标或下标?	经常会用到平方或立方等上标数字，除了在“符号”中进行添加外，也有一些文本的形式是列表里没有的。添加上标或下标的具体操作如下： 首先双击所需编辑的文本，将其进入可编辑状态；然后选中需要将其上标或下标的文本，在“文字编辑器”选项卡的“格式”面板中，单击“上标”按钮或“下标”按钮，即可看到相应文本变化

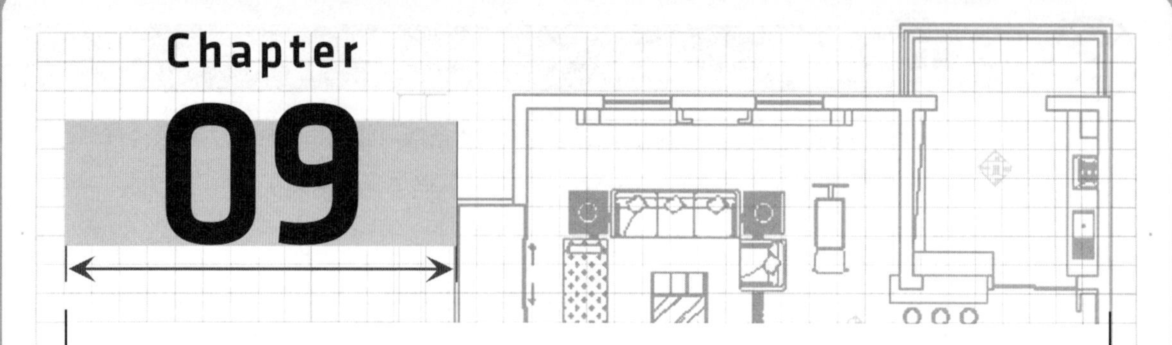

Chapter 09

图形标注尺寸的应用

尺寸标注是绘图设计过程中的一个重要环节，在绘制图形时使用尺寸标注，能够为图形的各个部分添加提示和注释等辅助信息。AutoCAD提供了一套完整、灵活的标注工具，保证用户能够方便、快速地创建标准的尺寸标注。

01 学完本章您可以掌握如下知识点

1. 尺寸样式的设置　★
2. 尺寸标注的创建　★★
3. 引线标注样式的设置　★★★
4. 引线标注的创建　★★★

02 本章内容图解链接

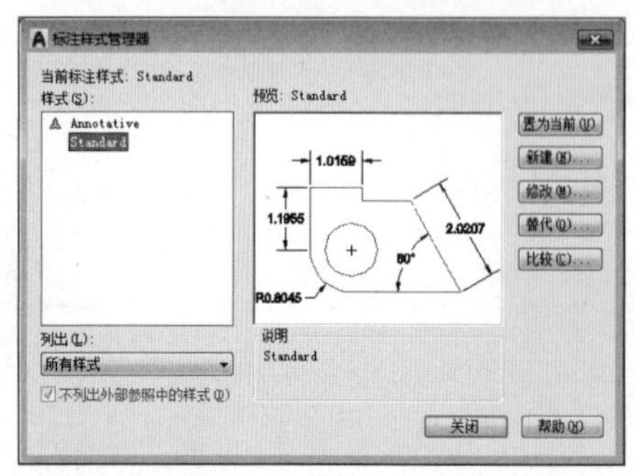

标注样式管理器

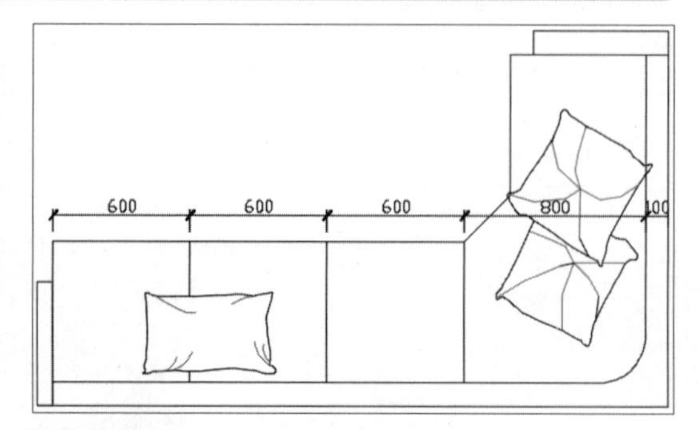

连续标注

9.1 尺寸标注的要素

在AutoCAD中为图形标注尺寸是绘图时很重要的部分，标注能直观地反应出图形的尺寸，例如图形对象的长、宽、高等。

9.1.1 尺寸标注的组成

一个完整的尺寸标注由尺寸界线、尺寸线、尺寸文字、尺寸箭头、中心标记等组成。下面将对其进行简单介绍，如图9-1所示。

- 尺寸界线：用于标注尺寸的界限。从图形的轮廓线、轴线或对称中心线引出，有时也可以利用轮廓线代替，用以表示尺寸起始位置。一般情况下，尺寸界线应与尺寸线相互垂直。
- 尺寸线：用于指定标注的方向和范围。对于线性标注，尺寸线显示为一直线段；对于角度标注，尺寸线显示为一段圆弧。
- 尺寸文字：用于显示测量值的字符串，其中包括前缀、后缀和公差等。在AutoCAD中可对标注的文字进行替换，尺寸文字的位置根据需要可以放在任意位置。
- 尺寸箭头：位于尺寸线两端，用于表明尺寸线的两端位置。在AutoCAD中可对标注箭头的样式进行设置。
- 中心标记：标记圆或圆弧的中心点位置。

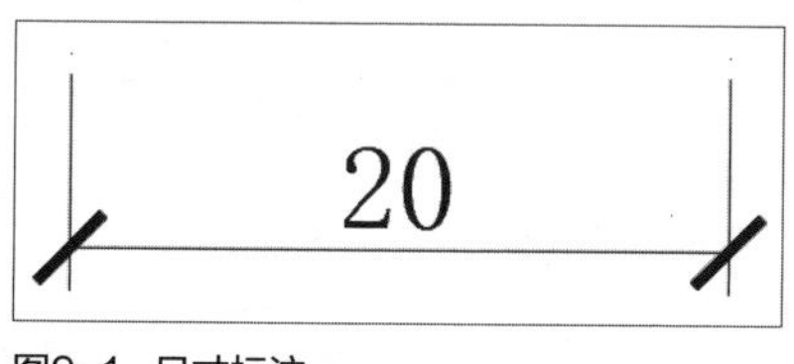

图9-1 尺寸标注

9.1.2 尺寸标注的原则

尺寸标注一般要求对标注的图形对象进行完整、准确、清晰的标注，在进行标注时，不能遗漏尺寸，要全方位反应出标注对象的实际情况。每个行业的标注标准不太相同，相对于机械行业来说，其尺寸标注要求较为严格。下面将以机械制图为例，介绍其标注原则。

- 图形按照1:1的比例与零件的真实大小是一样的，零件的真实大小应该以图形标注为准，与图形的大小和绘图的精确度无关。
- 图形应以mm为单位，不需要标注计量单位的名称和代号，如果采用其他单位，如60°、cm、m，需要注明标注单位。
- 图形中标注的尺寸为零件的最终完成尺寸，否则需要另外说明。
- 零件的每一个尺寸只需标注一次，不能重复标注，并且应该标注在最能清晰反映该结构的地方。
- 尺寸标注应该包含尺寸线、箭头、尺寸界线、尺寸文字。

9.2 尺寸标注样式的设置

尺寸标注是图形的测量注释，它可以显示测量对象的长度、角度等测量值。AutoCAD提供了多种标注样式和多种设置标注格式的方法，可以满足建筑、机械、电子等大多数应用领域的要求。

9.2.1 新建尺寸样式

AutoCAD使用默认样式生成尺寸标注，所以在标注尺寸前，用户一般都要创建尺寸样式。AutoCAD可以定义多种不同的标注样式并为之命名，标注时，用户只需指定某个样式为当前样式，便可以创建相应的标注形式。

AutoCAD系统默认尺寸样式为Standard，若对该样式不满意，用户可通过“标注样式管理器”对话框进行新尺寸样式的创建，在“默认”选项卡的“注释”面板中单击“标注样式”按钮，打开“标注样式管理器”对话框。

下面将介绍新建尺寸样式的操作方法。

Step 01 在“注释”选项卡中，单击“标注”面板的箭头按钮，打开“标注样式管理器”对话框，如图9-2所示。

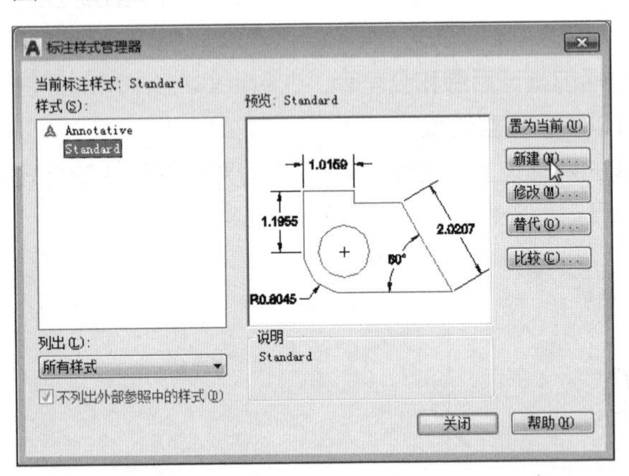

图9-2 “标注样式管理器”对话框

Step 02 单击“新建”按钮，在“创建新标注样式”对话框中输入新样式名称，单击“继续”按钮，如图9-3所示。

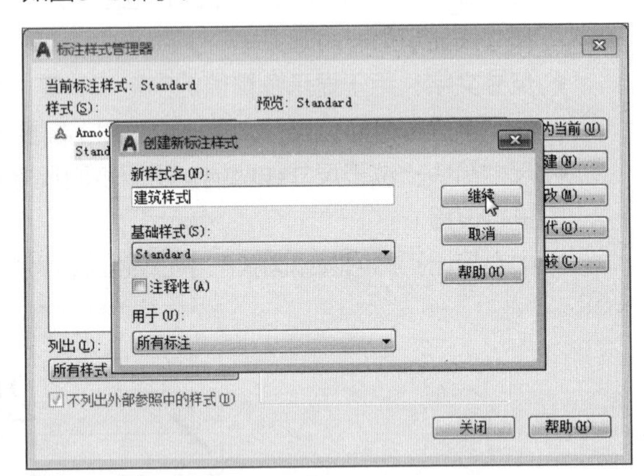

图9-3 “创建标注样式”对话框

Step 03 打开“新建标注样式”对话框，在“线”选项卡中，将“尺寸线”和“尺寸界限”颜色设置为“洋红”，勾选“固定长度的尺寸界限”复选框并设置其值为200，如图9-4所示。

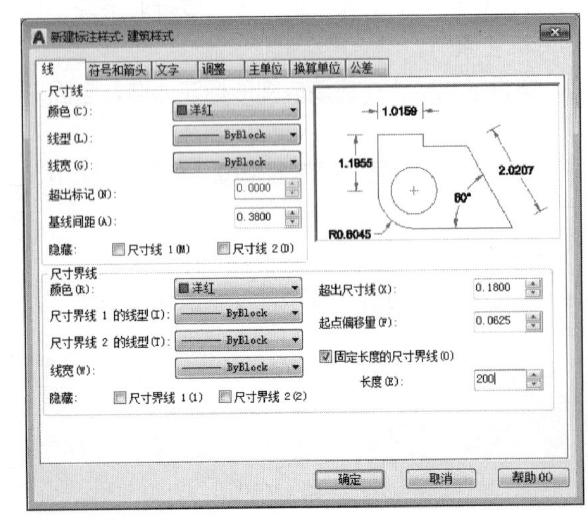

图9-4 “线”选项卡

Step 04 切换至“符号和箭头”选项卡，在“箭头”选项组中，设置箭头样式为“建筑标记”，箭头大小50，为如图9-5所示。

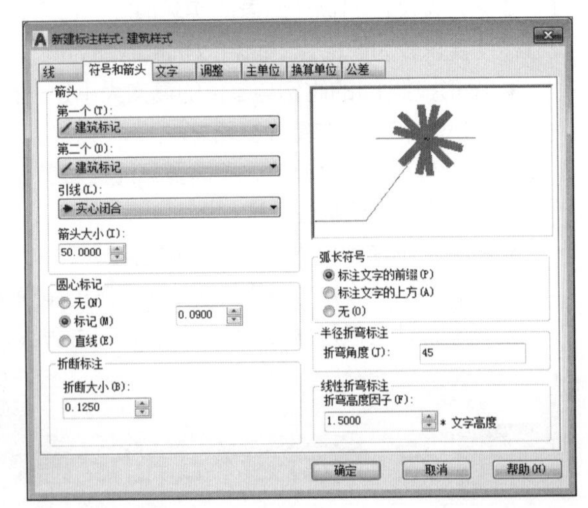

图9-5 “符号和箭头”选项卡

Step 05 切换至“文字”选项卡，将“文字颜色”设为洋红，“文字高度”设为120，在“文字位置”选项组中，设置“从尺寸线偏移”值为50，“文字对齐”为“与尺寸线对齐，，如图9-6所示。

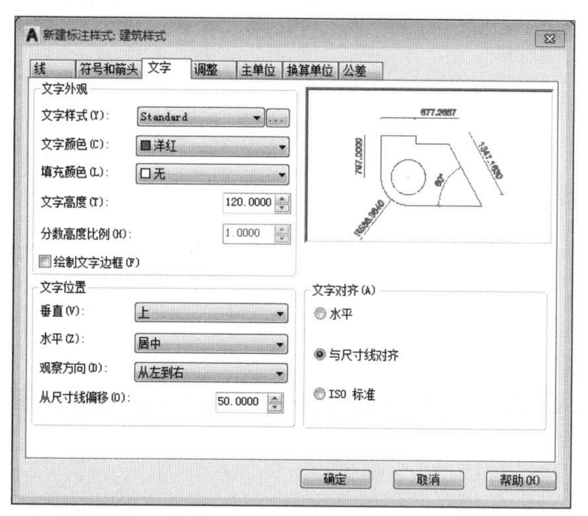

图9-6 “文字”选项卡

Step 06 切换至“调整”选项卡，在“文字位置”选项组中，将文字设为“尺寸线上方，不带引线”，勾选“若箭头不能放在尺寸界线内，则将其消”复选项，如图9-7所示。

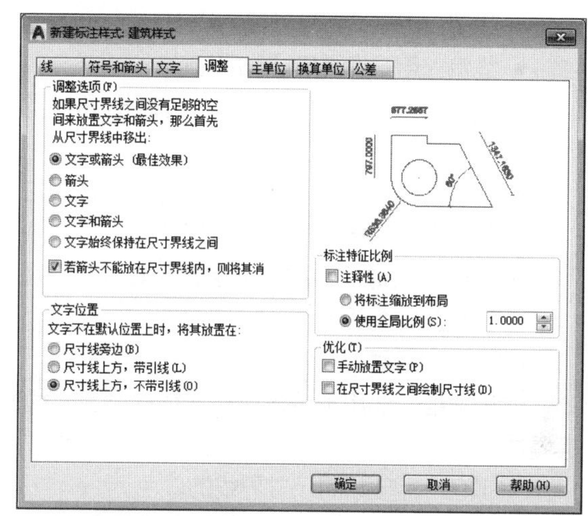

图9-7 “调整”选项卡

Step 07 切换至“主单位”选项卡，在“线性标注”选项组中，将精度设为0，单击“确定”按钮，如图9-8所示。

图9-8 设置精度为0

Step 08 返回至“标注样式管理器”对话框，在“预览”中显示“样式”列表中选定样式的图示，单击“置为当前”和“关闭”按钮完成操作，如图9-9所示。

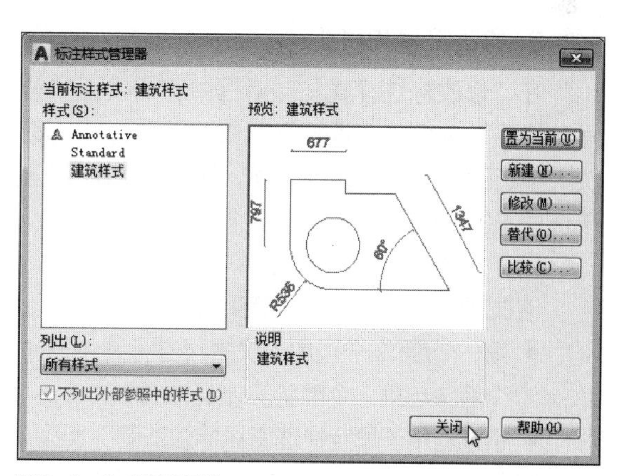

图9-9 完成新建操作

9.2.2 修改尺寸样式

尺寸样式设置好后，若不满意，用户可对其进行修改。在“标注样式管理器”对话框中，选中所需修改的样式，单击“修改”按钮，在打开的“修改标注样式”对话框中进行设置即可。

1. 修改标注线

在“修改标注样式”对话框中，切换至“线”选项卡，根据需要修改尺寸线颜色、线型、线宽等参数选项，如图9-10所示。该选项卡各选项说明如下：

（1）尺寸线

该选项组主要用于设置尺寸线的颜色、线宽、超出标记及基线间距属性。

- 颜色：用于设置尺寸线的颜色。
- 线型：用于设置尺寸线的线型。
- 线宽：用于设置尺寸线的宽度。
- 超出标记：用于调整尺寸线超出界线的距离。
- 基线间距：用于设置以基线方式标注尺寸时，相邻两尺寸线之间的距离。
- 隐藏：该选项组用于确定是否隐藏尺寸线及相应的箭头。

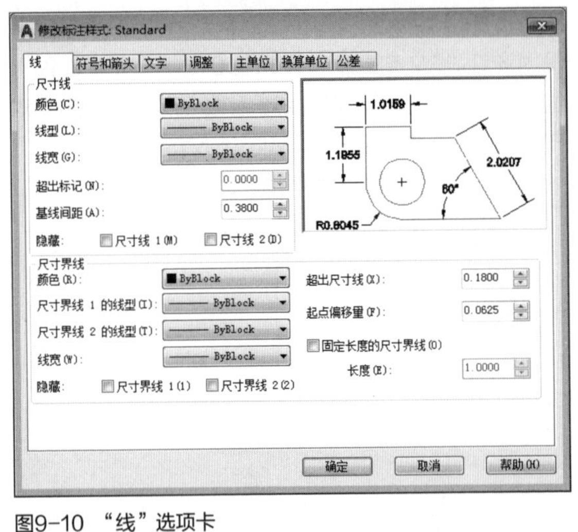

图9-10 “线”选项卡

（2）尺寸界线

该选项组主要用于设置尺寸界线的颜色、线宽、超出尺寸线的长度和起点偏移量，以及隐藏控制等属性。

- 颜色：用于设置尺寸界线的颜色。
- 线宽：用于设置尺寸界线的宽度。
- 尺寸界线1的线型/尺寸界线2的线型：用于设置尺寸界线的线型样式。
- 超出尺寸线：用于设定界线超出尺寸线的距离。
- 起点偏移量：用于设置尺寸界线与标注对象之间的距离。
- 固定长度的延伸线：用于将标注尺寸的尺寸界线设置为固定长度，尺寸界线的长度可在“长度”数值框中指定。

2. 修改符号和箭头

在“修改标注样式”对话框中，切换至“符号和箭头”选项卡，根据需要修改箭头样式、箭头大小、圆心标注等参数选项，如图9-11所示。该选项卡各选项说明如下：

（1）箭头

该选项组用于设置标注箭头的外观。

- 第一个/第二个：用于设置尺寸标注中第一个箭头与第二个箭头的外观样式。
- 引线：用于设定快速引线标注的箭头类型。
- 箭头大小：用于设置尺寸标注中箭头的大小。

（2）圆心标记

该选项组用于设置是否显示圆心标记以及标记的大小。

- 无：在标注圆弧类的图形时，取消圆心标记功能。
- 标记：显示圆心标记。
- 直线：标注出的圆心标记为中心线。

（3）折断标注

该选项用于设置折断标注的大小。

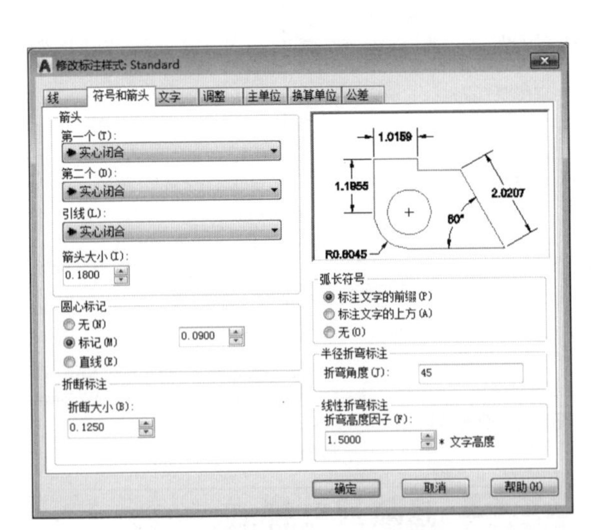

图9-11 “符号和箭头”选项卡

（4）弧长符号

该选项组用于设置弧长标注中圆弧符号的显示。

- 标注文字的前缀：将弧长符号放置在标注文字的前面。
- 标注文字的上方：将弧长符号放置在标注文字的上方。
- 无：不显示弧长符号。

（5）半径折弯标注

该选项用于半径标注的显示。半径折弯标注通常在中心点位于外部时创建，在“折弯角度”数值框中输入连接半径标注的尺寸界线和尺寸线的横向直线的角度值。

（6）线型折弯标注

该选项可设置折弯高度因子的文字高度。

3. 修改文字

在“修改标注样式”对话框中，切换至“文字”选项卡，对文字的外观、位置以及对齐方式进行设置，如图9-12所示。该选项卡各选项说明如下：

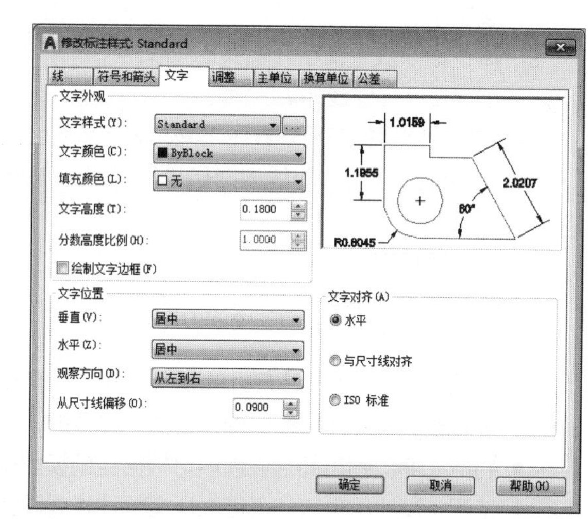

图9-12 “文字”选项卡

（1）文字外观

该选项组用于设置标注文字的格式和大小。

- 文字样式：设置当前标注的文字样式。
- 文字颜色：设置尺寸文本的颜色。
- 填充颜色：设置尺寸文本的背景颜色。
- 文字高度：用于设置尺寸文字的高度，如果选用的文字样式中，已经设置了文字高度，此时该选项将不可用。
- 分数高度比例：用于确定尺寸文本中的分数相对于其他标注文字的比例。“绘制文字边框”选项用于给尺寸文本添加边框。

（2）文字位置

该选项组用于设置文字的垂直、水平位置及距离尺寸线的偏移量。

- 垂直：用于确定尺寸文本相对于尺寸线在垂直方向上的对齐方式。
- 水平：用于设置标注文字相对于尺寸线和尺寸界线在水平方向的位置。
- 观察方向：用于观察文字的位置的方向的选定。
- 从尺寸线偏移：用于设置尺寸文字与尺寸线之间的距离。

（3）文字对齐

该选项组用于设置尺寸文字在尺寸界线的位置。

- 水平：用于将尺寸文字设置为水平放置。
- 与尺寸线对齐：用于设置尺寸文字方向与尺寸方向一致。
- ISO标准：用于设置尺寸文字按ISO标准放置，当尺寸文字在尺寸界线之内时，其文字放置方向与尺寸方向一致，而在尺寸界线之外时将水平放置。

4. 调整

在“修改标注样式”对话框中，切换至“调整”选项卡，对尺寸文字、箭头、引线和尺寸线的位置进行调整，如图9-13所示。该选项卡各选项说明如下：

（1）调整选项

该选项组用于调整尺寸界线、文字和箭头之间的位置。

- 文字或箭头：该选项表示系统将按最佳布局将文字或箭头移动到尺寸界线外部。
- 箭头：该选项表示AutoCAD尽量将箭头放在尺寸界线内，否则会将文字和箭头都放在尺寸界线外。
- 文字：该选项表示当尺寸界线间距离仅能容纳文字时，系统会将文字放在尺寸界线内，箭头放在尺寸界线外。
- 文字和箭头：该选项表示当尺寸界线间距离不足以放下文字和箭头时，文字和箭头都放在尺寸界线外。

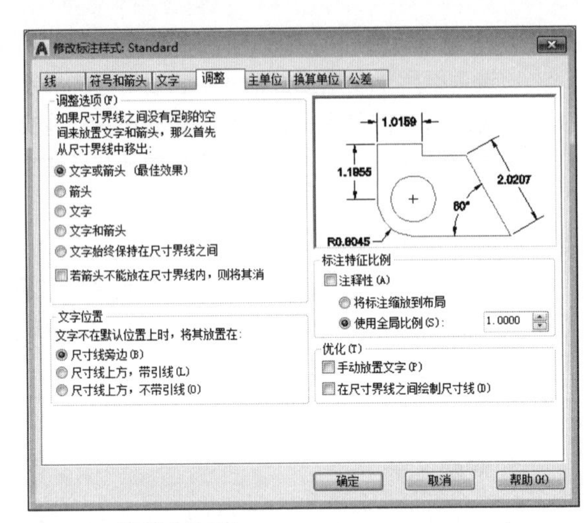

图9-13 “调整”选项卡

- 文字始终保持在尺寸界线之间：表示系统会始终将文字放在尺寸界限之间。
- 若不能放在尺寸界线内，则消除箭头：表示当尺寸界线内没有足够的空间放置，系统将隐藏箭头。

（2）文字位置

该选项组用于调整尺寸文字的放置位置。

（3）标注特征比例

该选项组用于设置标注尺寸的特征比例，以便于通过设置全局比例因子来增加或减少标注的大小。

- 注释性：将标注特征比例设置为注释性的。
- 将标注缩放到布局：该选项可根据当前模型空间的视口与图纸空间之间的缩放关系，设置比例。
- 使用全局比例：该选项可为所有标注样式设置一个比例，指定大小、距离或间距，此外还包括文字和箭头大小，但并不改变标注的测量值。

（4）优化

该选项组用于对文本的尺寸线进行调整。

- 手动放置文字：该选项忽略标注文字的水平设置，在标注时可将标注文字放置在用户指定的位置。
- 在尺寸界线之间绘制尺寸线：该选项表示始终在测量点之间绘制尺寸线，同时AutoCAD将箭头放在测量点之外。

5.修改主单位

在“修改标注样式”对话框中，切换至“主单位”选项卡，设置主单位的格式与精度等属性，如图9-14所示。该选项卡各选项说明如下：

（1）线性标注

该选项组用于设置线性标注的格式和精度。

- 单位格式：该选项用来设置除角度标注之外的各标注类型的尺寸单位，包括“科学”、“小数”、“工程”、“建筑”、“分数”以及“Windows桌面”等选项。

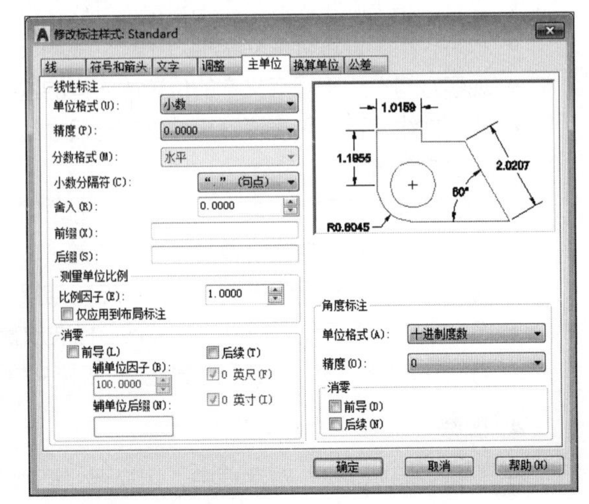

图9-14 “主单位”选项卡

- 精度：该选项用于设置标注的文字中的小数位数。
- 分数格式：该选项用于设置分数的格式，包括“水平”、“对角”和“非堆叠”3种方式。在“单位格式”下拉列表框中选择小数时，此选项不可用。
- 小数分隔符：该选项用于设置小数的分隔符，包括“逗点”、“句点”和“空格”3种。
- 舍入：该选项用于设置除角度标注以外的尺寸测量值的舍入值。
- 前缀、后缀：该选项用于设置标注文字的前缀和后缀。
- 比例因子：该选项可设置测量尺寸的缩放比例，AutoCAD的实际标注值为测量值与该比例的积。若勾选“仅应用到布局标注”复选框，可设置该比例关系是否仅适应于布局。

（2）消零

该选项组用于设置是否显示尺寸标注中的前导和后续0。

（3）角度标注

该选项组用于设置标注角度时采用的角度单位。

- 单位格式：设置标注角度时的单位。
- 精度：设置标注角度的尺寸精度。

6. 修改换算单位

在“修改标注样式”对话框中，切换至“换算单位”选项卡，设置换算单位的格式，如图9-15所示。该选项卡中的各选项说明如下：

- 显示换算单位：勾选该选项时，其他选项才可用。在“换算单位”选项区中设置各选项的方法与设置主单位的方法相同。
- 位置：该选项组可设置换算单位的位置，包括“主值后”和“主值下”2种方式。
- 主值后：该选项将替换单位尺寸标注放置在主单位标注的后方。
- 主值下：该选项将替换单位尺寸标注放置在主单位标注的下方。

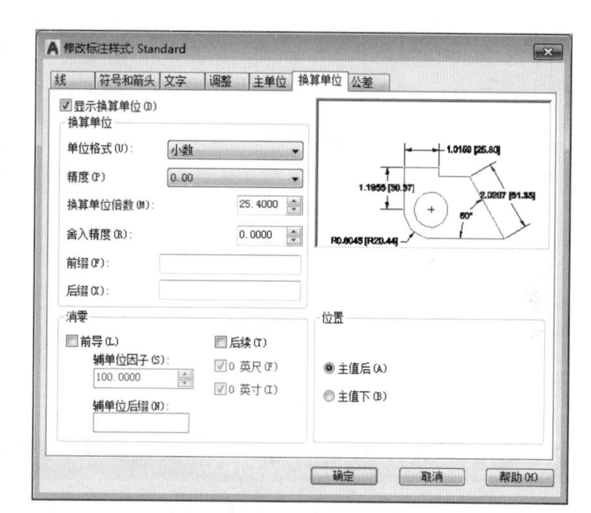

图9-15 “换算单位”选项卡

7. 修改公差

在“修改标注样式”对话框中，切换至“公差”选项卡，设置公差格式、公差对齐以及换算单位公差精度等参数选项，如图9-16所示。在该选项卡中的各选项说明如下：

（1）公差格式

该选项组用于设置公差的标注方式。

- 方式：用于确定以何种方式标注公差。
- 精度：该选项用于确定公差标注的精度。
- 上偏差、下偏差：用于设置尺寸的上偏差和下偏差。
- 高度比例：用于确定公差文字的高度比例因子。

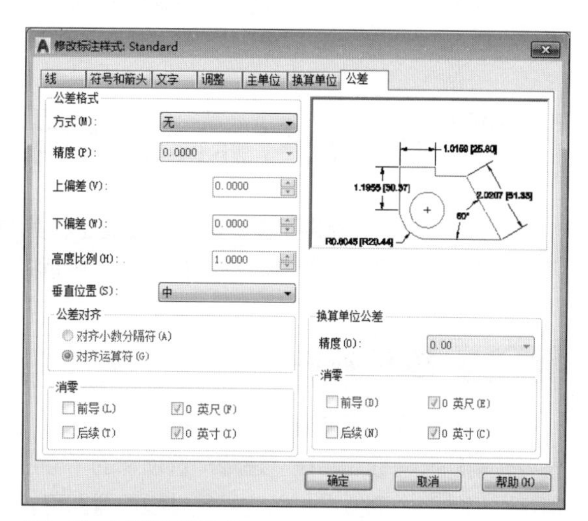

图9-16 “公差”选项卡

- 垂直位置：用于控制公差文字相对于尺寸文字的位置，包括“上”、“中”和“下”3种方式。

（2）换算单位公差

当标注换算单位时，可以设置换单位精度和是否消零。

（3）公差对齐

该选项组用于设置对齐小数分隔符和对齐运算符。

（4）消零

该选项组用于设置是否省略公差标注中的0。

9.2.3 删除尺寸样式

若删除多余的尺寸样式，可在“标注样式管理器”对话框中进行删除操作。打开“标注样式管理器”对话框，在“样式”列表框中，选择要删除的尺寸样式，单击鼠标右键，在快捷列表中，选择“删除”选项，在打开的系统提示框中，单击“是”按钮，完成样式的删除操作，如图9-17、9-18所示。

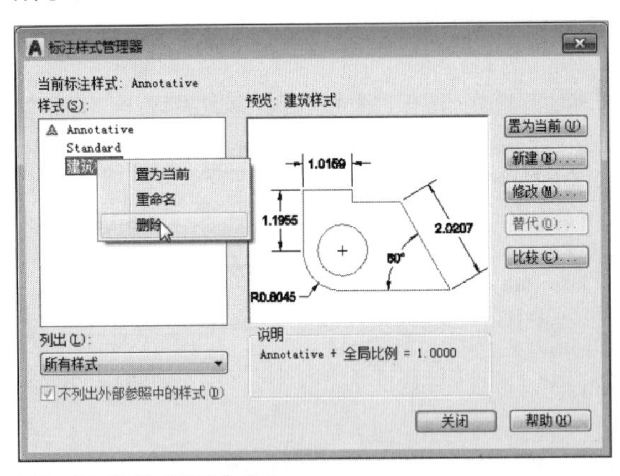

图9-17 选择“删除”命令

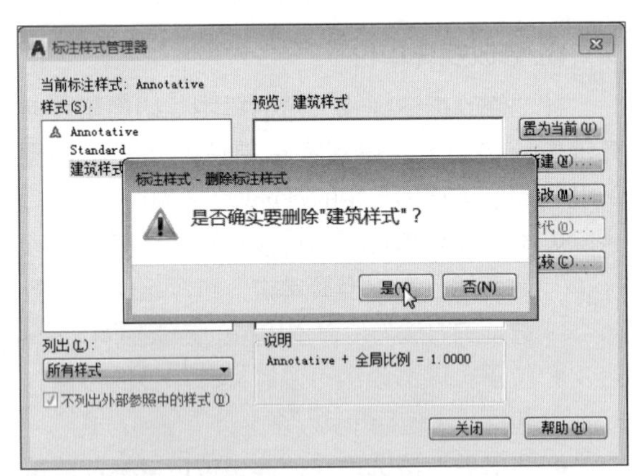

图9-18 确定是否删除

工程师点拨：管理标注样式

在“标注样式管理器”对话框中，除了可对标注样式进行编辑修改外，也可以进行重命名、删除和置为当前等管理操作。用户右击选中需管理的标注样式，在快捷列表中，选择相应的选项即可。

9.3 基本尺寸标注的应用

AutoCAD软件提供了多种尺寸标注类型，其中包括标注任意两点间的距离、圆或圆弧的半径和直径、圆心位置、圆弧或相交直线的角度等。下面将分别向用户介绍如何给图形创建尺寸标注。

9.3.1 线性标注

线性标注用于标注图形的线型距离或长度。它是最基本的标注类型，可以在图形中创建水平、垂直或倾斜的尺寸标注。在“注释”选项卡的“标注”面板中，单击“线性”按钮⊢，根据命令行提示，指定图形的两个测量点，指定好尺寸线位置即可，如图9-19、9-20所示。

命令行提示如下：

命令：_dimlinear	执行“线型标注”命令
指定第一个尺寸界线原点或 <选择对象>:	指定第一个尺寸界限原点
指定第二条尺寸界线原点： <正交 开>	指定第二条尺寸界限原点
指定尺寸线位置或	指定尺寸线位置
[多行文字(M)/文字(T)/角度(A)/水平(H)/垂直(V)/旋转(R)]:	
标注文字 =490	

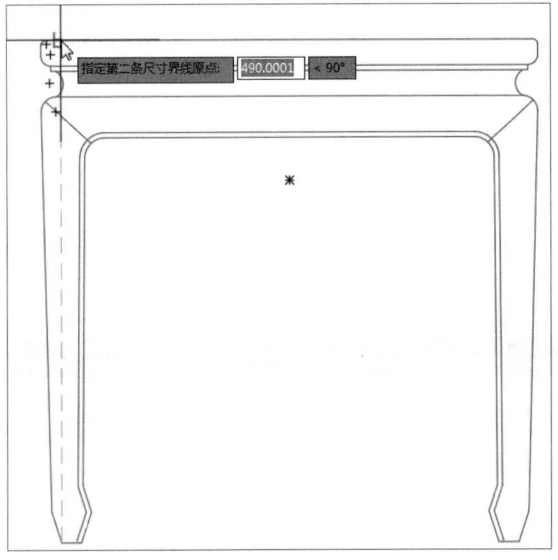

图9-19 捕捉测量点

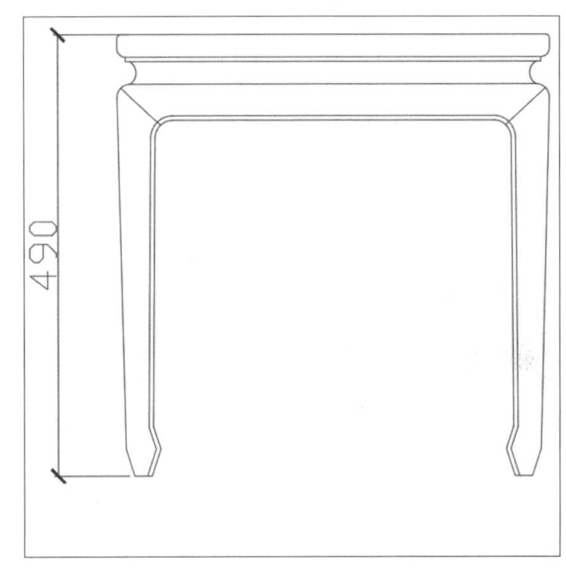

图9-20 指定尺寸线位置

命令行中各选项说明如下:

- 多行文字:该选项可以使用“多行文字”命令编辑标注的文字内容。
- 文字:该选项可以以单行文字的形式输入文字内容。
- 角度:该选项用于设置标注文字方向与标注端点连线之间的夹角，默认为0。
- 水平/垂直:该选项用于标注水平尺寸和垂直尺寸。选择这两个选项时，用户可直接确定尺寸线的位置，也可选择其他选项指定标注的标注文字内容或者标注文字的旋转角度。
- 旋转:该选项用于放置旋转标注对象的尺寸线。

9.3.2 对齐标注

对齐标注用于创建倾斜向上的直线或两点间的距离，在“标注”面板中，单击“已对齐”按钮↖，根据命令行提示，捕捉图形两个测量点，指定尺寸线位置即可，如图9-21、9-22所示。

命令行提示如下:

命令：_dimaligned	执行“对齐标注”命令
指定第一个尺寸界线原点或 <选择对象>:	指定第一个尺寸界限原点
指定第二条尺寸界线原点：	指定第二条尺寸界限原点
指定尺寸线位置或	指定尺寸线位置
[多行文字(M)/文字(T)/角度(A)]:	
标注文字 = 35	

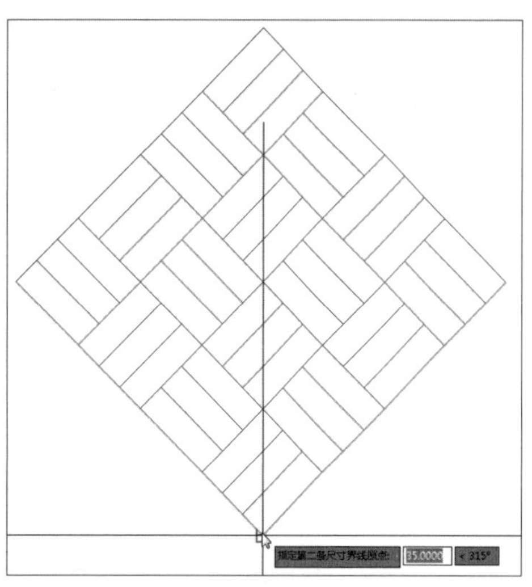

图9-21 指定测量点

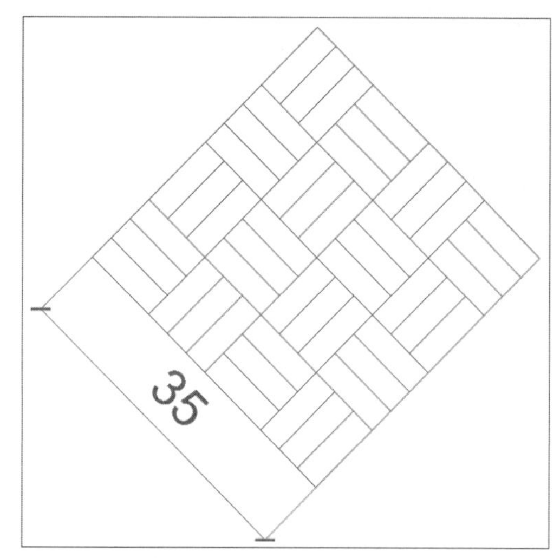

图9-22 完成标注

工程师点拨：线性标注和对齐标注的区别

线性标注和对齐标注都用于标注图形的长度，前者主要用于标注水平和垂直方向的直线长度；后者主要用于标注倾斜方向上直线的长度。

9.3.3 角度标注

角度标注可准确测量出两条线段之间的夹角。角度标注默认的方式是选择一个对象，可选择的对象如圆弧、圆、直线和点等。在“标注”面板中，单击“角度”按钮△，根据命令行提示，选中夹角的两条测量线段，指定尺寸线位置即可，如图9-23、9-24所示。

命令行提示如下：

命令行	说明
命令：_dimangular	执行“角度标注”命令
选择圆弧、圆、直线或 <指定顶点>:	选择夹角一条测量边
选择第二条直线：	选择夹角另一条测量边
指定标注弧线位置或 [多行文字(M)/文字(T)/角度(A)/象限点(Q)]:	指定尺寸线位置
标注文字 = 120	

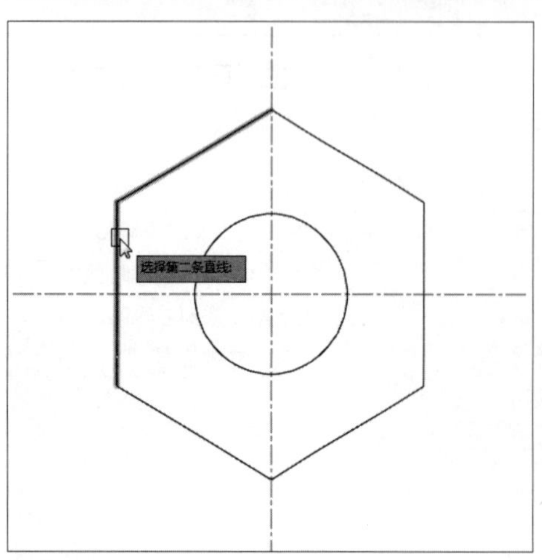

图9-23 选择两条夹角边

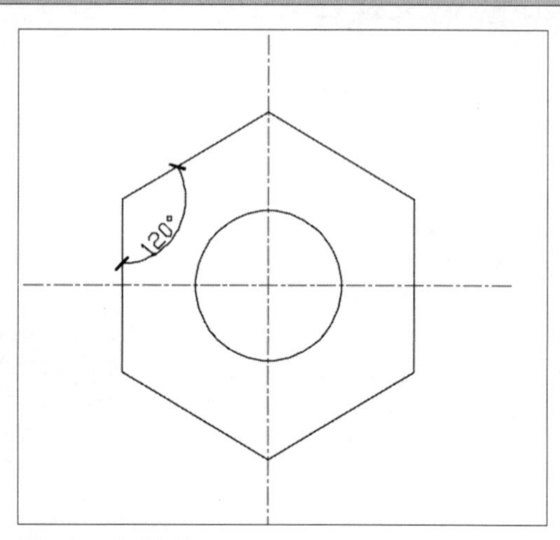

图9-24 完成标注

进行角度标注时，选择尺寸标注的位置很关键，当尺寸标注放置当前测量角度之外，此时所测量的角度是当前角度的补角。

9.3.4 弧长标注

弧长标注主要用于测量圆弧或多段线弧线段的距离，在“注释”选项卡的“标注”面板中，单击“弧长”按钮，根据命令行提示，选中所需测量的弧线即可，如图9-25、9-26所示。

命令行提示如下：

```
命令： _dimarc                                                   执行“弧长标注”命令
选择弧线段或多段线圆弧段：                                         选择所需测量的弧线
指定弧长标注位置或 [ 多行文字 (M)/ 文字 (T)/ 角度 (A)/ 部分 (P)/]：   指定尺寸线位置
标注文字 = 415
```

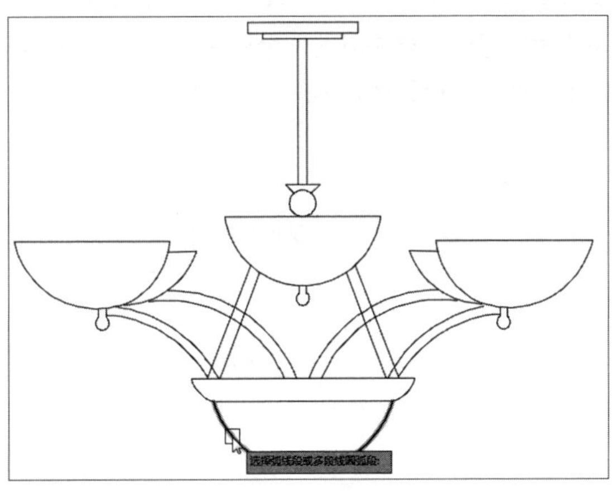

图9-25 选择测量弧线

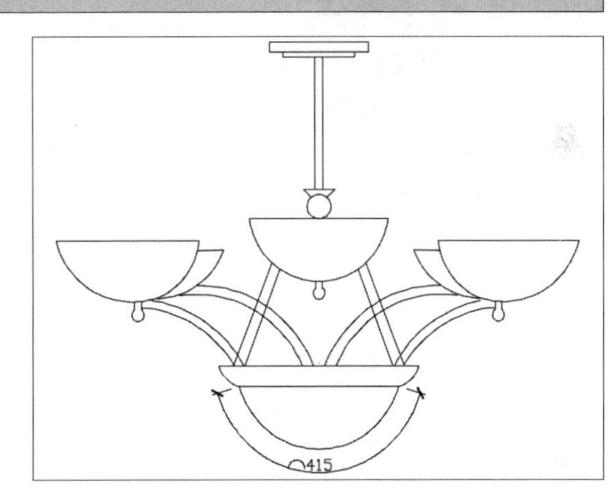

图9-26 完成标注

9.3.5 半径/直径标注

半径标注/直径标注主要用于标注圆或圆弧的半径或直径尺寸。在“标注”面板中，单击“半径”按钮或“直径”按钮，根据命令行提示，选中所需标注的圆的圆弧，指定尺寸标注位置点即可，如图9-27、9-28所示。

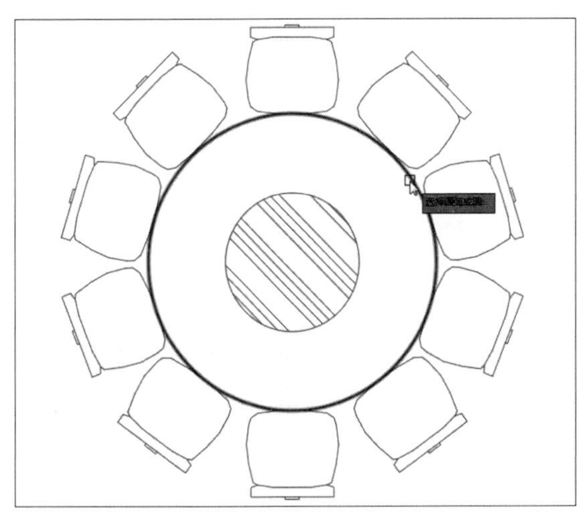

图9-27 选择圆弧

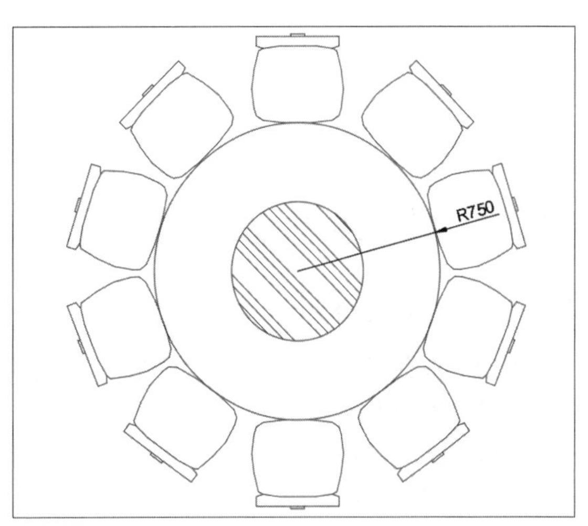

图9-28 完成标注

命令行提示如下：

命令：_dimradius	执行“半径标注”命令
选择圆弧或圆：	选择所需测量的圆弧
标注文字 = 750	
指定尺寸线位置或 [多行文字(M)/文字(T)/角度(A)]:	指定尺寸线位置

工程师点拨：圆弧标注需注意

对圆弧进行标注时，半径或直径标注不需要直接沿圆弧进行设置。如果标注位于圆弧末尾之后，将沿进行标注的圆弧的路径绘制延伸线。

9.3.6 连续标注

连续标注可以用于标注同一方向上连续的线性标注或角度标注，它是以上一个标注或指定标注的第二条尺寸界线为基准连续创建。在“标注”面板中，单击“连续”按钮，选择上一个尺寸界线，依次捕捉其他测量点，按回车键完成操作，如图9-29、9-30所示。

命令行提示如下：

命令：_dimcontinue	执行“连续标注”命令
指定第二个尺寸界线原点或 [选择(S)/放弃(U)] <选择>: S	输入S选择连续标注基线
选择连续标注：	
指定第二个尺寸界线原点或 [选择(S)/放弃(U)] <选择>:	依次捕捉下一个测量点
标注文字 = 600	
指定第二个尺寸界线原点或 [选择(S)/放弃(U)] <选择>:	
标注文字 = 600	
指定第二个尺寸界线原点或 [选择(S)/放弃(U)] <选择>:	
选择连续标注：*取消*	按Esc键完成连续标注操作

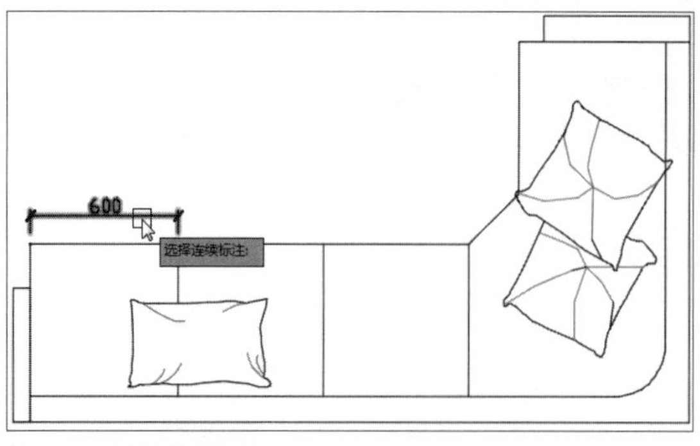

图9-29 选择连续标注

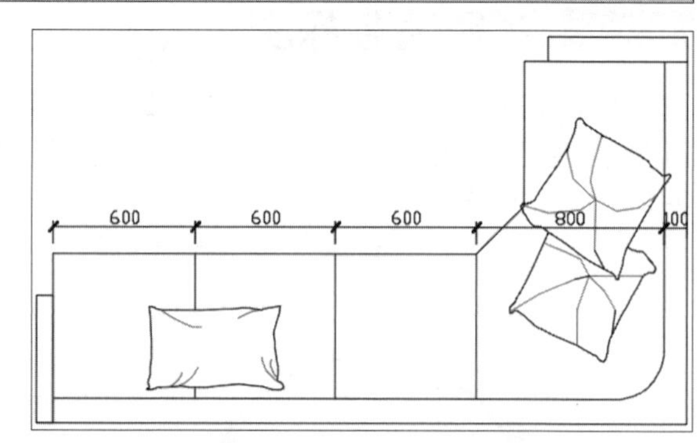

图9-30 完成连续标注

9.3.7 快速标注

快速标注在图形中选择多个图形对象，系统将自动查找所选对象的端点或圆心，并根据端点或圆心的位置快速地创建标注尺寸。在“标注”面板中，单击“快速”按钮，根据命令行提示，选择所要测量的线段，按回车键后移动鼠标，指定尺寸线位置即可。

命令行提示如下：

命令 : _qdim	执行“快速标注”命令
关联标注优先级 = 端点	
选择要标注的几何图形 : 指定对角点 : 找到 3 个	选择要标注的对象
选择要标注的几何图形 :	按回车键完成选择
指定尺寸线位置或 [连续 (C)/ 并列 (S)/ 基线 (B)/ 坐标 (O)/ 半径 (R)/ 直径 (D)/ 基准点 (P)/ 编辑 (E)/ 设置 (T)] < 连续 >:	指定尺寸线位置

9.3.8 基线标注

基线标注又称为平行尺寸标注，用于多个尺寸标注使用同一条尺寸线作为尺寸界线的情况。在“标注”面板中，单击“基线”按钮，选择所需指定的基准标注，依次捕捉其他延伸线的原点，按回车键即可创建基线标注，如图9-31、9-32所示。

命令行提示如下：

命令 : _dimbaseline	执行“基线标注”命令
指定第二个尺寸界线原点或 [选择 (S)/ 放弃 (U)] < 选择 >: S	输入 S 选择标注的基线
选择基准标注 :	
指定第二个尺寸界线原点或 [选择 (S)/ 放弃 (U)] < 选择 >:	依次捕捉下一个测量点
标注文字 = 92	
指定第二个尺寸界线原点或 [选择 (S)/ 放弃 (U)] < 选择 >:	
标注文字 = 686	
指定第二个尺寸界线原点或 [选择 (S)/ 放弃 (U)] < 选择 >:	
选择基准标注 : * 取消 *	按 Esc 键完成基线标注操作

图9-31 选择基准标注界线

图9-32 完成基线标注

9.3.9 折弯标注

折弯标注命令主要用于圆弧半径过大，圆心无法在当前布局中进行显示的圆弧。在“标注”面板中，单击“折弯”按钮，根据命令行提示，指定所需标注的圆弧，指定图示中心位置和尺寸线位置，再指定折弯位置即可创建折弯标注，如图9-33、9-34所示。

命令行提示如下：

命令行	说明
命令：_dimjogged	执行“折弯标注”命令
选择圆弧或圆：	选择需标注的对象
指定图示中心位置：	指定图示中心位置
标注文字 = 208	
指定尺寸线位置或 [多行文字(M)/文字(T)/角度(A)]:	指定尺寸线位置
指定折弯位置：	指定折弯位置按回车键完成标注

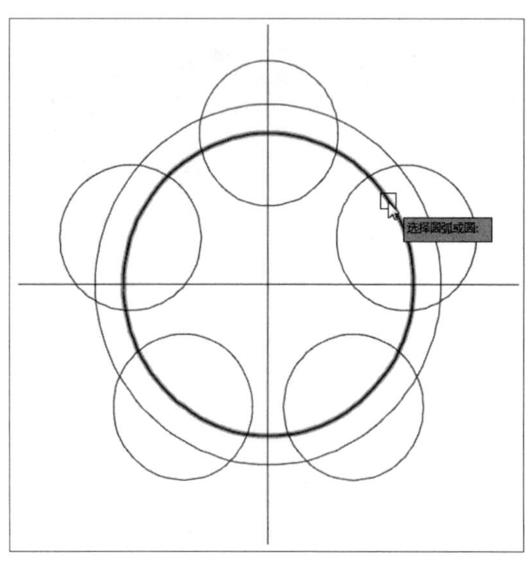

图9-33 指定尺寸线位置

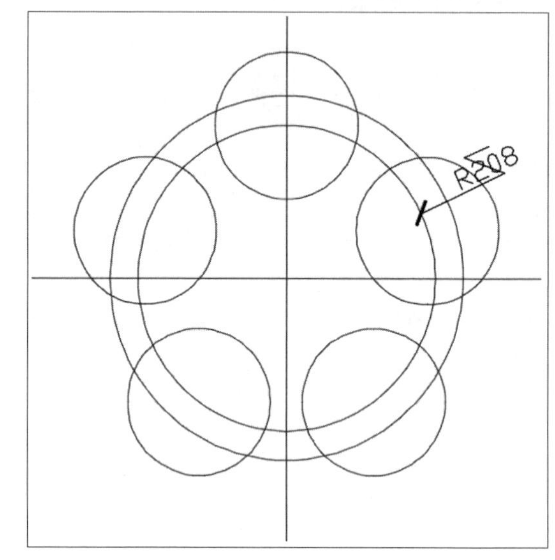

图9-34 完成标注

9.4 公差标注的应用

对于机械领域来说，公差标注的目的是确定机械零件的几何参数，使其在一定的范围内变动，以便达到互换或配合的要求。公差标注分为尺寸公差和形位公差。下面将分别对其进行简单介绍。

9.4.1 尺寸公差的设置

尺寸公差是指最大极限尺寸减最小极限尺寸之差的绝对值，或上偏差减下偏差之差。它是容许尺寸的变动量。在进行公差标注之前，需要先在“标注样式管理器”对话框中设置公差参数。下面将举例介绍其操作方法。

Step 01 执行“标注样式”命令，打开“标注样式管理器”对话框，选中标注样式，单击“修改”按钮，如图9-35所示。

Step 02 打开“修改标注样式”对话框，切换至“公差”选项卡，在“公差格式”选项组中，单击“方式”下三角按钮，选择“极限偏差”选项，如图9-36所示。

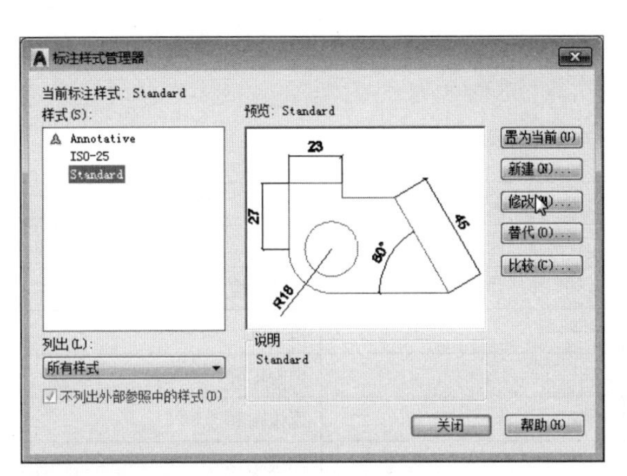

图9-35 单击“修改”按钮

图9-36 选择“极限偏差”选项

Step 03 此时根据需要切换至“主单位”选项卡，将“精度”设为0，再返回至“公差”选项卡，将“精度”设置为0.0，设置“上偏差”和“下偏差”为0.2，单击“确定”按钮，如图9-37所示。

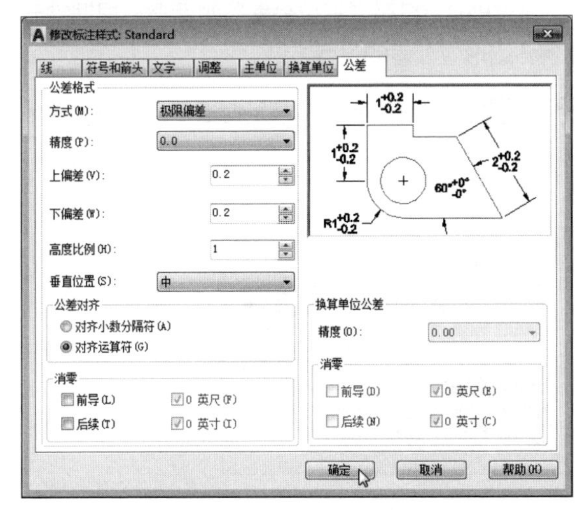

图9-37 设置偏差值

Step 04 返回至上一级对话框，单击“置为当前”和“关闭”按钮，完成尺寸公差设置，如图9-38所示。

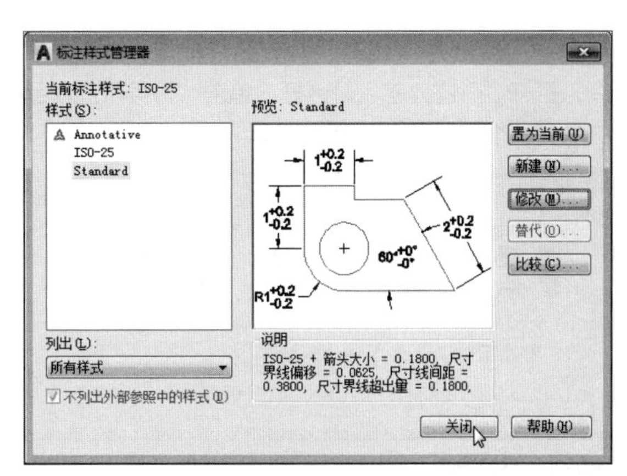

图9-38 完成尺寸公差设置

Step 05 执行“线性”标注命令，根据命令行提示，指定两个测量点和尺寸线位置即可完成操作，如图9-39、9-40所示。

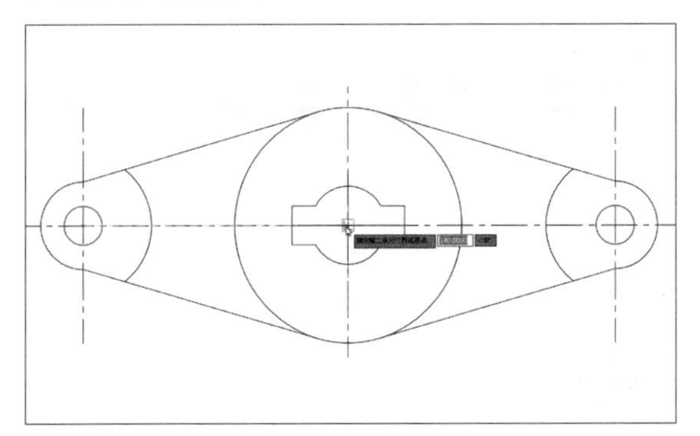

图9-39 捕捉测量点

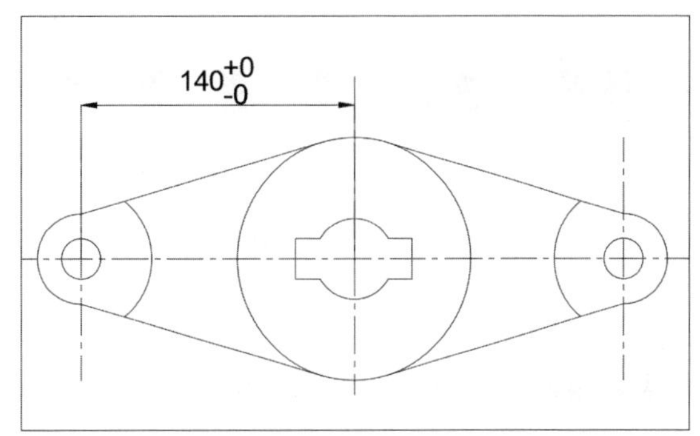

图9-40 完成公差标注

9.4.2 形位公差的设置

形位公差表示特征的形状、轮廓、方向、位置和跳动的允许偏差。它包括形状公差和位置公差两种。下面将介绍几种常用公差符号，如表9-1所示。

表9-1 形位公差符号图标

符　号	含　义	符　号	含　义
⌖	定位	▱	平坦度
◎	同心 / 同轴	○	圆或圆度
⌯	对称	——	直线度
//	平行	⌓	平面轮廓
⊥	垂直	⌒	直线轮廓
∠	角	↗	圆跳动
⌭	柱面性	⌰	全跳动
∅	直径	Ⓛ	最小包容条件（LMC）
Ⓜ	最大包容条件（MMC）	Ⓢ	不考虑特征尺寸（RFS）
Ⓟ	投影公差		

在“注释”选项卡的“标注”面板中，单击“公差”按钮⊕1，打开“形位公差”对话框，根据需要指定特征控制框的符号和值，进行公差设置。下面将举例介绍形位公差的设置方法。

Step 01 打开素材文件，执行“标注>公差”命令，打开“形位公差”对话框，单击“符号”选项组下的第一个黑色方框，如图9-41所示。

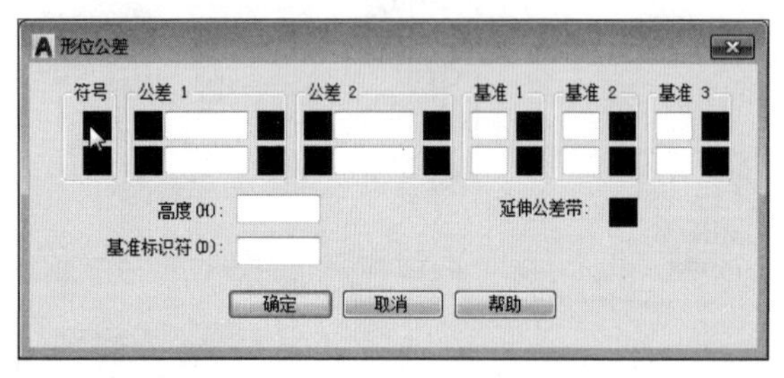

图9-41 设置符号

Step 02 打开“特征符号”对话框，选择“同轴度”符号，如图9-42所示。

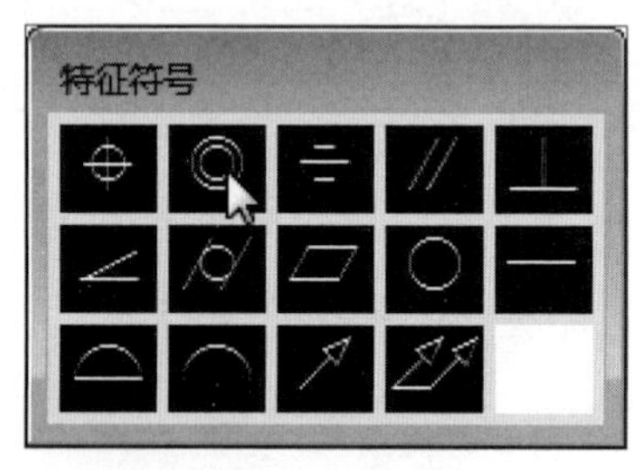

图9-42 选择“同轴度”符号

Step 03 返回至上级对话框，单击“公差1”的第一个黑色方框，即可出现直径符号，如图 9-43 所示。

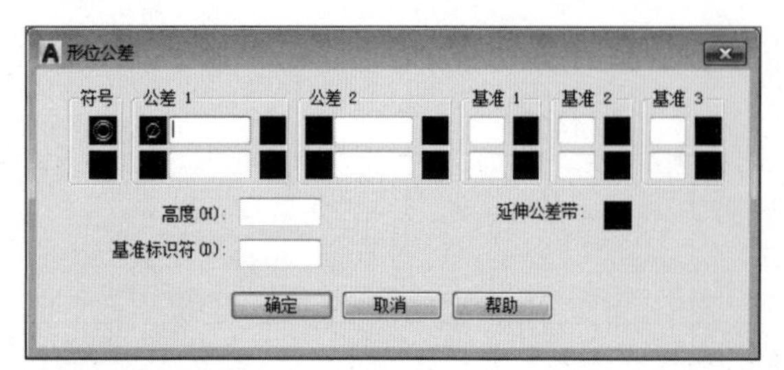

图9-43 直径符号

Step 04 在其后数值框中输入0.02，如图9-44所示。

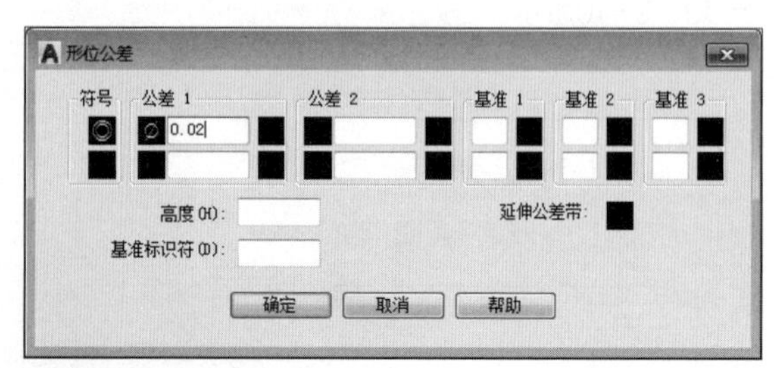

图9-44 设置公差1

Step 05 在“基准1”选项组的第一个文本框中输入A，单击“确定”按钮，如图9-45所示。

Step 06 根据命令行提示，在图形的合适位置放置形位公差标注，如图9-46所示。

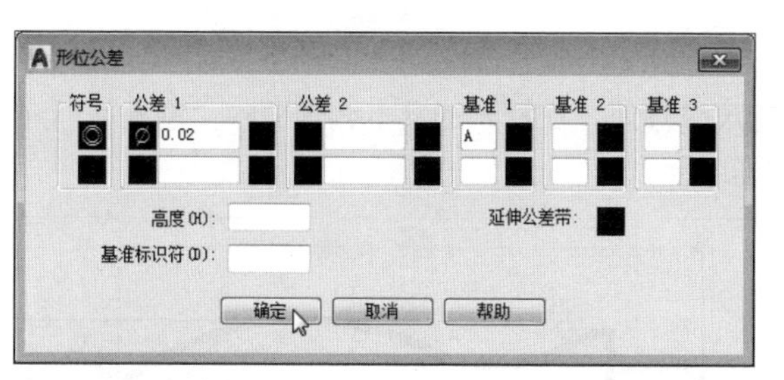

图9-45 设置基准1

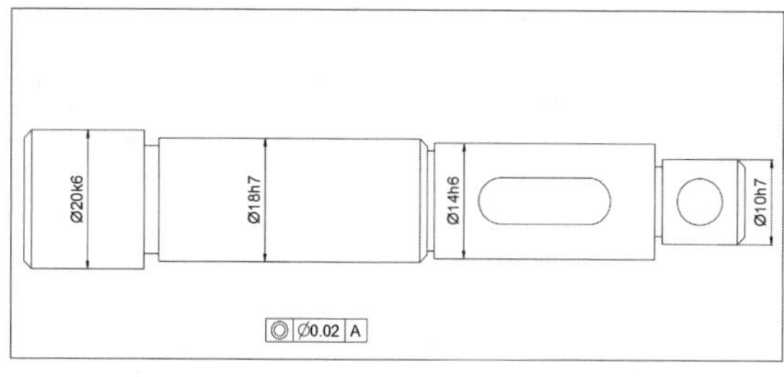

图9-46 放置公差标注

Step 07 执行“多重引线”命令，绘制形位公差的引线，如图9-47所示。

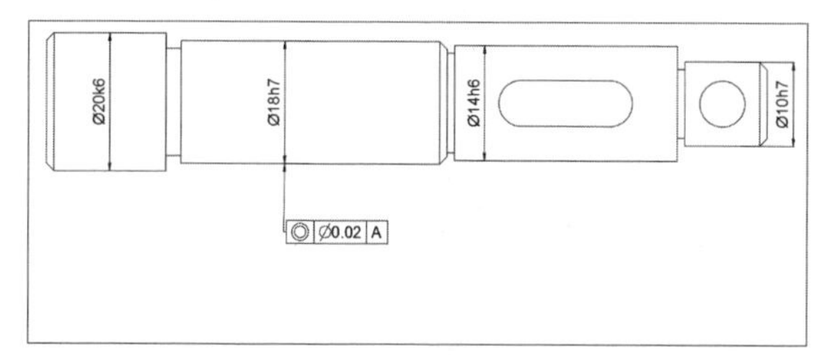

图9-47 形位公差标注

Step 08 重复上述操作完成其余形位公差的绘制，效果如图9-48所示。

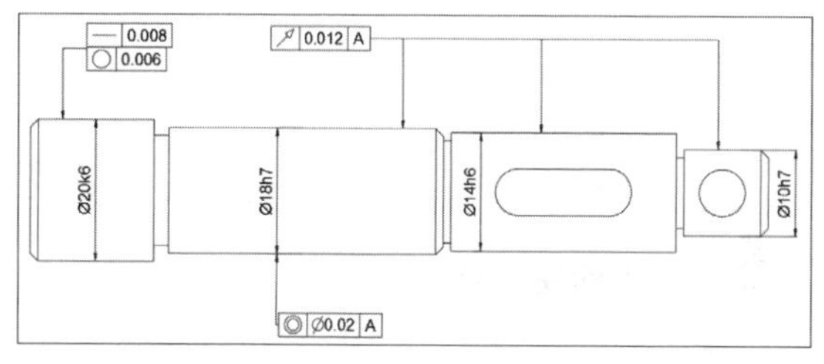

图9-48 完成形位公差标注

“形位公差”对话框中各选项说明如下：

- 符号：单击该列的图标框，打开“特征符号”对话框中，选择合适的特征符号。
- 公差1：用于输入第一个公差值。单击左侧图框，可添加直径符号；在右侧文本框中可输入公差值；单击右侧图框，可添加附加符号。
- 公差2：用于创建第二个公差值。其输入方法与“公差1”相同。
- 基准1、基准2、基准3：用于设置公差基准和相应的包容条件。
- 高度：用于设置投影公差带的值。投影公差带控制固定垂直部分延伸区的高度变化，以位置公差控制公差精度。
- 投影公差带：单击图标框，可在投影公差带值的后面插入投影公差带符号。
- 基准标识符：用于创建由参照字母组成的基准标识符号。

工程师点拨：尺寸公差

尺寸公差指定标注可以变动的范围，通过指定生产中的公差，可以控制部件所需要的精度等级。

9.5 尺寸标注的编辑

尺寸标注创建完毕后，若对该标注不满意，可使用各种编辑功能，对创建好的尺寸标注进行修改编辑。编辑功能包括：修改尺寸标注文本、调整标注文字位置、分解尺寸对象等。下面将分别对其操作进行介绍。

9.5.1 编辑标注文本

如果要对标注的文本进行编辑，使用“编辑标注文字”命令来设置。该命令可修改一个或多个标注文本的内容、方向、位置以及设置倾斜尺寸线等操作。下面将分别对其操作进行介绍。

1. 修改标注内容

若要修改对当前标注内容，只需双击所要修改的尺寸标注，在打开的文本编辑框中，输入新标注内容，其后单击绘图区空白处即可，如图9-49、9-50所示。

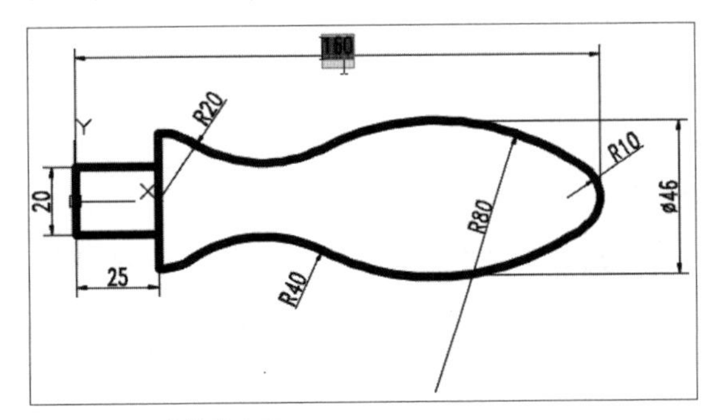

图9-49 双击修改内容

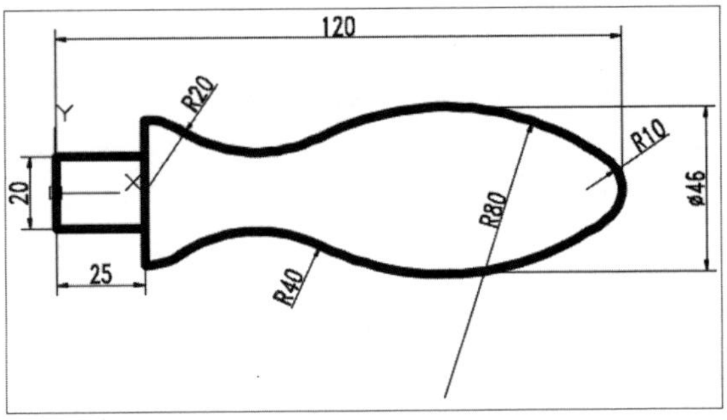

图9-50 完成修改

当进入文本编辑器后，用户也可对文本的颜色、大小、字体进行修改。

2. 修改标注角度

在“标注”面板中，单击“文字角度”按钮，根据命令行提示，选中需要修改的标注文本，输入文字角度即可，如图9-51、9-52所示。

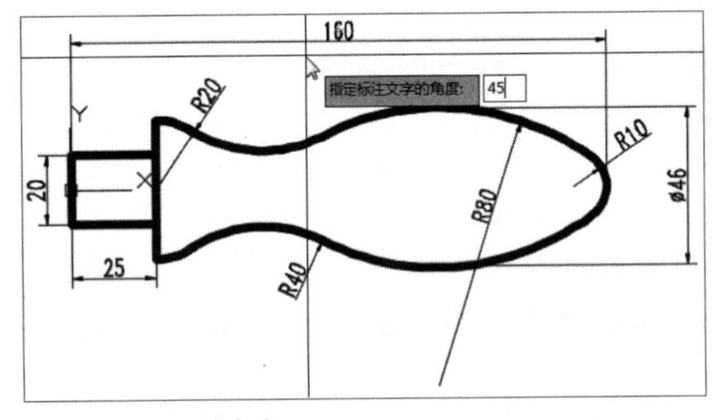

图9-51 输入文字角度

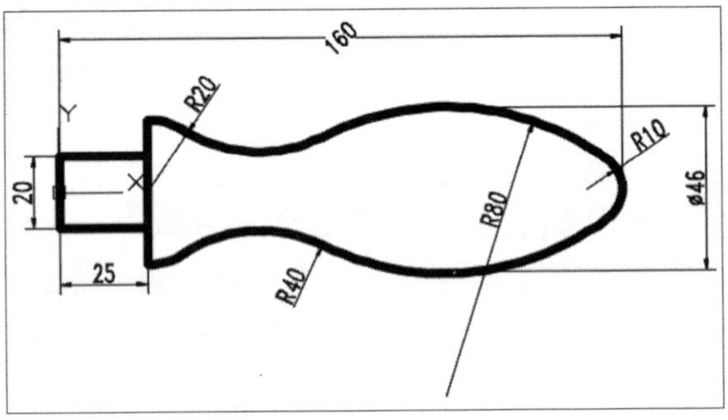

图9-52 完成修改

3. 修改标注位置

在“标注”面板中，单击“左对正”按钮或“居中对正”按钮或“右对正”按钮，根据命令行提示，选中需要编辑的标注文本即可完成相应的设置，如图9-53、9-54、9-55所示。

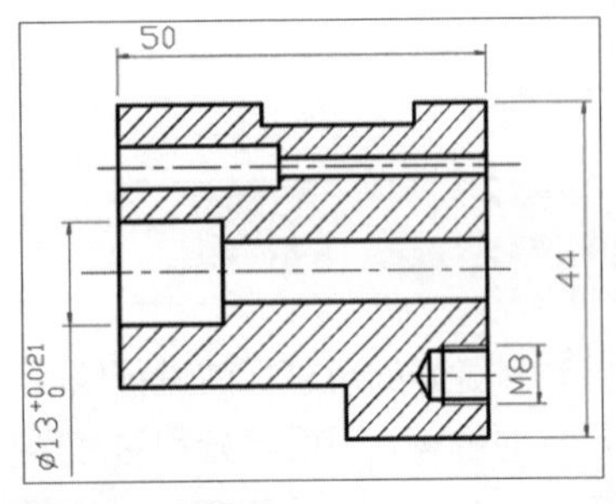

图9-53 左对正

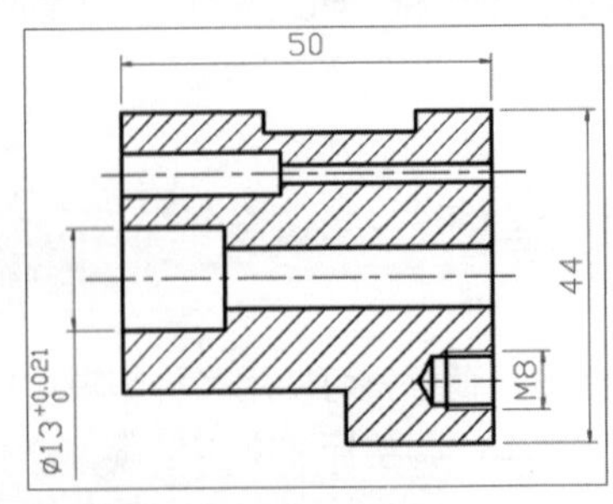

图9-54 居中对正

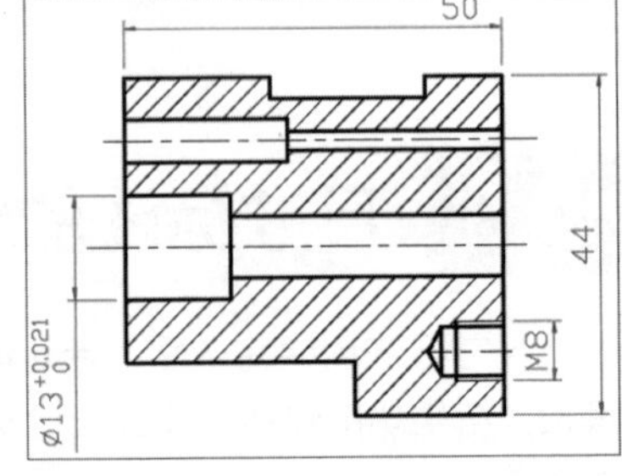

图9-55 右对正

4. 倾斜标注尺寸线

在“标注”面板中，单击“倾斜”按钮，根据命令行提示，选中所需设置的标注尺寸线，输入倾斜角度，按回车键即可完成修改设置，如图9-56、9-57所示。

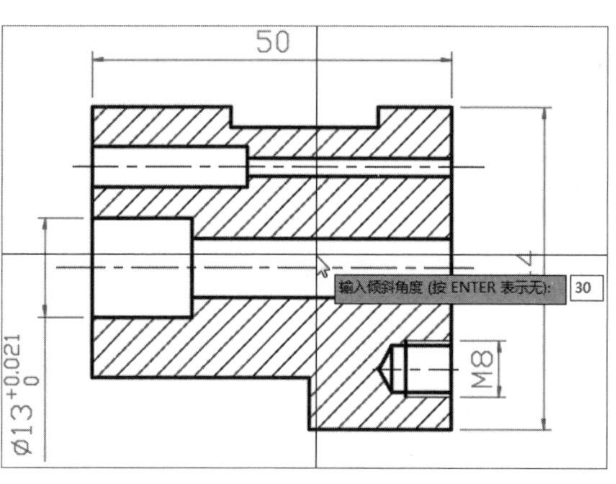

图9-56 输入倾斜角度

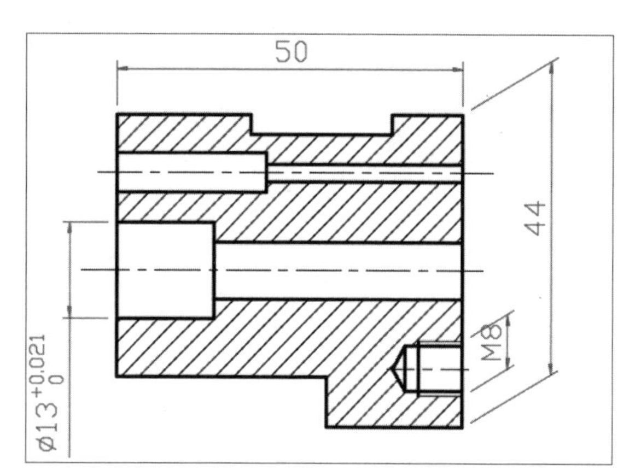

图9-57 完成修改设置

9.5.2 调整标注间距

调整标注间距可调整平行尺寸线之间的距离，使其间距相等或在尺寸线处相互对齐。在“标注”面板中，单击“调整间距”按钮，根据命令行提示选中基准标注，其后选择要产生间距的尺寸标注，输入间距值，按回车键即可完成，如图9-58、9-59所示。

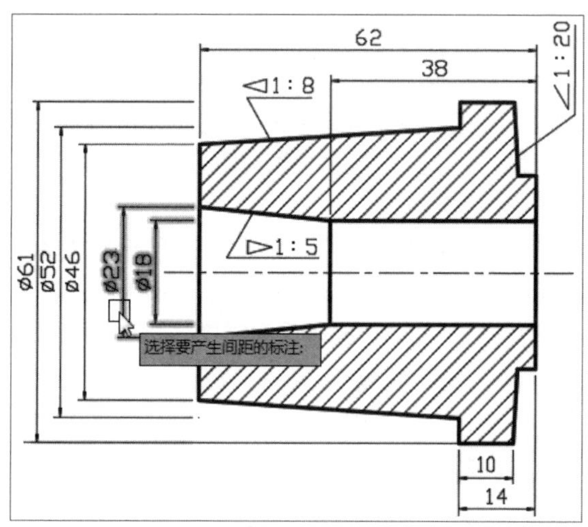

图9-58 选择基准标注线

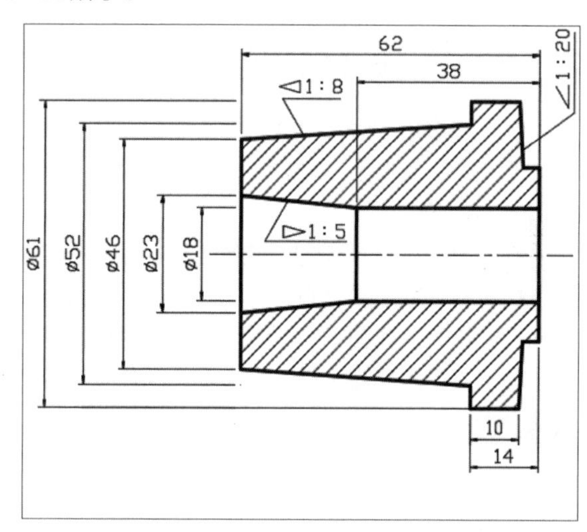

图9-59 完成设置

9.5.3 编辑折弯线性标注

折弯线性标注可以向线性标注中添加折弯线，表示实际测量值与尺寸界线之间的长度不同，如果显示的标注对象小于被标注对象的实际长度，可使用该标注形式表示。在“标注”面板中，单击“折弯标注”按钮，根据命令行提示，选择需要添加折弯符号的线性标注，按回车键即可完成，如图9-60、9-61所示。

命令行提示如下：

命令：_DIMJOGLINE	执行“折弯标注”命令
选择要添加折弯的标注或 [删除(R)]:	选择要添加折弯的标注
指定折弯位置 (或按 ENTER 键):	指定折弯点的位置

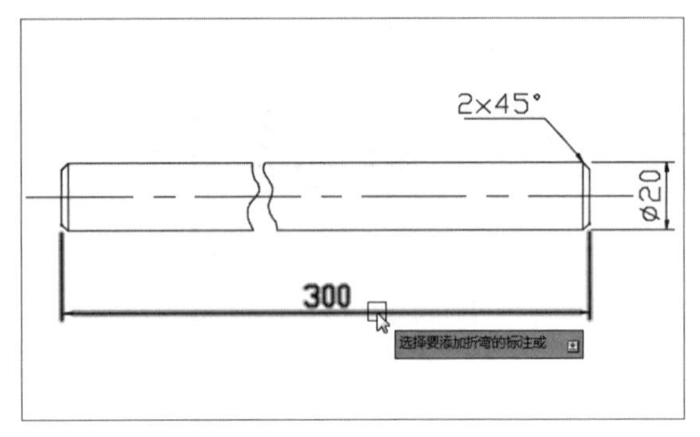

图9-60 选择线性标注

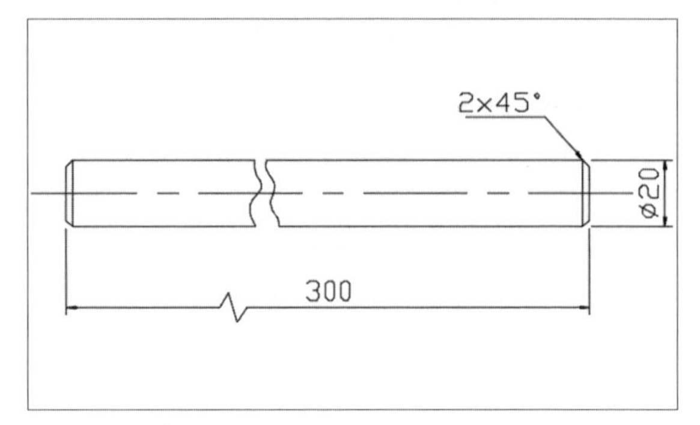

图9-61 完成设置

9.6 引线标注的应用

在制图时，引线标注用于注释对象信息，它是从指定的位置绘制出一条引线对图形进行注释，常用于对图形中某些特定的对象进行注释说明。在创建引线标注的过程中可以控制引线的形式、箭头的外观形式、尺寸文字的对齐方式。

9.6.1 创建多重引线

在创建多重引线前，通常都需要对多重引线的样式进行创建。系统默认引线样式为Standard。在AutoCAD中，利用“多重引线样式管理器”对话框可创建并设置多重引线样式，用户可以通过以下方法调出该对话框。

在“默认”选项卡的“注释”面板中单击“多重引线样式”按钮，打开如图9-62所示的“多重引线样式管理器”对话框。单击“新建”按钮，打开“创建新多重引线样式”对话框，输入样式名并选择基础样式，如图9-63所示。单击“继续”按钮，即可在打开的“修改多重引线样式”对话框中对各选项卡进行详细的设置。该选项卡各选项说明如下：

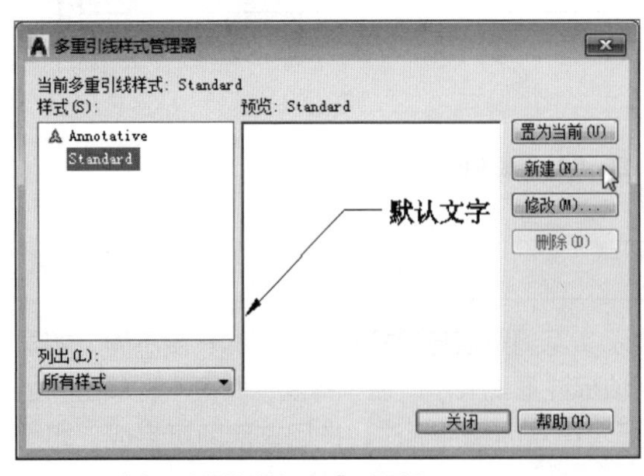

图9-62 “多重引线样式管理器”对话框

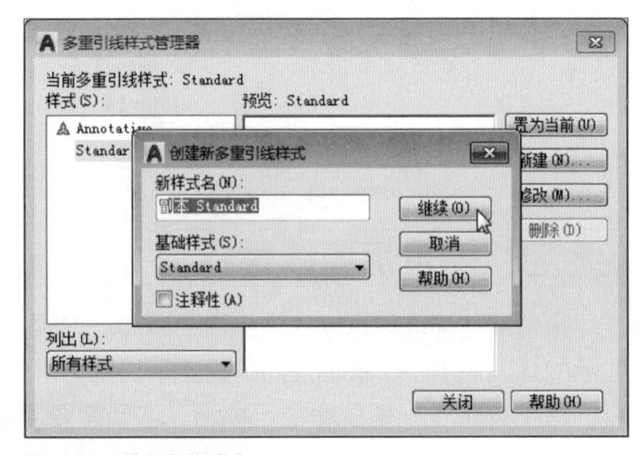

图9-63 输入新样式名

1. 引线格式

在“修改多重引线样式”对话框中，“引线格式”选项卡用于设置引线的类型及箭头的形状等，如图9-64所示。该选项卡的主要选项说明如下：

- 常规：主要用来设置引线的类型、颜色、线型、线宽。其中在下拉列表中可以选择直线、样条曲线或无选项；

- 箭头：主要用来设置箭头符号和大小；
- 引线打断：主要用来设置引线打断相关参数。

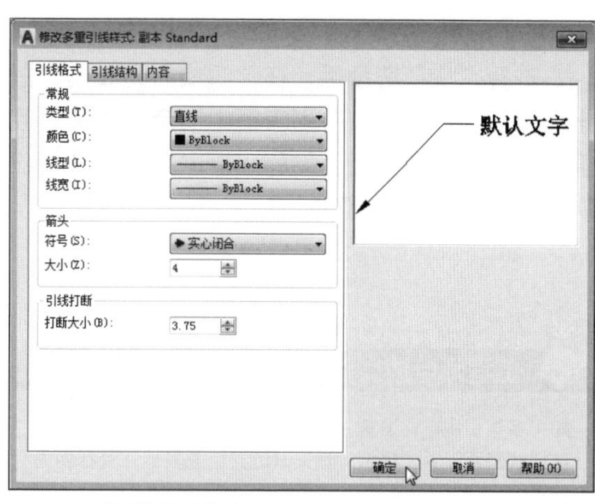

图9-64 “引线格式”选项卡

2. 引线结构

在“引线结构”选项卡中可以设置引线的段数、引线每一段的倾斜角度及引线的显示属性，如图9-65所示。该选项卡的主要选项说明如下：

- 约束：该选项组中启用相应的复选框可指定点数目和角度值；
- 基线设置：可以指定是否自动包含基线及多重引线的固定距离；
- 比例：启用相应的复选框或选择相应单选按钮，可以确定引线比例的显示方式。

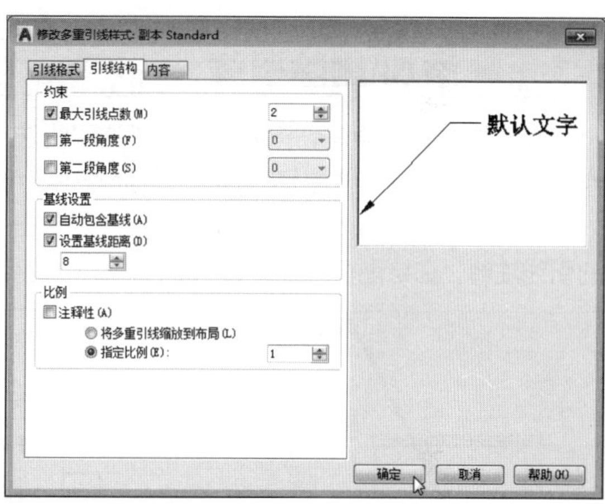

图9-65 “引线结构”选项卡

3. 内容

在“内容”选项卡中，主要用来设置引线标注的文字属性。在引线中既可以标注多行文字，也可以在其中插入块，这两个类型的内容主要通过“多重引线类型”下拉列表来切换。该选项卡的主要选项说明如下：

（1）多行文字

选择“多行文字”选项后，选项卡中各选项用来设置文字的属性，这里的设置与“文字样式”对话框基本类似，如图9-66所示。单击“文字选项”选项组中“文字样式”列表框右侧按钮 ...，可直接打开“文字样式”对话框。“引线连接”选项组用于控制多重引线的引线连接设置。引线可以水平或垂直连接。

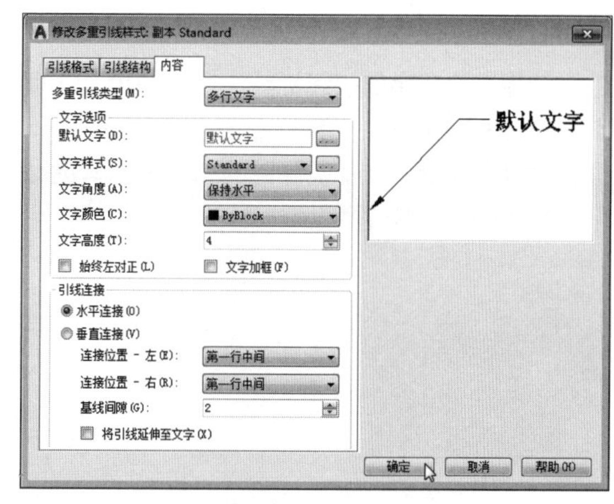

图9-66 多行文字引线类型

（2）块

选择“块”选项后，在“源块”列表框中指定块内容，在“附着”列表框中指定块的中心范围或插入点，在“颜色”列表框中指定多重引线块内容的颜色，如图9-67所示。

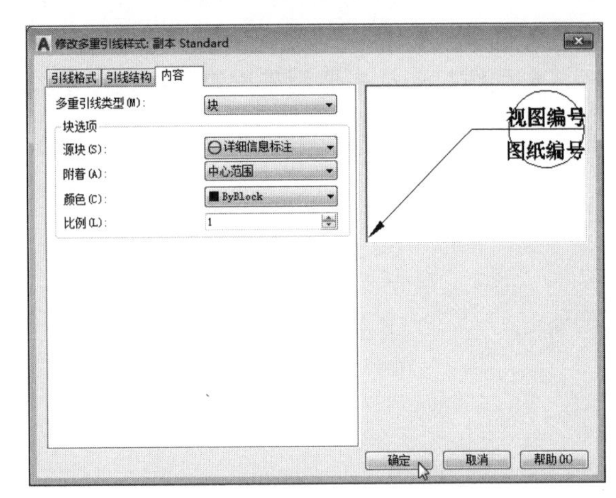

图9-67　引线类型为“块”选项

工程师点拨：注释性多重引线样式

如果多重引线样式设置为注释性，无论文字样式或其他标注样式是否设为注释性，其关联的文字或其他注释都将为注释性。

9.6.2 添加\删除引线

在绘图中，如果遇到需要创建同样的引线注释时，只需要使用“添加引线”功能即可轻松完成操作。这样就避免了一些重复的操作，从而减少了绘图时间。

在“注释”选项卡的“引线”面板中，单击“添加引线”按钮，根据命令行提示，选中创建好的引线注释，在绘图区中指定其它需注释的位置点即可，如图9-68、9-69所示。

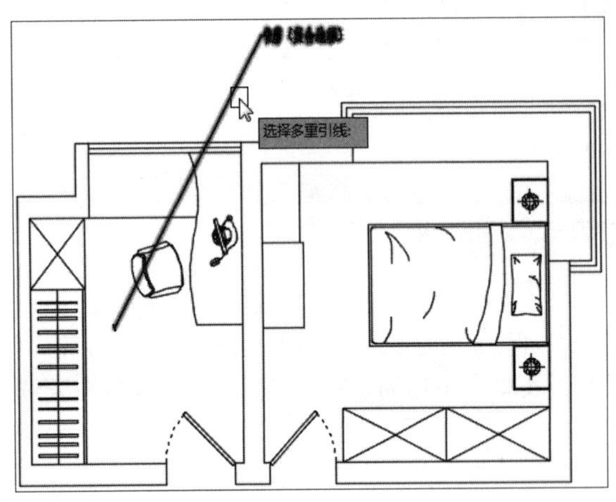

图9-68　选择多重引线

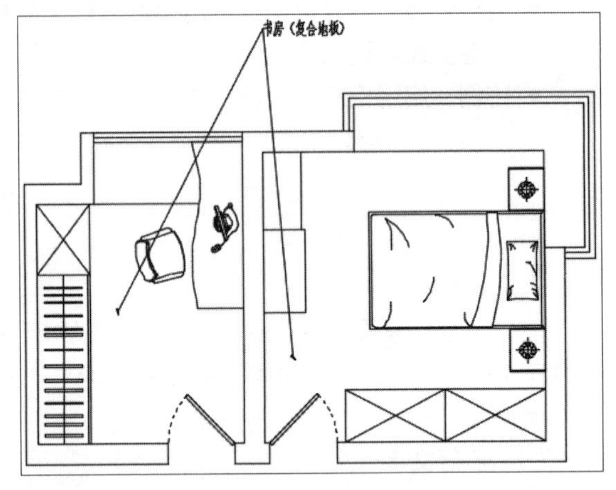

图9-69　指定位置

若想删除多余的引线标注，在“注释”选项卡的“引线”面板中，单击“删除引线”按钮，根据命令行提示，选择需删除的引线按回车键即可，如图9-70、9-71所示。

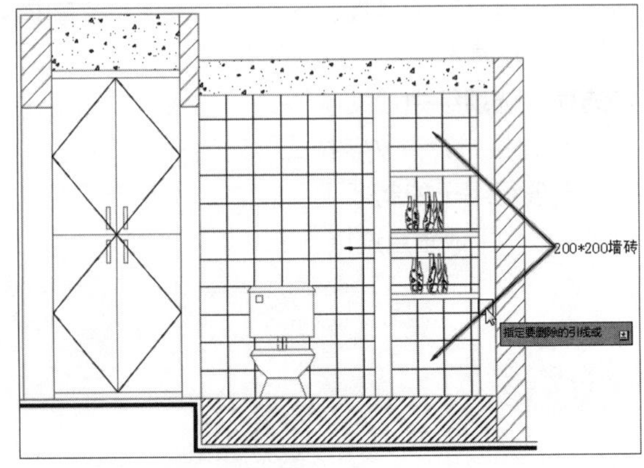

图9-70　选择要删除的引线

Step 06 切换至“调整”选项卡，勾选“若箭头不能放在尺寸界限内，则将其消”复选框，在“文字位置”选择中选择“尺寸线上方，不带引线”选项，如图9-79所示。

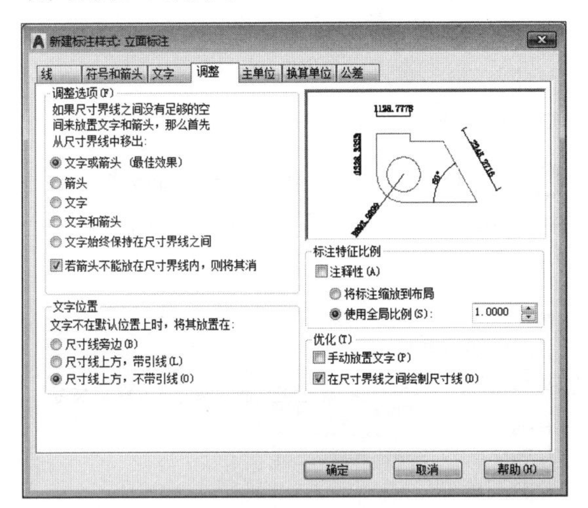

图9-79 “调整”选项卡

Step 07 切换至“主单位”选项卡，设置精度为0，单击“确定”按钮，如图9-80所示。

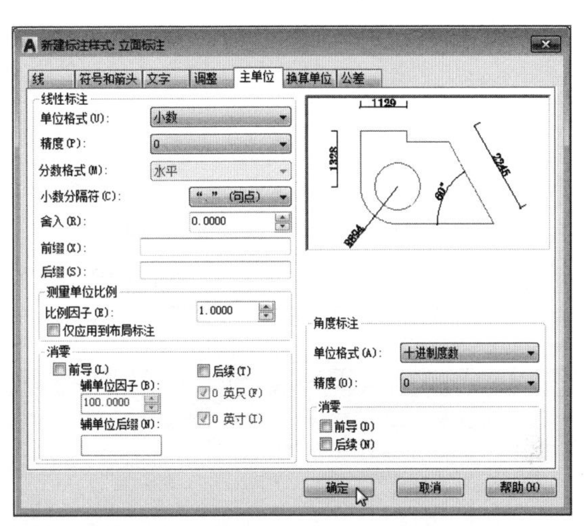

图9-80 “主单位”选项卡

Step 08 返回至上一级对话框，依次单击“置为当前”和“关闭”按钮，如图9-81所示。

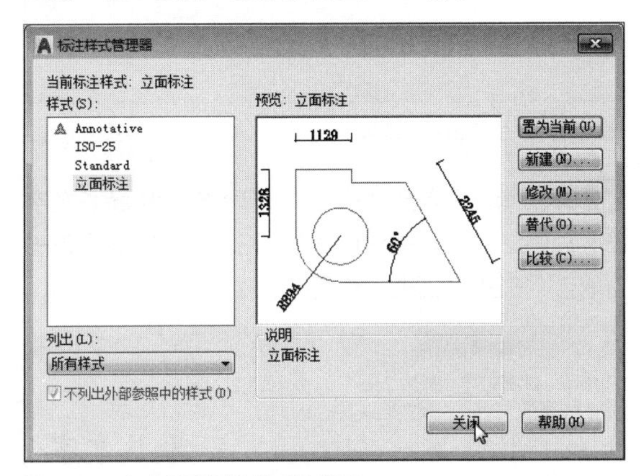

图9-81 完成新建标注样式的设置

Step 09 新建“标注”图层并置为当前。在“注释”选项卡的“标注”面板中，单击“线性”按钮，标注墙体高度，如图9-82所示。

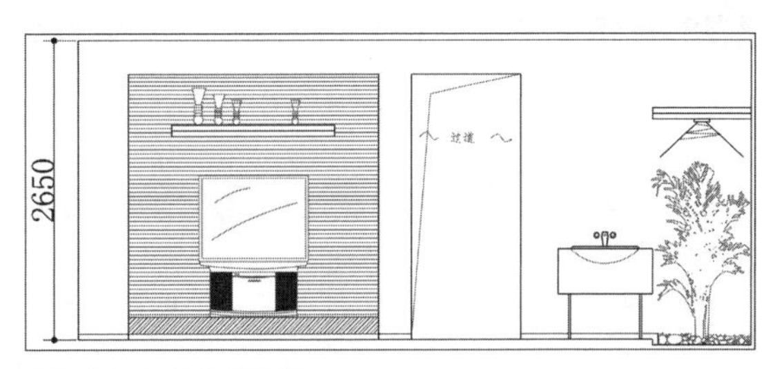

图9-82 标注墙体高度

Step 10 此时显示效果不佳，文字高度偏大，输入快捷命令D，对当前标注样式进行修改，将文字高度设置为100，设置完成后返回至绘图区即可看到文字高度已发生变化，效果如图9-83所示。

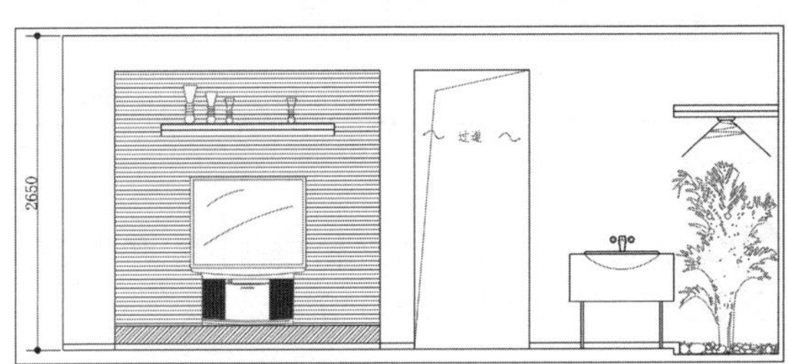

图9-83 更改文字高度

Step 11 继续执行“线性”标注命令，标注客厅宽度，如图9-84所示。

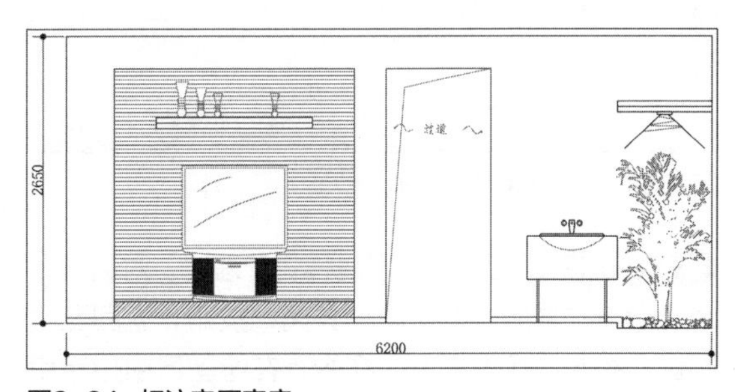

图9-84 标注客厅宽度

Step 12 分别执行“线性”和“连续”标注命令，捕捉其他测量点，完成标注操作，如图9-85所示。

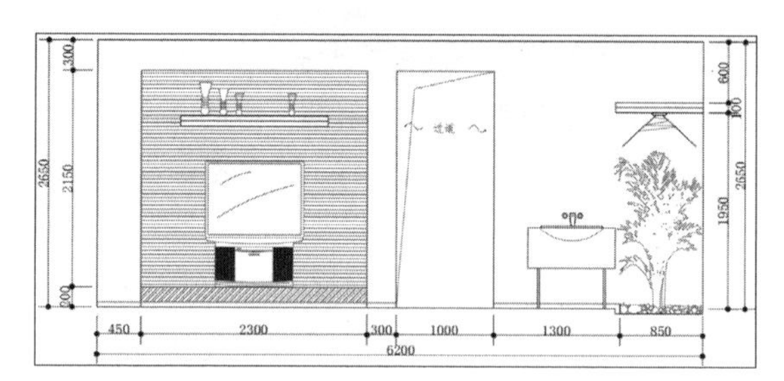

图9-85 完成标注操作

Step 13 执行“格式>多重引线样式”命令，打开“多重引线样式管理器”对话框，单击“新建”按钮，在“创建新多重引线样式”对话框中，输入新样式名，单击“继续”按钮，如图9-86所示。

Step 14 在打开的“修改多重引线样式”对话框中，切换至“引线格式”选项卡，设置箭头符号为“小点”，大小为100，如图9-87所示。

图9-86 新建多重引线样式

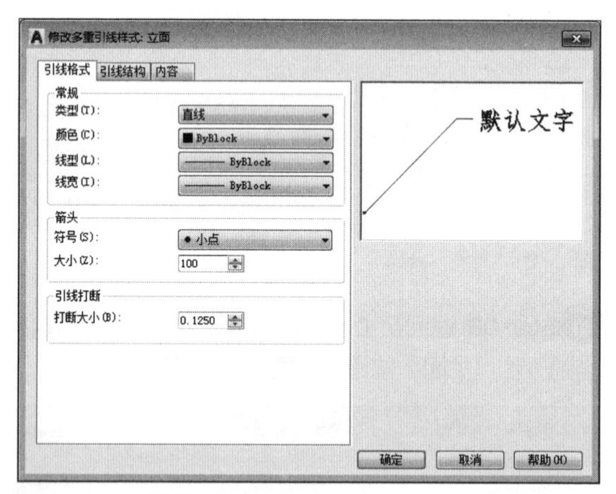

图9-87 “引线格式”选项卡

Step 15 切换至“引线结构”选项卡，设置基线距离为100，如图9-88所示。

Step 16 切换至“内容”选项卡，设置“文字高度”为200，“基线间隙”为2，设置完成后单击“确定”按钮，如图9-89所示。

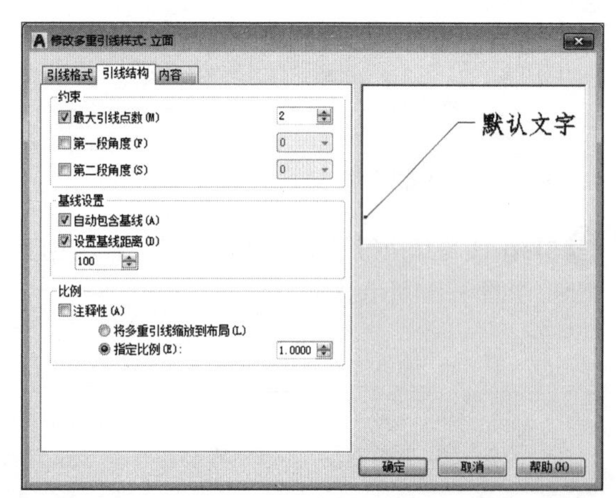

图9-88 “引线结构”选项卡

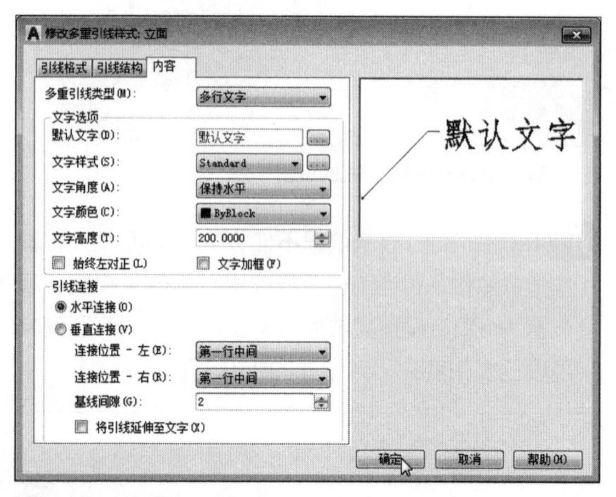

图9-89 “内容”选项卡

Step 17 返回“多重引线样式管理器”对话框，依次单击“置为当前”和“关闭”按钮，返回至绘图区。执行“多重引线”命令，在绘图区中指定引线箭头与引线基线，如图9-90所示。

Step 18 在光标处输入文本注释内容，单击空白区域完成引线的绘制，如图9-91所示。

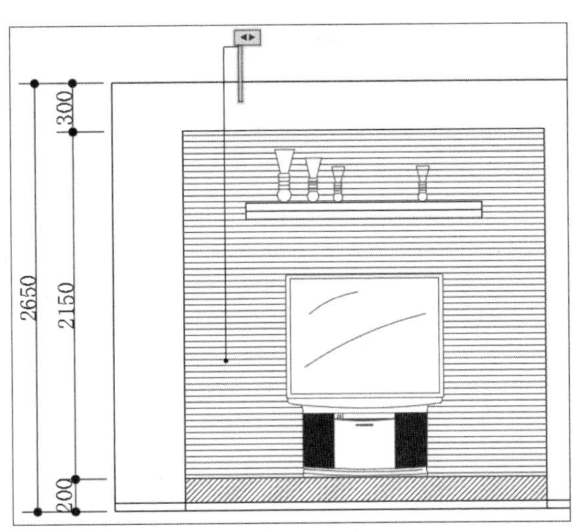

图9-90 指定引线箭头和基线

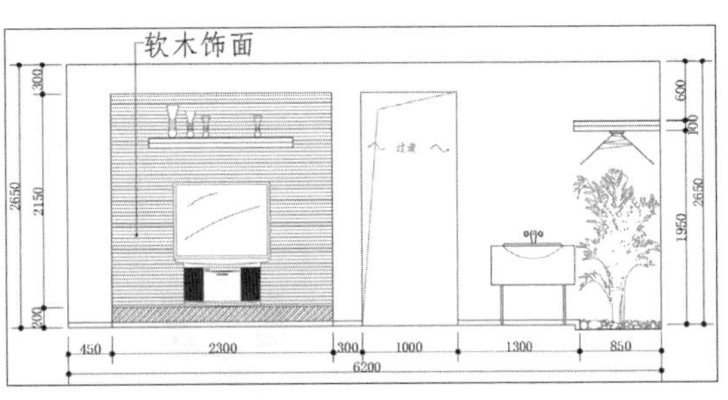

图9-91 输入注释内容

Step 19 此时文字显示效果过大，打开“多重引线样式管理器”对话框，将当前样式进行修改，设置文字高度为100，“基线间隙”为50，如图9-92所示。

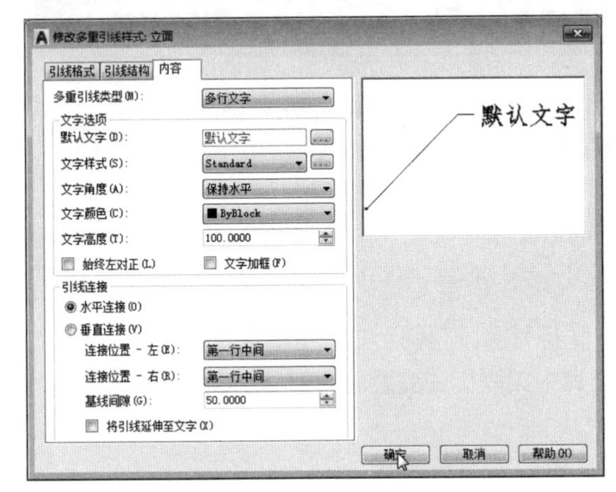

图9-92 更改引线样式

Step 20 单击“确定”和“关闭”按钮返回至绘图区，可看到已更改后效果，如图9-93所示。

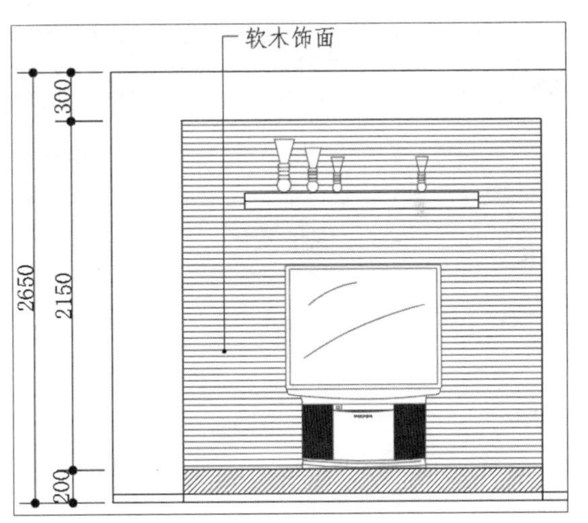

图9-93 修改样式后效果

Step 21 执行“复制”命令，将设置好的引线注释进行多次复制操作，效果如图9-94所示。

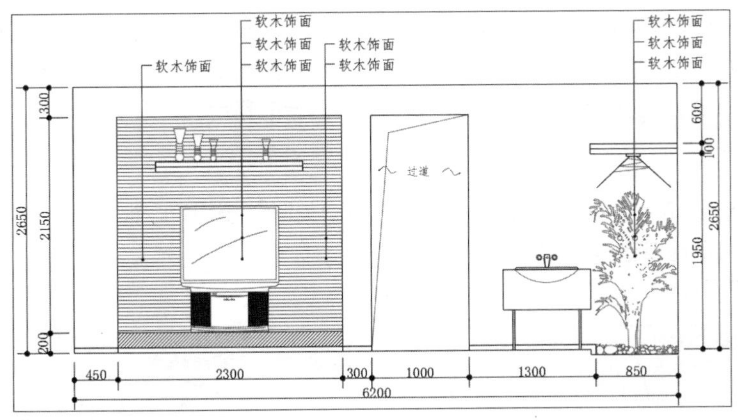

图9-94 复制引线

Step 22 调整引线箭头位置并修改注释内容，至此完成引线标注的添加，如图9-95所示。

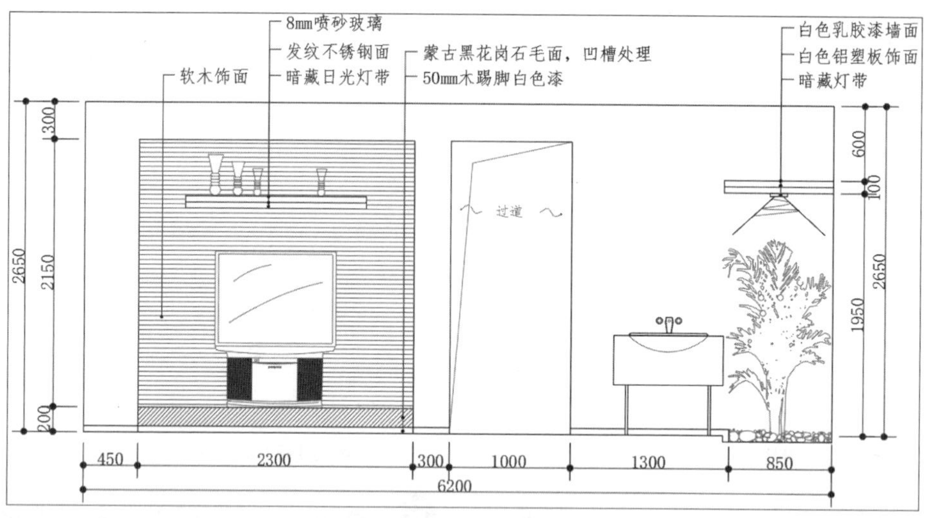

图9-95 完成引线标注

高手应用秘籍 —— AutoCAD尺寸标注的关联性

尺寸关联性是定义几何对象和为其提供距离和角度的标注间的关系。当用户标注的尺寸是按照自动测量的值标注的，尺寸标注是按照尺寸关联模式标注的，改变被标注对象的大小后，所标注的尺寸也会有相关的变化。

1. 设置尺寸关联模式

通常关联标注的分类有3种：关联标注、无关联标注和分解标注。用户在命令行中，输入DIMASSOC按回车键，根据需要选择关联模式类型。其中关联标注变量值为2；无关联标注变量值为1；分解标注变量为0。

命令行提示如下：

```
命令： DIMASSOC
输入 DIMASSOC 的新值 <2>： 1                                  输入标注变量值
```

- 关联标注：当与其相关联的图形对象被修改时，其标注尺寸将自动调整其测量值。
- 无关联标注：该类型与其测量的图形对象被修改后，其测量值不会发生变化。
- 分解标注：该类型包含单个对象而不是单个标注对象的集合。

2. 重新关联

在“注释”选项卡的“标注”面板中，单击“重新关联”按钮，根据命令行提示，可将选定的标注关联或重新关联对象或对象上的点。

命令行提示如下：

```
命令： _dimreassociate
选择要重新关联的标注 ...
选择对象或 [ 解除关联(D)]： 指定对角点： 找到 1 个              选择所要设置关联的尺寸标注
```

选择对象或 [解除关联 (D)]:	
指定第一个尺寸界线原点或 [选择对象 (S)] < 下一个 >:	指定第一个原点
指定第二个尺寸界线原点 < 下一个 >:	指定第二个原点

命令行中各选项说明如下：

- 选择对象：重新寻找要关联的图形对象。选择完成后，系统将原尺寸标注改为对所选对象的标注，并建立关联关系。
- 指定尺寸界线第一、二个原点：指定尺寸线原点。该点可与原尺寸是相同一点，也可以是不相同的点。

秒杀工程疑惑

在进行绘图操作时，用户经常会遇见各种各样的问题，下面将总结一些常见问题进行解答，其中包括：尺寸标注不显示、引线标注的删除、尺寸箭头翻转以及更新尺寸等问题。

问 题	解 答
为什么从其他文件中调入的图块其尺寸标注不显示?	这是由于两个图形设置的尺寸样式不相同而造成的，只需在新文件中，进行以下操作即可： 首先执行“格式>标注样式”命令，打开“标注样式管理器”对话框，单击“修改”按钮；然后在“修改标注样式管理器”对话框中，根据需要将标注的文字高度值进行修改； 修改完成后，在返回的对话框中，单击“置为当前”按钮，关闭对话框即可
为什么使用“删除引线”命令后，无法删除当前引线?	在“注释”选项卡的“引线”面板中，“删除引线”命令是针对使用“添加引线”命令绘制的引线进行删除操作，而对于单独创建的引线无法删除 如果用户要删除引线，只需选中所需引线，按键盘上的Delete键即可
为什么绘制的尺寸箭头是在外面的，而不是在里面?	这是因为在进行尺寸标注时，系统会自动根据标注的长度、箭头大小、文字大小等参数来确定箭头的位置。如果想将当前箭头翻转，可进行以下操作： 首先选中要修改的尺寸标注；然后将光标停留在箭头上，在快捷菜单中选择“翻转箭头”选项即可
更新尺寸是什么? 如何操作?	利用尺寸更新功能，可实现两个尺寸样式之间的转换。将已标注的尺寸以新尺寸样式显示。这样一来可使标注的尺寸样式灵活多样。具体操作如下： 首先执行“注释>标注>更新”命令；然后根据命令行提示，选择所要更新的尺寸，按回车键即可 当然用户也可直接在命令行中输入DIMSTYLE按回车键，即可完成尺寸的更新操作

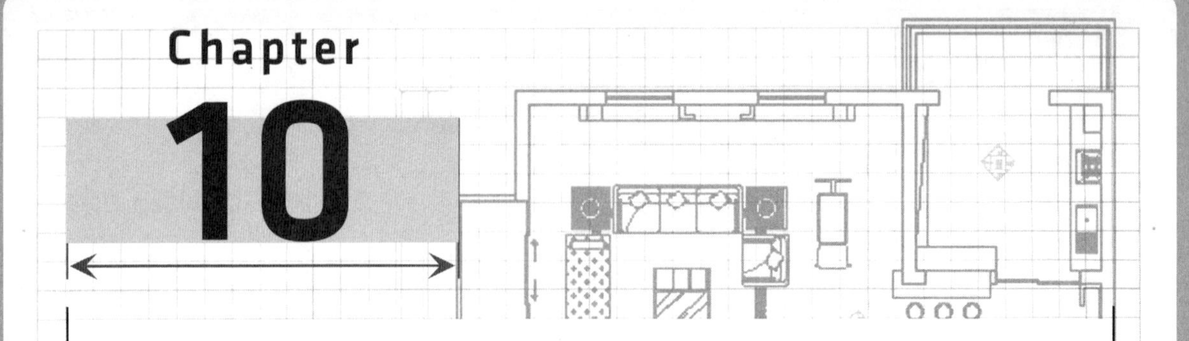

三维绘图环境的设置

使用AutoCAD不仅可以绘制二维平面图形，还可以绘制三维实体模型。与绘制二维图形一样，在绘制三维实体模型之前需要设置绘图环境。本章将详细介绍三维绘图环境的设置操作，主要知识点包含：三维坐标系的设置、三维视图样式的设置以及三维动态显示的设置。通过本章的学习，用户可以掌握三维建模的基本操作。

01 学完本章您可以掌握如下知识点

1. 三维建模坐标系设置 ★★
2. 三维视点与三维视图样式的设置 ★★★
3. 三维动态的显示设置 ★★★

02 本章内容图解链接

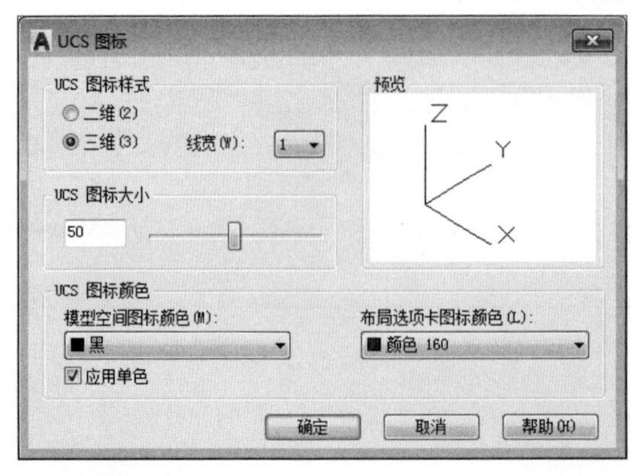

UCS坐标设置

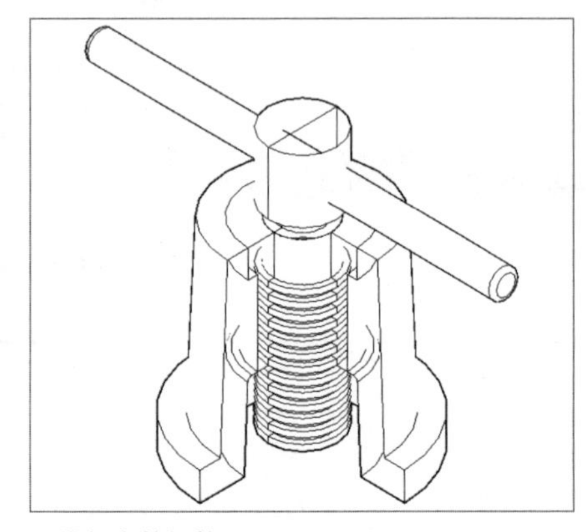

三维视点的切换

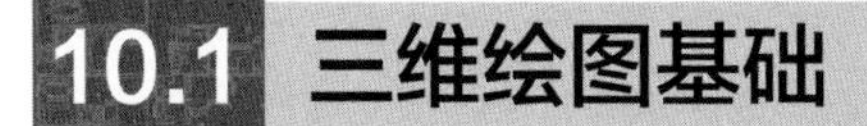

10.1 三维绘图基础

绘制三维模型最基本的要素为：三维坐标和三维视图。通常在创建实体模型时，需使用三维坐标设置功能；在查看模型各角度造型是否完善时，需使用到三维视图功能。总之，这两个基本要素缺一不可。

10.1.1 创建三维坐标系

在绘制三维模型之前，需要调整好当前的绘图坐标。在AutoCAD中三维坐标可分为两种：世界坐标系和用户坐标系。其中，世界坐标系为系统默认坐标系，它的坐标原点和方向为固定不变的；用户坐标系是可根据绘图需求改变坐标原点和方向的，使用起来较为灵活。

1. 世界坐标系

世界坐标系表示方法包括直角坐标、圆柱坐标以及球坐标3种类型。

（1）直角坐标

该坐标又称为笛卡尔坐标，用X、Y、Z三个正交方向的坐标值来确定精确位置，直角坐标可分为2种输入方法：绝对坐标值和相对坐标值。

绝对坐标值的输入形式是：X，Y，Z。用户可直接输入X、Y、Z三个坐标值，并用逗号将其隔开，例如30，60，50。其对应的坐标值为：X为30，Y为60，Z为50。

相对坐标值的输入形式是：@X，Y，Z。其中输入的点的坐标表示该点与上一点之间的距离，在输入点坐标前需要添加“@”相对符号。例如@30，60，50，该坐标点表示相对于上一点的X、Y、Z三个坐标值的增量分别为30，60，50。

（2）圆柱坐标

用圆柱坐标确定空间一点的位置时，需要指定该点在XY平面内的投影点与坐标系原点的距离、投影点与X轴的夹角以及该点的Z坐标值。绝对坐标值的输入形式为：XY平面距离<XY平面角度，Z坐标；相对坐标值的输入形式是：@XY平面距离<XY平面角度，Z坐标。

（3）球坐标

用球坐标确定空间一点的位置时，需要指定该点与坐标原点的距离，该点和坐标系原点的连线在XY平面上的投影与X轴的夹角，该点和坐标系原点的连线与XY平面形成的夹角；绝对坐标值的输入形式是：XYZ距离<平面角度<与XY平面的夹角；相对坐标值的输入形式是：@XYZ距离<与XY平面的夹角。

2. 用户坐标系

顾名思义，用户坐标系是用户自定义的坐标系，该坐标系的原点可指定空间任意一点，同时可采用任意方式旋转或倾斜其坐标轴。在命令行中输入UCS按回车键，根据命令行提示，指定X、Y、Z轴方向，即可完成设置，如图10-1、10-2、10-3所示。

命令行提示如下：

```
命令：UCS
当前 UCS 名称：*世界*
指定 UCS 的原点或 [面(F)/命名(NA)/对象(OB)/上一个(P)/视图(V)/世界(W)/X/Y/Z/Z 轴(ZA)] <世界>:
指定 X 轴上的点或 <接受>: <正交 开>
指定 XY 平面上的点或 <接受>:
```

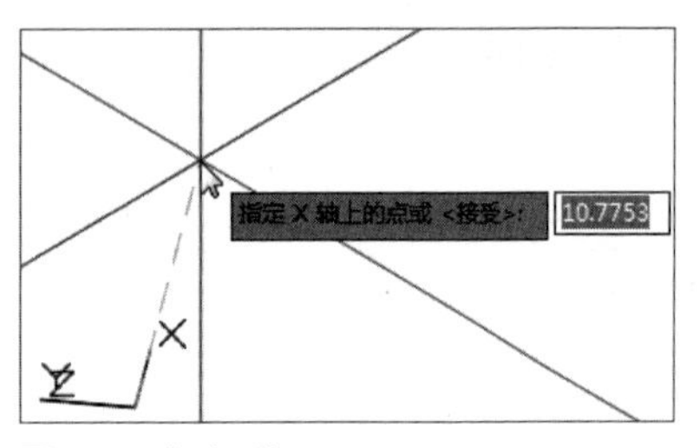

图10-1 指定X轴

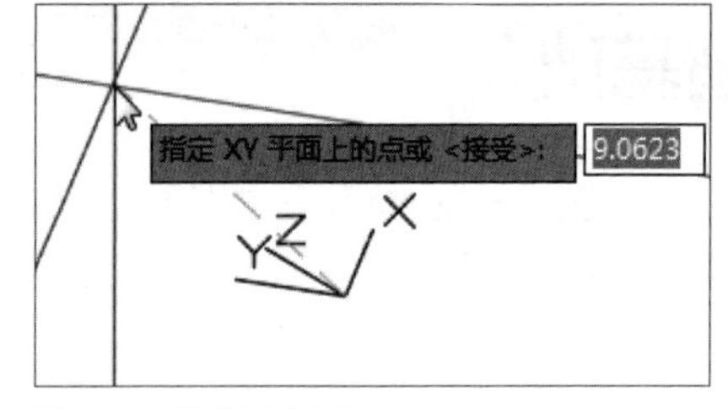

图10-2 指定XY平面

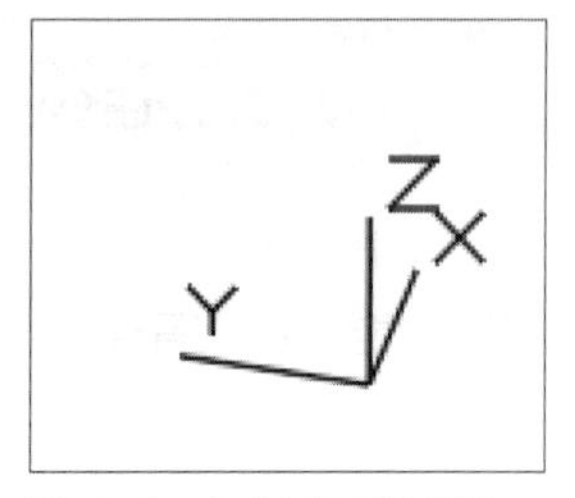

图10-3 完成坐标系的创建

命令行中各选项说明如下：

- 指定UCS的原点：使用一点、两点或三点定义一个新的UCS。
- 面：用于将UCS与三维对象的选定面对齐，UCS的X轴将与找到的第一个面上的最近边对齐。
- 命名：按名称保存并恢复通常使用的UCS坐标系。
- 对象：根据选定的三维对象定义新的坐标系。
- 视图：以平行于屏幕的平面为XY平面建立新的坐标系，UCS原点保存不变。
- 世界：将当前用户坐标系设置为世界坐标系。
- X/Y/Z：绕指定的轴旋转当前UCS坐标系。
- Z轴：用指定的Z轴正半轴定义新的坐标系。

在AutoCAD中，用户可根据需要对用户坐标系特性进行设置。执行“视图>显示>UCS图标>特性”命令，打开“UCS图标”对话框，如图10-4所示。从中可对坐标系的图标颜色、大小以及线宽选项进行设置，如图10-5所示。

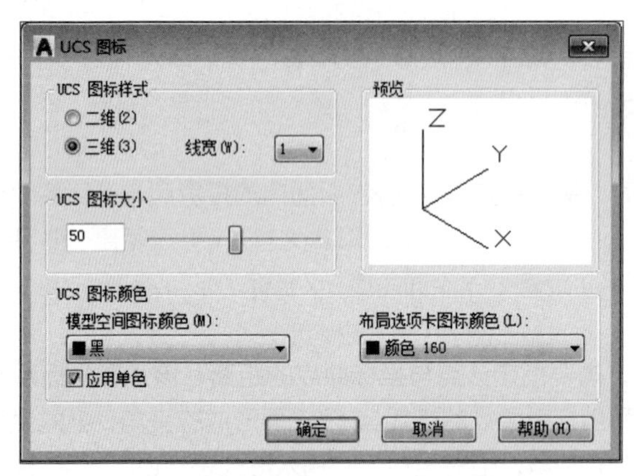

图10-4 “UCS图标”对话框

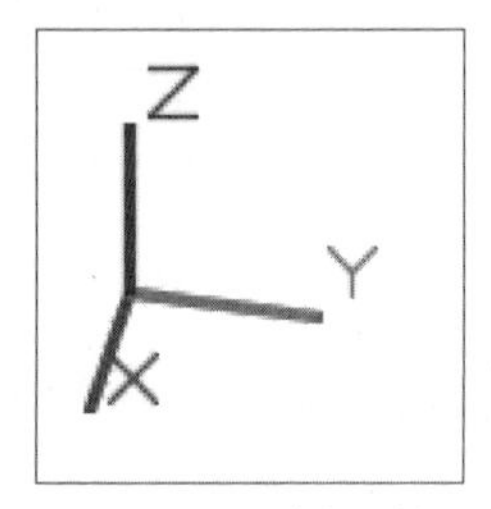

图10-5 设置坐标系效果

如果想要对用户坐标系进行管理设置，在“常用”选项卡的“坐标”面板中，单击右下角箭头，打开“UCS”对话框。用户可根据需要对当前UCS进行命名、保存、重命名以及UCS其他设置操作。其中“命名UCS”选项卡、“正交UCS”选项卡和“设置”选项卡的介绍如下。

- “命名UCS”选项卡：该选项卡主要用于显示已定义的用户坐标系的列表并设置当前的UCS，如图10-6所示。其中，“当前UCS”用于显示当前UCS的名称；UCS名称列表列出当前图形中已定义的用户坐标系；单击“置为当前”按钮，将被选UCS设置为当前使用；单击“详细信息”按钮，在“UCS详细信息”对话框中显示UCS的详细信息，如图10-7所示。

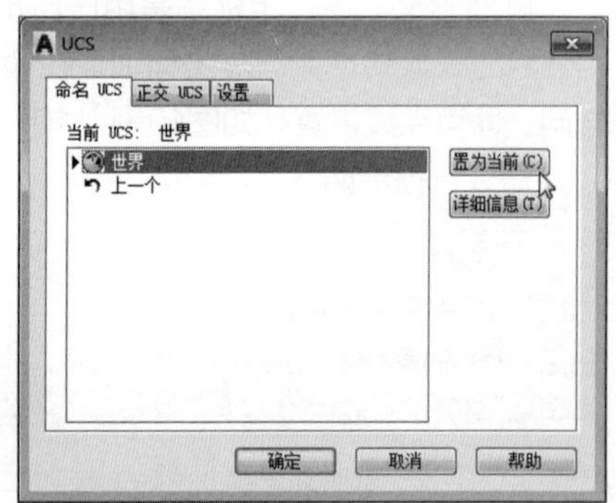

图10-6 “命名UCS”选项卡

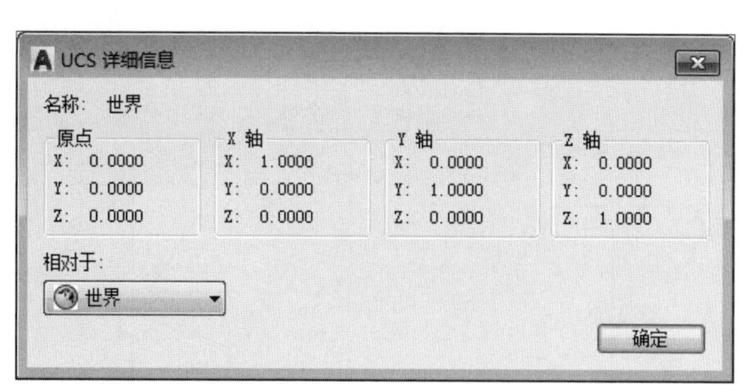

图10-7 “UCS详细信息”对话框

- “正交UCS”选项卡：该选项卡可用于将当前UCS改变为6个正交UCS中的一个，如图10-8所示。其中“当前UCS”列表框中，显示了当前图形中的6个正交坐标系；“相对于”该列表框用来指定所选正交坐标系相对于基础坐标系的方位。
- “设置”选项卡：该选项卡用于显示和修改UCS图标设置以及保存到当前视口中。其中“UCS图标设置”组可指定当前UCS图标的设置；“UCS设置”选项组可指定当前UCS设置，如图10-9所示。

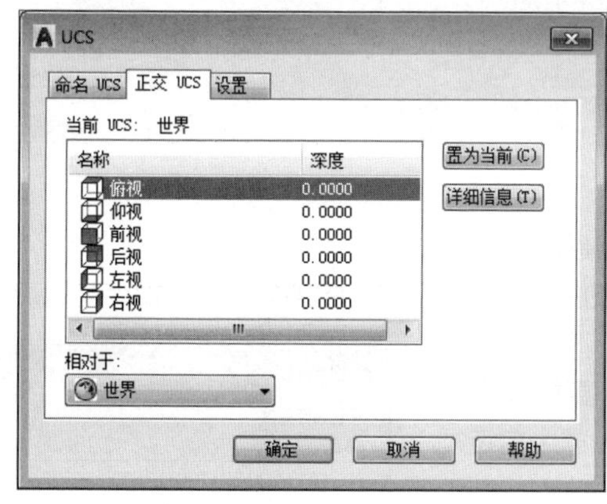

图10-8 “正交UCS”选项卡

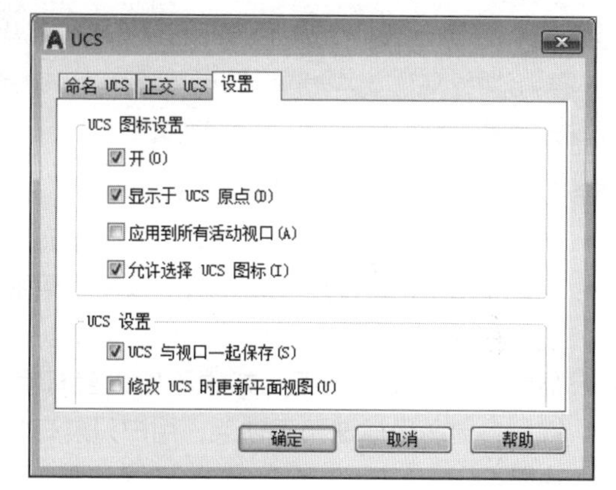

图10-9 “设置”选项卡

10.1.2 设置三维视点

使用三维视点有助于用户从各个角度来查看绘制的三维模型。AutoCAD软件提供了多个特殊三维视点，例如俯视、左视、右视、仰视、西南等轴测等，当然用户也可自定义三维视点来查看模型。

1. 自定义三维视点

用户可使用以下两种方法来根据绘图需要创建三维视点。一种是利用“视点”命令进行设置，另一种是利用“视点预设”对话框进行设置。

（1）使用“视点”命令设置

“视点”命令用于设置窗口的三维视图的查看方向，使用该方法设置视点是相对于世界坐标系而言的。执行“视图>三维视图>视点”命令，在绘图区中会显示坐标球和三轴架，如图10-10所示。将光标移至坐标球上，指定好视点位置，即可完成视点的设置。在移动光标时，三轴架随着光标的移动而发生变化，如图10-11所示。

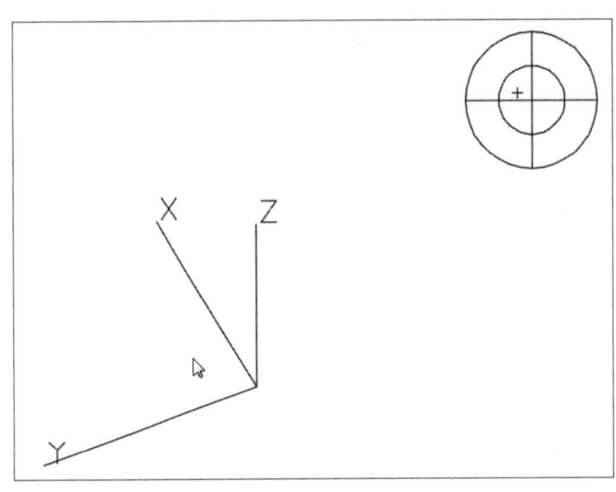

图10-10　移动光标指定视点位置

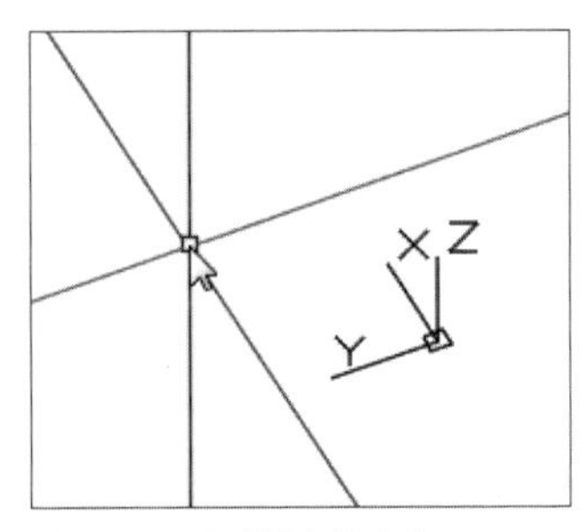

图10-11　完成视点的定位

用户也可在命令行中输入VPIONT按回车键，直接输入X、Y、Z坐标值，再次按回车键，同样也可完成视点设置。

命令行提示如下：

```
命令： VPOINT
当前视图方向：  VIEWDIR=0.0000,0.0000,1.0000
指定视点或 [旋转(R)] <显示指南针和三轴架>: 20,50,80                输入三维坐标点
正在重生成模型。
```

命令行中各选项说明如下：

- 指定视点：使用输入的X、Y、Z三点坐标，创建视点方向。
- 旋转：用于指定视点与原点的连线在XY平面的投影与X轴正方向的夹角，以及视点与原点的连线与XY平面的夹角。
- 显示指南针和三轴架：如果不输入坐标点，直接按回车键，会显示坐标球和三轴架，用户只需在坐标球中指定视点即可。

（2）使用“视点预设”命令设置

执行“视图>三维视图>视点预设”命令，在“视点预设”对话框中，根据需要选择相关参数选项，即可完成操作，如图10-12所示。

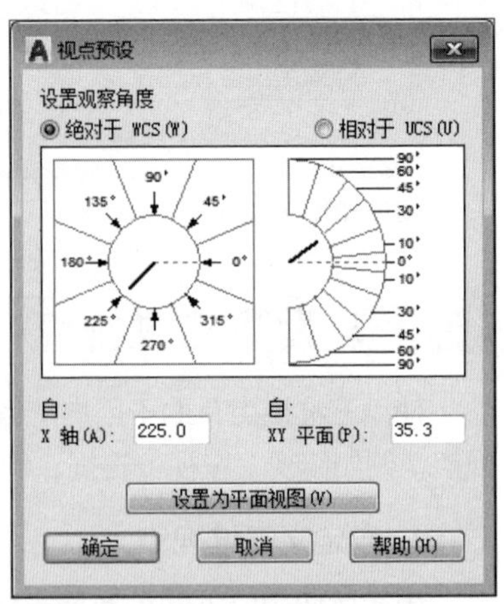

图10-12　“视点预设”对话框

“设点预设”对话框中的各选项说明如下：

- 绝对与WCS：表示相对于世界坐标设置查看方向。
- 相对于UCS：表示相对于当前UCS设置查看方向。
- 自X轴：设置视点和相应坐标系原点连线在XY平面内与X轴的夹角。
- 自XY平面：设置视点和相应坐标系原点连线与XY平面的夹角。
- 设置为平面视图：设置查看角度以相对于选定坐标系显示的平面视图。

2. 设置特殊三维视点

在默认的情况下，系统提供10种三维视点，在绘制图形时，这些三维视点也经常被用到。执行“视图>三维视图”命令，在视图下拉列表中，用户根据实际情况，选择相应的视点选项。

- 俯视：该视点是从上往下查看模型，常以二维形式显示，如图10-13所示。

● 仰视：该视点是从下往上查看模型，常以二维形式显示。
● 左视：该视点是从左往右查看模型，常以二维形式显示，如图10-14所示。
● 右视：该视点是从右往左查看模型，常以二维形式显示。

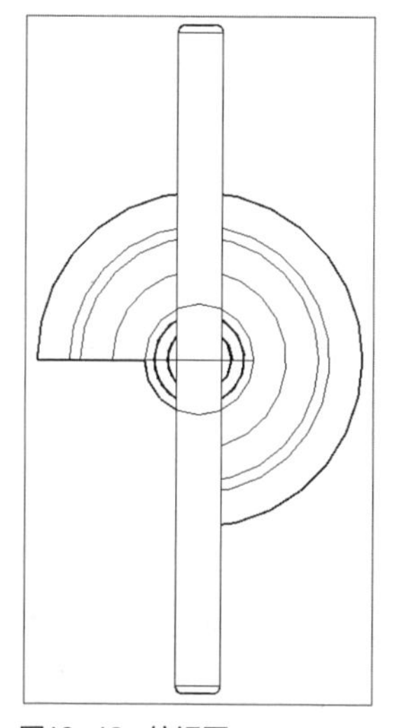
图10-13 俯视图

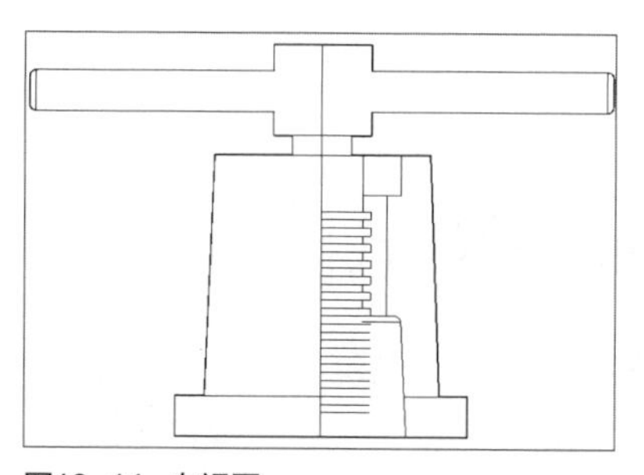
图10-14 左视图

● 前视：该视点是从前往后查看模型，常以二维形式显示，如图10-15所示。
● 后视：该视点是从后往前查看模型，常以二维形式显示。
● 西南等轴测：该视点是从西南方向以等轴测方式查看模型，如图10-16所示。
● 东南等轴测：该视点从东南方向以等轴测方式查看模型。

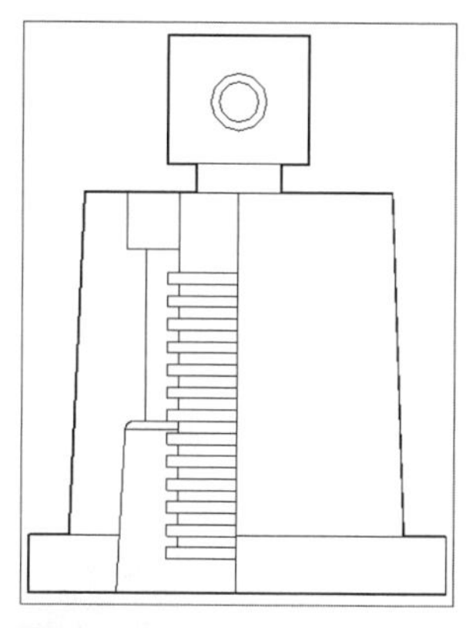
图10-15 前视图

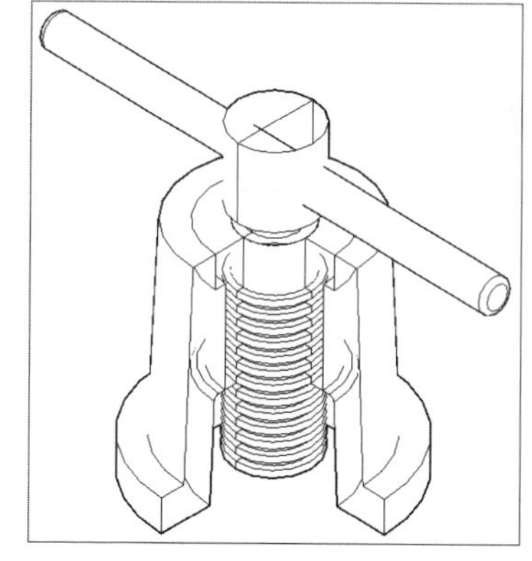
图10-16 西南视图

● 东北等轴测：该视点从东北方向以等轴测方式查看模型，如图10-17所示。
● 西北等轴测：该视点从西北方向以等轴测方式查看模型，如图10-18所示。

工程师点拨：切换视点调整模型位置

在三维绘图环境中对模型位置进行移动时，需要来回切换视点查看模型移动情况。因为在当前视点中，将模型移动到合适的位置后，如果切换至另一个视点，此时，该模型也许会在其他位置。所以，能够准确的移动模型，就需要来回切换视点观察才可。

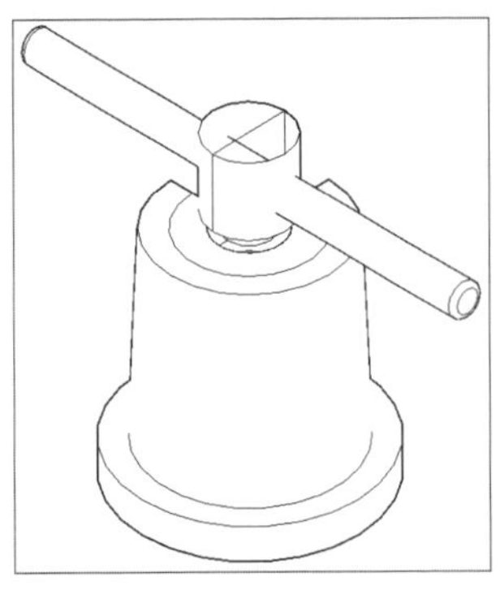

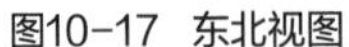
图10-17 东北视图

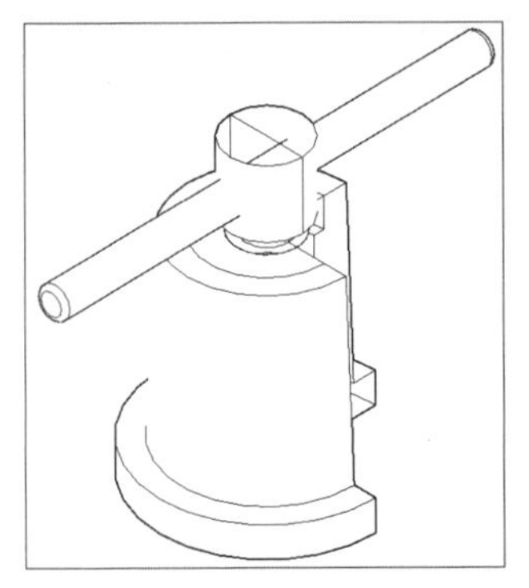

图10-18 西北视图

10.2 三维视图样式的设置

通过选择不同的视觉样式可以直观地从各个视角来观察模型的显示效果，通过选择不同的视图样式来表现当前模型的效果，AutoCAD软件提供了视觉样式共有10种。当然用户也可自定义视图样式，运用视图样式管理功能，将自定义的样式运用到三维模型中。

10.2.1 视图样式的种类

AutoCAD的10种视图样式分别为二维线框、概念、隐藏、真实、着色、带边缘着色、灰度、勾画、线框和X射线。用户可根据需要来选择视图样式，从而能够更清楚的查看三维模型。执行“视图>视觉样式>视觉样式”命令，在下拉列表中即可切换样式种类。

1. 二维线框样式

二维线框样式是以单纯的线框模式来表现当前模型效果，该样式是三维视图的默认显示样式，如图10-19所示。

2. 概念样式

概念样式是将模型背后不可见的部分进行遮挡，以灰色面显示，从而形成比较直观的立体模型样式，如图10-20所示。

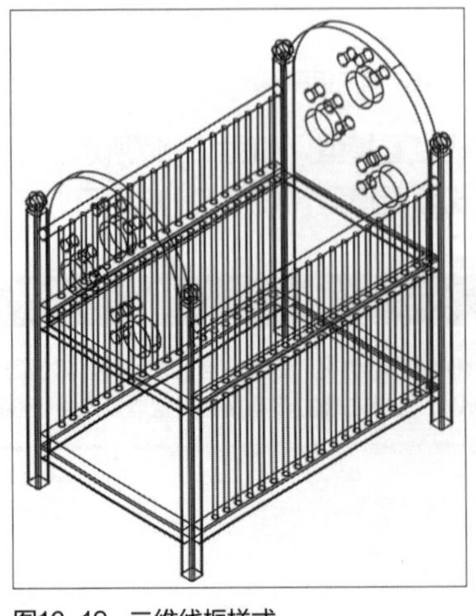

图10-19 二维线框样式

图10-20 概念样式

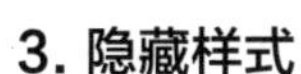

3. 隐藏样式

该视图样式与“概念”相似，概念样式是以灰度显示，而隐藏样式以白色显示，如图10-21所示。

4. 真实样式

真实样式是在“概念”样式基础上，添加了简略的光影效果，能显示当前模型的材质贴图，如图10-22所示。

工程师点拨：视觉样式与灯光的关联

视觉样式只是在视觉上产生了变化，实际上模型并没有改变。在概念视觉模式下移动模型对象可以发现，跟随视点的两个平行光源将会照亮面。这两盏默认光源可以照亮模型中的所有面，以便从视觉上辨别这些面。

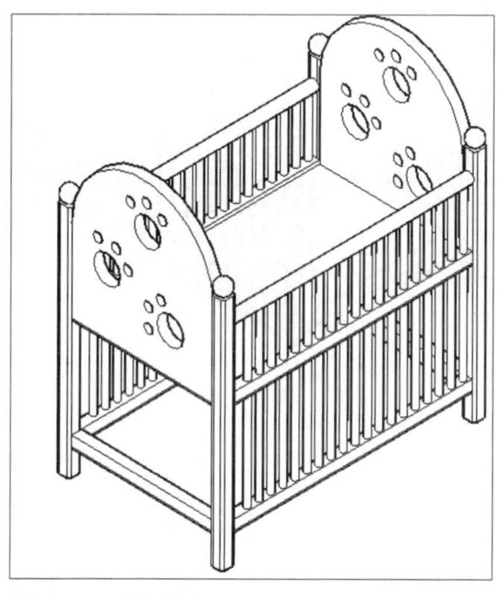

图10-21 隐藏样式

图10-22 真实样式

5. 着色样式

该样式是将当前模型表面进行平滑着色处理，不显示贴图样式，如图10-23所示。

6. 带边缘着色样式

该样式是在着色样式的基础上，添加了模型线框和边线，如图10-24所示。

图10-23 着色样式

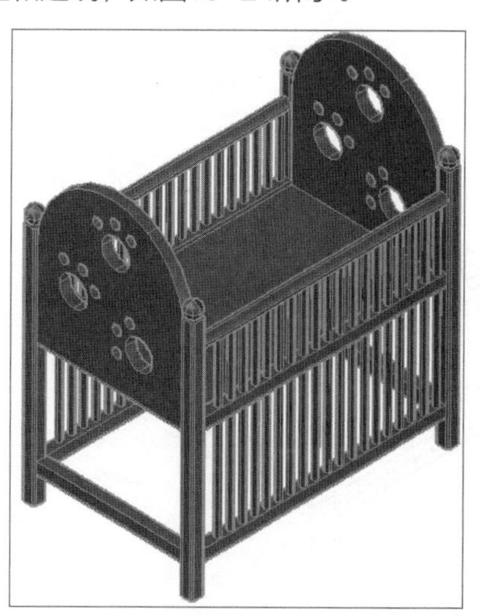

图10-24 带边缘着色样式

7. 灰度样式

该样式在概念样式的基础上，添加了平滑灰度着色效果，如图10-25所示。

8. 勾画样式

该样式是用延伸线和抖动边修改器来显示当前模型手绘图的效果，如图10-26所示。

图10-25　灰度样式

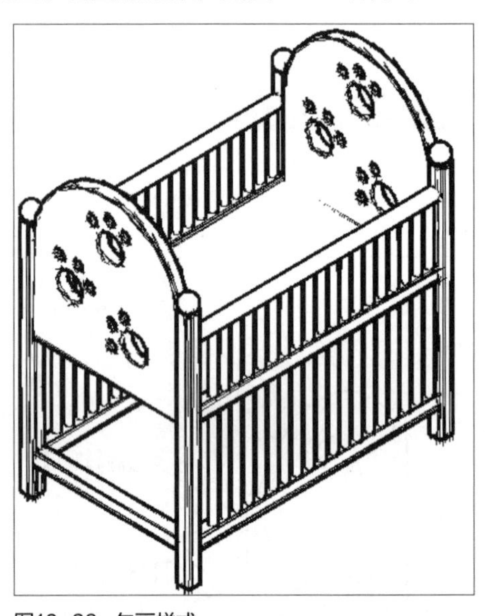

图10-26　勾画样式

9. 线框样式

该样式与“二维线框”样式相似，只不过“二维线框”样式常常用于二维或三维空间，两者都可显示，而线框样式只能够在三维空间中显示，如图10-27所示。

10. X射线样式

该样式在线框样式的基础上，更改面的透明度使整个模型变成半透明状态，并略带光影和材质，如图10-28所示。

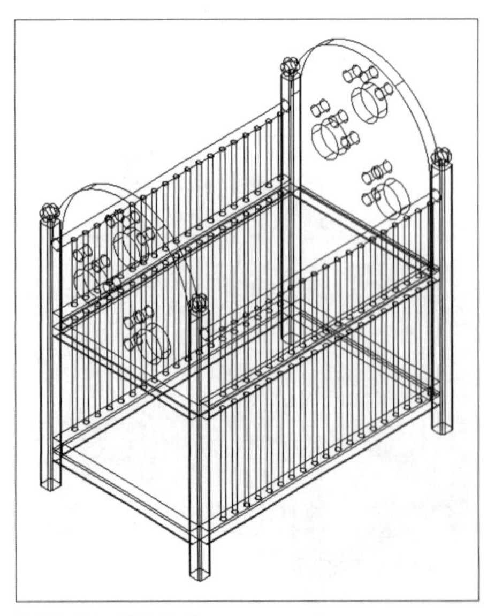

图10-27　线框样式

图10-28　x射线样式

10.2.2 视图样式管理器

除了使用系统自带的几种视觉样式外，用户可通过“视觉样式管理器”选项板中自定义视觉样式。视觉样式管理器主要显示了在当前模型中可用的视觉样式。执行“视图>视觉样式>视觉样式管理器”命令，即可打开“视觉样式管理器”选项板，如图10-29所示。

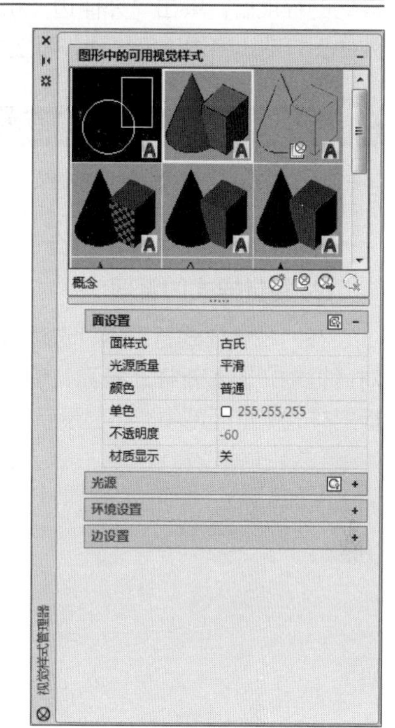

图10-29 视觉样式管理器

1. 视觉样式的设置

视觉样式管理器是针对模型的四个方面进行设置。其中包括面设置、光源、环境设置和边设置共四种。

（1）面设置

该选项组用于定义模型面上的着色情况。由于有着各种不同视觉样式，“面设置”选项也会有所不同。在“面设置”选项组中，用户可对“面样式”、“光源质量”、“颜色”、“单色”、“不透明度”以及“材质显示”这几项参数进行设置。

- 面样式：该选项可对当前模型的视觉样式进行选择。其中包括“真实”、“古氏”和“无”三种样式。用户可选择一种作为基础样式。
- 光源质量：该选项主要对当前模型的光源平滑度进行选择。其中有“镶嵌面的”、“平滑”和“最平滑”三种选项可供选择。镶嵌面光源会为每个面计算一种颜色，对象将显示得更加平滑；平滑光源通过将多边形各面顶点之间的颜色计算为渐变色，可以使多边形各面之间的边变得平滑，从而使对象具有平滑的外观。
- 颜色：该选项可选择填充颜色的样式。有四种选项可供选择，其中包括“普通”、“单色”、“明”和“降饱和度”。
- 单色：该选项可选择填充的颜色。需要注意的是，当“颜色”设为“单色”或“明”情况下，该选项才可用，否则不可用。
- 不透明度：该选项可对模型透明度进行设置。
- 材质显示：该选项可选择是否显示当前模型的材质。

（2）光源

该选项组用于模型光照的亮度和阴影设置。

- 亮显强度：该选项用于设置模型光照强度和反光度。该选项只能在“着色”和“带边缘着色”两种视觉样式下可用。
- 阴影显示：该选项用于模型阴影的设置。其中“映射对象阴影”则是模型投射到其他对象上的阴影；而“地面阴影”则是模型投射到地面上的阴影；“无”则是无阴影。

（3）环境设置

该选项组可使用颜色、渐变色填充、图像或阳光与天光作为任何模型的背景，即使其不是着色对象。

背景选项用于是否显示环境背景。需注意的是，要使用背景需要创建一个带有背景的命名视图。

（4）边设置

该选项组中的选项是根据不同的视觉样式而设定的。不同类型的边样式可以使用不同的颜色和线型来显示。用户还可以添加特效效果，例如对边缘的抖动和外伸。

在着色模型或线框模型中，将边模式设置为“素线”，边修改器将被激活，分别设置外伸的长度和抖动的程度后，单击“外伸边”和“抖动边”按钮，将显示相应的效果。外伸边是将模型的边沿四周外伸，抖动边将边进行抖动，看上去就像是用铅笔绘制的草图。

工程师点拨：“二维线框”视觉样式选项组介绍

在“视觉样式管理器”面板中，若选择“二维线框”视觉样式后，会显示“二维线框选项”、“二维隐藏-被阻挡线”、“二维隐藏-相交边”、“二维隐藏-其他”以及“显示精度”这5组选项。它与其他视觉样式的选项组不一样。

2. 视觉样式的管理

在“视觉样式管理器”选项板中，单击“创建新的视觉样式”按钮，在“创建新的视觉样式”对话框中，输入新样式名称，单击“确定”按钮，如图10-30所示。此时在“视觉样式管理器”选项板的样式浏览区域中，可显示新创建的样式，如图10-31所示。

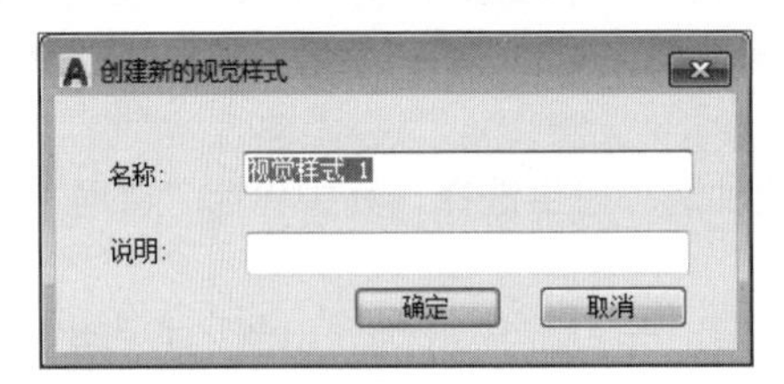

图10-30 输入新的视觉样式名称

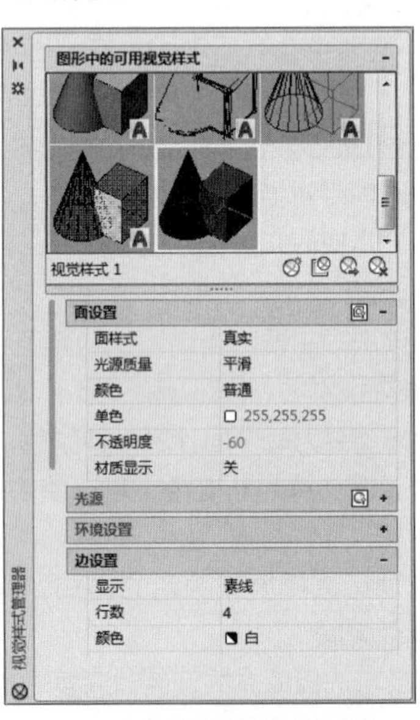

图10-31 完成新的视觉样式的创建

如果想删除多余的样式，可在样式浏览视图中，选择所需删除的视觉样式单击鼠标右键，在快捷菜单中选择“删除”选项即可，如图10-32、10-33所示。

如果想将选定的视觉样式应用于当前样式，可在该选项板中单击“将选定样式应用于当前视口”按钮。同样，选择所需的样式，单击鼠标右键，在快捷菜单中选择“应用于当前视口”选项，也可完成操作，如图10-34所示。

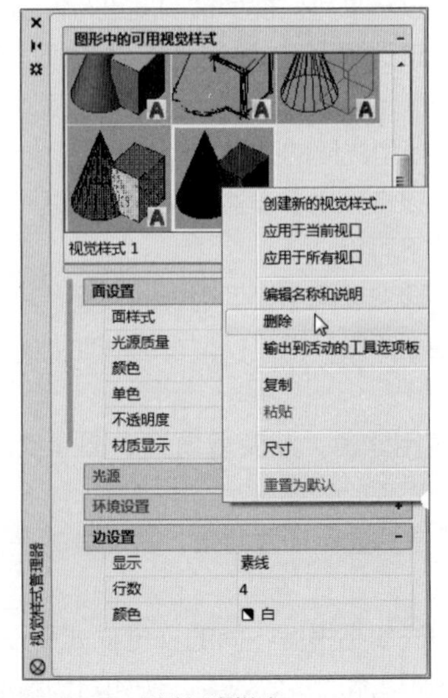

图10-32 删除视觉样式

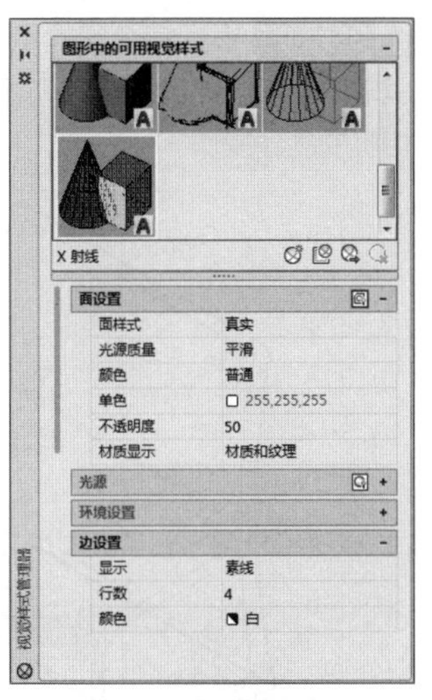

图10-33　完成删除操作

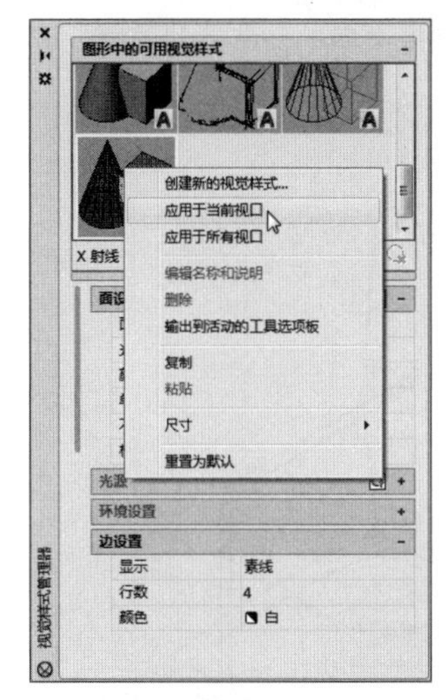

图10-34　应用于当前视口

工程师点拨：无法删除的视觉样式

在进行视觉样式删除操作时需注意，系统自带的10种视觉样式以及应用于当前视口的样式是无法删除的。

10.3 三维动态的显示设置

AutoCAD软件中的三维动态显示功能是一个很实用的工具。使用这些动态显示工具能够更好的观察三维模型，从而方便用户对模型进行编辑修改。

10.3.1 相机的创建与设置

在AutoCAD软件中，除了以上介绍的几种视点外，用户也可使用相机功能对当前模型任意一个角度进行查看。通常相机功能与运动路径动画功能一起使用。下面将举例介绍其操作方法。

Step 01 打开素材文件，执行“视图>创建相机”命令，指定好相机位置，如图10-35所示。

Step 02 根据命令行提示指定视点位置，如图10-36所示。

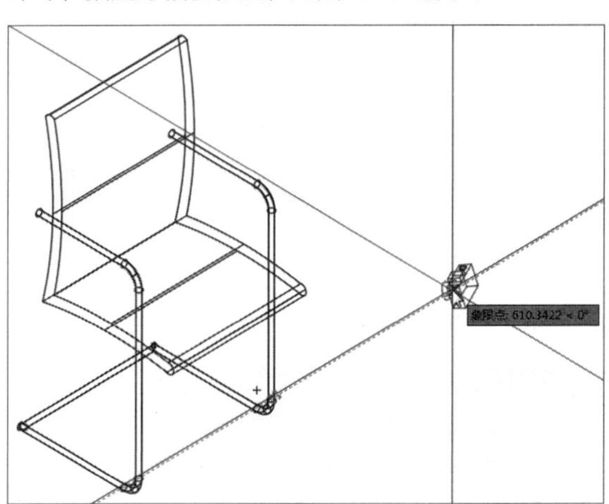

图10-35　指定相机位置

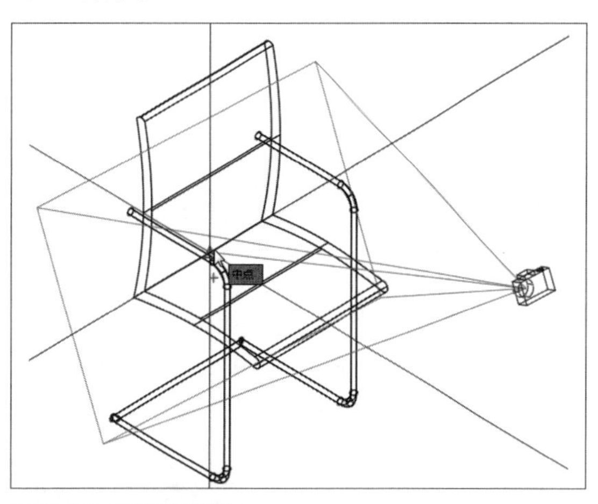

图10-36　指定视点位置

Step 03 在打开的快捷菜单中，选择“高度”选项，如图10-37所示。

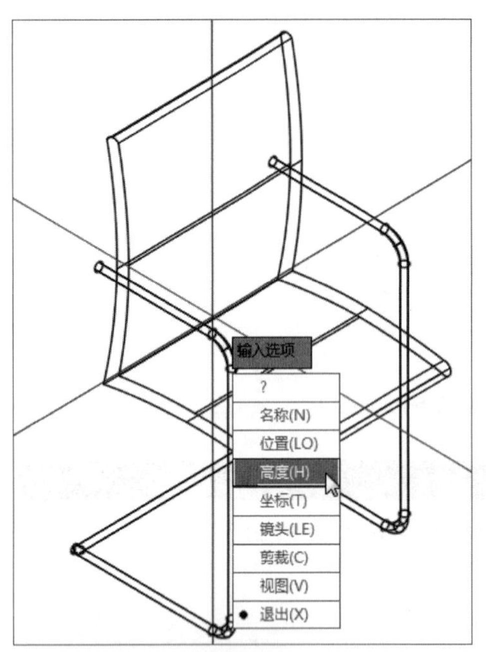

图10-37 选择“高度”选项

Step 04 根据命令行提示，输入相机高度值，这里输入400，如图10-38所示。按2次回车键，完成相机的创建操作。

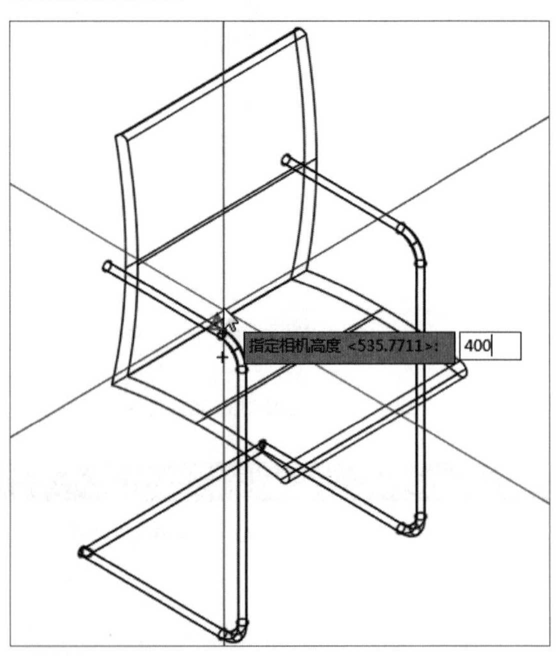

图10-38 输入高度值

Step 05 选中相机图标，会打开“相机预览”窗口，将当前视图样式切换至俯视图，选中相机，并按住鼠标左键不放，拖动鼠标至满意位置，此时在“相机预览”对话框中，可以查看调整的结果，如图10-39所示。

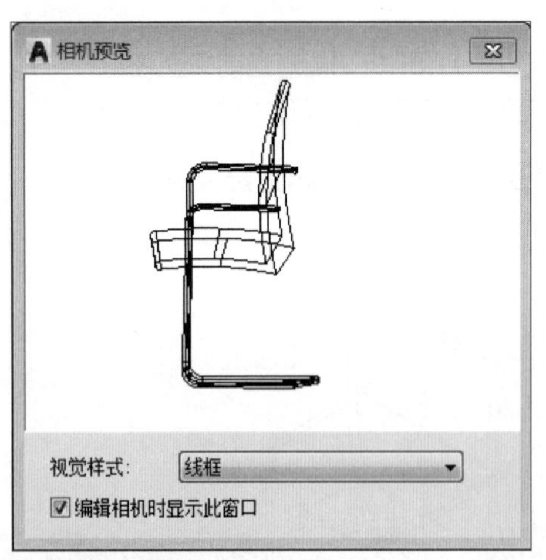

图10-39 “相机预览”对话框

Step 06 将当前视图切换至左视图，选中相机将其调整至合适角度，如图10-40所示。

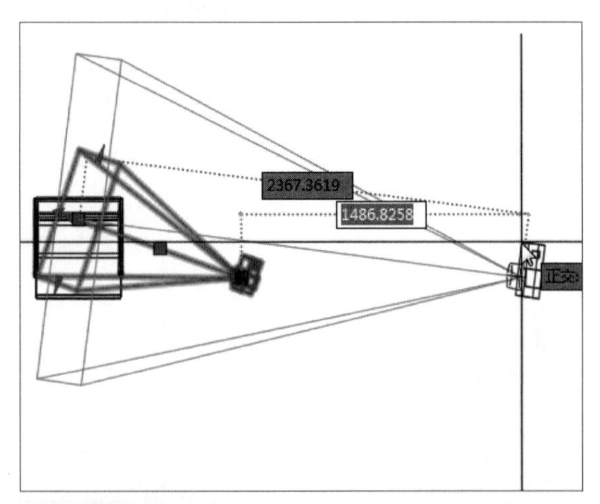

图10-40 调整相机视角

Step 07 在“相机预览”窗口中，将“视觉样式”设为“隐藏”，如图10-41所示。

Step 08 将视图设为西南等轴测图。在命令行中，输入UCS命令后，按两次回车键，将其设为默认坐标。执行“圆”命令，以座椅底部中心点为圆心，绘制半径为2000的圆形，如图10-42所示。

图10-41 “隐藏”视觉样式

Step 09 执行“视图>运行路径动画”命令，在“运动路径动画”对话框中，单击“相机链接至路径”选项按钮，在绘图区中选择圆形路径，在“路径名称”对话框中，输入路径名，单击“确定”按钮，如图10-43所示。

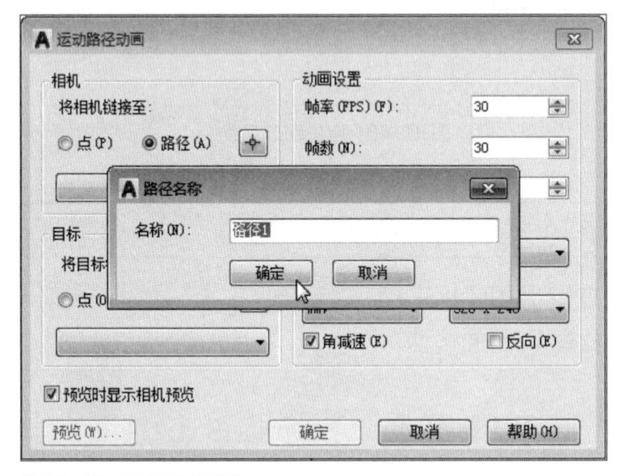

图10-43 设置路径名称

Step 11 将“持续时间”数值设为5，单击“预览”按钮即可预览当前动画，如图10-45所示。单击“确定”按钮，将其保存为运动动画短片。

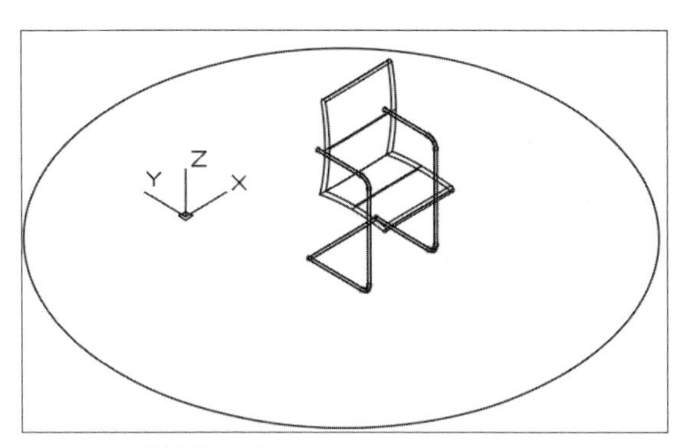

图10-42 绘制圆形路径

Step 10 在“将目标链接至”选项组中，单击“点”单选按钮，然后在绘图区指定视点位置，根据提示为点命名，如图10-44所示。

图10-44 设置视点位置及名称

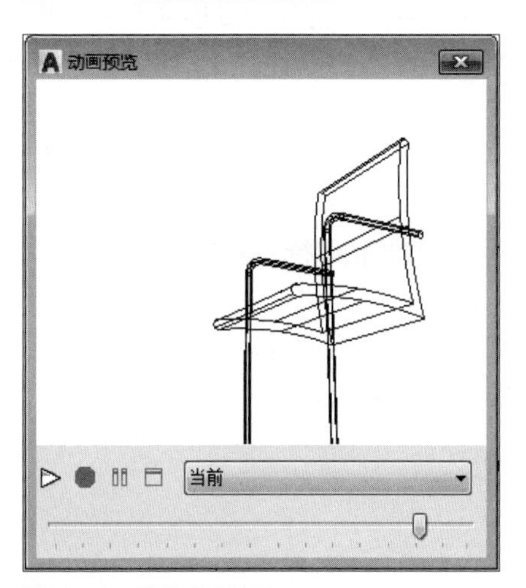

图10-45 预览动画效果

10.3.2 使用动态观察器

三维动态观察器在绘制三维模型中常常被用到，用户可使用观察器对该模型进行查看。动态观察器提供了3种动态观察模式，分别为“受约束的动态观察”、“自由动态观察”以及“连续动态观察”。

1. 动态观察

执行“视图>动态观察>受约束的动态观察”命令，按住鼠标左键，移动鼠标，此时模型会随着鼠标移动而发生变化。当鼠标停止移动后，该模型也会停止在某个视角不动。

2. 自由动态观察

执行“视图>动态观察>自由动态观察”命令，在绘图区会显示一个圆球的空间。按住鼠标左键，移动光标可拖动该模型旋转，当光标移至圆球不同部位时，可以使用不同的方式旋转模型，如图10-46所示。

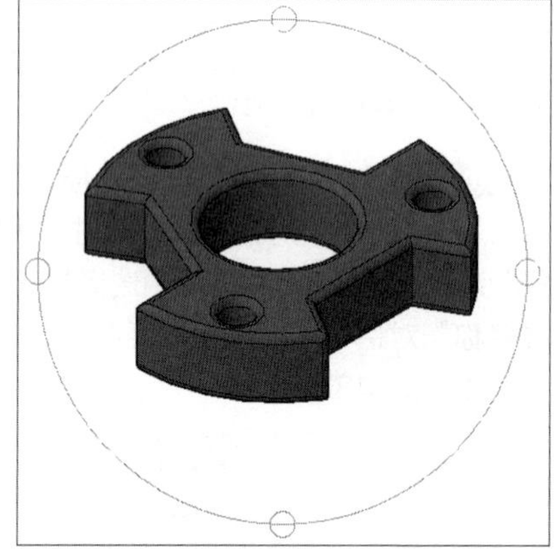

图10-46 自由动态观察

3. 连续动态观察

执行“视图>动态观察>连续动态观察”命令，可连续查看模型运动的情况。用户只需按住鼠标左键，向某方向移动，指定旋转方向后释放鼠标，此时该模型将自动在自由状态下进行旋转。如果鼠标移动速度慢，其模型旋转速度慢。反之，鼠标移动速度快，其模型旋转速度快，最后按Esc键，退出该动态观察模式。

10.3.3 使用漫游与飞行

在AutoCAD中，用户可在漫游或飞行模式下通过键盘和鼠标来控制视图显示。使用漫游功能查看模型时，其视平面将沿着XY平面移动；而使用飞行功能时，其视平面将不受XY平面约束。

执行“视图>漫游和飞行”命令，在级联菜单中，选择“漫游”选项，在打开的提示框中，单击“修改”按钮，打开“定位器”面板，将光标移至缩略视图中后，光标已变换成手型，此时用户可对视点位置及目标视点位置进行调整，如图10-47所示。调整好后，利用鼠标滚轮上下滚动，或使用键盘的方向键，即可对当前模型进行漫游操作。

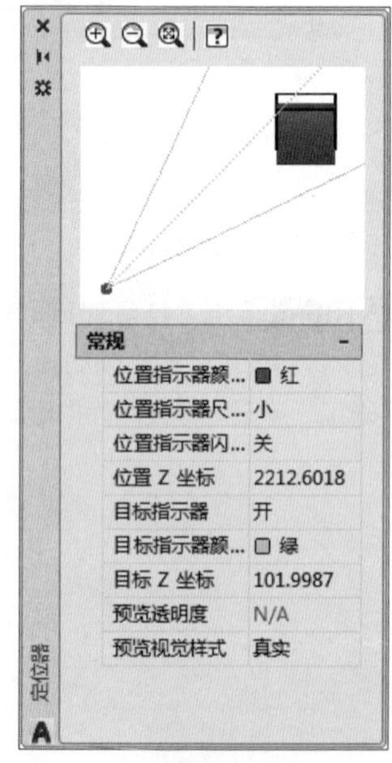

图10-47 设置定位器

“飞行”功能操作与“漫游”的相同，区别在于查看模型的角度不一样而已。

执行“视图>漫游和飞行>漫游和飞行设置”命令，在打开的“漫游和飞行设置”对话框中，用户可对定位器、漫游/飞行步长以及每秒步数进行设置，如图10-48所示。其中“漫游/飞行步长”和“每秒步数”数值越大，视觉滑行的速度越快。

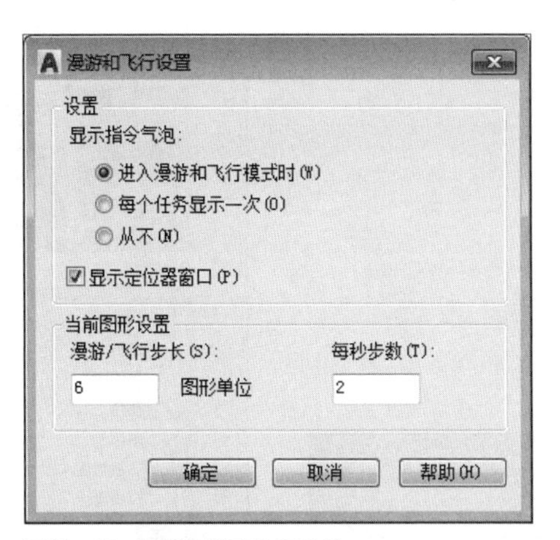

图10-48 设置漫游和飞行参数

综合实例 —— 创建并保存新视图样式

本章已向用户简单介绍了视图样式管理器的功能。下面将以创建“单色透视”视图样式为例，来介绍如何在视图样式管理器中新建视图样式的操作。

Step 01 打开素材文件，在“常用”选项卡的“视图”面板中，单击“视觉样式”下三角按钮，在打开的样式列表中，选择“视觉样式管理器”选项，如图10-49所示。

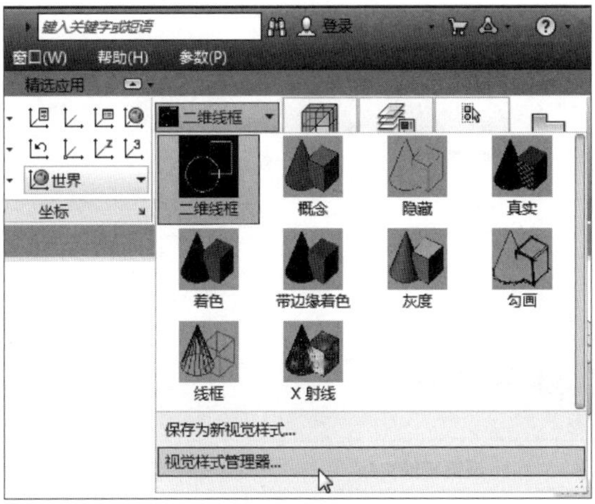

图10-49 选择“视觉样式管理器”选项

Step 02 在“视觉样式管理器”选项板中，单击“创建新的视觉样式”按钮，如图10-50所示。

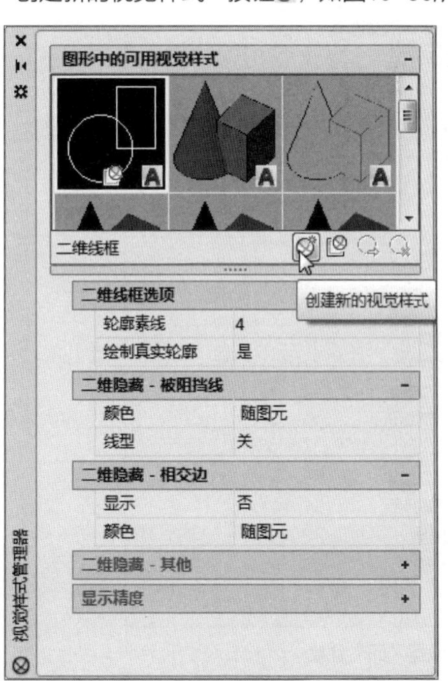

图10-50 单击“创建新的视觉样式”按钮

Step 03 在“创建新的视觉样式”对话框中，输入新样式名称，单击“确定”按钮，如图10-51所示。

Step 04 此时在该选项板中的“图形中的可用视觉样式”列表中，已显示刚创建的视觉样式，如图10-52所示。

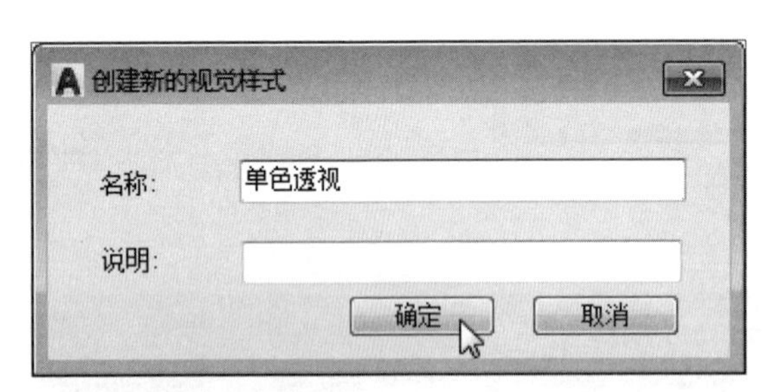

图10-51 输入新样式名称

Step 05 在该选项板的“面设置”选项组中，将“面样式”设为“古氏”选项，将“颜色”设为“单色”选项，如图10-53所示。

图10-53 设置“面”参数

Step 07 设置完成后，此时新建的样式也随之发生变化。关闭“视觉样式管理器”选项板。再次单击“视图样式”下三角按钮，在其下拉列表中，选择“单色透视”样式，将其设为当前样式，然后再选择“保存为新视觉样式”选项，如图10-55所示。

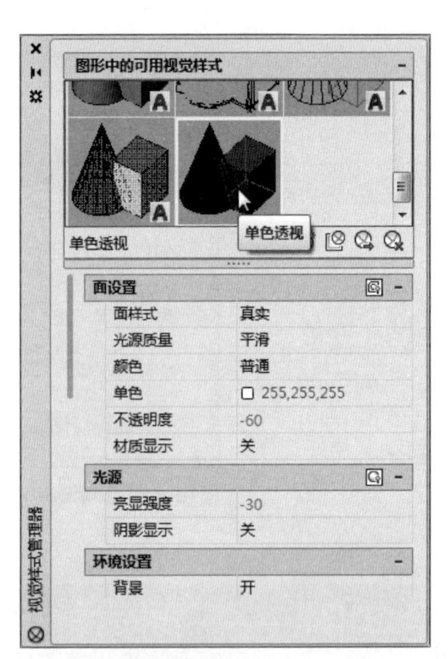

图10-52 显示新样式

Step 06 在“边设置”选项组中，将“显示”设为“镶嵌面边”。在“被阻挡边”选项组中，将“线型”设为“点”。在“轮廓边”选项组中，将“宽度”设为8，如图10-54所示。

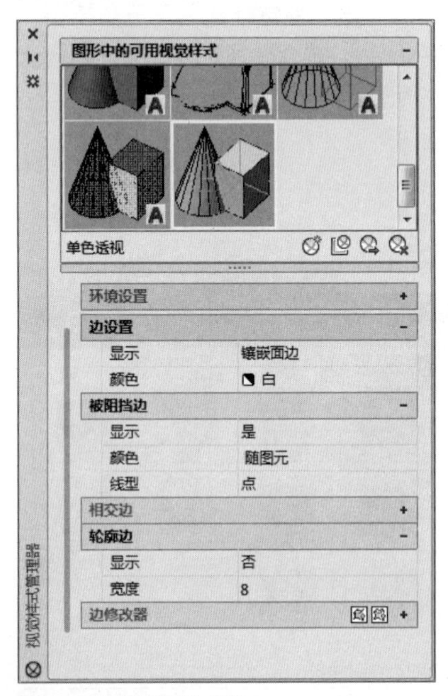

图10-54 设置其他参数

Step 08 在命令行中，根据提示输入保存名称，这里输入“单色透视”字样，如图10-56所示。

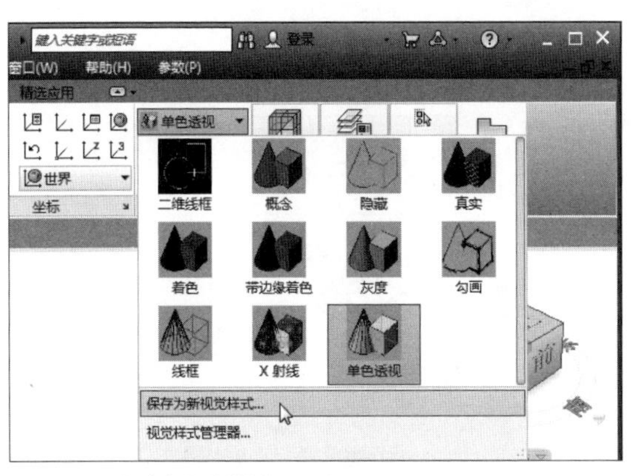

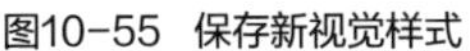
图10-55 保存新视觉样式

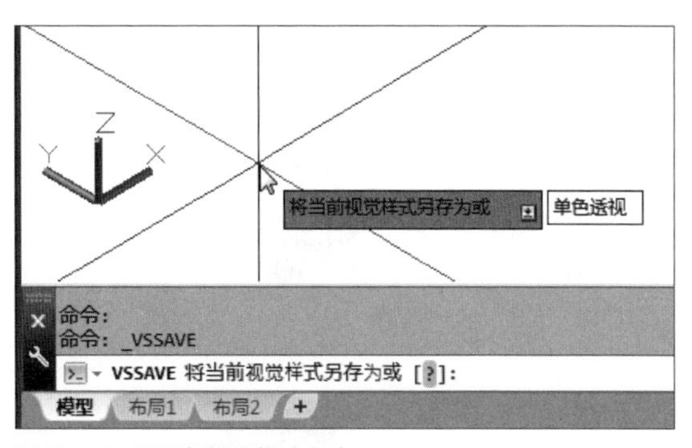

图10-56 设置新视觉样式名称

Step 09 按回车键，在其快捷列表中，选择“是（Y）”选项，完成保存操作。

Step 10 再次单击“视图样式”下三角按钮，在下拉列表中，选择“单色透视”视图样式，此时，电视柜模型显示样式已发生了变化，结果如图10-57所示。

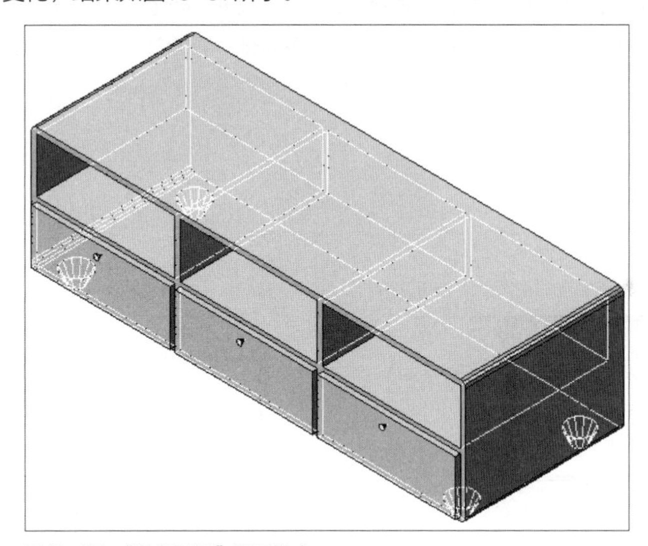
图10-57 “单色透视”视图样式

高手应用秘籍 —— 导航控制盘的介绍

导航控制盘是用于更改模型的方向和视图。通过查看模型的各角度，来对模型的局部进行调整。在AutoCAD软件中，用户可以使用ViewCube、SteeringWheels和ShowMotion这三种导航控制盘进行观察操作。下面将分别对其功能进行简单介绍。

1. ViewCube导航控制盘

ViewCube导航控制盘是启动三维模型显示的三维导航工具。通过该导航盘，用户可在标准视图和等轴测视图间切换。在默认情况下，该导航盘以半透明状态显示在绘图区右上角位置。将光标移动至导航盘上方时，ViewCube将变为活动状态。使用鼠标单击或拖拽的方法，可切换到可用预设视图，如图10-58、10-59所示。

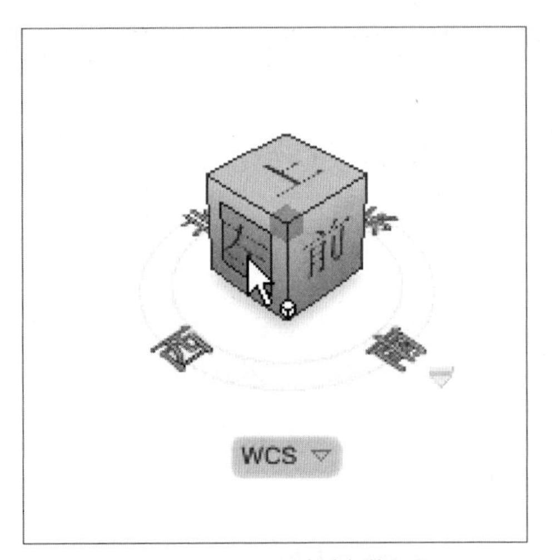

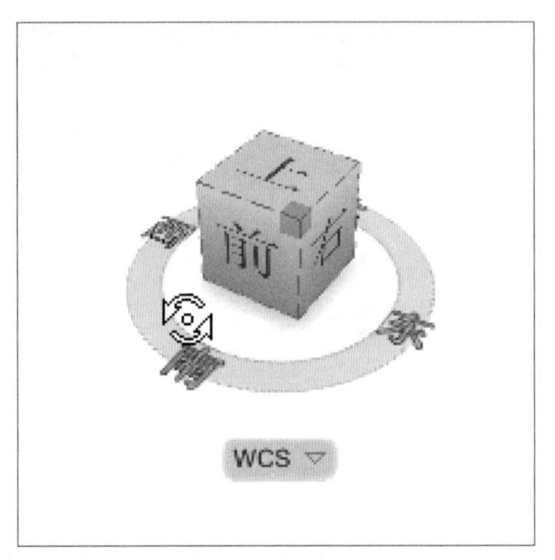

图10-58　单击ViewCube导航盘切换视图　　图10-59　使用鼠标拖拽切换视图

ViewCube导航盘中，为用户提供了26个视图区域，这26个视图区域按类别来划分，可分为角、边和面三组。而这26个视图区域中有6个代表模型的正交视图，即上、下、前、后、左、右。通过单击ViewCube导航盘上的任意一面即可切换至对应的正交视图，如图10-60、10-61所示。

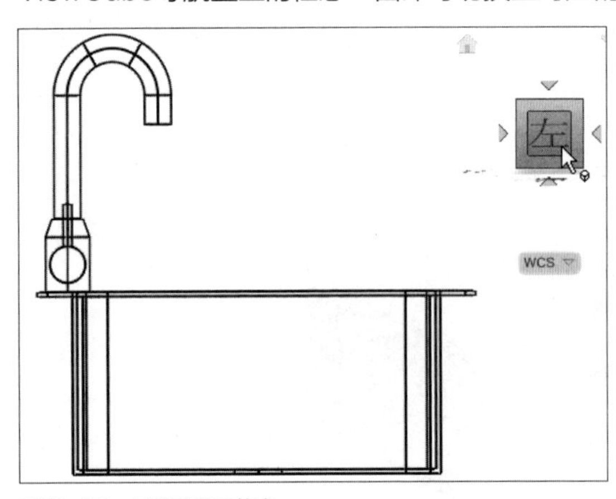

图10-60　左视图显示状态

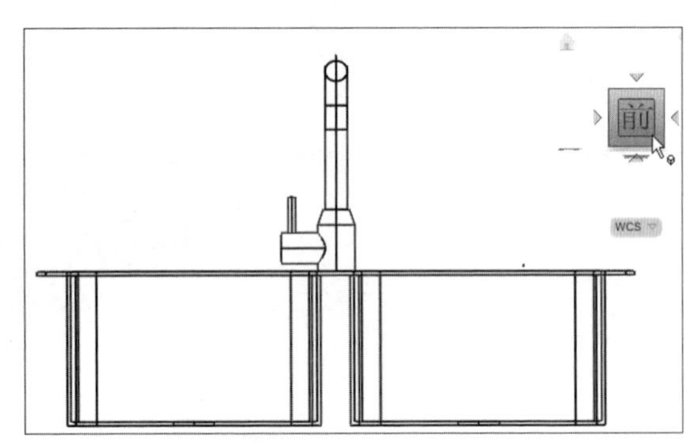

图10-61　前视图显示状态

在ViewCube导航盘中，单击鼠标右键，系统将打开ViewCube快捷菜单。在其菜单中，用户可对ViewCube的方向定义、当前视图模式的切换以及ViewCube的设置进行操作。

2. SteeringWheels导航控制盘

SteeringWheels导航控制盘将多个常用导航工具结合到一个单一界面中，从而为用户节省了时间。默认情况下，SteeringWheels控制盘是关闭的，若要启动，只需在绘图区中任意处，单击鼠标右键，选择“SteeringWheels”选项即可。

在该控制盘上，每个图标按钮代表一种导航工具，用户可以用不同的方式来对当前模型进行平移、缩放、动态观察等操作，如图10-62所示。

单击该控制盘右下方的下三角按钮，可显示控制板的不同类别，例如“查看对象控制盘”、“巡视建筑控制盘”、“全导航控制盘”等，如图10-63所示为查看对象控制盘。

将光标移动至控制盘上的任意图标按钮上时，系统会显示该按钮的使用提示；用户可根据该提示进行操作。

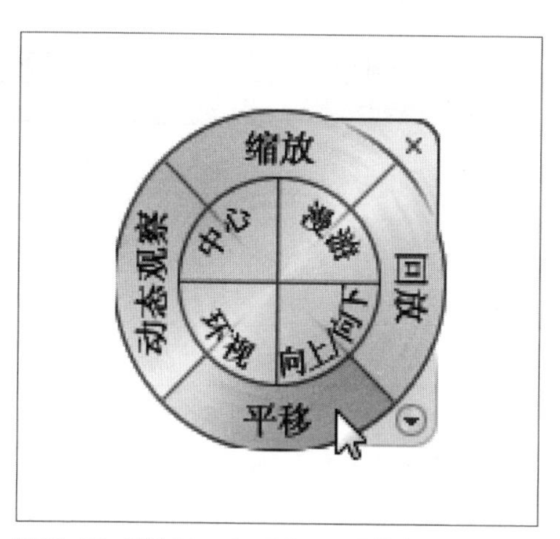

图10-62 默认SteeringWheels导航盘

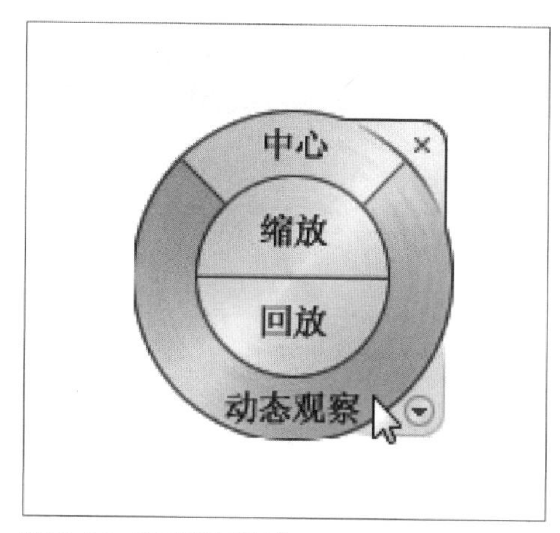

图10-63 查看对象控制盘

3. ShowMotion导航控制盘

ShowMotion导航控制盘是用于创建和播放相机动画的屏幕显示。使用ShowMotion控制盘可向捕捉到的相机位置添加移动和转场等元素。

单击绘图区右侧导航工具栏中的“ShowMotion”图标按钮，打开ShowMotion工具栏，单击“新建快照”按钮，在“新建视图/快照特性”对话框中，设置视图名称、类型和转场等，单击“确定”按钮，如图10-64所示。设置完成后，即可按照所设置的参数创建一个电影式快照，单击ShowMotion工具栏中的“播放”按钮播放快照，如图10-65所示。

在快照预览图上，单击鼠标右键，在打开的快捷菜单中，用户可其进行重命名、删除等操作，如图10-66所示。

图10-64 “新建视图/快照特性”对话框

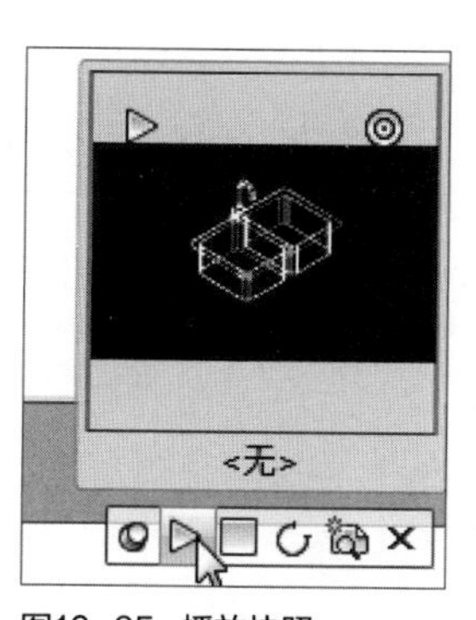

图10-65 播放快照

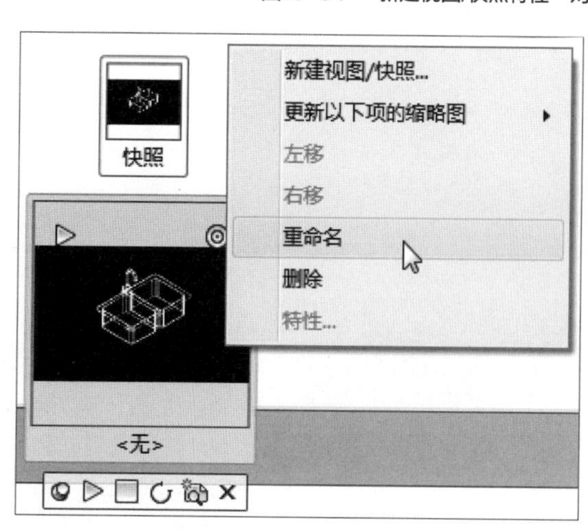

图10-66 右键菜单操作

秒杀工程疑惑

在进行AutoCAD操作时，用户经常会遇见各种各样的问题，下面将总结一些常见问题进行解答，其中包括：三维消隐与隐藏的区别、三维坐标的设置、三维模型轮廓显示等问题。

问　题	解　答
菜单栏中的“消隐”与视图样式中的“隐藏”，有什么区别？	消隐在AutoCAD三维中才用到，为了加快AutoCAD对实体的处理速度，对实体看不到的面可以进行消隐，简而言之就是暂时隐藏不可见的线和面，若进行视图缩放后，则取消消隐模式。对单个图形可以局部隐藏，使之不显示在视图中，直到需要时才显示出来
如何设置三维坐标？	执行“工具>新建UCS”命令，在其级联菜单中，根据需要选择相应的坐标即可 当然也可手动设置：在命令行中输入UCS按回车键，在绘图区域中，指定好坐标原点，其后指定好X与Y轴的方向即可完成坐标设置
三维模型在显示时，如何将轮廓边缘不显示？	系统默认的三维视觉样式是带有线型显示的，看起来像是轮廓线，如果想将其关闭，其具体操作方法如下： 首先在视觉样式中将模型样式设置为“真实”，模型边缘将显示线型； 然后在绘图区左上方单击“视觉样式控件”，在下拉菜单中选择“视觉样式管理器”；接着在“视觉样式管理器”中选择“真实”；最后在“轮廓边”卷栏中设置显示模式为“否”，三维模型将隐藏线轮廓
哪些二维绘图中的命令在三维中同样可以使用？	二维命令只能在X、Y面上或与该坐标面平行的平面上作图，例如“圆及圆弧”、“椭圆和圆环”、“多线及多段线”、“多边形和矩形”及“文字及尺寸标注”等。在使用这些命令时需弄清是在哪个平面上工作。其中“镜像”、“阵列”和“旋转”在三维空间有不同的操作方法
如何局部打开三维模型中的部分模型？	AutoCAD中提供了局部打开图形的功能，执行“文件>打开”名令，打开“选择文件”对话框，选择文件名称后，在“打开”按钮右侧单击下拉菜单按钮，在弹出的列表中单击“局部打开”选项，此时弹出“局部打开”对话框，勾选需要打开的图层并单击“打开”按钮，即可局部打开图层。

Chapter

11

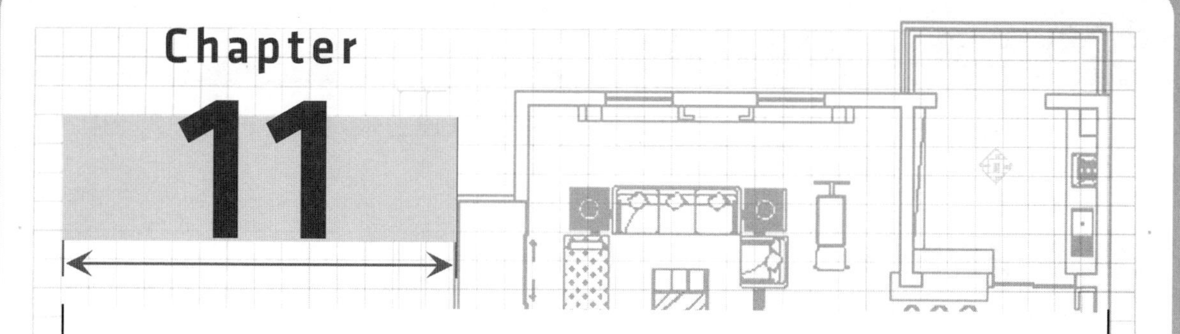

三维模型的绘制

在工程设计和绘图过程中，三维模型应用越来越广泛。AutoCAD可以利用三种方式来创建三维模型，即线架模型方式、曲面模型方式和实体模型方式。本章节将介绍一些基本三维实体的绘制方法，如长方体、球体、圆柱体、多段体等，另外也介绍了如何运用布尔运算命令，对基本三维实体进行简单编辑操作。

01 学完本章您可以掌握如下知识点

1. 三维基本实体的绘制	★★
2. 二维图形拉伸成三维实体	★★
3. 布尔运算的	★★★

02 本章内容图解链接

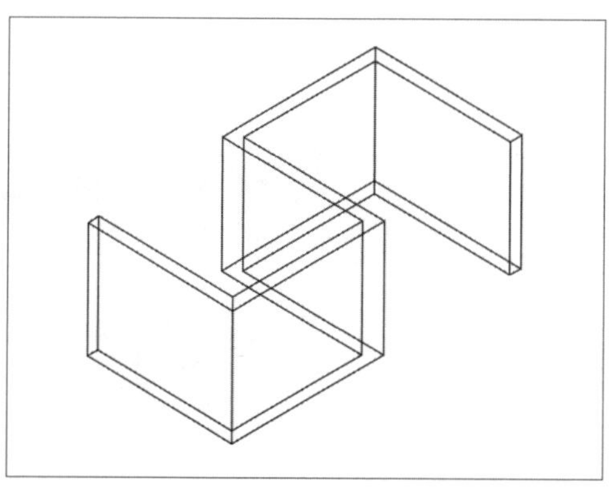

多段体图形

路径拉伸

11.1 创建三维基本实体

实体模型是常用的三维模型，AutoCAD软件中基本实体包括长方体、圆柱体、球体、圆锥体、圆环体、多段体和楔体。下面将介绍三维基本实体的创建操作。

11.1.1 长方体的绘制

长方体命令可绘制实心长方体或立方体。在“常用”选项卡的“建模”面板中，单击“长方体”按钮，根据命令行提示，创建长方体底面起点，输入底面长方形长度和宽度，其后移动光标至合适位置，输入长方体高度值即可完成创建，如图11-1、11-2所示。

命令行提示如下：

命令行	说明
命令：_box	执行“长方体”命令
指定第一个角点或 [中心(C)]:	指定长方体底面起点
指定其他角点或 [立方体(C)/长度(L)]: l	输入L按回车键，指定长度
指定长度 <500.0000>: <正交 开> 100	根据需要开启正交模式，输入长度值
指定宽度 <3.0000>: 200	输入宽度值
指定高度或 [两点(2P)] <-3.0000>: 300	输入高度值

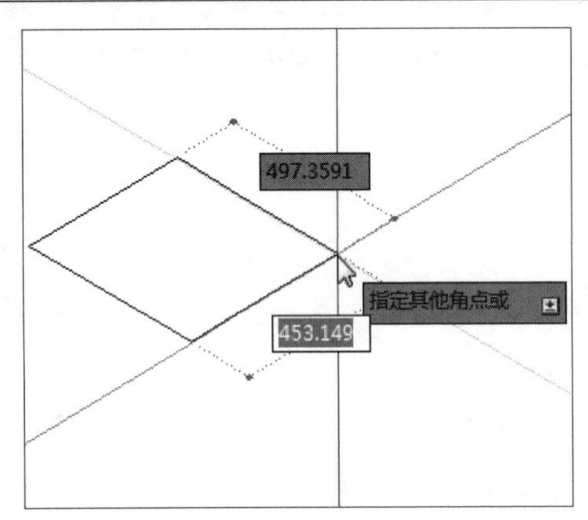

图11-1 绘制底面长方形

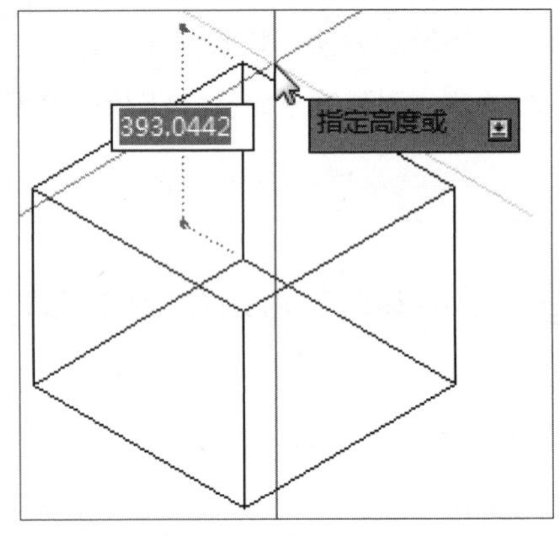

图11-2 指定长方体高度

若要绘制立方体，同样单击“长方体”按钮，指定底面长方形起点，根据命令行提示，输入C并指定好立方体一条边的长度值即可完成，如图11-3、11-4所示。

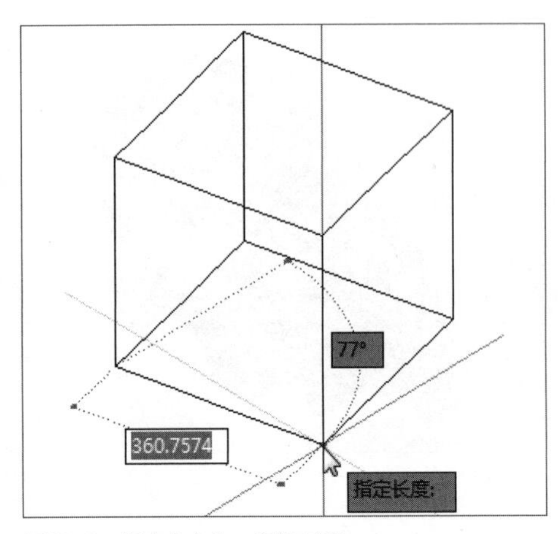

图11-3 指定立方体一条边长度

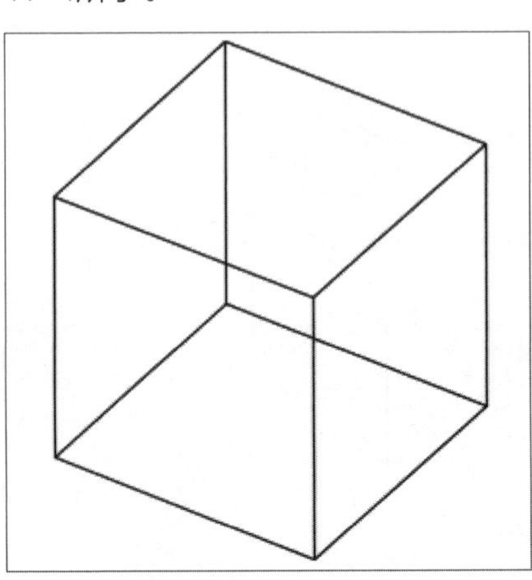

图11-4 完成立方体的绘制

命令行中各选项说明如下。

- 角点：指定长方体的角点位置。输入另一角点的数值，可确定长方体。
- 立方体：创建一个长、宽、高相等的长方体。通常在指定底面长方体起点后，输入C即可启动立方体命令。
- 长度：输入长方体的长、宽、高的数值。
- 中心点：使用中心点功能创建长方体或立方体。

11.1.2 圆柱体的绘制

在“常用”选项卡的“建模”面板中，单击“圆柱体”按钮，根据命令行提示，指定圆柱底面圆心点和底面圆半径，其后指定圆柱体高度值即可完成创建，如图11-5、11-6所示。

命令行提示如下：

```
命令：_cylinder
指定底面的中心点或 [三点(3P)/两点(2P)/切点、切点、半径(T)/椭圆(E)]:    指定底面圆心点
指定底面半径或 [直径(D)] <147.0950>: 400                             输入底面圆半径值
指定高度或 [两点(2P)/轴端点(A)] <261.9210>:600                       输入圆柱体高度值
```

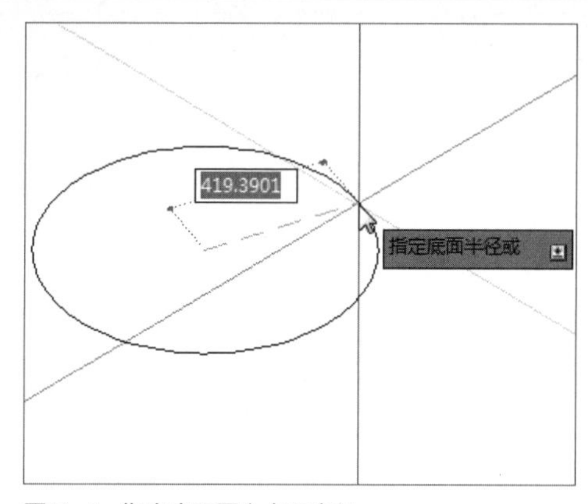

图11-5 指定底面圆心点和半径

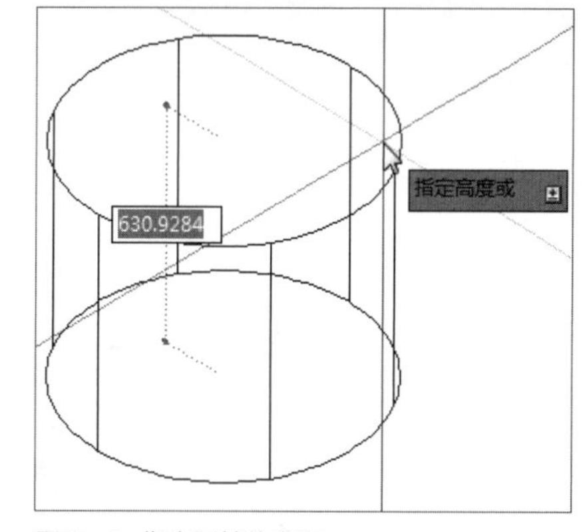

图11-6 指定圆柱体高度

绘制椭圆体的方法与圆柱体相似。同样执行“圆柱体”命令，在命令行中输入E按回车键启动“椭圆”命令，根据命令行提示，指定底面椭圆的长半轴和短半轴距离，输入椭圆柱高度值即可完成椭圆柱的绘制，如图11-7、11-8所示。

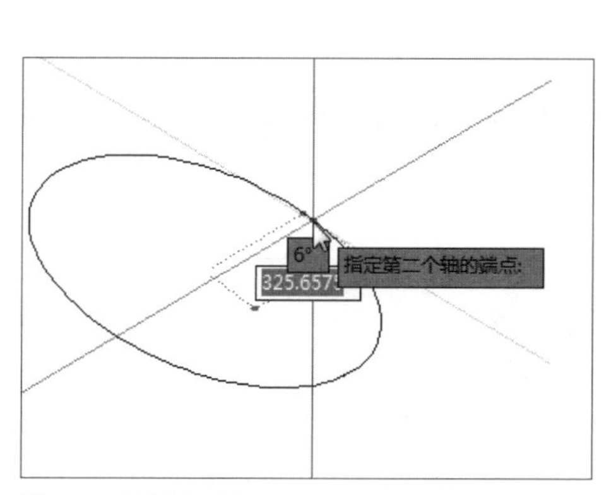

图11-7 绘制底面椭圆形

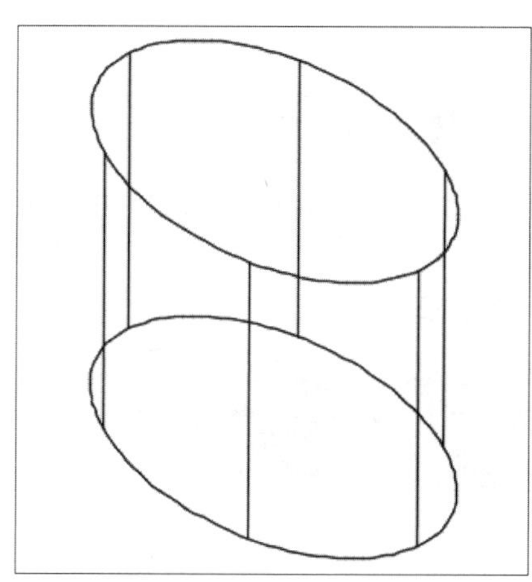

图11-8 完成椭圆柱的绘制

命令行各选项说明如下。

- 中心点：指定圆柱体底面圆心点。
- 三点：通过两点指定圆柱底面圆，第三点指定圆柱体高度。
- 两点：通过指定两点来定义圆柱底面直径。
- 相切、相切、半径：定义具有指定半径，且与两个对象相切的圆柱体底面。
- 椭圆：指定圆柱体的椭圆底面。
- 直径：指定圆柱体的底面直径。
- 轴端点：指定圆柱体轴的端点位置。此端点是圆柱体的顶面中心点，轴端点位于三维空间的任何位置，轴端点定义了圆柱体的长度和方向。

11.1.3 楔体的绘制

楔体是一个三角形的实体模型，其绘制方法与长方形相似。在“建模”面板中单击“楔体”按钮，根据命令行提示，指定楔体底面方形起点，输入方形长、宽值，其后指定楔体高度值即可完成绘制，如图11-9、11-10所示。

命令行提示如下：

```
命令： _wedge
指定第一个角点或 [中心(C)]:                                  指定底面方形起点
指定其他角点或 [立方体(C)/长度(L)]: @400,700                 输入方形的长、宽值
指定高度或 [两点(2P)] <216.7622>:200                          输入高度值
```

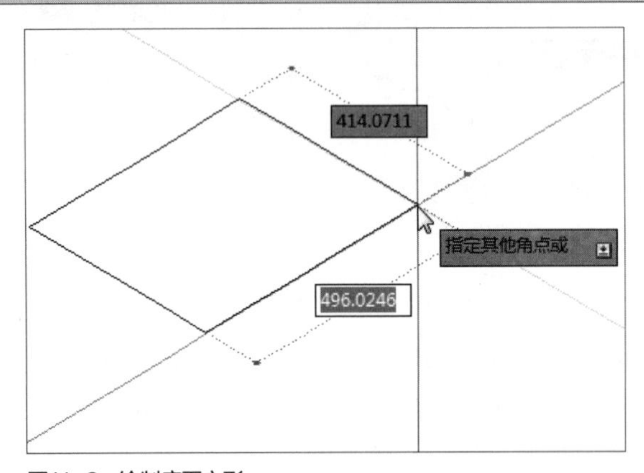

图11-9 绘制底面方形

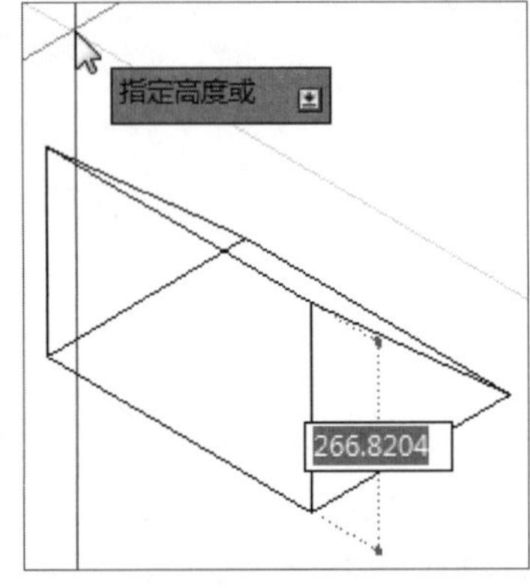

图11-10 指定楔体高度

11.1.4 球体的绘制

执行“绘图>建模>球体”命令，根据命令行提示，指定圆心和球半径值即可完成绘制，如图11-11所示。

命令行提示如下：

```
命令： _sphere
指定中心点或 [三点(3P)/两点(2P)/切点、切点、半径(T)]:          指定圆心点
指定半径或 [直径(D)] <200.0000>: 200                           输入球半径值
```

命令行各选项说明如下。

- 中心点：指定球体的中心点。
- 三点：通过在三维空间的任意位置指定三个点来定义球体的圆周。三个点也可以定义圆周平面。
- 两点：通过在三维空间的任意位置指定两点定义球体的圆周。
- 相切、相切、半径：通过指定半径定义可与两个对象相切的球体。

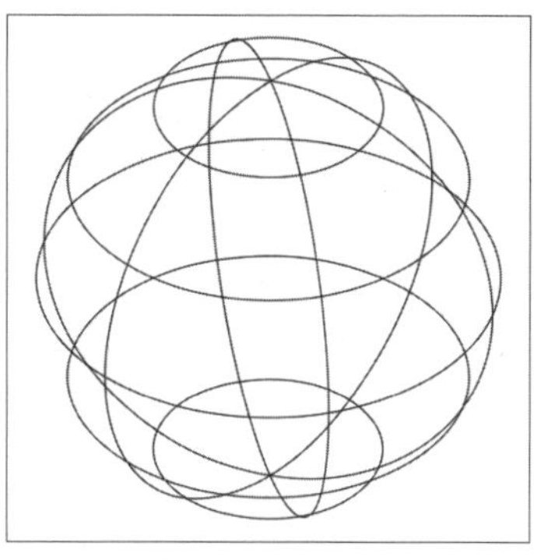

图11-11　绘制球体

11.1.5 圆环的绘制

圆环体由两个半径值定义，一是圆环的半径，二是从圆环体中心到圆管中心的距离。执行“绘图>建模>圆环体”命令◎，根据命令行提示，指定圆环中心点，输入圆环半径值，其后输入圆管半径值即可完成，如图11-12、11-13所示。

命令行提示如下：

```
命令：_torus
指定中心点或 [三点(3P)/两点(2P)/切点、切点、半径(T)]:              指定圆环中心点
指定半径或 [直径(D)] <200.0000>:                                   指定圆环半径值
指定圆管半径或 [两点(2P)/直径(D)] <100.0000>: 50                   指定圆管半径值
```

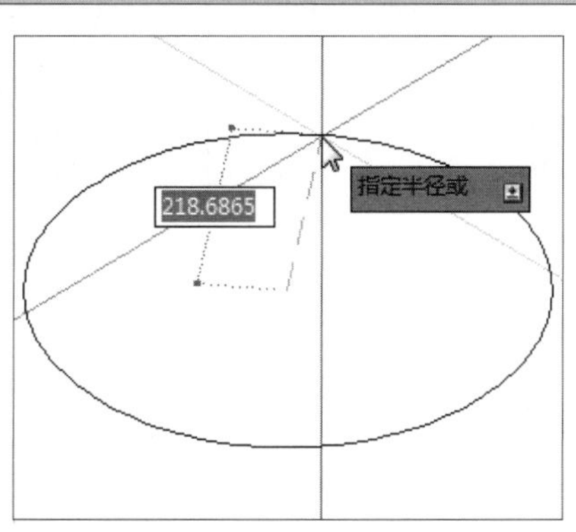

图11-12　指定圆环半径值

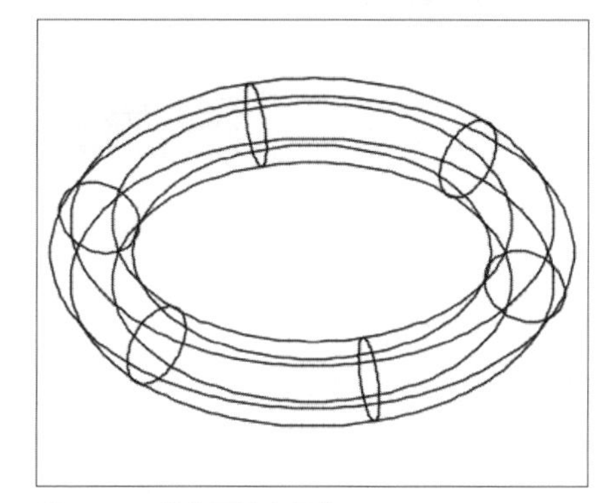

图11-13　指定圆管半径值

11.1.6 棱锥体的绘制

棱锥体是由多个倾斜至一点的面组成，棱锥体可由3-32个侧面组成。执行“绘图>建模>棱锥体”命令，根据命令行提示，指定好棱锥底面中心点，输入底面半径值或内接圆值，其后输入棱锥体高度值即可，如图11-14、11-15所示。

命令行提示如下：

```
命令：_pyramid
 4 个侧面　外切
指定底面的中心点或 [边(E)/侧面(S)]:                                 指定底面中心点
指定底面半径或 [内接(I)] <113.1371>:100                             输入底面半径值
指定高度或 [两点(2P)/轴端点(A)/顶面半径(T)] <100.0000>:             输入棱锥体高度值
```

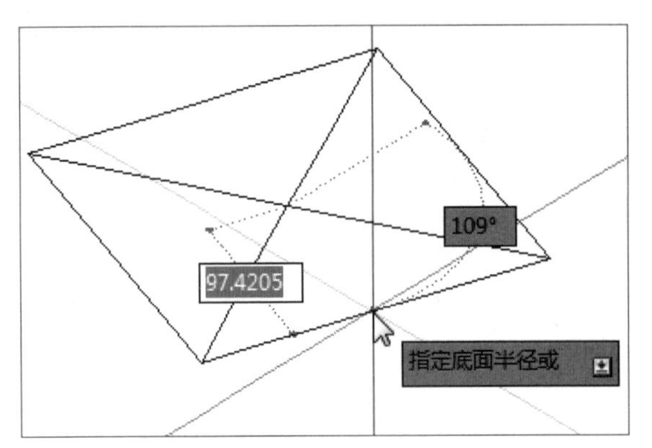

图11-14 绘制棱锥底面图形

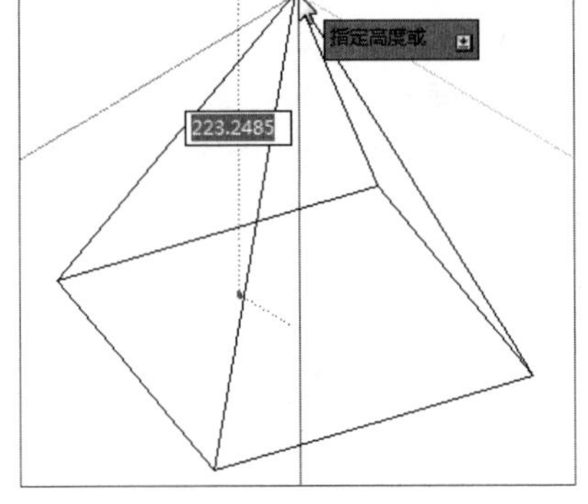

图11-15 指定棱锥高度

AutoCAD软件中棱锥体默认的侧面数4，如果想增加棱锥面，可在命令行中输入S按回车键，输入侧面数，其后再指定棱锥底面半径和高度值即可完成多面棱椎体的绘制，如图11-16、11-17所示。

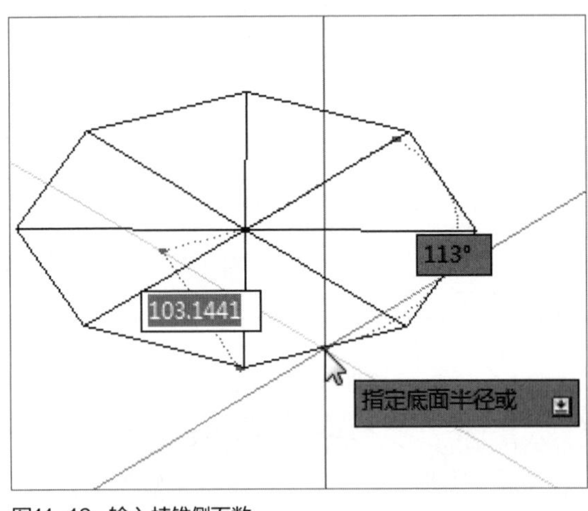

图11-16 输入棱锥侧面数

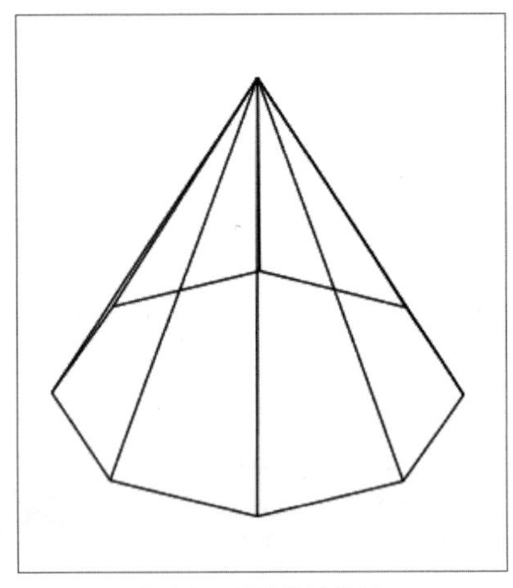

图11-17 完成多面棱锥体的绘制

命令行各选项说明如下。

- 边：通过拾取两点，指定棱锥面底面一条边的长度。
- 侧面：指定棱锥面的侧面数。默认为4，取值范围为3~32。
- 内接：指定棱锥体底面内接于棱锥体的底面半径。
- 两点：将棱锥体的高度指定为两个指定点之间的距离。
- 轴端点：指定棱锥体轴的端点位置，该端点是棱锥体的顶点。轴端点可位于三维空间任意位置，轴端点定义了棱锥体的长度和方向。
- 顶面半径：指定棱锥体的顶面半径，并创建棱锥体平截面。

11.1.7 多段体的绘制

绘制多段体与绘制多段线的方法相同。默认情况下，多段体始终带有一个矩形轮廓。可以指定轮廓的高度和宽度。通常如果绘制三维墙体，就需要使用该命令。执行“绘图>建模>多段体”命令，根据命令行提示，设置好多段体高度、宽度以及对正方式，其后指定多段体起点并指定下一点，即可完成多段体的绘制，如图11-18、11-19所示。

命令行提示如下：

```
命令：_Polysolid 高度 = 80.0000，宽度 = 5.0000，对正 = 居中
指定起点或 [对象(O)/高度(H)/宽度(W)/对正(J)] <对象>: h
指定高度 <80.0000>: 200
高度 = 200.0000，宽度 = 5.0000，对正 = 居中
指定起点或 [对象(O)/高度(H)/宽度(W)/对正(J)] <对象>: w
指定宽度 <5.0000>: 20
高度 = 200.0000，宽度 = 20.0000，对正 = 居中
指定起点或 [对象(O)/高度(H)/宽度(W)/对正(J)] <对象>:
指定下一个点或 [圆弧(A)/放弃(U)]: <正交 开> 250
指定下一个点或 [圆弧(A)/放弃(U)]: 250
指定下一个点或 [圆弧(A)/闭合(C)/放弃(U)]: 250
指定下一个点或 [圆弧(A)/闭合(C)/放弃(U)]:
```

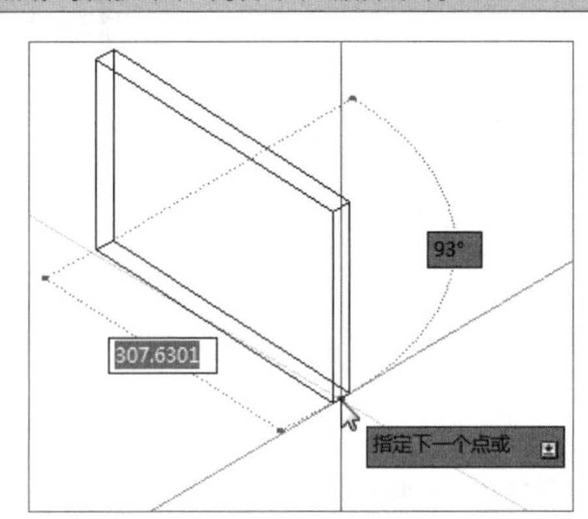

图11-18 指定多段体起点

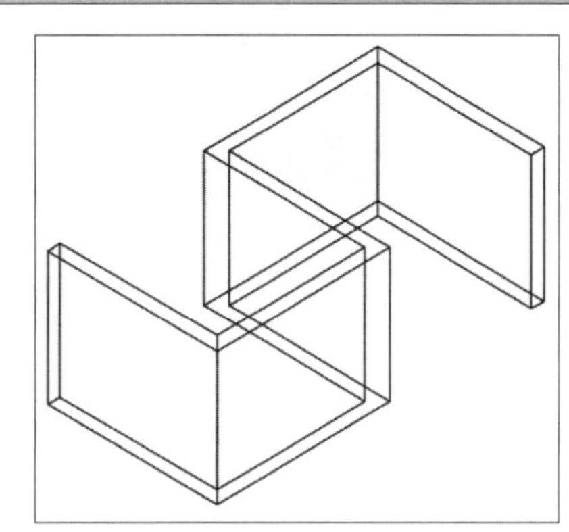
图11-19 绘制多段体

命令行各选项说明如下。

- 对象：指定要转换为多段体的对象，该对象可以是直线、圆弧、二维多段线以及圆等。
- 高度：指定多段体高度值。
- 宽度：指定多段体的宽度。
- 对正：使用命令定义轮廓时，可将多段体的宽度和高度设置为左对正、右对正或居中。对正方式由轮廓的第一条线段的起始方向决定。
- 圆弧：将弧线添加到实体中。圆弧的默认起始方向与上次绘制的线段相切。

工程师点拨：多段体与拉伸多段体的区别

多段体与拉伸多段体的不同之处在于，拉伸多段体时会丢失所有的宽度特性，而多段体则保留其直线段的宽度。

11.2 二维图形生成三维实体

除了使用基本三维命令绘制三维实体模型外，还可使用拉伸、放样、旋转、扫掠等命令，将二维图形转换生成三维实体模型。

11.2.1 拉伸实体

拉伸命令可将绘制的二维图形沿着指定的高度或路径进行拉伸，从而将其转换成三维实体模型。

拉伸的对象可以是封闭的多段线、矩形、多边形、圆、椭圆以及封闭样条曲线等。

在“常用”选项卡的“建模”面板中，单击“拉伸”按钮，根据命令行提示，选择拉伸的对象，指定拉伸高度值即可完成拉伸操作，如图11-20、11-21所示。

命令行提示如下：

```
命令：_extrude
当前线框密度：  ISOLINES=4，闭合轮廓创建模式 = 实体
选择要拉伸的对象或 [模式(MO)]：_MO 闭合轮廓创建模式 [实体(SO)/曲面(SU)] <实体>：_SO
选择要拉伸的对象或 [模式(MO)]：找到 1 个                                    选择需要拉伸的图形
选择要拉伸的对象或 [模式(MO)]：
指定拉伸的高度或 [方向(D)/路径(P)/倾斜角(T)/表达式(E)] <100.0000>：300     输入高度值按回车键完成操作
```

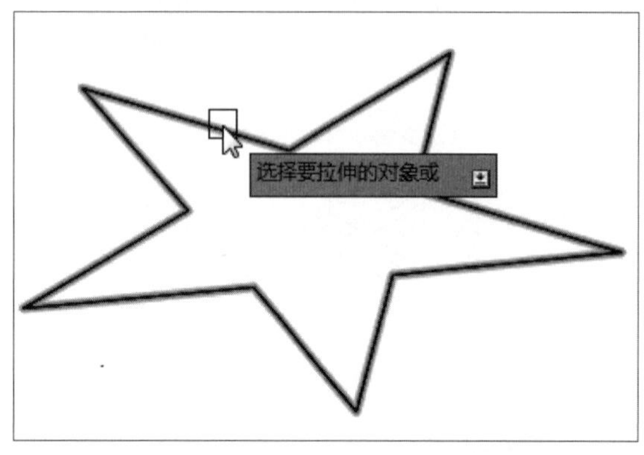

图11-20 选择拉伸的图形

图11-21 拉伸效果

如果需要按照路径进行拉伸的话，只需在选择所需拉伸的图形后，输入P按回车键，根据命令行提示，选择拉伸路径即可完成，如图11-22、11-23所示。

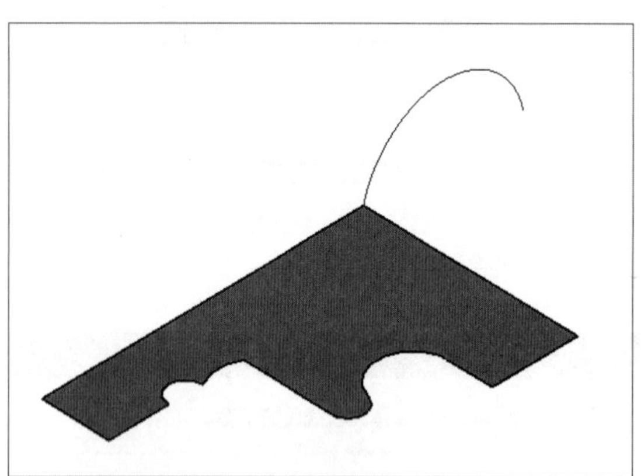

图11-22 选择“路径”选项

图11-23 选择拉伸路径完成操作

命令行各选项说明如下。

- 拉伸高度：指定拉伸高度值。在此如果输入负数值，其拉伸对象将沿着Z轴负方向拉伸；如果输入正数值，拉伸对象将沿着Z轴正方向拉伸。如果所有对象处于同一平面上，则将沿该平面的法线方向拉伸。
- 方向：通过指定的两点指定拉伸的长度和方向。
- 路径：选择基于指定曲线对象的拉伸路径。拉伸的路径可以是开放的，也可是封闭的。
- 倾斜角：如果为倾斜角指定一个点而不是输入值，则必须拾取第二个点。用于拉伸的倾斜角是两个指定点间的距离。

工程师点拨：拉伸对象的注意事项

若在拉伸时倾斜角或拉伸高度较大，将导致拉伸对象或拉伸对象的一部分在到达拉伸高度之前就已经聚集到一点，此时则无法拉伸对象。

11.2.2 旋转实体

旋转命令是通过绕轴旋转二维对象来创建三维实体。执行“绘图>建模>旋转”命令，根据命令行提示，选择要旋转的图形，并选择旋转轴，其后输入旋转角度即可完成。下面以创建酒杯模型为例，介绍旋转实体的具体操作方法。

Step 01 在左视图绘制一条直线和一条二维曲线，如图11-24所示。

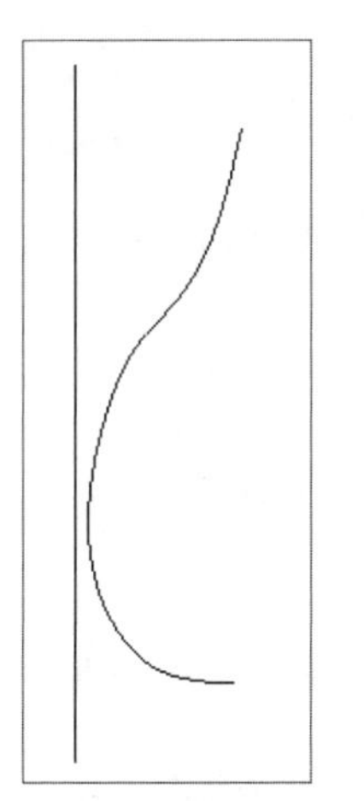

图11-24 绘制二维曲线

Step 02 在“常用”选项卡的“建模”面板中，单击“旋转”按钮，根据提示选择需要旋转的对象，如图11-25所示。

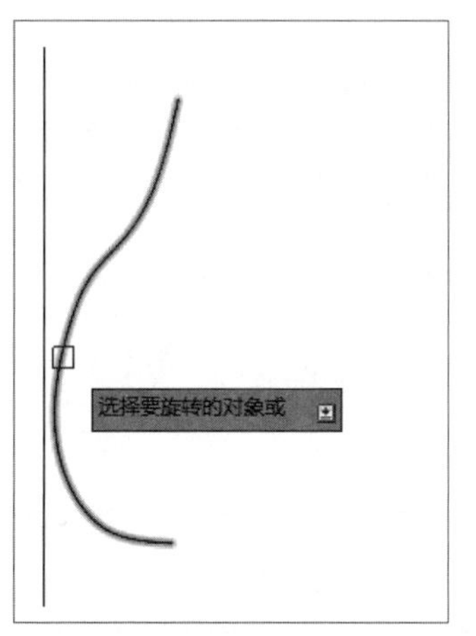

图11-25 选择旋转对象

Step 03 按回车键后根据提示指定轴起点，如图11-26所示。

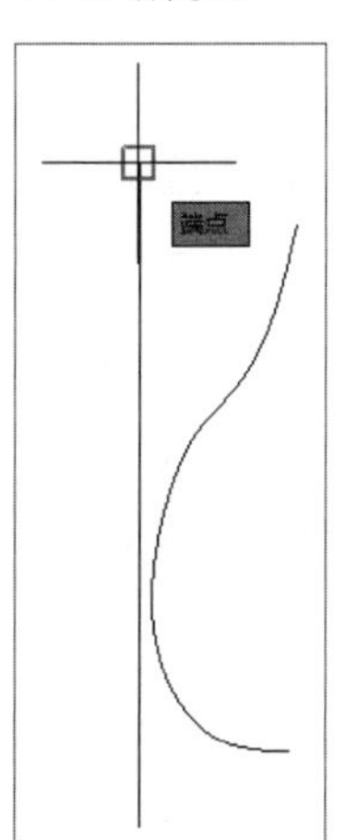

图11-26 指定轴起点

Step 04 再指定轴端点，如图11-27所示。

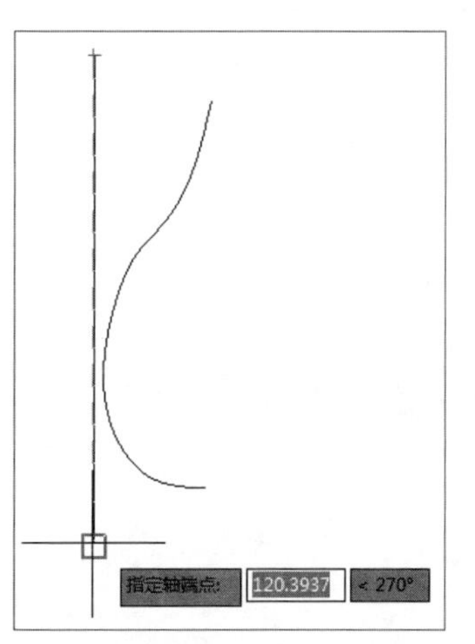

图11-27 指定轴端点

Step 05 根据提示设置旋转角度360，如图11-28所示。

Step 06 观察创建旋转实体的效果，如图11-29所示。

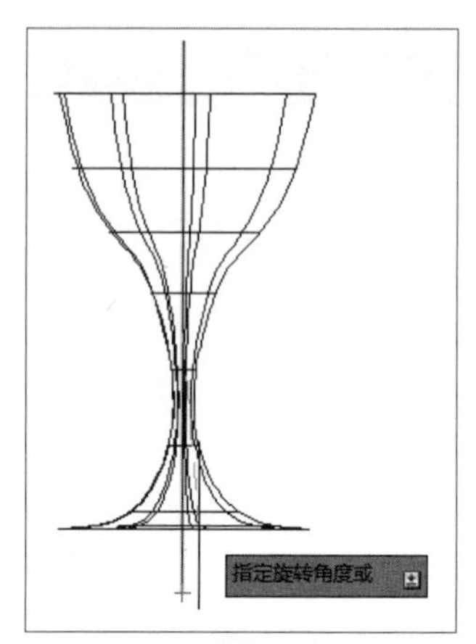

图11-28 输入旋转角度

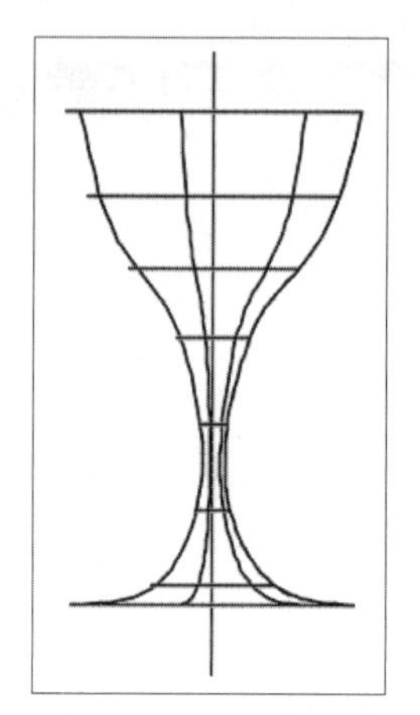

图11-29 完成旋转操作

命令行提示如下：

```
命令：_revolve
当前线框密度： ISOLINES=4，闭合轮廓创建模式 = 实体
选择要旋转的对象或 [模式(MO)]：_MO 闭合轮廓创建模式 [实体(SO)/曲面(SU)] <实体>：_SO
选择要旋转的对象或 [模式(MO)]：找到 1 个                                    选择需旋转的图形
选择要旋转的对象或 [模式(MO)]：
指定轴起点或根据以下选项之一定义轴 [对象(O)/X/Y/Z] <对象>：                  指定旋转轴两个端点
指定轴端点：
指定旋转角度或 [起点角度(ST)/反转(R)/表达式(EX)] <360>：270                   输入旋转拉伸角度
```

命令行各选项说明如下。

- 轴起点：指定旋转轴的两个端点。其旋转角度为正角时，将按逆时针方向旋转对象；角度为负值时，按顺时针方向旋转对象。
- 对象：选择现有对象，此对象定义了旋转选定对象时所绕的轴。轴的正方向从该对象的最近端点指向最远端点。
- X轴：使用当前UCS的正向X轴作为正方向。
- Y轴：使用当前UCS的正向Y轴作为正方向。
- Z轴：使用当前UCS的正向Z轴作为正方向。

Step 07 将视图切换到西南等轴测视图，如图11-30所示。

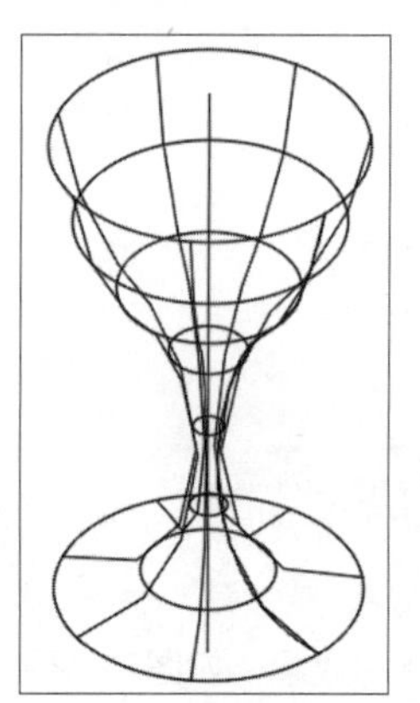

图11-30 西南等轴侧视图

Step 08 设置视觉样式为概念，效果如图11-31所示。

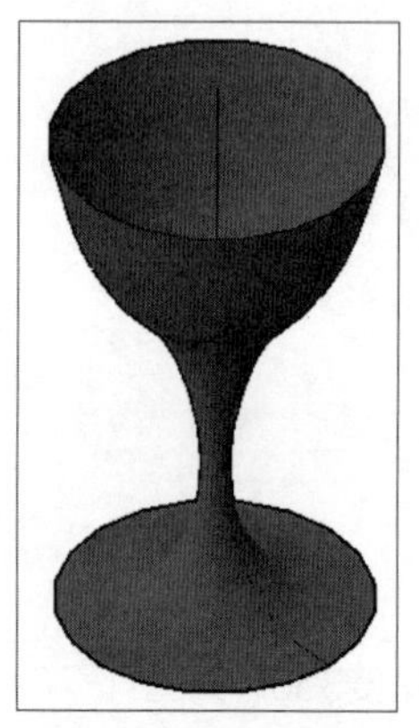

图11-31 概念视觉样式

11.2.3 放样实体

使用放样命令可在两个或两个以上的横截面轮廓来生成三维实体模型。在“常用”选项卡的“建模”面板中，单击“放样”按钮，根据命令行提示，选中所有横截面轮廓按回车键即可完成操作，如图11-32、11-33所示。

命令行提示如下：

```
命令：_loft
当前线框密度： ISOLINES=4，闭合轮廓创建模式 = 实体
按放样次序选择横截面或 [点(PO)/合并多条边(J)/模式(MO)]: _MO 闭合轮廓创建模式 [实体(SO)/曲面(SU)]
<实体>: _SO
按放样次序选择横截面或 [点(PO)/合并多条边(J)/模式(MO)]: 找到 1 个                依次选择横截面图形
按放样次序选择横截面或 [点(PO)/合并多条边(J)/模式(MO)]: 找到 1 个，总计 2 个
按放样次序选择横截面或 [点(PO)/合并多条边(J)/模式(MO)]: 找到 1 个，总计 3 个
按放样次序选择横截面或 [点(PO)/合并多条边(J)/模式(MO)]:选中了 3 个横截面
输入选项 [导向(G)/路径(P)/仅横截面(C)/设置(S)] <仅横截面>:                    按回车键完成操作
```

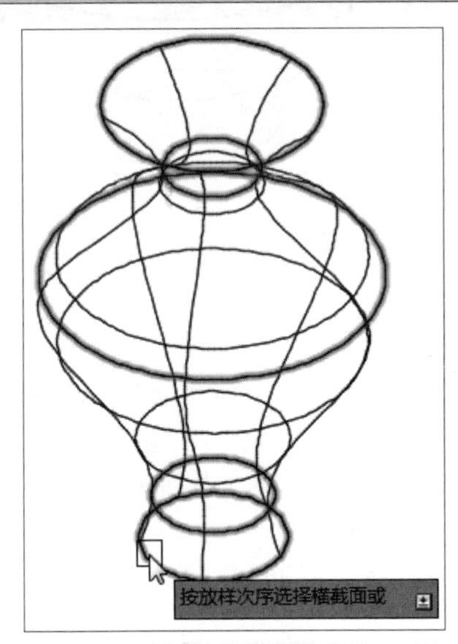

图11-32 依次选择横截面轮廓

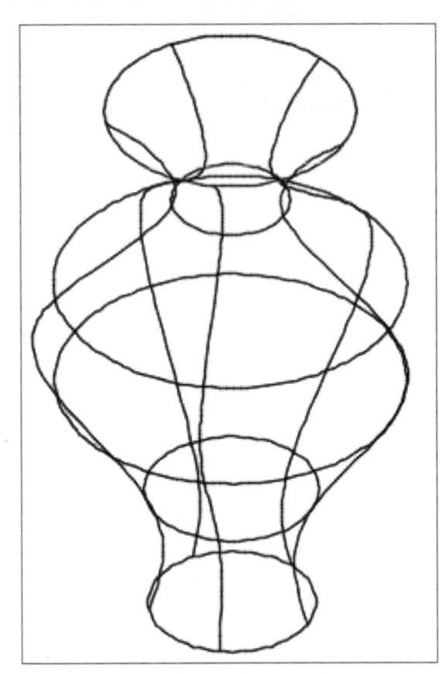

图11-33 完成放样操作

命令行各选项说明如下：

- 导向：指定控制放样实体或曲面形状的导向曲线。导向曲线可以是直线或曲线，可通过将其他线框信息添加至对象来进一步定义实体或曲面的形状。当与每个横截面相交，并始于第一个横截面，止于最后一个横截面的情况下，导向线才能正常工作。
- 路径：指定放样实体或曲面的单一路径，路径曲线必须与横截面的所有平面相交。
- 仅横截面：选择该选项，可在“放样设置”对话框中，控制放样曲线在其横截面处的轮廓。

11.2.4 扫掠实体

扫掠命令可通过沿开放或闭合的二维或三维路径，扫掠开放或闭合的平面曲线来创建新的三维实体。在“建模”面板中，单击“扫掠”按钮，选中要扫掠的图形对象，选择扫掠路径，即可完成扫掠操作，如图11-34、11-35所示。

命令行提示如下：

```
命令：_sweep
当前线框密度：  ISOLINES=4，闭合轮廓创建模式 = 实体
选择要扫琼的对象或 [模式(MO)]：_MO 闭合轮廓创建模式 [实体(SO)/曲面(SU)] <实体>：_SO
选择要扫琼的对象或 [模式(MO)]：找到 1 个
选择要扫琼的对象或 [模式(MO)]：                                  (选择需扫琼的对象)
选择扫琼路径或 [对齐(A)/基点(B)/比例(S)/扭曲(T)]：                 (选择要扫琼路径)
```

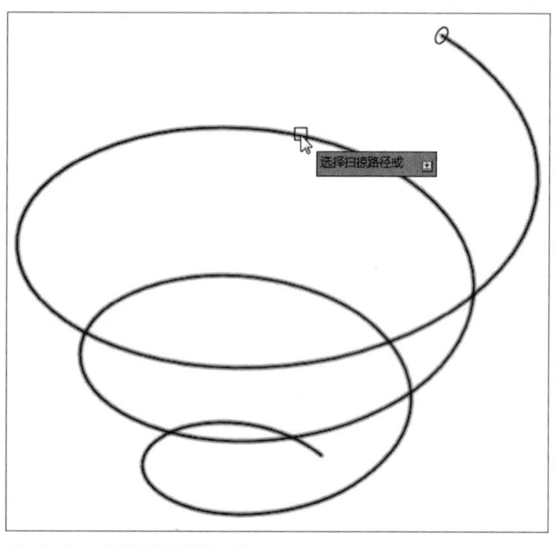

图11-34　选择要扫琼的对象

图11-35　选择扫琼路径

命令行各选项说明如下：

- 对齐：指定是否对齐轮廓以使其作为扫琼路径切向的法线。
- 基点：指定要扫琼对象的基点，如果该点不在选定对象所在的平面上，则该点将被投影到该平面上。
- 比例：指定比例因子以进行扫琼操作，从扫琼路径开始到结束，比例因子将统一应用到扫琼的对象上。
- 扭曲：设置正被扫琼的对象的扭曲角度。扭曲角度指定沿扫琼路径全部长度的旋转量。

工程师点拨：曲面和实体的生成

在进行扫琼操作时，可以扫琼多个对象，但这些对象都必须位于同一个平面中，如果沿一条路径扫琼闭合的曲线，则生成实体，如果沿一条路径扫琼开放的曲线，则生成曲面。

11.2.5 按住并拖动实体

按住并拖动命令是通过选中对象的一个面域，将其进行拉伸操作。在“建模”面板中单击“按住并拖动”按钮，选中所需的面域，移动光标确定拉伸方向，输入拉伸距离即可完成操作，如图11-36、11-37所示。

命令行提示如下：

```
命令：_presspull
选择对象或边界区域：                      选择需要拉伸的面域
指定拉伸高度或 [多个(M)]:150              移动光标，指定拉伸方向，并输入拉伸值
已创建 1 个拉伸
```

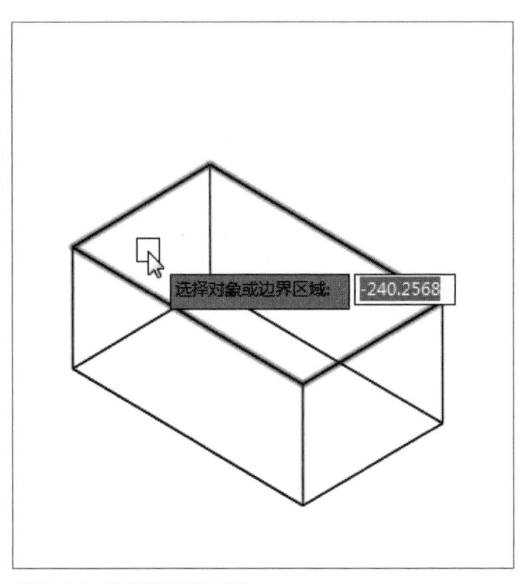

图11-36 选择需拉伸面域

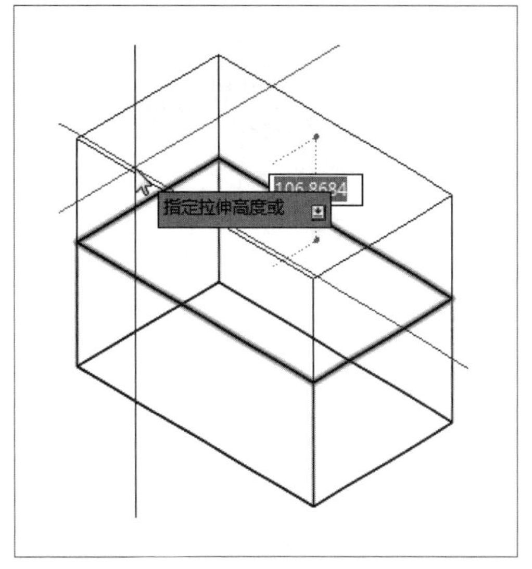

图11-37 完成操作

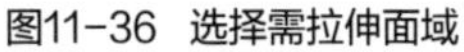

工程师点拨："按住并拖动"命令与"拉伸"命令区别

该命令与拉伸操作相似。但"拉伸"命令只能限制在二维图形上操作，而"按住并拖动"命令无论是在二维或三维图形上都可进行拉伸。需要注意的是，"按住并拖动"命令操作对象是一个封闭的面域。

11.3 布尔运算

前面已经讲述了如何生成基本三维实体及由二维对象转换得到三维实体的方法。若将这些简单实体放在一起，然后进行布尔运算就能构建复杂的三维模型。布尔预算包括并集、差集和交集运算，本节将对其相关知识内容进行介绍。

11.3.1 并集操作

并集运算可将两个或多个实体合并在一起形成新的单一实体，操作对象既可以是相交的也可以是分离开的。执行"并集"命令，选中所需并集的实体模型，按回车键即可完成操作，如图11-38、11-39所示。用户可以通过以下方式调用并集命令：

- 执行"修改>实体编辑>并集"命令。
- 在"常用"选项卡"实体编辑"面板中单击"并集"按钮。
- 在"实体"选项卡"布尔值"面板中单击"并集"按钮。
- 在命令行输入UNION命令并按回车键。

命令行提示如下：

```
命令： _union
选择对象： 找到 1 个
选择对象： 找到 1 个，总计 2 个                选择所有需要合并的实体图形
选择对象：                                    按回车键完成并集操作
```

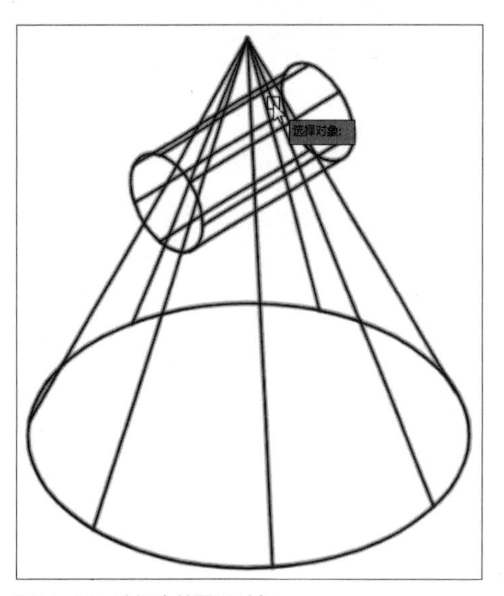

图11-38 选择合并图形对象

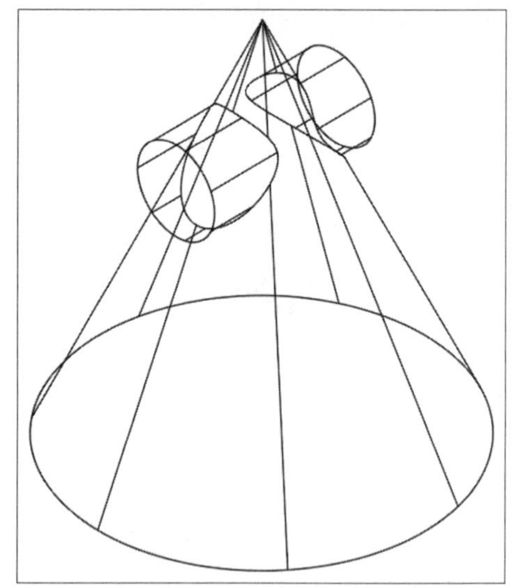

图11-39 完成合并操作

11.3.2 差集操作

差集运算可将实体构成的一个选择集从另一个选择集中减去。操作时，用户首先选择被减对象，构成第一选择集，然后再选择要减去的对象，构成第二选择集，操作结果是第一选择集减去第二选择集后形成的新对象。执行“差集”命令，选择要从中减去的实体对象，其后再选择要减去的实体对象，按回车键即可完成差集操作，如图11-40、11-41所示。用户可以通过以下方式调用差集命令：

- 执行“修改>实体编辑>差集”命令。
- 在“常用”选项卡“实体编辑”面板中单击“差集”按钮。
- 在“实体”选项卡“布尔值”面板中单击“差集”按钮。
- 在命令行输入SUBTRACT命令并按回车键。

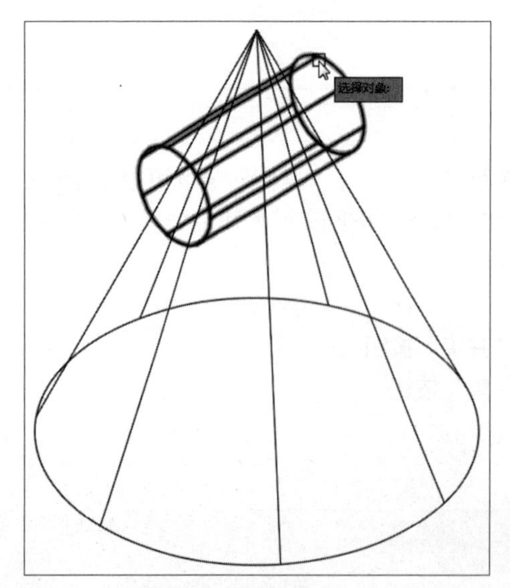

图11-40 选择要减去的实体模型

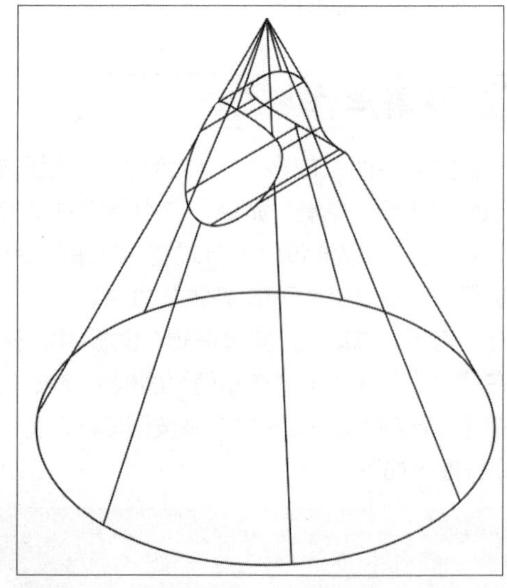

图11-41 完成差集操作

命令行提示如下：

命令： _subtract 选择要从中减去的实体、曲面和面域 ...	
选择对象： 找到 1 个	选择要从中减去的模型
选择对象： 选择要减去的实体、曲面和面域 ...	
选择对象： 找到 1 个	选择要减去的模型
选择对象：	按回车键完成差集操作

工程师点拨：执行差集命令的注意事项

执行“差集”的两个面域必须位于同一个平面上。但是，通过在不同的平面上选择面域集，可同时执行多个差集操作，系统会在每个平面上分别生成减去的面域。如果没有选定的共面面域，则该面域将被拒绝。

11.3.3 交集操作

交集是从两个或两个以上重叠实体或面域的公共部分创建复合实体或二维面域，并保留两组实体对象的相交部分。执行“交集”命令，选中所要进行交集的实体对象，按回车键即可完成交集操作，如图11-42、11-43所示。用户可以通过以下方式调用交集命令：

- 执行“修改>实体编辑>交集”命令。
- 在“常用”选项卡“实体编辑”面板中单击“交集”按钮。
- 在“实体”选项卡“布尔值”面板中单击“交集”按钮。
- 在命令行输入INTERSECT命令并按回车键。

命令行提示如下：

命令： _intersect	
选择对象： 指定对角点： 找到 2 个	选择要进行交集的实体对象
选择对象：	按回车键完成交集操作

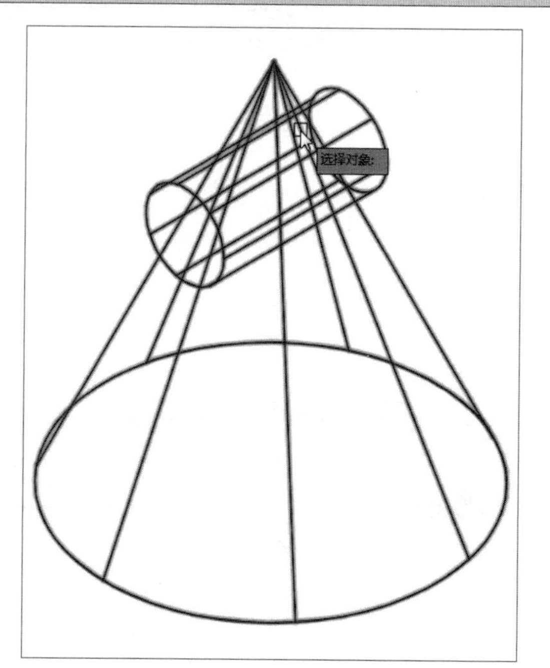

图11-42 选择所需交集的对象

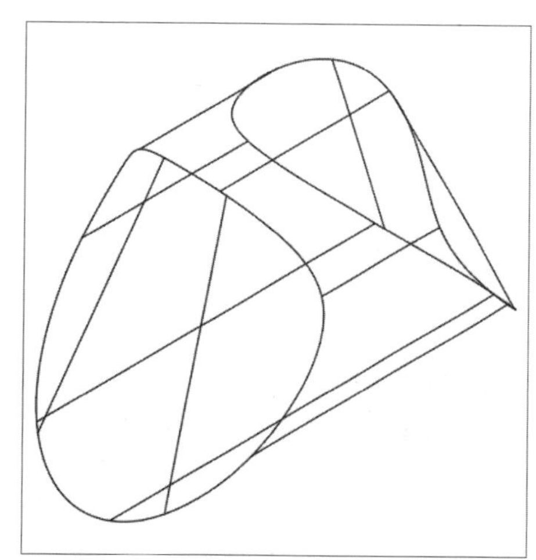
图11-43 完成交集操作

综合实例 —— 绘制轴盖模型

本章向用户介绍了三维基本模型的绘制以及布尔运算的运用。下面将结合以上所学的知识点，来绘制轴盖模型，其中涉及到三维命令有拉伸、面域、布尔运算等。

Step 01 将当前视图设为俯视图。执行“构造线”命令，绘制两条相互垂直的构造线。

命令行提示如下：

命令：_xline	
指定点或 [水平(H)/垂直(V)/角度(A)/二等分(B)/偏移(O)]: 300,300	输入参数按回车键
指定通过点：	将光标向右移动，并指定任意一点
指定通过点：	将光标向上移动，并指定任意一点
指定通过点：	按回车键完成构造线的绘制操作

Step 02 执行“圆”命令，捕捉垂直点，绘制半径为120的圆，如图11-44所示。

Step 03 再次执行“圆”命令，分别输入圆心点参数，绘制两个半径为80的小圆，效果如图11-45所示。

命令行提示如下：

命令：C	输入快捷命令
CIRCLE	
指定圆的圆心或 [三点(3P)/两点(2P)/切点、切点、半径(T)]: 450,400	输入圆心距离坐标点的参数按回车键
指定圆的半径或 [直径(D)] <120.0000>: 80	输入半径值按回车键
命令：	按回车键继续执行圆命令
CIRCLE	
指定圆的圆心或 [三点(3P)/两点(2P)/切点、切点、半径(T)]: 430,210	输入圆心距离坐标点的参数，按回车键
指定圆的半径或 [直径(D)] <80.0000>: 80	输入半径值，按回车键

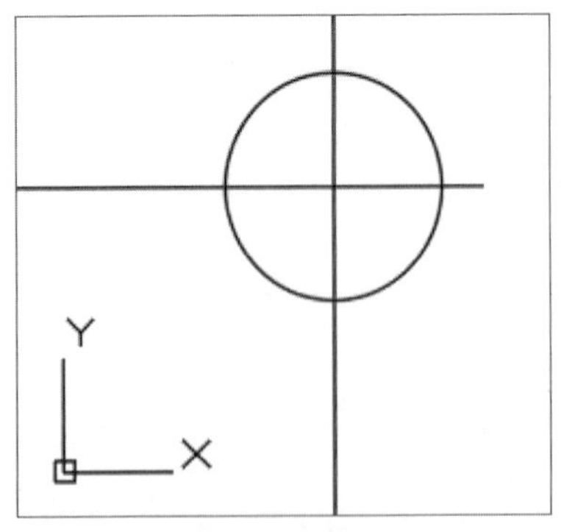

图11-44 绘制构造线及圆形

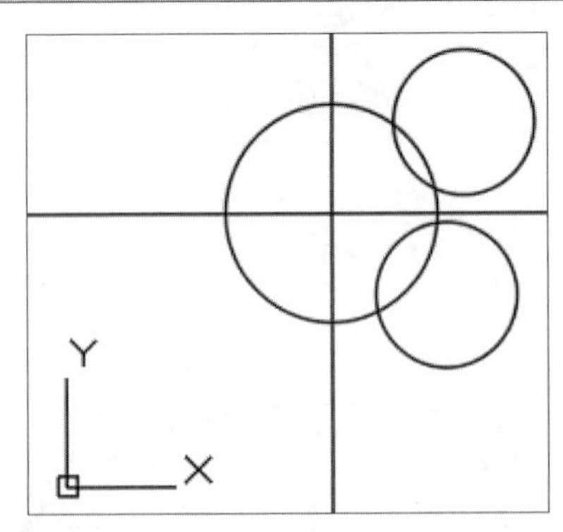

图11-45 绘制小圆

Step 04 执行“镜像”命令，将半径为80的小圆以垂直构造线为镜像线进行镜像操作，如图11-46所示。

Step 05 执行“修剪”命令，将图形进行修剪，效果如图11-47所示。

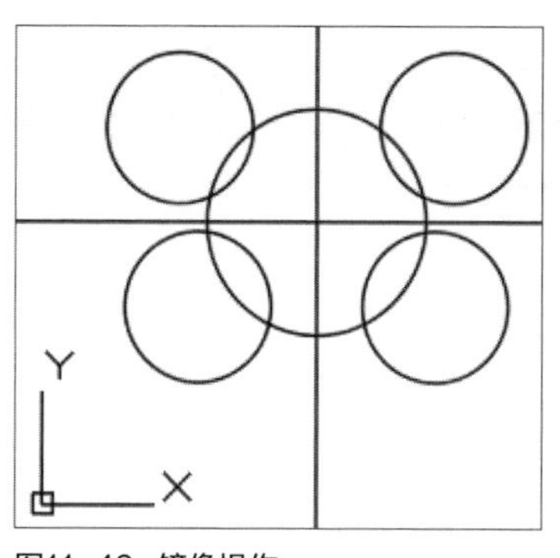

图11-46 镜像操作

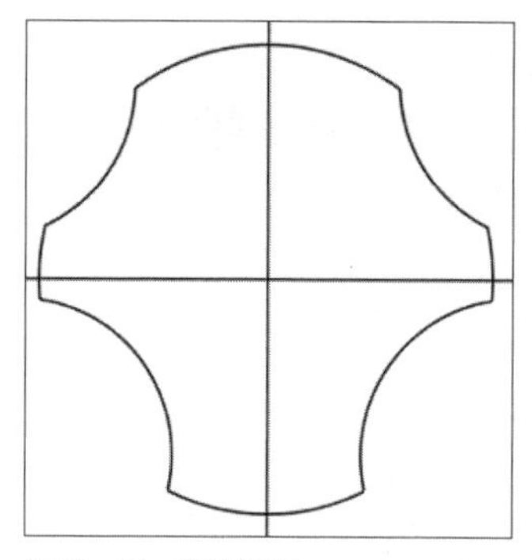

图11-47 修剪图形

Step 06 执行“圆”命令，捕捉垂直点，绘制半径为40、25的同心圆，如图11-48所示。

Step 07 再次执行“圆”命令，在命令行中输入圆心点的参数，绘制半径为15的圆，如图11-49所示。

命令行提示如下：

```
命令：C
CIRCLE
指定圆的圆心或 [三点(3P)/两点(2P)/切点、切点、半径(T)]: 300,380      输入圆心距离坐标点的参数按回车键
指定圆的半径或 [直径(D)] <25.0000>: 15                             输入半径值按回车键完成圆的绘制操作
```

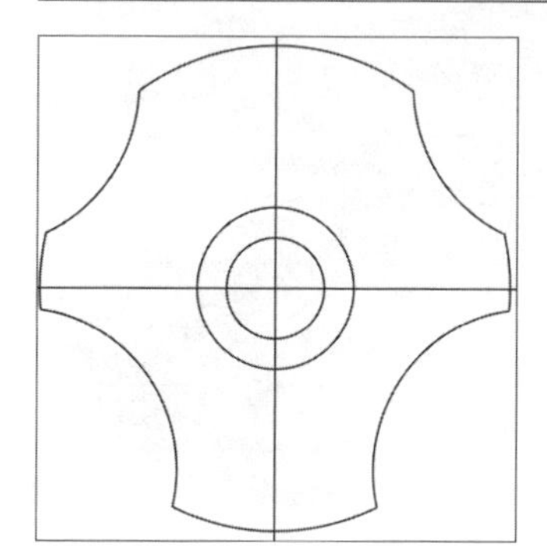

图11-48 绘制同心圆

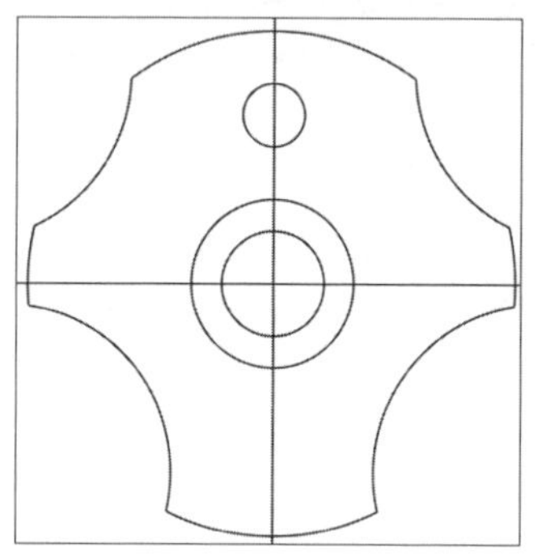

图11-49 绘制小圆

Step 08 执行“环形阵列”命令，根据命令行提示，将以垂直点为阵列中心，设置“项目”参数为4，将半径为15的小圆进行阵列操作，效果如图11-50所示。

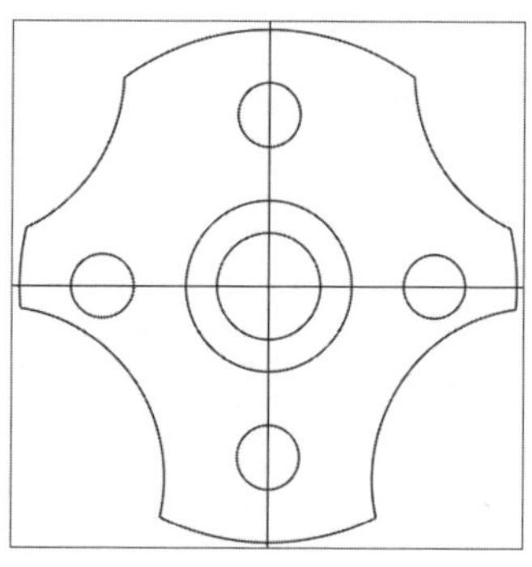

图11-50 阵列圆形

Step 09 将当前视图切换至西南等轴测视图，如图11-51所示。

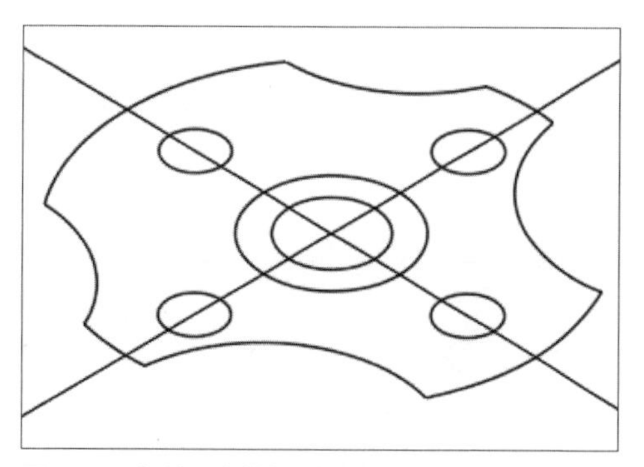

图11-51 切换西南等轴测视图

Step 10 执行“面域”命令，选择修剪后的弧形线段，按回车键完成该面域的创建操作，效果如图11-52所示。

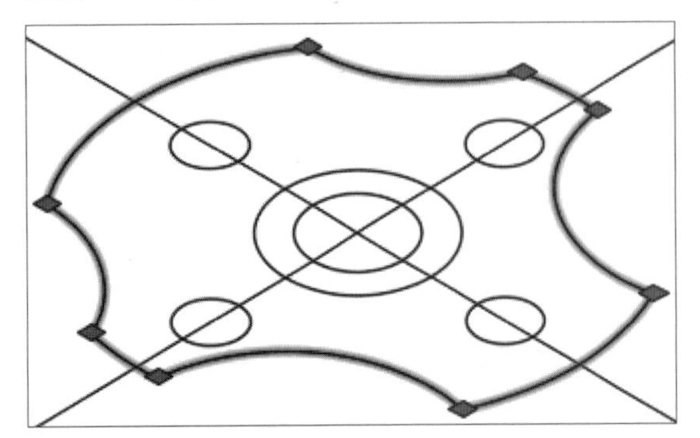

图11-52 生成面域

Step 11 执行“拉伸”命令，将生成的面域图形向上拉伸，拉伸高度为20，形成轴盖底座模型，如图11-53所示。

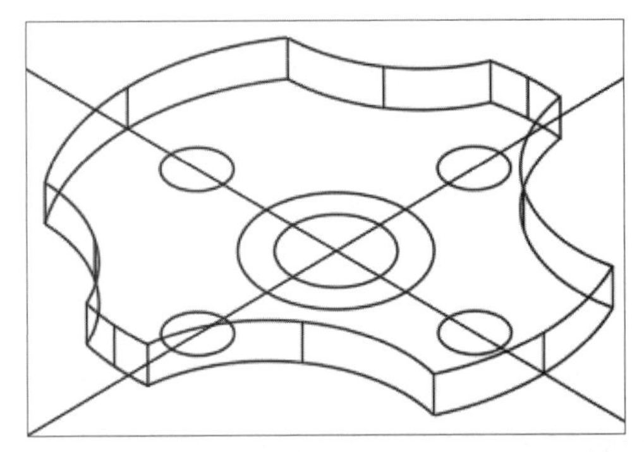

图11-53 拉伸面域

Step 12 执行“分解”命令，将阵列后的小圆形进行分解操作。再次执行“拉伸”命令，将阵列后的小圆向上拉伸，拉伸高度为20，然后将两个同心圆向上拉伸60，结果如图11-54所示。

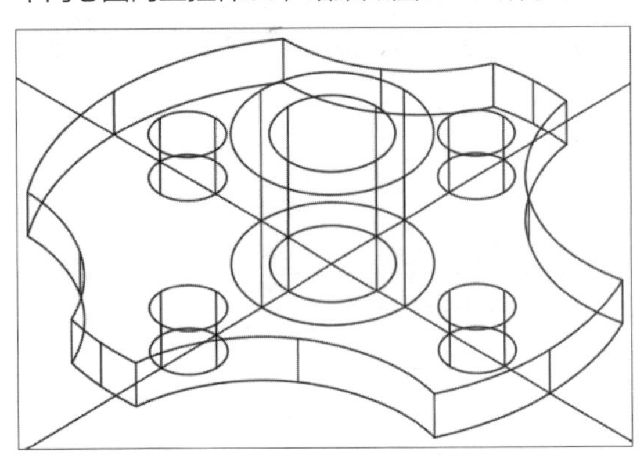

图11-54 拉伸圆形

Step 13 执行“差集”命令，将4个小圆柱从轴盖底座中减去，然后将半径为25的圆柱体从大圆柱体中减去，将视图样式设为灰度样式，查看结果，如图11-55所示。

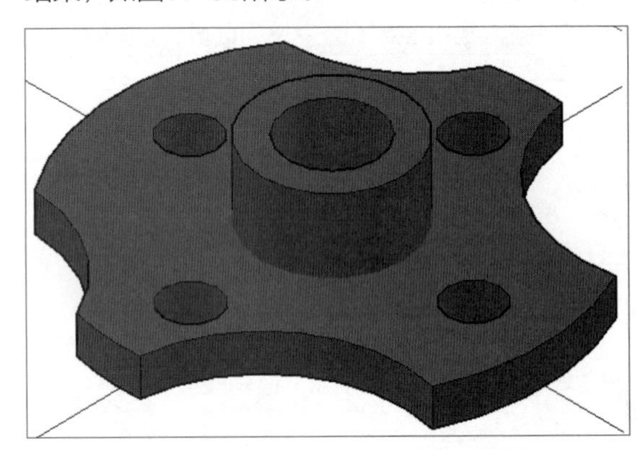

图11-55 执行差集操作

Step 14 将视图样式恢复到二维线框样式。将当前视图设为前视图。执行“圆”命令，绘制半径为8mm的圆形，并将其放置在圆柱合适位置，如图11-56所示。

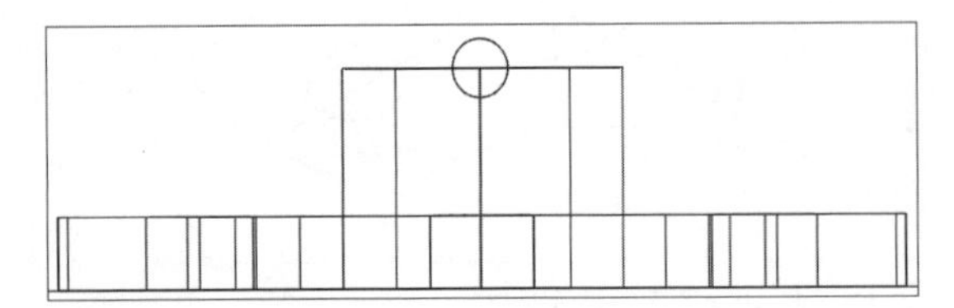

图11-56 绘制圆形

Step 15 将视图设为西南等轴测视图。在命令行中，输入ucs按两次回车键，将当前坐标恢复到默认坐标。执行“拉伸”命令，将其向内拉伸，拉伸高度为50，如图11-57所示。

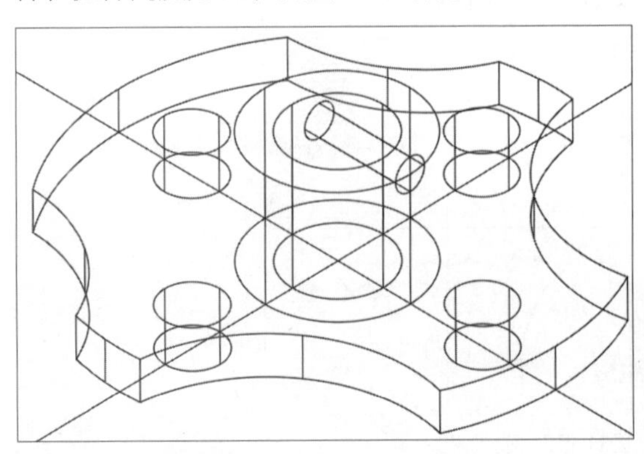

图11-57 拉伸圆形

Step 16 将当前视图设为俯视图。执行“旋转”命令，选择“复制”选项，将拉伸后的圆柱旋转270°，效果如图11-58所示。

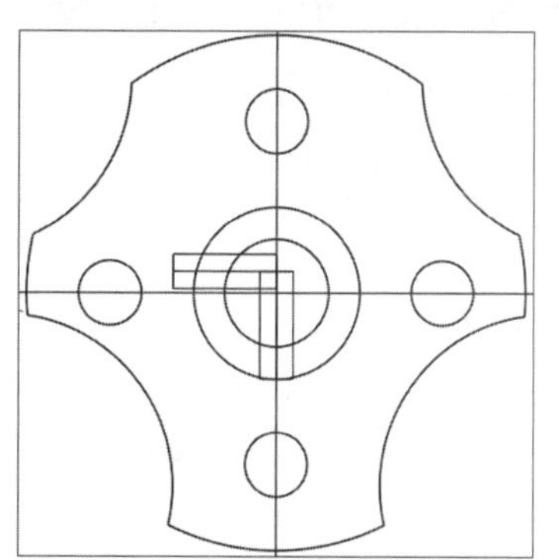

图11-58 旋转复制圆柱

Step 17 执行“移动”命令，调整好两个圆柱的位置，如图11-59所示。

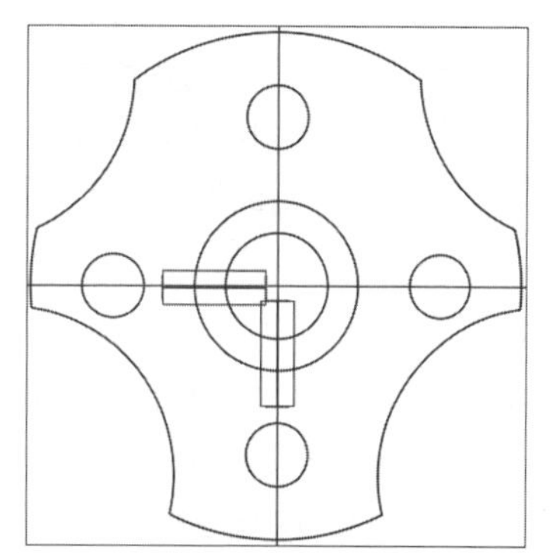

图11-59 调整圆柱位置

Step 18 将当前视图设为西南等轴测视图，执行“移动”命令，将调整好的圆柱体向下移动，位移距离为20，如图11-60所示。

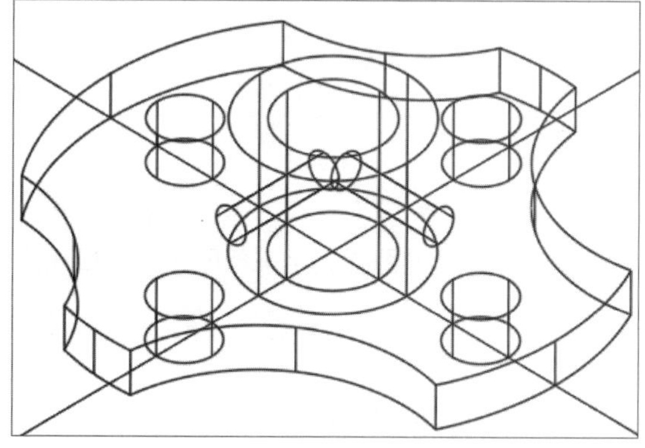

图11-60 移动圆柱

Step 19 执行“差集”命令，将移动后的小圆柱从大圆柱中减去，效果如图11-61所示。

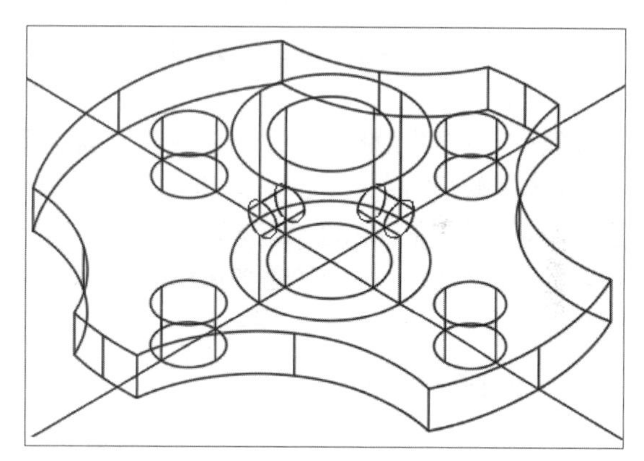

图11-61 执行差集操作

Step 20 将当前视图样式设为灰度样式，查看最终效果，如图11-62所示。

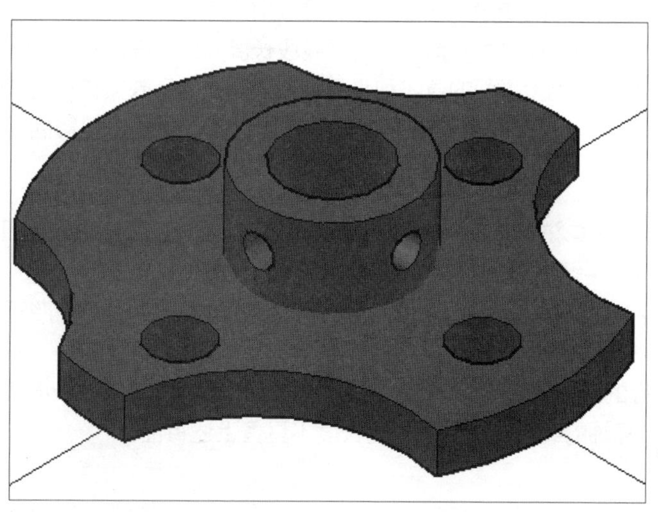

图11-62 查看最终结果

高手应用秘籍 —— 轴测图功能介绍

轴测图是一种单面投影图，在一个投影面上能同时反映出物体三个坐标面的形状，并接近于人们的视觉习惯，形象、逼真，富有立体感。但是轴测图一般不能反映出物体各表面的实形，因而度量性差，同时作图较复杂，因此常把轴测图作为辅助图样，来说明机器的结构、安装、使用等情况，在设计中，用轴测图帮助构思、想象物体的形状，以弥补正投影图的不足。

1. 轴测图的概念

用平行投影法将物体连同确定该物体的直角坐标系一起沿不平行于任一坐标平面的方向投射到一个投影面上，所得到的图形，称作轴测图，如图11-63所示。

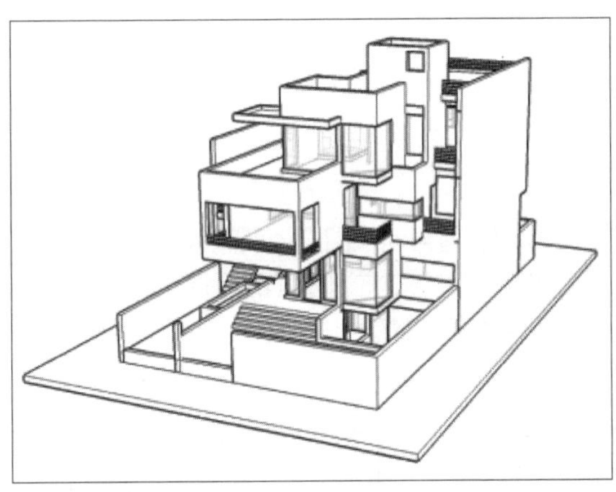

图11-63　轴测视图

轴测投影属于单面平行投影，它能同时反映立体的正面、侧面和水平面的形状，因而立体感较强，在工程设计和工业生产中常用作辅助图样。

一般采用正投影法绘制物体的投影图，即多面正投影图，它能完整、准确地反映物体的形状和大小，且质量性好、作图简单，但立体感不强，只有具备一定读图能力的人才看得懂，有时还需采用一种立体感较强的图来表达物体，即轴测图。轴测图是用轴测投影的方法画出来的富有立体感的图形，它接近人们的视觉习惯，但不能确切地反映物体真实的形状和大小，并且作图较正投影复杂，因而在生产中它作为辅助图样，用来帮助人们读懂正投影视图。

2. 轴测图的形成

轴测图是把空间物体和确定其空间位置的直角坐标系按平行投影法沿不平行于任何坐标面的方向投影到单一投影面上所得的图形。

轴测图具有平行投影的所有特性。

- 平行性: 物体上互相平行的线段，在轴测图上仍互相平行。
- 定比性: 物体上两平行线段或同一直线上的两线段长度之比，在轴测图上保持不变。
- 实形性: 物体上平行轴测投影面的直线和平面，在轴测图上反映实长和实形。

当投射方向S垂直于投影面时，形成正轴测图；当投射方向S倾斜于投影面时，形成斜轴测。

3. 轴测图的特性

由于轴测图是用平行投影法形成的，所以在原物体和轴测图之间必然保持如下关系:

- 若空间两直线互相平行，则在轴测图上仍互相平行。
- 凡是与坐标轴平行的线段，在轴测图上必平行于相应的轴测轴，且其伸缩系数与相应的轴向伸缩系数相同。

凡是与坐标轴平行的线段，都可以沿轴向进行作图和测量，“轴测”一词就是“沿轴测量”的意思。而空间不平行于坐标轴的线段在轴测图上的长度不具备上述特性。

秒杀工程疑惑

在进行Auto CAD操作时，用户经常会遇见各种各样的问题，下面将总结一些常见问题进行解答，其中包括：拉伸方向的设置、扫掠命令的使用、差集命令的操作以及拉伸路径的对象选项等问题。

问　题	解　答
为什么在进行拉伸时，拉伸后的图形总是反方向拉伸?	沿着指定路线拉伸时，拉伸方向取决于拉伸路径的对象与被拉伸对象的位置，在选择拉伸路径的对象时，拾取点靠近对象的哪一侧，则会向哪一方向进行拉伸
为什么使用扫掠命令后，生成的对象不是实体而是片状体的?	在执行扫掠命令前，如果被扫掠的对象是开放的曲线，此时扫掠的结果是片状体。而如果被扫掠的对象是闭合的图形，例如圆形、多边形、面域之类的图形，其扫掠结果才会显示实体
为何使用多段体命令，无法一次性绘制一个封闭的区域?	在三维建模中，如果想要一次性绘制一个闭合的多段体，可在需要闭合处，输入C按回车键即可自动闭合。因为在使用多段体命令闭合区域时，系统会提示“实体无法自交”信息，所以只有输入闭合命令才可
为什么在进行差集操作后，模型没有发生变化?	通常两个以上实体重叠在一起进行“差集”操作时，需先将要修剪的实体全部选中，或进行并集操作。而如果单个实体修剪时，则直接进行“差集”命令即可
想要在圆柱体下方绘制一个圆环体，为何捕捉不到圆柱体的底面圆心点?	在捕捉实体底面中点或其他点时，如果被当前面所遮挡，从而无法进行捕捉，此时只需按F6键，关闭动态UCS功能，即可轻松捕捉实体底面任何点
如何将一条多段线转换成多段体?	通常都是先设置好多段体参数后，再进行多段体的绘制。如果要将现有图形对象迅速转换成多段体，可通过以下方法进行操作： 首先执行“多段体”命令，设置好多段体的厚度以及高度值，按回车键； 然后根据命令提示，输入O选择“对象”选项； 最后在绘图区中选择要转换的线段，按回车键即可
如何对直线或圆弧命令绘制的封闭图形，进行拉伸操作?	使用直线或圆弧命令绘制的封闭图形，是无法直接进行拉伸的。用户需要先执行“面域”命令，将封闭的图形转换为面域，然后再使用拉伸命令即可进行拉伸操作

Chapter

12

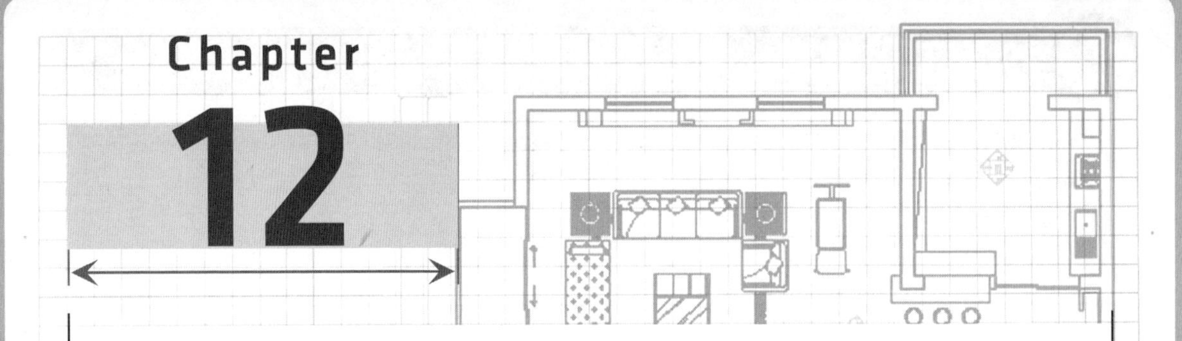

三维模型的编辑

创建的三维对象有时满足不了用户的要求，这就需要将三维对象进行编辑操作，在二维平面图中的命令有一些也能适应在三维对象中，如移动、复制等。但有些操作需要用于实体及表面模型，因此AutoCAD提供了专门用于三维空间中三维移动、三维旋转、三维镜像、三维阵列以及三维对齐等，使用这些命令可以更加灵活地绘制三维模型。

01 学完本章您可以掌握如下知识点

1. 编辑三维模型 ★★
2. 编辑三维实体 ★★
3. 更改三维模型 ★★★

02 本章内容图解链接

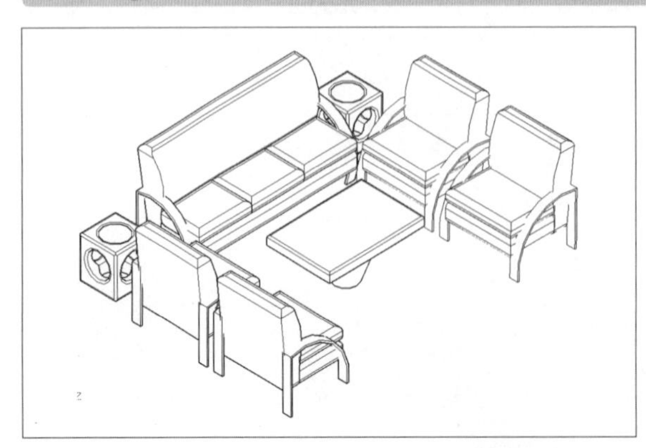

三维镜像效果

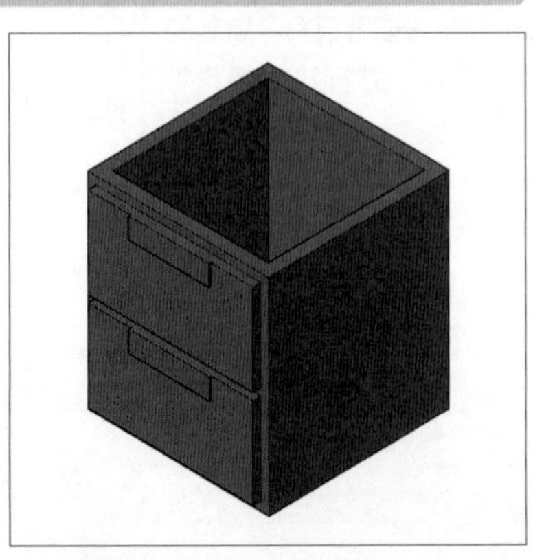

抽壳效果

12.1 编辑三维模型

与二维图形操作相同，用户也可以对三维曲面、实体进行操作。对于二维图形的许多操作命令同样适合于三维图形，如复制、移动、旋转、镜像等。

12.1.1 三维移动

用户可以使用三维移动命令在三维空间中移动对象，操作方式与二维空间时一样，只不过当通过输入距离来移动对象时，必须输入沿x、y、z轴的距离值。

在AutoCAD中提供了专门用来在三维空间中移动对象的三维移动命令，该命令还能移动实体的面、边及顶点等子对象（按Ctrl键可选择子对象）。三维移动比二维移动更形象、直观。在“常用”选项卡的“修改”面板中，单击“三维移动”按钮，根据命令行提示，选中所需移动的三维对象，指定移动基点和位移的第二个点，或输入移动距离即可完成移动操作图12-1、12-2所示。

命令行提示如下：

命令： _3dmove	执行“三维移动”命令
选择对象： 找到 1 个	选择需要移动的对象
选择对象：	按回车键完成对象选择
指定基点或 [位移 (D)] <位移>:	指定位移基点
指定第二个点或 <使用第一个点作为位移>: 正在重生成模型。	指定位移第二个点完成移动操作

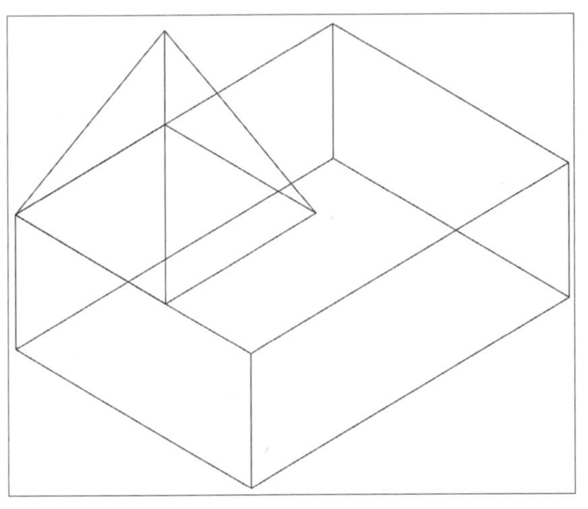

图12-1 选择要移动的三维模型

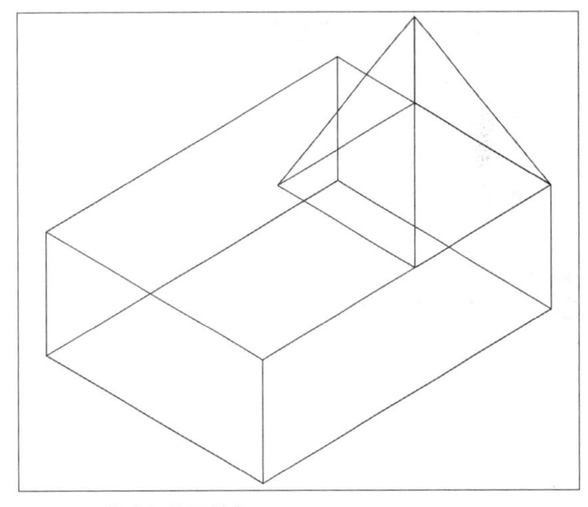

图12-2 指定新位置基点

12.1.2 三维旋转

使用旋转命令仅能使对象在xy平面内旋转，其旋转轴只能是z轴。三维旋转能使对象绕三维空间中的任意轴按照指定的角度进行旋转，在旋转三维对象之前需要定义一个点为三维对象的基准点。在“常用”选项卡的“修改”面板中，单击“三维旋转”按钮，根据命令行提示，选中所需对象，指定旋转基点和旋转轴，然后输入旋转角度，即可完成操作，如图12-3、12-4所示。

命令行提示如下：

命令： _3drotate	执行“三维旋转”命令
UCS 当前的正角方向： ANGDIR= 逆时针 ANGBASE=0	

选择对象： 找到 1 个	选择需要旋转的对象
选择对象：	按回车键完成对象的选择
指定基点：	指定一点为旋转基点
拾取旋转轴：	指定旋转轴
指定角的起点或键入角度： 45	指定旋转角度
正在重生成模型。	按回车键完成对象的旋转操作

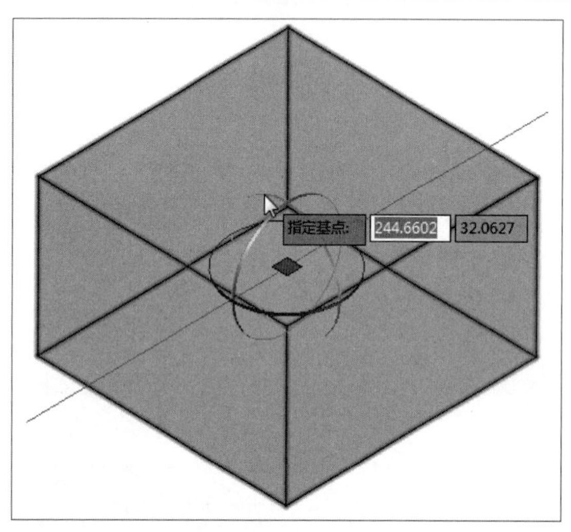

图12-3　指定旋转基点和旋转轴

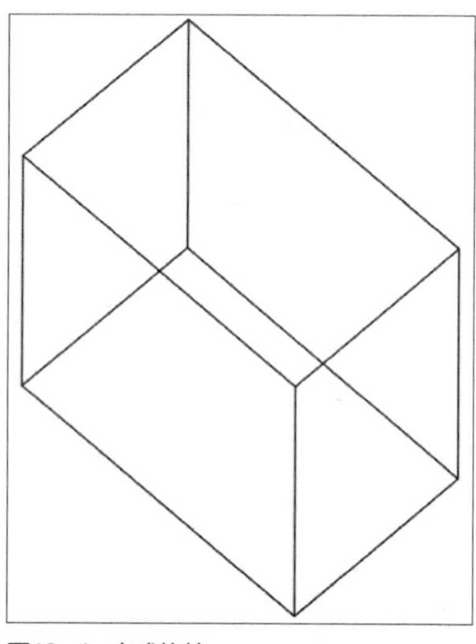

图12-4　完成旋转

命令行中各选项说明如下：

- 指定基点：指定该三维模型的旋转基点。
- 拾取旋转轴：选择三维轴，并以该轴进行旋转。这里三维轴为X轴、Y轴和Z轴。其中X轴为红色，Y轴为绿色，Z轴为蓝色。
- 角的起点或键入角度：输入旋转角度值。

12.1.3 三维对齐

三维对齐是指在三维空间中将两个对象与其他对象对齐，可以为源对象指定一个、两个或三个点，然后为目标对象指定一个、两个或三个点，其中源对象的目标点要与目标对象的点相对应。在“修改”面板中单击“三维对齐”按钮，根据命令行提示进行操作即可。

命令行提示如下：

命令： _3dalign	执行“三维对齐”命令
选择对象： 指定对角点： 找到 1 个	选择要对其的对象
选择对象：	按回车键完成对象选择
指定源平面和方向 ...	
指定基点或 [复制 (C)]:	选择要对齐的基点
指定第二个点或 [继续 (C)] <C>:	按回车键完成选择
指定目标平面和方向 ...	
指定第一个目标点：	指定对象对齐目标点
指定第二个目标点或 [退出 (X)] <X>:	按回车键完成对齐操作

执行“三维对齐”命令后，选中棱锥体，依次指定点A，点B，点C，然后再依次指定目标点1、2、3，即可按要求将两实体对齐，如图12-5、12-6所示。

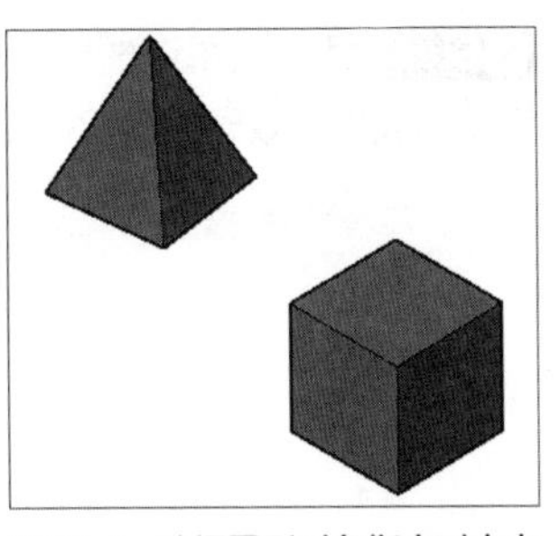
图12-5 选择图形对象指定对齐点

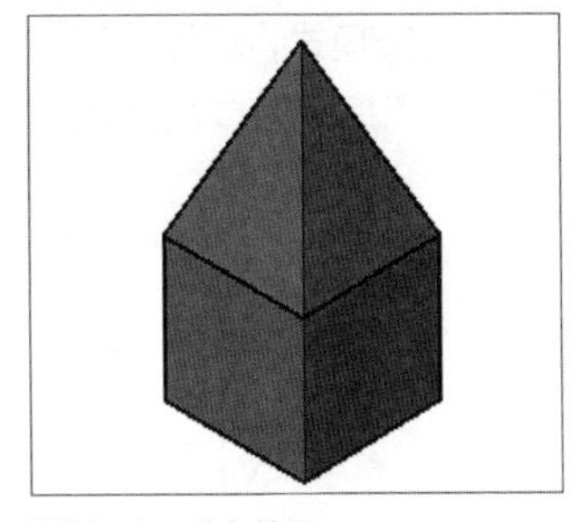
图12-6 对齐效果

工程师点拨：不同数量的对齐点对移动源对象的影响

使用三维对齐时，用户不必指定所有的对齐点。以下将说明提供不同数量的对齐点时，AutoCAD会如何移动源对象。

- 如果仅指定一对对齐点，AutoCAD就把源对象由第一个源点移动到第一个目标点处。
- 若指定两对对齐点，则AutoCAD移动源对象后，会使两个源点的连线与两个目标点的连线重合，并使第一个源点与第一个目标点重合。
- 若用户指定三对对齐点，那么操作结束以后，三个源点定义的平面将于三个目标点定义的平面重合。选择的第一个源点会移动到第一个目标点的位置，前两个源点的连线与前两个目标点的连线重合。第三个目标点的选取顺序若与第三个源点的选取顺序一致，则两个对象平行对齐，反之则相对对齐。

12.1.4 三维镜像

三维镜像是将选择的三维对象沿指定的面进行镜像。镜像平面可以是已经创建的面，如实体的面和坐标轴上的面，也可以通过三点创建一个镜像平面。在“修改”面板中单击“三维镜像”按钮，根据命令行提示，选中镜像平面和平面上的镜像点，即可完成镜像操作。下面将举例介绍三维镜像的操作方法。

Step 01 打开素材文件，执行“修改>三维操作>三维镜像”命令，根据命令行提示，选择需要镜像的对象，如图12-7所示。

Step 02 按回车键完成对象的选择。根据命令行提示，指定镜像平面的第一个点，由于是沙发组合图形，所以此处以茶几平面的中点为第一点，如图12-8所示。

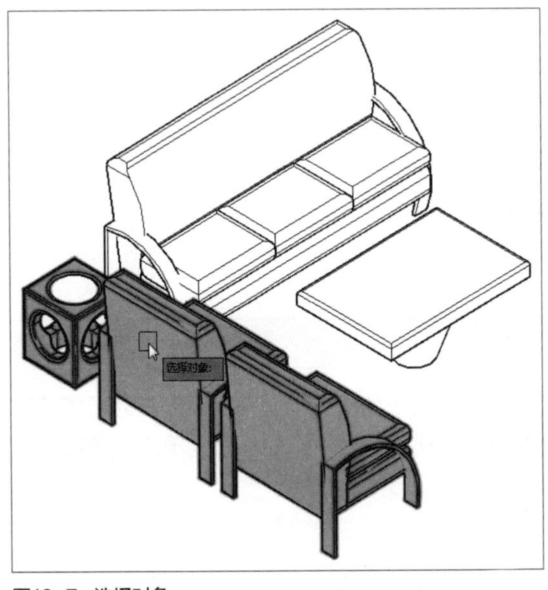

图12-7 选择对象

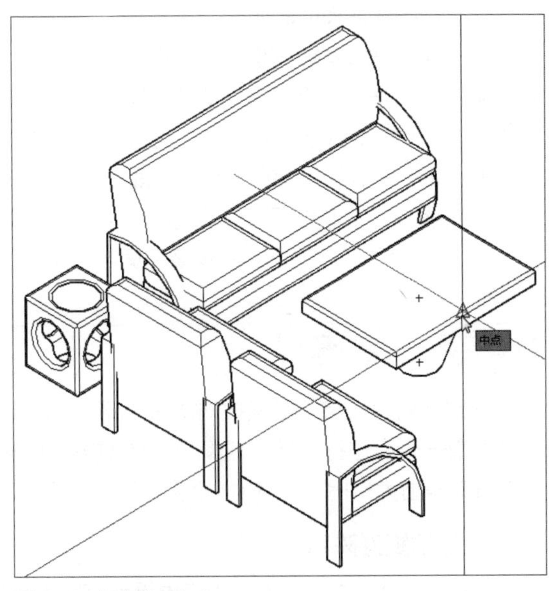

图12-8 指定第一个点

Step 03 此时按F8键开启正交模式，捕捉相互垂直的两条线作为镜像平面。三点指定完成后弹出提示，如图12-9所示。

Step 04 按回车键选择“否”选项即可完成三维镜像的操作，效果如图12-10所示。

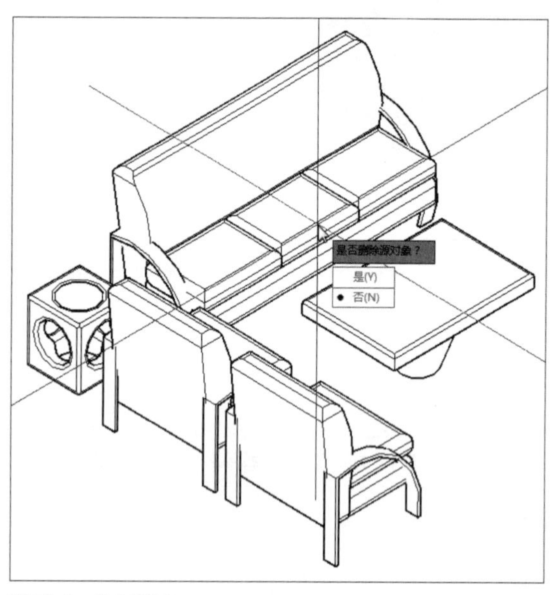

图12-9 命令提示

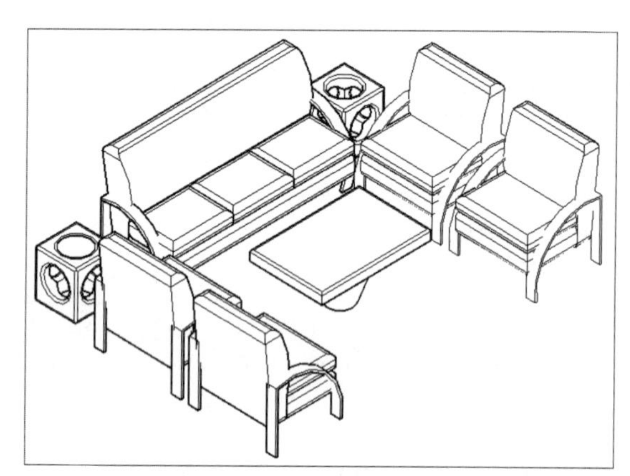

图12-10 完成镜像操作

命令行提示如下：

命令： _mirror3d	执行“三维镜像”命令
选择对象： 指定对角点： 找到 5 个	选择需要镜像的对象
选择对象：	按回车键完成选择
指定镜像平面 （三点） 的第一个点或	指定第一个点
[对象(O)/最近的(L)/Z 轴(Z)/视图(V)/XY 平面(XY)/YZ 平面(YZ)/ZX 平面(ZX)/三点(3)]	
<三点>： 在镜像平面上指定第二点： 在镜像平面上指定第三点：	指定镜像平面上的三点
是否删除源对象？[是(Y)/否(N)] <否>： N	输入 N 按回车键完成镜像操作

命令行中各选项说明如下。

- 对象：选择需要镜像的三维模型。
- 三点：通过三个点定义镜像平面。
- 最近的：使用上次执行的三维镜像命令的设置。
- Z轴：根据平面上的一点和平面法线上的一点定义镜像平面。
- 视图：将镜像平面与当前视口中通过指定点的视图平面对齐。
- XY、YZ、ZX平面：将镜像平面与一个通过指定点的标准平面（XY、YZ、ZX）对齐。

12.1.5 三维阵列

三维阵列可以将三维实体对象按矩形阵列或环形阵列的方式来创建多个副本。环形阵列可将选择的对象绕一个点进行旋转生成多个实体对象。旋转轴的正方向是从第一个指定点指向第二个指定点，沿该方向伸出大拇指，则其他4个手指的弯曲方向就是旋转角的正方向。

1. 三维矩形阵列

在菜单栏中，执行“修改>三维操作>三维阵列”命令，根据命令行提示，输入相关的行数、列数、层数以及各个间距值，即可完成三维矩形阵列操作，如图12-11、12-12所示。

命令行提示如下：

命令： _3darray	执行“三维阵列”命令
选择对象： 指定对角点： 找到 5 个	选择阵列对象
选择对象：	按回车键完成对象选择
输入阵列类型 [矩形 (R)/ 环形 (P)] < 矩形 >:R	输入 R 选择矩形阵列类型
输入行数 (---) <1>: 2	输入 2 指定行数
输入列数 (|||) <1>: 3	输入 3 指定列数
输入层数 (...) <1>: 2	输入 2 指定层数
指定行间距 (---): 800	输入 800 指定行间距
指定列间距 (|||): 1500	输入 1500 指定列间距
指定层间距 (...): 500	输入 500 指定层间距按回车键完成三维阵列操作

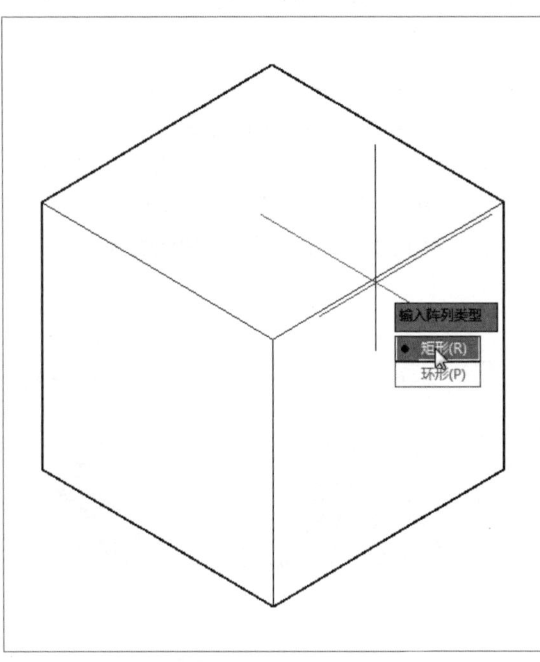

图12-11 选择阵列类型

图12-12 矩形阵列效果

2. 三维环形阵列

使用三维环形阵列命令，需要指定阵列项目数、阵列角度以及阵列中心，指定旋转轴之后即可完成三维环形阵列操作，如图12-13、12-14所示。

命令行提示如下：

命令： _3darray	执行“三维阵列”命令
选择对象： 指定对角点： 找到 5 个	选择阵列对象
选择对象：	按回车键完成对象选择
输入阵列类型 [矩形 (R)/ 环形 (P)] < 矩形 >:P	输入 P 选择环形阵列类型
输入阵列中的项目数目： 3	输入 3 指定项目数目
指定要填充的角度 (+= 逆时针， -= 顺时针) <360>:	按回车键默认角度为 360
旋转阵列对象？ [是 (Y)/ 否 (N)] <Y>: N	输入 N 选择“否”选项
指定阵列的中心点：	指定中心点
指定旋转轴上的第二点：	指定旋转轴后即可完成阵列操作

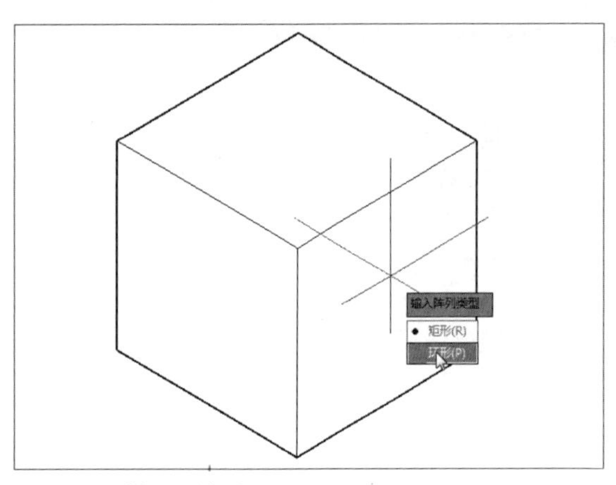

图12-13 选择环形类型

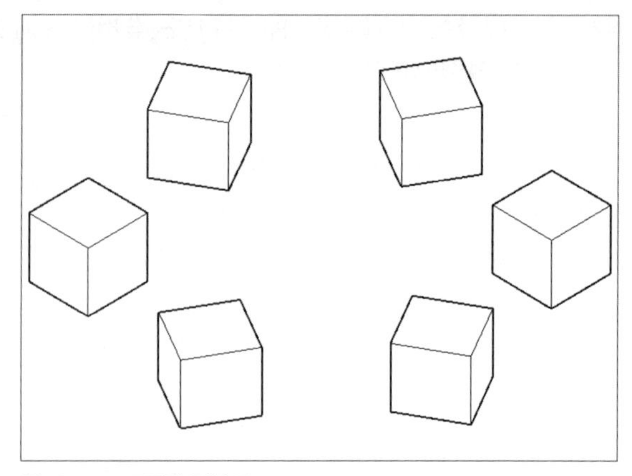

图12-14 环形阵列效果

12.1.6 三维缩放

使用三维缩放命令，可以沿指定的平面调整对象的大小，也可以沿指定轴进行更改。在“常用”选项卡的“修改”面板中，单击“三维缩放”按钮，根据命令行提示，选择要缩放的对象和子对象后，指定基点，然后将光标移动到三维缩放小控件的轴上时，将显示表示缩放轴的矢量线。通过在轴变为黄色时单击该轴，可以指定轴。拖动光标时，选定的对象和子对象将沿指定的轴调整大小。单击或输入值以指定选定基点的比例，如图12-15、12-16所示。

命令行提示如下：

命令：_3dscale	执行“三维缩放”命令
选择对象：指定对角点：找到 5 个	选择缩放对象
选择对象：	按回车键完成对象选择
指定基点：	指定一点为基点
拾取比例轴或平面：	指定轴
指定比例因子或 [复制(C)/参照(R)]：正在重生成模型。	移动鼠标进行缩放或者输入比例因子完成操作

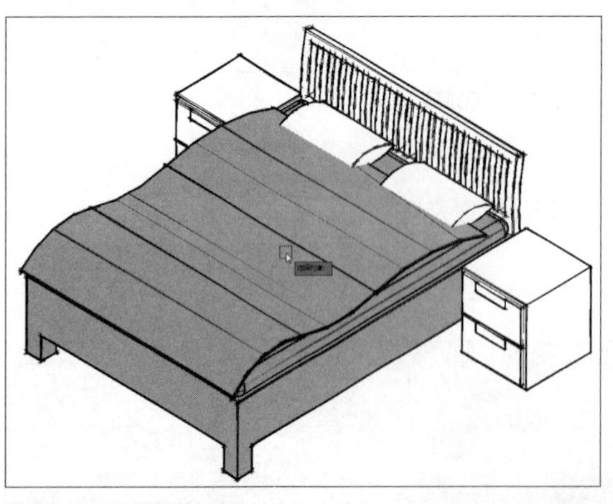

图12-15 选择缩放对象

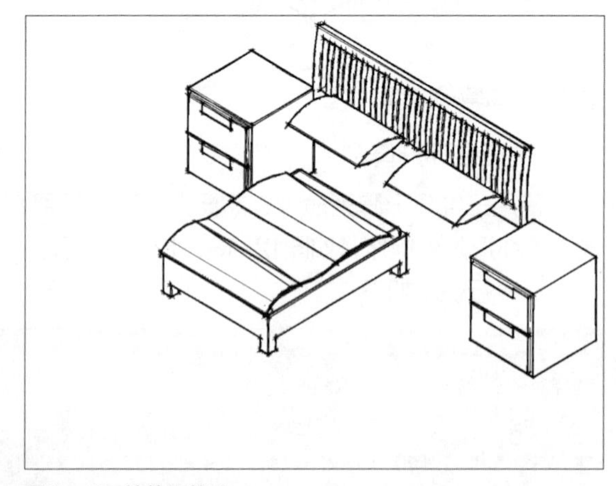

图12-16 缩放后效果

工程师点拨：二维缩放和三维缩放

不按统一比例缩放（沿轴或平面）仅适用于网格，即二维缩放，它不适用于实体和曲面。三维缩放可沿轴或平面缩放三维对象，将网格对象缩放约束到指定轴。

12.2 编辑三维实体边和面

在AutoCAD软件中，用户可对三维实体边进行编辑。例如“复制边”、“着色边”、“压印边”、“移动面”、“删除面”等。下面将分别对其操作进行介绍。

12.2.1 复制边

复制边用于复制三维模型的边，其操作对象包括直线、圆弧、圆、椭圆以及样条曲线。在“常用”选项卡的“实体编辑”面板中，单击“复制边”按钮，根据命令行提示，选择要复制的模型边并指定复制基点，然后指定位移第二点按两次回车键即可完成操作，如图12-17、12-18所示。

命令行提示如下：

命令：_solidedit	执行“复制边”命令
实体编辑自动检查： SOLIDCHECK=1	
输入实体编辑选项 [面(F)/边(E)/体(B)/放弃(U)/退出(X)] <退出>: _edge	
输入边编辑选项 [复制(C)/着色(L)/放弃(U)/退出(X)] <退出>: _copy	
选择边或 [放弃(U)/删除(R)]:	选择需要复制的边
选择边或 [放弃(U)/删除(R)]:	按回车键完成边的选择
指定基点或位移：	指定复制基点
指定位移的第二点：	指定位移第二点
输入边编辑选项 [复制(C)/着色(L)/放弃(U)/退出(X)] <退出>:	
实体编辑自动检查： SOLIDCHECK=1	
输入实体编辑选项 [面(F)/边(E)/体(B)/放弃(U)/退出(X)] <退出>:	按两次回车键完成复制操作

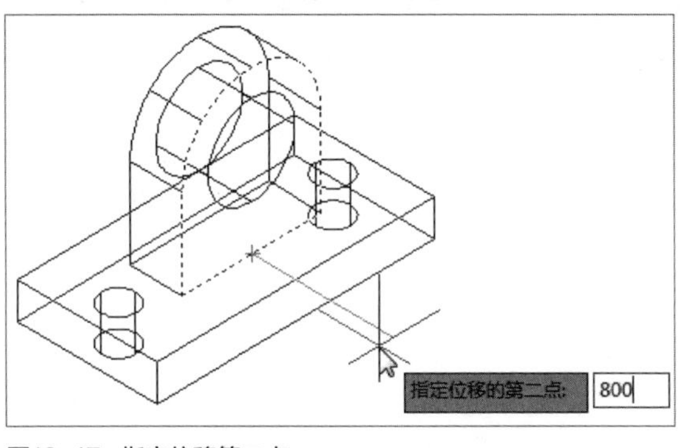

图12-17 指定位移第二点

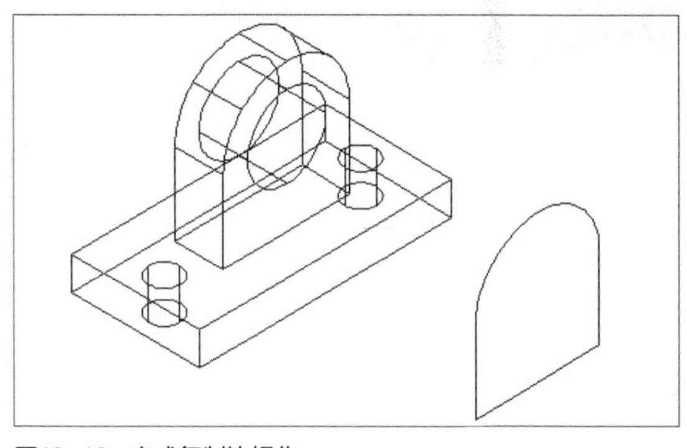

图12-18 完成复制边操作

12.2.2 着色边

着色边主要用于更改模型边线的颜色。在“实体编辑”面板中单击“着色边”按钮，根据命令行提示，选择需要更改模型边线，在“选择颜色”对话框中指定所需的颜色，然后按两次回车键即可完成操作，如图12-19、12-20所示。

命令行提示如下：

命令：_solidedit	执行“着色边”命令
实体编辑自动检查： SOLIDCHECK=1	
输入实体编辑选项 [面(F)/边(E)/体(B)/放弃(U)/退出(X)] <退出>: _edge	
输入边编辑选项 [复制(C)/着色(L)/放弃(U)/退出(X)] <退出>: _color	

命令行	说明
选择边或 [放弃 (U)/ 删除 (R)]:	选择需要着色的边
选择边或 [放弃 (U)/ 删除 (R)]:	按回车键完成边的选择
输入边编辑选项 [复制 (C)/ 着色 (L)/ 放弃 (U)/ 退出 (X)] < 退出 >:	选择所需颜色单击“确定”按钮
实体编辑自动检查： SOLIDCHECK=1	
输入实体编辑选项 [面 (F)/ 边 (E)/ 体 (B)/ 放弃 (U)/ 退出 (X)] < 退出 >:	按两次回车键完成着色操作

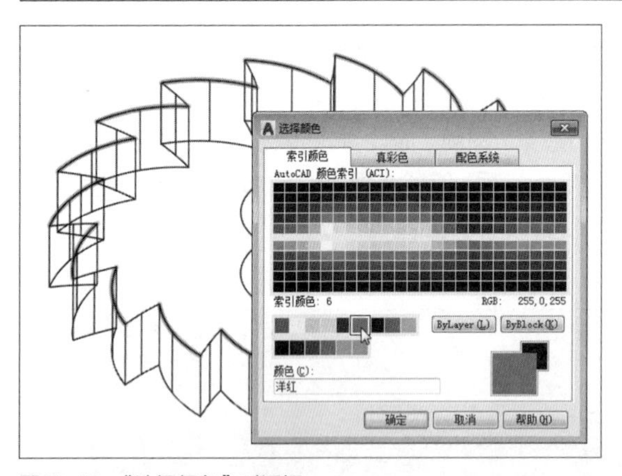

图12-19 “选择颜色”对话框

图12-20 完成边着色

工程师点拨：“着色面”功能的用法

着色面与着色边的用法相似，都是将选中的实体面或实体边进行着色。选中所需着色的面，执行“着色面”命令，在打开的颜色面板中，选择所需颜色即可。

12.2.3 压印面

压印面是在选定的图形对象上压印一个图形对象。压印对象包括圆弧、圆、直线、二维和三维多段线、椭圆、样条曲线、面域和三维实体。在“实体编辑”面板中单击“压印边”按钮，根据命令行提示，分别选择三维实体和需要压印图形对象，其后选择是否删除源对象即可，如图12-21、12-22所示。

命令行提示如下：

命令行	说明
命令： _imprint	执行“压印”命令
选择三维实体或曲面：	选择三维实体
选择要压印的对象：	选择对象
是否删除源对象 [是 (Y)/ 否 (N)] <N>: y	输入 Y 删除源对象
选择要压印的对象：	按两次回车键完成压印操作

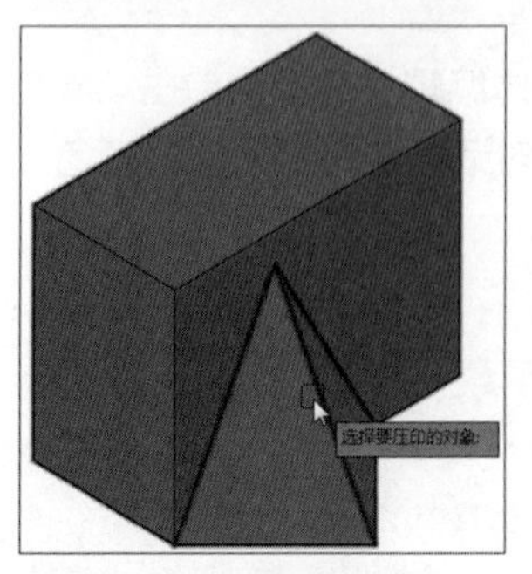

图12-21 选择压印图形对象

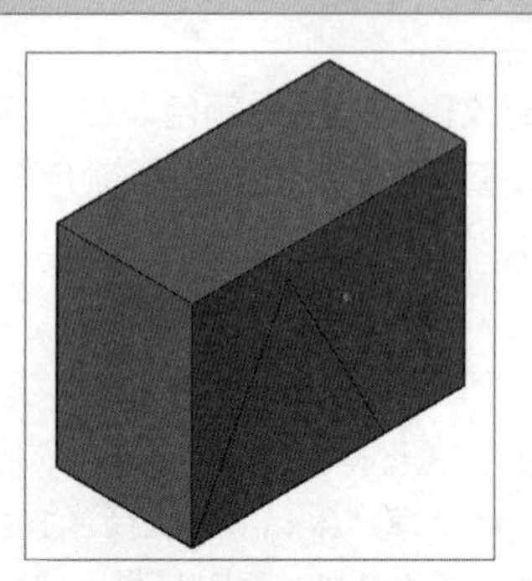

图12-22 完成压印边操作

12.2.4 拉伸面

拉伸面是将选定的三维模型面拉伸到指定的高度或沿路径拉伸。一次可选择多个面进行拉伸。在“实体编辑”面板中单击“拉伸面”按钮，执行“拉伸面”命令后，根据命令行提示，选择要拉伸的实体面并按回车键，指定拉伸高度和倾斜角度，即可对实体面进行拉伸，如图12-23、12-24所示。

命令行提示如下：

```
命令：_solidedit                                              执行“拉伸面”命令
实体编辑自动检查：  SOLIDCHECK=1
输入实体编辑选项 [面(F)/边(E)/体(B)/放弃(U)/退出(X)] <退出>：_face
输入面编辑选项
[拉伸(E)/移动(M)/旋转(R)/偏移(O)/倾斜(T)/删除(D)/复制(C)/颜色(L)/材质(A)/放弃(U)/退出(X)] <退出>：
_extrude
选择面或 [放弃(U)/删除(R)]：找到 2 个面。                    选择需要拉伸的面
选择面或 [放弃(U)/删除(R)/全部(ALL)]：                       按回车键完成选择
指定拉伸高度或 [路径(P)]：500                                输入 500 指定拉伸高度
指定拉伸的倾斜角度 <30>：30                                  输入 30 指定倾斜角度
已开始实体校验。                                             按回车键完成操作
已完成实体校验。
输入面编辑选项
[拉伸(E)/移动(M)/旋转(R)/偏移(O)/倾斜(T)/删除(D)/复制(C)/颜色(L)/材质(A)/放弃(U)/退出(X)] <退出>：
```

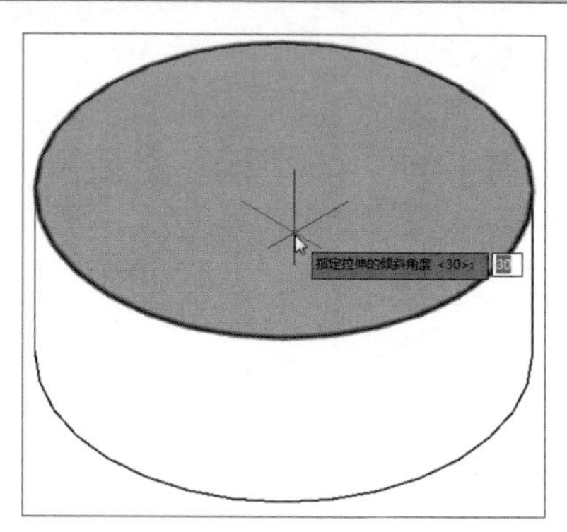

图12-23 选择所需拉伸的面

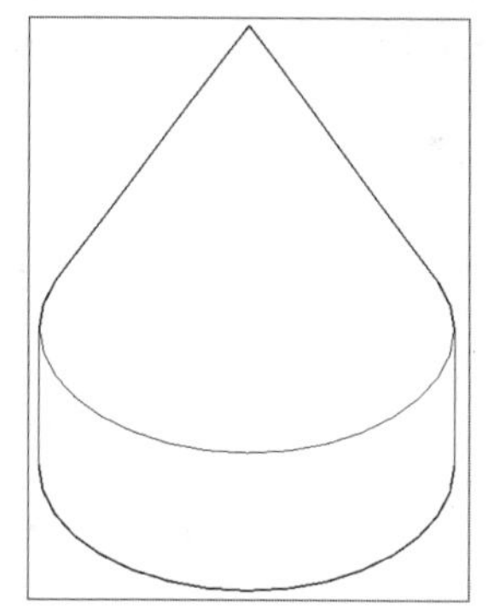

图12-24 完成拉伸

12.2.5 移动面

移动面是将选定的面沿着指定的高度或距离进行移动，当然一次也可以选择多个面进行移动。在“实体编辑”面板中单击“移动面”按钮，根据命令行提示，选择所需要移动的三维实体面，指定移动基点，其后再指定新基点即可。

命令行提示如下：

```
命令：_solidedit                                              指定“移动面”命令
实体编辑自动检查：  SOLIDCHECK=1
输入实体编辑选项 [面(F)/边(E)/体(B)/放弃(U)/退出(X)] <退出>：_face
输入面编辑选项
[拉伸(E)/移动(M)/旋转(R)/偏移(O)/倾斜(T)/删除(D)/复制(C)/颜色(L)/材质(A)/放弃(U)/退出(X)] <退出>：
_move
选择面或 [放弃(U)/删除(R)]：找到 2 个面。                    选择需要移动的面
```

选择面或 [放弃(U)/删除(R)/全部(ALL)]:	按回车键完成选择
指定基点或位移:	指定位移第一点
指定位移的第二点:	指定位移第二点
已开始实体校验。	
已完成实体校验。	
输入面编辑选项	
[拉伸(E)/移动(M)/旋转(R)/偏移(O)/倾斜(T)/删除(D)/复制(C)/颜色(L)/材质(A)/放弃(U)/退出(X)] <退出>:	
实体编辑自动检查: SOLIDCHECK=1	
输入实体编辑选项 [面(F)/边(E)/体(B)/放弃(U)/退出(X)] <退出>:	按三次回车键完成移动操作

12.2.6 偏移面

偏移面是按指定距离或通过指定的点，将面进行偏移。如果值为正值，则增大实体体积，如果是负值，则缩小实体体积。单击“偏移面”按钮，根据命令行提示，选择要偏移的面，输入偏移距离即可完成操作，如图12-25、12-26所示。

命令行提示如下:

命令: _solidedit	执行“偏移面”命令
实体编辑自动检查: SOLIDCHECK=1	
输入实体编辑选项 [面(F)/边(E)/体(B)/放弃(U)/退出(X)] <退出>: _face	
输入面编辑选项	
[拉伸(E)/移动(M)/旋转(R)/偏移(O)/倾斜(T)/删除(D)/复制(C)/颜色(L)/材质(A)/放弃(U)/退出(X)] <退出>: _offset	
选择面或 [放弃(U)/删除(R)]: 找到一个面。	选择要偏移的面
选择面或 [放弃(U)/删除(R)/全部(ALL)]:	按回车键完成选择
指定偏移距离: -50	输入-50指定偏移距离
已开始实体校验。	
已完成实体校验。	
输入面编辑选项	
[拉伸(E)/移动(M)/旋转(R)/偏移(O)/倾斜(T)/删除(D)/复制(C)/颜色(L)/材质(A)/放弃(U)/退出(X)] <退出>:	
实体编辑自动检查: SOLIDCHECK=1	
输入实体编辑选项 [面(F)/边(E)/体(B)/放弃(U)/退出(X)] <退出>:	按三次回车键完成偏移操作

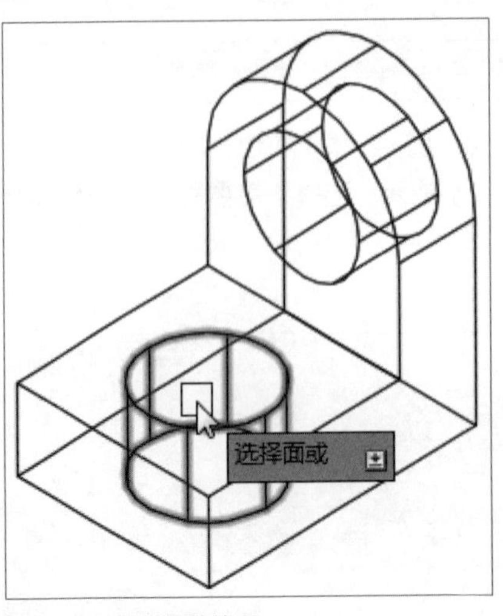

图12-25 选择偏移的面

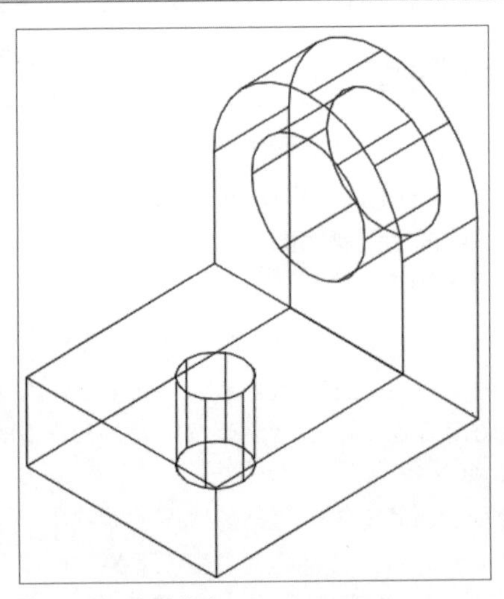

图12-26 完成偏移

12.2.7 旋转面

旋转面是将选中的实体面，按照指定轴进行旋转。在“实体编辑”面板中单击“旋转面”按钮，根据命令行提示，选择所需的实体面和选择旋转轴，然后输入旋转角度即可完成。

命令行提示如下：

```
命令：_solidedit                                                   执行“旋转面”命令
实体编辑自动检查： SOLIDCHECK=1
输入实体编辑选项 [面(F)/边(E)/体(B)/放弃(U)/退出(X)] <退出>：_face
输入面编辑选项
[拉伸(E)/移动(M)/旋转(R)/偏移(O)/倾斜(T)/删除(D)/复制(C)/颜色(L)/材质(A)/放弃(U)/退出(X)] <退出>：
_rotate
选择面或 [放弃(U)/删除(R)]：找到一个面。                            选择所需旋转的面
选择面或 [放弃(U)/删除(R)/全部(ALL)]：                              按回车键完成选择
指定轴点或 [经过对象的轴(A)/视图(V)/x 轴(X)/y 轴(Y)/z 轴(Z)] <两点>：指定轴的第一点
在旋转轴上指定第二个点：                                            指定轴的第二点
指定旋转角度或 [参照(R)]：45                                        输入45指定旋转角度并按回车键
已开始实体校验。
已完成实体校验。
输入面编辑选项
[拉伸(E)/移动(M)/旋转(R)/偏移(O)/倾斜(T)/删除(D)/复制(C)/颜色(L)/材质(A)/放弃(U)/退出(X)] <退出>：
实体编辑自动检查： SOLIDCHECK=1
输入实体编辑选项 [面(F)/边(E)/体(B)/放弃(U)/退出(X)] <退出>：          按三次回车键完成旋转操作
```

12.2.8 倾斜面

倾斜面是按照角度将指定的实体面进行倾斜操作。倾斜角的旋转方向由选择基点和第二点的顺序决定。在“常用”选项卡的“实体编辑”面板中，单击“倾斜面”按钮，根据命令行提示，选中所需倾斜面，指定倾斜轴两个基点，然后输入倾斜角度即可完成，如图12-27、12-28所示。

命令行提示如下：

```
命令：_solidedit                                                   执行“倾斜面”命令
实体编辑自动检查： SOLIDCHECK=1
输入实体编辑选项 [面(F)/边(E)/体(B)/放弃(U)/退出(X)] <退出>：_face
输入面编辑选项
[拉伸(E)/移动(M)/旋转(R)/偏移(O)/倾斜(T)/删除(D)/复制(C)/颜色(L)/材质(A)/放弃(U)/退出(X)] <退出>：
_taper
选择面或 [放弃(U)/删除(R)]：找到一个面。                            选择需要倾斜的面
选择面或 [放弃(U)/删除(R)/全部(ALL)]：                              按回车键完成选择
指定基点：                                                          指定倾斜轴第一点
指定沿倾斜轴的另一个点：                                            指定倾斜轴第二点
指定倾斜角度：45                                                    输入45指定倾斜角度并按回车键
已开始实体校验。
已完成实体校验。
输入面编辑选项
[拉伸(E)/移动(M)/旋转(R)/偏移(O)/倾斜(T)/删除(D)/复制(C)/颜色(L)/材质(A)/放弃(U)/退出(X)] <退出>：
实体编辑自动检查： SOLIDCHECK=1
输入实体编辑选项 [面(F)/边(E)/体(B)/放弃(U)/退出(X)] <退出>：          按三次回车键完成操作
```

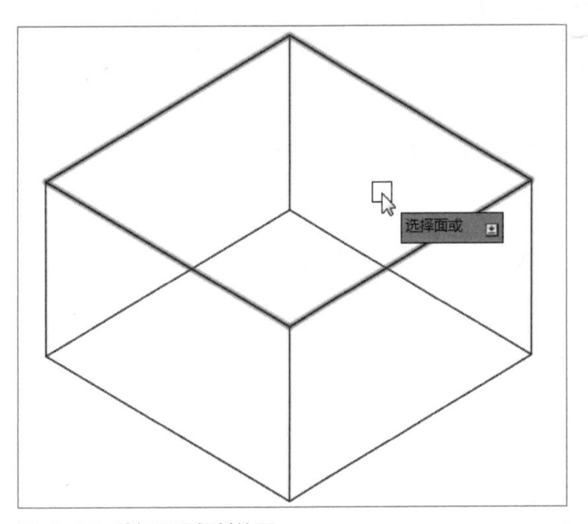

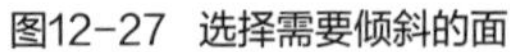
图12-27 选择需要倾斜的面

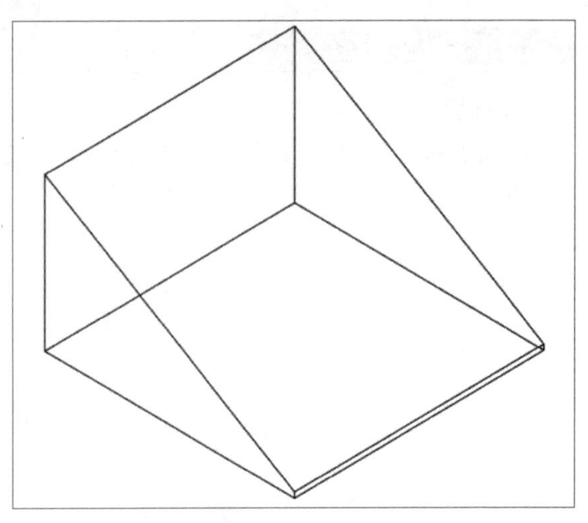

图12-28 完成倾斜面操作

12.2.9 删除面

删除面是删除实体的圆角或倒角面，使其恢复至原来基本实体模型。在“实体编辑”面板中单击“删除面”按钮，选择要删除的面，按回车键即可完成，如图12-29、12-30所示。

命令行提示如下：

```
命令：_solidedit                                                          执行“删除面”命令
实体编辑自动检查： SOLIDCHECK=1
输入实体编辑选项 [面(F)/边(E)/体(B)/放弃(U)/退出(X)] <退出>: _face
输入面编辑选项
[拉伸(E)/移动(M)/旋转(R)/偏移(O)/倾斜(T)/删除(D)/复制(C)/颜色(L)/材质(A)/放弃(U)/退出(X)] <退出>:
_delete
选择面或 [放弃(U)/删除(R)]: 找到一个面。                                       选择需要删除的面
选择面或 [放弃(U)/删除(R)/全部(ALL)]:                                          按回车键完成选择
已开始实体校验。
已完成实体校验。
输入面编辑选项
[拉伸(E)/移动(M)/旋转(R)/偏移(O)/倾斜(T)/删除(D)/复制(C)/颜色(L)/材质(A)/放弃(U)/退出(X)] <退出>:
实体编辑自动检查： SOLIDCHECK=1
输入实体编辑选项 [面(F)/边(E)/体(B)/放弃(U)/退出(X)] <退出>:                    按三次回车键完成操作
```

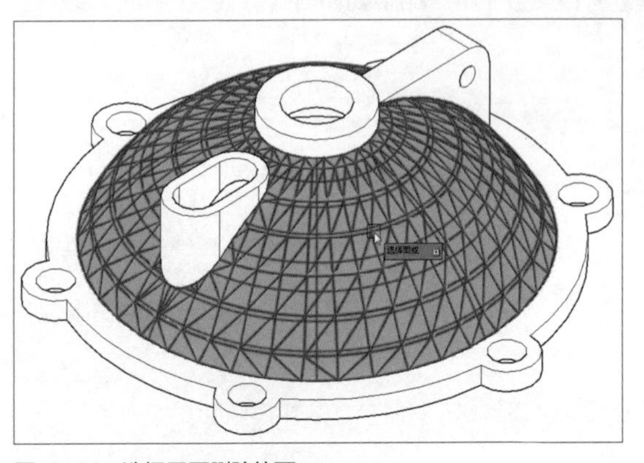

图12-29 选择需要删除的面

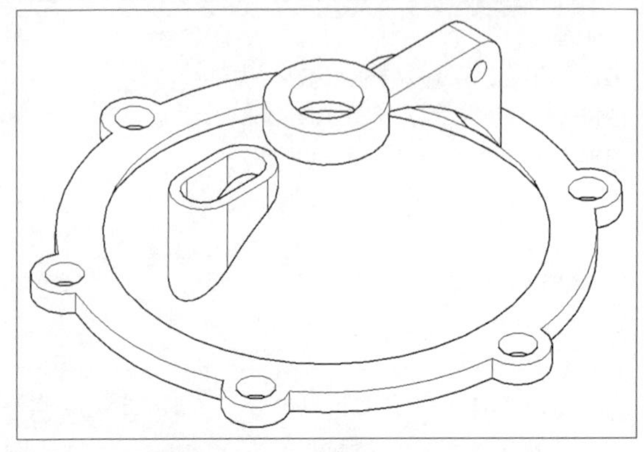

图12-30 完成删除操作

12.3 更改三维模型形状

在对三维实体进行编辑时，不仅可对三维实体对象进行编辑外，还可以将三维实体进行剖切、抽壳、倒圆角或倒直角操作。下面将对其操作步进行介绍。

12.3.1 剖切

该命令通过剖切现有实体来创建新实体，可以通过多种方式定义剪切平面，包括制定点或者选择某个曲面或平面对象。

使用“剖切”命令剖切实体时，可以保留剖切实体的一半或全部，剖切后的实体保留原实体的图层和颜色特性。在“常用”选项卡的“实体编辑”面板中，单击“剖切”按钮，根据命令行提示，选择要剖切的对象和剖切平面，指定剖切点按回车键即可完成操作，如图12-31、12-32所示。

命令行提示如下：

命令：_slice	执行“剖切”命令
选择要剖切的对象：找到 1 个	选择要剖切的对象
选择要剖切的对象：	按回车键完成对象的选择
指定切面的起点或 [平面对象(O)/曲面(S)/z 轴(Z)/视图(V)/xy(XY)/yz(YZ)/zx(ZX)/三点(3)] <三点>：指定切面的起点	
指定平面上的第二个点：	指定切面的第二个点
在所需的侧面上指定点或 [保留两个侧面(B)] <保留两个侧面>：	选择要保留侧面上的点

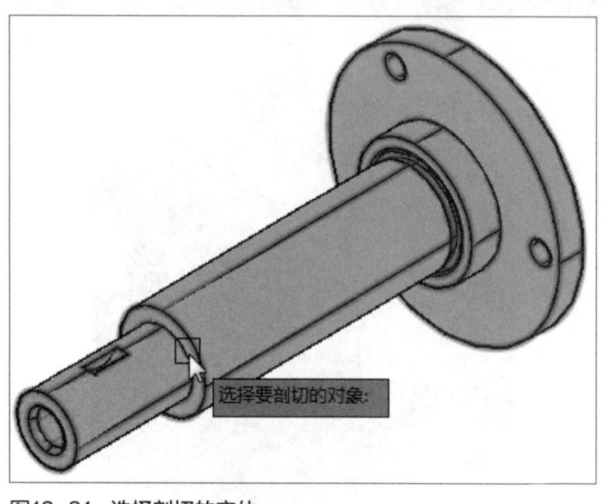

图12-31 选择剖切的实体

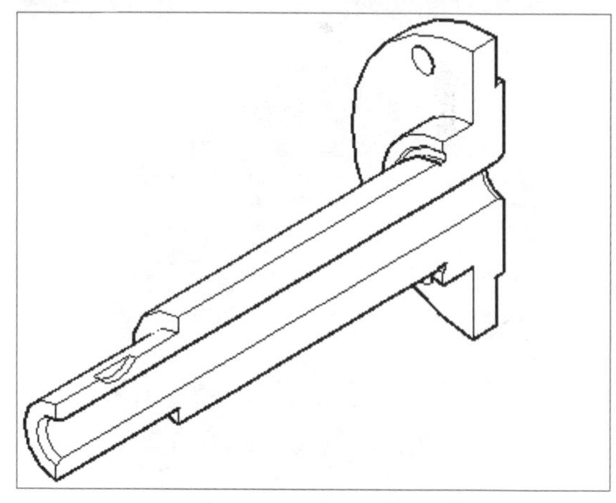
图12-32 完成剖切实体

命令行中各选项说明如下：

- 平面对象：将剖切面与圆、椭圆、圆弧、椭圆弧等图形对齐进行剖切。
- 曲面：将剖切面与曲面对齐进行剖切。
- Z轴：通过平面上指定的点和Z轴上指定的一点来确定剖切平面进行剖切。
- 视图：将剖切面与当前视口的视图平面对齐进行剖切。
- XY、YZ、ZX：将剖切面与当前UCS的XY、YZ、ZX平面对齐进行剖切。
- 三点：用三点确定剖切面进行剖切。

12.3.2 抽壳

使用该命令可以将三维实体转换为中空薄壁或壳体。将实体对象转换为壳体时，可以通过将现有面朝其原始位置的内部或外部偏移来创建新面。在“实体编辑”面板中单击“抽壳”，根据命令行提示，选择要抽壳的实体和要删除的实体面，然后指定抽壳距离值即可完成抽壳操作，如图12-33、12-34所示。

命令行提示如下：

命令行	说明
命令：_solidedit	执行“抽壳”命令
实体编辑自动检查： SOLIDCHECK=1	
输入实体编辑选项 [面(F)/边(E)/体(B)/放弃(U)/退出(X)] <退出>: _body	
输入体编辑选项	
[压印(I)/分割实体(P)/抽壳(S)/清除(L)/检查(C)/放弃(U)/退出(X)] <退出>: _shell	
选择三维实体：	选择三维实体对象
删除面或 [放弃(U)/添加(A)/全部(ALL)]: 找到一个面，已删除 1 个。	选择要删除的面
删除面或 [放弃(U)/添加(A)/全部(ALL)]:	按回车键完成面的选择
输入抽壳偏移距离： 50	输入 50 指定抽壳偏移距离
已开始实体校验。	
已完成实体校验。	
输入体编辑选项	
[压印(I)/分割实体(P)/抽壳(S)/清除(L)/检查(C)/放弃(U)/退出(X)] <退出>:	
实体编辑自动检查： SOLIDCHECK=1	
输入实体编辑选项 [面(F)/边(E)/体(B)/放弃(U)/退出(X)] <退出>:	按三次回车键完成操作

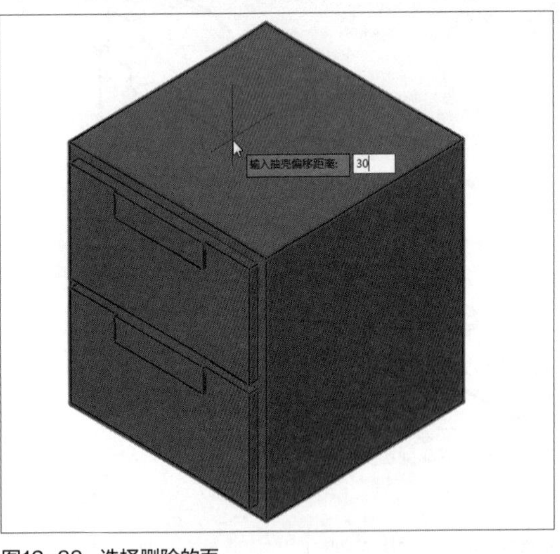

图12-33 选择删除的面

图12-34 完成抽壳操作

12.3.3 圆角边

在三维空间中既可以使用圆角命令对二维图形进行圆角操作，也可以使用“圆角边”命令对三维实体进行圆角操作。在“实体”选项卡的“实体编辑”面板中单击“圆角边”按钮，根据命令行提示，选择进行圆角的实体边，指定圆角的半径，选择其他边或者按回车键完成圆角边操作，如图12-35、12-36所示。

命令行提示如下：

命令：_FILLETEDGE	执行“圆角边”命令
半径 = 20.0000	默认半径为 20
选择边或 [链(C)/环(L)/半径(R)]:	选择进行圆角的边
选择边或 [链(C)/环(L)/半径(R)]: R	输入 R 设置圆角半径
输入圆角半径或 [表达式(E)] <20.0000>: 10	输入 10 指定圆角半径
选择边或 [链(C)/环(L)/半径(R)]:	选择进行圆角的其他边
选择边或 [链(C)/环(L)/半径(R)]:	
选择边或 [链(C)/环(L)/半径(R)]:	
选择边或 [链(C)/环(L)/半径(R)]:	
已选定 4 个边用于圆角。	按回车键完成其他边的选择并完成圆角边操作
按 Enter 键接受圆角或 [半径(R)]:	再次按回车键退出命令

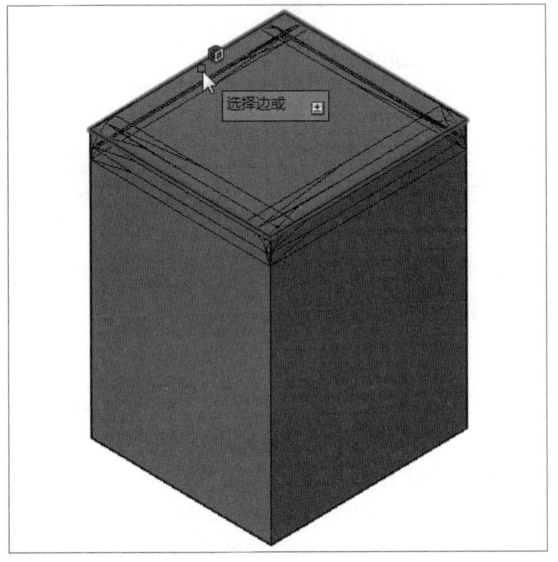

图12-35 选择边

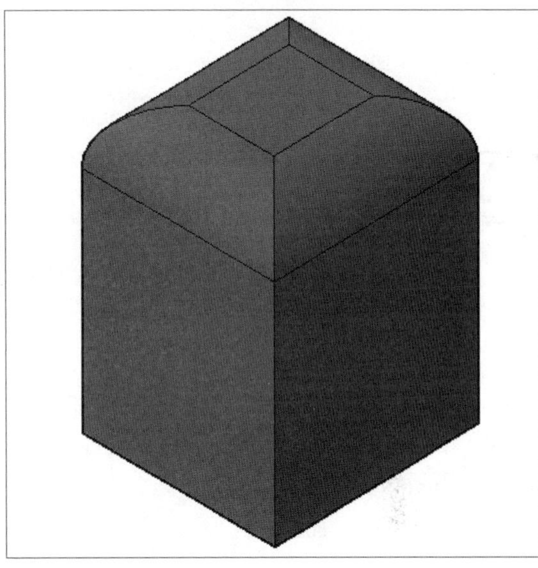

图12-36 圆角边效果

12.3.4 倒角边

在“实体”选项卡的“实体编辑”面板中单击“倒角边”按钮，根据命令行提示，选择进行倒角的实体边，指定倒角的两个距离，选择其他边或者按回车键完成倒角边操作，如图12-37、12-38所示。

命令行提示如下：

命令：_CHAMFEREDGE 距离 1 = 1.5000，距离 2 = 1.5000	执行“倒角边”命令
选择一条边或 [环(L)/距离(D)]:	选择进行倒角的边
选择同一个面上的其他边或 [环(L)/距离(D)]: d	输入 D 指定倒角的距离
指定距离 1 或 [表达式(E)] <1.5000>: 30	输入 30 指定距离 1
指定距离 2 或 [表达式(E)] <1.5000>: 10	输入 10 指定距离 2 按回车键完成距离的设置
选择同一个面上的其他边或 [环(L)/距离(D)]:	选择需要倒角的其他边
选择同一个面上的其他边或 [环(L)/距离(D)]:	
选择同一个面上的其他边或 [环(L)/距离(D)]:	
选择同一个面上的其他边或 [环(L)/距离(D)]:	
选择同一个面上的其他边或 [环(L)/距离(D)]:	按回车键完成其他边的选择并完成倒角边操作
按 Enter 键接受倒角或 [距离(D)]: 按回车键	再次按回车键退出命令

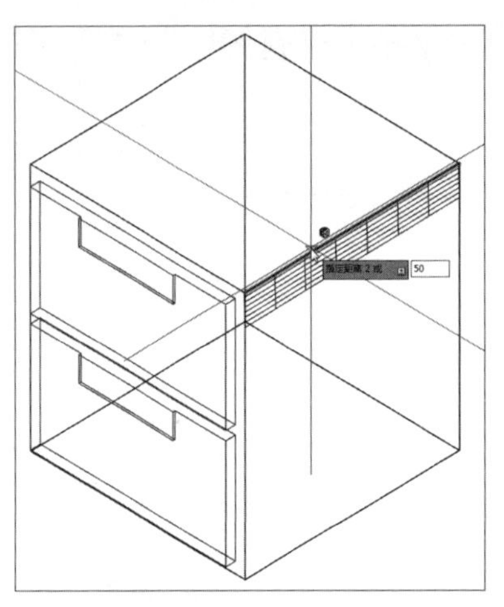

图12-37 指定距离值

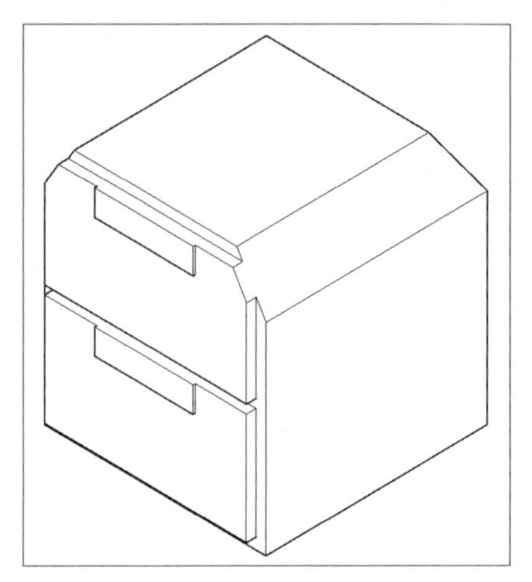

图12-38 完成倒角边操作

综合实例 —— 绘制水槽模型

本章主要向用户介绍了三维模型的编辑的操作方法。下面将结合以上所学的知识点来绘制厨房水槽模型，其中所涉及到的三维命令有：拉伸、差集、抽壳、三维镜像、三维旋转等。

Step 01 将当前视图设为俯视图。执行“矩形”、“偏移”和“修剪”命令，绘制出水槽平面图，结果如图12-39所示。

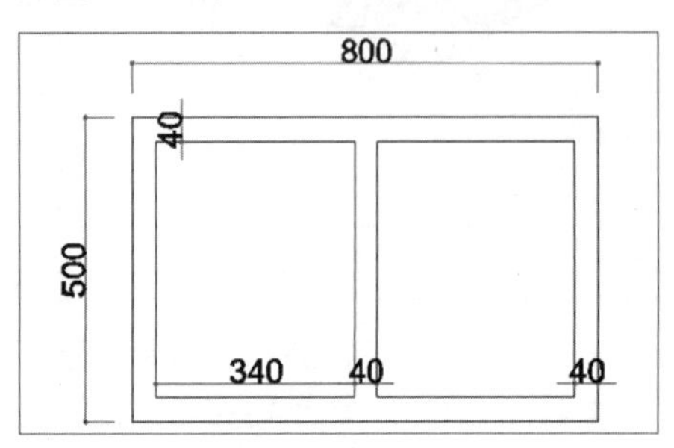

图12-39 绘制水槽平面图

Step 03 执行“拉伸”命令，将3个长方形向上拉伸，拉伸高度为5，如图12-41所示。

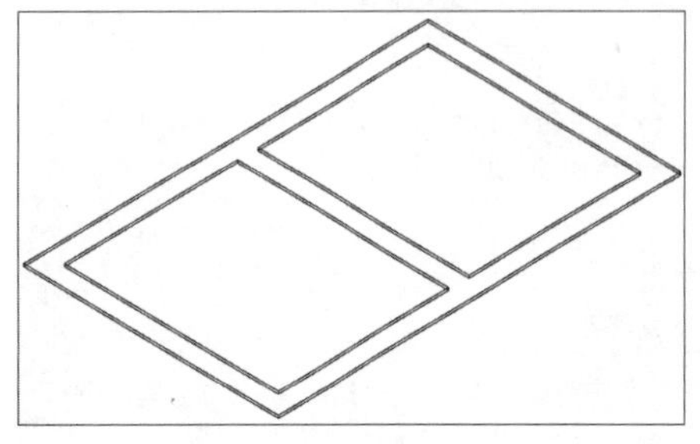

图12-41 拉伸长方形

Step 02 执行“面域”命令，将平面图创建3个面域。然后将当前视图设为西南等轴测视图，如图12-40所示。

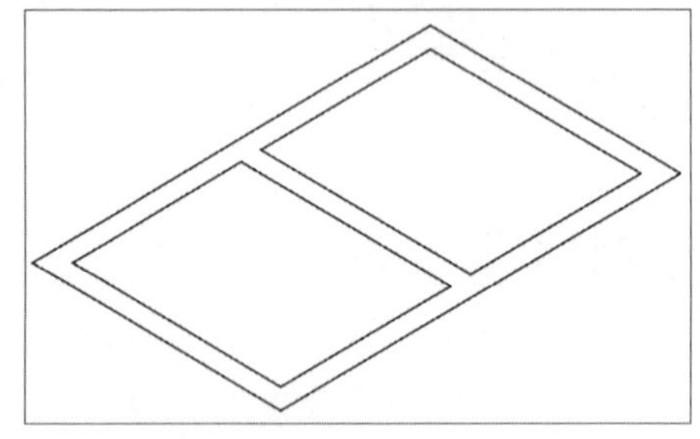

图12-40 设置西南等轴测视图

Step 04 执行“差集”命令，将两个小长方体从大长方体中减去，将其视图样式设为灰度样式，查看结果，如图12-42所示。

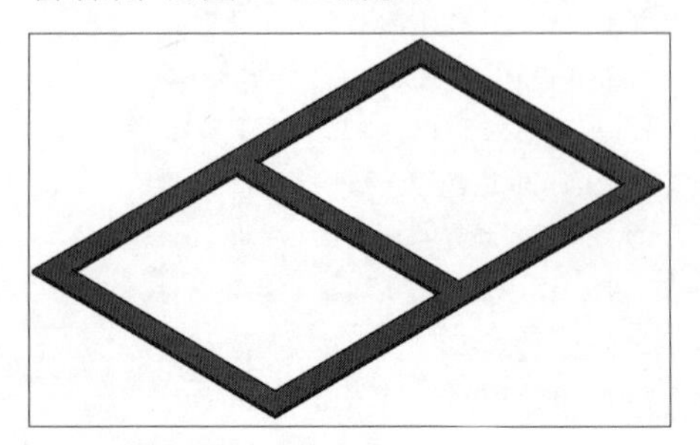

图12-42 执行差集操作

Step 05 将视图样式设为二维线框样式。执行“圆角边”命令，设置圆角半径为40，选择大长方体四条边，进行圆角操作，结果如图12-43所示。

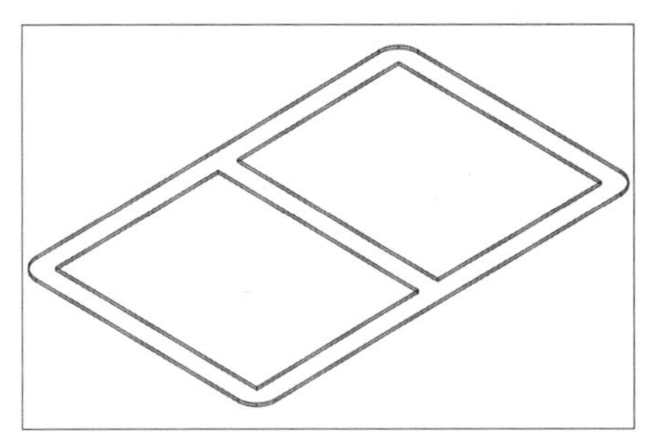

图12-43 长方体倒圆角

Step 06 执行“长方体”命令，绘制尺寸为460×380×200的长方体，将其移动至小长方体下方合适位置，效果如图12-44所示。

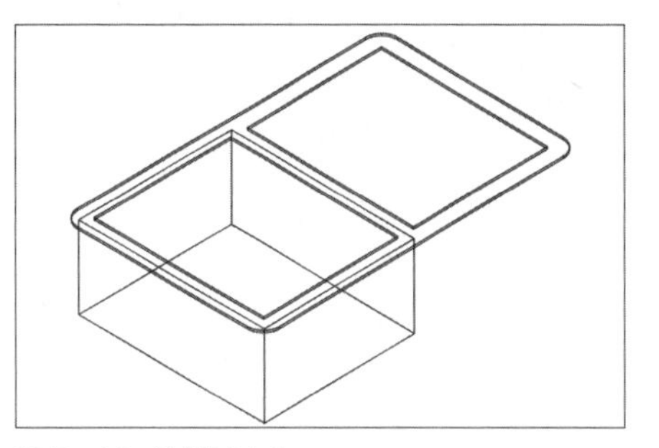

图12-44 绘制长方体

Step 07 执行“抽壳”命令，选中绘制的长方体顶面，按回车键，设置偏移距离为20，按两次回车键，完成抽壳操作，如图12-45所示。

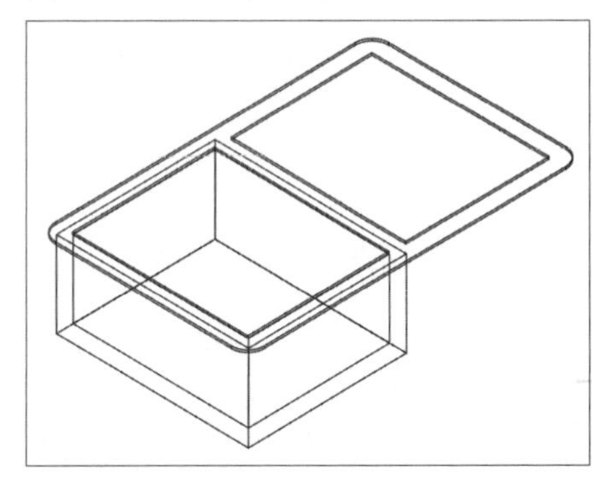

图12-45 抽壳长方体

Step 08 执行“三维镜像”命令，将抽壳后的长方体以YZ为镜像平面，以水槽平面中点为镜像点进行镜像操作，结果如图12-46所示。

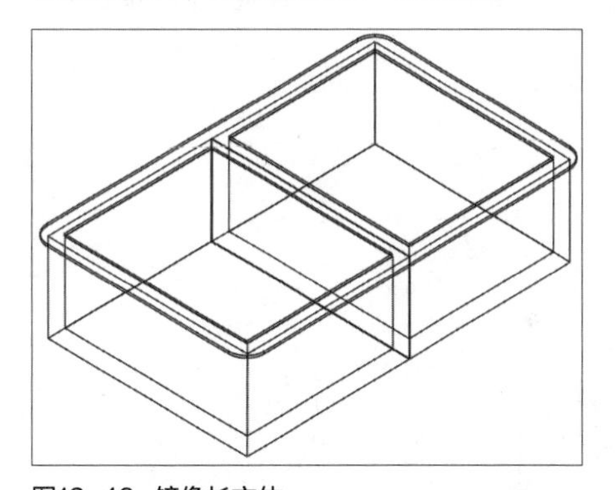

图12-46 镜像长方体

Step 09 执行“圆角边”命令，设置圆角半径为40，将模型进行圆角边操作，如图12-47所示。

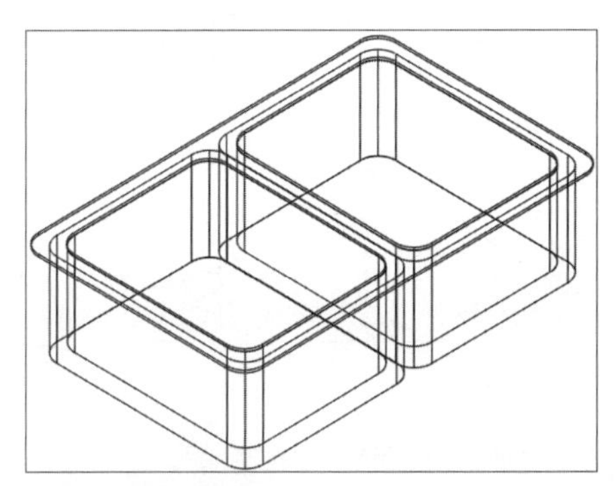

图12-47 模型倒圆角

Step 10 执行“并集”命令，将所有模型进行合并操作。执行“圆柱体”命令，绘制一个底面直径为55、高为50的圆柱体，放置水槽中间位置，如图12-48所示。

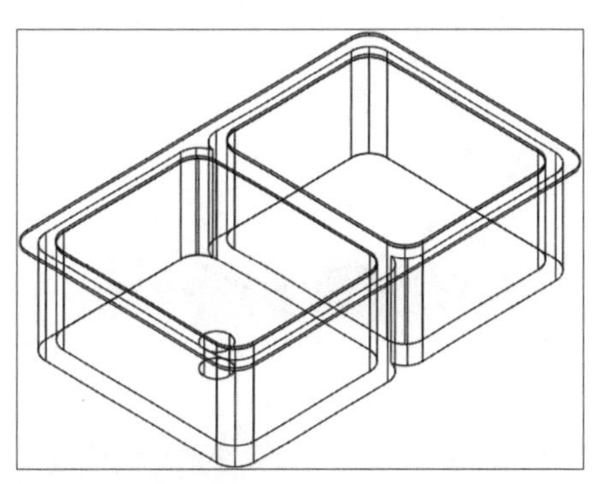

图12-48 绘制圆柱体

Step 11 执行“修改>三维操作>三维镜像”命令，同样以YZ为镜像平面，以水槽平面中点为镜像点，将圆柱体进行镜像操作，结果如图12-49所示。

Step 12 执行“差集”命令，将两圆柱从水槽中减去，完成下水口的绘制，如图12-50所示。

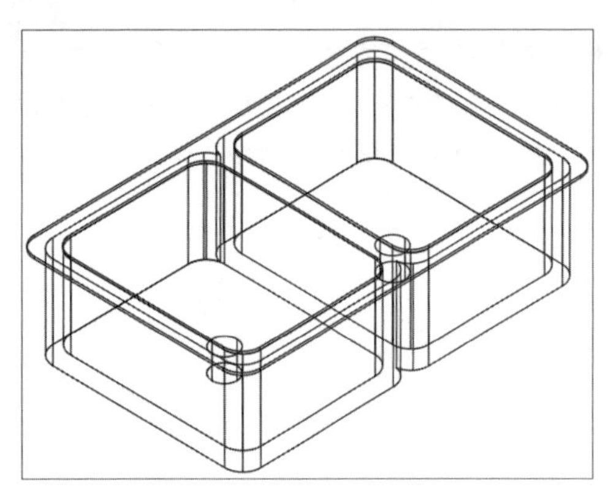

图12-49　镜像圆柱体

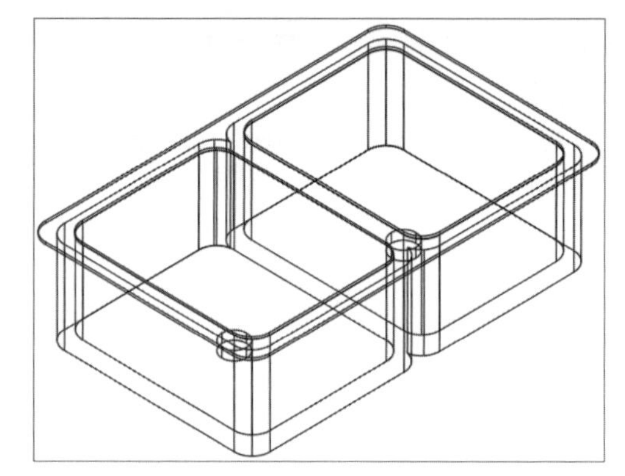

图12-50　“差集”结果

Step 13 执行“圆柱体”命令，在水槽平面合适位置绘制底面半径为25、高60的圆柱体，如图12-51所示。

Step 14 再次执行“圆柱体”命令，捕捉刚绘制的圆柱体底面圆心，绘制底面半径为20、高为60的圆柱体。执行“三维旋转”命令，捕捉小圆柱底面圆心，以Y轴为旋转轴，进行旋转，旋转角度为90度，如图12-52所示。

命令行提示如下：

```
命令： _3drotate
UCS 当前的正角方向：  ANGDIR=逆时针   ANGBASE=0
选择对象： 找到 1 个                                    选择小圆柱按回车键
选择对象：
指定基点：                                              指定圆柱底面圆心为旋转基点
拾取旋转轴：                                            选择绿色 Y 轴
指定角的起点或键入角度： 90                              输入旋转角度值按回车键
正在重生成模型。
```

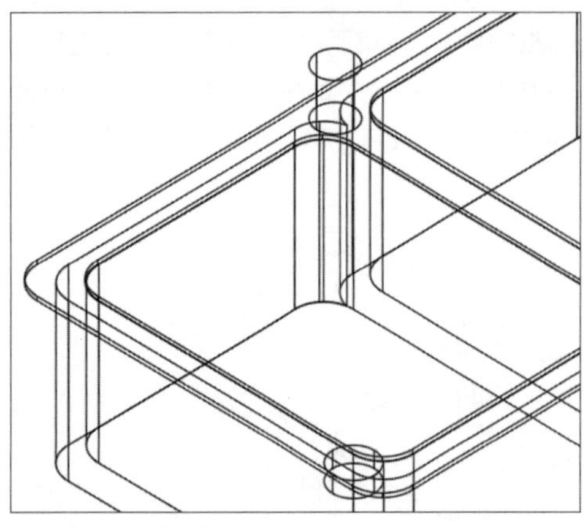

图12-51　绘制圆柱体

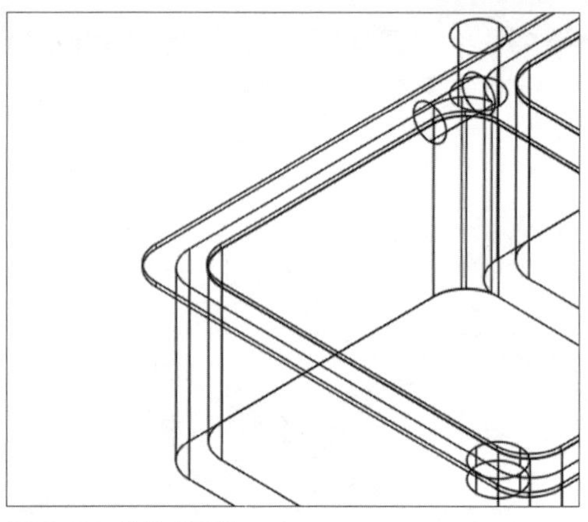

图12-52　旋转小圆柱

Step 15 切换视图，调整旋转后小圆柱的位置，结果如图12-53所示。

Step 16 将视图设置西南等轴测视图。在命令行中输入UCS命令后按两次回车键，将其设为默认坐标。再次执行“圆柱体”命令，绘制底面半径为5、高为50的圆柱体，放置模型合适位置，如图12-54所示。

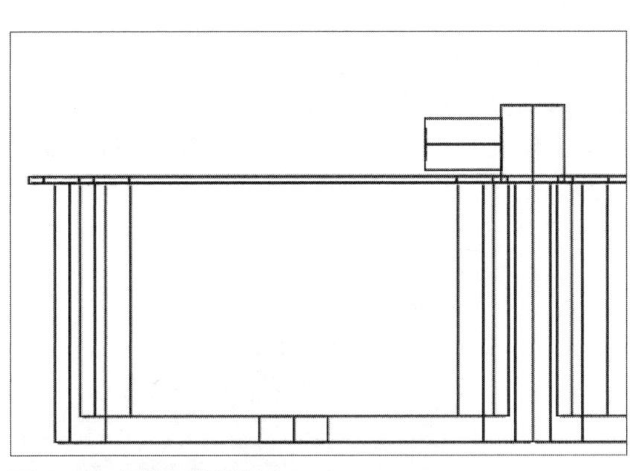

图12-53 调整圆柱体位置

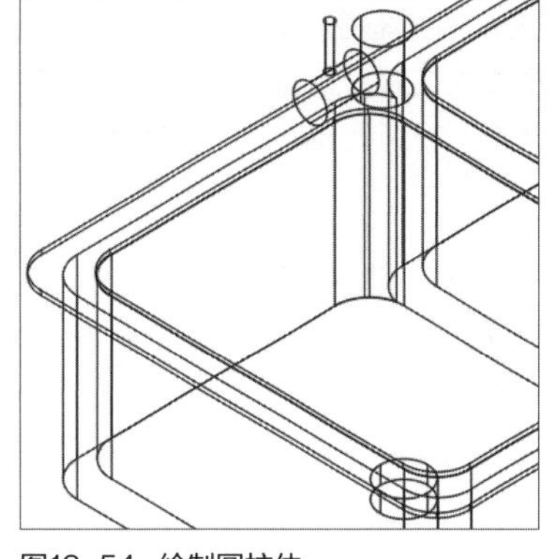

图12-54 绘制圆柱体

Step 17 执行“圆”命令，绘制一个半径为25的圆。执行“拉伸”命令，将该圆形以倾斜20度角向上拉伸，拉伸高度为20，如图12-55所示。

命令行提示如下：

```
命令： C
CIRCLE
指定圆的圆心或 [三点(3P)/两点(2P)/切点、切点、半径(T)]:                    捕捉大圆柱底面圆心
指定圆的半径或 [直径(D)] <66.7964>: 25                                      输入半径值，按回车键
命令： _extrude
当前线框密度： ISOLINES=4，闭合轮廓创建模式 = 实体
选择要拉伸的对象或 [模式(MO)]: _MO 闭合轮廓创建模式 [实体(SO)/曲面(SU)] <实体>: _SO
选择要拉伸的对象或 [模式(MO)]: 找到 1 个                                    选择圆形，按回车键
选择要拉伸的对象或 [模式(MO)]:
指定拉伸的高度或 [方向(D)/路径(P)/倾斜角(T)/表达式(E)] <50.0000>: t       选择“倾斜角”选项，按回车键
指定拉伸的倾斜角度或 [表达式(E)] <0>: 20                                    输入倾斜角度，按回车键
指定拉伸的高度或 [方向(D)/路径(P)/倾斜角(T)/表达式(E)] <50.0000>: 20      向上移动光标，输入拉伸高度值
```

Step 18 将当前视图设为左视图。执行“多段线”命令，绘制水管轮廓线，如图12-56所示。

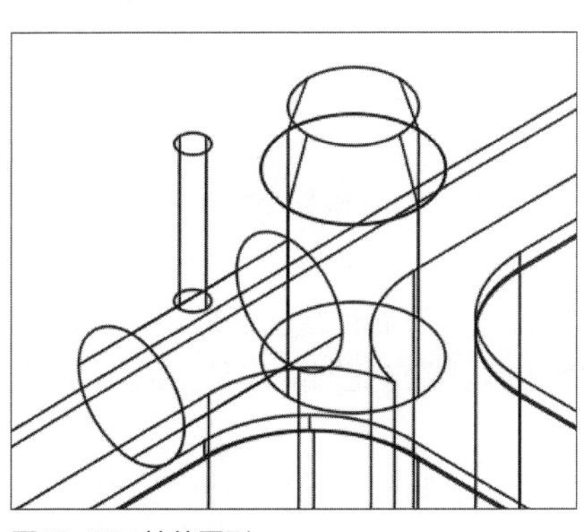

图12-55 拉伸圆形

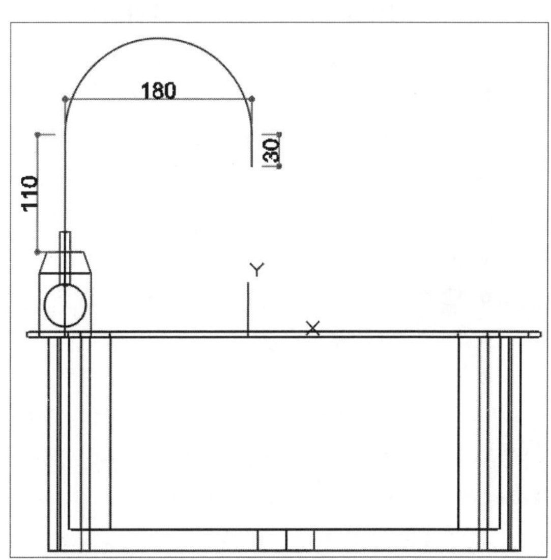

图12-56 绘制水管轮廓线

Step 19 将视图设为西南等轴测图。将坐标设为默认坐标。调整多段线位置。执行“圆”命令，在多段线端点处，绘制半径为15的小圆，如图12-57所示。

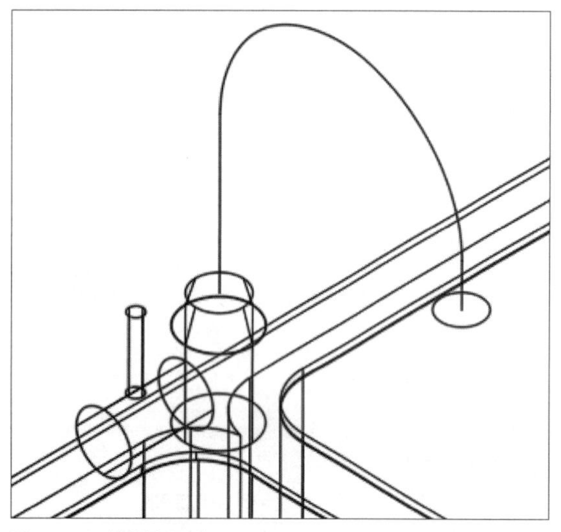

图12-57　绘制小圆形

Step 20 执行“绘图>建模>扫掠”命令，将水管轮廓线拉伸成实体模型。单击“并集”按钮，将所有实体模型进行合并操作，然后将视图样式设为灰度样式，查看效果，如图12-58所示。

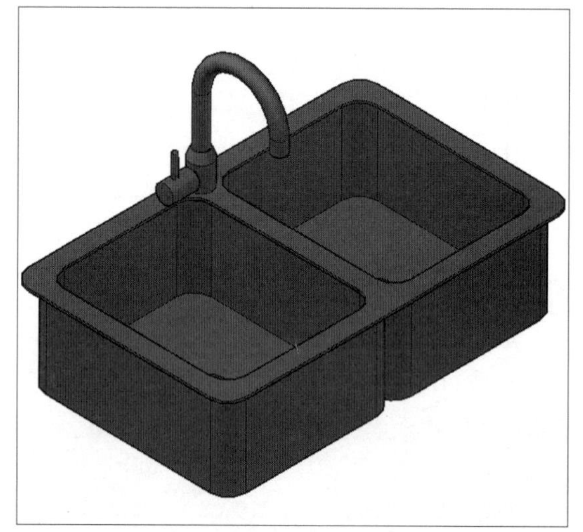

图12-58　最终结果

高手应用秘籍 —— AutoCAD三维小控件的使用技巧

控件，通俗地来说就像平时用的小工具一样，是指对数据和方法的封装，可以有其自己的属性和方法。属性是控件数据的简单访问者，而方法是控件的一些简单而可见的功能。控件的开发是一个复杂的过程，但是有了这些控件，也是一个提高绘图效率的方法。

在AutoCAD中，小控件可以帮助用户沿三维轴或平面移动、旋转或缩放对象。在目前的版本中，选择视图中具有三维视觉样式的对象或子对象时，会自动显示小控件。由于小控件沿特定平面或轴约束所做的修改，因此，它们有助于确保获得更理想的结果。可以指定选定对象后要显示的小控件，也可以禁止显示小控件。无论何时选择三维视图中的对象，均会显示默认小控件。可以选择功能区上的其他默认值，也可以更改DEFAULTGIZMO系统变量的值。其控件功能随系统变量值（DEFAULTGIZMO）的变化而变化变化如下。

- 值为0时，默认情况下，在三维视觉样式中选定某个对象后，将显示三维移动小控件；
- 值为1时，默认情况下，在三维视觉样式中选定某个对象后，将显示三维旋转小控件；
- 值为2时，默认情况下，在三维视觉样式中选定某个对象后，将显示三维缩放小控件；
- 值为3时，默认情况下，在三维视觉样式中选定某个对象后，不显示任何小控件。

在“常用”选项卡的“选择”面板中，单击“移动小控件”按钮，然后在绘图区域中选择图形对象，将光标悬停在小控件上，轴呈亮显，通过三维移动小控件用户可以将选定对象限制为沿X、Y或Z轴移动，或在指定平面上移动，如图12-59所示。

在“选择”面板中，单击“旋转小控件”按钮，选择图形对象后，将光标悬停在小控件上，直至轴线以红色亮显，旋转路径以黄色亮显。通过三维旋转小控件用户可以将选定对象限制为绕X、Y或Z轴旋转，如图12-60所示。

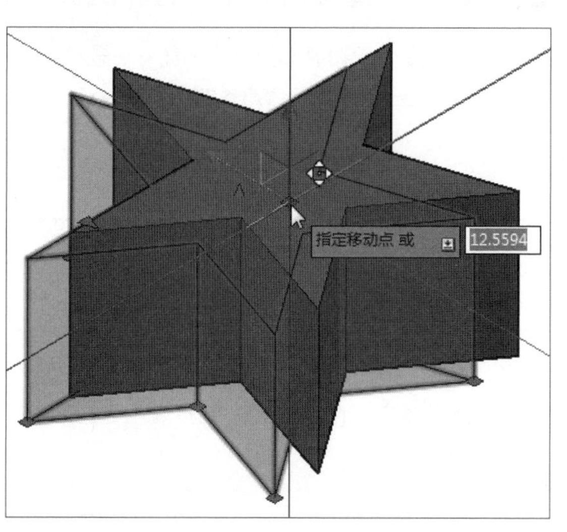

图12-59 移动对象

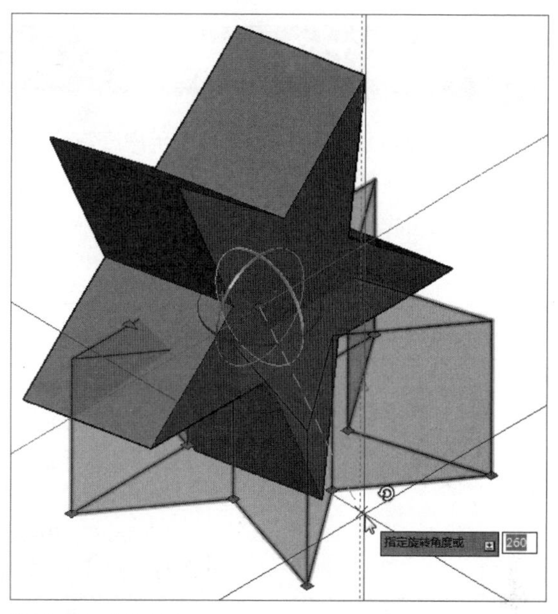

图12-60 旋转对象

执行“缩放 小控件”命令，选择需要缩放的对象后，将光标悬停在小控件上，在亮显轴之间的实心区域调整对象大小。亮显轴之间的双线以指定沿平面调整大小，亮显轴以指定沿轴调整大小。通过三维缩放小控件，用户可以统一沿X、Y或Z轴或指定的平面调整选择的对象的大小，如图12-61所示。

而“无 小控件”命令，则在三维视觉样式中选择某个对象后，不显示任何小控件。

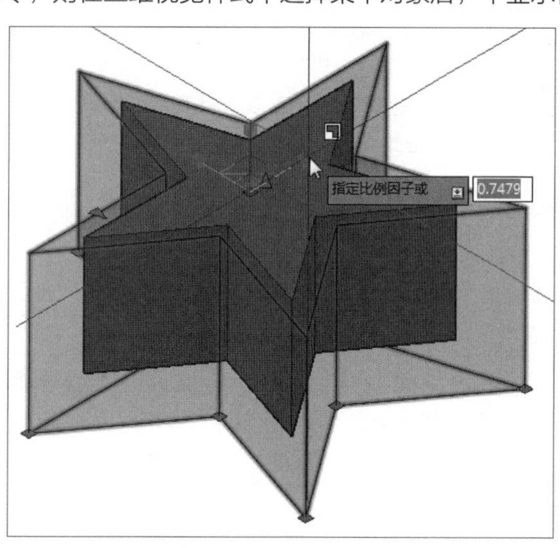

图12-61 缩放对象

秒杀工程疑惑

在进行AutoCAD操作时，用户经常会遇见各种各样的问题，下面将总结一些常见问题进行解答，其中包括：创建三维建模的方式、编辑实体边的应用、三维镜像与二维镜像的区别、实体剖切显示设置以及三维镜像基点的确定等问题。

问　题	解　答
三维实体建模的方式有几种?	通常三维实体建模的方法有3种： 1. 由二维图形沿着图形平面垂直方向或路径进行拉伸操作，或将二维图形绕着某平面进行旋转生成 2. 利用AutoCAD软件提供的绘制基本实体的相关函数，直接输入基本实体的控制尺寸，由AutoCAD直接生成 3. 使用并、交、差集操作建立复杂三维实体
三维实体边功能主要应用在哪些方面?	对三维实体边的编辑主要运用在编辑三维实体时，出现错误，需要利用对象上某条复杂的边创建对其他对象或需要突出表现某条边等方面
在AutoCAD中，三维镜像与二维镜像有什么区别?	二维镜像是在一个平面内完成的，其镜像介质是一条线，而三维镜像是在一个立体空间内完成的，其镜像介质是一个面，所以在进行三维镜像时，必须指定面上的三个点，并且这三个点不能处于同一直线上
为什么剖切实体后，没有显示剖切面?	通常在执行剖切操作时，都会选中所要保留的实体侧面，这样才能显示剖切效果。如果不选择保留侧面，系统只显示实体剖切线，而不会显示剖切效果
在执行“三维镜像”命令时，如何指定3个基点，这3个点是根据什么来确定?	其实道理和平面的差不多，用户只需以操作二维镜像的方法来操作三维镜像即可。在三维图形中只不过是根据定义的三个点所形成的一个面作为镜像基准面
CAD三维实体编辑命令里的“删除面”、“旋转面”命令，怎么对立方体的面操作无效呀?	删除面可以删除的面包括圆角、倒角及挖孔（差集）的内部面，就是将原来的立方体，进行倒圆角或差集命令后，想要恢复，则用删除面命令。 而旋转面可以旋转编辑后的面，实体面可按照指定的旋转轴进行旋转
如何在三维视图中，绘制直线?	在三维视图中，用户完全可直接使用二维直线命令来绘制直线，需注意的是，在绘制直线前，需确定好直线的方向，因此需先设置好坐标点及坐标方向，才可绘制正确的线段

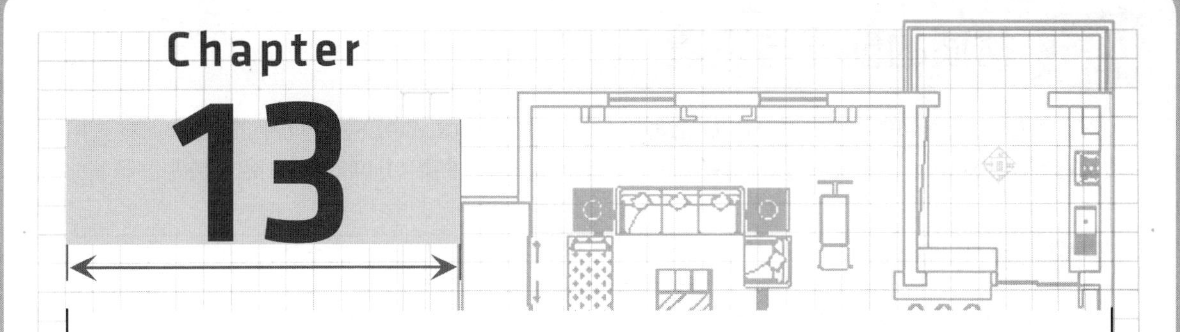

Chapter 13

三维模型的渲染

渲染是用一种近似真实的图像方式来表达三维模型，利用AutoCAD提供的渲染功能，用户能在模型中添加多种类型的光源，如模拟太阳光或在室内设置一盏灯。用户也可给三维模型附加材质特性，如钢、塑料、玻璃等材质，并能在场景中加入背景图片及各种风景实体（树木、人物等），此外，还可把渲染图像以多种文件格式输出。

01 学完本章您可以掌握如下知识点

1. 材质贴图的创建与设置　★★
2. 基本光源的创建与应用　★★
3. 渲染设置　★★★

02 本章内容图解链接

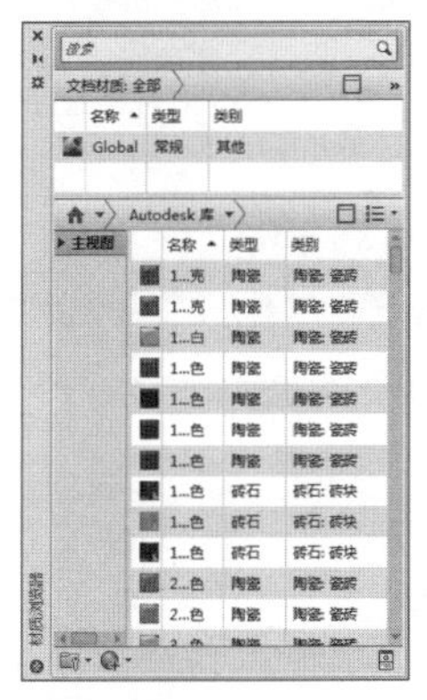

材质浏览器

视口渲染

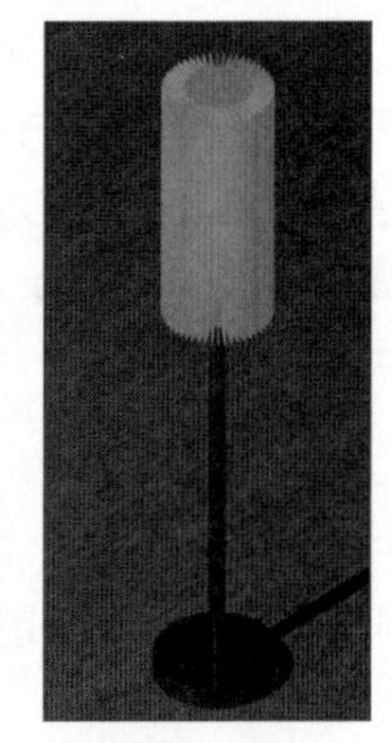

渲染落地灯效果

13.1 材质的创建与设置

在对模型进行渲染前，需要对其添加合适的材质贴图。在AutoCAD中，使用“材质”命令，可将材质附着到模型对象上，并且也可对创建的材质进行修改编辑，例如材质纹理、颜色、透明度等。

13.1.1 材质概述

在AutoCAD软件中，执行“视图>渲染>材质编辑器”命令，打开“材质编辑器”选项板，在该选项板中可以对材质进行创建或编辑，如图13-1所示。

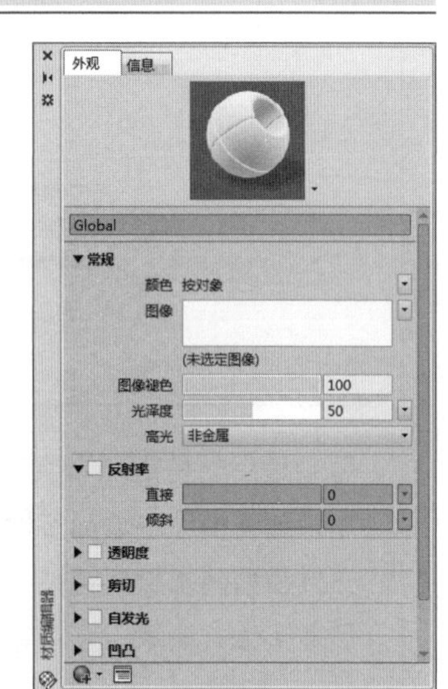

图13-1 “材质编辑器”选项卡

“材质编辑器”选项板是由不同选项组组成，其中包括常规、反射率、透明度、剪切、自发光、凹凸以及染色等选项，下面将对这些选项组进行简单说明。

1. 外观

在该选项卡中，显示了图形中可用的材质样例以及材质创建编辑的各选项。系统默认材质名称为Global。

- 常规：单击该选择组左侧下三角按钮，在扩展列表中，用户可对材质的常规特性进行设置，如“颜色”和“图像”。单击“颜色”下三角按钮，在其列表中可选择颜色的着色方式；而单击“图像”下三角按钮，在其列表中可选择材质的漫射颜色贴图。
- 反射率：在该选项组中，用户可对材质的反射特性进行设置。
- 透明度：在该选项组中，用户可对材质的透明度特性进行设置，完全不透明的实体对象不允许光穿过其表面，不具有不透明性的对象是透明的。
- 剪切：在该选项组中，用户可设置剪切特性。
- 自发光：在该选项组中，用户可对材质的自发光特性进行设置。当设置的数值大于0时，可使对象自身显示为发光而不依赖图形中的光源。选择自发光时，亮度不可用。
- 凹凸：在该选择组中，用户可对材质的凹凸特性进行设置。
- 染色：在该选项组中，用户可对材质进行外观染色。
- 创建复制材质：单击该按钮，在打开的列表中，用户可选择创建材质的基本类型选项，如图13-2所示。
- 打开/关闭材质浏览器：单击该按钮，打开“材质浏览器”选项板，在该选项板中，用户可选择系统自带的材质贴图，如图13-3所示。

图13-2 创建或复制材质

2. 信息

在该选项卡中，显示了当前图形材质的基本信息，如图13-4所示。

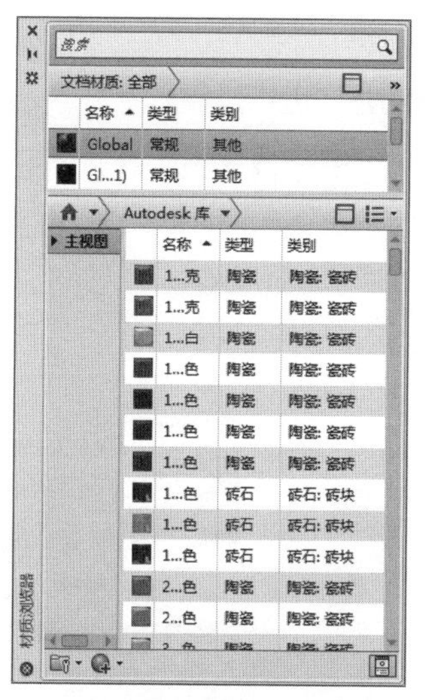

图13-3 “材质浏览器”选项板

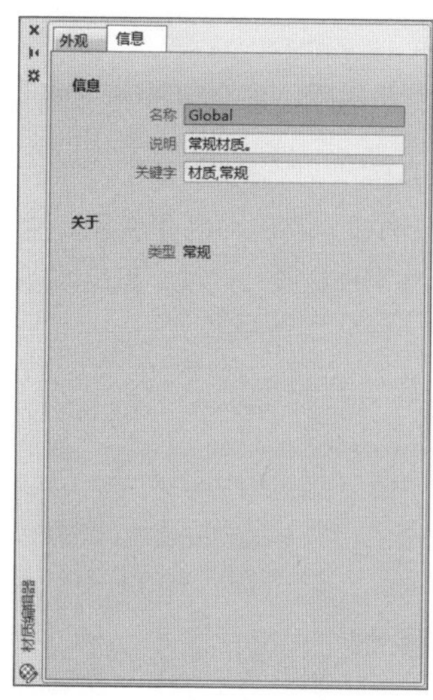

图13-4 “信息”选项卡

13.1.2 创建新材质

在AutoCAD软件中，用户可通过两种方式进行材质的创建。一种是使用系统自带的材质进行创建，另一种是创建自定义材质。

1. 使用自带材质创建

在“可视化”选项卡的“材质”面板中，单击“材质浏览器”按钮，打开“材质浏览器”选项板，单击“主视图”折叠按钮，选择“Autodesk库”选项，在右侧材质缩略图中双击所需材质的编辑按钮，如图13-5所示，在“材质编辑器”选项板中，单击“添加到文档并编辑”按钮即可进入材质名称编辑状态，输入该材质的名称即可，如图13-6所示。

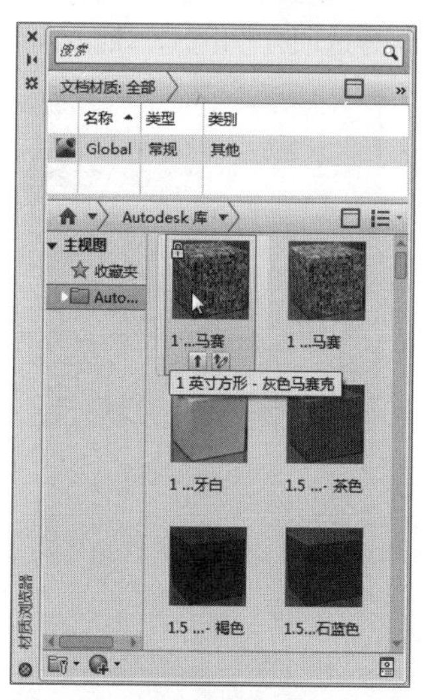

图13-5 选择所需材质图

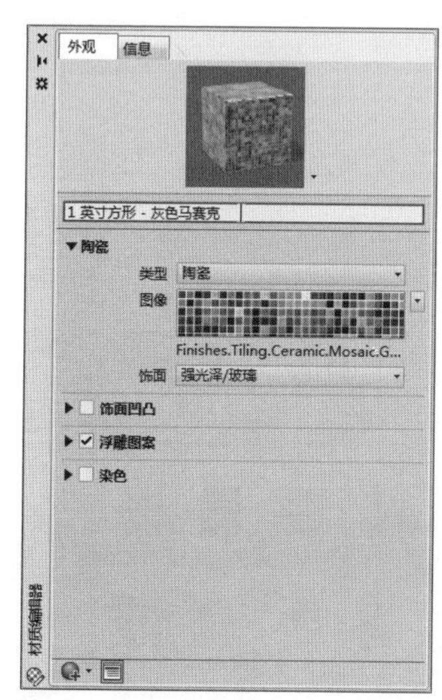

图13-6 创建材质名称

工程师点拨：Autodesk库显示设置

在“材质浏览器”选项板中，单击“更改您的视图”下三角按钮，在打开的快捷列表中，用户可根据需要，设置材质缩略图显示效果。例如“查看类型”、“排列”、“缩略图大小”等。

2. 自定义新材质

用户如果想自定义新材质，那么可按照下面介绍的方法进行操作。

Step 01 执行“视图>渲染>材质编辑器”命令，打开“材质编辑器”选项板，单击“创建或复制材质”按钮，选择“新建常规材质”选项，其结果如图13-7所示。

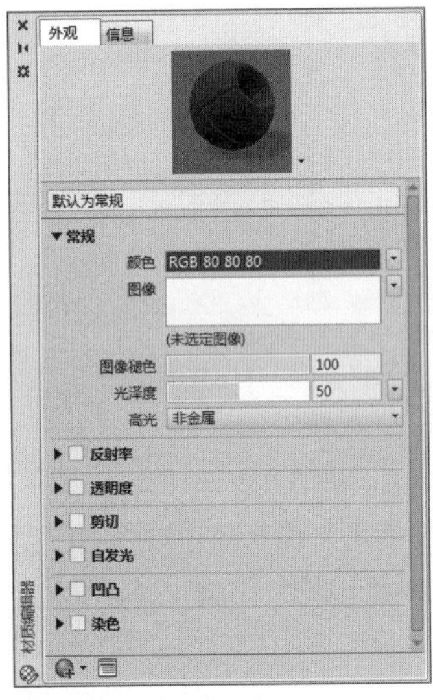

图13-7　新建常规材质

Step 02 在名称文本框中，输入材质新名称，单击“颜色”下三角按钮，选择“按对象着色”选项，如图13-8所示。

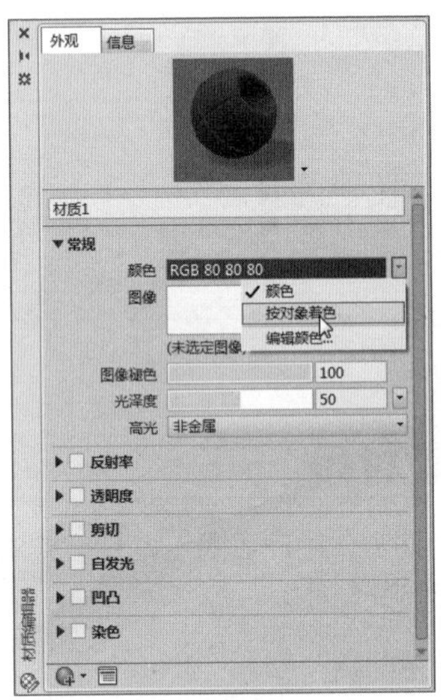

图13-8　输入材质名称

Step 03 单击“图像”右侧按钮，选择“图像”选项，在“材质编辑器打开文件”对话框中，选择要需要的材质图选项，如图13-9所示。

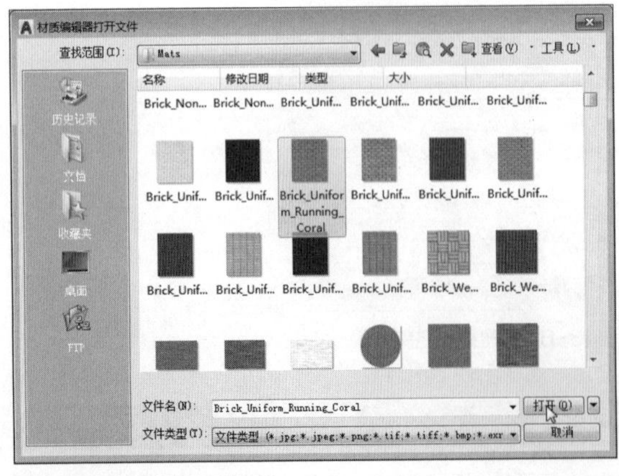

图13-9　选择材质图选项

Step 04 单击“打开”按钮，在“材质编辑器”选项板中，双击添加的图像，在“纹理编辑器-COLOR”选项板中，用户可对材质的位置、比例等选项进行设置，如图13-10所示。

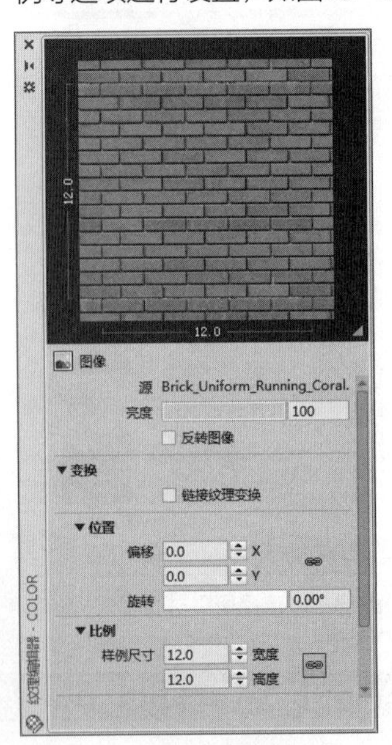

图13-10　设置材质图参数

Step 05 设置完成后，关闭该面板，此时在“材质编辑器”选项板中将会显示自定义新材质。

13.1.3 赋予材质

材质创建好后，用户可使用两种方法将创建好的材质赋予至实体模型上。一种是直接使用拖拽的方法赋予材质，另一种是使用右键菜单方法赋予材质。下面将对其具体操作进行介绍。

1. 使用鼠标拖拽方法操作

执行“视图>渲染>材质浏览器”命令，在“材质浏览器”对话框的“Autodesk库”中，选择需要的材质缩略图，按住鼠标左键，将该材质图拖至模型合适位置后释放鼠标即可，如图13-11所示。

2. 使用右键菜单方法操作

在“视图”选项卡的“选项板”面板中单击“材质浏览器”按钮，选择要赋予材质的模型，在“材质浏览器”选项板中，右击所需的材质图，在打开的快捷菜单中，选择“指定给当前选择”选项即可，如图13-12所示。

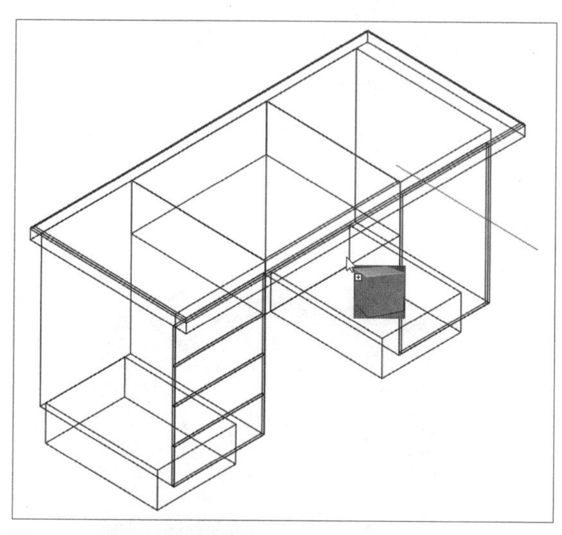

图13-11　使用鼠标拖拽操作

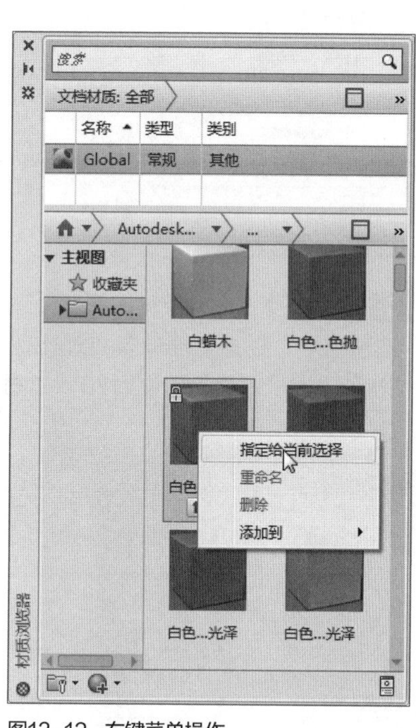

图13-12　右键菜单操作

材质赋予到实体模型后，用户可执行“视图>视觉样式>真实”命令，即可查看赋予材质后的效果。

13.1.4 设置材质贴图

有时在执行完材质贴图操作后，发现当前材质不够满意，此时用户可对其进行修改编辑。其具体操作方法如下。

Step 01 打开素材文件，在“视图”选项卡的“选项板”面板中，单击“材质浏览器”命令，在打开的选项板中，选中所要修改的材质，单击下方的“将材质添加到文档中，并在编辑器中显示”按钮，如图13-13所示。

Step 02 在“材质编辑器”选项板中，单击“图像”选项下的材质图，打开“纹理编辑器”选项板，如图13-14所示。

图13-13 选择需编辑的材质

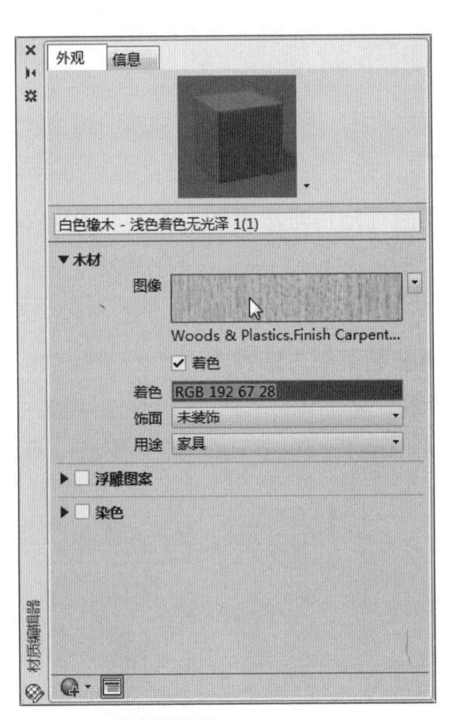

图13-14 单击材质图

Step 03 单击图像，在“纹理编辑器”选项板的“比例”选项组中，根据需要设置纹理比例值，这里将“位置”中的“偏移”值设为20，如图13-15所示。

Step 04 在“图像”选项组中，用户可调整材质亮度参数，如图13-16所示。

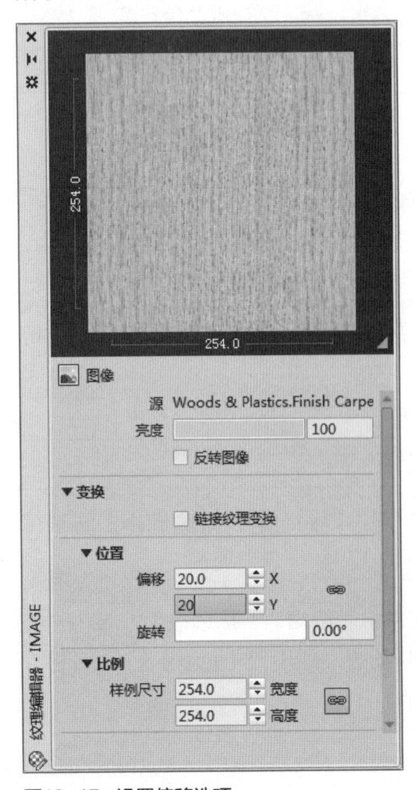

图13-15 设置偏移选项

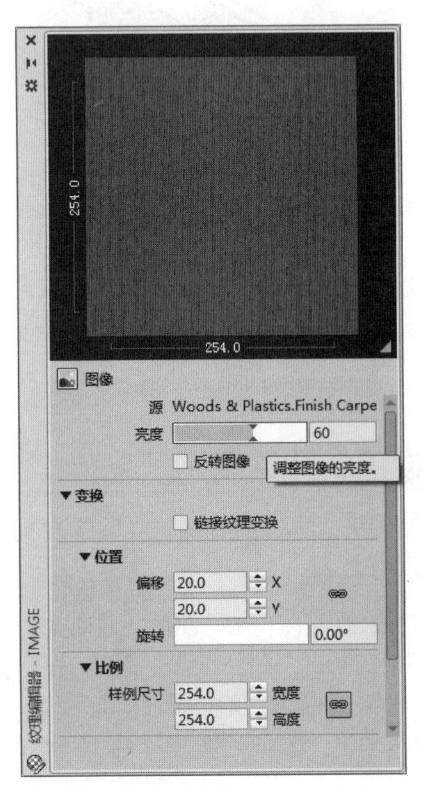

图13-16 设置材质亮度

Step 05 在“材质编辑器”选项板中，取消勾选“着色”选项，在“饰面”下三角按钮的列表中选择“有光泽的清漆”选项，如图13-17所示。

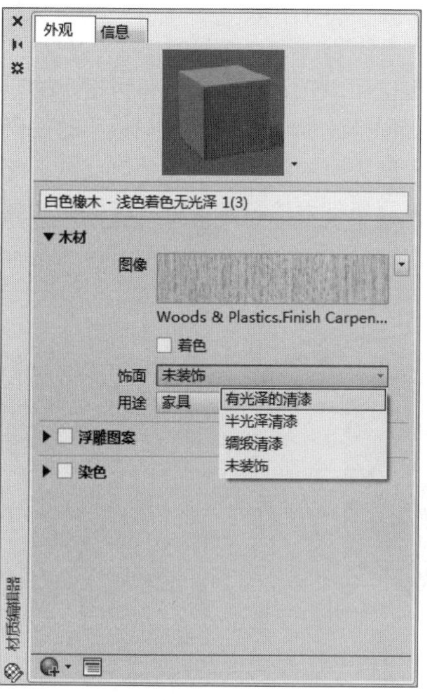

图13-17 选择饰面选项

Step 06 勾选“染色”复选框，单击“染色”色块，打开“选择颜色”对话框，从中调整着色颜色，单击“确定”按钮即可完成材质着色的设置，其效果如图13-18所示。

图13-18 调整材质颜色

当然也可以设置调整材质其他参数值，这里将不一一作介绍了。设置完成后，关闭该选项板，此时当前模型上的材质已发生了相应的变化，所以无需在进行赋予材质的操作。

13.2 基本光源的应用

光源的设置是进行模型渲染操作中不可缺少的一步。光源功能主要起着照亮模型的作用，使三维实体模型在渲染过程中能够得到最真实的效果。

13.2.1 光源的类型

在AutoCAD软件中，光源的类型可包括4种：点光源、聚光灯、平行光以及光域网灯光。若没有指定光源的类型，系统会使用默认光源，该光源没有方向、阴影，并且模型各个面的灯光强度都是一样的，自然其真实效果远不如添加光源后的效果了，如图13-19、13-20所示。

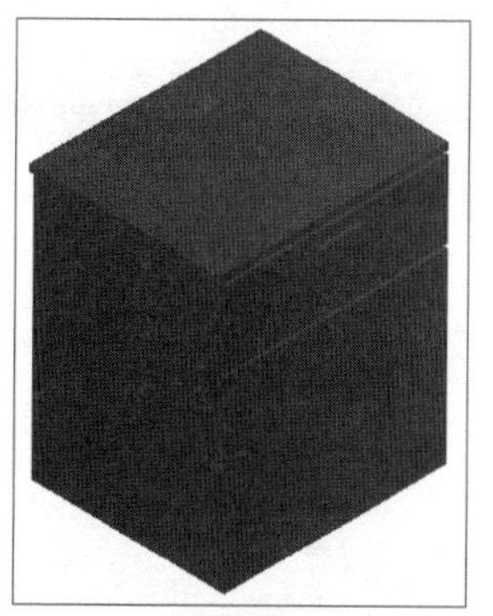

图13-19 系统默认光源效果

图13-20 阳光状态效果

1. 点光源

该光源从其所在位置向四周发射光线。它与灯泡发出的光源类似，它是从一点向各个方向发射的光源。点光源不以一个对象为目标根据点光线的位置，模型将产生较为明显的阴影效果，使用点光源以达到基本的照明效果，如图13-21所示。

2. 聚光灯

聚光灯发射定向锥形光。它与点光源相似，也是从一点发出，但点光源的光线没有可指定的方向，而聚光灯的光线是可以沿着指定的方向发射出锥形光束。像点光源一样，聚光灯也可以手动设置为强度随距离而衰减。但是，聚光灯的强度始终还是根据相对于聚光灯的目标矢量的角度衰减。此衰减由聚光灯的聚光角角度和照射角角度控制。聚光灯可用于亮显模型中的特定特征和区域，如图13-22所示。

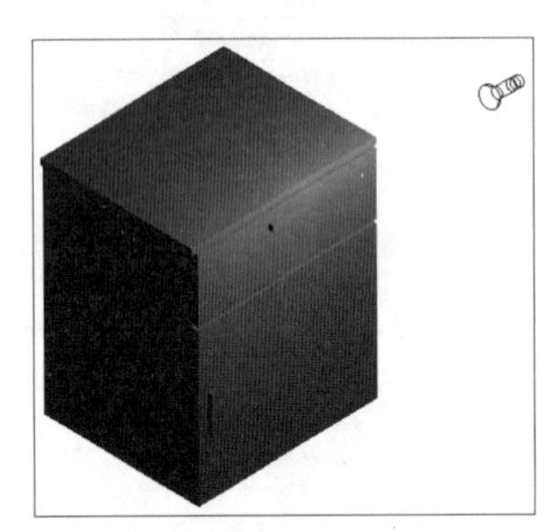

图13-21　点光源设置

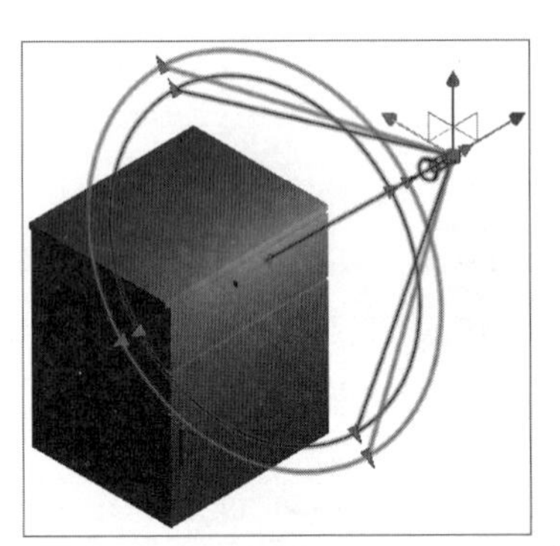

图13-22　聚光灯设置

3. 平行光

平行光源仅向一个方向发射统一的平行光光线。它需要指定光源的起始位置和发射方向，从而以定义光线的方向，如图13-23所示。平行光的强度并不随着距离的增加而衰减；对于每个照射的面，平行光的亮度都与其在光源处相同，在照亮对象或照亮背景时，平行光很有用。

图13-23　平行光

4. 光域网灯光

光域网光源是具有现实中的自定义光分布的光度控制光源。它同样也需指定光源的起始位置和发射方向。光域网是灯光分布的三维表示。它将测角图扩展到三维，以便同时检查照度对垂直角度和水平角度的依赖性。光域网的中心表示光源对象的中心。

13.2.2 创建光源

对光源类型有所了解后，用户可以根据需要创建合适的光源。执行“视图>渲染>光源”命令，在光源列表中，根据需要选择合适的光源类型，并根据命令行提示，设置好光源位置及光源基本特性即可。

命令行提示如下:

```
命令：_spotlight
指定源位置 <0,0,0>:                                   指定光源起始位置
指定目标位置 <0,0,-10>:                               指定光源目标位置
输入要更改的选项 [名称(N)/强度因子(I)/状态(S)/光度(P)/聚光角(H)/照射角(F)/阴影(W)/衰减(A)/过滤颜色(C)/退出(X)] <退出>:    根据需要，设置相关光源基本属性
```

光源基本属性选项说明如下：

- 名称：指定光源名称。该名称可使用大、小写英文字母；数字；空格等多个字符。
- 强度因子：设置光源灯光强度或亮度。
- 状态：打开和关闭光源。若没有启用光源，则该设置不受影响。
- 光度：测量可见光源的照度。当Lightingunits系统变量设为1或2时，该光度可用。而照度是指对光源沿特定方向发出的可感知能量的测量。
- 聚光角：指最亮光椎的角度。该选项只有在使用聚光灯光源时可用。
- 照射角：指完整光椎的角度。照射角度取值范围为0~160之间。该选项同样在聚光灯中可用。
- 阴影：该选项包含多个属性参数，其中“关”：则关闭光源阴影的显示和计算；“强烈”：则显示带有强烈边界的阴影；“已映射柔和”：则显示大有柔和边界的真实阴影；“已采样柔和”：则显示真实阴影和基于扩展光源的柔和阴影。
- 衰减：该选项同样包含多个属性参数。其中“衰减类型”：则控制光线如何随着距离增加而衰减，对向距点光源越远，则越暗；“使用界线衰减起始界限”：则指定是否使用界限；“衰减结束界限”：则指定一点，光线的亮度相对于光源中心的衰减于该点结束。没有光线投射在此点之外，在光线的效果很微弱，以致计算将浪费处理时间的位置处，设置结束界限提高性能。
- 过滤颜色：控制光源的颜色。

工程师点拨：关闭系统默认光源

在执行光源创建命令后，系统会打开提示框，此时用户需关闭默认光源，否则系统会默认保持默认光源处于打开状态，从而影响渲染效果。

13.2.3 设置光源

光源创建完毕后，为了使图形渲染的更为逼真，通常都需要对创建的光源进行多次设置。在此用户可通过对“光源列表”或“地理位置”两种方法对当前光源属性进行适当修改。

1. 光源列表的查看

单击“可视化”选项卡中的“光源”命令，打开“模型中的光源”面板。该面板按照光源名称和类型列出了当前图形中的所有光源。选中任意光源名称后，在图形中相应的灯光将一起被选中。右击光源名称，从打开的右键菜单中，用户可根据需要对该光源执行删除、特性、轮廓显示操作，如图13-24所示。

在右键菜单中，选择“特性”选项，打开“特性”选项板，用户可根据需要对光源基本属性进行修改设置，如图13-25所示。

图13-24 右键菜单

图13-25 “特性”选项板

2. 地理位置的设置

由于某些地理环境会对照射的光源产生一定的影响，所以在AutoCAD软件中，用户可为模型指定合适的地理位置、日期和当日时间。需要注意的是，在使用该功能前，用户需登录Autodesk 360才可实施。登录Autodesk 360，执行“渲染>阳光和位置>设置位置”命令，在下拉列表中，选择“从地图”选项，打开“地理位置”对话框，在该对话框的搜索文本框中输入搜索内容即可显示地理位置，如图13-26所示，滚动鼠标中键，放大地图，可继续指定更具体的位置。

图13-26　指定搜索位置

13.3 三维模型的渲染

渲染是创建三维模型最后一道工序，利用AutoCAD中的渲染器可以生成真实准确的模拟光照效果，包括光线跟踪反射、折射和全局照明。而渲染的最终目的是通过多次渲染测试创建出一张真实照片级的演示图像。

13.3.1 渲染基础

执行“视图>渲染>高级渲染设置”命令，打开“渲染预设管理器”选项板，用户可对渲染的位置、渲染大小、渲染精确性等参数进行设置。

当用户指定一组渲染设置时，可以将其保存为自定义预设，以便能够快速地重复使用这些设置。使用标准预设作为基础，用户可以尝试各种设置并查看渲染图形的外观，如果得到满意的效果，即可创建为自定义预设。各选项含义说明如下。

- 渲染位置：可以根据需要选择不同的渲染位置，如图13-27所示。
- 渲染大小：选项中选择或设置尺寸大小。指定渲染图像的输出尺寸和分辨率。选择“更多输出设置”以显示“渲染到尺寸输出设置”对话框并指定自定义输出尺寸，如图13-28所示。

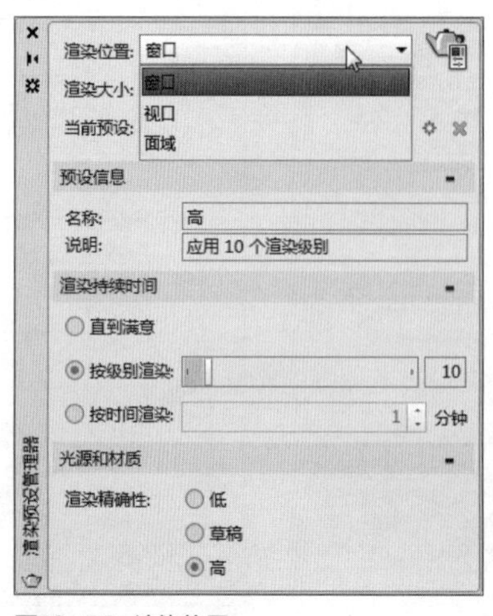

图13-27　渲染位置

图13-28　设置尺寸大小

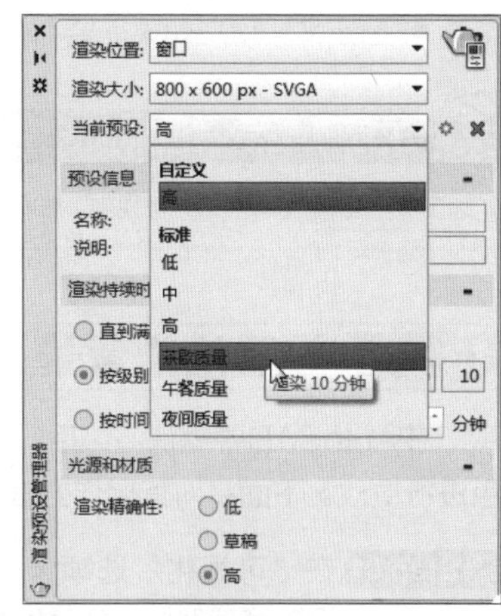
图13-29　当前预设

- 当前预设：显示并设置当前渲染预设的质量要求，如图13-29所示。
- 创建副本：复制选定的渲染预设，可以将当前渲染预设多次编辑或使用。将复制的渲染预设名称以及后缀“-CopyN”附加到该名称，以便为该新的自定义渲染预设创建唯一名称。N所表示的数字会递增，直到创建唯一名称。
- 渲染持续时间：控制渲染器为创建最终渲染输出而执行的迭代时间或层级数。增加时间或层级数可提高渲染图像的质量。该选项组分为三个选项，“直到满意”、“按级别渲染”和“按时间渲染”选项，可根据当前需要设置渲染的方式。
- 光源和材质：控制用于渲染图像的光源和材质计算的准确度。该选项组用于设置渲染精确性，分为三种：低、草稿、高。

工程师点拨：三种渲染精度

- 低：简化光源模型，时间最短速度最快，但最不真实。全局照明、反射和折射处于禁用状态；
- 草稿：基本光源模型，具有平衡性能和真实感。全局照明处于启用状态，反射和折射处于禁用状态；
- 高：高级光源模型，渲染较慢但更为真实。全局照明、反射和折射处于启用状态。

13.3.2 渲染等级

执行渲染命令时用户可根据需要对渲染的过程进行详细的设置。AutoCAD软件给用户提供7种渲染等级，如图13-30所示。渲染等级越高，其图像越清晰，但渲染时间越长。下面将分别对这7种渲染等级进行简单说明。

- 低：使用该等级渲染模型时，渲染精度较低，光线跟踪深度是为3的单个渲染迭代。渲染后效果不会显示阴影、材质和光源，而是会自动使用一个虚拟的平行光源其渲染速度较快，比较适用于一些简单模型的渲染。
- 中：使用该等级进行渲染时，使用材质与纹理过滤功能渲染，但不会使用阴影贴图，较低等级相比，提高了质量，光线跟踪深度是5且执行五次渲染迭代。该等级为AutoCAD默认渲染等级。
- 高：使用该等级进行渲染时，会根据光线跟踪产生折射、反射和阴影。该等级渲染出的图像较为精细，质量要好得多，但其渲染速度相对较慢。在渲染质量方面，与中等级预设相符，但渲染迭代为10，光线跟踪深度为7。
- 茶歇质量：该等级渲染出的图形颇有茶歇的感觉，因为命令为茶歇。茶歇质量精度为低等级的话，渲染持续时间超过10分钟。
- 午餐质量：该等级渲染提高了质量和精度，高于茶歇质量渲染预设。其低等级渲染精度和光线跟踪深度为5，渲染持续时间超过60分钟。
- 夜间质量：该等级渲染为AutoCAD中最高质量渲染的等级，应用于最终渲染。其光线跟踪深度为7，但需要12个小时来处理。

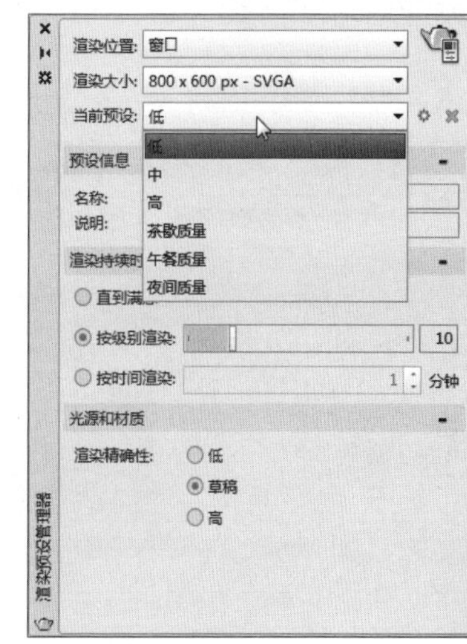
图13-30　选择渲染等级

- 自定义：用户如果需要存在一个或多个渲染预设，可以进行自定义渲染预设。

工程师点拨："渲染预设管理器"选项板

除了执行菜单栏命令，在"可视化"选项卡的"渲染"面板中，单击"渲染"按钮也可打开"渲染预设管理器"选项板。

13.3.3 设置渲染背景

在AutoCAD中默认渲染后的背景为黑色。为了使模型得到更好的显示效果，可对渲染后的背景颜色进行更改。下面将对其操作方法进行介绍。

Step 01 在"可视化"选项卡的"视图"面板中，单击"视图管理器"按钮，打开"视图管理器"对话框，单击"新建"按钮，如图13-31所示。

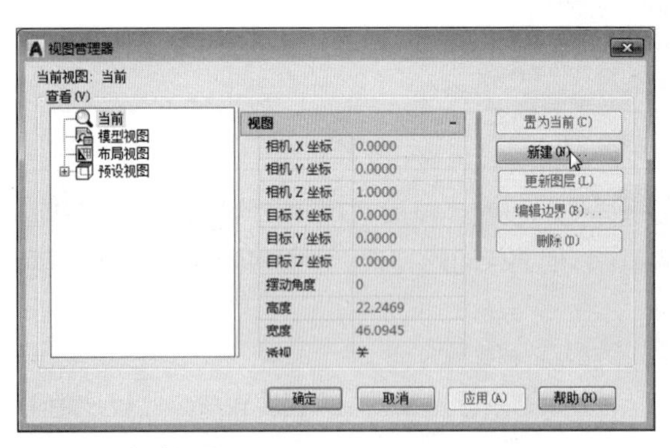

图13-31 新建视图

Step 02 在"新建视图/快照特性"对话框中，输入视图名称，单击"背景"下拉按钮，选择背景颜色，这里选择"渐变色"选项，如图13-32所示。

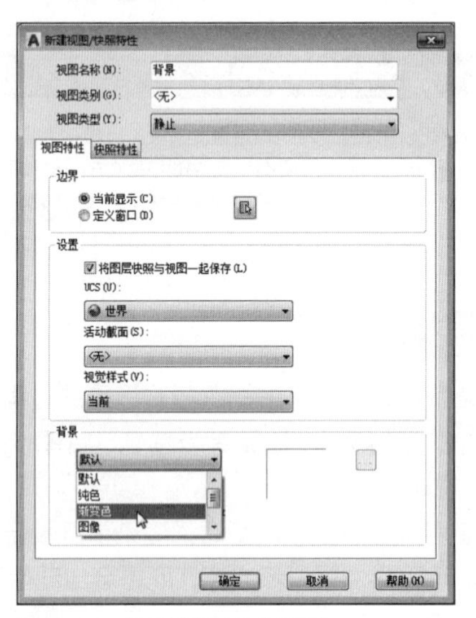

图13-32 选择"渐变色"选项

Step 03 打开"背景"对话框，根据需要设置渐变颜色，如图13-33所示。

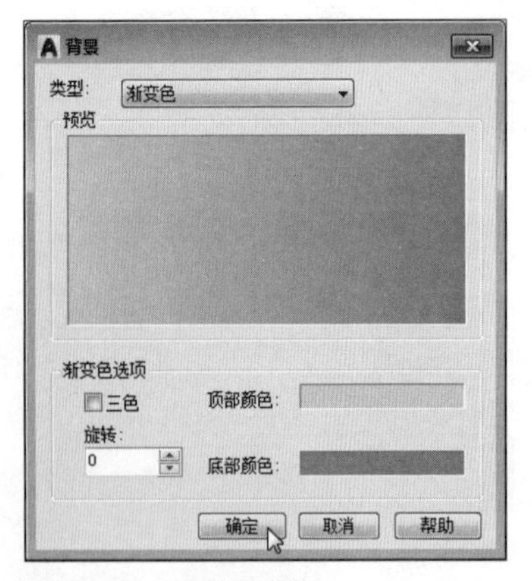

图13-33 设置背景颜色

Step 04 设置好后单击"确定"按钮返回上一层对话框，单击"确定"按钮，返回"视图管理器"对话框，如图13-34所示。

Step 05 单击"置为当前"按钮，再单击"应用"按钮，关闭该对话框，完成渲染背景色的设置操作。

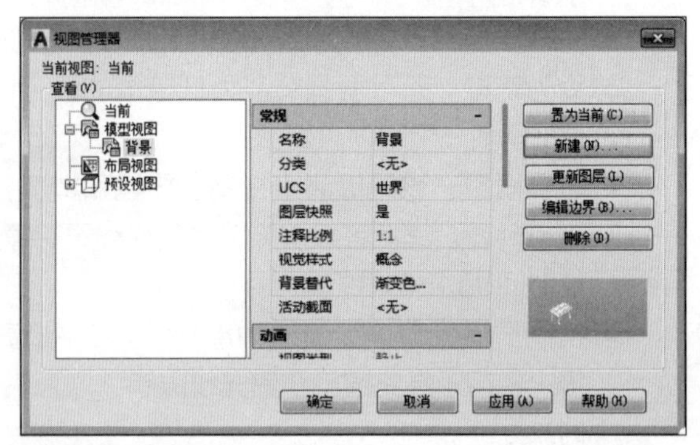

图13-34 完成设置

13.3.4 渲染模型

对材质、贴图等进行设置，将其应用到实体中后，可通过渲染查看即将生产的产品的真实效果，渲染时可以选择渲染的位置和方式，在AutoCAD 2018中，有“窗口”、“视口”和“面域”三种渲染位置。渲染是运用几何图形，光源和材质将三维实体渲染为最具真实感的图像。

1. 窗口渲染

在“渲染”面板中单击“渲染到尺寸”按钮，在“可视化”选项卡的“渲染”面板中单击“渲染到尺寸”按钮，即可对当前模型进行渲染。如图13-35所示。在“渲染”窗口中，用户可以读取到当前渲染模型的一些相关信息，例如材质参数、阴影参数、光源参数以及占用的内存等。

2. 视口渲染

在“可视化”选项卡的“渲染”面板中单击“在视口中渲染”按钮，开始渲染时，绘图区所在视口便开始进行渲染，如图13-36所示。

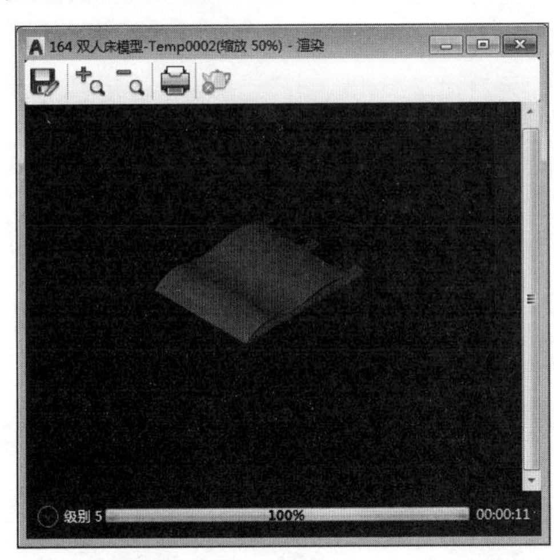

图13-35 窗口渲染

图13-36 视口渲染

3. 面域渲染

在“可视化”选项卡的“渲染”面板中单击“在面域中渲染”按钮，在绘图区域中，按住鼠标左键，框选出所需的渲染窗口，放开鼠标，即可进行创建，如图13-37所示。

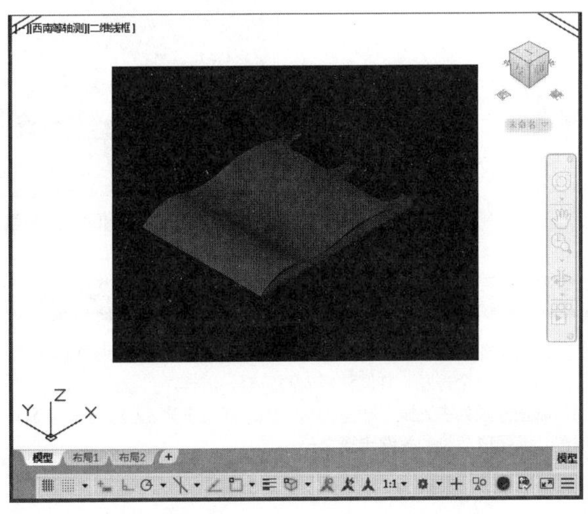

图13-37 面域渲染

13.3.5 渲染出图

模型渲染完毕后，可将渲染的结果保存为图片文件，以便做进一步处理。AutoCAD渲染输出的格式可包括Bmp、Tga、Tif、Jpg、Png，用户可根据需要选择相应的图片格式输出即可。下面将介绍其具体操作过程。

Step 01 打开所需渲染的模型，执行“渲染>渲染”命令，将该模型渲染。在渲染窗口菜单栏中，单击“保存”按钮，如图13-38所示。

图13-38 选择“保存”选项

Step 02 打开“渲染输出文件”对话框，设置文件类型为PNG并输入文件名称，单击“保存”按钮，如图13-39所示。

图13-39 输出文件

Step 03 在打开的“PNG图像选项”对话框中设置图像选项，单击“确定”按钮，如图13-40所示。

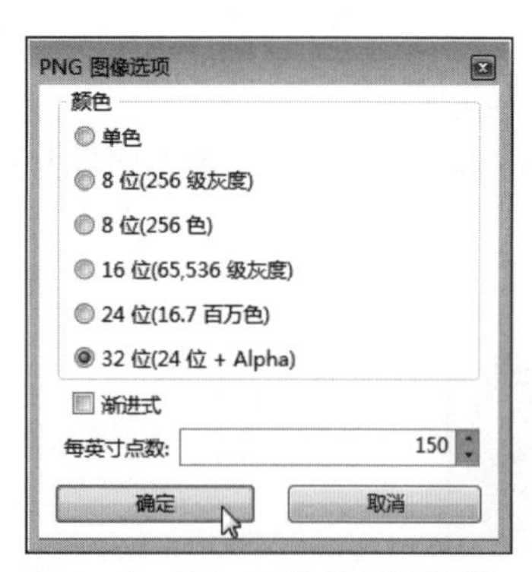

图13-40 “PNG图像选项”对话框

Step 04 打开输出的图像，效果如图 13-41 所示。

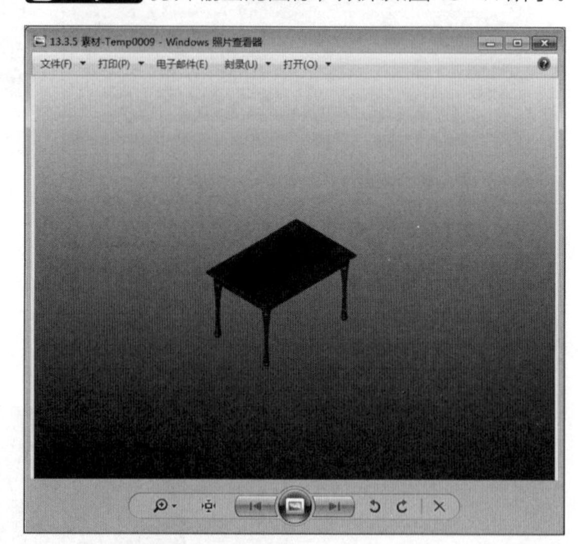

图13-41 查看输出图像的效果

工程师点拨：适当添加多个光源

在AutoCAD软件中，如果使用一个光源照亮模型，其渲染结果会显得有点生硬。这因为模型的背光面和亮光面黑白太过鲜明而造成的。此时不妨在模型背光面适当添加一个光源，并调整好光源位置，这样渲染出的画面则会生动许多。但需要注意的是，如果添加了多个光源，就必须分清楚哪些光源为主光源，哪些为次光源。通常主光源强度因子较高，而次光源的强度因子较低。把握好主、次光源之间的参数及位置，是图形渲染的关键步骤之一。

综合实例——绘制简约落地灯

本章主要向用户介绍了三维实体模型的渲染操作。下面将结合以上所学的知识点来绘制三维落地灯模型并将其赋予材质进行渲染，其中涉及到三维命令有圆柱体、三维阵列、材质贴图及渲染等。

Step 01 将当前视图设为西南等轴测视图。执行“圆柱体”命令，绘制一个底面半径为150、高为50的圆柱体，作为灯底座，如图13-42所示。

Step 02 再次执行“圆柱体”命令，捕捉底座顶面圆心，绘制一个底面半径为20、高1500的小圆柱体，作为支撑杆，如图13-43所示。

Step 03 捕捉灯柱顶面圆心，绘制一个顶面半径为50、高600的圆柱体，作为灯柱，如图13-44所示。

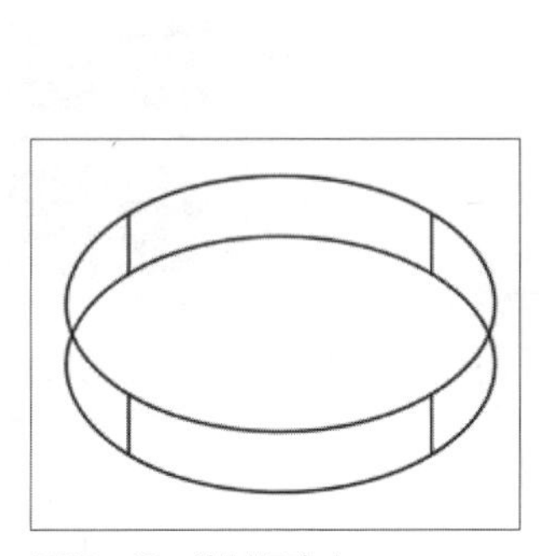

图13-42　绘制灯底座

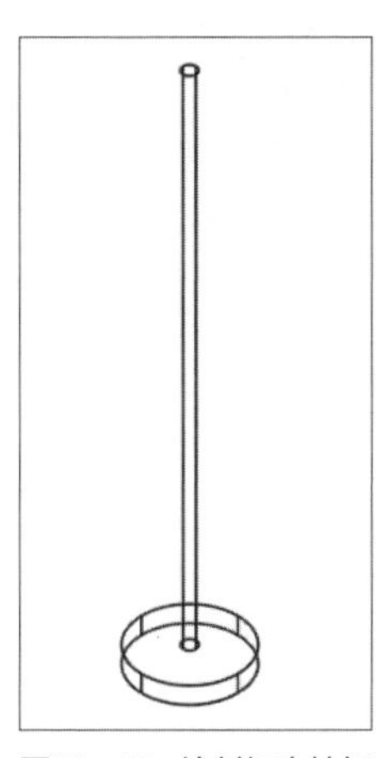

图13-43　绘制灯支持杆

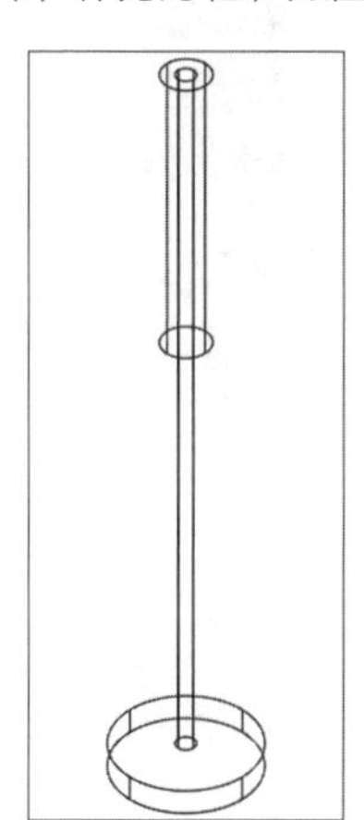

图13-44　绘制灯柱

Step 04 将当前视图设为左视图。执行“矩形”命令，绘制尺寸为50*600的长方形，如图13-45所示。

Step 05 将当前视图设为西南等轴测视图，将坐标恢复成原始坐标。执行“拉伸”命令，拉伸长方形，拉伸高度为3，如图13-46所示。

Step 06 执行“三维阵列”命令，将长方体以灯柱顶面和底面圆心为旋转轴进行环形阵列，设置阵列项目数为50，角度为360，如图13-47所示。

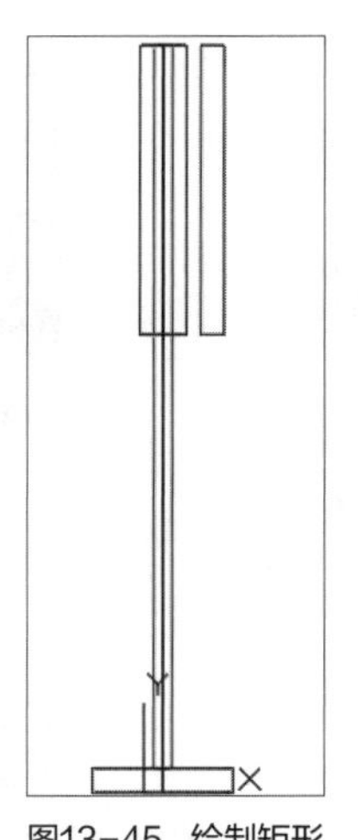

图13-45　绘制矩形

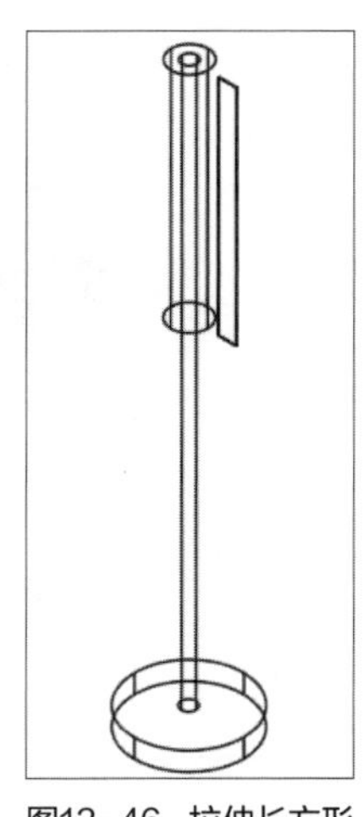

图13-46　拉伸长方形

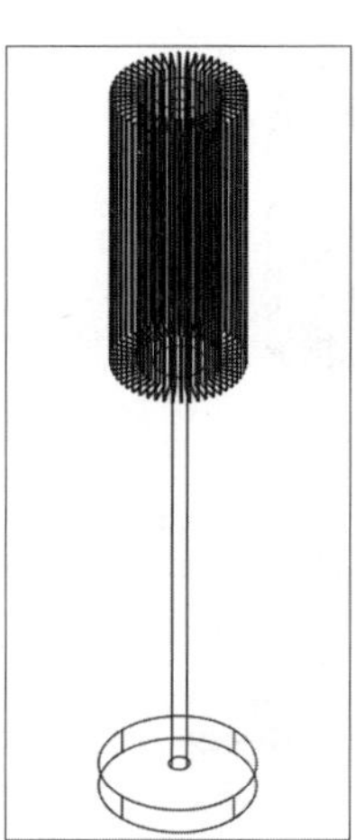

图13-47　阵列长方体

Step 07 执行“圆柱体”命令，以灯柱顶面圆心点为圆心，向下绘制一个顶面半径为80、高为5的圆柱体。将视觉样式设为“概念”，查看效果，完成灯罩的绘制，如图13-48所示。

Step 08 执行“并集”命令，将灯罩模型进行合并。

Step 09 在“可视化”选项卡的“材质”面板中，单击“材质浏览器”按钮，打开“材质浏览器”选项板，单击“Autodesk 库”下三角按钮，在下拉列表中，选择“金属”选项，如图13-49所示。

Step 10 在右侧材质列表中，选择不锈钢材质。这里选择“不锈钢-缎光-轻拉丝”材质，如图13-50所示。

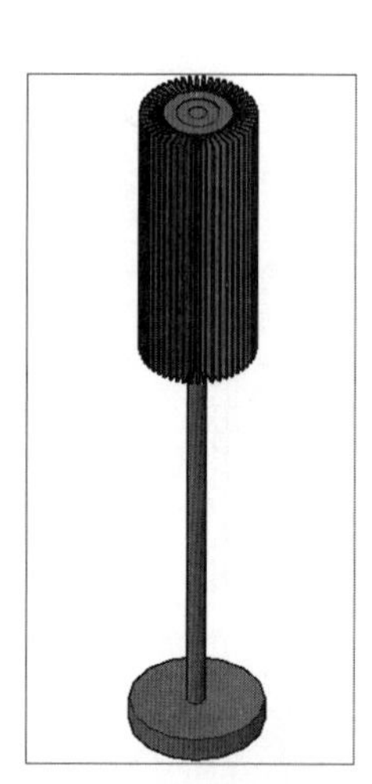

图13-48 概念视觉样式

图13-49 选择“金属”选项

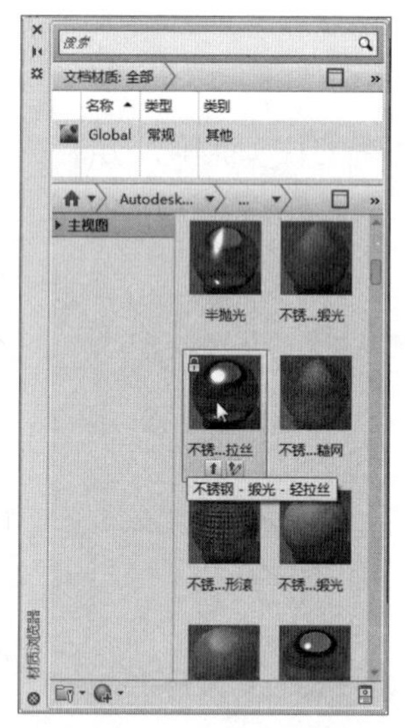

图13-50 选择“不锈钢”材质

Step 11 将选择的不锈钢材质拖拽至底座以及支撑杆上，如图13-51所示。

Step 12 将当前视觉样式设为“二维线框”样式。在“材质浏览器”选项板中，单击“Autodesk库”下三角按钮，选择“塑料”选项，如图13-52所示。

Step 13 在右侧塑料材质列表中，选择“LED-黄灯亮”材质，并将其拖拽至灯罩上，如图13-53所示。

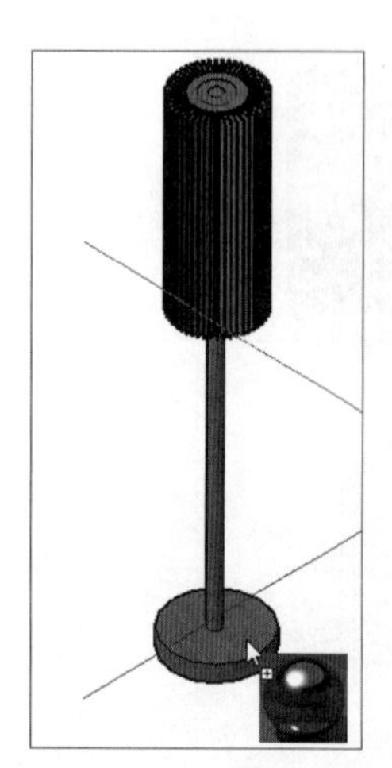

图13-51 赋予底座与支撑杆材质

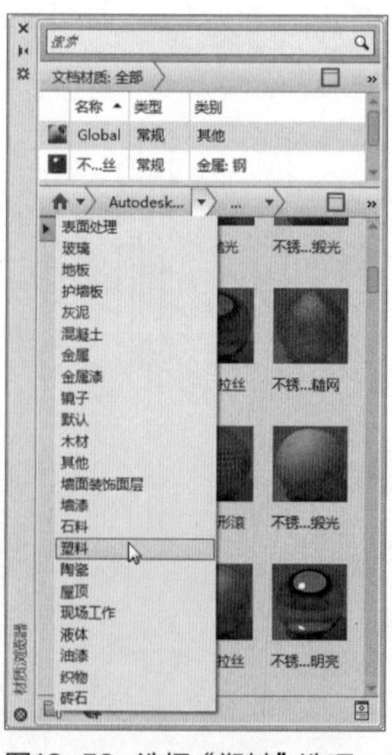

图13-52 选择“塑料”选项

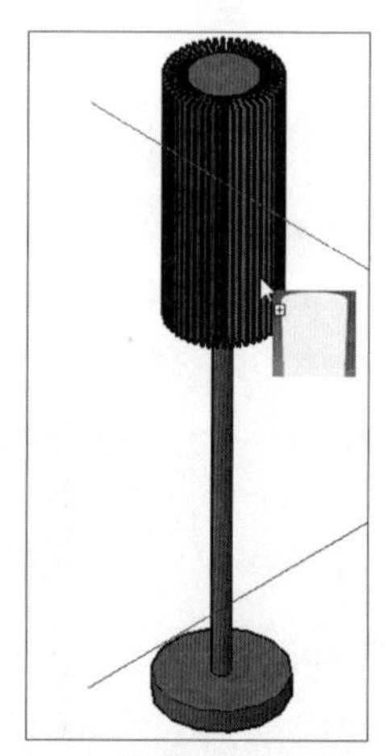

图13-53 赋予灯罩材质

Step 14 将当前视觉样式设为“二维线框”样式。选中灯罩内灯柱模型，然后在塑料材质列表中，右键单击“LED-黄灯亮”材质，在打开的右键菜单中，选择“指定给当前选择”选项，如图13-54所示。

Step 15 执行“长方体”命令，随意绘制一个长方体作为地面。在“材质浏览器”选项板中，选择合适的地面材质，如图13-55所示。将其赋予至地面上。

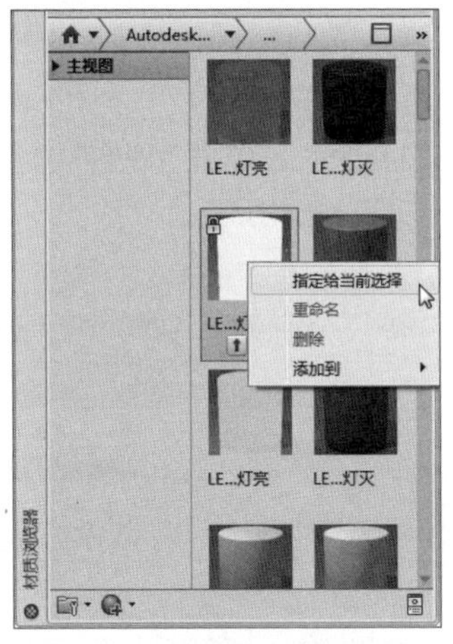

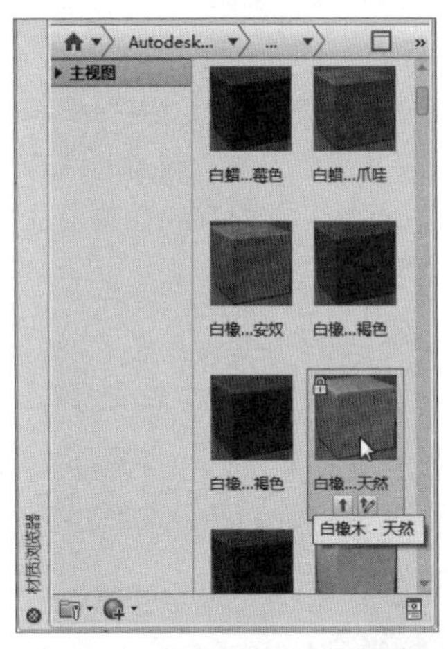

图13-54 赋予灯柱材质　　图13-55 赋予地面材质

Step 16 在“可视化”选项卡的“光源”面板中，单击“创建光源”下三角按钮，在其下拉列表中，选择“光域网灯光”选项，在打开的“光源-视口光源模式”对话框中，选择“关闭默认光源”选项。在合适的位置，指定灯光位置，如图13-56所示。

Step 17 按回车键，完成光域网灯光创建操作。切换视图，调整光域网位置。调整完成后，右键单击光域网灯光，在快捷菜单中，选择“特性”选项，在打开的“特性”选项板中，将“强度因子”设为5，如图13-57所示。

Step 18 关闭“特性”选项板。在“可视化”选项卡的“渲染”面板中，单击“渲染位置”下三角按钮，选择“在面域中渲染”选项，其后单击“渲染到尺寸”按钮，在绘图区中，框选落地灯模型将其进行渲染，渲染结果如图12-58所示。至此简约落地灯模型绘制完毕。

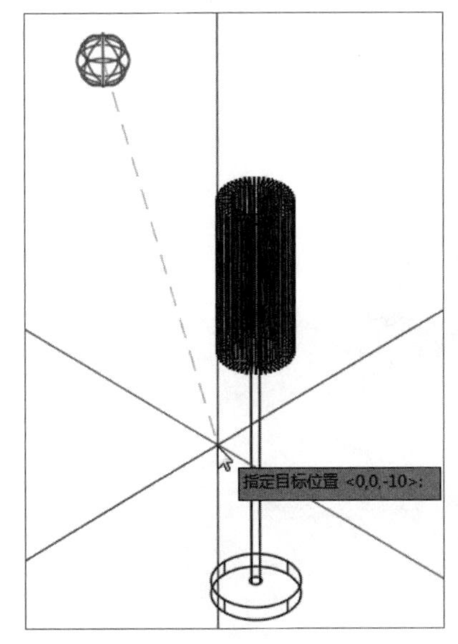

图13-56 创建光域网灯光

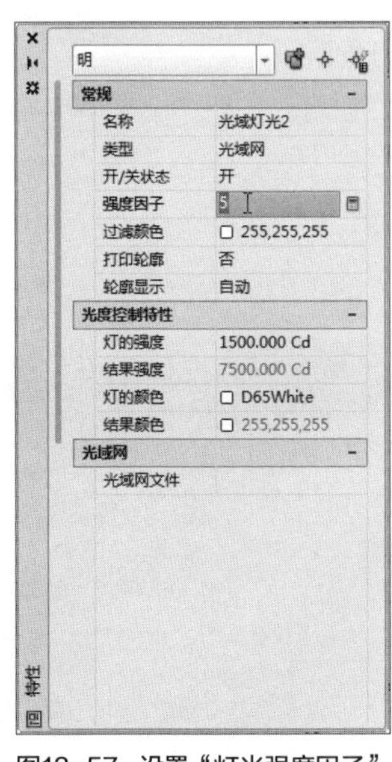

图13-57 设置“灯光强度因子”

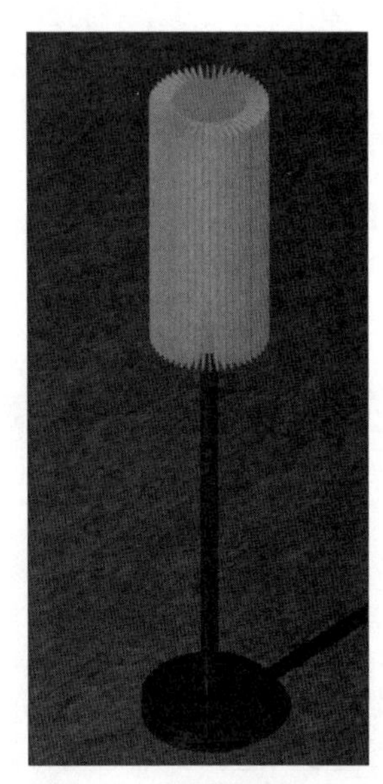

图13-58 模型渲染效果

高手应用秘籍 —— 自定义AutoCAD材质库

在对三维模型进行材质贴图时，用户除了可使用Autodesk库中默认的材质贴图外，还可自行添加自己喜爱的材质贴图，下面将介绍其具体操作方法。

Step 01 单击“材质浏览器”按钮，打开“材质浏览器”选项板，在面板左下角单击“创建、打开并编辑用户定义的库”按钮，在打开的列表中选择“创建新库”选项，如图13-59所示。

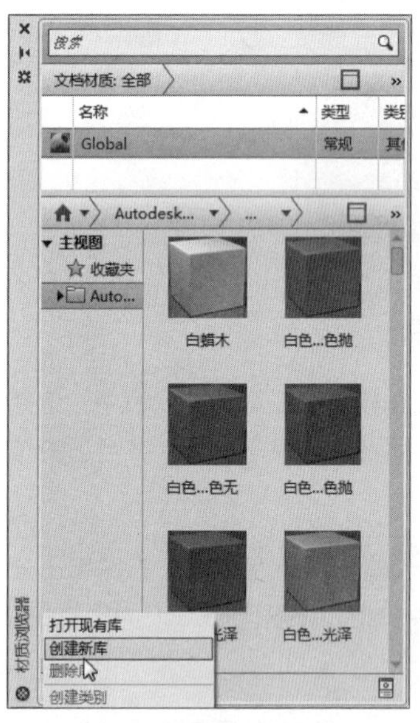

图13-59 创建新库

Step 02 即可在库列表中创建新库，并命名为“新贴图”，单击“确定”按钮，完成新库的创建，如图13-60所示。

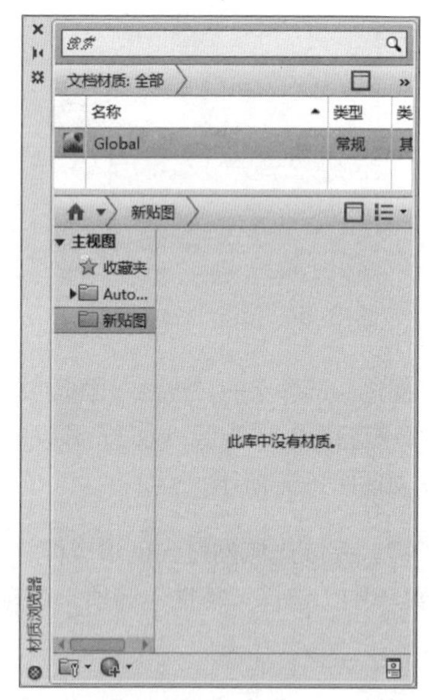

图13-60 完成新库的创建

Step 03 在“文档材质”列表中，选择材质贴图选项，单击鼠标右键，在打开的快捷菜单中，选择“添加到>新贴图”命令，如图13-61所示。

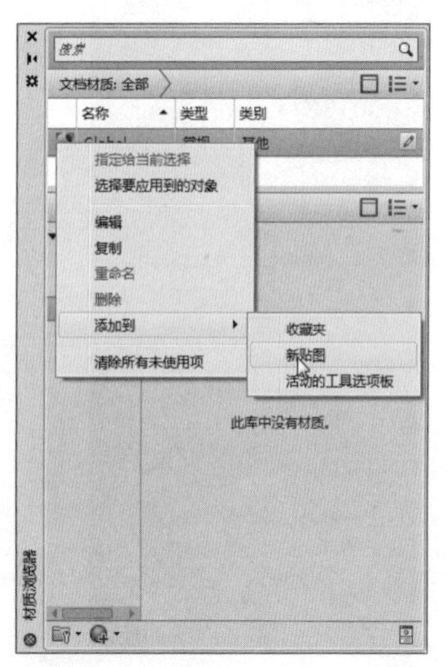

图13-61 添加命令

Step 04 选择完成后，被选中的材质图已添加至自定义的图库中，如图13-62所示。

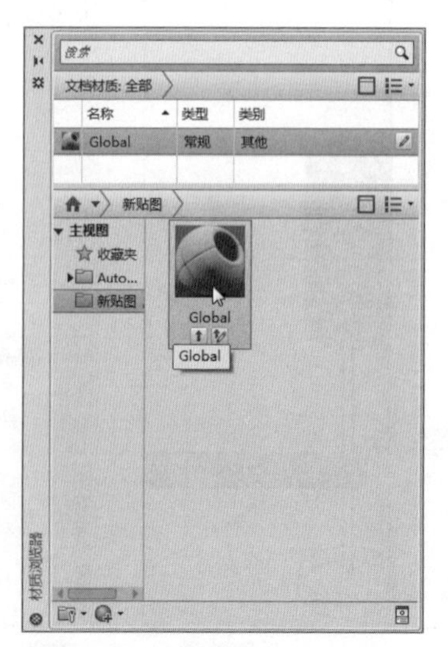

图13-62 完成添加操作

Step 05 在该材质库中，右击添加的材质贴图，在快捷菜单中，选择“重命名”选项即可重命名该材质，如图13-63所示。

图13-63 重命名材质

工程师点拨：删除材质贴图

若想将该材质删除，只需在右键菜单中，选择“删除”选项即可快速删除。

秒杀工程疑惑

在进行AutoCAD操作时，用户经常会遇见各种各样的问题，下面将总结一些常见问题进行解答，其中包括：渲染窗口无法显示、材质贴图比例参数的设置、Lightingunits系统变量的设置、无法保存渲染效果等问题。

问　题	解　答
为什么添加了光源后，在进行渲染时，其渲染窗口一片漆黑?	这是由于添加的光源位置不对而造成的。此时只需调整好光源的位置即可 在三维视图中，调整光源位置，需要结合其他视图一起调整，例如俯视图、左视图、三维视图，这样，才能将光源调整到最好的状态
为什么在赋予了地板材质后，其材质没有地板的纹理?	这是因为没有设置材质的比例太小，从而形成材质纹理过密而造成的，因此只需进行以下操作： 首先执行“材质浏览器”命令，打开相应的面板； 然后在“文档材质”列表中，选中地板材质，并单击材质后的编辑按钮； 接着在“材质编辑器”面板中，单击“图像”后的地板图案，在“纹理编辑器”面板的“比例”选项组中，调整好“样例尺寸”的“宽度”和“高度”数值即可 其数值越大，其材质纹理则越疏松，反之，则越紧密
Lightingunits系统变量的作用是什么?	Lightingunits系统变量控制是使用常规光源还是使用光度控制光源，并指示当前的光学单位。其变量值为0、1、2。其中0为未使用光源单位并启用标准光源；1为使用美制光学单位并启用光度控制光源；2为使用国际光源单位并启用光度
为什么渲染后的效果无法保存? 打印的时候是否能打印出渲染效果?	AutoCAD中的渲染效果会在执行任何命令时消失，但不是真正意义上的消失，当再次执行渲染命令时又会出现先前设置好的渲染效果。不可以在渲染状态下进行图形修改，只有在非渲染状态下才可以修改图形 渲染的效果如果直接打印的话，打印出的是渲染之前的效果，渲染效果只有通过渲染输出后才能进行打印

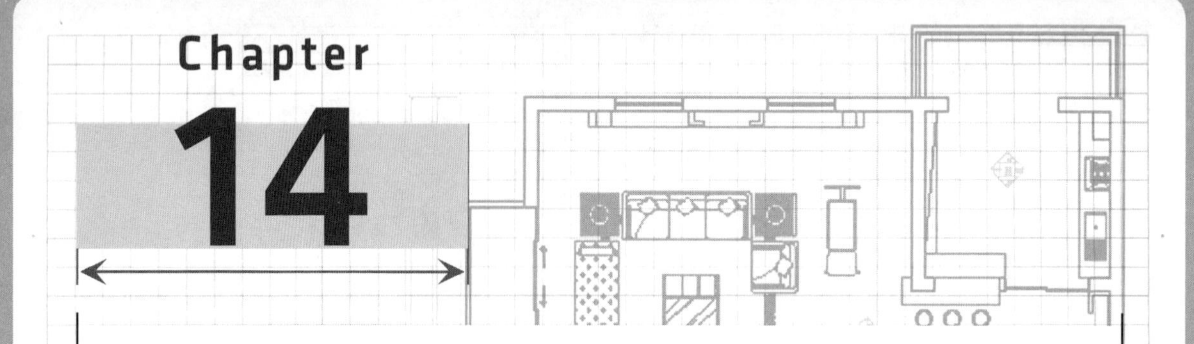

Chapter 14 图形的输出与发布

在AutoCAD中所绘制的图形可以利用输出功能转换成不同格式的文件来满足用户的各种需求，还可以将外部文件输入到AutoCAD中。同时，为了适应互联网络的快速发展，使用户能够快速有效地共享设计信息。通过本章的学习，用户可以了解到空间的创建及设置、图形绘制完毕后的打印、发布等操作，以及掌握AutoCAD出图时的各种需求。

01 学完本章您可以掌握如下知识点

1. 图纸的输入与输出	★
2. 打印图纸	★★
3. 布局空间的设置	★★
4. 网络功能的应用	★★★

02 本章内容图解链接

图纸的输出操作

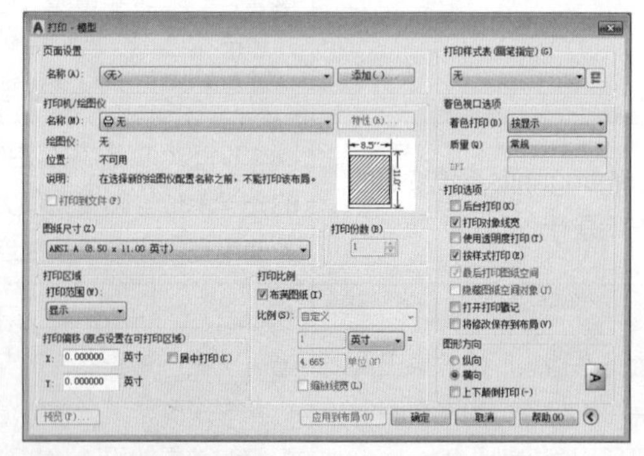

设置打印样式

14.1 图纸的输入与输出

通过AutoCAD提供的输入和输出功能，不仅可以将其他应用软件中处理好的数据导入到AutoCAD中，还可以将在AutoCAD中绘制好的图形输出成其他格式的图形。

14.1.1 插入OLE对象

在进行绘图时，用户可根据需要选择插入其他软件的数据，也可借助其他应用软件在CAD软件中进行处理操作。下面将对其相关操作进行详细介绍。

Step 01 执行“插入>OLE对象”命令，打开“插入对象”对话框。在“对象类型”列表框中，选择所需应用程序选项，这里选择“Microsoft Word Document”选项，如图14-1所示。

插入对象

对象类型(T):

新建(N)

由文件创建(F)

Microsoft Excel Worksheet
Microsoft Graph Chart
Microsoft PowerPoint Macro-En
Microsoft PowerPoint Macro-En
Microsoft PowerPoint Presenta
Microsoft PowerPoint Slide
Microsoft Word Document
Microsoft Word Macro-Enabled
Microsoft 公式 3.0

确定

取消

显示为图标(D)

结果

将一个新的 Microsoft Word Document 对象插入您的文档。

图14-1　选择对象类型

Step 02 单击“确定”按钮，系统自动启动Word应用程序，在打开的Word软件中，输入文本内容，如图14-2所示。

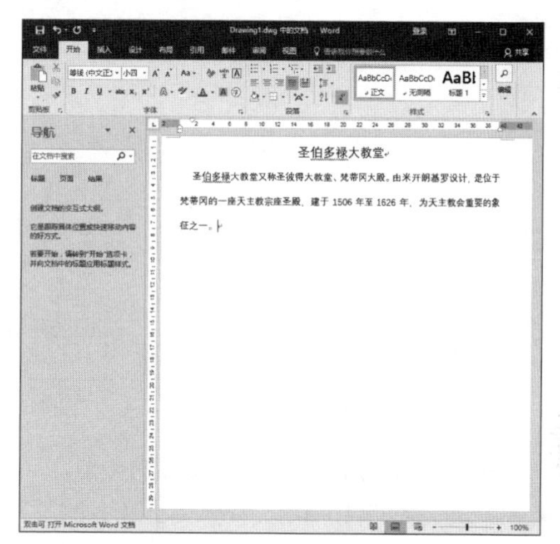

图14-2　输入文本内容

Step 03 在Word中，执行“插入”命令，插入所需图片并放置合适位置，如图14-3所示。

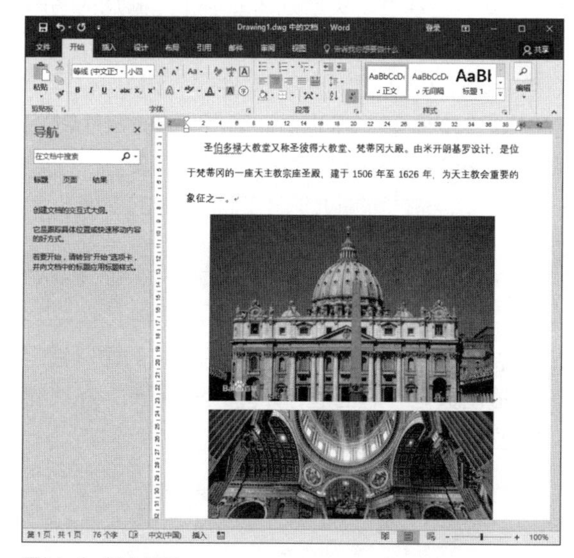

图14-3　插入图片

Step 04 设置好后，关闭word应用程序，此时在AutoCAD绘图区中会显示相应的操作内容，效果如图14-4所示。

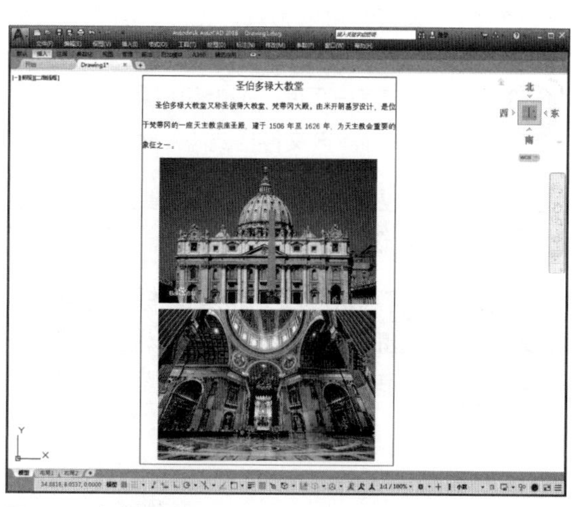

图14-4　完成操作

默认情况下，未打印的OLE对象显示有边框。OLE对象都是不透明的，打印的结果也是不透明的，它们覆盖了其背景中的对象。

除了以上方法外，用户还可使用其他2种方法进行操作：

- 从现有文件中复制或剪切信息，将其粘贴到图形中。
- 输入一个在其他应用程序中创建的现有文件。

14.1.2 输入图纸

在AutoCAD中，用户可以将各种格式的文件输入到当前图形中。执行“文件>输入”命令，打开“输入文件”对话框，如图14-5所示。从中选择相应的文件，单击“打开”按钮即可将文件插入。在“文件类型”下拉列表中，可以选择需要输入文件的类型，如图14-6所示。

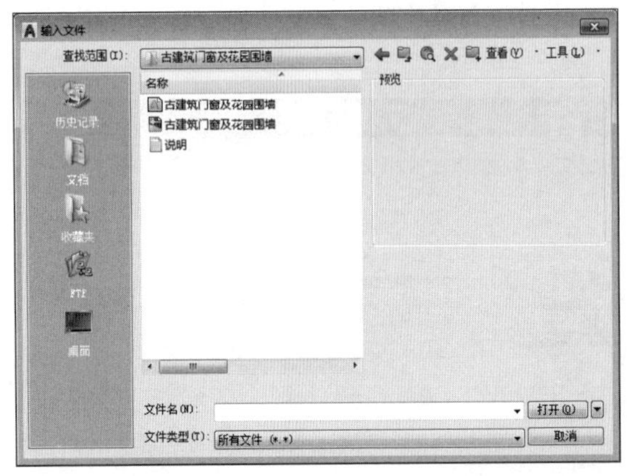

图14-5 “输入文件”对话框

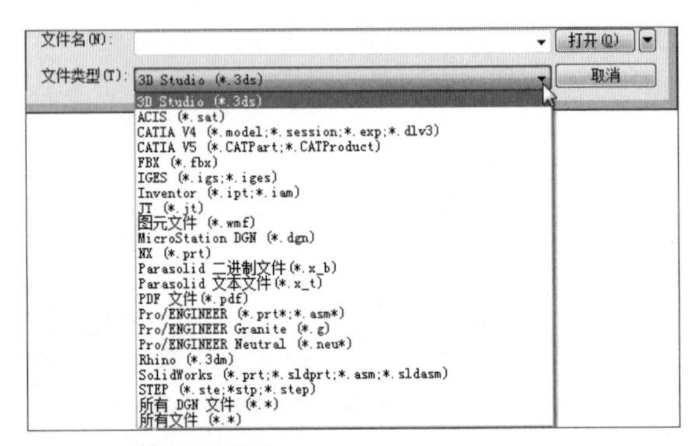

图14-6 输入文件类型

下面介绍AutoCAD部分输入文件的类型。

- 3D Studio文件：可以用于3ds Max的3D Studio文件，文件中保留了三维几何图形、视图、光源和材质。
- FBX文件：该文件格式是用于三维数据传输的开放式框架，在AutoCAD中，用户可以将图形输出为 FBX 文件，然后在 3ds Max 中查看和编辑该文件。
- 图元文件：即Windows图元文件格式（WMF），文件包括屏幕矢量几何图形和光栅几何图形格式。
- PDF文件：可以将几何图形、填充、光栅图像和TrueType文字从PDF文件输入到AutoCAD中，PDF文件是发布和共享设计数据以供查看和标记时的一种常用方法，用户可以选择从PDF文件指定某一页面，或者可以将全部或部分附着的PDF参考底图转换为AutoCAD对象。
- Rhino文件：该文件格式（*.3dm）通常用于三维CAD系统之间的NURBS几何图形的交换。

14.1.3 输出图纸

用户需要将AutoCAD图形对象保存为其他需要的文件格式以供其他软件调用，只需将对象以指定的文件格式输出即可。执行“文件>输出”命令，打开“输出数据”对话框，如图14-7所示。在“文件类型”下拉列表中，可以选择需要导出文件的类型，如图14-8所示。

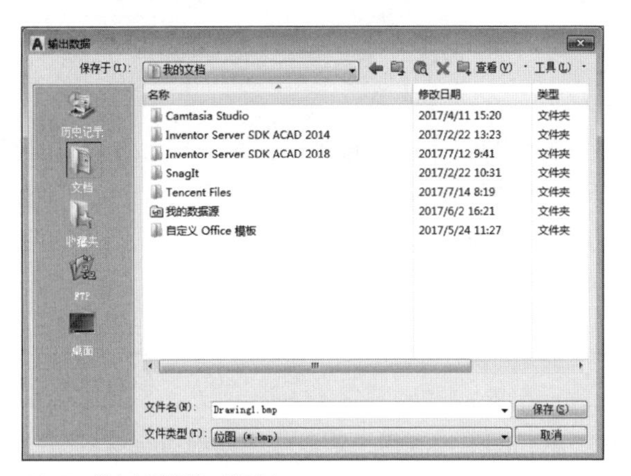

14-7 “输出数据”对话框

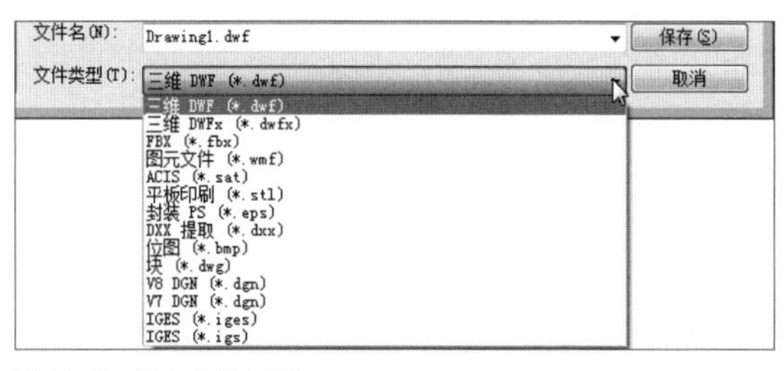

图14-8 输出文件类型

下面介绍AutoCAD部分输出文件的类型。

- DWF文件：这是一种图形Web格式文件，属于二维矢量文件。可以通过这种文件格式在因特网或局域网上发布自己的图形。
- DWFx文件：这是一种包含图形信息的文本文件，可被其他CAD系统或应用程序读取。
- 图元文件：即Windows图元文件格式（WMF），文件包括屏幕矢量几何图形和光栅几何图形格式。
- ASIC文件：可以将代表修剪过的NURBS曲面、面域和三维实体输出到ASCⅡ（SAT）格式的ACIS文件中。
- 平板印刷：用平板印刷（SLA）兼容的文件格式输出AutoCAD实体对象。实体数据以三角形网格面的形式转换为SLA。SLA工作站使用这个数据定义代表部件的一系列层面。
- 位图文件：这是一种位图格式文件，在图像处理行业中应用相当广泛。
- 块文件：这是将选定对象保存到指定的图形文件或将块转换为指定的图形文件。

用户可以根据需要将AutoCAD图形输出为其他格式，如位图（*.bmp）等。下面将以输出为（*.eps）格式为例，来介绍具体操作。

Step 01 打开图形文件，在命令行中输入EXP按回车键，打开“输出数据”对话框，如图14-9所示。

Step 02 在“文件类型”下拉列表中，选择“封装PS（*.eps）”选项，如图14-10所示。

图14-9 “输出数据”对话框

图14-10 选择输出类型

Step 03 设置保存路径与文件名，单击“保存”按钮。此时用户只需启动相关的应用程序便可打开输出的文件。

14.2 打印图纸

图纸设计的最后一步是输出打印，通常意义上的打印是把图形打印在图纸上，在AutoCAD中用户也可以生成一份电子图纸，以便在互联网上访问。打印图形的关键是打印比例，图样是按1:1的比例绘制的，输出图形时，需考虑选用多大幅面的图纸及图形的缩放比例，有时还要调整图形在图纸上的位置和方向。

14.2.1 设置打印样式

打印样式用于修改图形的外观。选择某个打印样式后，图形中的每个对象或图层都具有该打印样式的属性。下面将对其操作进行具体介绍。

Step 01 执行“文件>打印样式管理器”命令，在资源管理器中，双击“添加打印样式表向导”图标，如图14-11所示。

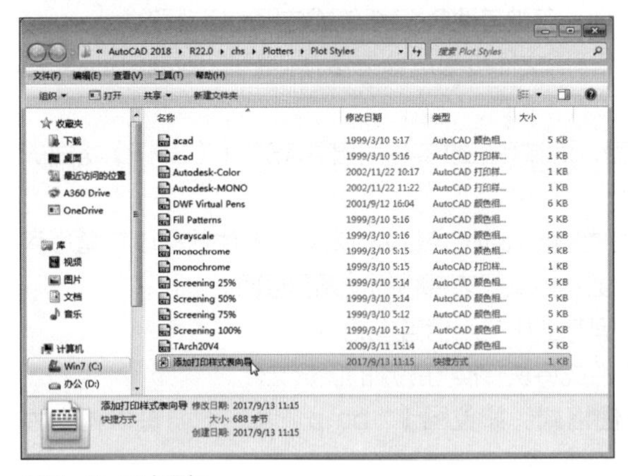

图14-11 双击图标

Step 02 在“添加打印样式表”对话框中单击“下一步”按钮，如图14-12所示。

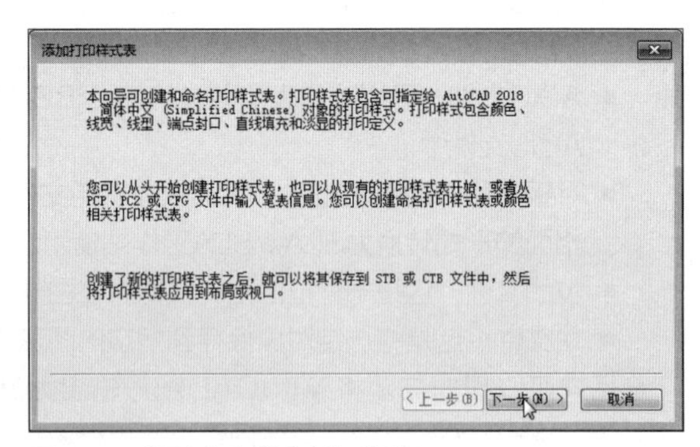

图14-12 “添加打印样式表”对话框

Step 03 在“添加打印样式表—开始”对话框中，选择“创建新打印样式表”选项，然后单击“下一步”按钮，如图14-13所示。

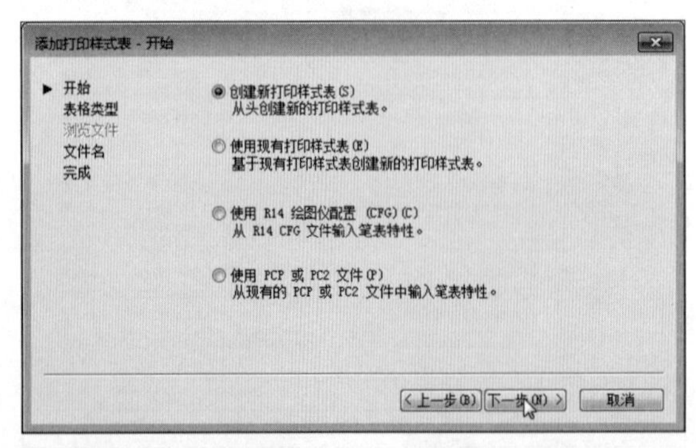

图14-13 “开始“对话框

Step 04 在“选择打印样式表”对话框中，选择“颜色相关打印样式表”选项，然后单击“下一步”按钮，如图14-14所示。

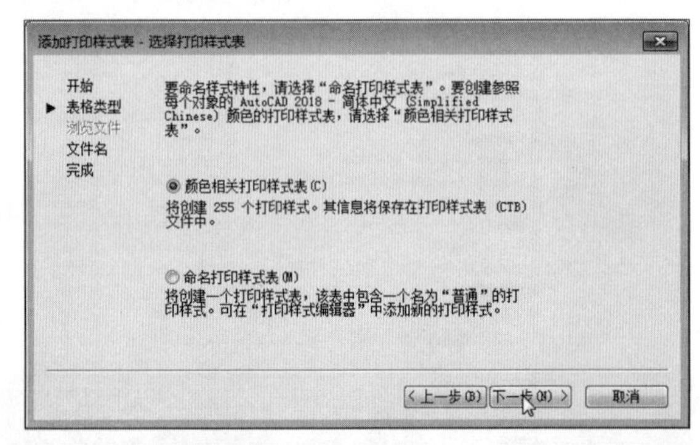

图14-14 “选择打印样式表”对话框

Step 05 在“文件名”对话框中，输入文件名，单击“下一步”按钮，14-15所示。

Step 06 在“完成”对话框中，单击“完成”按钮，完成打印样式的设置，如图14-16所示。

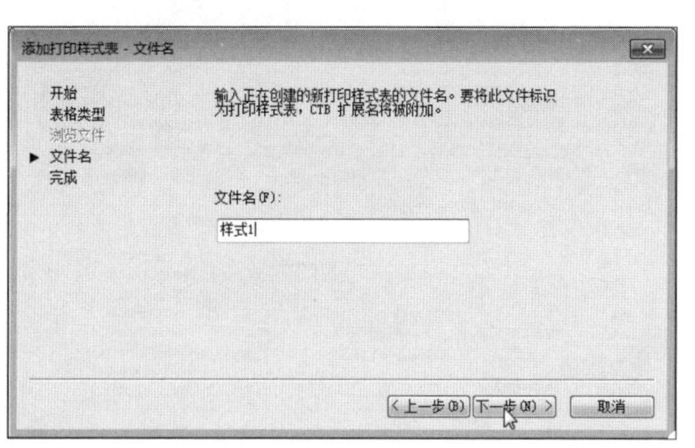

图14-15 输入文件名

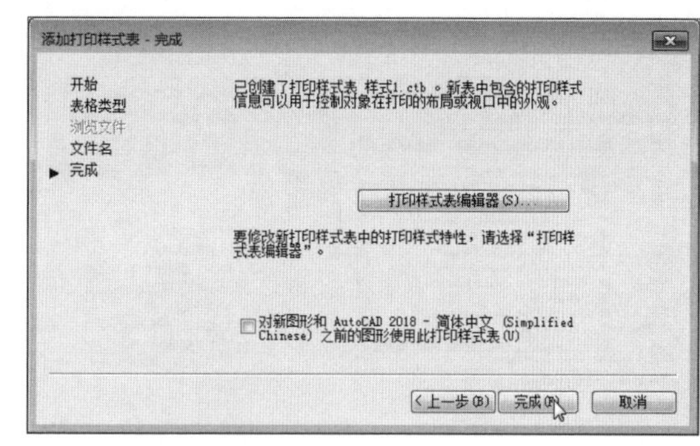

图14-16 完成打印样式设置

工程师点拨：“打印样式表”选项不显示

在“打印-模型”对话框中，默认“打印样式”选项为隐藏。若要对其选项进行操作，只需单击“更多选项”按钮，在打开的扩展列表框中，可显示“打印样式表”选项。

若要对设置好的打印样式进行编辑修改，可单击“打印”按钮，打开“打印-模型”对话框，在“打印样式表”下拉列表中，选择要编辑的样式列表，如图14-17所示。随后单击右侧“编辑”按钮，在“打印样式表编辑器”对话框中，根据需要进行相关修改即可，如图14-18所示。

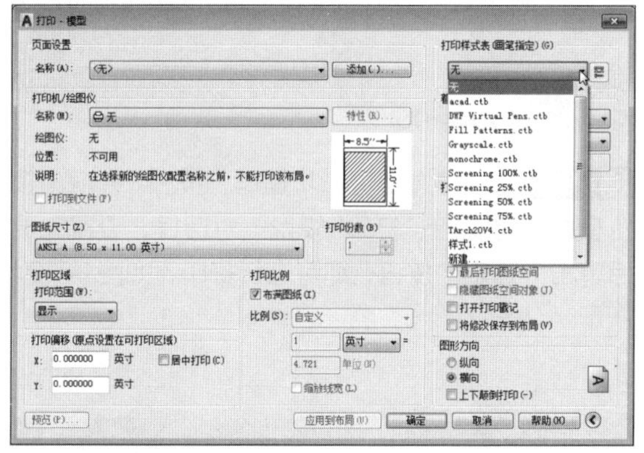

图14-17 选择打印样式选

图14-18 打印样式表编辑器

14.2.2 设置打印参数

执行“菜单浏览器>打印>打印”命令，打开“打印-模型”对话框，在此，用户可对一些相关打印参数进行设置即可。下面将举例介绍其具体操作方法。

Step 01 打开素材文件，执行“打印”命令，打开“打印-模型”对话框，在“打印机/绘图仪”选项组中，单击“名称”下三角按钮，选择打印机型号，如图14-19所示。

Step 02 在弹出的对话框中选择默认图纸尺寸，单击“打印范围”下三角按钮，选择“窗口”选项，如图14-20所示。

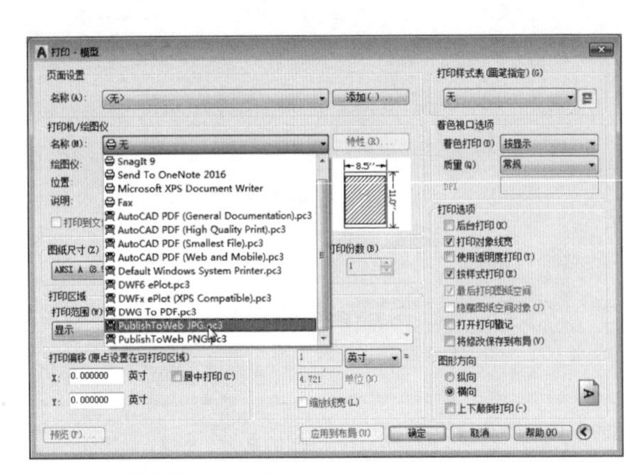

图14-19 选择打印机型号

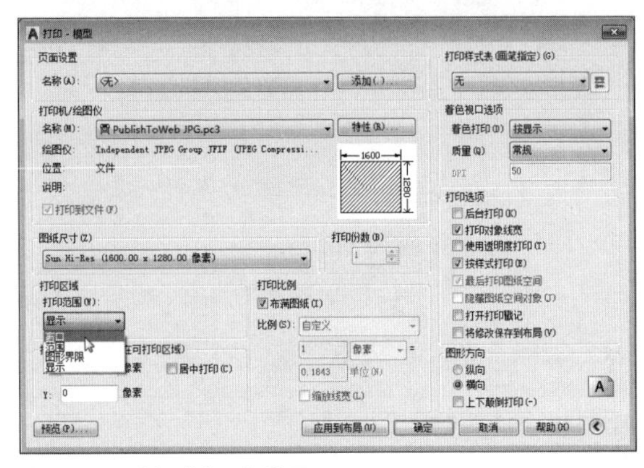

图14-20 选择“窗口”选项

Step 03 在绘图区中，使用鼠标框选出需打印的范围，如图14-21所示。

Step 04 返回对话框并勾选“打印偏移”选项组中的“居中打印”复选框，然后单击“预览”按钮，如图14-22所示。

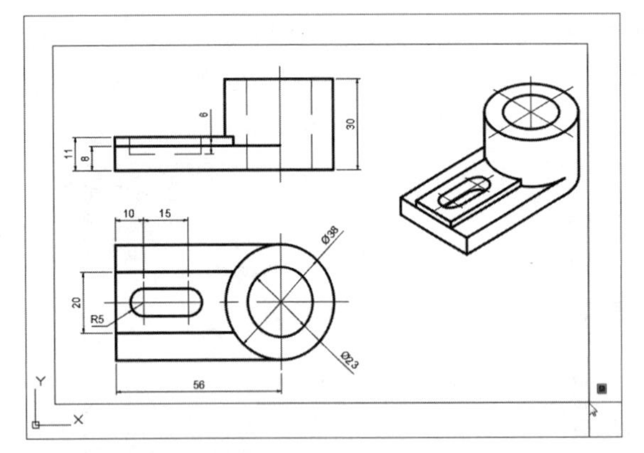

图14-21 框选打印范围

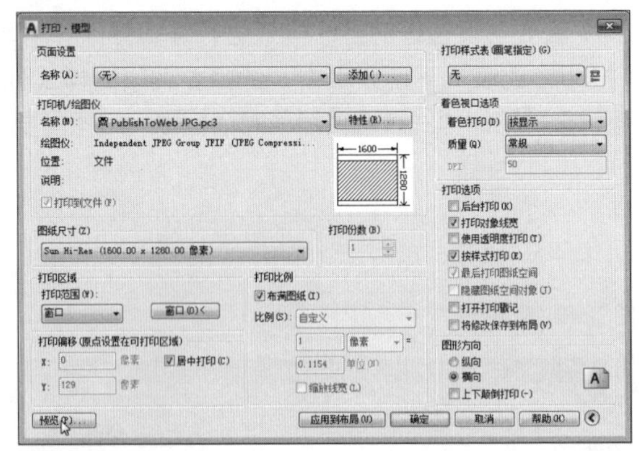

图14-22 设置居中打印

Step 05 在预览模式中，可查看到打印预览效果，此时利用鼠标可以进行缩放操作。对当前显示效果满意，即可单击鼠标右键，选择“打印”选项，如图14-23所示。

Step 06 若还需要进一步操作，按Esc键退出预览模式即可返回“打印-模型”对话框，设置完成后单击“确定”按钮，即可进行打印，如图14-24所示。

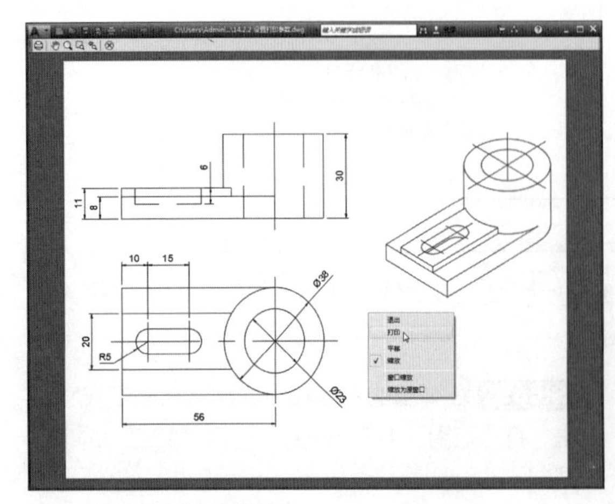

图14-23 选择“打印”选项

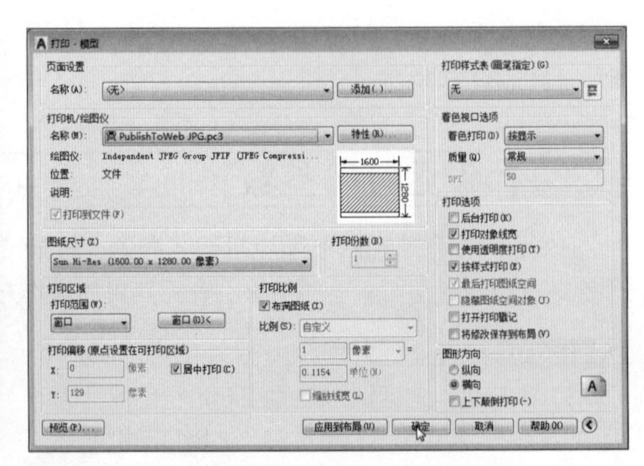

图14-24 单击“确定”按钮

14.3 布局空间打印图纸

在AutoCAD软件中，布局空间用于设置在模型空间中图形的不同视图，主要是为了在输出图形时进行布置。在布局空间中查看到打印的实际情况，还可以根据需要创建布局。每个布局都保存在各自的“布局”选项卡中，可以与不同的页面设置相关联。

14.3.1 创建新布局空间

布局代表打印的页面，可以在布局中查看到打印的实际情况，还可以根据具体需要创建布局。每个布局都保存在各自的“布局”选项卡中，且可以与不同的页面设置相关联。

在单个图形中，用户可创建255个布局空间，系统默认的布局空间为2个。若想创建更多的布局，执行“插入>布局>新建布局”命令，根据命令行提示，输入布局名称即可，如图14-25、14-26所示。

命令行提示如下：

```
命令： _layout
输入布局选项 [复制(C)/删除(D)/新建(N)/样板(T)/重命名(R)/另存为(SA)/设置(S)/?] <设置>: _new
输入新布局名 <布局3>: 立面图                                        输入新布局名称
```

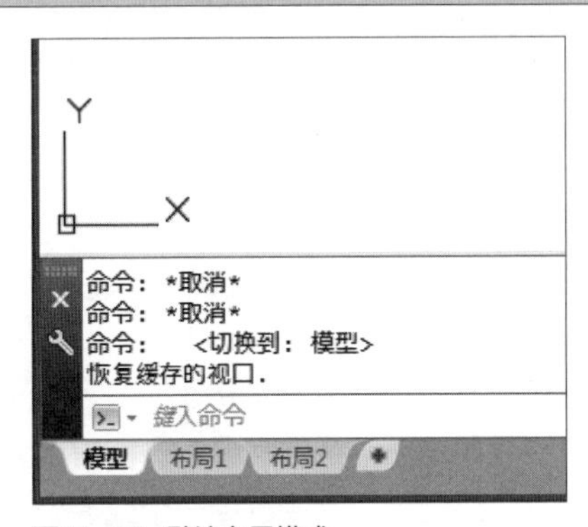

图14-25 默认布局模式

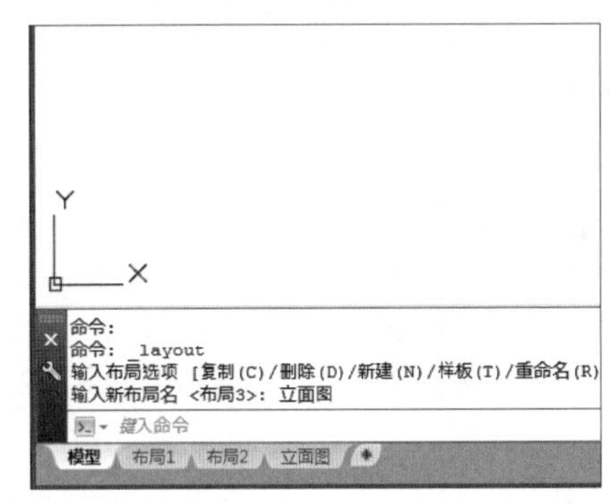

图14-26 新建布局

除了以上直接新建方法外，还可以通过从样板文件中进行创建。执行“插入>布局>来自样板的布局”命令，打开“从文件选择样板”对话框，如图14-27所示。选择所需图形样本文件，单击“打开”按钮，在“插入布局”对话框中，选择所需布局样板，即可实现样板布局的创建，如图14-28所示。

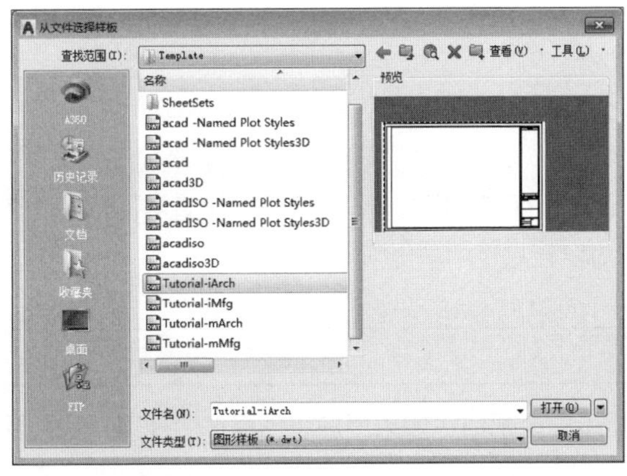

图14-27 选择样板文件

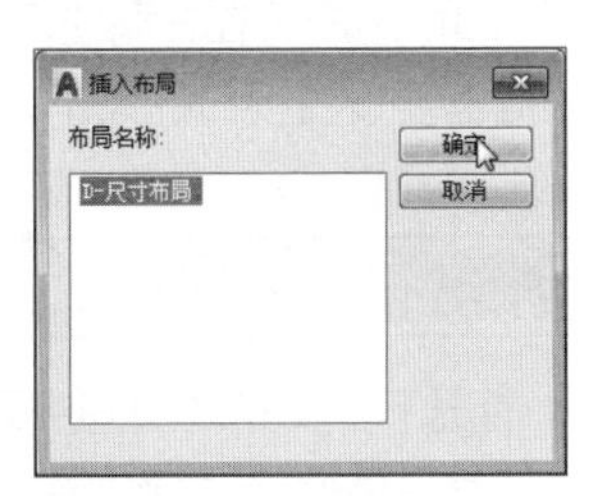

图14-28 创建样板布局

14.3.2 布局页面打印设置

页面设置可以对新建布局或已建好的布局进行图纸大小和绘图设备的调整，是打印设备和其他影响最终输出外观和格式的设置集合，用户可以修改这些设置并将其应用到其他布局中。新布局创建完成后，若想对其页面进行设置，可执行“文件>页面设置管理器”命令，在打开的“页面设置管理器”对话框中，选择所需布局名称，单击“修改”按钮，在打开的“页面设置”对话框中，根据需要进行相关设置即可，如图14-29、14-30所示。

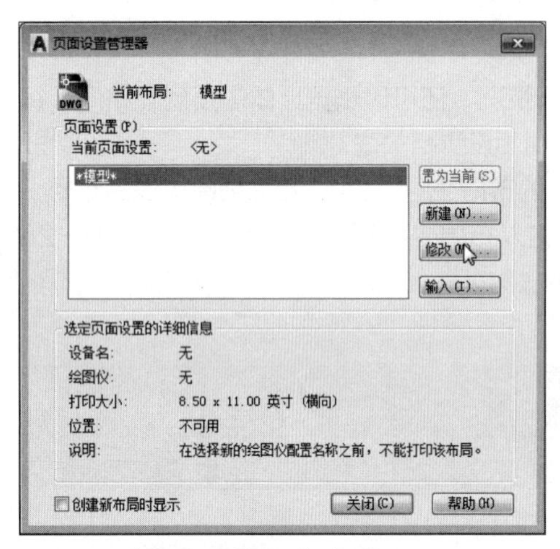

图14-29 “页面设置管理器”对话框

图14-30 修改页面设置

“页面设置管理器”对话框中各选项说明如下：

- 当前布局：该选项显示出要设置的当前布局名称。
- 页面设置：该选项组主要是对当前页面进行创新、修改以及从其他图纸中输入设置。
- 置为当前：该按钮是将所选页面设置为当前页面设置。
- 新建：单击该按钮可打开“新建页面设置”对话框。
- 修改：单击该按钮可打开“页面设置”对话框，并从中对所需的选项参数进行设置。
- 输入：单击该按钮，可打开“从文件选择页面设置”对话框。从中选择一个或多个页面设置，单击“打开”按钮，在“输入页面设置”对话框中，单击“确定”按钮即可。
- 选定页面设置的详细信息：该选项组主要显示所选页面设置的详细信息。
- 创建新布局时显示：勾选该复选框，用来指定当选中新的布局选项卡或创建新的布局时，是否显示“页面设置”对话框。

14.4 创建与编辑布局视口

在AutoCAD中用户可在布局空间创建多个视口，以方便从各不同角度查看图形。而在新建的视口中，用户可根据需要设置视口的大小，也可以将其移动至布局任何位置。

14.4.1 创建布局视口

系统默认情况下，在布局空间中只显示一个视口。如果用户想创建多个视口，就需要进行简单的设置，下面将对其具体操作进行介绍。

Step 01 打开素材文件，单击命令行上方“布局1”，打开相应的布局空间，如图14-31所示。

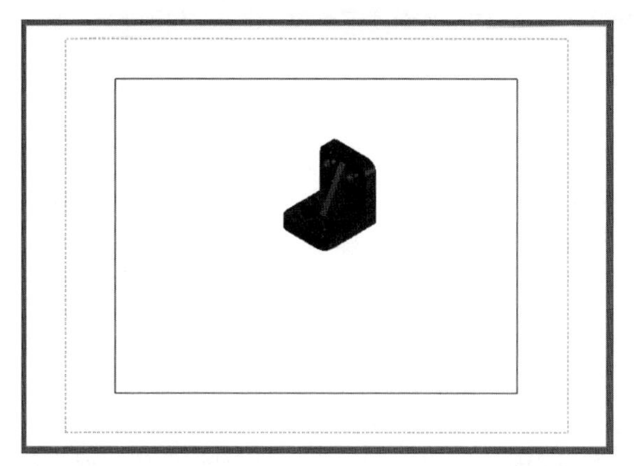

图14-31　打开布局空间

Step 02 选中视口边框，按Delete键将其删除，如图14-32所示。

图14-32　删除视口

Step 03 在“布局”选项卡的“布局视口”面板中，单击“矩形”按钮，在布局空间中，指定视口起点，按住鼠标左键框选出视口范围，如图 14-33 所示。

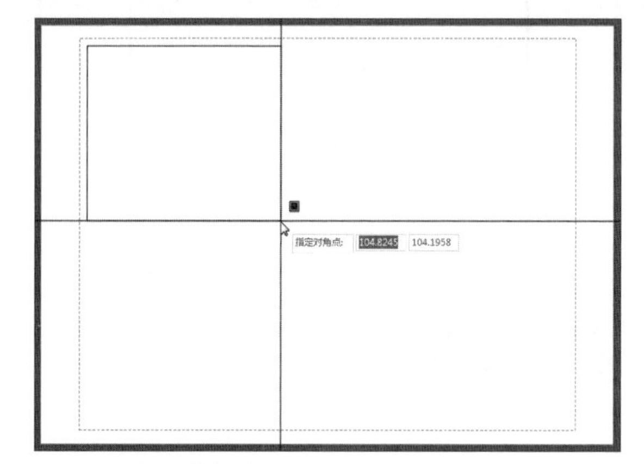

图14-33　框选视口范围

Step 04 视口范围框选完成后，放开鼠标左键即可完成视口的创建。此时，在该视口中会显示当前图形，如图14-34所示。

图14-34　创建视口

Step 05 再次执行“矩形”命令，完成其他视口的创建，如图14-35、14-36所示。

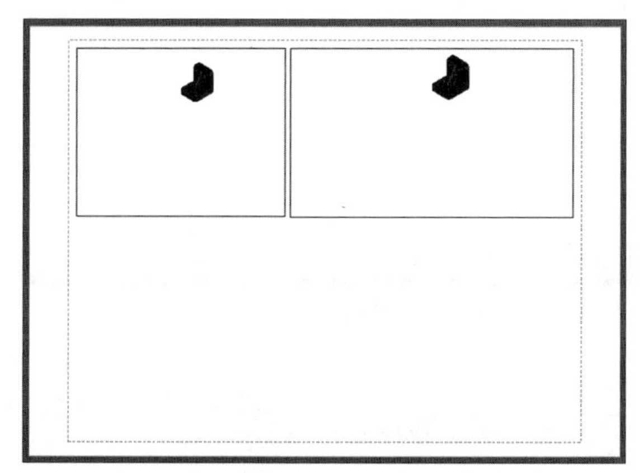

图14-35　创建第二个视口

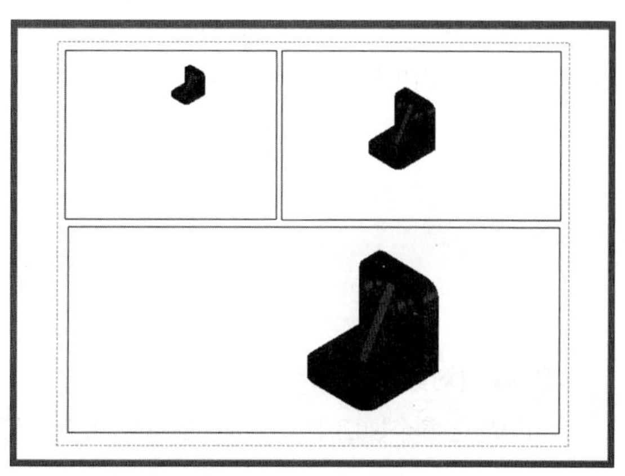

图14-36　创建第三个视口

工程师点拨：布局的应用

用户可以在图形中创建多个布局，每个布局都可以包含不同的打印设置和图纸尺寸。但是，为了避免在转换和发布图形时出现混淆，建议每个图形只创建一个布局。

14.4.2 设置布局视口

布局视口创建完成后，用户可根据需要对该视口进行一系列的设置操作，例如视口的锁定、剪裁、显示等。但对布局视口进行设置或编辑时，需要在“图纸”模式下才可进行，否则将无法设置。

1. 视口对象的锁定

如果想要对布局空间中某个视口对象进行锁定，可按照如下操作进行。

Step 01 打开素材文件，在状态栏中，单击“图纸”按钮，如图14-37所示。

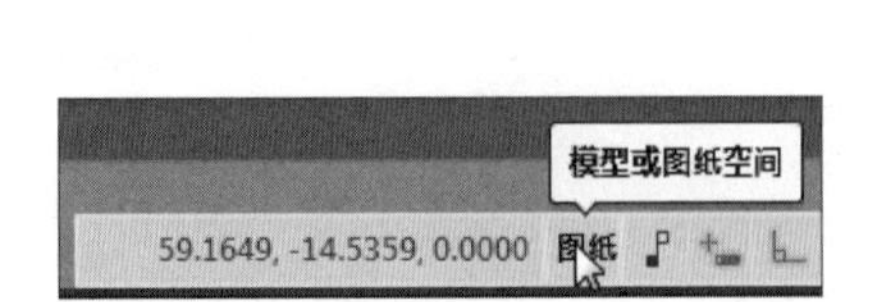

图14-37 单击“图纸”按钮

Step 02 启动图纸模式，此时在布局中，被选中的视口边框加粗显示，如图14-38所示。

图14-38 启动“图纸”模式

Step 03 在“布局视口”面板中单击“锁定”按钮，选择要锁定的视口边框，如图14-39所示。被选中的边框以蓝色高亮显示，选择完成后，按回车键即可锁定该视口，用户不可以对当前视口进行缩放。

若想取消锁定，只需单击“解锁”按钮，选中要解锁的视口边框，按回车键即可。

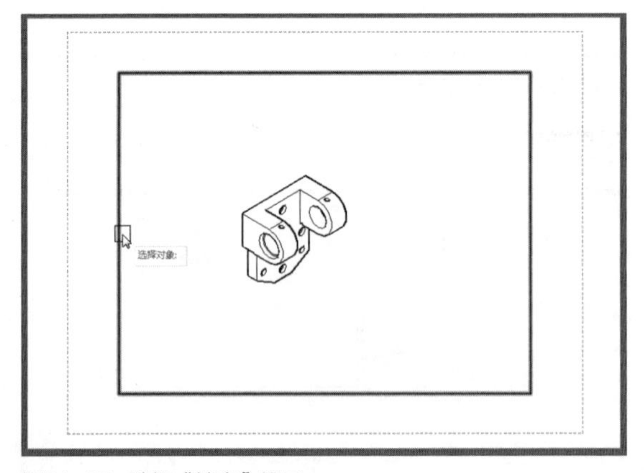

图14-39 选择“锁定”视口

2. 视口对象的显示

如果想在多个视口中显示不同的视图角度，可按照以下操作进行设置。

Step 01 在布局空间中启动“图纸”模式，选中所需更换显示的视口，如图14-40所示。

Step 02 执行“视图>三维视图”命令，在视图列表中，选择所需更换的视图角度选项，这里选择“俯视”，如图14-41所示。

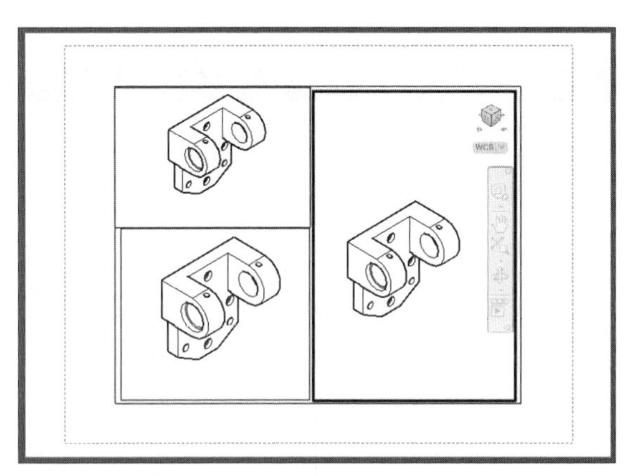

图14-40 选择视口

图14-41 选择视图角度

Step 03 选择完成后，被选中的视口已发生相应的变化，如图14-42所示。

Step 04 选择其他所需更换的视口，再次执行“视图”命令，选择其他视图角度，完成剩余视口视角的更换，如图14-43所示。

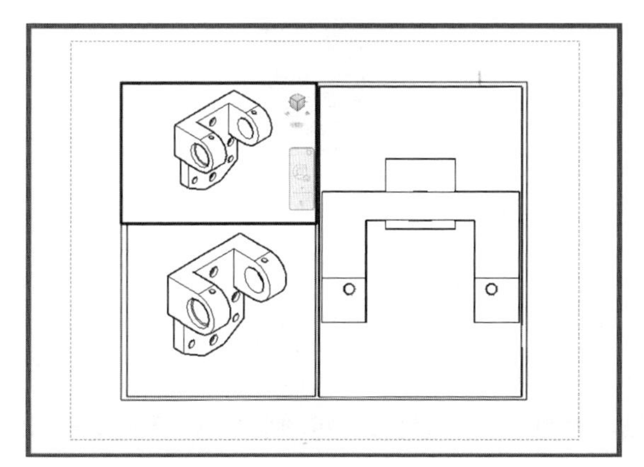

图14-42 俯视图显示

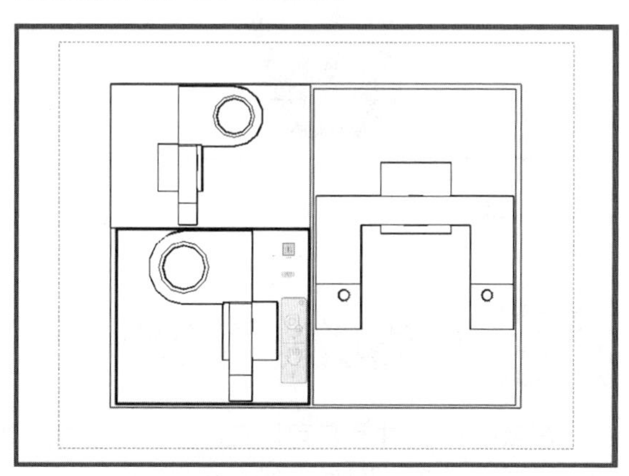

图14-43 更换视图角度效果

3. 视口边界的剪裁

在“布局”选项卡的“布局视口”面板中，单击“剪裁”按钮，选中所需要剪裁的视口边框，根据需要绘制剪裁的边线，按回车键即可完成操作，此时在剪裁界线之外的图形对象则会隐藏，如图14-44、14-45所示。

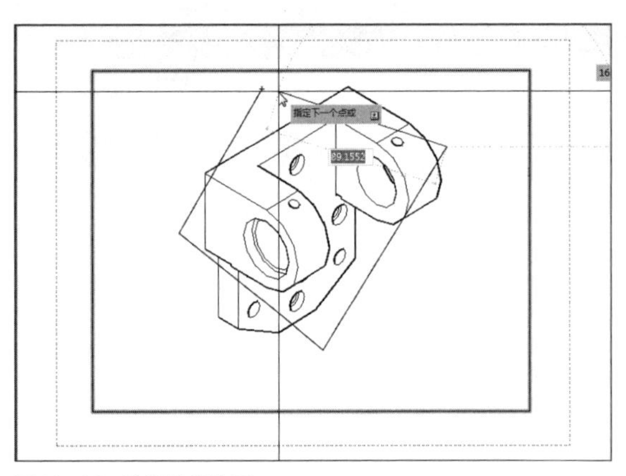

图14-44　绘制裁剪边界

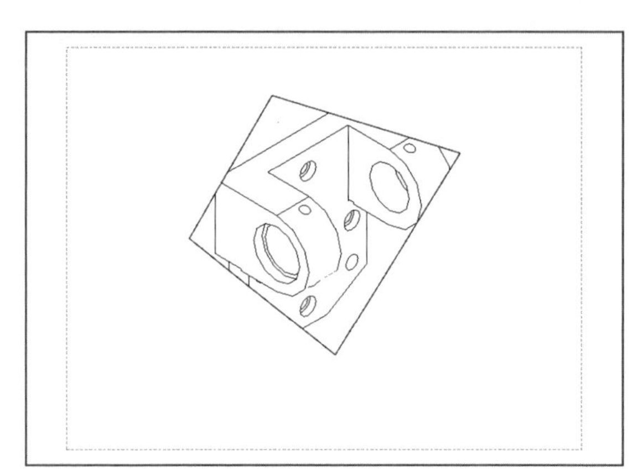

图14-45　完成裁剪

工程师点拨：视口裁剪显示设置

使用“剪裁”命令，只是将视口形状进行裁剪操作，而对于实际的图形对象没有任何影响，只不过在裁剪边线之外所显示的图形被隐藏。用户只需将图形对象进行缩放操作即可查看到全部图形。

4. 视口对象的编辑

在布局视口中，可针对当前图形进行编辑操作，其操作与在“模型”模式下相同。若在一个视口中，对图形进行编辑后，其他几个视口都会随之发生变化，如图14-46、14-47所示。

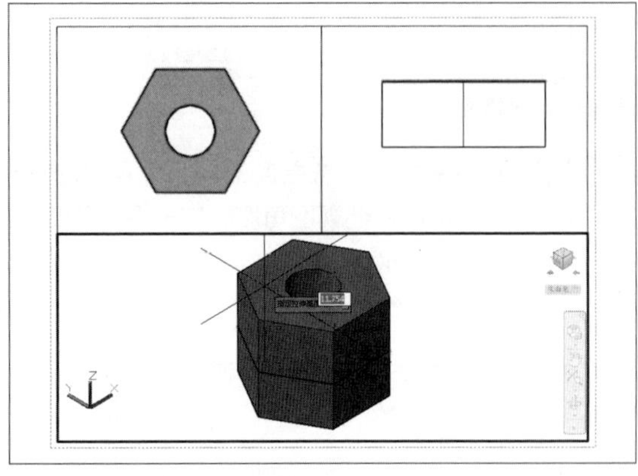

图14-46　指定拉伸高度

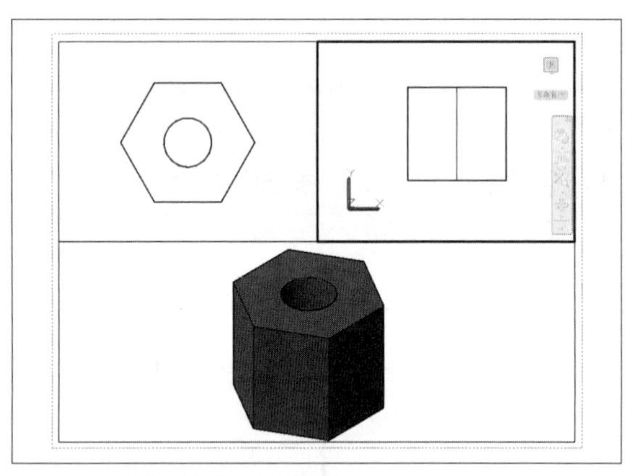

图14-47　更改后效果

14.5 网络功能的应用

在AutoCAD中用户可以在Internet上预览图纸、为图纸插入超链接、将图纸以电子形式进行打印，并将设计好的图纸发布到Web供用户浏览等。

14.5.1 在Internet上使用图形文件

AutoCAD中的“输入”和“输出”命令可以识别任何指向AutoCAD文件的有效URL路径。因此用户可以使用CAD在Internet上执行打开和保存文件的操作。

Step 01 执行“菜单浏览器>打开”命令，打开“选择文件”对话框，单击“工具”下拉按钮，选择“添加/修改FTP位置”选项，如图14-48所示。

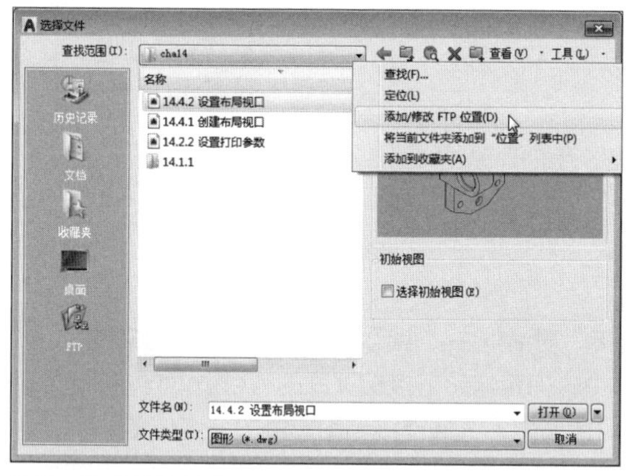

图14-48 选择相关选项

Step 02 在“添加/修改FTP位置”对话框中，根据需要设置FTP站点名称、登录名及密码，单击“添加”和“确定”按钮，如图14-49所示。设置完成后，返回至“选择文件”对话框，在左侧列表中，选择FTP选项，其后在右侧列表框中，双击FTP站点并选择文件，最后单击“打开”按钮即可。

图14-49 设置相关操作

15.5.2 超链接管理

超链接就是将AutoCAD中的图形对象与其他数据、信息、动画、声音等建立链接关系。利用超链接可实现由当前图形对象到关联图形文件的跳转。其链接的对象可以是现有的文件或Web页，也可以是电子邮件地址等。

1. 链接文件或网页

在“插入”选项卡的“数据”面板中，单击“超链接”按钮，在绘图区中，选择要进行连接的图形对象后按回车键，打开“插入超链接”对话框，如图14-50所示。

单击“文件”按钮，打开“浏览Web-选择超链接”对话框，如图14-51所示。在此选择要链接的文件并单击“打开”按钮，返回到上一层对话框，单击“确定”按钮完成链接操作。

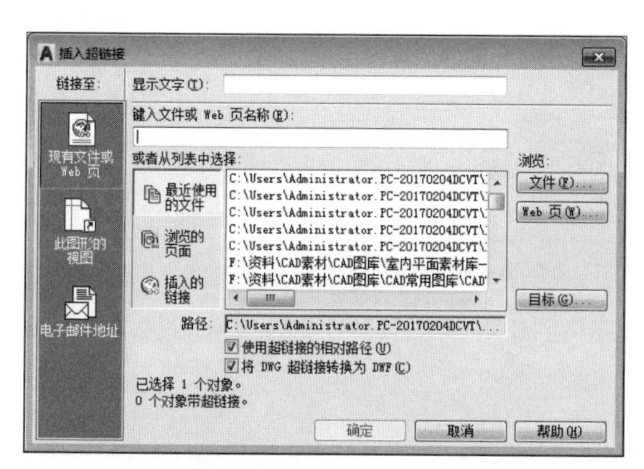

图14-50 “插入超链接”对话框

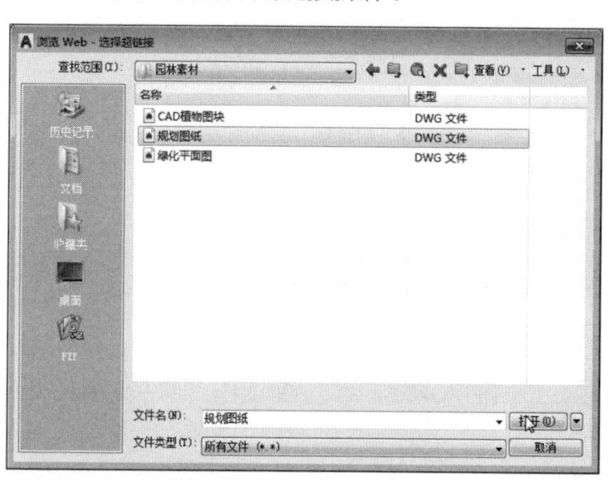

图14-51 选择需链接的文件

在带有超链接的图形文件中，将光标移至带有链接的图形对象上时，光标右侧会显示超链接符号，并显示链接文件名称。此时按住Ctrl键并单击该链接对象，即可按照链接网址切转到相关联的文件中，如图14-52所示。

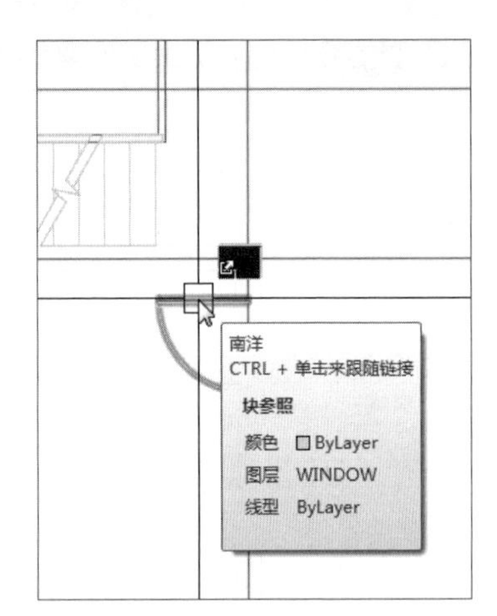

图14-52 显示超链接

“插入超链接”对话框中各选项说明如下：

- 显示文字：用于指定超链接的说明文字。
- 现有文件或Web页：用于创建到现有文件或 Web 页的超链接。
- 键入文件或Web页名称：用于指定要与超链接关联的文件或Web页面。
- 最近使用的文件：显示最近链接过的文件列表，用户可从中选择链接。
- 浏览的页面：显示最近浏览过的Web页面列表。
- 插入的链接：显示最近插入的超级链接列表。
- 文件：单击该按钮，在“浏览Web—选择超链接”对话框中，指定与超链接相关联的文件。
- Web页：单击该按钮，在“浏览Web”对话框中，指定与超链接相关联的Web页面。
- 目标：单击该按钮，在“选择文档中的位置”对话框中，选择链接到图形中的命名位置。
- 路径：显示与超链接关联的文件的路径。
- 使用超链接的相对路径：用于为超级链接设置相对路径。
- 将DWG超链接转换为DWF：用于转换文件的格式。

2. 链接电子邮件地址

在“数据”面板中单击“超链接”按钮，在绘图区中选中要链接的图形对象后按回车键，在“插入超链接”对话框中，单击左侧“电子邮件地址”选项卡，如图14-53所示。在“电子邮件地址”文本框中输入邮件地址，在“主题”文本框中，输入邮件消息主题内容，单击“确定”按钮即可，如图14-54所示。

图14-53 选择“电子邮件地址”选项卡

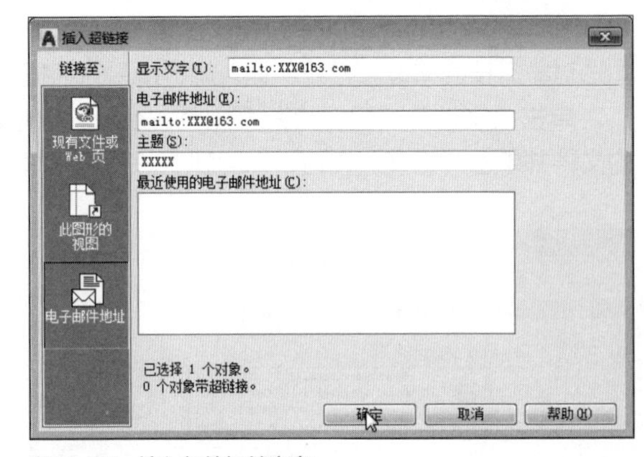

图14-54 输入邮件相关内容

在打开电子邮件超链接时，默认电子邮件应用程序将创建新的电子邮件消息，填写邮件地址和主题，最后输入消息内容并通过电子邮件发送。

15.5.3 Web网上发布

网上发布就是用户可以将图形发布到互联网上，供更多的用户查看。网上发布向导可以创建DWF、JPEG和PNG等格式的图像样式。

使用网上发布向导，即使不熟悉HTML编码也可以快速轻松地创建出精彩的格式化网页，创建网页之后可以将其发布到互联网上。执行“文件>网上发布”命令，打开“网上发布”向导对话框，用户可以根据该向导创建一个网页来显示图形文件中的图形。以下是一些可以用来使用“网上发布”向导创建Web页的方法样例：

- 样板：可以选择四个样板中的其中一个作为Web页的布局，也可以自定义自己的样板。
- 主题：可以将主题应用于已选择的样板。使用主题，可以修改Web页中的颜色和字体。
- Drop：可以在 Web 页上激活拖放功能。访问页面的用户可以将图形文件拖放到程序的任务中。i-drop 文件非常适合于将图块库发布到Internet。

用户可在网上发布一些自己的设计作品，以方便和更多人进行交流学习。下面将介绍图形发布的具体操作。

Step 01 打开所需发布的图形文件，执行“文件>网上发布”命令，在“网上发布-开始”对话框中单击“创建新Web页”单选按钮，单击“下一步”按钮，如图14-55所示。

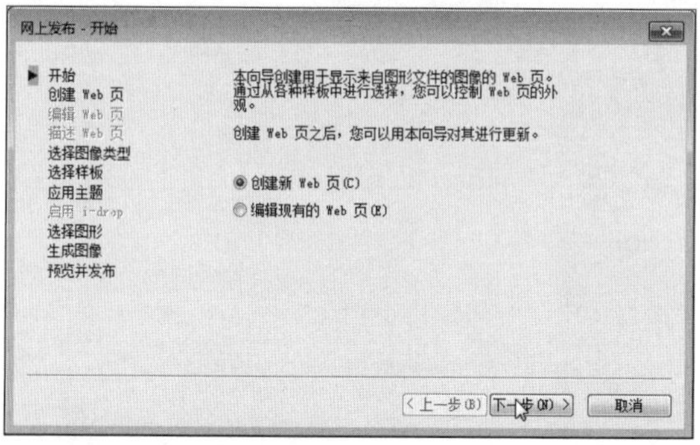

图14-55 “网上发布-开始”对话框

Step 02 在“创建Web页”对话框中输入图纸名称，然后单击右侧按钮，指定文件上级目录，单击“下一步”按钮，如图10-56所示。

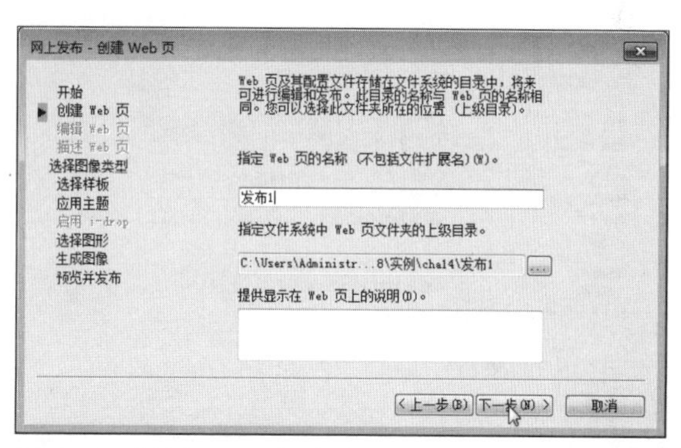

图14-56 “创建Web页”对话框

Step 03 在“选择图像类型”对话框中设置图像类型和图像大小，单击“下一步”按钮，如图14-57所示。

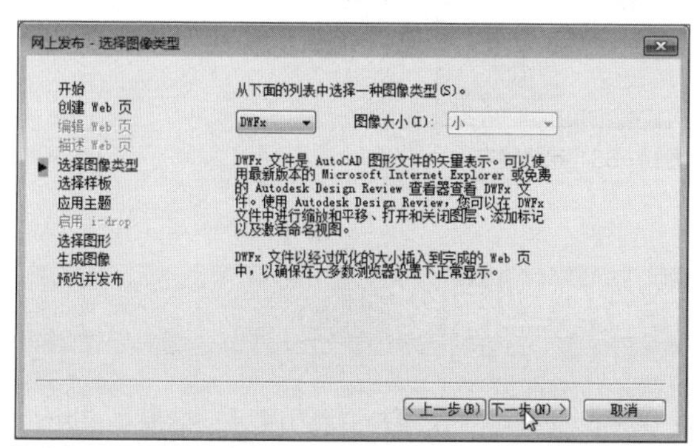

图14-57 “选择图像类型”对话框

Step 04 在“选择样板”对话框中选择“图形列表”选项，单击“下一步”按钮，如图14-58所示。

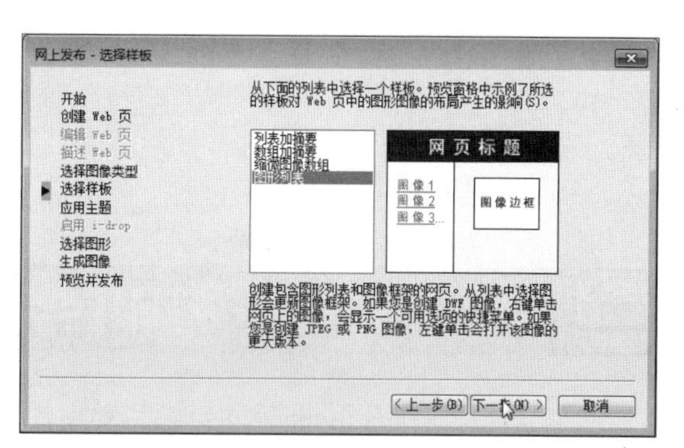

图14-58 “选择样板”对话框

Step 05 在“应用主题”对话框中选择一个主题模式，这里选择“雨天”主题，然后单击“下一步”按钮，如图14-59所示。

Step 06 在“选择图形”对话框中单击“添加”按钮，单击“下一步”按钮，如图14-60所示。

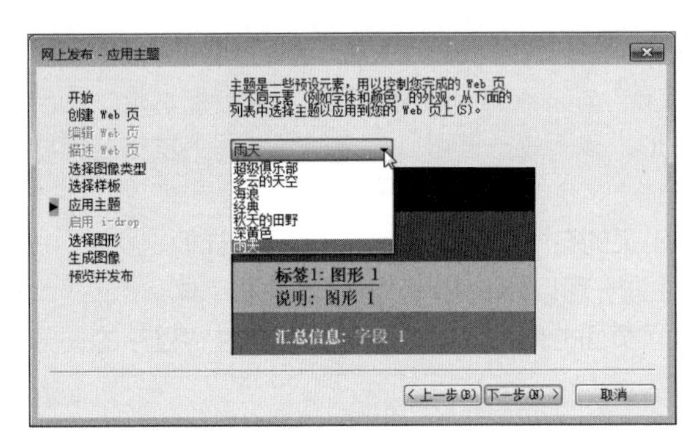

图14-59 “应用主题”对话框

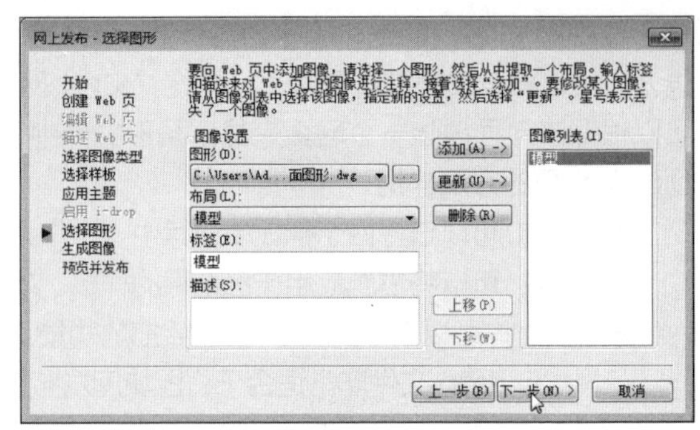

图14-60 “选择图形”对话框

Step 07 在打开对话框中勾选“重新生成已修改图形的图像”按钮，单击“下一步”按钮，如图14-61所示。

Step 08 在“预览并发布”对话框中单击“预览”按钮即可进行Web预览，其后单击“立即发布”按钮，在“发布Web”对话框设置发布文件位置，单击“保存”按钮，如图14-62所示。

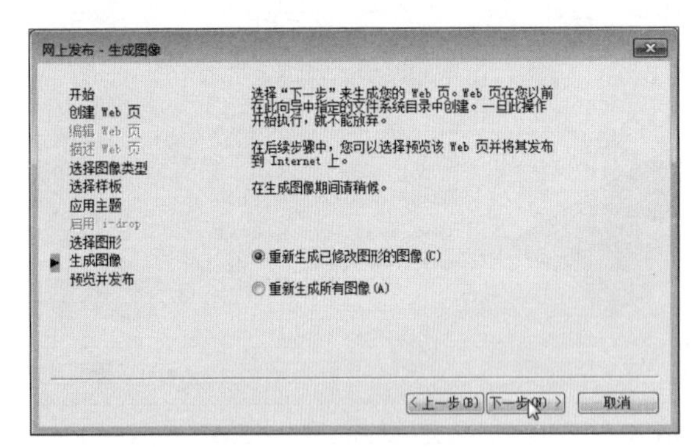

图14-61 “生成图像”对话框

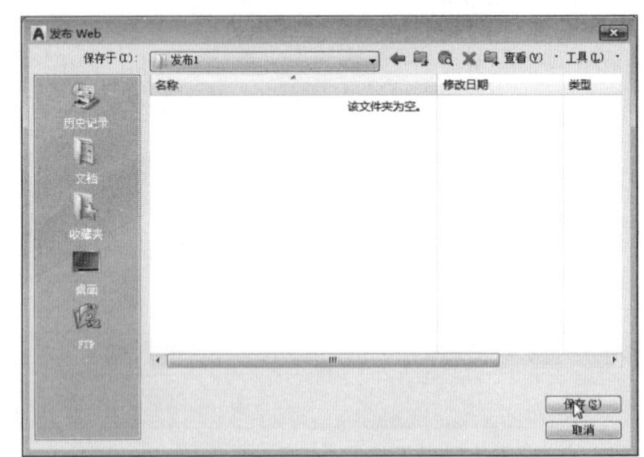

图14-62 发布Web

Step 09 保存后，在“AutoCAD”对话框中提示“发布成功完成”，如图14-63所示。

图14-63 完成发布

综合实例 —— 打印台灯三维模型图纸

本章向用户介绍了图形输入与输出操作。下面将结合以上所学的知识，打印台灯三维模型图纸首先打开台灯图形文件，然后在“打印”对话框中设置相关的打印参数，完成打印设置后，预览图形的打印输出效果并对其实施打印，其具体操作介绍如下。

Step 01 执行“文件>打开”命令，打开原始素材文件，如图14-64所示。

Step 02 执行“文件>打印”命令，打开“打印-模型”对话框。在该对话框中，单击“打印机/绘图仪”选项下的“名称”下拉按钮，选择使用的打印机名称，如图14-65所示。

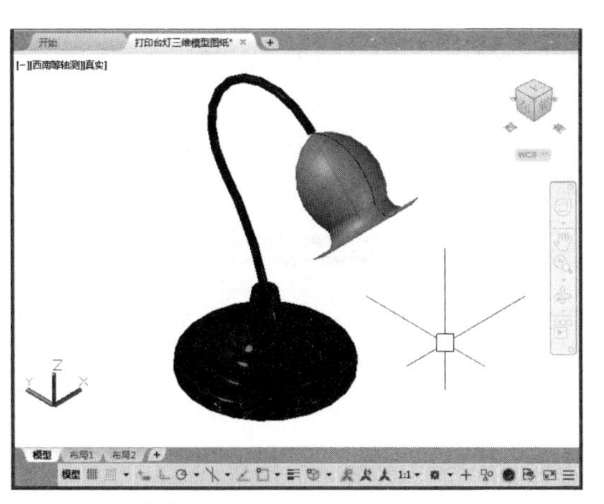

图14-64　三维模型文件

图14-65　选择打印机名称

Step 03 单击“图纸尺寸”下拉按钮，在弹出的下拉列表框中选择“A4 210×297毫米”选项，如图14-66所示。

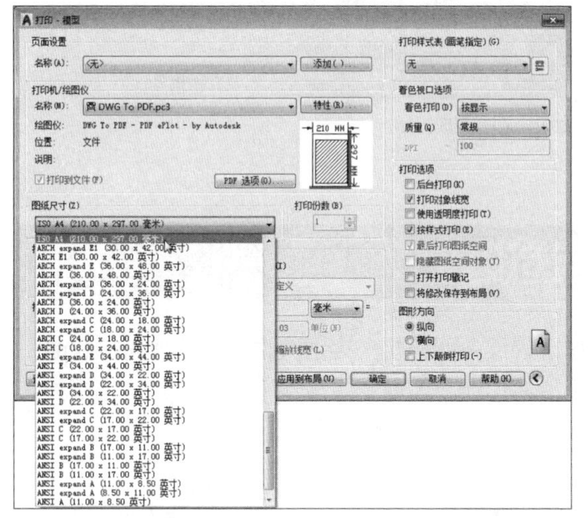

图14-66　选择图纸尺寸

Step 04 在“打印范围”下拉列表中选择“窗口”选项，如图14-67所示。

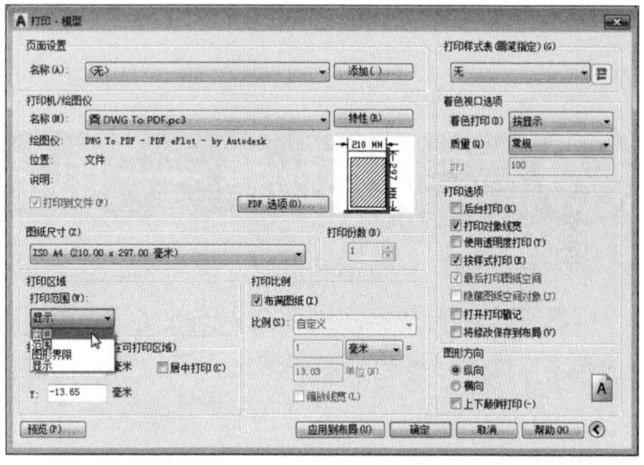

图14-67　选择打印区域

Step 05 在绘图窗口中通过指定对角点，框选出打印的范围，如图14-68所示。

图14-68　框选打印范围

Step 06 确定打印的范围后，返回到上一对话框，勾选“居中打印”和“布满图纸”复选框，如图14-69所示。

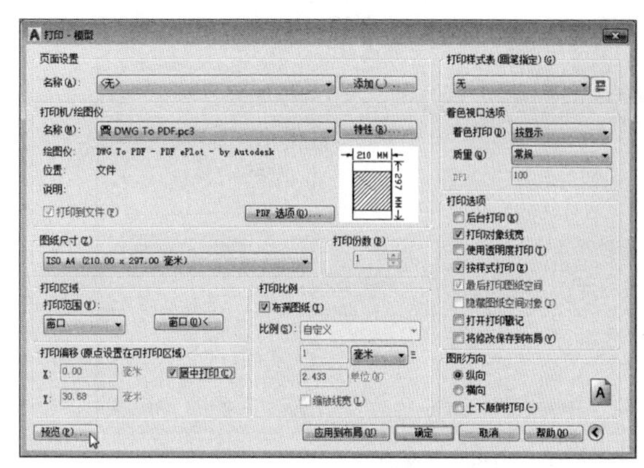

图14-69　勾选相关复选框

Step 07 单击“预览”按钮，进入预览窗口，预览图形的打印输出的效果，以便于检查图形的输出设置是正确，如图14-70所示。

图14-70 打印预览

Step 08 若用户对图形的打印输出效果满意，单击顶部“打印”按钮，即可开始打印操作。打印完成后，在软件窗口右下角出将显示“完成打印和发布作业”信息，如图14-71所示。

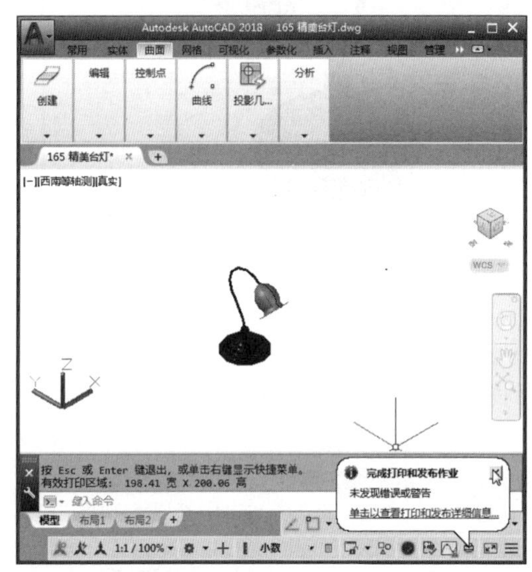

图14-71 完成打印

高手应用秘籍 —— 电子传递设置

有时用户在发布图纸时，经常会忘记发送字体、外部参照等相关描述文件，这会使得接收时打不开收到的文档，从而造成无效传输。使用电子传递功能，可自动生成包含设计文档及其相关描述文件的数据包，这样就大大简化了发送操作，并且保证了发送的有效性。

Step 01 打开素材文件，执行“菜单浏览器>发布”命令，在级联菜单中选择“电子传递”选项，打开“创建传递”对话框，如图14-72所示。

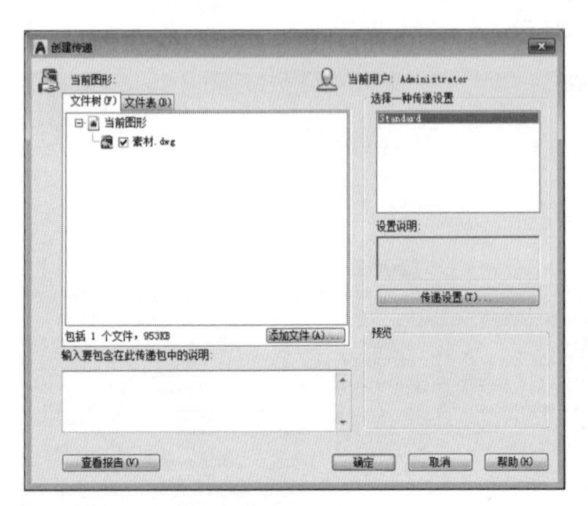

图14-72 “文件树”选项卡

Step 02 在“文件树”或“文件表”选项卡中，单击“添加文件”按钮，将会打开“添加要传递的文件”对话框，选择“图例说明”文件，单击“打开”按钮，如图14-73所示。

图14-73 选择文件

Step 03 返回到上一层对话框，在“创建传递”对话框中单击“传递设置”按钮，如图14-74所示。

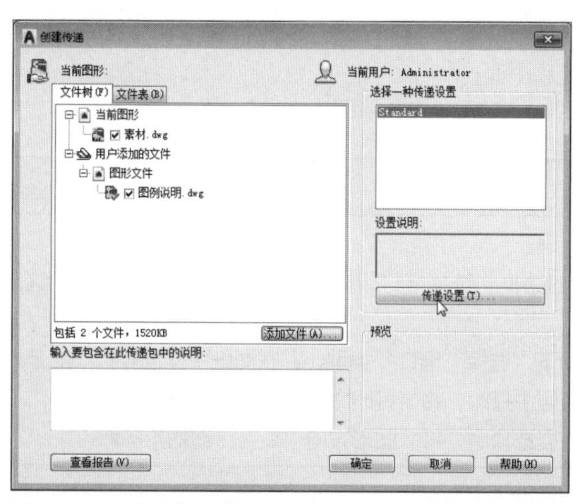

图14-74 单击“传递设置”按钮

Step 04 单击“修改”按钮，打开“修改传递设置”对话框，如图14-75所示。

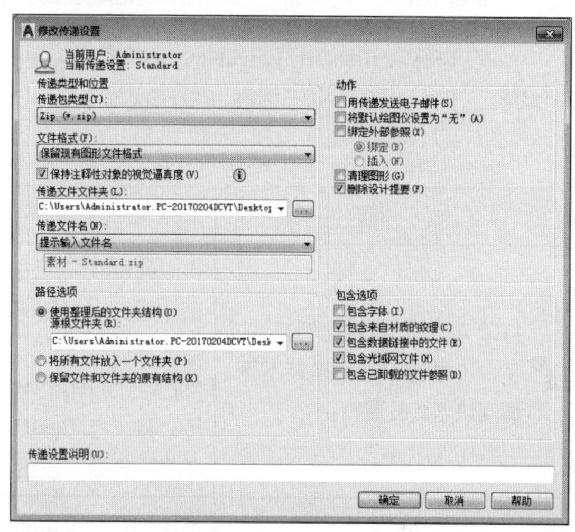

图14-75 “修改传递设置”对话框

Step 05 在“修改传递设置”对话框中，单击“传递包类型”下拉按钮，选择“文件夹（文件集）”选项，如图14-76所示。

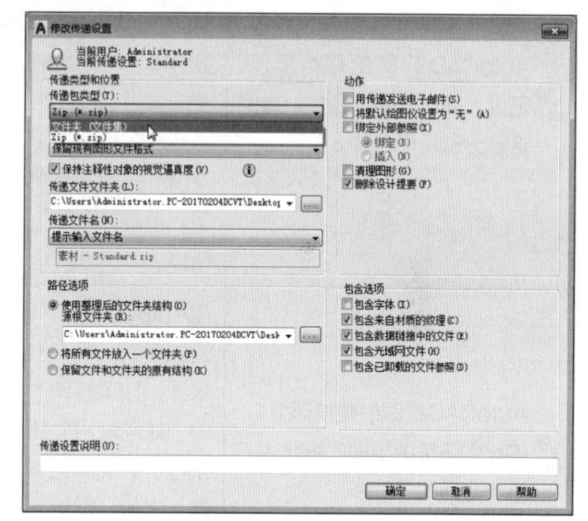

图14-76 选择传递包类型

Step 06 在“传递文件文件夹”路径位置中，单击右侧按钮，在打开的对话框中指定文件夹位置，然后单击“确定”和“关闭”按钮，返回至“创建传递”对话框，此时单击“确定”按钮，完成传递操作，如图14-77所示。

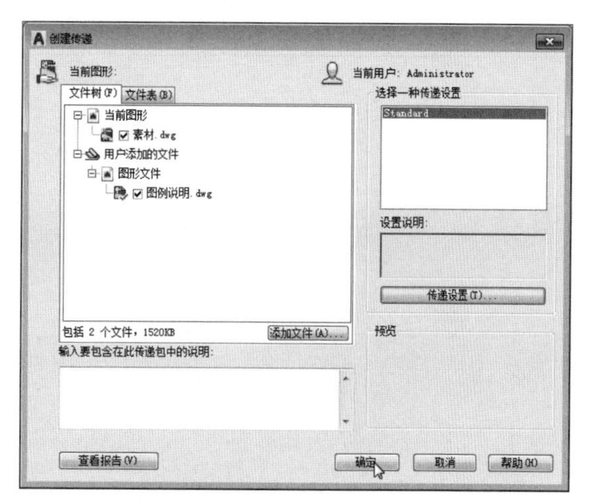

图14-77 完成传递操作

秒杀工程疑惑

在进行AutoCAD操作时，用户经常会遇见各种各样的问题，下面将总结一些常见问题进行解答，其中包括：打印设置、打印区域、图纸出图比例等问题。

问　题	解　答
打印A3纸，各种比例都试过了，不是铺不满就是装不下，请问该怎么设置?	可以通过以下方法进行处理： 首先打开“打印-模型”对话框，选择好打印机型号，并设置好图纸尺寸，这里应选择“A3”； 然后在“打印范围”选项下，选择“窗口”类型，并在图纸中框选要打印的范围。将“打印偏移”设为居中打印，将“打印比例”设为“布满图纸”； 单击“折叠”按钮，在扩展选项中，将“图形方向”设为合适的方向即可
AutoCAD打印区域有显示、范围、图形界限、窗口，请问这些分别是代表什么?	显示：打印选定的“模型”选项卡当前视口中的视图或布局中的当前图纸空间视图 范围：打印包含对象的图形的部分当前空间。当前空间内的所有几何图形都将被打印。打印之前，可能会重新生成图形以重新计算范围 图形界限：打印布局时，将打印指定图纸尺寸的可打印区域内的所有内容，其原点从布局中的0,0点计算得出 窗口：打印指定的图形部分。如果选择“窗口”，“窗口”按钮将称为可用按钮。单击“窗口”按钮以使用定点设备指定要打印区域的两个角点，或输入坐标值
AutoCAD绘图时是按照1:1的比例还是由出图的纸张大小决定的?	在AutoCAD里，图形是按“绘图单位”来绘制的，1个绘图单位则是在图上1的长度。一般在出图时有一个打印尺寸和绘图单位的比值关系，打印尺寸按毫米计，如果打印时按1:1来出图，则1个绘图单位将打印出来1mm，在规划图中，如果使用1:1000的比例，则可以在绘图时用1表示1m，打印时用1:1出图就行了。实际上，为了数据便于操作，往往用1个绘图单位来表示使用的主单位，比如，规划图主单位为是米，机械、建筑和结构主单位为毫米，仅仅在打印时需要注意。因此，绘图时先确定主单位，一般按1:1的比例，出图时再换算一下。按纸张大小出图仅用于草图

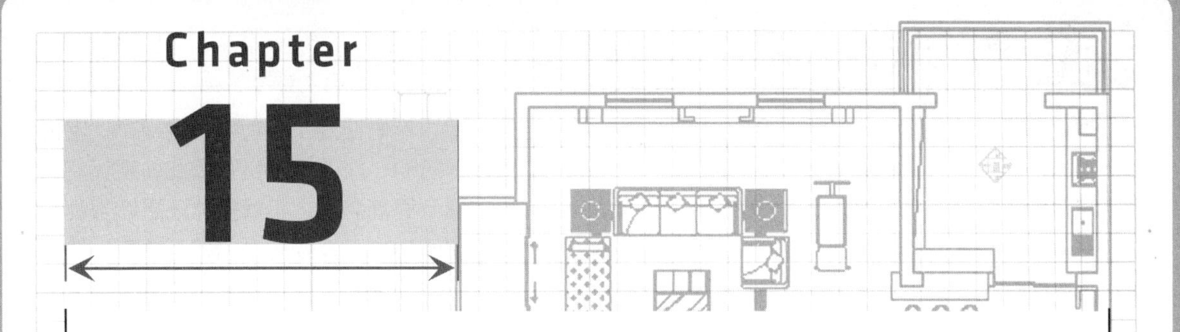

Chapter

15

室内施工图的绘制

在室内设计工作的过程中，施工图是施工过程的重要依据，设计师通过施工图表达自己的设计意图，施工人员通过施工图精确完成工程，所以施工图是设计和施工重要连接点。专业化、标准化的施工图操作流程规范可以帮助设计者完善设计构思，深化设计内容，在保持设计品质及提高工作效率方面起到积极有效的作用。

01 学完本章您可以掌握如下知识点

1. 平面布置图的绘制	★
2. 顶棚布置图的绘制	★★
3. 客厅立面图的绘制	★★★
4. 客厅天花大样图的绘制	★★★

02 本章内容图解链接

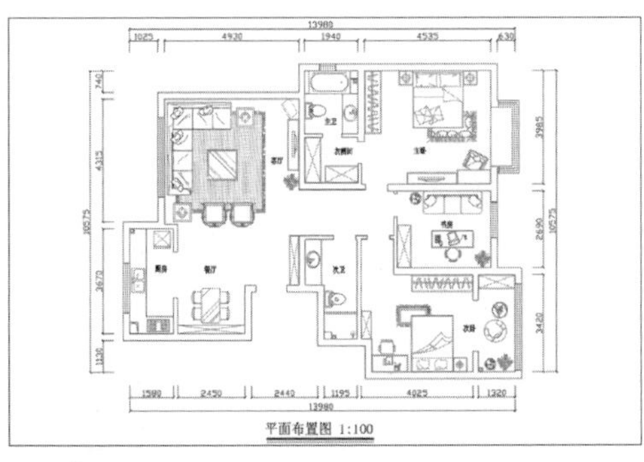

平面布置图

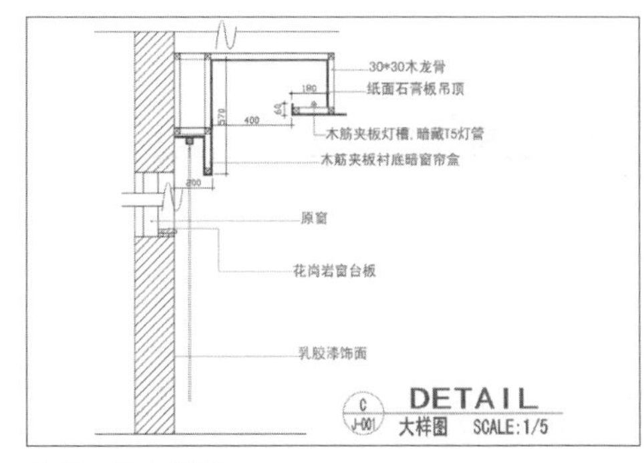

客厅天花大样图

15.1 图纸设计说明

现代室内设计主要追求功能应用，注重新型材料的应用，追求室内空间“舒适度”的提高。室内设计不再片面注重表面的装修效果，设计者更注意空间的适用、方便、经济等意义。因此，现代室内设计在全面了解室内功能需求外，应从内部空间组织、家具布置到界面装修，不管整体还是细部都应进行充分考虑，从而处理好人与空间、人与物、空间与空间、空间与物以及物与物的相互关系，让整体空间灵动而舒适。

现代主义风格在形成过程中，强调突破传统，重视功能和空间组织，主义发挥结构本身的形式美，反对多余装饰，崇尚合理的工艺尊重材料性能，讲究材料质地和色彩配置效果，现代风格造型简洁、大方具有时代感，简约不简单是现代简约风格最主要精髓。

本案为三口之家，所以根据业主需求保留两个卧室，书房的设计可以让主人拥有独立的办公空间，餐桌设计靠墙设计坐凳，使餐厅更加宽敞，客厅的界面是体现风格、营造整体氛围的主要方法，电视背景墙曲线造型的应用，使整个客厅更加灵动。

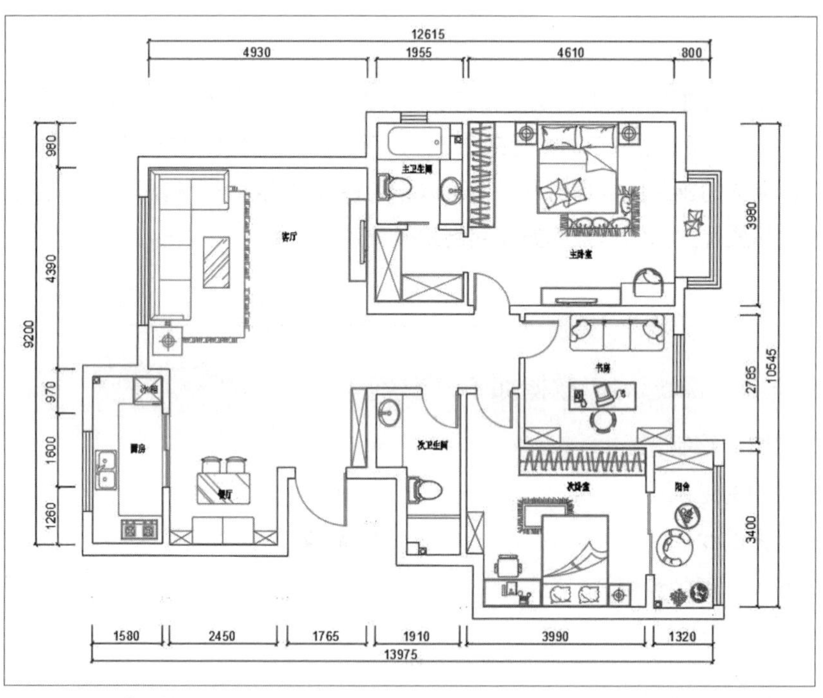

图15-1 平面布置图

15.2 绘制平面布置图

平面图是假设经过门窗洞口将房屋沿水平方向剖切，去掉上面部分而后画出的水平投影图。平面布置图主要反应室内家具、家电设施、摆设绿化、地面铺设等具体位置。

15.2.1 绘制客餐厅平面图

客厅的布局风格是整体家局中的最大亮点，也是风格的具体体现，本案例中的客餐厅相连，这里介绍一下客餐厅平面图的绘制过程：

Step 01 打开“原始结构图”文件，复制一份原始户型图，执行“删除”命令，删除文字标注及梁轮廓线等图形，如图15-2所示。

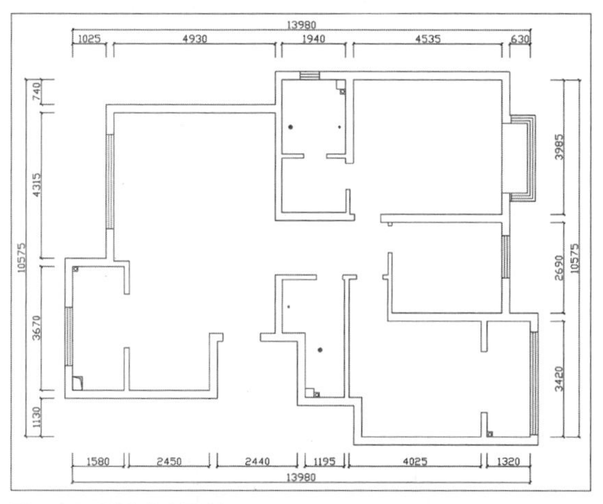

图15-2 删除多余图形

Step 02 执行“矩形”命令，绘制尺寸为350×1740的矩形，执行“偏移”命令，将矩形向内偏移20，然后执行“直线”命令，绘制对角线，绘制鞋柜图形，如图15-3所示。

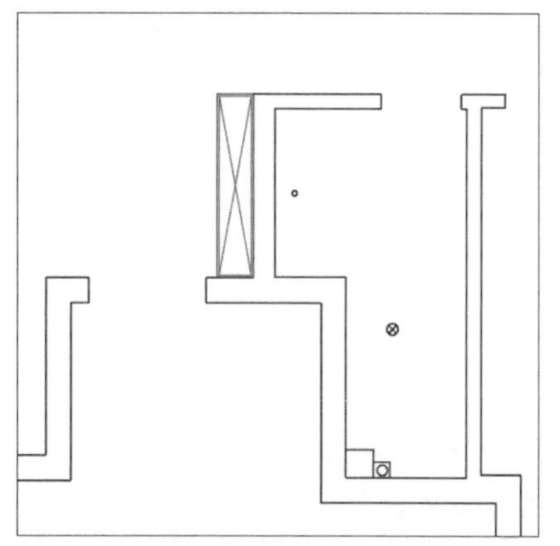

图15-3 绘制鞋柜

Step 03 执行“矩形”命令，绘制尺寸为400×1800的矩形，执行“偏移”命令，将矩形向内偏移20，绘制电视柜图形并居中放置内墙线位置，如图15-4所示。

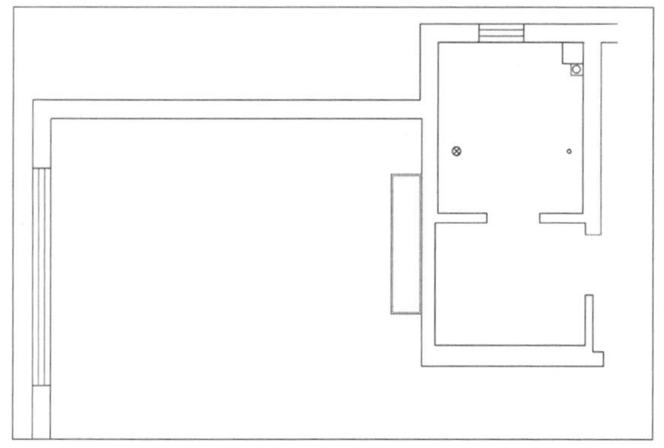

图15-4 绘制电视柜图形

Step 04 执行“插入>块”命令，在“插入”对话框中单击“浏览”按钮，在打开的“选择图形文件”对话框中选择沙发图形，如图15-5所示。

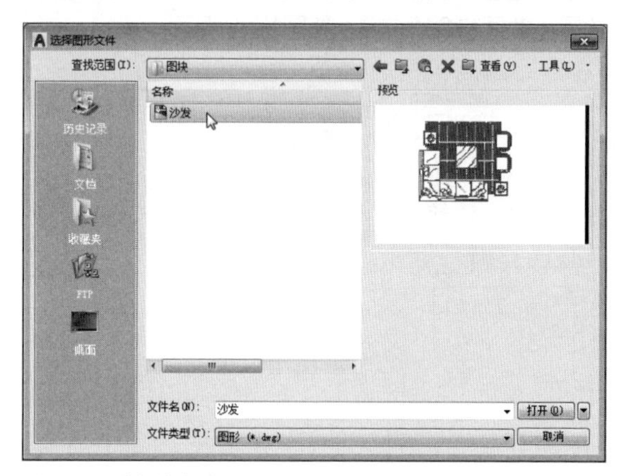

图15-5 选择沙发图形

Step 05 依次单击“打开”和“确定”按钮，根据命令行提示，插入沙发图形，执行“旋转”等命令，将沙发图形放置于合适位置，如图15-6所示。

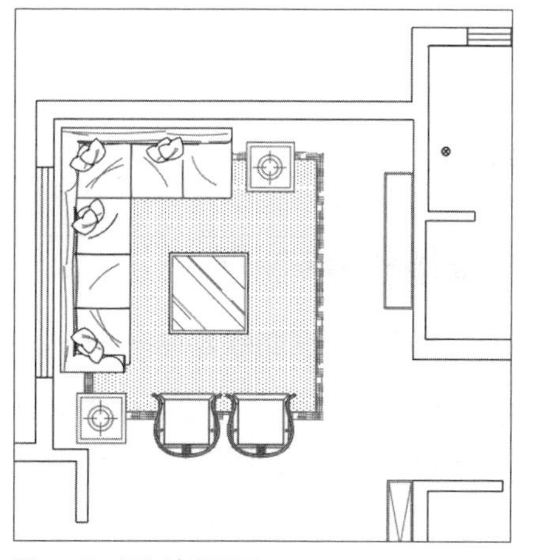

图15-6 插入沙发图形

Step 06 继续“插入>块”命令，插入电视机图形，如图15-7所示。

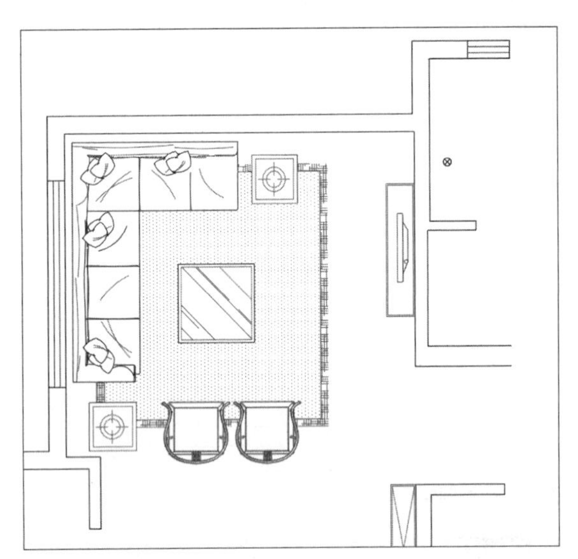

图15-7 插入电视机图形

Step 07 执行“矩形”命令，绘制尺寸为2450×300的矩形，执行“直线”命令，绘制柜子对角线，绘制餐厅柜子图形，如图15-8所示。

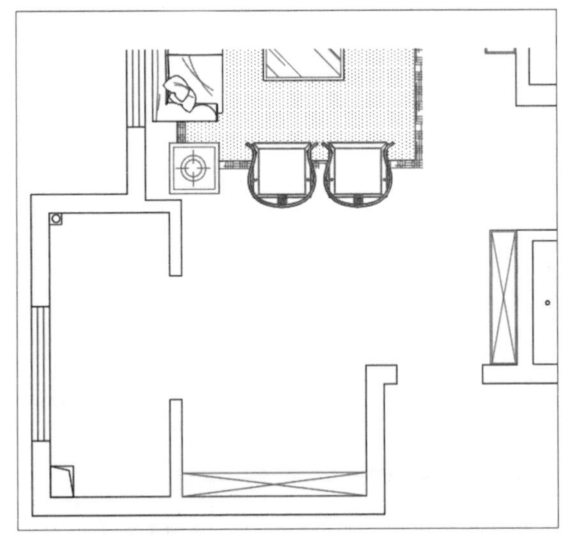

图15-8 绘制柜体

Step 08 执行“插入>块”命令，插入餐桌图形，放置于餐厅的合适位置，如图15-9所示。

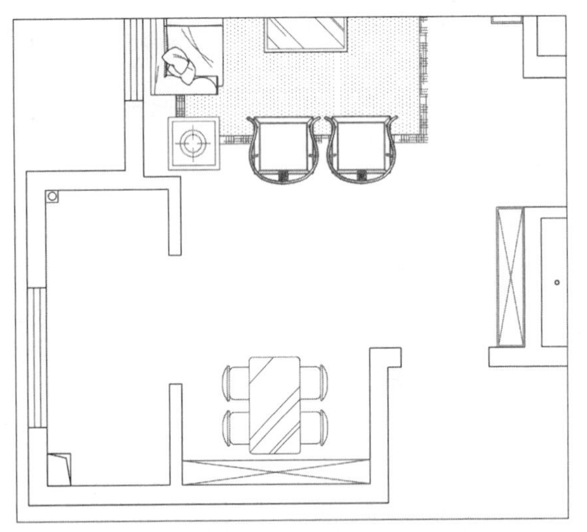

图15-9 插入餐桌图形

Step 09 继续执行“插入>块”命令，插入植物、空调机图形，完成客餐厅平面图的绘制，如图15-10所示。

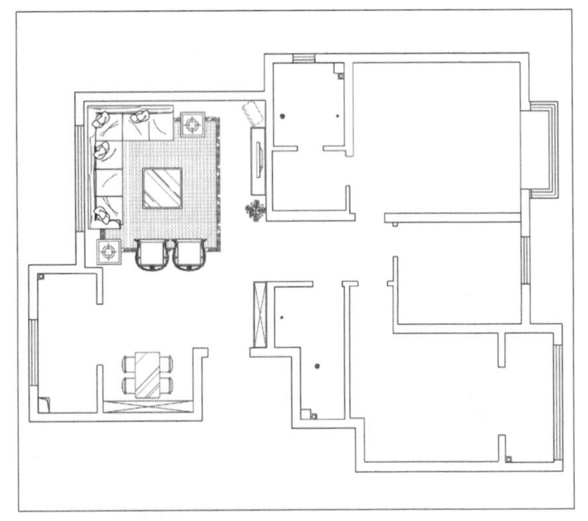

图15-10 完成客餐厅平面图的绘制

15.2.2 绘制厨房平面图

下面将对厨房平面布置图的绘制过程进行介绍。

Step 01 执行“偏移”命令，设置偏移距离为600，将厨房内墙线向右偏移，如图15-11所示。

Step 02 执行“圆角”命令，设置圆角半径为0，修剪橱柜台面，如图15-12所示。

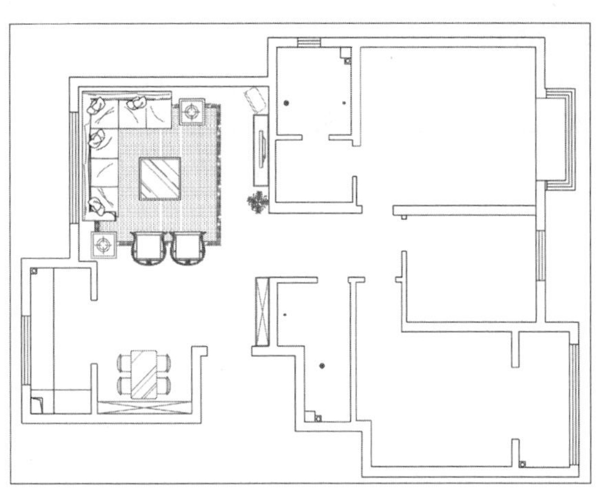

图15-11　偏移内墙线

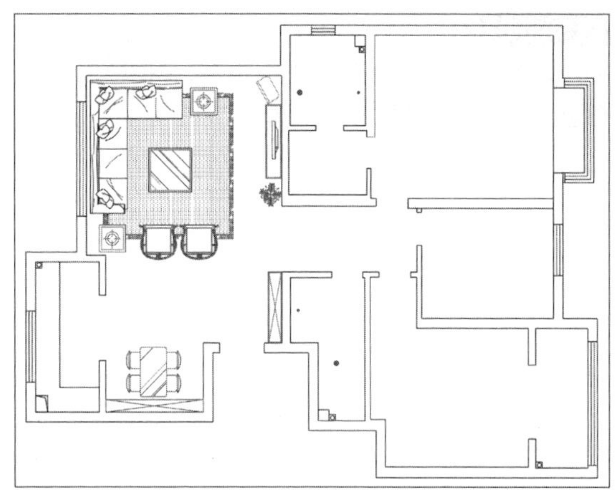

图15-12　修剪橱柜

Step 03 执行“插入>块”命令，插入水槽、冰箱等图形，放置在厨房的合适位置，完成厨房平面图的布置，效果如图15-13所示。

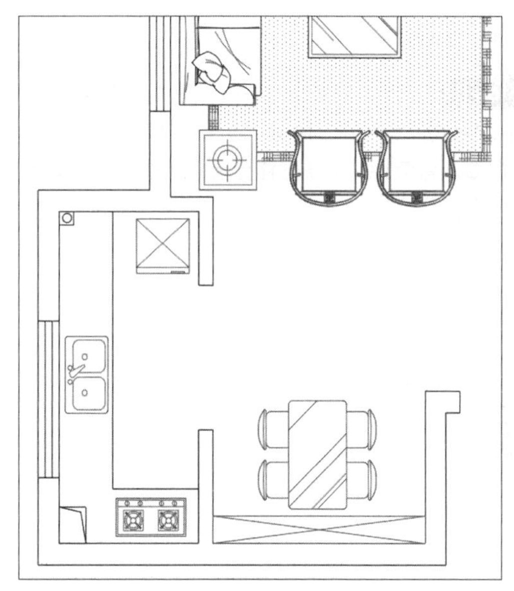

图15-13　完成厨房平面图的绘制

15.2.3 绘制主卧平面图

下面将对主卧平面布置图的绘制过程进行介绍。

Step 01 执行“插入>块”命令，插入衣柜图形，如图15-14所示。

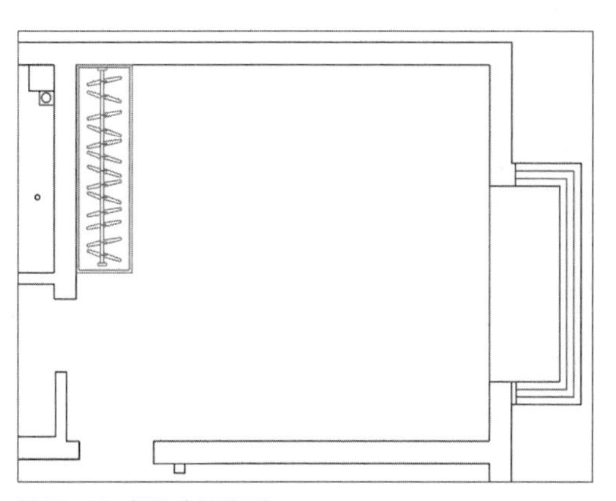

图15-14　插入衣柜图形

Step 02 继续执行“插入>块”命令，插入双人床图形，执行“移动”和“旋转”命令，将双人床图形移至合适位置，如图15-15所示。

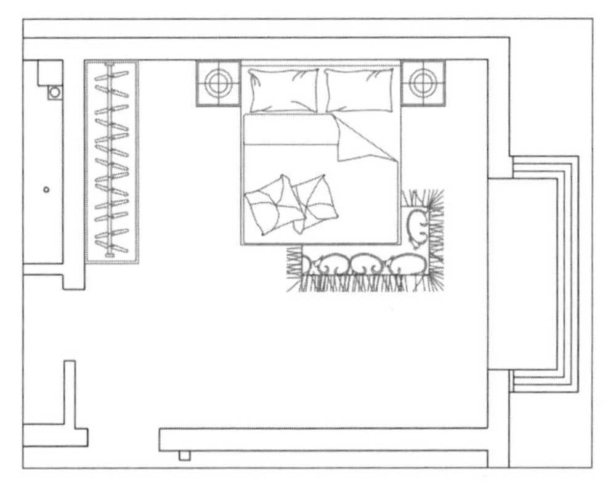

图15-15　插入床图形

Step 03 执行“矩形”命令，绘制尺寸为1200×500的矩形，执行“偏移”命令，将矩形向内偏移20，绘制梳妆台图形，如图15-16所示。

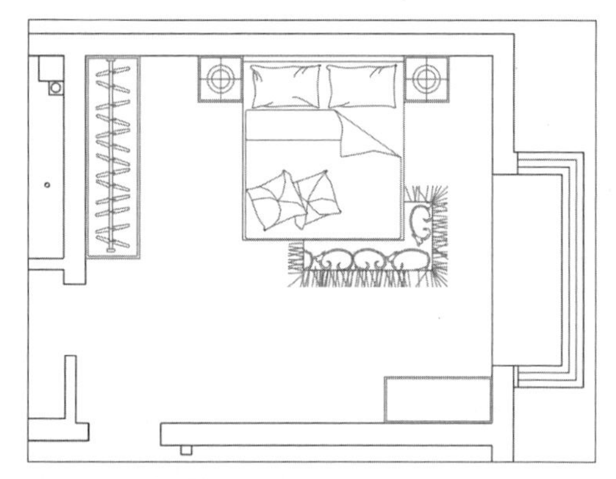

图15-16　绘制梳妆台图形

Step 04 执行“复制”命令，将客厅的电视机和电视柜图形复制到主卧室，执行“旋转”和“移动”命令，将电视机等图形移至梳妆台图形旁，如图15-17所示。

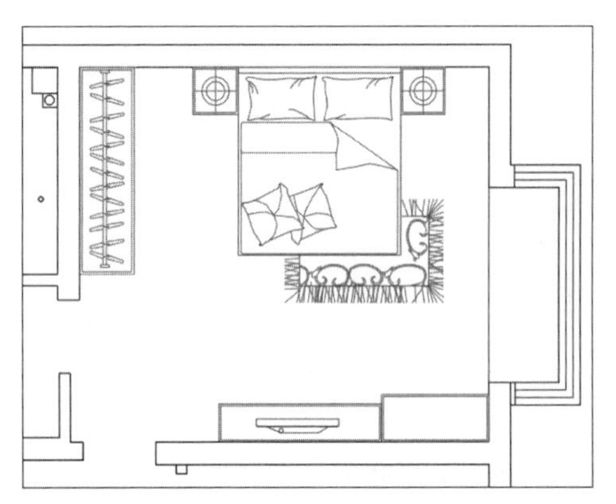

图15-17　调整图形位置

Step 05 执行“插入>块”命令，插入椅子图形，放置于梳妆台图形合适位置，如图15-18所示。

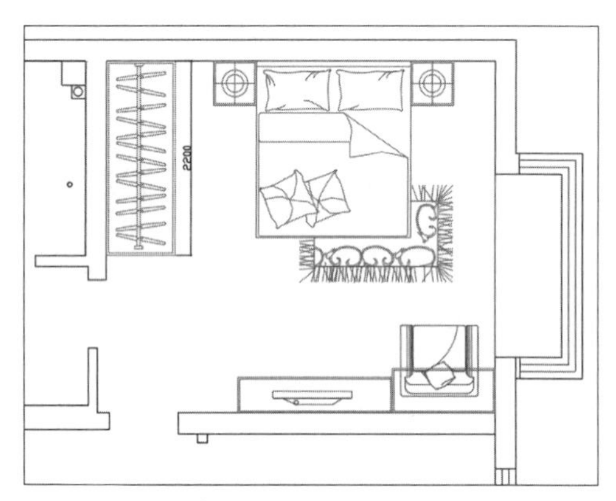

图15-18　插入椅子图形

Step 06 执行“缩放”和“旋转”命令，指定比例因子为0.8，调整椅子图形尺寸及其摆放方向，效果如图15-19所示。

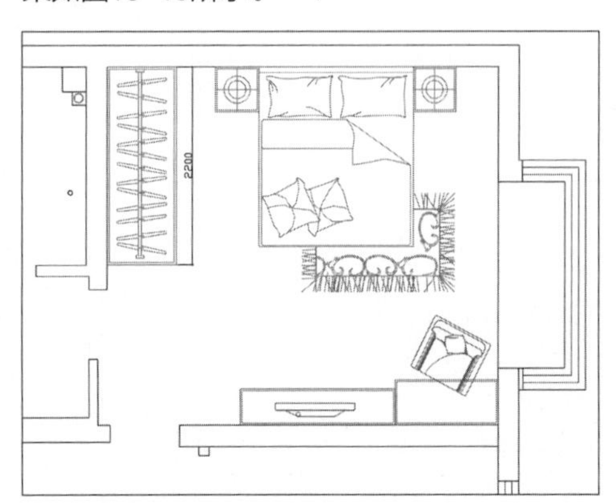

图15-19　调整图形

Step 07 执行“分解”命令，分解椅子图形，执行“修剪”命令，将梳妆台图形与椅子图形的遮挡位置进行修剪，如图15-20所示。

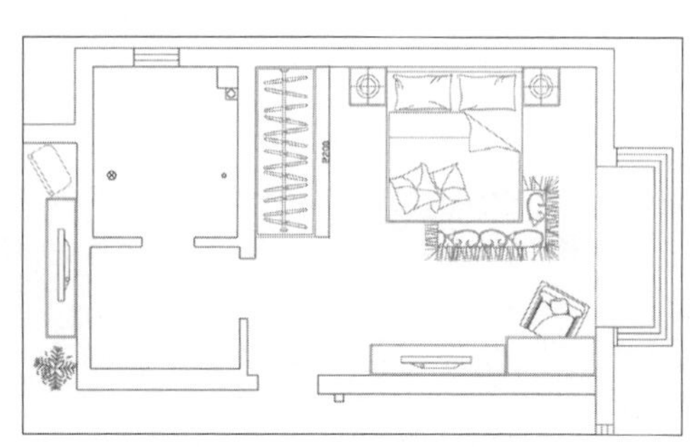

图15-20　修剪图形

Step 08 执行“矩形”命令，以衣帽间为顶点，分别绘制尺寸为1600×600和1200×600的矩形，如图15-21所示。

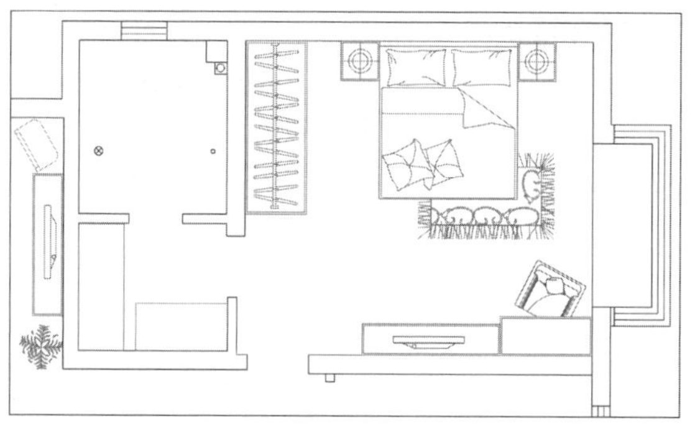

图15-21 绘制矩形

Step 09 执行“偏移”和“直线”命令，设置偏移距离为20，连接衣柜对角线，完成衣柜图形，效果如图15-22所示。

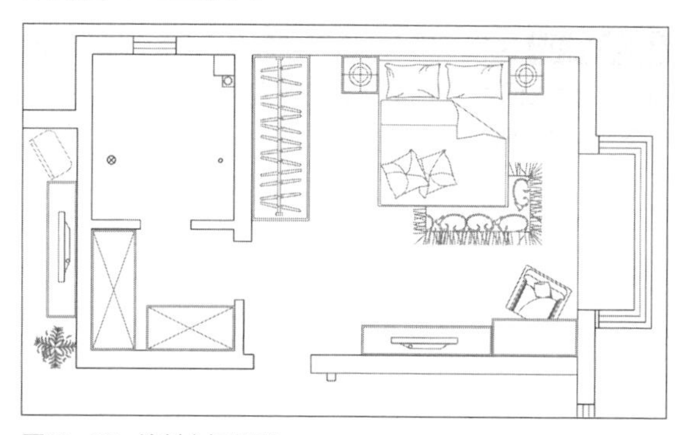

图15-22 绘制衣柜图形

Step 10 执行“偏移”命令，偏移卫生间内墙线，设置偏移距离为800、550，绘制浴缸和盥洗台面，如图15-23所示。

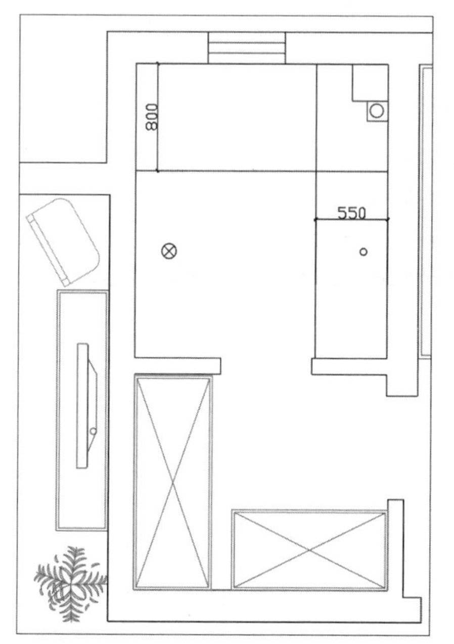

图15-23 偏移内墙线

Step 11 执行“修剪”命令，修剪偏移后的线条，执行“直线”命令，沿管道边向下绘制直线，如图15-24所示。

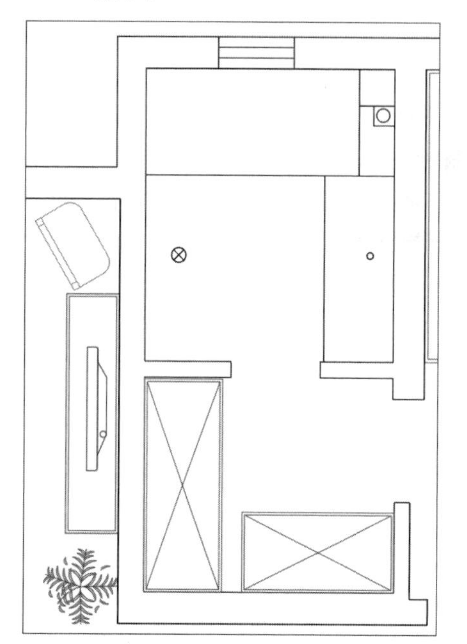

图15-24 修剪直线

Step 12 执行“插入>块”命令，将浴缸、盥洗盆等洁具图形插入到合适位置，完成主卧图形的绘制，效果如图15-25所示。

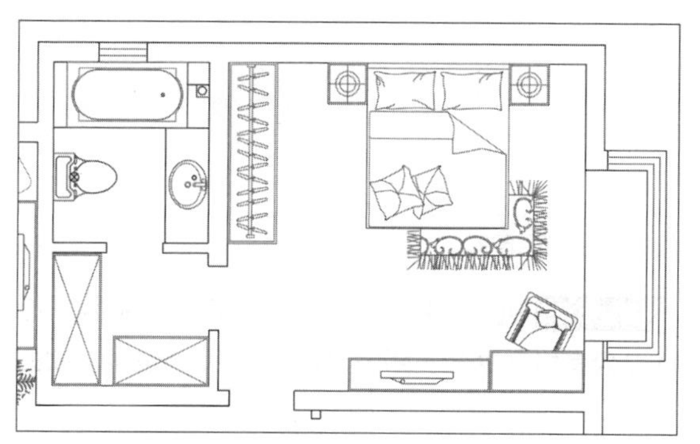

图15-25 完成主卧图形绘制

15.2.4 绘制其他平面图

下面将对其他平面布置图的绘制过程进行介绍。

Step 01 执行“插入>块”、“复制”和“旋转”等命令，插入相关图形放置于次卧室的合适位置，效果如图15-26所示。

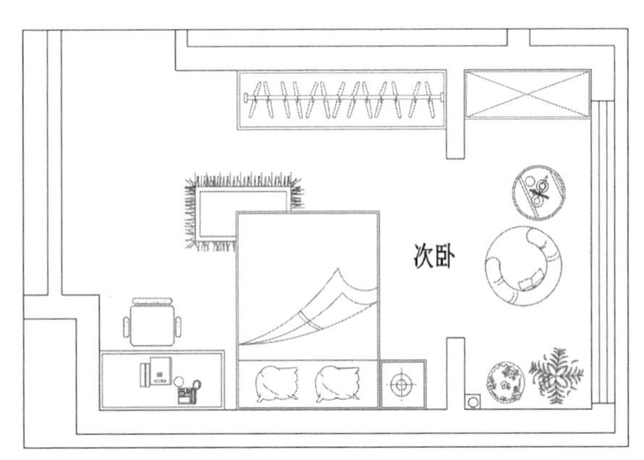

图15-26 插入图形

Step 02 执行“矩形”命令，绘制尺寸为380×1000和1320×500的矩形，执行“偏移”命令，分别将其向内偏移20，再执行“直线”命令，连接对角线，绘制柜子图形，完成次卧室的布置，如图15-27所示。

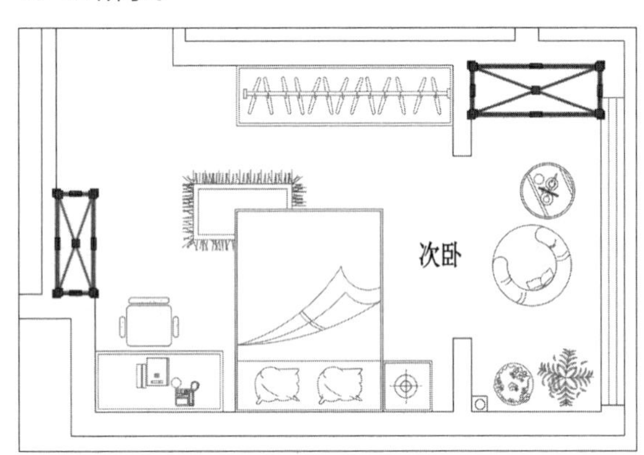

图15-27 完成次卧平面图的绘制

Step 03 继续执行“插入>块”、“复制”和“移动”等命令，插入相关图形放置于次卫的合适位置，效果如图15-28所示。

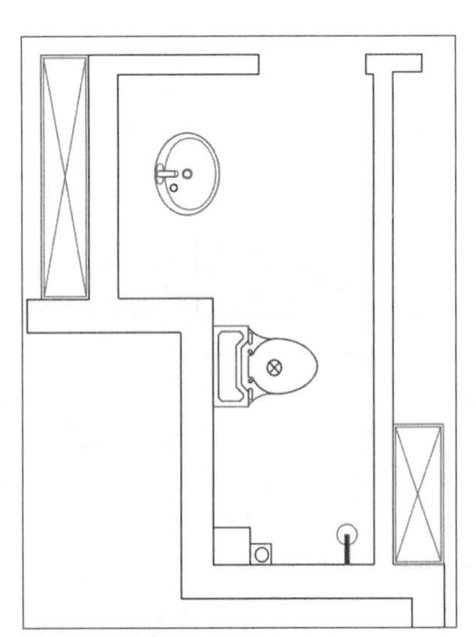

图15-28 插入图形

Step 04 执行“偏移”命令，将内墙线向上偏移900、60，绘制帘杆图形，执行“偏移”命令，将内墙线向右偏移600，执行“移动”命令，调整盥洗盆和马桶图形的位置，完成次卫的布置，如图15-29所示。

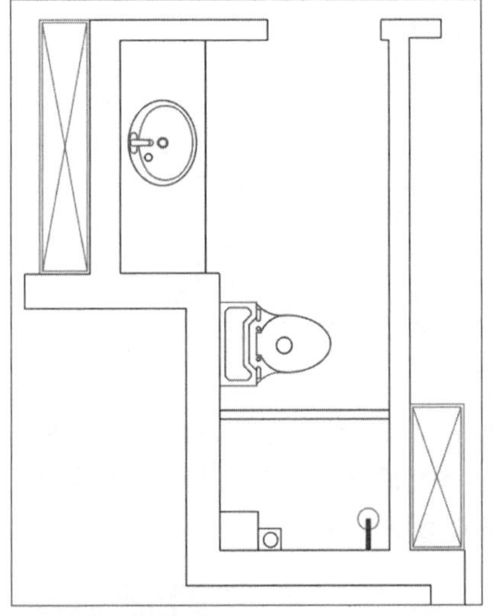

图15-29 调整其他图形

Step 05 执行“插入>块”和“复制”命令，插入办公桌和小沙发等图形放置书房的合适位置，如图15-30所示。

Step 06 执行“矩形”、“偏移”和“直线”命令，偏移距离为20，绘制书柜图形，放置书房位置的左下角，完成书房图形的布置，效果如图15-31所示。

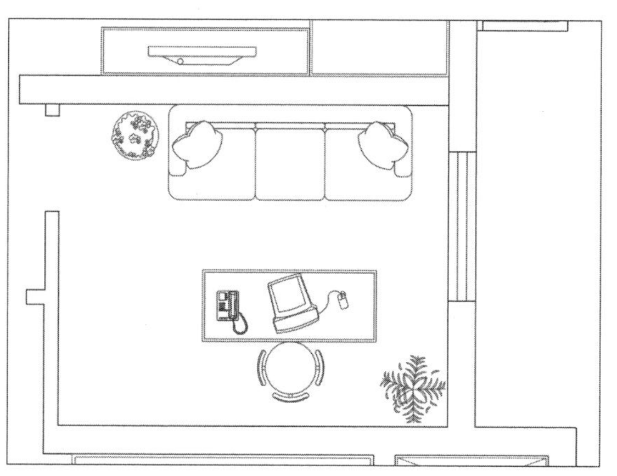

图15-30 插入图形

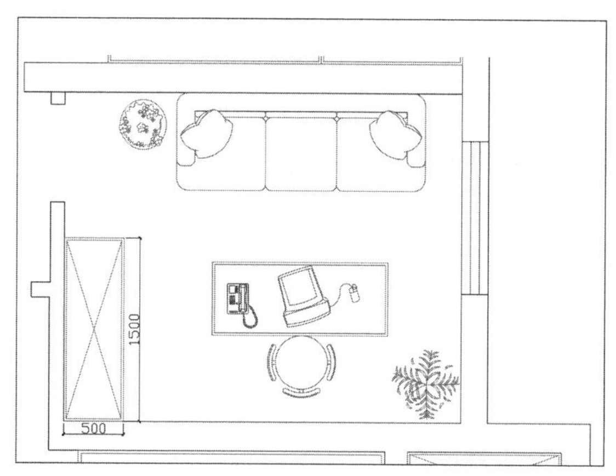

图15-31 完成书房平面图的绘制

Step 07 执行“矩形”命令，绘制尺寸为40×800的两个矩形作为推拉门图形，执行“移动”命令，将其居中放置于厨房门洞处，如图15-32所示。

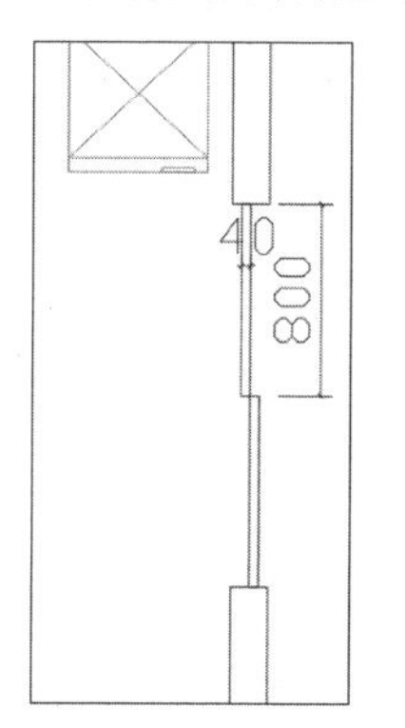

图15-32 绘制推拉门图形

Step 08 执行“矩形”命令，绘制尺寸为40×800的矩形，执行“圆弧”命令，绘制圆弧。绘制单扇门图形，如图15-33所示。

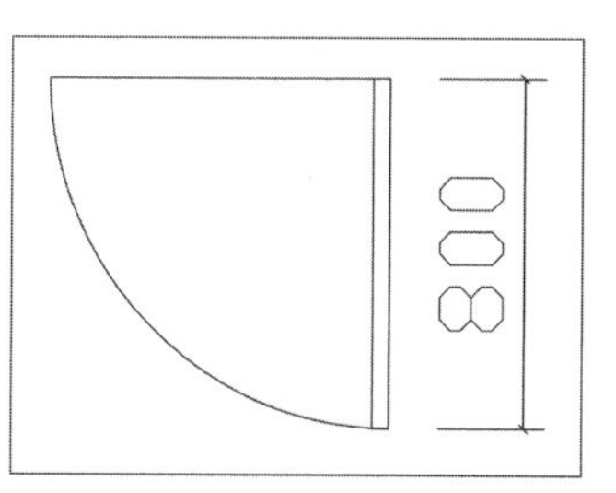

图15-33 绘制单扇门图形

Step 09 执行“移动”命令，将其放置于卫生间门洞处，如图15-34所示。

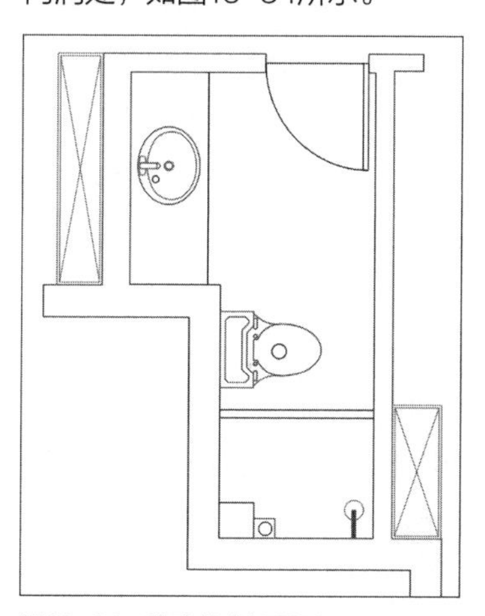

图15-34 移动单扇门图形

Step 10 执行“复制”命令，复制单扇门图形，并完成其余门图形的绘制，效果如图15-35所示。

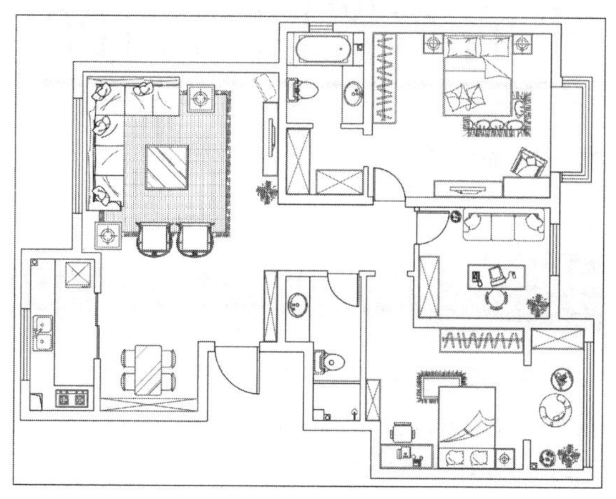

图15-35 绘制门图形

Step 11 执行“多行文字”命令，设置文字字体为“宋体”，文字高度为200，标注客厅文字说明，如图15-36所示。

Step 12 执行“复制”命令，复制标注文字至平面布置图的其余位置并更改文字注释，效果如图15-37所示。

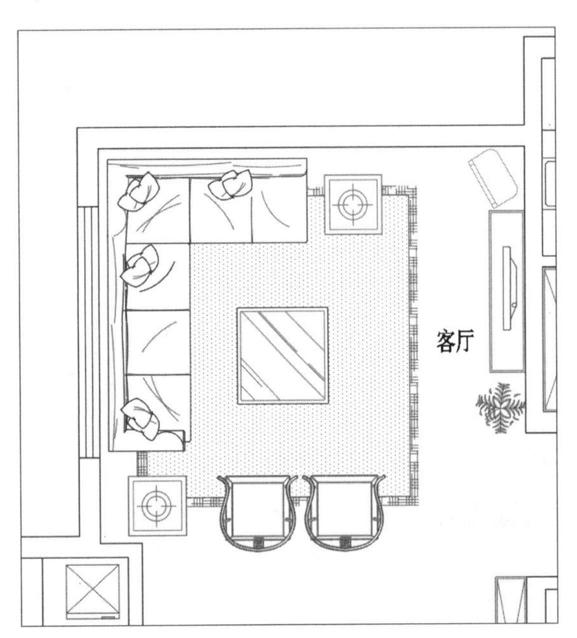

图15-36 标注客厅文字

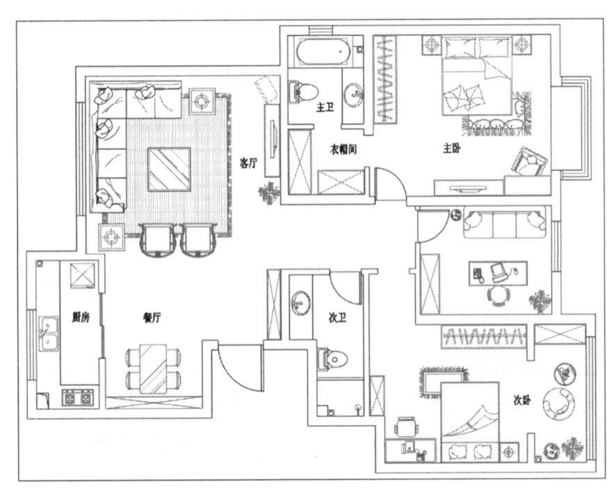

图15-37 标注客厅文字

Step 13 执行“多行文字”命令，绘制图名，执行“多段线”命令，设置线宽50的多段线，完成图名的绘制，如图15-38所示。

平面布置图 1:100

图15-38 绘制图名

Step 14 执行“移动”命令，移动图名到相应位置，至此完成平面布置图的绘制，如图15-39所示。

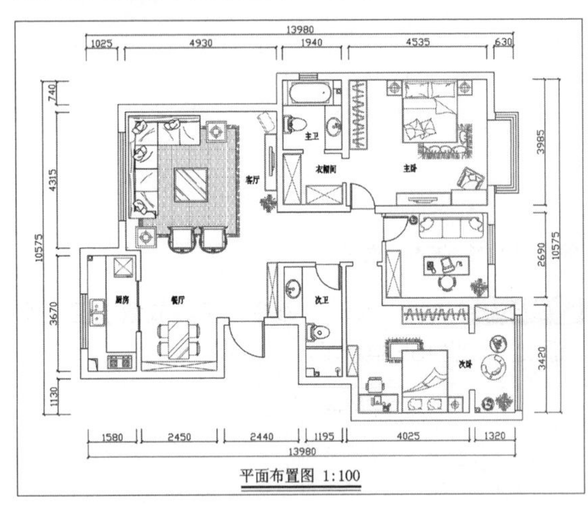

图15-39 平面布置图

15.3 绘制顶棚及插座布置图

室内顶棚图和插座布置图都是室内施工图中必不可少的一部分。其中顶棚图是对室内顶面造型以及室内照明进行设计；而插座布置图是对室内各空间的电路走向进行设计。下面将分别对这两类图纸的绘制方法进行介绍。

15.3.1 绘制顶棚布置图

顶面图通常指顶棚镜像投影平面图，即假想室内地面上水平放置的平面镜上，顶棚在地平面上所形成的像，顶面绘制内容和主要包括顶棚的设计造型、灯具布置、高度及尺寸标注。

Step 01 打开上一节绘制的“平面布置图”图形文件，复制一份平面布置图，执行“删除”命令，删除家具图和文字标注等，如图15-40所示。

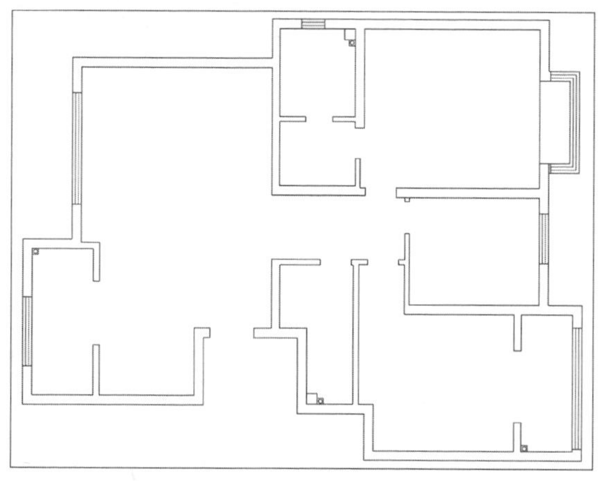

图15-40 删除其他图形

Step 02 执行“偏移”命令，将左侧客厅墙线向右偏移200，绘制客厅窗帘平面，然后执行“矩形”命令，绘制矩形，如图15-41所示。

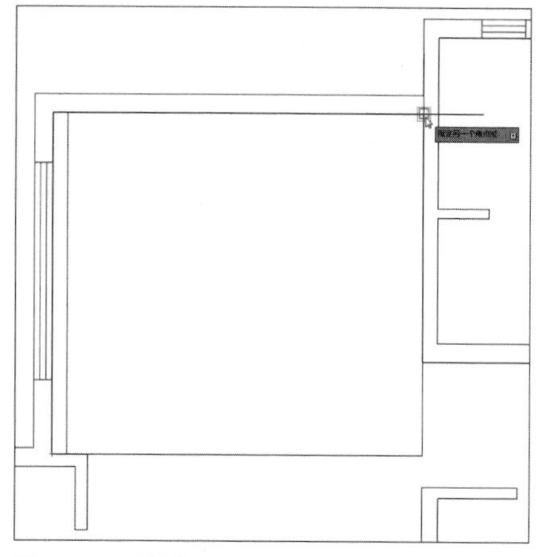

图15-41 绘制矩形

Step 03 执行“偏移”命令，将绘制的矩形向内偏移600，绘制顶面造型，如图15-42所示。

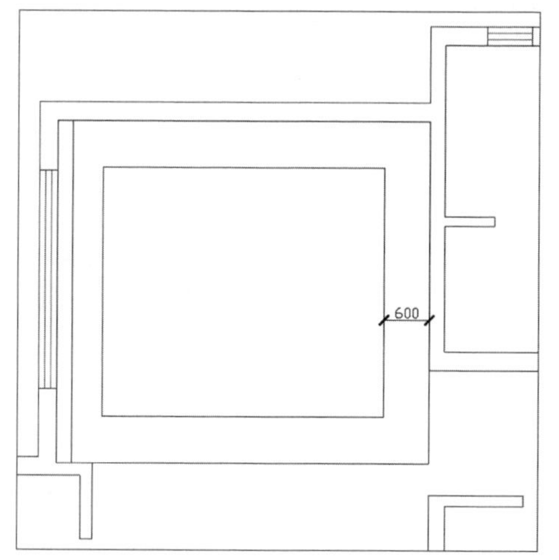

图15-42 偏移矩形

Step 04 执行“圆角”命令，设置圆角半径为300，为偏移的矩形添加圆角，执行“删除”命令，将客厅的矩形删除，如图15-43所示。

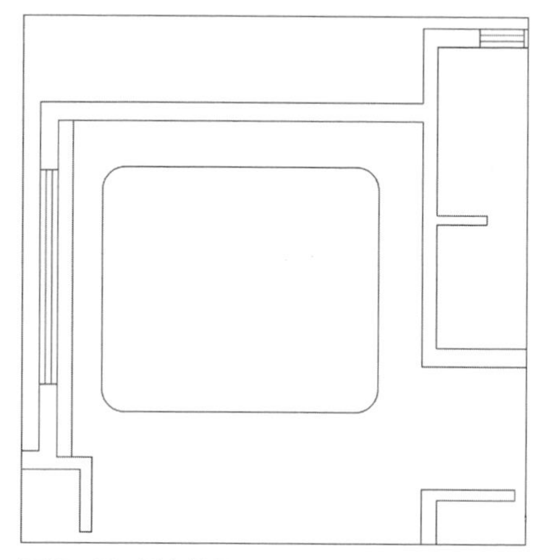

图15-43 圆角效果

Step 05 执行“偏移”命令，把圆角矩形向内偏移60，绘制灯带图形，如图15-44所示。

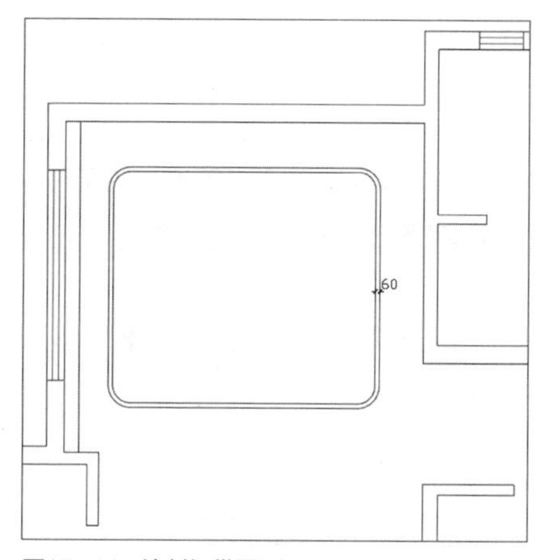

图15-44 绘制灯带图形

Step 06 选择灯带图形，在“默认”选项卡的“特性”面板中，设置灯带颜色为“洋红”，线性为ACAD-ISO03W100，如图15-45所示。

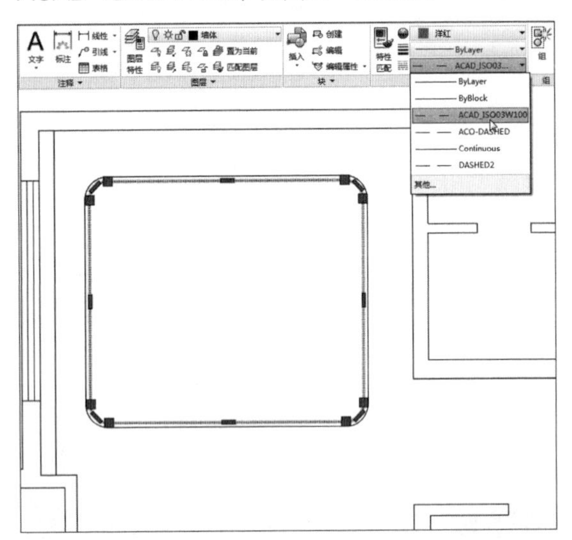

图15-45 设置灯带特性

Step 07 执行“图案填充”命令，填充吊顶图形，设置填充图案为CROSS，图案填充颜色为8，填充图案比例为20，效果如图15-46所示。

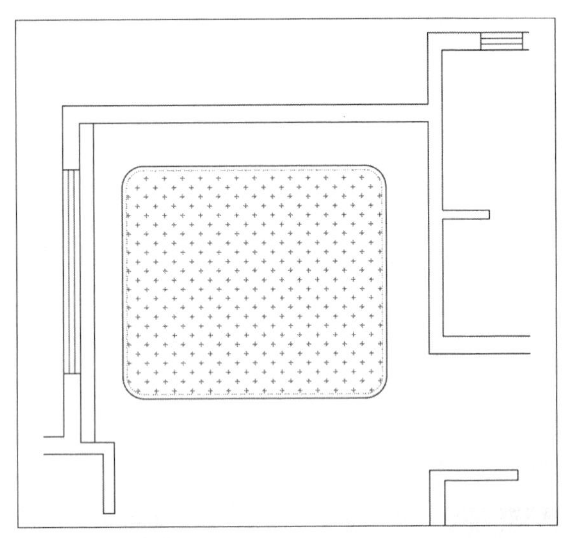

图15-46 图案填充

Step 08 执行“直线”命令，将所有门洞口位置封口，如图15-47所示。

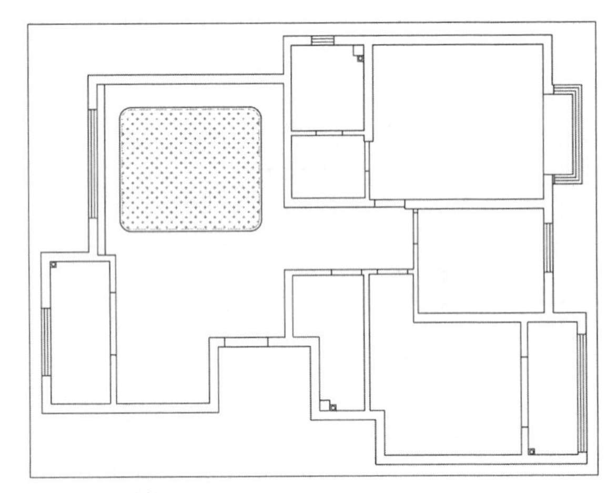

图15-47 封门洞口

Step 09 执行“图案填充”命令，在“图案填充创建”选项卡的“特性”面板中，设置“图案填充类型”为“用户定义”，图案填充颜色为8，填充图案比例为300，在下拉面板中单击“交叉线”按钮▦，填充卫生间和厨房区域，效果如图15-48、15-49所示。

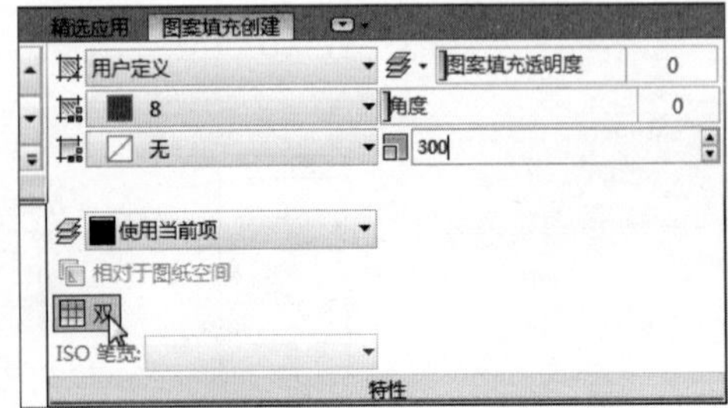

图15-48 “特性”面板

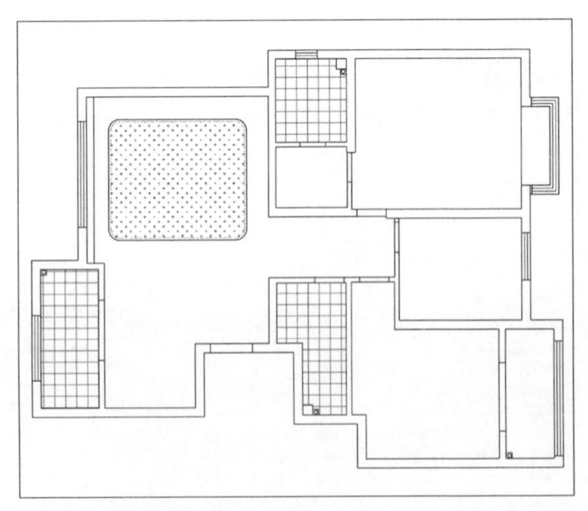

图15-49 填充效果

Step 10 执行“多段线”命令，绘制餐厅吊顶图形，如图15-50所示。

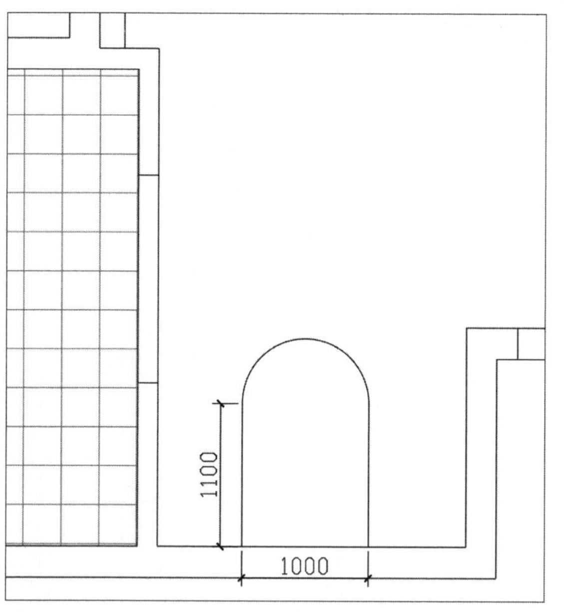

图15-50 绘制餐厅吊顶

Step 11 执行“移动”命令，将该吊顶图形放置内墙线的中点，如图15-51所示。

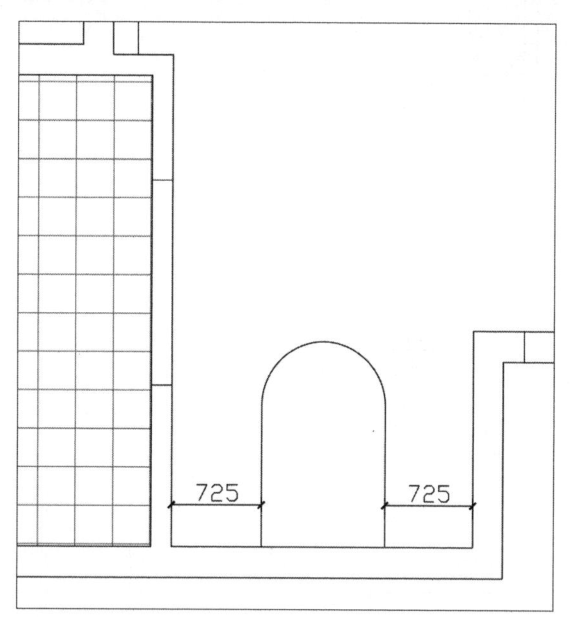

图15-51 调整吊顶位置

Step 12 执行“插入>块”命令，插入客厅灯图形，放置于客厅的中心位置，如图15-52所示。

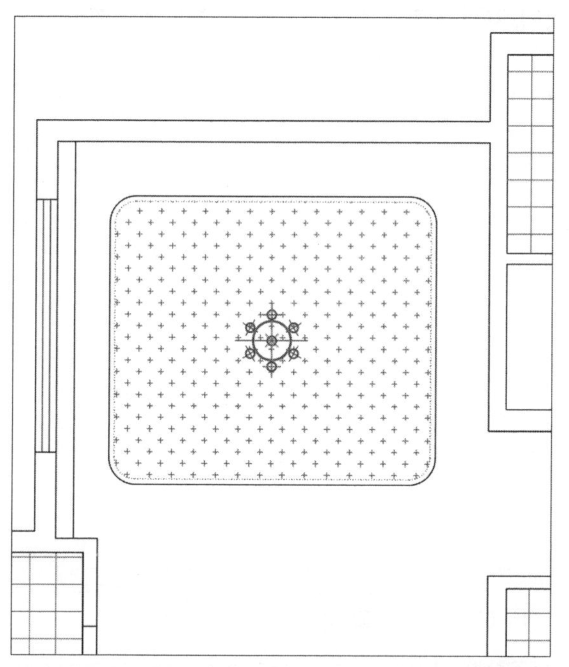

图15-52 插入客厅灯图形

Step 13 继续执行“插入>块”命令，插入其他灯图形，如图15-53所示。

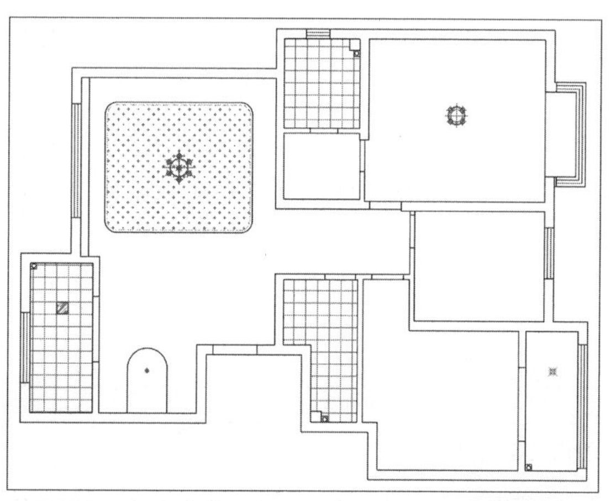

图15-53 插入其他灯图形

Step 14 执行“直线”命令，绘制书房和次卧的对角线，执行“复制”命令，将卧室的吊灯图形复制到两条对角线的中点，执行“缩放”命令，将主卧室的吊灯图形调整为合适大小，如图15-54所示。

Step 15 执行“删除”命令，将对角线删除。执行“直线”命令，捕捉阳台中垂线，再对该直线执行“定数等分”命令，等分线段数目为3，如图15-55所示。

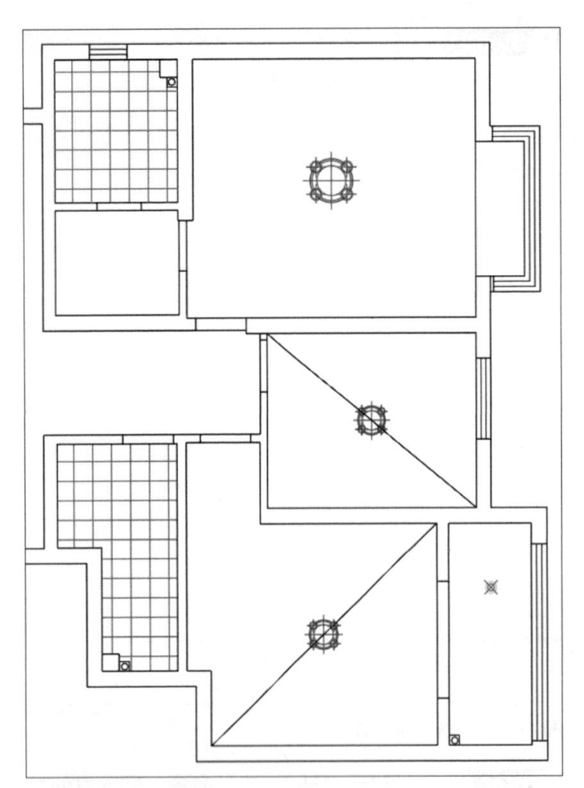

图15-54 复制灯图形

Step 16 执行“移动”和“复制”命令，将阳台的灯图形移动至等分点，执行“删除”命令，删除等分点，如图15-56所示。

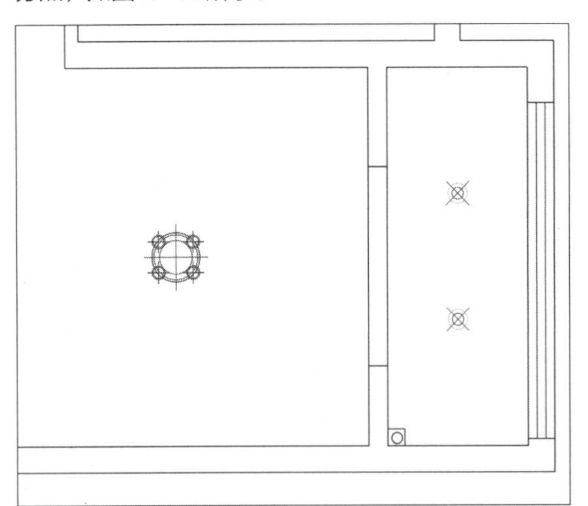

图15-56 定数等分

Step 18 执行“删除”命令，删除辅助线。执行“复制”命令，复制厨房方灯图形并调整该方灯图形至网格中，效果如图15-58所示。

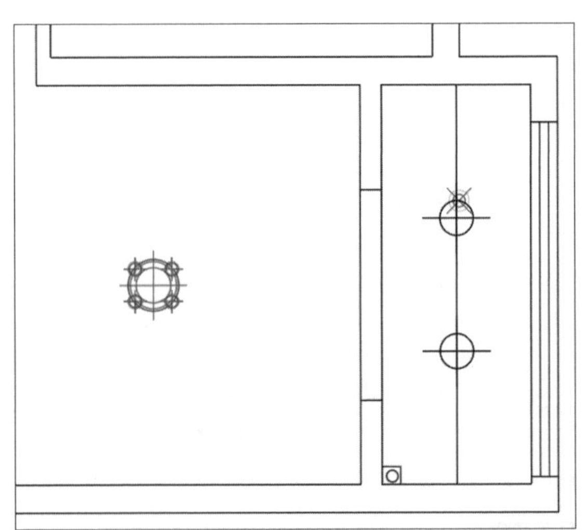

图15-55 定数等分

Step 17 执行“复制”命令，复制射灯图形，执行“直线”和“偏移”命令，根据需要绘制辅助线，执行“移动”命令，将各射灯等距摆放，如图15-57所示。

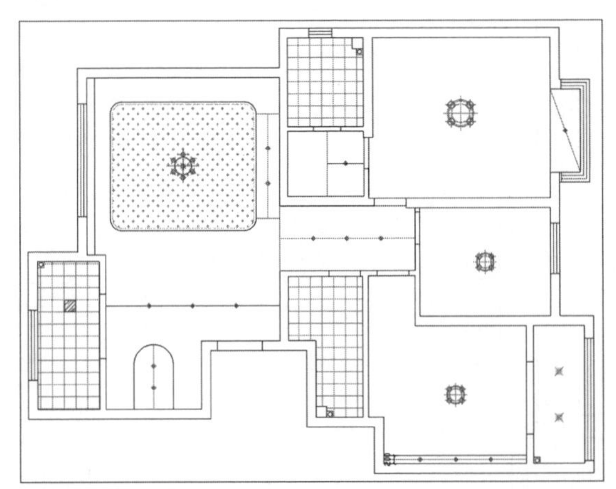

图15-57 调整射灯图形

Step 19 执行“插入>块”命令，插入浴霸图形至卫生间区域，执行“复制”命令，复制浴霸图形并调整其位置，如图15-59所示。

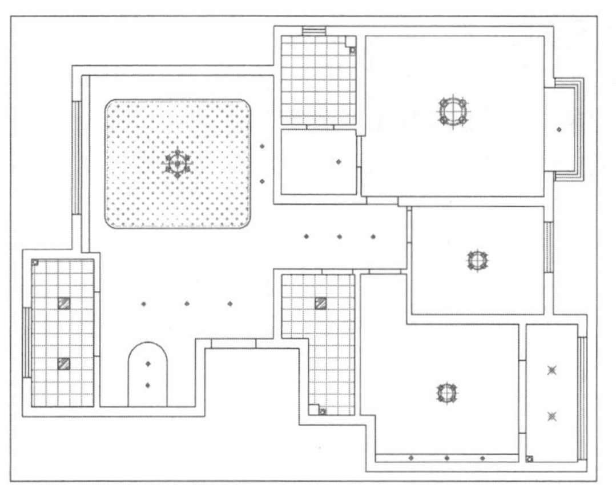

图15-58　复制方灯图形

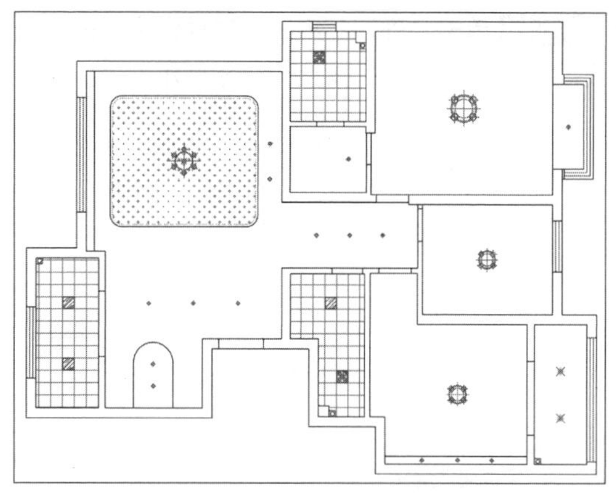

图15-59　插入浴霸图形

Step 20 执行“复制”命令，复制射灯图形至卫生间区域，根据平面布置放置射灯图形，如图15-60所示。

Step 21 执行“偏移”命令，偏移距离为50，将主卧墙线向内偏移，然后使用“倒圆角”命令，修剪偏移的线段，完成卧室吊顶图形绘制，如图15-61所示。

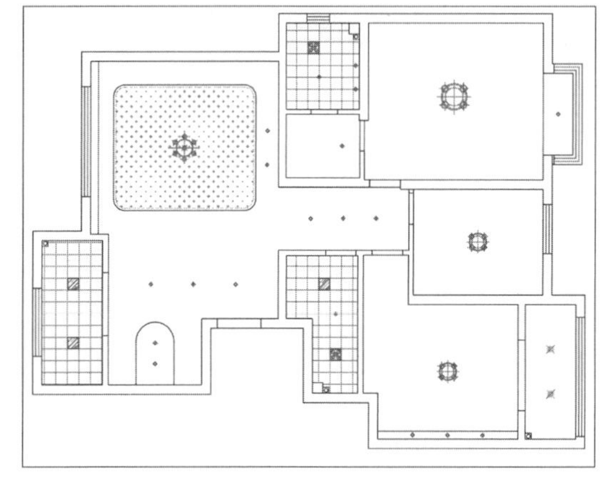

图15-60　放置射灯图形

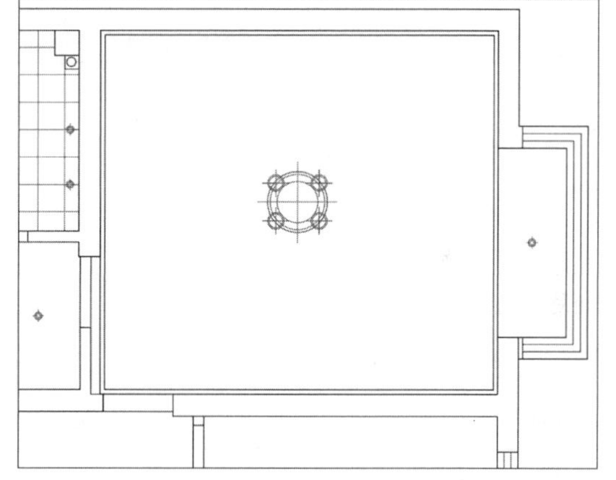

图15-61　绘制卧室吊顶图形

Step 22 执行“直线”命令，开启极轴追踪功能，设置增量角为90°，绘制标高符号，如图15-62所示。

Step 23 将“标高符号”进行块定义，为其添加“定义属性”，在打开的“属性定义”对话框中，输入标记文本，如图15-63所示。

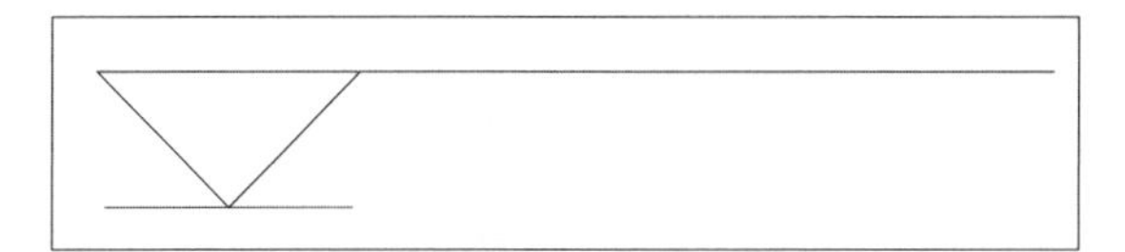

图15-62　绘制标高符号

图15-63　添加属性定义

Step 24 单击“确定”按钮，根据命令行提示，指定起点完成属性定义，如图15-64所示。

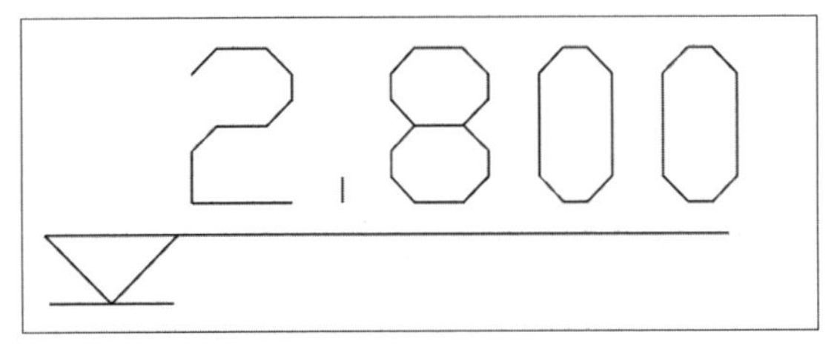

图15-64　完成属性定义

Step 25 在“插入”选项卡的“块定义”面板中单击“块定义”按钮，打开“块定义”对话框，在“对象”选项组中单击“选择对象”按钮，在绘图区中选择标高符号，如图15-65所示。

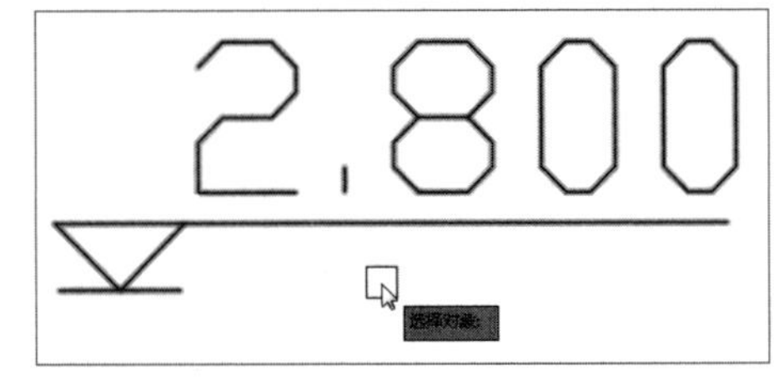

图15-65　选择标高符号

Step 26 按回车键返回原对话框，输入块名称并指定插入基点，单击“确定”按钮，如图15-66所示。

图15-66　添加块定义

Step 27 在弹出的“编辑属性”对话框中输入2.800，单击“确定”按钮，完成块定义操作。执行“移动”命令，将标高符号移至书房区域，如图15-67所示。

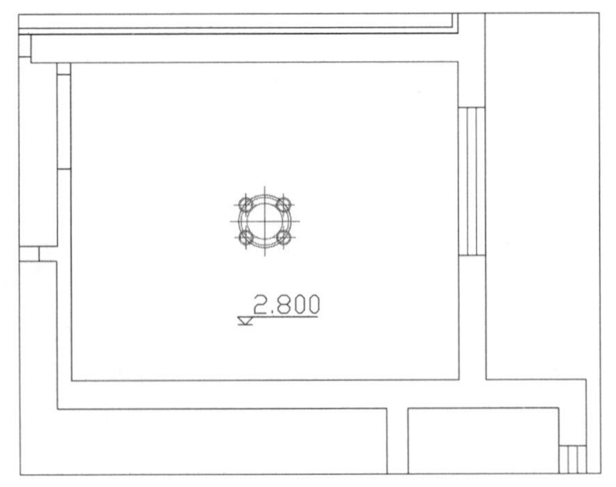

图15-67　添加标高符号

Step 28 执行“复制”命令，将标高符号复制到卫生间区域，双击标高数值打开“增强属性编辑器”对话框，在“值”文本框中输入2.400，如图15-68所示。

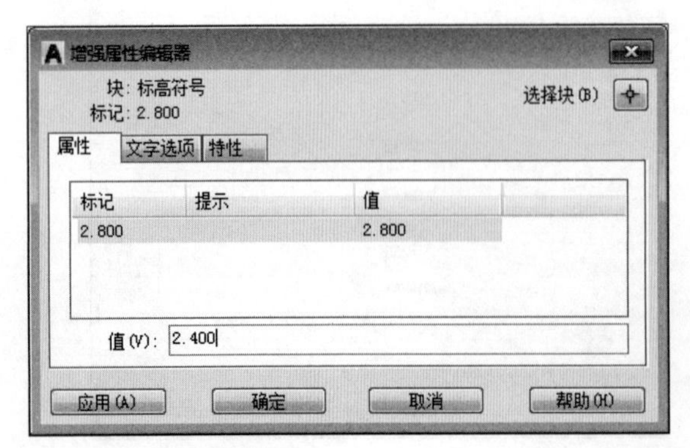

图15-68　更改属性值

Step 29 单击“确定”按钮，完成卫生间区域的标高的添加，如图15-69所示。

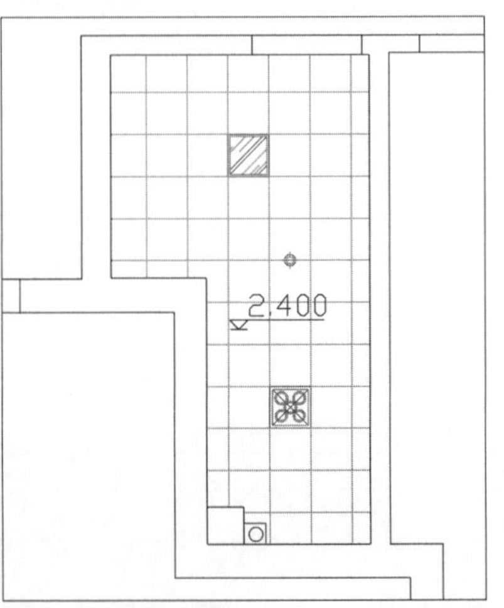

图15-69　添加标高符号

Step 30 重复上述步骤，完成其余区域标高的添加，如图15-70所示。

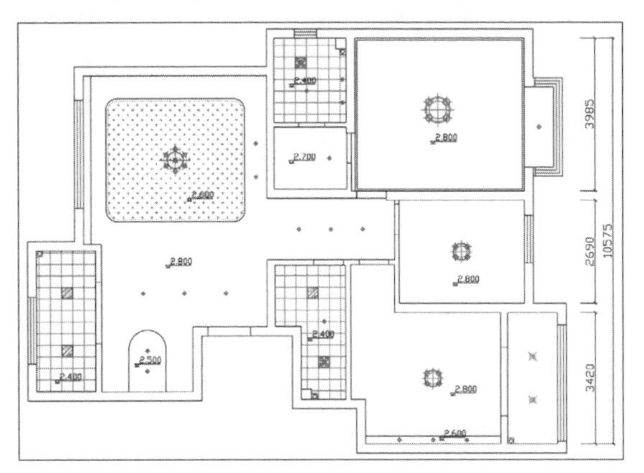

图15-70 完成标高符号的添加

Step 31 打开“平面布置图”图形文件，将图名复制到“顶棚布置图”中，双击文字内容，将其更改为“顶棚布置图”，如图15-71所示。

顶棚布置图 1:100

图15-71 更改图名

Step 32 执行“移动”命令，将图名放至合适位置，至此完成顶棚布置图的绘制，效果如图15-72所示。

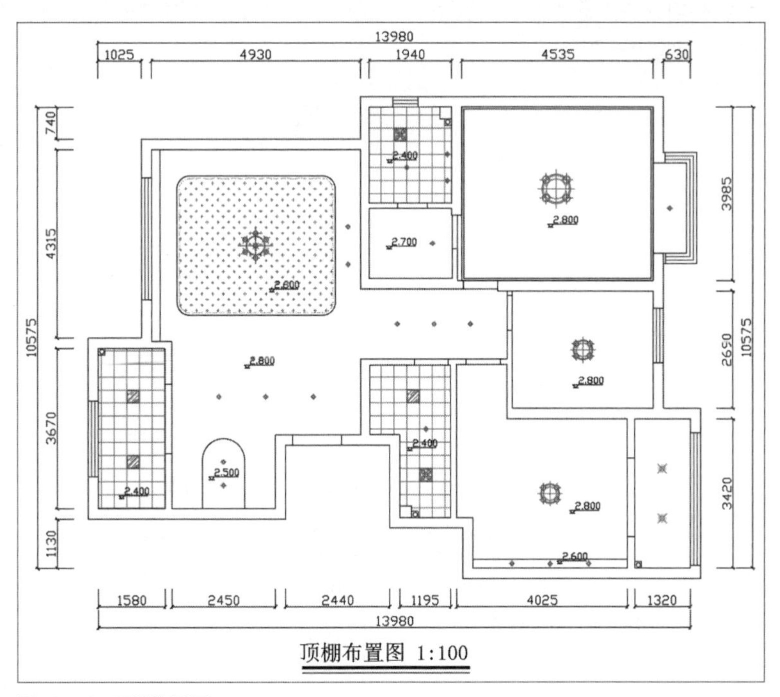

图15-72 顶棚布置图

15.3.2 绘制插座布置图

室内的插座布置看起来很简单，如果对此不重视，随意布置的话，入住以后可能会出现乱拉排插的状况，使用起来极不方便。所以在施工时，对室内各区域的插座做好统筹是有必要的。

Step 01 打开“平面图布置图”文件，删除文字注释，更改家具颜色为8，如图15-73所示。

Step 02 在“注释”选项卡的“表格”面板中，单击“表格”按钮，打开“插入表格”对话框，在“列和行设置”选项组中设置相应参数，在“设置单元样式”选项组中，将第二行单元样式设置为“数据”样式，如图15-74所示。

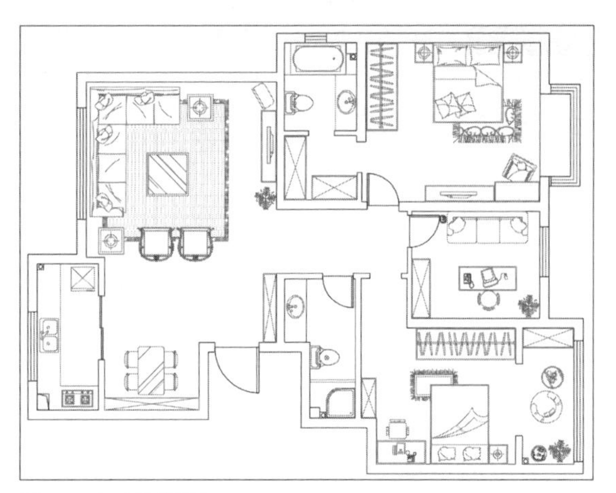

图15-73 复制图形

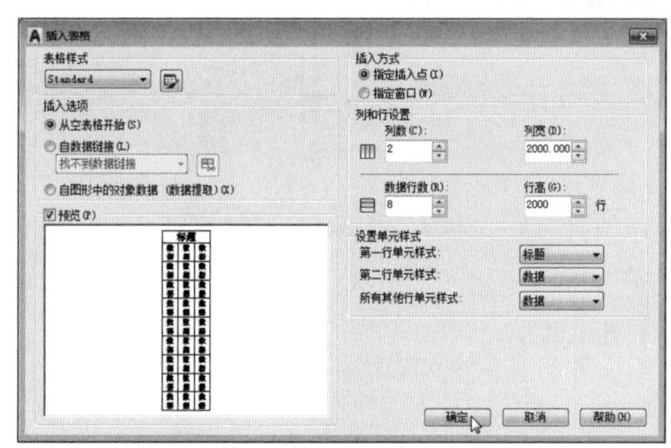

图15-74 “插入表格”对话框

Step 03 单击“确定”按钮，返回至绘图区，根据命令行提示，指定插入点，将表格放置图形的左下角，指定插入点后系统会自动进入标题的编辑状态，按Esc键退出编辑状态，如图15-75所示。

Step 04 双击表格的标题区域，进入文字编辑状态，在打开的“文字编辑器”选项卡中设置文字高度为400，对正方式为“左中”，输入文字“图例”，如图15-76所示。

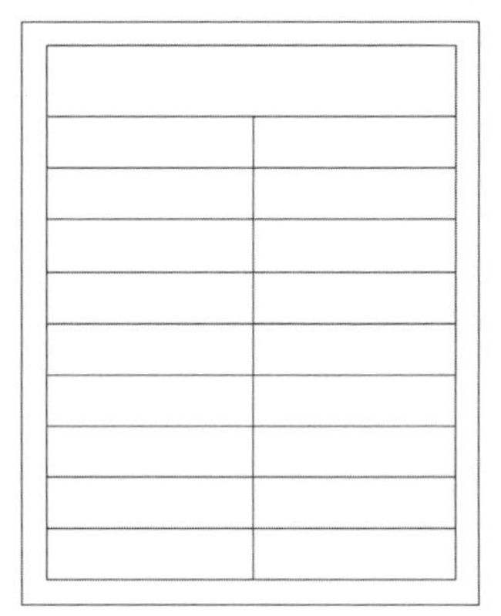

图15-75 插入表格

图15-76 输入标题文字

Step 05 执行“插入>块”命令，在“插入”对话框中单击“浏览”按钮，在打开的对话框中选择“网线插座”图形，单击“打开”按钮，返回原对话框，如图15-77所示。

Step 06 单击“确定”按钮，根据命令行提示指定插入点，如图15-78所示。

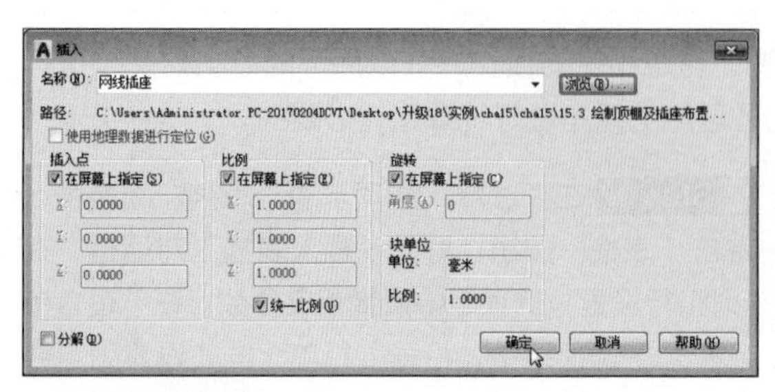

图15-77 插入图形

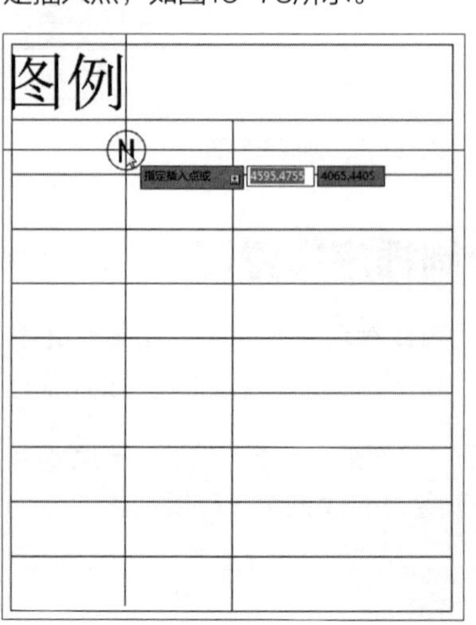

图15-78 指定插入点

Step 07 按两次回车键完成图形的插入。继续执行“插入>块”命令，完成其余图形的插入，效果如图15-79所示。

图例	
Ⓝ	
Ⓣ	
TV	

图15-79 完成图例图形的插入

Step 08 双击图块对应的右侧表格区域，为其添加文字注释，设置文字高度为300，对正方式为“正中”，如图15-80所示。

图例	
Ⓝ	网线插座
Ⓣ	电话插座
TV	电视插座
	5孔插座
	接地插座
	防溅插座

图15-80 添加文字注释

Step 09 选择表格后3行并单击鼠标右键，在弹出的快捷菜单中选择“合并>全部”选项，如图15-81所示。

	A
1	图例
2	Ⓝ
3	Ⓣ
4	TV
5	
6	
7	
8	
9	
10	

匹配单元
删除所有特性替代
数据链接...
插入点
编辑文字
管理内容...
删除内容
删除所有内容
列
行
合并
取消合并
特性(S)
快捷特性
全部
按行
按列

图15-81 合并单元

Step 10 双击合并后的表格单元，设置文字高度为200，对正方式为“左中”，输入文字内容，完成表格的绘制，如图15-82所示。

图例	
Ⓝ	网线插座
Ⓣ	电话插座
TV	电视插座
	5孔插座
	接地插座
	防溅插座
注：除特殊注明外，插座距地坪饰面线300mm，插座数量及位置可根据现场进行个别调整。	

图15-82 完成表格的绘制

Step 11 执行“复制”等命令，将图例表格中的符号分别复制到平面图的对应位置，为平面图添加插座符号，效果如图15-83所示。

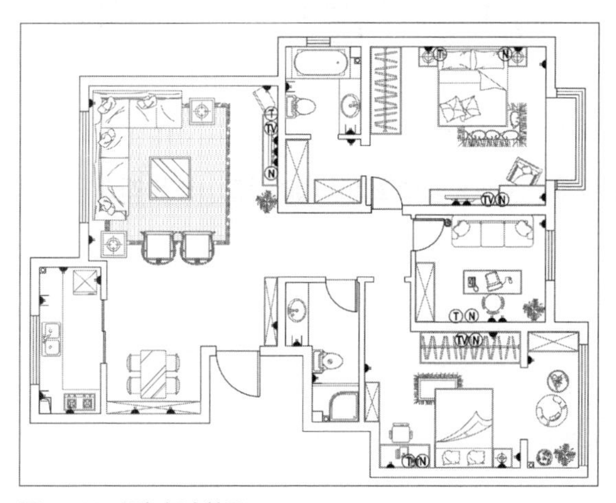

图15-83 添加插座符号

Step 12 执行“格式>多重引线样式”命令，打开“多重引线样式管理器”对话框，单击“修改”按钮，在“内容”选项卡中设置文字高度为160，基线间隙为20，切换至“引线格式”选项卡，设置箭头符号为“小点”，大小为200，如图15-84所示。

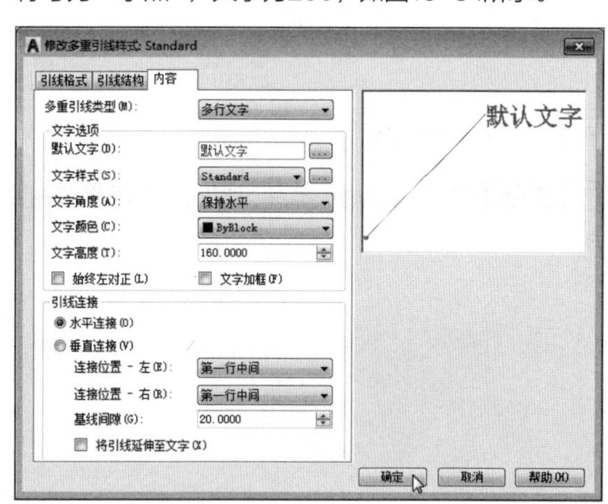

图15-84 修改多重引线样式

Step 13 依次单击“确定”和“关闭”按钮返回至绘图区，在“注释”选项卡的“引线”面板中，单击“多重引线”按钮，根据命令行提示为图形添加引线注释，效果如图15-85所示。

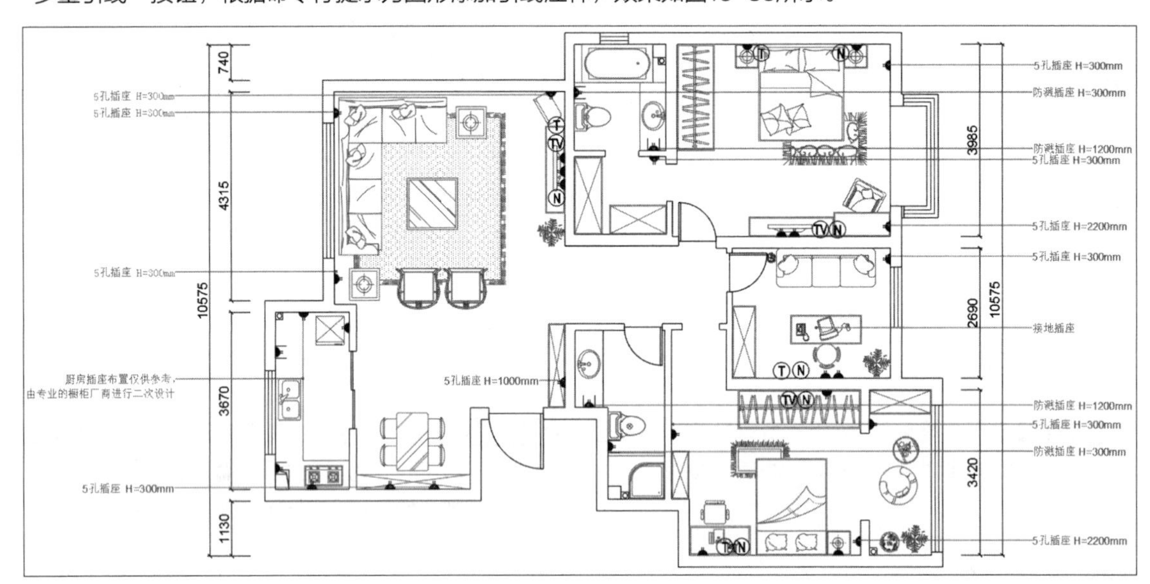

图15-85 添加引线注释

Step 14 执行“多段线”和“多行文字”等命令，为插座符号添加文字注释，效果如图15-86所示。

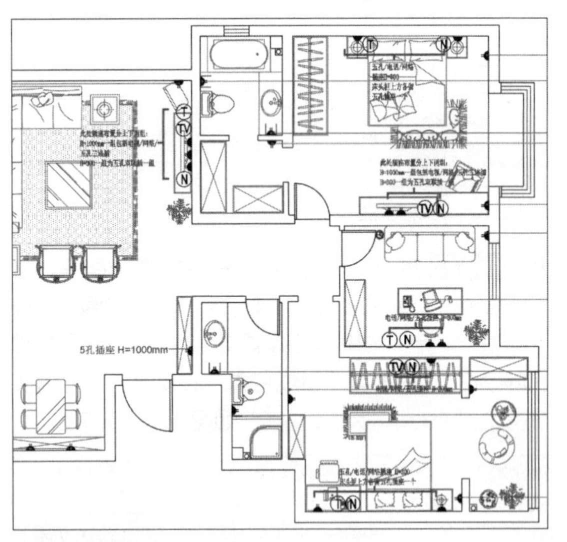

图15-86 添加文字注释

Step 15 双击图名对象，更改为“插座布置图”，如图15-87所示。

图15-87 更改图名

Step 16 执行“移动”命令，将图名和表格放置合适位置，至此完成插座布置图的绘制，效果如图15-88所示。

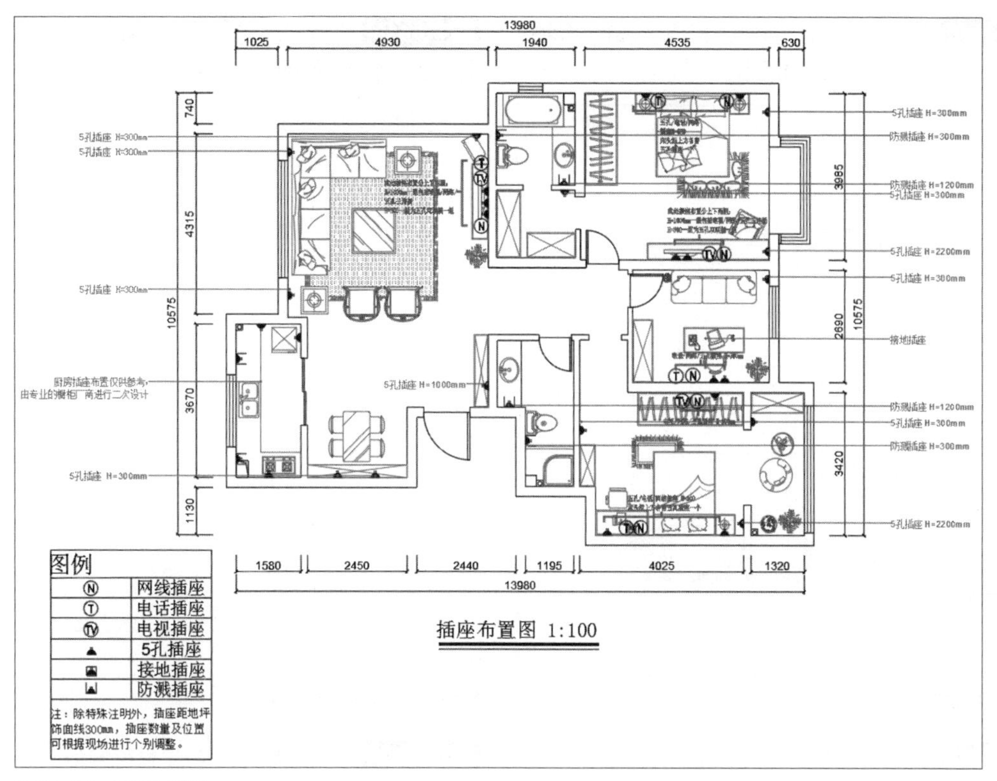

图15-88 插座布置图

15.4 绘制室内主要立面图

一套完整的施工图不仅要有平面图，还要有立面图，立面图在施工图中必不可少，立面主要表现立面造型、造型尺寸、材料说明等。本节主要讲解立面图的绘制方法和要求。

15.4.1 绘制客厅立面图

绘制立面图首先要确定空间方向及相应尺寸，所以绘制立面指示图标也是很重要的。

Step 01 执行“矩形”命令，绘制长宽尺寸为420的正方形，执行“旋转”命令，将矩形旋转45°，执行“直线”命令，连接直线，如图15-89所示。

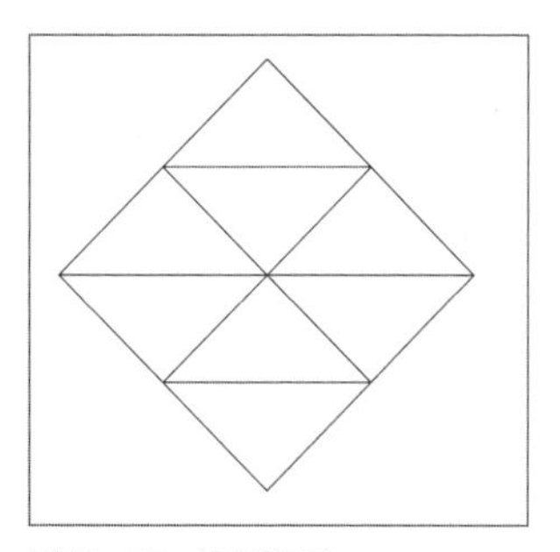

图15-89 绘制矩形

Step 02 执行“多行文字”命令，设置文字高度为80，标注文字，执行“多段线”命令，设置宽度20，沿矩形绘制指示图标箭头，然后执行“移动”命令，向外移动20，如图15-90所示。

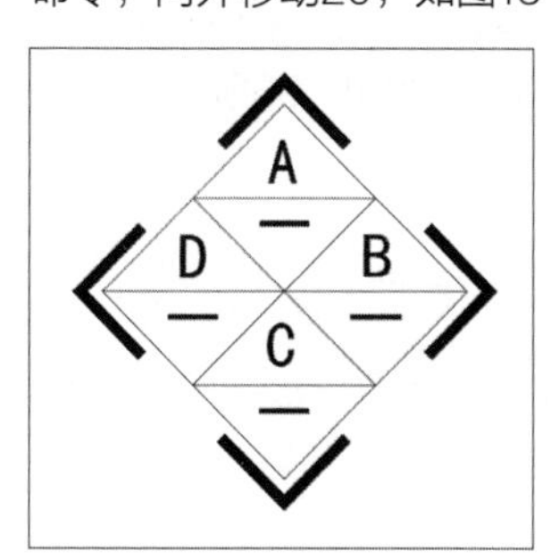

图15-90 绘制指示箭头

Step 03 执行“移动”命令，将指示图标移动到客厅相应位置，如图15-91所示。

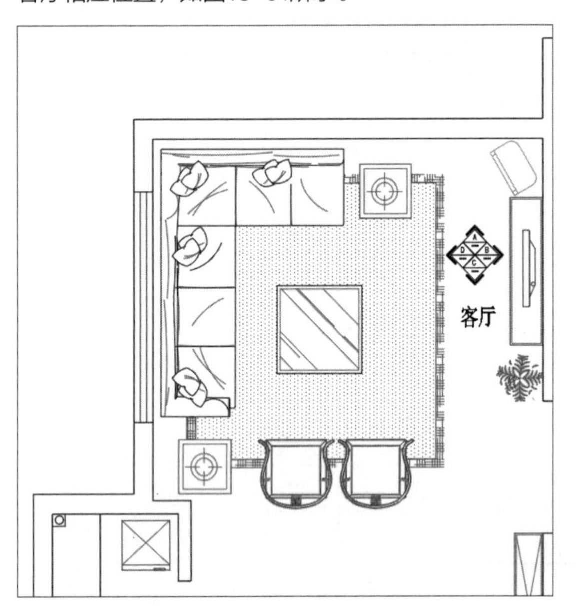

图15-91 放置图标

Step 04 执行“直线”命令，根据平面尺寸图绘制B立面外框，如图15-92所示。

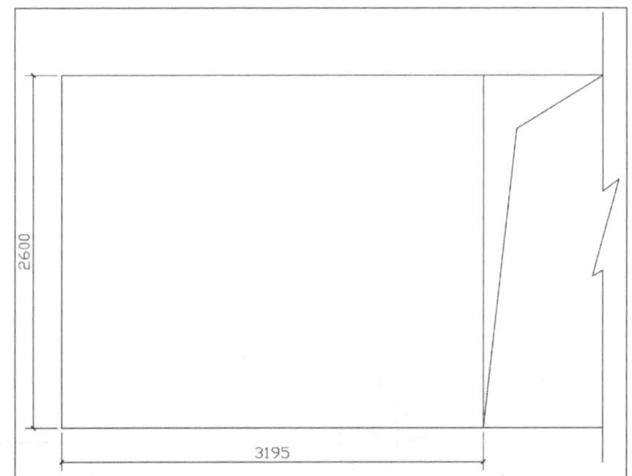

图15-92 绘制立面外框

Step 05 执行“偏移”命令，偏移上下左侧直线均向内偏移500，绘制立面造型，如图15-93所示。

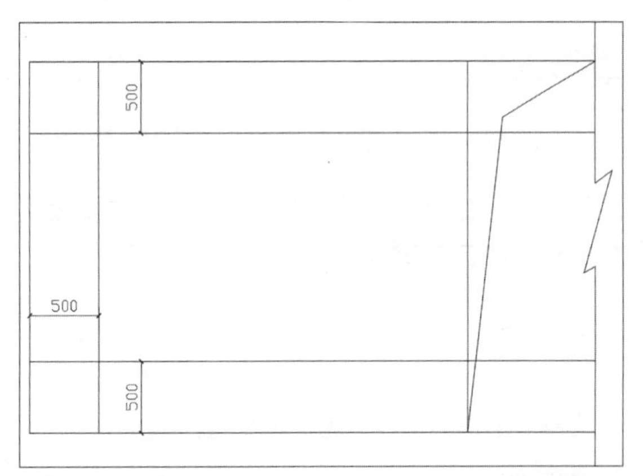

图15-93 绘制立面造型

Step 06 执行“圆角”命令，将偏移的直线进行圆角操作，指定圆角半径为500，如图15-94所示。

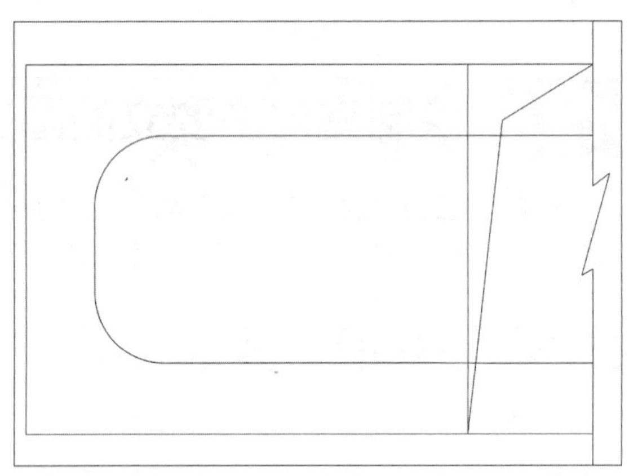

图15-94 倒角效果

Step 07 执行“偏移”命令，向外偏移立面造型图形，向上偏移地平线，设置偏移距离为40，绘制电视柜图形，继续执行“偏移”命令，向左偏移右侧墙线，设置偏移距离为930，如图15-95所示。

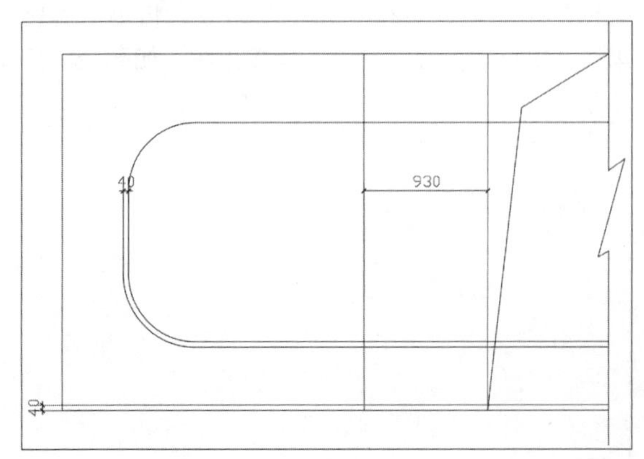

图15-95 偏移直线

Step 08 执行“修剪”命令，修剪多余线条，效果如图15-96所示。

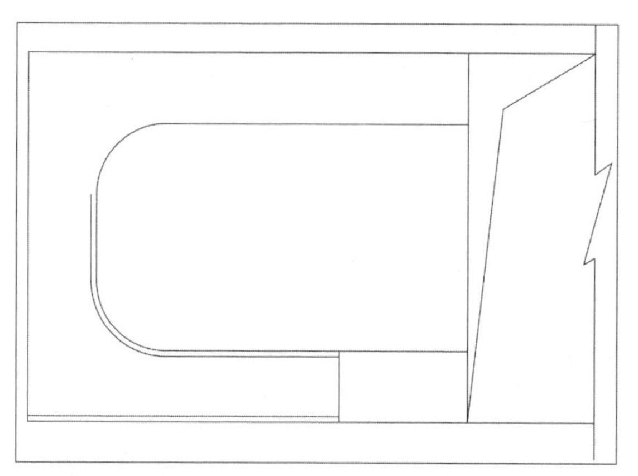

图15-96 修剪图形

Step 09 执行“圆角”命令，设置圆角半径为210，执行“偏移”命令，将圆角图形向右偏移40，如图15-97所示。

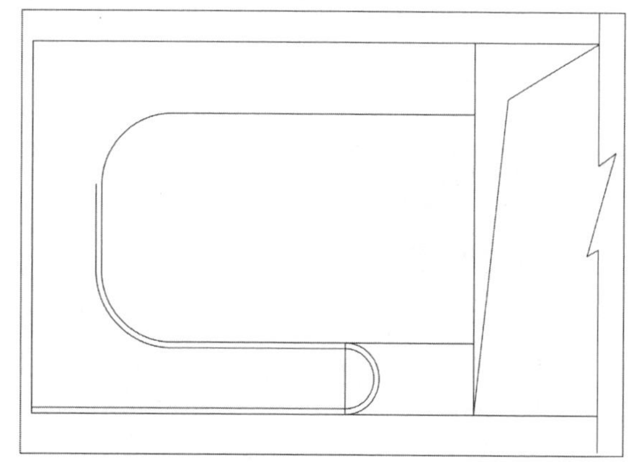

图15-97 偏移圆角图形

Step 10 执行“直线”和“修剪”命令，修剪删除多余线条，完成电视柜立面造型，如图15-98所示。

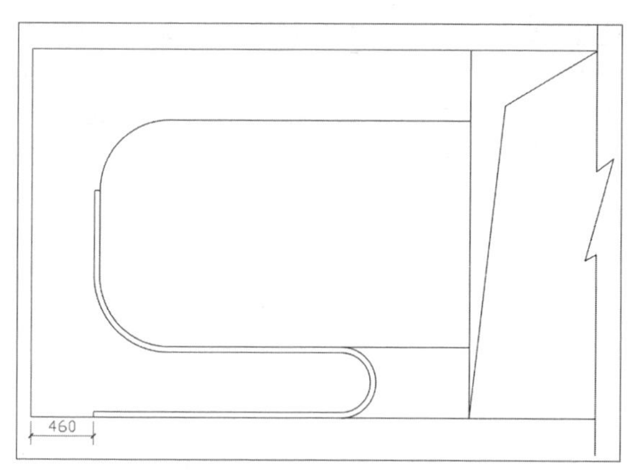

图15-98 删除图形

Step 11 执行“插入>块”命令，插入电视机和盆栽图形并放置合适位置，如图15-99所示。

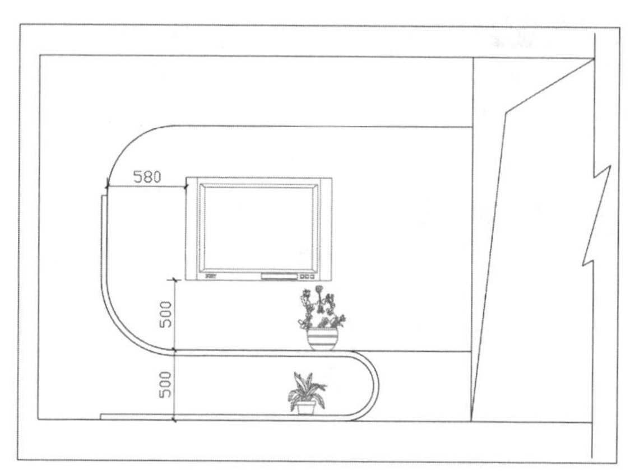

图15-99 插入图形

Step 12 执行“复制”命令，复制底部盆栽图形，如图15-100所示。

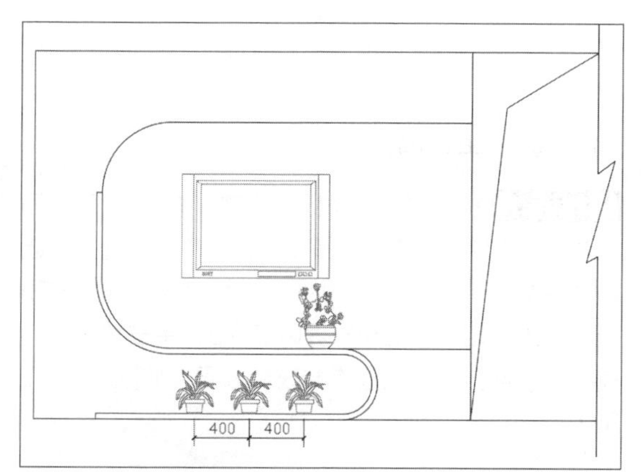

图15-100 复制盆栽图形

Step 13 执行“图案填充”命令，填充背景墙，设置填充图案为ANSI37，图案填充颜色为8，填充图案比例为100，如图15-101所示。

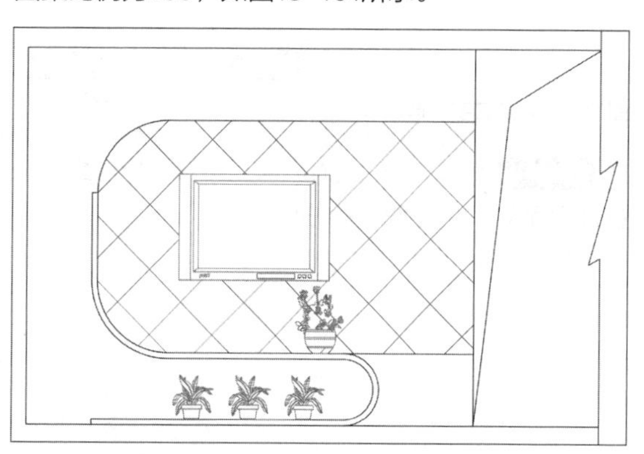

图15-101 填充背景墙

Step 14 执行“格式>标注样式”命令，打开“标注样式管理器”对话框，新建“立面标注”标注样式，如图15-102所示。

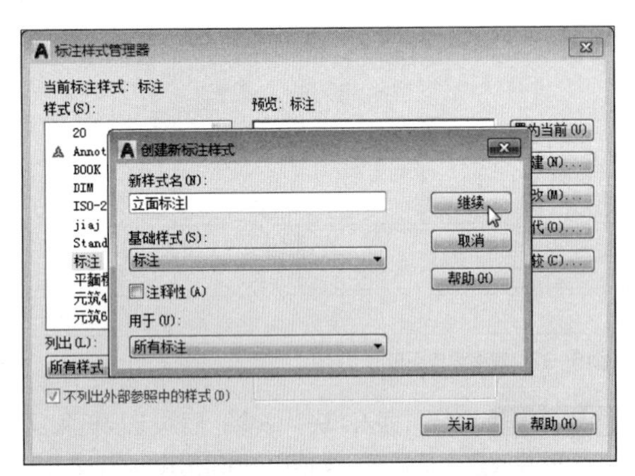

图15-102 新建标注样式

Step 16 切换至“符号和箭头”选项卡，设置“箭头大小”为1，切换至“文字”选项卡，设置“文字高度”为1.5，文字对齐方式为“与尺寸线对齐”，如图15-104所示。

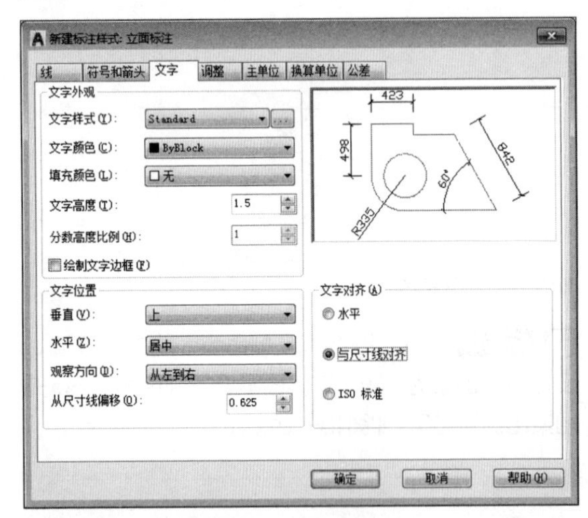

图15-104 “文字”选项卡

Step 18 继续执行“线性”和“连续”标注命令，标注立面尺寸，如图15-106所示。

Step 15 单击“继续”按钮，在打开的对话框中切换至“线”选项卡，设置“超出尺寸线”为1.5，勾选“固定长度的尺寸界限”复选框并设置值为50，如图15-103所示。

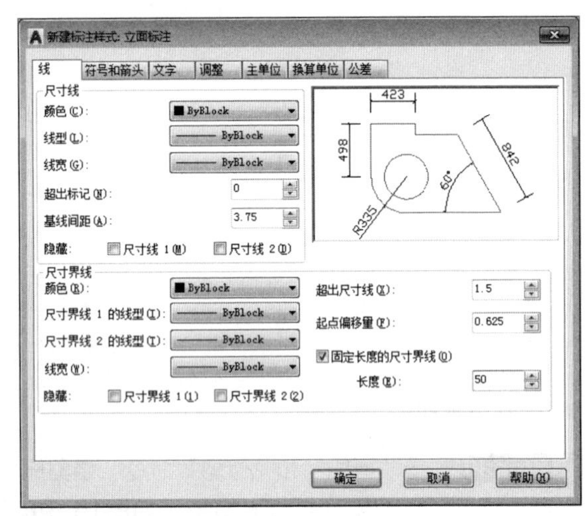

图15-103 “线”选项卡

Step 17 设置完成后单击“确定”按钮，返回上一级对话框，依次单击“置为当前”和“关闭”按钮，完成标注样式的新建。在“注释”选项卡的“标注”面板中，单击“线性”按钮，根据命令行提示标注立面高度，如图15-105所示。

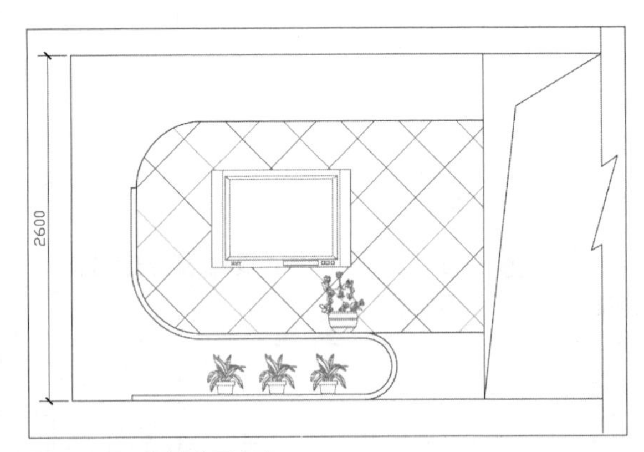

图15-105 标注立面高度

Step 19 执行“格式>标注样式”命令，在打开的对话框中单击“修改”按钮，在“符号和箭头”选项卡中修改“箭头小大”为0.5，切换至“线”选项卡，更改固定长度的尺寸界限值为3，单击“确定”按钮，返回至绘图区查看修改后效果，如图15-107所示。

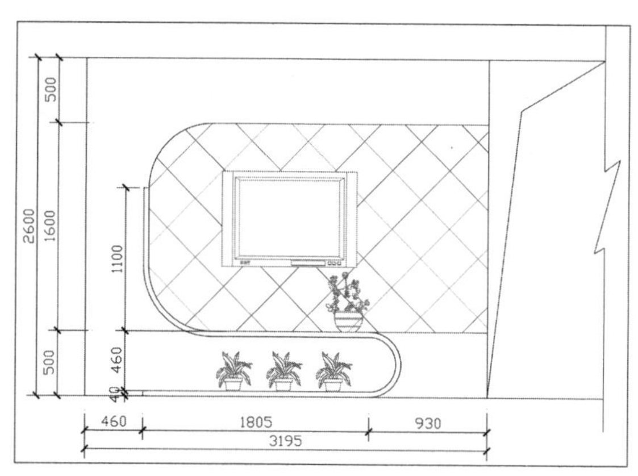

图15-106　标注立面图形

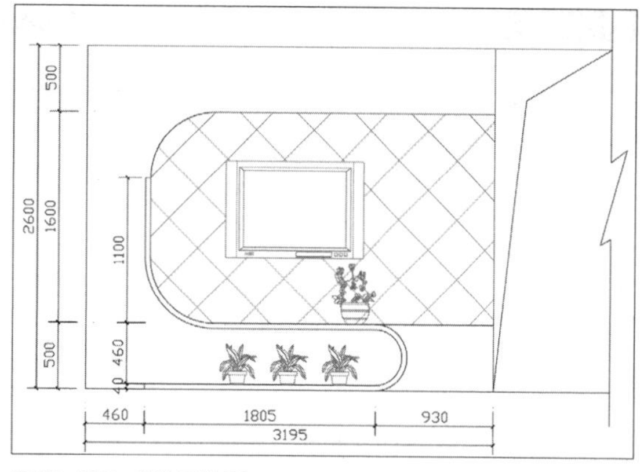

图15-107　修改后效果

Step 20 在“标注”面板中单击“半径”按钮，为立面图中圆弧图形添加标注，如图15-108所示。

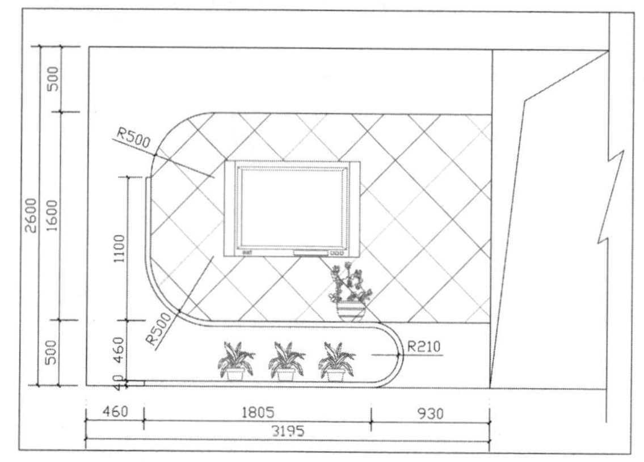

图15-108　标注圆弧图形

Step 21 在命令行中输入QL按回车键，根据命令行提示，输入s按回车键打开“引线设置”对话，切换至“引线和箭头”选项卡，设置箭头“小点”，设置第一段角度约束为“水平”，如图15-109所示。

图15-109　修改后效果

Step 22 在命令行中输入QL按回车键，为立面图添加引线标注，双击选择引线图形，打开快捷面板，设置“箭头大小”为2，图15-110所示。

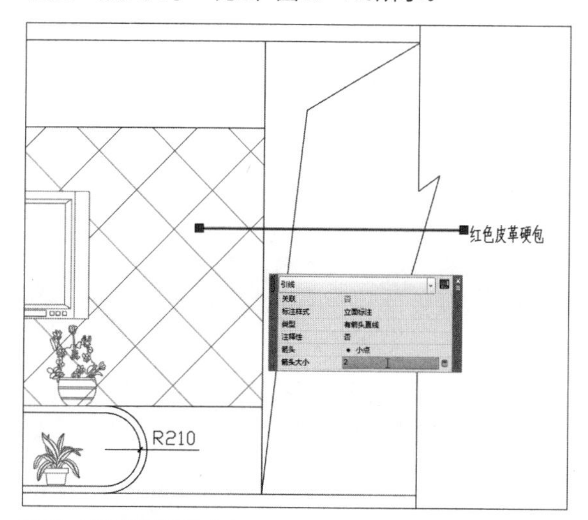

图15-110　更改箭头大小

Step 23 选择文字对象，单击鼠标右键，在右键菜单中选择“特性”选项，在“特性”选项板中设置“文字高度”为120，如图15-111所示。

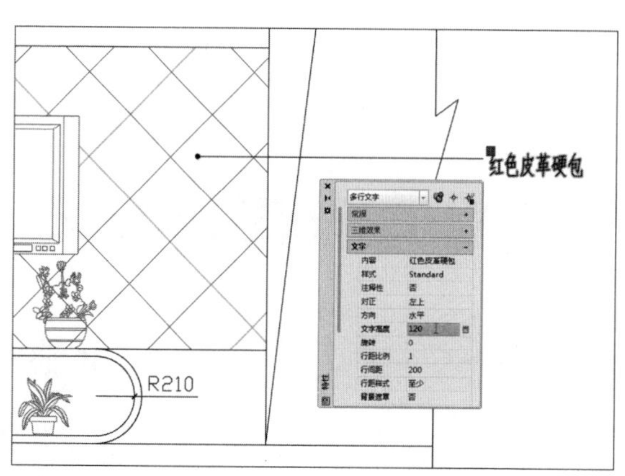

图15-111　更改文字大小

Step 24 执行“复制”命令，复制引线标注，如图15-112所示。

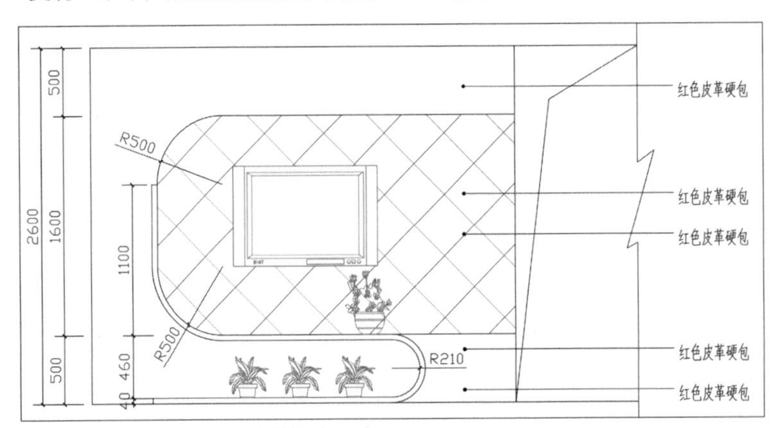

图15-112 复制引线标注

Step 25 双击选择文字对象，更改文字内容，选择引线图形，拉伸基点至相应位置，完成引线标注，效果如图15-113所示。

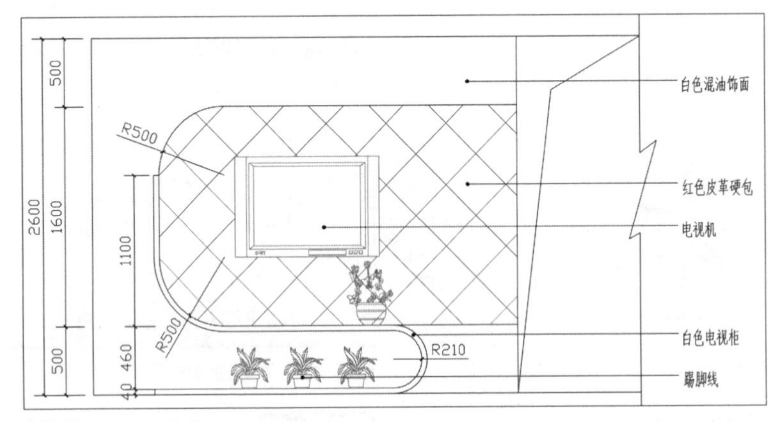

图15-113 完成引线标注

Step 26 执行“复制”命令，复制图名至客厅立面图的合适位置，双击图名更改文字内容，设置文字高度为150，调整直线长度，至此完成客厅立面图的绘制，如图15-114所示。

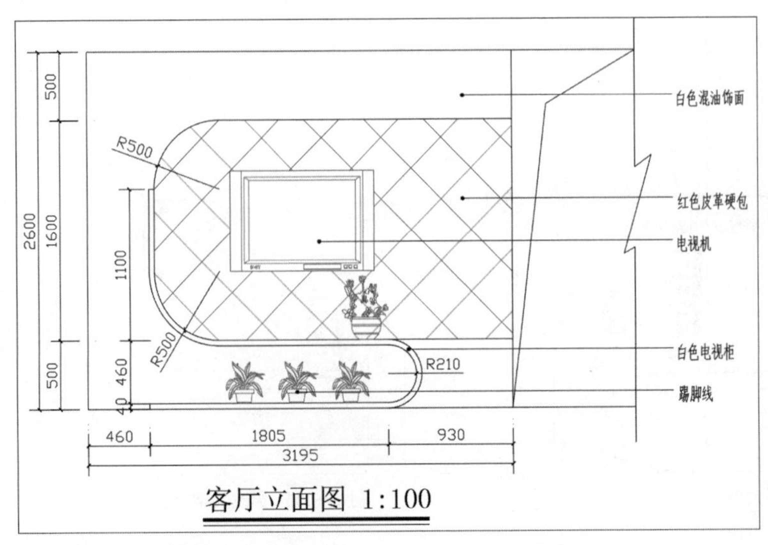

图15-114 客厅立面图

15.4.2 绘制卧室立面图

下面将对卧室立面图的绘制过程进行具体介绍。

Step 01 打开“平面布置图”图形文件，执行“移动”命令，将指示图标移动到卧室相应位置，如图15-115所示。

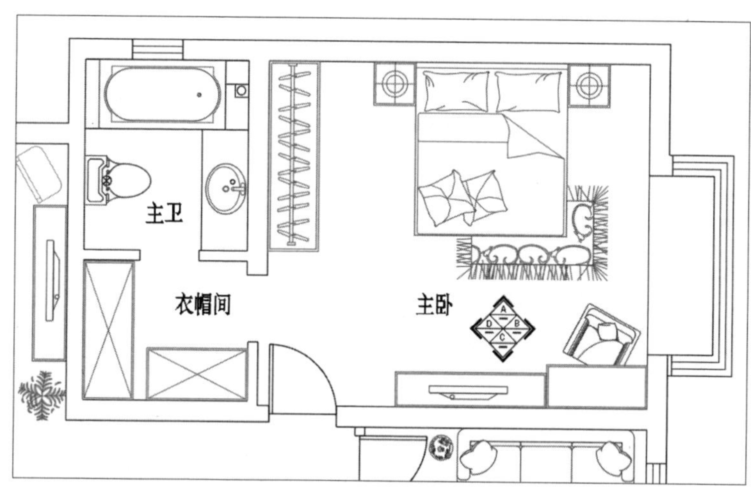

图15-115 放置图标

Step 02 执行“直线”命令，根据平面尺寸图绘制C立面外框，如图15-116所示。

图15-116 绘制立面外框

Step 03 执行“偏移”命令，偏移外框直线，具体尺寸如图15-117所示。

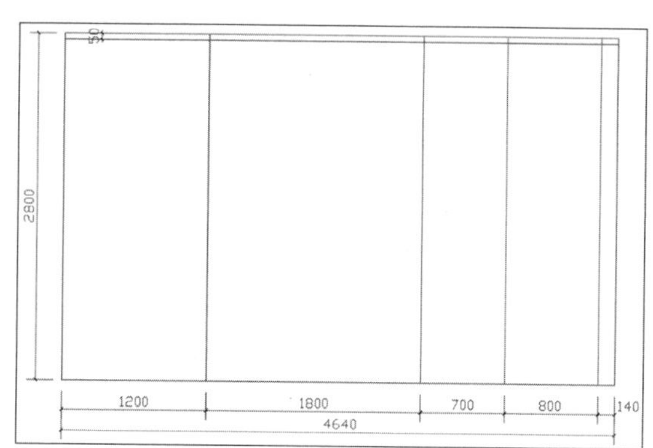

图15-117 偏移图形

Step 04 执行“插入>块”命令，插入石膏板图形至顶部区域，执行“移动”命令，将石膏板图形移至墙角位置，如图15-118所示。

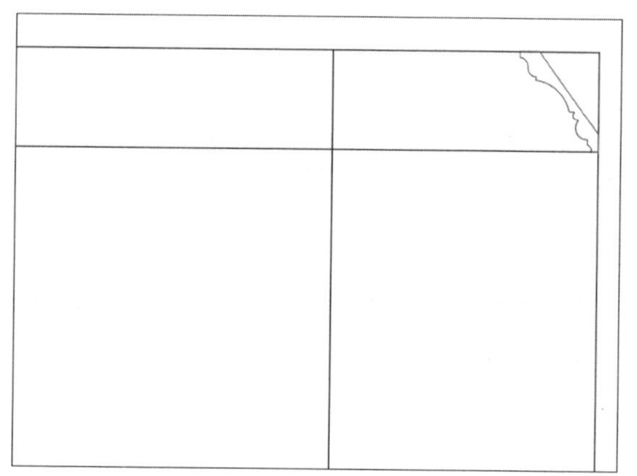

图15-118 插入石膏板图形

Step 05 执行“镜像”命令，以水平直线为中点，将石膏板图形镜像至另一侧，如图15-119所示。

图15-119　镜像石膏板图形

Step 06 执行“射线”命令，捕捉石膏板的每一个点，此时开启正交模式，分别向右侧作水平射线，如图15-120所示。

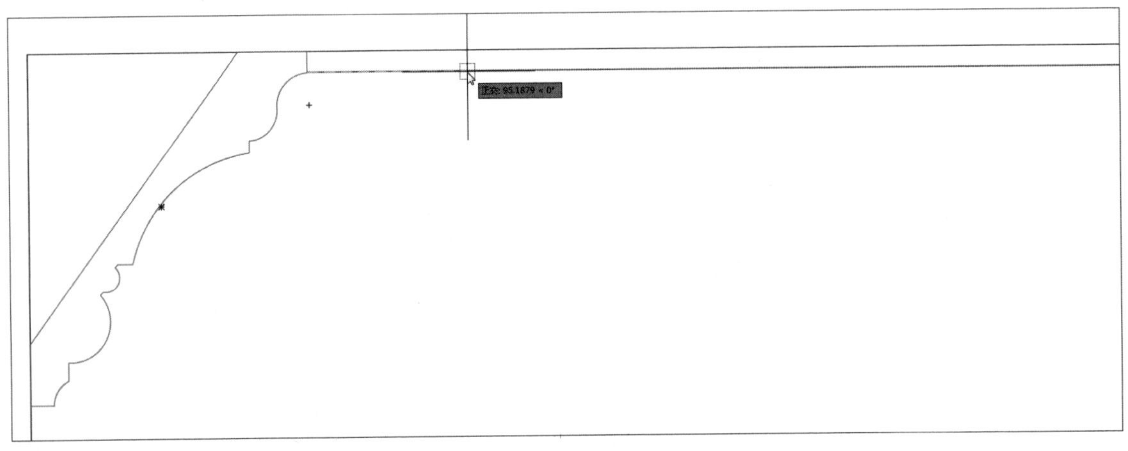

图15-120　绘制射线

Step 07 继续执行“射线”命令，完成其余点的绘制，如图15-121所示。

图15-121　完成射线绘制

Step 08 执行“分解”命令，分解右侧的石膏板图形，执行“修剪”命令，以右侧石膏板图形作为修剪边，修剪上一步绘制的射线，效果如图15-122所示。

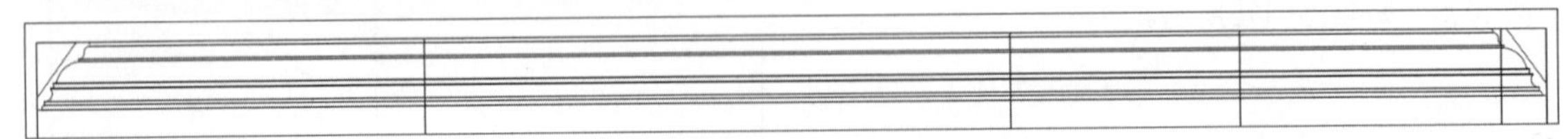

图15-122　修剪射线

Step 09 执行“插入>块”命令，插入梳妆桌和电视柜图形，效果如图15-123所示。

Step 10 执行“缩放”命令，将块图形的宽度调整至相应尺寸，如图15-124所示。

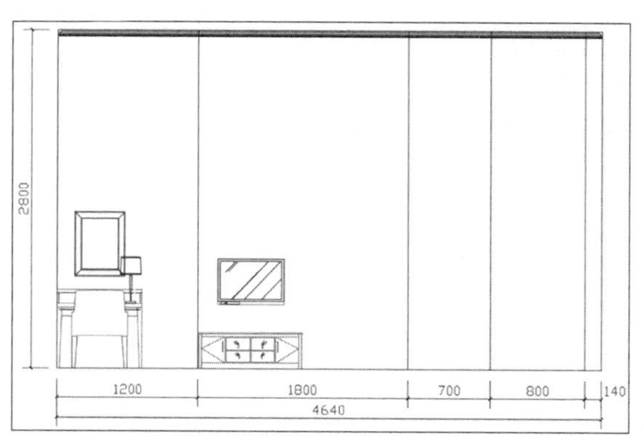

图15-123　插入图形

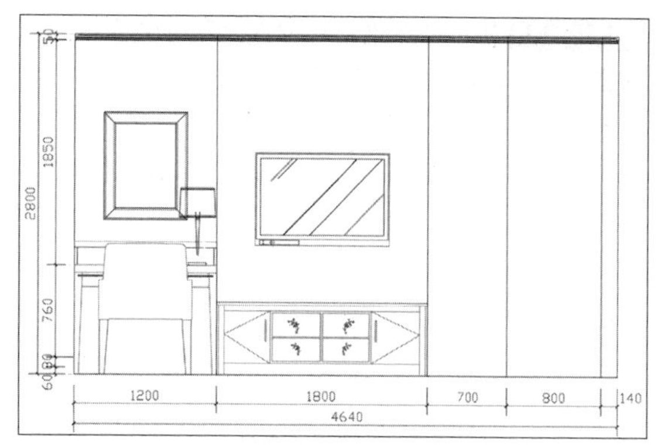

图15-124　缩放图形

Step 11 执行“多段线”命令，在最右侧区域绘制门图形，如图15-125所示。

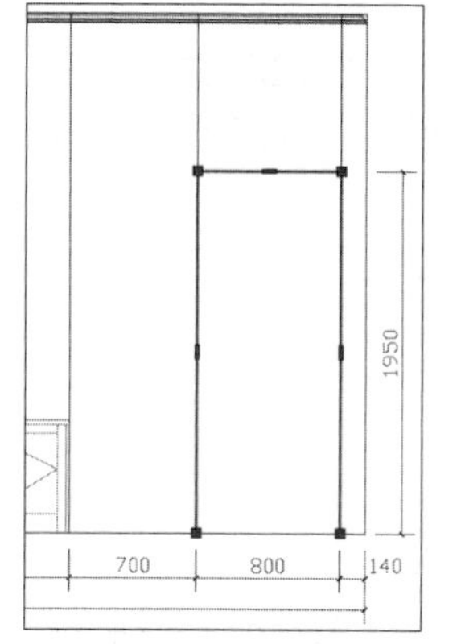

图15-125　绘制多段线

Step 12 执行“偏移”命令，将门图形向外偏移60，执行“直线”命令，连接门图形上部的对角和门开启方向，如图15-126所示。

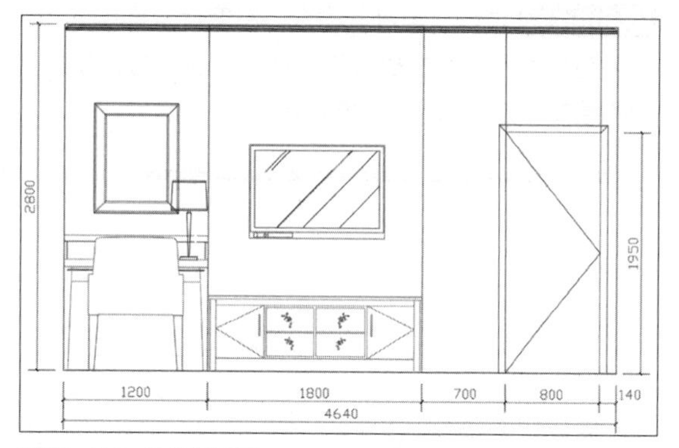

图15-126　绘制门图形

Step 13 执行“删除”命令，删除辅助线。执行“偏移”命令，向上偏移地平线，偏移距离为60、80，绘制地面完成线和踢脚线。执行“移动”命令，将梳妆桌和电视柜图形移至地面完成线处，如图15-127所示。

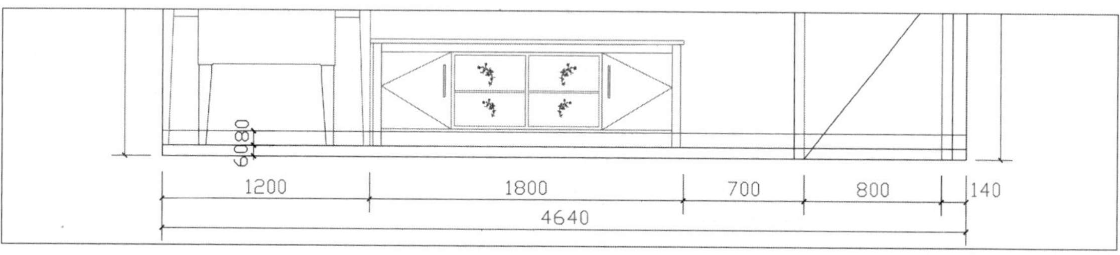

图15-127　移动图块

Step 14 执行“分解”命令，分解块图形，执行“修剪”命令，修剪图形之间多余线条，效果如图15-128所示。

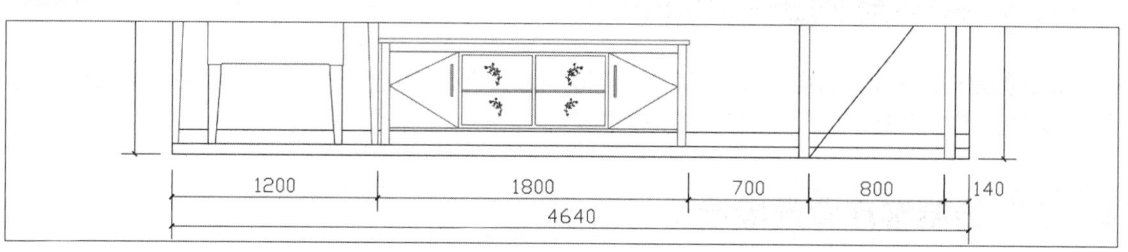

图15-128　修剪图形

Step 15 执行“线性”和“连续”标注命令，标注立面尺寸，如图15-129所示。

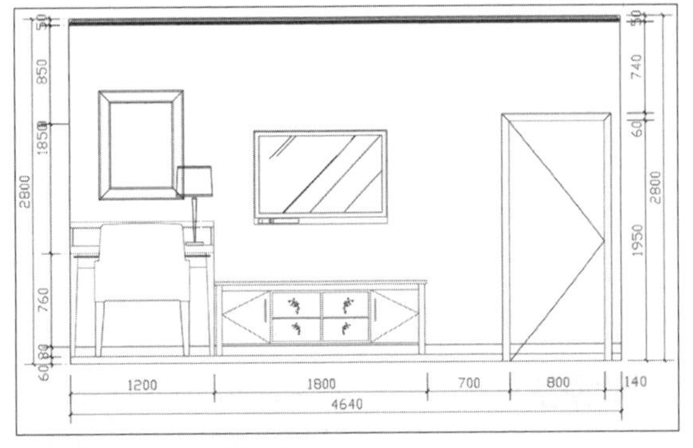

图15-129　添加尺寸标注

Step 16 执行“图案填充”命令，填充立面墙壁纸图形，填充图案为CROSS，填充颜色为8，图案填充比例为10，填充效果如图15-130所示。

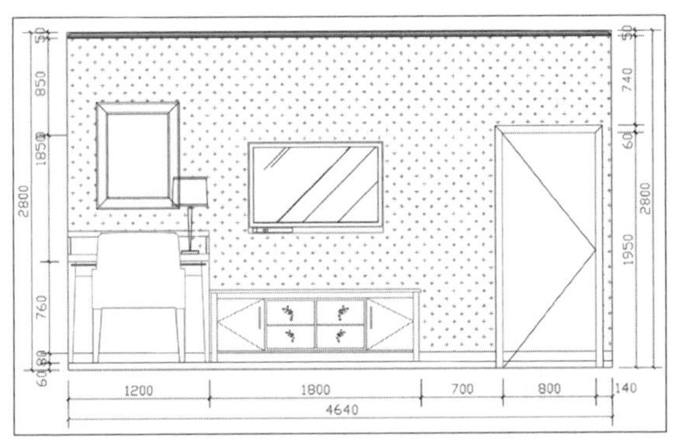

图15-130　填充图形

Step 17 执行“复制”命令，将客厅立面图的引线标注和图名复制到卧室立面图中，双击图名文字，更改为卧室立面图。双击更改引线注释内容，拉伸引线箭头至相应位置，完成立面引线标注，至此完成卧室立面图的绘制，效果如图15-131所示。

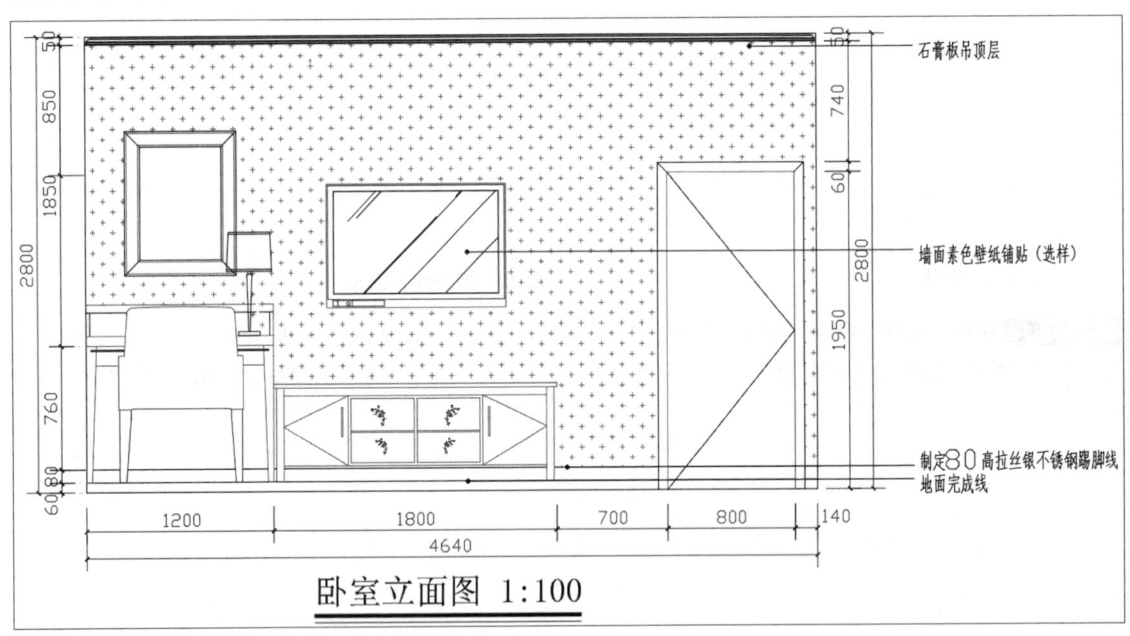

图15-131　卧室立面图

15.5 绘制室内主要剖面图

剖面图是对室内某个方向进行剖切后所得到的正投影图，它主要反应的内容为房间围护结构、造型内部结构、详细尺寸、图示符号和附加文字说明。

15.5.1 绘制客厅背景墙造型剖面图

下面将对客厅背景墙造型剖面结构的绘制过程进行介绍，具体步骤如下。

Step 01 打开“客厅立面图”文件，执行“圆”命令，绘制半径为200的圆，执行“直线”命令，绘制剖切直线，如图15-132所示。

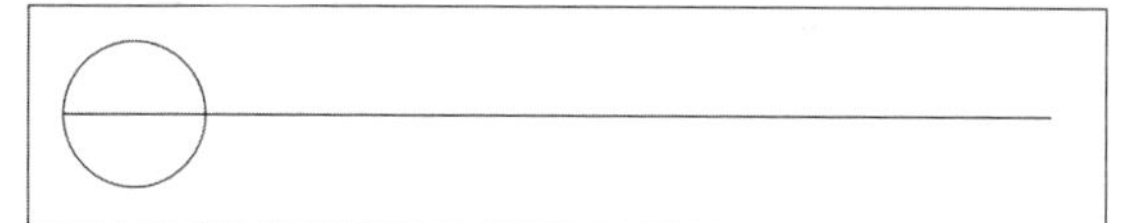

图15-132　绘制剖切符号

Step 02 执行“多行文字”命令，标注剖切符号名称，如图15-133所示。

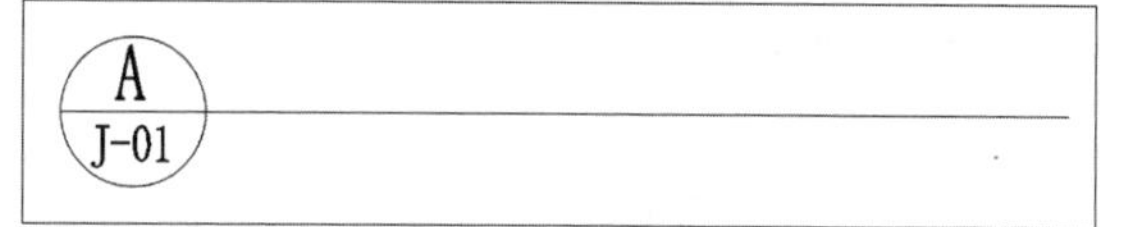

图15-133　添加文字标注

Step 03 执行“直线”和“移动”命令，将剖切符号移至立面图中并调整其方向，如图15-134所示。

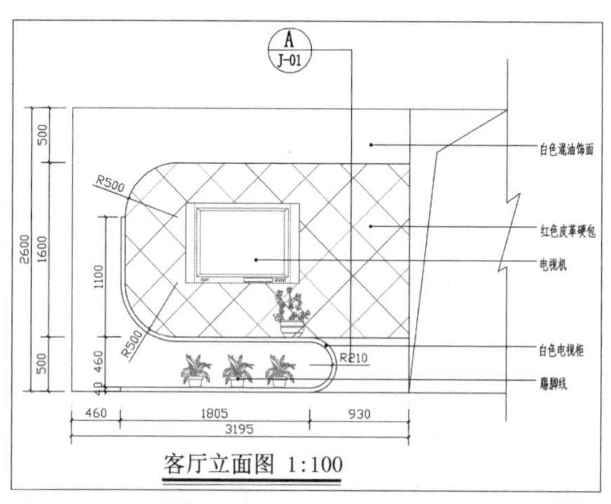

图15-134　放置剖切符号

Step 04 执行“多段线”命令，绘制宽度为20的直线，如图15-135所示。

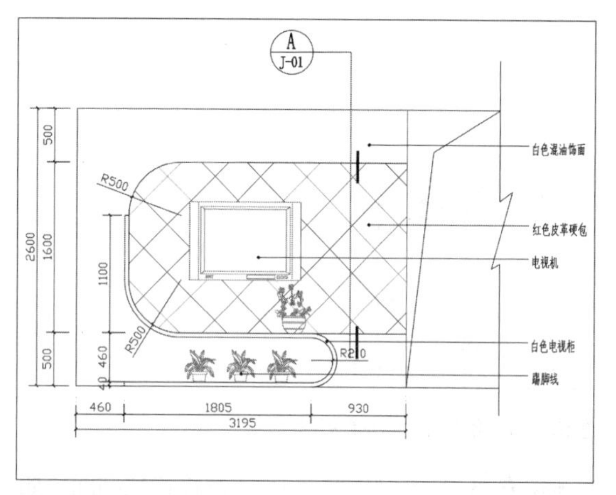

图15-135　绘制多段线

Step 05 执行“直线”、“修剪”、“移动”、“偏移”命令，绘制墙体剖面，如图15-136所示。

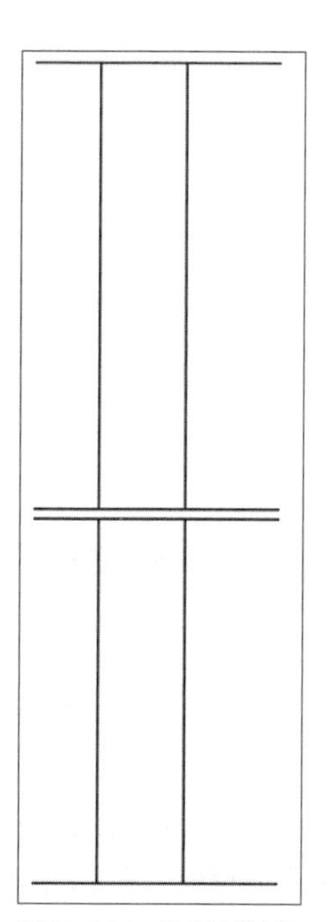

图15-136　偏移墙体剖面

Step 06 执行“样条曲线”命令，绘制折断线，执行“图案填充”命令，填充墙体，设置填充图案为ANSI36，填充图案比例10，如图15-137所示。

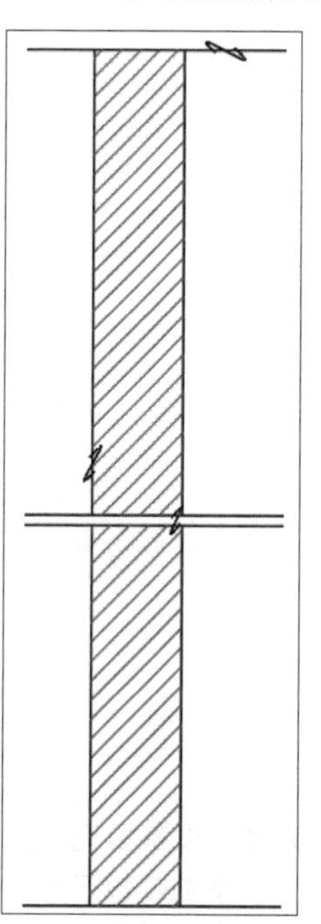

图15-137　绘制折断线

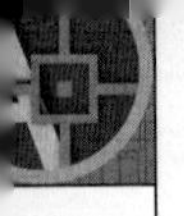

Step 07 执行“矩形”、“直线”命令，绘制尺寸为30×30的矩形作为龙骨图形，执行“复制”命令，复制龙骨图形，如图15-138所示。

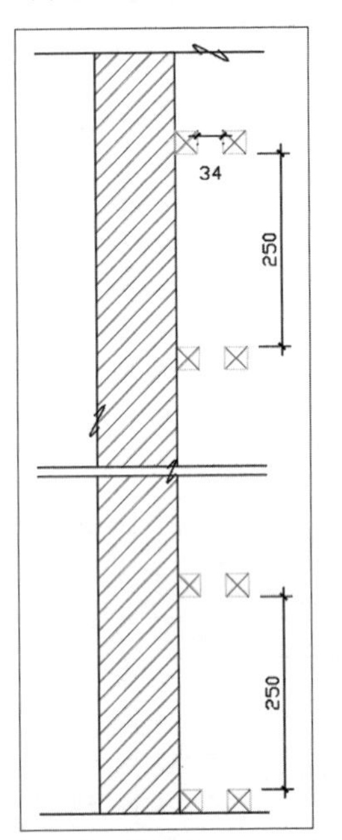

图15-138 绘制并复制龙骨图形

Step 08 执行“直线”命令，连接龙骨，如图15-139所示。

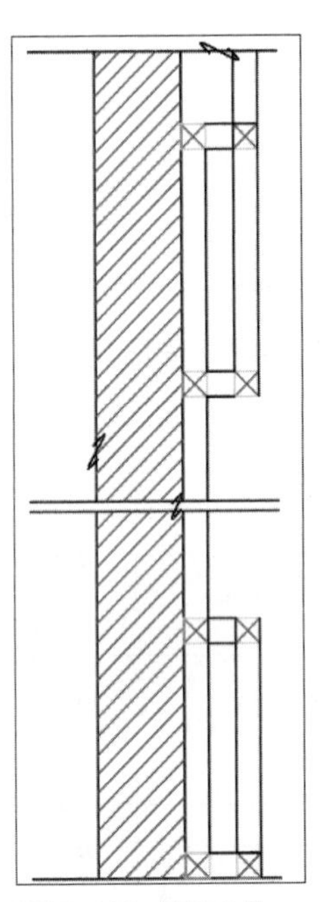
图15-139 连接龙骨

Step 09 执行“偏移”命令，偏移造型剖面，如图15-140所示。

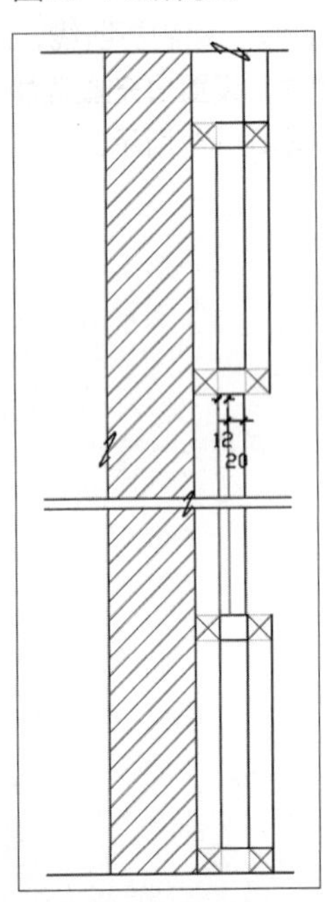

图15-140 偏移线段

Step 10 执行“直线”、“复制”命令，绘制木工板填充层，如图15-141所示。

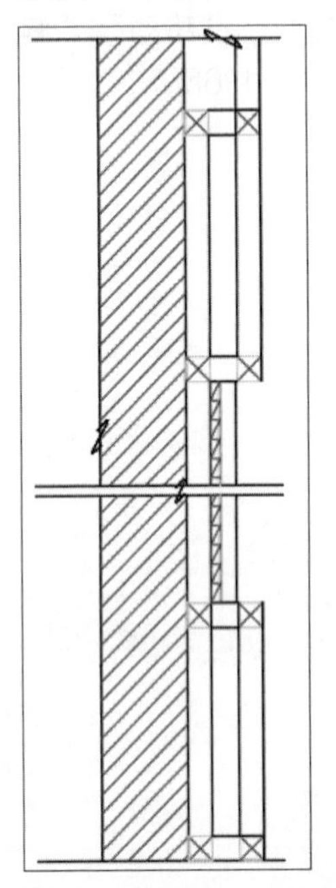
图15-141 绘制木工板填充层

Step 11 执行“图案填充”命令，设置填充图案为ANSI38，设置填充图案比例2，填充硬包图形，如图15-142所示。

Step 12 执行“偏移”命令，分别将直线向外偏移9、14、53绘制石膏板层，执行“修剪”命令，修剪多余直线，如图15-143所示。

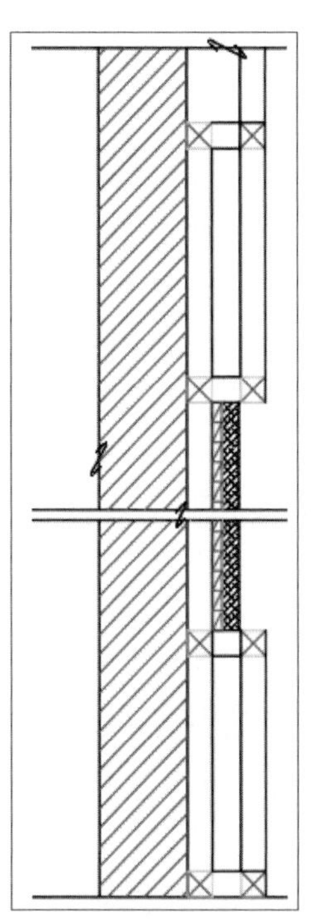

图15-142 填充硬包

Step 13 执行“图案填充”命令，设置填充图案为CORK，填充图案比例1，填充石膏板图形，如图15-144所示。

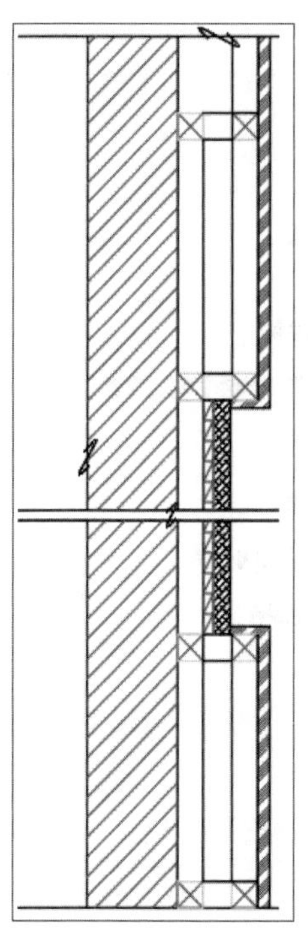

图15-144 填充图案

Step 15 执行“线性”等标注命令，标注立面尺寸，如图15-146所示。

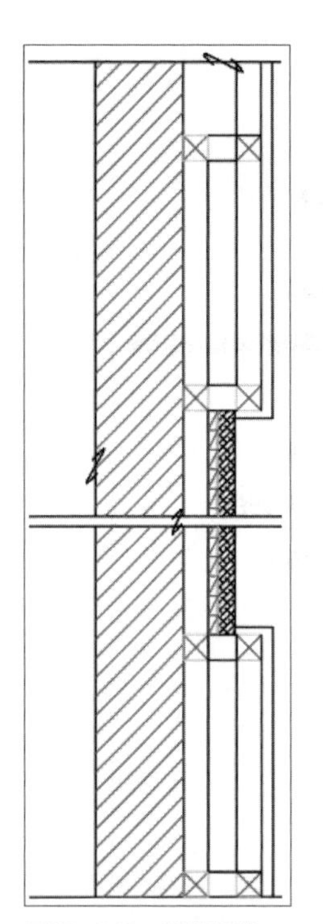

图15-143 偏移直线

Step 14 执行“引线”命令，为图形添加引线标注，如图15-145所示。

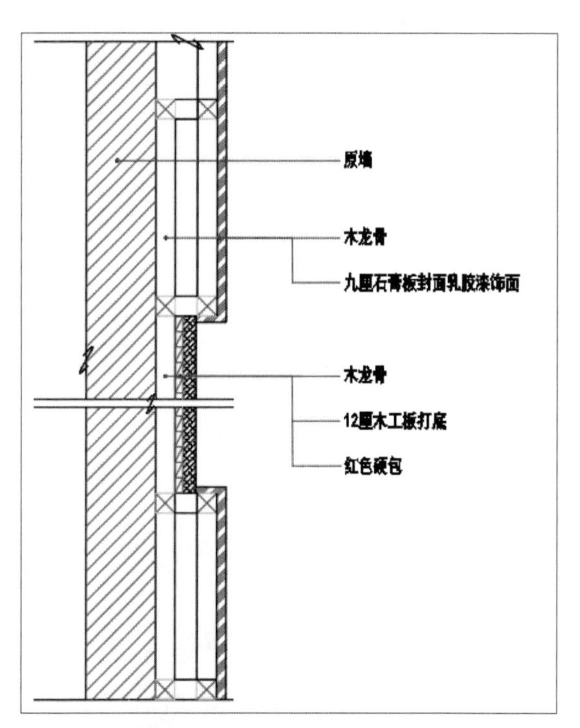

图15-145 引线标注

Step 16 执行“圆”命令，绘制半径为80圆，执行“直线”命令，绘制直线，如图15-147所示。

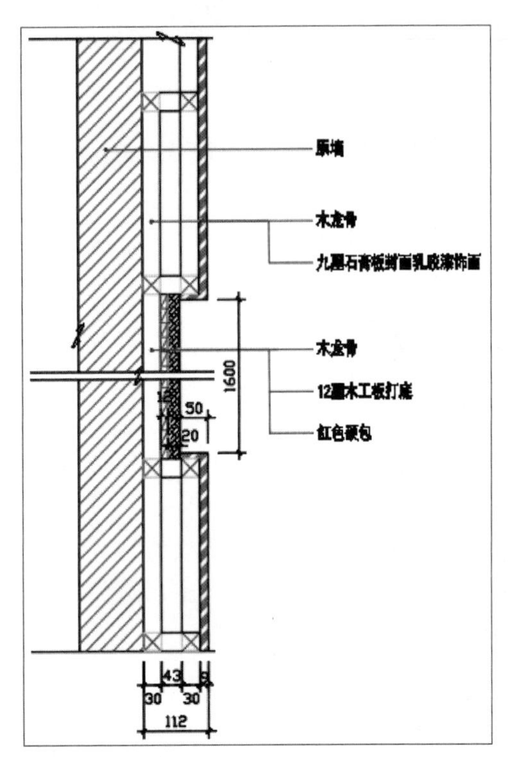

图15-146 标注尺寸

Step 17 执行“多行文字”命令，添加标注文字，如图15-148所示。

11
3F-004
DETAIL
大样图 SCALE:1/5

图15-148 标注文字

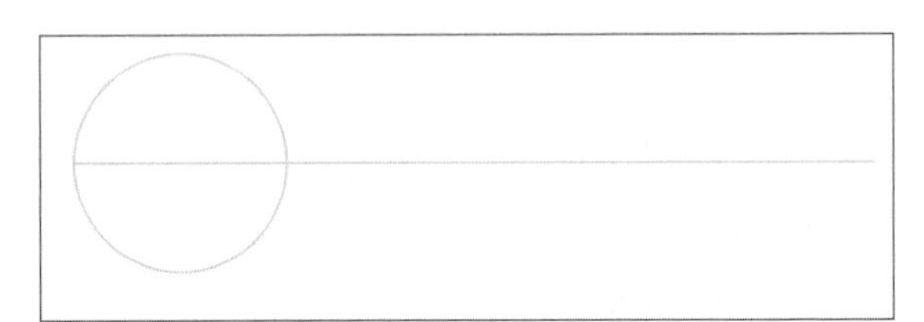

图15-147 绘制图例标注符号

Step 18 执行“移动”命令，将图例说明移动到如图所示位置，至此完成客厅背景墙造型剖面图的绘制，如图15-149所示。

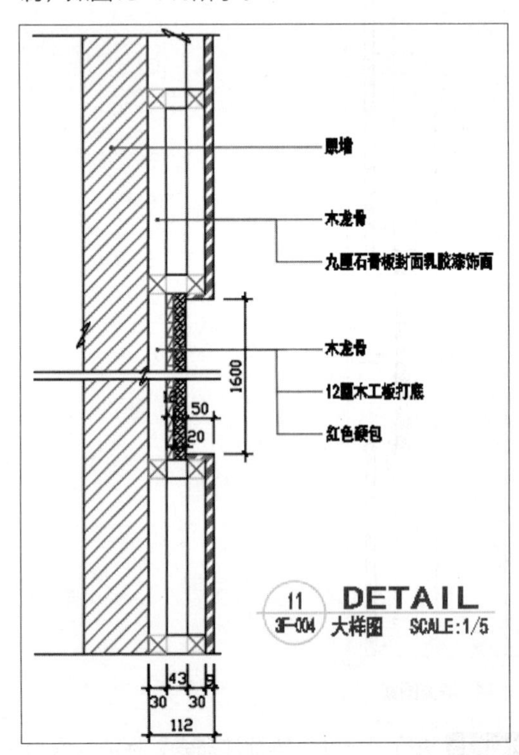

图15-149 剖面图最终效果

15.5.2 绘制客厅天花大样图

下面将对客厅天花大样图的绘制过程进行介绍，具体步骤如下。

Step 01 打开“顶棚布置图”和“客厅背景墙”文件，执行“复制”命令，复制“客厅背景墙”图形中的剖切符号至“顶棚布置图”中，放置于客厅位置，如图15-150所示。

Step 02 双击多行文字，修改标注剖切符号名称，执行“删除”和“拉伸”命令，完成剖切符号的绘制，如图15-151所示。

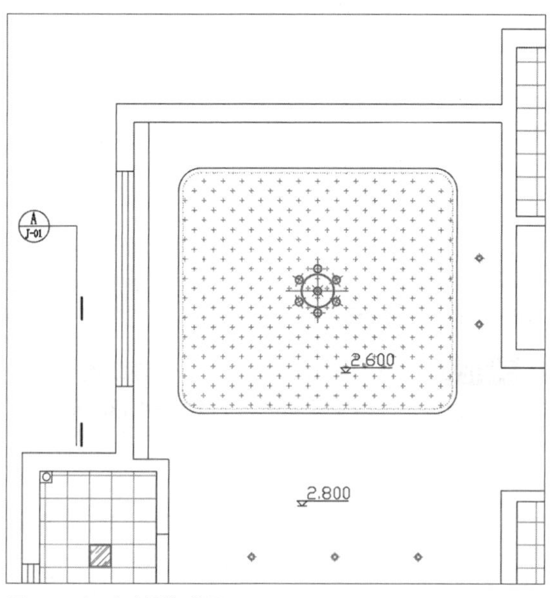

图15-150　复制剖切符号

图15-151　修改剖切符号

Step 03 执行“直线”、“偏移”和“修剪”命令，绘制墙体剖面，如图15-152所示。

Step 04 执行“样条曲线”命令，绘制折断线，执行“修剪”命令，修剪多余直线，如图15-153所示。

Step 05 执行“直线”命令，绘制木工板基层图形，如图15-154所示。

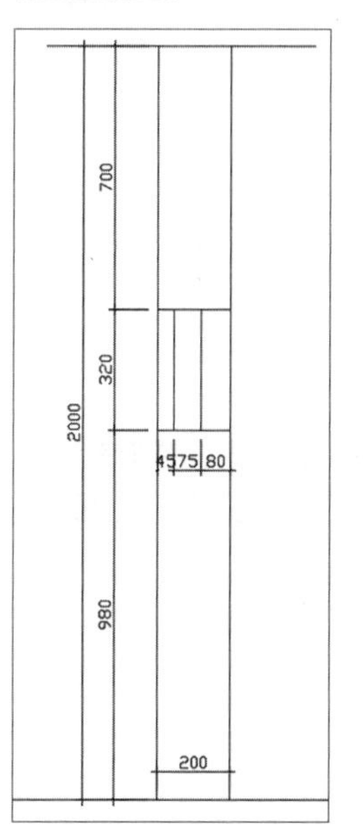

图15-152　偏移墙体

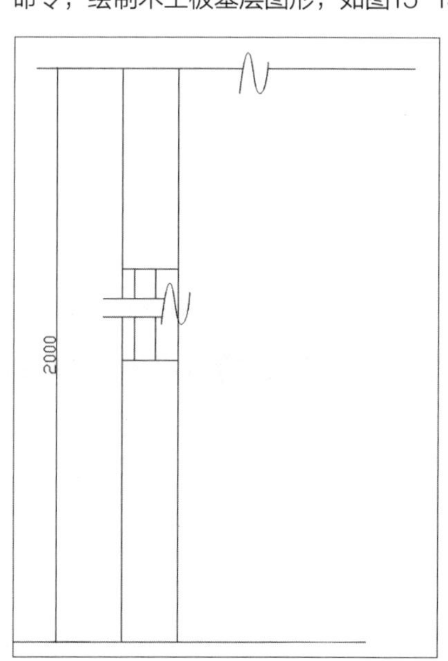

图15-153　绘制折断线

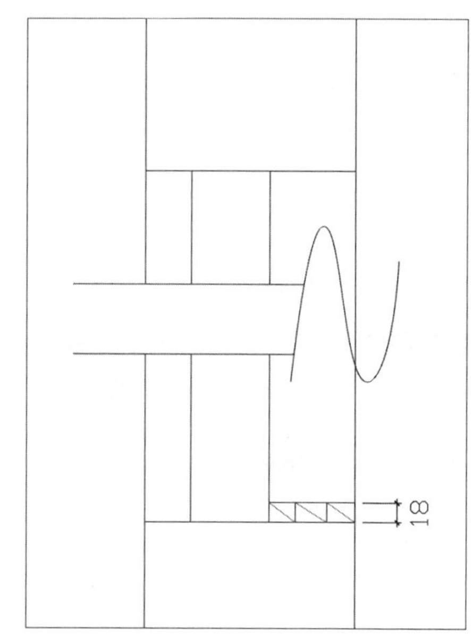

图15-154　绘制木工板图形

Step 06 执行“多段线”命令，绘制窗台板图形，执行“图案填充”命令，填充窗台板图形，如图15-155所示。

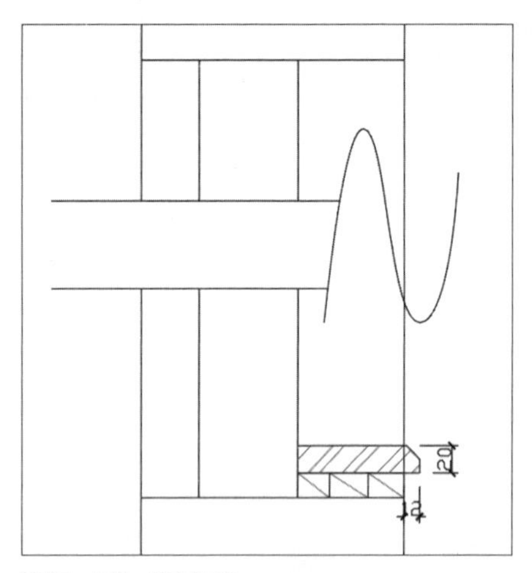

图15-155 填充图形

Step 07 执行“直线”命令，设置直线颜色为蓝色，绘制龙骨定点位置辅助线，如图15-156所示。

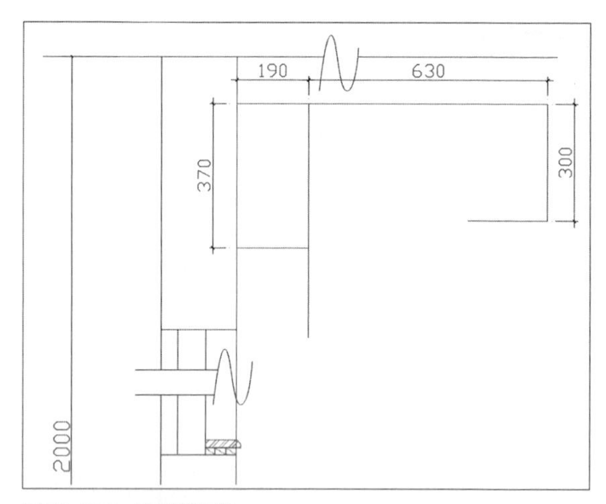

图15-156 绘制辅助线

Step 08 执行“矩形”、“直线”命令，设置长宽尺寸为30的正方形，绘制龙骨图形，执行“复制”命令，复制龙骨图形，如图15-157所示。

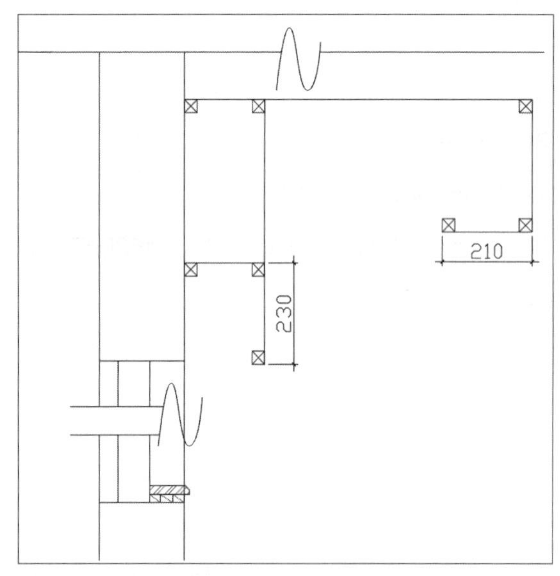

图15-157 绘制龙骨图形

Step 09 执行“删除”命令，删除辅助线，执行“直线”命令，连接龙骨图形，如图15-158所示。

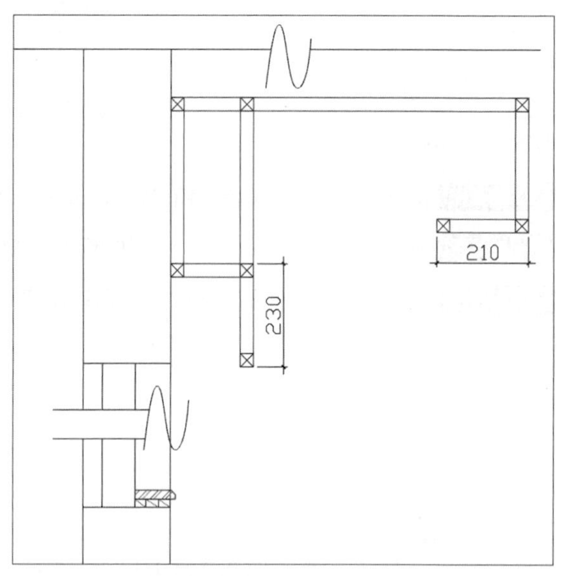

图15-158 连接龙骨图形

Step 10 执行“偏移”命令，设置偏移尺寸9，绘制石膏板图形，执行“修剪”命令，修剪图形，执行“特性”命令，在打开的“特性”面板中修改直线颜色为“洋红”，如图15-159所示。

Step 11 执行“图案填充”命令，设置填充图案为CORK，设置填充图案比例1，填充石膏板图形，如图15-160所示。

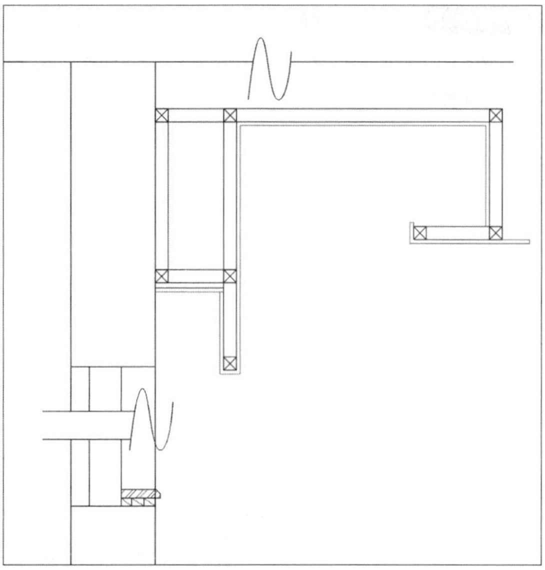

图15-159 绘制石膏板图形

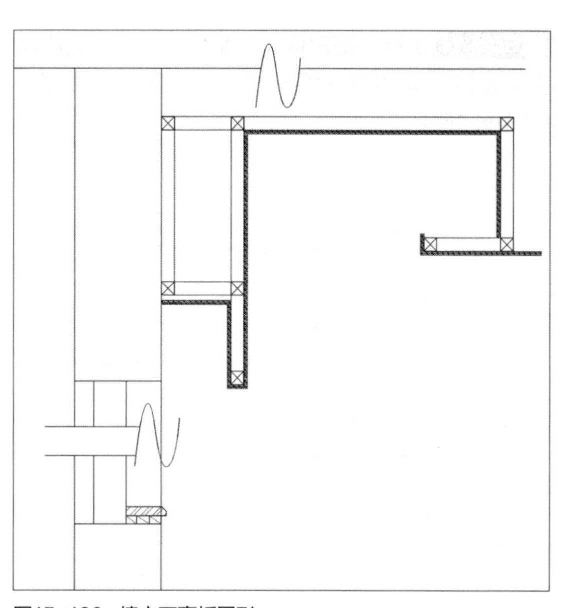

图15-160 填充石膏板图形

Step 12 执行“插入块”命令，插入灯带图形，如图15-161所示。

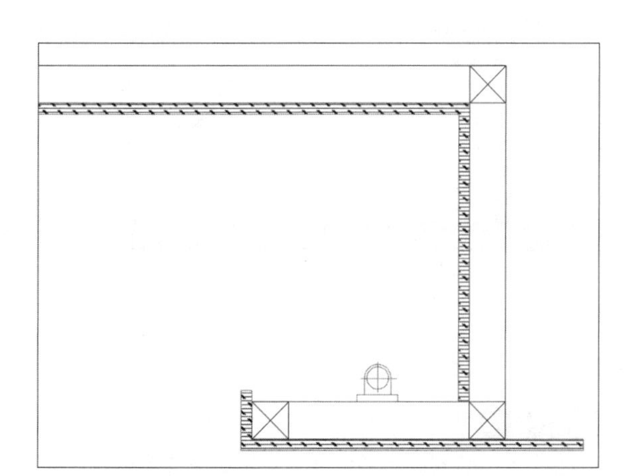

图15-161 插入灯带图形

Step 13 继续执行“插入>块”命令，插入窗帘图形，如图15-162所示。

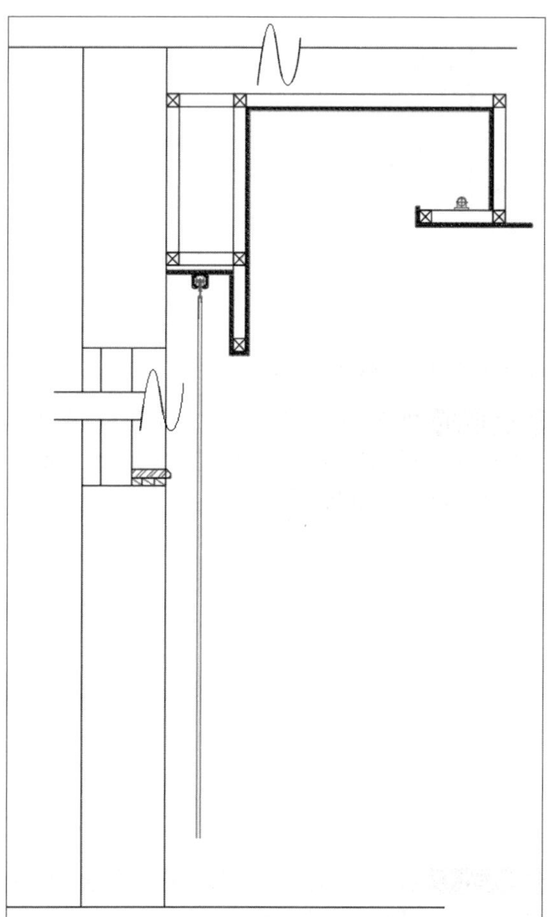

图15-162 插入窗帘图形

Step 14 执行“图案填充”命令，设置填充图案为ANSI31，设置填充图案比例10，填充墙体图形，如图15-163所示。

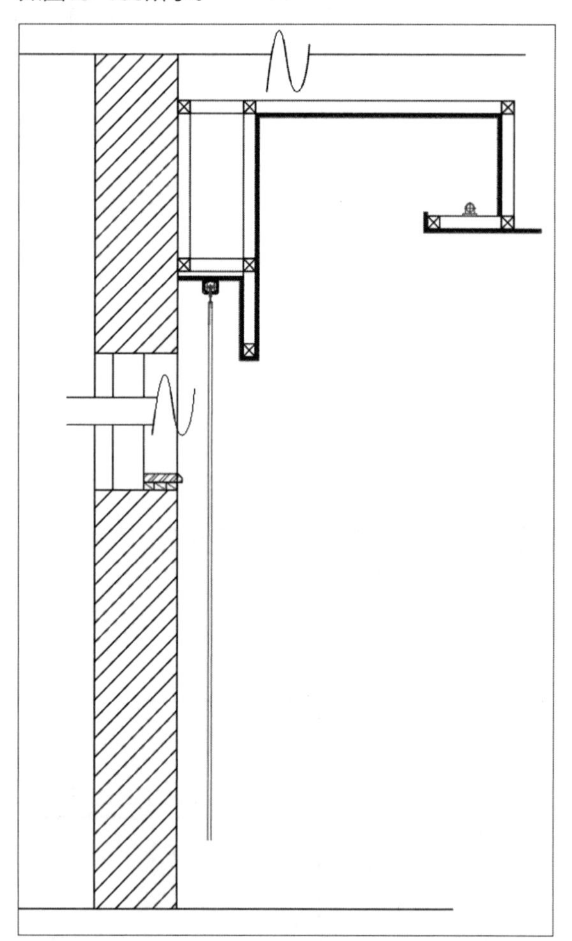

图15-163 填充墙体图形

Step 15 执行“引线”命令，为图形添加引线标注，执行“复制”命令，完成其他文字的注释，如图15-164所示。

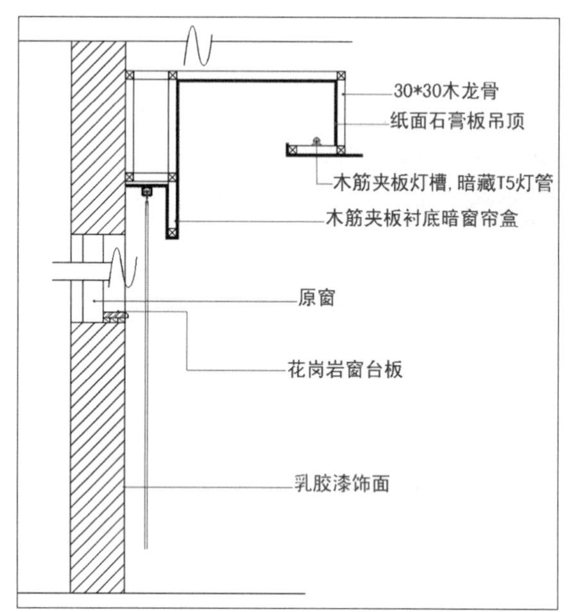

图15-164 为图形添加文字注释

Step 16 执行“格式>标注样式”命令，打开“标注样式管理器”对话框，新建样式“1-10”，设置标注参数，如图15-165所示。

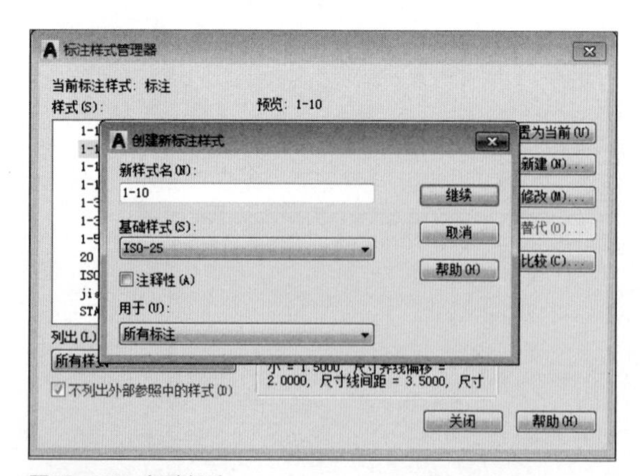

图15-165 新建标注

Step 17 执行“线性”、“连续”标注命令，标注立面尺寸，如图15-166所示。

Step 18 执行“复制”命令，复制“客厅背景墙”的图名至当前图形合适位置，双击更改文字内容，如图15-167所示。

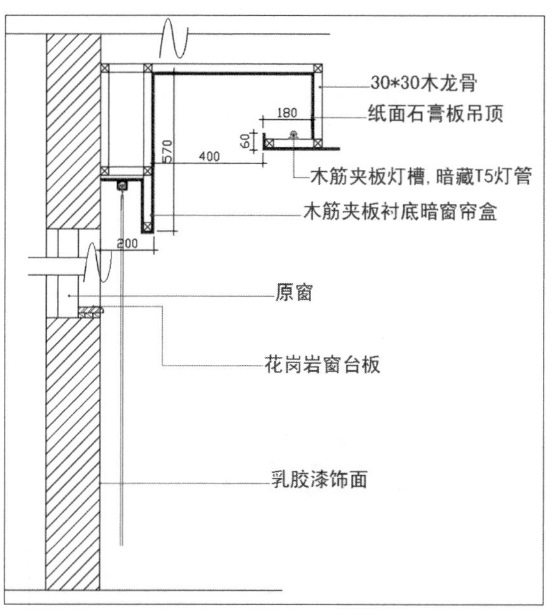

图15-166　标注尺寸

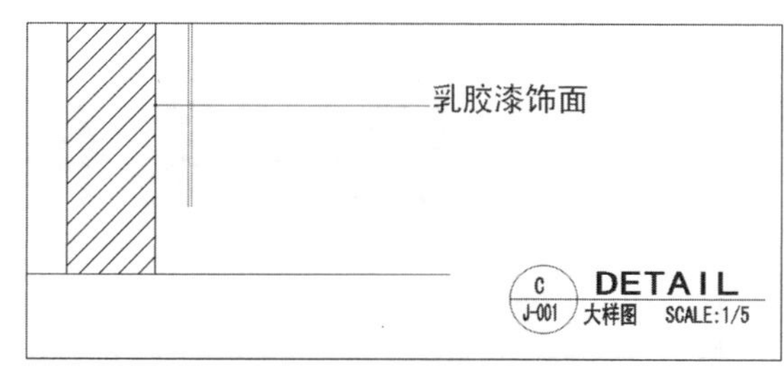

图15-167　绘制图名

Step 19 执行“移动”命令，将图名移至合适位置，至此完成客厅天花大样图的绘制，如图15-168所示。

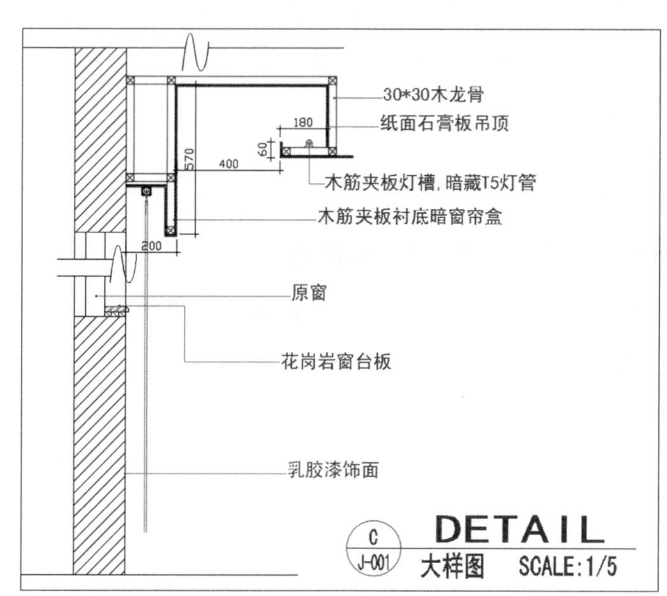

图15-168　客厅天花大样图

Chapter

16

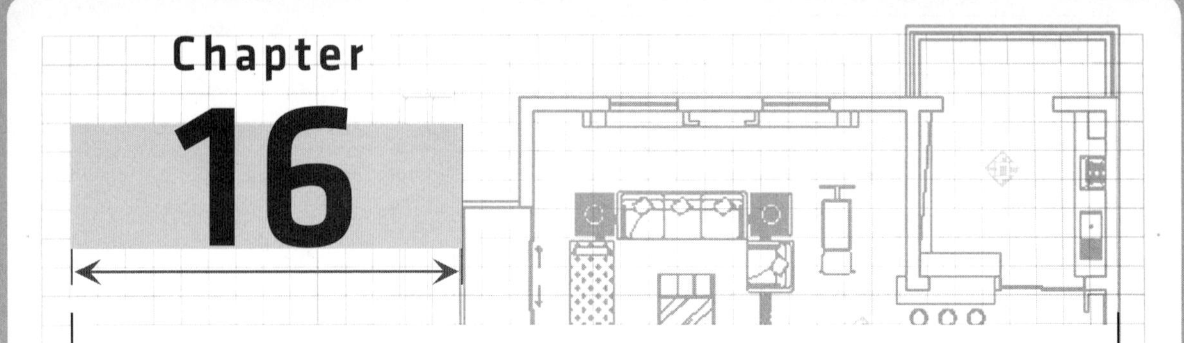

机械零件图的绘制

机械制图是用图样精确表示机械的结构形状、尺寸大小、工作原理和技术要求的学科。图样由图形、符号、文字和数字等组成，是表达设计意图和制造要求以及交流经验的技术文件，被称为“工程界的语言”。通过本章的学习，用户可以了解机械零件图的绘制方法，了解机械制图的基本知识、要领以及技巧等，同时也可以提高绘图的水平，并应用到实际生活和工作中。

01 学完本章您可以掌握如下知识点

1. 机械制图基础知识	★★
2. 绘制连接块零件图	★★★
3. 绘制通盖零件图	★★★

02 本章内容图解链接

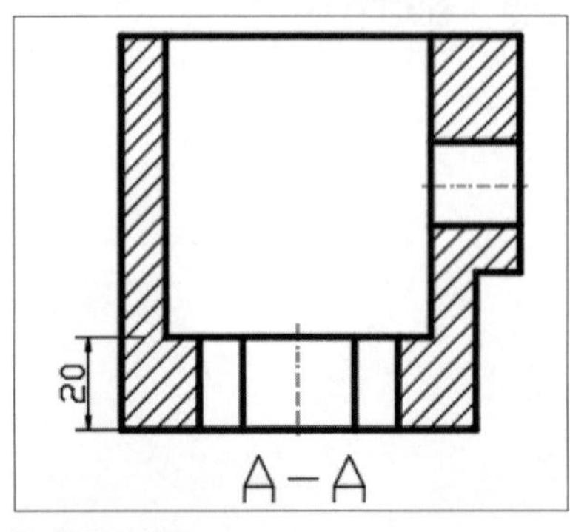

连接块剖视图

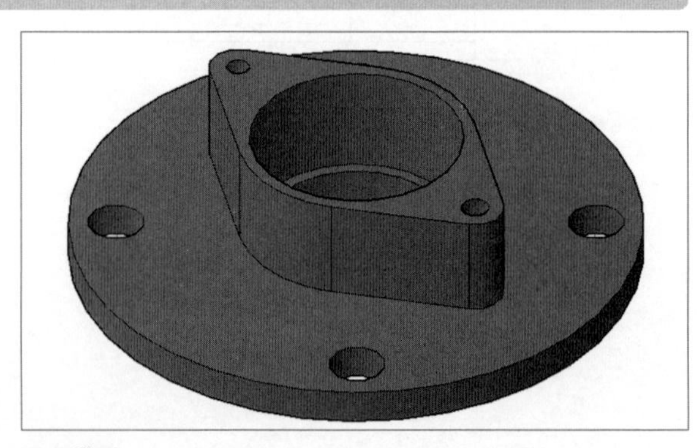

通盖模型

16.1 机械制图基础知识

机械图纸也可以称为机械图样，它是由图形、符号、文字和数字等元素组成。机械图样是机械工程师的共同语言，工程师的思想和设计意图是通过图样体现出来的。所以在绘制机械图纸前，需要对制图规则进行全面的了解。下面将向用户介绍机械制图的一些基本知识。

16.1.1 机械制图的基本规范

任何机械都是由许多零件组成的，制造机器就必须先制造零件。零件图就是制造和检验零件的依据，它依据零件在机器中的位置和作用，对零件在外形、结构、尺寸、材料和技术要去等方面都提出了一定的要求，因此机械制图也有相应的规范，如幅面尺寸及代号、常用的线型、尺寸标注及公差等。下面将向用户介绍一些基本规范。

1. 幅面尺寸及代号

图幅布置方式有横式布置、竖式布置两种，常用的是横式布置。幅面尺寸在绘制前应根据需要确定，具体尺寸及代号如图16-1所示。其中，标题栏位于图中的右下角，标题栏一般填写零件名称、材料、数量、图样的比例、代号和图样的责任人签名以及单位名称等，标题栏的方向应与看图的方向一致。

2. 常用图线线型

任何工程图样都是采用不同的线型和线宽的图线绘制而成，如图16-2所示。为了使图样清楚、明确，机械制图采用的图线分为粗实线、细实线、虚线、细点划线、粗点划线、双点划线、波浪线、双折线等，其中双折线和波浪线一般均为细线。接下来将分别对其进行简单介绍。

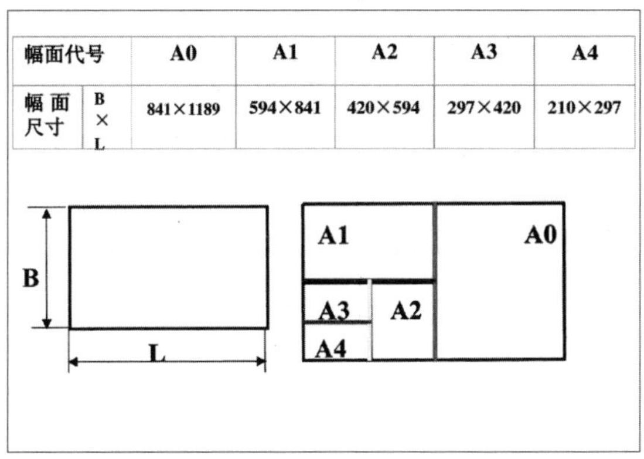

幅面代号		A0	A1	A2	A3	A4
幅面尺寸	B×L	841×1189	594×841	420×594	297×420	210×297

图16-1 幅面尺寸及代号

图16-2 图线类型

- 粗实线：图线宽度为d，一般用于可见轮廓线等。
- 细实线：图线宽度为d/2，一般用于尺寸线及尺寸界线、剖面线、重合剖面的轮廓线等。
- 虚线：图线线宽为d/2，一般用于不可见的轮廓线等。
- 细点划线：图线线宽为d/2，一般用于轴线、对称中心线、轨迹线等。
- 粗点划线：图线线宽为d，一般用于有特殊要求的线或表面等。
- 双点划线：图线线宽为d/2，一般用于相邻辅助零件的轮廓线、极限位置的轮廓线等。
- 波浪线：图线线宽为d/2，一般用于断裂处的波浪线、视图和剖视的分界线等。
- 双折线：图线线宽为d/2，一般用于断裂处的边界线等。

在绘制机械图纸时，各种线型所对应的线宽各有要求，利用线型绘制图形时，各线型的画法也需要注意以下几个问题。

- 同一图样中同类图线的宽度应一致；
- 虚线、点划线及双点划线的线段长度和间距应各自大致相等；
- 点划线、双点划线的首末两端应是线段，而不是短划；点划线、双点划线的点不是点，而是一个约1mm的短划；
- 绘制圆的中心线，圆心应为线段的交点。
- 虚线与虚心相交、虚线与点划线相交，应以线段相交；虚线、点划线如果是粗实线的延长线，应留有空隙；虚线与粗实线相交，不要留空袭。
- 图线的颜色深浅程度要一致，不要粗线颜色深，细线颜色浅。
- 在较小的图形上绘制点划线或双点划线有困难时，可用细实线代替。

3. 尺寸标注

图形只能反映物体的结构形状，物体的真实大小要依据所标注的尺寸来决定。接下来介绍标注尺寸的基本规则。

- 机件的真实大小，应以图样上所注的尺寸数值为依据，与图形的大小（即所采用的比例）和绘图额准确度无关；
- 图样中（包括技术要求和其他说明文件中）的尺寸，以毫米为单位时，不需标注计量单位的代号或名称。如果采用其他单位，则必须注明相应的计量单位的代号或名称；
- 图样中的所标注的尺寸，为该图样所示机件的最后完工尺寸，否则应另加说明；
- 机件的每一尺寸，一般只标注一次，并应标注在反映该结构最清楚的图形上。

16.1.2 机件的视图方式

在机械图的绘制过程中，机械图样有零件图、装配图、布置图、示意图和轴测图等。零件图表达零件的形状、大小及制造和检验零件的技术要求；装配图表达机械中所属各零件与部件间的装配关系和工作原理；布置图表达机械设备在厂房内的位置；示意图表示机械的工作原理；轴测图是一种立体图，常用于辅助用图。

表达机械形状的各种图形是按其投影方向和投影面的位置不同而得到的，常用的视图有主视图、俯视图、左视图和断面图等。

16.2 绘制连接块零件图

机械由很多固件组成，因此连接块的作用显得尤为重要，合理地使用连接块可以有效地减少功耗，连接的方式分为可拆卸连接和不可拆卸连接不可拆卸连接如：焊接、铆接等；可拆卸连接如：螺纹连接、销、链等。

16.2.1 绘制连接块俯视图

绘制连接块俯视图，首先新建所需图层并设置线型和线宽，然后利用AutoCAD的二维绘图和修改命令完成绘制，具体绘制步骤如下：

Step 01 执行“格式>单位”命令，打开“图形单位”对话框，设置精度为0，插入时的缩放单位为毫米，并单击“确定”按钮，关闭对话框，如图16-3所示。

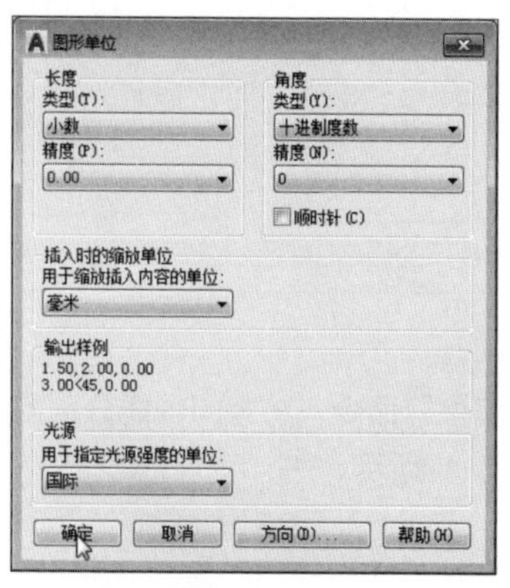

图16-3　设置图形单位

Step 02 打开“图层特性管理器”选项板，创建“轴线”、“虚线”、“实线”、“填充”等图层并设置其相应参数，如图16-4所示。

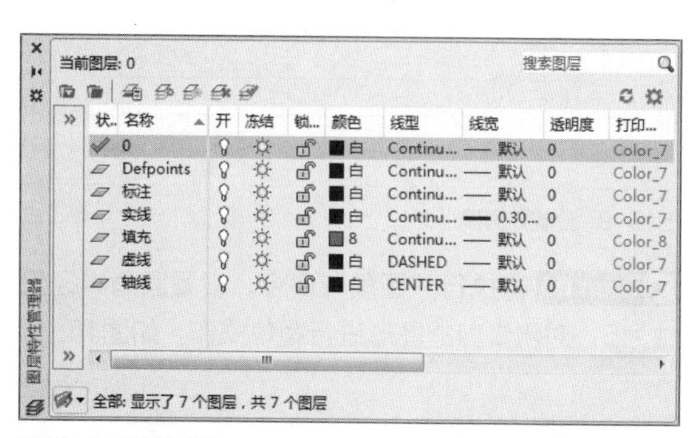

图16-4　创建图层

Step 03 将“轴线”图层置为当前层，执行“直线”命令，分别绘制长180和50的两条相互垂直的直线作为轴线，如图16-5所示。

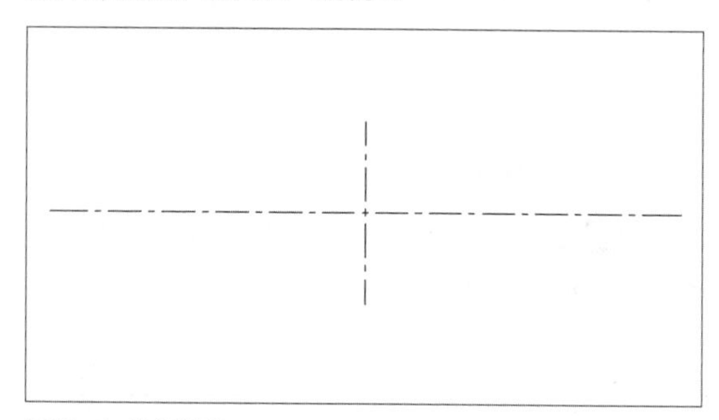

图16-5　绘制轴线

Step 04 将“实线”图层置为当前层，执行“矩形”命令，绘制尺寸为172×80的矩形，并将其居中对齐到直线交点，如图16-6所示。

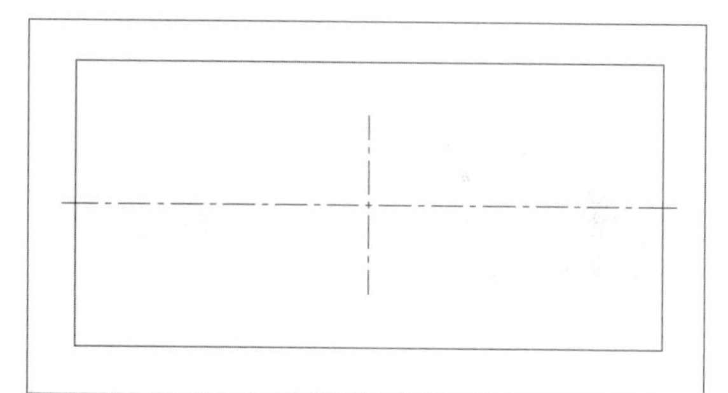

图16-6　绘制矩形

Step 05 执行“圆角”命令，设置圆角半径尺寸为10，对矩形进行圆角操作，如图16-7所示。

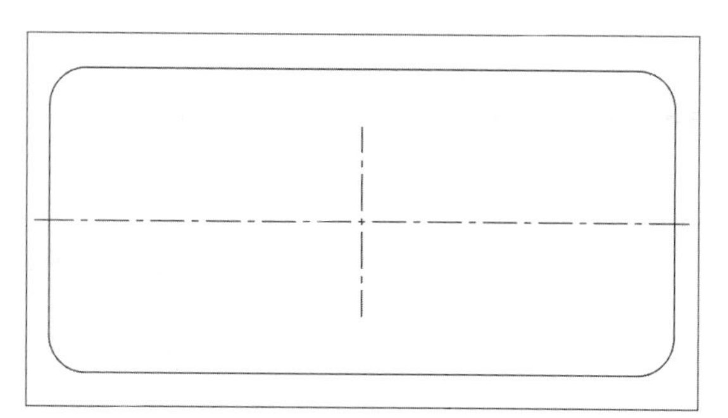

图16-7　圆角操作

Step 06 执行“圆”命令，捕捉轴线交线绘制半径分别为54、44、22.5的同心圆，如图16-8所示。

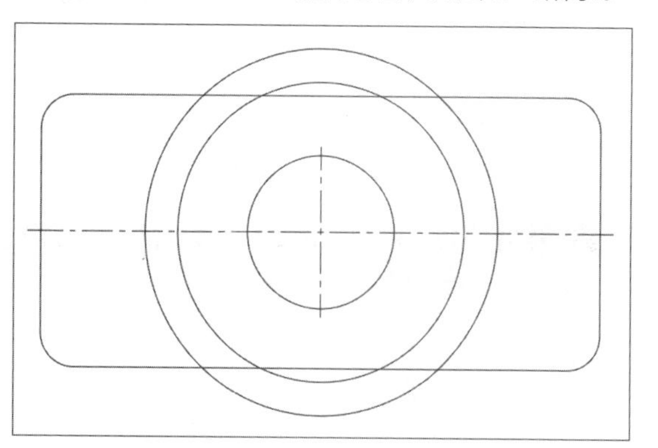

图16-8　绘制同心圆

Step 07 执行“分解”命令，将圆角矩形分解，再执行“偏移”命令，将上下两侧的边线各自向内偏移10，如图16-9所示。

Step 08 执行“修剪”命令，修剪图形中多余线条，如图16-10所示。

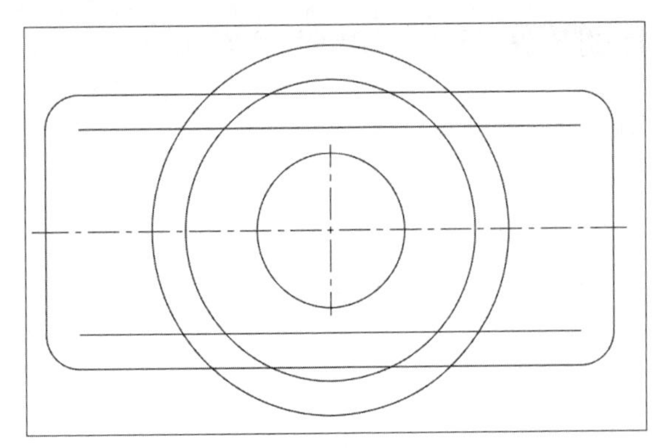

图16-9　分解并偏移

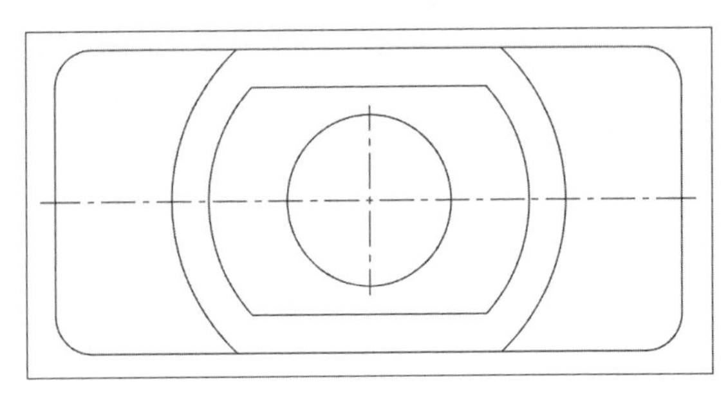

图16-10　圆角操作

Step 09 再执行“圆角”命令，设置圆角半径尺寸为5，对刚修剪的图形进行圆角操作，如图16-11所示。

Step 10 执行“偏移”命令，将竖向轴线分别向两侧偏移60，如图16-12所示。

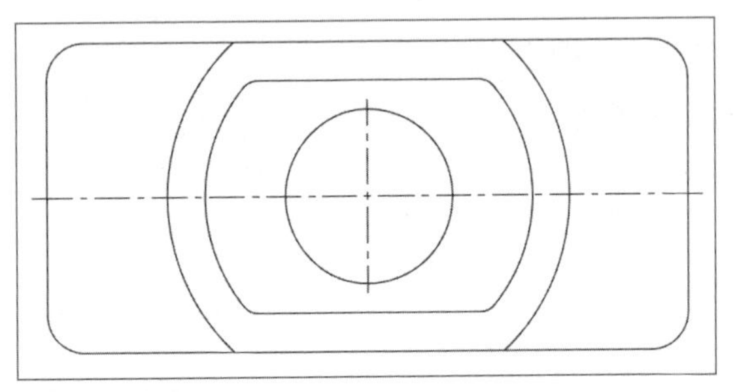

图16-11　圆角操作

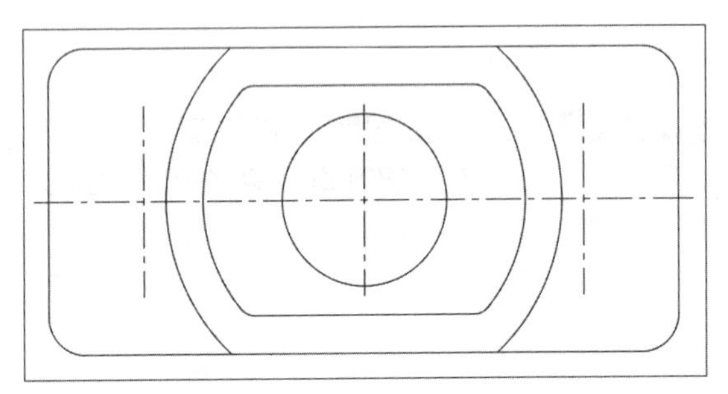

图16-12　偏移轴线图形

Step 11 执行“圆”命令，捕捉两侧轴线交点分别绘制两组半径为7.5、20的同心圆，如图16-13所示。

Step 12 执行“直线”命令，捕捉象限点绘制两条直线，如图16-14所示。

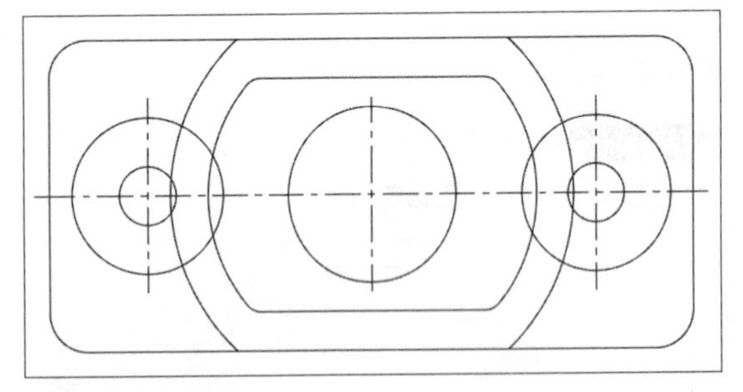

图16-13　绘制同心圆

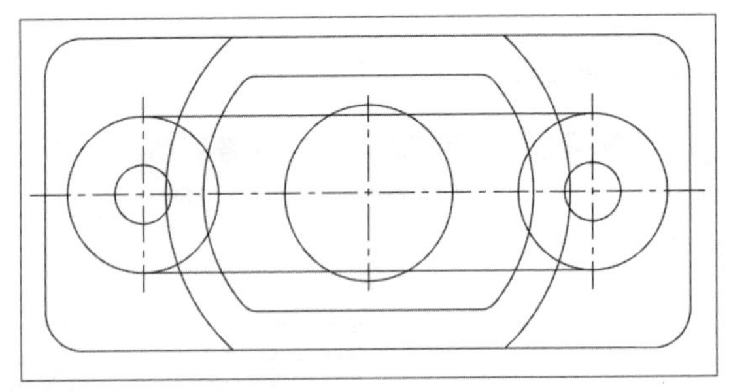

图16-14　绘制直线

Step 13 执行“修剪”命令，修剪图形中多余线条，效果如图16-15所示。

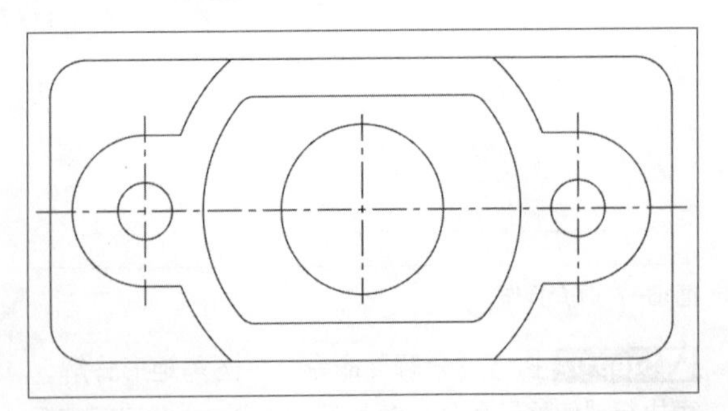

图16-15　修剪图形

Step 14 执行“矩形”命令，绘制尺寸为60×25的矩形，捕捉矩形中心对齐到轴线交点，效果如图16-16所示。

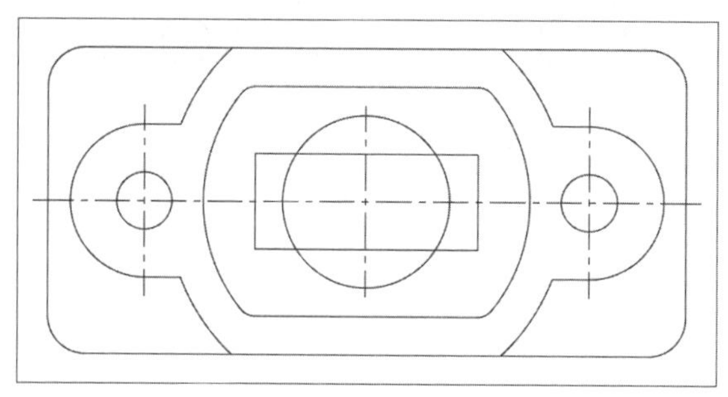

图16-16 绘制矩形

Step 15 执行“修剪”命令，修剪图形中多余线条，效果如图16-17所示。

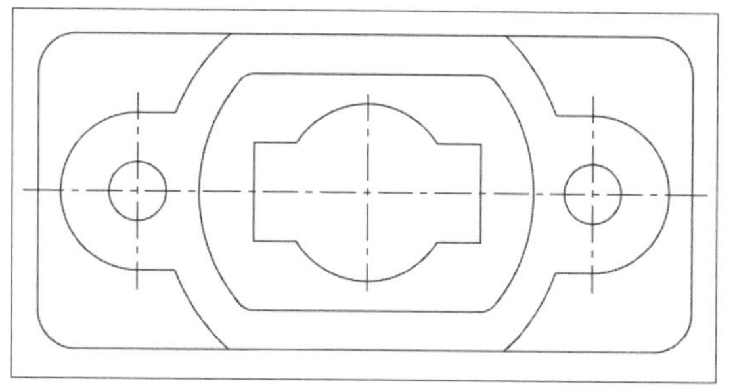

图16-17 修剪图形

Step 16 继续执行“矩形”命令，绘制尺寸为 40×10 的矩形，对齐到图形底部，如图 16-18 所示。

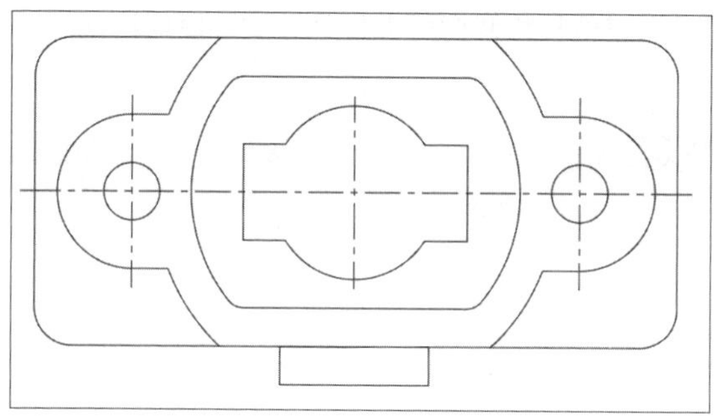

图16-18 绘制矩形

Step 17 执行“修剪”命令，修剪图形中多余线条，如图16-19所示。

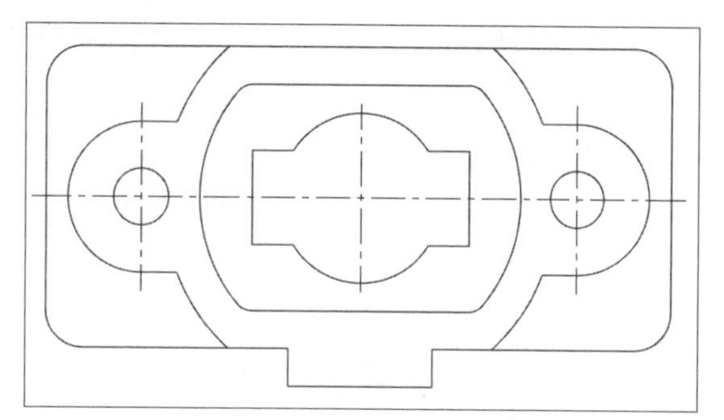

图16-19 修剪图形

Step 18 调整两侧轴线的长度，如图16-20所示。

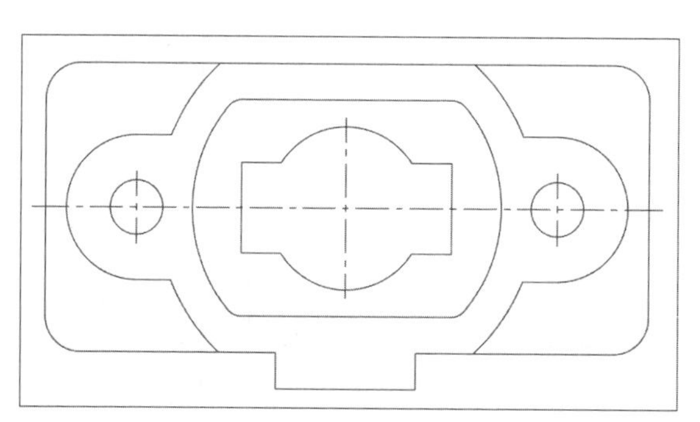

图16-20 调整轴线长度

Step 19 设置“标注”图层为当前层，执行“线性”、“半径”等标注命令，为图形添加尺寸标注，如图16-21所示。

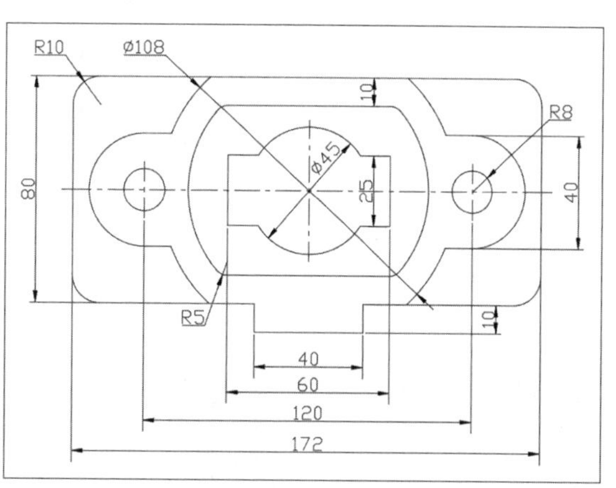

图16-21 创建尺寸标注

Step 20 在命令行中输入ED，修改右侧的半径标注文字，完成连接块俯视图的绘制，如图16-22所示。

Step 21 在状态栏中单击“显示/隐藏线宽”按钮，观察效果，如图16-23所示。

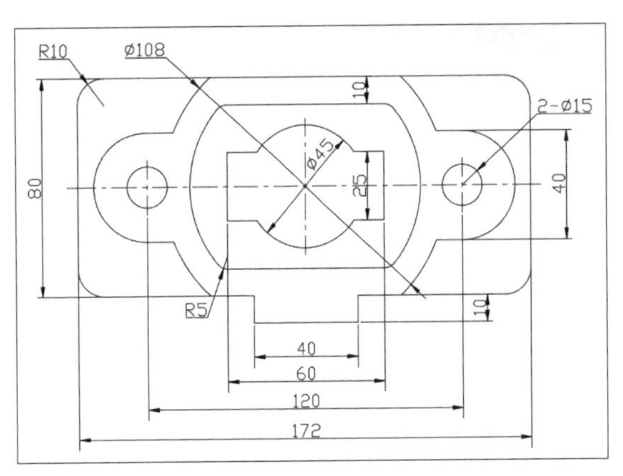

图16-22 修改标注文字

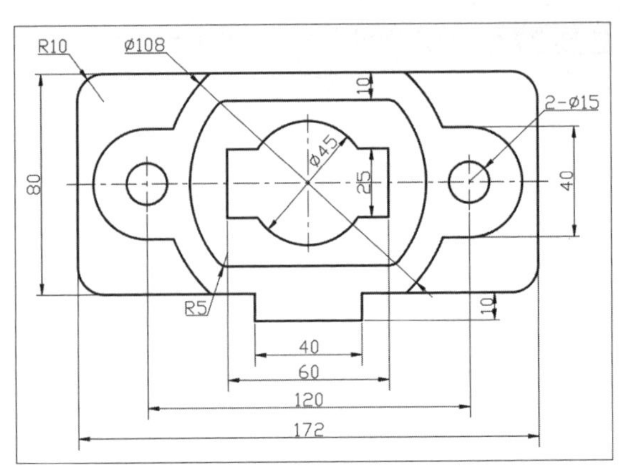

图16-23 显示线宽

16.2.2 绘制连接块左视图

本小节将根据上节绘制的俯视图结合其相互关系，通过偏移和修剪等操作，绘制连接块左视图，具体绘制步骤如下。

Step 01 将“实线”图层置为当前。执行“射线”命令，捕捉俯视图轮廓向下绘制辅助线，如图16-24所示。

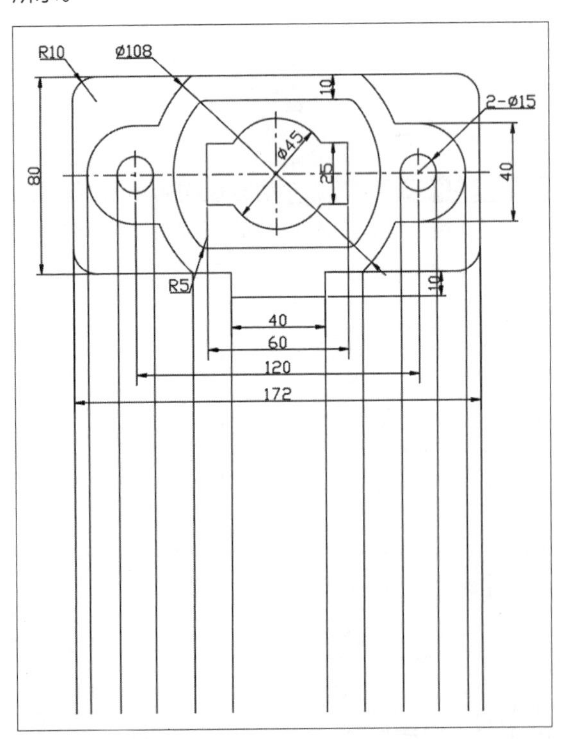

图16-24 绘制辅助线

Step 02 执行“直线”、“偏移”命令，绘制直线并将直线向下偏移65、20，如图16-25所示。

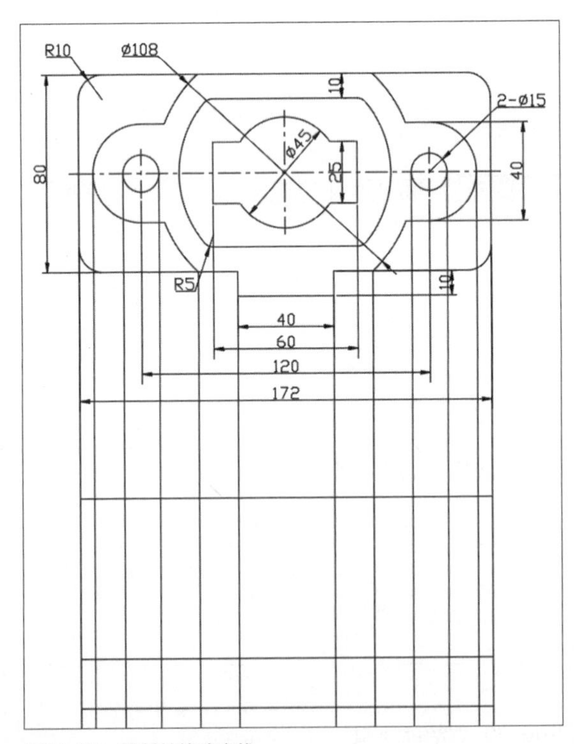

图16-25 绘制并偏移直线

Step 03 执行“修剪”命令，修剪图形中多余线条，如图16-26所示。

Step 04 执行“偏移”命令，将图形顶部边线向下偏移32，如图16-27所示。

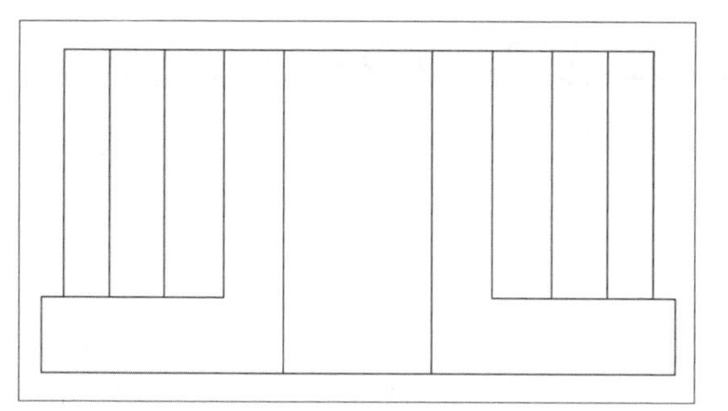

图16-26 修剪图形

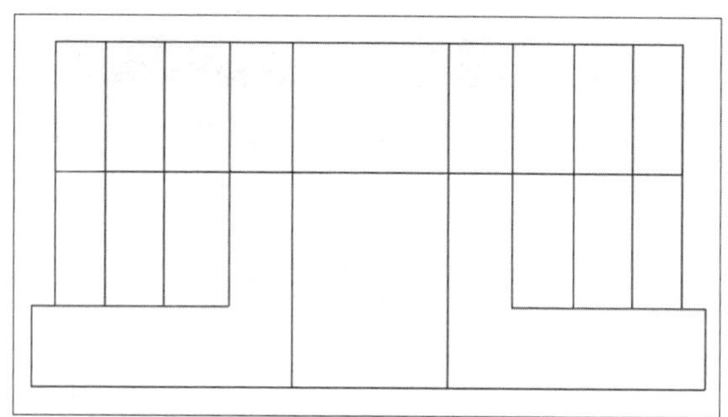

图16-27 偏移图形

Step 05 执行“圆”命令，捕捉直线中心绘制两个半径分别为9、20的同心圆，如图16-28所示。

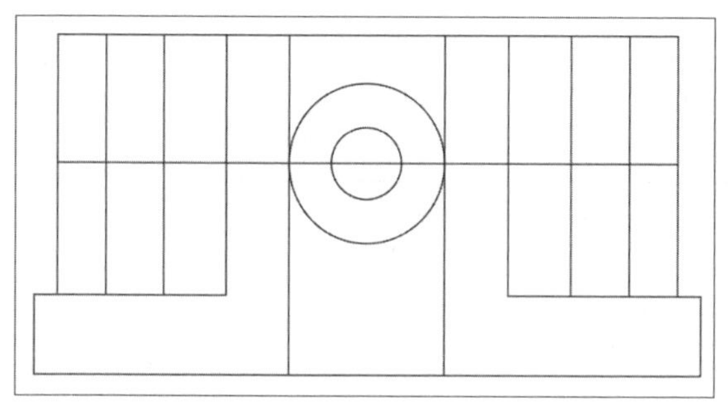

图16-28 绘制同心圆

Step 06 执行“修剪”命令，修剪并删除图形中多余的线条，如图16-29所示。

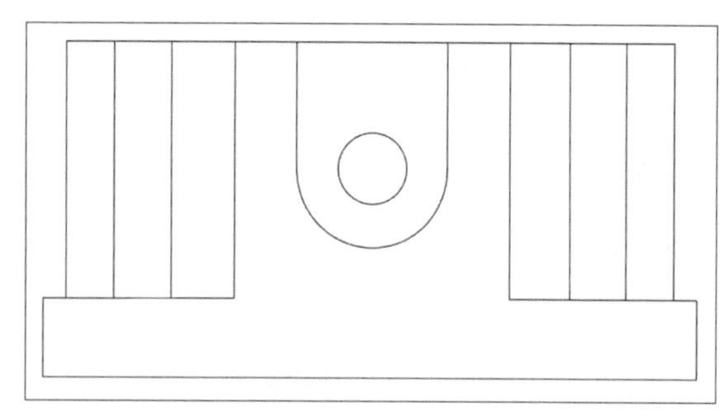

图16-29 修剪并删除图形

Step 07 设置两侧内部图形到“虚线”图层，并设置线型比例为0.5，如图16-30所示。

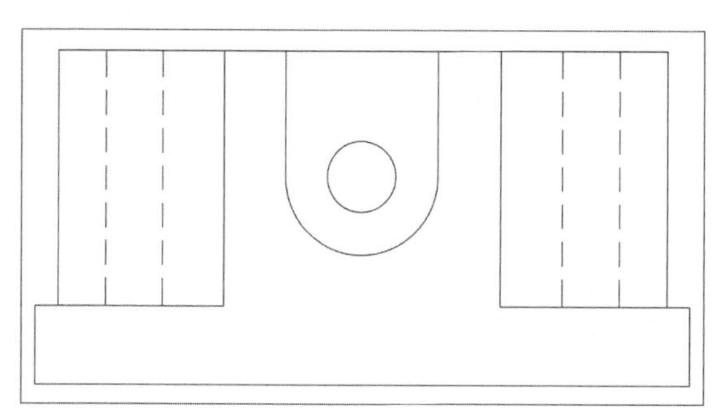

图16-30 设置图层及比例

Step 08 设置“轴线”图层为当前层，执行“直线”命令，绘制两条相互垂直的长25的直线作为轴线，并设置线型比例为0.3，如图16-31所示。

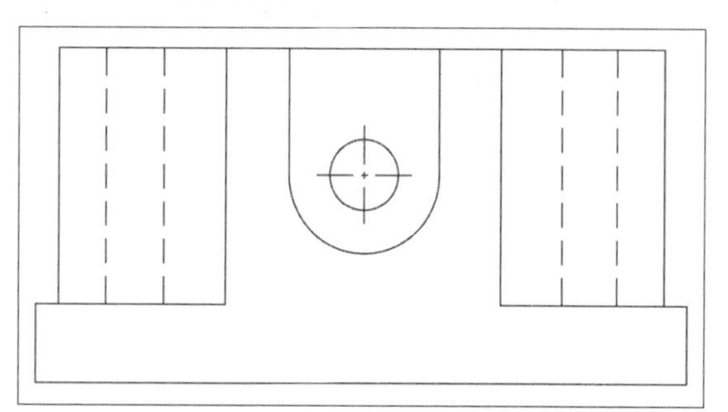

图16-31 绘制轴线

Step 09 设置“标注”图层为当前层，为图形添加尺寸标注，完成连接块左视图的绘制，如图 16-32 所示。

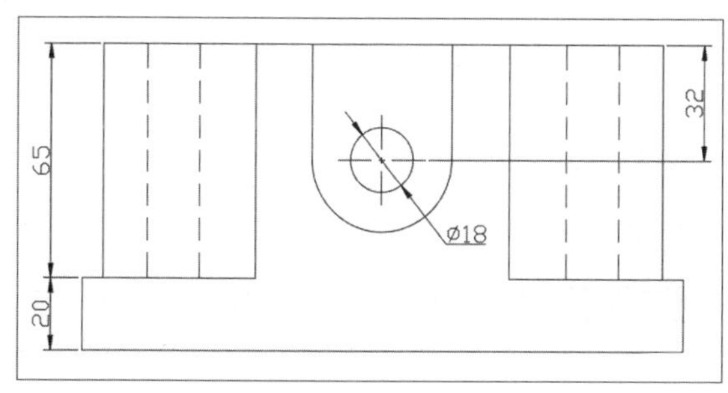

图16-32 添加尺寸标注

Step 10 在状态栏中单击“显示/隐藏线宽”按钮，观察效果，如图16-33所示。

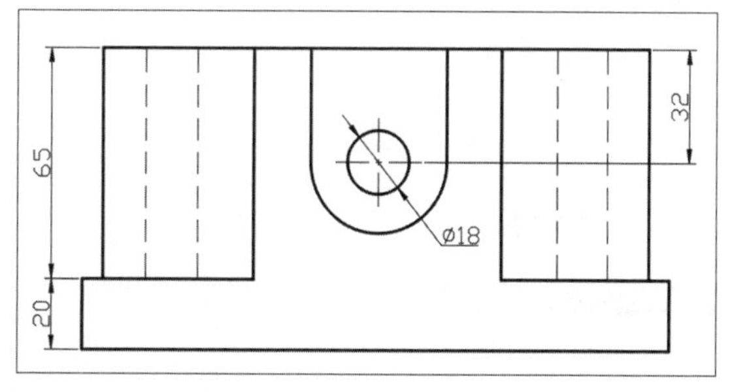

图16-33 显示线宽

工程师点拨：设置线型比例

有的线型绘制出来的显示效果不佳，此时可以设置该线型比例参数以调节显示效果。

13.2.3 绘制连接块剖视图

剖视图一般用于工程的施工图和机械零部件的设计中，补充和完善设计文件，是工程施工图和机械零件设计中的详细设计，用于指导工程施工作业和机械加工。结合连接块的俯视图和左视图，绘制剖视图，具体绘制步骤如下。

Step 01 设置“实线”图层为当前层，执行“射线”命令，捕捉左视图轮廓向右绘制辅助线，如图16-34所示。

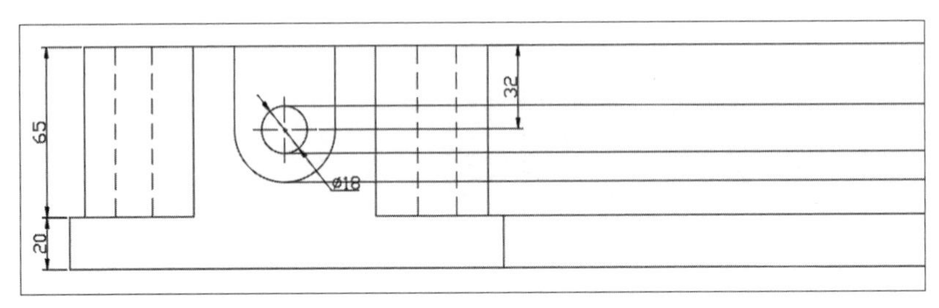

图16-34 绘制辅助线

Step 02 执行“直线”、“偏移”命令，绘制直线并将其向右偏移80、10，如图16-35所示。

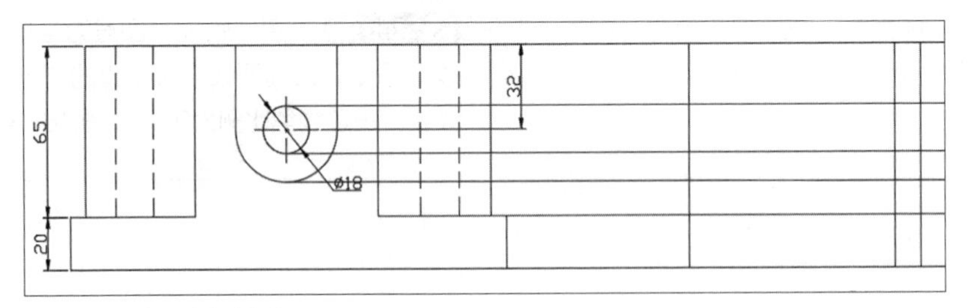

图16-35 绘制并偏移直线

Step 03 执行“修剪”命令，修剪图形中的多余线条，如图16-36所示。

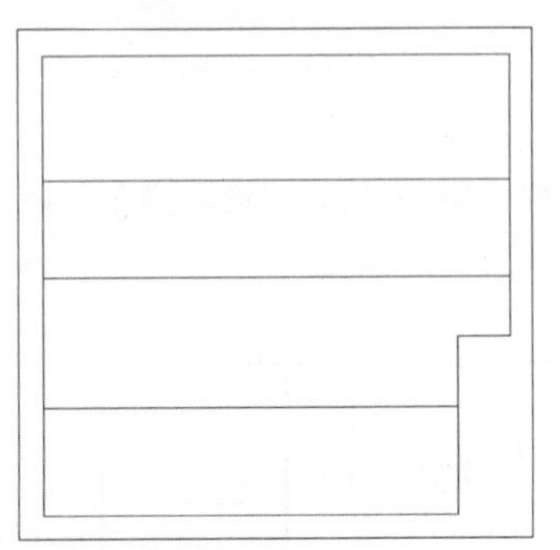

图16-36 修剪图形

Step 04 执行“偏移”命令，将左侧边线依次向右进行偏移操作，如图16-37所示。

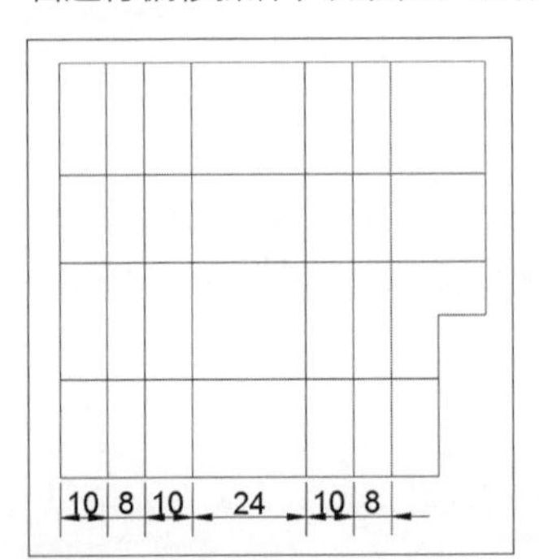

图16-37 偏移图形

Step 05 执行“修剪”命令，修剪图形中的多余线条，如图16-38所示。

Step 06 设置“轴线”图层为当前层，执行“直线”命令，绘制两条长25的轴线，并设置线型比例为0.3，如图16-39所示。

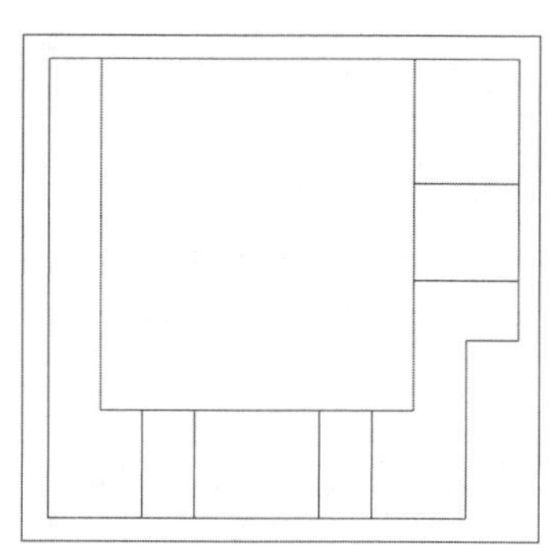

图16-38　修剪图形

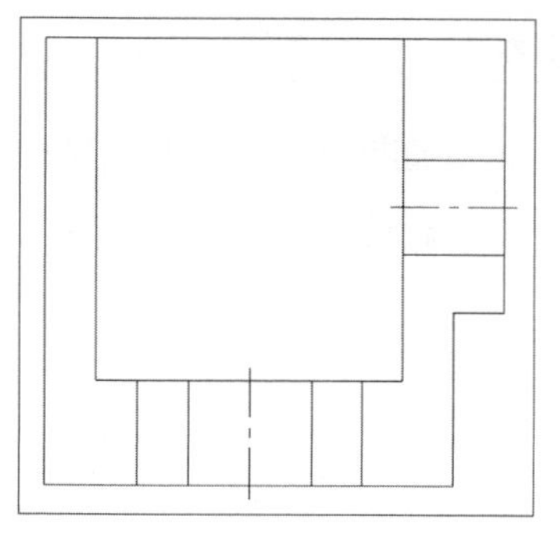

图16-39　绘制轴线

Step 07 设置“填充”图层为当前层，执行“图案填充”命令，选择图案ANSI31，其余设置为默认，填充图形截面区域，效果如图16-40所示。

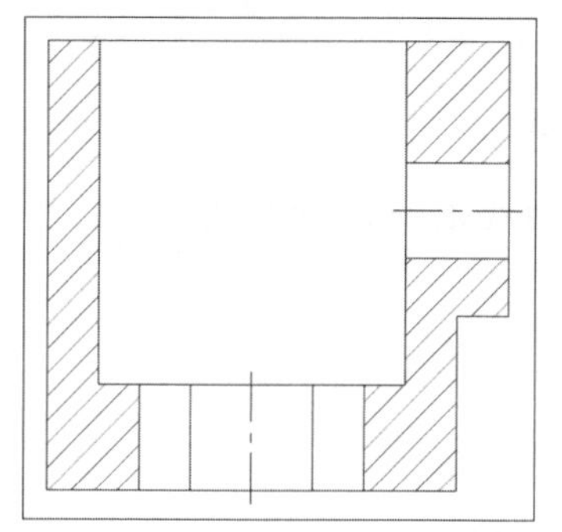

图16-40　填充图案

Step 08 设置“标注”图层为当前层，为图形添加尺寸标注，完成连接块剖面图的绘制，如图16-41所示。

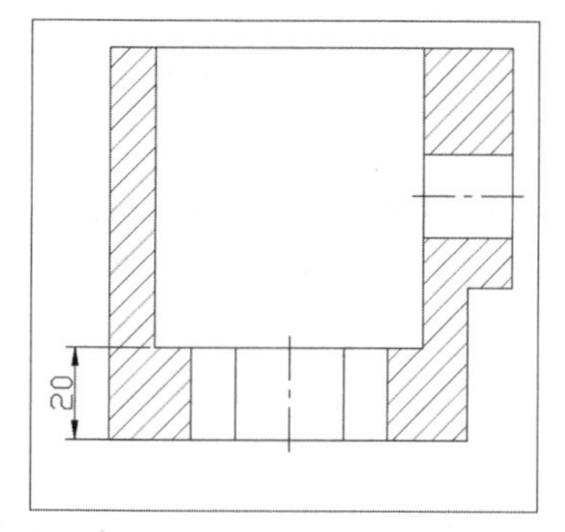

图16-41　添加尺寸标注

Step 09 在状态栏中单击“显示/隐藏线宽”按钮，观察完整效果如图16-42所示。

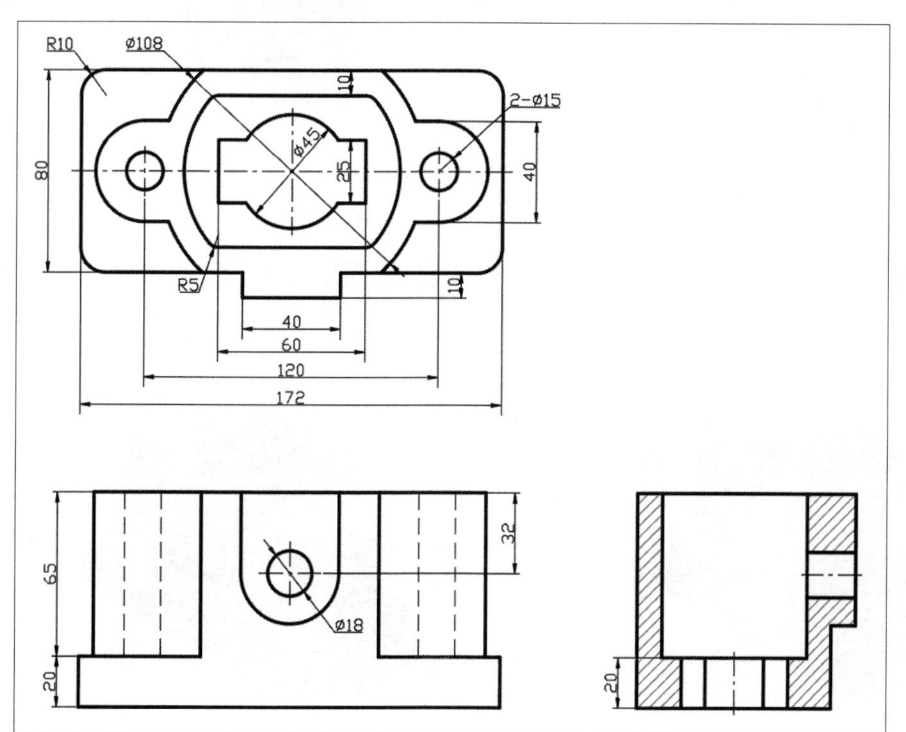

图16-42　完整效果

16.2.4 绘制连接块模型

下面根据三视图创建连接块模型，具体绘制步骤如下。

Step 01 复制俯视图，删除标注及轴线等图形，如图16-43所示。

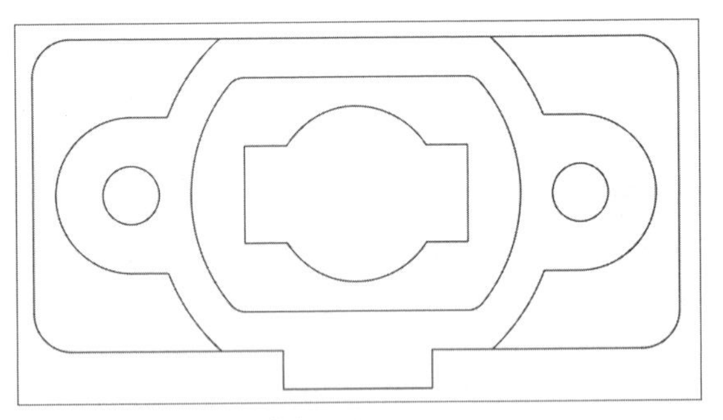

图16-43 复制并删除多余图形

Step 02 执行“多段线”命令，捕捉俯视图轮廓绘制多个封闭图形，再删除多余的线段，如图16-44所示。

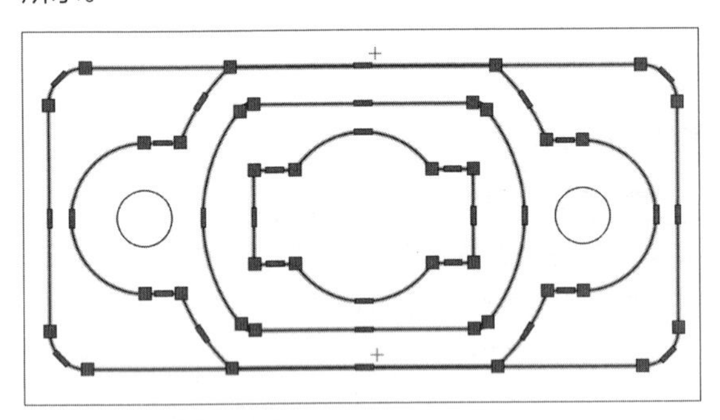

图16-44 捕捉绘制多段线

Step 03 切换到“三维建模”工作空间，再切换到“西南等轴测”视图及“概念”视觉样式，在“常用”选项卡的“建模”面板中单击“拉伸”命令，将三个图形向上拉伸65，创建出三维实体，如图16-45所示。

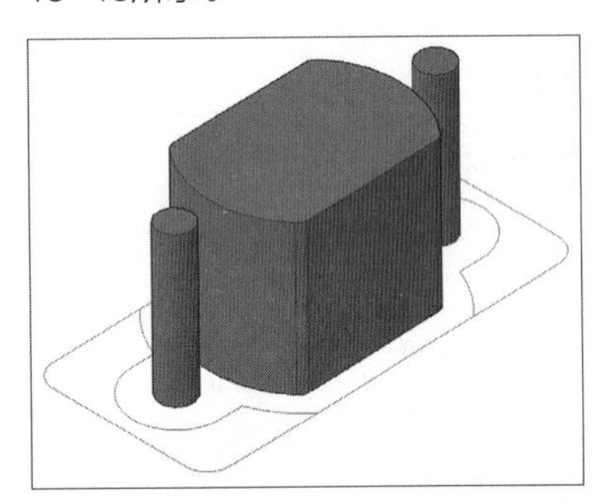

图16-45 拉伸实体

Step 04 将实体模型沿z轴向上移动20，如图16-46所示。

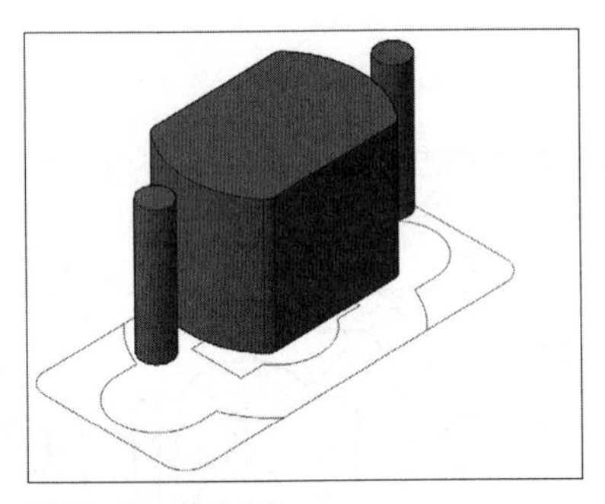

图16-46 移动实体

Step 05 继续执行“拉伸”命令，将圆角矩形向上拉伸20，将内部的多段线向上拉伸85，如图16-47所示。

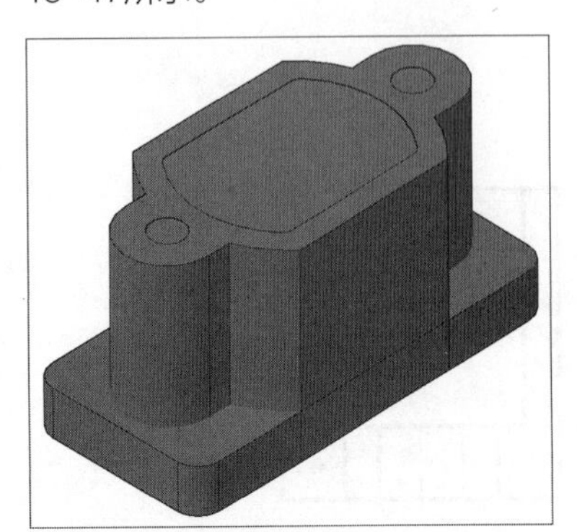

图16-47 拉伸实体

Step 06 执行“差集”命令，将内部的三个模型从外部的模型中减去，如图16-48所示。

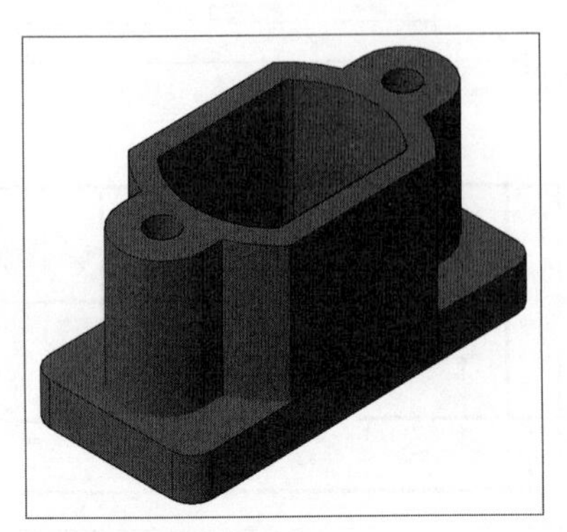

图16-48 差集运算

Step 07 执行“并集”命令，对剩余的模型进行并集操作，使其成为一个整体，如图16-49所示。

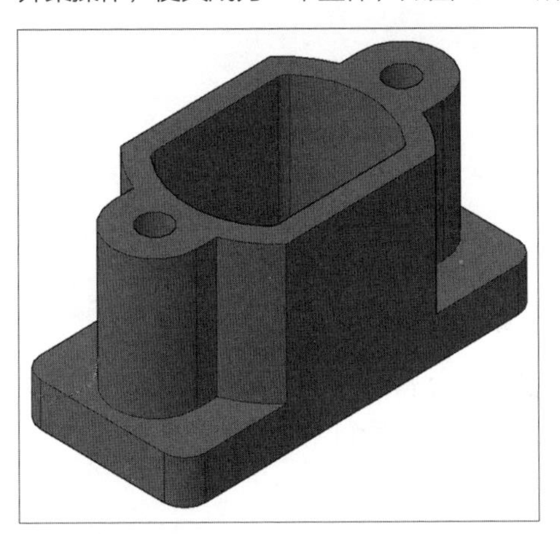

图16-49 并集运算

Step 08 切换到“二维线框”视觉样式，如图16-50所示。

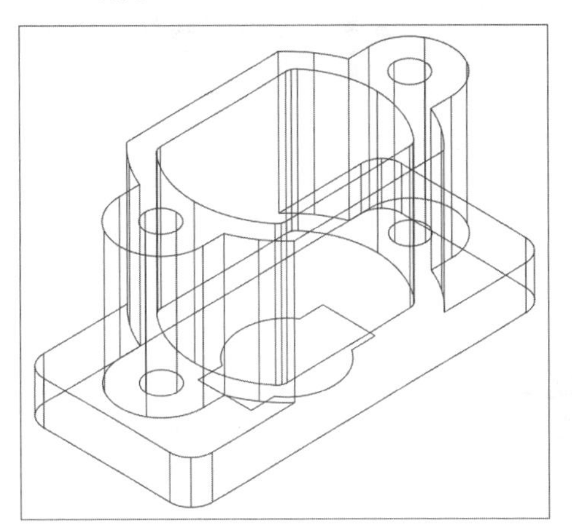

图16-50 二维线框

Step 09 执行“拉伸”命令，将最中心的多段线图形向上拉伸20，如图16-51所示。

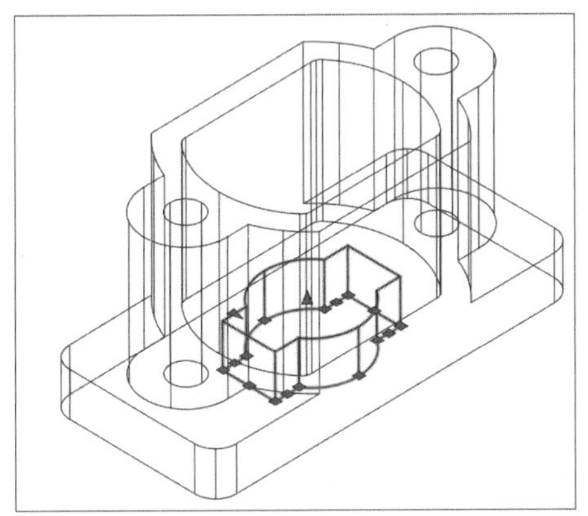

图16-51 拉伸实体

Step 10 执行“差集”命令，将刚拉伸的实体从模型中减去，切换到“概念”视觉样式，调整视图，观察效果，如图16-52所示。

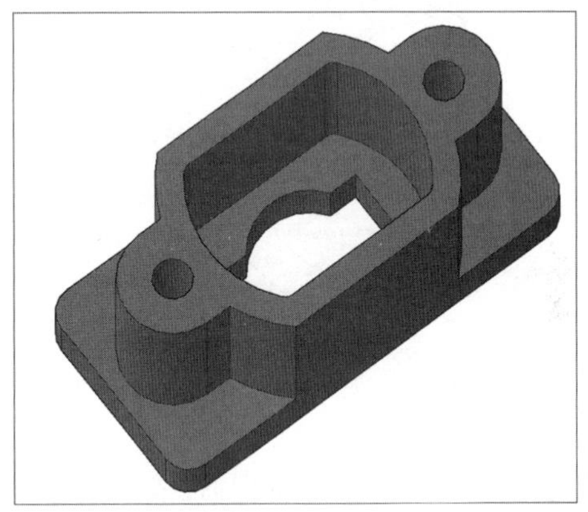

图16-52 差集运算

16.3 绘制通盖零件图

通盖一般是固定轴承之用，除了通盖还有盲盖、全封闭盖，其轴在端盖一侧，而通盖和半封闭盖，其对应的轴可以完全通过，本节将绘制通盖零件图。

16.3.1 绘制通盖俯视图

本小节介绍通盖俯视图的绘制，主要利用到“直线”、“圆”、“阵列”、“镜像”、“修剪”等命令，具体绘制步骤如下。

Step 01 打开“图层特性管理器”选项板，创建“轴线”、“粗实线”、“细实线”、“标注”以及“填充”图层，并设置相关参数，如图16-53所示。

Step 02 设置“轴线”图层为当前层，执行“直线”命令，绘制两条相互垂直的长140的直线作为轴线，并设置其线型比例为0.5，如图16-54所示。

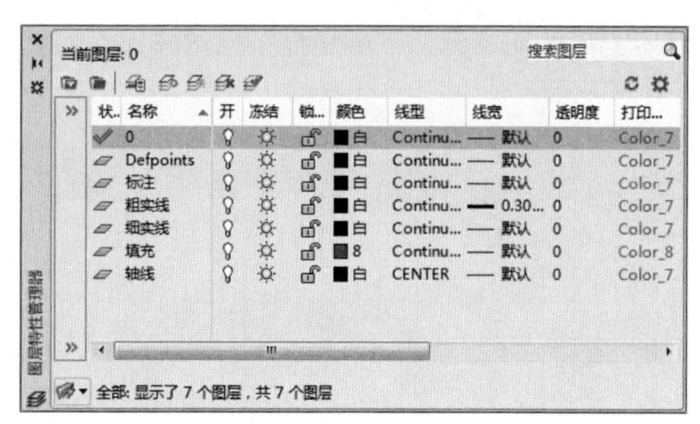

图16-53 创建图层

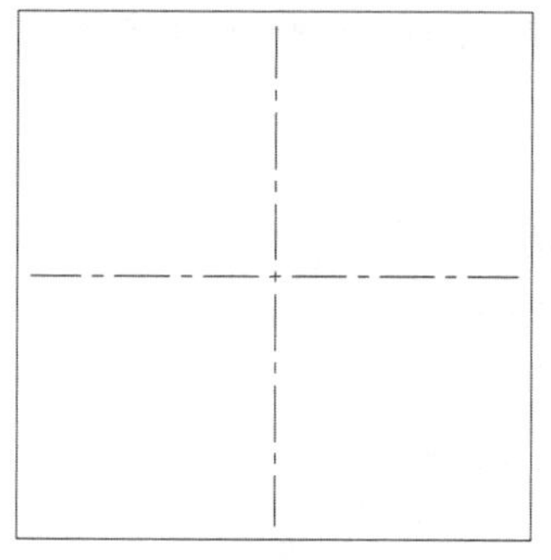

图16-54 绘制轴线

Step 03 设置“粗实线”图层为当前层。执行“圆”命令，以轴线的交点为圆心，分别绘制半径为20、22.5、25、35、50和60的同心圆，如图16-55所示。

Step 04 执行“特性匹配”命令，将轴线特性匹配到半径为35和50的两个圆，如图16-56所示。

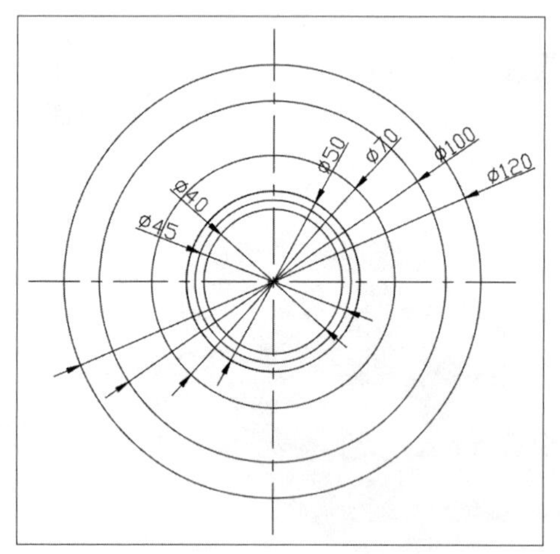

图16-55 绘制同心圆

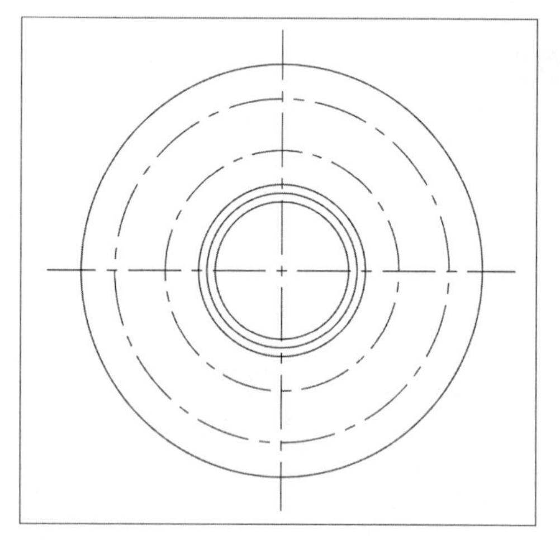

图16-56 特性匹配

Step 05 执行“圆”命令，捕捉轴线交点绘制半径为6的圆，如图16-57所示。

Step 06 执行“环形阵列”命令，以同心圆的圆心为阵列中心，设置项目数为4，将半径为6的圆进行阵列复制，结果如图16-58所示。

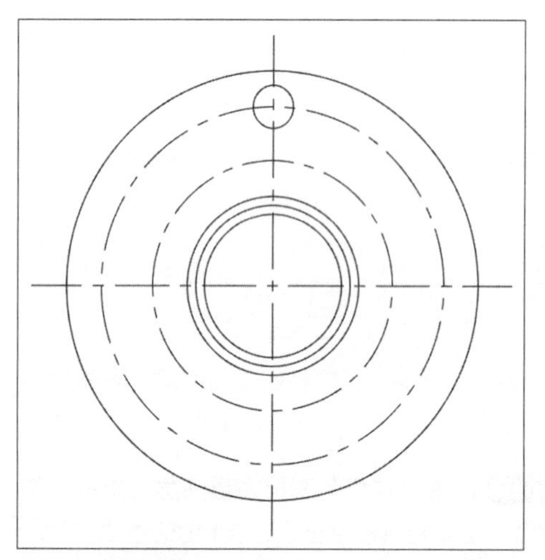

图16-57 绘制圆

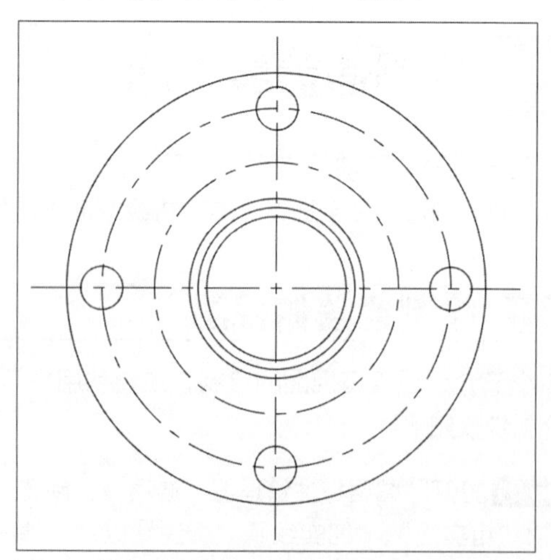

图16-58 阵列复制图形

Step 07 执行“旋转”命令，以同心圆的圆心为旋转基点，将阵列图形旋转45°，结果如图16-59所示。

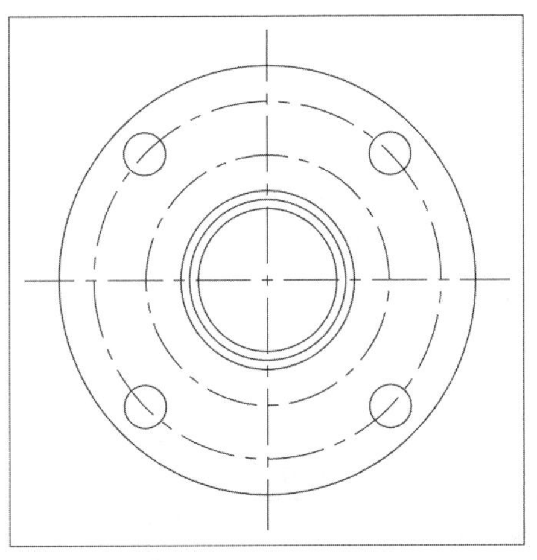

图16-59 旋转图形

Step 08 执行“圆”命令，以轴线交点为圆心，绘制半径分别为2.5、3和6的同心圆，再将半径为2.5的圆设置到“细实线”图层，如图16-60所示。

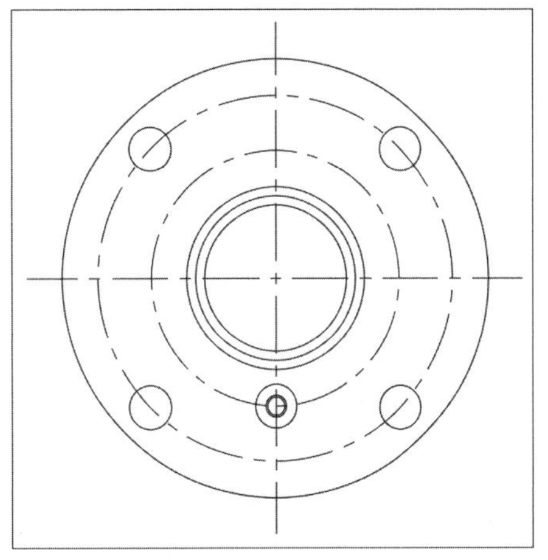

图16-60 绘制同心圆

Step 09 打开“草图设置”对话框，在“对象捕捉”选项卡中勾选“切点”等捕捉点，如图16-61所示。

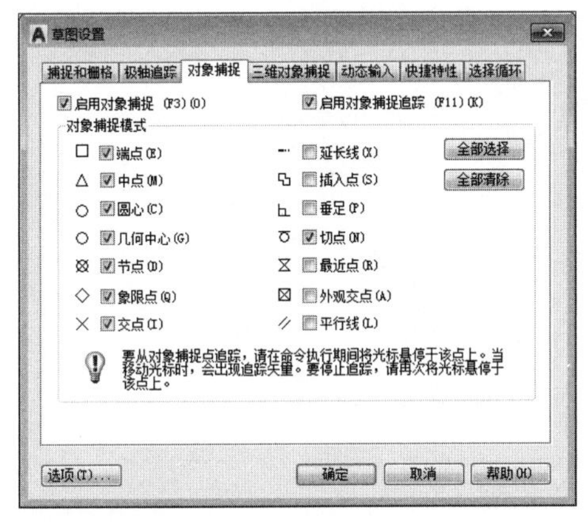

图16-61 设置捕捉点

Step 10 执行“直线”命令，捕捉切点绘制两个圆的外切连接线，如图16-62所示。

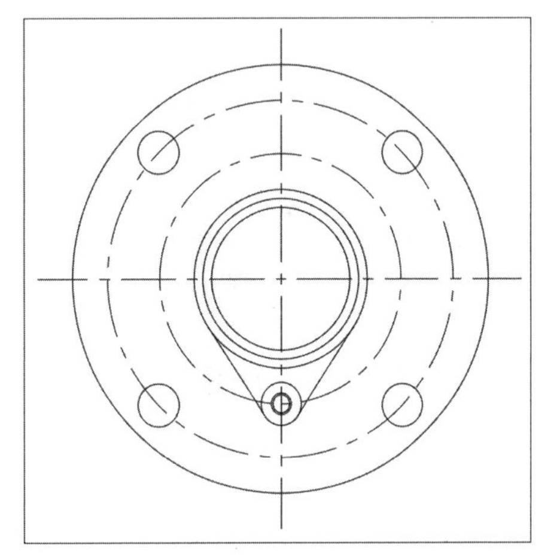

图16-62 绘制切线

Step 11 执行“镜像”命令，将同心圆与外切线镜像复制到另一侧，如图16-63所示。

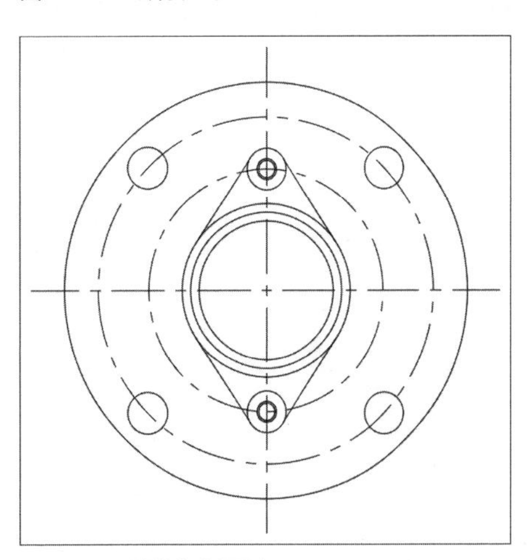

图16-63 镜像复制图形

Step 12 执行“修剪”命令，修剪图形中多余的线条，如图16-64所示。

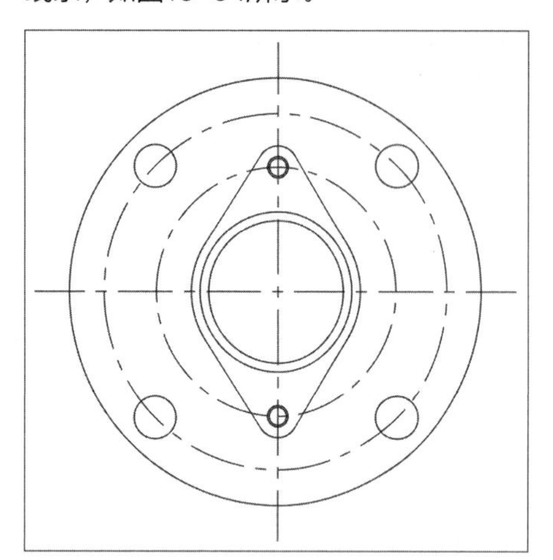

图16-64 修剪图形

Step 13 设置“标注”图层为当前层，为图形添加尺寸标注，如图16-65所示。

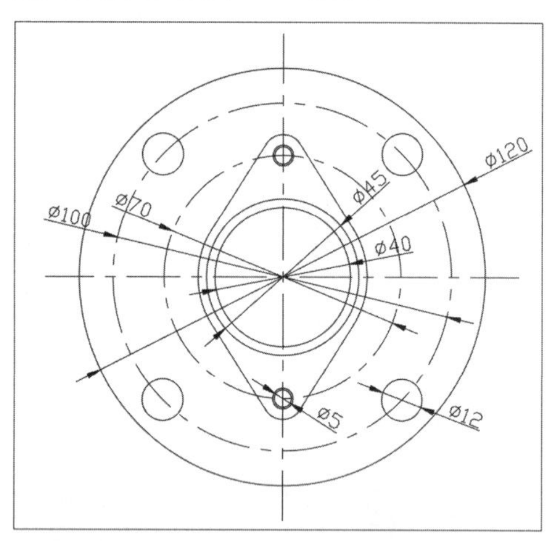

图16-65 添加尺寸标注

Step 14 在命令行中输入ED，选择右下角的尺寸标注，如图16-66所示。

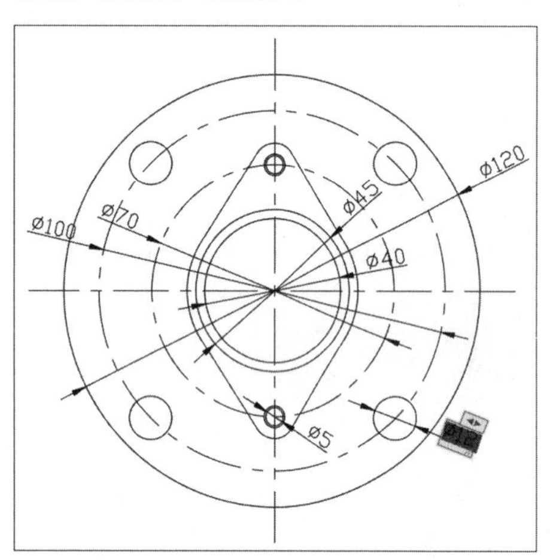

图16-66 ED命令

Step 15 修改标注文字内容，完成通盖俯视图的绘制，如图16-67所示。

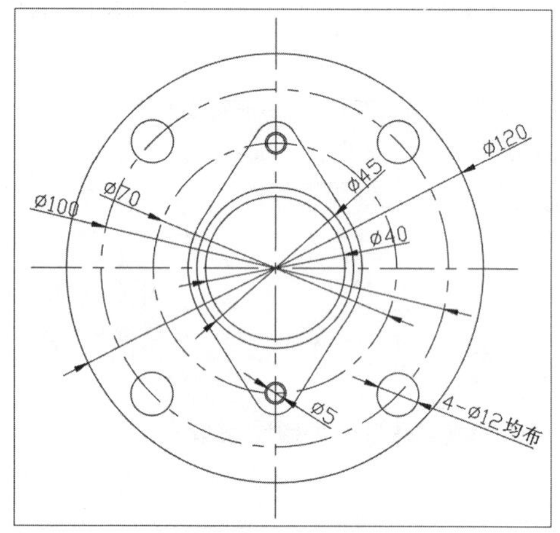

图16-67 修改标注文字

Step 16 在状态栏中单击“显示/隐藏线宽”按钮，显示线宽效果如图16-68所示。

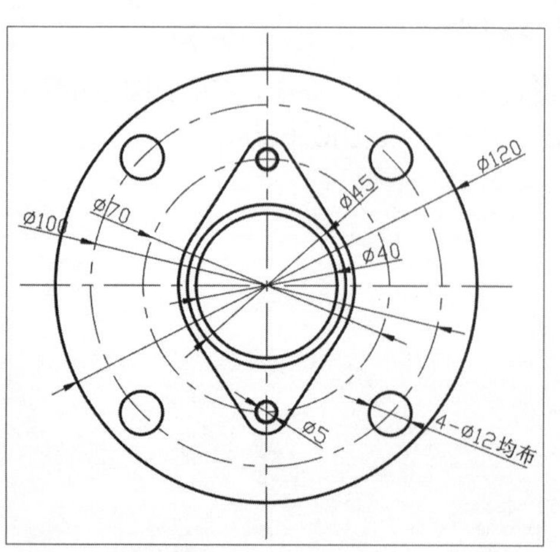

图16-68 显示线宽

16.3.2 绘制通盖剖视图

与绘制连接块剖视图的方法类似，接下来绘制通盖剖视图，具体绘制步骤如下。

Step 01 单击“显示/隐藏线宽”按钮，隐藏线宽。将“粗实线”图层设为当前层。执行“射线”命令，绘制水平辅助线，如图16-69所示。

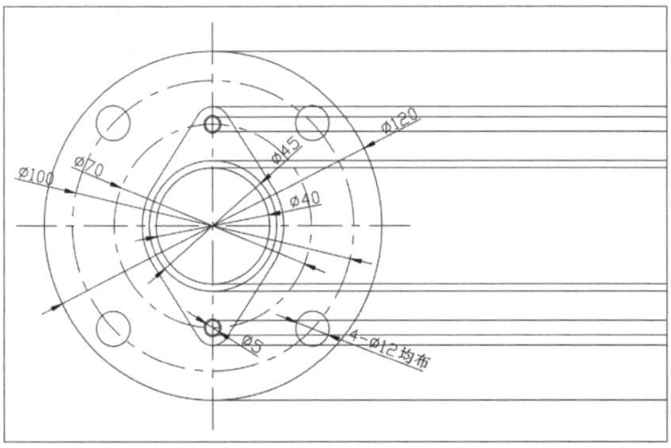

图16-69 绘制辅助线

Step 02 执行“直线”、“偏移”命令，绘制垂直直线并将其向右依次偏移20、7、3，如图16-70所示。

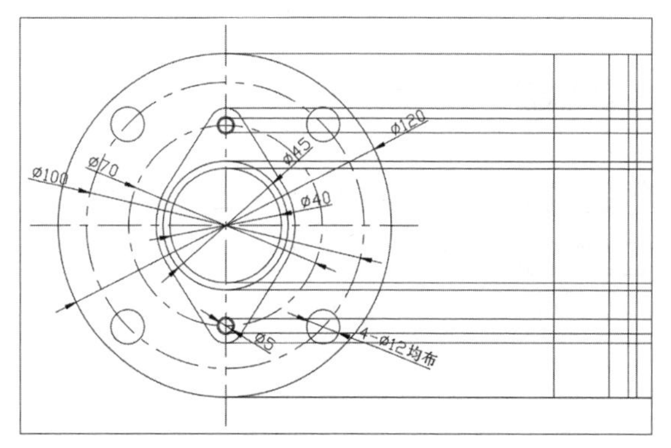

图16-70 绘制并偏移直线

Step 03 执行“修剪”命令，修剪图形中多余的线条，如图16-71所示。

Step 04 执行“偏移”命令，将左侧边线向右依次偏移10、12、2，如图16-72所示。

Step 05 执行“修剪”命令，修剪图形中多余的线条，如图16-73所示。

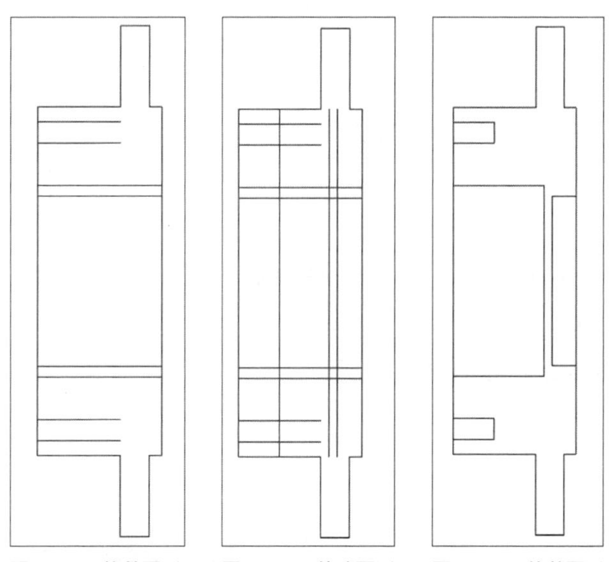

图16-71 修剪图形　图16-72 偏移图形　图16-73 修剪图形

Step 06 执行“偏移”命令，偏移图形，并将内侧的线条调整到“细实线”图层。然后执行“直线”命令，捕捉绘制夹角斜线，如图16-74所示。

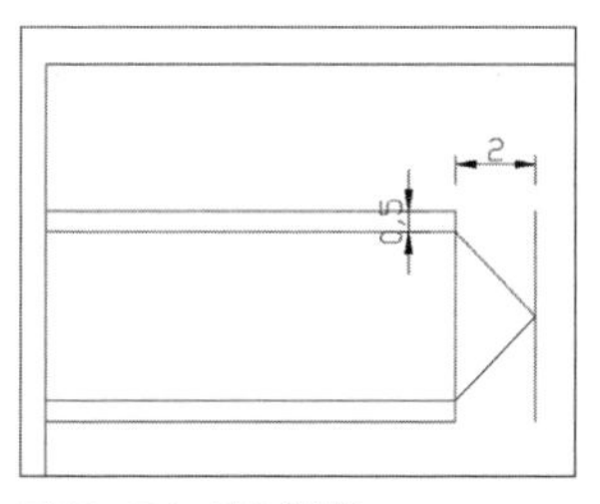

图16-74 绘制斜线

Step 07 删除右侧多余的线条，如图16-75所示。

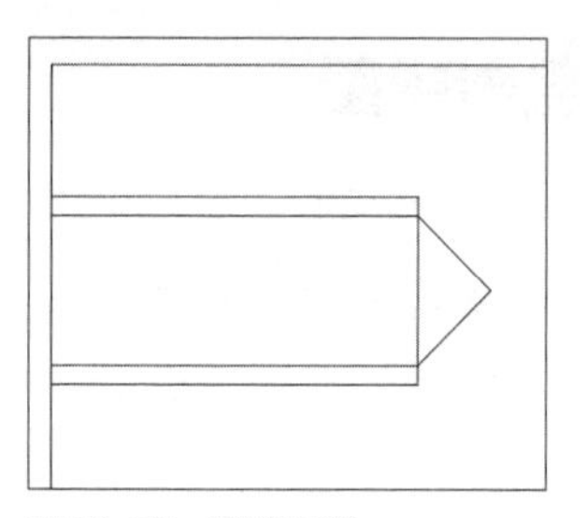

图16-75 删除图形

Step 08 执行“镜像”命令，镜像图形到另一侧，再执行“直线”命令，捕捉绘制斜线，如图16-76所示。

Step 09 执行“偏移”命令，将上下两侧边线分别向内依次偏移4和12，如图16-77所示。

Step 10 将“轴线”图层设置为当前层，执行“直线”命令，绘制轴线，并统一线型比例为0.5，如图16-78所示。

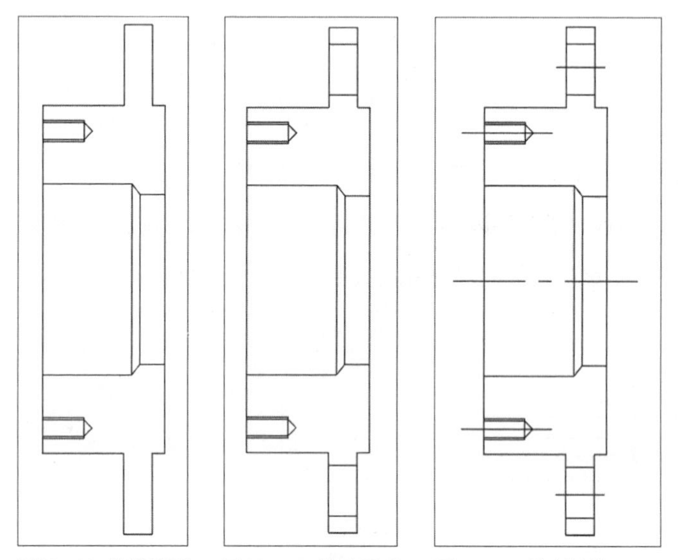

图16-76 镜像图形　图16-77 偏移图形　图16-78 绘制轴线

Step 11 将“填充”图层设置为当前层，执行“图案填充”命令，填充通盖剖视图完成通盖剖视图的绘制操作，如图16-79所示。

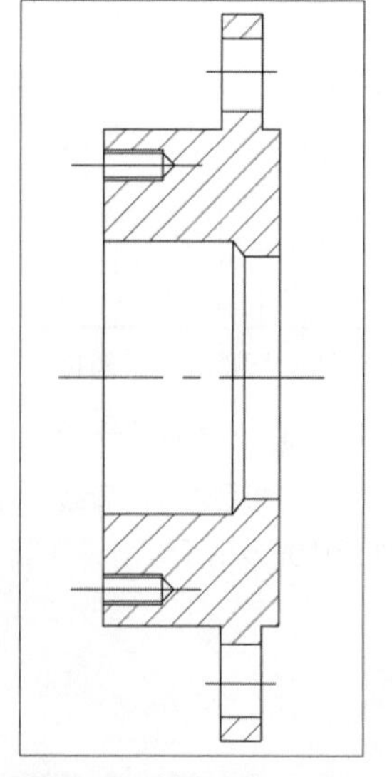

图16-79 填充图案

Step 12 将“标注”图层设置为当前层，为图形添加尺寸标注，完成通盖剖视图的绘制，如图16-80所示。

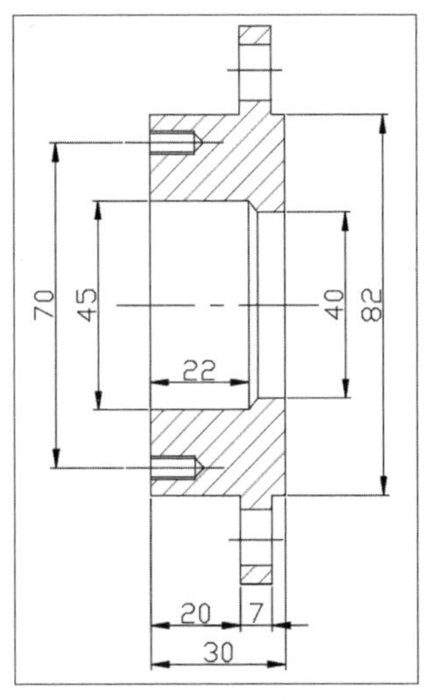

图16-80 创建尺寸标注

Step 13 在状态栏中单击“显示/隐藏线宽”按钮，显示线宽效果，如图16-81所示。

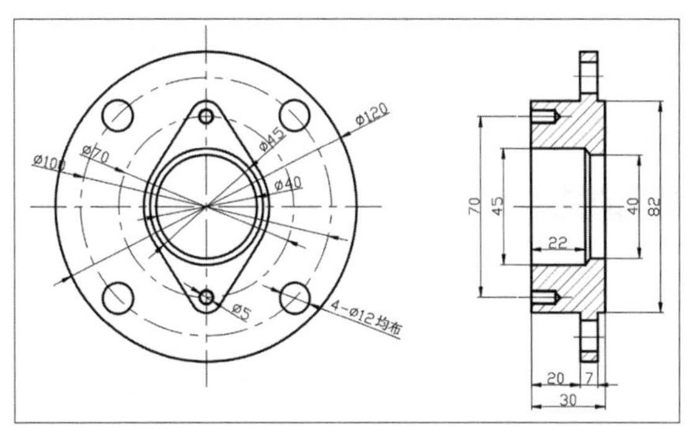

图16-81 显示线宽

16.3.3 绘制通盖模型

下面结合已绘制的通盖俯视图和剖视图，通过三维相关命令绘制通盖三维模型，具体绘制步骤如下。

Step 01 复制通盖俯视图。将当前视图设为“西南等轴测”视图并关闭线宽显示。删除尺寸标注，执行“圆柱体”命令，捕捉通盖俯视图大圆圆心，绘制底面直径为120、高为7的圆柱体，如图16-82所示。

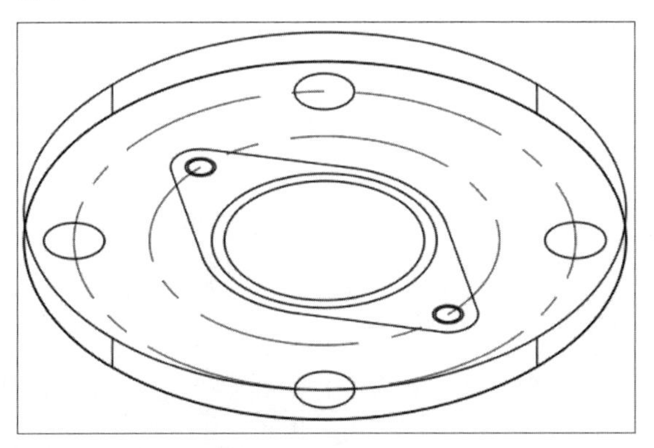

图16-82 绘制大圆柱体

Step 02 分解阵列圆形执行“拉伸”命令，选中4个螺孔图形向上拉伸，设置拉伸高度为10，完成螺孔圆柱的拉伸操作，如图16-83所示。

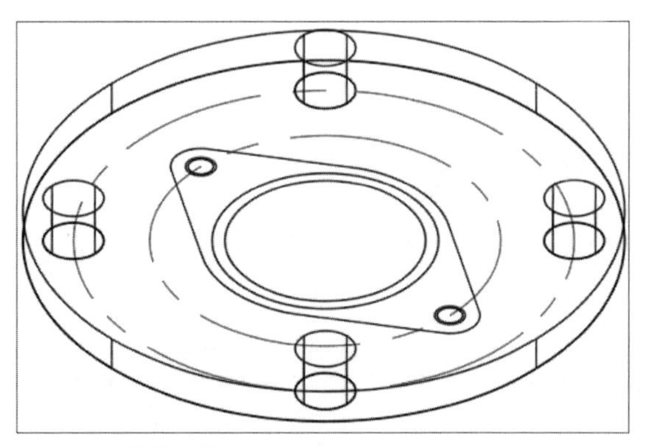

图16-83 拉伸螺孔圆形

Step 03 执行“差集”命令，选中大圆柱按回车键，再选择4个螺孔圆柱按回车键即可将拉伸的螺孔圆柱从大圆柱中减去。将视图样式设为“概念”样式查看效果，如图16-84所示。

Step 04 将当前视图样式设为“二维线框”样式。执行“面域”命令，将绘制的相切圆形创建面域，如图16-85所示。

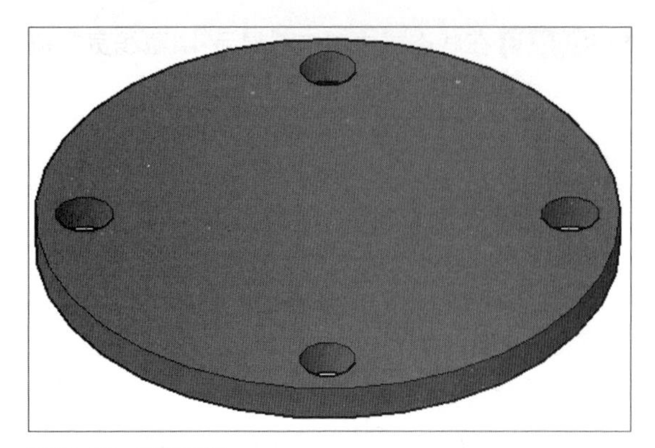

图16-84　差集操作

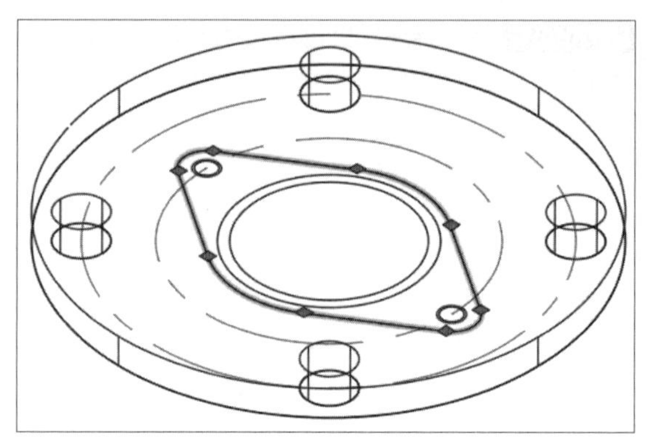

图16-85　创建面域

Step 05 执行“拉伸”命令，将创建的面域向上拉伸，设置拉伸高度为30，如图16-86所示。

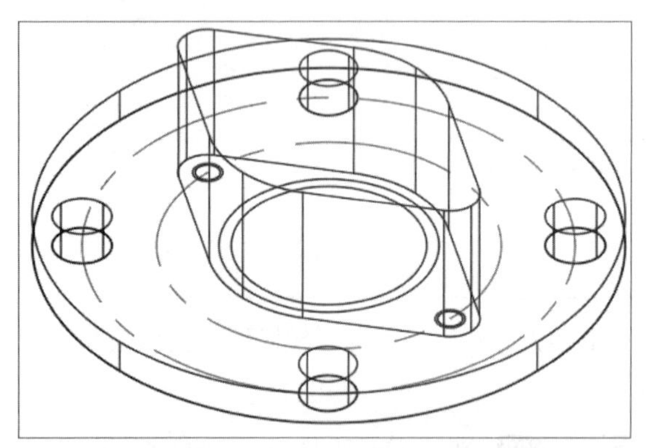

图16-86　拉伸面域

Step 06 将拉伸的面域图形向Z轴反方向移动，位移距离为2。将当前视图设为左视图，效果如图16-87所示。

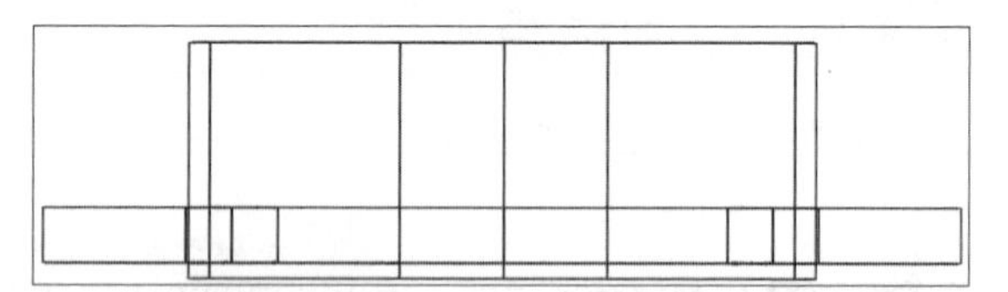

图16-87　移动面域实体

Step 07 将视图设为西南等轴测视图。在命令行中输入UCS按两次回车键，完成默认坐标的设置操作。执行“拉伸”命令，将面域中上下两个小圆向上拉伸，拉伸高度为10，效果如图16-88所示。

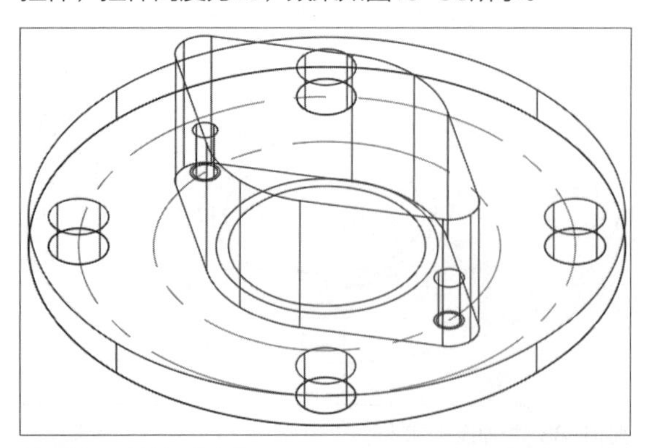

图16-88　拉伸2个小圆

Step 08 执行“移动”命令，选中刚拉伸的2个小圆柱，指定圆柱底面圆心为移动基点，向上移动光标，移动距离为20，移动小圆柱，效果如图16-89所示。

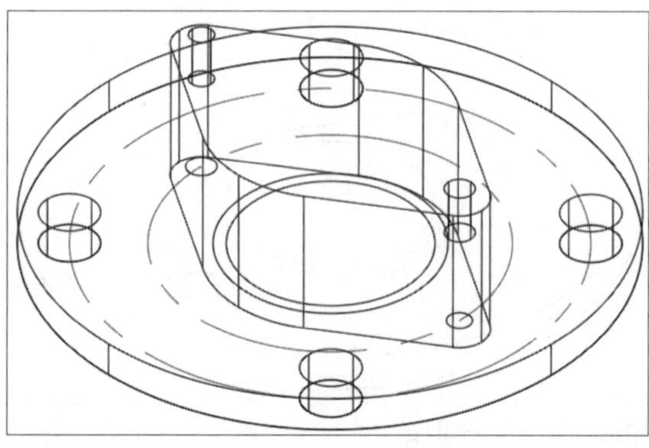

图16-89　移动2个小圆柱

Step 09 执行“差集”命令，将两个小圆柱从面域实体中减去。将当前视图样式设为“概念”查看效果，如图16-90所示。

Step 10 将当前视图样式设为“二维线框”样式。执行“拉伸”命令，将面域实体中的大圆向上拉伸，拉伸高度为25，执行“移动”命令，捕捉拉伸后的圆柱底面圆心，将其向Z轴正方向移动，位移距离为5.5，如图16-91所示。

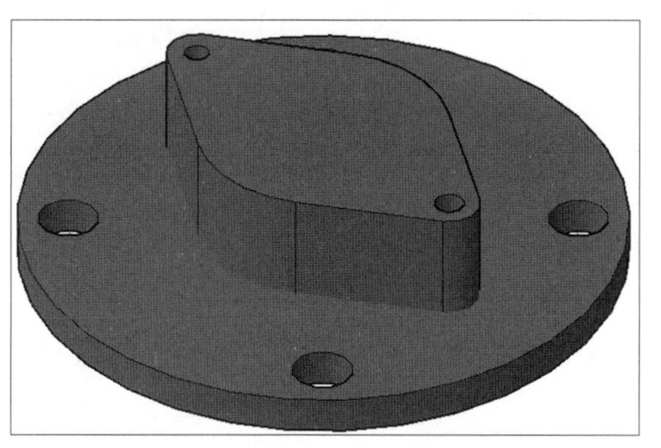

图16-90 差集操作

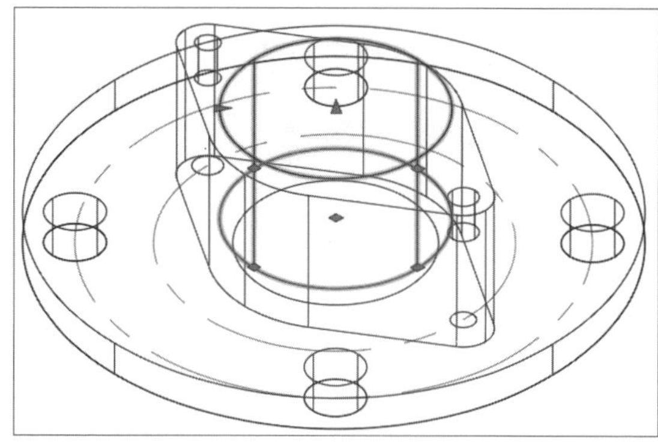

图16-91 拉伸并移动大圆柱

Step 11 执行“拉伸”命令，将面域实体中的小圆向上拉伸，拉伸高度为7.5，并将其向Z轴负方向移动2，如图16-92所示。

Step 12 执行“并集”命令，将面域实体与大圆柱体进行并集操作，如图16-93所示。

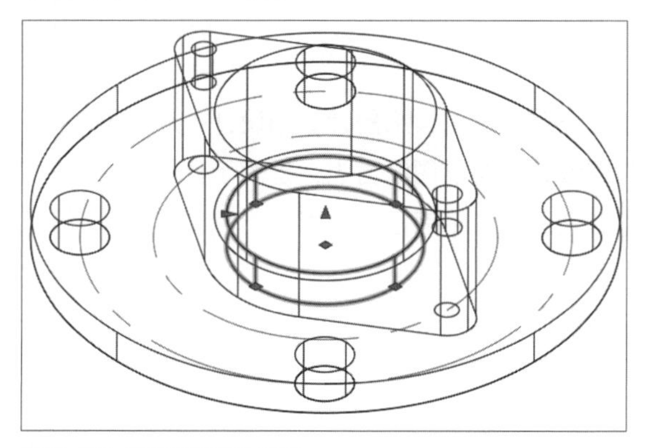

图16-92 拉伸并移动小圆柱

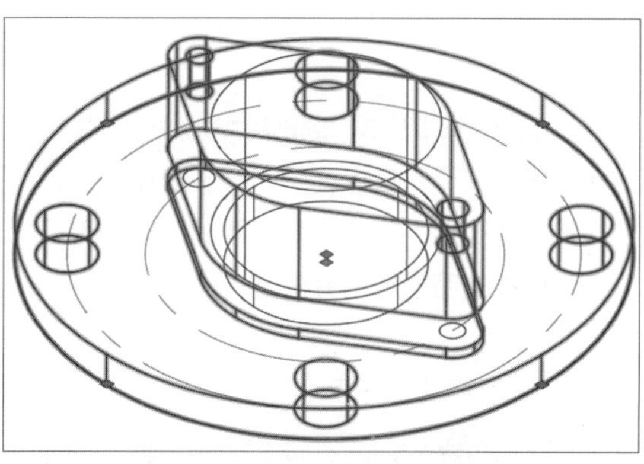

图16-93 合并实体

Step 13 执行“差集”命令，将面域实体中的大小圆柱体从合并后的实体中减去。然后将视图样式设为“概念”样式查看效果，如图16-94所示。

Step 14 按Shift键不放，同时向上拖动鼠标至满意位置即可查看该模型底部造型，如图16-95所示。至此通盖模型绘制完毕。

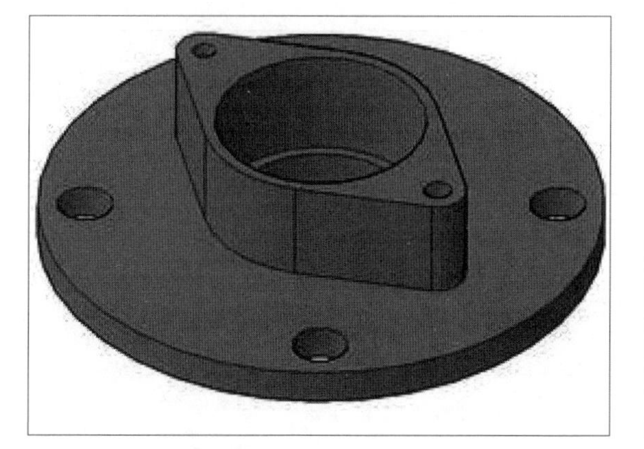

图16-94 执行差集操作

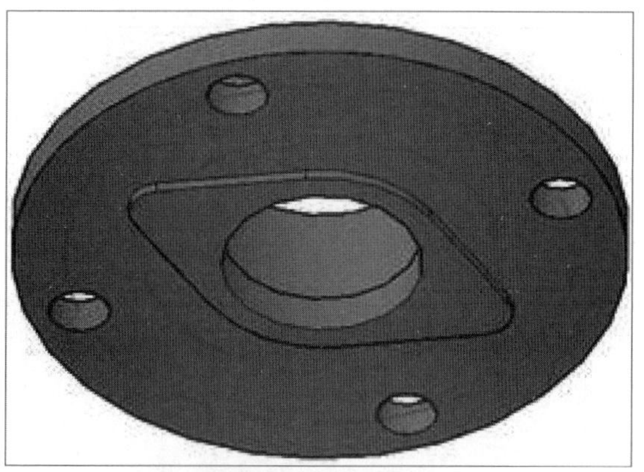

图16-95 旋转视图查看底部造型

Chapter

17

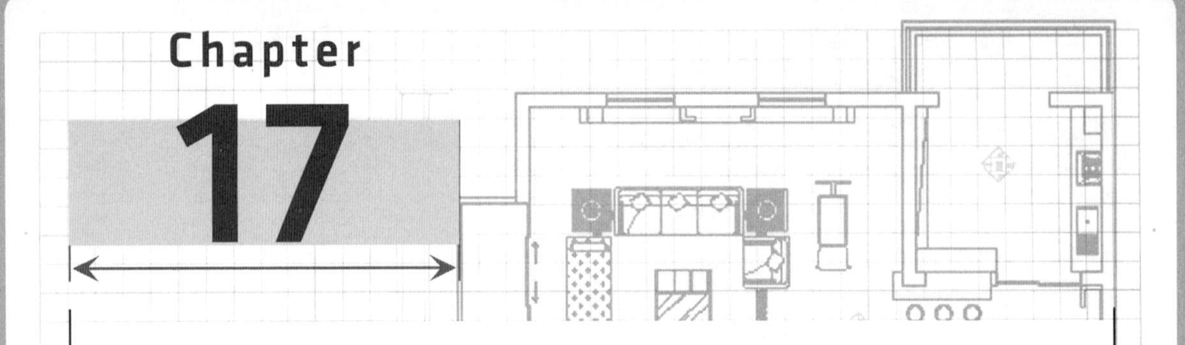

建筑施工图的绘制

建筑施工图设计是根据已批准的初步设计或设计方案，通过详细的计算和设计，编制出完整的可供进行施工和安装的设计文件。施工图设计内容以图纸为主，是表示建筑物的总体布局、外部造型以及施工要求等图样。本章利用建筑平面图和详图简单地向用户介绍建筑图的绘制方法及特点。

01 学完本章您可以掌握如下知识点

1. 建筑设计的基本概念	★
2. 绘制一层平面图	★★
3. 绘制大样图	★★★

02 本章内容图解链接

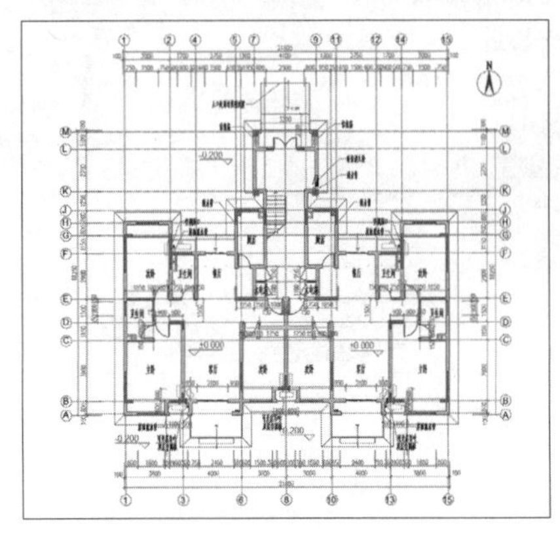

一层平面图

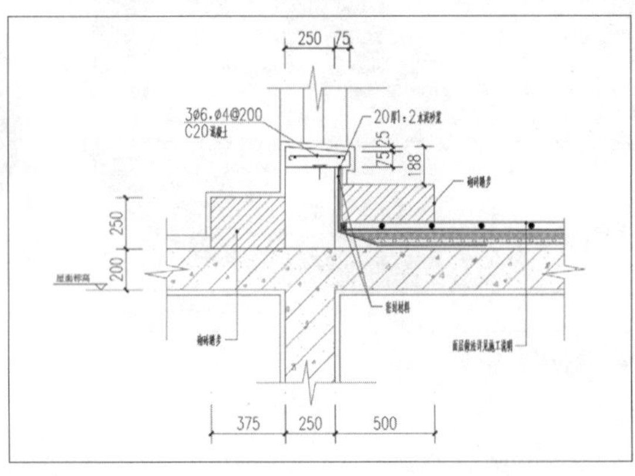

出屋面台阶大样图

17.1 建筑设计的基本概念

“建筑自身也在发展”，房屋早已超出了一般居住范围，建筑类型日益丰富，建筑技术不断提高，建筑的形象发生着巨大的变化，建筑事业日新月异。然而总体来说，从古至今，建筑的目的是一种人为的环境，供人们从事各种活动。它不但提供给人们一个有遮掩的内部空间，同时也带来了一个不同于原来的外部空间。

一个建筑物可以包含有各种不同的内部空间，但它同时又被包含在周围的外部空间之中，建筑以它所形成的各种内部、外部空间，为人们的生活创造了工作、学习、休息等多种多样的环境。

建筑既满足人们的物质需要，又满足人们的精神需要，它既是一种技术产品，又是一种艺术创作。

施工图设计是在方案设计和扩大初步设计的基础上，为满足施工的具体要求，分建筑、结构、暖通空调、给水排水、电气、电讯等专业进行深入细致的设计，绘制一套完整地反应建筑物整体及各细部构造和结构的图样，以及有关的技术资料，即为施工图设计。

17.2 绘制一层平面图

平面图是建筑专业施工图中最重要、最基本的图纸，其他图纸（立面图、剖面图以及某些详图）多是以它为根据派生和深化而成的。因此平面图与其他的图相比，较为复杂，绘制也要求全面、准确、简明。

17.2.1 绘制墙体及柱图形

绘制墙体有单线绘制和多线绘制两种方法，单线绘制主要根据墙体内部尺寸利用直线命令绘制，多线绘制主要根据墙体轴线利用多线命令绘制。下面将利用多线命令与多线编辑工具等命令，绘制办公楼平面图中的墙体图形。

Step 01 打开“图层特性管理器”选项板，单击“新建图层”按钮，新建“墙体”、“轴线”图层并设置相应选项，将“轴线”图层置为当前，如图17-1所示。

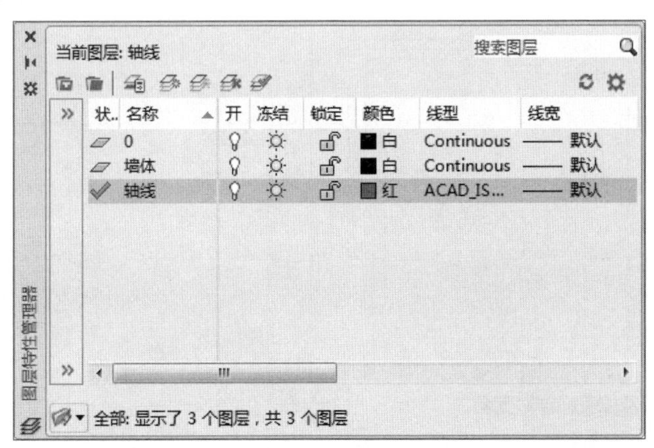

图17-1 新建图层

Step 02 单击“绘图”面板中的“直线”按钮，绘制长为21600的水平方向的直线。在“默认”选项卡的“修改”面板中，单击“偏移”按钮，将直线依次向下偏移1100、2700、1250、800、800、1150、2900、1500、1150、3900和800，如图17-2所示。

图17-2　绘制横向轴线

Step 03 按同样的方式，绘制纵向轴线，如图17-3所示。

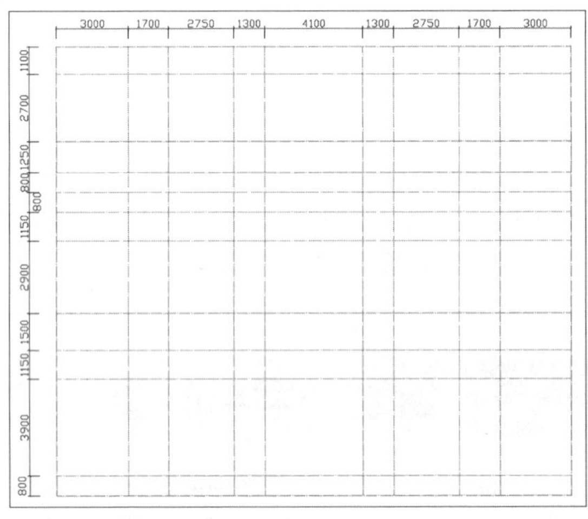

图17-3　绘制纵向轴线

工程师点拨：线型显示

轴线绘制完成后，显示效果不佳时，可以双击打开快捷特性面板，在“线型比例”选项中设置合适的比例值，即可在绘图区中显示相应的比例效果。

Step 04 将“墙体”图层置为当前，执行“绘图>多线”命令，根据命令行提示，设置多线参数，随后指定多线起点，开始绘制墙体，如图17-4所示。

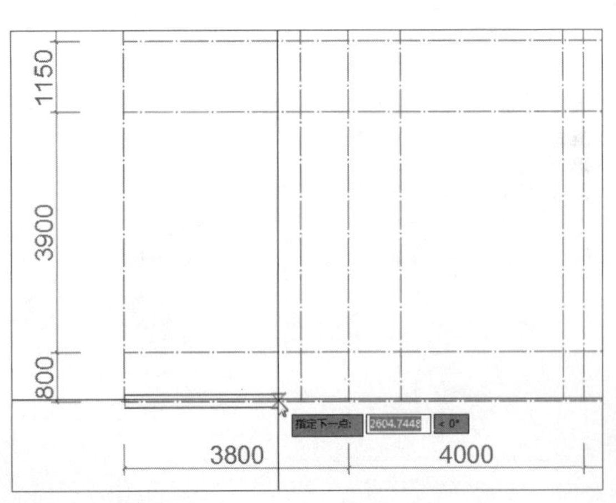

图17-4　绘制墙体

Step 05 绘制到最后一条墙线时，根据命令行提示输入C按回车键，选择“闭合”选项，完成外墙体图形的绘制，如图17-5所示。

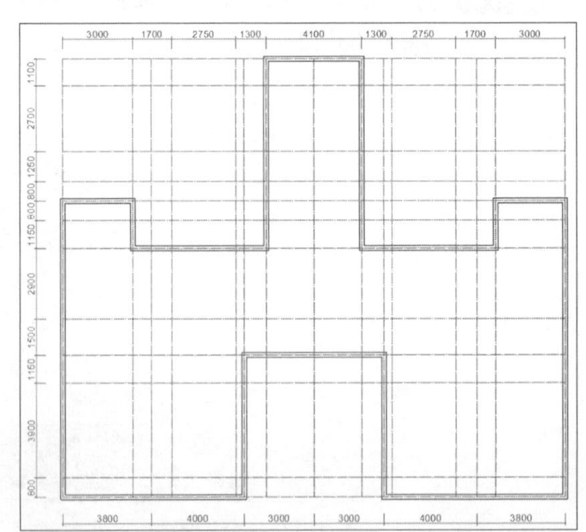

图17-5　外墙体图形

Step 06 继续执行“多线”以及“偏移”等命令，补充其余墙体图形，如图17-6所示。

Step 07 双击多线图形，打开“多线编辑工具”对话框，选择“T形打开”选项，如图17-7所示。

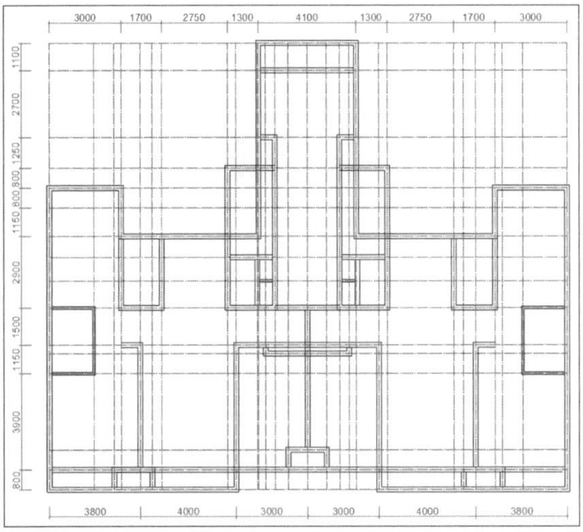

图17-6　绘制墙体

图17-7　“多线编辑工具”对话框

Step 08 返回到绘图区，根据命令行提示，选择第一条多线，如图17-8所示。

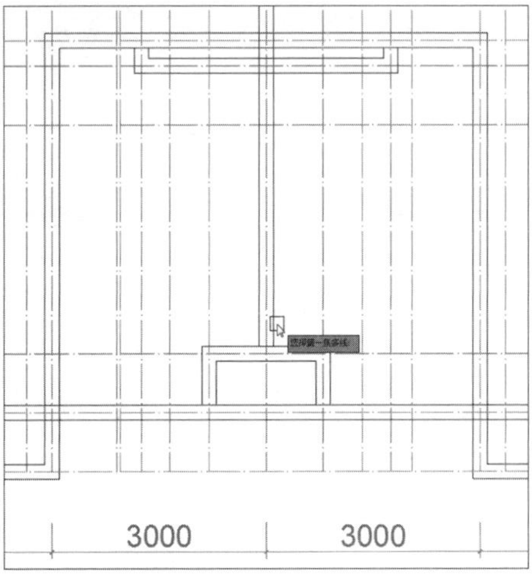

Step 09 继续选择第二条多线，如图17-9所示。

图17-8　选择第一条多线

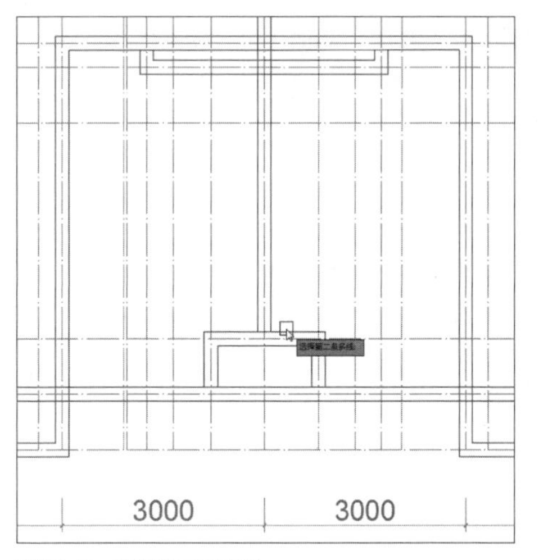

图17-9　选择第二条多线

Step 10 选择完成后，多线已发生变化，效果如图17-10所示。

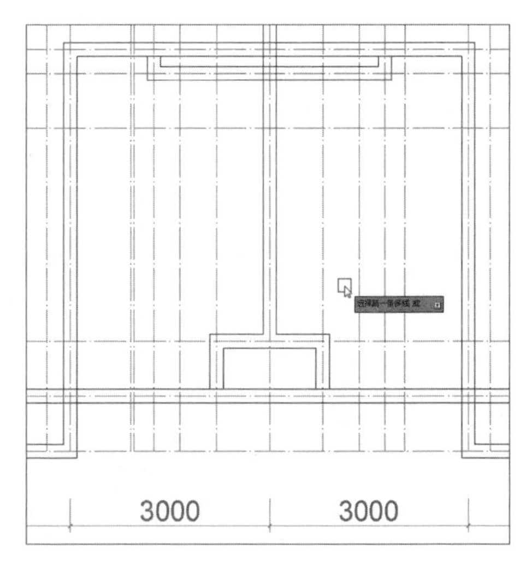

图17-10　编辑效果

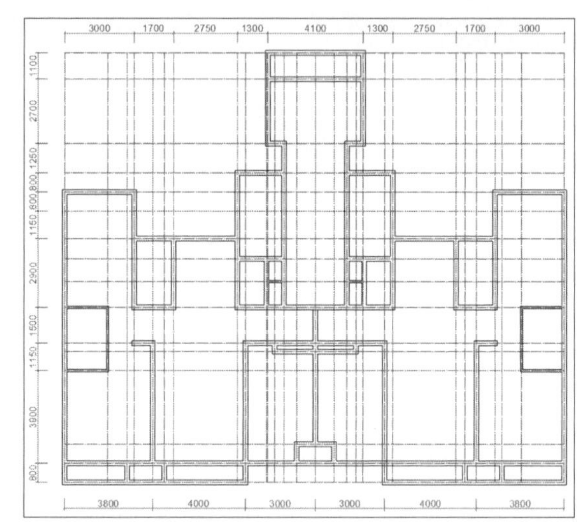

图17-11 完成墙体图形的绘制

Step 11 连按两次回车键即返回到“多线编辑工具”对话框，根据需要选择相应工具对多线进行编辑，执行“分解”以及“修剪”等命令，完成墙体图形的修改，修改后效果如图17-11所示。

柱是建筑物中垂直的主结构构件，承托在它上方物件的重量，再透过梁架结构，把重量传至主柱上。接下来在墙体图形的基础上，添加柱图形。

Step 12 在“默认”选项卡的“图层”面板中，单击“关”按钮，将“轴线”图形关闭，如图17-12所示。

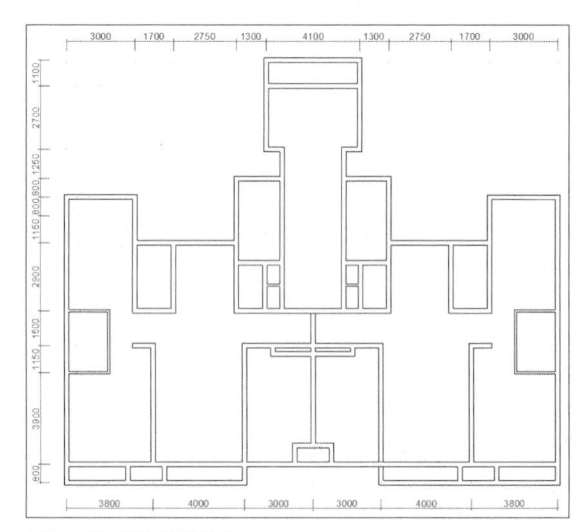

图17-12 关闭轴线图形

Step 13 将“墙体”图层置为当前，单击“直线”按钮，在墙体图形中绘制剪力墙结构，如图17-13所示。

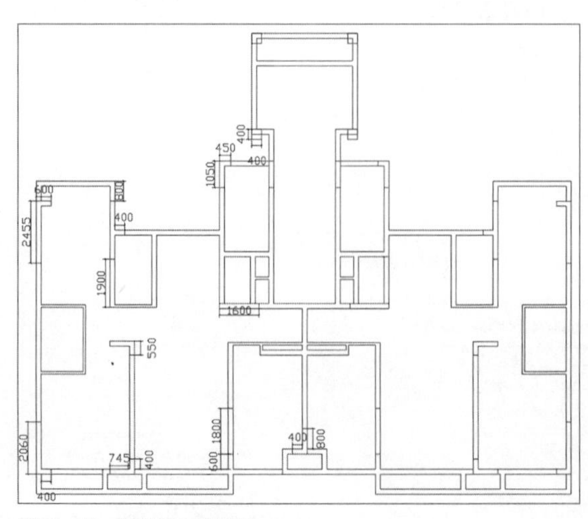

图17-13 绘制剪力墙结构

Step 14 执行“图案填充”命令，在“图案填充创建”选项卡中的“图案”面板中，选择“SOLID”图案，设置填充颜色为8，根据命令行提示，进行填充，如图17-14所示。至此墙体及柱图形绘制完毕。

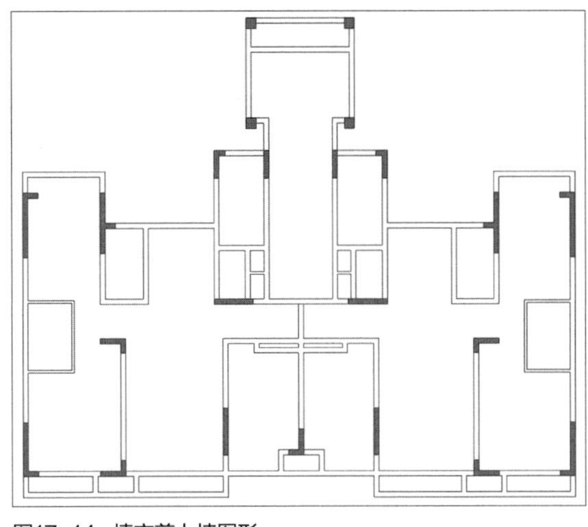

图17-14　填充剪力墙图形

工程师点拨：图形对象次序

在填充方柱图形时，有墙线遮挡，并不影响填充操作，但是填充效果不佳。选择遮挡的墙线，单击鼠标右键，在右键菜单中选择“绘图次序>后置”命令，即可将其后置于填充图形之下。

17.2.2 绘制门窗及台阶图形

建筑平面图中门窗的位置也是需要表达清楚的部分。绘制门窗的方法有很多，除了使用直线、矩形和圆弧等命令绘制门窗的基本图形外，还可以利用已有的门窗块图形插入进当前图形中并根据需要进行调整。下面将结合上述方法绘制门窗图形。

Step 01 打开上一节绘制的图形文件。新建“门窗”图层并置为当前，执行“直线”命令，绘制一条长为200的垂直方向的线段，然后执行“偏移”命令，向右偏移1500，即得到窗洞口基本图形，并放置于墙线中，如图17-15所示。

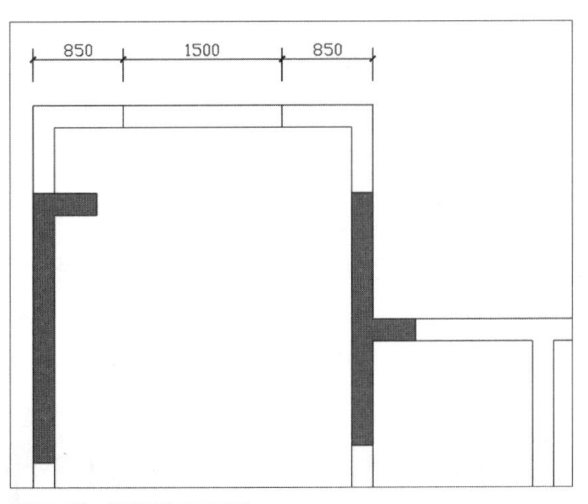

图17-15　绘制窗洞口图形

Step 02 继续执行“直线”和“偏移”等命令，完成其余窗洞口的绘制，效果如图17-16所示。

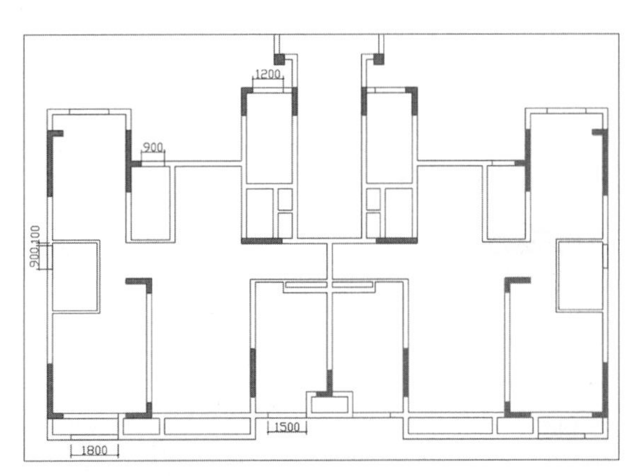

图17-16　绘制门洞图形

Step 03 执行“修剪”命令，修剪窗洞口图形，效果如图17-17所示。

Step 04 执行“格式>多线样式”命令，在打开的“多线样式”对话框中，单击“新建”按钮，新建多线样式，在弹出的对话框中，输入新样式名“窗”，单击“继续”按钮，如图17-18所示。

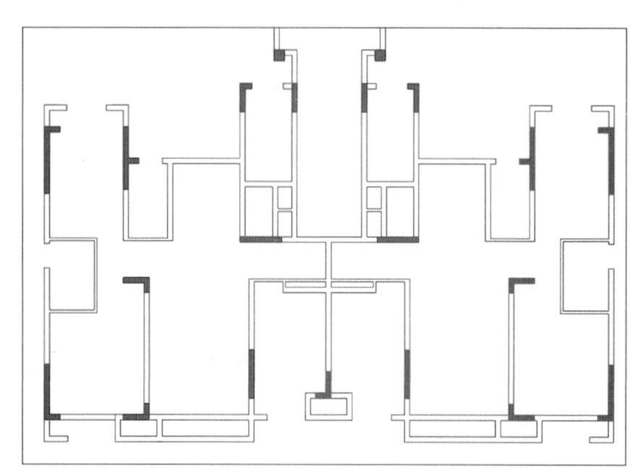

图17-17 修剪窗洞口

Step 05 在打开的对话框中，设置图元选项组，如图17-19所示。

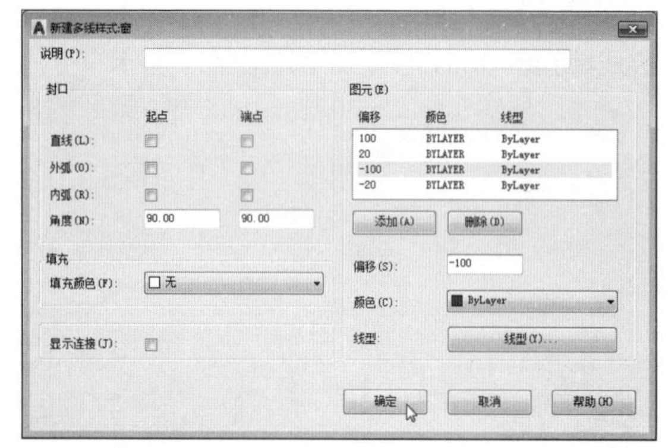

图17-19 设置多线参数

Step 07 执行“绘图>多线”命令，将比例设置为1，依次绘制窗图形，如图17-21所示。

图17-18 新建多线样式

Step 06 单击“确定”按钮，返回至上一级对话框，依次单击“置为当前”和“确定”按钮，如图17-20所示。

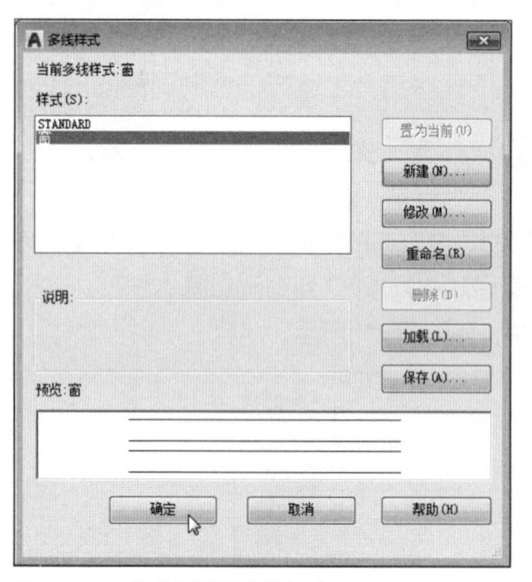

图17-20 完成多线样式的新建

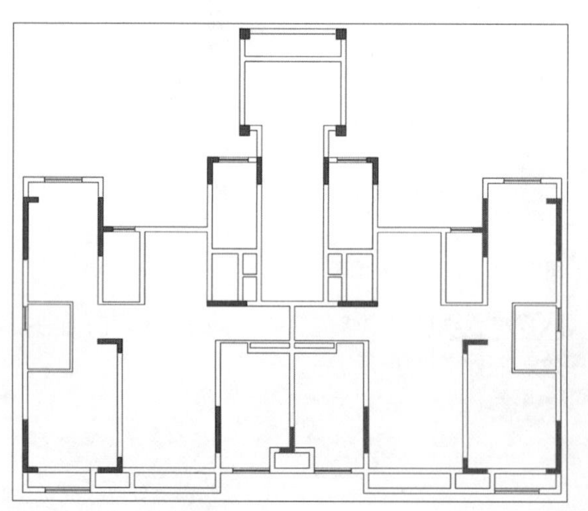

图17-21 添加窗图形

Step 08 接下来绘制门洞口图形，与绘制窗洞口图形的方法一致，效果如图17-22所示。

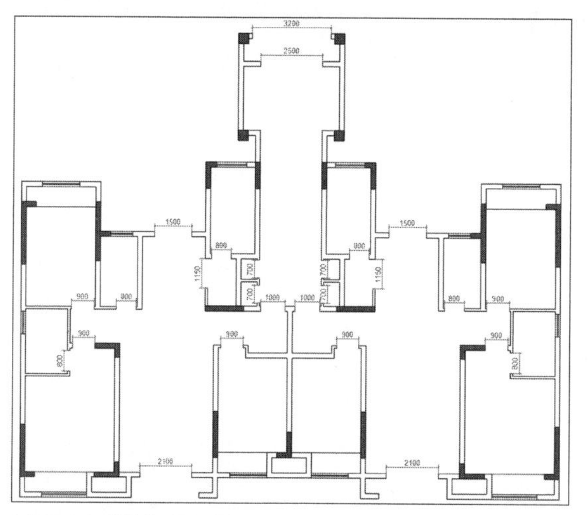

图17-22 绘制门洞口图形

Step 09 绘制门图形，单击“矩形”按钮，绘制尺寸为45×900的矩形，然后执行“圆弧”命令，以矩形右上角顶点为起点，右下角顶点为圆心，绘制一条圆心角为90°，半径为900的圆弧，如图17-23所示。

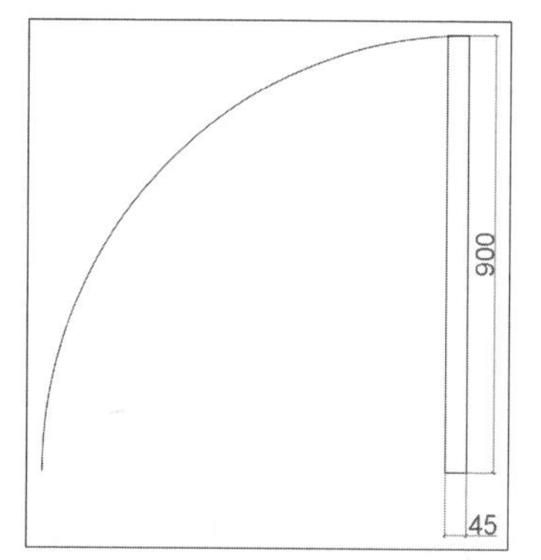

图17-23 绘制门图形

Step 10 执行“移动”命令，将绘制的门图形移动至门洞口位置，如图17-24所示。

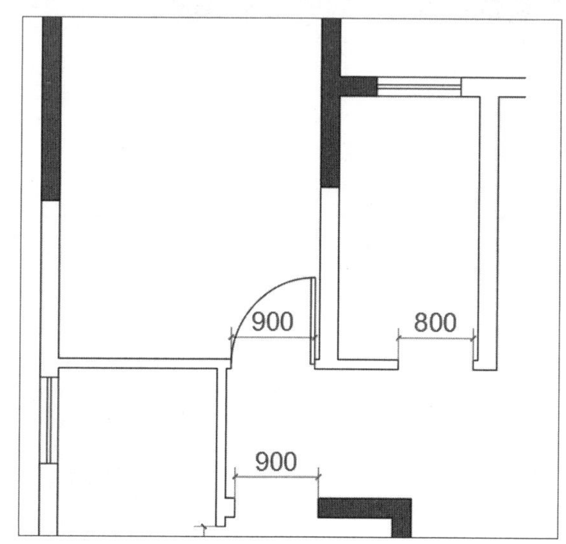

图17-24 移动门图形

Step 11 在命令行中输入B按回车键，打开“块定义”对话框，输入名称，然后单击“选择对象”按钮，选择绘制好的单扇门图形，按回车键返回该对话框，继续单击“拾取点”按钮，根据提示，指定矩形右下角顶点为插入基点，设置“块单位”为毫米，如图17-25所示。

图17-25 创建内部块

Step 12 勾选“允许分解”和“按统一比例缩放”复选框，然后单击“确定”按钮，完成内部块的创建，如图17-26所示。

图17-26 完成内部块的创建

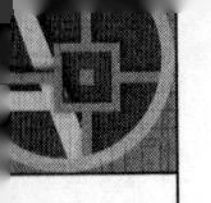

Step 13 在命令行中输入i按回车键，打开“插入”对话框，在“旋转”选项组中勾选“在屏幕上指定”复选框，单击“确定”按钮，返回至绘图区，根据命令行提示，在图形中指定线段中点为插入点，如图17-27所示。

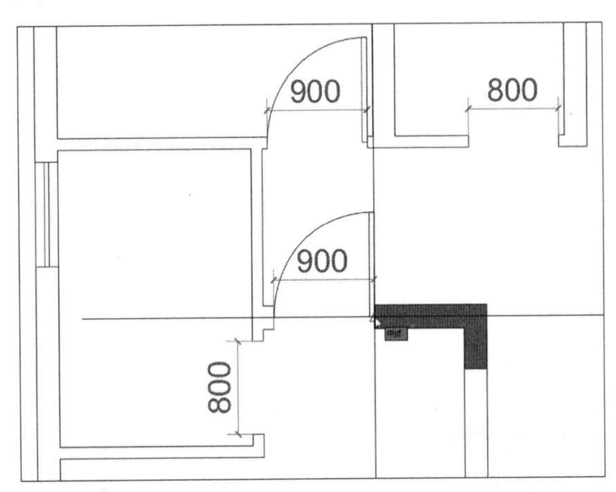

图17-27 指定插入点

Step 14 继续根据命令行提示，指定旋转角度为180°，按回车键完成门图形的插入，如图17-28所示。

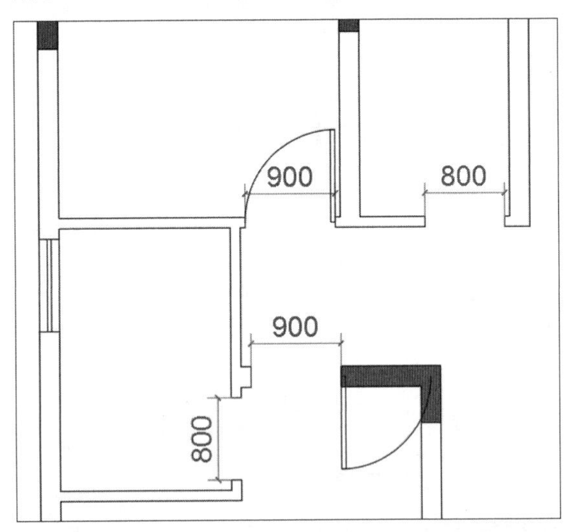

图17-28 插入内部块

Step 15 执行“修改>镜像”命令，选择刚插入的门图形，最后输入Y删除源对象，效果如图17-29所示。

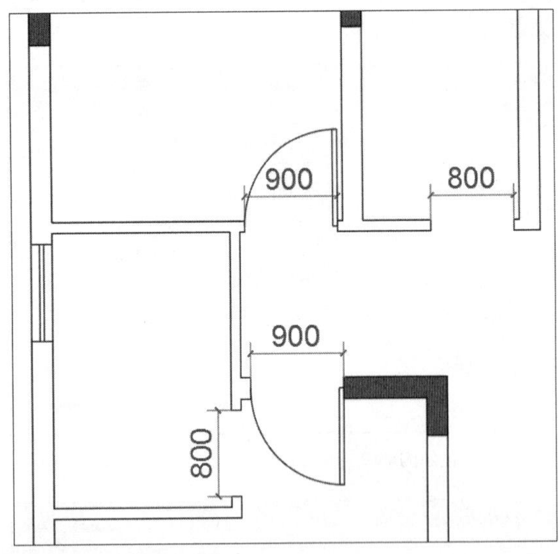

图17-29 镜像门图形

Step 16 执行“复制”命令，复制刚插入的门图形至另一门洞中点，如图17-30所示。

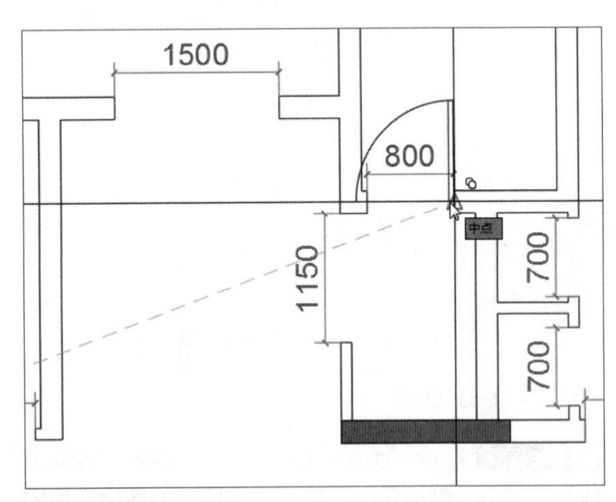

图17-30 复制门图形

Step 17 按回车键完成门图形的复制，可以看出门扇尺寸过大，执行“缩放”命令，根据命令行提示，指定缩放基点，如图17-31所示。

Step 18 根据命令行提示输入R，选择“参照”选项，如图17-32所示。

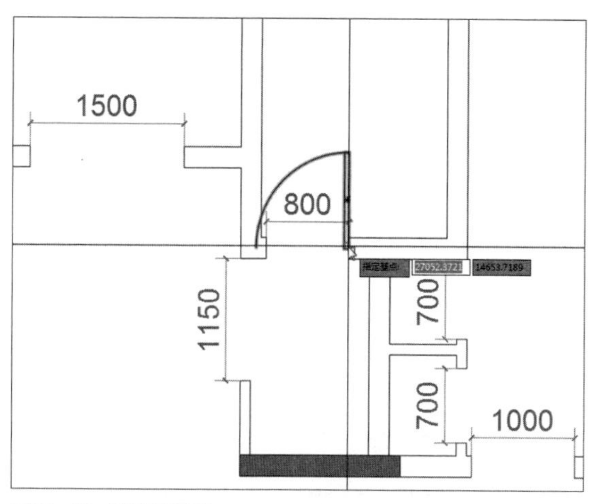

图17-31 缩放门图形

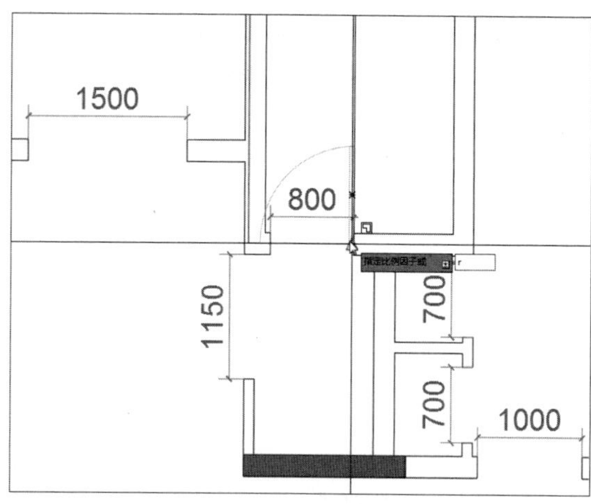

图17-32 选择“参照”选项

Step 19 按回车键后指定参照长度，此时选择插入基点作为第一点，如图17-33所示。

Step 20 继续指定参照点的第二点，选择圆弧端点，如图17-34所示。

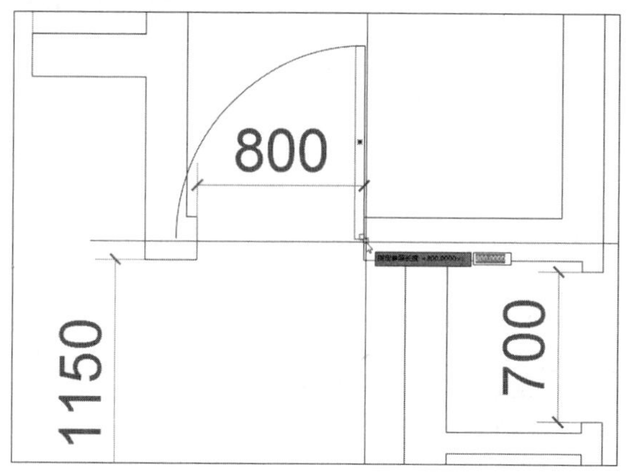

图17-33 指定第一点

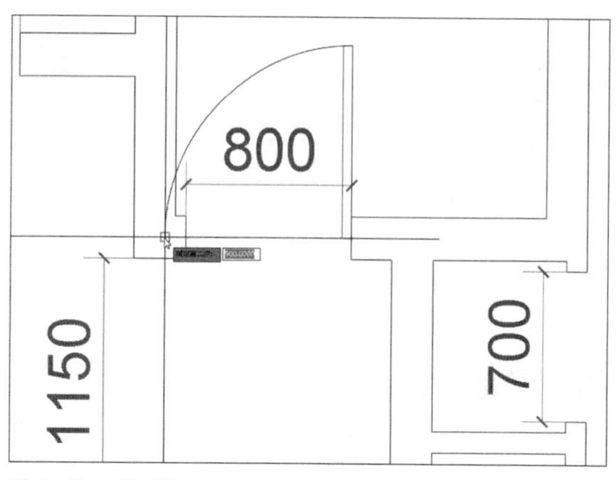

图17-34 指定第二点

Step 21 指定完成后，命令行提示指定新的长度，此时将光标向右移动至门洞口的中点，如图17-35所示。

Step 22 指定新的一点后完成缩放操作，此时门图形整体尺寸已发生了改变，效果如图17-36所示。

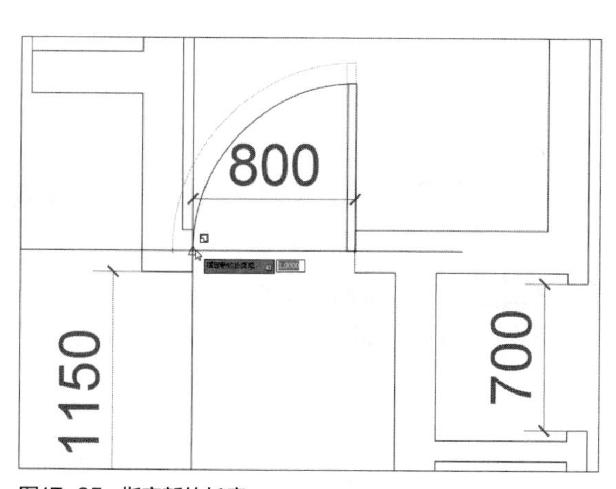

图17-35 指定新的长度

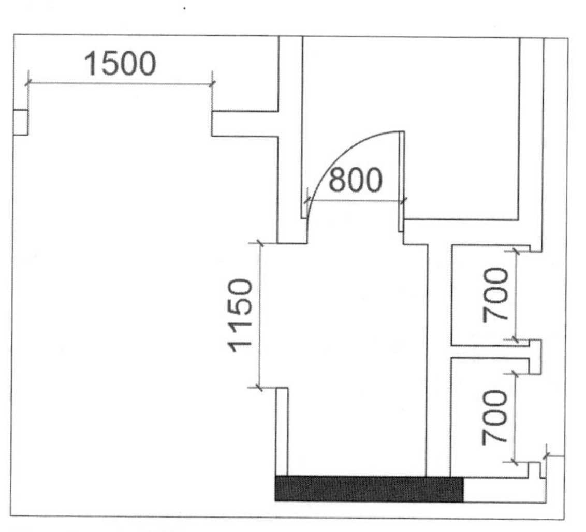

图17-36 完成缩放操作

Step 23 执行“镜像”命令，调整门图形的方向，重复上述步骤，完成其余单扇门的绘制，效果如图17-37所示。

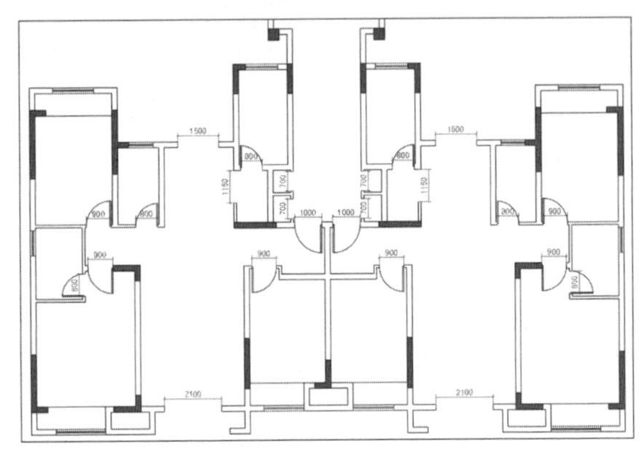

图17-37　绘制其余单扇门

Step 24 执行“圆弧”、“直线”等命令，绘制单元门和水电井的门图形，如图17-38、17-39所示。

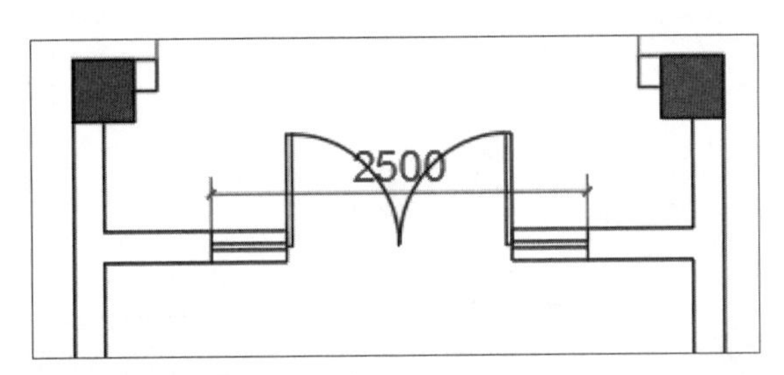

图17-38　单元门图形

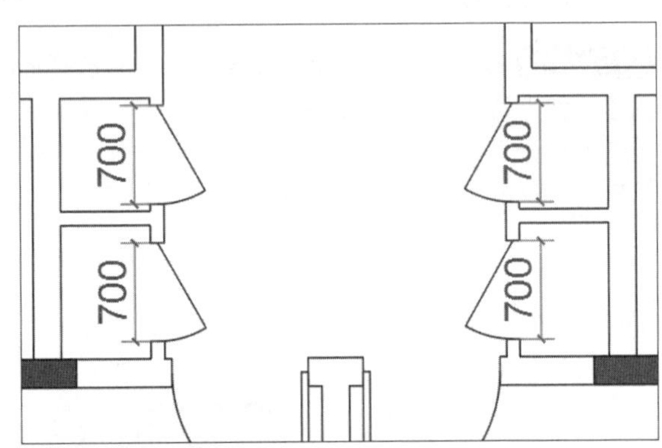

图17-39　水电井门图形

Step 25 在命令行中输入I，打开“插入”对话框，单击“浏览”按钮，在“选择图形文件”对话框中选择“推拉门”图形，依次单击“打开”、“确定”按钮，如图17-40所示。

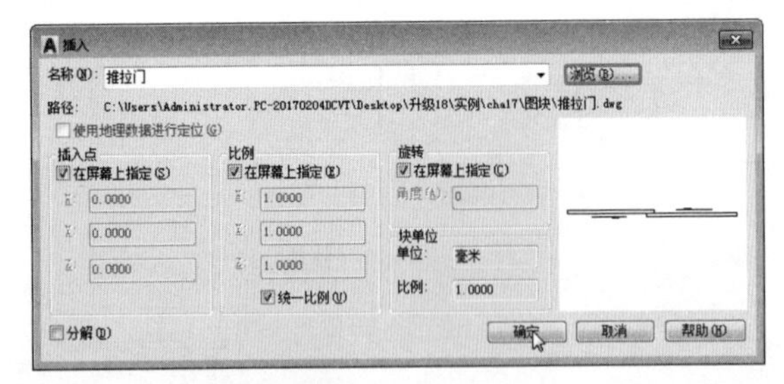

图17-40　插入推拉门图形

Step 26 根据命令行提示，指定插入点，此时选择门洞线中点，如图17-41所示。

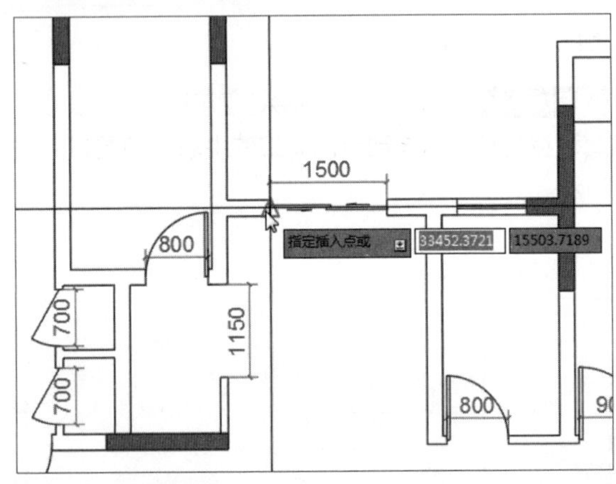

图17-41　指定插入点

Step 27 指定完成后按两次回车键，完成图形的插入，如图17-42所示。

Step 28 执行“复制”命令，将插入的推拉门图块复制到另一门洞，如图17-43所示。

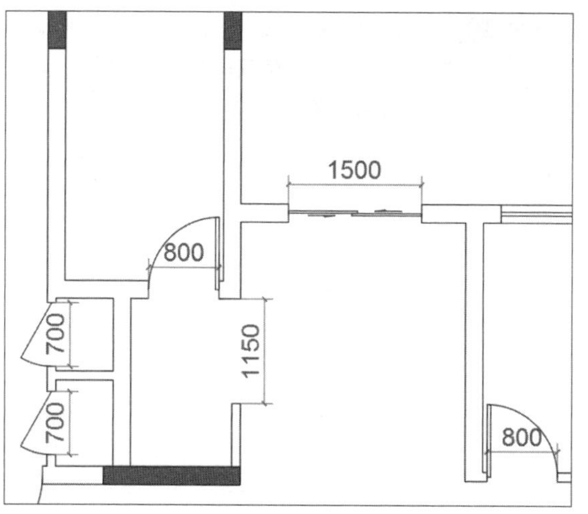

图17-42 完成门图形插入

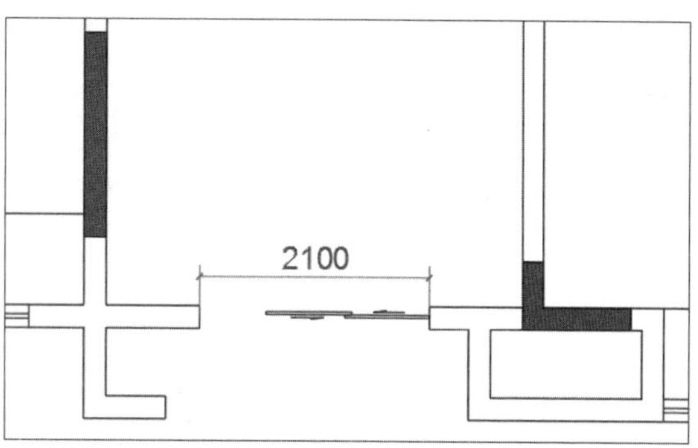

图17-43 复制门图形

Step 29 执行“缩放”命令，以右侧中点为基点，将门图形左侧对齐至左侧门洞，效果如图17-44所示。

Step 30 执行“复制”命令，复制推拉门图形至其余门洞中点，至此完成门窗图形的绘制，效果如图17-45所示。

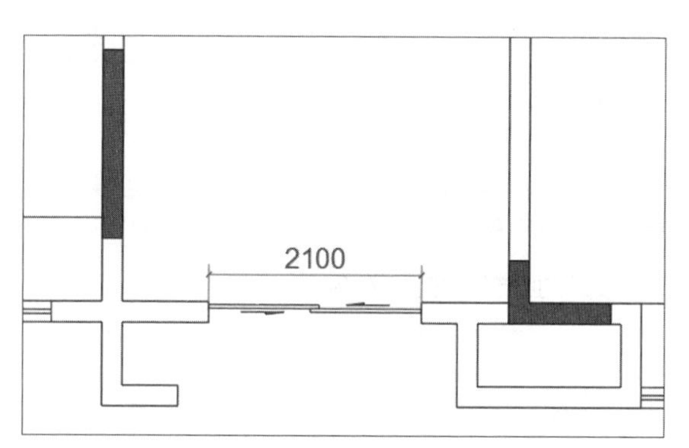

图17-44 缩放图形

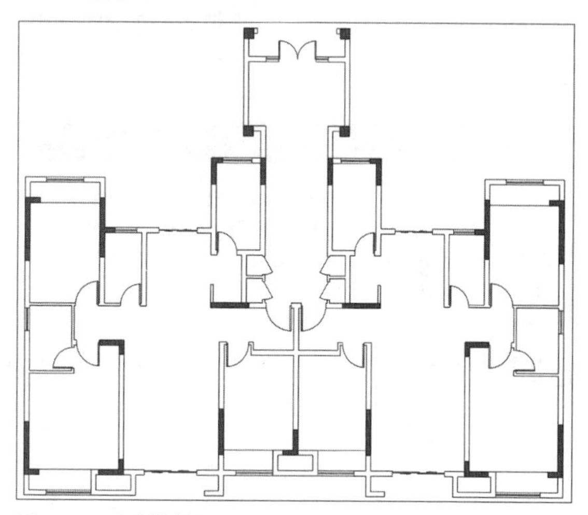

图17-45 复制推拉门图形

台阶是在室外或室内的地坪或楼层不同标高处设置的供人行走的阶梯，一般由平台和踏步组成。下面将结合上述方法绘制台阶图形。

Step 31 新建“基石”和“台阶”图层，设置“基石”图层的线型为虚线并将其置为当前，如图17-46所示。

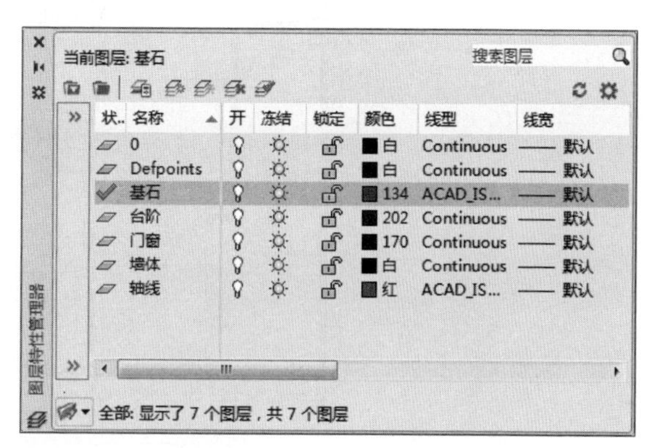

图17-46 新建图层

Step 32 执行“偏移”等命令，绘制基石边线，如图17-47所示。

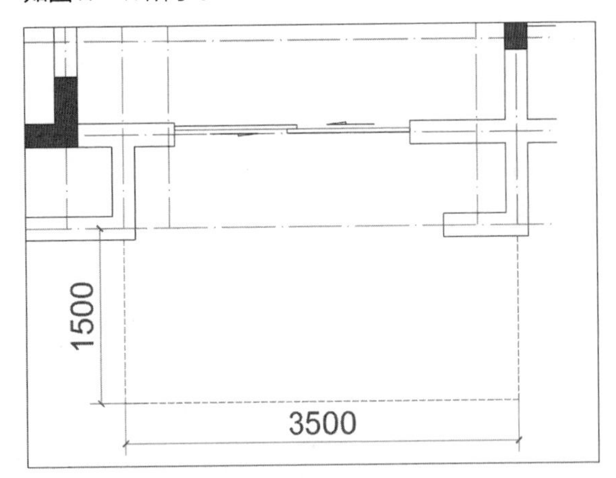

图17-47 复制推拉门图形

Step 33 执行“偏移”命令，将基石线向外偏移50，选择“倒角”命令，将偏移得到的线进行倒角操作，效果如图17-48所示。

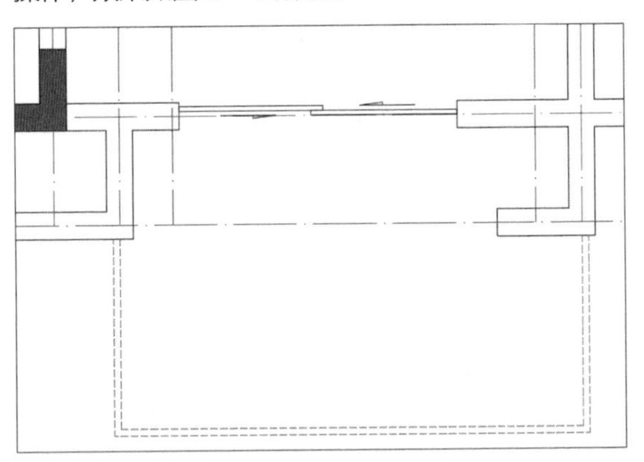

图17-48 偏移基石线

Step 34 将“台阶”图层置为当前。在“绘图”面板中，单击“矩形”按钮，绘制长宽尺寸为2400×350的矩形，放置于基石的合适位置，如图17-49所示。

工程师点拨：台阶细部尺寸

当台阶处于室外时，踏步的宽度应该稍大一些，使坡度平缓，以提高行走的舒适度。其踏步高一般在100~150mm左右，踏步宽在300~400mm左右，步数根据室内外高差确定。

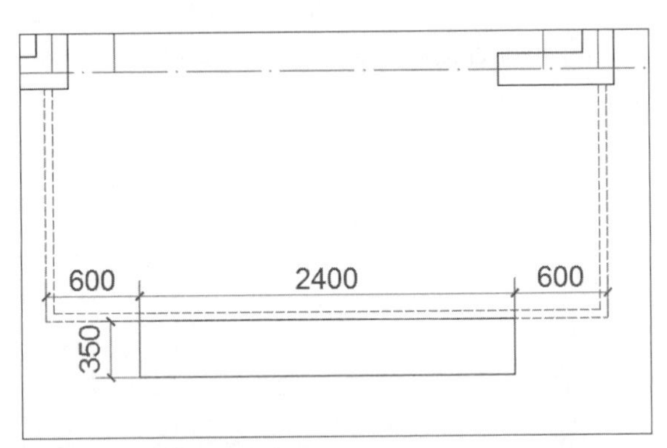

图17-49 绘制台阶图形

Step 35 执行“矩形”等命令，完成台阶图形以及单元门坡道的绘制，如图17-50所示。

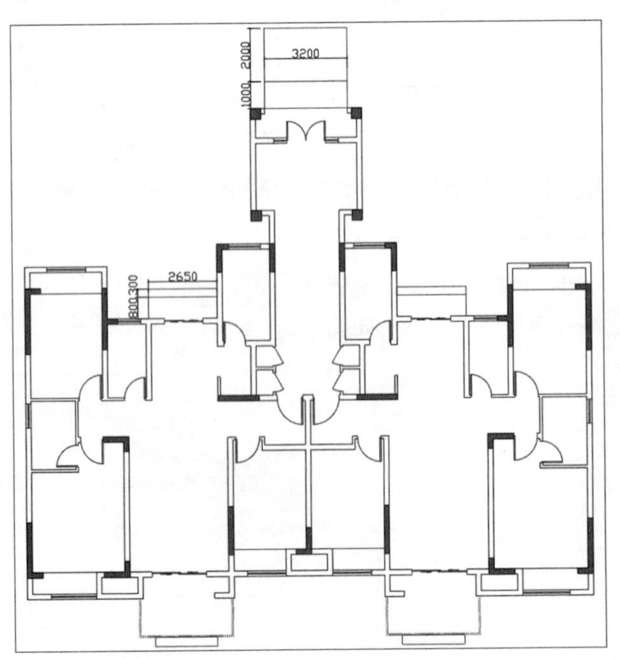

图17-50 完成绘制

17.2.3 绘制楼梯及其他设施

楼梯是建筑物中的垂直交通构件，供人和物上下楼层和疏散人流之用。楼梯的数量、位置及形式应满足使用方便和安全疏散要求，注重建筑环境空间的艺术效果。在一层平面图中楼梯图形有所不同，具体绘制如下。

Step 01 打开“轴线”图层，执行“偏移”和“直线”等命令，绘制楼梯踏步第一阶线，然后选择“矩形”选项，绘制长宽尺寸为60×3400的矩形，作为扶手图形并将矩形以上边线中点为位移第一点，移动到踏步第一阶线的中点，效果如图17-51所示。

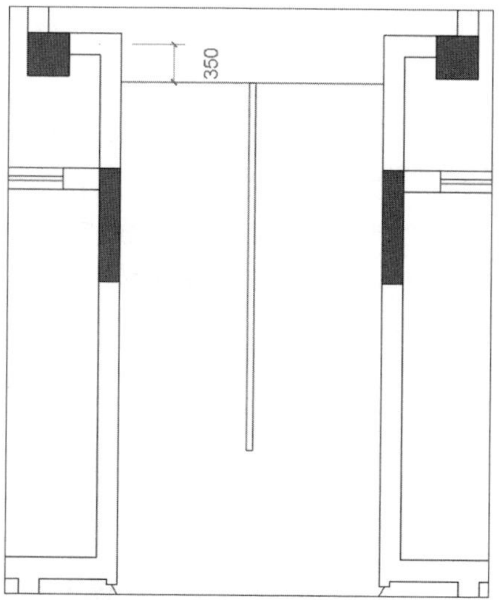

图17-51 绘制扶手图形

Step 02 执行“偏移”命令，偏移距离为260，执行多次偏移操作，效果如图17-52所示。

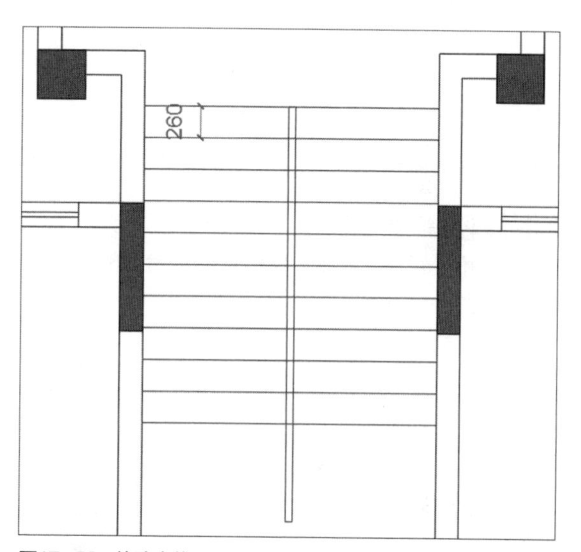

图17-52 偏移直线

工程师点拨：楼梯扶手

扶手高度的确定要考虑人们通行楼梯段时倚扶的方便，而且楼梯至少一侧设扶手，楼梯段的宽度大于1650mm（三股人流）时，应增设靠墙扶手；楼梯段的宽度超过2200mm（四股人流）时，还应在增设中间扶手。

Step 03 执行“多段线”命令，绘制折断线，如图17-53所示。

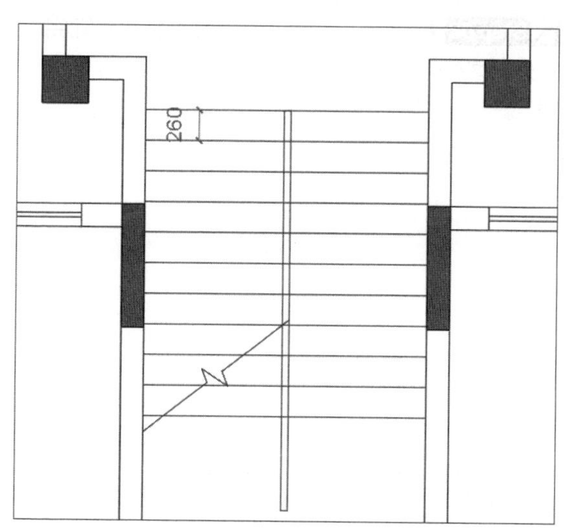

图17-53 绘制折断线

Step 04 执行“修剪”命令，修剪多余线条，完成一层平面楼梯图形的绘制，效果如图17-54所示。

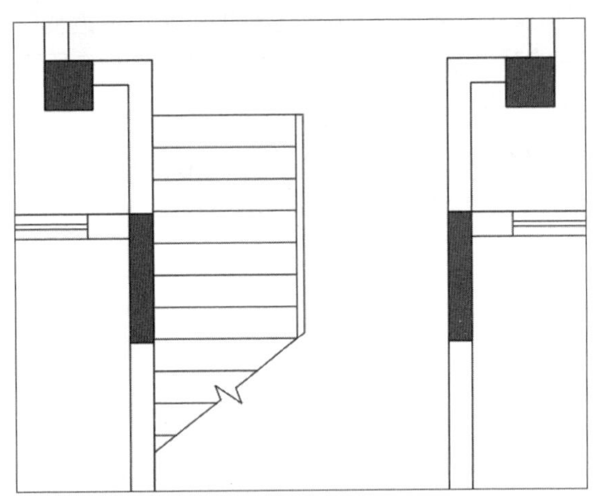

图17-54 修剪图形

Step 05 新建“设施”图层并置为当前。执行“矩形”和“直线”命令，在单元入口绘制信报箱图形，如图17-55所示。

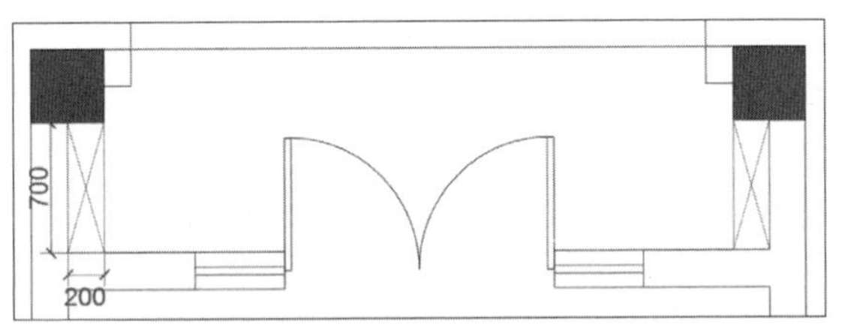

图17-55 绘制信报箱图形

Step 06 新建“栏杆”图层并置为当前。执行“直线”和“偏移”命令，绘制室外机台面的栏杆图形，如图17-56所示。

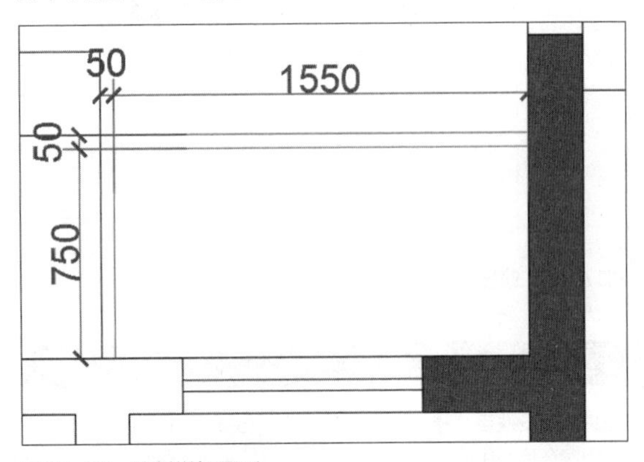

图17-56 绘制栏杆图形

Step 07 继续绘制栏杆图形，绘制完成后执行“插入>块”命令，插入室外机图形，并将其放置于合适位置，效果如图17-57所示。

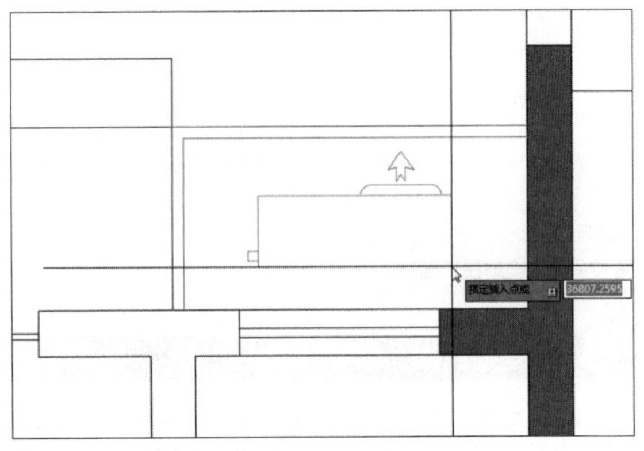

图17-57 插入室外机图形

Step 08 指定插入点位置后，按两次回车键完成室外机图形的插入。继续执行“插入>块”等命令，插入其余设施图形，效果如图17-58所示。

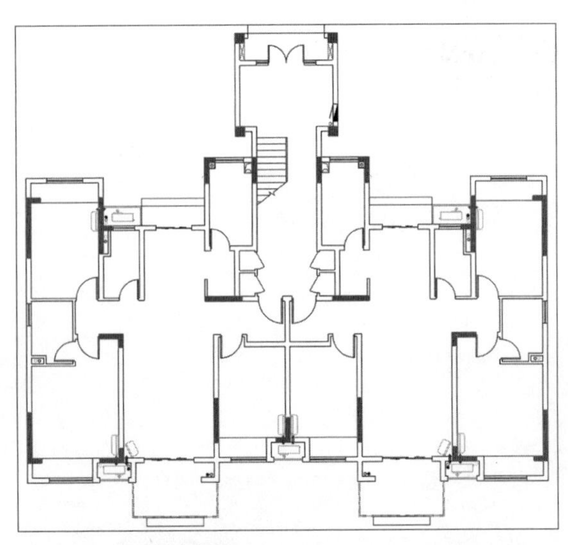

图17-58 插入其余图形

Step 09 新建“散水”图层并置为当前，执行“多段线”命令，描外墙图形，再执行“偏移”命令，指定偏移距离为600，偏移所描外墙线，再执行“直线”命令，完成散水图形的绘制，如图17-59所示。至此完成平面设施图形的绘制。

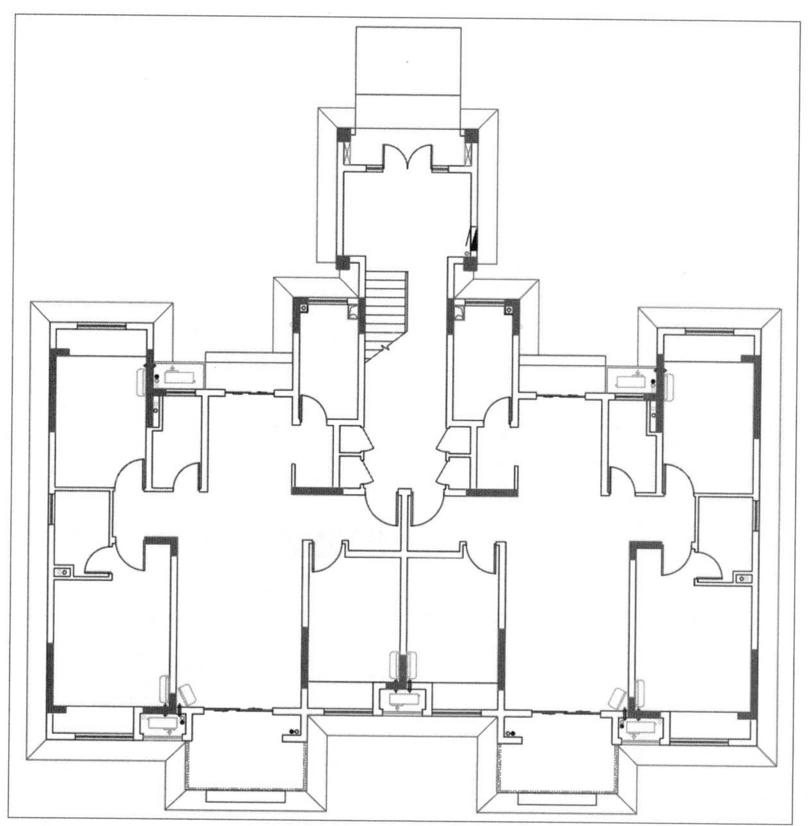

图17-59 绘制散水图形

17.2.4 添加平面标注

平面标注应力求做到正确、完整、清晰、合理，因为尺寸标注是制图的一项重要工作，如果尺寸有遗漏甚至错误，必将给施工造成困难和损失。在建筑施工图中，图形只能表达建筑物的形状，建筑物各部分的大小还必须通过标注尺寸才能确定。下面利用引线标注和线性标注等命令，为平面图添加注释。

Step 01 新建“平面标注”图层并置为当前。执行“格式>标注样式”命令，打开“标注样式管理器”对话框，新建“平面标注”标注样式，单击“继续”按钮，如图17-60所示。

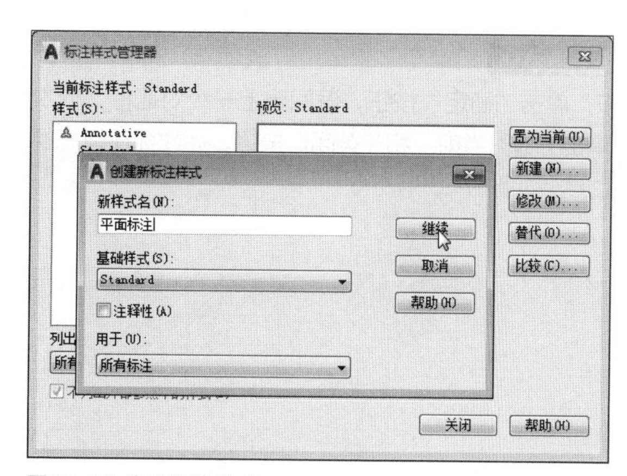

图17-60 新建标注样式

Step 02 在打开的“新建标注样式”对话框中，切换至“线”选项卡，设置相应参数，如图17-61所示。

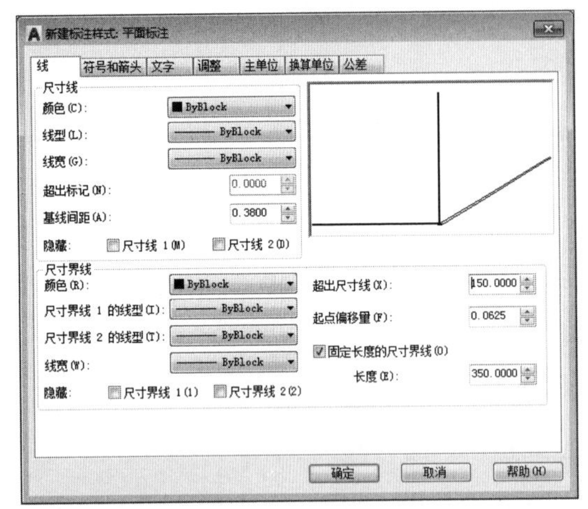

图17-61 “线”选项卡

Step 03 切换至“符号和箭头”选项卡，设置箭头符号为“建筑标记”，箭头大小为50，如图17-62所示。

图17-62 “符号和箭头”选项卡

Step 04 切换至“文字”选项卡，选择合适的字体样式并设置字体高度为300，在“文字位置”选项组中设置“从尺寸线偏移”为50，如图17-63所示。

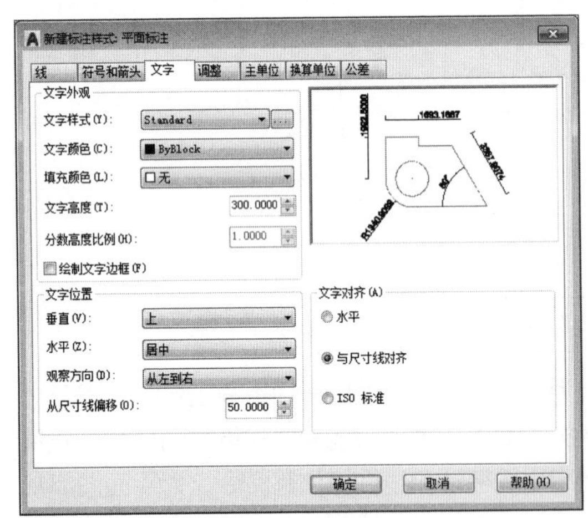

图17-63 “文字”选项卡

Step 05 切换至“调整”选项卡，勾选“优化”选项组中的“在尺寸界限之间绘制尺寸线”复选框，设置其余参数选项，如图17-64所示。

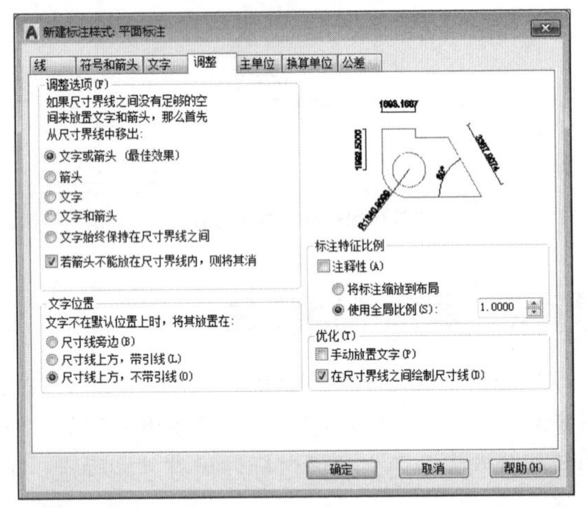

图17-64 “调整”选项卡

Step 06 切换至“主单位”选项卡，设置精度为0，单击“确定”按钮，返回至上一级对话框，依次单击“置为当前”和“关闭”按钮，完成标注样式的创建，如图17-65所示。

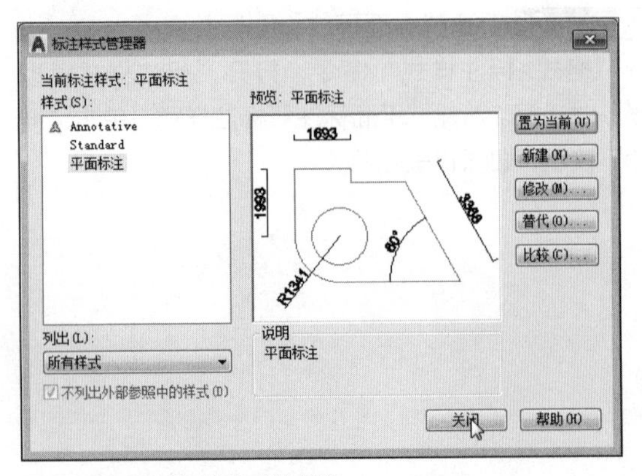

图17-65 完成标注样式的创建

Step 07 打开“轴线”图层，执行“线性”标注命令，标注首层平面图的第三道尺寸，如图17-66所示。

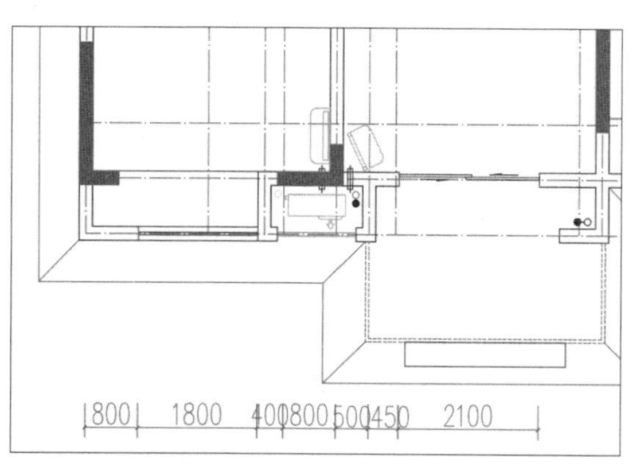

图17-66 线型标注

Step 09 执行“线性”和“连续”标注命令，完成第三道尺寸的标注，如图17-68所示。

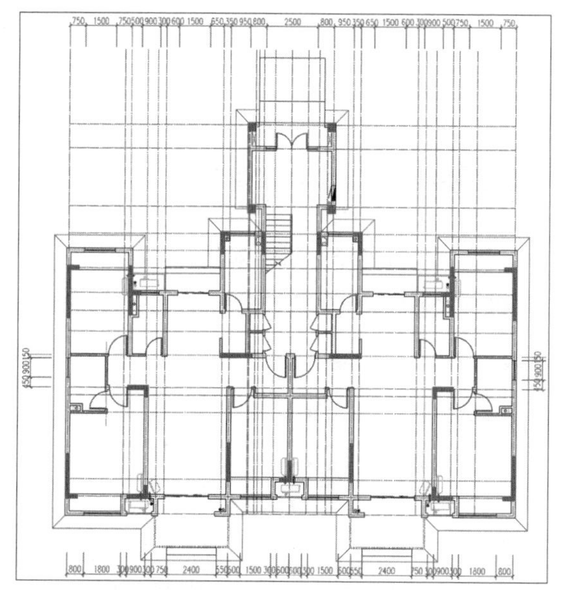

图17-68 第三道尺寸标注

Step 08 显示效果欠佳，此时可对当前标注样式进行修改。打开“修改标注样式”对话框，在“线”选项卡中，更改固定长度的尺寸界限长度为1000，在“符号和箭头”选项卡中设置“箭头大小”为120，根据自身喜好更改其余参数设置。设置完成后，在绘图区中即可看到当前标注样式已发生变化，如图17-67所示。

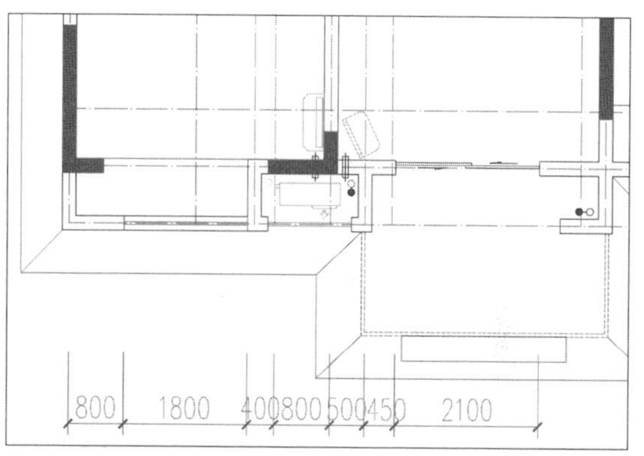

图17-67 修改标注样式

Step 10 继续执行标注命令，完成图形的第二道尺寸标注，如图17-69所示。

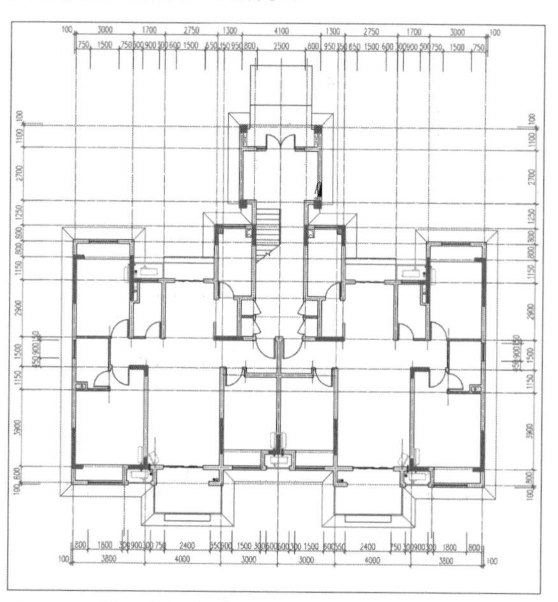

图17-69 第二道尺寸标注

Step 11 继续执行标注命令，完成图形的第一道尺寸标注，如图17-70所示。

工程师点拨：三道尺寸标注

外部尺寸一般标注三道尺寸。第一道外包（或轴线）总尺寸，第二道开间进深轴线尺寸，第三道门窗洞口和窗间墙、变形缝等尺寸及与轴线关系。

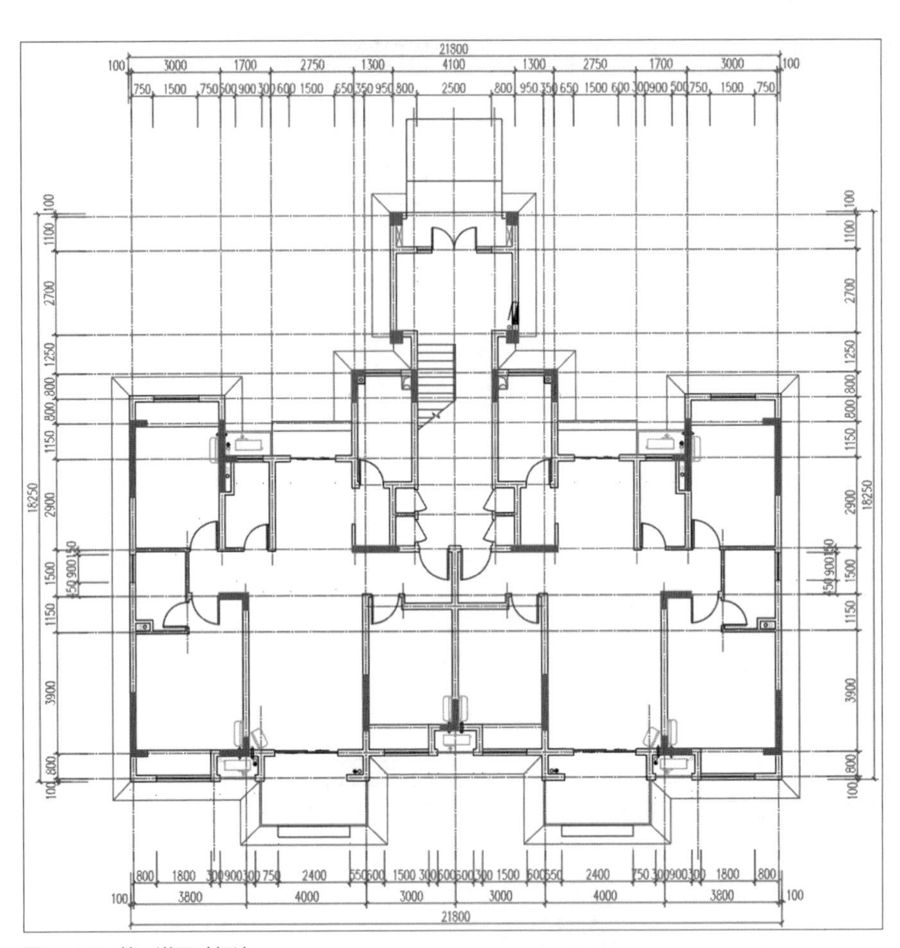

图17-70　第一道尺寸标注

Step 12 执行“圆”命令，绘制半径为350的圆，放置在定位轴线端点，如图17-71所示。

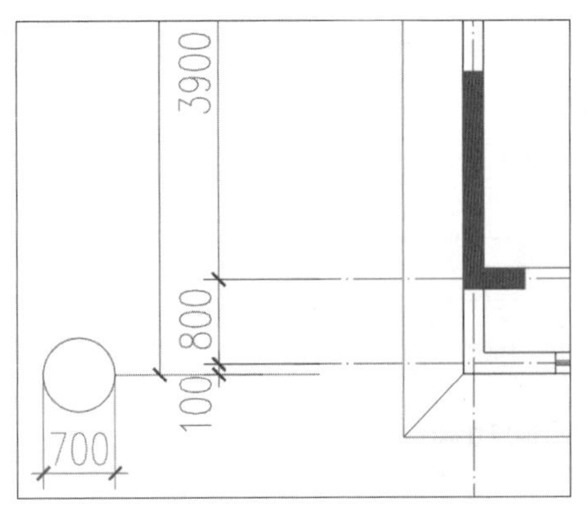

图17-71　绘制圆

Step 13 输入快捷命令B按回车键，在“块定义”对话框中，完成“对象”和“基点”的设置，按“确定”按钮完成内部块的创建，如图17-72所示。

图17-72　创建内部块

Step 14 在“插入”选项卡的“块定义”面板中，单击“定义属性”按钮，在打开的“属性定义”对话框中，输入“属性标记”内容，设置文字高度为400，如图17-73所示。

Step 15 单击“确定”按钮，根据命令行提示指定插入点，效果如图17-74所示。

图17-73 属性定义

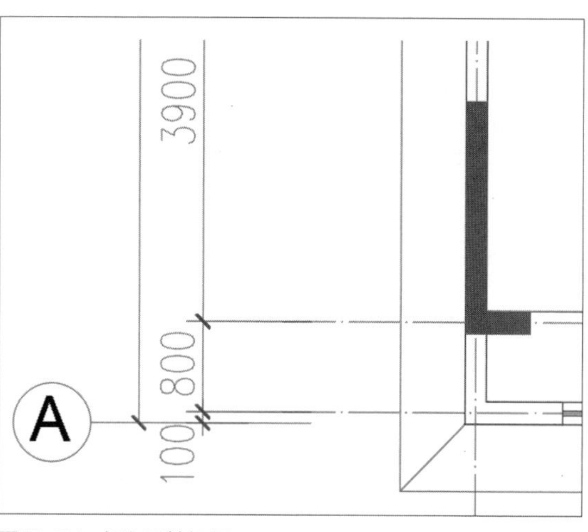

图17-74 插入属性标记

Step 16 执行“复制”命令，将轴线编号图形复制到相应位置，双击属性定义标记文本，打开“编辑属性定义”对话框，更改“标记”文本框内容，如图17-75所示。

Step 17 单击“确定”按钮，完成更改，效果如图17-76所示。

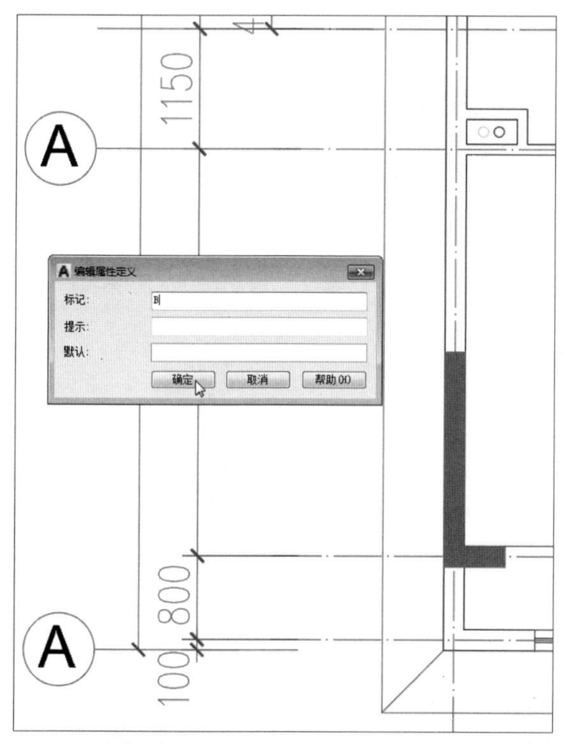

图17-75 更改标记内容

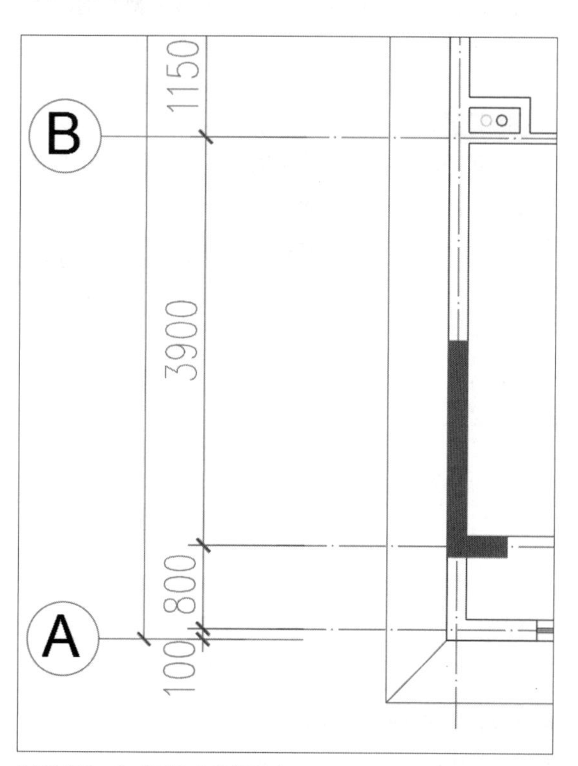

图17-76 完成属性定义的更改

Step 18 重复上述步骤，完成其余轴线编号的绘制，效果如图17-77所示。

Step 19 执行“直线”命令，绘制标高符号，如图17-78所示。

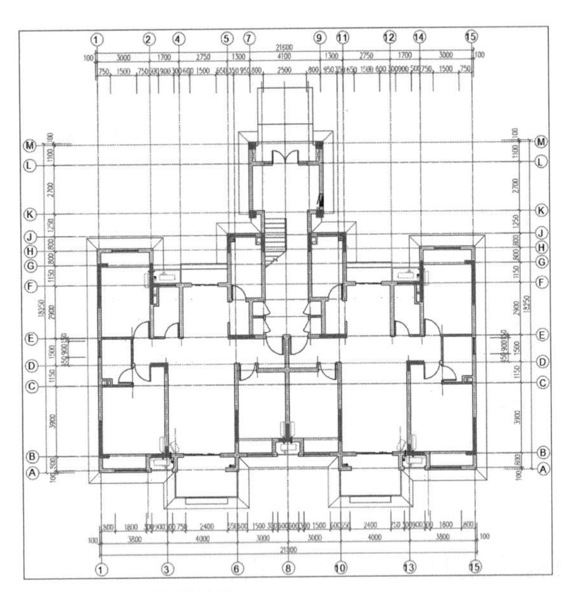

图17-77　绘制轴线编号

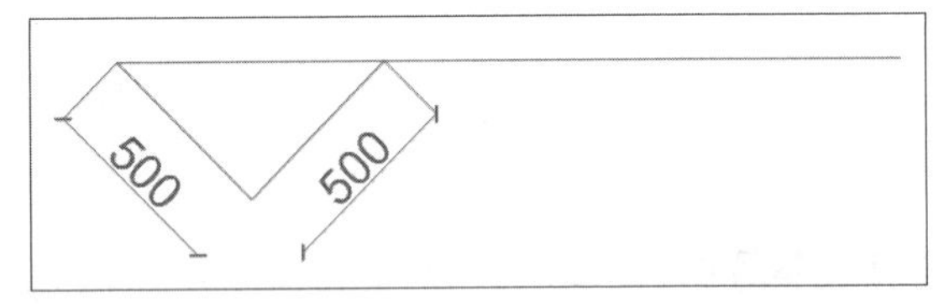

图17-78　标高符号

工程师点拨：定位轴线编号

定位轴线圆的圆心应在定位轴线的延长线或延长线的折线上，且圆内应注写轴线编号。

Step 20 将“标高符号”进行块定义，为其添加“定义属性”，在打开的“属性定义”对话框中，输入标记文本，如图17-79所示。

属性定义
模式
不可见(I)
固定(C)
验证(V)
预设(P)
锁定位置(K)
多行(U)
插入点
在屏幕上指定(O)
X: 0.0000
Y: 0.0000
Z: 0.0000
属性
标记(T): %%p0.000
提示(M):
默认(L):
文字设置
对正(J): 左对齐
文字样式(S): Standard
注释性(N)
文字高度(E): 400.0000
旋转(R): 0
边界宽度(W): 0.0000
在上一个属性定义下对齐(A)
确定　取消　帮助(H)

图17-79　属性定义

Step 21 单击“确定”按钮，根据命令行提示，指定起点完成属性定义，如图17-80所示。

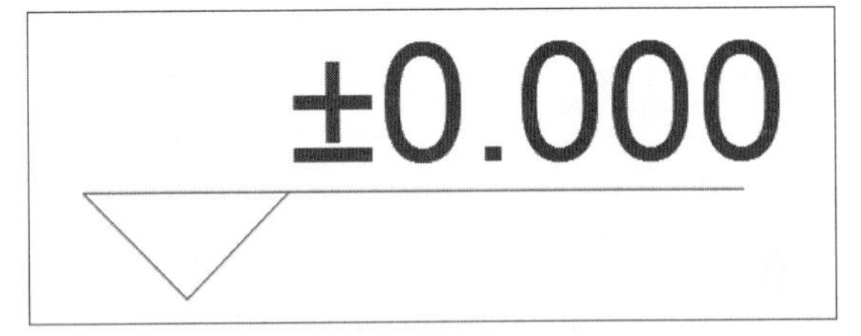

图17-80　插入属性标记

Step 22 移动标高符号，放置平面图中合适位置，如图17-81所示。

Step 23 执行“复制”和“镜像”等命令并对其标记进行更改，完成平面标高的添加，效果如图17-82所示。

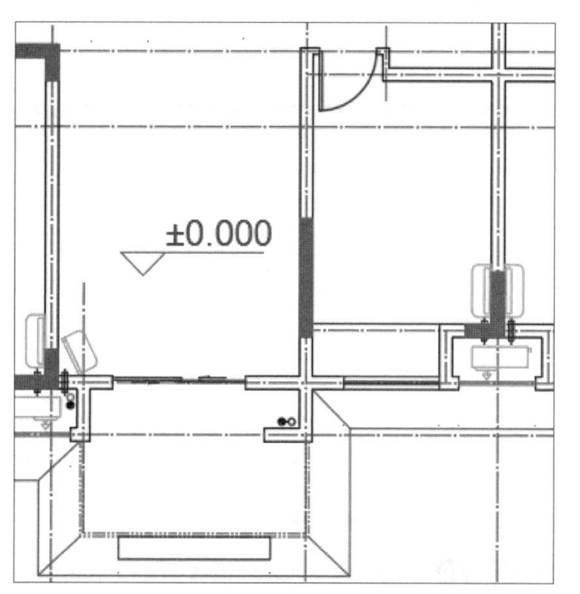

图17-81 移动标高符号

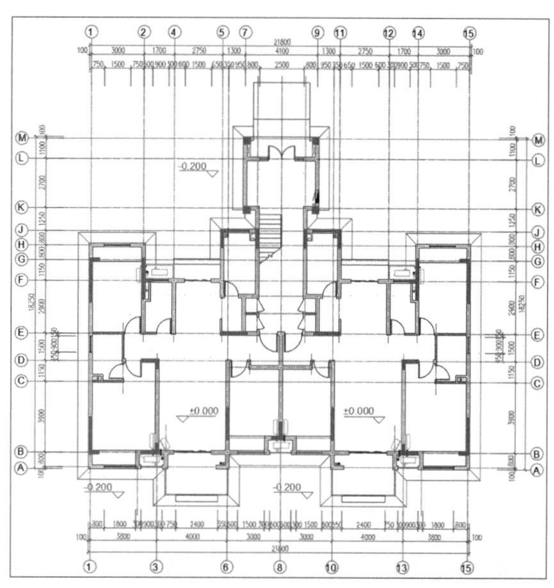

图17-82 完成标高符号的添加

工程师点拨：常用特殊符号

有时特殊符号的输入是无法在“符号”中进行选择添加的，因此熟记常用特殊符号很重要。常用特殊符号详见第八章。

Step 24 将“平面标注”图层置为当前，执行标注命令，标注内部尺寸，如图17-83所示。

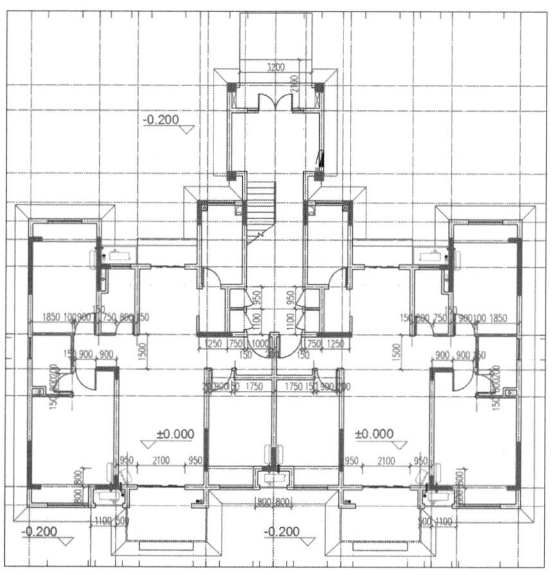

图17-83 标注内部尺寸

Step 26 单击“继续”按钮，设置文字高度为500，切换至“线”选项卡，设置尺寸线和尺寸界限颜色为洋红，如图17-85所示。

Step 25 将“文字”图层置为当前，执行“格式>标注样式”命令，以“平面标注”为基础样式，新建“引线标注”标注样式，如图17-84所示。

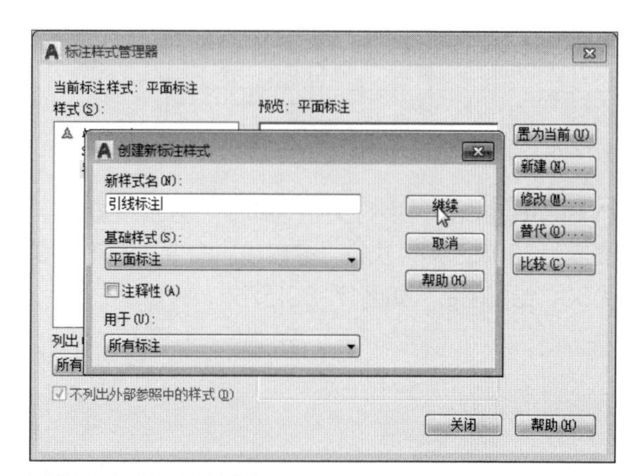

图17-84 新建标注样式

Step 27 依次单击“确定”、“置为当前”和“关闭”按钮，完成引线标注样式的创建。在命令行输入QL按回车键，根据命令行提示输入S打开“引线设置”对话框，在“引线和箭头”选项卡的“角度约束”选项组中，设置“第二段”角度为水平，如图17-86所示。

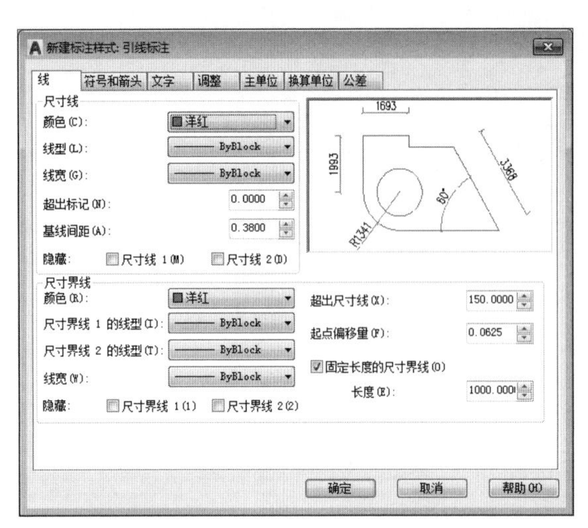

图17-85　设置线颜色

图17-86　设置第二段角度约束

Step 28 单击“确定”按钮完成引线的设置，返回至绘图区继续绘制快速引线，为平面图添加引线标注，如图17-87所示。

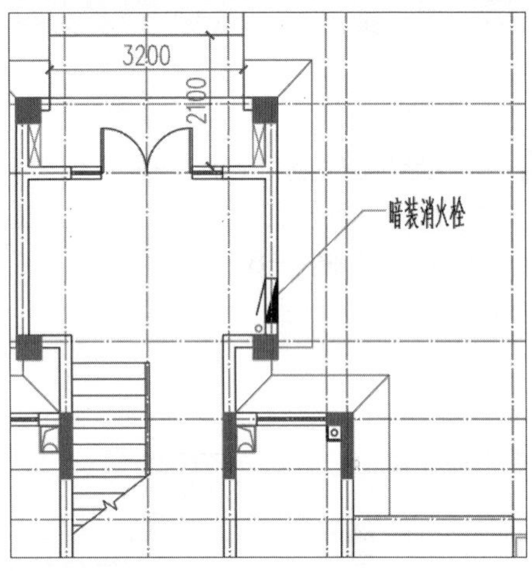

图17-87　添加引线标注

Step 29 继续执行引线标注操作，完成平面图的引线标注绘制，完成其余图形标注，如台阶方向等，如图17-88所示。

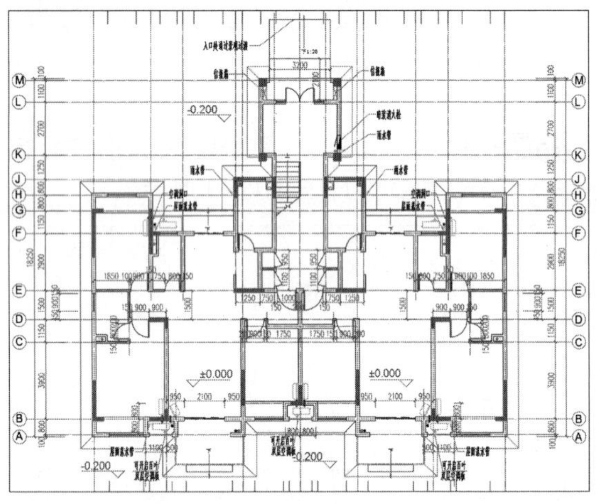

图17-88　添加图形标注

Step 30 执行“多行文字”命令，分别设置文字高度为800和500，执行“多段线”命令，设置宽度为50，绘制图名，如图17-89所示。

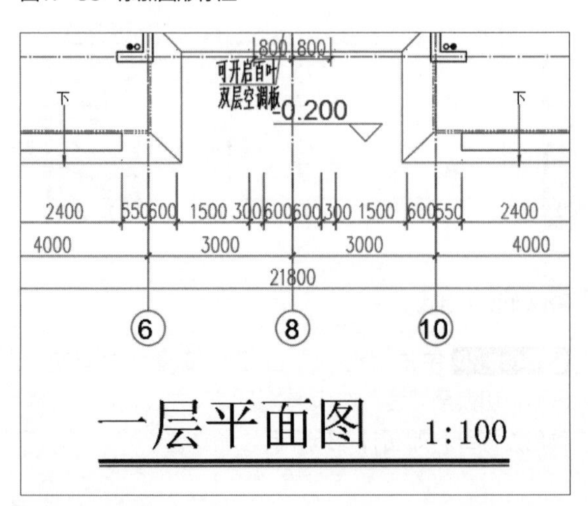

图17-89　添加图名

Step 31 继续执行“多行文字”等命令，设置文字高度为600，为平面图布局添加文字注释，如图17-90所示。

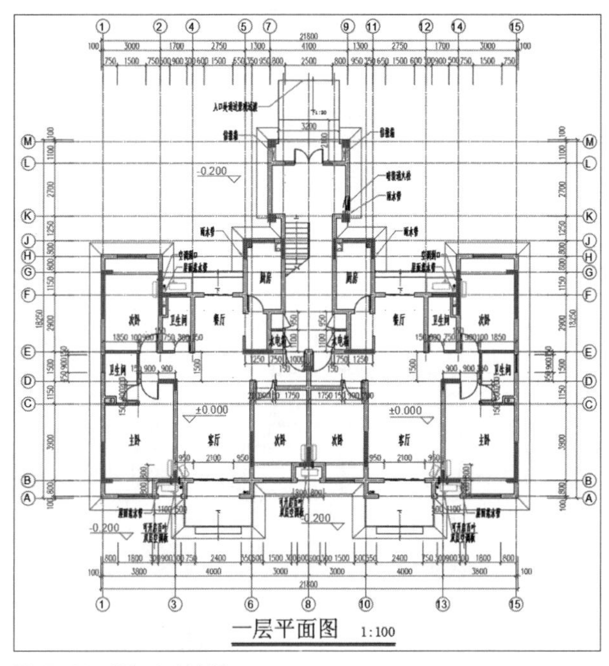

图17-90 添加文字注释

Step 32 新建“指北针”图层并置为当前。单击“圆”按钮，绘制半径为800的圆，单击“直线”按钮，绘制圆的垂直方向直径作为辅助线，如图17-91所示。

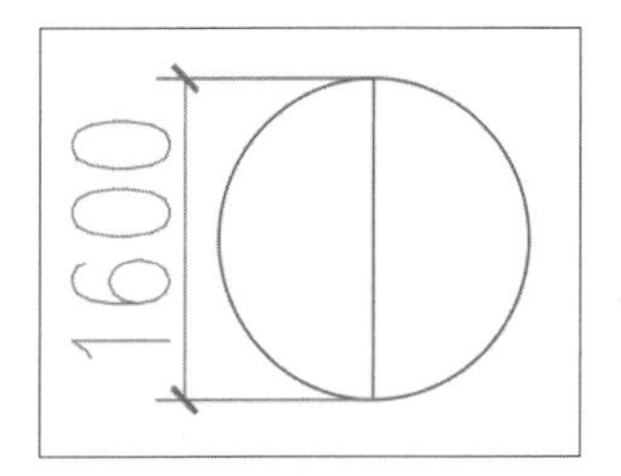

图17-91 绘制圆

Step 33 执行“偏移”命令，将辅助线分别向左右两侧偏移300，如图17-92所示。

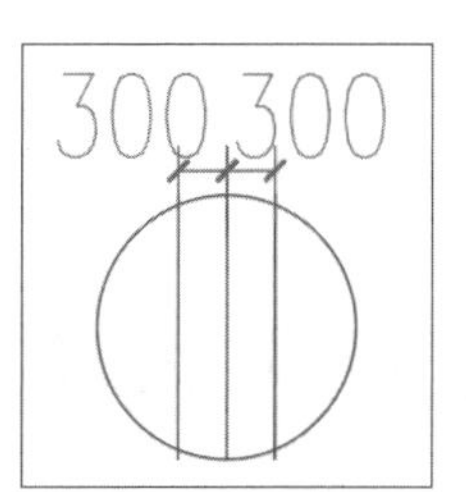

图17-92 偏移直线

Step 34 执行“直线”命令，绘制指北针方向，执行“删除”命令，删除辅助线，如图17-93所示。

图17-93 绘制指北针方向

Step 35 执行“图案填充”命令，选择图案填充类型为SOLID，对中间箭头区域进行填充，如图17-94所示。

图17-94 填充图形

Step 36 将“文字”图层置为当前，执行“多行文字”命令，输入大写英文字母N，设置文字高度500，字体样式为“新罗马字体”，标示平面图的正北方向，调整所在位置，至此完成一层平面图的绘制，如图17-95、17-96所示。

图17-95 添加文字

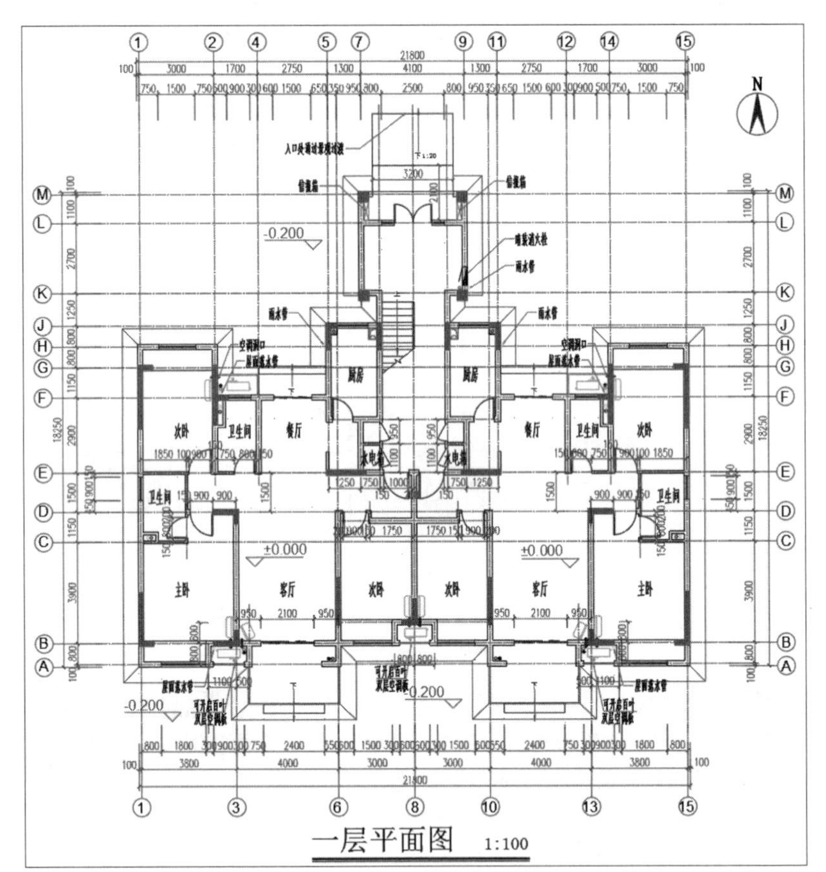

图17-96 完成一层平面图的绘制

17.3 绘制出屋面台阶大样图

建筑详图是建筑细部的施工图，是建筑平面图、立面图、剖面图的补充，其特点是比例大、尺寸齐全、文字说明详尽。为了便于看图，弄清楚各视图之间的关系，凡是视图上某一部分（或某一构件）另有详图表示的部位，必须注明详图索引符号，并且在详图上注明详图符号。在本节中，以出屋面台阶为例，绘制大样图。

17.3.1 绘制墙身轮廓图形

出屋面设置台阶的原因是屋面结构层以上要做防水保温层，若不做出屋面台阶，便会出现两种情况：屋面出现一个很高的坎；雨水会倒灌进楼梯间，因此一般会多做两步台阶，有时候会上两步再下一步，是由于屋面保温防水高度的不确定性。接下来先绘制大样的墙体轮廓。

Step 01 单击“图层特性”按钮，打开“图层特性管理器”选项板，新建“墙体”和“面层”图层，并设置其相应参数，如图17-97所示。

Step 02 执行“多段线”命令，绘制折断线，执行“复制”命令，复制折断线，如图17-98所示。

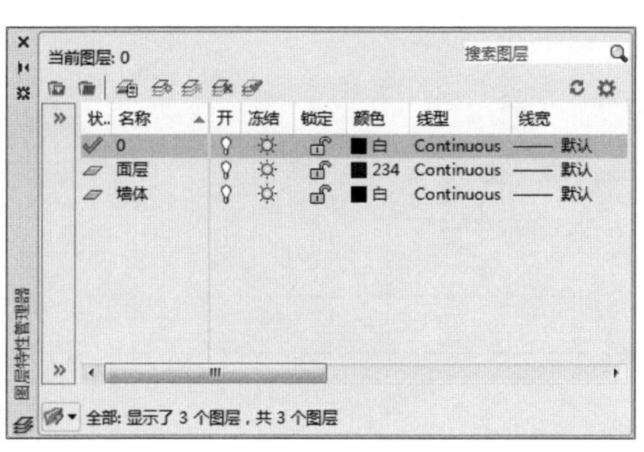

图17-97 新建图层

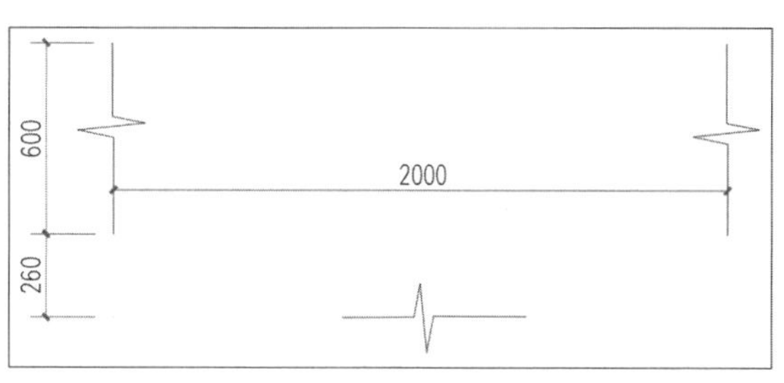

图17-98 绘制折断线

Step 03 将“墙体”图层置为当前，执行“直线”和“偏移”等命令，绘制墙体图形，如图17-99所示。

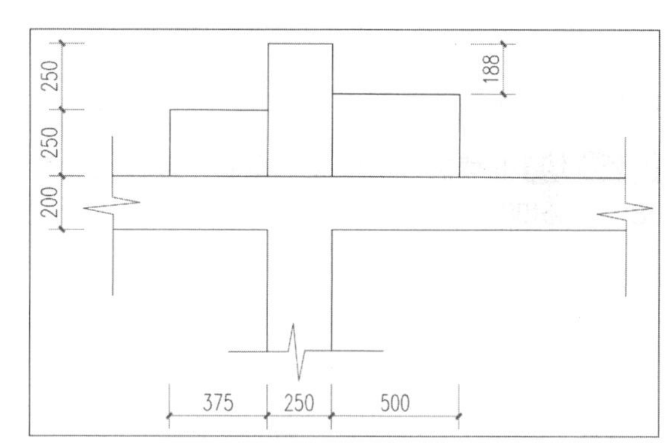

图17-99 绘制墙体图形

Step 04 继续执行“直线”和“偏移”等命令，绘制门槛图形，至此完成出屋面台阶大样墙身轮廓的绘制，效果如图17-100、17-101所示。

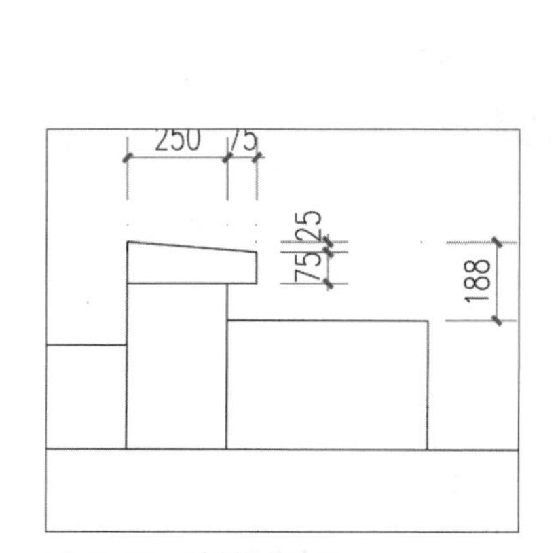

图17-100 绘制门槛图形

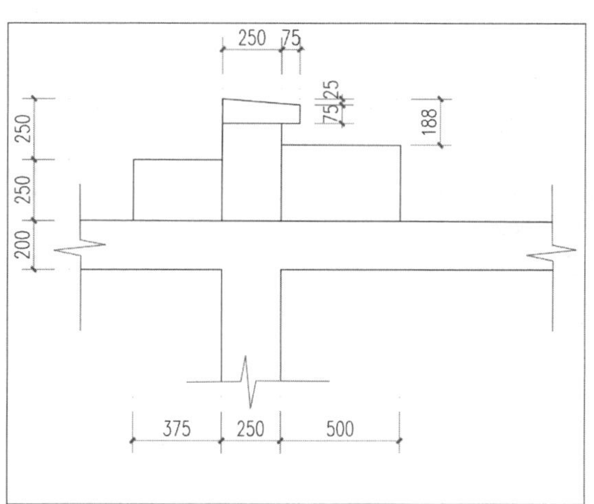

图17-101 完成墙身图形的绘制

17.3.2 绘制墙身结构图形

继续绘制墙身图形，使用偏移和填充等命令，完成大样图的图形绘制。

Step 01 将“面层”图层置为当前，执行“直线”和“偏移”等命令，绘制面层图形，如图17-102所示。

Step 02 新建“防水卷材”图层并置为当前，执行“直线”和“偏移”等命令，分别偏移25、5、18、30、15、35和5，如图17-103所示。

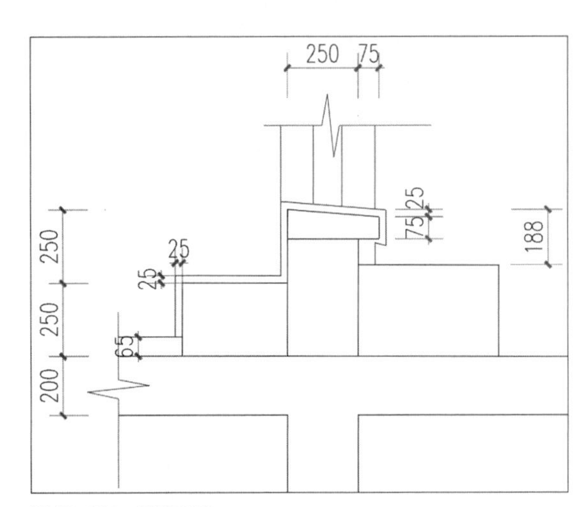

图17-102　偏移图形

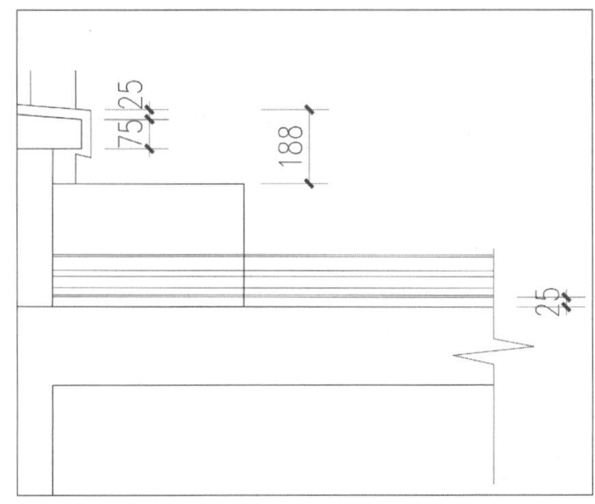

图17-103　绘制面层图形

Step 03 继续执行“偏移”命令，偏移距离为18、6、5和8，如图17-104所示。

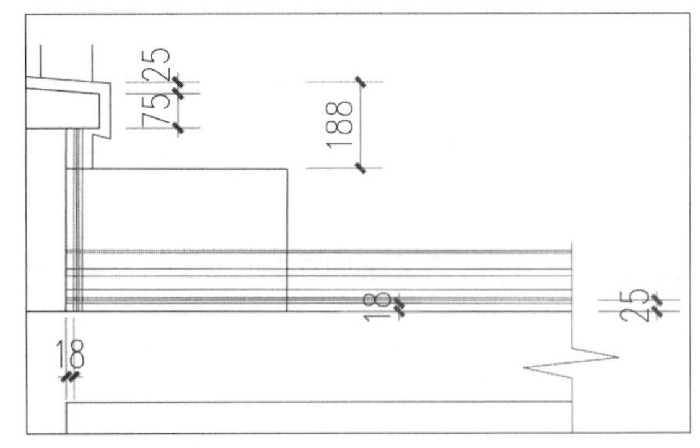

图17-104　偏移图形

Step 04 执行“倒角”命令，根据命令行提示，设置倒角距离分别为198、67，倒角效果如图17-105所示。

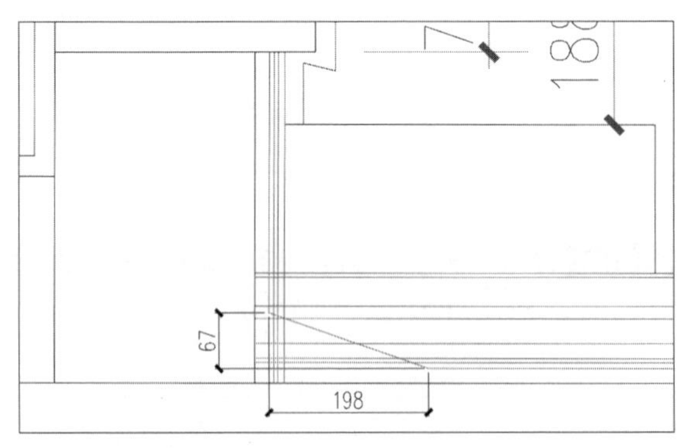

图17-105　倒角效果

Step 05 执行“偏移”命令，将倒角直线向上偏移，偏移距离为6、5，绘制面层内部结构，如图17-106所示。

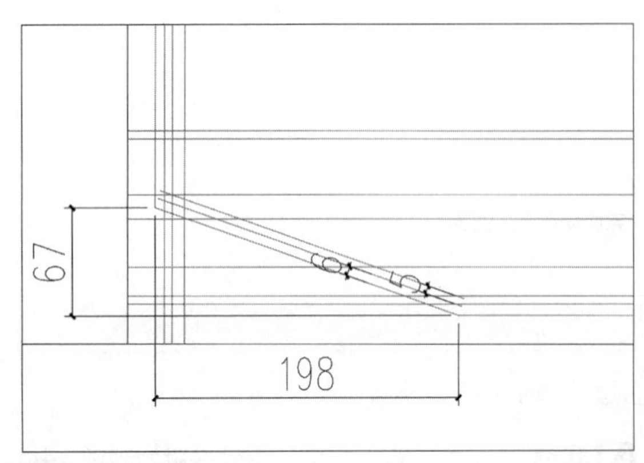

图17-106　偏移图形

Step 06 执行“圆角”命令，设置圆角半径为0，为偏移的直线进行圆角操作，再执行“圆角”命令，设置圆角半径为12，为上部两条直线进行圆角操作，效果如图17-107所示。

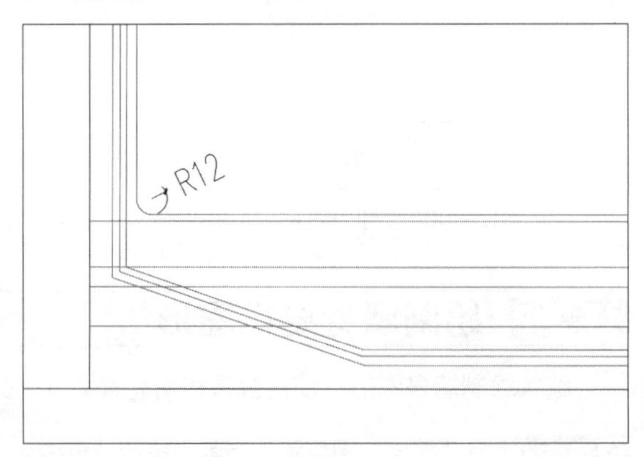

图17-107　圆角效果

Step 07 执行“修剪”命令，修剪多余线条图形，完成面层结构的绘制，如图17-108所示。

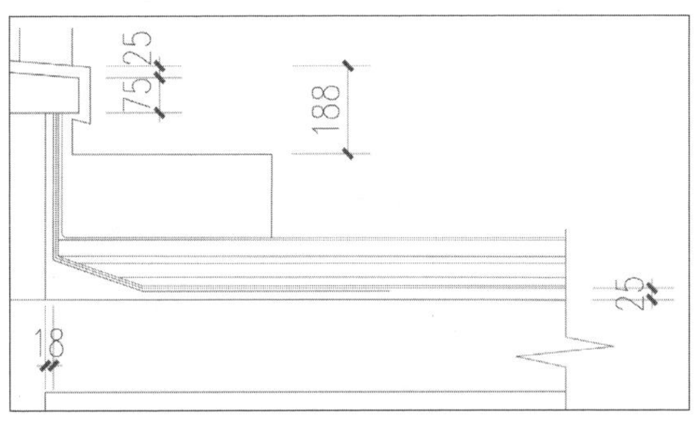

图17-108 修剪图形

Step 08 执行“多段线”命令，分别设置其宽度为5、8、30，描面层结构线，绘制密封材料，如图17-109所示。

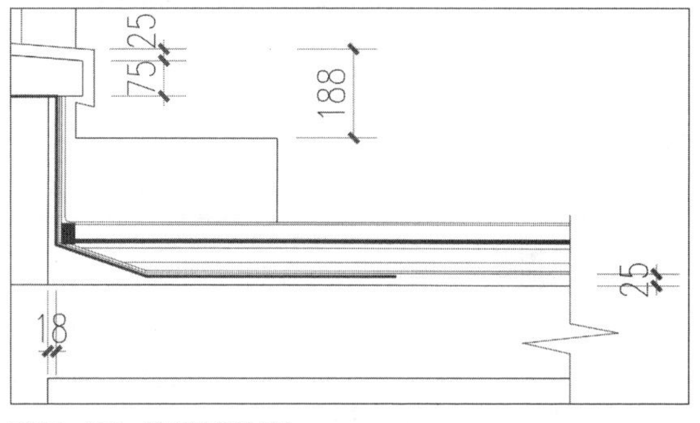

图17-109 绘制密封材料

Step 09 执行“多段线”等命令，绘制拉钩和钉图形，如图17-110所示。

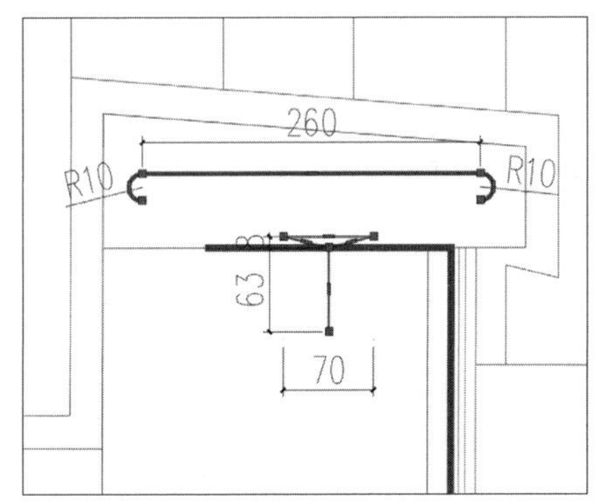

图17-110 绘制拉钩图形

Step 10 继续执行“多段线”命令，设置宽度为12，选择“圆弧”选项，设置圆弧端点为14，绘制钢筋图形，如图17-111所示。

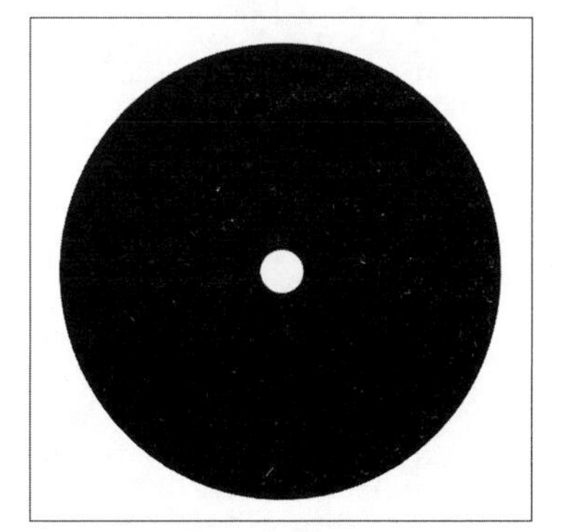
图17-111 绘制钢筋图形

Step 11 继续执行“多段线”命令，设置宽度为5，选择“圆弧”选项，设置圆弧端点为5，绘制拉钩的钢筋图形，再执行“复制”命令，复制钢筋图形，均匀放置合适位置，至此已基本完成出屋面台阶大样结构图形的绘制，如图17-112所示。

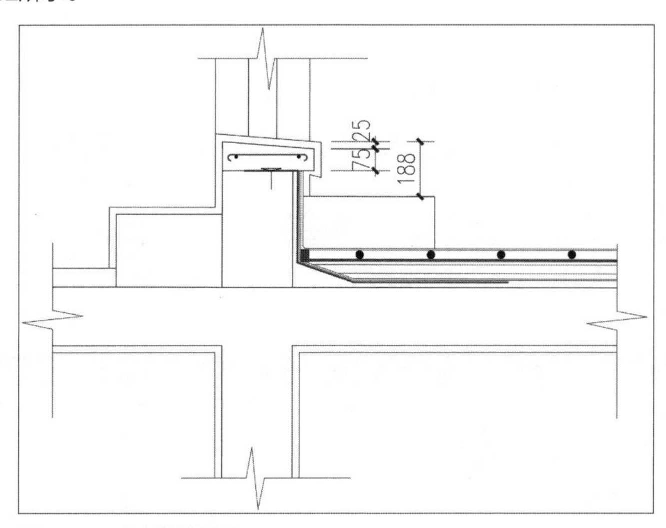

图17-112 复制拉钩图形

建筑施工图的绘制

工程师点拨：节点大样的内容

详图的内容一般包括：尺寸和形状无误的结构断面；垫层、找平层、防水层、保护层等的材料与构造；转交处保护和加强处理；散水处防水收头做法、特殊部位的构造示意等。应注明个构造层次的材料和厚度。

Step 12 接下来对结构部分进行填充材料图形。新建“填充”图层并置为当前，执行“图案填充”命令，选择如图17-113所示的图案。

图17-113 “图案填充编辑器”选项卡

Step 13 拾取填充的内部点，填充图形，效果如图17-114所示。

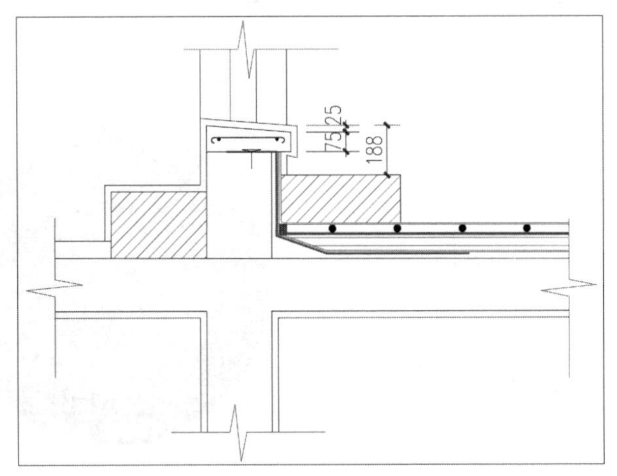

图17-114 填充图形

工程师点拨：填充比例参数

有时在进行图案填充时，较小的填充区域显示不恰当，此时在命令行中输入MEASUREMENT按回车键后，设置值为1，重新填充即可。

Step 14 继续执行填充命令，填充墙主体图形，选择两种填充图案，分别如图17-115、17-116所示。

图17-115 填充图案

图17-116 填充图案

Step 15 墙主体填充效果如图17-117所示。

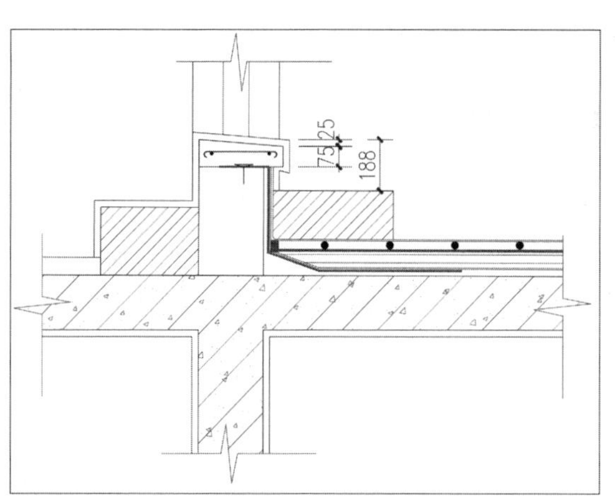

图17-117　填充墙主体图形

Step 16 继续执行填充命令，完成大样图的填充，效果如图17-118所示。

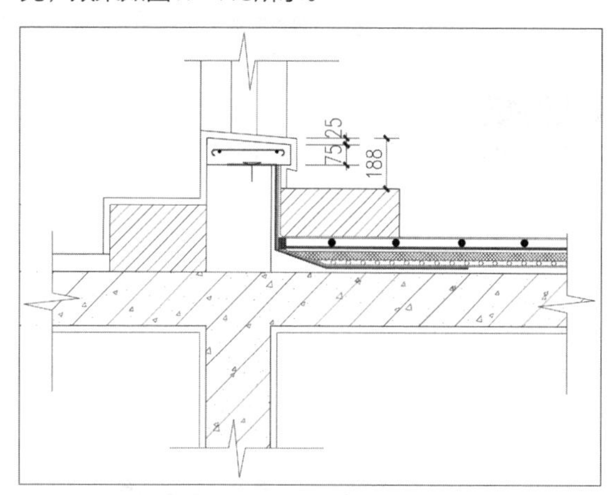

图17-118　填充效果

17.3.3 添加尺寸及文本标注

标注方法与前一节类似，只是在详图上，尺寸标注要齐全，要注出主要部位的标高、用料及做法等。

Step 01 新建“标注”图层并置为当前，执行标注命令，标注墙身图形，如图17-119所示。

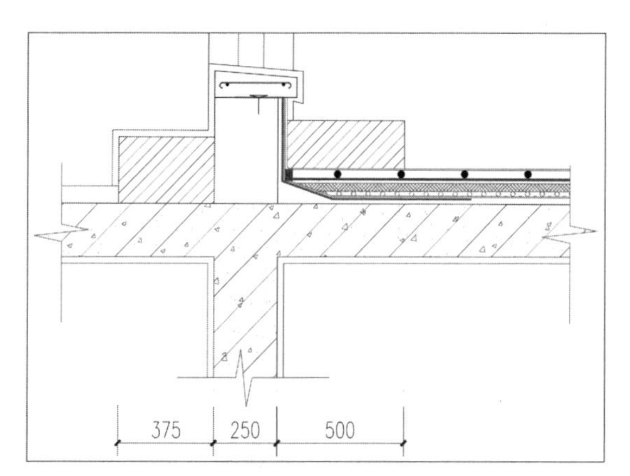

图17-119　标注墙身图形

Step 02 继续执行标注命令，完成大样图尺寸标注，效果如图17-120所示。

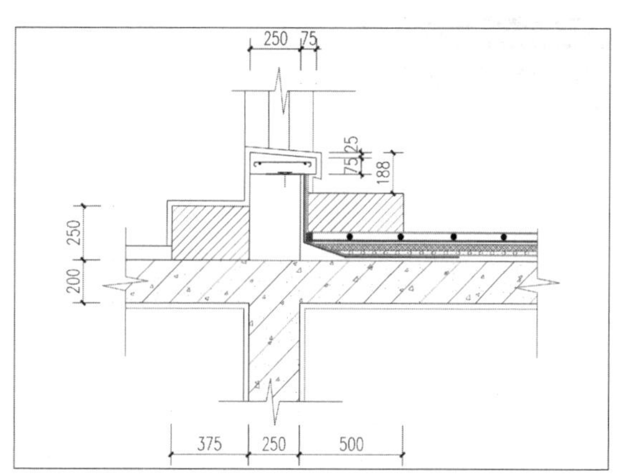

图17-120　完成尺寸标注

Step 03 新建“文字”图层并置为当前，输入LE执行引线标注命令，根据命令行提示，输入S，打开“引线设置”对话框，在“附着”选项卡中，均单击“多行文字中间”单选按钮，切换至“引线和箭头”选项卡，设置箭头为“小点”，第二段的角度约束为水平，如图17-121所示。

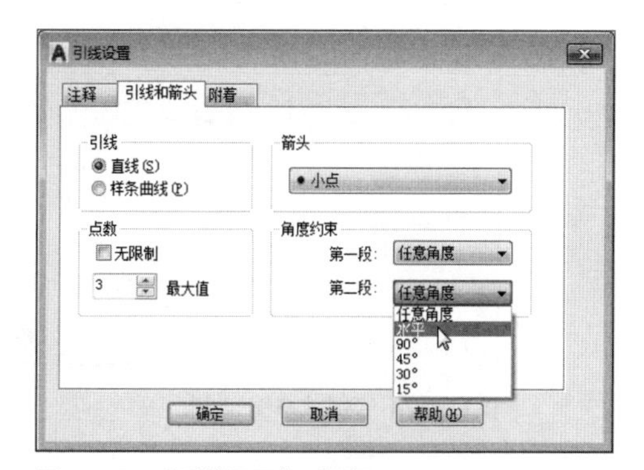

图17-121　“引线设置”对话框

工程师点拨：尺寸的简化标注

连续排列的等长尺寸，可用“等长尺寸×个数=总长”或“个数等分=总长”的形式标注。

Step 04 设置完成后单击“确定”按钮，返回至绘图区继续绘制引线标注，标注密封材料结构，如图17-122所示。

图17-122 标注密封材料结构

Step 05 继续执行引线标注命令，完成大样图的引线标注操作，执行“直线”和“多行文字”命令，设置文字高度为30，添加标高注释，效果如图17-123所示。

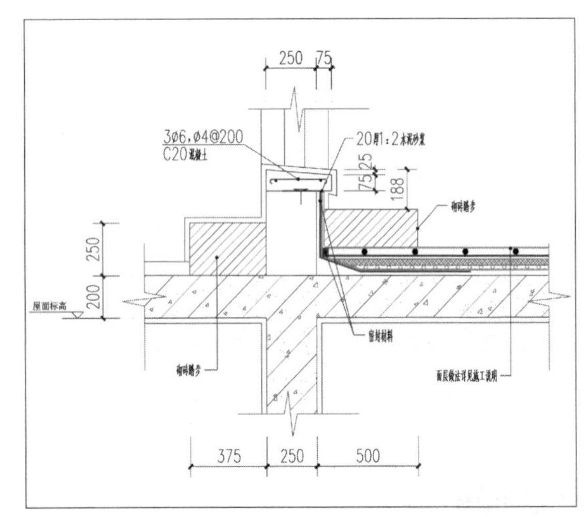

图17-123 完成引线标注

Step 06 执行“多行文字”和“多段线”命令，为大样图添加图名，至此完成出屋面台阶大样图的绘制，效果如图17-124所示。

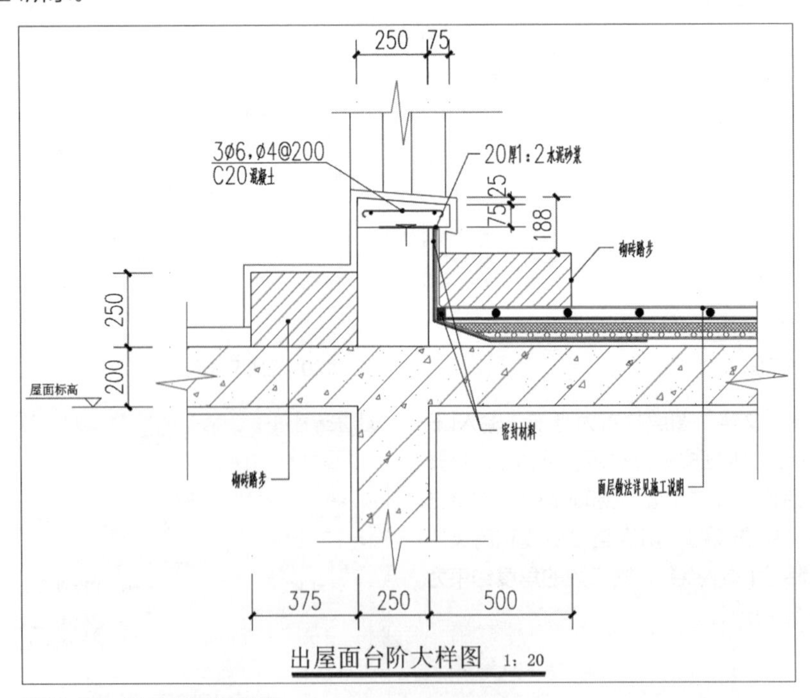

图17-124 完成大样图的绘制

附录1 天正建筑软件的应用

天正建筑是天正公司为建筑设计者开发的专门用于高效制图的设计工具软件，应用先进的计算机技术，研发了包括暖通、给排水、电气、结构、市政道路等专业的建筑AutoCAD系列软件。天正建筑软件符合我国建筑设计人员的操作习惯，贴近建筑图的绘图实际，有很高的自动化程序，因此在建筑设计行业中使用相当广泛。

1 天正建筑T20工作界面

天正建筑T20软件的操作界面大致由7大操作区域组成，分别为AutoCAD软件功能区、图形选项卡、天正工具栏、绘图区、天正常用快捷命令工具条、命令提示行以及状态栏，如图1所示。由于T20与AutoCAD 2018相互不兼容，在此以AutoCAD 2016版本为基础进行讲解。

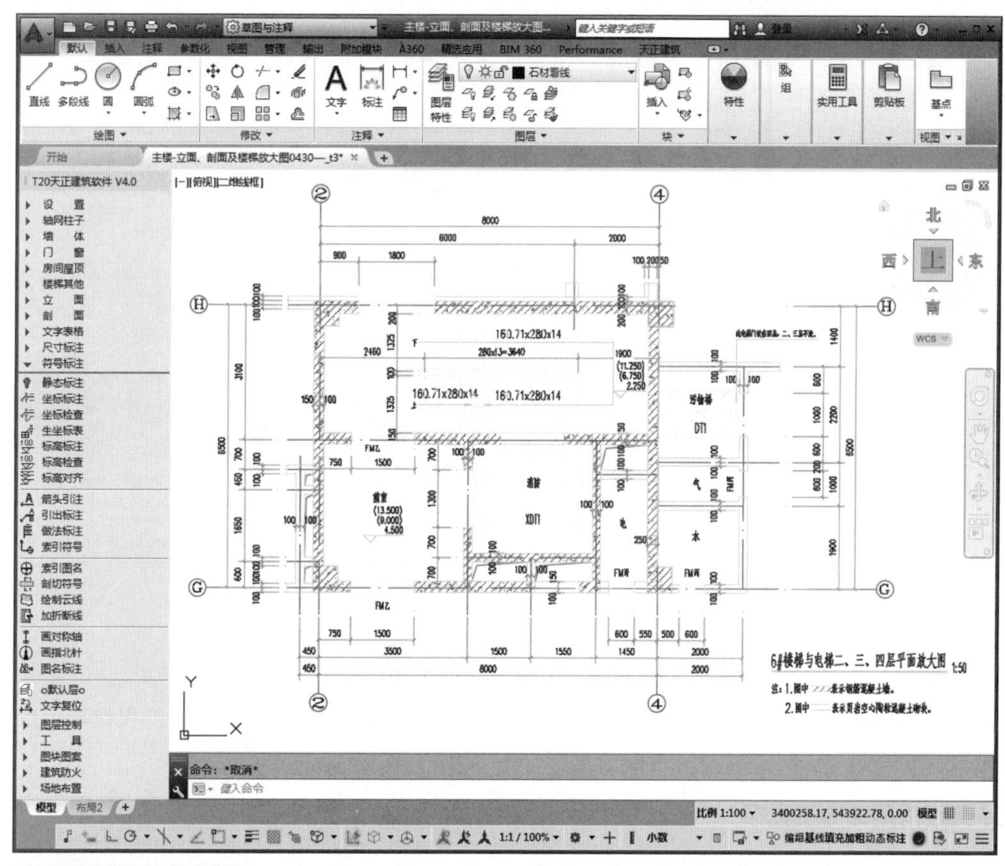

图1 天正建筑T20操作界面

1. 软件功能区

功能区位于天正操作界面最上方，其使用方法与AutoCAD软件相同，如图2所示。

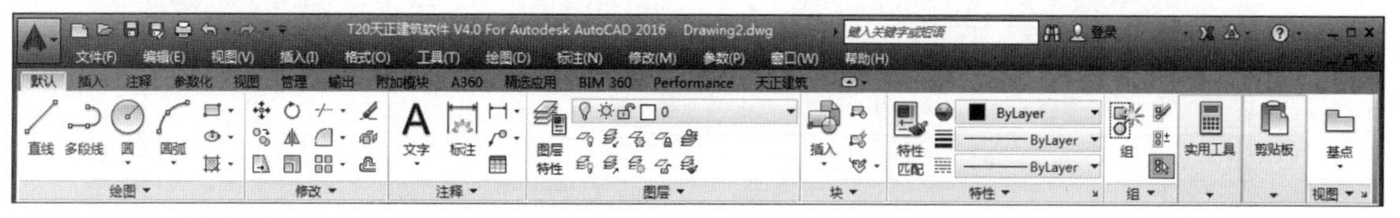

图2 AutoCAD软件功能区

2. 图形选项卡

图形选项卡位于绘图区上方，功能区下方。右击选项卡空白处，在快捷菜单中，用户可进行文件的新建、保存与关闭操作，如图3所示。

图3 图形选项卡

3. 天正工具栏

天正工具栏位于操作界面左侧，单击工具栏中的某一命令选项，会在起扩展列表中显示相应的操作命令，单击命令则可进行相应的操作，如图4、5所示。

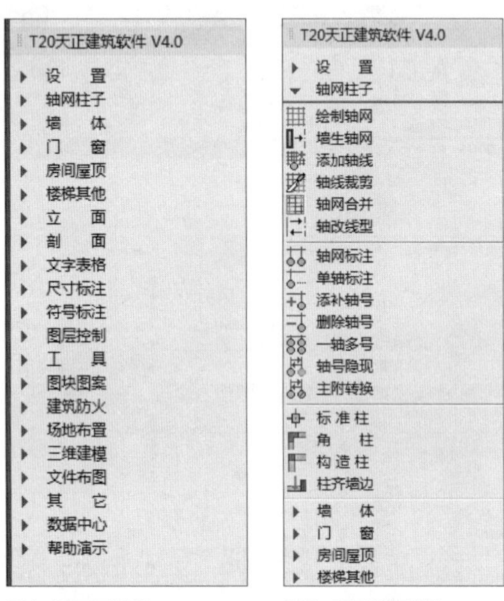

图4 天正工具栏　　　　图5 工具扩展列表

4. 绘图区

绘图区位于操作界面正中间，在该区域中，用户可绘制所需建筑图形。该区域的操作与AutoCAD软件相同。

5. 天正常用命令工具条

在天正软件中，该工具条的显示位置可根据需要随时进行移动。用户只需单击该工具条上方空白处，按住鼠标左键不放，即可拖动工具条至满意位置。单击该工具条中相关命令图标则可快速启动该命令，并进行相应的操作，如图6所示。

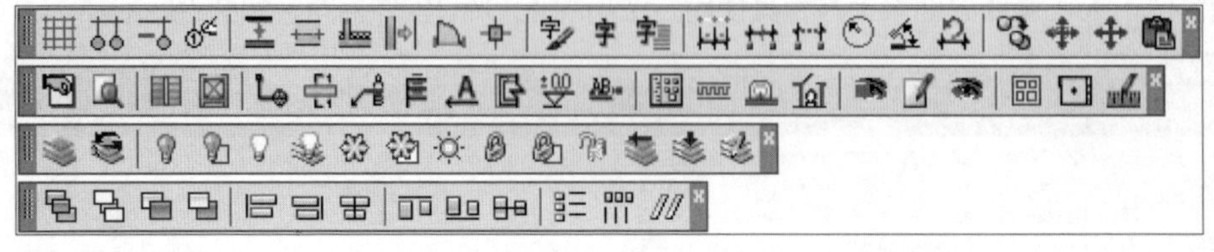

图6 命令工具条

6. 命令提示行

命令提示行默认位于绘图区域下方，状态栏上方。在该命令行中，用户可相关命令参数进行设置，如图7所示。

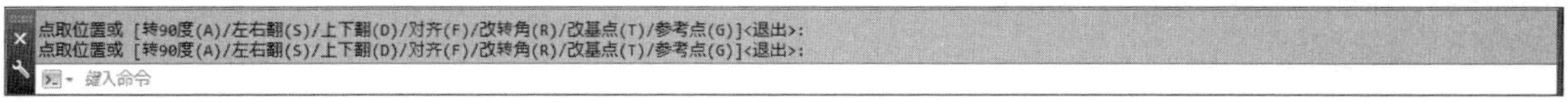

点取位置或 [转90度(A)/左右翻(S)/上下翻(D)/对齐(F)/改转角(R)/改基点(T)/参考点(G)]<退出>:
点取位置或 [转90度(A)/左右翻(S)/上下翻(D)/对齐(F)/改转角(R)/改基点(T)/参考点(G)]<退出>:
键入命令

图7　天正命令提示行

7. 天正状态栏

天正状态栏位于操作界面最下方。在该状态栏中，用户可对当前图形的比例、捕捉方式、图形显示模式、工作空间等功能进行相应的设置，如图8所示。

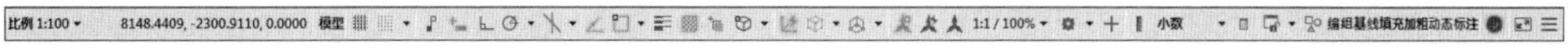

比例 1:100
8148.4409, -2300.9110, 0.0000
模型
1:1 / 100%
小数
编组 基线 填充 加粗 动态标注

图8　天正状态栏

2　天正建筑T20基础认知

对于建筑专业的人员来说，天正建筑软件是绘图的基本软件之一。利用该软件中的各项绘图工具，可轻松的绘制出所需的施工图纸。下面将对一些基本绘制功能进行简单介绍。

1. 自定义建筑对象

天正开发了一系列建筑对象的绘图工具，例如墙体、门窗、房间屋顶、楼梯等。用户只需在工具栏中，单击所需的建筑对象名称，在打开的命令扩展列表中，选择相应的命令选项，即可进行绘制。接下来介绍绘制和编辑轴网、柱子、墙体和楼梯等绘图工具。

（1）绘制轴网

墙体建筑平面图的基本元素。而轴网可以说是建筑物各组成部分的定位中心线，是图形定位的基准线。通常在绘制建筑墙体时，需先定位墙体轴线，然后根据轴线来绘制墙体。

在天正工具栏中，单击“轴网柱子”选项，在扩展列表中，选择相关命令可绘制轴网。选择“绘制轴网”选项，打开“绘制轴网”面板，如图9所示。“上开”是指图纸上方轴线，“下开”是指图纸下方轴线，“左进”和“右进”是指图纸左右两侧的轴线。“上开”和“下开”的绘制顺序是从左至右，而“左进”和“右进”绘制顺序是从下至上。此外，在输入一个尺寸值后，须按回车键，然后再输入下一个数值，切勿按逗号或其他分隔符隔开。

绘制轴网
直线轴网
弧线轴网
上开
下开
左进
右进
间距
个数
1200
1500
1800
2100
2400
2700
3000
3300
3600
3900
4200
4500
4800
5100
5400
5700
6000
总开间：0
总进深：0
轴网夹角：90

图9　“绘制轴网”面板

绘制轴网
直线轴网
弧线轴网
夹角
进深
夹角
个数
45
1
30
1
10
15
20
25
30
35
40
45
60
90
120
150
75
45 30
共用轴线<
内弧半径<
3300
起始角：0

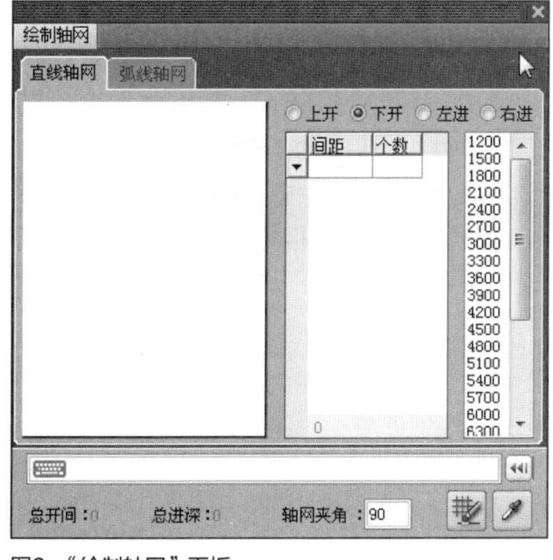

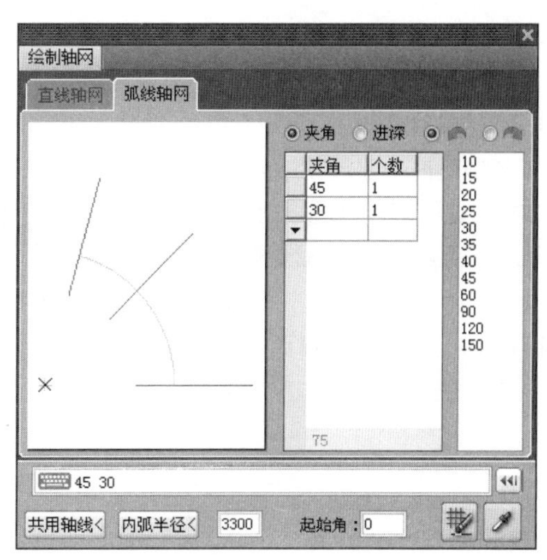

图10　“弧线轴网”面板

在实际操作中，难免会遇到圆弧墙体，所以在创建轴网时，需根据要求绘制圆弧轴网。在“绘制轴网”面板中，选择“弧线轴网”选项卡，如图10所示。在“夹角”和“个数”列表中，输入墙体圆心角数值，最后单击“共用轴线”按钮，在绘图区中，选择所需公用的轴线，设置好圆弧轴线位置，按回车键，单击“确定”按钮，完成操作。

（2）编辑轴网

轴网创建完毕后，通常都需对其进行一些编辑，例如添加轴线、轴线剪裁等。下面将分别对其操作进行介绍。

若要对当前轴网添加轴线，只需在天正工具栏中，执行“轴网柱子”命令，在其扩展列表中，选择“添加轴线”选项，根据命令行提示，在绘图区域中，选择参考轴线，根据需要选择是否为图加轴线，其后移动光标，指定参考线偏移方向，输入偏移距离值，即可完成轴线的添加。

如果想修剪多余的轴线，在天正工具栏中，执行“轴网柱子>轴线裁剪”命令，根据命令行提示，框选需剪裁的轴线区域，即可完成修剪操作，如图11、12所示。

绘图技巧

在绘制过程中，如果轴网不小心被删除，用户可使用“墙生轴网”功能，自动生成轴网线。其方法为：在天正工具栏中，选择“轴网柱子”选项，在其扩展列表中，选择“墙生轴网”选项，根据命令行提示，在绘图区域中，选中所需墙体，按回车键即可生成墙体轴网线。

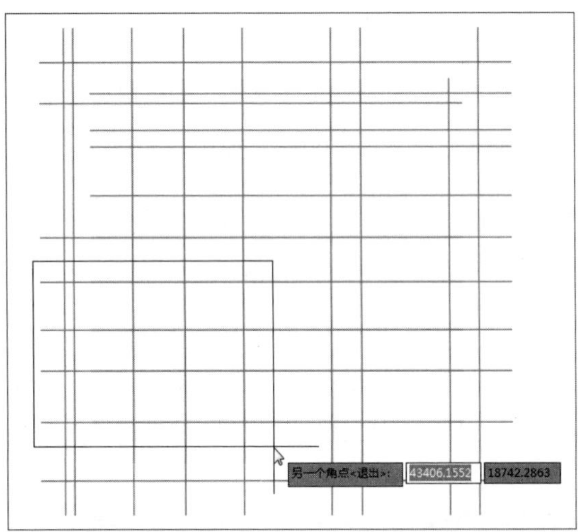

图11　框选需裁剪轴线区域

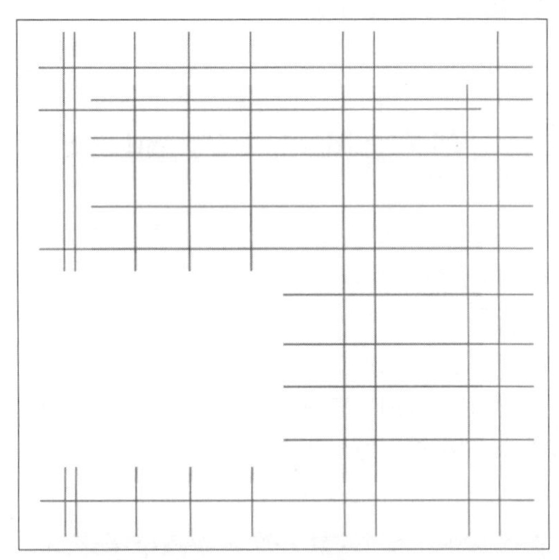

图12　完成裁剪操作

（3）绘制柱子

柱子是在整个建筑物中起到支撑作用，而在天正建筑软件中，只有在创建了轴网线后，才能够添加墙体柱。墙柱在建筑图纸上表现形式也很多，例如标准柱、角柱、构造柱、异形柱等。

在天正工具栏中，执行“轴网柱子>标准柱”命令，在“标准柱”面板中，输入柱子“横向”、“纵向”及“柱高”等参数值，并设置好柱子的“材料”及“形状”等参数，其后在绘图区中，指定标准柱的位置即可完成绘制操作，如图13、14所示。

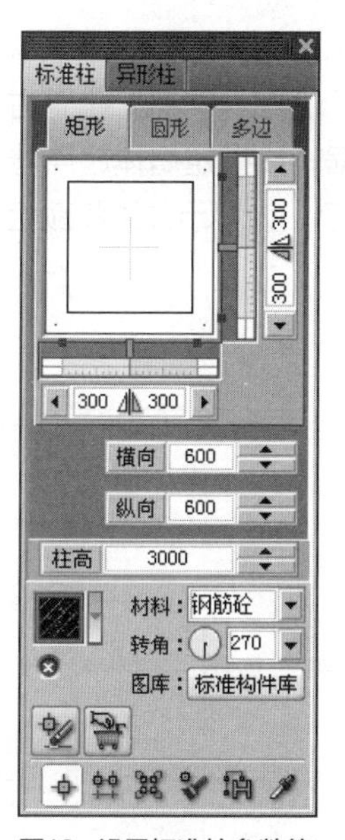

图13 设置标准柱参数值

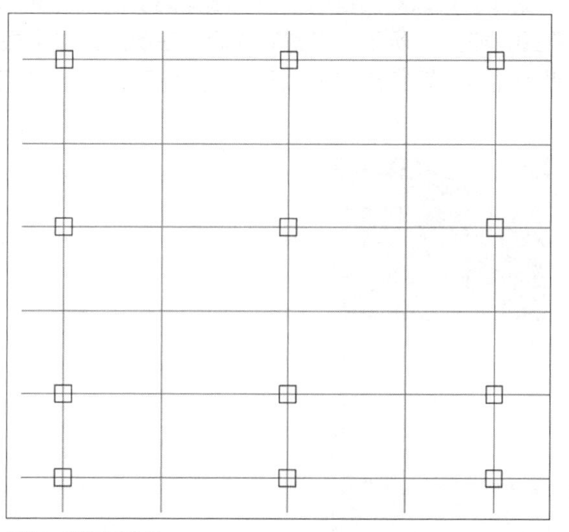

图14 绘制标准柱

角柱是指位于建筑角部、与柱正交的两个方向各只有一根框架梁与之相连接的框架柱。在天正工具栏中，执行“轴网柱子>角柱”命令，根据命令行提示，在绘图区域中选择所需墙角，在“转角柱参数”面板中，设置角柱长度和宽度值，单击“确定”按钮即可完成操作，如图15、16所示。

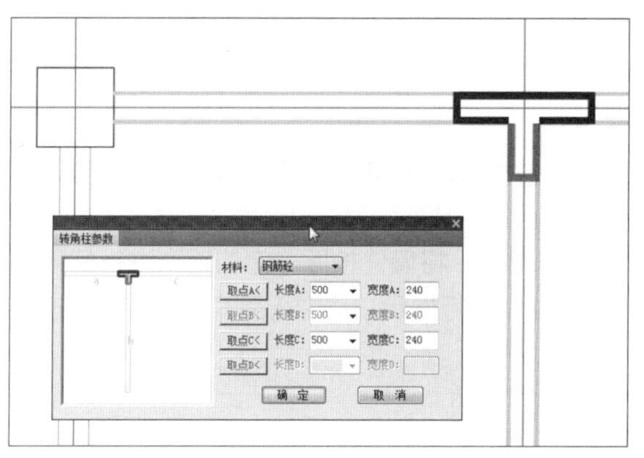

图15 选择墙角

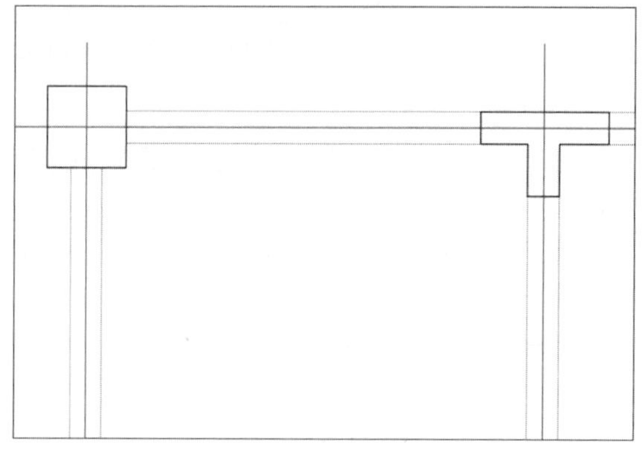

图16 绘制角柱

绘图技巧

通常在绘制好建筑墙体后，才可进行“角柱”及“构造柱”绘制操作。否则无法选取墙角，并进行绘制操作。

（4）绘制墙体

用天正和AutoCAD两种软件绘制的墙体，从图形外观看没有任何区别，但实质却一点都不相同。天正有专门绘制墙体的工具，使用起来相当方便，而AutoCAD它有多种操作方法，可使用起来比较繁琐，从编辑方法上看，天正在对某段墙体进行移动或删除后，而与之相交的另一段墙体自动形成一整段墙，无需对其进行修改，而AutoCAD不同，它须通过“分解”、“修剪”、“延长”等编辑命令，才能完成整个墙体的编辑修改。

通常轴网线创建完毕后，可添加建筑墙体线。在天正工具栏中，执行“墙体>绘制墙体”命令，打开“绘制墙体”面板，在该对话框中，设置墙体高度值为“3000”，在“左宽”和“右宽”选项中，设置宽值均为120，如图17所示。设置完成后，在绘图区域中根据轴线指定墙体起点与下一点，完成墙线的绘制，此时生成的墙线有默认的图层，其图层的颜色为9号色，为显示效果将颜色更改为黑色，如图18所示。

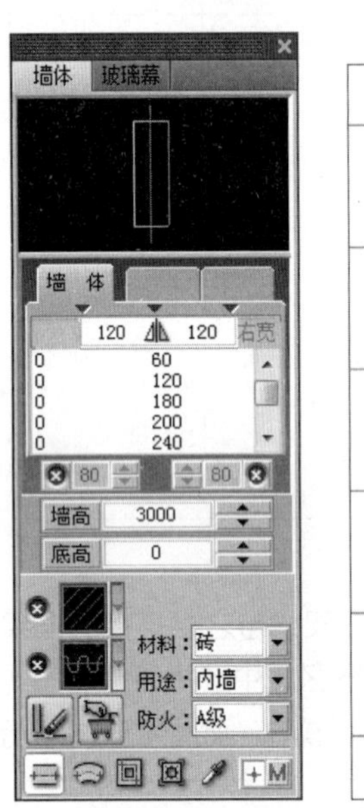

图17 “绘制墙体”面板

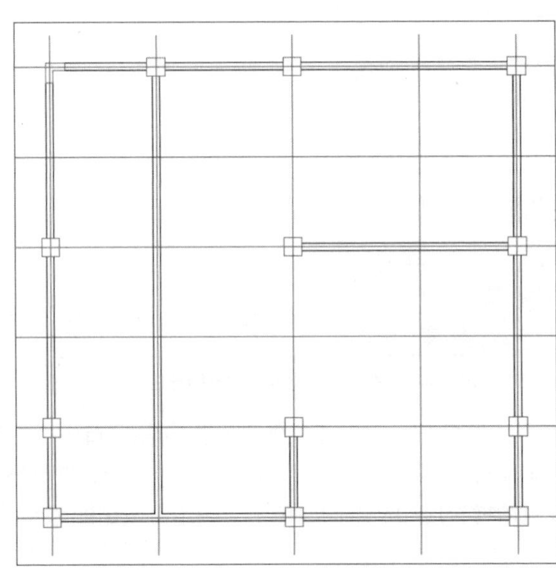

图18 绘制墙体

（5）编辑墙体

墙体绘制完成后，有时会根据需要对当前墙体进行修改。例如将墙体进行净距偏移、倒墙角、改墙厚等。

净距偏移操作与AutoCAD软件中的“偏移”命令操作相同，将墙体按照一定的距离进行偏移复制。在天正建筑软件中，执行“墙体>净距偏移”命令，根据命令行提示，选中所需偏移的墙体并输入偏移距离即可完成，如图19、20所示。

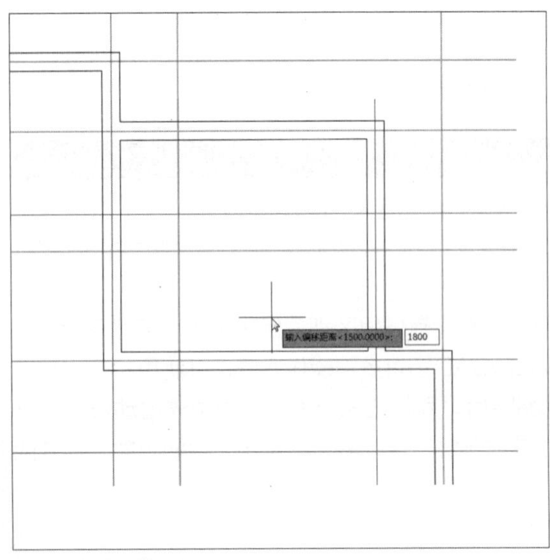

图19 输入偏移距离

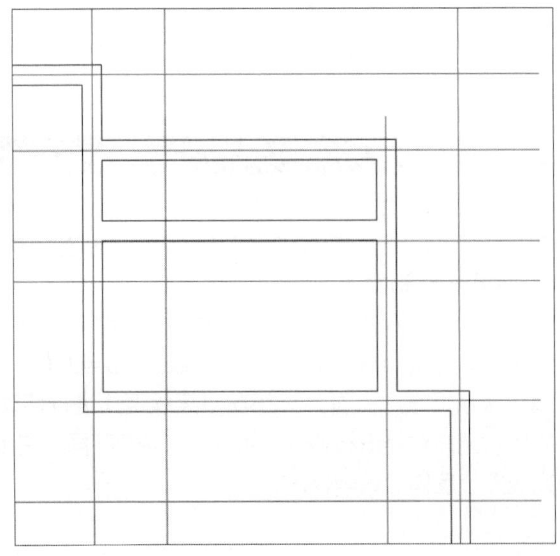

图20 完成偏移操作

倒墙角的操作与AutoCAD中的“圆角”命令相似。用户只需设置倒角距离，即可进行倒墙角操作，如图21、22所示。

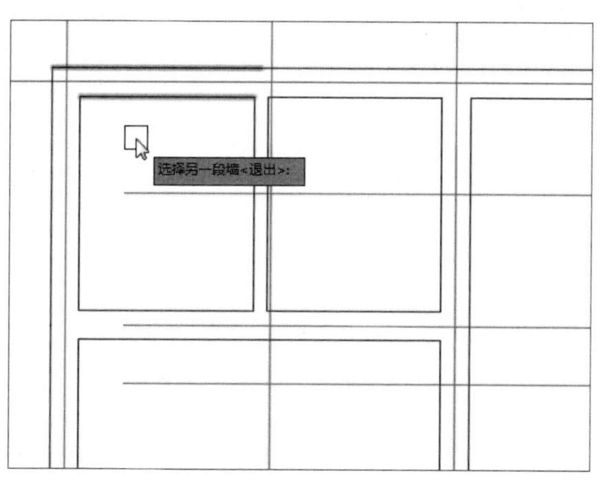

图21 选择两条倒角墙线

图22 完成倒墙角操作

若想要更改绘制好的墙体厚度，可使用“墙体工具”功能进行操作。执行“墙体>墙体工具>改墙厚”命令，根据命令行提示，选择要更改的墙体，输入新的墙宽值，按回车键完成更改操作，如图23、24所示。

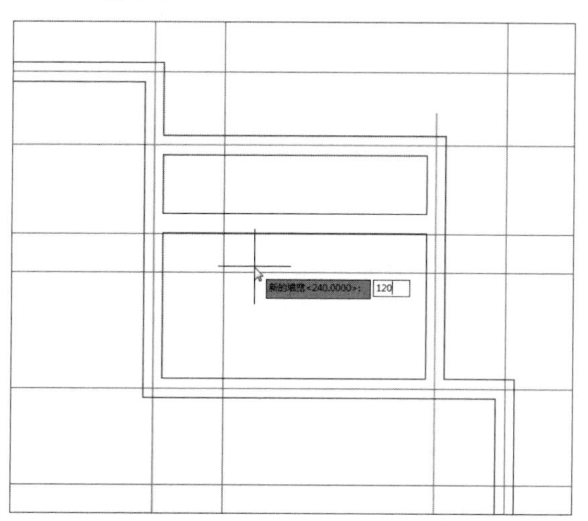

图23 输入新的墙宽值

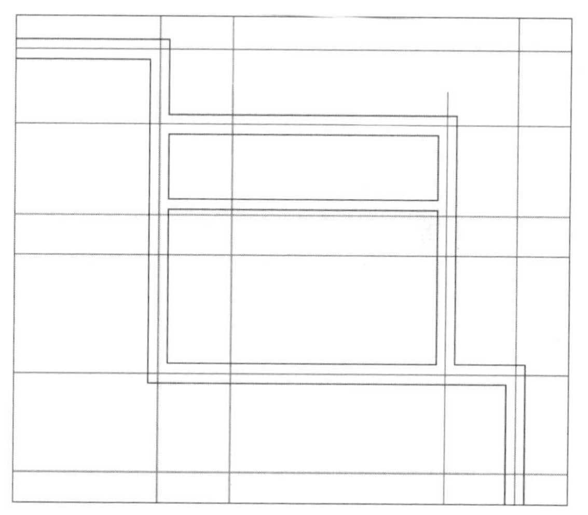
图24 完成墙宽的更改

（6）绘制楼梯

在天正建筑软件中，用户可根据需要轻松添加任意楼梯图块，例如直线梯段、圆弧梯段等。执行“楼梯其他>直线梯段”命令，打开“直线梯段”对话框，如图25所示。在该面板中，设置直线梯段参数值，如“踏步高度、踏步宽度、踏步数目、梯段宽及梯段高度”值等，在绘图区中，指定楼梯位置，点取位置即可完成楼梯梯段的插入，如图26所示。

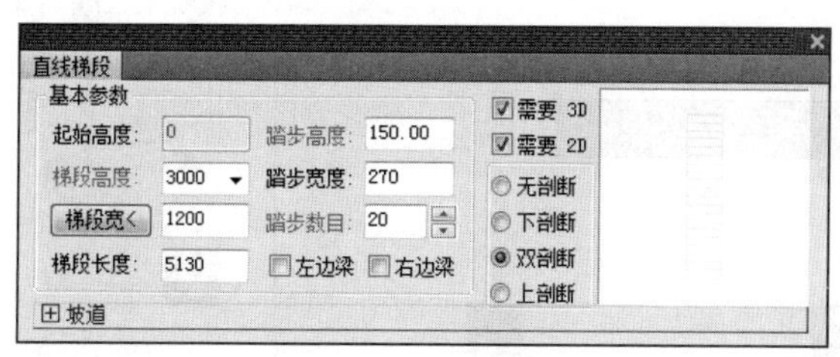

图25 “直线梯段”对话框

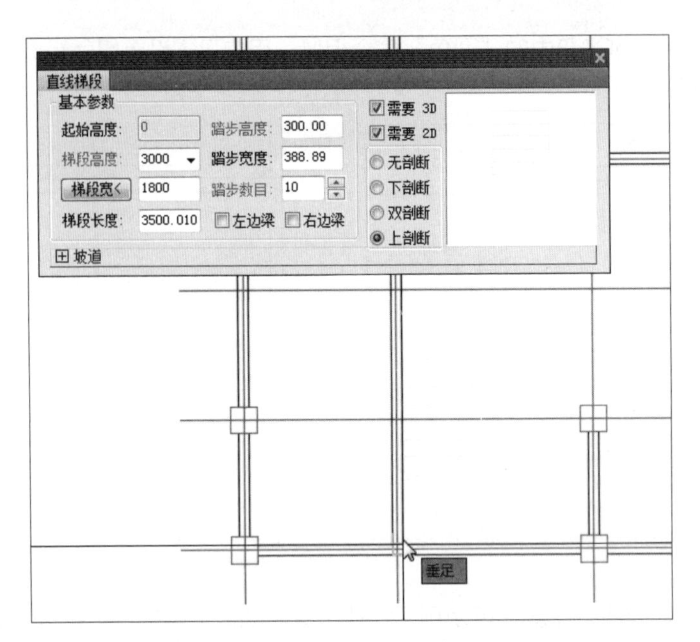

图26　插入楼梯图形

完成梯段图形的绘制后，可执行“楼梯其他>添加扶手”命令，选择楼梯梯段，设置扶梯宽度、高度和扶手边距值后，为梯段添加楼梯扶手。

在天正建筑T20软件中，除了可添加直线梯段外，还可添加其他一些楼梯梯段，用户只需执行“楼梯其他”命令，在打开的扩展列表中，根据需要选择相应的梯段，在打开相应的对话框中，设置好梯段参数即可添加。

2. 方便的动态输入菜单系统

在绘制过程中，如需确定图形位置或方向，此时系统将在光标处显示相应的动态输入菜单，用户直接输入数据即可，如图27所示。选中所需图形，单击鼠标右键，在打开的快捷菜单中，用户可对该图形进行编辑操作，如图28所示。

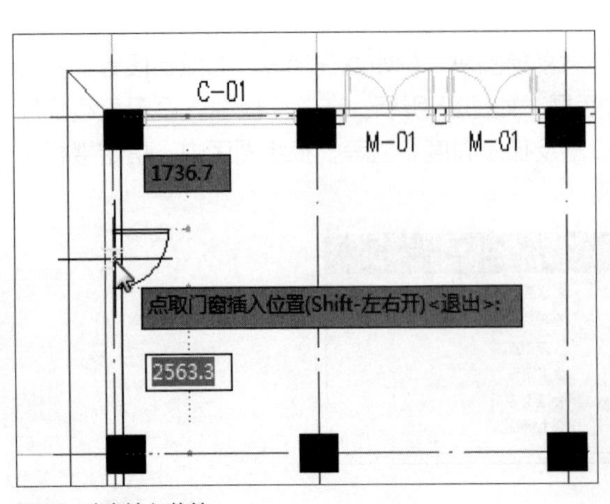

图27　动态输入菜单

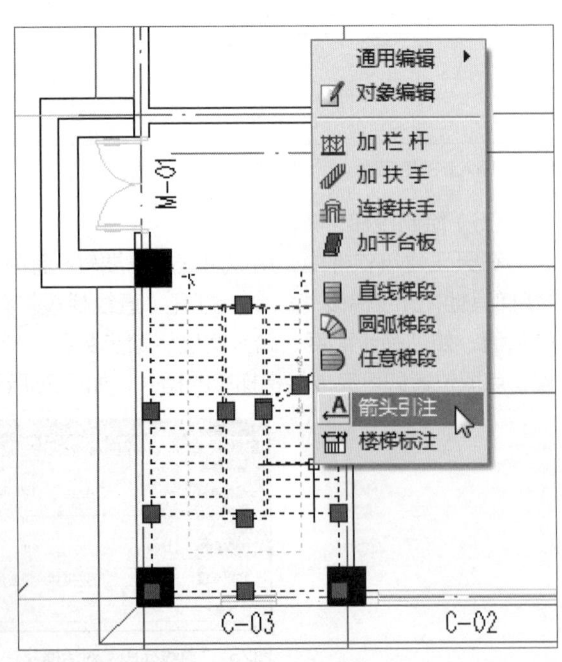

图28　右键快捷菜单

3. 强大的状态栏功能

状态栏的比例控件可设置当前比例和修改对象比例，提供了编组、墙基线显示、加粗、填充和动态标注（对标高和坐标有效）控制。

4. 全新设计文字表格功能

天正的自定义文字对象可方便地书写和修改中西文混排文字，方便地输入和变换文字的上下标，输入特殊字符，书写加圈文字等，如图29所示。文字对象可分别调整中西文字体各自的宽高比例，修正AutoCAD所使用的两类字体（*.shx与*.ttf）中英文实际字高不等的问题，使中西文字混合标注符合国家制图标准的要求。此外天正文字还可以设定对背景进行屏蔽，获得清晰的图面效果。天正建筑的在位编辑文字功能为整个图形中的文字编辑服务，双击文字进入编辑框，提供了前所未有的方便性，如图30所示。

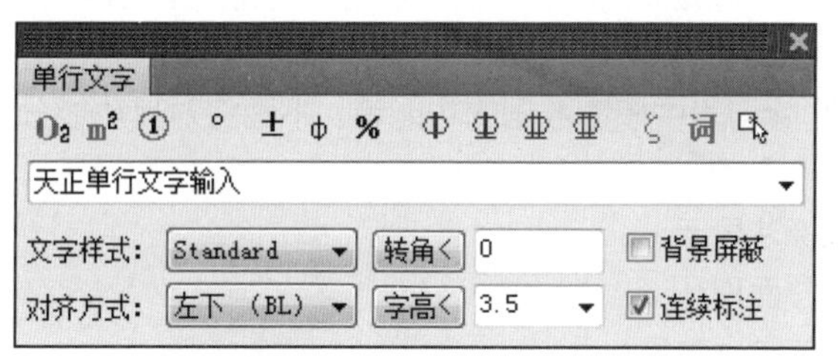

图29 天正单行文字输入

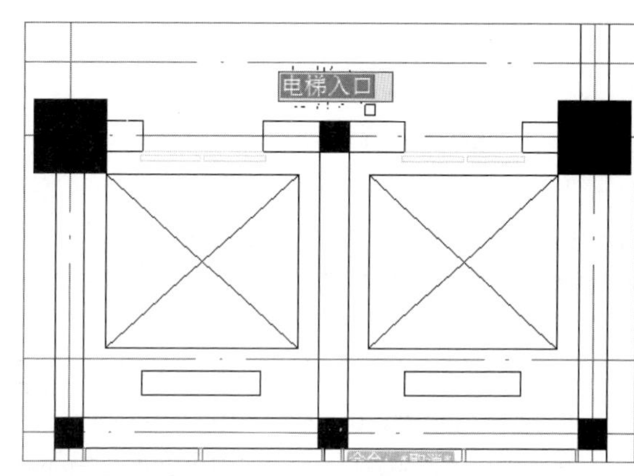

图30 修改文字内容

5. 强大的图库管理系统和图块功能

天正的图库系统采用图库组TKW文件格式，同时管理多个图库，通过分类明晰的树状目录使整个图库结构一目了然。执行“图块图案>通用图库”，打开“天正图库管理系统”面板，如图31所示。其中类别区、名称区和图块预览区之间可随意调整最佳可视大小及相对位置，在“图块编辑”面板中设置自定义尺寸或输入比例，图块支持拖拽排序、批量改名、新入库自动以“图块长×图块宽”的格式命名等功能，最大程度地方便用户绘图。

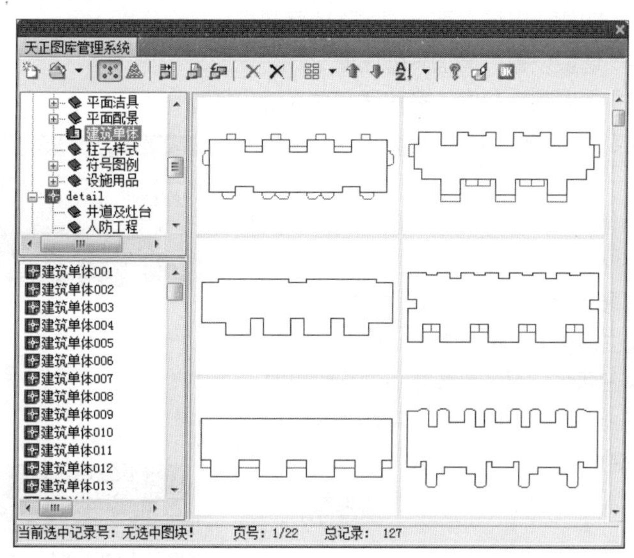

图31 天正图库管理系统

在绘制建筑图的过程中，图案填充尤为重要。在天正软件的图案图库中，可以直接使用其图案进行填充，最大程度地提高绘图效率和准确度。执行“图块图案>图案管理”命令，打开“图案管理”面板，在最侧列表中可选择所需图案，右侧进行相应图案的预览，如图32所示。

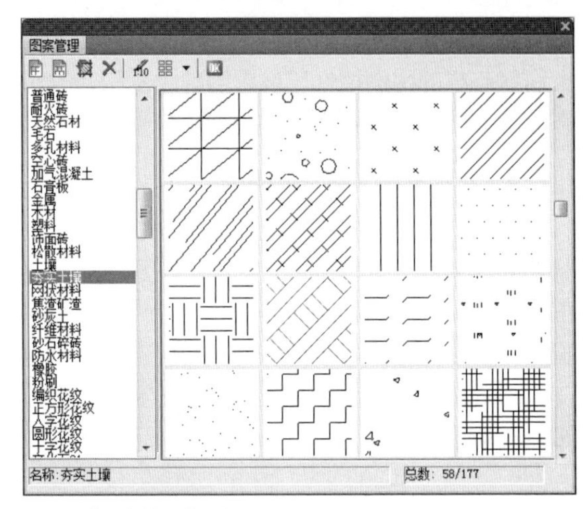

图32 “图案管理”面板

6. T20天正建筑V4.0新增功能

T20天正建筑V4.0版本与之前版本相比，增添了不少新的功能及命令，且完善了部分信息系统，比如新增“标注设置”命令、“面积修正”命令、“树名标注”命令等，改进了图库填充库的图例、“道路标高”功能、“坐标标注”功能、“绘制墙体”中删除列表中墙宽数据的功能等。下面将对其功能分别进行介绍。

- 新增“标注设置”命令，用于设置防火分区的标注显示；
- 新增“面积修正”命令，用于修正防火分区的总面积；
- 新增“局部喷淋”命令，用于设置有局部喷淋的防火分区；
- 新增“分区创建”命令，用于根据图纸设置并标出防火分区；
- 新增“生坐标表”命令，用于选择图中的天正坐标标注对象，生成坐标表格，或将坐标值输出为其他格式文档；
- 新增“树名标注”命令，用于标注树木名称，在景观环境绘图中，对于树名可以直接生成；
- 新增“树木统计”命令，用于分类统计各种树木的数量，并生成统计表；
- 新增“填充面积”，命令，可以按图层或图案名称分类统计，进而填充面积；
- 调整“绘制轴网”和“轴网标注”面板，如图33所示；
- 改进“绘制墙体”功能，支持在列表中删除墙宽数据；
- 增加“递增文字”增量设置，增加阵列递增形式；
- 增加“面积计算”中对防火分区、多段线和填充的支持；
- 除了新增和改进的功能外，T20还修改了一些常见问题；
- 修改并解决了墙体在图上某些位置填充显示不对的问题；
- 解决了墙体在对象编辑时，若修改了墙体材质，墙宽以及墙图层发生错误变化的问题；
- 解决了房间对象在两张DWG图纸之间进行拷贝时，若其坐标系均不相同，房间对象在完成拷贝后标注显示方向不正确的问题；
- 解决了用AutoCAD的分解命令分解线图案后，线图案消失的问题。

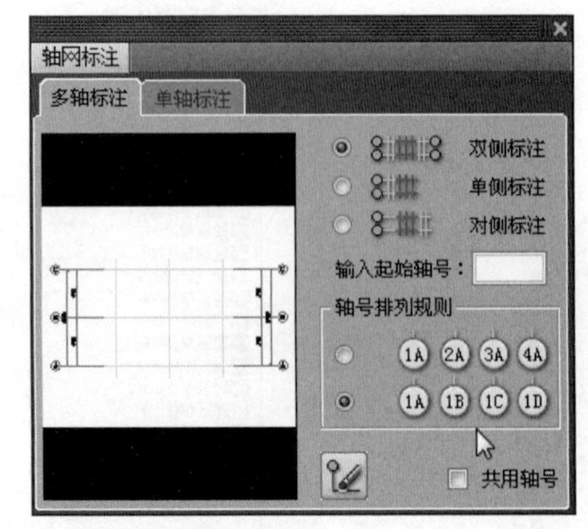

图33 “轴网标注”面板

综合实例 —— 绘制建筑立面图

下面将以建筑立面图为例，运用天正建筑软件中的相关功能为立面图添加立面窗、立面栏杆等图形。本案例是在第17章建筑施工图的基础上完成的。

Step 01 启动天正建筑软件，打开素材文件，如图34所示。

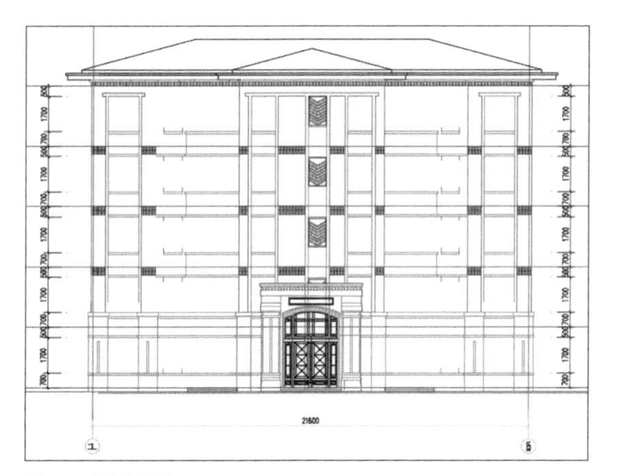

图34　素材图形

Step 02 执行“立面>立面门窗”命令，打开“天正图库管理系统”面板，在树状列表中选择“立面门>双扇造型门”选项，如图35所示。

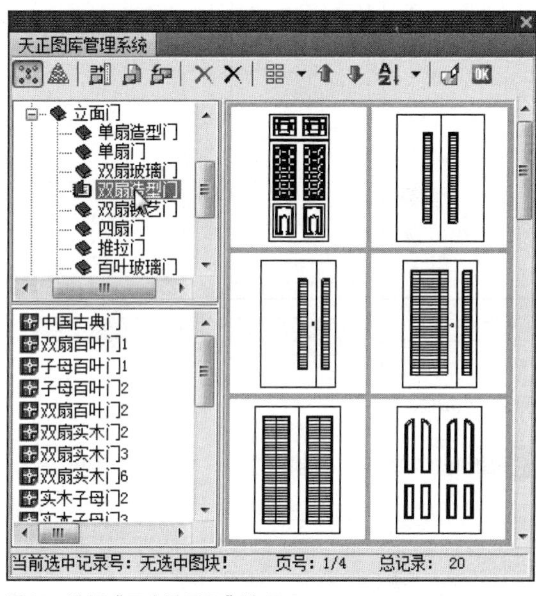

图35　选择“双扇造型门”选项

Step 03 在左下角列表中选择“双扇门1”选项，右侧可以预览当前选项的图形，如图36所示。

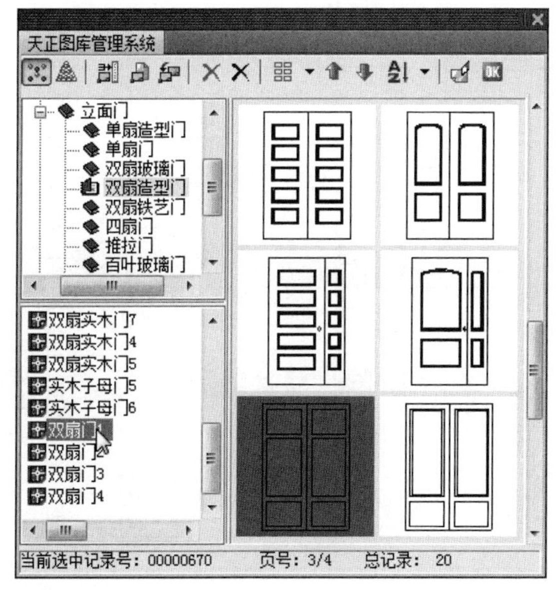

图36　选择门图形

Step 04 双击选择该图形后，返回至绘图区，弹出“图块编辑”面板，单击“输入尺寸”单选按钮，取消勾选“统一比例”复选框，根据立面所需尺寸在X、Y数值框中输入立面门尺寸，如图37所示。

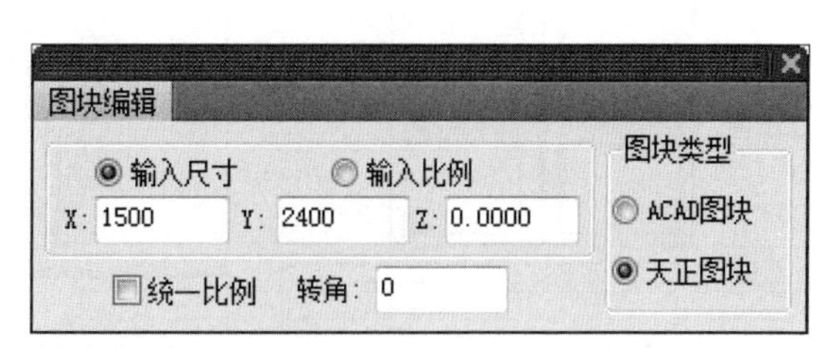

图37　输入立面门参数

Step 05 在绘图区中点取插入点，这里选择台阶左上角端点，如图38所示。

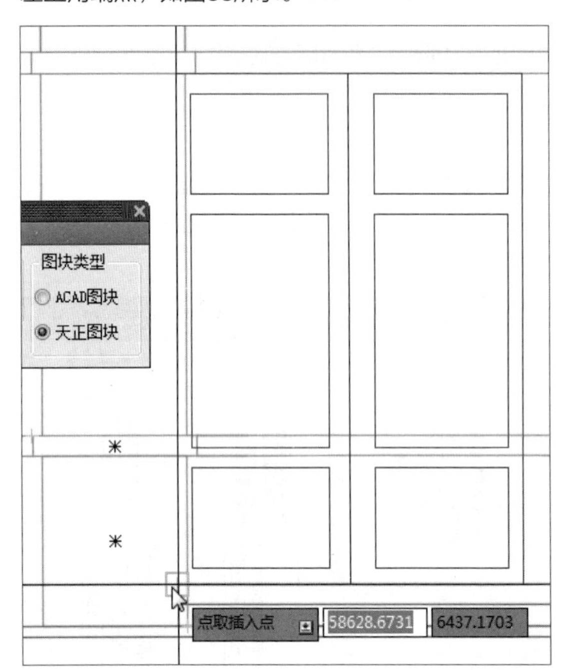

图38 点取插入点

Step 06 点取完成后按回车键，完成此处门图形的插入，执行“移动”命令，将门图形向右水平移动350，完成门图形的绘制，如图39所示。

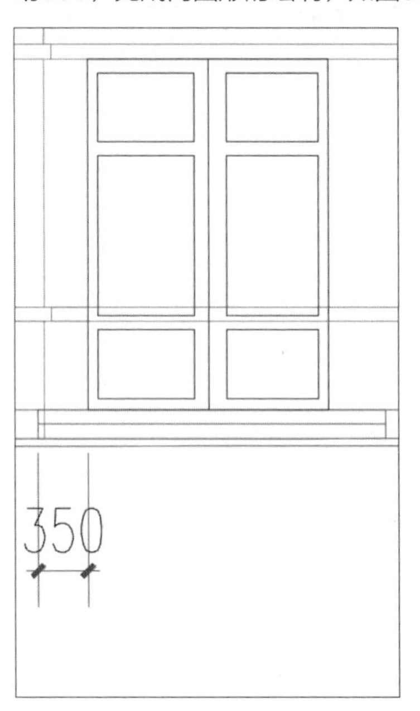

图39 立面门图形

Step 07 执行“复制”命令，将立面门图形进行多次复制，如图40、41所示。

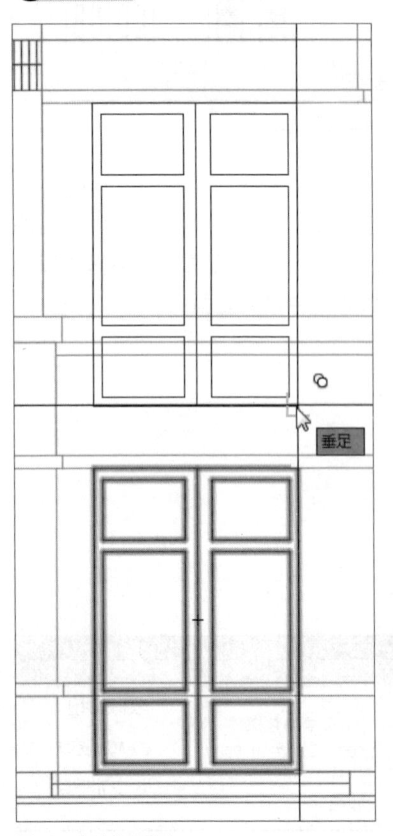

图40 复制门图形

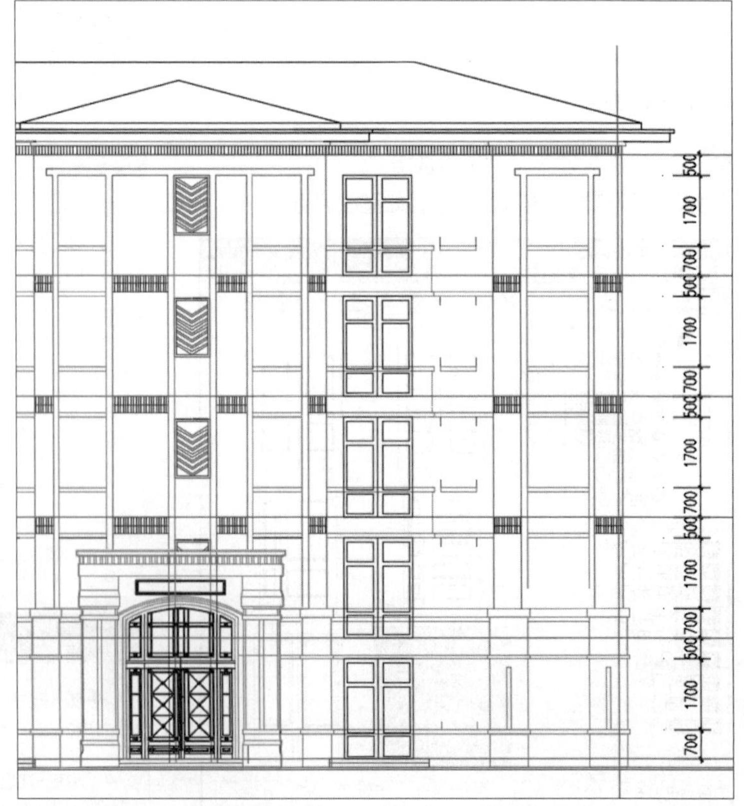

图41 复制效果

Step 08 打开“天正图库管理系统”面板，选择“立面窗>普通窗”选项，在列表中选择如图42所示的窗图形。

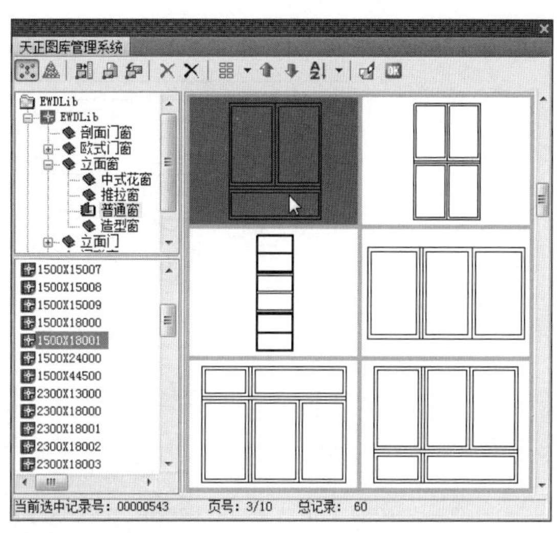

图42 选择窗图形

Step 09 在立面图中插入该立面窗图形，设置窗尺寸1500×1700，如图43所示。

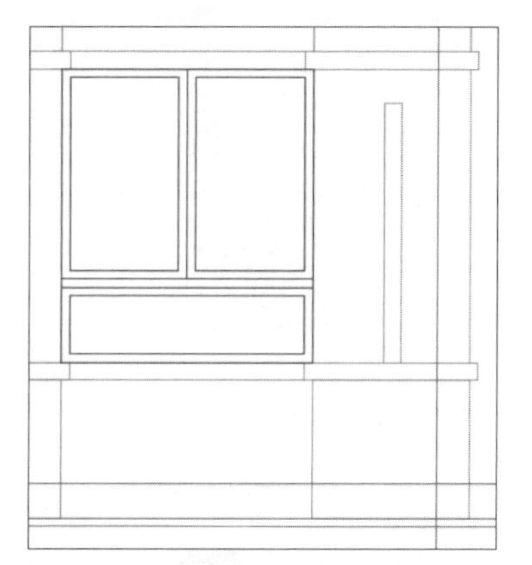

图43 插入窗图形

Step 10 执行“复制”命令，将窗图形复制于其他位置，效果如图44所示。

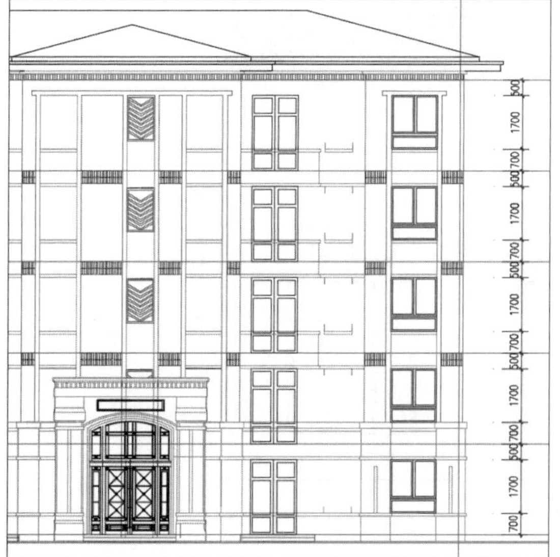

图44 复制窗图形

Step 11 打开“天正图库管理系统”面板，继续插入窗图形，如图45所示。

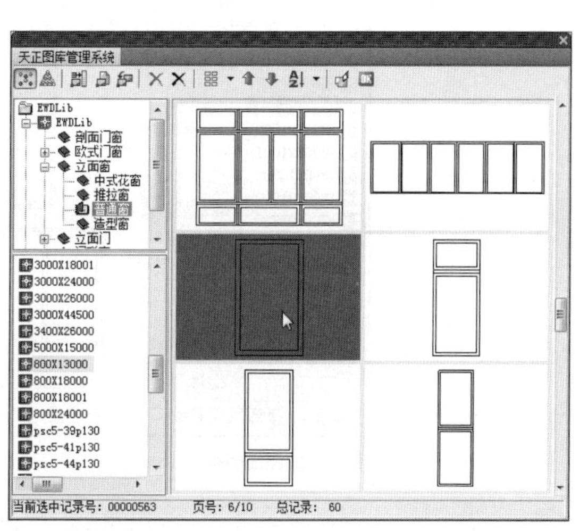

图45 选择窗图形

Step 12 按同样的方法完成该窗图形的插入，设置窗尺寸为900×1300，如图46所示。

图46 插入窗图形

Step 13 打开“天正图库管理系统”面板，继续插入窗图形，如图47所示。

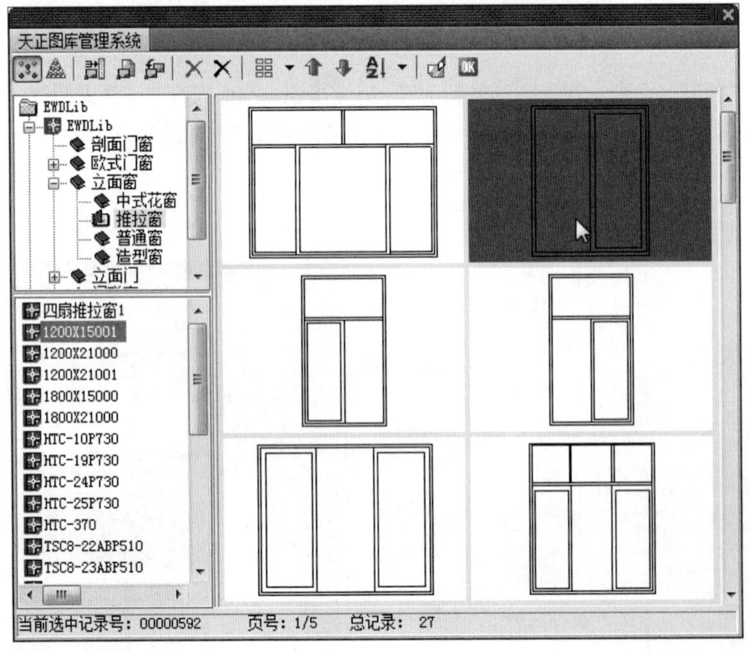

图47 选择窗图形

Step 14 按同样的方法完成该窗图形的插入，设置窗尺寸为1200×1500，如图48所示。

图48　插入窗图形

Step 15 继续插入窗立面图形，设置窗尺寸为900×1500，插入楼梯道窗图形，如图49、50所示。

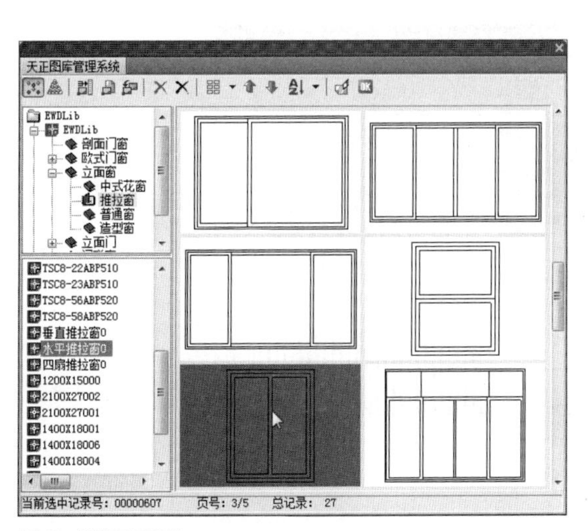

图49　选择窗图形

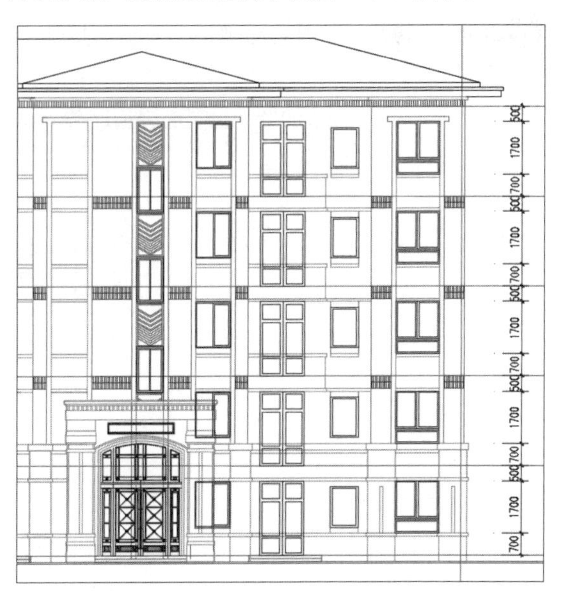

图50　插入窗图形

Step 16 执行“直线”命令，标识窗的开启方向，如图51所示。

图51　窗开启线

Step 17 执行“立面>立面阳台”命令，打开“天正图库管理系统”面板，选择“阳台1”中所示阳台栏杆，如图52所示。

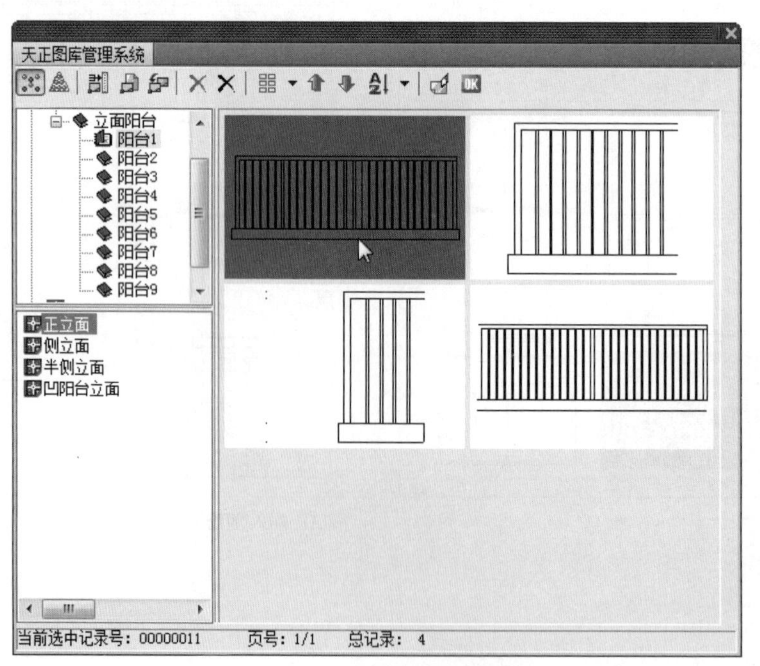

图52　选择立面阳台图形

Step 18 分别设置两种阳台栏杆尺寸为2650×500和2000×700，完成栏杆图形的添加，效果如图53所示。

图53 添加阳台栏杆图形

Step 19 执行“工具>查询>距离”命令，查询两条直线间距离，如图54所示。

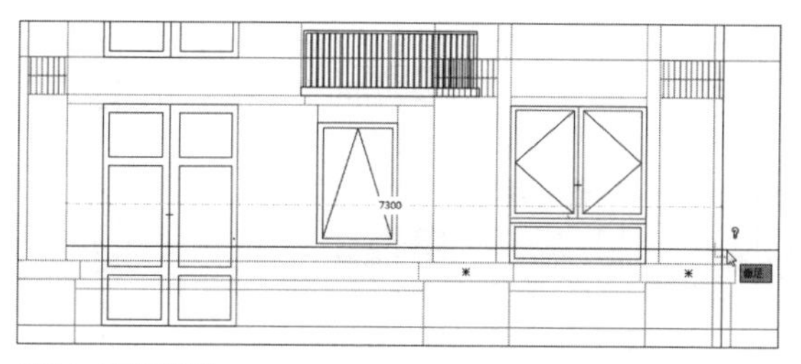

图54 查询距离

Step 20 继续插入阳台栏杆图形，设置尺寸为7300×500，如图55所示。

图55 添加栏杆图形

Step 21 执行“分解”和“修剪”等命令，修剪多余线条，并将长为2000的阳台向右拉伸至长为1500，效果如图56所示。

图56　修剪图形

Step 22 执行“镜像”命令，将所绘的门窗图形进行镜像，执行“移动”命令，将镜像的图形移动至相应位置，如图57所示。

图57　镜像图形

Step 23 执行“文字表格>单行文字”命令，打开“单行文字”面板，设置文字样式为宋体，字高为2.5，为单元门添加单元标识，如图58所示。

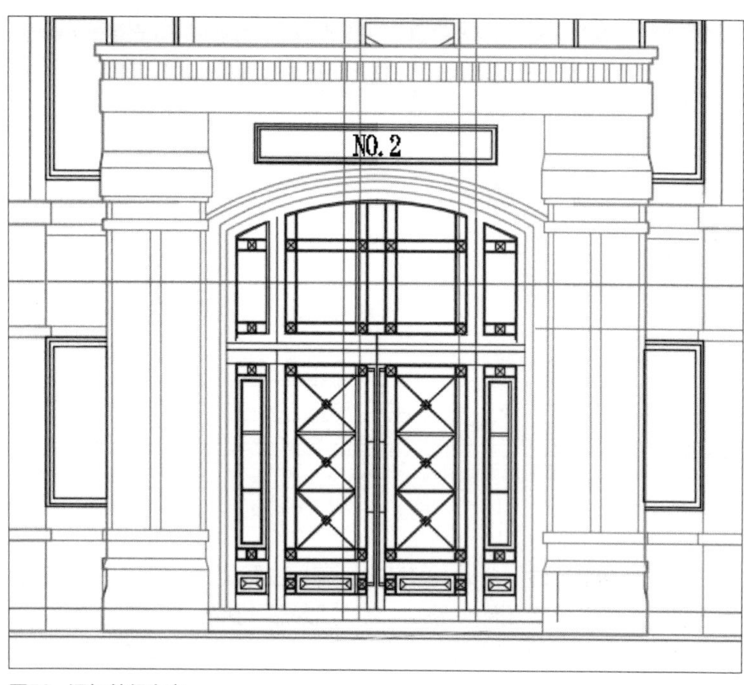

图58 添加单行文字

Step 24 执行“符号标注>图名标注”命令，打开“图名标注”面板，设置文字样式为宋体，字高为默认，单击“传统”单选按钮，为立面图添加图名，如图59所示。

Step 25 执行“尺寸标注>逐点标注”命令，为立面图添加尺寸标注，如图60所示。

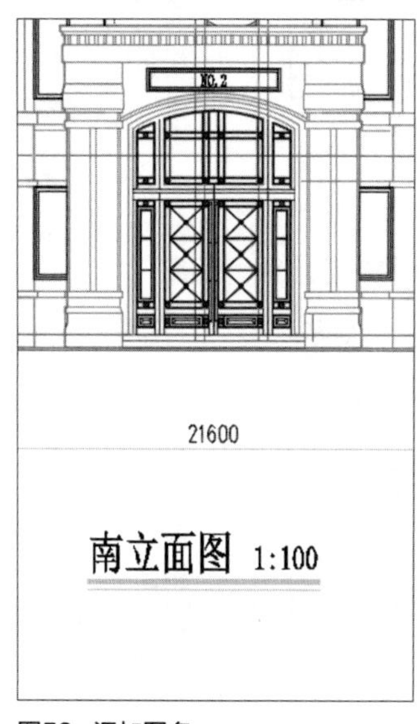

图59 添加图名

图60 添加标注

Step 26 执行“图案填充”命令，打开“图案填充创建”选项卡，选择“弯瓦屋面”选项，填充屋面图形，如图61、62所示。

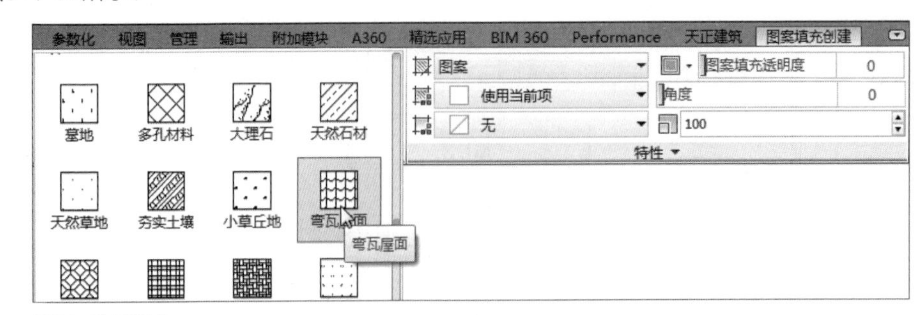

图61 选择图案

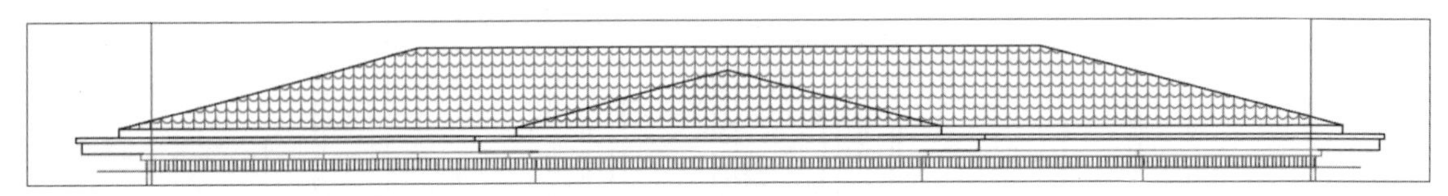

图62 填充屋面图形

Step 27 执行“符号标注>标高标注”命令，打开“标高标注”面板，勾选“手工输入”复选框，根据命令行提示在绘图区中拾取标高点和标高方向，完成标高的插入后，执行“复制”命令，分别向上移动至轴线处，此时标高数值自动更新，完成立面图标高标注的添加，执行“尺寸标注>角度标注”命令，为屋面角度添加标注，最后执行“文字表格>单行文字”命令，为层数添加注释，至此完成立面图形的绘制，效果如图63所示。

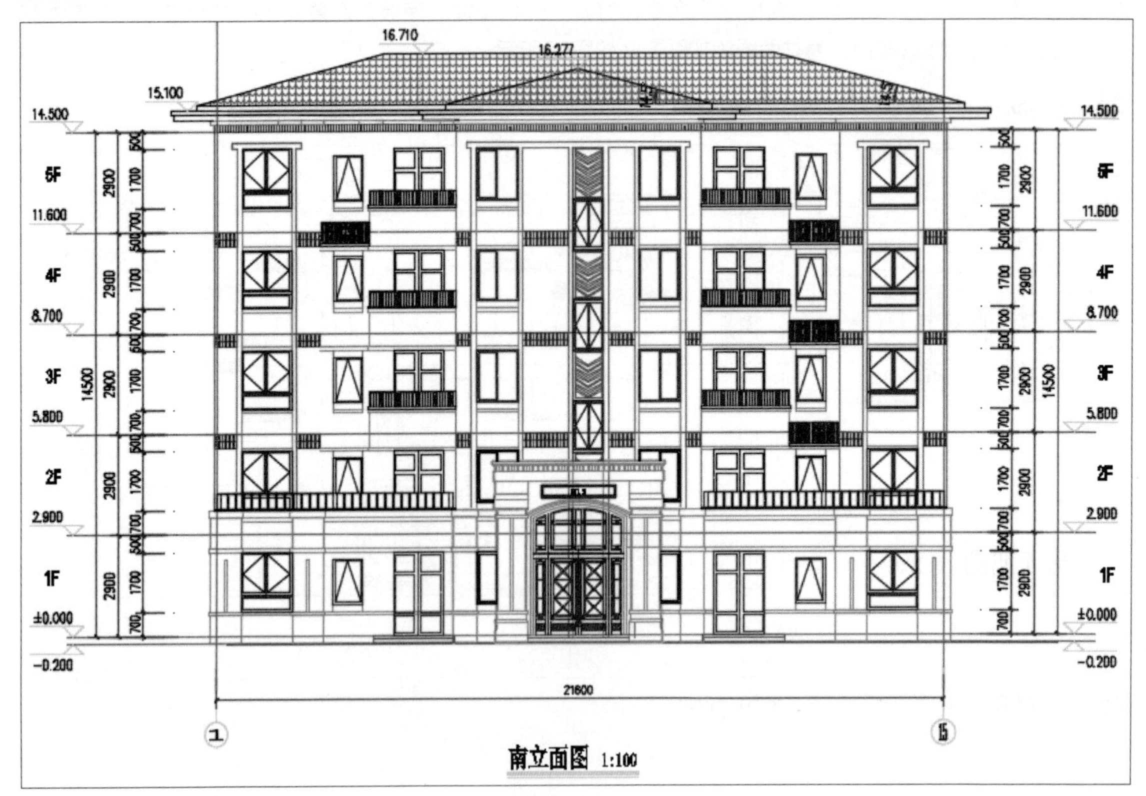

图63 完成立面图形的绘制

附录2 安装AutoCAD 2018应用程序

在用户使用AutoCAD 2018之前，需要先了解关于该版本对于电脑软件和硬件的要求以及安装方法。下面向用户简单介绍该软件的运行环境和安装过程。

1 AutoCAD 2018的运行环境

在安装AutoCAD 2018软件时，用户需根据当前计算机的操作系统来选择相应的软件运行环境。目前AutoCAD 2018软件按操作系统可分为32位和64位。32位的操作系统不能装64位的AutoCAD软件，但64位的操作系统可安装32位以及64位的AutoCAD软件。下面将首先介绍AutoCAD 2018软件的安装环境，如表1所示。

表1 AutoCAD 2018对软件和硬件的要求

AutoCAD 2018 的系统要求	
操作系统	Microsoft Windows7 SP1（32位和64位） Microsoft Windows8.1的更新KB2919355（32位和64位） Microsoft Windows10（仅限64位）
浏览器	Windows Internet Explorer11或更高版本
处理器	支持1千兆赫（GHz）或更快的32位处理器 支持1千兆赫（GHz）或更快的64位处理器
内存	32位系统：2GB（建议使用4GB） 64位系统：4GB（建议使用8GB）
显示屏分辨率	常规显示： 1360×768（建议1920×1080），真彩色 高分辨率和4K显示： 分辨率达3840×2160，支持Windows10、64位系统（使用的显卡）
显卡	Windows显示适配器1360×768真彩色功能和DirectX9.建议使用与DirectX11兼容的显卡
用于大型数据集、点云和三维建模的其他要求	
内存	8G或更大RAM
磁盘空间	6GB可用硬盘空间（不包括安装所需的空间）
显卡	1920×1080或更高的真彩色视频显示适配器，128MB VRAW或更高，Pixel Shader3.0或更高版本，支持Direct3D的工作站级图形卡

2 AutoCAD 2018的安装过程

在使用AutoCAD 2018软件之前，用户需要正确安装该软件。下面向用户介绍如何安装AutoCAD 2018软件。

Step 01 在安装软件之前，需下载好AutoCAD 2018安装包，然后双击该安装包，进入解压对话框，设置解压路径，如图1所示。

Step 02 单击“确定”按钮，开始解压安装包，如图2所示。

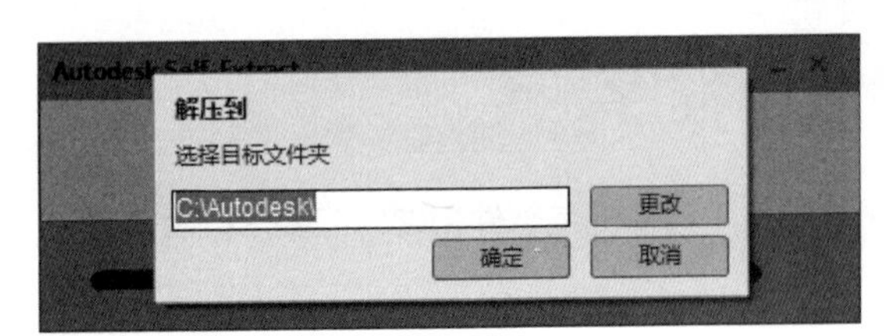

图1 选择解压目标文件夹

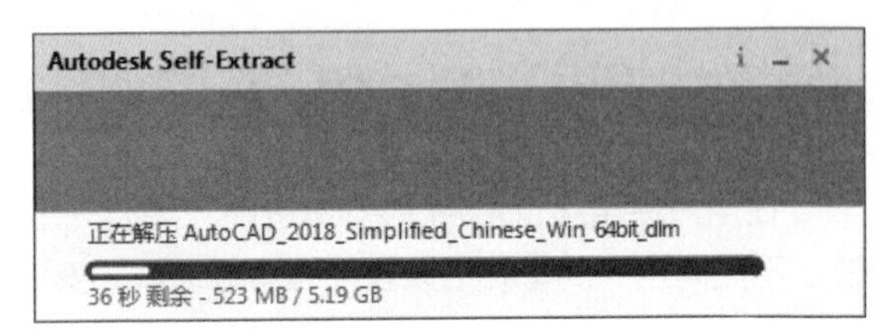

图2 正在解压

Step 03 解压完毕后，进入安装界面。在打开的安装界面中单击“安装”超链接按钮，如图3所示。

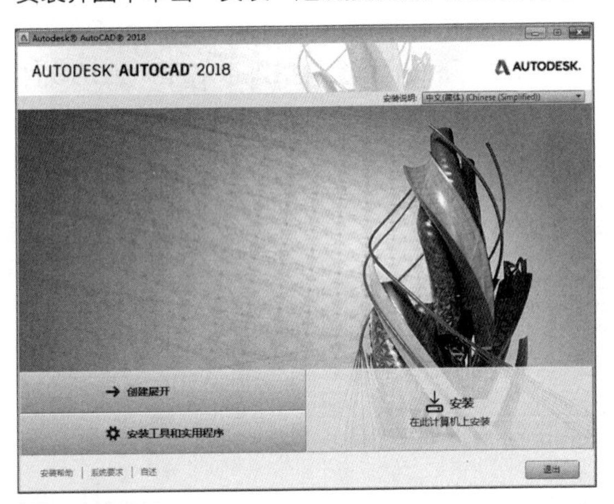

图3 安装界面

Step 04 在“许可协议”对话框中，选择“我接受”单选项，再单击“下一步”按钮，如图4所示。

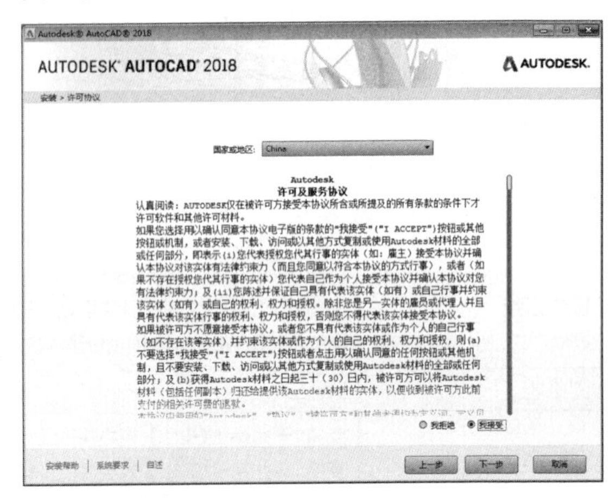

图4 同意许可协议

Step 05 在打开的“配置安装”对话框中，根据用户需要，勾选相应的插件选项并设置安装路径，其后单击“安装”按钮，如图5所示。

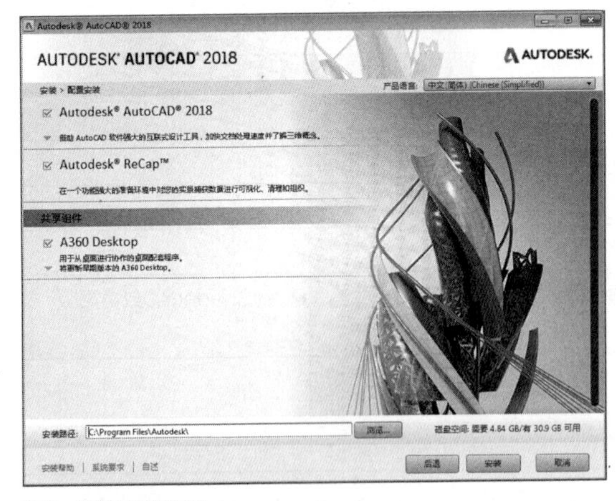

图5 设置安装配置

Step 06 在打开的“安装进度”对话框中，显示程序正在安装，用户需稍等片刻，如图6所示。

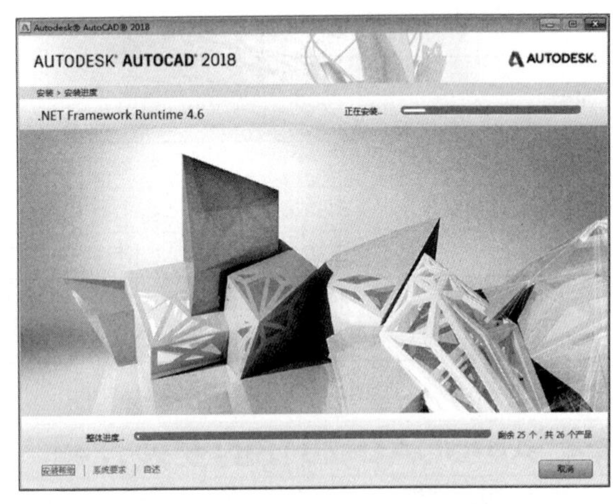

图6 正在安装

Step 07 安装完成后，对话框中会提示“您已成功安装选定的产品。请查看任何产品信息警告”，且主程序和插件前端会显示绿色的√，表示所有程序都已成功安装，如图7所示。

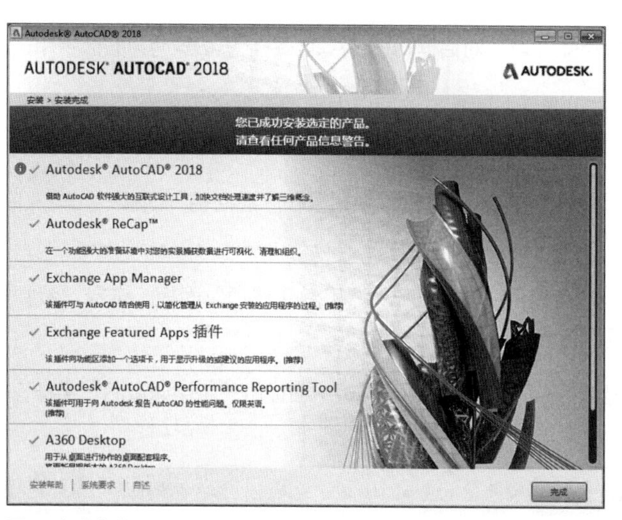

图7　完成安装

工程师点拨：64位系统环境

64位软件要求电脑必须有64位的cpu，并安装64位的操作系统才能运行。64位的系统指的是cpu一次能处理64位的数据，AutoCAD软件运算量较大，用64位的软件能发挥出更好的效能。64位软件与32位软件在软件操作上没有不同，只是软件内部处理数据的位数不同。

3　AutoCAD 2018的激活方法

AutoCAD 2018软件安装完成后，若想长期使用，则需要将其激活，否则只能试用有限的时间。具体的激活方法介绍如下：

Step 01 在电脑状态栏中执行“开始>所有程序>Autodesk>AutoCAD 2018-简体中文（Simplified Chinese）>AutoCAD 2018-简体中文（Simplified Chinese）”命令，启动AutoCAD 2018中文版软件。

Step 02 在进入AutoCAD 2018工作界面之前会弹出“我们开始吧”页面，在该页面中选择“输入序列号”许可类型，如图8所示。

图8　选择许可类型

Step 03 进入“Autodesk许可”对话框，在“Autodesk隐私声明”面板中单击“我同意”按钮；

Step 04 进入“产品许可激活”面板，该面板中会提示剩余天数为30天，如果用户未激活该软件，则只能再使用30天；

Step 05 单击“激活”按钮，进入“请输入序列号和产品密钥”面板，如输入序列号666-69696969以及产品密钥001J1；

Step 06 单击“下一步”按钮，进入“产品许可激活选项”面板，选择“我具有Autodesk提供的激活码”选项，将从官方购买的激活码粘贴到下方输入框中；

Step 07 单击“下一步”按钮，完成激活，面板中会提示“感谢您激活”字样，再单击“完成”按钮即可正式进入AutoCAD 2018“开始绘图”界面，如图9所示。

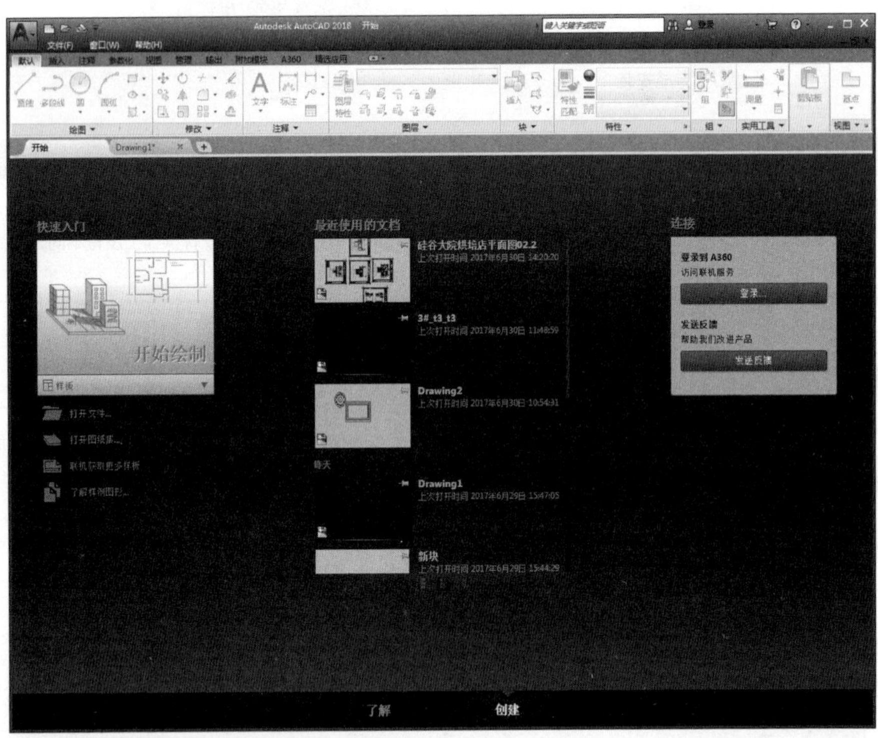

图9 AutoCAD 2018“开始绘图”界面